C. PLINI SECVNDI
NATVRALIS HISTORIAE

LIBRI XXXVII

POST LVDOVICI IANI OBITVM

RECOGNOVIT ET SCRIPTVRAE DISCREPANTIA ADIECTA

EDIDIT

CAROLVS MAYHOFF

VOL. I. LIBRI I–VI

EDITIO STEREOTYPA EDITIONIS

PRIORIS (MCMVI)

STVTGARDIAE ET LIPSIAE

IN AEDIBVS B. G. TEVBNERI MCMXCVI

Die Deutsche Bibliothek – CIP-Einheitsaufnahme

Plinius Secundus, Gaius:
[Naturalis historia]
C. Plini Secundi Naturalis historiae libri XXXVII / post
Ludovici Iani obitum recogn. et scripturae discrepantia adiecta
ed. Carolus Mayhoff. – Ed. stereotypa. – Stutgardiae ; Lipsiae :
Teubner.
(Bibliotheca scriptorum Graecorum et Romanorum Teubneriana)
Einheitssacht.: Historia naturalis
NE: Mayhoff, Karl [Hrsg.]
Ed. stereotypa
Vol. 1. Libri I–VI. – Ed. stereotypa ed. 1. (1906). – 1996
ISBN 3-519-11650-2

Printed in Germany
Druck und Bindung: Druckhaus Beltz, Hemsbach/Bergstraße

PRAEFATIO

Absoluto tandem hoc volumine desinit Teubneriana Naturalis Historiae editio prima sui parte destituta esse totumque opus nunc prostat in novam formam aequabili consilio redactum. hoc ne iam prius efficerem quam primi voluminis etiamtum a Iano curati exemplaria omnia divendita essent, obstabant praeter occupationes alias, quas enarrare hoc loco nihil refert, rei ipsius difficultas laborque multo maior et operosior quam in ullo ceterorum voluminum. nec tamen me paenitet morae huius inopinatae: interea enim subsidia sane quam exoptata mihi contigerunt et Rückii libellis de excerptoribus aliquot Plinii eximia cum diligentia et doctrina compositis utilibusque ad illustrandas quasdam codicum necessitudines nonnihil adhuc occultas et Detlefseni nova librorum geographicorum editione uberiores apparatus critici copias e scriniorum latebris prolatas continente. quam quidem hoc ipso anno in publicum prodiisse ante quam typothetae inchoato iam opere ad meae editionis librum III accederent, mihi gratulor, etsi infinitus inde labor commentarii amplificandi vel etiam retexendi subeundus fuit. nam haud pauca quae in textu novaveram confirmata consensu verius quam praerepta mihi cognovi licuitque scripturae varietatem, quam nondum plene compertam habere multis locis me piguerat, ita supplere, ut vix quidquam ex iis desideres, quae ad codicum memoriam et textus conformationem examinandam pertineant. in his nonnulla vel omitti sine fraude poterant, nisi minus recte ea adhuc prodita et corrigenda utiliter esse ex collationibus codicum **R** et **F** a Iano et a me ipso factis didicissem. increvit praeterea commentarii amplitudo perpetua fere mentione priorum editionum, quarum lectiones idcirco adscripsi, ut intellegatur subsidia a primis editoribus adhibita, quamvis temporum decursu depravata, originem tamen traxisse e codicibus vetustioris quem nunc novimus ordinis et permultas hodie revocatas esse lectiones a Sillígio saepiusque etiam a Iano, tenui illis et nimis angusto apparatu utentibus, inmerito abiectas, simul ut caveatur ne legentes, si forte locos Plinianos ex superiore aliqua editione citatos invenerint, inopes consilii haereant in verbis nunc plus minusve mutatis. itemque emendationum vel coniecturarum memoratu dignarum auctores principes referre mihi curae fuit, ut Plinius ipse (praef. 21) benignum esse ait et plenum ingenui pudoris fateri per quos profeceris: quo pacto vera tandem elucet emendationis per quattuor saecula propagatae imago, quam Sillig creberrima Dalecampii mentione obscuravit, ac manifeste apparet quantum debeatur cum vetustissimis editoribus, qui quasi silvam incultam dumetisque densam, qualis horret in codicibus mendosissime scriptis, strenue ac sollerter perviam reddiderunt peregrinari cupientibus, tum mirandae eruditioni et sagacitati Hermolai Barbari et Gelenii, qui vulgati quem vocant textus conditores praecipui exstiterunt, ut omittam hoc loco quae posteri deinceps praestiterint. quibus quanto inferiora sint quae mihi contigit praestare, peractum cummaxime opus intuenti in mentem venit inprimisque veniam mihi rogandam esse sentio, si in litterarum campo inmenso et ultra unius hominis prospectum longe dilatato multa me fugerint ad interpretanda aut emendanda Plinii verba ab aliis recte observata.

Reliquum est ut memori animo palam hoc loco debitas gratias agam Carolo Rück et Ottoni Rossbach, qui humanissime studia mea adiuverunt, et viris clarissimis regias bibliothecas publicas Leidensem, Vindobonensem, Dresdensem moderantibus, quorum insigni liberalitate factum est, ut codices huc transmissos omni qua opus est cura excutere mihi liceret.

Scribebam Dresdae m. Dec. MCMV.

CONSPECTVS CODICVM

De codicum manu scriptorum, quibus Plinii Naturalis Historia ad nos propagata est, origine et auctoritate uberrime disputavit qui primus plerosque ipse inspexit examinavitque et cognationem per plures stirpes deductam accuratius quam antea id factum erat definivit, D. Detlefsen in mus. Rhen. XV p. 265—288. 367—390 et in philol. XXVIII p. 284—337, postea in praef. edit. vol. IV p. V sqq. et in diurn. litt. Ienens. 1874 n. 26 p. 395 sqq., quibus adde Herm. XXXII (1897) p. 331 sqq. et novae editionis librorum geographicorum p. VII—XI. praeterea cfr. quae exposuerunt Carolus Welzhofer in progr. gymn. Ludov. Monac. a. 1878, quod inscribitur 'Ein Beitrag zur Handschriftenkunde der Nat. hist. des Plinius', et in commentatione de Beda Plinii excerptore p. 25—41 eius libri, qui Guilielmo Christ a discipulis gratulantibus dedicatus inscribitur 'Abhandlungen aus dem Gebiet der class. Altertumswissenschaft', Vrlichs in Bursiani annal. litt. antiqu. 1878 II p. 267—272, Carolus Rück in compluribus libellis infra indicandis.

Operis Pliniani amplitudo incolumitati eius gravissimum intulit impedimentum. codicum melioris notae nullus fere totum opus integrum servavit. antiquissimi optimique temporum iniuria detruncati paucos quisque libros vel librorum fragmenta continent; posteriores vero, qui omnes aut plerosque libros complectuntur, partim ipsi quoque non leviter mutilati, permultis lacunis indiligentia scribarum ortis et omni genere errorum mendorumque laborant. itaque ubi deficit vetustissimorum certius fundamentum, iniqua est negotii critici condicio, ut saepe dubitationi locus relinquatur, maximeque in his libris primis, qui plus sex milibus nominum geographicorum largissimam errandi et depravandi materiam praebuerunt.

Atque in his quidem libris I—VI habemus

I. ORDINIS VETVSTIORVM

unum codicem praestantissimum, sed neque integrum neque vitiorum, ut consentaneum est, expertem,

A: *codicem Leidensem Vossianum fol. n. IV*, extremo saeculo IX litteris Anglosaxonicis scriptum, origine ducta ex exemplari in Britannia (ut conicere licet) quondam adservato, quod multis locis pleniorem et puriorem contextum servaverat quam recentiorum ordinis archetypus. continet is codex nunc 30 foliis binarum columnarum partes has: II 196 — III 65. 92—IV 76. 86—107. 117—V 25. 125—136. VI 40—51, foliis quae fuerant interiecta deperditis. in fine libri IV subscriptio exstat: *Feliciter Iunius Laurentius relegi.* correctus est nonnullis locis a manu non multo seriore (A^2) ex ipso, ut videtur, exemplari, unde transcriptus erat, raro a tertia manu recentiore (A^3). primus eum adhibuit Sillig collatione usus quam Nauta fecerat; denuo contulit Detlefsen.

Ad hunc proxime accedunt originis quadam communione non dubia, sed quae distincte demonstrari vix queat, excerpta aliquot medio aevo in eadem Britannia facta, in qua terra tunc homines eruditos opus Plinianum studiose lectitasse et tamquam pretiosae scientiae fontem uberrimum in suos rivulos deduxisse illustria docent exempla Bedae Venerabilis, qui tota capita a Plinio mutuatus est suisque libris inseruit, aliorumque, de quibus breviter egit Rück in progr. gymn. Ludov. Monac. a. 1903 p. 5 sqq. huius generis sunt

1) **m**: *excerpta* (*'Eboracensia'*) astronomica e libris II et XVIII ad fidem decem codicum (4 Monacensium, 1 Vindobonensis, 1 Montepessulani, 2 Bernensium, 2 Parisinorum) a Carolo Rück edita in libello qui inscribitur 'Auszüge aus der Naturgeschichte des C. Plinius Secundus in einem astronomisch-komputistischen Sammelwerke des 8. Jahrhunderts' (progr. gymn. Ludov. Monac. a. 1888) p. 34—50. quae e libro II excerpta sunt sub quattuor titulis complectuntur p. 34—43 a) §§ 12. 32. 34—36. 38—44, b) §§ 83. 84, c) §§ 59—61. 69. 70. 63. 64, d) §§ 62. 67—69. 71. 75—78. 80. 78. 79. 76. 77. de aliis codicibus eadem fere excerpta continentibus, inprimis duobus Harleianis et Cottoniano, cfr. Rück in actis acad. litt. Bavar. a. 1898 II p. 204—209.

2) **y** (**i**): *excerpta* astronomica, physica, geographica e libris II. III. IV. VI, quae ex duobus codicibus, *Vossiano Latino*

in quarto n. 69 (y) saeculi IX et *Parisino Latino 4860*, olim *Colbert. 240*, Broterio *Reg. IV* (i) saeculi X, idem Rück edidit in actis litt. Bavar. l. l. p. 257—287 (vel libro Monachii a. 1888 seorsum expresso qui inscribitur 'Die Nat. hist. des Plinius im Mittelalter'). complectuntur sub 70 titulis partes has: II 10. 12. 13. 32—44. 46. 47—49. 51—53. 56—58. 82. 83. 85. 89—91. 94. 96—101. 105—107. 109—111. 114—116. 122—130. 135—137. 142—146. 149—151. 154. 155. 160—162. 186—190. 192—197. 212—219. 224. 232—235. III 88. II 236. 242—247. III 3. 4. IV 102—104. VI 81—83. 86—91. II. 184—186. 220—223. 172. duos hos codices consentientes adnotavi sigla y, dissentientem aliquotiens Parisinum sigla i. hunc ipsum iam Detlefsen in apparatum receperat nota *Par.* insignitum.

3) o: *excerpta* quae *Robertus Crickladensis* saeculo XII in usum regis Henrici II composuit ex omnibus Naturalis Historiae libris. de eius vita ac studiis quae indagari poterant explicavit et excerptorum e libris II—VII contextum ex duobus codicibus, Londinensi musei Britannici et Guelferbytano, edidit Rück in actis acad. litt. Bavar. a. 1902 II p. 195—285, progr. gymn. Ludov Monac. a. 1903, progr. gymn. Neuburg. a. 1905. expilatae autem a Roberto sunt aut totae aut particulatim paragraphi hae: II 1. 3—6. 8—13. 14—20. 22—29. 32. 34—38. 40—50. 53. 56. 58. 62. 66. 79. 82. 83. 85. 87. 89—94. 96—105. 107—116. 119—122. 125—133. 135—139. 142—150. 152—158. 160—163 166—177. 179—181. 183—187. 189. 190. III 1—3. 5. 6. 8. 30. 31. 78. 80. 84—86. 92—94. 97. 103. 105. 112. 117—119. 123. IV 1. 4. 7. 10. 12. 14. 19. 20. 28. 30—33. 39—42. 44. 47. 49—51. 53. 58. 65. 75. 76. 79. 88—96. 98—100. 102—122. V 1—3. 5—7. 11. 14—18. 22—26. 31. 34—39. 41—48. 51—55. 57. 58. 60—62. 65—74. 76. 77. 79. 83—85. 88—91. 97—99. 103—105. 113. 124. 125. 140. 141. 143. 145. 148. 149. VI 1. 2. 4. 23—26. 30. 32—35. 41. 43. 45—47. 49—51. 53. 54. 56. 59. 65—68. 70. 71. 73—77. 81. 83—91. 105. 107. 109. 112. 114—117. 120. 121. 127. 131. 133. 155. 147. 155. 161. 162. 171. 173. 176. 182. 183. 185. 187. 188. 192. 195—198. 200. 203—205. 208. 210—219. conscripsit sua Robertus, ut ipse ait, 'ipsius Plinii integerrimis verbis' et, quantum fieri poterat, summa cura ac fide reddidit quae invenerat in suo exemplari ex vetusto illo archetypo oriundo, sed experto iam, ut mihi videtur, vigentibus tot saecula doctrinae studiis emendatricem manum hominis alicuius in litteris

antiquis pro illorum temporum indole non mediocriter versati, qui hic illic a coniecturis vel etiam a minutis additamentis explendae poliendaeve orationis causa non abhorrruerat. in universum meminisse conveniat excerptores omnes non tam transcribere librariorum more Plinium voluisse quam eruditionis Plinianae copias legentibus commode atque utiliter patefacere.

Ex eiusdem stirpis exemplari in Francogalliam ex Britannia translato in codice *Parisino Lat. 6795* ab altera manu saeculi XII

E[s]: suppletae sunt deficientes olim partes III—IV 5 et VI 88—148. 153—220, eandemque prodit maxima pars correctionum (**E**[2]) quae in eo codice cernuntur;

item ex similibus exemplaribus aliis haustae sunt correctiones in codicibus **FRD**, de quibus cfr. quae infra dicentur.

Haec subsidia recte perpensa in usu critico primarium locum obtinent praecipueque in locis dubiis, nisi certis argumentis possunt erroris vel interpolationis coargui, iure summae auctoritatis esse existimantur. ceterum quae integra in iis et bona sunt etiam per insequentium saeculorum codices quosdam, quamvis obscurata interdum accrescente mendorum numero, magna tamen ex parte propagata esse ad eam aetatem, qua typis exprimi editiones coeptae sunt, ex veterum editionum lectionibus apparet.

II. ORDINIS RECENTIORVM

stirps prima, quae agnosci possit, est codex deperditus, cuius libri II—V traiectis quibusdam quaternionibus mira iusti ordinis confusione turbati sunt, quam traiectionem Detlefsen in mus. Rhen. XV p. 270 sqq. 368 sqq. accuratissime descripsit et illustravit. transiit ea nescientibus primo librariis in complura exemplaria inde deducta, cumque eadem iam Dicuili Hiberniae monachi (qui a. 825 libellum de mensura orbis terrae conscripsit) Plinianos 'codices nimis dissipaverit', quod ex indiciis probabilibus conclusit Detlefsen in Herm. XXXII p. 326, archetypus ille videtur ipse quoque in Britannia olim fuisse. ex huius originis exemplaribus in Francogalliam apportatis ortae sunt codicum familiae duae propriis lacunis et lectionibus aliarumque rerum varietate seiunctae, consensu quidem inter singulos saepe ita variante, ut cognationis rationem ac gradum difficile sit certo definire.

1. Prioris familiae sunt

D: *codex Vaticanus Latinus 3861*, membranaceus, saeculi XI, quondam integer et in unum coniunctus cum codice *Leidensi Vossiano fol. n. LXI* (**V**), qui continet XX 186 — XXXVI 97, nunc divulsus ab eo et dimidiam tantum Naturalem Historiam usque ad XIX 156 complectens.

primis quaternionibus deperditis continet II 187—IV 67. 70—VI 220. correctus est ab altera manu (**D**[2]) e codice vetusto in ultimo demum libri VI folio inde a 211; quae tertia manus saeculi XVI aliquot locis correxit mentione non digna sunt. post Ianum, qui ex libro V § 1—34 et § 43—153 excerpserat, codicem totum contulit Detlefsen. — Ex eodem exemplari eodem fere tempore transcriptus est formaque et habitu illi persimilis

F: *codex Leidensis Lipsii n. VII*, membranaceus, bipartitis paginis scriptus. initio mutilus incipit a I ind XI (77) *risuus natura* et continet omnes deinceps libros usque ad XXXVII 199 *primum pondere*. his primis sex libris assidua cura correctus est a manu altera saeculi XII (**F**[2]) e codice ordinis vetustiorum, de qua re copiosius dixi in appendice p. 527 sqq. usui critico codicem hunc primus adhibuit totumque contulit Detlefsen, qui postea eum ex ipso **D** descriptum esse sibi persuasit statuitque eundem esse Chiffletianum diu desideratum (cfr. append. p. 525. 526). ipse iterum contuli et, ut in tali re accidere solet, nonnulla rectius enotavi. — Minus arto vinculo cum **D** iungitur

R: *codex Florentinus Riccardianus*, membranaceus, saeculo fere XI binis paginarum columnis scriptus, compluribus locis mutilus — interierunt enim medii libri XIV—XX. XXIII. XXIV et ultimus XXXVII — aliisque e codice alterius familiae suppletus. incipit a praefat. § 27 *illud est quod* et continuatur usque ad I ind. XXXIV med., deinde continet huius voluminis II 26 *credi ex usu uitae* — VI 220. collatione a Iano facta Sillig in editione usus est eamque bibliothecae regiae Dresdensi mandavit; qua perpetuo inspecta errores illius haud paucos sustuli, ita ut adnotationem meam, ubi a Silligiana discedat, pro vera haberi velim. correctiones autem, quae passim inveniuntur a manu altera, interdum etiam tertia, aut in spatio raso aut litteris detortis aliisve superscriptis factae, Ian raro ita indicavit, ut utrius manus sint discernatur. in plurimis quidem vestigia apparent codicis ex ordine vetustiorum (**R**[2]), sed aliae speciem coniecturae prae se ferunt.

2. Alterius familiae sunt

E: *codex Parisinus Latinus 6795* (Silligio et Iano a, Harduino *Regius I*), membranaceus, saeculo XI binis paginarum columnis scriptus, in primis quaternionibus umore ac situ et remediis quoque ad resuscitandas litteras evanidas inlitis adeo foedatus, ut amplae partes iam legi non possint, inde a libro XXI subinde mutilus deficientibus aliquot foliis, in fine detruncatus post XXXII 135. huius voluminis totum textum continet, ac praefatio quidem et I—III 38. 70—131. IV 6—VI 88 prioris manus sunt, alterius, quae correxit et supplevit, partes interiectae, exceptis paucis paragraphis VI 148 —152, quas tertia manus margini ascripsit. contulerunt praefationem et I Dübner, II et V Ian, praef. I. III. IV. VI Detlefsen, correctionum tamen generibus duobus non significatis: admixtae enim sunt iis, quae saeculo XII e codice ordinis vetustiorum factae sunt (**E**[2]), aliae, quae tertiam illam manum multo recentiorem (saeculi XV vel XVI) ostendunt, et in his ita comparatae, ut eas ex impressis demum editionibus inlatas esse suspicio sit. hanc aliqua ex parte iustam esse cognovi beneficio Ottonis Rossbach, qui opera sua ultro mihi oblata plus ducentas lectiones e libris II et V a me delectas in ipso codice **E** scrutatus est et subtilissime describendo explanavit. tertiam manum ait per se agnosci plerumque posse (id quod vidit etiam Rück de Rob. Crickl. exc. l. l. p. 216 n. 3 nec negavit Detlefsen in diurn. litt. Jenens. 1874 p. 395) ac ne opus quidem esse confirmandi causa simul evolvi

e: *codicem Parisinum Latinum 6796 A* (Silligio et Iano **b**): is enim cum ex **E** ab altera manu iam correcto paulo post cum fide descriptus sit, inmunis est a tertiae interpolationibus. ubi evanuit vel obscurata est codicis **E** scriptura, ex **e** lectiones iure substituuntur suntque suis locis adnotatae e collationibus Iani et Detlefseni.

Adiungitur huic familiae, sed ex alio exemplari derivatus et saepius cum **F** vel **R** consentiens proprium et separatum locum tenet

a: *codex Vindobonensis CCXXXIV* (Silligio et Iano *ω*), olim monasterii S. Blasii in Nigra Silva, membranaceus, saeculo XII vel XIII — a. 1278 d. 8. Maii 'fuit accommodatus Rudolpho Constantiae episcopo', ut testatur primae paginae inscriptio — binis columnis scriptus, in duos divisus tomos, quorum prior praefationem et I—XX, alter sequentes libros usque ad XXXVII 203 *quecumque ambitu*[r mari] continet. inde a libro X saepe textus partes plus minusve amplae data opera, ut videtur, a librariis praetermissae sunt; huius vero primi voluminis textus nihil fere detrimenti accepit, nisi quod VI 90—95 interciderunt, columna vel pagina una 41 versuum errore neglecta. praefationem et indices aliasque quasdam partes excussit usuique critico adhibuit Detlefsen; ego textum totum contuli. — Si ex paucis quas Beatus Rhenanus tradidit lectionibus coniecturam facere licet, *Murbacensis* codex nunc oblitteratus tam similis fuit Vindobonensi a, ut prope gemini fratres appellari queant.

Iam codicum **ADFRE** (plerumque etiam **a**) discrepantiae adnotatio a me ita instituta est, ut siglae eorum, qui quoque loco constanter ac perpetuo collati sint, in superiore paginae margine adscriptae inveniantur et in commentarii notis unius tantum pluriumve ex his mentione facta certo concludi possit, in reliquis (*r*) exstare lectionem in textum receptam. alia ratio est excerptorum (**myo**), quae cum continuae ac plenae orationis partes haud ita magnas easque saepe etiam decurtatas praebere soleant, non potuerunt sine molesta incommoditate cum illis copulari separatimque ibi tantum commemorata sunt, ubi discrepant, verum ex horum quoque lectionibus vix ulla, quae alicuius momenti sit, omissa est. omnino variarum lectionum in geographicis maxime libris III—VI infinita saepe abundantia fuit, etsi ne sic quidem omnes adnotatae sunt; coerceri eas modicis finibus in libro II licuit, quia et codices, quae est ibi orationis et argumenti indoles, paulo minus vitiose scripti sunt et exclusis quas singuli aperte falsas habent nihil tamen, quod iure desideretur, ab apparatu critico abest.

Praeter hos codices, qui pro fundamento sunt recensionis criticae, aliorum quoque scripturas sparsim adnotavi, quae quidem subsidia, praesertim ubi meliora desunt, ut in praefatione et initio libri II, prorsus reici non debent; aliis locis id factum est, ut quae ratio inter eos et meliores illos intercedat exemplis aliquot ostendatur.

Ex iis cum ordine recentiorum et artissimo vinculo cum codice **F** cohaerent

d: *codex Parisinus Latinus 6797* (Harduino *Regius II*), membranaceus, saeculi XIII, totum Plinii opus usque ad XXXVII 199 *primum pondere* continens, ultimo tamen libro adiecto ab altera manu, quae correxit ceterorum quoque textum partim e codice alienae originis. libros omnes praeter XXXIII—XXXVI in usum Silligii contulit Ian.

T: *codex Toletanus*, membranaceus, saeculi XIII, excepto ultimo omnes libros continens. a Pintiano quondam diligenter excussus et adhibitus est, collatus in Silligii usum a duobus presbyteris Hispanis (cfr. edit. Sill. vol. I praef. p. X).

f: *codex Chiffletianus*, a Dalecampio in editione passim ita adhibitus, ut insigniores eius lectiones margini adscriberet, postea oblitteratus. quem eundem ac codicem **F** esse censet Detlefsen: cfr. supra.

Cum familia codicum **Ea** videtur cohaerere

q: *codicis* (miscellanei) *Parisiensis Latini 7701* pars saeculo XIII scripta, quae Naturalis Historiae initium usque ad I ind. XXXII med. continet. lectiones, quae ad praefationem adnotatae sunt, excerpsit Detlefsen.

Ad ordinem vetustiorum variis propinquitatis gradibus redeunt codices quinque, ac primum duo Britannici:

l: *codex Arundelianus 98*, Londini in museo Britannico adservatus et saeculo XII ascriptus, I—XVIII continens: cfr. vol. III p. XI. ad praefationem Londini a. 1728 editam adhibuit Davides Durandus; reliquas lectiones debeo Victori Ryssel.

Ox: *codex Oxoniensis 274* in bibliotheca Novi Collegii adservatus, eiusdem fere saeculi, I—XIX continens. disseruit de eo in Classical Review VII p. 451 sqq. I. Grafton Milne, qui hunc et Arundelianum cum eo, ex quo Robertus sua excerpsit, planissime consentire dixit denotavitque observatam iam antea similitudinem, quae cum utroque est

p: *codici Pollingano Latino 11301* Monacensi (Silligio **P**), a. 1459 in Italia scripto, de quo cfr. edit. Sill. vol. I praef. p. XXI, Welzhofer 'Beitrag' p. 82—89. postquam Ian praefationem et II 1—137. V 1—30. VI 1—64 contulit, ego II 138—248. VI 65—220 aliasque partes quasdam excerpsi et plerasque lectiones adnotavi, quo magis eluceat consensio cum **E**[2]**o** passim conspicua, quamvis peculiaribus mendis erroribusve interdum occultata. ceterum moneo numeros fere omnes non notis, sed nominibus numeralibus a librario indicatos esse.

Salmant.: *codex Salmanticensis*, libros I—XV continens, semivetus, ut ait Pintianus, qui eum in observationibus Plinianis a. 1544 non raro laudavit.

z: codex a *Dalecampio* excerptus et in editionis margine sigla *M* vel *Man.* notatus (Silligio **r**). de huius cum **F**[2] similitudine exposui append. p. 528; praeterea cfr. Vrlichs in Eo II (1866) p. 359, Detlefsen in philol. XXVIII p. 301, Welzhofer l. l. p. 36.

Huc pertinent fortasse — nam certior deest notitia — duo

k: *codices Cracovienses,* quos breviter significavit Io. Troianski in ind. schol. hib. Cracov. a. 1841, speciminis gratia praef. 1—15 plene exscriptis. alter (**k**) est membranaceus, saeculo XIII assignatus, Bononiae a. 1459 emptus, alter (**k**^{1}), chartaceus ignotae originis, saeculo XIV scriptus esse existimatur. lectiones eorum ad praefationem adnotavi.

Denique uno loco — I ind. IX (35—42) citavi

pal. Chat.: pauca folia *codicis rescripti* saeculi IV vel V, quae in Cassiani Institutorum codice 24 bibliothecae Seminarii Magni Augustodunensis detecta Aemilius Chatelain descripsit in Journal des savants a. 1900 p. 44—48.

Restat ut pauca addam de libro I, quo continentur *indices*; horum enim singularis est et a ceteris libris diversa condicio critica, quam qui penitus cognoscere volent, iis satis habeo commendasse quae subtilissime, ut solet, disputavit Detlefsen in philol. XXVIII p. 701—716.

Atque a Plinio quidem ipso indices libro primo comprehensi et praefationi (cfr. § 33) subiuncti sunt: quae ratio servatur hodie in codicibus **dT**. in antiquissimis autem codicibus, ut commodo lectorum provideretur, indices ita fuerunt duplicati, ut et coniunctim scripti in libro I et separatim suo quisque libro praemissi exstarent. cuius rei exempla sunt codices **FRE**, in quibus illi ante singulos libros iterantur (**F**^{a}**R**^{a}**E**^{a}). in reliquis vero aut deperditus est liber I, ut in **MOBD**(**V**), aut omissus, ut in **a**, et supersunt — quatenus sunt integri — modo **M**^{a}**O**^{a}**B**^{a}**D**^{a}(**V**^{a})**a**^{a}: sic igitur rectius, ut errores praecaverentur, notari oportuit, nisi brevitatis causa potius visum esset siglis uti simplicibus. desunt indices toti in codice **p**. sed ne in **FRE** quidem omnium memoria duplex durat incolumis: nam interierunt in iis posterior pars indicis XXXIII et prior XXXIV, praeterea desunt indices in **F** II—XI (77), in **R** XXXV—XXXVII, in **E** autem multa iam legi non possunt; desunt in **F**^{a} II et III, in **R**^{a} II(?). XIV—XIX. XXI (cuius loco est XX). XXIII. XXIV. XXXVII, in **E**^{a} II. III. V. VI. VIII—XIII. XV—XIX. XXI (cuius loco est XX). XXII. XXIV ultimique inde a XXXIII. (de **M** cfr. vol. II p. XXXIII, de **O** et **B** vol. V p. VIII et IV). codicum, quorum siglas in superiore paginarum margine indicavi, plenis collationibus uti mihi licuit (**a** usque ad XXI); reliquorum lectiones desumpsi ex editione Detlefseni ex instituto — id quod valde dolendum est — parcissimum delectum praebentis.

Tali igitur subsidiorum condicione et ob magnam multitudinem nominum numerorumque saepe incredibilem in modum corruptorum ac lemmatum ordine quoque interdum turbato vel mutato — id quod in **dT** consilio et cum quadam constantia factum est, quo magis indices cum librorum textu conciliarentur —, non mirum est librum I omnium maxime operosa ac molesta negotia edituro facessere. ego etsi operam dedi, ut codicum scripturam fideliter tuerer et nomina ac numeros leni medela probabiliter emendarem librorum textu assidue collato numerisque, quoad eius fieri posset, computando exploratis, memini tamen, quantum absit ut Plinii manum restituisse videar: hoc unum spero, non fore ut mea opera omnino sterilis et inanis fuisse iudicetur. praecedere hac via primus coepit, ut significavi p. 97, Harduinus Parisinos quosdam codices secutus, sed lemmata alia transposuit, alia mutavit multisque ab ipso fictis et interiectis supplevit quae abesse ei videbantur. re de integro suscepta pluribus melioribusque subsidiis Sillig severius se codicum auctoritate astrinxit et, quamquam singula multa non recte administravit parum perspecta codicum ratione intricata, universa tamen recensionis fundamenta stabilivit. nonnulla deinde Ian correxit, in aliis erravit, cum codicibus **dT** nimium tribueret, iure ob id reprehensus ab Vrlichsio in Fleckeiseni annal. I XXI p. 257 sqq. postremo Detlefsen apparatu magnopere amplificato usus ad antiquam indicum formam proxime accessit, relictis tamen quibusdam, in quibus ultra Iani placita non progressus est. veteres quidem ante Harduinum editores auctorum tantummodo indices e codicibus integros fere receperant, argumentorum lemmata varie mutando et augendo aut amputando aliterve ordinando interpolata dederant, ut plane novi et alieni indices circumferrentur, quos verisimile est — nisi fallunt vestigia in ultimis libris codicis **a** obvia — in exemplari aliquo ab homine docto medii aevi suo arbitrio confectos esse.

NOTARVM EXPLICATIO

a. = ante.
add. = addit, addunt, addito.
coni. = coniecit, coniectura.
corr. = correxit, correctura.
del. = delevi, delevit, deleto.
dist. = distinxi, distinxit.
lac. = lacunam.
ll. = libri manu scripti **ADF RdEa**, quotquot quoque loco collati et uniuscuiusque paginae in margine superiore siglis indicati sunt.
om. = omisit, omisso.
praem. = praemisso.
r = reliqui codices praeter eos, qui ad eandem lectionem adnotati sunt.
ras. = rasura.
v = veteres editores vel lectio vulgata inde a vetustissimis editionibus usque ad hanc aut ad eam, quae una adnotata est, velut *va.G* = veteres ante Gelenium; *va.G(H)* = veterum ante Gelenium lectio, revocata ab Harduino.

B = Hermolai Barbari castigationes Pinianae. Romae 1492. 1493.
Bas. = Basileensis editio (Erasmi) 1525.
Ber. = Parmensis editio (Philippi Beroaldi) 1476.
Brot. = Broterii editio Parisina 1779.
C = Io. Caesarii editio Coloniensis 1524.
*D*¹ = Detlefseni editionis Berolinensis vol. I. 1866.
*D*² = eiusdem Die geogr. Bücher d. Nat. Hist. d. C. Plin. Sec. Berlin 1904 [1905].
Dal. = Dalecampii editio Lugdunensis (1587) 1606.
vet. Dal. (Silligio K) = coniectura incerti hominis docti vel vetustioris alicuius editionis lectio a Dalecampio ad marginem enotata.
G = Gelenii editio Basileensis 1554. (Eiusdem castigationes sive annotationes 1535).
Gron. = Gronovii (I. F.) in aliquot libros C. Plinii Secundi notae (1669). v. Sill. edit. vol. VI.
H = Harduini editio Parisina (1685) 1741.
Hack. = Hackiana editio. Lugd. Bat. 1668.
*J*¹ = Iani editionis Teubnerianae vol. I. Lipsiae 1854.
*J*² — eiusdem editio altera 1870.
L = Lugdunensis editio (I. N. Victorii) 1563.
P = Pintiani in C. Plinii nat. hist. libros omnes observationes. (Salmanticae 1544) Lugduni 1593.
Rhen. = Beati Rhenani in C. Plin. annotationes. Basileae 1526.
S = Silligii editionis vol. I. Hamburgi et Gothae 1851.
Salm. = Salmasii Plinianae exercitationes in Solini polyhistora. (Parisiis 1629). Traiecti ad Rhenum 1689.
U cum numero = Vrlichsii vindiciarum Plinianarum vol. I. Gryphisw. 1853. *U* sine numero = chrestomathia Pliniana. Berolini 1857.
Ven. = Veneta editio (I. B. Palmarii) 1499.
Verc. = Alexandri Benedicti editio. Venetiae 1507.

Brunn (Henr.): de auctorum indicibus Plinianis. Bonnae 1856.
D It. = Detlefsen, Die Beschreibung Italiens in d. Nat. Hist. d. Plin. Leipzig 1901.
DKN = eiusdem Kurze Notizen über einige Quellenschriftsteller d. Plin. in progr. gymn. Tychopol. 1881.
DME = eiusdem Die Masse der Erdteile nach Plin. in progr. gymn. Tychopol. 1883.
DUZ = eiusdem Untersuchungen über d. Zusammensetzung d. Naturgesch. d. Plin. Berlin 1899.
Fels (Alb.): de codicum antiquorum, in quibus Plini nat. hist. propagata est, fatis, fide atque auctoritate. Gottingae 1861.
luc.: mea lucubrationum Plinianarum capita III. Neostrelitiae 1865. — *nov. luc.*: meae novae lucubrationes Plinianae. Lipsiae 1874.
MGGm = Müller (Carolus) ad Geographos Graecos minores.
MPt = idem ad Ptolemaei Geographiam.

CFWMüller: Krit. Bemerkgn. zu Plinius' nat hist. Breslau 1888. — *grat.*: Festschrift z. 50j. Doktorjubiläum Ludwig Friedländer dargebracht von s. Schülern. Leipzig 1895. (p. 543—554).

Müller (Joh.) *emend.*: Emendationen zur nat. hist. des Plinius. I. Wien 1877. *de stilo*: Der Stil des älteren Plinius Innsbruck 1883.

Münzer (F.): Beiträge zur Quellenkritik d. Naturgesch. d. Plin. Berlin 1897.

Nissen (Henr.): Italische Landeskunde I. II. Berlin 1883. 1902.

Rück 1: Auszüge aus d Naturgesch. d. Plin. etc. in progr. gymn. Ludov. Monac. 1888.

Rück 2: Die Nat. Hist. d Plin. im Mittelalter. München 1898.

Rück 3: Das Exzerpt d. Nat. Hist. d. Plin. von Robert v. Cricklade. München 1902.

Tom. 1 = Tomaschek in Zeitschr. f. d. österr. Gymnasien 1867.

Tom. 2 = idem ibidem 1874.

Beda: Mignii Patrol. tom. XC sqq.

Dic. = Dicuili liber de mens. orbis terrae ed. Parthey. Berolini 1870.

G Gm = Geographi Graeci minores ed. Car. Müllerus. Parisiis 1882.

G Lm = Geographi Latini minores ed. Alex. Riese. Heilbronnae 1878.

Geogr. Rav. = Ravennatis anonymi cosmographia ed. Pinder et Parthey. Berolini 1860.

M Cap. = Martianus Capella ed. Eyssenhardt. Lipsiae 1866.

Ptol. = Claudii Ptolemaei Geographia ed. Car. Müllerus. Parisiis 1883. 1901.

St Byz. = Stephanus Byzantius ed. Meineke. Berolini 1849.

C. PLINI SECVNDI

NATVRALIS HISTORIAE

LIBRI I—VI

PLINIVS SECVNDVS
VESPASIANO CAESARI SVO S.

Libros Naturalis Historiae, novicium Camenis Quiritium tuorum opus, natos apud me proxima fetura licentiore epist*u*la narrare constitui tibi, iucundissime Imperator; sit enim haec tui praefatio, verissima, dum maxim*i* consenescit in patre. namque tu solebas nugas esse aliquid meas putare, ut obiter emolliam Catullum conterraneum meum (agnoscis et hoc castrense verbum): ille enim, ut scis, permutatis prioribus syllabis duriusculum se fecit quam volebat existimari a Veraniolis *s*uis et Fa*b*ul*l*is. 1
simul ut hac mea petulantia fiat quod proxime non fieri questus es in alia procaci epist*u*la nostra, ut in quaedam acta exeat sciantque omnes quam ex aequo tecum 2

§ 1: (v. 7) Catull. 1, 3. 4. — (v. 11) idem 12, 17.

1 C. Plinius **k**v *a.S* 2 cesari **dT**(*subscr. in* **R**). *cfr. II 89. ind. auct. II.(XXXIII). X 120.* domino **e**. *om.* **r**. (*tota inscriptione omissa* Incipit prologus **a**) 4 natus **a** *Murb.* -tum **p**v *a.S* 6 maximi *B*(*D*). -me **dTeaql**J^2. -mo **pk**v(*H*) 7 nugas *D cum Hauptio* (*Herm. I p. 128*). meas *Ge Catullo. om.* **ea**. putare **r**v(*S*) 8 aliquid esse **dT** | meas *om. G* | putare *D cum Hauptio.* putare (-re ēē **a**) nugas **ea** *G.* nugas **r**v(*S*) | obiter **k** *B*(*D*). obicere (-rē **a**) *ll.v*(*H*) | emolliam *G cum Rhen.*(*D*). molliam (-ia in **a**) *ll.B.* moliar **pk**^{1}v(*H*) 10 syllabis (sill- **aqk**) *ll.v*(*D*). sittis l. saetabis *H cum Alciato* 11 quem p. quoniam **k** *H* | uernaculis **d**^{3}**epklz**v *a. Verc.* | suis *Verc.* tuis *ll.v* | fabullis *Verc.* famulis *ll.v* 12 in (*pro* ut) **k** 14 exeat *cod. Prag. G cum Rhen.*(*J*). exeant *ll.v*(*H*). -am *Ven.*

3 vivat imperium. triumphalis et censorius tu sexiesque consul ac tribuniciae potestatis particeps et, quod his nobilius fecisti, dum illud patri pariter et equestri ordini praestas, praefectus praetorii eius omniaque haec rei publicae es: nobis quidem qualis in castrensi contubernio, nec quicquam in te mutavit fortunae amplitudo, nisi ut
4 prodesse tantundem posses *e*t velles. itaque cum ceteris in veneratione tui pateant omnia *a*lia, nobis ad colendum te familiarius audacia sola superest: hanc igitur tibi imputabis et in nostra culpa tibi ignosces. perfricui faciem nec tamen profeci, quoniam alia via occurris ingens et
5 longius etiam summoves ingenii fascibus. fulgurar*e* in nullo umquam verius dicta vis eloquentiae, tribunicia potestas facundiae. quanto tu ore patris laudes tonas! quanto fratris amas! quantus in poetica es! o magna fecunditas animi! quem ad modum fratrem quoque imitareris excogitasti.
6 Sed haec quis possit intrepidus aestimare subiturus ingenii tui iudicium, praesertim lacessitum? neque enim similis est condicio publicantium et nominatim tibi dicantium. tum possem dicere: 'Quid ista legis, Imperator? humili vulgo scripta sunt, agricolarum, opificum turbae, denique studiorum otiosis. quid te iudicem facis? *c*um hanc operam condicerem, no*n* *e*ras in hoc albo. maiorem

---

1 sextumque *va.*(*Rhen.*) *G* 4 p̄ (*pro* publicae) **Ea** *Murb.* 5 es *ego.* es et *Rhen.* est et **Ea** *Murb.* et *rv* | qualis **pk***v*. -li **Ea** *Murb.* -le **dTq** 6 nec **apk**^{1}*v*. ne *r* | nisi *G.* in his (iis *v*) nisi *ll.v.* cunctis nisi *D* 7 prodesset **Eak** | tantum idem *D* | posses **pkl***v*. -sset *ll* | et *v*(*G*)*D*. ut *ll. Ven.*(*H*) | quom **k** 8 ueneratione m **dq**(?) *Ven.* | alia *ego.* illa *ll.v* 12 ingenii **d**^{2}**l***v*. -ntis *r*. -tibus **k**. *om.* **p** | fulgurare *Müller emend. I p. 3.* -gorari **pk**. -ati **deal**. -gurati **T**. -rat **q***v* | ullo **E***S* 13 uis **deq***v*. bis *r* | tribunicia potestas *D cum Mommseno* (*Herm. I p. 128*). -ciae -tatis *ll.v* 14 facundia *va.S* 15 amas *ll.v.* famas *D. mendum nondum sublatum* 18 posset **pk** 23 cum *v.* quom (**q**?) *D.* quam **dTea**. quia **pkl** 24 hunc **dTa** | cum dicerem **E**^{2}**epkl** | non eras *v.* noenias **l**. noemas **qk**^{1}. neonias **T**. neomas **d**. nęnias **e**. nenias **Ea**. uen- **pk** | aluo **Ea**

te sciebam, quam ut descensurum huc putarem.' praeterea 7
est quaedam publica etiam eruditorum reiectio. utitur illa et M. Tullius extra omnem ingenii aleam positus et, quod miremur, per advocatum defenditur: nec doctissimis. Manium Persium haec legere nolo, Iunium Congium volo. quod si hoc Lucilius, qui primus condidit stili nasum, dicendum sibi putavit, Cicero mutuandum, praesertim cum de re publica scriberet, quanto nos causatius
ab aliquo iudice defendimur? sed haec ego mihi nunc 8
patrocinia ademi nuncupatione, quoniam plurimum refert, sortiatur aliquis iudicem an eligat, multumque apparatus
interest apud invitatum hospitem et oblatum. cum apud 9
Catonem, illum ambitus hostem et repulsis tamquam honoribus inemptis gaudentem, flagrantibus comitiis pecunias deponerent candidati, hoc se facere, quod tum pro innocentia ex rebus humanis summum esset, profitebantur. inde illa nobilis M. Ciceronis suspiratio: O te felicem, M. Porci,
a quo rem inprobam petere nemo audet! cum 10
tribunos appellaret L. Scipio Asiaticus, inter quos erat Gracchus, hoc adtestabatur vel inimico iudici se probari

---

§ 7: Cic. de or. II 6, 25. de fin. I 3, 7.

---

3 ingenii aleam *v.* -nitaliam *ll* 4 haec doctissimum *va. H* 5 nam Gaium *L Müller Lucil. sat. p. 78* | Laelium *va. H* | congium (*codd. B*) *D. cfr. Herm. XXXII p. 332.* -gum *ll. H.* decimum *v e Cic. de orat. II 6, 25* 7 nasum *v.* nasum quasi abusionem et uituperationem. primus enim satyricum carmen scripsit in quo utique uituperatio unius cuiusque continetur. Nasum autem dixit quod uituperationis signum uel maxime declarandum *ll* | si cicero **E**[3] *va. D* 8 re prescriberet (-rē **a**) **Ta.** *cfr. p. 2, 4* | excusatius **T** (*cfr. XXXVII 200*) 9 defendimur **pkl** *Ber.* -mus *ll. H.* diffidimus *v*(*G*) | haec & (?) **E.** haece *coni. O Rossbach* 11 hunc (*pro* an) **Eea** 13 illud **dea** 14 inēptis (*anon. ap. Rhen.*) *J.* ineptis *ll. v*(*H*). indeptis (*B*) *G* 15 deponere **Ea.** -one **d** | quod tum *om. va. S* | cum **T.** *an* tum testimonium? *de dictione cfr. VII 109. 111. 112. 114. 116. 127* | pro *ll. v.* populo Romano *coni. D Herm. l. l.* 16 ex *ego.* & **E.** *om. r S.* quod in *v* | esset **l** *v.* esse *ll* 18 audebat **p** 20 uel **pkl** *v*(*H*). se uel *ll. G* | se prob- **pk** *Ber.* (*H*). ad (ab **dTq**) se probari *ll.* se approbari *C.* -re *v.* se [posse] prob- **l**

posse. adeo summum quisque causae suae iudicem facit
11 quemcumque, cum eligit. unde provocatio appellatur. te
quidem in excelsissimo generis humani fastigio positum,
summa eloquentia, summa eruditione praeditum, religiose
adiri etiam a salutantibus scio, et ideo cura*nt*, quae tibi
dicantur ut digna sint. verum dis lacte rustici multaeque
gentes et mola litant salsa qui non habent tura, nec ulli
fuit vitio deos colere quoquo modo posset.
12 Meae quidem temeritati accessit hoc quoque, quod
levioris operae hos tibi dedicavi libellos. nam nec ingenii
sunt capaces, quod alioqui *i*n nobis perquam mediocre
erat, neque admittunt excessus aut orationes sermonesve
au*t* casus mirabiles vel eventus varios, iucunda dictu aut
13 legentibus blanda sterili materia: rerum natura, hoc est
vita, narratur, et haec sordidissima sui parte a*c* plurimarum
rerum aut rusticis vocabulis aut externis, immo barbaris
14 etiam, cum honoris praefatione ponendis. praeterea iter
est non trita auctoribus via nec qua peregrinari animus
expet*a*t. nemo apud nos qu*i* idem temptaverit, nemo apud
Graecos qui unus omnia ea tractaverit. magna pars

---

§ **11**: (v. 7) cfr. XII 83. — § **12**: (v. 10 sqq.) cfr. Mela I, 1.

---

2 cum *om.* **lz***va.* *H*(*D*) | elegit **d**^{2}**E**^{1}**ap** *Murb.* *G* | inde **apk** 5 ideo (adeo **p**) *ll.* *D.* ideo subit *H.* ideo immensa praeter ceteras subit *v* | curant *ego.* -ra ut *ll.* *v.* -raui **pkl** 6 dicentur **p** | ut *ego.* tū *ll.* cum **pkl***v.* con[digna] *Ber.* te *G.* tui *D.* *de dictione cfr. Müller de stilo p. 17. 18* | uerum dis **Tqz***S.* -rundis **d**^{1}**Eea.** -rendis **p.** -recundis **kla**^{2}*ad marg.* uerum et dis **d**^{2}*v* 7 gentis **Eea***S.* -tes supplicant *va.* *J* | litant *ORossbach.* tantum *ll.* *v.* *om.* **T** | salsa litant **pkd**^{3}*v* | qui *ll.* *v.* quia *coni.* *J* | habent tura **dT***v.* -ntur **Eea.** -nt **pkl** 10 cum (*pro* nec) **dT** 11 capacis **d** | alioqui in *CFW Müller p. 21. cfr. XIV 50.* -quin **dpkl***v.* -qui *rD* 13 aut *v.* apud *ll* | causas **pklz** | non alia iucunda *va.* *S* | ac *ego* **klz***va.* *G.* et **p** 14 sterilis *D* (*ad seqq. referens*) 15 ut hec **dEea** | ac *ego.* a.. **E.** aut **ekl.** ut **daq***v.* *om.* **pz** 16 ac (*pro priore* aut) **pk**^{1} 17 etiam **dTa** *Murb.* *G.* *om.* *rv.* *dist.* *ego* | iter est *Bas.* interest *ll.* *v* 18 qua *v.* qua re *ll* 19 expetat *Bas.* -tet **p.** -ectet (-ecter **a**) *ll.* *v* | qui idem (*Rhen.*) *G.* quidem *ll.* quidem qui *v*

studiorum amoenitates quaerimus; quae vero tractata ab aliis dicuntur inmensae subtilitatis, obscuris rerum tenebris premuntur. an*te* omnia attingenda quae Graeci τῆς ἐγκυκλίου παιδείας vocant, et tamen ignota aut incerta ingeniis facta; alia vero ita multis prodita, ut in fastidium sint adducta. res ardua vetustis novitatem dare, novis 15
auctoritatem, obsoletis nitorem, obscuris lucem, fastiditis gratiam, dubiis fidem, omnibus vero naturam et naturae sua omnia. itaque etiam non assecutis voluisse abunde pulchrum atque magnificum est.

Equidem ita sentio, peculiarem in studiis causam 16
eorum esse, qui difficultatibus victis utilitatem iuvandi praetulerint gratiae placendi, idque iam et in aliis operibus ipse feci et profiteor mirari me T. Livium, auctorem celeberrimum, in historiarum suarum, quas repetit ab origine urbis, quodam volumine sic orsum: iam sibi satis gloriae quaesitum, et potuisse se desidere, ni animus inquies pasceretur opere. profecto enim populi gentium victoris et Romani nominis gloriae, non suae, composuisse illa decuit. maius meritum esset operis amore, non animi causa, perseverasse et hoc populo Romano praestitisse, non sibi. $\overline{\text{XX}}$ rerum dignarum cura 17
— quoniam, ut ait Domitius Piso, thesauros oportet esse, non libros — lectione voluminum circiter $\overline{\text{II}}$, quorum pauca

§ 16: Liv. fragm. 55 (Hertz).

1 tractata **q**(?)**k***v*. -cta/// **e**. -cta *r* | ab illis **p** 2 dicuntur *om*. **E**[1]**l** | rerum in **deaq***D*. librorum in *coni*. *D Herm. l. l.* 3 ante (añ) *ego*. an *ll*. iam *v*. erant *ORossbach* | ἐγκυκλίου *MHertz*. encyclio **da***Ber*. eneydio **l**. eido **p**. idio *v*. encyclo *r B. cfr. Seneca ep. 88, 23* 5 ut multis **e**[1]. ita multis ita **a** 6 sint **k**[1]**l***v*. *om*. *r* | ducta **l**. adducantur **dTq** 8 et naturam **d**[1]**T** 9 sua *J cum Durando*. suam **d**[1]**T**. suae *rv* | omnia *v*. -ibus *ll*. uim **pklz**. omnianīs **d**[3]. -ia. Nobis (*Rhen.*)*S* | utique *D*(*errore*) | assuetis **d**[1]. assecuti (abs- **a**)**ea** | soluisse **eapl** 13 praetulerint **al**. -erunt *rv* 14 profitea. **E** | mirari me T. **T***G*. -ri et *ll*. -ri T. (*Rhen.*)*S*. me mirari **p***v* 16 iam sibi satis **p***v*. satis iam sibi **l**(?)*G*. iam sibi *ll* 17 potius sese **dap**. -us se **lz** | desinere ni *va. S*. -iderent **a**. -iderare ut **d**[2]**plz** 18 inquies **T***v*. -iesce **dEeq**. in quiete **aplz***D* 24 ex lectione **l***va. S*

admodum studiosi attingunt propter secretum materiae, ex
exquisitis auctoribus centum inclusimus XXXVI voluminibus,
adiectis rebus plurimis, quas aut ignoraverant priores aut
18 postea invenerat vita. nec dubitamus multa esse quae et
nos praeterierint. homines enim sumus et occupati officiis
subsicivisque temporibus ista curamus, id est nocturnis,
ne quis vestrum putet his cessatum horis. dies vobis
inpendimus, cum somno valetudinem computamus, vel hoc
solo praemio contenti, quod, dum ista, ut ait M. Varro,
musinamur, pluribus horis vivimus. profecto enim vita
19 vigilia est. quibus de causis atque difficultatibus nihil
auso promittere hoc ipsum tu praestas, quod ad te scribimus.
haec fiducia operis, haec est indicatura. multa valde
pretiosa ideo videntur, quia sunt templis dicata.

20 Vos quidem omnes, patrem, te fratremque, diximus
opere iusto, temporum nostrorum historiam orsi a fine
Aufidii. ubi sit ea, quaeres. iam pridem peracta sancitur
et alioqui statutum erat heredi mandare, ne quid ambitioni
dedisse vita iudicaretur. proinde occupantibus locum faveo,
ego vero et posteris, quos scio nobiscum decertaturos, sicut
21 ipsi fecimus cum prioribus. argumentum huius stomachi
mei habebis quod in his voluminibus auctorum nomina
praetexui. est enim benignum, ut arbitror, et plenum
ingenui pudoris fateri per quos profeceris, non ut plerique
22 ex *i*is, quos attigi, fecerunt. scito enim conferentem

§ 22: Cic. de re publ. I 43, 66. Cic. fragm. p. 489 (Orelli). Cic. de off. III 2, 7.

1 ex *om.* **deal** 7 quid uestris (*Rhen.*) *G* | putetis **Ta** *Murb.* (*Rhen.*) *G* 10 musitamur **p.** -mus **dT.** mussinamur **l.** -itamus *va. G* 13 haec **q**(?) *B*(*S*). hoc **p.** nec **dea** *Murb.* **l***v*(*C*) | haec est sed **dea** *Murb.* **l***va.*(*B*)*S* 14 sint **E** 15 uos **dTq** *D.* nos *rv* 17 Aufidii (*add.* Bassi *e Plin. ep. III 5, 6*) *codd. recc. v.* aut fidei **dq.** aut fide *r. om.* **p** | pacta **l***va. C.* per acta (*i. e.* testamentum) *D* | sancitur **pl***v*(*Brot.*). -tum *D.* sanctitur **ea.** sectatur **dT.** sarcitur *H.* seruatur *coni. J* 18 alioquin **p** | statum **dea** | mandare heredi **dT** | ne quid **l***v.* neque *ll.* ne **p** 24 profeceris **l***v.* -rit *ll.* feceris **p** 25 attigi **d** *B.* -ici **aqpl***v.* ethici **e** | fecerunt **qp***v.* ferunt *ll* | conferente **da** *Murb.* -te me **p**

auctores me deprehendisse a iuratissimis *ex* proximis veteres
transcriptos ad verbum neque *n*ominatos, non illa Vergiliana
virtute, ut certarent, non Tul*l*iana simplicitate, qui de
re publica Platonis se comitem profitetur, in consolatione
filiae Crantorem, inquit, sequor, item Panaetium de
officiis, quae volumina ediscenda, non modo in manibus
cotidie habenda, nosti. obnoxii profecto animi et infelicis 23
ingenii est deprehendi in furto malle quam mutuum reddere,
cum praesertim sors fiat ex usura.

Inscriptionis apud Graecos mira felicitas: κηρίον 24
inscripsere, quod volebant intellegi favum, alii κέρας
Ἀμαλθείας, quod copiae cornu, ut vel lactis gallinacei
sperare possis in volumine haustum; iam ἴα, Μοῦσαι,
πανδέκται, ἐγχειρίδια, λειμών, πίναξ, σχεδίων: inscrip-
tiones, propter quas vadimonium deseri possit; at cum
intraveris, di deaeque, quam nihil in medio invenies!
nostri gr*av*iores Antiquitatium, Exemplorum Artium-
que, facetissimi Lucubration*u*m, puto quia *B*ibaculus
erat et vocabatur. paulo minus asserit Varro in satiris

§§ 24—26: cfr. Gellius praef. 5—9.

1 ex *ego.* et *ll.v* 2 nominatos *v.* dom- *ll.* damna- **p.** 3 Tulliana *D.* tuliana **a**³ *ad marg.* cecil- *ll.* Ciceroniana *v* 6 ediscenda (*Rhen.*)*S.* eius disc- (edisc- *v*)*ll.v* 7 cottidie **a** 12 uelut **l***va.G* 13 spectare **eaql** | posses **p** | iam ἴα (*coni.H*) *Brot.* iamiam *ll.v.* iam **p**(*Rhen.*)*G.* ἰωνιά *S* | musae *B.* mos **eql** *Murb.v.* nos **dT.** uos **ap.** ἰασμός *Rhen.* Ἴαμος *ORossbach* 14 enchiridialmon **p.** -asmon *va.B* | σχεδίων *S.* σχέδιον *H.* schedion **dTq.** chidion **el.** chyd- **a.** tidion **p.** (pinacidion *v*) | inscriptionis **ap***D* 15 possit **pl***v.* -is *ll* 16 inquam **d** 17 grauiores *ego.* grossiores **pl***J.* -ris **dea** *Murb.* crassiores *v.* *de mendo cfr. I ind. XI(90). XXIX 132. XXV 53 cum II 135. XI 229. XXVII 105 med. XXXIV 131. XXXVI 65 extr. 178* (*ubi* **B**² *ter*) | *dist. va.B* | antiquitatium **d.** -tum *rv* | artiumque quam *va.H* 18 lucubrationum *B*(*D*). -nem *ll.v*(*G*) | puto *del.*(*B*)*H* | quia *ll. Murb.***pl***S.* qui ait *codd. recc. v.* qui (*Rhen.*)*G.* ut qui ait *B.* ut qui *H* | Bibaculus *v*(*H*). ut bac- **ea** *Murb.***plz.** uiuac- **dTq***J.* Antias ciuis (*Rhen.*)*G* 19 eram **p***va.G* | uocabant **p.** -bar *va.G* | paulo minus *ll.H.* -lo nimis *B e codd.* pantomimus *v.* Valerius primus (*Rhen.*)*G* | asserit *ll.v*(*Brot.*). serio *H.* astruit *coni. Rhen.* | satyri sui **a** *Murb.*

25 suis *Sesculixe* et Flex*t*abula. apud Graecos desiit
nugari Diodorus et βιβλιοθήκης historiam suam inscripsit.
Apion quidem grammaticus — hic quem Tiberius Caesar
cymbalum mundi vocabat, *c*um *pro*pr*i*ae famae tympanum
potius videri posset — immortalitate donari a se scripsit
26 ad quos aliqua componebat. me non paenitet nullum
festiviorem excogitasse titulum et, ne in totum videar
Graecos insectari, ex illis mox velim intellegi ping*endi*
*fingend*ique conditoribus, quos in libellis his invenies absoluta opera et illa quoque, quae mirando non satiamur,
pendenti titulo inscripsisse, ut APELLES FACIEBAT aut
POLYCLITUS, tamquam inchoata semper arte et inperfecta,
ut contra iudiciorum varietates superesset artifici regressus
ad veniam velut emendaturo quicquid desideraretur, si non
27 esset interceptus. quare plenum verecundiae illud, quod
omnia opera tamquam novissima inscripsere et tamquam
singulis fato adempti. tria non amplius, ut opinor, absolute traduntur inscripta ILLE FECIT, quae suis locis
reddam. quo apparuit summam artis securitatem auctori
placuisse, et ob id magna invidia fuere omnia ea.
28 Ego plane meis adici posse multa confiteor, nec his
solis, sed et omnibus quos edidi, ut obiter caveam istos
Homeromastigas (ita enim verius dixerim), quoniam audio
et Stoicos et dialecticos Epicureosque — nam de grammaticis
semper expectavi — parturire adversus libellos, quos de

1 sesculixe *D*. -xem *Be Nonio*. sustulit *ll. v a. G* | flextabula *H*. flexiab- **eal**. flaxiab- **dq**. flaxib- **T**. flexibilia **p**. -bula *v*. -las *G* | desit **dea** 2 bibliothecis **a** *Murb.* **pl** *v a. B* 3 quidam **eapl** *v a. B* 4 quum *Bas.* quom (*Rhen.*) *D*. qm̄ (quoniam) *ll. v* 4 propriae *S cum Durando*. prae **de** *Murb.* pre **Taq.** publicae (*i. e.* p̄.) **pl** *v. cfr. p. 2, 4* 5 posse **Ea** 6 ūo (*pro* nō) **p** | ullum **TEal** 8 imitari **dT** | mox *ll.* (*Rhen.*) *S*. nos *v*. | pingendi fingendique *G*. pingique (...geque **E**) *ll. v*. 14 desideretur **Ea** *Murb. G* 15 id **p**. illud est R^2**l** *v a. S* (*D*) | quod R^2**pl** *v*. quam *r. om.* **T** 16 et *om.* **pl** 17 aliquid singulis **plz** *v a.* (*Rhen.*) *G* | fato **Rpl** (*Rhen.*) *G*. -to sit **z** *v*. fati *r* | adempti **dRa** *Murb.* (*Rhen.*) *G*. -tu **Ee**. -tum **plz** *v* | absolute quae **pl** *v a. G*. quae abs- **z** 22 et *om.* **p** | *an* omnibus libris? | quae **l** *v a. J* | obiter **R** *v* (*S*). ob id *r H* 24 epicureosque **l**. -os quoque *r v* | *dist. Rhen.*

grammatica edidi, et subinde abortus facere iam decem
annis, cum celerius etiam elephanti pariant. ceu vero 29
nesciam adversus Theophrastum, hominem in eloquentia
tantum, ut nomen divinum inde invenerit, scripsisse etiam
feminam, et proverbium inde natum suspendio arborem
eligendi. non queo mihi temperare quo minus ad hoc 30
pertinentia ipsa censorii Catonis verba ponam, ut appareat
etiam Catoni de militari disciplina commentanti, qui
sub Africano, immo vero et sub Hannibale didicisset
militare et ne Africanum quidem ferre potuisset, qui
imperator triumphum reportasset, paratos fuisse istos, qui
obtrectatione alienae scientiae famam sibi aucupantur:
Quid enim? a*i*t in eo volumine, scio ego, quae scripta
sunt si palam proferantur, multos fore qui vitili-
tigent, sed ii potissimum, qui verae laudis expertes
sunt. eorum ego orationes si*v*i praeterfluere. nec 31
Plancus inlepide, cum diceretur Asinius Pollio orationes
in eum parare, quae ab ipso aut libertis post mortem
Planci ederentur, ne respondere posset: cum mortuis
non nisi larvas luctari. quo dicto sic repercussit illas,
ut apud eruditos nihil impudentius iudicetur. ergo securi 32
etiam contra vitilitigatores, quos Cato eleganter ex vitiis

§ 30: Catonis quae exstant ed. Jordan p. 80.

2 ceu vero nesciam (**RE**?)*B*. ceu beronis (her- **p**) etiam **da** *Murb.* **pl**. C. Tuberonis etiam *v* 3 in *om.* **p** 6 eligende (eleg- **R**^{1})**R**. -dum **pz**. -dam **l** *va.*(*Rhen.*)*G* | temperari **R** | qui minus **a**. quin **Ez**. quia (quin **p**) minus **pl** 7 censoris **R**^{1} 8 comenanti **R**^{1}. comminanti **Eeal**. concernenti **p** 12 aliene (-ine **R**^{1})**R**. -na **Ea** *Murb.* **l** *S*. -nam **p** 13 ait in eo (**R**?) *Rhen.* attineo **d**. atteneo **Eal**. -nto **p**. ad te in eo *va.G* 14 *pro* multos *spat. vac. in* **R** | qui mutos **R**^{2} | uitilitigent *Fabricius Camers ap. B.* uitii lit- **d**. uitilegent **R**. ut eligant (-gat **e**)**ea** *Murb.* **l**. ita reprobent ut eligant **pz**. inuiti legant *v* 15 hii **da**. hi **R**^{2}**Ep**. *om.* **R**^{1} | experti **Eea** 16 rationes **p** | siui *Jordan et D.* sibi *ll. S.* sino *v.* ibi *J* | praeterfluere **R**^{2} *supra scr. v*(*D*). *cfr. Cic. Tusc. V 33,96.* praetereo **d**^{2}**plz** *S.* *om.* **R**^{1}. praeter *r.* praeterire *O Rossbach* 17 orationis **da** 18 libertis **E**. -ris *rv* 19 ne **R***v*. non **dT**. nec *r* | posset **R***v*. -sse *r*. potuit **p** 22 uicilitigatores **p**. uitii (uicii **a**) lit- **dEa**. utelit- **R**

et litigatoribus composuit — quid enim illi aliud quam litigant aut litem quaerunt? —, exequemur reliqua propositi.
33 quia occupationibus tuis publico bono parcendum erat, quid singulis contineretur libris, huic epistulae subiunxi summaque cura, ne legendos eos haberes, operam dedi. tu per hoc et aliis praestabis ne perlegant, sed, ut quisque desiderabit aliquid, id tantum quaerat et sciat quo loco inveniat. hoc ante me fecit in litteris nostris Valerius Soranus in libris, quos ἐποπτίδων inscripsit.

---

1 illi **d**^{2} *cum ras.* **pl***v*. *om.* **R**^{1}. illud *r* | quam quod **p** 4 contine . . tur **E**. -neatur **l***v a. Brot.* 5 ne legendos *codd. recc. Brot.* nec leg- **eapl**. ne nec leg- **d**. negleg- **R**. ne perleg- *v* | habere **El**. *om.* **p** 7 desiderabit **dTplz**(*Rhen.*) *S.* -auit **Rea** *Murb.* -auerit *v* 9 soranus **R**^{2}**l***v*. sola- *r*. *om.* **p** | libros **R**^{1}**a** | epothiton **p**. epop . . cum **R** | inscripsit **R**^{2}**l***v*. scri- *r*

C. PLINI SECVNDI
NATVRALIS HISTORIAE
LIBER I

LIBRO II CONTINENTVR

An finitus sit mundus et an unus (1)

de forma eius (2)

de motu eius. cur mundus dicatur (3)

de elementis (4)

de deo (5)

de siderum errantium natura (6)

de lunae et solis defectibus. de nocte (7)

de magnitudine siderum (8)

quae quis invenerit in observatione caelesti (9. 10)

de lunae motu (11)

errantium motus et luminum canonica (12)

quare eadem altiora, alias propiora videantur (13. 14)

catholica siderum errantium (15)

quae ratio colores eorum mutet (16)

solis motus. dierum inaequalitatis ratio (17)

quare fulmina Iovi adsignentur (18)

intervalla siderum (19)

de sideribus musica (20)

de mundo geometrica (21)

de repentinis sideribus. de cometis. natura et situs et genera eorum (22. 23)

Hipparchea de sideribus agnoscendis (24)

---

2 finiatur **adT** | sit *om.* **RadT** | an sit **dT** 5 eius *om.* **RdT***SJ* | cur—dicatur *om.* **Rad**^{1}**T** 11 de luna et sole **a** | De defectibus **Eea** 15 cae////// **R**. *add.* quando recurrant solis ac lunae defectus **d***H* 19 quae (que **a**) **eadT***va.G* | altiora *ll.H.* alias altiora *v.* altiora alias *JD* 35 hipparchia (ipa- **R**) **RdT**. yparcia **a** | adagnoscentibus **a**. agnasc- **R**. *om.H*

de caelestibus prodigiis per exempla historica
lampades, bolides (25)
trabes caelestes, chasma caeli (26)
de caeli coloribus
de flamma caelesti (27)
de coronis caelestibus
de circulis repentinis (28. 29)
plures soles (31)
plures lunae (32)
dierum *modo* noctibus lux (33)
clipei ardentes (34)
ostentum caeli semel notatum (35)
de discursu stellarum (36)
de stellis quae Castores vocantur (37)
de aëre (38)
de statis tempestatibus (39—41)
de caniculae ortu (40)
vis temporum anni stata (41)
de incertis tempestatibus. de imbribus et quare lapidibus pluat (42)
de tonitribus et fulgetris (43)
qua ratione echo reddatur. ventorum genera, naturae, observationes (44—48)
ecnephias, typhon (49)
turbines, presteres, vertices, alia prodigiosa genera tempestatum (50)
de fulminibus (51—56)
quibus in terris non cadant et quare
genera fulgurum et miracula (52)
Etrusca observatio in iis et Romana (53)
de fulminibus evocandis (54)
catholica fulgurum (55)
quae numquam feriantur (56)
lacte pluisse, sanguine, carne, ferro, lana, lateribus coctis (57)
portenta (58)
de lapidibus caelo cadentibus. Anaxagorea de his (59)
arcus caelestis (60)
natura grandinis, nivis, pruinae, nebulae, roris. nubium imagines (61)
proprietates caeli in locis (62)
natura terrae (63)
de forma eius (64)
an sint antipodes. quomodo aqua terrae innexa. quae ratio fluminum (65. 66)

---

3 faces lampades **d**(?)*va.D* 4 casma **RaT** 12 dierum modo *ego.* dierum *ll.v.* diurna *D* | lux noctibus (-cte *v*) *H* 14 clypei **a***va.S* 26 et (*om.***Ra**) quare—pluat *ll.v*(*D*). *post* aere (20) *transp. Brot.* 28 fulguris **ea** 41 in his **R**[2]*H.* his **R**[1]. nis **a** 44 catholica fulgurum (-gorum **R**) *post* Romana *ponunt* **RaT**. *om.***ed** 50 portenta *ego.* frumento *ll.D.* *om.v*

an circumdatus terrae oceanus (67)
quae portio terrae habitetur (68)
mediam esse mundi terram (69)
de obliquitate zonarum (70)
de inaequalitate climatum (71)
ubi eclipses non appareant et quare (72)
quae ratio diurnae lucis in terris (73)
gnomonica de ea re (74)
ubi et quando nullae umbrae, ubi bis anno. ubi in contrarium umbrae ferantur (75. 76)
[ubi longissimi dies, ubi brevissimi] (77)
de primo horologio (78)
quo modo observentur dies (79)
differentia gentium ad rationem mundi (80)
de terrae motibus. de terrae hiatibus. signa motus futuri (81—83)
auxilia contra motus futuros (84)
portenta terrarum semel tradita (85)
miracula terrae motus (86)
quibus locis maria recesserint. insularum enascentium ratio (87. 88)
quae et quibus temporibus enatae sint (89)
quas terras interruperint maria (90)
quae insulae continenti adiunctae sint (91)
quae terrae in totum mari permutatae (92)
quae terrae ipsae se minuerint (93)
urbes haustae mari (94)
de spiraculis (95)
de terris semper trementibus. de insulis semper fluctuantibus (96)
quibus locis non inpluat (97)
acervata terrarum miracula (98)
qua ratione aestus maris accedant et recedant (99)
ubi aestus extra rationem idem faciant (100)
miracula maris (101—105)

---

7 undarum **Eea** 8 limatum **R**^{1}. liminum **Eea** 9 eclipsis **REaT***D* | appareat **aT** 13 ea re **e***J*^{2}. are (*et iterat.* aere) **a**. eadem re **RdT**(?)*v*. terra *D* 14 umbrae ferantur *om.* **R**^{1}**e**^{1}**a** 18 ubi—breuissimi *om.* **Ra**. *uncos pos. D* 21 obstruetur **Ra** 23—p 4, 19 *om.* **a** 44 se minuerint *D cum U.* seminauerint **ed**. . . . . .uerint **R**. se sorbuerunt (-rint *Brot.*) *v* 47 piaculis (-las **R**^{1}) **Red** 49 de insulis—fluctuantibus *om.* **R**^{1}**dT** 51 ////pluat **E**. pluat **eT***va*. *H*

quae potentia lunae ad terrena et marina (102)
quae solis (103)
quare salsum mare (104)
ubi altissimum mare (105)
mirabilia fontium et fluminum (106)
ignium et aquarum iuncta miracula (107—110)
de maltha (108)
de naphtha (109)
quae loca semper ardeant (110)
ignium per se miracula (111)
terrae universae mensura (112)
harmonica mundi ratio (113)
Summa: res et historiae et observationes CCCCXVII

EX AVCTORIBVS

M. Varrone. Sulpicio Gallo. Tito Caesare Imperatore. Q. Tuberone. Tullio Tirone. L. Pisone. T. Livio. Cornelio Nepote. Seboso. Caelio Antipatro. Fabiano. Antiate. Muciano. Caecina qui de Etrusca disciplina. Tarquitio qui item. Iulio Aquila qui item. Sergio Plauto.

EXTERNIS

Hipparcho. Timaeo. Sosigene. Petosiri. Nec*h*epso. Pythagoricis. Posidonio. *Anaxi*mandro. Epigene. Eudoxo. Democrito. Critodemo. Thrasyllo. Serapione gnomonico. Euclide. Coerano philosopho. Dicaearcho. Archimede. Onesicrito. Eratosthene. Pythea. Herodoto. Aristotele. Ctesia. Artemidoro Ephesio. Isidoro Characeno. Theopompo.

L. III CONTINENTVR

situs, gentes, maria, oppida, portus, montes, flumina, mensurae, populi qui sunt aut fuerunt
Baeticae (3)
Hispaniae citerioris (4)
Narbonensis provinciae (5)
Italiae usque Locros (6—10)
Tiberis, Roma (9)
insularum LXIIII, in his

---

2 maria *H* 15 mensurae **eT** 28 tarquinio item **R**^{1}**E**^{1}**a** 29 iulio **RT***v*(*H*). liuio **a**. l. iulio **ed**. leiulio **E**. L. *B* 30 plauto **R**^{2}*G*. planco **dT**. platone *r*. paulo *L*. -llo *D*. *cfr. ind. XVIII. om. v*(*S*) 31 Externis: Platone *va. G*(*L*) 32 Timarcho *va. L* 33 Nechepso *S coll. II 88*. Nece- **T***B*. neodepso **Ra**. neocle- **ed**. neoce- *v* 34 Anaximandro *L*. casim- *v*. chasm- **Eea**. charm- **RdT** 37 Nemonico **a**. gnomonico—philosopho *post* Epigene *pon*. **dT***va. D* 40 typhea **Ee**. thy- **a**. tipea **R** 47 ad **R**. aut qui **AR**^{a}*D* 53 romam **AE**. (Roma Tiberis **a**)

Baliarium (11)
Corsicae (12)
Sardiniae (13)
Siciliae (14)
Italiae Locris usque Ravennam (15—20)
de Pado (20)
Italiae trans Padum (21. 22)
Histriae (23)
Alpium et gentium Alpinarum (24)
Illyrici, Liburniae (25)
Dalmatiae (26)
Noricorum (27)
Pannoniae (28)
Moesiae (29)
iusularum Ionii et Hadriatici (30)
Summa: oppida et gentes ...
Summa: flumina clara ...
Summa: montes clari ...
Summa: insulae ...
Summa: quae intercidere oppida aut gentes ...
Summa: res et historiae et observationes. ...

EX AVCTORIBVS

TurranioGracile. CornelioNepote. T. Livio. Catone censorio. M. Agrippa. M. Varrone. Divo Augusto. Varrone Atacino. Antiate. Hygino. L. Vetere. PomponioMela. Curione patre. Caelio. Arruntio. Seboso. Licinio Muciano. Fabricio Tusco. L. Ateio. *Ateio* Capitone. Verrio Flacco. L. Pisone. Gelliano. Valeriano.

EXTERNIS

Artemidoro. Alexandro polyhistore. Thucydide. Theophrasto. Isidoro. Theopompo. Metrodoro Scepsio. Callicrate. Xenophonte Lampsaceno. Diodoro Syracusano. Nymphodoro. Calliphane. Timagene.

L. IIII CONTINENTVR

situs, gentes, maria, oppida, portus, montes, flumina, mensurae, populi qui sunt aut fuerunt

---

p. 14, 54 LXIIII **AR**^{2}**E**^{2}**d**^{2}*H*. excipit *r. om. v*
5 italia **R**. -iae **a** *H. om.* **A** 8 italie **a**. -lia **AR**^{2}**E**^{1}**e***S* 9 Histriae *v*, *post* Illyrici *pon. ll* 16 moesiae *om.* **R**^{1}**E**^{1}**a** 17 Adriatici maris **R**(?)*H* 19 gentes XXVI *v a. H. desunt numeri omnes in ll* 21 summa montes **A***H*. -mi mo- *r v* | eclari **R**^{1}. ///cl- **E**. praecl- *v a. H* 22 summa insulae **A** *H*. -mae ins- *r v* (*eodemque vitio etiam in seqq. libris passim peccatum est*) 23 intercedere **R**^{1}**E**. -cetera **a** 26 obseruationes CCCXXVI *v a. D* 28 Turranio **A***J*. Tura- *v*. -annio *Bas.* terranio **R**^{1}**e**. -alio **a**. -aneo **dT**. tirranio **R**^{2}. tera- **E** | Gracile **d**^{2}**T***H*(*J*). -li **A***S*. gracculo **Ee***v*. -la *B*. gratulo **d**^{1}. cra- **Ra** 36 Lategio **Ea** | Ateio *add. D cum Ritschelio* (*parerg. Plaut. I p. 374*). *cfr. ind. IV* 38 Gelliano **ed***H coll. III 108*. Cell- *r*. C. Ael- *v* 50 aut qui *D*

Epiri (1—4)
Achaiae (5—10)
Graeciae (11—13)
Thessaliae (14. 15)
Magnesiae (16)
Macedoniae (17)
Thraciae (18)
insularum ante eas terras (19—23), inter quas
Creta (20)
Euboea (21)
Cyclades (22)
Sporades (23)
Hellesponti, Ponti, Maeotidis (24)
Daciae, Sarmatiae, Scythiae (25. 26)
insularum Ponti (27)
Germaniae (28. 29)
insularum in Gallico oceano XCVI, quas inter Britannia (30)
Belgicae Galliae (31)
Lugdunensis Galliae (32)
Aquitanicae Galliae (33)
citerioris Hispaniae ab oceano (34)
Lusitaniae (35)
insularum in mari Atlantico (36)
universae Europae mensura (37)
Summa: oppida et gentes ...
Summa: flumina clara ...
Summa: montium clari ...
Summa: insulae ...
Summa: quae intercidere oppida aut gentes ...
Summa: res et historiae et observationes ...

EX AVCTORIBVS

Catone censorio. M. Varrone. M. Agrippa. Divo Augusto. Varrone Atacino. Cornelio Nepote. Hygino. L. Vetere. Mela Pomponio. Licinio Muciano. Fabricio Tusco. Ateio Capitone. Ateio philologo.

EXTERNIS

Polybio. Hecataeo. Hellanico. Damaste. Eudoxo. Dicaearcho. Timosthene. Eratosthene.

---

2 achaiae **A***J.* -aye **a**. -aiae atticae *rS* 8 inter (*pro* ante) **dT***vaH* 10 crete **Ra**. -tae *H.om.*F^aR^a 11 euboee **Ra**. -oeae *H.om.*F^aR^a 12 cyclades *om.*F^aR^a. -dum *H* 13 sporai **Ra**. -adum *H* 14 ponti *ll.v(D). om.* **dT***H* 20 insule **a** 21 XCVI quas inter *om.* **dT***va.H* | brittannie **Ra**. -ae F^a *H. sed cfr. IV 102* 25 aquitanicae galliae **A**R^2*H.* -nia *v. om. r* 26 oceano *ll.v(D).* -no gallico **R**(?) *H.cfr. D UZp.25* 35 clarorum **a**. -ra E^1. -ri LE^2 37 intercedere F^aR^1E. -riere **a** 39 res et **a**. res *rv* 42 M. (Marco **a**) uarrone. Catone Censorio (*om.* **a**) **Ta***va.S* 46 mela pōpeio **a**. pomponio mela **dT***va.S* 52 Erastosthene *om.*F^a**RdT**

Ephoro. Cratete grammatico. Serapione Antiochense. Callimacho. Artemidoro. Apollodoro. Agathocle. Timaeo Siculo. Myrsilo. Alexandro polyhistore. Thucydide. Dosiade. Anaximandro. Philistide Mallote. Dionysio. Aristide. Callidemo. Menaechmo. Aglaosthene. Anticlide. Heraclide. Philemone. Xenophonte. Pythea. Isidoro. Philonide. Xenagora. Astynomo. Staphylo. Aristocrito. Metrodoro. Cleobulo. Posidonio.

L. V CONTINENTVR

situs, gentes, maria, oppida, portus, montes, flumina, mensurae, populi qui sunt aut fuerunt

Mauretaniarum (1)
Numidiae (2)
Africae (3)
Syrtium (4)
Cyrenaicae (5. 6)
insularum circa Africam (7)
aversorum Africae (8)
Aegypti (9—11)
 Chorae, Thebaidis, Nili
Arabiae quae est ad mare Aegyptium (12)
Idumaeae, Syriae, Palaestines, Samariae (13. 14)
Iudaeae (15)
Phoenices (17)
Syriae Coeles, Syriae Antiochiae (18. 19)
Euphratis (20. 21)
Ciliciae et iunctarum gentium (22)
Isauricae, Omanadum (23)
Pisidiae (24)
Lycaoniae (25)
Pamphyliae (26)
Tauri montis (27)
Lyciae (28)
Cariae (29)
Ioniae (31)
Aeolidis (32)
Troadis et iunctarum gentium (33)

---

1 eforo **R**^{a}. epof- **a**. ephof- **R** 4 timaeo (-aco **a**) *ll. D.* eumacho *v*. -cho timaeo **T**(?) *H. cfr. ind. VI* 5 myrsilo *H*. -sylo **A**. mursilo **R**^{2}. -scio **R**^{1}**a**. -seio **R**^{a}. musseio **F**^{a}**dT**. musico *v* 8 molete **Ra**. -laetae **F**^{a} 9 aglaosthene *S cum Reinesio*. aglo- **d***H*. ego- **A**. eclo- **R**^{a}. aeclo- **F**^{a}. aedo- **T***v*. aclostene **a**. glo- **R** 19 aut qui *D* 20 mauretaniarum **F**^{a1}**R***S*. maurit- *rv*(*D*) 25 insule **a** 28 chorae *om.* **dT***va. D. cfr. VI 212. XIII 42* 31 syriae et (*del. v*) idumaeae **dT***va. D* | palestinus **E**. -ne **Ra**. -nae **F**^{a}*H* 38 et *om.* **F**^{a1}**a** | adiunctarum **A**(?)*SJ*. -tae *rv* gentium **A***S*. -tes *rv* 40 omanadum *ll. D.* homan- *v*. homon- *C* 49 troades **F**^{a}**a** | iunctae **R**^{a}. iniu- **F**^{a}**Ra**. adiu- **dT***v*. -tarum *S* | gentium **A***S*. -tes *rH*

insularum ante Asiam CCXII (34—39). in iis
Cypri (35)
Rhodi, Coi (36)
Sami (37)
Chii (38)
Lesbi (39)
Hellespontus, Mysia (40)
Phrygia (41)
Galatia et iunctae gentes (42)
Bithynia (43)
Summa: oppida et gentes ...
Summa: flumina clara ...
Summa: montium clari ...
Summa: insulae CXVIII
Summa: quae intercidere oppida aut gentes ...
Summa: res et historiae et observationes ...

EX AVCTORIBVS

Agrippa. Suetonio Paulino. M. Varrone. Varrone Atacino. Cornelio Nepote. Hygino. L. Vetere. Mela. Domitio Corbulone. Licinio Muciano. Claudio Caesare. Arruntio. Livio filio. Seboso. actis triumphorum.

EXTERNIS

Iuba rege. Hecataeo. Hellanico. Damaste. Dicaearcho. Baetone. Timosthene. Philonide. Xenagora. Astynomo. Staphylo. Dionysio. Aristotele. Aristocrito. Ephoro. Eratosthene. Hipparcho. Panaetio. Serapione Antiocheno. Callimacho. Agathocle. Polybio. Timaeo mathematico. Herodoto. Myrsilo. Alexandro polyhistore. Metrodoro. Posidonio qui περίπλουν aut περιήγησιν. Sotade. Pyrrandro. Aristarcho Sicyonio. Eudoxo. Antigene. Callicrate. Xenophonte Lampsaceno. Diodoro Syracusano. Hannone. Himilcone. Nymphodoro. Calliphane. Artemidoro. Megasthene. Isidoro. Cleobulo. Aristocreonte.

———

L. VI CONTINENTVR

situs, gentes, maria, oppida, portus, montes, flumina, mensurae, populi qui sunt aut fuerunt

1 insulae *va.H* | CCII *D(UZp.26)*. CCXII *ll.H.om.v* 4 Rhodi Coi *D*. rodi co. rhodi **R**. chodi coi rodi **A**. chodii (co- R^a) choi rhodi (ro- a)$F^a R^a$a. *similia r*. Rhodi *H*. -dus *v* 10 iniunctae **RT**. adiu- d(?)*H.om.v* 15 CXVIII *ll.v(S)*. CXVII d T *Brot*. CCCXVIII *coni.H*. CCVIIII *coni.D(UZp.27)* 18 res (*om.* et) **RT** *va.S(ut fere semper)* 30 bethone a. bione **T** *va.H* 33 Dionysio *errore pos. post* Aristotele *C, post* Aristocrito *S* 38 missilo F^a. -ssolo a 41 perihegesis F^aa 42 pyrrandro R^2. pyra- A$F^a R^1$d. -runchro e. periandro **T***v*. pindaro a*D* 53 aut qui $F^a R^a$a*D*

Ponti, Mariandynorum (1)
Paphlagonum (2)
Cappadocum (3. 8)
Themiscyrena regio et in ea gentes. Heniochi (4)
regio Colica et gentes. Achaeorum gentes. ceterae eodem tractu gentes (5)
Bosporus Cimmerius (6)
Maeotis. gentes circa Maeotim (7)
Armenia minor, Armenia maior (9)
Cyrus fluvius, Araxes fluvius (10)
Albania, Hiberia (11) et iunctae portae Caucasiae (12)
insulae in Ponto (13)
gentes a Scythico oceano (14)
Caspium et Hyrcanium mare (15)
Adiabene (16)
Media, portae Caspiae (17)
gentes circa Hyrcanium mare (18)
Scytharum gentes (19)
situs ab oceano Eoo. Seres (20)
Indi (21—23)
Ganges (22)
Indus (23)
Taprobane (24)
Ariani et iunctae gentes (25)
navigationes in Indiam (26)
Carmania (27)
sinus Persicus (28)
Parthorum regna (29)
Mesopotamia (30. 31)
Tigris (31)
Arabia (32)
sinus maris Rubri (33)
Trogodytice (34)
Aethiopia (35)
insulae Aethiopici maris (36)
de insulis Fortunatis (37)
terrae per mensuras conparatae (38)
digestio terrarum in parallelos et umbras pares (39)
Summa: oppida MCXCV
Summa: gentes DLXXVI
Summa: flumina clara CXV

---

1 mariandinos $F^a R^a$ a 4 themiscyrae *B.* -scidena $F^a R^a$ E a. -stide *v* 5 *post* gentes *add.* Colchi Phasis Ecriticere regio et in ea gentes R^2 *in marg. cfr. VI 12—14* 6 colica R E *H.* chol- a. colchica R^a d T *v.* cholch- D F^a | gentes, ceterae *ll. D.* cet- *S.* et cet- *H(J)* 10 gens a. et gentes R E d (?) *H* 16 albania *om.* R^1 a | heberia F^a | et *om.* R^1 17 iunctae gentes. portae R^2 E d T (?) *H.* portae *v* 20 Hyrcanum *H.* -nium (-ntum a) oceanum F^a R a. -num et oceanum d T 27 *ad* Seres *add.* cenesabis R^1 a. Genesabes F^a. gentes ab iis (habes R^a) $R^2 R^a$ 33 Ariani—gentes *om. H. ante* Tapobrane *pos. v* 50 *sqq. de numeris cfr. D(UZ p. 28)* | MCCXV T. CCCXIV R. CXCV E a *v a. H* 51 DLXVI *v a. H* 52 XCV T. CXC *v.* CLXXX *Bas. (errore)*

Summa: montes clari XXXVIII
Summa: insulae CVIII
Summa: quae intercidere oppida aut gentes XCV
Summa: res et historiae et observationes MMCCXIIII.

EX AVCTORIBVS

M. Agrippa. M. Varrone. Varrone Atacino. Cornelio Nepote. Hygino. L. Vetere. Mela Pomponio. Domitio Corbulone. Licinio Muciano. Claudio Caesare. Arruntio. Seboso. Fabricio Tusco. T. Livio *filio*. Seneca. Nigidio.

EXTERNIS

Iuba rege. Hecataeo. Hellanico. Damaste. Eudoxo. Dicaearcho. Baetone. Timosthene. Patrocle. Demodamante. Clitarcho. Eratosthene. Alexandro Magno. Ephoro. Hipparcho. Panaetio. Callimacho. Artemidoro. Apollodoro. Agathocle. Polybio. Timaeo Siculo. Alexandro polyhistore. Isidoro. Amometo. Metrodoro. Posidonio. Onesicrito. Nearcho. Megasthene. Diogneto. Aristocreonte. Bione. Dalione. Simonide minore. Basile. Xenophonte Lampsaceno.

L. VII CONTINENTVR

---

3 interiere **a** 4 gentes (*om. num.*) **a** 5 hystorie. CV **a** | et *om.* **Ra** 6 II. milia CCXLIII **R**^{1}. -XIII **d** 15 F. (*i.e.* filio) **DF**^{a}**d** *D cum U. om. rv* 22 Ephodoro **Ea** 25 timaeo (Vmaeo **Ea**) *ll. D.* Vinaco *v.* Eumacho *B.* -cho, Timaeo *H. cfr. ind. IV* 30 daltone **F**^{a}. daldone **Ea**. dial- *va. H* 34 naturę **a** 37 temporum **R** | per inlustria *ll. v(D).* perillu- *H* 38 VI **F**^{a2}**a** 39 duodecim **a** 45 hominum *om.* **dT** *va. S.* -inis **R** 47. 48. 50 *ordinavit H.* 50. 48. 47 *colloc. ll* 50 annos *om.* **R**^{1}. animos **F**^{a}**R**^{a}**a** 51 mensium **adT** *H*

magnitudinum exempla (16)
praeproperi infantes (17)
insignia corporum (18)
vires eximiae (19)
velocitas praecipua (20)
visus eximii (21)
auditus miraculum (22)
patientia corporis (23)
memoria (24)
vigor animi (25)
clementia, animi magnitudo (26)
rerum gestarum claritas summa (27)
tres summae virtutes in eodem, innocentia summa (28)
fortitudo summa (29)
ingenia praecipua (30)
qui sapientissimi (31)
praecepta vitae utilissima (32)
de divinatione (33)
vir optimus iudicatus (34)
matronae pudicissimae (35)
summae pietatis exempla (36)
artibus excellentes (37—39)
astrologia, [grammatica], medicina (37)
geometria, architectura (38)
pictura, scalptura aeraria, marmoraria, eboraria, caelatura (39)
pretia hominum insignia (40)
de felicitate summa (41)
raritas continuationis in familiis (42)
varietatis exempla mirabilia. bis proscriptus (43)
honorum exempla mirabilia (44)
decem res in uno felicissimae (45)
divi Augusti adversa (46)
quos di felicissimos iudicaverint (47)
quem viventem ut deum coli iusserint. fulgur mirabile (48)
de spatiis vitae longissimis (49)
de varietate nascendi (50)
in morbis exempla varia (51)
de morte (52)
qui *elati* revixerint (53)
subitae mortis exempla (54)
de sepultura (55)
de manibus, de anima (56)
quae quis in vita invenerit (57)
in quibus rebus primi gen-

---

1 magnitudinum — 2 infantes *om.* F^a**a** 6 eximius *D. de* uisus *plur. num. cfr. XXXVII 101. XI 142* 7 auditus — 8 corporis *om.* R^1**a** 27 grammatica R^a *ead. m. in marg. v. om. r. uncis inclusit D. cfr. VII 123* 29 geometrica R^1**Ea** 30 aeraria *del. J. sed cfr. VII 125 extr.* 31 marmoria R^1R^a. -orea F^a**a** | eborea **a** 35 continuitatis **a**. -nuatis F^a 37 uarietas F^a**Ra**. -tates **E** 41 felicissimo **E** 44 difficillimos **E** 53 elati *v.* clari *ll*

tium consensus. de antiquis litteris (58)
quando primum tonsores (59)
quando primum horologia (60)
Summa: res et historiae et observationes DCCXLVII.

EX AVCTORIBVS

Verrio Flacco. Gnaeo Gellio. Licinio Muciano. Masurio Sabino. Agrippina Claudi. M. Cicerone. Asinio Pollione. M. Varrone. Messala Rufo. Nepote Cornelio. Vergilio. T. Livio. Cordo. Melisso. Seboso. Cornelio Celso. Maximo Valerio. Trogo. Nigidio Figulo. Pomponio Attico. Pediano Asc*o*nio. Fabiano. Catone censorio. actis. Fabio Vestale.

EXTERNIS

Herodoto. Aristea. Baetone. Isigono. Cratete. Agatharchide. Calliphane. Aristotele. Nymphodoro. Apollonide. Ph*y*larc*h*o. Damone. Megasthene. Ctesia. Taurone. Eudoxo. Onesicrito. Clitarcho. Duride. Artemidoro. Hippocrate medico. Asclepiade medico. Hesiodo. Anacreonte. Theopompo. Hellanico. Damaste. Ephoro. Epigene. Beroso. Petosiri. Nec*h*epso. Alexandro polyhistore. Xenophonte. Callimacho. Democrito. Diyllo historico. Stratone qui contra Ephori εὑρήματα scripsit. Heraclide Pontico. Asclepiade qui τραγῳδούμενα. Philostephano. Hegesia. Arch*e*macho. Thucydide. Mnesigitone. Xenagora. Metrodoro Scepsio. Anticlide. Critodemo.

L. VIII CONTINENTVR

de elephantis (1—11)
de sensu eorum (1)
quando primum iuncti (2)
de docilitate eorum (3)

---

8 galleo F^a. albino a 11 pollione *om.* a 12 M. uarone a. *om.* R^1EdT*va.S* | *post* Messala *comma del. Brunn p. 13* 13 T. Dd*D*. th. F^a. *om. rv* 14 Leuio D. lae- F^a 15 Maximo Valerio, Trogo *om.* F^a 16 *post* Trogo *iteraverunt* Cornelio celso RR^aE (*item* a, *qui tamen* 13 Vergilio — 15 Cornelio *om.*) 17 Pompeio a 18 ascanio F^aREa | fabiano *om.* R^1. ſabino E*va.H* 25 philarco $F^a R^a$Ea. -rgo R 32 hepho . . E. heporo $F^a R^a$. hepp- a. defodoro R 33 nechepso *S.* nece- *ll.B.* neoce- *v. cfr. ind. II* 36 diyllo historico *H.* dyillo (duilio *v*) polystore (*vel* -stero. -histore *v*) historico *ll.v* 38 theoremata *va.H* | scripsit *om.* a 40 tragodomenas $F^a R^a$a 41 Archemacho *Brunn l.l. coll. VII 207.* archim- *ll.va.D*

mirabilia in factis eorum (4)
de natura ferarum ad pericula sua intellegenda (5)
quando primum in Italia visi elephanti (6)
pugnae eorum (7)
quibus modis capiantur (8)
quibus domentur (9)
de partu eorum et reliqua natura (10)
ubi nascantur. discordia eorum et draconum (11)
de sollertia animalium (12)
de draconibus (13)
mirae magnitudines serpentium (14)
de Scythicis animalibus. de septentrionalibus, de bisontibus, uris (15)
alce, achli, bona*so* (16)
de leonibus (17—21)
quomodo gignantur (17)
quae genera eorum (18)
quae propria naturae (19)
quis primus leontomachiam Romae, quis plurimos in ea leones donaverit (20)
quis primus Romanorum iunxerit. mirabilia in leonum factis (21)
a dracone agnitus et servatus (22)
de pantheris (23. 24)
senatusconsultum et leges de Africanis. quis primus Romae Africanas et quando; quis plurimas (24)
de tigribus. quando primum Romae visa tigris. de natura earum *fetu* ca*p*to (25)
de camelis. genera eorum (26)
de camelopardali. quando primum Romae visa (27)
de chama. de cephis (28)
de rhinocerote (29)
de lynce et sp*h*ingibus. de crocottis. de cercopithecis (30)

---

5 elephantes **a** 7 quibus — capiantur *om.* **R**^{1}**E** 15 et mire **a** | magnitudinis **F**^{a}**Ra**d*H*. *om.* **E** | serpentib; **a**. -tes *H* 17 de Scythicis — septentrionalibus *om.* **a**. (*ordinem mutavit H*) 18 de *om.* **R** | uisontibus **F**^{a}**RR**^{a}**a** 19 Veris **R**. De uris **R**^{a}**a**. uiriis **DF**^{a} *om.r H* 20 De alce **a** | acli **F**^{a}**R**^{2} (cl *in ras.*). aci **d**. ace **a** | bonaso *H*. -ace **dT**. -acae **R**. sonace **R**^{a}**a**. -cae **DF**^{a} 24 propria (*U*)*D*. -iae *ll.H* 27 domauerit **a**. -rint **F**^{a}. *add.* quis primus (-um **F**^{a}**T**) leones domauerit (-muerit **R**^{2})**F**^{a}**RR**^{a}**T** 28 quis — iunxerit *om.* **d***H*(*J*). *add.* quis primus leones domuerit *S* 36 et quando *om.* **dT***H* 38 tigribus et **DF**^{a}*S* 40 fetu capto *ego*. de catho **DF**^{a}**a**. de chato **R**^{a}. *om.r H*. de catulis *D coll. VIII 66* 45 cama **a**. thama **R**^{a}. chao **RE***v a.S* | cehpis **a**. thepis **R**^{a}. cepphis **RE**. cheppis **F**^{a} 47 et *om.* **F**^{a}**E**. de **a** | spingibus **F**^{a}**REa**

Aethiopiae terrestria animalia (31)
item Indiae. bestia visu interficiens (32)
de basiliscis serpentibus (33)
de lupis. unde fabula versipellium (34)
serpentium genera (35)
de ichneumone (36)
de crocodilo (37)
de scinco (38)
de hippopotamio (39)
quis primus ostenderit eum Romae et crocodilum (40)
medicinae ab animalibus repertae (41)
prognostica periculorum ex animalibus (42)
gentes ab animalibus sublatae (43)
de hyaenis (44—45)
de corocottis. de mantichoris (45)
de onagris (46)
de aquaticis et iisdem terrestribus (47—49)
de fibris, de lutris. de vitulo marino, de stellionibus
de cervis (50)
de chamaeleonte (51)
de reliquis colorem mutantibus, tarandro, lycaone, thoe (52)
de hystrice (53)
de ursis. de fetu eorum (54)
de muribus Ponticis et Alpinis (55)
irenaceis (56)
leontophono. lynces (57)
meles, sciuri (58)
de cocleis (59)
de lacertis (60)
canum natura (61—63)
exempla eorum circa dominos. qui proeliorum causa canes habuerint.
de generatione eorum (62)
contra rabiem remedia (63)
equorum natura (64—67)
de ingeniis equorum. mirabilia quadrigarum.
generatio equorum (66)
vento concipientes (67)
de asinis. generatio in his (68)
mularum natura et reliquorum iumentorum (69)

---

1 aethiopiae F^aREa. indiae *rH* 3 indiae F^aREa. aethiopiae *rH* 6 uersipelliū *D cum U*. -elio E. -ellio *r*. -llis T*H* 12 hippopotamio (hypp- F^a)DF^a*D*. -mo REd(?)*v*. yppotamio a 25 de castoreo. de aquaticis dT*va.D* 27 De uitulo marino. De fibris (fri- F^a). De litris (lut- a)F^aRa 30 cameleone R 32 tarando aT*va.J* 35 de muribus — Alpinis *om.*R 37 hirenaceis R. eren- R^a. feren- a. fraen- F^a. erinatiis E. -aceis *va.J* 38 leontophona ad. -thopona F^aRE 42 naturae F^aRR^aa*H* 48 equarum $F^a$$R^2$$R^a$a. eorum *S* 51 equarum a 56 iumentorum. generatio in his dT*S*

de bubus (70. 71)
generatio eorum.
Apis in Aegypto (71)
pecorum natura (72—75)
generatio eorum. genera lanae et colorum (73)
genera vestium (74)
caprarum natura et generatio (76)
suum item (77)
de feris subus.
quis primus vivaria bestiarum instituerit (78)
de simiis (80)
de leporum generibus (81)
de semiferis animalibus (82)
quae quibus locis animalia non sint (83)
ubi et quae advenis tantum noceant. ubi et quae indigenis tantum (84)
Summa: res et historiae et observationes DCCLXXXVII.

EX AVCTORIBVS

Muciano. Procilio. Verrio Flacco. L. Pisone. Cornelio Valeriano. Catone censorio. Fenestella. Trogo. actis. Columella. Vergilio. Varrone. Lucilio. Metello Scipione. Cornelio Celso. Nigidio. Trebio Nigro. Pomponio Mela. Mamilio Sura.

EXTERNIS

Iuba rege. Polybio. Herodoto. Antipatro. Aristotele. Demetrio physico. Democrito. Theophrasto. Euanthe. *S*copa qui Ὀλυμπιονίκας. Hierone rege. Attalo rege. Philometore rege. Ctesia. Duride. Philisto. Archyta. Phylarcho. Amphilocho Athenaeo. Anaxipoli Thasio. Apollodoro Lemnio. Aristophane Milesio. Antigono Cymaeo. Agathocle Chio. Apollonio Pergameno. Aristandro Athenaeo. Bacchio Milesio. Bione Solense. Chaerea Athenaeo. Diodoro Prieneo. Dione Colophonio. Epigene Rhodio. Euagone Thasio. Euphronio Athenaeo. Hegesia Maroneo. Menandris Prieneo et Heracleote. Menecrate poeta. Androtione qui

2 earvm **a** 10 generatio suum **a**. suum item *post* 6 colorum *pon.* **E** 14 de simiis — generibus *om.* **R** 16 de — animalibus *ante* de simiis *pon.* **Ed***va. D* 23 DCCLXXXVIII **R***va. H* 30 lucio **RT***va. H* 38 scopa *D e coni. J. cfr. VIII 82.* apoca *ll.* -cha *v.* Agriopa *G* 39 olympionicas *G.* -ces **$F^a$$R^a$a**. -cę **E**. -ce **R**. -ca *v.* -ca scripsit **dT** 40 Attalo rege *om.* **F^aaT**. rege *om. S* | Philometro **T**. -tre **F^a** | rege *om. J.* item *v a. Brot. cfr. Brunn p. 15* 51 prieneo (pyrre- **a**) *ll. v.* -naeo *L* 54 menandri **E**. -dro **dT***va. G. cfr. ind. XI* 55 prienaeo **F^a***L*

de agricultura scripsit. Aeschrione qui item. Lysimacho qui item. Dionysio qui Magonem transtulit. Diophane qui ex Dionysio epitoma*s* fecit. Archelao rege. Nicandro.

L. IX CONTINENTVR

---

2 Lysimacho qui item **$F^{a}R^{2}$dT***H*. *om.rv* 5 epitomas *ego.* -ma **RR^{a}***v*. -ona **E**. -ictoma **F^{a}**. -istema **a**. -itomen *B. de r non constat. cfr. Wölfflini arch. XIII p.97* 8 continentur **RE***v*. *om.***a**. -etur *rH* 9 naturae **R^{2}***v*. -ra *rH. cfr.ind. X. XII. XV. XVI al.* 13 in occeano quoque **a**. et quo oceano **R** | maxima **Ea** 16 marinorumq. **a**. et arietum marinorum **R^{2}** 18 ballenis *ll* 25 quae alia **E***S* 26 thyrsionibus *D*(*UZ p.73 n.1*). thriys- **R**. trys- **E**. thyres- **$F^{a}R^{a}$**. tyres- **d**. *om.***a**. turs- **T***v. cfr. XXXII 145* 28 aquatilibus testudinibus **E** 31 quis — instituerit *om.* **a** (*item in seqq. complura lemmata solus om.*) | primum **$F^{a}R^{a}$E** 33 digestio **z***H*. -tium **R^{2}Ea**. -tum **R^{1}**. -tiuum **DF^{a}dT**. *om.v. cfr. de mendo ind. X(13)* 35 de uitulis — phocis *om.***ad** 40 cordulae **F^{a}R**. -le et **a** 41 salsura. melandrya **dT***H*. 45 alias **dT***H* | redeunt **a**

quare pisces extra aquam exiliant. gladius piscis (21)
esse auguria ex piscibus (22)
in quo genere piscium mares non sint (23)
qui calculum in capite habeant. qui lateant hieme. qui hieme non capiantur nisi statis diebus (24)
qui aestate lateant. qui siderentur pisces (25)
de mugile (26)
de acipensere (27)
de lupo, de asello (28)
de scaro, de mustela (29)
mullorum genera. sargus (30)
mirabilia piscium pretia (31)
non ubique eadem genera placere ce*nit*a*r*i (32)
de branchis. de squamis (33)
vocales et sine branchis pisces (34)
qui in terram exeant. tempora capturae (35)
digestio piscium in figuras corporum. rhomborum et passerum differentia. de longis piscibus (36)
de piscium pinnis et natandi ratione (37)
anguillae (38)
murenae (39)
planorum piscium genera (40)
echeneis. effectus eius (41)
qui pisces colorem mutent (42)
de hirundine. de pisce qui noctibus lucet. de cornut*a*.
de dracone marino (43)
de piscibus sanguine carentibus. qui pisces molles appellentur (44)
de saepia. de lolligine. de pectunculis. qui volent extra aquam (45)
de polypis (46—48)
de navigatore polypo (47)
de navigatore nauplio (49)
crusta intecti (50—52)

---

2 claudius **RE** 3 et (*pro* ex) R^2 6 habent F^a**a** 9 aestatis **RE**. statutis **T**. his tantis F^a. -tum **ad** 17 pretia R^2**dT***H*. genera *r* 19 cenitari *ego*. cemiati **E**. -aci **R**. GEMIATI F^a. -aci **D**R^a**a**. *om.* **dT** *H*(*J*[1]). coracini *S*. generatim *D* (*cum sqq. iungens*). geminatis *J*[2] 26 corporum *ll.v.* -ris **d**(?)*H* | rhomborum — differentia *post* 33 genera *pon.* **RE** *pal. Chat.* | rumborum F^a. -porum **a** 27 de longis piscibus *post* 30 ratione *pon.* **RE** *pal. Chat.* 29 pennis F^a**Ea** 33 genera. Item. **a** 34 echeneis *H*. echin' is **a**. -ineus **T**. -nis F^a**Rd** *pal. Chat.* ex binis **E** | effectus eius R^2 *in marg. J*[2]. et feltu aeerius R^1. et fatu (feltu **E**) ecrius **D**F^a**dE**. et fetu eerinus **a**. ET RE . . . R . . . *pal. Chat. om.* **T**. effectusque eius (*U*)*D*. et ueneficia eius *H* 35 mutent colorem *pal. Chat.* 37 cornuta *ego*. -to *ll. H. om. v. cfr. IX 82 et XXXII 145*
40 pisces **D**F^a**a***D*. -cium *r*(?)*H* 43 uolitent R^2 | qui — aquam *post* 42 saepia *pon.* **dT***S*, *post* 35 mutent *H. om. v*

---

2 de pinotere — 5 genera *om.* R^{1}E | pinothera F^{a}R^{2}adT. -re *H* 6 luxuria (-iae R^2) materiae R. materia luxuriae a | maris R^a. in mari T*H* 9 nascuntur E 11 inueniantur *v.* -iuntur *ll* 16 usu F^{a}RE 17 uenerunt RE 20 quae nationes purpurae *H. om.* a. *post* 25 uestibus *pon.* r 21 ex his *ll. H. an* suco ex iis? 28 hysgino *H.* hyschyno R^2. esch- T. sch- R^{1}d. scyno F^{a}E. scino a 30 pina *J.* pinna *ll. v* | pinothere (-oshere F^a)F^{a}Ra. pinno- *va. H*(*S*) 34 qui Ea 37 spongiis Ea*va. S* 41 eis E. his *rH* | qui a | siliceam testam cludantur RE 48 mira generationum *om.* d*H* 51—54 *om.* a 51 quomodo F^a 53 qui ipsi se ineant *om.* E

quae longissima vita piscium (78)
quis primus vivaria piscium instituerit. de ostreis (79)
quis murenarum vivaria instituerit. insignia piscinarum (81)
quis primus coclearum vivaria instituerit (82)
pisces terreni (83)
de muribus in Nilo (84)
quo modo capiantur anthiae pisces (85)
de stellis marinis (86)
de dactylorum miraculis (87)
de inimicitiis inter se aquatilium et amicitiis (88)
Summa: res et historiae et observationes DCL.

EX AVCTORIBVS

Turranio Gracile. Trogo. Maecenate. Alfio Flavo. Cornelio Nepote. Laberio mimographo. Fabiano. Fenestella. Muciano. Aelio Stilone. Seboso. Melisso. Seneca. Cicerone. Macro Aemilio. Messala Corvino. TrebioNigro. Nigidio.

EXTERNIS

Aristotele. Archelao rege. Callimacho. Democrito. Theophrasto. Thrasyllo. Hegesidemo. Sudine. Alexandro polyhistore.

L. X CONTINENTVR

volucrum naturae.
de struthocamelo (1)
phoenice (2)
aquilarum genera (3)
natura earum (4)
quando legionum signa esse coeperint (5)
de aquila quae in rogum virginis se misit (6)
vultur (7)
avis sanqualis. inmusulus (8)
accipitres (9—11)
buteo (9)
in quibus locis societate accipitres et homines aucupentur (10)

---

1 qui **F**^{a}**Ra** 3 quis.— instituerit *om.* **a** | qui primum **F**^{a} 5 quis murenarum — instituerit *om.* **R**^{1}**R**^{a} | insignia piscinarum *om.* **RE** *H* 18 *et* 19 *om.* **a** 19 DC **F**^{a}**dT** 22 flauio **ad** *B* (*H*) 25 seboso *D.* seuoso **a**. F. seuo- **E**. p̄. sebo- **R**. Fyauoro **D**. Eya- **F**^{a}. statio seboso **dT** (?) *v. cfr. ind. II. III. V* 28 Treuonio nigro **F**^{a} 33 Sudine **R**^{2} *D. cfr. Brunn p. 16.* -dino (-dyno **R**^{1}) *r.* Cudino *v.* Cydnio *B.* Cythnio *G* 37 strutio. Camelo **a**. structo- **F**^{a}. -thiocamelo *H* 38 de phoenice **T** *v a. D.* et Ponicę **a** 45 de uulture **aT** *H.* uulture **F**^{a}**Rd**. *an* uultures? 46 sangualis **R**. -guinalis **F**^{a}**R**^{a}**a**. (sanqualis auuis *H*)

quae avis sola a suo genere interimatur. quae avis singula ova pariat (11)
milui (12)
digestio avium per genera (13)
de inauspicatis avibus. cornices quibus mensibus non sint inauspicatae (14)
de corvis (15)
de bubone (16)
aves quarum vita aut notitia intercidit (17)
quae a cauda nascantur (18)
de noctuis (19)
de pico Martio (20)
de iis quae uncos ungues habent (21)
de iis quae digitos habent (22—25)
de pavonibus (22)
quis primus pavonem cibi causa occiderit. quis farcire instituerit (23)
de gallinaceis (24)
quo modo castrentur. de gallinaceo locuto (25)
de ansere (26)
quis primu*s* iecur anserinum institu*er*it (27)
de Commageno (28)
chenalopeces, chenerotes, tetraones, otides (29)
grues (30)
de ciconiis (31)
de palmipede reliquo genere (32. 33)
de oloribus (33)
de avibus peregrinis quae veniunt
coturnices, glottides, cychramus, otus (33)
de avibus nostris quae discedunt, et quo abeant
hirundines, turdi, merulae, sturni (34)
de avibus quae plumas amittunt in occultatione
turtur, palumbis (35)
quae avium perennes, quae semestres, quae trimestres. galguli, upupae (36)
Memnonides (37)

5 Digestiū **a**. degesto **F**$^{a\,1}$ 6 de inauspicatis auibus *ll.S(D)*. *om.* **dT** *H(J)* | cornices. inauspicatae aues **dT** *H(J)* | *dist. D* 11 de auibus **R**^{1}**E***S* 13 quae — nascantur *om.* **R** | a *om.* **E** | nascuntur **F**^{a}**R**^{a}**a** 16 quae **E***S*. qui *rH* 18 *lemma om.* **adT***H* | qui **R** 21 primus **E***v(D)*. -um *rH. cfr. X 45* 22 quis — instituerit *om.* **a** | quis primus **R** 28 primus *v*. -um *ll.H* | iocur **E***S* | anš **a**. *an* augere? *cfr. X 52* 29 instituerit *S*. -uit *ll. H*. comederit *v* 31 Thenerotes **F**^{a} | tetraiones (The- **F**^{a}) **R**^{1}**a**. -atones **E** 35 *lemma om. va. D. ante* 27 de ansere *pon.* **dT***S* 38 quae ueniunt *om.* **a** 42 de — abeant *om.* **E**. de — 47 occultatione *om.* **a** | descendunt **F**^{a} 43 habeant **F**^{a} 48 de turture **a** | palumbis *ll.S*. -bes **d***H*. -bus **T**. *add.* sturnorum et hirundinum uolatus **d**(?)*H* 51 garguli **F**^{a}**Rd**. -le **a**

Meleagrides (38)
Seleucides (39)
ibis (40)
quae quibus locis aves non sint (41)
quae mutent colorem et vocem (42—45)
de oscinum genere (42)
de luscinis (43)
de melancoryphis.
erithaci, phoenicuri (44)
oenanthe, chlorio (45)
tempus avium geniturae (46)
halcyones. dies earum navigabiles (47)
de reliquo aquaticarum genere (48)
sollertia avium in nidis (49—51)
hirundinum opera mira. ripariae (49)
acanthyllis (50)
merops. de perdicibus (51)
de columbis. opera earum mirabilia et pretia (52. 53. 54)
differentiae volatus avium et incessus (54)
apodes sive cypseli (55)
de pastu avium. caprimulgi, platea (56)
de ingeniis avium.
carduelis, taurus, anthus (57)
de avibus quae locuntur (58—60)
psittaci (58)
picae glandares (59)
propter corvum loquentem seditio populi Romani (60)
Diomediae (61)
quae animalia nihil discant (62)
de potu avium. de porphyrione (63)
himantopodes (64)
de pastu avium (65. 66)
onocrotali (66)
de peregrinis avibus.
Phalerides, Phasianae, Numidicae (67. 68)
phoenicopteri, attagenae, phalacrocoraces, pyrrhocoraces, lagopodes (68)
de novis avibus.
bibiones (69)
de fabulosis avibus (70)

6—8 de oscinum generibus (-re T*J*) et quae mutant — uocem d T *HJ* 10. 11 *dist. ego.* 11 erithacis *H*(*S*). *cfr.* *X 86*. -tachis *Brot.* eraitaci R^a. -tachi *r*. siceritacis d. siceteri- T | phoenicuri (fen- a) R E a. -ris *rH* 12 oenante R T. -ate E. denate F^a. *om.* a | Chlorie a 14 Altiones F^a 22 acanthyllis *H*(*S*) *coll. X 96*. -thillis *Brot.* agathyllis d T. -ylis R E. -illis F^a. -ilis a 23 de perdicibus — 32 anthus *om.* a 25 mira R 26 auium *om.* d T *H*(*J*) 28 cypseli T *H*. egy- F^a. aegy- R E d 32 carduelus R 35 Sittacy F^a | pice glandares. De perdicibus a 39 Diomediae *ll. J.* -deae *H* 40 discunt F^aR 43 himantopodes R^2*v*(*S*). *om.* a. hemat- d T. haemat- *H*. himatopedes *r* 53 bubones R E. *om.* a. uipiones *S*. *cfr. X 135*

qui gallinas farcire institu-eri*nt*, quique hoc primi *con*-*sul*es vetuer*i*nt (71)
quis primus aviaria instituerit.
de Aesopi patina (72)
generatio avium (73—80)
quae praeter aves ova gignant (73)
ovorum genera et naturae (74)
vitia et remedia incubantium (75)
Augustae ex ovis augurium (76)
quales gallinae optimae (77)
morbi earum et remedia (78)
ard*e*olarum genera (79)
quae sint ova urina, quae cynosura, quae hypenemia. quo modo optime serventur ova (80)
quae volucrum sola animalia pariat et lacte nutriat (81)
quae terrestrium ova pariant. serpentium generatio (82)
terrestrium omnium generatio (83—87)
quae sit animalium in uteris positio (84)
quorum animalium origo adhuc incerta sit (85)
de salamandris (86)
quae nascantur ex non genitis. quae nata nihil gignant. in quibus neuter sexus sit (87)
de sensibus animalium (88—90)
tactus omnibus esse. item gustatus. quibus visus praecipuus, quibus odoratus, quibus auditus. de talpis. an ostreis auditus (88)
qui ex piscibus clarissime audiant (89)
qui ex piscibus maxime odorentur (90)
diversitas animalium in pastu (91—93)
quae venenis vivant, (92)
quae terra. quae fame aut siti non intereant (93)

---

1 qui *ll.*J^2. quis *v* | instituerint J^2 *coll.* *X 139.* -uerit **dT***v*. -uit *ll* 2 que hoc *om.* **RE***S* | consules (*U*) *D.* censores *ll.v.* *uncis inclusit* J^2 3 uetuer̄ **Ra**. -runt *r* 4 qui **E** | instituit F^a
17 ardiolarum genera **E**. *post* 19 hypenemia *pon. r* 18 sint oua urina quae *om.* **E**. ur- quae *om.* *S* 19 quinosura F^a**RE**. q,uino- **a**. *om.* **dT** 21 oua *om.* **RE** 25 genera **dT***H* 28 sint **RdT** 29 posito F^a. -ta R^2 *e corr.* porrecta **dT** 33 nascantur **dT***H*. -scentur F^a**Ra**. -scuntur **E** 34 gignat F^a
35 in — sit *om.* **a** 37 tactus — auditus *om.* **a** | tactus (-tuus *D.* -tum *Brot.*) — gustatus (-tuus *D.* -tum **R** *Brot.*) *ll.Brot.* (*D*). quibus tactus praecipuus, quibus gustatus **dT***J*. *om.* *H* 38 praecipuus *om.* **dT***J* 40. 41 a n̄ris **RE** 42 qui — audiant *om.* **E** | quae R^1 (*item infra*) 48 uenenis seruant **R**. -na (-ni E^1) superant **E**

de diversitate potus (94)
quae inter se dissideant (95)
amicitiam animalium esse et affectus animalium. exempla affectus serpentium (96)
de somno animalium (97)
quae somnient (98)
Summa: res et historiae et observationes DCCXCIIII.

EX AVCTORIBVS

Manilio. Cornelio Valeriano. actis. Umbricio Meliore. Masurio Sabino. Antistio Labeone. Trogo. Cremutio. M. Varrone. Macro Aemilio. Melisso. Muciano. Nepote. Fabio Pictore. T. Lucretio. Cornelio Celso. Horatio. Deculone. Hygino. Sasernis. Nigidio. Mamilio Sura.

EXTERNIS

Homero. Phemonoe. Philemone. Boetho qui ὀρνιθογονίαν. *Hy*la qui de auguriis. Aristotele. Theophrasto. Callimacho. Aeschylo. Hierone rege. Philometore rege. Archyta Tarentino. Amphilocho Atheniense. Anaxipoli Thasio. Apollodoro Lemnio. Aristophane Milesio. Antigono Cymaeo. Agathocle Chio. Apollonio Pergameno. Aristandro Athenaeo. Bacchio Milesio. Bione Solense. Chaerea Atheniense. Diodoro Prieneo. Di*n*one Colophonio. Democrito. Diophane Nicaeense. Epigene Rhodio. Euagone Thasio. Euphronio Athenaeo. Iuba. Androtione qui de agricultura. Aeschrione qui item. Lysimacho qui item. Dionysio qui Magonem transtulit. Diophane qui ex Dionysio epitoma*s* fecit. Nicandro. Onesicrito. Phylarcho. Hesiodo.

---

2 dissident F^a 3 amicitia F^a **R a** | esse *om.* **R a** 9 DCCXXIIII *v a. H. om.* **d** 11 manilio **R d** *v.* mami- *r* 12 umbrico **R E** 18 deculone $F^a R^2$ **T** *S. cfr. XXXV 70.* Necu- **a.** desulono R^1. -ne *G.* delusone **E** *v* (uel sulone *add.* E^2). D. Eculeone **d** (?) *H* 19 Sasernis *om.* **a** 22 boetho — auguriis *om.* **a** | boetho F^a **E T** *v (D). cfr. X 7.* -eto **R.** betho **d.** Boeo *(P) H* 23 hyla **T** (?) *B.* illa (-ae **d**) *ll. v* 25 Aeschylo *om.* **a** *(item infra alia multa)* | Philometro rege **E.** *om.* **R** 33 Atheniense **d** (?) *H* 35 pirieo **E.** prieo F^a | Dinone *Brunn p. 17. 18.* Dione *ll. v. cfr. indd. XIV. XV. XVII. XVIII* 41 Lysimacho qui item *om.* **E** *v a. H.* qui item *om.* **a** 43 transtulit — Dionysio *om.* F^a **a** 44 epitomas *ego.* -ma **R E** *v* (J^2). -thoma F^a **a.** -tomen *B. cfr. ind. VIII*

L. XI CONTINENTVR insectorum animalium genera. subtilitas in his rebus naturae (1)
an spirent. an habeant sanguinem (2)
de corpore eorum (3)
de apibus (4—23)
qui ordo in opere earum (5)
quid sit in eo commosis. quid sit pissoceros. quid sit propolis (6)
quid erithace sive sandaraca sive cerinthos (7)
ex quibus floribus opera fiant (8)
apium studio capti (9)
de fucis (11)
quae natura mellis (12)
quae optima mella (13)
quae genera mellis in singulis locis (14)
quomodo probentur. de erice sive tetralice sive sisyro (15)
quomodo apes generent (16)
quae regum in iis ratio (17)
aliquando et laetum omen esse examinum (18)
genera apium (19)
de morbis apium (20)
quae inimica apibus (21)
de continendis apibus (22)
de reparandis (23)
de vespis, crabronibus. quae animalia ex alieno suum faciant (24)
de bombyce Assyria (25—27)
de bombyliis, necydalis. quae prima invenerit bombycinam vestem (26)
de bombyce Coa. quo modo conficiatur Coa vestis (27)
de araneis (28. 29)
qui ex iis texant. quae materiae natura ad texendum (28)
generatio araneorum (29)
de scorpionibus (30)
de stellionibus (31)
de cicadis. sine ore esse et sine exitu cibi (32)

7 de corpore eorum *om.* a 10 in eo dT*H*. *om.* a. in ea *r* | comosis a. commusis $F^{a\,2}$. -unis $F^{a\,1}$ 11. 12 quid sit *bis om. H.* et (*bis*) a | pissoceros T*H*. di- *r* (*item XI 16*) 13 sandaraca T*H*. -che R^{2}. sandrace (sadr- a) da. -cae F^{a}. -che R^{1}E 14 gerenthos F^{a}d. genihos E. -ios R. *om.* a 16 non fiant dT. ex quibus — fiant *post* 17 capti *pon. ll* 17 studia et (*om.* capti) a. *add.* ratio operis d(?) *va. D. cfr. XI 20* 23 herice E. heredice F^{a}a 24 tetralice *S.* -adice RET*H*. teradice F^{a}d. *om.* a | sisyro *H.* sysiro T. sisuro Ed. -rro $F^{a}R^{a}$. susuro R. *om.* a 26 regum in iis *D.* -minis F^{a}REd. regim- T*v*. *om.* a 34 uespis *ll.* -pis et dT*v* 38 bombilis R^{2}. -bicis R^{1}. -bycis a. -bytis F^{a}. -bysis E. | *dist. J* | necydalis *H.* -llis d. nycidalis T. Nicidalus R. nucyd- E. Nycid- a. -allus $F^{a}R^{a}$ 39 quis primum (-us *v*) adT*va. H* 46 aranearum EadH 50 et *ll. D. om.* dT*H*

de pinnis insectorum (33)
de scarabaeis. lampyrides. reliqua scarabaeorum generis (34)
de locustis (35)
de formicis (36)
chrysallides, asilus, papiliones (37)
de iis animalibus quae ex ligno aut in ligno nascuntur (38)
sordium hominis animalia. quod animal minimum. aestatis animalia (39)
animal cui cibi exitus non sit (40)
tineae, cantharides, culices. nivis animal (41)
ignium animal, pyrallis sive pyrotocum (42)
hemerobion (43)
animalium omnium per singula membra naturae et historiae (44—97)
quae apices habeant, quae cristas (44)
cornuum genera. quibus mobilia (45)
de capitibus. quibus nulla (46)
de capillo (47)
de ossibus capitis (48)
de cerebro (49)
de auribus. quae aures non habeant. quae sine auribus et sine foraminibus audiant (50)
de facie. de fronte. de superciliis (51)
de oculis (52—57)
quae sine oculis animalia. quae singulos tantum oculos habeant (52)
de diversitate oculorum (53)
quae ratio visus. noctu videntes (54)
de natura pupillae. quae non coniveant. quibus eruti oculi renascantur (55)

---

1 pennis **RE**^{1}**a** *v a. H* 3 reliq. rum **M**. -iqua eorum *coni.* *J*^{2} | generis **MF**^{a}**R**. -ra *r H* 7 chrysallides *H*. Chrisalides **T**. crisalide **d**. Trysallide (Tris- **R**^{a}. -ally **a**) *ll* | asilus **M** *D*. *om.* **a** *v.* -lo *r* | Papilyones **a**. *om. v.* asilo (-lus *J*) papiliones *post* 3 generis *pon.* **dT** *J* 9 is **M**. his *r H* 10 nasc. **M**. -cantur **F**^{a} *D*
12 quod — animalia *om.* **a** | minimum. aestatis **M** (*coni. S*) *J*. -me aestatis **R**^{2}**R**^{a2}. -mae aetatis *r*. -mum. etiam in cera *H*
15 esţ **E** (?) *v a. D* 16 tineae **dT** *H*. -niae (tynię **a**) *ll* 18 ignium animal *om.* **ME** | pyralis **R** (?) **T** *v a. D*. alilique **M** 19 pyrotocum *ego.* -olocum **M**. pirotoe **R**^{a2}. paratoe **F**^{a}**R**^{a1}**d**. -te **a**. -tio **R**^{1}**E**. pyrato **R**^{2}**T**. -rota *J*. -rotos *D cum B* (*ad XI 119*). -raustes *v*
21 omnium *om.* **RE** 23 et historiae *om.* **a** 28 et quibus **d**^{2}**T** *H* 32 quae — habeant (-ent **Ma**) *in* **E** *evanida. om.* **dT** *H*
34 audiunt **a** 39 singulos tantum *om.* **a** | oculos tantum **dT** *H*
42 uisuus **MF**^{a}**R**^{a} *D*. -suum **R** -sum **E** 45 conjueant **MR**^{2}**R**^{a2} *H*. concueceant **R**^{a1}. co/////ant **R**^{1}. conluueant **E**. -luceant *r*

de palpebris
quibus non sint, quibus ab altera tantum parte sint (56)
quibus genae non sint (57)
de malis (58)
de naribus (59)
buccis, labris, mento, maxillis (60)
de dentibus (61—64)
quae genera eorum.
quibus non utraque parte sint, quibus cavi (61)
de serpentium dentibus. de veneno earum.
cui volucri dentes (62)
mirabilia dentium (63)
aetas ruminantium ab iis (64)
de lingua
quae sine ea. de ranarum sono.
de palato (65)
de tonsillis.
uva, epiglossis.
arteriae, gula (66)
cervix, collum, spina (67)
guttur, fauces, stomachus (68)
de corde (69—71)
sanguine, animo (69)
quibus maxima corda, quibus minima, quibus bina (70)
quando in extis aspici coepta (71)
de pulmone
quibus maximus, quibus minimus.
quibus nihil aliud quam pulmo intus.
quae causa velocitatis animalium (72)
de iocinere (73—76)
de capite extorum. haruspicum circa id observationes.
quibus animalibus et in quibus locis bina iocinera (73)
de felle
ubi et quibus geminum.
quibus animalium non sit.
quibus animalium aliubi quam in iocinere (74)

---

2 et quibus d T *H* | quibus ab — parte sint *om.* a 3 parte tantum M J^2 | sint *ll.* *D.* *om.* d T *H* 7 buccis M *D.* De bu- r *H* | De labris a | mento M *D.* -tis r *H* 14 earum M E a *D.* eor- r *H* 17 aetas — iis *om.* a | ruminantium *ll.* *D.* anima- d(?) *H.* ueterinorum *coni.* J^2 *ex XI 168* | iis R. is M. his r *H* 19 et quae d T *H* (*item 72. 74. 78. 80. 95 al.*) 32 auspici R. -icia a. 42 de capite — obseruationes *om.* d T *H* 43 corda E a | id M E *D.* //// R R^a. *om.* a. ea F^a *S.* (*add.* extorum E, -rum haruspicum R^1 *falso iterantes*) | obseruationes *om.* R^1 E a 44 et in quibus locis *om.* a 45 bina *om.* M 47 ubi et M J^2. et a. ubi (ibi F^a) et in r *H* 47. 48 geminum. quibus *om.* a 48 sint M 49 quibus — iocur (*p. 37, 3*) *om.* a | animalium *om.* d T *H* | aliubi M J^2. alibi r *H*

quae vis eius (75)
quibus crescat cum luna et decrescat iocur.
haruspicum circa ea observationes et prodigia mira (76)
praecordia. risus natura (77)
de ventre. quibus nullus.
quae sola vomant (78)
lactes, hillae, alvus, colon.
quare quaedam insatiabilia animalia (79)
de omento. de splene.
quibus animalium non sint (80)
de renibus
ubi quaterni animalibus.
quibus nulli (81)
pectus, costae (82)
vesica. quibus animalium non sit.
ilia. de membranis (83)
uterus. de locis. de volvis.
de suum volva, sumine (84)
quae adipem, quae sebum habeant.
de natura utriusque.
quae non pinguescant (85)
de medullis. quibus non sint (86)
de ossibus. de spinis.
quibus nec ossa nec spinae.
cartilagines (87)
de nervis. quae sine nervis (88)
arteriae, venae (89—92)
quae nec venas nec arterias habeant.
de sanguine. de sudore (89)
quorum celerrime sanguis spissetur, quorum non coeat.
quibus crassissimus, quibus tenuissimus, quibus nullus (90)
quibus certis temporibus anni nullus (91)
an in sanguine principatus (92)
de tergore (93)
de pilis et vestitu tergoris.
quibus os intus et pedes subtus hirti (94)

3 iocur **M**J^2. iecor **F**^{a}. iecur *r H. cfr. XI 196* 7 risuus **FR**^{a}*D*. -uum **RdT**. rituus **F**^{a}. rictus **a** 12 animantia **E** 14 sint **M**. sit *r H. cfr. XI 204* 20 animalium **MFE**. -ibus *r H* 21 sint **MR**^{a}**E** 22 ilia *om.* **a**. illa **F**. ilia — 23 locis *om.* **dT***H* 24 sumine *om.* **a**. de su- **R**(?)**dT***H* 25 quae — utriusque *om.* **a** | quae adipem *om. H* | sebum **M***D*. seuum (sae- **E**) *r H* 27 de natura utriusque *om.* **dT***H* 32 spinae (ipi- **M**) *D*. spina (ypi- **F**) *r H* 38 habeant **FF**^{a}**adT***S*. -ent **M***r H* 40 quorum — 47 principatus *om.* **a** 42 grassissimus **R**^{a}. grassim- **F**^{a}. grauissim- **FR**^{1}**E** 51 quibus — hirti *om.* **a** *v a. D* | os *D cum Moneo.* eos **FF**^{a}**RE**. *om.* **M**. pili **dT** | intus in os **dT** | et **MR**^{2}**R**^{a}**dT**. *om. r* | hirti **MR**^{2}**R**^{a}. hir/// **R**^{1}. hyru **FE**. haru **F**^{a2}. aru **F**^{a1}. *om.* **dT**

4 animalium **M**(**d**?)*H*. -lia *r* | in uberibus *om.* **a** 7 quod — cursu *om.* **dT***H* 9 ex — fiant *om.* **a** 10 fiant **M***J*^{2}. fiat *rv* 14 differentia **M***va.H* 15 hominis **M***v*(*D*). -num *rH* 17 de bracchis. de digitis *ll.* de brachiis **T**. de digitis. de bracchiis **d***H* 22 in quibus — 24 uarices *om.* **a** | in *om.* **FR**^{1}**E** 23 religio **M**. ac rel- **E**. sacrel- **F**^{1}**R**. sacrilegio **F**^{2}**F**^{a}**R**^{a}. sacra religio **dT***H*. sit rel- *D* 30 centenos **MR**^{2}*H*. -esimos *r* 45 necent **RT***S*. necant **E***H*. nocent **F**^{a}**R**^{a}**d**. noecant **F**. *om.* **a** 47 concoqueat **FR**^{1}**E**. coquat **a** 48 cruditatium **FF**^{a}**E**. -tum *rH* 50 continguat **F**^{1}. non cont- **F**^{a} 51 quomodo **dT***H* 53 sitimque (*om.* et) **dT***H*

Summa: res et historiae et observationes MMDCC.

EX AVCTORIBVS

M. Varrone. Hygino. Scrofa. Saserna. Celso Cornelio. Aemilio Macro. Vergilio. Columella. Iulio Aquila qui de Etrusca disciplina scripsit. Tarquitio qui item. Umbricio Meliore qui item. Catone censorio. Domitio Calvino. Trogo. Melisso. Fabiano. Muciano. Nigidio. Mamilio. Oppio.

EXTERNIS

Aristotele. Democrito. Neoptolemo qui μελιτουργικά. Aristomacho qui item. Philisco qui item. Nicandro. Menecrate. Dionysio qui Magonem transtulit. Empedocle. Callimacho. Attalo rege. Apollodoro qui de bestiis venenatis. Hippocrate. Herophilo. Erasistrato. Asclepiade. Themisone. Posidonio Stoico. Menandris Prieneo et Heracl*eote*. Euphronio Athenaeo. Theophrasto. Hesiodo. Philometore rege.

L. XII CONTINENTVR

arborum naturae.
honor earum (1. 2)
de peregrinis arboribus (3—63)
platanus (3—5)
quando primum in Italiam et unde (3)
natura earum (4)
miracula ex iis (5)
chamaeplatani.
quis primus viridiaria tondere instituerit (6)

---

1 Summa *et sqq. om.* **a** 2 MMDCC *D*. CCCDCC **FE**. /////CCC- **RR**[a 1]. /////CCCLXX **R**[a 2]. M̅.C̅C̅C̅.DCC. Alibi I̅I̅.CCLXX **F**[a] **d**. MM.CCLXX **T** *v. an* MCDCC? *cfr. num. ind. XVI* 9 meriore **FE**. -one **R**[1]. miliori **F**[a]. *om.* **a** *v a. S* 12 fabonio (fauo- *v*) fabiano **E** *v a. H* 13 manilio *v a. H*(*S*). *cfr. Brunn p. 19* 16 meliturgica *H*. -gia *B. om.* **a**. meliscurgis **F**[a]. melissurgit' **R**. -git *r*. mella *v* 17 philisco **F** *D. cfr. Brunn p. 19.* -scho **E**. -sto **R d** *v. om.* **F**[a] **a T** 23 Erophilo **FT**. -pylo **F**[a] **RE**. eriphilo *v a. H. om.* **a** 26 menandro **a** *v a. G* | prieneo (-naeo *D*) et **d T** *D*. -net **FF**[a] **RE**. -nense et *G*. -nense *v*. Prianete **a** | heracleote *G*. -lyde **a**. -liden (era- **FF**[a] **E**) *r*. -de *v*. -densi **d**. -liensi **T**. -se *J*[2]. *cfr. XXXV 61 et ind. VIII* 32 *lemma om.* **a** 36 italiam **M** *D*. -lia *r v* 41 primus **M** *D*. -um *r v* | uiridaria **T** *v a. S*(*J*). -dia **F**[a] **d**

42 *post* instituerit *habent* quo in loco arborum nullis folia decidant (-dunt **R**[a]) *ll, omissis duabus archetypi paginis et perspecto errore, sed non correcto. del. v. cfr. p. 40, 37*

malum Assyrium. quo modo seratur (7)
Indiae arbores (8—17)
quando primum hebenus Romae visa.
quae genera eius (9)
spina Indica (10)
ficus Indica (11)
Indicarum arborum formae sine nominibus.
liniferae Indorum arbores.
arbor pala. pomum ariera (12. 13)
piperis arbores.
genera piperis. bregma.
zingiberi sive zimpiberi (14)
caryophyllon. lycium sive pyxacanthum Chironium (15)
machir (16)
saccaron (17)
arbores Arianae gentis, item Gedrosiae, item Hyrcaniae (18)
item Bactriae.
bdellium sive brochum sive malachan sive maldacum.
scordasti.
in omnibus odoribus aut condimentis dicuntur adulterationes, experimenta, pretia (19)
Persidis arbores (20)
Persici maris insularum arbores.
gossypinum arbor (21)
cynas arbor.
ex quibus arboribus lintea in oriente fiant (22)
quo in loco arborum nullis folia decidant (23)

---

1 assurium **FF^{a}R^{1}E** 4 hebenus romae **M***J*^{2}. *om.***a**. ro- heb- *rv*(*S*). romae **dT***H* 5 uisa ebenus **dT***H* 9 formosae **R^{1}E***D*. -monsae **F** 11 indiae **dT***H* | arbor — ariera *om.***E^{1}**, *post* 8 ficus Indica *pon.***dT***va.D*(*J*^{2}) 12 pomum **MR^{2}dT***H*. domum **FR^{1}E^{2}**. -mumum **F^{a}**. monium **R^{a}** | ariera *ll.J*^{2}. -ena *H*. -ene **d**. -iana **T**. *om.v. cfr. XII 24* 14 pinues arbores **E^{2}** *in marg. om.***E^{1}** 15 bregma **MR^{a}***J*. -ecma *rH*. *om.***a** | singiberi **RT***S*. -giueri **FF^{a}d**. sinuiueri **E**. *om.***a** 16 zimpiberi **T***H*. zinp- **M**. zimpiperi **R^{a}**. sinpiueri (-ideri **R^{2}**) **R**. *om.***a**. limp- *r* 17 caryophyllon **MT***H*. cario (*vel* chareo) phillon *r* | lycium **dT***H*. lic- **F^{a}R^{2}**. luc- *r* 18 pyxacanthum **T***H*. pillac- **R^{2}**. pyrxachanium **R^{a}**. pyxa **M**. pixathum *r* 19 machir **M***v*(*J*^{2}). *cfr.§32. om.***a**. macir *rC* 20 saccaron **M***J*^{2}. *om.***a**. stracta- **R^{a}**. sacta- *r*. saccha- **T***H* 24 brochum **MR^{a}***D*. -chon **T***H*. -cū **R^{2}**. -cons **d**. broch **F^{a}**. broc *r* 25 maldacum **M***D*. *cfr. § 35*. -dachion **R^{a}**. -dadium **R^{2}**. malodacum **F^{a}dT***H*. malud- (-atium **R^{1}**) *r* 26 scordasti **M***D*. -dacu (sor- **E^{1}**) **E**. *om.***a**. -dacti *rH* 33 gossipinum **R^{a}R^{2}**. gossidi- **R^{1}** gorsidi- **E**. corsidi- **a**. cossidi- *r* 34 cynas **MF^{a}***D*. *om.***a**. chin- **F**. chyn- *rH*. *cfr. § 39* 35 lintea **MR^{a}***D*. *om.***E^{1}a**. lina (lana **R^{1}**) *rH* 37 quo — decidant **d^{2}** *in ras.* **T***H* *om.ll. cfr.p. 39,42*

quibus modis constent arborum fructus (24)
de costo (25)
de nardo. differentiae eius XII (26)
asaron (27)
amomum, amomis (28)
cardamomum (29)
de turifera regione (30—32)
de arboribus, quae tus ferunt (31)
quae natura turis et quae genera (32)
de murra (33—35)
de arboribus quae ferunt eam (34)
natura et genera murrae (35)
de mastiche (36)
de ladano, storbo (37)
enhaemo (38)
bratus arbor (39)
stobrum arbor (40)
de felicitate Arabiae (41)
de cinnamo, cinnamomo, xylocinnamo (42)
casia (43)
cancamum, tarum (44)
serichatum, gabalium (45)
myrobalanus (46)
phoenicobalanus (47)
de calamo odorato
de iunco odorato (48)
Hammoniacum (49)
sphagnos (50)
cypros (51)
aspalathos sive erysisceptron (52)
maron (53)
de balsamo, opobalsamo, xylobalsamo (54)
styrax (55)
galbanum (56)
de panace (57)
spondylion (58)
de malobathro (59)
de omphacio (60)
bryon, oenanthe, massaris (61)
elate vel spathe (62)
cinnamum comacum (63)
Summa: res et historiae et observationes CCCCLXVIIII.

---

1 maribus (*pro* modis) **M**^{1}. mor- **M**^{2}. *an* in Arabia rebus? 14 murra (*semper*) **MFR**^{a}*J*^{2}. myrra *rS*. -rrha **dT***H* 18 masthice **FR**. -tice **R**^{a}. -cę **a**. -tyce **F**^{a}**E** 19 storbo **R**^{a}*J*^{2} (*coll.* **M** *§ 74*). scorbo **M***D*. storlobo **R**^{2}. stobolo **EadT***H*. stolobo *r* 20 enhaemo **ME***D*. -mon *rH* 24 cinnamomo *om.* **FR**^{1}**Ea***H* 28 sericathum **M**. -teum *r* | gabalium **T***H*. -arium **R**^{a}. caraballium **R**^{2}. cabalium **d**. -allum *r* 36 erysisceptron **R***S*. -tro **FE**. -trum **F**^{a}**dT***H*(*J*). erycissceptro **M**. sceptron **a** 38 maran **R**^{a}. etiaron **Ea** Ecia- **F**. ecya- **R** 47 bryon **dT***H*. brion **R**^{a}**R**^{2}. dryon **F**^{a}. drison **a**. dryson *r* 49 comacum **F**^{a}**dT***H*. -arum *r*. *dist. J* 51 CCCCLXVIIII **R**^{a}**R**^{1}. -XVIII **FF**^{a}**E***H*(*D*). uel CDLXIIX **R**^{2} *in marg.* CCCC **a**. DCCCCLXXIIII **dT***v*(*S*)

EX AVCTORIBVS

M. Varrone. Muciano. Vergilio. Fabiano. Seboso. Pomponio Mela. Fa*b*io Proculo. Hygino. Trogo. Claudio Caesare. Cornelio Nepote. Sextio Nigro qui Graece de medicina scripsit. Cassio Hemina. L. Pisone. Tuditano. Antiate.

EXTERNIS

Theophrasto. Herodoto. Callisthene. Isigono. Clitarcho. Anaximene. Duride. Nearcho. Onesicrito. Polyc*l*ito. Olympiodoro. Diogneto. Nicobul*e*. Anticlide. Charete Mytilenaeo. Menaechmo. Dorotheo Athenaeo. Lyco. Antaeo. Ephippo. Dinone. Adimanto. Ptolemaeo Lag*i*. Marsya Macedone. Zoilo item. Democrito. Amphilocho. Aristomacho. Alexandro polyhistore. Iuba. Apollodoro qui de odoribus. Heraclide medico. Bo*t*r*y*e medico. Archedemo item. Dionysio item. Democle item. Euphrone item. Mneside item. Diagora item. Iolla item. Heraclide Tarentino. Xenocrate Ephesio.

L. XIII CONTINENTVR

de peregrinis arboribus.
de unguentis (1—5)
quando coeperint (1)
genera eorum et conpositiones XXI (2)
diapasmata, magmata. probatio unguenti (3)
quanta in unguentis luxuria (4)

---

3 Fabio (flauio *ll.v*) proculo *ll.v*(*U*). Fabio Procilio *Brunn p. 21.* Flauio, Procilio *H* (*commate del. D*). *cfr. ind. XIII et de mendo XIV. XV* (Fabio Dossenno) 7 scripsit **FR²T***H*(*D*). *om. r S* 14 Polyclito *Brunn cum Passovio* (*opusc. p. 223*). -crito *ll.v* 15 Nicobule *Brunn ex Athenaeo X p. 434^c. XII p. 537^d.* -lo *ll.v* 19 Dinone **R^aR²***D*. *cfr. ind. XIII et Brunn l. l.* Dione **DF^adT***S*. chone *r*. Chaerea *v* | adimanto **R^aR²***D*. *om.* **a**. ademode (-ocle **R¹**) *r*. Democle *v* 20 Lagi *J*. *cfr ind. XIII. om.* **a**. -ga **F^a**. -go *rv*. -gu *S* | Marsua **F^aFE** 24 odoribus scripsit **R²T***va. S* 25 Botrye *Brunn coll. ind. XIII.* Boerasse **DF^aF**. bęr- **d**. berosse **a**. boecrasse **E²**. -sso **E¹**. -ssa **R**. *om.* **T***va. D* | Archedemo *om.* **a**. Archid- **T***va. J cfr. ind. XXXIII* (**B**) 27 Demode **R^a**. -medo **R**. -moclide **T***G*(*S*). -mocede *H*(*D*). *cfr. indd. XXXIII—XXXV et D UZ p. 79* | Euphrone **F^aR^adT***v*(*S*). coph- **FRE**. *om.* **a**. Euphronio *H*. *cfr. indd. X. XIV. XV* 28 Mneside *om.* **a**. opsenide **FRE**. Obs- *va. H* 30 Ephesio *ll.v*(*H*)*D*. -sio, Eratosthene *C*(*S*) 36 XXI **R^aR²**. XII *r H. om. v* 37 probatio — unguenti (*praem.* et) **d²T***H*. *post* in usu (*p. 43, 2*) *pon. r*

quando primum Romanis in usu (5)
de palmis (6—9)
de natura earum (7)
quo modo serantur (8)
genera fructus earum et insignia XLVIIII (9)
Syriae arbores
pistacia, cottana, Damascena, myxae (10)
cedrus.
quae arbores trium annorum fructum pariter habeant (11)
terebinthus (12)
rhuus (13)
Aegypti arbores. ficus Alexandrina (14)
ficus Cypria (15)
siliqua ceraunia (16)
Persica arbor.
quibus arboribus assidue subnascantur fructus (17)
cuci (18)
spina Aegyptia (19)
cummium genera VIII
sarcocolla (20)
de papyro (21—27)
de chartae usu. quando coeperit (21)
quo modo fiat (22)
genera eius VIIII (23)
probatio chartarum (24)
vitia chartarum (25)
de glutino chartarum (26)
de libris Numae (27)
Aethiopiae arbores (28)
Atlantica arbor (29)
de citri arbore (29—31)
de citreis mensis (29)
quae probentur aut vituperentur in iis (30)
malum citreum (31)
lotos (32)
Cyrenaicae arbores. paliurus (33)
Punici mali genera VIIII
balaustium (34)
Asiae et Graeciae arbores (35—47)
epicactis. erice. granum Cnidium sive thymelaea sive

---

3 palmis $\mathbf{R}^a\mathbf{R}^2$**dT***v*. calamis *r* 5 quo modo — XLVIIII *om.* **a** *v a. H* 6 fructus **dT**. -tuus **F**$\mathbf{F}^a$*D*. -tuum **RE***S*. *om.* $\mathbf{R}^a$*v* 7 XLVIIII *ego. cfr.* § *40.* XXXXIIII $\mathbf{R}^a$. XVIIII $\mathbf{F}^a$. CLIV (*an* XLIX?) $\mathbf{R}^2$ *in marg.* XVIII *r S. om. H.* (XVII *coni. D UZ p. 33*) 10 myxae $\mathbf{R}^a$. -xe $\mathbf{R}^2$. muxae $\mathbf{F}^a$**FE**. -xe **ad**. musae $\mathbf{R}^1$. myxa **T***H*. 11 cedrus *H. om.* **a**. -um *r* 15 rhus **dT***H*. *om.* **a** 19 ceraunia **T***v*. -nium $\mathbf{R}^a$**a**$\mathbf{d}^2$. -nium. Ceriminium *r* 21 assidue $\mathbf{R}^2$. -uae $\mathbf{R}^a$. *om. r H* 22 subnascantur **F**$\mathbf{R}^a$**dT***H*(*J*). -catur *r S*(*D*). *om.* **a** 25 VIII $\mathbf{F}^a$**FRE***S*(*D*). VII **a**. VIIII **dT***H*(*J*) 51 epicacis **M**. epigactis $\mathbf{R}^2$ *e corr.* epipa- *S cum B* (*ex* § *114*). 52 gnidium **MF**$\mathbf{R}^2$ *e corr.* **T** | siue — cneorum *om.* **a** | thymelaea **M***H*. -leas $\mathbf{R}^2$. thimelea $\mathbf{R}^a$**T**. -malea (thy- $\mathbf{R}^1$) *r*

chamelaea sive pyrosachne sive cnestor sive cneorum (35)
tragion, tragacantha (36)
tragos sive scorpio, myrice sive brya, ostrys (37)
euonymos (38)
leon arbor (39)
andrachle (40)
coccygia, apharce (41)
ferula (42)
thapsia (43)
capparis sive cynosbaton sive ophios staphyle (44)
saripha (45)
spina regia (46)
cytisus (47)
arbores et frutices in mari nostro (48. 49)
item in Rubro (50)
item in Indico (51)
item in Trogodytico.
phycos, grasson sive zoster, bryon marinum, Isidos plocamos, Chariton blepharon (52)
Summa: res et historiae et observationes CCCCLXVIII.

EX AVCTORIBVS

M. Varrone. Muciano. Vergilio. Fabiano. Seboso. Pomponio Mela. Fabio Proculo. Hygino. Trogo. Claudio Caesare. Cornelio Nepote. Sextio Nigro qui Graece de medicina scripsit. Cassio Hemina. L. Pisone. Tuditano. Antiate.

EXTERNIS

Theophrasto. Herodoto. Callisthene. Isigono. Clitarcho. Anaximene. Duride. Nearcho. Onesicrito. Polyc*l*ito. Olympiodoro. Diogneto. Nicobul*e*. Anticlide. Charete Mytilenaeo. Menaechmo. Dorotheo Athe-

---

1 chamelaea *S*. -lea **T**. thamelea **M**. cam- **d**. thamela siue chamelea (ca- **F**^{a}**R**. tha- **E**) *r*. *om*. **R**^{a} *H* 2 cnestor **R**^{a} *J*^{2} (*cfr*. **M** *§ 114*). -orem **d**. gnestor (g *et* tor *e corr*.) **R**^{2}. inestor **M**. en- *D*. cnestrum **T** *H*. cnecum **FE**. one- **DF**^{a} 6 euonymus **dT** *H*. de -mo **a** 7 Leon **MR**^{2}**R**^{a} *D*. con **E**. Eon *r H* 9 apharce **T** *H*. afarche **R**^{2}. athrarce **M**. aparcho **a**. -che *r* 13 ophios **MR**^{a}**R**^{1}. ophyos **FE**. opheos **R**^{2}. opyos **F**^{a}. *om*. **a**. ophio **dT** *H*. opheo *v* | staphyle **D**(?) *v*(*D*). ita- **M**. stra- **R**^{2}. staphile **F**^{a}**R**^{a}. -pyle **R**^{1}**E**. -pile **F**. -phylon **dT** *H*. *om*. **a** 19 item in — Trogodytico *ll*. *D*. *post* bryon marinum *pon*. **dT** *H* | item in rubro *ll*. *S*. in mari ru- **dT** *H*(*J*) 22 phycos *et seqq*. *om*. **a** *v a*. *H* | grasson (-scon **M**. crasson **F**) *ll*. *D*. prason *H cum B* (*ex § 135*) 23 isid//os **R**. -dis **EdT** *H* 26 CCCLXVIII **M**. 30 flauo **R**^{a}. -uio **R**^{2} *D*. *cfr*. *ind*. *auct*. *XII* | Proculo *ll*. -cilio *S*. *om*. *v* 31 Trogo *om* **M**. Trogo, Proculo (-cilio *H*) *v a*. *S* 33 scripsit *om*. **ad**
40 Polycrito **DF**^{a}**Rad** *H*. *om*. *r v*. *cfr*. *ind*. *XII* 41 Nicobulo (Nicab- **R**^{a}) **MRR**^{a} *D*. Dico- *r*. Cleo *v*. *cfr*. *ind*. *XII*

niense. Lyco. Antaeo. Ephippo. Dinone. Adimanto. Ptolemaeo Lagi. Marsya Macedone. Zoilo item. Democrito. Amphilocho. Aristomacho. Alexandro polyhistore. Iuba. Apollodoro qui de odoribus scripsit. Heraclide medico. Botrye item. Arch*e*demo item. Dionysio item. Democle item. Euphrone item. Mneside item. Diagora item. Iolla item. Heraclide Tarentino. Xenocrate Ephesio.

L. XIV CONTINENTVR

frugiferae arbores.
de vitium natura (2)
quibus modis serantur.
de uvarum natura et cura (3)
vitium et uvarum genera XCI (4)
insignia culturae et vinearum (5)
de inventione mulsi (6)
vina generosa L (8)
vina generosa transmarina XXXVIII (9)
de vino Opimiano (16)
notabilia circa apothecas (16)
de natura vini (7)
vini salsi genera VII (10)
de passi et hepsematum et dulcium generibus XVII (11)
secundari vini genera III (12)
quam nuper coeperint vina generosa in Italia (13)

---

1 Antaeo **dT***v*. -theo *ll* 2 Dinone **MR**^{a}**R**^{2}*D*. Dione *rv* 3 Lagi *J*. -gio *ll*. -go **T***v*. -gu *S* | Marsua **F**^{a}**FE** 5 Aristomacho **M***D*. *post* polyhistore *pon. rv. cfr. ind. XII* 6 Iuba rege **RT**(?)*va. D* 7 scripsit **MT***v*(*D*). *om. rS* 8 Botrye item **M***J*^{2}. -rye (-rio **a**) medico *rv* 9 Archedemo *J*. Archid- *ll. v* 10 Democle **M**. -odem **R**^{a}. -oclide (-chide **E**^{1}. -clyde **a**) *rv*(*S*). -ocede *H*(*D*). *cfr. ind. XII* | Euphronio *H*. *cfr. ind. XII et XIV. XV* 15 frugiferae **MR**^{2}*J*^{2}. *cfr. XII 14 et ind. XV* (*1*). fructi- *rH*. *om. v* 17 et quibus **M***va. H*(*J*^{2}) | serantur **MR**^{2}*J*^{2}. ſeraÑ **R**^{1}. ferant *rv*. *om.* **a**. *cfr. ind. XIII*(*8*), *de mendo ind. XVII*(*9*) 18. 19. cura. uitium *dist.* **M***D*. uit- cura **a** 19 et uuarum **MR**^{2}*D*. et ear- *r*. ear- *H* 20 LXXXXI **M**. al. LXXX.. **R**^{2} *in marg.* XV **dT**. tredecim **a** 21 et *om.* **T***va. D* 23 de — mulsi *om. va. J* 24 uina — L *om.* **R** | L *om.* **M***va. H* 25 uina *om. D* | generosa transmarina **MR**. tra- gen- *r*. tra- **dT***v* 26 XXXVII **M**. XXVIII *D*(*UZ p. 37*). *om. va. H* 27 de uino Optimiano **FR**^{1}**ET**. *om.* **M**. Not. c. ap. De u. Op. *post* antiqui (*p. 46, 3*), De natura uini *post* 23 mulsi *pon.* **dT***va. D*(*J*^{2}) 31 passi et **M**. -sso **adT***S*. -sso et *rH*(*J*). *om. v* | hepsematum **M**. eps- **F**^{a}**a**. hepsemate *H*. epse- **T**. pse- (-to **R**) *r* | et **MdT***S*. et o **F**^{a}**a**. to **RE**. o **F** 32 XIIII **F**^{a}**a***va. H*. XVIII **FE**

de vino observationes a Romulo rege (14)
quibus vinis usi antiqui (15)
quando primum vini quattuor genera *ap*posita (17)
ex labrusca usus V
qui frigidissimus natura sucus (18)
vini fictici genera LXVI (19)
hydromeli sive apomeli sive melicraton (20)
oxymeli (21)
vini prodigiosa genera XII (22)
quibus vinis ad sacra uti fas non sit (23)
quibus generibus musta condiant (24. 25)
de pice, resinis (25)
de vasis vinariis (27)
de aceto. de faece (26)
de cellis (27)
de ebrietate (28)
ex aqua et frugibus vini vim fieri (29)
Summa: res et historiae et observationes DX.

EX AVCTORIBVS

Cornelio Valeriano. Vergilio. Celso. Catone censorio. Sasernis patre et filio. Scrofa. M. Varrone. D. Silano. Fabio Pictore. Trogo. Hygino. Flacco Verrio. Graecino. Attico Iulio. Columella. Masurio Sabino. Fenestella. Tergilla. Maccio Plauto. Fabio Dossenno. Scaevola. L. Aelio. Ateio Capitone. Cotta Messalino. L. Pisone. Pompeio Lenaeo. Fabiano. Sextio Nigro. Vibio Rufino.

EXTERNIS

Hesiodo. Theophrasto. Aristotele. Democrito. Hierone rege. Philometore rege. Attalo

---

1 uino obseruationes **M***D*. *om.***R**^{1}. uini -tione *rv* 5 apposita *ego. cfr. XIV 97. om.* **dT**. posita (postea **a**) *rv* 6 V **M***D*. V; **R**^{2}. uel **DF**^{a}**T**. et **d***H*. Quin **F**. Quis **R**^{1}**E** 7 qui **M***D*. quis *rH* | naturae sucus **FRE**. -rae usus **M** 9 facticii **R**^{a1}**R**^{2} | LXIII **a** 10 apomeli (opo- **F**^{a}) **DF**^{a}**T***D*. -lis **M**. -licen **FdE**. pomelicen **R**^{2}. poli- **R**^{1}. yopomelli **a**. *om. v* 13 uino **M** | prodigiosa **M***v*. -osi *rH* 15 fas non sit **M***D*. non sit fas *rH*
16 condiantur **R**^{2}. -diunt **E** 19 de — uinariis *post* faece *pon.* **dT***H*. *om. v* 33 attico iulio **M***D*. iulio att- *rv* 36 Maccio **DF**^{a}**Ea***S*. M. Accio **MRdT***H*. M. Actio **F** *Bas.* Mactio *v* | Planco *va. G* | Fabio **MR**^{2}*L*(*D*). Flauio *rv*(*H*). *cfr. § 92. comma pos. L*(*H*), *rursus del. Dal.* (*D cum U*) | Dossenno **MR**^{2}*D*. -eno **R**^{1}**dT***H*. Dossinno **DF**^{a}. -ino **a**. Dorsinno **FE**. -seno *G*. -sinio *v*
37 L. Aelio **MD***D cum U*. laelio **F**^{a}**R**^{2}. lelio **ad**. haelio *r*. Aelio *v* 41 Vibio **MR**^{2}*B*. Bibio *rv* | Rufino **MR**^{2}*B*(*D*). -fono **R**^{1}. -fo *rv*(*G*) 45. p. 47, 1 Philometore rege Attalo rege **M**.

rege. Archyta. Xenophonte. Amphilocho Athenaeo. Anaxipoli Thasio. Apollodoro Lemnio. Aristophane Milesio. Antigono Cymaeo. Agathocle Chio. Apollonio Pergameno. Aristandro Athenaeo. Bacchio Milesio. Bione Solense. Chaerea Atheniense. Cheresto item. Diodoro Prieneo. Dinone Colophonio. Epigene Rhodio. Euagone Thasio. Euphronio Athenaeo. Androtione qui de agricultura scripsit. Aeschrione qui item. Lysimacho qui item. Dionysio qui Magonem transtulit. Diophane qui ex Dionysio epitomas fecit. Asclepiade medico. Erasistrato item. Commiade qui de conditura vini scripsit. Aristomacho qui item. Hicesio qui item. Themisone medico. Onesicrito. Iuba rege.

L. XV CONTINENTVR

n a t u r a e f r u g i f e r a r u m a r b o r u m.

de olea (1—8)

quamdiu apud Graecos tantum fuerit.

quando primum in Italia, Hispania, Africa esse coeperit (2)

de oleo. nationes et bonitates olei (3)

quae natura olivae et olei incipientis (2)

olivarum genera XV (4)

de natura olei (5)

cultura olearum. de servandis olivis. quo modo faciendum oleum (6)

Attalo rege **a**. Attalo rege (rege *del. H*) Philometore rege *r v* 2 Athenieniense **M**. *cfr. de his nominibus Varro r. r. I 1, 8—10. Colum. I 1, 8—11* 7 Athenaeo *D. cfr. Brunn p. 26 et ind. XV.* -niense **M**(*Varro*). Athenaeo (atheo **a**) Botrye (-ryc **F**^{a}. -ric **a**) item *r B* 9 Cheresto **R**^{2}. -risto (-te **R**^{1}) *r v*. Chaeristo *H*. (Cheresteus *vel* Chaer- *Varro*, Chrestus *Colum.*). *cfr. ind. XV* 10 Prienense **M**. priensi **R**^{2} | Dinone **MR**^{2}*D*. Dione (Dyone **a**) *r v* (*item Varro, Colum.*). *cfr. ind. X* 12 Euphrone *v a. H. cfr. ind. XII* 13 Atheniense **M**(*Varro*) 15 Lysimacho qui item *om.* **M** 18 epitomas **M**. -ma **F**^{a}**d** *v*(*J*^{2}). epthoma **a**. aephitoma **FE**. epitomen *r*(?)*B. cfr. ind. VIII* 20 Erasistrato — 23 medico *om.* **FR**^{1}**E** *v a. D*. Themisone medico *om.* **F**^{a}**aT**. medico *om.* **d**. *cfr. Brunn p. 26* | connade **R**^{2} 22 Icesio **a**. -ssio **R**^{2}**T** 23 themistone **M**^{1} 26 natura **FRE** 30 fuerit **M** *H*(*D*). -rint *r S* 32 esse coeperint **F**^{a}**adT** *J*. coeperint esse **FRE** *S* 34 de oleo — 35 olei *post* incipientis *pon.* **dT** *H* 36 naturae *H* 42 faciendum **MFRE** *v*(*S*). -dum sit *r H*(*D*)

olei fictici genera XLVIII.
cici arbor sive croto sive sibi sive sesamon (7)
de amurca (8)
pomorum omnium genera et natura (9—34)
nucum pinearum genera IIII (9)
struthiorum genera IIII
cotoneorum genera IIII (10)
Punicorum genera VIIII
Persicorum genera VII (11)
prunorum genera XII (12)
de persea (13)
malorum genera XXX
quo quaeque tempore externa poma venerint in Italiam et unde (14)
quae novissime (15)
pirorum genera XLI (16)
de insitorum varietate et fulgurum piatione (17)
de pomis servandis et uvis (18)
ficorum genera XXVIIII (19)
de ficis historica (20)
de caprificatione (21)
mespilae genera III (22)
sorvorum genera IIII (23)
nucum genera VIIII (24)
castanearum genera VIII (25)
siliquae (26)
de carnosis pomis.
de moris (27)
de unedone (28)
acinorum naturae
bacarum naturae (29)
cerasorum genera VIIII (30)
corna. lentisci (31)
sucorum differentiae XIII (32. 33)
myrtus (35—38)
historica de myrto (36. 38)
genera eius XI (37)
laurus. genera eius XIII (39. 40)
Summa: res et historiae et observationes DXX.

---

1 facticii **R^2**. fruct- **F^a** | LXXXVIII **F^a a d T** 2 cici — sesamon *om. v a. Brot.* cici **d T** *H.* cicii **M**. cibi (Quot cibi **a**) *r* | croto *Brot. ex § 25.* crocon **a**. cruoso **F^a**. cruto *r* 3 sibi (siui **a**) *ll.* sili *J cum Salm.* seseli *S.* trixis *B* 5 omnium *om.* **a d T** *H* 6 naturae **F^a d T** *v a. S(J)* 9 struthiorum **M**. -tiorum **E**. -ciorum **F**. -tionum **R^2**. *lemma post* 11 punicorum gen. *pon.* **E R^2** *in marg., post* cotoneorum gen. **F** *H. om. r v* | XIIII **M** 11 IIII **F R E**. *lemma om. v a. D* 12 VIII **R^2** *e corr.* VI *H.* IIII *v* 13 XI **F^a a** *v a. H* 15 XXIX *v a. H* 20 XII **M F E** 25 XXXI **F^a a** 28 mespilae **M F E** *D.* -le **R**. -li **T**. -la **F^a a**. -lorum **d** (?) *H. cfr. XVII 67. 221* 29 soruorum **M** *J^2* (*sic* **M** *semper*). *om.* **F^a**. sorbo- *r v* 30 VIIII **M R^2** *in marg.* **F^a a** *D.* XI *r H (J^2)* 31 VIII **F^a** ^{1}**R** *v.* VII **M F^a** ^{2}**a**. XVIII *r H* 37 bacarum naturae **M** *D. om. r H.* de baccis *v* 38 cerasiorum **T** 40 XIIII **F R E** *S* 45 et genera **M**. *om.* **E** 48 DXXV **R**

EX AVCTORIBVS

Fenestella. Fabiano. Vergilio. Cornelio Valeriano. Celso. Catone censorio. Sasernis patre et filio. Scrofa. M. Varrone. D. Silano. Fabio Pictore. Trogo. Hygino. Flacco Verrio. Graecino. Attico Iulio. Columella. Masurio Sabino. Tergilla. Cotta Messalino. L. Pisone. Pompeio Lenaeo. Maccio Plauto. Fabio Dossenno. Scaevola. L. Aelio. Ateio Capitone. Sextio Nigro. Vibio Rufino.

EXTERNIS

Hesiodo. Theophrasto. Aristotele. Democrito. Hierone rege. Philometore rege. Attalo rege. Archyta. Xenophonte. Amphilocho Athenaeo. Anaxipoli Thasio. Apollodoro Lemnio. Aristophane Milesio. Antigono Cymaeo. Agathocle Chio. Apollonio Pergameno. Aristandro Athenaeo. Bacchio Milesio. Bione Solense. Chaerea Athenaeo. Cheresto item. Diodoro Prieneo. Dinone Colophonio. Epigene Rhodio. Euagone Thasio. Euphronio Athenaeo. Androtione qui de agricultura scripsit. Aeschrione qui item. Lysimacho qui item. Dionysio qui Magonem transtulit. Diophane qui ex Dionysio epitomas fecit. Asclepiade medico. Erasistrato item. Commiade qui de conditura vini scripsit. Aristomacho qui item. Hicesio qui item. Themisone medico. Onesicrito. Iuba rege.

---

12 M. Accio **MRdT**. *cfr. ind. XIV* | Fabio **M***L*(*D*). Fauio **DF^a a**. flauio *rv*(*H*). *cfr. ind. XIV* 12. 13 Dossenno **DF^a a***D*. -eno **MRd***H*. dorsene **F² E***v*. -one **F¹**. -eno *C* 13 lęlio **F^a F E**. lelio **R² a d**. leliao **R¹**. Aelio (*vel* Helio) *v a. D* 15 Rufino *ll. v*(*D*). Rufo *G* 17 Hesiodo Theophrasto **MR²** *in marg. D*. Theophrasto hesimio (-mo **a**) **DF^a a d**. Hesiodo *rv* 19 Attalo Philometore rege *HS* 21 Athen. **M**. aten. **F^a a**. *cfr. ind. XIV* 23 Antigono — Aristandro Athen. (*sic*) *iteravit* **M** 28 atheni **F^a**. -niense **M**. achenio **a** | Cheresto **M**. -sio **E**. chaer- **R**. char- **F^a a**. cherosio **F**. Cheristo *v*. Chaer- *L*. *cfr. ind. XIV* 29 Prien. **MF^a a** | Dinone **MDF^a a***D*. Dione *rv*. *cfr. ind. X* 31 euphrone **d** 32 Atheniense **M** 34 Lysimacho qui item *om.* **dT***v a. S*(*J*). *cfr. indd. X. XIV. XVII. XVIII* 37 epitomas (ephi- **F^a**) **M² F^a a**. -ma **M¹ R d***J²*. -mem **E²**. -nem **E¹**. -men **F***v*. *cfr. ind. VIII* 40 scripsit **Md***J²*. *om. rv*

L. XVI CONTINENTVR

silvestrium arborum naturae.
gentes sine arbore (1)
miracula in septentrionali regione arborum (2)
de glandiferis (3—13)
de civica corona (3)
de coronarum origine (4)
qui frondea corona donati (5)
glandium genera XIII (6)
de fago (7)
de reliquis glandibus
de carbone (8)
de galla (9)
quam multa praeter glandem ferant eaedem arbores (10—13)
cachrys (11)
coccum (12)
agaricum (13)
quarum arborum cortices in usu (14)
de scandulis (15)
de pinu (16)
pinastro (17)
picea, abiete (18)
larice, taeda (19)
taxo (20)
quibus modis fiat pix liquida.
quo modo cedrium fiat (21)
quibus modis spissa pix fiat.
quibus coquatur resina (22)
zopissa (23)
quarum arborum materiae in pretio (24—29)
fraxini genera IIII (24)
tiliae genera II (25)
aceris genera X (26)
bruscum, molluscum, staphylodendron (27)
buxi genera III (28)
ulmorum genera VI (29)
arborum natura per situs (30. 31)
quae montanae
quae campestres (30)
quae siccaneae
quae aquaticae
quae communes (31)
divisio generum (32)
quibus folia non decidant.
de rhododendro
quibus non omnia folia cadant.
quibus in locis nulli arborum (33)
de natura foliorum cadentium (34)
quibus foliorum varii colores.
populorum genera III

---

2 natura **E** 12 XII *D U Z p. 48* 26 pino **F[a]adT** *H* 34 coquatur **DF[2]F[a]Ea** *v(S) D.* cogatur **RdT** *J.* coatur **F[1]**. *del. H* 36 materia **ET** *va. H(S)* 38 IIII **E** *v.* III *r* 40 X *ll. v.* V *D U Z p. 49* 44 VI *D U Z p. 50.* IV *r H* 48. 49 quae campestres quae siccaneae *om.* **FR[1]E** 56 In quibus **a.** quibus **FRE** *va. H* | nullae **FRE** *va. G*

quorum foliorum figura mutetur (35)
quae folia versentur omnibus annis (36)
foliorum e palmis cura et usus (37)
foliorum mirabilia (38)
ordo naturae in satis (39)
quae arbores numquam floreant
de iuniperis (40)
de conceptu arborum. de germinatione. de partu (41)
quo ordine floreant (42)
de cornu. quo quaeque tempore ferant (43)
anniferae. in triennium ferentes (44)
quae fructum non ferant
quae infelices existimentur (45)
quae facillime perdant fructum aut florem (46)
quae ubique non ferant (47)
quo modo quaeque ferant (48)
quibus fructus ante quam folium nascatur (49)
biferae. triferae (50)
quae celerrime senescant
quae tardissime.
praecoces fructus. serotini (51)
in quibus plura rerum genera gignantur
crataegum (52)
differentiae arborum per corpora et ramos (53—56)
  lotos sive faba Graeca (53)
  de ramis (54)
  cortice (55)
  radicibus (56)
arbores quae sponte resurrexerint (57)
quibus modis [sponte] nascantur arbores (58)
naturae differentiae non omnia ubique generantis (58—60)
  ubi quae non nascantur (59)
  de cupressis (60)
nasci saepe ex terra quae ante nata non sint (61)
de hedera. genera eius XX (62)

---

1 figurae mutentur **$F^a$$R^2$adT***H*   15 quo quaeque **T***v*. quoque quo (quae **R**) **FREd**. Quoque **F^a**. Quo **a**   20 felices **R^1Ea**   24 quae — ferant *om.* **E***va.H* | ubique (= et ubi) **FRa**. ubi *rH. an potius* ubi quae, *ut infra 49?*   25 quo — ferant *om.* **Fd^{1}RE***va.H* | Quę **a** | quaeque **DF^aad^2***D. om.* **T***H*   27 folia nascantur **dT***H*(J^1)   30 tardius **FR^1E**   31 praecoces — serotini *om.va.S*(*J*)   42 resurrexerunt **FR**. surrexerint **a**. -runt **E**   44 *uncos pos. J coll. § 134* | nascantur **F^aa***v*(*S*). -cuntur *rH*   46 differentia **F^aRa**   47 ubique **F^aadT***H*. et ubi **R**. aut ibi **FE** | generant **R**. -tur **E**. -tis. Quę ubiq; generantur **a**   49 ubi **F^adT***H*. ut **a**. uel *r*

smilax (63)
de aquaticis (64—71)
de calamis. harundinum genera XXVIIII (64)
de sagittariis (65) et scriptoriis (64) et fistulatoriis calamis (66)
de Orchomenia harundine et aucupatoria et piscatoria (66)
de vinitoria harundine
de alno (67)
de salice. genera eius VIII (68)
quae praeter salicem adligando utilia (69)
de scirpis, candelis, cannis, tegulo (70)
de sabucis, de rubis (71)
de arborum sucis (72)
de natura materiarum (73)
de arboribus caedendis (74. 75)
de magnitudine arborum
de materiis architectonica
de sappino (76)
igniaria e ligno (77)
quae cariem non sentiant, quae rimam (78)
historica de perpetuitate materiarum (79)
teredinum genera (80)
de materiis fabrilia (82)
de glutinanda materia (83)
de laminis sectilibus (84)
arborum durantium vetustas (85—89)
ab Africano priore sata in urbe Roma D annorum arbor (85)
ab urbe condita arbores (86)
vetustiores urbe in suburbanis (87)
ab Agamemnone satae arbores
a primo anno belli Troiani arbores
ab Ili appellatione arbores apud Troiam antiquiores bello Troiano (88)
item Argis
ab Hercule satae
ab Apolline satae
arbor antiquior quam Athenae (89)
quae genera arborum minume durent (90)
arbores ex eventu nobiles (91)
quae sedem nascendi suam non habeant (92)

---

1 smillax **a**. smyll- **F**^{a}. zmil- *S* 4 XXVII **R**^{1}**F**^{a}**adT**. XXXVII **R**^{2}. (*numeravi aut 18 aut 33*) 13 VIII **RE***v*. *om*. **F**. VII *rJ* 14 adligando **D**^{1}**F**. alli- **F**^{a}**dT***H*. *cfr*. *§ 176*. -da **a**. ad ligandū **D**^{2}**E***D*. ...llig- **R** 17 teguliso **F**. -lis **RE**^{1}*H* 18 sambucis **R**(?)*va*. *D* 20 de natura — 24 de sappino *mutato ordine habent* **dT***H*. *an* De magnitudine arborum *post* De sappino *ponendum?* 24 sappino **F**^{a}. *cfr*. *§ 193. 196. 61*. sapinno **FR**^{1}**E**. sapino **R**^{2}**dT***v* 25 alieno **FR**^{1}. e alieno **E** 33 laminis **RadT***H*. lammi- **FE**. lamnis **F**^{a}*S* 42—52 *dist*. *U*

quae in arboribus vivant et in terra nasci non possint. genera earum VIIII
cassytas, hyphear, stelis, hippophaeston
de visci et similium natura (93)
de visco faciendo (94)
Summa: res et historiae et observationes MCXXXV

EX AVCTORIBVS

M. Varrone. Fetiale. Nigidio. Cornelio Nepote. Hygino. Masurio. Catone. Muciano. L. Pisone. Trogo. Calpurnio Basso. Cremutio. SextioNigro. Cornelio Boccho. Vitruvio. Graecino.

EXTERNIS

Alexandro polyhistore. Hesiodo. Theophrasto. Democrito. Homero. Timaeo mathematico.

L. XVII CONTINENTVR

sativarum arborum naturae.

arborum pretia mirabilia (1)
caeli natura ad arbores
quam partem caeli spectare vineae debeant (2)
qualis terra optima (3)
de terrae, qua Graeci, *Britanniae* et Galliae laetant, generibus VIII (4)
de cineris usu (5)
de fimo (6)
quae sata uberiorem terram faciant, quae urant (7)
quibus modis fimo utendum (8)
quibus modis arbores serantur (9—21)
semine nascentia (10)
quae numquam degenerent (11)
plantis nascentia (12)
avolsione nascentia *et* surculo (13)

---

2 non possint *ll. S. cfr. § 244.* possint *H* (*J*^{1} *errore*) *D* 3 earum **R**^{2}*H.* eorum *r* (*an recte?*). *om.* **dT***v* 4 cassytas **FR***J*^{2} *coll. Hesychii* κασύτας. -ssitas **E**. -ssitias **F**^{a}**a**. casthas **d**. cadytas **T**(?)*H cum B*, *qui § 244 sic e Theophr.* (*pro* castas *ll*) | hiphear **a**. hytear **FRE** | Istelis **FRE** | hippophaeston **d**(?)*H.* -pheston **T**. hypophacton (hi- **a**) **F**^{a}**a**. -pacthon *r. hic inserunt* uisci tria genera **dT***H et* Sthelin (esth- **d**) hyppear (ypear **d**) **dT**. sthelis, hyphear *SJ* 10 CCC·XXXV **F**^{a}**a**. CXXXV **FE***va.H.* /////C- **R** 28 uineae spectare **E** 31 terrae qua *ego.* -ra quae **FRE**. -ris quas *rH.* -ra qua (quam *v*) *S* | Graeci Britanniae *ego.* graeciae (gretiae **R**) *ll. H.* -cia *coni. U.* -ci *J.* Britannia *v. cfr. § 42*
32 laetant **F**^{a}**FE***S.* l&tant **R**. lectant **a**. iactant **dT***H.* amat *v*
33 generibus *ll.* -ra *H* 39 ferant **dT***H. cfr. ind. XIV (3)*
45 nascentia & *ego.* -ntia a **dT***H.* -ns a **a**. -ntur a **F**^{a}. -ntur *r.* -ntia *D*

EX AVCTORIBVS

Cornelio Nepote. Catone censorio. M. Varrone. Celso. Vergilio. Hygino. Sasernis patre et filio. Scrofa. Calpurnio Basso. Trogo. Aemilio

10 nascentes **FRE***S*. -tes sint **a**   13 inserendi **FR**^{1}**E** *v a. H*(*S*)   14 inoculatio *om. v, post* 12 inuenta sit *pon.* **dT** *H*(*J*^{2})   15. 16 de uite inserenda. emplastratio **dT** *v a. D*   18 taleis **T** *H*. etalis **d**. talis *ll*   21 Operum surcularium **F**^{a}**adT** *H*. Quorum surculorum (sircularum **E**^{2}. sulc- **F**. surcarum **R**^{1}) *r*   38 scariphatione *ego coll. § 251.* stercoratione *ll. D. om. v*   39 circumforandum *ego.* -odiendum *ll. S. om. v*   44 quae stercorationis *ego coll. § 258. om. ll. D.* de stercoratione **dT** *v*   48 MCCCLXXX (*om.* M **F**^{a}) **dT** *S*. -XXXI (M *in ras.* **R**^{2}) *r H*. DLXXXI *v*   50 censorio **E** *v*. -re *r*

Macro. Graecino. Columella. Attico Iulio. Fabiano. Mamilio Sura. Dessio Mundo. C. Epidio. L. Pisone.

EXTERNIS

Hesiodo. Theophrasto. Aristotele. Democrito. Theopompo. Hierone rege. Philometore rege. Attalo rege. Archelao rege. Archyta. Xenophonte. Amphilocho Atheniense. Anaxipoli Thasio. Apollodoro Lemnio. Aristophane Milesio. Antigono Cymaeo. Agathocle Chio. Apollonio Pergameno. Bacchio Milesio. Bione Solense. Chaerea Atheniense. Cheresto item. Diodoro Prieneo. Di*n*one Colophonio. Epigene Rhodio. Euagone Thasio. Euphronio Athenaeo. Androtione qui de agricultura scripsit. Aeschrione qui item. Lysimacho qui item. Dionysio qui Magonem transtulit. Diophane qui ex Dionysio epitoma*s* fecit. Aristandro qui de portentis scripsit.

L. XVIII CONTINENTVR

naturae frugum.
antiquorum studium in agricultura (1)
quae prima Romae corona.
de spicea corona (2)
de iugero (3)
quotiens et quibus temporibus fuerit summa vilitas annonae (4)
qui inlustres de agricultura scripserint (5)
quae observanda in agro parando (6)
de villarum positione (7)
praecepta antiquorum de agro colendo (8)
genera frugum (9)
naturae per genera frumenti (10—29)
de farre (11)
tritico (12)

---

3 Dessio **REd** *D*. Desio *r*. Decio *v*. Dosino *B*. Dorseno **T**(?) *C*. Doss- *H*. *cfr*. *D KNp*. *4*. *an* Dexio? | Epidico **FET** *va*. *H* 9 Archelao rege *om*. *JD*. *sed cfr*. *ind*. *XVIII* 18 Cheresio **F**^{a}. -ecto *v*. -risto *C*. Chaer- *L*. *cfr*. *indd*. *XIV*. *XV* | Prieneo (-noe **F**) *ll*. *C*. -naeo *G*. -nio *v* 19 Dinone **R**^{2} *D*. Didone **FR**^{1}**E**. Diodone **DF**^{a}**a**. Dione **dT**(?) *v* 26 epitoma *ll*. *v*(J^2). -men *B*. *cfr*. *ind*. *VIII* 27 scripsit **Rd**. *om*. *rv* 30 naturae frugum **Rd** *H*(*J*). *om*. *rS* 31 studia **a** 34 de spicea (piscea **E**) corona *ll*. *S*. spicea **dT** *H*. *om*. *v* 39 de *del*. *va*. *H* 40 scripserint **R**. praeceperint **d** *H*. *om*. *rv*(*S*) 47 *lemma om*. **F**^{a} | naturae **FdT** *S*. -ra *rH*

---

1 hordeo (or- **R**) *ll.D. add.* oryza *H* 3 ptisana **d**(?)*H.* tisana **F^{a}aT***J^{2}*. tysina **R**. tisina **FE** 8 zea siue semine **dT**. *om.H* 11 de pisturis *ll.D. post* hormino *pon.***dT***H* 12 sesama **dT***H* 14 hormino **d**(?)*H.* orm- (-mio **R**) *r* 18 genera **FRE***v*(*S*). origo **F^{a}adT***H* 23 fabis **a**. faba. De lente. De piso **dT***H* 25 faseoli **T***H.* Fasse- **R^{2}**. passiole (-lo **d**) **F^{a}ad**. bassi- **FE**. Base- **R^{1}** 26 pisum *om.***dT***H.* De pisis **a**. *add.* Alibi Passalet pisenatim **F^{a}a** 30 pabularia *om.va.J. post* 34 asia *pos.S* 32 eruum **F^{a}dT***v.* her- **a**. herbum *r.* erb- *D* 35 farrago *ll.D.* -go. cracca **dT***H* 36 ocimo **E***J.* ocymo **dT***H. cfr.§148. XVII 196.198* 50 idem aruū **DF^{a}a**(*U*)*D.* idem aru **FE**. item arui **R**. *om.***dT***H*

quantum ex quoque genere frumenti in iugero serendum (55)
de temporibus serendi (56—61)
digestio siderum in dies et notae terrestres rerum in agro agendarum (57)
quid quoque mense in agro fieri oporteat (62—74)
de papavere (61)
de faeno (67)
causae sterilitatium et remedia (69. 70)
de messibus (72)
de frumento servando (73)
de vindemia et autumni operibus (74)
lunaris ratio (75)
ventorum ratio (76)
limitatio agrorum (77)
prognostica (78—90)
a sole (78)
a luna (79)
stellis (80)
tonitribus (81)
nubibus (82)
nebulis (83)
ignibus terrestribus (84)
aquis (85)
ab ipsis tempestatibus (86)
ab animalibus aquatilibus
a volucribus (87. 88)
a quadrupedibus (88)
Summa: res et historiae et observationes MMLX

EX AVCTORIBVS

Masurio Sabino. Cassio Hemina. Verrio Flacco. L. Pisone. Cornelio Celso. Turranio Gracile. D. Silano. M. Varrone. Catone censorio. Scrofa. Sasernis patre et filio. Domitio Calvino. Hygino. Vergilio. Trogo. Ovidio. Graecino. Columella. Tuberone. L. Tarutio qui Graece de astris scripsit. Caesare dictatore qui item. Sergio Plauto. Sabino Fabiano. M. Cicerone. Calpurnio Basso. Ateio Capitone. Mamilio Sura. Attio qui Praxidica*m* scripsit.

---

7 notae *D*. noctae **F**. -te **DF^aa**. noct̃ **E**. -tes *rv* | terrestres. De papauere **dT***SJ*. *om.v* 9 et quid **dT***va.D* 11 de papauere *om.***dT***va.D* 13 sterilitatium **FF^a**. -tum *rv* | et **F^aRaT**. *om.rH* 26 De tonitruis **a** 32 ab aquatilibus **RdT**(?)*H* 34 quadrupedibus *ll.D*. -bus. ab herbis. a cibis **dT***H* 36 MDCCCVIII (-VIIII **dT**). Alibi MMLX **F^aadT** 38 masurio **F^a***D*. mass- *rv* 40 Turanio **a**. Taur- **E** 46 Tarutio **DF^adT***H*. -untio (Taur- **E**) *r*. Aruntio *v* 49 Plauto **DF^a**. Paulo *rv*. *cfr.ind.II et D KNp.5.6* 52 Attio **F^aa***S*. Attico **FE**. Accio **Rd**(?)*H*. Actio **T***v* | Praxidicā *ORibbeck* (*mus. Rhen. 1886 p. 631*). -dios **F^a**. -dicas **d**. -dica *rB*. *om.v* | scripsit *om.***T***va.S*

EXTERNIS

Hesiodo. Theophrasto. Aristotele. Democrito. Hierone rege. Philometore rege. Attalo rege. Archelao rege. Archyta. Xenophonte. Amphilocho Athenaeo. Anaxipoli Thasio. Apollodoro Lemnio. Aristophane Milesio. Antigono Cymaeo. Agathocle Chio. Apollonio Pergameno. Aristandro Athenaeo. Bacchio Milesio. Bione Solense. Chaerea Atheniense. Cheresto item. Diodoro Prieneo. Dinone Colophonio. Epigene Rhodio. Euagone Thasio. Euphronio Athenaeo. Androtione qui de agricultura scripsit. Aeschrione qui item. Lysimacho qui item. Dionysio qui Magonem transtulit. Diophane qui ex Dionysio epitoma*s* fecit. Thalete. Eudoxo. Philippo. Cal*l*ippo. Dositheo. Parmenisco. Metone. Critone. Oenopide. Conone. Euctemone. Harpalo. Hecataeo. Anaximandro. Sosigene. Hipparcho. Arato. Zoroastre. Archibio.

L. XIX CONTINENTVR

lini natura et miracula (1—6)
genera eius excellentia XVII (2)
quo modo seratur et perficiatur (3)
quando primum in theatris vela (6)
de sparti natura (7—9)
quo modo perficiatur (8)
quando primum usus eius (9)
de eriophoro bulbo (10)
quae sine radice nascantur et vivant
quae nascantur et seri non possint (11)
misy, iton, geranion (12)
de tuberibus (13)
pezicae (14)
de laserpicio et lasere
maspetum. magydaris (15. 16)
de rubia (17)
de radicula (18)

---

8 Aristophane Milesio. Apollodoro Lemnio **FRE**d**T***va. D* 9 Cymeo **a**. mycaeo **F**. mic- **RE** 13 Chaeresto **F**. -risto **R**(?)*G* 14 Prienaeo **R**(?)*L* | Dinone **DF**^{a}*D*. Dieno **F**. Dione *rv* 18 scripsit *om.* **Ea** 22 epitoma *ll. v* (*J*^{2}). -men *B. cfr. ind. VIII* 23 Callippo *Bas.* (*Brunn p. 29*). Cali- *ll.* :(*H*) 25 Metone *H*. Metio- **F**^{a}. Melito- *rv* 26 Conone **DF**^{a}d (*Brunn*) *D*. Oenone **FEa**. ..mone **R**. Zenone **T***v* 32 XVII *D UZ p. 57*. *om.* **F**^{a}. XXVII (-VIII **F**) *r* 34 et **R***D*. *om. r*. quo modo d**T***v* 40 primū **F**^{a}**aT**. -um in *r*. -us d(?)*H* 46 misu **FRE**. Oisu **a**

hortorum gratia (19. 20)
digestio terra enascentium praeter fruges et frutices (21)
natura et genera et historiae nascentium in hortis rerum X (22—37)
de omnium earum radicibus. floribus, foliis
quibus hortensiorum folia cadant (31)
quoto quaeque die nascantur (35)
seminum natura. quo modo quaeque serantur (36)
quorum singula genera, quorum plura sint (37)
natura et genera et historiae ad condimenta in horto satarum rerum XXIII (38—55)
lacrima *sua* nascens (48)
ferulacea genera IIII
cannabis (56)
morbi hortensiorum (57)
remedia (58. 59)
quibus modis formicae necentur
contra urucas remedia, contra culices
quibus salsae aquae prosint.
ratio rigandi hortos (60)
de sucis et saporibus hortensiorum
de piperitide et libanotide et zmyrn*i*o (61. 62)
Summa: res et historiae et observationes MCXLIIII

EX AVCTORIBVS

Maccio Plauto. M. Varrone. D. Silano. Catone censorio. Hygino. Vergilio. Muciano. Celso. Columella. Calpurnio Basso. Mamilio Sura. Sabin*i*o Tirone. Licinio Macro. Q. Bir-

---

1 genera **Ea**. cura *va. H* 2 terra enascentium *J.* terrae (-rre **a**. -rra **F**^{a}) nasc- *ll. v* 4 naturae **FRE** 6 X *D UZ p. 57.* XX *ll. v* 9 quibus **F**^{a}**adT** *H.* quaecius **F**. quae citius **RE**
13 seminum — serantur *om.* **R** | quo modo quaeque (quoque **F**^{a}. die *add.* **Ea**) serantur *ll. D. post* 10 cadant *pon.* **dT** *S. om. J* 17 natura — historiae *ll. v. om. D* 18 ad condimenta *ll. v* (*D*). *om.* **dT** *H* 20 lacrima sua *coni. J*^{2}. -mas **FRE**. -ma **DF**^{a}**a** *D.* -mę **d**. *om.* **T** *v* | nascens *ego coll. ind. XXI* (*11*) *et XIX 162. XXI 24.* nascentes **d**. -tia **DF**^{a}**a** *D.* -scuntur **FR**. -scantur **E**. *om.* **T** *v* 22 cannabis *H.* de ca- *ll* 27 uricas **F**^{a}. erucas **Rd** *va. S* (*J*) | remedium **FEaT** 34 zmyrnio *S.* -na **F**^{a}. zmirneo **T**. -na **d**. smyrnio *H.* -na **RE**. myr- **F**. smir- **a** 36 M *om.* **F**^{a}**a** 38 M. Accio **F**^{a}**Rd** *H.* M. auctio **a**. Maucio **F**. Mauccicio **E**. *cfr. ind. XIV* 39 D. Silano *om.* **FREd** 42 Sabinio *D KN p. 5.* -no *ll. v* 43 Aemilio Macro *Unger* (*de Valgio Rufo p. 211*), *prob. Brunn p. 31* | birrio *ll. D.* hirrio *codd. H.* hirtio **T** (?) *v. cfr. D KN p. 3*

rio. *V*ibio Rufino. Caesennio qui κηπουρικὰ scripsit. Castritio item. Firmo item. Potito item.

EXTERNIS

Herodoto. Theophrasto. Democrito. Aristomacho. Menandro qui βιόχρηστα scripsit. Anaxilao.

L. XX CONTINENTVR

medicinae ex *i*is quae in hortis seruntur.
cucumere silvestri XXVI (2)
elaterio XXVII (3)
anguino cucumere sive erratico V (4)
cucumere sativo VIIII (5)
pepone XI (6)
cucurbita *silvestr*i sompho I (7)
colocynthide XIII (8)
rapis VIIII (9)
rapo silvestri I (10)
napis sive bunio sive buniade V (11)
raphano sativo XLIII (13)
armoracia I (12)
pastinaca
hibisco sive plistolochia sive moloche agria XI (14)
staphylino sive pastinaca erratica XXII (15)
gingidio I (16)
sisere XI (17)
sile XII (18)
inula XI (19)
caepa XXVII (20)
porro sectivo XXXII (21)
porro capitato XXXVIIII (22)
alio LXI (23)
lactuca XLII
caprina IIII (24)
caesapo I

---

1 Bibio *ll* | Rutino $\mathbf{F}^{a}$. Rufo **RT**(?) *G. cfr. ind. XIV* 3 Firmio **Ra** | Potito **D**$\mathbf{F}^{a}$**a** *D*. Pitio **FREd**. Peritio $\mathbf{E}^{a}$(?). Petreio **T** *L*. -richo *H. cfr. D KN p. 7* 8 biocherasta (-cer- **a**) **FREa**. -creta $\mathbf{F}^{a}$**d**. -crea *va. B* 13 cucumere siluestri $\mathbf{R}^{a}$*v*. -res -tres *r* | XX $\mathbf{R}^{a}$ 14 XXVI $\mathbf{R}^{a}$ 17 cucumere satiuo *H. om.* $\mathbf{R}^{a}$. -res -uos *r* 19 siluestri (sv̄ri) *ego*. XVI $\mathbf{R}^{a}$. XVII *rv*. siue *D cum U* 21 XIII *ego*. X *H*. X alibi XIII (XII $\mathbf{R}^{a}$. XVI $\mathbf{F}^{a}$**a**) *ll* 26 raphano satiuo *om.* $\mathbf{R}^{a}$. -anis **dT** *S* | II alibi XLIII *ll. similiter in hoc et seqq. libris fere semper gemini numeri scripti sunt, quos hic omnes apponere longum est. item* $\mathbf{R}^{a}$ *suis numeris saepe differt a ceteris* 27 armoraciae $\mathbf{R}^{a}$**d**. -atiae *r* 28 pastinaca *ego coll. § 29*. -ca V *H*. -ca V alibi II (duo **a**) *ll* 29 plistolocia **Fa dT**. pist- (-chia *H*) **E** *H*. phistolocaea **R** 32 XX $\mathbf{R}^{a}$. *an* XXV? 33 gingidio *H*. -dion **RdT**. gigg- *r* | I *om.* **FEdT** *H* 36 XII **a**. *om.* $\mathbf{R}^{a}$. *an* IX? 37 caepae **FRE**. cepę $\mathbf{F}^{a}$. -pe **aT**. caepis **d**(?) *H* 41 XXXIV $\mathbf{R}^{a}$

isati I
lactuca silvatica VII (25)
hieracia XVII (26)
beta XXIIII (27)
limonio sive neuroide IIII (28)
intubo quae ambubaia IIII (29)
cichorio sive chresto sive pancratio XII (30)
hedypnoide IIII (31)
seris gener*ibus* II medicinae VII (32)
brassica LXXXVII (33)
cyma (35)
brassica silvestri XXVII (36)
lapsana I (37)
marina brassica I (38)
scilla XXIIII (39)
bulbis XXX (40)
bulbine I. bulbo vomitorio (41)
asparago sativo XVII (42)
corruda sive ormino sive Libyco XXIIII (43)
apio XVII (44)
apiastro sive melissophyllo (45)
olusatro sive hipposelino XI
or*e*oselino II. hel*e*oselino I (46)
petroselino I. buselino I (47)
ocimo XXVIII (48)
eruca XII (49)
nasturcio XLII (50)
ruta LXXXIIII (51)
mentastro XX (52)
menta XLI (53)
puleio XXV (54)
puleio silvestri XVIIII (55)
nepeta VIIII (56)
cumino XVI
cumino silvestri XXVI (57)
ami X (58)
cappari XVIII (59)
ligustico sive panace III (60)
cunila bubula V (61)

---

1 issati F^{a}FEd. -api R^{a} | I *H.* XXI R^{a}. I alibi XX *r* 5 IIII F^{a}R^{a}a. III *rH* 6 quae ambubaia E^{a}(?)*D.* quae ambula *J. om.r* | III dT*S* 8 pancratio *J.* -tio quae ambubaia (ambob- REa. ambubai X R^{a}. -uba d. -ulia F^{a}. -ubula T. ambula *S*) *rH* 10 seris — VII *om.*R^{1} | gen. FF^{a}R^{a}a*J.* genera R^{2}E*H* | II *D UZp.61.* III (tis R^{a}) *ll.H. cfr.§76* 12 LXXX R^{a} 14 XXXVII (-VIII F^{a}a) alibi XXVII F^{a}R^{2} *in marg.*a. *om.*R^{1} 17 XXIII alibi XXIIII *ll.* XXIII *H* 18 XXX *H.* XXX. Bulbis (-bi R) siluestres (-tribus a) *ll* 19 bulbine dT*H.* -bone *ll* 20 satiuo *om.*dT*H*(*J*) | XVII F^{a}a*D.* XVI R^{a}. *om.rH* 27 oreoselino *H.* orto- F^{a}RR^{a}a. orito- F. horto- EdT. ortho- *S* | helioselino F^{a}R^{a}adT*S.* hio- *r. add.* oreoselino (-num FE) I RFE. oleo-F^{a}a 30 XXVIII *ego.* XXXVIII R^{a}. XXXV *H.* -V alibi XXXVIII *r* 31 XII R^{a}*S.* XII (XI FE*H*) alibi XXII *r* 32 nasturtio Rd(?)*v* 36 pulegio aT*va.S* 37 XVIIII R^{a}. -III FEa*H.* -II *rS* 39 XVI R^{a}. XLVIII F^{a}*H.* -VIII alibi XLIII *r* 40 XXVI *ll.H.* -VII dT*J.* XXII R^{a} 41 ami *ll.J.* ammi *H. om.v* 42 XIIII R^{a}. *an* XVI? 43 III R^{a}. IIII *rH*

cunila gallinacea sive origano
V (62)
cunilagine VIII (63)
cunila molli II
libanotide II (64)
cunila sativa III
cunila montana VII (65)
piperitide sive siliquastro
V (66)
origano oniti sive prasio VI (67)
tragorigano VIIII (68)
origano Heraclio, gener*um* III,
medicinae XXX (69)
lepidio III (70)
git sive melanthio XXIII (71)
aneso sive aniceto LXI (72. 73)
aneto VIIII (74)
sacopenio sive sagapeno XIII
(75)
papavere albo II
papavere nigro VIII
de sopore. de opio. contra
potiones quas ἀνωδύνους et
ληξιπυρέτους et πεπτικὰς
et κοιλιακὰς vocant
papavere silvestri II. meconio
(76)
papavere rho*e*a II (77)
papaver*e* ceratiti sive glaucio
sive parali*o* V (78)
papavere Heracli*o* sive aphrode II. διὰ κωδυῶν (79)
papaver*e* tithymalo sive paralio III
quo modo sucus herbarum
colligendus (80)

---

3 VIII *ll. H. an* III? 4. 5 II (*bis*) **R^a**. III (*bis*) *r H* 6 III *ll. H. an* II? 10 V **dT***J* 12 origano *om.* **dT***J coll. § 177* | generum *ego.* -ra **R**(?) *H*. g. **F**. gen. **F^a***J. om. r* | VIIII **Ea** 13 XXVIIII **R^a**. *an* XXXIII? 14 I **a**. *an* V? 15 XXXIII **E**. *an* XXIIII?
16 siue *ll. H.* IIII **R^a** | *an* LXVI? 17 anetho *H*.
18 socopemo **FEa**. scop- **R** | XIII *ll. H. an* XIIII? *add.* Epopanace albo III **FREad^1**. (*cfr.* opopanace *§ 264*) 20 II *ego.* III *H*. III alibi II *ll* 24 pepticas **F^a***H*. pat- **R^a**. rept- *r* 26 papauere siluestri II *ego.* -tri III *ll. om.* **dT** *H* | meconio **R^a**. -nio (-nte **F^a**. Neconte **a**) I *r H* 28 rhoea *H*. rhyas **R^a**. rhias **F^a**. rias **a**. roas **E^1**. ruas *r* 29 papauere *H*. -er *ll. add.* siluestre **dT**. -tri *H* | ceratiti *H*. -titis **F^{a}R^a**. -tis **R**. cerraticis **FE**. err- **a**. ceratytide **d**. -atium **T** | glaucio *H*. -ion (-um **a**) *ll* 30 paralio *H*. -lium *ll* | V *ego.* VI **d***H*. X **T**. VI alibi III *r* 31 papauere **a***H*. -er *r. add.* siluestre **dT**. -ri *H* | Heraclio *H*. -ium *ll* | aphrode *ego coll. § 207*. affrodi **a**. aprhody **F^a**. aproti **E**. -rot. **FR**. aphron **dT**. -ro *H* 32 II *ego.* IIII *ll. H. om.* **dT** | diacodion **FR***H*. -conion **E**. acodyon **F^a**. -dion **a**. dicadyon **d**. -dion **T**
33 papauere *J*. -eri **F**. -er *r H* | tithymalo *J*. -lon **dT**. -lum *vel* -llum *ll* | paralio *J*. -lium *H*. -llium **R**. pharalium **F**. -llium **E**. -clium **F^{a}a**. artalion (-th- **d**) **dT** 35 *lemma om.* **dT** *H* (*J*). *post* 26 meconio *pos. Brot.*, *post* 21 nigro VIII *v*

porcilaca XLV. pepli XLV (81)
coriandro XXI (82)
atriplice XIIII (83)
malva malope XLVI
malva malache I
malva althaea sive plistolo*ch*ia XVIIII (84)
lapatho silvestri sive oxalide sive lapatho canterino sive rumice I
oxylapatho VII
hydrolapatho II
hippolapatho VI (85)
lapatho sativo XXI
bulapatho I (86)
sinapi, gener*um* III, medicinae XLVIII (87)
adarca XLVIII (88)
marrubio sive prasio sive linostropho sive philopaede sive philochare XXVIIII (89)
serpyllo XVIII (90)
sisymbrio sive Thymbraeo XIII (91)
lini semine XXVII (92)
blito VI (93)
meo Athamantico sive Athamanico VII (94)
feniculo XXIII (95)
hippomarat*h*o sive myrsineo V (96)
cannabi VII (97)
ferula VIII (98)
carduo sive scolymo VI (99)

---

1 portulaca **a** *va.H* | XLV. pepli XLV *ego*. XLV (XLII **F^{a}a**) Leptis XLV alibi peplis (plebis **a**. pephlim **dT**) *ll*. quae et peplis XXV (XLV *Brot.*) *H* 2 coriandrum **F^{a}a** 3 atriplice **dT***H*. -plex *ll* | XIII **E** *Brot.* 4 XLVI **R^a**. XIII (XVI **F^{a}a**) alibi XLII (XLV **a**) *r*. XIII *H* 6 plistolochia *J*. -cia **EdT***H*. -cię **F**. -ofocia **R^a**. phlistolacia **R**. phisto- *r* 7 XVIIII *ego*. XIII **R^a**. LVIII **F^a**. LVIIII *rH* 8 oxallide **F^{a}a**. pallide *r*. *om.va.H* 9 cantherino **dT***H*. *om.v* 10 I **dT***H*. *om.ll*. *an* VI? 11 oxylapatho (oxi- **a**) *ll.v*. *om. hic et post* hippolapatho *pon.* **dT***H* | VII *ego*. IIII alibi VII (IIII **FE**) *ll*. IIII *H* 12 II *ll.H*. *an* VI? 13 VI *ll.H*. *an* VII? 14 XXI *ll.H*. XXIII **dT**. *an* XVII 16 generum *ego*. gen. **a***J*. -nera *rH* | IIII **a** 17 XLVIII **FRE**. XLIIII **F^{a}a***H*. -IIII alibi XLVII **dT** 18 XLVII **RdT** 22 XVIII **F^{a}EdT***H*(*S*). -IIII *r Brot*. *an* XVII? 24 XIII **R^a**. XXIII (XXXII **a**) alibi XIII *r*. XXIII **dT***H* 25 XXVII **R^a**. XXX *rH*. *an* XXVIII? 26 *an* V? 27 meo athamantico (ada- **dT**) **dT***H*. meotha- **F**. miotha- **R**. Macota- **a**. Machotha- **F^a**. Athamantico XXII. Miotha- **E**. *om.v* | siue athamanico *ll*. siue abath- **dT**. *om.v* 28 VII **F^{a}E***H*. VII. Athamantico (athra- **dT**) XXII *r*. *om.v* 29 XXIII **a**. *om.* **R^1**. XXII *rH* 30 hippomaratho *ego coll.* §*255.258*. -to *ll*. -thro *H* | myrsineo *H*. -eum **dT**. myrseneo **F**. mirs- **RR^{a}a**. mys- **E**. mis- **F^a** 31 V *ll.H*. III **R^a**. *an* IIII? 32 VII **R^a**. VIII **F^{a}FRdT**. VIIII *rH* 33 *an* VIIII?

theriacae conpositio (100)
Summa: medicinae et historiae et observationes MDCVI

EX AUCTORIBVS

Catone censorio. M. Varrone. Pompeio Lenaeo. C. Valgio. Hygino. Sextio Nigro qui Graece scripsit. Iulio Basso qui item. Celso. Antonio Castore.

EXTERNIS

Democrito. Theophrasto. Orpheo. Menandro qui βιόχρηστα scripsit. Pythagora. Nicandro.

MEDICIS Hippocrate. Chrysippo. Diocle. Oph*i*one. Heraclide. Hicesio. Dionysio. Apollodoro Citiense. Apollodoro Tarentino. Praxagora. Plistonico. Medio. Dieuche. Cleophanto. Philistione. Asclepiade. Crateua. Petronio Diodoto. Iolla. Erasistato. Diagora. Andrea. Mneside. Epicharmo. Damione. Dalione. Sosimene. Tlepolemo. Metrodoro. Solone. Lyco. Olympiade Thebana. Philino. Petricho. Miccione. Glaucia. Xenocrate.

L. XXI CONTINENTVR

naturae florum et coronamentorum.
de strophiolis. serta (2)
qui invenerint miscere flores. quando primum corollae appellatae et quare (3)
quis primu*s* coronas foliis argenteis et aureis dederit
quare corollaria dicta. de lemniscis. quis primu*s* caelaverit eos (4)
quantus honor coronarum apud antiquos fuerit (5)
severitas antiquorum in coronis (6)
quem floribus honoraverit populus Romanus (7)

---

2 medicinae *ll.v*(*D*). res **dT***H* 3 MDCVI **R***S*. MCVI (-VII **F**. -V **dT**) alibi MDCVI **FEdT**. DCLX alibi DCVI **F^{a}a**. MCVII *Brot.* MDCLX *H*. -CVII *v* 14 Nicandro *om.***F^{a}a***H* 16 Hippocrate *S. om.***R^a**. Nicandro. Hipp- *rv*. Hipp- Nic- *H* 17 Ophione *va.B* (*D cum Brunnio p.36*). Ophlone **FREdT**. Oplone *r*. Opione *B*. Ophelione *H* 29 Petricho **F^{a}R^{a}dT***H*. -chio **a**. -iclo **R**. -iclio *r*. -idio *v*. -treio *L* 30 Miccione **FREdT**(*Brunn*)*D*. -ctione *rv*. -ctone *H* | Claucia **FR**. -udia **E***va.B*. Gauecia **F^a**. -eua **a** 39 primus *H*. -um *ll.v*(*S*) | coronam **E***va.H*(*S*). -na **FR** 42 primus *ego*. -um *ll.H. om.v* 48 plus **E**. pluribus **E^2** | honorauerit **F^{a}FRdT**. corona- (**VE**?) *H*

pactiles coronae
de sutilibus coronis
de nardinis. de Sericis (8)
Cleopatrae reginae factum in coronis (9)
de rosa. gen. eius XII (10). med. XXXII (73)
lili gen. III (11). med. XXI (74)
lacrima *sua* nascens (11)
narcissi gen. III (12). med. XVI (75)
quorum semen tinguatur, ut infecta nascantur (13)
quem ad modum quaeque nascantur, serantur, colantur sub singulis generibus (14—37)
violae colores III (14). med. XVII (76)
luteae gen. V (14) med. X (76)
caltha. regius flos (15)
baccar (16). med. XVII (77)
combretum (16) med. I (77)
crocum (17). med. XX (81)
ubi optimi flores. qui flores Troianis temporibus in usu (17)
de natura odorum (18)
iris (19). med. XLI (83)
saliunca (20) med. II (83)
polium sive teuthrion (21) med. XVIII (84)
qui flos alium colorem mane habeat, alium meridie, alium sole occidente (21)
vestium aemulatio cum floribus (22)
amarantus (23)
cyanus (24). med. II (84)
holochrysos (24) med. III (85)
petilium. bellio (25)
chrysocome sive chrysitis (26). med. VI (85).
qui frutices flore coronent (27)
qui folio (28).

---

3 siricis **E**. syr- **F**. siritis **F**^{a1} 4 in coronis *om.* **FRE** 6 de rosa in coronis **FR**^{2}**E***va.H* 7 XXXII *S. om.* **E**^{1}*H*. XXXII (XXIII **VdT**) alibi XXXIIII *r* 8 XXI **F**^{a}**FRET***H*. XVI **Vd**. XXIII *J* 10 lacrima sua nascens *cod. Salm. cfr.* § *24*. -mas nascens **F**^{a}. -ma nascens **R**^{2}**T** *D*. -manscens **R**^{1}**E**. -mascens **F**. *om.* **Vd***H* 11 medicinae XVI *om.* **Vd***H*. *an* XIV? 20 XVIII **FE**^{2} *in marg. om.* **E**^{1} *Brot.* XXVIII *H* 21 V *ll.H.* III *D U Z p.64* 22 caltha *ego.* de caltha **dT***H*(*J*). de acalta *r*. ia. caltha *S cum Salm.* 23 baccar *ll.J*^{2}. *coll.* § *29. 132.* -cchar *S*. de bacchare **dT***v*. (*item saepius* de *praem.* **dT***v*) 24 cobretum **VFR**. combetrum **E**. cob- **F**^{a}. (*add.* de asaro **dT***H*) 27 in usu *om.* **E***va.J* 31 II *ll.S.* III **dT***H*(*J*) 32 teuthrion **V***H*. -trion **F**^{a}**dT**. theutrium **FR**. -trū **E**. -thrium *D* 33 XVIII **FRE***S*. -IIII *r H*(*J*). *errore add.* genera V (*recte* II) *S* 34 qui — occidente (cad- **R**) *ll.D. om.v* 42 bellium **F**^{a}**FR**. bdellium **VE**. (de)bellio **dT***H*

melo*th*rum. spiraea. *o*riganum. cneorum sive casia, gen. II. melissophyllum sive melit*ta*ena (29). med. XXI (86) melilotos quae sertula Campana (29. 37). med. XIII (87) trifoli gen. III (30). med. IIII (88). myophonum (30) thymi genera II (31). med. XXXIII (89). flore nascentia, non semine (31) conyza (32) Iovis flos. hemerocalles (33). med. IIII (90) Helenium (33) med. V (91) phlox. quae ramis et folio odorata (33) habrotonum (34). med. XXII (92). Adonium. genera II ipsa se propagantia (34) leucanthemum (34) med. I (93) amarac*um* sive sampsuchum (35). med. X*I* (93) nyctegreton sive chenamyche sive nyctalops (36) quo ordine temporum flores nascantur (38. 39) anemone coronaria sive phrenion (38) med. X (94) oenanthe herba (38) med. VI (95). melanium. heliochrysos (38) med. XI (96) lychnis (39). med. VII (98) gladiolus. hyacinthus (38) med. VIII (97) tiphyon. pothi gen. II. orsinae gen. II (39) vicapervica sive chamaedaphne (39) med. IIII (99) quae semper vireat herba (39) quam longa cuique vita florum (40) quae propter apes serenda inter flores. cerintha (41)

---

1 origanum *H*. triga- **dT**. thrica- **RE**^{2}. trica- *r* 3 melitena **FRE**. -tina **VF**^{a}**d** 4 XXII **R** 5 Campana **E** *H*. -na siue melilotum *rD* 6 med. XII **R**. *om.* **E** *va.D* 7 med. — 9 gen. II *om.* **R** 9 II *D UZ p.66 n.1.* III *ll.H* 10 XXXIIII *ego.* XXVIIII **VF**^{a}**dT** *H*. -III *rS* 12 conyza *om.* **VFRE** 15 *an* VI? 16 folia **E**. -liis *J. cfr.* § *59* 18 abrotanum **RE**. -tonum *H* 19 *dist. ego* 22 amaracum *ego*. -ci gen. II *ll.H* | siue sampsuchum *om.H* 23 XI *ego.* LX *S.* IX *H.* LX alibi VIIII (VIII **FE**) *r* 24 cenamiche **VF**^{a}**d**. gena- **FR**. genemyche **E** 28 frenion **FE**. p̄nion **R**. eremion *r. om.H* 30 *an* V? 31 melanium *ego coll.* § *65.* meliantum **d**. -tium **T**. melant- **F**^{a}. -thium *rH. add.* med. XI *ll.H. del.J*^{2}*, huc translata e sqq. ratus. cfr. ind. XXII (26). XX (71)* | hellocrysos **F**. -crisos **RE**. elicrysos **d**. melichr- **VF**^{a} 33 lychinis **FRE**. lich- **F**^{a}. *ante* tiphyon *pon.* **dT** *H* 36 tiphyion **T**. -phion **F**. thiph- **RE**. tith- *r* | orsine **F**^{a}**FT**. *an* orsini? *cfr.* § *67* 38 uincaperuinca **VR** (?) *va.J*^{2}*. cfr.* § *68. 172* 41 florum uita **dT** *H*(*D*)

de pabulo apium. de morbis earum et remediis (42. 43)
de venenato melle et remediis eius (44)
de melle insano (45)
de melle quod muscae non attingunt (46)
de alvariis. de alvis et cura earum (47)
si famem apes sentiant (48)
de cera facienda
quae optima eius genera
de cera Punica (49)
sponte nascentium herbarum in quibuscumque gentibus usus, naturae, miracula (50—108)
fraga. tamnum.
ruscum (50) med. IIII (100)
batis gen. II (50) med. II (101)
pastinaca pratensis. lupus salictarius (50)
colocasia (51). med. II (102)
anthalium (52)
ant*hy*llium sive ant*h*yllum (52) med. VI (103)
oetum. quae radices nihil supra terram gignant: ar*a*chidne, aracos (52)
candryala. hypochoeris. caucalis. enthryscum. scandix, eadem tragopogon. parthenium sive leucanthes sive ama*r*acum sive pe*rdi*cium sive muralis (52) med. VIII (104)
trychnum sive strychnum sive *h*alicacabum sive cal*l*ias sive dorycnion sive manicon sive perit*t*on sive neuras sive morio sive moly (52) med. III (105)

1 apum VdT 8 alueariis V^{2}RE*va. D* | alueis V^2 9 earum VF^{a}dT. eor- *rv* 15 quibusque VF^{a}dT*H*(*J*^{1}) 20 battis FRd 23 *post* med. II *add.* de cichorio dT*S.* cichorium *H. om. D. cfr. ind.* XX (*30*) 24 anthialium FR. anthya- E. antia- F^a. antya- d 25 anthyllium *ego coll. § 175.* siue anticellium (antec- dT. anticensium R) *ll. S. om. H* | antyllum REdT. -tillum *r* 26 *an* VII? 27 quae — gignant *om. H* 28 super VF^{a}R | arachidne *ego.* -na *H.* archenide (-chaen- F) *ll* 29 aracos d*H.* -chos VF^{a}T. abachos *r* 30 candriala RET. chondrylla *B § 89* | hypochoeris *H.* -prochroris R. -pochoris *r* 31 enthryscum Rd. -thyrscum VF^a. -thriscum FT. -tristum E. anthriscum (*B*) *H* 32 eadem *ll. S. om. H.* come eadem *coni. J*^{2} *coll. § 89* | traseopocon FE. thra- R. *om. H* 34 amaracum *ego coll. § 163.* -cus *S.* amanacum (-cus E. -dis R) *ll. om. H* | perdicium *S e § 176.* pelleuchion (peleu- R) FRE. -eution VF^a. calitha dT. *om. H* 34 siue muralis — 38 manicon *om.* FR^{1}E*H*

37 halicacabum *S.* ali- R^2. alii- VF^{a}dT | callias *ego.* -ada *S e Diosc. IV 72.* calittis R^2. calitha F^{a}dT*J. om.* V. (*item § 177 scribendum erit* callian) 38 manicon *S.* mari- VF^{a}dT 39 perithon (par-VF^a) *ll* 40 molym T. -lim F^{a}d. -lion V. -lin *r* | III *ego.* VIII *ll. S*

corchorus (52) med. VI (106) aphace. ac*h*ynops. epipetron. quae numquam floreat, quae semper (52)
cneci gen. III (53). med. III (107)
aculeati generis herbae (54—58)
erynge. glycyrriza (54)
tribulus (54. 58)
anonis (58)
pheos sive stoebe. hippophaes (54)
urticae gen. IIII. lamium. scorpio (55)
acorna. leucacanthos. chalceos. *c*necos. polyacanthos. onopy*x*os. helxine. scolymos. chamaeleon. tetralix. *atractylis* sive phonos. acanthice mastiche (56)
cactos. [tenica, pappum, ascalia] (57)
herbarum genera per caules: coronopus. anchusa. anthemis. phyllanthes. crepis. lotos (59)
differentiae herbarum per folia:
quibus folia non cadant.
quae particulatim floreant (60)
heliotropium, adiantum, herbae quarum medicinae sequenti libro (29. 30) dicentur (60)
spicatarum genera:
stan*y*o*p*s. alopecuros. stelep*h*uros sive ortyx sive plantago. *th*ryallis (61)
perdicium. ornithogale (62)
post annum nascentes
a summo florentes, item ab imo (63)
lappa herba quae intra se parit. Opuntia e folio radicem faciens (64)

---

1 *an* V? 2 achynops *ego e* § *89*. acynops **d**. -pis **R**. -pos **R** *H* | piretron **FRE** 3 floreat *ego*. -ant *ll*. *H*. *cfr*. § *89 extr*. 5 cneci *H*. Neci **R**. gne- **FE**. greci *r* | gen. III *ego coll*. § *90*. gen. IIII **VF**^{a}**dT** *H*. geniū *r* | med. VII **F**^{a}. *om*. **Vd** 10 anosis **F**^{a}. ononis **d** (?) *H*. *cfr*. § *91. 98* 13 VI **E**. III **FR** 15 acorna *ll*. *D*. carduus, acorna *H* | chalceos cnecos *H e* § *94*. -cionecos **F**. -ecus **VR**. -etus **E**. calchionecos **F**^{a}**d** 16 onopyxos *H*. -phycos **dT** J^2. -phygos **VF**^{a}. -phrycos *r* 17 elxine **T**. helsine *r* 18 tetralix **T** (?) *H*. petralis **FREd**. -rus *r* | atractylis *Salm*. *om*. *ll*. *v* | siue phonos *ego huc posui*, *post* acorna *pon*. *ll*. *H*. *cfr*. § *95* 20 cactos *ego*. -tus *S*. ectacos (-cus **VTd**. -cus siue *H*) cactus *ll*. *H*. *de mendo cfr*. § *97* Et cactos quoque | *uncos ego posui*. tenica (fen- **T**) *ll*. pternix *H e* § *97*. -ica *S*. ternica J^2 | pappum (-ptum **F**^{a}) alibi tappum (ra- **R**) *ll*. pappus *H*. -um *S* 24 phyllanthes **R** (?) *H*. philanthus **E**. phyllantus (py- **FF**^{a}) *r*. *cfr*. § *99* 35 stanyops *S*. -opos *H*. -ntobs **FE**. -niobs *r* | stelephuros *H*. stelophiros **T**. stellepyros **VF**^{a}. stello- **FRd**. sello- **E** 37 thryallis *H e* § *101*. pyralis **E**. -allis (par- **R**) *r*

iasine. chondrylla. picris.
quae toto anno floreant (65)
quibus flos ante quam caules exeant, quibus caulis ante quam flos. quae ter floreat (66)
cypiros (67) med. VIII (69).
thesium (67).
asphodelus sive *h*astula regia.
anthericus sive albucum (68)
iunci gen. VI. med. IIII (69)
cyperus. med. XIIII
cyperis
cypira (70)
*h*oloscho*e*nos (71)
med. ex iunco odorato sive teuchite X (72)
med. ex asaro VIII (78)
med. ex Gallico nardo VIII (79)
med. ex herba quam phun vocant IIII (80)
[Syrium] crocomagma, med. II (82)
pesoluta. med. I (108)
Graecorum nominum in ponderibus et mensuris interpretatio (109)
Summa: medicinae et historiae et observationes DCCXXX

EX AVCTORIBVS

Catone censorio. M. Varrone. Masurio. Antiate. Caepione. *Ve*stino. Vibio Rufino. Hygino. Pomponio Mela. Pompeio Lenaeo. Cornelio Celso. Calpurnio Basso. *C.* Va*l*gio. Licinio Macro. Sextio Nigro qui Graece scripsit. Iulio Basso qui item. Antonio Castore.

---

1 iasine *ego.* las- *ll.* iasione **T** *H* | chondrylla *ego e § 105.* cond- *H.* chryndilla **dT**. chrin- **F^a**. crin- **V**. cyndrilla *r* | picris *H.* pigris *ll* 1. 2 *dist. ego* | floreant *ll.* -ret **dT** *H. cfr. § 89 cum § 105* 3 flos *ll. D.* flos exeat **dT** *H* 5 quater **FE**. quae **R** | floreat **E** *J² coll. § 106.* -ant *rv* 8 astula *ll* 9 siue albucum *ll. S. del. H. add.* Amuletum **R**. -tum. asian **FE**. -tum asian alibi oispant (oistant **F^a**) *r.* pistana *v* (*cfr. § 111. 112*). *del. H* 11 *an* XIII? | cyperos **T**. -rus **Rd** 13 cypira **VE** *H.* -pera *r* 14 holoschoenos *H.* olyschenos (olis- **E**) *ll* 16 teuchite *H.* theu- **VF^a**. -cite **T**. thecite **Rd**. tetite **F**. thetitae **E** | *an* IX? 17 medicinae ex asaro VIII *om.* **dT**. *an* VII? 18 *an* VII? 20 phun *J² coll. § 136. XII 45.* phyri **R**. phin **EdT**. uin **F**. fin *r.* phu *H* 22 *uncos ego posui.* Syrium *ll. H. om.* **d²T**. *an* ex croco collyrium? *cfr. § 138 extr. syrium, lilii sucus, commemoratur § 127* | *post* med. II *add.* Bolete (-to **R**. *om.* **d²T**) acenos med. II *ll. del. v* 24 pesoluta **T** *S.* pers- *v.* pesolui (re- **VF^a**) *r* 32 Caepione **VF^a** *H.* Caeli- **FEd**. Celi- **RT**. C. Helio *v* 33 Vestino *v.* Crist- **R**. cryst- **F**. Chyst- **E¹**. Chryst- **E²**. Crispino *r* | Vlpio **FREd** *va. B* | Rufino *ll. v* (*D*). Rufo *S* 36 C. Valgio *H.* Publio. uargio (uor- **V**) *ll.* P. Largio *v. cfr. ind. XX*

EXTERNIS

Theophrasto. Democrito. Orpheo. Pythagora. Magone. Menandro qui βιόχρηστα scripsit. Nicandro. Homero. Hesiodo. Musaeo. Sophocle. Anaxilao.

MEDICIS Mnesitheo qui de coronis. Callimacho qui item. Phania physico. Timaristo. Simo. Hippocrate. Chrysippo. Diocle. Ophione. Heraclide. Hicesio. Dionysio. Apollodoro Citiense. Apollodoro Tarentino. Praxagora. Plistonico. Medio. Dieuche. Cleophanto. Philistione. Asclepiade. Crateua. Petronio Diodoto. Iolla. Erasistrato. Diagora. Andrea. Mneside. Epicharmo. Damione. Dalione. Sosimene. Tlepolemo. Metrodoro. Solone. Lyco. Olympiade Thebana. Philino. Petricho. Miccione. Glaucia. Xenocrate.

L. XXII CONTINENTVR

auctoritas herbarum (1–7)
gentes herbis formae gratia uti (2)
herbis infici vestes, item pigmento *Gallicae* cortina*e*. de sag*m*inibus. de verbenis et clarigatione (3)
de corona graminea. de raritate eius (4)
qui soli corona ea donati (5)
qui solus centurio (6)
medicinae ex reliquis coronamentis:
erynge sive eryngio *q*u*a*e centum capita XXX (8. 9)
acano I (10)
glycyrriza sive adipso XV
stomatice I (11)

---

4 biochresta *B*(*H*). -crestas **VF**^{a}. -crea *v*. diochresta **T***L*. -sia **FE**. -cresia **d**. chochresia **R**. *cfr. ind. XIX. XX* 8 Mnesitheo **d**(?)*H*. -estheo *rv* 10 Timaristo *B*. -ito *ll*. -antho *v* 11 Simo (Sy- **R**) *ante* Timaristo *pon. v* 12 Ophione **T***v*(*D*). Opi- **R***B*. Hopi- **FEd**. Hopini- **VF**^{a}. Ophelione *H*. *cfr. ind. XX* 24 Philino — Xenocrate *om.* **VF**^{a} 25 Miccione **Rd***D*. Micti- **FET***v*. -tone *H*. *cfr. ind. XX* 27 continentur **F**^{a}**R**. -etur *rv* 32 pigmento *D*. -ta *ll. J*^{1}. *del. v* | gallicae cortinae *ego coll. § 3 et XXXV 150*. de oleo cortina **dT***J*^{1} *coll. § 48*. de oleo chortino (*add.* alibi crotino **R**^{a}**a**) *ll. D coll. XV 30* (*rem deesse in § 3 ratus*) 33 sagminibus *H*. sanguin- *ll. om. v* 37 corona ea donati **R**^{a}*v*(*J*). -nae adso- **FRE**. -na do- *rH* 41 eryngio *H*. -ion *ll. S* | quae *ego* (*item p.* 71,8). siue *ll. S. del. H* 42 *an* XXXII? 43 acano *H*. -nos **VF**^{a}*S*. -nosi *r* | I *H*. XI *ll* 44 adipsos *SJ*

tribuli gen. II med. XII (12)
stoebe sive pheos (13)
hippop*ha*es. gen. II. med. II (14)
urtica LXI (15)
lamio VII (16)
scorpionis gen. II med. I (17)
leucacantha *qua*e phy*ll*os sive ischas sive polygonatos IIII (18)
helxine XII (19)
perdicio sive Parthenio sive siderite quae urceolaris sive astercum XI (20)
chamaeleone sive ixia sive ulophyto sive cynozolo, gen. II, med. XII. mastiche (21)
coronopode (22)
anchusa XIIII (23)
pseudoanchusa *qua*e echis sive doris III (24)
onochilo sive archebio sive onocheli sive rhexia sive enchrysa X cuius radices colorem mutent (25)
anthemide sive leucanthemide sive leucanthemo sive chamaemelo sive melanthio, gen. III, med. XI (26)
loto herba III (27)
lotometra II (28)
heliotropio sive helioscopio sive verrucaria XII
heliotropio sive tricocco sive scorpiuro XIIII (29)
adianto sive callitricho sive trichomane sive polytricho sive saxifraga, gen. II, med. XXVIII
frutex sine radice (30)
picride I. thesio I (31)
asphodelo LI (32)
halimo XIIII (33)
acantho sive paederote sive melamphyllo V (34)
bupleuro V (35)

---

2 siue pheos **T***S*. siue ceos (coeos **R**) *r*. *om.v*. (*deest* IIII) 3 hippophaes *S cum Salm*. -phyes (*v*) *H*. -opes *ll* 6 lamion (-ium **V***H*) *vel* ſam- alibi lamo *ll* 8 leucachanta **T**. -tam **E**d. leua- **F**. leu- **R**. leuco- **VF**^{a} | phyllos *H cum B e* § *40*. phymos *vel* phimos *ll* 9 ischas **FRE**d*J*^{2}. escas *r*. ischias *H cum B e* § *40* 10 helsine **F**^{a}**R**^{a}. hers- **FRE** 11 siue derithe **FRE**d. *om*. **T***H* 13 artercum **FE**. alterc- **VF**^{a}*H*. asteric- *Brot*. 14 chamaeleon *H* | ixea **FE**. ixias *H* 15 cynozolo *D*. -lon **R**^{a}*H*. -zalo (ty- **E**) *r*. -zialon d**T** 16 mastiche (-ce **E**) *ll*.*D*. *om*. d**T***H* 17 coronopus d**T***H*. (*deest* I) 19 quae *ego*. siue *ll*.*H* 22 onocheli **R**^{a}**T***H*. ton- **R**. con- **FE**. onochelis *r* 23 X *ego coll*. § *51*. *52*. XXX (XX **VF**^{a}) alibi X *ll*. XXX *H* 24 cuius — mutent *ll*.*D*. *del*.*H*. *cfr*. § *51* 29 III d**T***H*. IIII *ll* 30 III **F**^{a}. IIII *rH* 31 *an* III? 33 XII *ll*.*S*. XIII *H*. *an* XIIII? 39 XXVIIII **R**^{a} 40 frutex — radice *ll*.*D*. *del*.*H*. *cfr*. § *63* 41 Thesion **R**. -ium d**T***H* 43 halimon (ali- **R**d*H*) *ll*. alimo *S*

bupresti I (36)
elaphobosco VIIII (37)
scandice VIII
enthrysco II (38)
iasine IIII (39)
caucalide XII (40)
sio XI (41)
sillybo (42)
scolymo sive limonio V (43)
sonco, gen. II, med. XV (44)
condrio sive condrille VI (45)
de boletis. proprietas eorum in nascendo (46)
de fungis. notae venenatorum. med. ex iis VIIII (47)
silphio VII (48)
laseri XXXVIIII (49)
propoli V. mellis XVI (50)
aquae mulsae XVIII (51. 52)
quare genere ciborum mores quoque mutentur (52)
mulso VI (53)
melitite III (54)
cera VIII (55)
contra conpositiones medicorum (56)
medicinae ex frugibus (57—76)
siligine I. tritico *II*. palea II.
farre I. furfuribus I. arinca.
athera II (57)
farina per genera. medicinae XXXVIIII (58)
polenta VIII (59)
polline V. pulte I. farina chartaria I (60)
alica VI (61)
milio VI (62)

---

2 Flatobosco **FE**. Pla- **R** 3 VIII **VF^{a}R^{a}**. VIIII *rS*. X *H* 4 enthrysco **VF^{a}***J*^{2}. -hyrisco **R^{a}**. Inthris- **R**. Inthyris- **FE**. entriscum **d T**. anthrisco *S*. -cus *H*. *cfr. ind. XXI (52)* 5 iasine **T**. las- **VF^{a}d** *v*. Cas- *r*. iasione *C*. *cfr. ind. XXI (65)* 6 *an* XIIII? 7 *an* XII? 8 sillybo *J*^{2}. syllibo **VF^{a}**. -itho **R**. -do **F**. sillibo **R^{a}**. -itho **E**. silybo *S* 9 scolymo *S*. -mum **d T**. -mon *H*. -lybo **FR**. -libo *r* 10 sonco **F^{a}R d** *J*^{2}. -go **R^{a}**. -ca **V**. -chos **T** *H*. -cho *S*. sconco *r* 11 condrio *D e § 91*. -ion **T**. -illo *S*. chondrion **d**. hariscondro (-scho- **FE**) *r*. chondrillon *H*. *cfr. ind. XXI (52)* | VI **VF^{a}R^{a}R** *S*. III *rH*(*J*). *add.* mastiche **R^{a}** 15 is **F**. eis **E** *S*. his *rH* 17 XXXVIII **VF^{a}**. XX- **R** 18 propolis **V**(?)*J*^{2}. de melle. propolis **d T** *H*(*J*^{1}) | XVII **R** 19 XVII **R^{a}** 20 quare (qua **F^{a}**) *ll. D*. quo **d T** *H*(*J*^{2}). quo — mutentur *ante* aquae mulsae *pon.* **d T** *H* 22. 23 mulsum .. melitites **V d T** *H* | *an* IV? 24 VIIII **R^{a}** 29 II *ego*. V **VF^{a}R^{a}**. I *rH* | palia V **R^{a}** 30 *an* furfuribus III? *om.* **T** 30. 31 arincha (-ca *D*) athera (aute- **VF^{a}**) **VF^{a}R^{a}** *D*. *cfr. § 121*. farinca ateras *r*. olyram arincam (-ra .. -ca *J*) siue athera **d T** *J*^{1} 33 XXXVIIII **V**. -VIII **F^{a}**. XXVIIII *rD*. -VIII **d T** *H* 37 VI *ll. H*. V **R^{a}d T**. *an* III?

panico IIII (63)
sesima VII. sesamoide III.
Anticyrico IIII (64)
hordeo VIIII. hordeo murino quam Graeci Phoeniceam I (65)
ptisana IIII (66)
amylo VIII. avena I (67)
pane XXI (68)
faba XIIII (69)
lente XX*X*II
φάκῳ ἐπὶ τελμάτων II (70)
elelisphaco sive sphaco quae salvia XIII (71)
cicere et cicercula XX*V*I (72)
ervo XX (73)
lupino XXXV (74)
irione sive erysimo quod Galli velam XV (75)
hormino VI (76)
lolio V (77)
miliaria herba I (78)
bromo I (79)
orob*a*nche sive cynomorio I (80)
contra leguminum bestiolas I (81)
de zytho I. spuma (82)
Summa: medicinae et historiae et observationes DCCCCVI

EX AVCTORIBVS

iisdem quibus priore libro et praeter eos Chrysermo. Erasthosthene. Alcaeo.

L. XXIII CONTINENTVR

medicinae ex arboribus cultis:
vitibus XX (2)

---

2 sesama *H* | sesamoide **V***H*. *cfr.* § *133*. -odides **dT**. sesimoide **F^a***J*. -di *r* 3 antecyrico **Ed**. anthe- **FR** | III **VdT***S* 5 quam — I *om. H* | phoeniceam **V**. -ciam *rS*. phenice **d**. phunce **T**. *cfr.* § *135* 7 ptisana *H*. tips- **T**. tis- **R^ad***J*². itisina **F E**. tisi- *r* 10 XIV **R^a**. XLV alibi XVII **VF^a**. LV (LIII **E**) alibi XVI (XVII **R**) *r*. XVI *H* 11 XXXII *ego*. XXVII alibi XVII **RE**. XVII alibi XVIII **dT**. XVII *H*. *lemma om. r* 12 phaco **R^a**. fa- **d**. spha- **T**. fo- **VF^a**. Tha- **FE**. ta- **R**. *del. H* | τελμάτων *S cum Salm.* teimaton **R^a**. thei- **FR**. -thon **E**. tetton *r*. *cfr.* § *145 extr. del. H* | II *ego*. V **VR^aFR**. uel **E**. XI **F^adT**. III *S*
13 elelisphaco **T***H*. eleti- **VF^a**. elethi- **R^a**. elepti- **d**. elelias (elhe- **E**) piaco siue helisphaco (-paco **E**) *r* | sphaco *H*. sphac **FRE**. elesphaco **T**. elete- *r* 14 III **RE** 15 XXVI *ego*. XXIII *ll. H* 18 irione **R^adT***H*. eri- (ery- **R**) *rS* 20 hormino **V***H*. or- *r* 24 orobanche *H*. -ache **R**. -acche *r*
26 contra (de *H*) leguminum **VF^aR^a***H*. *om. r* | bestiola I **R**. -lis **dT***H* 28 zytho **d***H*. xyto **R^a**. zito **VF^a**. gy- **T**. zylo **R**. ziloi *r* | I *ll. S. om. H*(*J*) | spuma (stu- **F**. sti- **E**) *ante* de zytho *pon. ll. S*(*D*). et ceruesia (-uisia *H*) **dF***H*(*J*) 39 *an* XXV?

foliis et pampinis vitium *X*II (3)
omphacio vitium XIIII (4)
oenanthe XXI (5)
uvis recentibus (6)
uvarum servatarum generibus med. XI (7)
sarmentis uvarum I (8)
nucleis acinorum VI (9)
vinaceis III (10)
uva theriace IIII (11)
uva passa sive astaphide X*V*II (12)
astaphide agria sive staphide sive pituitaria XII (13)
labrusca sive uva taminia quae et ampelos agria XII (14)
salicastro XII (15)
vite alba sive ampelo leuce sive staphyle sive melot*h*ro sive psilot*h*ro sive archezosti sive cedros*ti* sive mado XXXI (16)
vite nigra sive bryonia sive Chironia sive gynaecanthe sive apronia XXXV (17)
musto XV (18)
Falerno VI. Albano II. Surrentino III (20)
Setino I. Statano I. Signino I (21)
ceteris vinis XIIII (22)
observationes circa vina LXI (22. 23)
quibus aegris danda, quando danda, quomodo danda. observationes circa ea XCI (24—26)
aceto XX*X*III (27)
aceto scillino XVII (28)

---

1 et pampinis uitium *ego.* uitium et pampino **dT***H.* -ium VII. pampinis **F**^{a}*D.* uitium *rJ* | XII *ego.* VII *ll.H* 10 III *ego.* VIII *ll.H* 12 astaphide *S.* -phis (-pis **F**^{a}**FE**) *ll.H* | XVII *ego.* XIIII *ll.H* 14 agria **dT***H. om.r. cfr.§17* | staphide *J*^{2}. -phis **d.** -phide agria (acria **FE**) siue labrusca *ll.* -phis (-phide *S*) siue taminia **T***H* 15 XIIII alibi XII **F**^{a}. *an* VIIII? 16 labrusca siue **dT***S.* -ca *H*(*J*^{2}). *om r* | uua taminia quae (*om.***FRE**) et *ll.J*^{2}. *om.***dT***H* 17 ampelos *ll.J*^{2}. -lo *S. om.H* | XII *om.***R**^{1}**E**. *an* VII? 18 salicastro *S.* de sal- **dT***H. om.hic et* salicaster (-ste **VF**^{a}) *ante* labrusca *pon.r* | *an* II? 19 de (*del.S*) uite alba siue **dT***H. om.rJ*^{2} 21 siue psilotrum **T.** *om.***Ed***H* 22 cedrosti *ego e §21.* -rusin **dT.** -ro *rS.* -ron *H* 23 XXII **T.** XXXV *H. an* XXXIII? 25 gynaecanthe *H. cfr.§27.* cynec- **E.** cinec- **F.** -chante **VF**^{a}. cinach- **Rd.** ginac- **T.** gynac- *S.* gynaecac- *J*^{2} 26 XXXV alibi XXXIIII *ll. an* XXXX? 28 *ord. mut.* (Surr. Alb. Fal.) **dT***H* 32 reliquis **dT***H* | XIIII *ego.* LXIIII *ll.H* 34 LXI (XL **F**^{a}) *ll.H.* XLI *coni.DUZp.69, sed addendae sunt viginti e sect.22* 37 XCI *ll.H. an* CXI? 39 XXXIII *ego.* XXVIII *ll.H* 40 XVI **dT**

oxymelite VII. oxyalme VII (29)
sapa VII (30)
faece vini XII (31)
faece aceti XVII (32)
faece sapae IIII (33)
foliis oleae XXIII (34)
flore IIII. olea ipsa VI (35)
olivis albis IIII. olivis nigris III (36)
amurca XXI (37)
foliis oleastri X*X*I (38)
omphacio III (39)
oenanthino oleo XXVIII (40)
cicino XVI (41)
amygdalino XVI (42)
laureo VIIII (43)
myrteo XX (44)
chamaemyrsinae sive oxymyrsinae, cupressino, citreo, caryino, Cnidio, lentiscino, balanino (45)
cyprino et cypro ipsa XV (46)
gleucino I, balsamino XV (46. 47)
malobathro V (48)
hyoscyamino II. thermino I. narcissino I. raphanino II. sesamino III. lilino III*I*. Selgitico I. Iguino I (49)
elaeomeli II. pissino II (50)
palmis VIIII (51)
palma myrobalano III (52)
palma elate XV (53)
medicinae ex singulorum generum flore, foliis, fructu, ramis, cortice, suco, ligno, radice, cinere (54—83)
malorum observationes VI
cotoneorum XX*V*
struthiorum I (54)
dulcium malorum VI
austerorum I (55)
citreorum V (56)
Punicorum XX*II*I (57. 58)
stomatice XIIII (58)
cytino VIIII (59)

---

1 oxymile **VF**^{a} | oxyalme VII **F**^{a}. *om. rH. cfr.* § *61* 4 *an* XIIII? 8 IV *ll. H. an* VI? 10 III **F**. VII alibi IIII **VF**^{a}. 11 *an* XXV? 12 XXI *ego*. XVI *ll. H* 16 XXIIII **VF**^{a}. *an* XVIII? 17 laureo *ll. S.* -rino **dT***H*(*J*). *cfr. XX 137* | *an* VII *vel* VIII? 20 cypressino XX **R**^{2} 21 caraino **E**. cari- **F**^{2}**R**d. carri- **F**^{1}. carsi- **F**^{a}. (*deest* III, *item* lent. III. bal. IIII) 23 XV **VF**^{a}. XXI **R**. XVI **EdT***H* 25 XV **VF**^{a}*S*. V *rD*. *om.* **dT**. XIII *H* 27 malobathro *om.* **FRE** | V **VF**^{a}*S*. *om. r*. VIII *H* 29 raphanino II **F**^{a}. *cfr.* § *94*. -ino V *rH* 30 lirino *H*(*S*). *om.* **F** | IIII *ego*. III *ll. H*. I **dT***J* 31 eguino **FRE** 33 X uel VIIII **VF**^{a}. *an* XII? 35 XV **VF**^{a}. *cfr.* § *99*. XVI *rH*. XVII **dT***J* 41 XXV *ego. cfr.* § *100—103*. XXII (alibi XXIIII **VF**^{a}) *ll. H* 44 I *ego*. IIII *ll. H* 46 XXIII *ego*. XXVI *ll. H* 47 XXIIII **E***H*. IIII **V** 48 VIIII **R**. VIII *rH*. *add.* alibi IIII *ll*

balaustio X*V* (60)
pirorum observationes XIII (62)
ficorum CXI (63)
caprificorum XLII (64)
erineo herba III (65)
prunis IIII (66)
Persicis II (67)
prunis silvestribus II (68)
lichene arborum II (69)
moris *X*XXXVIIII (70. 71)
stomatice sive arteriace [sive] panchrestos IIII (71)
cerasis V (72)
mespilis II. sorbis II (73)
nucibus pineis XIII (74)
amygdalis XXVIIII (75)
nucibus Graecis *V* (76)
iuglandibus XXIIII. antidoto (77)
abellanis III. pistaciis VIII.
castaneis V (78)
siliquis V. *corno* I. unedonibus (79)
lauris LXVIIII (80)
myrtis LX (81)
myrtidano XIII (82)
oxymyrsine sive chamaemyrsine *quae* ruscum VI (83)

Summa: medicinae et historiae et observationes MCCCCXVIII

EX AVCTORIBVS

C. Valgio. Pompeio Lenaeo. Sextio Nigro qui Graece scripsit. Iulio Basso qui item. Antonio Castore. M. Varrone. Cornelio Celso. Fabiano.

EXTERNIS

Theophrasto. Democrito. Orpheo. Pythagora. Magone. Menandro qui βιόχρηστα. Nicandro. Homero. Hesiodo. Musaeo, Sophocle, Anaxilao. MEDICIS Mnesitheo. Callimacho. Phania physico. Timaristo. Simo. Hippocrate. Chrysippo. Diocle. Ophione. Heraclide. Hicesio. Dionysio. Apollodoro Citiense. Apollo-

1 XV *ego.* XII *ll. H.* *add.* punico siluestri **dT***H.* *del. D* 2 XII **FE***H.* CII **dT** 4 CXI *ll. H.* *an* CXIX? 11 XXXXVIIII *ego.* XXX- **FRE***H.* XX- *r* 12 *uncos ego posui coll. § 136* 13 panchresto *S* 16 XIII alibi CXIII **VFa**. *an* XVI? 17 amigdalo **FRE**(*S*) 18 nucibus — V **RdT***H.* *om. r* | V *ego.* I **RdT***H* 19 iuglandibus XXIIII *om.* **VFa**. *an* XXII? 21 VIII *H.* VIII (VII **VFa**) alibi VIIII *ll.* *an* XIII? *cfr. § 150 cum 142. 143* 23 corno *H e § 151.* cornu *ll. v* 27 XII **V**. *an* VIII? 28 oxymyrsine (*praem.* myrto siluestri siue) **dT***H.* oxymyrra **R**. -mira *r* 29 quae *ego.* siue *ll* | ruscum *ll. D.* -co **V**(?)*H* | *an* VII? 33 *an* MCCCXCVIII? 37 Tulio **F**. -llio **RE**

46 Mnesteo **ET***v a. H* 49 Ophione *v*(*D*). Opi- **F***B.* Hopi- **VRE**. Oplo- **Ea**a. Holo- **Fa**. Olo- **dT**. *cfr. ind. XX*

doro Tarentino. Praxagora. Plistonico. Medio. Dieuche. Cleophanto. Philistione. Asclepiade. Crateua. Petronio Diodoto. Iolla. Erasistrato. Diagora. Andrea. Mneside. Epicharmo. Damione. Dalione. Sosimene. Tlepolemo. Metrodoro. Solone. Lyco. Olympiade Thebana. Philino. Petricho. Miccione. Glaucia. Xenocrate.

L. XXIV CONTINENTVR

medicinae ex arboribus silvestribus:
loto Italica VI (2)
glandibus XIII (3)
cocco ilicis III (4)
galla XXIII (5)
visco IX (6)
pilulis glandiferarum I
cerro VIII (7)
subere II (8)
fago IIII (9)
cupresso XXIII (10)
cedro XIII (11)
cedride X (12)
galbano XX*VI* (13)
Hammoniaco XXIIII (14)
styrace X*II* (15)
spondylio XVII (16)
sphagno sive sphaco sive bryo V (17)
terebintho VI (18)
picea VIII (19)
chamaepity XV (20)
pityusa VI (21)
resinis XX*V* (22)
pice XX*V*II (23)
pisselaeo sive palimpissa XVI (24)
pissasphalto II (25)
zopissa I (26)
taeda I (27)
lentisco XXII (28)
platano XV (29)
fraxino V (30)
acere I (31)
populo VIII (32)
ulmo XVI (33)

---

3 Cleophante *J D errore* 11 Mictione **Ea** *va. H. cfr. ind. XX* 16 XIII *H.* XIII alibi XVI *ll. an* VIII (*vel* IX)? 19 IX *ego.* XI *ll. H* 20 glandiferarum (-rerum **F^a**) I **VF^a** *S.* grandiſ (gla- **F**) erariſ I *r. om.* **dT**. roboris *H* 21 *an* VII? 26 *an* XI? 27 XXVI *ego.* XXIII *ll. H* 29 styrace (stir- **R**) **VF^aR** *H.* -ge **FE**. *praem.* bdedellio **R**. dellio *r* | XII *ego. om.* **R**. X *r H* 30 spondylio **d** *H.* -dilio **T**. -dillo (sphod- **R**) *ll* 31 sphagno *v.* spa- **T**. spac- **E**. sphac- *r* 34 picea VIII *D. add.* VIII alibi pice *ll.* picea et larice **dT** *H. an* VIIII? 35 chamaepity XV *ego.* -ty X *H.* -ty X alibi V **VF^adT**. *om. r* 36 pithyum **F**. -thium **E**. phi- **R** | *an* VII? 37 XXV *ego.* XXII *ll* 38 XXVII *ego.* XXXIIII *ll. H* 45 XV *ego.* XXV *ll. H* 48 *an* VIIII?

tilia V (34)
sabuco XV (35)
iunipero XXI (36)
salice XIIII. Amerina I (37)
vitice XXXIII (38)
erice I (39)
genista V (40)
myrice quae et tamarica III (41)
virga sanguinea I (43)
brya XVIIII (42)
silere III (44)
ligustro VIII (45)
alno I (46)
hederis XXXVIIII (47)
cisto V (48)
cisso erythrano II. chamaecisso II. milace II. clematide II (49)
harundine XVIIII (50)
papyro, charta III (51)
hebeno V (52)
rhododendro I (53)
rhus gen. II medicinae VI.
stomatice (54)
rhu erythro VIIII (55)
erythrodano XI (56)
alysso II (57)
radicula sive struthio X*V*I
apocyno II (58)
rore marino XVIII (59)
cachry V (60)
herba Sabina VII (61)
selagine II (62)
samolo II (63)
cummi XI (64)
spina Arabica IIII (65)
spina alba II. acanthio I (66)
acacia XVIII (67)
aspalatho sive *e*rysisceptro sive adipsatheo sive dia*x*y*l*o VIIII (68. 69)
spina appendice II. pyracantha I (70)

2 sabuco **F^{a}F***D*. samb- *r*(?)*v*. *cfr. XIII 122* 8 quae *ll.S*(*D*). siue **dT***H*(*J*) | et tamarica *S*(*D*). -miricia **VF^a**. et amarica *r*. tam- **dT***H*(*J*). *add.* siue tamarix (-ri **VF^a**. amari *r*) *ll.S* 9 III *H*. LXV (XLV **R**) alibi III **FRE**. LV alibi XIIII *r* 10 I **VF^{a}dT***H*. *om.r*. *lemma post* brya *pon.* **dT***H* 11 bryca **FRE** | XVIIII *ego*. XXVIIII (-VIII **R**) *ll.H* 13 *lemma om.* **FRE** 15 hederis *S*. ed- **F^{a}FRE***H*. -ra **VdT***v* 18 milace *ll.D*. zmi- *J*. smi- **T***v* | II *ego*. III *ll.H* 19 II *ego*. III **VF^a***D*. *om.r*. XVIII *H* 20 harundine *om.* **FR^{1}E** | XVIIII **VF^{a}dT***H*. X **R^2**. XVIII *rD*. *an* XX? 21 III *ll.H*(*D*). *om.* **dT**. II *S* 24 rhus **FR***D*. rhu *rH* | VI *ego*. VIII alibi III *ll*. VIII *H* 26 *lemma om.* **FRE** 29 XVI *ego*. XIII *ll.H* 30 reocyno **F**. -cino **RE** 32 cachri **R** | V *ego*. VI **F^{a}F***D*. IIII *J*^{2}. *om.r*(?)*H* 33 *an* VIII? 35 samulo **E***va.H*. -malo **R**. -moso **dT** 36 gumini **VF^a** | *an* XIII? 37 aegyptia siue arabica **dT***H* | *an* III? 39 XVIIII **VF^a**. VIII *H*. *an* XVI? 40 siue *ll.S*. I **d***H*. *om.* **T** | erysisceptro *B*. syri- (siri- **FRE**) *ll* 41 diaxylo *S*. -azyro **VR**. -aciro **F**. -aziro *r*. -ron **dT**. -atiron *H* 42 VIIII **F^a**. VIII *rH*

paliuro X (71)
aquifolia X. taxo I (72)
rubis LI. stomatice (73)
cynosbato III (74)
Idaeo rubo III (75)
rhamni gen. II med. V (76)
Lycio XVIII (77)
sarcocolla II (78)
oporice II (79)
trixagine sive chamaedrye sive chamaerope sive Teucria XVI (80)
chamaedaphne VI (81)
chamelaea VI (82)
chamaesyce VIII (83)
chamaecisso herba I (84)
chamaeleuce sive farfaro sive farfugio I (85)
chamaepeuce *II*. chamaecyparisso II. ampelopraso VI. stachye I (86)
clinopodio sive cleopiceto sive zopyrontio sive ocimoide III (87)
clematide centunculo III (88)
clematide sive *ae*tite sive lagine X (89)
clematide Aegyptia sive daphnoide sive polygonoide II (90)
aro X*L*II (91. 92)
dracunculo II (93)
ari IIII (94)
milifolio sive myriophyllo VII (95)
pseudobunio IIII (96)
myr*r*ide sive myr*r*a sive myriza VIII (97)
oenobreche III (98)
M a g i c a d e h e r b i s (99—102)
coracesia et calicia (99)
Min*y*ade sive Corinthia I (100)

---

2 aquifolia **dT***v*. -lio (acri- **VF^a**) *ll* | X *ll*. *H*(*D*). I *S* 3 LI *S*. II alibi LI *ll*. II *H* | stomatice *om*. **V** *H*. de moris stom. **dT** *J* 5 III *ego*. I **VF^a** *D*. *om*. *r* *H* 7 *an* XXII? 12 *an* XVIII? 13 VI **F^a**. V *r* *H* 19 II *ego*. V *ll*. *H* 21 sthacię **E**. stacio **R**. Thaciae **F** 22 cleoniceto *S cum B e* § *137*. *om*. *H* 23 zopyrontio *D*. -othio **F^a**. -pirontion **d**. -rotio *r*. -pyro *S*. *om*. *H* 24 III *om*. **F^a**. *an* IV? 25 clematide *S*. -atatide *ll*. *om*. **dT** *H*(*J*) | ntunculo **VF^a**. cent- — 26 clematide *om*. **FE** | III **VF^a** *S*. V **R**. I **dT** *H* 26 aetite *D e* § *139*. eti- **d**. echi- **T** *H*. ethine **VF^aF**. ethyne **E**. echine **R** 27 lagine *S*. laci- *ll*. largine de scammonia **dT**. scam- *H* | X **F^a**. *om*. *r* *H*. *an* IX? 31 haro *ll* | XLII *ego*. XIII alibi XIIII *ll*. XIII *H* 33 ari *H*(*J*). aris **F**. *om*. **E**. haris *r*. echari **dT**. arisaro *S* | IIII *ego*. III **V** *H*. *om*. **E**. III alibi IIII *r* 34 mirifolio **R**. mille- **V**(?) *v* 37 myride *et* myra *ll* 38 VIII **F^aFE**. VII *r* *H* 39 oenobreche *ll*. *D*. -brychi *H* 40 magica de herbis **VF^a** *D*. Magic.... **R**[2] *in marg*. *om*. *r* *S*. de magicis herbis **dT** *H*(*J*) 41 calicia **dT** *S*. cha- **R**. calychia *r* 42 Minyade *H e* § *157*. -naides **FR**. -aicles **E** -nsaides *r*. -sada **dT** | Corinzia **E**. corysidia *H*

aproxi. Pythagorea de recidivis morborum (101)
aglaophotide sive marm*a*ritide. Achaemenide sive hippophobade. theombrotio sive semnio. adamantide. Arianide, theronarca. Aethiopide sive Meroide. ophiusa. thalass*ae*egle sive potamau*g*ide. theangelide. gelotophyllide. hestiateride sive protomedia sive casignete sive Dionysonymphade. helianthide sive heliocallide. hermesiade. aeschynomene. crocide. onothuride. anacampserote (102)
eriphia (103)
herba lanaria I. lactoris I. militaris I (104)
stratiotes V (105)
herba de capite statuae I (106)
herba de fluminibus I (107)
lingua herba I (108)
herba de cribro I (109)
herba de fimetis I (110)
herba a canum urinc I (111)
rodarum III (112)
impia II (113)
Veneris pecten I (114)
exedum I. notia I (115)
philanthropos I. lappa canaria II (116)
tordylon sive syreon III (117)
gramen XVII (118)
dactylos V (119)
faenum Graecum quae silicia XXXI (120)
Summa: medicinae et historiae et observationes MCLXXVI

EX AVCTORIBVS

C. Valgio. Pompeio Lenaeo. Sextio Nigro qui Graece scripsit. Iulio Basso qui item. Antonio Castore. Cornelio Celso.

---

1 aproxi **V***D*. -xi XI **F**^{a}. apro VI *r*. aproxi VI *H* | Pythagorea (**F**^{a}. -ria *D*. -ra *r*. -ras *J*) — morborum *om. v a. J* 3 marmaritide *H*. -moride *ll*. -riti **dT** 5 hippophobade *H*. -do **T**. -phorbade **VF**^{a}. -do **d**. -pordabe **FR**. -postabe **E** 7 theronarca *D*. therio- **d***He § 163*. thiro- **R**. tiro- **FE**. therocarna *r*. *cfr. ind. XXV (65)* 9 thalassaegle *J*. -ssegle *ll. H* | potamaugide *D*. -aucide **d**. -chide **F**^{a}. -cyde **V**. -mocide **R**^{1}. -mucide *r*. -cyde *H* 11 hestiateride *D*. -toride *H*. hesteriateride **FRE**. hestitat- **d**. hesitiat- *r* 16 crocide **d***H*. -da **T**. -demene **FE**. erocyd- **R**. *om. r* | onothuride **VF**^{a}*J*^{2}. -uri **dT**. -thoride *r*. oenotheride *H* 24 herba lingua **VdT***H* 30 pecten *H*. -tine *ll. J*^{2} 31 exedum **dT***H*. -do **VF**^{a}*J*^{2}. *om. r S* | I **VF**^{a}. *om. r S*. siue **dT***H*(*J*) | I *ego*. II *ll. H* 32 philanthropo **V***J*^{2} 34 syreon *H*. -eum **dT**. yraeon **VF**^{a}. iracon **R**. tra- *r* 35 *an* XVI? 37 silica **F**. -iqua **E** 38 *an* XXXIII? 41 MCDXVIII *v a. H*

EXTERNIS

Theophrasto. Apollodoro. Democrito. Orpheo. Pythagora. Magone. Menandro qui βιόχρηστα scripsit. Nicandro. Homero. Hesiodo. Musaeo. Sophocle. Anaxilao. MEDICIS Mnesitheo. Callimacho. Phania physico. Timaristo. Simo. Hippocrate. Chrysippo. Diocle. Ophione. Heraclide. Hicesio. Dionysio. Apollodoro Citiense. Apollodoro Tarentino. Praxagora. Plistonico. Medio. Dieuche. Cleophanto. Philistione. Asclepiade. Crateua. Petronio Diodoto. Iolla. Erasistrato. Diagora. Andrea. Mneside. Epicharmo. Damione. Sosimene. Tlepolemo. Metrodoro. Solone. Lyco. Olympiade Thebana. Philino. Petricho. Miccione. Glaucia. Xenocrate.

L. XXV CONTINENTVR

naturae herbarum sponte nascentium.
auctoritas herbarum
de origine usus earum (1)
qui Latine usus earum scripserint (2)
quando ad Romanos ea notitia pervenerit (3)
qui primi Graecorum de his conposuerint (4. 5)
quare minus exerceantur ea remedia
herbae mirabiliter inventae.
cynorrodum, med. II. dracunculus caulis I. Britannica V (6)
de maximo dolore (7)
nobilium herbarum inventores (7—39)
moly III (8)
δώδεκα θεῶν I (9)
paeonia sive pentorobos sive glycysides I (10)
panaces Asclepion II (11)

---

2 Apollodoto Crito FE 5 scripsit *om.* *H* 11 Opione F^aFE*B*. Pione a. *cfr. ind.* XX 19 Marconiside FRE 23 Miccione E^a*D*. Micti- a. Mici- *r. cfr. ind.* XX 29 de — earum *om.* R 30 qui — earum *om.* VF^a 34 *ante* qui primi *habent* De graecis auctoribus qui herbas pinxerunt dT*H*(*J*). *om.* r*S*(*D*) 45 III *ll. H. an* II? *cfr.* § *26. 127.* (*numeri in hoc libro vix computabiles, cum plurimi medicinas significent non in huius libri textu suis locis coniunctim narratas, sed per hunc et seqq. libros varie dispersas*) 46 dodecatheon *ll. H*(*D*). -eos *S*. *cfr.* XXVI *107, ubi item Graecis litteris utendum erit* 47 quae pentorobos *SJ*. -bo *H* 48 glycysides *Brot.* (*D*). -de *H*(*S*). glyciodes (glyocid- R^1) *ll*

panaces Heraclion III (12)
panaces Chironion IIII (13)
panaces Centaurion sive Pharnacion III (14)
Heraclion siderion IIII (15)
hyoscyamos quae Apollinaris sive altercum, gen. V. med. IIII (17)
linozostis sive parthenion sive Hermu poa quae Mercurialis, gen. II. med. XXII (18)
Achillea sideritis sive panaces Heracleum quae milifolium aut scopa regia, gen. VI. med. III (19)
Teucria sive hermione sive splenios II (20)
Melampodium sive elleborum quod veratrum, gen. III quo modo colligatur, quo modo probetur (21) med. ex nigro XXIIII. quomodo sumendum (22) item in albo. med. ex eo XXIIII (23) quibus non dandum. observationes circa utrumque genus LXXXVIII (24. 25)
Mithridatia II (26)
scordotis sive scordion IIII (27)
Polemonia sive Phil*e*taeria sive chil*i*odynamus VI (28)
Eupatoria I (29)
Centaurion sive Chironion XX (30)
Centaurion lepton sive libadion quod fel terrae XXII (31)
Centauris triorchis II (32)
Clymenos II (33)
Gentiana XIII (34)
Lysimachia VIII (35)
Artemisia sive parthenis sive botrys sive ambrosia V (36)
nymphaea sive Heraclion sive rhopalon sive mallos, gen. II. med. XIIII (37)

---

1 Heraclionticon **F**. -ico **E**. -icū **R** | II **E** 3 Centaureon *et* Pharnaceon *H* 5 Heracleon siue **dT***H*. (*add.* De ampelo Chironia **dT***H*) | III **E** 7 gen. V **VF^a**. genū. **FE**. gen. II *rH*. *cfr.§36* 8 III alibi IIII *ll*. III *H*. *cfr.§104.142.164.165* 9 parthenion (**V**?)*H*. -nio **R**. -tenios *r* 11 *an* XV? *cfr.§39—41 et XXVI 121.150* 13 Heraclium *D*. *om.***dT** | milifolium **dT**. milli- **FRE**. mille- (**V**?)*v*. milliū **F^a** 14 siue (**V**?)**dT** | scopa regia (**V**?)*H*. -pae -iae *r* | gen. **F^a***D*. *om.rH* 16 hemioneo (herm- **T**) **dT***v*. -ne *H*. *cfr.§45* 24 albo **dT***H*. aluo **VF^a**. alogo *r* 25 XXII **R**. XXXIII **F^a** 26 quibus non dandum *post* LXXXVIII *pon.***dT***H*. 30 scordio **VFRE** 31 philetaeria (**d**?)*H*. -licheria **T**. phylaterion (phil- **F**) *ll* 32 chiliodynamus *S*. -ma *H*. chilodynamis **F^a**. -mus *r*. -mia **dT** 36 libadion *Brot*. -dio *H*. -deon **dT**. liuadeon **VF^a**. leua- *r* 37 XII **F^aR** 39 II *ll.H*. *an* V? *cfr.XXVI 41.77.111.131.140* 40 XIIII **F** 45 mallos (-on **R**) *ll.D*. madon *H cum B*. *cfr.§75*. (*add.* de camelea **dT**) 46 III . . XXIIII **F^a**

Euphorbeae gen. II. med. IIII (38)
plantaginis gen. II. med. XLVI (39)
buglossos II (40)
cynoglossos III (41)
bup*h*thalmos sive chalca I (42)
herbae quas gentes invenerunt (43—49)
  Scythice III (43)
  hippace III (44)
  *i*sch*a*emon II (45)
  cestros sive psychrotrop*h*on quae Vettonica sive serratu*l*a XLVIII (46)
  Cantabrica II (47)
  consiligo I (48)
  Hiberis VII (49)
herbae ab animalibus repertae (50—53)
  chelidonia VI
  canaria I
  dictamnon VIII. pseudodictamnon sive c*h*ondris
quibus locis potentissimae herbae
propter herbas in Arcadia lac potari (53)
aristolochia sive clematitis sive Cretica sive plistolochia sive lochia polyrrizos quae malum terrae XXII (54)
argemonia IIII (56)
agaricum XXXIII (57)
echios, gen. III. med. II (58)
hierabotane sive aristereon quae verbenaca, gen. II. med. X (59)
blattaria I (60)
molemonium I (61)
pentapetes sive pentaphyllon sive chamaezelon quae quinquefolium, med. XXXIII (62)
sparganion I (63)
dauci gen. IIII. med. XVIII (64)
theronarca II (65)
persollata sive arcion VIII (66)

---

1 euphorbiae (**d**?) *H* 4 XLVI *ll.S.* XXVI *H* 5 III **VE**(?) *S* 7 chalca *ego c* § *82.* calchan **T**. -cha *J*^{2}. calcan **d**. -cia **F**^{a}. -ciam **V**. -cion *r*. cachla *S*. -lam *H*. (*cfr.* caltha *XXI 28. Diosc. IV 58*) 8 inuenerint **VF**^{a} 12 ischaemon *H*(*J*). -one *S*. scemone **dT**. schemos **R**^{1}**E**. she- **VF**^{a}. sce- *r* 13 psychrotrophon *J*^{2} *e* § *84.* psycho- *H cum B.* psychrotropon (-tripon **V**) **VF**^{a}. pycro- **T**. sycro- **FE**. pyro- **d**. cicro ///tropion **R** 14 serratula *H*. -ura *ll* 18 heberis **F**^{a}. ib- (**V**?) *H* 24 chondris *S*. condris (-ryssum **VF**^{a}) *ll. om. H* 30 phlistolocia **F**. phi- **R** 33 argemonia **dT**(**V**?) *H*. -one **F**^{a}. asce- *r* 36 aristereon *ll.* peri- *H e* § *105* 40 molemonium (melom- **VF**^{a}) *ll. D.* lem- *H. cfr.* § *108* 42 chamezeleon **F**^{a}. cam- **FRE** 46 theronarca *D.* chero- **FRE**. Ceno- *r*. theronia- **d**. therionarcha **T**. -ca *H. cfr. ind. XXIV (102)* 47 persollata **F**^{a}*J*^{2} *e* § *113.* -olata **V** *H*. -olita *r*. -olidata **dT**

cyclaminos quae tuber terrae XII (67)
cyclaminos cissanthemos IIII (68)
cyclaminos chamaecissos III (69)
peucedanum XXVIII (70)
ebulum VI (71)
polemonia I (72)
phlomos quae verbascum XV (73)
phlomides II. phlomis lychnitis sive *th*ryallis (74)
thely*ph*onon sive scorpio I (75)
phrynion sive neuras sive poterion I (76)
alcima sive damasonion sive lyron XVIII (77)
peristereos VI (78)
antirrinon sive pararrinon sive lychnis agria III (80)
euplia I (81)
pericarpum, gen. II. med. II (82)
nymphaea Heraclia II (83)
lingulaca I (84)
cacalia sive leontice III (85)
callithrix I (86)
hyssopum XX (87)
lonchitis IIII (88)
xiphion sive phasganion IIII (89)
psyllion sive cynois sive chrysallion sive Sicelicon sive cynomyia XVI
thrysellion I (90)
r e m e d i a o c u l o r u m (91—103)
anagallis sive acoron quae

---

9 polemonia I **dT***H*. *om.* **r** *D* 10 phlomos *H*. phro- **R**. phio- **FE**. philo *r*. -lomon **dT** 12 phlomis *ego*. -mis (-mides **E**) siue *ll*. *D*. *del*. *H*(*J*^{2}) | lychnitis *S*. lycn- **d**. lyhcnios **FE**. lchegn- **R**. lycinos *r*. *del*. *H* 13 thryallis *S e § 121*. grya- **V**. gra- **R**. gria- *r* 14 thelyphonon *H e § 122*. -nos **dT**. -ygonon *ll* 16 poterion *H cum B e § 122*. potirecton **T**. poterre- **VF**^{a}. poterue- **d**. poterrae lecton **R**. poterre (terre **E**^{1}) iecton *r* 17 alcima **dT**. *cfr. § 124*. aclina **VF**^{a}. alema **RE**. Nema **F**. alisma *H cum B* 18 lyron **dT***H*. pyron (pyrr- **VF**^{a}) *ll* | XVIII **F**^{a}**FR**. -IIII **E** *Brot*. -II (**V**?) *H*. *an* VIII? *cfr. § 124. 125. XXVI 25. 92. 143* 20 pararrinon *ego*. parari- **VF**^{a}. panari- **FE**. perari- **dT**. paranarrinon **R***J*^{2}. anarrhinon *H* 21 lychnis **d**(?) *H*. -cnis **F**. -cinis **E**. lignis *r* 22 euclia *coni. Salm.* 26 cacalia *H*. caccalis **VF**^{a}. -lici *r*. calcala **dT** | leontice *H*. leant- **dT**. -tilice **F**^{a}. -tilia **V**. -tlide *r* 27 I **VF**^{a} *S*. XX *r H*. *an* V? *cfr. § 135. XXVI 147. 16*ↄ 28 XX **VF**^{a}. X *r H*. (*numeravi in hoc libro 5, in ceteris 29*) 32 cynois **F**^{a}*J*^{2}. -oides **V**(?) *H*. cinois *r*. -oida **dT** 33 chrysallion **VF**^{a} *H*(*J*). chryss- **T**. chyrs- **R**^{1}. chys- *r*. cryst- *S cum B e § 140* 34 XVI **V** *S*. I *r H* 35 thrysellion I **VF**^{a} *S*. -linon I *D cum B*. *cfr. § 141*. rhysellium **dT**. *om.* *r H*(*J*) 36 remedia oculorum **E** *H*. *om.* *r* 38 acoron (acar- **R**) *ll*. *J*^{2}. corchoron *H cum B e § 144*

felis oculus, gen. II. med. VI (92)
aegilops II (93)
mandragoras sive Circe*i*on sive morion sive hippophlomon, gen. II. med. XIIII (94)
cicuta XIII (95)
cremnos agrios I*II* (96)
molybdaena I (97)
capnos *t*run*c*a quae pedes gallinacei I (98)
capnos fruticosa III (99)
acoron sive acorion X*V*II (100)
cotyledonis gen. II. med. LXI (101)
aizoum maius sive bup*h*thalmon sive zoop*h*thalmon sive stergethron sive h*y*po*g*e*s*on sive ambrosion sive amerimnon quae sedum magnum aut oculus aut digitellus, med. XXXI
aizoum minus sive erith*a*les sive *t*rith*a*les sive erysithales quae is*o*etes aut sedum, med. XXXII (102)
andrachle agria quae illecebra XXXII (103)
erigeron sive pappos sive acanthis quae senecio VIII (106)
ephemeron II (107)
labrum Vener*e*um I (108)
batrachion quae ranunculus sive strumos, gen. IIII. med. XIII (109)
stomatice, gen. II (110)
Summa: medicinae et historiae et observationes MCCXCII

---

1 felis *D*. -llis **T**. -lix **VF^{a}E^{a}d**. fetis **RE**. faecis **F**. ferus *H* | VI **VF^a***S*. III **FEd***H*(*J*). II **RT**. *an* VII *aut* XVI? 4 Circeion *J*^{2} *cum B*. -celon (tir- **E**) **FREd**. cyrc- *r*. circeon **T**. -caeon *H* 5 hyppoplomon **V**. -plūmom **F^a**. hippophlomi **T**. -plomi *r* 6 XXIIII (IIII **R**^{1}) alibi XIIII (IIII **R**) *ll*. XXIIII *H*. *cfr*. § *147. 150. XXVI 24. 93. 104. 121. 156. 157* 8 cremnos *ll*. crethmos **T***H* | III *ego*. I *ll. H. cfr.* § *155. XXVI 94* 10 trunca *J*. truna **T**. trima **d**. pruna **VF^{a}F**. prima *r H* 13 acorion **VF^a**(*Salm.*) *D*. acrion *r*. agrion **d**(?) *H* | XVII *ego*. XIIII *ll. H* 14 cotyledon *H* | gen. *om.* **FRE** | LXI *ll. H. an* XI *vel* XXI? 18 stergethron *H*. hist- **FREdT**. hęst- *r* | hypogeson *S. cfr.* § *160.* hespegeton **VF^a**. speg- **RE**. -con **F**. spececon **d**. speieccon **T**. *del. H* 23 erithales *Brot*. -theles **VF^a**. -telis *r* 24 trithales *Brot*. pritheles *ll* | erysithales (eris- **dT**) **FREdT***D*. eryth- **V**. eritales **F^a**. chrysoth- *Brot*. 25 isoetes *Brot*. issetes **E**. -tis **FdT**. hiss- **R**. ips- **V**. yssaetis **F^a** 27 illecebra **d***H*. lec- **FRT**. lac- **E**. *om. r* 28 *an* XIIII? 30 acanthis *H*. achantis **T**. acethis **VF^a**. achamatis *r* | VIIII **F^{2}R**. *om.* **F^a** 33 Venereum *H*. -rium *ll* 36 XIIII alibi XIII *ll*. XIIII *H*

EX AVCTORIBVS

C. Valgio. Pompeio Lenaeo. Sextio Nigro qui Graece scripsit. Iulio Basso qui item. Antonio Castore. Cornelio Celso. Fabiano.

EXTERNIS

Theophrasto. Apollodoro. Democrito. Iuba. Orpheo. Pythagora. Magone. Menandro qui βιόχρηcτα scripsit. Nicandro. Homero. Hesiodo. Musaeo. Sophocle. Xantho. Anaxilao. MEDICIS Mnesitheo. Callimacho. Phania physico. Timaristo. Simo. Hippocrate. Chrysippo. Diocle. Ophione. Heraclide. Hicesio. Dionysio. Apollodoro Citiense. Apollodoro Tarentino. Praxagora. Plistonico. Medio. Dieuche. Cleophanto. Philistione. Asclepiade. Crateua. Petronio Diodoto. Iolla. Erasistrato. Diagora. Andrea. Mneside. Epicharmo. Damione. Sosimene. Tlepolemo. Metrodoro. Solone. Lyco. Olympiade Thebana. Philino. Petricho. Miccione. Glaucia. Xenocrate.

L. XXVI CONTINENTVR

reliquae per genera medicinae

de novis morbis (1)
quid sint lichenes (2)
quando primum in Italia coeperint (3)
item carbunculus (4)
item elephantiasis (5)
item colum (6)
de nova medicina
de Asclepiade medico (7)
qua ratione medicinam veterem mutaverit (8)
contra Magos (9)
lichen, gen. II. med. V (10)
Proserpinaca I (11)
bellis II (13)
condurdum I (14)
bechion sive arcion sive chamaeleuce quae tussilago III (16)
bechion quae salvia IIII (17)

---

2 C. *H*. Sexto *ll.v* | Valgio **dT***H*. -gio alibi Gaio **VF**^{a}. Gallio *r*. -ico *v* 4 Iulio Basso qui item. Petronio Diodoto qui item **F**^{a}**FE** 6 Fabiano **V***S*. *om.rv* 11 scripsit **F**^{a}*v*. *om.rS* 18 Ophione *va.B*(*D*). Hophlone **FE**. hobpone **F**^{a}. *cfr. ind.XX* 24 Petronio Diodoto *om.***F**^{a}**RE***va.S* 30 Micione **F**^{a}**FE** 44 mutauerit *v*(*Brot*). -rint *ll.J*. -runt **dT***H* 46 genera II **R**^{a2}*D*. *om.rv*. *cfr.§22* 47 Proserpinaca **R**^{a}*J*. *cfr.§23*. -pina *rS*. *om.v* 50 arcion **R**^{1}*S cum Salm*. -chion **FR**^{2}**EdT**. quae saluia siue archion *r*. *om.v* 53 quae saliua siue satiua **VF**^{a}**R**^{a}

molon sive syron I
amomon III (19)
ephedra sive anabasis III (20)
geum III (21)
tripolion III (22)
gromphaena (23)
malundrum II (24)
chalcetum I
[molemonium I] (25)
halus sive cotonea V (26)
chamaerops I. *s*toechas I (27)
astragalus VI (29)
ladanum XIII (30)
chondris sive pseudodictamnum I
hypocist*h*is sive orob*e*thr*on*, gen. II. med. VIII (31)
laver sive sion II (32)
potamogiton VIII. statice III (33)
ceratia II
leontopodion sive le*u*ceoron sive doripetron sive thorybethron. . . .
lagopus II (34)
epithymon sive hippopheos VIII (35)
pycnocomon IIII (36)
polypodion III (37)
scamonia VIII (38)
tithymalos characias . . . (39)
tithymalos myrtites sive cary*i*tes XXI (40)

---

1 syron **VF^{a}R^{a}dT***H*. stron **R**. estron *r* | I **VF^{a}R^a**. i *r*. *om.* **dT***H*. *an* II? 2 amomon *He* § *35*. -onon *ll* | *an* II? 3 anabasis **dT***H*. mab- **VF^a**. -barsis **E**. -bassis *r* 5 *an* I? 7 *an* I? 8 calcetum **F^{a}FRE** | I **F^{a}RE** *Brot.* II *rH* 9 *uncos ego posui. cfr. ind. XXV (61)*. hermonium **dT** 11 stoechas *H cum B e* § *42*. tocchas **FRE**. thoecas *r*. theocas **dT**. *cfr. ind. XXVII (107)* 13 VI **VF^{a}R^{a}dT***S*. III *rH*. *an* IV *aut* IX? 14 ledon **dT***J*^{1} | XIII *ego*. XVIII *ll. H*. VIII *JD (errore)* 15 condris **R^a**. pho- **FRE** 17 orobethron *Se* § *49*. oborothrum **T**. ero potum **FRE**. obotum *r*. *om. H* 18 gen. — VIII **F^{a}R^{a}dT***S*. *om.* **V***H*. clarū medicutit (-disc- **E**) *r* 19 II *ll. H*. *(itaque* § *50 punctum ante* lauer *tollendum scribendumque* condita, cocta et torminibus) 20 *an* VI . . VI? 23 leuceoron *He* § *52*. elyceron **VR^{a1}d**. elic- **F^a**. lycoron **R^1**. -choron *r*. *om.* **T**. *an* leucethron *e Diosc. III 100* 24 doripetron **F^{a}FRd**. *cfr.* § *52*. doryp- **VE**. doribethron **R^{a}T***H* | thorybethron *S*. thorib- **T***H*. -tron **d**. thorypetron (-rip- **FRE**) *ll* | *deest numerus II* 26 II **RdT**. III *rH* 27 hippopheos (yppo- **R^{a2}**) **T***H*. -otheos **FE**. -oteos **d**. -otheon (yppo- **R^a**) **VR^{a1}**. -otheo **F^a**. hypoteos **R** 31 scammonia **Vd**(?)*H* 32 tithymalos *H*. -llos *ll (fere semper)* | characias *He* § *62*. pharalius cazarias **dT**. helescopius XVIII **E**. pharalius siue thitimallis **VF^{a}R^a**. *om. r*. (*add.* XXI *H*, *debebat* XVIII) 33 *lemma om.* **F** | caryites *He* § *66*. -yctis **dT**. charictis **E**. -cus **R** -ryotis *r* 34 XXI *ll. H*. *an* IIII *aut* XXII?

tithymalos paralius sive tithymalis IIII (41)
tithymalos helioscopios XVIII (42)
tithymalos cyparit*t*ias XVIII (43)
tithymalos platyphyllos sive corymbites sive amygdalites III (44)
tithymalos dendroides sive cobios sive leptophyllos XVIII (45)
apios ischas sive raphanos agria II (46)
crethmon XI. cachry (50)
anthyllion II. anthyllis II (51)
cepaea I (52)
hypericon sive chamaepitys sive corisson VIIII (53)
caros sive hyperico*n* X (54)
callit*h*rix I
perpressa I
chrysanthemum I
anthemis I (55)
silaus I (56)
herba Fulviana (57)
inguinalis sive argemo (59)
Chrysippeos I (60)
orchis sive Serapias V (62)
satyrion III. satyrion Erythraicon IIII (63)
lappago sive mollugo I
asperugo I (65)
phycos quod fucus marinus, gen. III. med. V
lappa boaria (66)
geranion sive myrris sive myrtis, gen. III. med. VI (68)
onothera sive onear III (69)
acte sive ebulum. chamaeacte (73)
hippuris sive ephedron sive

1 paralium **dT**. parchalius **RE**. *lemma om.* *r* 2 *an* I? 3 helioscopios **R**^{a}*H*. *om.* **E**. helosc- **FR**. pharalius helosc- *r* 5 cyparittias *ego e* § *70*. -itias **VF**^{a}**R**^{a}. capp- **R**. caparat- *r*. cyparissias *H* 9 III *om.* **F**^{a}. *an* II? 13 ischas *He* § *72*. ischa **dT**. isscias **F**^{a}. -ia **VR**^{a1}. scillas **R**^{a2}. scyll- **FR**. cyll- **E** 15 crethmon **T***H*. cretemon **R**^{a2}**d**. chretamon (*add.* siue creton **VF**^{a}) *r* | cacry **EdT**. cachrys *H* 16 anthyllion II. anthyllis *He* § *84*. cantyllion II. cantyllis **T**. canthillion (chamy- **F**) II. cantillis (chant- **FE**) *ll* 19 corisson **FRE**^{2}*D*. -iscon **E**^{1}. -ison *rH*. -ysson **dT** | *an* III *aut* X? 20 hypericon *H*. -rico (-pur- **F**^{a}) *ll* | *an* VI? 27 argemo *H*. -onio **dT**. arcemo *ll* 28 chrysippios **F**^{a}. -ius **dT** 29 serapias **F**^{a}**R**^{a}. -pia *rH* 30 III *om.* **VF***H* | satyrion **dT***S*. -ion siue **F**^{a}**R**. siue *rH* | erythraicon **T***H*. -raecon **F**. -recon (cer- **VF**^{a}) *r* 32 molugo **F**^{a}**R**^{a}. -ltycho **FE**. olitigo **R** 34 marinus **R**^{a}**dT***H*. mur- **VF**^{a}. -nu *r* | gen. III **d***H*. *om.* **T**. *post* phycos *pon.* *ll.* *D* 35 med. V **VF**^{a}**R**^{a}. *om.* *rH*. *an* II *vel* III? 37 myrris **F**^{1}**d**. myris *r* 38 *an* gen. II? 39 onothera **dT***H*. oro- **R**^{a2}**FE**. -thea **R**. orthera *r* | onear *ll.* *D*. -arim **d**. -aris **T**. onuris *He* § *111*

anabasis quae equisaetum, gen. III. med. XVII (83)
stephanomelis (84)
erysithales I (85)
polycnemon I (88)
arsenogonon I. thelygonon I (91)
mastos I (92)
ophrys (93)
Summa: medicinae et historiae et observationes MXVIIII

EX AVCTORIBVS

M. Varrone. C. Valgio. Pompeio Lenaeo. Sextio Nigro qui Graece scripsit. Iulio Basso qui item. Antonio Castore. Cornelio Celso.

EXTERNIS

Theophrasto. Apollodoro. Democrito. Iuba. Orpheo. Pythagora. Magone. Menandro qui βιόχρηστα scripsit. Nicandro. Homero. Hesiodo. Musaeo. Sophocle. Xantho. Anaxilao. MEDICIS Mnesitheo. Callimacho. Phania physico. Timaristo. Simo. Hippocrate. Chrysippo. Diocle. Ophione. Heraclide. Hicesio. Dionysio. Apollodoro Citiense. Apollodoro Tarentino. Praxagora. Plistonico. Medio. Dieuche. Cleophanto. Philistione. Asclepiade. Crateua. Petronio Diodoto. Iolla. Erasistrato. Diagora. Andrea. Mneside. Epicharmo. Damione. Sosimene. Tlepolemo. Metrodoro. Solone. Lyco. Olympiade Thebana. Philino. Petricho. Miccione. Glaucia. Xenocrate.

L. XXVII CONTINENTVR

reliqua genera herbarum. medicinae ex *i*is.
aconitum sive thelyphonon sive cammaron sive pardalianches sive scorpion, med. IIII (2)
Aethiopis IIII (3)

---

2 III **FEdT***S*. IIII *r*, II *H*. (*non liquet*) | XVII **VF**^{a}**R**^{a}. -III *r H* 6 thelygonon **dT***H*. -liconon aliud *ll*. (*cfr.* § *99*) 8 masios **E**. -ssios **R** 11 M (CX **R**^{a}) XVIIII **VF**^{a}**R**^{a}**dT***S*(*D*). MCXVIIII *J*. CC (CX **E**) XVIII *r*. MCXXVIII *H*. MCCXCII *v* 16 qui item petronio diodoto qui item **F**^{a} 22 scripsit **RE***H*. *om. r S* 27 Timaristo **F**^{1}**dT***G*. -rco **F**^{2}. -rcho *r v* 29 Hopione **F**^{a}**FE**. *cfr. ind. XX* 35 Petronio Diodoto **V**(?)*S*. *om. r v* 38 Sosimene **F**^{a}**R**^{a}**E**^{a}*D*. *om. r v* 41 Mictione **E** 45 aconitum **V***H*. -to (acho- **R**) *r* 46 tetynonon **F**. tethinono **R**. teti- **Ed** 47 cammaron *J*^{2} *e* § *9*. cama- **VF**^{a}. pama- **d**. pamma- **E**. -anon **R**. pammoson **F**. cammorum **T**. -ron *H* | pardalianches **T***H*. -ache *ll* 48 *an* II?

ageraton IIII (4)
aloe XXVIIII (5)
alcea IIII (6)
alypon I (7)
alsine ad eadem quae helxine V (8)
androsaces *II*I (9)
androsaemon sive ascyron VI (10)
ambrosia sive botrys sive Artemisia III (11)
anonis sive ononis V (12)
anagyros sive aco*p*on VI (13)
anonymos V (14)
aparine sive ompha*l*ocarpos sive philanthropos IIII (15)
arction sive arcturon V (16)
asplenos sive hemionios II (17)
Asclepias II (18)
aster sive bubonion III (19)
ascyron et ascyroides IIII (20)
aphaca III (21)
alcibium I (22)
alectoros lophos quae crista II (23)
alum quod symphyton petraeum XIIII (24)
alga rufa I (25)
actaea I (26)
ampelos agria IIII (27)
absinthium, gen. III. med. XLVIII (28)
absinthium marinum sive seriphum I*I* (29)
ballote sive porrum nigrum III (30)
botrys sive Artemisia I (31)
brabilla I (32)
bryon marinum V (33)
bupleuron I (34)

1 ageraton **VF**[a] *H*. -tum **T**. heraton **FEd**. Eratho **R** 3 IIII **dT**. III **VF**[a]. I *rH* 4 alypon I *om*. **FRE** 5 helxine *H*. helix- **VF**[a]. helyx- **F**. elix- **E**. elex- **R** 7 III *ego*. VI *ll. H* 8 aschyron **R**. aschiron **F**. arch- **E**. ach- **d** 12 anonis *He* § *29*. anco- **FRE**. ango- *r* 13 acopon *H cum B e* § *30*. acoton *ll* | VI **VF**[a]. III *rH* 14 V **F**[a]**RE** *Brot*. II *rH(S)* 15 aparine **dT***H*. atha- **R**. Tra- **F**[1]. Atra- **F**[2]. athra- **E**. aphraryne *r* | omphalocarpos *ego e* § *32*. omphacoc- (amiliacoc- **VF**[a] *ll. H* 16 IIII *ll. H(D)*. III **T***S* 17 arcturon *D*. -rum **dT***H*. carturon **V**. cast- **F**[a]. arctyron **R**. art- *r* 18 asplenos (has- **FE**) *ll. J*[2]. -non **dT***H*. *cfr.* § *34* 21 aschyron **FR** | et *om*. **F**[a]. siue **dT***H* | IIII *ll. H*. III *S (errore)* 22 haphaca **F**. raph- **VF**[a]. haplica **E** 24 alectoros lophos (lopus **d**) **d***D*. *cfr.* § *40*. -cthopos olphos **F**[a]. -ctorolophus *J*. -ciro iopos **FE**. -ctolopus **R**. -ctorophus **V**(?)*H* 26 alum **dT***S*. alium *ll*. alon *H* | Pactrion **FRE** 31 II[r] *ll. H*. IIII **dT***S* 33 seriphum *D*. *cfr.* § *53*. -phin **E**. -phism **F**. -phium **dT***H*. seryphym **R**. scysphim **F**[a]. -phym **V** 34 II *ego*. is *ll*. *om*. **dT***H* 35 ballote *ego e Diosc. III 107*. -ten **dT**. -tes *H*. balliste **VF**[a]. callite *r* | siue **VF**[a] *H*. s. *r*. *om*. **dT** 38 brabilla **F**[a]**d**. -bila **T**. -bylla **V**. -byla *H*. Drabilla (-bylla **R**) *r*

catanance I. cemos I (35)
calyx III (36)
calyx sive anchusa sive rhinoclia II (37)
Circeia III (38)
cirsion I (39)
crataegonon, gen. II. med. VIII (40)
crocodileon II (41)
cynosorchis sive orchis IIII(42)
chrysolachani gen. II. med. III
coagulum terrae II (43)
cucullus sive strumus sive strychnos VI (44)
conferva II (45)
coccum Cnidium II (46)
dipsacos III (47)
dryopteris II (48)
drabe I (49)
elatine II (50)
empetros quam nostri calcifraga*m* IIII (51)
epicactis sive elleborine II (52)
epimedion III (53)
enneaphyllon III (54)
felicis gen. II, quam Graeci pterim, alii blachron, item thelypterim, nymphae*a*m pteri*m* vocant, XI (55)
femur bubulum (56)
galeopsis sive galeobdolon sive galio*n* VI (57)
glaux I (58)
glaucion III. collyrium, med. II (59)

---

2 calyx *Se§58.* -lix **VF^a**. -lya **FE**. -lia **R**. -lsa **dT***H* 3 calyx **R***S*. -lix *r*. caulis **dT**. calsa altera *H* | rhinoclia *J*. -oelia **FR**. -ola **VF^a**. -ochisia *H*. rinodia **T**. rimo- **d**. rimnoelia **E**. onoclia *S* 5 Circeia *coni.* *J*^{2}. -cea **T**. Ciricea **VF^a**. -ca *r*. Circaea **d***H* 6 cirsion *He§61.* circision **dT**. circeon **R**. -rteon **E**. cyrciun **F^a**. -rtiun **V** 7 II **V***S*. III *rH*(*D*) 11 chrysolachanum **V**(?)**dT***H* | III *ll.H.* *an* II? 13 cucullus **VF^{a}F***D*. coaculum **R**. -llum **E**. culicus **dT***H* 14 strychnos *H*. stricinus **T**. sticnū **d**. irucnos **VF^a**. thracno **E**. -aeno **F**. -acto **R** | *an* V? 15 *an* I? 17 dipsacos **T***H*. disa- **VF^a**. dispascos **R**. -acos *r* 19 drabe *S*. -aebe **VF^a**. -agbe **R**. -agbae **FE**. dreffone **dT**. *cfr.§73* 21 quae **EdT***H* | nos n̄ri **R**. *om.* **dT***H*. (quae nostris *coni.* *J*) | calcifragam *S*. -ga *ll.H* 23 epicactis (ephi- **FRE**) *De§76.* -astis *r*. epipactis **dT***H* 27 felicis **VF^a***J*^{2}. pel- **R**. pell- *r*. fil- **dT***H*(*D*) 28 blachron *J*^{2} *coll. Hesych. s. v.* bia- **T**. -crnon **d**. blaron **FRE**. bra- *r*. blachnon *H* 29 thelypterim *H*. ptelipt- **RT**. ptherypt- (pter- **E**) **FEd**. phtheispth- *r* | nymphaeam *H*. -aeum **F**. -eū **REdT**. siue phacum *r* | pterim *H*. -rica **R**. -ryca **E**. -rycha **F**. ptherigan **F^a**(**V**?). *om.* **dT**. *an* pteryga? *om.* **dT** 30 *an* IX? 32 galeopsis **d***H cum B*. -empsis **T**. camempsis **FRE**. gamemfis *r* | galec I. dolion **VF^a**. obdolon **d**^{2} *in ras.* **T** 33 galion *De§81.* gallio *ll.H*

glycyside sive Paeonia sive pentorobon XX (60)
gnaphalion sive chamaezelon VI (61)
gallidraga I (62)
holcus sive aristis (63)
hyoseris I (64)
holosteon III (65)
hippophaeston VIII (66)
hypoglossa I (67)
hypecoon (68)
Idaea IIII (69)
isopyron sive phaselion III (70)
lathyris II (71)
leontopetalon sive r*h*apadion II (72)
lycapsos II (73)
lithospermon sive exonychon sive Διὸς πυρὸν sive Ἡρακλέους II (74)
lapidis muscus I (75)
limeum I (76)
leuce sive mesoleucium sive leucas III (77)
leucographis V (78)
medion III (79)
myosota sive myosotis III (80)
myagros I (81)
nyma I (82)
natrix I (83)
odontitis I (84)
othonna I (85)
ono*s*ma I (86)
onopradon V (87)
osyris IIII (88)
oxys II (89)
polyanthemon sive batrachion III (90)
polygonos sive polygon*ion* sive thalattias sive carcinothron sive clema sive myrtopetalos quae sanguinaria sive orios, gen. IIII. med. XXXIII (91)
pancration XII (92)

---

3 Cnapallion **FRE**. Cnata- **F**^{a} 6 holcus **dT***H*. -cas *ll* 7 hyoseris **FRE***J*. hysos- *r*. hysiris **d**. hyos- *H*. hysoris **T** 12 Ideae III **R** 13 phaselion — 16 siue *om.* **FRE** | phaselion **dT***J*^{2} *coll. § 94*. -sileon **VF**^{a}. phasiolon *S cum B*. *om. H* | III **F**^{a}. II **V**(?)**dT***H* 16 siue **F**^{a}. aut **V**(?)**dT***S*. alii *J*. *om. H* | rhapadion *ego coll. § 96*. prap- (-dyon **d**) **Td**. prapria- **FRE**. -iaron *r*. rhapeion *S cum B*. rhaphanidion *J*^{2}. *om. H* 30. 31 nyma I. natrix I **T***H*. nygrma I. natrys I **VF**^{a}. Bnatis I. Nugā I *r* 34 onosma *v*. -oma *ll*. *J*^{2}. *cfr. § 110* 35 onopradon **VF**^{a}**T***D*. -andon *r*. -pordon *v* 36 osiris **FE** 38 batracion **R**. -chios **VF**^{a}*H*. -cios *r* 40 polygonon **T**. -num **d***H* | polygonion *coni. J*^{2} *coll. Scribon. 193. (2. 83)*. -gonos *ll*. -gonatos *S cum B e Diosc. IV 4*. calipogonona **dT**. *om. H* 41 thalattias *D*. -attas **VF**^{a}. -atias **F**. -acias *r*. -assias *H* | carcinothron **T***D*. -tron (caremo- **R**) *r*. -nethron *H* 44 orion **dT**. oreos *H* 45 XXXIII *ego*. XLIII **FREdT***Brot*. XLI **F**^{a}(**V**?). XL *H*(*S*)

peplis sive syce sive meconion sive mecon aphrodes III (93)
periclymenon V (94)
pelecinos II (95)
polygala I (96)
poterion sive p*h*rynion sive neuras IIII (97)
phalangitis sive phalangion sive leucacanth*a* IIII (98)
phyteuma I (99)
phyllon I (100)
pellandrion II (101)
phaleris II (102)
polyrrizon II (103)
Proserpinaca V (104)
rhecoma XXXVI (105)
reseda II (106)
stoechas III (107)
solanum quam Graeci strychnon II (108)
Smyrnion XXXII. sinon II (109)
Telep*h*ion IIII (110)
trichomanes V (111)
thali*c*trum I (112)
thlaspi sive Persicon nap*y* IIII (113)
Trachinia I (114)
tragonis sive tragion *III* (115)
tragos sive scorpio IIII (116)
tragopogon sive come I (117)
de aetatibus herbarum (118)
quo modo cuiusque vires efficaciores (119)
gentium vitia diversa (120)

---

5 pelecinum **dT***H* | II *ll. Brot.* I *H*(*S*) 7 poterion (*B*)*H*. poterireton **R**. potireton *r. cfr. ind. XXV* (*76*) | phrynion (*B*)*H*. pary- **dT**. potriem **FRE**. totrien *r* 8 neuras **dT***H*. -rada (nau- **F**^{a}) *ll* 9 phalangitis (-tes *H*) **dT**. *cfr. § 124*. Aetphaliag- **FE**. Aetpalig- **R**. -pthalagites *r* 10 leucacantha *ego coll. § 124 et Diosc. III 112*. -thon **V***H*. -ton (-aga- **FE**) *r*. leucanthemum **dT** 13 pelandrion *ll.* D^{2}. *cfr. § 126*. phel- **T**. phell- **d**(?)*H* 14 phaleris *D*. -ri **dT**. peleripalari. paleri **F**^{a} pheleri **V**. pel- *r*. phalaris (*B*)*H* 15 polirizinon **d**. *om.* **FRE** | II **F**^{a}. V **V***S*. I **d***H*. *om. r* 16 Proserpinaca **T***H*. -ina *ll* 17 rhecoma *Je § 128*. recho- **FE**. reco- **dT**. rhaco- *H*. Rechona **R**^{2}. -china **R**^{1}. peucyma *r*. rheu- *S* 19 Thoecas **RE**. Thoccas **F** 20 strychnon **V***He § 132*. *om.* **F**^{a}. eryxo (erixo **R**) *r*. *an* trychnon? *cfr. XXI 177* 22 smyrnion *J*. -neon **T**. -nium **d***H*. smyrmion **FRE**. zmy- *r*. -rnion *S* 26 thalictrum *Se § 138*. -itrium **T**. -itruum *H*. tharitrum **VF**^{a}. -truum **d**. claritunc *r* 27 thlaspi *H*. thica- **T**. tica- siue thiapsi **d**. thaipi siue thyaspi **VF**^{a}. thalapi *r* | siue **dT***S*. saenex **R**. senex **FE**. *om. rH*. *an* quae et? | percicon **R**. *om. H* | napy *J*. napi **V**. api **F**^{a}. naps **dT**. Nympha *r*. sinapi *S*. *om. H* 30 tragonis **T***H*. traconi **d**. Thra- **RE**. dra- **F**. Thracon *r* | tragion — 31 siue **dT**. *om. rH* (*sed* thracon siue thragicon I *post* scorpio IIII *iterat* **F**^{a}) | III *ego*. I **F**^{a}**d***H* 32 tragopogon **d***H*. -odon **T**. thragopon **VF**^{a}. Gracologon *r*

Summa: medicinae et historiae et observationes DCII

EX AVCTORIBVS

C. Valgio. Pompeio Lenaeo. Sextio Nigro qui Graece scripsit. Iulio Basso qui item. Antonio Castore. Cornelio Celso.

EXTERNIS

Theophrasto. Apollodoro. Democrito. Aristogitone. Orpheo. Pythagora. Magone. Menandro qui βιόχρηστα scripsit. Nicandro. MEDICIS Mnesitheo. Callimacho. Timaristo. Simo. Hippocrate. Chrysippo. Diocle. Ophione. Heraclide. Hicesio. Dionysio. Apollodoro Citiense. Apollodoro Tarentino. Praxagora. Plistonico. Medio. Dieuche. Cleophanto. Philistione. Asclepiade. Crateua. *Petronio Diodoto.* Iolla. Erasistrato. Diagora. Andrea. Mneside. Epicharmo. Damione. Sosimene, Tlepolemo. Metrodoro. Solone. Lyco. Olympiade Thebana. Philino. Petric*h*o. Miccione. Glaucia. Xenocrate.

L. XXVIII CONTINENTVR

medicinae ex animalibus.
an sit in medendo verborum aliqua vis (3)
ostenta et sanciri et depelli (4. 5)
ex homine remedia
contra Magos (2)
ex viro medicinae et observationes CCXXVI, puero VIII (6—19)
muliere LXI (20—23)
ex peregrinis animalibus (24—32)
elephanto VIII (24)
leone X (25)
camelo X (26)
hyaena LXXVIIII (27)
crocodilo XVIIII. crocodilea XI (28)
chamaeleone XV (29)
scinco IIII (30)
hippopotamio VII (31)
lynce V (32)

---

2 DCCII *H* 4 G. Valgio VF^a*S. om.rv* 6 qui item petronio dioduto qui item petronio F^a 9 Apollodoro RdT*v*. -doto *r. add.* qui item (Citiense *L*) FE*va.S* 16 hopione FE. -plone F^a 22 Petronio Diodoto *S. om. ll.v* 25 Sosimene *ll.v. om.* dT(?)*C* 26 metrico FRE 36 ex homine — Magos *ll.v*(*D*). *convenienter cum textus ordine ante* 32 an sit *pon.* dT*H* 38 ex uiro — puero VIII *om.v a.H* 41 XLI R(?)dT*H* 48 XIX F. XXI RE*H* | crocodilla F^aF. *post* 50 chamaeleone *pon.* R^{a2}FRE 52 hippopotamio (hypp- F^a) F^ad*D*. hyppot- FE. hippot- R. -opotamo *rv*

medicinae communes ex animalibus feris aut eiusdem generis placidis (33—41)

lactis usus et observationes LVII (33)

de caseis XII (34)

butyro XXV (35)

oxygala I (36)

adipis usus et observationes LII (37)

de se*b*o (38)

de medulla (39)

de felle (40)

de sanguine (41)

privatae ex animalibus medicinae digestae in morbos (42—80)

ex apro XLI

sue LX

cervo LII

lupo XXVII

urso XXVIIII

onagro XII

asino LXXVI

polea III

equifero XI

e*c*ulei coagul*o* I

equo XLII

hippace I

bubus feris II

bove LXXXI

tauro LIII

vitulo LVIIII

lepore LXIIII

volpe XX

mele II

fele V

capra CXXIIII

hirco XXXI

haedo XXI

de glutino taurino probando, et medicinae ex eo VII (71)

Summa: medicinae et historiae et observationes MDCLXXXII

EX AVCTORIBVS

M. Varrone. L. Pisone. Antiate. *Flacc*o Verrio. Fabiano. Catone censorio. Ser*v*io Sulpicio. Licinio Macro. Celso. Masurio. Sextio Nigro qui Graece scripsit. Bitho Dur-

5 LVII **VF**^{a}**R**^{a}. LIIII *r H. an* LXX? 11 seuo *ll. H* 14 de sanguine **dT** *H. om. ll* 16 per morbos **T**. *cfr. ind. XXX*(*8*) 18 XLI **VF**^{a}. XII *r H* 19 sue IX *S. om.* **dT** 20 LII **F**^{a}**R**^{a}**R**^{1}. III *r H. an* LV? 22 XXVIIII **R**^{a}. XXIIII *r H* 27 eculei (**V**?) *S.* equilei *ll* | coagulo *H.* -lū *ll* 32 lauro **FRE**^{2} | LIIII **F**^{a} 33 LVIII **F**^{a}**FR** 37 fele II **F**^{a}**R**^{a} 38 CXXIIII **F**^{a}**R**^{a1}. -II **R**^{a2}**R**. CXVI *r H. an* CXLI? 48 Antiate *ll. D.* Fabiano, Verre (Valerio *H*), Antiate *v* 49 Flacco *ego. cfr. ind. XXIX.* Fabio (-beo **F**^{a}) *ll. J*^{2}. *del. v*(*D*) | Verrio **E**^{a}**a***v.* Verio (Verto **FE**) Verrico **FRE**. Verrico *r* | Fabiano *ll. D.* Flacco *v* 50 Sergio *ll. v a. L* 53 Bytho **dT** *v a. S*(*J*). *cfr.* § *82*

racheno. Rabirio medico. Ofilio medico. Granio medico.

EXTERNIS

Democrito. Apollonio qui et Mys. M*e*leto. Artemone. Sextilio Antaeo. Homero. Theophrasto. Lysimacho. Attalo. Xenocrate. Orpheo qui ἰδιοφυῆ scripsit. Archelao qui item. Demetrio. Sotira. Laide. Elephantide. Salpe. Olympiade Thebana. Diotimo Thebano. Iolla. Andrea. Marcione Smyrnaeo. Aeschine medico. Hippocrate. Aristotele. Metrodoro Sceps*io*. Hicetida medico. Apelle medico. Hesiodo. Bialcone. Caecilio Bione qui περὶ δυνάμεων scripsit. Anaxilao. Iuba rege.

———

L. XXIX CONTINENTVR

medicinae ex animalibus.

1 Rabirio (-ilio **VF^{a}**) medico **VF^{a}E^{a}a** *D*. Rabilio **R^{a}**. *om. rv. cfr. § 74 et Brunn p. 37* 2 Ofilio *D*. offillio **E^{a}a**. Ophelio **R^{a}**. Ophy- **R**. Ophi- *rv*. Opi- *H. cfr. § 38* 4 et (eth **R^{a2}E^{a}**) *ll. v*(*D*). *del. G* 5 Mys **d***D*. *cfr. Cels. V praef. Strabo XIV p. 645.* myr **V**. mis **E^{a}a**. mir **F^{a}**. mysmi **R^{a2}**. -sini **FE**. mismi **RR^{a1}**. mirsin *v*. myrsin *G*. μύρωσιν *H cum Reinesio* | Meleto *D e coni. S.* mileto (*del.* **d^{2}**. myl- **E^{a}**) *ll. v. cfr. § 7* | Sextilio Antaeo (ateo **F^{a}**) *ll. G*(*D*). -lio, Antaeo *H*. -lio *v. cfr. Brunn p. 37* 8 ἰδιοφυῆ *S cum Reinesio. cfr. schol. Nicand. ther. 823.* diophios (diu- **FE**) *ll.* διφυεῖς *H* 13 Andrea *om.* **R***va. S* | Marcione *ll. S.* Mictione *v*. -tone *H* 14 Zmyrnaeo *S*. -neo **F^{a}**. zmir- **T** 16 Scepsio *S*. -so **VF^{a}dT**. *om. rv* | Hicetida **E^{a}***D*. Ice- *H*. Ichatida (-de **R**) *ll*. Icaci- *v* 17 Apelle **VR***S*. -llata ettem **F^{a}**. -llaea *r. om.* **T***v*. *an* Apella? *cfr. Athenaeus II 63^{d}* 18 Bialcone **E^{a}a***D*. -oni **R^{a}**. -lioni **F^{a}**(**V**?). Dialconi **R**. -choni *r*. -cone **T***v*. Dalione *H. cfr. § 262* | Caecilio Bione *ll. G*(*D*). -lio, Bione *v*(*H*). *cfr. Brunn p. 3* 19 dynamion **R**. din- **F**. den- **E**. dyda- *r* 27 medico *om.* **Vd***va. S* 36 antiqui **VF^{a}***v*. -quis *r H* 40 sequenti libro *H*. -tibus (*vel* -tib. lib.) *ll, item partim infra. numeros qui sequuntur*

oesypo XXXII, seq. l. XX : LII (10)
ovis XXII, seq. l. XLIII : LXV
quae sitista ova. quo modo fiant tota lutea (11)
de serpentium ovis (12)
de Commageno conficiendo. medicinae ex eo V (13)
remedia ex animalibus quae placida non sint aut fera (14—40)
ariete V et seq. l. VII : XII
pecude XXII et seq. l. LV : LXXVII
mulis I et seq. l. V : VI
caballis I et seq. l. III : IIII
cane XVI et seq. l. XLI : LVII
cane rabioso III et seq. l. II : V
ichneumone I. mure XIIII et seq. l. XXVIII : XLII
mure araneo IIII et seq. l. I : V
glire II et seq. l. *III* : V
sorice I et seq. l. II : III
mustela XVIIII et seq. l. XXV : XLIIII
stelione IIII et seq. l. XII : XVI
irenaceo V et seq. l. XIII : XVIII
hystrice I et seq. l. II : III
lacerta XIII et seq. l. XXX : XLIII
salamandra I et seq. l. *III* : *IIII*
coclea VI et seq. l. LXIII : LXVI*III*
aspide I et seq. l. III : IIII
basilisco IIII

---

primus H ex **Ed** *et cod. Colbert. in adnotatt. ad libr. XXIX, post eum adhibitis etiam* **VRT** *suo loco S edidit, nonnullos deinde correxerunt JD. qui restant aperte repugnantes librorum textui, eos computando emendare difficile est dubia haud raro Pliniana numerandi ratione. codicum autem, qui mendis scatent multumque in numeris huius libri iisdemque sequentis inter se differunt, et editorum, qui nihil fere aut de illorum scriptura aut de sua ratione protulerunt, discrepantiam omnem ubique adscribere omitto*

1 oesyto **FRE**. deperito **F**^{a} | XX **VF**^{a}*S*. XXIIII *r* | LXV **E**. (*an* XXX .. XV : XLV?) 3 XLIII **VF**^{a}*H*. -IIII *rS* 4 quae — lutea *om.* **R**^{a1}*H* | sitista *Se*§*45*. scit- **R**. styt- **E**. stytit- **F**. stystas **R**^{a2}. sint ista *r* | quo — lutea *om.* **VF**^{a}*S* 6 ouis **V**(?)**E***H*. oua **F**. ouo *r* 7 commagine **FRE** 8 V *ego*. IV *H*. IIII (LV **FE**) et seq. l. V : VIIII *ll.S* 9 remedia — fera *ll.v*(*S*). *del.H* 10 sit **R**. sunt **F**^{a}**E***va.H* 12 ariete V **VR**^{a}. -tum V **F**^{a}**T**. rite *r* 13 II .. XV : XVII *J*. *an* XII .. LII : LXIIII?

23 III : V *J*. VI : VIII *ll.H*(*D*) 28 irenaceo **FE***J*^{2}. irin- **VF**^{a}**R**^{a}. iran- **R**. erin- **T***D*. herin- *H* | XVIII *H*. XXVIIII *ll* 32 *lemma om.* **FRE** | I **F**^{a}(**V**?)**T***H* | III : IIII *H*(*D*) *e libro seq. om.* **F**^{a}(**V**?). LXIIII (XLVIIII *S*) : LXXXVI **T***S* (*errore: cfr.* coclea)

33 *lemma om.* **F**^{a}(**V**?) | VI *ego*. XXVII *ll.H* | LXIII : LXVIIII *ego*. XLVIIII : LXXXXVI (LXXVI **F**) *ll.S*. XVIIII : XLVI *J*

dracone VI et seq. l. IIII : X
vipera XIIII et seq. l. XXI : XXXV
de viperino sale (38)
θηριακὴ ἔχεων (38)
angue VIII et seq. l. XXVII : XXXV
hydro I
bova IIII et seq. l. III : VII
enhydride I et seq. l. II : III
serpentibus ceteris VIII et seq. l. VII : XV
scorpione IIII et seq. l. II : VI
araneorum et phalangiorum gen. XI. med. ex *i*is IX et seq. l. XXVII : XXXVI
gryllo e*t* tauro I et seq. l. VII : VIII
scolopendra sive multipeda sive milipeda sive centipeda sive onisco sive iulo I et seq. l. XX : XXI
admiratio naturae nihil sine usu gignentis (17)
limace I et seq. l. III : IIII
[uruca I et seq. l. II : III]
verme terreno II et seq. l. XXII : XXI*III*
verme ex arboribus I et seq. l. IIII : V
ex volucribus
aquila IIII et seq. l. III : VII
vulture VIII et seq. l. VIIII : XVII
gallinaceo XXXI et seq. l. XXV : LVI
gallina X et seq. l. XXII : XXXII
ansere VII et seq. l. XV : XXII
[cygno I et seq. l. V : VI]
de adipe avium conficiendo (39)
corvo II et seq. l. IIII : VI
cornice II et seq. l. I : III

1 dracone VI *ll.H.* -ne IIII *J* | IIII — uipera *om.* **FRE** | IIII : X **F**^{a}**R**^{a}. VI : X *J.* XXI (XXIIII **T**) : XXXV **T***S* (*errore: cfr.* uipera) 6 angue — XXXV *om.H* | VIII . . XXVII **FRE***D.* VIIII . . XVII **F**^{a}**R**^{a}**T***S.* (*an* VIII . . XVIIII : XXVII?) 15 gen. XII **R**(?)*S. cfr. ind. XXX* | IX **F**^{a}**R**^{a}**T** *H*(*D*). LX *rJ* 16 XXVII *D.* -VIII **R**^{a}. XVIIII **F**^{a}**T***S.* XXXVIII *r* | XXXVII **F**^{a}*S.* -VIII **T.** (*an* VIII . . XI : XVIIII?) 17 et *ego coll. XXX 39.* siue *ll.H* 20 millipeda **R**^{a}**T.** multide- **RE.** peda **F.** millep- *rH* 21 onisco (**V**?)*H.* -con **F**^{a}. con- *r* | iulo **E**^{a}*D.* -lon **F**^{a}. uilon **R**^{a}. nilon **T.** -lo *r.* tylo *H* | I *om.* **F**^{a} 22 XXI **T***H. om.* **F**^{a} | XXI **F***D.* XLI **F**^{a}**T.** XV *rS.* XXII *H.* (*an* IIII . . XIIII : XVIII?) 26 eruca *H. uncos posui: nulla in hoc l. med., in seq. I* 28 XXII : XXIIII *H.* XVIIII (-III **T**) : XXX **F**^{a}**R**^{a}**T***S.* terreno — 29 uerme *om.r* 33 VIII **R**^{a}. VIIII **F**^{a}*H.* IIII **T***S. om.r* | XVIII **FE***H* 35 XXXI . . XXV *ego.* XXI . . XXXV *ll.H* 37 *an* XV . . XII : XXVII? 39 VIII **FE.** IX *H* | XV *om.* **F.** V **F**^{a} | VI **F**^{a}. XXIV *H.* (*an* XI . . XXVI : XXXVII?) 40 cygno — VI *om.* **F**^{a} | VI **T***H. om.ll. uncos posui: nulla in hoc l. med., in seq. V vel VI* 44 II . . I *ego.* I . . II *ll.H*

accipitre II et seq. l. II : I*V*
miluo II et seq. l. VI : VIII
cenchride II
ciconia II et seq. l. I : III
anate IIII et seq. l. II : VI
perdice VII et seq. l. *VII* : X*II*II
columba VII et seq. l. XXV : XXXII
palumbe II et seq. l. XIIII : XVI
pico Martio I
turture IIII et seq. l. V : VIIII
hirundine VIIII et seq. l. XXIIII : XXXIII
noctua *V*II et seq. l. *II* : VIIII
[ulula I et seq. l. I : II]
bubone II et seq. l. V : VII
vespertilione IIII et seq. l. *X*II : X*V*I
apibus *I*V et seq. l. VIII : XII
bupresti *V* et seq. l. *I* : VI
pityocampe *V* [et seq. l. IIII : VI]
naturae benignitatem etiam foedis animalibus inseruisse magna remedia (17)
scarabaeo I et seq. l. VII : VIII
blatta IIII et seq. l. XIII : XVII
de genere can*th*aridum (30)
med. ex *i*is V et seq. l. XI : XVI
cimice VIII*I* et seq. l. *II* : X*I*
musca VII et seq. l. V : XII
[locustis IIII et seq. l. III : VII]
attelebis I
formicis III et seq. l. V : VIII

---

1 IV *H*. III *ll.S* 3 *an* cenchride I? *cfr.* *§ 127* 5 IIII .. II *ego*. II .. IIII **F^{a}R^{a}T**. II .. XIIII *rH* | XVI **FRE**. XV *H* 6 perdice — 11 XVI *om.* **FRE***H* | VII **F^{a}R^{a}T***S*. VI *D*. VIII *J*^{1} | VII : XIIII *ego*. X (XI *D*) : XVII **F^{a}R^{a}T***S*(*D*). VI : XIIII *J*^{1}. (*numeravi VI .. VII : XIII*) 8 VII .. XXV : XXXII **R^a***D*. VII .. XIIII : VII (XXI *J*) **F^{a}T***S*(*J*). *an* VIII .. XXIII : XXXI? 12 *an* pico Martio I et seq. l. I : II? *cfr.* *XXX 147* 13 *an* III .. II : V? 15 XXIIII **FRE***J*. XVIII **F^{a}T***S* | XXXIII *J*. -IIII **FRE**. -II **F^{a}T***S*. *lemma om.* *H* 16 VII *ego*. IIII **F^{a}T***S*. II *r* | II *ego*. V (VI **F^a**) *ll.S*. *lemma om.* *H* 17 II **T***H*. IIII **E**. III *rS*. *uncos posui: nulla in hoc l. med., in seq. I* 20 XII *ego*. VIII *ll.S*. VIIII *H e lib. seq.* | XVI *ego*. XIII (XII **R**) *ll.H* 21 IV .. VIII *ego*. V .. VIII **FE***H*. V .. VII *rS* | XIII *H* 22 V .. I *ego coll.* *XXX 30*. III .. III *ll.H* 23 V *ego coll.* *§ 95*. II **F^{a}R^{a}T***S*. *lemma om. r. uncos posui: nulla in l. seq. med.* 28 VII — 29 seq. l. *om.* **FRE***H* 29 *an* blatta XV .. I : XVI? *cfr.* *§ 139—142* et *XXX 131* 30 cantaridum **R^{a}T**. -di **F^a**. -dico *rH* 31 *an* ex iis VII .. V : XII? 32 VIIII *H*. VII **E**^{2}. VIII *rS* | II *ego*. V *ll.S*. VII *H* | XI *ego*. XIIII *ll.S*. XV *H* 34 locusta **E***H*. -tae **F** | III : VII **T***S*. V : VIIII (VIII **R^a**) **F^{a}R^a**. IIII .. VII (VIII *H*) *rH*. *uncos posui: nulla in hoc l. med., in seq. IIII* 35 attelebis — 36 VIII *om.* **F^a** 36 VIIII **R^{a}T***S*

Summa: medicinae et historiae et observationes DCXXI

EX AVCTORIBVS

M. Varrone. L. Pisone. Flacco Verrio. Antiate. Nigidio. Cassio Hemina. Cicerone. Plauto. Celso. Sextio Nigro qui Graece scripsit. Caecilio medico. Metello Scipione. Ovidio poeta. Licinio Macro.

EXTERNIS

Palaephato. Homero. Aristotele. Orpheo. Democrito. Anaxilao.

MEDICIS Botrye. Apollodoro. Archedemo. Aristogene. Xenocrate. Democrate. Diodoro. Chrysippo [philosopho]. Oro. Nicandro. Apollonio Pitanaeo.

L. XXX CONTINENTVR

medicinae ex animalibus reliquae prioris libri.
de origine magices (1)
quando et a quo coeperit.
a quibus celebrata sit (2)
an exercuerit eam Italia
quando primum senatus vetuerit hominem immolari (3)
de Galliarum Druidis (4)
de generibus magices (5)
opinio Magorum de talpis. med. V (7)
reliquae medicinae per morbos digestae in animalibus quorum genera non sunt placida aut fera (8—53)
pecude *LV* et priore l. XXII : LXXVII
ariete VII et pr. l. V : XII
lana XXV et pr. l. XXXV : LX
oesypo XX et pr. l. XXXII : LII
mulis V et pr. l. I : VI
caballis III et pr. l. I : IIII
cane XLI et pr. l. XVI : LVII
cane rabioso II et pr. l. III : V
viverra I
mure XXVIII et pr. l. XIIII : XLII
mure araneo I et pr. l. IIII : V

---

2 DCXXI *ll. Brot.* DXXI *v.* DCCCLIV *H* 12 Palaephato *S e coni. H* (*sed post* Orpheo). Phalaphato **VF^{a}d**. -pato *r*. Philopatore *v* 16 Archedemo **FE***J*. arce- **F^a**. Archi- *rv* 18 philosopho *ll. v.* Philippo *D coll. ind. XXX. uncos ego posui* | Oro **VF^{a}R***D*. *cfr. Brunn p. 39.* Orio **E^a**. Ori **FE***va. B.* Horo **dT**(?)*B* 22 prioris libri **VF^{a}R^a***v*(*S*). *om.* **d**(?)*H*. -ribus libris *rJ* 24 a **R^{a}d***v. om. r* | quibus *va. H* 26 an — Italia *om.* **T***va. H* | Italia **E***H*. in italiā *r* 27 primo **E**. -mo primum **FR** | uoluerit .. immolare **FRE** 35 sunt *ll. v. cfr.* sint *p. 97, 10* 37 LV *H*. IV *ll. S.* II *J* | XXII — 39 pr. l. *om.* **FRE** | XXII : LXXVII (XII **F^a**) **F^{a}R^a***H*. X : XII **T**. *cfr. p. 97, 13* 43 *lemma om.* **F^a** 44 *lemma om.* **F** 46 uiuerra I **R^{a}T***S*. uipera I **RE**. *om. rH. an* II?

glire *II*I et pr. l. II : V
sorice II et pr. l. I : III
mustela XXV et pr. l. XVIIII : XLIIII
stelione XII et pr. l. IIII : XVI
irenaceo XIII et pr. l. V : XVIII
hystrice II et pr. l. I : III
lacerta XXX et pr. l. XIII : XLIII
salamandra III et pr. l. I : IIII
coclea LXIII et pr. l. VI : LXVIIII
ἀκεράτων medicamentum (15)
aspide III et pr. l. I : IIII
dracone IIII et pr. l. VI : X
vipera XXI et pr. l. XIIII : XXXV
angue XXVII et pr. l. VIII : XXXV
bova III et pr. l. IIII : VII
enhydride II et pr. l. I : III
amphisbaena III
serpentibus ceteris VII et pr. l. VIII : XV
scorpione II et pr. l. IIII : VI
araneorum et phalangiorum gen. XI. med. XXVII et pr. l. *I*X : XXXVI
gryllo *et* tauro VII et pr. l. I : VIII
tr*o*xalide III
p*h*ryganione I
scolopendra sive multipeda sive milipeda sive centipeda sive onisco sive iulo XX et pr. l. I : XXI
[admiratio naturae nihil sine usu gignentis]
limace III et pr. l. I : IIII

---

1 III .. II : V *J*. VI .. II : VIII **F^{a}T**. V (III **R^a**) .. IIII : V *rS* 2 I : III **T***S*. IIII *ll* 3 mustella **F** | XXV **T***H*. XXXV *r* 4 XLIII **FE**. *om.***R** 6 irinaceo **F^a**. eri- **T***D*. heri- *H*. enatio **E** 7 II .. I *D*. I .. II *ll.H* 11 cocleae *ll* | LXIII .. VI : LXVIIII *ego*. LXVIIII (-VIII **R**) .. XVII : LXXXVI (*om.* **FE**) *ll*. XVIIII .. XXVII : XLVI **T***S*. *cfr.p.97,33* 13 ἀκεράτων *ego e §46*. ageraton (ageuir- **F^{a}T**) *ll.S*. *om.H* 15 IIII .. VI *ego*. VI .. IIII (III **F^a**) *ll.H* 18 angue — XXXV *om.***FRE***H* | VIII *D*. XVIII **F^{a}R^{a}T***S* 19 XXXV *D*. -VII **F^{a}R^a**. XLV **T***S*. *cfr. p.98,7* 21 enhydride *H*. -iode *ll*. cenchride **T** 24 VIII **T***H*. VIIII **F^a**. *om.r* | XV **F^{a}T***H*. XLV *r* 28 gen. XII *J* | XXVII *D*. -VIIII **R^{a}T***S*. -VIII *r* 29 IX : XXXVI *D*. VIII : XXVI **FRE**. LX : LXXXIX (XCVIIII **F^{a}R^a**) **TF^{a}R^a***S*. *cfr.p.98,16* 30 gryllo — VIII *om.***T***S* | et *ego*. siue *ll.H* | VII **F^{a}R^a***H*. VI *r* 32 troxalide *H*. tryx- **F^{a}F**. trix- **R^{a}R**. traxitl- **E**. chrisal- **T** 33 phryganione *H*. prica- **F^{a}T**. preca- **R^a**. prygami- **F**. prig- *r* 35 millipeda (*om.***F^a**) *ll*. millep- *H* 36 iulo **F^a***D*. uilo **T**. piro *r*. tylo *H*. *cfr.p.98,21* 38 naturae nisi lusu **FRE**. *uncos posui: lemma non cadit in hunc librum*

uruca I
verme terreno XXII et pr. l. II : XXII*I*
verme ex arboribus IIII et pr. l. I : V
verme ex herba IIII
herpete I
ricino III*I*
ex volucribus
aquila III et pr. l. IIII : VII
vulture VIIII et pr. l. VIII : XVII
ossifrago *II*I
gallinaceo XXV et pr. l. XXXI : LVI
gallina XXII et pr. l. X : XXXII
ovis XLIII et pr. l. XXII : LXV
[Commageno V et pr. l. III*I* : VIIII]
ansere XV et pr. l. VII : XXII
cygno V [et pr. l. I : VI]
otide II
corvo IIII et pr. l. II : VI
cornice I et pr. l. II : III
accipitre II et pr. l. II : IIII
miluo VI et pr. l. II : VIII
grue I*I*
ciconia I et pr. l. II : III
ibide II
ardiola I
anate II et pr. l. IIII : VI
mergo I
perdice VI*I* et pr. l. VII : XIIII
columba XXV et pr. l. VII : XXXII
palumbe XIIII et pr. l. II : XVI

---

1 uruca **F^{a}R^a***S*. eruce **T**. -ca *H*. erba **R**. erpa **E**. espa **F** | I *ego*. II et pr. l. I : III *ll.H. cfr.p.98,26* 2 XXII **FRE***H*. XXI **F^a**. XX **T***S* 3 XXIIII *H*. XXII **T***S*. XX *ll. cfr.p.98,28* 6 IIII **FRE***H*. VIII **R^{a}R^{a}T***S* 8 IIII *ego*. III *ll.H* 11 uulture — VIII *om.***FRE** | VIIII .. VIII *ego*. VIII (VII **T***S*) .. VIIII **F^{a}R^{a}T***S* | XVI **T***S* 12 ossifraga *H* | III *ego*. VI *ll.H* 13 XXV **FRE**. XXXV **F^{a}R^{a}T***H* | XXXI *ego*. XXI *ll.H*. XX **T***S* 14 LVI **FRE***H*. LV **F^{a}T***S*. LI **R^a**. *cfr.p.98,36* 16 XXII **F^{a}R^{a}T***H*. XX *rS* 17 II (IIII *J*) : VIIII **FRE***J*. III : VIII **F^{a}T***S*. *uncos posui: cfr.p.97,8* 19 ansere — XXII *ego*. *om.ll.H. cfr.p.98,39* 21 *uncos posui: cfr.p.98,40* 22 opide **E**. *om.***F***H* | II **F^{a}R^{a}T***S*. I **RE**. *om.***F***H* 23 III **F^a** | II **F^{a}R^{a}T***H*. I *r* | III **FE** 24 I .. II *ego*. II .. I **F^{a}R^a***H*. II .. II **T***S* | III **R^a***H*. IIII **F^{a}T***S*. *lemma om.r* 25 IIII **R^{a}T***H*. *lemma om.***F^a**. IIII — 26 pr. l. II *om.r* 26 VIIII **FE** 27 II *ego*. I *ll.H* 29 II *ego*. III *ll.H*. IV **T***S* 31 II .. IIII *ego*. IIII .. II **F^{a}R^{a}T***S*. IIII .. (*om.* IIII — 34 pr. l.) *r* 32 mergo I *ego*. -go II **F^{a}R^{a}T***S*. *om.rH* 33 VII *ego*. VI **T***S*. X **F^{a}R^a***J*^{2}. XI *D* | VII : XIIII *ego*. VIII : XIIII **T***S*. VII : XVII **R^a***J*^{2}. VIII : VIIII **F^a**. VI : XVII *D*. *lemma om.rH. cfr.p.99,7* 34 columba — pr. l. **R^{a2}**. *om.rH* | VII (VIII **FRE**) : XXXII **R^{a}FRE**. *om.***F^{a}T***H* 36 II *J*. VII (VIII **F^a**) *ll.H* | XVI *ll.J*. XXI **T***H*. *cfr.p.99,10*

galerita IIII
cuculo I
pico Martio I
turture V et pr. l. IIII : VIIII
turdis III
merula I
hirundine XXIIII et pr. l. VIIII : XXXIII
noctua *II* et pr. l. *VII* : VIIII
ulula I [et pr. l. I : II]
upupa I
bubone V et pr. l. II : VII
passere V
galgulo II
vespertilione *XII* et pr. l. IIII : X*VI*
cicadis I
apibus VII*I* et pr. l. *IV* : XII
vespis II
bupresti I et pr. l. *V* : VI
[pityocampis IIII et pr. l. II : VI]
[naturae benignitatem et foedis animalibus inseruisse magna remedia]
scarabaeo VII et pr. l. I : VIII
blatta XIII et pr. l. IIII : XVII
de genere cantharidum. med. ex *i*is XI et pr. l. V : XVI
cimice *II* et pr. l. VIIII : XI
musca V et pr. l. VII : XII
locustis III*I*
formicis V et pr. l. III : VIII
Summa: medicinae et historiae et observationes DCCCLIIII

EX AVCTORIBVS

M. Varrone. Nigidio. M. Cicerone. Sextio Nigro qui Graece scripsit. Licinio Macro.

EXTERNIS

Eudoxo. Aristotele. Hermippo. Homero. Apione. Orpheo. Democrito. Anaxilao.

---

2 *an* cuculo II? 3 *de* pico Martio *cfr. p. 99, 12* 4 V .. III : VIII **T***S*. *an* II .. III : V? 5 *an* turdis II? 9 II .. VII *ego*. V .. IIII *ll. S. om. H. cfr. p. 99, 16* 10 *uncos ego posui* 12 V — VII **F**^{a}**R**^{a}**T***H*. II *r* 13 passere I **FRE** 14 *an* galgulo I? 15 XII *ego*. VIII **E**. VIIII *rH* 16 XVI *ego*. XIII **F**^{a}**R**^{a}**T***H*. XLV *r* 18 VIII .. IV *ego*. VII .. V *ll. S. cfr. p. 99, 21* 20 I .. V *ego*. III .. III (II **F**) *ll. H* 21 pityocampis — VI *om.* **F**^{a}**R**^{a1}**T***S* | II **R**^{a2}*D*. III **FRE***H*. *cfr. p. 99, 23. uncos posui; nec reliqua cadunt in hunc librum* 26 VII *ll. S.* VIII *H* | I — pr. l. *om.* **F**^{a} | IX : XVII (XVI *S*) **T***H* (*errore: cfr.* blatta) 27 blatta *J.* -ttae **FRT***S*. -ttis **E***H* | XIII *De pr. l. om.* **F**^{a}. II **E**. XII *rH* | IIII **F**^{a}*D*. VII *rH*. V **T***S* | XVII *ll. S.* XIX *H. cfr. p. 99, 29* 28 generibus **E**. -ra **F** | cantari **FE** 29 XI **R**^{a}**T***H*. XII **F**^{a}. XL *r* 30 II *ego*. V *ll. S* | XI *ego*. XIIII **T***S*. XVIIII *ll* 32 IIII *H*. III **F**^{a}**T***S*. VI **R**^{a}. *om. r. add.* et pr. l. IIII : VII **F**^{a}**T***S*. ...III (IIII *H*) : VIII *rH. cfr. p. 99, 34* 33 VIIII **R** 36 DCCCCLIIII **R**^{a}**T**

MEDICIS Botrye. Apollodoro. Menandro. Archedemo. Aristogene. Xenocrate. Diodoro. Chrysippo philosopho. Philippo. Oro. Nicandro. Apollonio Pitanaeo.

L. XXXI CONTINENTVR

medicinae ex aquatilibus.

---

1 Botrye Horo *va. Brot.* (*S*) 2 Archedemo **VF**^{a}*J*. Archid- **RdT***H*. -cimedo **FE**. -chimede *v* 4 philosopho *om.* **VRE***v*. *sed cfr. §103* | Philippo **FadT***D*. *om. rv* 5 Oro **F**^{a}**FEaT***D*. Horo **R**^{a}**Ra***v* (*Brot.*). *om.* (**V**?) *Bas.* (*S*) 13 quales — prosint **E**^{a}**a***D*. *om. rv* 16 medeantur **R**^{a}*H*. rem- **VdT**. -diantur **F**^{a}. *lemma om. r* 20 quales — custodiant *om.* **FRE** 32 quae — amarae **F**^{a}**Rd***H*. *om. r* 33 saxa **VR**^{a}**dT***H*. sax **F**^{a}. X. exs **E**. Xes **R**. X. **F** 42 nicantes **FE**. mic- **R** | uenenati **T***H*. uenanti (-tis **d**) *ll* 53 differentia **F**^{a}**FR***D*. -tiae *rH*

ratio aquarum per tempora anni (29)
aquarum subito nascentium aut desinentium observatio historica (30)
ratio aquae ducendae (31)
quo modo medicatis utendum et *ad* quae genera valitudinum (32)
item marinis XXVIIII
quid prosit navigatio V (33)
quo modo marina aqua in mediterraneis possit fieri I (34)
quo modo thalassomeli I (35)
quo modo hydromeli I (36)
remedium contra peregrinas aquas (37)
ex musco medicinae VI
medicinae ex harenis (38)
de salis generibus et confecturis et medicinis observation*es* CCIIII (39—45)
de salis auctoritate historica CXX (41)
spuma salis (41. 45)
flos salis XX. salsugo II (42)
de garo XV
de muria XV (43)
de allece VIII (44)
de natura salis (45)
de nitri generibus et confecturis et medicinis observationes CCXXI (46)
de spongeis. medicinae et observation*es* XCII (47)
Summa: medicinae et historiae et observationes DCCCCXXIIII

EX AVCTORIBVS

M. Varrone. Cassio Parmense Cicerone. Muciano. Caelio. Celso. Trogo. Ovidio. Polybio. Sornatio.

EXTERNIS

Callimacho. Ctesia. Eudico. Theophrasto. Eudoxo. Theopompo. Polyclito. Iuba. Lyco. Apione. Epigene. Pelope. Apelle. Democrito. Thrasyllo. Nicandro. Menandro comoedo. Attalo. Sallustio Dionysio. Andrea. Nicerato. Hippocrate. Anaxilao.

---

8 et ad quae *J. om.* **FRE** *H.* et aquae *r* | ualitudinum **R**^{a2} **E**^{a}**a** *D. om.* **FRE** *H.* -nis *rJ* 10 XXIIII **F**^{a}. *om.* **V** *H* 13 fieri *om.* **FRE**. fieri possit *H*(*D*) | I **F** *D. om. r H* 14 I *om.* **FR**^{a} *H* 15 I *om.* **R**^{a}**R** *H* 21 medicinis *H.* -cinis et **E**. -cis *r* | obseruationes *H.* -nibus *ll* (*item infra* 35) 25 spuma salis *om.* **V**. *post v.* 29 *pon.* **dT** 28 de muria *post v.* 24 *pon.* **dT** *H*(*J*), *post v.* 22 *S* 29 alleco **R**. alece **Vd** *H* 30 de natura salis **V**(?) *H. om. r* 42 *de* Polybio *cfr. D K N p. 4. 5* 45 Callimacho *S.* -cho Caecilio *ll. v* |. Lydico **R**. Lid- **F**. Licido **E** 47 Polyclito **F**^{a}**E** *v*(*D*). -clyto *r H.* -crito *S e coni. H. cfr. Brunn p. 40*

L. XXXII CONTINENTVR medicinae ex aquatilibus.

summa naturae vis in antipathia (1)

de echenaide II (1)

de torpedine VII (2)

de lepore marino V (3)

mirabilia Rubri maris (4)

de ingeniis piscium

proprietates piscium mirabiles (5—9)

ubi responsa dentur ex piscibus (8)

ubi ex manu edant (7)

ubi vocem agnoscant (8)

ubi amari sint, ubi salsi, ubi dulces, ubi non muti. esse et locorum sympathiam vel antipathiam (9)

quando marini pisces in usu P. R. esse coeperint

Numae regis constitutio de piscibus (10)

de curalio. medicinae et observationes XLIII (11)

de discordia inter se marinorum

pastinaca VIIII. galeo, mullo XV (12)

de iis quibus in aqua et in terra victus est

de castoreis. medicinae et observationes LVI (13. 14)

de testudine. medicinae et observationes LXVI (14)

aurata IIII. stella marina VII (16)

dracone marino III

salsamento XXV

sardis I. cybia (17)

rana marina VI. fluviatiles LII

rana rubeta

observationes circa eas XXXII (18)

enhydris *II*I

cancri fluviatiles X*L*V. cancri marini VII

---

3 naturae uis **B***S*. -ra eius *r*. *om.v* 5 echenaide **BVF**^{a}. echin- **R**^{a}. echyn- **d**. echenatio **E**. echin- **FR**. echeneide **T***v*. *cfr.* *§148* 12 ubi — piscibus *post* agnoscant *pon.* **dT***H*. *post* edant *v*(*SJ*) 16 ubi amari — 36 aurata *h. l. om. et in fine ind.* *XXXI pon.* **dT** 17 ubi non muti *om.H* | muti *S e coni. J.* multi **B**. muli *r* 19 uel *ll.* et *H* 21 P. R. *om.* **BdT**. primum *H* 24 curhalio **B**. tura- **E** 25 XLIII **B***S*. *om.* **FR**. -IIII *rH*(*D*) 28 galeo XV **VF**^{a}**dT***S* 33 LVI **VF**^{a}**dT***D*. *om.* **B**. LXVI *rH*. *an* XLVI? 35 *an* LXXI? 36 IIII **B***S*. III *rH*. *om.* **dT**. *an* I? *cfr.* *§43* 37 III **BVF**^{a}**dT***S*. *om.rH* 38 XXII **VF**^{a}**R**^{a}. *an* XVIII? 39 cibia **F**^{a}**E**. *add.* XII **VF**^{a}. XI **FRE***H*. *an* VII? 40 VI *ll.H*. *an* III? | LII **B***S*. III **VF**^{a}**dT**. LI *rH*. *an* XLII? 41 rubeta **BV***S*. -ta I *H*. -bet I **FE**. -bet et **R**. -beta & **F**^{a}. -ta I et **dT**. *an* -ta X? 42 XXXV **FRE***H*

44 enhydri **R**. -riae **B** | III *ego*. VI *ll.H* 45 XLV *ego*. VII **FRE***H*. XIV *rS* | cancri marini VII **BdT***S*. coracini IIII. cancri marini VII **FRE**. coracini VII *r*. *om.H*

ex cocleis fluviatilibus VII
coracini*s* IIII
porco pisce II (19)
vitulo marino X
murena I
hippocampo VIIII
echinis XI (20)
ostreorum genera et observationes et medicinae LVIIII
purpura VIIII (21)
alga marina II (22)
mus marinus II
ex scorpione marino XI
sanguisugis VI
murices XIII
conchylia V (23)
piscium adips II
callionymi III
coracini fel I
pectunculi I
sepiae XXIIII
ic*h*thyocolla V (24)
batia I
bacchus sive mizyes II
marini peduculi II (25)
canicula IIII
cetum I (26)
ex delphinis VIII
coluthia sive coryphia III
alcyoneum VII
thynnus V (27)
menae X*V*I
scolopendra II
saurus I
conchis I
siluro XV (28)
strombo sive concha longa VI
tethea V (30)

---

1 ex *ego.* et **dT**. *om. ll. H* | cochleae **dT***H*. *om.* **R**(?) | fluviatiles **FEdT***H*. *om.* **R**(?) 2 coracinis *ego.* -ni **BT***S*. *om. r H* 3 porco pisce II **B***S*. porcelli siue porci II *r H* 6 XI (*pro* IX) **FRE** 9. 10 LVIIII purpura *om.* **FRE***H* 10 *an* VII *pro* VIIII?

13 ex *ego.* de **dT**. *om. ll. H* | scorpio marinus **V**(?)*H* | XI **B**. XII *r H* 14 sanguisucus **F**^{a}. -sugae *H* | VI **B***S*. VII *r H* 15 XIII *ll. H. an* XII? 17 adeps **E**^{1}**dT***H* | I **FRE***H* 18 callionymi *S*. -mus *H*. caloponymi **B**. callionum (gall- **FE**) *r* | III **BF**^{a}**R**^{a}*S*. II **dT**. IV *r H* 20 pectunculi I *h. l. inseruit J, in fine indicis ante* Summa *habent* Peciuncul. I **B**. petunculi (-la **dT**) *r* 21 saepiae **F**^{a}**FE** | XXIII **R***H*. XIIII **T**. *an* XVIIII?

24 mizyes **VF**^{a}**d**. mies **B**. maxies **R**^{a}. obsties **E**. -thies **FR**. mizion **T**. myxon (*B*)*H*. *cfr.* § *77* 26 *an* II? 27 cetum I **B***S*. coet- I *r*. *om. H* 28 ex *ego.* de **dT**. *om. ll. H* | delphinus **V**(?)*H* | VIIII **B***S* 29 coluthia *S*. *cfr.* § *84. 147*. -tia **F**^{a}**dT**. colythia **B**(**V**?). -tia **R***H*. -litia *r* | coryphia **B***S*. -ruphia **dT**. -rufia **VF**^{a}**R**^{a}. -ritia *r*. -rytia *H* | III **B***S*. IV *r H* 30 *an* VI? 32 XVI *ego.* XIII **BVF**^{a}*S*. XII *r H* 35 conchis I *J transp. voluit post* bryon I (36). *cfr.* § *111* 36 siluro (*praem.* de) **dT**. -ru **B**. -rus *r H* 37 strombus **V**(?) *H* 38 tethea **RT***H*. -tha **E**^{1}. thetea **B**. -thea **FE**^{2}. -phea **R**^{a}**d**. -pea **V**. *add.* torpidine VII **VF**^{a}**R**^{a}**T**

olus marinum I
myaces *X*XXV
mituli VIII
pelorides I
seriphum II
erythinis II (31)
solea pisce I
rhombo I
blendia I
urtica marina II
pulmone marino IV
onyches IIII
ex colubra aquatica I
ex hydro I
mugile I
ex pelamyde IIII (32)
sciaena I
perca IIII
ex squatina III
zmarides III (34)
ophidio I (35)
ex fibro IIII
bryon I (36)
ex asello pisce I
phagro I
ex balaena I (38)
polypo I (42)
ex glano I (45)
glaucisco I (46)
rubellio I
uva marina I
anguilla I (49)
hippopotamio I
crocodilo I (50)
adarca sive calamochnus III
calamo VIII (52)
animalium omnium in mari viventium nomina CLXXVI (53)

Summa: medicinae et historiae et observationes DCCCCXC

EX AVCTORIBVS

Licinio Macro. Trebio Nigro.

---

1 holus *JD* | I *om.* **BR** 2 XXXV *ego.* XXV *ll.H* 3 mituli **B**(**V**?)*H*. -tillo **R**. tullo *r* | VIII **BVF^{a}R^{a}dT***S*. III *rH*. *an* VIIII? 5 seriphium **VRT***H* 10 III **dT**. VII **B***S* 11 pulmo marinus **V**(?)*H* | IV *ego.* VI *ll.H* 13 columbra **B**. -ba **FRE** 16 IIII **B***S*. III *rH* 17 sciana **VF^{a}R^a**. solana **R**. sola **FE** 18 IIII *ll.H. an* V? 19 isquatina **B**. qua- *r* | III **B***S*. I **R^a** 20 Zmarides **B***S*. sma- *H*. zymma- **VF^{a}R^{a}dT**. gymma- *r* 23 bryo *coni. J^2 coll. § 110. 111* 24 ex (de **d^{2}T**) asello pisce I **d^{2}T***H*. *om. h. l. et post* 16 pelamyde IIII *pon. ll* 25 phagro **B***S*. pa- *rH* 26 ballaena **B** (*item § 144*). bellano **R**. ballena *r* 28 glano **BdT***H*. cla- *r* 29 glaucisco **VF^{a}R^{a}dT***H*. clau- *r* 30 rubellio **F^{a}R^{a}dT***H*. -llo *r* 31 uua — anguilla (*add.* marina **B**) I *ll.D*. ang- I. uua mar- I **dT**(?)*H*. *cfr. § 138* 33 hippotamio **F^{a}R^{a}dT**. -opotamia **FE***H*. hypot- **R** 37 mare **B***S* 38 CLXVI *va.H. cfr. DUZ p.75* 41 DCCCCXC **FRE***H*. -XL **dT**. -XCV **VF^{a}R^a**. -XXVIII *va.H.* CCCCLXXXXII **B** 43 Trebio Nigro **T**(?)*C*. Trebioni **B**. Trebonio (The- **E**) Nigro *rv*

Sextio Nigro qui Graece scripsit. Ovidio poeta. Cassio Hemina. Maecenate. Iaccho. Sornatio.

EXTERNIS

Iuba. Andrea. Salpe. Apione. Pelope. Apelle. Thrasyllo. Nicandro.

L. XXXIII CONTINENTVR

metallorum naturae.

de auro (2—25)

quae prima commendatio eius (3)

de anulorum aureorum origine (4)

de modo auri apud antiquos (5)

de equestri ordine. de iure anulorum aureorum (6—9)

de decuriis iudicum (7)

quotiens nomen equestris ordinis mutatum (9)

de donis militaribus aureis et argenteis (10)

quando primum corona aurea data (11)

de reliquo usu auri, feminarum (12)

de nummo aureo (13)

quando primum signatum aes, argentum, aurum. antequam ea signarentur, quis mos in aere (13)

quae maxima pecunia primi census (13)

quotiens et quibus temporibus aucta sit aeris aut nummi signati aestimatio (13)

de cupiditate auri (14)

qui plurimum auri et argenti possederint (15)

quando primum argenti apparatus in harena, quando in scaena (16)

quibus temporibus plurimum in aerario populi Romani auri et argenti fuerit (17)

---

2 scripsit *om.* **B** 3 iaccho **B***S*. Iacceo **VF^{a}R^{a}**. Iaceo **FR**. La- **EdT**. L. Ateio *v* 4 Sornatio *om. v a. H* 7 Thasillo **R**. Thasio **E**. *om.* **R^{a}**. Thasio, Thrasyllo **dT**(?) *v a. S* 9 continetur *S* 10 natura **BF^{a}***S* 21 nomina **F^{a}FRE** *v a. H* 22 mutata **E^{1}**. -tu **E^{2}**. immutatum **V**(?) *H*. -ta *v* 27 aurio **B**. *an* auri, luxuria? 30 signatum *om.* **B** | aes **B***S*. est *r H* 32 ea signarentur **BVF^{a}R^{a}dT***H*. signaretur *r v*(*D*) | qui mos *v a. H* 33 ea re **FRE** 34 primi census **B***S*. -mo censu (cessu **R**. censa **E^{2}**) *v*(*D*) 37 aucta sit **B***S*. -toritas *r v.* | aeris aut (et *D*) nummi **B***S*. aeris (iteris et **FRE**. aereis **dT***H*) nummis *r H*. auri *v* 38 signati **BVF^{a}R^{a}***S*. -tis **dT***H*. segnitia *r. del. v* 41 possederint **VF^{a}R^{a}dT***H*. -dit **B**. -ssidet **E**. -sset *r* 42 argentum apparuerit **B***SJ* 44 cena **FREdT**

quando primum lacunaria inaurata (18)
quibus de causis praecipua auctoritas auro (19)
ratio inaurandi (20)
de inveniendo auro (21)
de auripigmento (22)
de electro (23)
primae aureae statuae (24)
medicinae ex auro VIII (25)
de chrysocolla (26—29)
ratio eius in picturis (27)
medicinae ex chrysocolla VII (28)
de aurificum chrysocolla sive santerna (29)
mirabilia naturae glutinandis inter se et perficiendis metallicis rebus (30)
de argento (31)
de argento vivo (32)
de stimi sive stibi sive alabastro sive larbasi sive platyop*h*thalmo. medicinae ex eo VII (34)
de scoria argenti. medicinae ex ea VI
de spuma argenti. medicinae ex ea VII (35)
de minio (36—41)
quam religiosum apud antiquos fuerit (36)
de inventione eius et origine (37)
de cinnabari (38)
ratio eius in picturis et medicina (38. 39)
genera mini (40)
ratio eius in picturis (40)
de hydrargyro (41)
medicina ex minio (41)
de argento inaurando (42)
de coticulis aurariis (43)
argenti genera et experimenta (44—55)
de speculis (45)
de Aegyptio argento (46)
de inmodica pecunia quorum maximae opes fuerint (47)
quando primum populus Ro-

---

5 inauranda **VF^{a}R^a**. naturandi **FRE**. -ralis [auri inueniendi] *va.H* 7. 8 de auripigmento. de electro *om.* **FRE** *va.H* 10 auro VIII — 14 medicinae ex *om.* **B** | VIIII **F^a** 14 VII *S.* un **B**. *om.* **FRE**. VI *rv* 17 saterna **RE***H* 23 stimio siue stibio **B** | alabrasti (*om.* siue larbasi) **B** 24 larbasi *S.* -so *H.* -baa **VF^{a}R^a**. labasi *r* 28 VI **B***S. om.rH* 29 de spuma — VII **BF^a***S. om.rH* 37 eius *ll.S.* cinnabaris et minii **dT***H* | et medicina (-nae *v*) **B**. in (et in **R**) med- *r. om.* **dT***H.* (in medicina et in picturis *S*) 40 ratio — picturis *om* **E**(?)**dT***H. add.* in medicina *D* 42 medicina (-ne **T**) ex minio **T***S coll. § 124, post* inaurando *pon. ll, ante* hydrargyro *H*(*J*). *del. v*(*D*) 50 opes fuerint *om.* **FRE**

manus stipem sparserit (48)
de luxuria in vasis argenteis (49)
frugalitatis antiquae in argento exempla (50)
quando primum lectis argentum additum (51)
quando lances inmodicae factae (52)
quando repositoriis argentum additum (52)
quando tympana facta (52)
inmodica argenti pretia (53)
de statuis argenteis (54)
nobilitates operum et artificum in argento (55)
de sile (56)
qui primi sile pinxerint et qua ratione (56)
de caeruleo. medicinae ex eo II (57. 58)
Summa: medicinae et historiae et observationes CCLXXXVIII

EX AVCTORIBVS

Domitiano Caesare. Iunio Gracchano. L. Pisone. M. Varrone. Corvino. Attico Pomponio. Calvo Licinio. Cornelio Nepote. Muciano. Boccho. Fetiale. Fenestella. Valerio Maximo. Iulio Basso qui de medicina Graece scripsit. Sextio Nigro qui item.

EXTERNIS

Theophrasto. Democrito. Iuba. Timaeo historico. Qui de medicina metallica scrip*serunt*: Heraclide. Andrea. Diagora. Botrye. Archedemo. Dionysio. Aristogene. Democle. Mneside. Attalo medico. Xenocrate item. Theomnesto. Nymphodoro. Iolla. Apollo-

---

8 quando lances — 11 additum **B***S*. quando lances — factae **FRE***H*. *om. r. in* **FRE** *post* factae *deest tota huius indicis clausula, praetermissa, ut videtur, ab archetypi librario pagina una et errore detecto, sed non correcto: nam continuatur indicis l. XXXIV dimidia pars altera* (p. 112,43) nobilitates ex aere operum — Theomnesto (**F**^{e}**R**^{e}**E**^{e}) *et sequitur deinde idem index integer* 12 quando **BVF**^{a}**R**^{a}*S*. -do primum **dT***H* 13 pecunia (*pro* pretia) **d**(?)*H* 14 argenteis **BVF**^{a}*v*(*S*). -ti **dT***H*. *om.* **R**^{a} 20 ex eo II **B***S*. ex com **VF**^{a}(**R**^{a}?). ex caeruleo **dT***H* 24 CCLXXXVIII **B***D*. CCLXVII **VF**^{a}**R**^{a}**d**. CCLX **T**. MCXXV *v* 27 L. Pisone **Ba***S*. medico **F**^{a}. *om. r* (*auctorum nomina eadem fere atque in l. XXXIV exhibent v, partim cum his confusa, partim mutato ordine dat H*) 28 Verrio, M. Varrone *SJ*^{1} *cum v* 30 Bucch//o **B**. Butho *va. H* 34 Sexto **VdT** 37 qui **T***v*. *om. r* 38 scripserunt *DUZp. 76* (*et dist.*). scripsit **V***S*. s. **B**. fecit **F**^{a}**dT** 40 Archedemo **B***J*. Archid- *rS* 41 demode **F**^{a} 42 Neside **B**

doro. Pasitele qui mirabilia opera scripsit. Antigono qui de toreutice scripsit. Menaechmo qui item.

L. XXXIV CONTINENTVR

---

1 mirabilias **B** 4 *post* qui item *add.* Menandro qui de toreutis **VF**^{a}**dT***D*; *ex ind. XXXIV add.* Xenocrate qui item, Duride qui item, Menandro qui de toreutis, Heliodoro qui de Atheniensium anathematis, Metrodoro Scepsio *v. del D. cfr. UZ p. 77 n. 1* 11 aeratis **BF**^{a}**R**^{a}*J*^{2}. aereis **V**(?)**d***H*. aureis **T**. *lemma om. rv, post* 14 ex aere *pon.* **dT** *H* 13 ęreis ex aere **B**^{a} 15 primum romae dei simulacrum aereum romae ex aere factum **B** 20 antiquas — fuisse *post* 25 rostra *pos. S e coni. J. del. H* 22 quae — Romae *post* rostra *pon.* **dT**. *del. H* 32 positae **BVF**^{a}**R**^{a}*S*. publice *r*. et pub- *v* 35 prima **OVF**^{a}**dT***J*. -mae *rv* | publicę **B**^{2}**F**^{a}**F** 36 posita **VFT***J*. -tae *rv* 37 et **BVF**^{a}*S*. *om. r H* 43 *post* operum *desinit lib. I in* **R**; *adnotatum in marg. est* De istis praeambulis deficit unum folium

de cadmia (22)
med. ex ea XV (23)
aeris usti effectus in medicina X (24)
de scoria aeris. de flore aeris, squama aeris, stomomate aeris. med. ex iis XLVII (25)
aerugo. med. ex ea XVIII (26)
hieracium (27)
scolex aeris. med. ex eo XVIII (28)
de chalcitide. med. ex ea VII
psoricon (29)
sori. med. ex eo III (30)
misy. med. ex eo XIII (31)
chalcanthum sive atramentum sutorium. med. ex eo XVII (32)
pompholyx. spodium. med. ex iis VI (33. 34)
antispodi gen. XV (35)
smegma (36)
de diphryge (37)
de triente Servilio (38)
de ferrariis metallis (39—46)
simulacra ex ferro
caelaturae ex ferro (40)
differentiae ferri (41)
de ferro quod vivum appellant (42)
ferri temperatura (41)
robiginis remedia (43)
med. ex ferro VII (44)
med. ex robigine XIIII (45)
med. ex squama ferri XVII
hygremplastrum (46)
de plumbi metallis (47—56)
de plumbo albo (47)
de argentario. de stagno (48)
de plumbo nigro (49)
med. ex plumbo XV (50)
med. ex scoria plumbi XV (51)

---

4 IX **R^a**. *om.* **V**(?)**F^{e}R^{e}E^e** *H* 5 de flore aeris. squama aeris *om.* **FEdT** *H* 6 squama — aeris *om.* **F^e** | stomatę aeris **FEd**. -aterios **R^{e}E^e** 8 XVIIII **F^e**. XVII **R^{e}FEd** *H* 9 hieracium — 11 XVIII *om.* **F^{e}R^{e}E^e** 11 XVIII **BVF^{a}R^a** *S*. XVII *r H* 12 calcipide **F^{e}R^{e}E^e**. chalciti **VF^{a}T** *H*. calcite **R^a**. -ide **FE** 13 psoricon *om.* **Vd**(?) *H* 14 sory **R^a** *H*. spori **FEdT** | III **BR^e** *S*. IIII **VF^{a}F^{e}R^e**. VII **R^a**. VIII **Ed** *H*. VIIII **F** *in ras.* XIII **T** 15 misy — XIII *om.* **FE** | misy **BdT** *H*. mysi **OVR^{a}F^e**. misi *r* | XIII **BF^{e}R^{e}E^e** *S*. XIIII *r H(J)* 17 sutorium **B**(**VR^{a}R^e**?) *H*. -ricium *r* | XVII *ego*. XIIII **F^{e}R^{e}E^e**. XVI *r H* 19 is **B**. his *r H*. eis *J* | VI **V** *H(J)*. *om.* **F^{e}E^e**. V *r S* 20 antispondii **FE** | con (*pro* gen.) **E^e**. on **F^{e}R^e** 21 smegna **B**. *om.* **E**. specma **F^{e}R^{a}E^e**. spegma *H* 24 ferrariis **F^{e}R^{e}E^e**. *cfr.* § *144. XXXV 35*. ferreis *rv*. ferri **dT** *He* § *138* 28 ferri *ll. D. add.* et temperatura **d^{2}T** *H* 29 appellatur **F^{a}R^a** 31 ferri temperatura *ll. D. del.* **d^2**. *om.* **T** *H* 32 robiginis **VR^{e}d** *S*. rub- *rv* 34 robigine **BVFd** *S*. rub- *rv* | XIIII **BFE** *H*. XV **F^{e}R^{e}E^e**. V *r* 35 XVIII **F^{e}R^{e}E^e** 42 scoria **EdT** *H*. co- *r* | XVI **E** *H*

spodium ex plumbo (52)
de molybd*a*ena. med. ex ea V (53)
psimythium sive cerussa. med. ex ea VI (54)
sandaraca. med. ex ea XI (55)
arrhenicum (56)

Summa: medicinae CCLVIII. ex iis ad canis morsus, ad caput, alopecias, oculos XXV, aures, nares, oris vitia, lepras, gingivas, dentes, uvam, pituitam, fauces, to*n*sillas, angina*m*, tussim, vomitiones, pectus, stomachum, suspiria, lateris dolores, splenem, ventrem, tenesmum, dysenteriam, sedem, verenda, sanguinem sist*endum*, podagra*s*, hydropicos, ulcera, volnera XXVI, suppurata, ossa, paronychia, ignem sacrum, haemorroidas, fistulas, callum, pusulas, scabiem, cicatrices, infantes, muliebria vitia, psilotrum, venerem inhibendam, ad vocem, contra lymphationes.

Summa: res et historiae et observationes DCCCCXV

EX AVCTORIBVS

L. Pisone. Antiate. Verrio. M. Varrone. Cornelio Nepote. Messala Rufo. Marso poeta. Boccho. Iulio Basso qui de medicina Graece scripsit. Sextio Nigro *qui* item. Fabio Vestale.

EXTERNIS

Democrito. Metrodoro Scepsio. Menaechmo qui de toreutice scripsit. Xenocrate qui item. Antigono qui item. Duride qui item. Heliodoro

---

1 spondium **F**^{a}**R**^{a} 2 molygdena **F**^{e}**R**^{e}**E**^{c}. -ligdina **FE** 3 V **VF**^{a}**F**^{e}**E**^{e}**dT**. XV *rH* 4 psimythium (-tium **T**) **dT***v*(*J*). psmy- **VF**^{a}**R**^{a}. psimith- **BFE***S*. Primitium **F**^{e}**R**^{e}**E**^{e} 5 VI *om.* **FE**. V **F**^{e}. VII **E**^{e} 7 arrhenicum **B***S*. arre- **VF**^{a}**FE***J*. arse- **dT***H*. arrenicula **F**^{e}**R**^{e}**E**^{e}. arenicoro **R**^{a} 8 CCLVIII **BFE***J*^{2}. -VII **O***D*. CLVIII *S* (*errore*). *numerum hunc et seqq.* — 28 Summa res *om. r v a. S. del. vult D UZ p. 77 n. 1* 10 oculos XXV **B***J*. -los **FE***D*. XXV *S* 11 nares **FE***S*. Hales **B** 13 tonsillas *S*. tos- **B**. toss- **FE** 14 anginam *S*. na **B**. -guina **FE** 19 sistendum *S*. sist. **B**. sisto **FE** | podagras *S*. -agr. **B**. -agrae **FE** 23 posulas **B**. pusullas **FE** 29 DCCCCXXV **VdT**. m̄CXXV **F**^{e}. DCCCXV *va. H* 31 A. (*pro* L.) **F**^{e}**R**^{e}**E**^{e} 32 Cornelio Nepote *om.* **VF**^{a}**FEdT***va. S*. (*H repetit ad hunc librum eundem indicem, quem ad l. XXXIII contaminando finxit*) 33 Messala Rufo *sublato commate Brunn p. 13. cfr. ind. VII* 34 Bocco **BF**^{a}. bacho **F**^{e}. Bucho **E**^{e}. Butho *va. H* 36 qui item *Bas.* item *ll. v* | Fabio **F**^{e}**R**^{e}**E**^{e}*v*. Fario **B**. Furio *r* 43 Duride qui item *om.* **F**^{e}**R**^{e}**E**^{e}

qui Atheniensium anathemata scripsit. Pasitele qui mirabilia opera scripsit. Timaeo. Qui de medicina metallica scripserunt: Nymphodoro. Iolla. Apollodoro. Andrea. Heraclide. Diagora. Botrye. Archedemo. Dionysio. Aristogene. Democle. Mneside. Xenocrate Zenonis. Theomnesto.

L. XXXV CONTINENTVR

honos picturae (1)
honos imaginum (2)
quando primum clupei *vice* imaginum instituti
quando primum in publico positi (3)
quando in domibus (4)
de picturae initiis
de monochromatis picturis
de primis pictoribus (5)
antiquitas picturarum in Italia (6)
de pictoribus Romanis
quando primum dignitas picturae et quibus ex causis Romae
qui victorias suas pictas proposuer*i*nt (7)
quando primum externis picturis dignitas Romae (8—10)
ratio pingendi (11)
de pigmentis praeter metallica (12—32)
de coloribus facticiis (12)
de Sinopide. med. ex ea XI (13)
de rubrica. de terra Lemnia. med. ex ea VIIII (14)

---

1 atheniensium T *Bas.* (*S*). dethen- B. de athen- (-nium F. -niense *vel* -sae F^{e}R^{e}E^{e}) *r v* (*H*) *D* | anathemata BF^{a}d T *Bas.* (*S*). -tae F. -te E*v*. -tis *r H* (*D*) 2 scripserunt FE | demirabilia BR^{a}FE^{2}. -libus E^{1}*D* 3 operibus E^{1}*D*. -ra scripsit *om.* R^{a} | Timaco — scripserunt *om.* F^{e}R^{e}E^{e} *v a. H* 4 metallica *om.* F^{a}R^{a}. milica F. -lia E 5 scripserunt F *D U Z p. 76* (*et dist.*). -serit E. -sit *r H* 6 Andria B 8 Archedęmo R^{e}. -emedo (Ærch- E) F^{e}E^{e}FE. Archidemo d *H*. -imede T *v* | Artogene F^{a}FE. -no R^{a} 9 domecle E. -moclae F. democretae F^{e}. -crito R^{e}E^{e}. Diomede T *v a. H* | Mnesicle T *v a. H* 15 quando — instituti *om.* F^{1} | clupei B *J*. clipei *r S* (*D*). clypei *v* | uice *ego. om. ll. v* 16 imagines B *S* | institutum F^{2}E^{2} 27 ex causis BV^{2}*S*. excusis V^{1}F^{a}R^{a}. exclu- *r*. publice *H* 29 pictas VF^{a}R^{a}d T *H*. pict. B. -turae FE 30 proposuerint *S*. -er̄ B. -erunt *r H* 31 quando — Romae *om.* d (?), *post* 25 Romanis *pos. H* | internis B 36 de coloribus facticiis (fict- B *S*) BFE *S*. (*cfr.* § *40*). de coloribus natiuis et (*om.* F^{a}R^{a}) de col- fact- F^{a}R^{a}d T *H*. *om.* V 37 senopi E. sepi F | I FE 39 de rubrica — *p.* 116, 9 ex ea VI *om.* E 40 VIIII F^{a}R^{a}d T *H* (*D*). IIII B *S*. XI V *J*^{1}

---

1 egyptia **T**(*H*). -pcia **d**^{2}. cia **VF**^{a}**R**^{a}**Fd**^{1}. chia **B** 2 med. — III *om.H* | ex rubricis III **F**^{a}**R**^{a}**dT**. *om.***V** 6 VI *om.***B**. VII **F**$^{a\,1}$. (*rectius* VIII) 7 cerussa — 9 VI *om.***F** 12 siricum **F**^{a}. Ser- **B** 15 III **VF**^{a}**R**^{a}*S*. IV **dT***H*(*J*). I **FE**. *om.***B** 17 apianum **VF**^{a}**FE**. apla- **B** 22 pinxerint **FR**^{a}**d***H*. -runt *rv* 24 pictae et **B***S*. -turae et **VF**^{a}**R**^{a}. et picturae *rH*. *om.v* 28 CCCCV **B***S*. CCCV **FEd***v*. CCCVII **F**$^{a\,1}$. CCCV & CCVII *r* 32 cantu compescendo **FE***v*. *om.***B**. *add.* inhibendo *r* 34 Qui encausta **R**^{a}. Quem cau- **FE**^{2}. Qui cau- **VE**^{1}. quen chau- **F**^{a}. Qui encausto (-auto **B**) **BdT***v* | cauterio (-ri **B**) *ll. del.v.* aut ceris *S* 34 uel cestro uel **B***S*. uel *r*. et *v* | pinxerunt **B**. scripserint **E** 37 quae quis — 40 picturae *supra post* 31 pinxerint *pon.* **dT***H* 42 camarae *S*. -ra **R**^{a}. camerae *rv* 43 pictae **BFEdT***v*. -turae *r* 44 picturae **BdT** 45 encausto (*pro* talento) **R**^{a}(?) *H*. *om.v.* *cfr.* § *136*

quis primus ex facie imaginem expresserit (44)
nobilitates artificum in plastice XIIII (45)
de figlinis operibus. de Signinis (46)
terrae varietates (47—58)
de pulvere Puteolano et aliis terrae generibus quae in lapidem vertuntur (47)
de parietibus formaceis (48)
de latericiis et laterum ratione (49)
de sulpure et generibus eius. med. XIIII (50)
de bitumine et generibus eius. med. XXVII (51)
de alumine et generibus eius. med. ex eo XXXXIIII (52)
de terra Samia. med. ex ea III (53)
Eretriae terrae genera (54)
de terra ad medicinam lavanda (55)
de Chia terra. med. ex ea III
de Selinusia. med. ex ea III
de pnigitide. med. ex ea VIIII
de ampelitide. med. ex ea IIII (56)
cretae ad vestium usus
Cimolia. med. ex ea VIIII
Sarda. Vmbrica. saxum (57)
argentaria. qui et quorum liberti praepotentes (58)
terra ex Galata. terra Clupea. terra Baliarica. terra Ebusitana. med. ex iis IIII (59)
Summa: medicinae et historiae et observationes DCCCCLVI

EX AVCTORIBVS

Messala oratore. Messala sene. Fenestella. Attico. M.Varrone. Verrio. Nepote Cornelio.

---

1 primus **B**_S_. -um _rH_ | ex facie _ll.D. add._ et de signis _H_ 2 expresserit. de signis **dT** 3 in **B**_H_. em **FE**. et _r_ 4 XIIII **BVF**^{a}_S_. XIII **T**. _om.rH_ 5 de signinis **FE**_D_. _cfr._ _§ 165_. de signis **BF**^{a}**R**^{a}**d**^{1}. _om.rH_ 11 formaceis **ET**_H_. -ma **B**. -naceis (-cibus **R**^{a}) _r_ 12 latericiis **B**_S_. -itiis **dT**_H_. -iceis _r_ | et _ll.v_(_S_). et de _H_(_D_) 15 XIIII — 17 med. _om._**R**^{a} | XVII **FE** 19 ex eo **BF**_S_. ex his **V**. _om.rH_ | XXXXIIII _ego_. XXXVIII **B**_S_. -VIIII _rH_ 21 III _om._**FE** 23 medicinam **BE**_S_. -nas **R**^{a}**dT**_H_. -na _r_ | lauandam **E** 25 De cia **VF**^{a}**R**^{a}. Mechia **B** 27 pnigitide (_B_)_H e § 194_. pinit- **B**. pnit- **d**. pnet- **T**. nit- **F**^{a}. init- _r_ 28 de ampelitide — 31 VIIII _om._**B** 31 VIIII **E**_H_. VIII _r_ 33 qui et quorum _ll.v_(_S_). qua _H_ 34 praep. **BFE**. praepositi _va.H_. -otentes notati _H Brot._ 35 Galata **d**_H_. -tha **T**_v_. gelata **B**. cal- _r_ 36 Baliarica **FT**_S_. -ria **R**^{a}**d**. balnearica **B**. bala- **F**^{a}. Balea- _r_(?)_v_ 37 eis **B**_S_. his _rH_ 40 DCCC **B** 44 Verno (-rrio _S_) Nepote Cornelio **B**_S_. Corn- Nep- Verno (Verio **FE**. -rrio _H_) _rH_. (_post_ Attico _pos._ Verrio _v_)

Deculone. Muciano. Melisso. Vitruvio. Cassio Severo. Longulano. Fabio Vestale.

EXTERNIS

Qui de pictura scrips*erunt:* Pasitele. Apelle. Melanthio. Asclepiodoro. Euphranore. Heliodoro qui anathemata Atheni*ensium* scripsit. Metrodoro qui de architectonice scripsit. Democrito. Theophrasto. Apione grammatico. Qui de metallica medicina scrips*erunt:* Nymphodoro. Iolla. Apollodoro. Andrea. Heraclide. Diagora. Botrye. Archedemo. Dionysio. Aristogene. Democle. Mneside. Xenocrate Zenonis. Theomnesto.

L. XXXVI CONTINENTVR

naturae lapidum.

luxuria in marmoribus (1—3)

quis primus peregrino marmore columnas habuerit Romae (3)

quis primus in publicis operibus ostenderit (2. 3)

qui primi laudati in marmore scalpendo et quibus temporibus (4)

de Mausoleo Cariae (4)

nobilitates operum et artificum in marmore CCXXV (4)

quando primum marmorum in aedificiis usus (5)

qui primi marmora secuerint et quando (6)

quis primus Romae crustaverit parietes (7)

---

1 Decio Eculeone *va.S* 2 Seuero. Langulano **B**. *comma pos.v(D), del.H. cfr.Brunn p.43* 4 EXTERNIS **BFE**. *om.rv* 5 scripserunt *ego. om.***B**. scripsit **F**^{a}**FE**. scripsit. EXTERNIS *r(?)v. cfr. Münzer QK p.353 sq.* 6 praxitele **B**^{2} *in marg.* 7 Eufranore **B**. *add.* Parrhasio *rva.S(D). cfr.§129* 8 anathemata (-ma **B**) *ll.v.* de anathematis *D. cfr.p.115,1* 9 Atheniensium *J. om.***B**. athenis *rv* | scripsit **F**^{a}**R**^{a}**Fd***S. item ante* Athenis **T***v. om.r* 10 de *om.***F**^{a}**FE** | architectonio **B**. -icae **F**^{a} 14 scripserunt *ego coll.p.115,5.* s̄ **B**. scripsit *rv* 15 Iolia **B**. Colla **FE** | Andria **B** 16 Botryae **B**. -yse (-thrise **R**^{a}) *r* 17 Archidemo **R**^{a}**dT***va.J* 18 Demode **F**^{a}**E** 22 natura **R**^{a}(?) *H* 23 luxuria **BV***H*. -iae *rv* | marmoribus **FEdT***H*. -rae **B**. -ri *r* 27 Qui **F**^{a}**F** | primus **B***v(S)*. -um *rH*. (quis — ostenderit *ante* 24 quis primus *pos.va.S et J*) 29 primum **R**^{a}*va.S* 32 mausoleo **d**^{1}*S*. mus- **B**. mousul- **E**. mousal- **F**. masoleu *r* | tariae **F**^{a}. pariae **Fd**^{1}. -io **E**. *lemma del.***d**^{2}. *om.***T***H*. De marmore Pario et Mausoleo (*post* 34 CCXXV) *va.H* 34 marmore **BFE***v(S)*. -ribus *rH* | CXXVI *va.H* 40 Qui **BR**^{a}*H* (*i.e.* qualis?)

quibus aetatibus quaeque marmora in usum venerint Romae (8)
ratio secandi marmora. de harenis quibus secantur (9)
de Naxio. de Armenio (10)
de Alexandrinis marmoribus (11)
de onyche *sive* alabastrite. med. ex e*o* *II*I (12)
de lygdino, corallitico, Alabandico, Thebaico, Syenite (13)
de obeliscis (14. 15)
de eo qui pro gnomone in campo Martio est (15)
opera mirabilia in terris (16—23)
Sphinx Aegyptia. pyramides (17)
Pharos (18)
labyrinthi (19)
pensiles horti. pensile oppidum (20)
de templo Ephesiae Dianae (21)
aliorum templorum admirabilia (22)
de lapide fugitivo. echo septiens resonans. sine clavo aedificia (23)
Romae miracula operum XVIII (24)
de magnete lapide. med. ex eo III (25)
Syrius lapis (26)
de sarcophago sive Assio. med. ex eo X (27)
de che*rn*ite. de poro (28)
de lapidibus osseis. de palmatis. de Taenariis. de Coranis. de nigris marmoribus (29)
de molaribus lapidibus. pyrites. med. ex eo VII (30)
ostracites. med. ex eo IIII. amiantus. med. ex eo II (31)
geodes. med. ex eo III (32)

---

2 usum **BE**^{s}*v*(*S*). usu *rH* 6 naxio **d**(?)*v*. *om.***V**. nacxo **E**. naxo *r* 9 de onyche *om.***BV***va.H* | siue *ego*. de *ll.v. cfr.§60* 10 eo *ego*. eis **B***S*. *om.***V**. his *rH* | III *ego*. VI (sex **B**) *ll.H. cfr.§60.158* 11 lygdino **VdT***H*. -deno **B**. lyocinio **F**^{a}. liocyno **R**^{a}. tydino **FE**. lyd- *v* | corallitico **B***S*. -llectico **FE**. -llico *rH. om.v* 12 Suenite **B**. Sicn- **FE**. Symen- **R**^{a} 16 est *om.***VT***va.S* 19 Sphinx *H*. Spynx **B**. Sphinge **T***v*. spince **d**^{2}. -nx **VR**^{a}. -nxa **F**^{a}. -na *r* | pyramides *ante* Sphinx *pos. va.D* 30 septiens **VF***S*. -ies *rv* 35 III — 38 ex eo *om.***FE** | III **B***S*. VI *r*. X *H* 36 sirius **R**^{a}. Scyrius *H* 37 siue assio **B***S*. assio **VF**^{a}. assia **R**^{a}. *om.***dT***H* 38 ex eo *om.***VdT***H* 39 chernite *H*. chemite **BdT**. celiam- **VF**^{a}. eleam- **R**^{a}. chaeamaetae **F**. theamede **E** 40 osseis *om.***B** 41 coranis **B***S*. -ntis **R**^{a}. -this **VF**^{a}. conariis *r*. *om.v* 44 molaribus **VT***H*. -riis **B**. -ris (moralis **E**) *r*. *cfr.§137.174* 48 goedes **B**. gaeodes *H* | VI **E**

melitinus. med. ex eo VI (33)
gagates. med. ex eo VI (34)
spongites. med. ex eo II (35)
Phrygius (36)
haematites. med. ex eo V
schistos. med. ex eo VII (37)
androdamas. med. ex eo II.
Arabicus. miltites sive hepatites. anthracites (38)
aëtites. Taphiusius. callimus (39)
Samius. med. ex eo VIII (40)
Arabus. med. ex eo II (41)
de pumice. med. ex eo VIIII (42)
de mortariis medicinalibus et aliis. Etesius lapis. chalazius (43)
Siphnius. lapides molles (44)
lapides speculares (45)
phengites (46)
de cotibus (47)
de tophis (48)
de silicum natura. de reliquis ad structuram lapidibus (49. 50)
genera structurae (51)
de cisternis (52)
de calce (53)
harenae genera. mixtura harenae et calcis (54)
vitia structurae. de tectoriis (55)
de columnis. genera columnarum (56)
med. ex calce V (57)
de maltha (58)
de gypso (59)
de pavimentis (60—64)
asarotos oecos (60)
quod primum pavimentum Romae (61)
de subdialibus pavimentis (62)

---

1 melitites *H*. *om.* **E** 3 II **BF**^{a}*S*. V **VR**^{a}. VI **dT***H*. *om.r* 7 Andro ydamas **B**. *om.* **FE** 8 Milites **B**. mylti- **F**^{a}**FE**. multi- **R**^{a} | hepatites **B***S*. hela- **T**. ela- *H*. era- **VF**^{a}**R**^{a}. ara- **d**. aratides *r* 9 anthracites **T***H*. Andraci- **VF**^{a}**d**. -chites *r* 10 Aetites **B***H*. eti- **T**. etice *r* | Taphiusius *H*. thaphi- **T**. -phlustus **B**. -phusius (-ssius **F**^{a}**R**^{a}) *r* 13 Arabicus **B** | II *om.* **FE**. VI **B***S* 16 mortaris **B**. -ribus **VR**^{a}. mayturb; **F**^{a} 17 chalazius **dT***H*. -axus **B**. calazius **F**^{a}. -atius **R**^{a}. -arius **V**. chalodius *r* 19 siphanius **Ed**. syph- **F**. *om.* **F**^{a}**R**^{a} 20 Lapides speculares **B***S*. -pis -aris *rva.S*(*D*). *cfr.* § *160. 161* 23 tophis **B***H*. tro- **FEdT**. trofis *r* 24 natura **BdT***S*. -ria **F**^{a}. -ris *rH*. *om.v* 25 structuram **B***v*(*S*). -ras *rH* 30 Mixtura harenae et calcis (cal- et har- *v*) **B***v*. harenae (*om.* **dT**) et calcis (gales **F**^{a}. -lor **R**^{a}) mixturae (-ratae **F**. -ra **dT**) *rH* 32 uitia structurae *om.* **VF**^{a}**R**^{a} | tectoris **B**. -res **FE**^{2}. -re **E**^{1} 36 calcen (*om.* **V**) **B** 40 asorotos **VF**^{a}**R**^{a}. -thos **F** | oecos (*H*)*S*. peocos **B**. oethos **R**^{a}. oedios **VF**^{a}. oeches *r*

Graecanica pavimenta (63)
quando primum lithostrota (64)
quando primum camarae vitreae (64)
origo vitri (65)
genera eius et ratio faciendi (66)
de Obsianis (67)
miracula ignium (68)
medicinae ex igni et cinere III (69)
prodigia foci (70)

Summa: medicinae ex iis LXXXVIIII: ad serpentes III, bestiarum morsus, ad venena, caput, oculos, epinyct*i*das, dentes, dentifricia, fauces, strumas, stomachum, iocinera, pituitam, testes, vesicam, calculos, panos, haemorroidas, podagras, sanguini sistendo, sanguinem reicientibus, luxata, phreneticos, lethargicos, comitiales, melancholicos, vertigines, ulcera, volnera urenda, secanda, convolsa, contusa, maculas, usta, p*h*thisin, mammas, muliebria vitia, carbunculos, pestilentia.

Summa omnis: res et historiae et observationes CCCCXXXIIII

EX AVCTORIBVS

M. Varrone. C. Galba. Cincio. Muciano. Nepote Cornelio. L. Pisone. Q. Tuberone. Fabio Vestale. Annio Fetiale. Fabiano. Seneca. Catone censorio. Vitruvio.

EXTERNIS

Theophrasto. Pasitele. Iuba rege. Nicandro. Sotaco. Sudine. Alexandro polyhistore. Apione Plistonice. Duride. Herodoto. Euhemero. Aristagora. Dionysio. Artemidoro. Butorida. Antisthene. Demetrio. Demotele. Lycea.

---

2 lithostrota (lyto- **FE**) **BFE***H*. -otum *JD*. -stratum *d***T**. *lemma om. r* 4 camarae **BR**^{a}*S*. -reae **FE**. -merae *rH* 5 uitriae **B**. *om.* **FE** 9 obsianis (&si- **B**) **VF**^{a}**R**^{a}**B***S*. -idianis *rH* 14 ex iis — 31 omnis: res **B***S*. *om. rv. del. vult D UZ p. 77 n. 1. cfr. p. 114,8* 18 epinyctedas **B** 29 pthisin **B** 31 pestilentiam *coni. J coll. § 202.* (pestilentia *sc.* loca *XVIII 27*) 34 CCCCXXXIIII **B***S*. DXXIII *rv* 36 C. **B***D cum Brunnio p. 44.* Caelio **T***v*. Caecilio *r* | Calba **B** | Ciccio **FE**. C. Ictio **T**(?)*va. S* 38 Q. (*J*)*S*. Que **B**. *om. rv* 40 Fabio **B** 46 plistonice **B**. *cfr XXXVII 75.* -ico *rv. dist. S* 49 Bytorida **B**. *sed cfr. § 79*

L. XXXVII CONTINENTVR

origo gemmarum (1)
de Polycratis tyranni gemma, de Pyrrhi regis (2. 3)
qui scalptores optimi (4)
nobilitates scalpturae (4)
quae prima Romae dactyliothece (5)
gemmae in Pompei Magni triumpho translatae (6)
quando primum myrrhina invecta. luxuria circa ea (7)
natura eorum (8)
de crystallo (9. 10)
medicina ex eo
luxuria in crystallo (10)
de sucino (11. 12)
quae mentiti sint auctores de eo (11)
gen. eius VII. med. ex his... (12)
lyncurium. med. II (13)
de adamante sive an*an*cite. gen. adamantis VI. med. II (15)
de smaragdis (16—19)
gen. eorum XII (17)
vitia eorum (18)
tanos gemma. *ch*alcosmaragdos (19)
de beryllis. genera eorum VIII. vitia eorum (20)
de opalis. genera eorum VII. vitia eorum et experimenta (21. 22)
de sardonyche. gen. eius .... vitia eius (23)
de onyche. gen. eius .... (24)

---

3 tyranni *om.* **B***S* 4 de *ll.* de gemma *H.* et *v* | regis **F**^{a}**F** **EdT***v.* gemma **B***S.* -mis *J* 6 notabiles **BF**^{a} 7 Romae *om.* **B***S* | dactyliothece **T.** dacytlio- **B.** dactilo- **F**^{a}**E.** -cethe **d.** -chaetae **F** 9 Magni *et* translatae *om. B* 11 primum *om.* **B** | myrrhina inuecta **B**(*S*). inuenta (-ecta **F**^{a}) murrina (*vel* muri-) *rv* 13 murrinorum **FE***v a. S.* 14 De crystallo **BF**^{a}*J.* natura crystalli *rH*(*D*) 15 medicinae **dT***H* | eo **BF**^{a2}**E**^{2}*J.* ea *rH* 16 in eo **B***J* 18 quae mentiti sint (sunt *v*) auctores de eo (sucino *v*) **F**^{a}*v.* qui inuenti sunt auctores de eo **FEdT***H.* quae de eo mendacia **B***S* 20 eius **B***S. cfr. § 47.* sucinorum *rH*(*D*) | VII **F**^{a}. *om.* **B***S.* VI *rH* | ex eo **B***S. deest numerus* VIII 22 lyncurium *S.* linc- **F**^{a}. lyg- **F.** lyng- *rv. lemma om.* **B** 23 de adamante *ll. S* | siue anancite (acc- **F**^{a} anc- *r*) **F**^{a}**F** **EdT***D. om.* **B***S. totum lemma om. v* 24 genera eius **B***S* | VI—II *om.* **B** (*item numeros deinceps omnes*) 25 zmaragdis **F**^{a}**F***C* 28 gemma **B***S.* -ata *r. del. H* | calcozmaragdos **F**^{a}**F** 30 berillis **FE.** uery- **F**^{a}. ueru- **B** | genera — 32 opalis *om.* **F**^{a} 31 VIII **dT***H.* VIIII (*sed post* uitia eorum) **FE** 32 oppalis **B.** *cfr. § 80.* opialis **FE** 33 et *om.* **B***S* | experimenta eorum **B***S* 35 de — *p.* 123, 4 experimenta *om.* **F**^{a} | sardonyche *H.* -cae **B.** -niche **T.** -chis **FE.** -cis **d** | genera — 36 eius **B***S. om. rH. deest numerus*

de carbunculis (25. 26)
gen. eorum XII (25)
vitia eorum et experimenta (26)
anthracitis (27)
sandastros. sandaresus (28)
lychnis. gen. eius IIII (29)
Carchedonia (30)
sarda. gen. eius V (31)
de topazo. gen. eius II (32)
de callaina (33)
de prasio. gen. eius III (34)
nilion (35)
molochitis (36)
de iaspide
gen. eius XVII. vitia eorum (37)
de cyano. gen. eius I*II* (38)
de sappiro (39)
amethystos
gen. eius V. socondion. sapenos. pharanitis. Aphrodites ble*ph*aron sive anteros sive paederos (40)
hyacinthus (41)
de chrysolitho. gen. eius *I*III (42)
de chryselectro (43)
leucochrysos. gen. eius III (44)
melichrysi, xuthi (45)
paederos sive sangenon sive syenites (46)
asteria (47)
astrion (48)

---

2 XII **dT***H*. *om.r* 3 uitia eorum et *om.***B** | experimenta XII **FE** 6 sandastros **E**(?)*D*. -stro (*praem.* de) **B***S*. -drastros **F**^{a}. -stos **FdT***H*. *add.* siue *H*. siue garamantitis (rantitis **F**. -ticis **E**) siue sandacitis (-asitis **F**^{a}. -aticis **FE**) **F**^{a}**FEdT***D* | sandaresus (and- **F**^{a}) **F**^{a}**FEdT***H*(*D*). -eso **B***S* 7 lychnis **B***S*. -ites *H*. lycenis **dT**. -emi **F**^{a}. lythenis *r* 8 carcedonia **B**. calche- **FE**. calce- **F**^{a}**dT** 10 topazo **F**^{a}**E***S*. -aso **B**. -ago **F**. -azio **dT***H*
11 callaina *H. cfr* § *110*. gall- **F**^{a}. calinda **B**. galliana **E**. gali- **FdT** 12 prasio *H*. -sia **T**. -sta **B**. -ssia *r* 13 nilion **T***H*. nition **B**. milion (mol- **E**^{1}) *r* 14 molochitis *D*. -tes **BT***H*. -chintis **E**. -ndis **F**. -cinthis **d**. -thes **F**^{a}. *cfr.* § *114* 16 XVII **F**^{a}. XIIII **dT***H*. *om.r* 18 grano **FE** | III *ego*. I *ll. del.H* 19 de **B***S*. *om.rH* | sappiro *J*^{2}. -irio **B**. -iros **F**^{a}. -isos **F**. -pphiro *S*. -ros *rH* 20 amettistus **F**^{a}. -thysto **B***S*. metysu *r* 21 IV *S* | socondion (*sic* **B**. sac- *r*) — 24 paederos *ll.S. om.H* 22 farangites **B**. paranithis *r* 23 blefaron **F**^{a}. belf- **B**. elefrauton *r* 26 chrysolitho *S*. -to **FET**. -this **B***J*. -tis **F**^{a}. -thus (*om.* de) **d***H* | IIII — 29 III *om.***B** | IIII *ego coll.* § *126*. VII *ll.H*
29 leucochrysos **T**(?)*H*. -cechissos **F**^{a}. -caechisos **F**. -cecisos **d**. -cechinos **E** | III **F**^{a}**FE***H*. IV **dT***S*. (*hic desinunt* **dT**) 30 xuthi **B***S*. xythi **F**^{a}. xynthi *r*. xanthi *H* 31 sangenon *ego e* § *130*. -nos **B***S*. angenon **F**^{a}. ag- *r*. sag- *H* 32 syenites **B**. sentes **F**^{a}. tenites *rH*. *cfr.* § *130* 33 Asterias **B**

astriotes (49)

astolon (50)

ceraunia. gen. eius IIII. baetylos (51)

iris (52)

leros (53)

Achatae. gen. eorum XIIII. acopos. med. ex ea . . . alabastritis. med. ex ea . . . alectoriae. androdamas. argyrodamas. antipathes. Arabica. aromatit*i*s. asbestos. aspisatis. atizoe. augitis. a*m*phidanes sive chrysocolla. Aphrodisiaca. apsyctos. Aegyptilla (54)

Balanitae. batrachitis. baptes. Beli oculus. Belus. baroptenus sive baripe. botry*i*tis. bostryc*h*itis. bucardia. brontea. bol*o*e (55)

Cadmitis. callais. capnitis. Cappadocia. callaica. catochitis. catoptritis. cepitis sive cepolatitis. ceramitis. cinaediae. ceritis. circos. corsoides. corallachates. corallis. crateritis. crocallis. cyitis. chalcophonos. chelidoniae. cheloniae. chelonitis. chloritis. Choaspitis. chrysolampsis. chrysopis. cetionides (56)

Daphnea. diadochos. diphyes. Dionysias. dracontias (57)

---

2 astolon **F^{a}FE***D*. Aspolon **B** (*qui* *§ 133* astalon). astrobolon *H*. (*saltem* astolos) 3 de ceraunia **F^{a}E**. -ica **F**. Ceraunion **B** | baetulos **F^a**. bet- **E**. -li *H* 6 Leros **B***S*. zeros **F^a**. lepor *r*. hieros *D* *ɜ* *§ 138* 7 achatae — eorum **BF^a***S*. agrate **E**. astrate **F**. acrates **F^a**. achates *H* | XIIII **F^a**. *om.* *r* *H* 8 med. ex ea *om.* **B** | alabastritis **B***S*. -tes *r* *H* 10 alectoriae **F^a***H*. ele- **FE**. alectoriore **B** 11 Arabica *H*. -icus **B**. anabiga *r* 12 aromatitis *S*. -ites *ll.* *H* 13 Aspizatis **B** | atizoe *S*. -on **B**. -one **FE***H*. ategoen **F^a** | amphidanes *S e* *§ 147*. api- **F^a**. Anpinnanes **B**. aphidnane *r*. -dane *H* 15 apsyctos *H*. aspy- **E**. Asy- **B**. asphi- *r* | aegypula **FE** 17 batrachitis *S*. -tes *H*. -citis **B**. -tes **F^a**. bacthra- *r* 18 Bucolus **B** | baroptenus *H e* *§ 150*. Babo- **B**. barot- **F^a**. borot- *r* 19 siue baripe (-iben **F**. paripen **F^{a}E**) *H*. *om.* **B** | botryitis *S*. -tes *H*. -ryctis **B**. -rites *r* 20 bostrychitis *S*. -tes *H*. -rygites **B**. -ricides **F^a**. -citis *r* | brontena **F^a**. -te *H*. -niena *r* 21 boloe *H e* *§ 150*. -leie **F^a**. -leae **FE**. Blof **B** 23 Ca///linca **B^2**. Catl- **B^1** 24 cathoperitis **F^a**. -piritis **FE** 25 cep//olatitis **B***H*. *om.* **F^a**. -latius *r* 27 coballachates **B**. coralloch- **E**. corollach- **F^a**. -lloch- **F** 28 Cyitis **B***S*. cites **F^a**. cytis *r* *H* 29 chelonia *H*. *om.* **FE** 31 chrysolampsis (chys- **F^a**) *ego e* *§ 156*. -msis *r*. -mpis *H* 32 cetionides **BFE***J^2*. *cfr.* *§ 156*. *om.* **F^a**. cepio- *H* 33 Dafnea **B**. Daphnia **FE***H*. -pania **F^a** | Diadocos **F^a**. -chus **B**. -duchos *r* 34 Dracontias **B**. *cfr.* *§ 158*. -tinis **F^a**. -titis *J*. -tites *r* *H*

Encardia sive *e*nariste. enorchis. exhebenus. erythallis. erotylos sive amphicom*o*s sive hieromnemon. eumeces. eumithres. eupetalos. eureos. eurotias. eusebes. epimelas (58)

Galaxias. galactitis sive leucogaea sive leucograp*h*itis sive synechitis. gallaica. gassinnade. glossopetra. Gorgonia. goniaea (59)

Heliotropion. Hephaestitis. Hermu aedoeon. hexecontalithos. hieracitis. hammitis. Hammonis cornu. hormiscion. hyaeniae. haematitis meniu sive x*u*thos (60)

Idaei dactyli. icterias. Iovis gemma sive drosolithos. Indic*ae*. ion (61)

Lepidot*is*. Lesbi*a*. leucop*h*thalmos. leucopoecilos. libanochr*u*s. limoniatis. liparea. lysimachos. leucochrysos (62)

Memnonia. Media. meconitis. mithrax. moroc*h*th*o*s. mormorion sive promnion sive

---

1 Encarodia **B**. Incardia *r* | enariste *D*. *cfr.* § *159*. inaristae **FE**. ariste **BF^a***H* 2 exebenus **F^{a}FE***H* | erythallis **F^a***S*. -tallis **B**. Chrystallis **F**. -alis **E**. eristalis *H* 3 amphicomos *Se* § *160*. -mes (mephi- **F^a**) **BF^a**. -me *H*. memphicos mes *r* 5 eureos (euneos *H*). eurotias *om.* **FE** 8 galactites **F^a***H*. -atites **FE** | leucogea **B**. -oceas **FE**. -oce **F^a**. -ogaeus *H* 9 leucographitis *S*. -phias *H*. -geaefitis **B**. seucograpitis **F^a**. -pius *r* 10 synechitis *J*^{2}. -tes **B**. sinepithin **F**. -pythin **F^a**. -phytin **E**. synnephitis *S*. synoph- *H*. *cfr.* § *162* | gallaica *H*. -lliaca *ll* | gassinnade *Se* § *163*. Gasindane **B**. -idane **F^{a}F**. gassidianae **E**. -na *H* 13 Hephaestitis *H*. hespest- **F^a**. hepalest- **F**. hephelest- **E**. hepatites **B** 14 aedoeon (*J*) *Se* § *166*. aedyon **B**. redoeon **F^a**. -dioeon **F**. -dion **E**. -ian *H* 16 cornum **F^a**. cor **B** | hormiscion **F^a***S*. -ision *H*. hermiscion **B** (*item* **B^2** § *168*). lyormisceon *r* 17 haematitis **F^a**(*J*)*S*. hatthitis **B**. liematetis *r*. *om.* *H* | meniu siue xuthos *De* § *169*. meniu (-ius **F^a**) siue exyphos (exhy- **E**. exiptos **F^a**) **F^{a}FE**. *om.* **B** (*item* § *169*) *H* 19 Iouis gemma **F^a***H*. *om.* *r* 20 siue **F^a***D*. uel **FE**. *om.* **B***H* | drosolithos **B***D*. dropsolitas **F^a**. aut solitis **FE**. *om.* *H* | Indicae *ego e* § *170*. -dic//e **B**. -dice **F^a**. -dis *r*. -dica *H* 22 lepidotis *H*. -ote **BF^a**. -ole *r* | Lesbia *ego cum* **B** § *171*. -ias *H*. -ion **B**. -sdion **E**. -schon **F**. *om.* **F^a** 23 Libanochrus *H*. -chris **B**. -cros **F^a**. -thros *r* 24 limoniatis **F^a***H*. -tes **BE**. -tres **F** 26 Medica **B**. -dea *H* 27 morochthos *D cum B e Diosc. V 151. cfr.* § *173*. -octhis **B**. merocthi *r*. morochites *H*. -tis *S* | morrion **F^{a}FE**. morion *H* 28 promnion **B***S*. promnium *D*. promon **F^a**. pronionis *r*. pramnium *H*(*J*^{1})

Alexandrion. myr*r*itis. myrmecias. myrsinitis. mesoleucos. mesomelas (63)

Nasamonitis. nebritis. Nipparena (64)

Oica. ombria sive notia. onocardia. oritis sive sideritis. ostracias sive ostracitis. ostritis. op*h*icardelos. obsiana (65)

Panchrus. pangonus. paneros sive panerastos. Ponticae. gen. IIII. phloginos sive chrysitis. phoenicitis. phycitis. perileucos. paeanitis sive gaeanis (66)

Solis gemma. sagda. Samothracia. sauritis. sarcitis. selenitis. sideritis. sideropoecilos. spongitis. synodontitis. Syrtitis. syringitis (67)

Trichrus. thely*r*rhizos. thelycardios sive mucul. Thracia, gen. III. tephritis. tecolithos (68)

Veneris crines. Ve*i*entana (69)

Zathene. zamilam*p*is. zoraniscaea (70)

hepatitis. steatitis. Adadu nephros. Adadu op*h*thalmos. Adadu dactylos. triop*h*thalmos (71)

carcinia*s*. echitis. scorpitis. scaritis. triglitis. aegop*h*thalmos. hyop*h*thalmos. geranitis. aëtitis. myrmecitis. cantharias. lycop*h*thalmos. taos. timictonia (72)

---

1 Alexandrion B. -ium Fª. -io *r*. *cfr. § 173*. -inum *H* 2 myrsinites BE 4 Nipparena B*S*. nimpha- Fª. nymphasena *r*. -arena *H* 6 Oica B*S*. olca *rH* | onocardia BFª*D*. uno- *r*. *om.H* 8 ostracias siue *om.*B | ostritis — 11 panchrus *om.*FE | Osirilis B. *om.H* 9 ophicardelos *H e § 177*. opicardelo Fª. Oficaryos B | obsidiana *H* 11 langonus F. long- E. pangonius *H* | paneros BFª*H*. priuerus *r* 12 panderasto Fª. paderastus FE. paed- *H* | Ponticarum FªFE*H* 13 Floginos B. philogenus Fª. -osinos E. -nus F 15 pyrileucus FE | pheantide (phaeanitthae F. paeantides *H*) siue geanides (gaea- *H*) FªFE*H* 20 synodontitis *H*. -donthis B. -difites Fª. sondodontices *r* 22 trichrus B*H*. Thrycarus Fª. *om.r* | thelyrrizos *S*. telirrh- *H*. thelyriza Fª. -lurhiza B. *om.r* 23 mucul *D*. muchul FE*H*. *om.*Fª. mulc B*S*. *cfr. § 183* 24 tephritis *om.*FE 26 Veientana (Vele- B. Veg- Fª) — 27 zamilampis BFª*H*. *om.r* 27 zathene *S e § 185*. -nae Fª. -thaene B. zanthene *H* | zamilampis *ego e § 185*. -mfis B. zmilacis Fª. -ampis *H* | zoramea FE*H* 29 hypatitis FE. hama- B | ismyrtitis FE 30 neferos B. enephros *r* | Adadyo B 31 oactulos Fª. osaccu- FE 33 carcinias *H e § 187*. -nea B. -na FE. carnia Fª 35 hyoopthalmos B *om.*FE*H* 38 timiclonia FE*D*. -doma Fª. *om.H*

ammochrysos. cenchritis. dryitis. cissitis. narcissitis. cyamias. pyren. phoenicitis. c*h*ala*z*ias. pyritis. polyzonos. astrapaea. p*h*logitis. anthracitis. enygros. polyt*h*rix. leontios. pardalios. drosolithos. melichrus. melich*l*oros. crocias. polias. spartopolia. rhoditis. melitis. chalcitis. sycitis. bostryc*h*itis. *cher*-*n*itis. anancitis. synochitis. dendritis (73)
coc*h*lides (74)
de figura gemmarum (75)
ratio probandi (76)
comparatio naturae per terras. comparatio rerum per pretia (77)

Summa: res et historiae et observationes MCCC

EX AVCTORIBVS

M. Varron*e*. actis triumph*orum*. Maecenate. *I*accho. Cornelio B*o*ccho.

EXTERNIS

Iuba rege. Xenocrate Zenonis. Sudine. Aeschylo. Philoxen*o*. Euripide. Nicandro. Satyro. Theophrasto. C*h*arete. Philemone. Demostrato. Zenothemi. Metrodoro. Sotaco.

---

1 Thamochrysos **B**. hammo- *r* | Cencheritis **B**. -critis **F**^{a}. cecr- *r* 2 dritis **F**^{a}. Drytis **B** | cissitis — 4 pyritis *om.* **B** 4 chalazias *H*. calaxias **FE**. -assias **F**^{a} 5 astrephea **FE**. -rapias *H* | Flogitis (palo- **F**^{a}). Antracitis (anhtarati- **F**^{a}). Enychros (Enaigrus **F**^{a}) **BF**^{a}. *emend.* (*J*) *S*. *om.* *r H* 6 polythrix *ego*. -trix **BF**^{a}. *cfr.* § *190*. -idos *r*. -ichos *H* 7 drosolithos **BF**^{a} *S*. oroeolitas *r*. *om. H* 8 melichrus *H*. -rys **B**. -llucris **F**^{a}. -llitris *r* | melichloros *H e* § *191*. -chorus **B**. -llichoros **FE**. -llycoros **F**^{a} 9 crocias **B**. protias **F**^{a}. *cfr.* § *191. om. r H* | spotias **F**^{a}. polias. ptolias **E**. polyas. pholias **F** 10 melitis *om.* **B** (*item* § *191*) *S* 11 bostrychitis *S*. -ygitis **B**. borsocitis **F**^{a}. Sorsoc- *r*. borsyc- *H*. *cfr.* § *191* | chernitis *S*. Gemitis *ll. H* 12 anancitis **F**^{a} *J*. -ngitis **FE**. -nchitis *H*. *om.* **B** 13 dendritis *H*. -raptis **B**. Sendritis **FE**. *om.* **F**^{a} 14 cochlides *H*. coclides **F**. -dis **B**. -itis **F**^{a}. -lydes **E** 15 gemmarum marmorum **FE** 16 probandi **B** *S*. -darum *rv* 17 comparatio — terras *om.* **B** *v a. H* 19 comparatio — pretia **F**^{a}**FE** *S*. Pretia **B**. *om. v. add.* historiae XXXVII (-VI **F**^{a}) **F**^{a}**FE** 20 Summa — MCCC *om.* **B** | et obseruationes *om.* **F**^{a} 22 EX AVCTORIBVS PLVRIBVS (*om. nominibus omnibus*) **B** 23 M. Varrone — EXTERNIS **F**^{a} *v*. *om. r* | uarrano **F**^{a} | triumphorum *G*. -phi **F**^{a} *v* 24 accho **F**^{a} 25 bacho **F**^{a} 28 Philoxeno *Bas*. -ne *ll. v* 30 Charete *H*. ca- *ll. v* 31 philomene **F**^{a} *v a. H* | Demonstrato *ll*. -ocrate *v a. H* | Xenothemi **FE**. -timo *v a. H*

Py*th*ea. Tim*a*eo Siculo. Nicia. Theochresto. Asaruba. Mnasea. Theomene. Ctesia. Mithridate. Sophocle. Archelao rege. Callistrato. Democrito. Ismenia. Olympico. Alexandro pol*y*h*istore. Apione. Oro. Zoroastre. Zachalia.

C. PLINI SECVNDI
NATVRALIS HISTORIAE
LIBER II

---

1 **1.** (1) Mundum et hoc quodcumque nomine alio caelum appellare libuit, cuius circumflexu degunt cuncta, numen esse credi par est, aeternum, inmensum, neque genitum neque interiturum umquam. huius extera indagare nec interest hominum nec capit humanae coniectura mentis.
2 sacer est, aeternus, immensus, totus in toto, immo vero ipse totum, infinitus ac finito similis, omnium rerum certus et similis incerto, extra intra cuncta conplexus in se,
3 idemque rerum naturae opus et rerum ipsa natura. furor est mensuram eius animo quosdam agitasse atque prodere ausos, alios rursus occasione hinc sumpta aut hi*c* data innumerabiles tradidisse mundos, ut totidem rerum naturas credi oporteret aut, si una omnes incubaret, totidem tamen

§ 1: cfr. Mela 1, 3. (Cic. Timaeus 2). — § 2 extr.: cfr. Mela 1, 3.

1 Pythea *v.* pitea *ll* 7 Horo *va.D* 8 Zachalia *He* § *169.* zacchua **F^a**. zactitaria *r.* -ctalia *v*

Lib. II. 12 quod p*va.H* 13 appellari p*va.G* | circumflexum **F¹a** | teguntur p*va.S.* dicunt **F²** | nomen esse **F¹a¹**. contineri uel nunc inesse **F²** 14 pari credi par **a**. //// credi pars **F¹** 18 ipso totum (-to **a**) **F¹a** 19 & *in ras.* **F²**. ē. in **a**. /// in **F¹** | incerta **F¹**. -tus. ē. et **a** 20 et **Fap***v.* ex *r* 22 hic sumpta **F¹a** | hic *ego.* hinc **F²z**. his *rv* 23 innumerabiliter **F¹a** | mundo **F¹a** 24 incubaret *Ven.* -rent *ll.v(S).* *de dictione cfr. II 145*

soles totidemque lunas et cetera etiam in uno et inmensa
et innumerabilia sidera, quasi non eaedem quaestiones semper
in termino cogitationi sint occursurae desiderio finis alicuius
aut, si haec infinitas naturae omnium artifici possit adsignari,
non idem illud in uno facilius sit intellegi, tanto praesertim
opere. furor est profecto, furor egredi ex eo et, tamquam 4
interna eius cuncta plane iam nota sint, ita scrutari extera,
quasi vero mensuram ullius rei possit agere qui sui nesciat,
aut me*ns* hominis videre quae mundus ipse non capiat.

2. (2) Formam eius in speciem orbis absoluti globatam 5
esse nomen in primis et consensus in eo mortalium orbem
appellantium, sed et argumenta rerum docent, non solum
quia talis figura omnibus sui partibus vergit in sese ac
sibi ipsa toleranda est seque includit et continet nullarum
egens compagium nec finem aut initium ullis sui partibus
sentiens, nec quia ad motum, quo subinde verti mox
adparebit, talis aptissima est, sed oculorum quoque probatione, quod convexus mediusque quacumque cernatur,
cum id accidere in alia non possit figura.

3. (3) Hanc ergo formam eius aeterno et inrequieto 6
ambitu, inenarrabili celeritate, viginti quattuor horarum
spatio circumagi solis exortus et occasus haut dubium

§ 5 init.: (Cic. de nat. deor. II 18, 47.) Beda n. r. 3.

2 eaedem **F**^{2}**z**. eed- **F**^{3}**a**. ea//d- **E**. ead- *rv* | quaestiones (quest- **a**) **F**^{2}**az**. -onis **F**^{1}. -one *rv* 3 cogitationi sint **F**^{2}. -nis sint **z**. -nis *rv*. *de dictione cfr. XXIX 2 init.* | occursurae **F**^{2}**Ez**. -ure **a**. -urę et **e**. -ura et **dT**. -ura **F**^{1}**p***v* | et siderio **F**^{1}**E**^{1}**a**. si deerit **F**^{2}**z** | aliquis **F**^{2}**z** 4 hoc **Ea**. horum **F** | infinitis **F**^{1}**E**^{1}**a**
5 illud idem **p***va. S* 6 *dist. CFW Müller p. 13* 7 plana **F**^{1}**a** | sint nota **op***va. S* | exscrutari (excu- **a**) **Fa** 9 haut *D* | mens *v*. meror **F**^{1}**E**^{1}**a**. miror **E**^{2}**d**^{1}**T**(*P*)*J*. memor **d**^{2}. mereantur **F**^{2}**z**. *om.* **opf**. minor *D*. in cor *Haupt* (*Herm. IV p. 145*). marcor *ORossbach* | homines **F**^{2}**dTz***J*. -nes possint **opf** | uideri **F**^{1}**ad**^{1}. -re possint **d**^{2}. cadere *Haupt* | quod **F**^{2} 13 suis **F**^{2} (*item v. 15*) 14 ipsi **a**. *om.* **o** 15 compagium **F**^{1}**Ea***D*. -gum **F**^{2}**do**(*B*)*S*. -ginum **p***v* 16 ne qui (neque **F**^{2}) ad **Fa** | subinde *ll. v.* sublime *D. an* rotunde (*scriptum olim* rutunde)? 17 probatione hoc declaratur **F**^{2} *in marg.* **z**

reliquere. an sit inmensus et ideo sensum aurium ex-
cedens tantae molis rotatae vertigine adsidua sonitus, non
equidem facile dixerim, non, Hercule, magis quam cir-
cumactorum simul tinnitus siderum suosque volventium
orbes an dulcis quidam et incredibili suavitate concentus.
nobis qui intus agimus iuxta diebus noctibusque tacitus
7 labitur mundus. esse innumeras ei effigies animalium
rerumque cunctarum inpressas nec, ut in volucrum notamus
ovis, levitate continua lubricum corpus, quod clarissimi
auctores dixere, terrenorum argumentis indicatur, quoniam
inde deciduis rerum omnium seminibus innumerae, in
mari praecipue ac plerumque confusis monstrificae, gig-
nantur effigies, praeterea visus probatione, alibi ursi, tauri
alibi, alibi litterae figura, candidiore medio per verticem
8 circulo. **4.** equidem et consensu gentium moveor; nam-
que et Graeci nomine ornamenti appellavere eum et nos
a perfecta absolutaque elegantia mundum. caelum quidem
haut dubie caelati argumento diximus, ut interpretatur
9 M. Varro. adiuvat rerum ordo discripto circulo qui
signifer vocatur in duodecim animalium effigies et per
illas solis cursus congruens tot saeculis ratio.

§ 7: cfr. Plat. Timaeus p. 33 (Cic. Tim. 6. de nat. deor. l. l.). — § 8: Beda n. r. 3. — Aelius Stilo ap. Varr. LL V 18. (Ambrosius hexaem. II 4, 15. Isidor. nat. rer. 12, 2.)

1 an autem sit **F**^{2}**z** | excedens facile **E**^{2}. fac- exc- **p***va.H* 2 adsiduus **F**^{2}**z** 3 quidem **Fa** | facile *om.* **E**^{1} 5 quidem **E**^{1}*va.H* | incredibilis suauitatis **F**^{2}**f** | conceptus **F**^{1}**E**^{1}**a**^{1} 9 leuitate **Fa***J*^{2}. laeu- *r*(?)*v* | clarissimi **dT**(?)*v*. -mum *r* 10 terrenorum **F**^{2}**f**. *cfr. Welzhofer p. 73.* tenerum *rv*. uerum **d**^{2}**p**. rerum **z**(*P*)*H* | indicatur (-cant **p**) **F**^{2}**zp***v*. iud- *r* 12 *dist. ego coll. IX 2* 13 alibi plaustri alibi ursi **E**^{2}*va.S.* alibi ursi al. plaustri **F**^{2}**d** 14 figurae **F**^{1}**Ea**. -ra ē **F**^{2} 15 namque et **Fa**. -que **op**. nam et *Beda*. nam quem *r*(?)*v* 16 graeci **FE**^{1}**ad**. cosmos (-on *v*) graeci **E**^{2}**op***v*. *post* ornamenti *add.* cosmuranon quem **F**^{2} *in marg.* (apud Graecos . . cosmos appellatur *Beda*) | et nos *ll.v*(*S*). nos *G* 17 autem (*pro* quidem) **F**^{2} *in ras.* 18 dubie a **F**^{2} | dicimus **F**^{2}**z** (*Ambros., Isid.*) 19 discripto **F**^{1} des- *rv* 21 cursui **F**^{2}**aTz**. -su *va.G*

5. (4) Nec de elementis video dubitari quattuor esse 10
ea: ignium summum, inde tot stellarum illos conlucentium
oculos; proximum spiritus, quem Graeci nostrique eodem
vocabulo aëra appellant, vitalem hunc et per cuncta rerum
meabilem totoque consertum; huius vi suspensam cum
quarto aquarum elemento librari medio spatii tellurem.
ita mutuo conplexu diversitatis effici nexum et levia 11
ponderibus inhiberi quo minus evolent, contraque gravia
ne ruant suspendi, levibus in sublime tendentibus. sic
pari in diversa nisu in suo quaeque consistere, inrequieto
mundi ipsius constricta circuitu, quo semper in se *re*currente
imam atque mediam in toto esse terram, eandemque universo cardine stare pendentem, librantem per quae pendeat,
ita solam inmobilem circa eam volubili universitate; eandem ex omnibus necti eidemque omnia inniti. **6.** inter 12
hanc caelumque eodem spiritu pendent certis discreta
spatiis septem sidera, quae ab incessu vocamus errantia,
cum errent nulla minus illis. eorum medius sol fertur,
amplissima magnitudine ac potestate nec temporum modo
terrarumque, sed siderum etiam ipsorum caelique rector.
hunc esse mundi totius animum ac planius mentem, hunc 13
principale naturae regimen ac numen credere decet opera
eius aestimantes. hic lucem rebus ministrat aufertque
tenebras, hic reliqua sidera occultat, inlustrat; hic vices

§ 10: cfr. Cic. de nat. deor. II 36, 91. — § 10 extr.: Beda n. r. 3. — § 11: (13. 14) Beda n. r. 3. — § 12: (15—17) Beda n. r. 12. Cic. nat. deor. II 51. schol. German. p. 182, 15. Isid. n. r. 23, 3. — § 13: Cic. somn. Scip. 4, 9. Homer Γ 277. μ 323.

2 ea *om.* **FE**^{1}**a** | ignium (agn- **F**^{1}) **EaF**^{1}*B*. -neum **dT**. -nitum **opf***v*. -nem **F**^{2}**z** (*D Herm. XXXII p. 333*) | summum **F**^{2}**E**^{1}**az***C*. -mo *rv* 3 spiritus **F**^{1}**ed***v*. -tum *r* 5 confertum **Eop***v*. conf- *r* | cuius **op***va.G* 6 *an* in medio? | spatio **F**^{2}**ap***C* 9 leuibus **E**^{2}**d**^{2}**op***v*. *om.r*. *an intercidit post* tendentibus? 10 nixu **d**. nisi **a**. uisu **p** | in sua **E**^{2}. ui sua **op***va.H* 11 recurrente (*vel* coeunte) *CFW Müller p. 21 n. 3. cfr. XXXVI 117*. currente *ll.v* 12 unam **op** | esse **FdaE**^{3}*G*(*D*). *om.* **Eop***v*(*S*) | uniuersi *C* 13 cardinem *J* | librantemque **F**^{2}**zT** 14 eandemque **dp***va.G*(*S*) 15 omnia innecti **op** 24 inlustrat *om.* **op***va.H*

temporum annumque semper renascentem ex usu naturae temperat; hic caeli tristitiam discutit atque etiam humani nubila animi serenat; hic suum lumen ceteris quoque sideribus fenerat, praeclarus, eximius, omnia intuens, omnia etiam exaudiens, ut principi litterarum H o m e r o placuisse in uno eo video.

14 **7.** (5) Quapropter effigiem dei formamque quaerere inbecillitatis humanae reor. quisquis est deus, si modo est alius, et quacumque in parte, totus est sensus, totus visus, totus auditus, totus animae, totus animi, totus sui. innumeros quidem credere atque etiam ex vitiis hominum, ut Pudicitiam, Concordiam, Mentem, Spem, Honorem, Clementiam, Fidem, aut, ut D e m o c r i t o placuit, duos omnino, Poenam
15 et Beneficium, maiorem ad socordiam accedit. fragilis et laboriosa mortalitas in partes ita digessit infirmitatis suae memor, ut portionibus coleret quisque quo maxime indigeret. itaque nomina alia aliis gentibus et numina in iisdem innumerabilia invenimus, inferis quoque in genera *di*scriptis morbisque et multis etiam pestibus, dum esse
16 placatas trepido metu cupimus. ideoque etiam publice Febris fanum in Palatio dicatum est, Orbonae ad aedem Larum, ara et Malae Fortunae Esquiliis. quam ob rem maior caelitum populus etiam quam hominum intellegi potest, cum singuli quoque ex semet ipsis totidem deos

---

§ 14 extr.: cfr. Cic. nat. deor. II 61. de leg. II 19. 28. — § 16: Cic. nat. deor. III 63. Val. Max. II 5, 6. — (133, 1) Sen. ep. 110, 1. — Cic. nat. deor. I 81. 101. III 39. — Plin. XIX 101.

---

4 fenerat **dT***v*. ſerenat *r* 7 formamquoque ſere **Ea**. -amque nescire **F**^{1} 9 uisus — 10 animae totus *om.* **F**^{1}**f** 11 atque etiam ex uirtutibus uitiisque **E**^{3}*v a. S.* atque tam (tamque **z**) ex uirtutibus quam ex (*om.* **z**) uitiis **F**^{2}**fz** *Welzhofer p. 74. D l. l. p. 333. an* ex uitiis hominum, non uirtutibus tantum? 15 ita *coni. H.* ista *ll. v* 16 *an* quo quisque? 18 reperimus **E**^{2} *ad marg.* **op***v a. S* | genera deorum **F**^{2}**z** | discriptis *D.* des- *ll. v* 20 placata **pz** 21 eadem **F**^{1}. aedes **F**^{2} 22 laru **F**^{1}. -ruis **F**^{2}. -ri **d**^{1}. -riū **d**^{2}*v a. S* | et ara *H D cum Iunio animadv. 3, 1 e Cic.* | malae *v.* -le **d**. -la *r* | fortuna **F**^{2}

faciant Iunones Geniosque adoptando sibi, gentes vero
quaedam animalia et aliqua etiam obscena pro dis habeant
ac multa dictu magis pudenda, per fetidos cibos, alia et
similia, iurantes. matrimonia quidem inter deos credi 17
tantoque aevo ex *i*is neminem nasci et alios esse grandaevos
semper canosque, alios iuvenes atque pueros, atri coloris,
aligeros, claudos, ovo editos et alternis diebus viventes
morientesque, puerilium prope deliramentorum est, sed
super omnem inpudentiam, adulteria inter ipsos fingi, mox
iurgia et odia, atque etiam furtorum esse et scelerum
numina. deus est mortali iuvare mortalem, et haec ad 18
aeternam gloriam via. hac proceres iere Romani, hac
nunc caelesti passu cum liberis suis vadit maximus omnis
aevi rector Vespasianus Augustus fessis rebus subveniens.
hic est vetustissimus referendi bene merentibus gratiam 19
mos, ut tales numinibus adscribant. quippe et aliorum
nomina deorum et quae supra retuli siderum ex hominum
nata sunt meritis. Iovem quidem aut Mercurium aliterve
alios inter se vocari et esse caelestem nomenclaturam, quis 20
non interpretatione naturae fateatur inridendum? agere
curam rerum humanarum illud, quicquid est, summum ac
vel tam tristi atque multiplici ministerio non pollui cre-
damus dubitemusne? vix pro*d*est iudicare, utrum magis
conducat generi humano, quando aliis nullus est deorum

§ 17: Cic. nat. deor. I 83. I 42. — § 18: cfr. Cic. p. Ligar. 38.

2 *an* aliquae? | habent **E**^{2}**op***va.H* 3 fetidas cepas **f***S* | allia (alia *S*) et **f** *vet.Dal.S.* et alia *ll.v* 5 eis **o**. his *ll.v* 6 atri coloris et albi *ORossbach* 7 ouo **d**^{1}**E**^{3}*v*. e (et **p**) boue **Eaop**. al. boue **d**^{2}. cecosq. **F**^{2} *in ras.* 12 proceres uere **F**^{1}**a**. processere **d**. prec- **T** 16 ascribantur **o** *Bas.* | omnium aliorum **dE**^{2}**op***va.S*(*D*) 19 caelestem **E**(?)*G*. -te **F**^{1}**dTap**. -ti **o**. -tes **F**^{2}**z**. -tis *v* | nomenclaturam **z**(?)*G*. nomen culturam **E**. -rarū **F**^{1}**a**. -ra **dT**. -rae **op**. -culaturae *v*. numina culturarū **F**^{2} 19—23 *dist. ed. princ.* (*S*) 20 irridendā **F**^{1}**a**. -da **E**^{1} 21 ac uel *ego.* Ac ne **F**^{1}**a**. anne *rv* 23 debitem. Ne **F**^{1}. dubitemusue. Ne **f**. -musue **E**(?)*va.S*. -tamusue **p** | prodest *ego.* prope est *ll.v.* profecto est *D.* probe est *Haupt l.l.* | iudicari **F**

21 respectus, aliis pudendus. externis famulantur sacris ac digitis deos gestant, monstra quoque colunt, damnant et excogitant cibos, imperia dira in ipsos, ne somno quidem quieto, inrogant. non matrimonia, non liberos, non denique quicquam aliud nisi iuvantibus sacris deligunt. alii in Capitolio fallunt ac fulminantem periurant Iovem. et hos iuvant scelera, illos sacra sua poenis agunt.

22 Invenit tamen inter has utrasque sententias medium sibi ipsa mortalitas numen, quo minus etiam plana de deo coniectatio esset. toto quippe mundo et omnibus locis omnibusque horis omnium vocibus Fortuna sola invocatur ac nominatur, una accusatur, rea una agitur, una cogitatur, sola laudatur, sola arguitur et cum conviciis colitur, volubilis ....que, a plerisque vero et caeca existimata, vaga, inconstans, incerta, varia indignorumque fautrix. huic omnia expensa, huic feruntur accepta, et in tota ratione mortalium sola utramque paginam facit, adeoque obnoxiae sumus sortis, ut prors*us* ipsa pro deo sit qua
23 deus probatur incertus. pars alia et hanc pellit astroque suo eventus adsignat et' nascendi legibus, semelque in omnes futuros umquam deo decretum, in reliquum vero otium datum. sedere coepit sententia haec, pariterque et eruditum vulgus et rude in eam cursu vadit.

---

2 quoque **Fd**^{1}**a** *G*(*S*). quoque quae **Epd**^{2}*v*(*H*) 5 iubentibus **d**^{2}**E**^{2}**p***va H* | deligunt **E***v*. dil- *r* 6 periurant iouem **dp***S*. -ue **T**. -ratione **F**^{1}**E**^{1}**a**. pererrant ioue (-uem **e**) **E**^{2}**e**. peierant iouem **F**^{2}*v* 11. 12 uocatur **o** 12 ac **FE**^{1}**az***S*. ac una **E**^{2}**o**. et una **p***v*. una **d**(?) *G* | rea una agitur *ego*. rea una arguitur **E**^{2}**op**. rea **FE**^{1}**a**. una agitur rea **d***v*. *om.* **z** 13 cogitatur **dop***v*. cogitur **F**^{1}**Ea**. colitur **F**^{2} | sola sola laudatur **F**^{1}**Eaop** 14 *lac. ego indicavi.* uolubilisque *ll.v.* -lis *G. an* instabilisque (*cfr. Pacuv. ap. Cic. ad Herenn. II 23, 36*) *aut* volucris volubilisque? | a pluribus quoque **p**. a plerisque, a plerisque **T***S* | et caeca etiam **dTE**^{2}**op** *va. S* 16 feruntur **Faop**. refer- **dT**. omnia fer- **E***v* 18 prors' ipsa pro *ego*. pro se ipsa **F**^{1}**a**. pro se (*eraso* se *ab* **E**^{2}) **E**^{1}. sors ipsa pro **dop***v*. sors ipsa *add. supra* pro//// **E**^{2}. sors pro ipsa **e**. pro se (prope **F**^{2}) ipsa sola pro **F**^{2}**fz** 20 adsignat et **F**^{1}**ao***v*. -at e **F**^{2}. -ant **p**. -at *r H* 21 dei (deo **F**^{1}**a**. deū **F**^{2}) decreto **Faopz** 22 otium datur **dT***va. Bas.*(*S*). otio dato **F**^{2}**z**

ecce fulgurum monitus, oraculorum praescita, haruspicum 24
praedicta atque etiam parva dictu in auguriis sternumenta et offensiones pedum. Divus Augustus prodidit laevum sibi calceum praepostere inductum quo die seditione militari prope adflictus est. quae singula inprovidam 25
mortalitatem involvunt, solum ut inter ista vel certum sit nihil esse certi nec quicquam miserius homine aut superbius. ceteris quippe animantium sola victus cura est, in quo sponte naturae benignitas sufficit, uno quidem vel praeferendo cunctis bonis, quod de gloria, de pecunia, ambitione superque de morte non cogitant.

Verum in his deos agere curam rerum humanarum 26
credi ex usu vitae est poenasque maleficiis aliquando seras, occupato deo in tanta mole, numquam autem inritas esse nec ideo proximum illi genitum hominem, ut vilitate iuxta beluas esset. inperfectae vero in homine naturae 27
praecipua solatia, ne deum quidem posse omnia — namque nec sibi potest mortem consciscere, si velit, quod homini dedit optimum in tantis vitae poenis, nec mortales aeternitate donare aut revocare defunctos nec facere ut qui vixit non vixerit, qui honores gessit non gesserit — nullumque habere in praeterita ius praeterquam oblivionis atque (ut facetis quoque argumentis societas haec cum deo copuletur) ut bis dena viginti non sint aut multa similiter efficere non posse. per quae declaratur haut dubie naturae potentia idque esse quod deum vocemus. in haec divertisse non fuerit alienum, vulgata *ia*m propter adsiduam quaestionem de deo.

§ 24: Cic. de div. II 84. — cfr. Suet. Aug. 92 (Peter hist. Rom. fragm. p. 260). — § 25: (6. 7) Nausiphanes ap. Sen. ep. 88, 45. — § 27: (25) cfr. Sen. NQ II 45, 3.

2 sternutamenta op*va.H*. insternum- FE^1. instrum- a 6 uel *om.*Fd*G* 7 nec miserius quicquam op*va.S* 10 praeferendo E(?)*L cum P*(*D*). -da *rv*(*S*) 12 in his *ll.v. an* inprobis (*sc.* hominibus)? 13 *av.* credi *incipit* R 20 donare F^2E^2op*v*. dan- F^1. damn- R^1E^1a. dare R^2dT 22 facetis dE^2op*v*. -eretis F^1R. -eret his E^1a. factis F^2 26 uocamus op*va.S* 27 uulgata iam *D*. -tam F^2dTE^2. -ta *G*. -tum *r*. (propter uulgatam assidue opz*va.G*)

28 8. (6) Hinc redeamus ad reliqua naturae. sidera,
7—9 quae adfixa diximus mundo, non illa, ut existimat volgus,
singulis attributa nobis et clara divitibus, minora pauperibus,
obscura defectis ac pro sorte cuiusque lucentia adnumerata
mortalibus, cum suo quaeque homine orta moriuntur nec
29 aliquem exstingui decidua significant. non tanta caelo
societas nobiscum est, ut nostro fato mortalis sit ibi quoque
siderum fulgor. illa nimio alimento tracti umoris ignea
vi abundantiam reddunt, cum decidere creduntur, ut apud
nos quoque luminibus accensis liquore olei notamus acci-
30 dere. ceterum aeterna caelestibus est natura intexentibus mundum intextuque concretis, potentia autem ad
terram magnopere eorum pertinens, quae propter effectus
claritatemque et magnitudinem in tanta subtilitate nosci
18,210 potuerunt, sicut suo demonstrabimus loco. circulorum
sqq. quoque caeli ratio in terrae mentione aptius dicetur,
quando ad eam tota pertinet, signiferi modo inventoribus
6,211 non dilatis. obliquitatem eius intellexisse, hoc est rerum
sqq. 31 fores aperuisse, Anaximander Milesius traditur primus Olympiade quinquagesima octava, signa deinde in eo Cleostratus, et
prima arietis ac sagittarii, sphaeram ipsam ante multo Atlas.
Nunc relicto mundi ipsius corpore reliqua inter
32 caelum terrasque tractentur. summum esse quod vocant

---

§ 31: cfr. Plin. VII 203. — Diog. La. II 1, 2. — Cic. nat. deor. II 52. Diodor. III 60, 2. IV 27, 1. Vitr. VI 10, 6. — 32. 33: Beda n. r. 12. cfr. Vitr. IX 4, 10.

---

2 illa *ll.v.* *an* ita? 5 cum *ll.* nec cum *G.* quia nec cum **d^2opz***v* | orti **a.** *del.D* | oriuntur **Rp***D* 6 nec **op^2**. nunc **p^1** 7 ille (*pro* ibi) **op***va.H* 8 ignea ut **FR**. -ea in **p**. ut **a**. cum **z** 9 tum **FRa**. tunc **z** | ut **dTE^3***v*(*D*). quo ut (*an* quod?) **R^2** *in marg. om.rS* 10 id luminibus **p***va.D*. id in lum- **o** | hoc notamus **F^3** 11 caelestibus **p***S*. -stis (& cel- **F^2**) **FdEa**. //// ce//lestis **R**. (est caelestibus *v*) | inte////xentibus **F**. intertex- *D* 12 intextumque **F^{1}R**. -toque **a**. *an recte* (*sc.* mundo)? 17 inuentoribus *D cum Sabell.* -tionibus *ll.v* 19 //////// fores **R**. fortissimi fores **F^{1}Ea**. -mas fores **F^{2}z** 21 ipsam ante multo (-ta **R**) **dR***v*(*J*). ipsā /////ante (undante **F^2**) mundo **F**. ipso mandante mundo **Eap***S*

Saturni sidus ideoque minimum videri et maximo ambire
circulo ac tricesimo anno ad brevissima sedis suae prin-
cipia regredi certum est, omnium autem errantium siderum
meatus, interque ea solis et lunae, contrarium mundo
agere cursum, id est laevum, illo semper in dextra praecipiti.
et quamvis adsidua conversione immensae celeritatis attol- 33
lantur ab eo rapianturque in occasum, adverso tamen ire
motu per suos quaeque passus. ita fieri, ne convolutus
aer eandem in partem aeterna mundi vertigine ignavo
globo torpeat, sed fundatur adverso siderum verbere dis-
cretus et digestus. Saturni autem sidus gelidae ac rigentis 34
esse naturae, multumque ex eo inferiorem Iovis circulum
et ideo motu celeriore duodenis circumagi annis. tertium
Martis, quod quidam Herculis vocant, igne ardens solis
vicinitate, binis fere annis converti, ideoque huius ardore
nimio et rigore Saturni, interiectum ambobus, ex utroque
temperari Iovem salutaremque fieri. deinde solis meatum 35
esse partium quidem trecentarum sexaginta, sed ut ob-
servatio umbrarum eius redeat ad notas, quinos annis dies
adici superque quartam partem diei. quam ob causam
quinto anno unus intercalarius dies additur, ut temporum
ratio solis itineri congruat.

---

§ 34: Beda n. r. 13. tp. r. 8^b. MCap. VIII 885. cfr. Cic. nat. deor. II 52. 53. 119. somn. Scip. 4, 19. Vitr. IX 4, 16. 10. Censorin. fragm. 3, 3. 4. Hygin. astr. II 42. Apul. de mundo 293. — § 35. 36: Beda n. r. 13.

---

4 interque ea **R**^{2}**dv**(*J*). -reaque (quae i) **a y i**. inter quae **F**^{2}**E***S*. -rque *r*. iterque **p** 5 id est laeuum *del. U9* | dextera **Tapy**. -tram *va. S*(*D*) 12 ex *del. G* | inferiorem **Rpm***v*. in inf- **F**^{1}**E**^{1}**a**. in terris inf- **F**^{2}**E**^{2}**doz**. interiorem in terris **y** 13 celeriorem **FRmy**. -ri *C* 14 igne **FRm***D*. -nea **Eaopz***v*. -nei **dy***G*. -nis **i** | ardens **F**^{2}**m***D*. -ntis **a d**^{2}**y***G*. -ntis *rv*(*S*) 15 ferme **R**^{2}**y***S* 16 frigore **y** 17 deinde **op***G*. deum. inde **dT***v*. inde **FRE**^{1}**a***S*. dein **y***D*. deum dein **E**^{2}. tum **m** 19 notus **y**. motus (**m** *in ras.*) **i**. metas *D coll.* § *61* | anni **o** 21 intercalarius **FRm***S*. -latur **a**. -laris *rv*(*J*). *cfr.* § *130. XVIII 207* 22 folis **Rdmyz***G*. facilis **F**^{1}**Ea**. -lius **F**^{2}**op**. -lius solis *v* | itineri facilius **z**

36 Infra solem ambit ingens sidus appellatum Veneris, alterno meatu vagum ipsisque cognominibus aemulum solis ac lunae. praeveniens quippe et ante matutinum exoriens luciferi nomen accepit ut sol alter diemque maturans, contra ab occasu refulgens nuncupatur vesper ut prorogans
37 lucem vicemve lunae reddens. quam naturam eius Pythagoras Samius primus deprehendit Olympiade circiter XLII, qui fuit urbis Romae annus CXLII. iam magnitudine extra cuncta alia sidera est, claritatis quidem tantae, ut unius huius stellae radiis umbrae reddantur. itaque et in magno nominum ambitu est. alii enim Iunonis, alii Isidis, alii
38 Matris Deum appellavere. huius natura cuncta generantur in terris. namque in alterutro exortu genitali rore conspergens non terrae modo conceptus inplet, verum animantium quoque omnium stimulat. signiferi autem ambitum peragit trecenis et duodequinquagenis diebus, a sole numquam absistens partibus sex atque quadraginta longius, ut Timaeo placet.

39 Simili ratione, sed nequaquam magnitudine aut vi, proximum illi Mercurii sidus, a quibusdam appellatum Apollinis, inferiore circulo fertur VIIII diebus ociore ambitu, modo ante solis exortum, modo post occasum splendens,

§ 36: Cic. nat. deor. II 53. Vitr. IX 4, 7. Censorin. fragm. 3, 4. 5. MCap. VIII 883. — § 37: cfr. Diog. La. VIII 1, 14. MCap. VIII 882. — cfr. Hygin. astr. II 42. Apul. de mundo 293. — § 38. 39: (15—139, 1) Beda n. r. 13. tp. r. 8. — § 39 extr.: cfr. MCap. VIII 880. Cic. nat. deor. II 53.

2 uacum **F**^{1}. -cuum **R**^{1}**Ea** 4 accepit **FTaopy***S*. accipere **R**^{1}. -pit **r***v*(*J*) 6 uicemque **R**^{2} *e corr.* *v***a**.*S*(*J*). uicino **i**. -ni **y** 8 XLII **Fd**^{2}**RE**^{1}**a** *B*(*S*). XXXII **d**^{1}**E**^{2}**op***v*(*H*). LXII *Brot.*(*U 10*) | romanae **FRd** | CXLII **E**^{2}**op***v*(*S*). CXIII **d**^{2}**T***H*. CXVI **FRd**^{1}. CX// // **E**^{1}. CVI **a**. CCXXII *Brot.* (qui — CXLII *del.U 10*) | iam **FRa** *Bas.* luo **E**^{2} *in ras.* Iuno **e**. largiori **op***v*. *om.* **dT** 11 ambitus **Fa** 13 alterutro **Eopy***v*. -tro//// **d**. -troque **Ra**. -tro quae **F**^{1}. -tro quaeque **F**^{2}(*D Herm. XXXII p. 334*) | conspargens **opy** 14 non (In **R**^{2}) terrae motu **F**^{1}**Ra**. non modo terrae **opy** 15 omnium naturam **F**^{2}**z**(*D l. l.*) 16 trecentis **F**^{2}*G*. -cens **F**^{1}. recens **a**. tricenis **Roi***v*. trinis **p**

numquam ab eo XXII partibus remotior, ut Cidenas et Sosigenes docent. ideo et peculiaris horum siderum ratio est neque communis cum supra dictis. nam ea et 40
quarta parte caeli a sole abesse et tertia, et adversa soli saepe cernuntur, maioresque alios habent cuncta plenae conversionis ambitus in magni anni ratione dicendos. 10,5

9. Sed omnium admirationem vincit novissimum sidus, 41
terris familiarissimum et in tenebrarum remedium ab natura repertum, lunae. multiformis haec ambigua torsit ingenia contemplantium et proximum ignorare sidus maxime 42
indignantium, crescens semper aut senescens et modo curvata in cornua facie, modo aequa portione divisa, modo sinuata in orbem, maculosa eademque subito praenitens, inmensa orbe pleno ac repente nulla, alias pernox, alias sera et parte diei solis lucem adiuvans, deficiens et in defectu tamen conspicua — quae mensis exitu latet, *t*um laborare non creditur —, 43
iam vero humilis et excelsa, et ne id quidem uno modo, sed alias admota caelo, alias contigua montibus, nunc in aquilonem elata, nunc in austros deiecta. quae singula in ea deprehendit hominum primus Endymion; ob id amor eius fama traditur. non sumus profecto grati erga eos qui labore curaque lucem nobis aperuere in hac luce, miraque

---

§ 41 init.: cfr. Beda n. r. 13. tp. r. 8. — § 43: (20) cfr. Cic. Tusc. I 92. schol. Germ. p. 201.

---

1 XXIII *B* | remotius **op** | cidenas **dEopy***S coll. Strab. XVI p. 739.* -nac **a**. cidaene **F**^{1}. chideas **R**^{2}. cidę **R**^{1}. ciden **F**^{2}. hic idem *G*. ctesias **z***v* | to (*pro* et) **F**^{1}**a** 3 statio **E**^{2}**dz***va. G* 5 plenae **do***v*. -na **E**^{2}**py**. plana **F**^{1}**E**^{1}**a**. -nae **F**^{2}. -ne **R** 6 in *del.* **F**^{2} | magnitudine **F**^{1}**a**. -ne in **F**^{2}. magn////// **R**^{1} 8 terrisque **R**(?)*va. J* 9 multiformi **Fd***va. S* | h& **R**^{2}. & **R**^{1} | ambigua **Eaop***S*. amagae **F**^{1}. ambage **F**^{2}**dRE**^{3}*v*(*J*) 10 contemplantibus **F**^{1}**R**^{1}**f** | ignorare **FRaf***U*. -ri **Edop***B*(*D*). -ti *v*. *de dictione cfr. V 52* | sidus maxime **Eaop***v*. max- sid- *rG* 11 et *om.* **m**
12 facie **F**^{2}**mz***H*. -ies *Brot. om.* **d**^{1}**y***v*. fauces *r*. *del.* **R**^{2}**E**^{3}. falcis *J* 15. 16 *dist. ego* 16 qua **a**. ac **F**^{2}**z** | latens **F**^{2} | tum *ego*. cum *ll. v* 17 et excelsa **R**^{2}**dpm***v*. exc- *rS* 20 et ob id **op***va. S* | amor *ego*. -ore *ll. v. de dictione cfr. X 51* 21 fama *ll.* captus fama **opF**^{3} *in marg.* **d**^{2}*v* | traditus **FRz***S*

humani ingeni peste sanguinem et caedes condere annalibus iuvat, ut scelera hominum noscantur mundi ipsius
44 ignaris. proxima ergo cardini, ideoque minimo ambitu, vicenis diebus septenisque et tertia diei parte peragit spatia eadem, quae Saturni sidus altissimum XXX, ut dictum est, annis. dein morata in coitu solis biduo, cum
32 tardissime, a tricesima luce rursum ad easdem vices exit, haut scio an omnium, quae in caelo pernosci potuerunt, magistra: in XII mensium spatia oportere dividi annum,
45 quando ips*a* totiens solem redeuntem ad principia consequitur; solis fulgore, ut reliqua siderum, regi, siquidem in totum mutuata ab eo luce fulgere, qualem in repercussu aquae volitare conspicimus; ideo molliore et inperfecta vi solvere tantum umorem atque etiam augere, quem solis radii absumant. ideo inaequali lumine adspici, quia, ex adverso demum plena, reliquis diebus tantum ex se
46 terris ostendat, quantum a sole ipsa concipiat; in coitu quidem non cerni, quoniam haustum omnem lucis aversa illo regerat, unde acceperit. sidera vero haut dubie umore terreno pasci, quia dimidio orbe numquam maculoso cernatur, scilicet nondum suppetente ad hauriendum ultra iusta vi; masculas enim non aliud esse quam terrae raptas cum umore sordes. **10.** defectus autem suos et solis,

---

§ 44: (4—6) Beda n. r. 13. tp. r. 8.

---

1 teste **RE**^{1}**a**. -tes **F**^{1} | scribere **opz** 6 merata **R**^{1}. memor- **F**^{1}**a**. remor- **op***va.G*. commor- **F**^{2}**z** 7 rursus **d**(?)*v* 8 praenosci **Eap***va.G*. pron- **Ff** 9 mensum **F**^{1}*S* 10 ipsa *G*. -sum *ll.v*(*S*) 11 ut **z**. eam ut **op***v*(*S*). *om.ll.H*(*D*) 12 repercussu aquae **Rd***v*. -ssaque **a**. -ssa/// **F**^{1}. -ssa qua **E**^{1}. -ssa aqua **F**^{2}**E**^{2}**opz** 14 etiam *om.***FR**^{1}**a** 15 ideo et **R**^{2}*va.S*(*J*). ideo autem **z** | adspici **E**^{2}**ed**^{2}**p***v*. adsumi (abs- **F**^{2}**z**) *r* | qui **F**^{1}**Rae** 16 a se **a** 17 ex sole **p***va.S*(*J*) 18 auersa **FdEa** *B*(*D*). adu- **R**(?)*Brot*. -sae **p** 20 qui admini **F**^{1}**a**. quia in eorū **F**^{2} | numquam **F**^{1}**dRE**^{1}**ay**. nonnu- **F**^{2}**E**^{2}**p***v* | maculoso **Eap**. -lo **F**^{1}**R**^{1}. -losa **F**^{2}**R**^{2}**d***v*. -la **y** 21 cernantur **F**^{2}**R**^{2}**E**^{2}**py***va.B* | ultra *om.***p**. *an* e terra? 22 iusta **dE**^{2}**y***v*. iuxta **F**^{1}**RE**^{1}**eap**. lucis **F**^{2}**f** | ui *om.***a**. uim **R**^{2}**E**^{1}**e**

rem in tota contemplatione naturae maxime miram et
ostento similem, magnitudinum umbraeque indices exsistere.
(7) quippe manifestum est solem interventu lunae occultari 47
lunamque terrae obiectu ac vices reddi, eosdem solis
radios luna interpositu suo auferente terrae terraque lunae.
hac subeunte repentinas obduci tenebras rursumque illius
umbra sidus hebetari. neque aliud esse noctem quam
terrae umbram, figuram autem umbrae similem metae ac
turbini inverso, quando mucrone tantum ingruat neque
lunae excedat altitudinem, quoniam nullum aliud sidus
eodem modo obscuretur et talis figura semper mucrone
deficiat. spatio quidem consumi umbras indicio sunt 48
volucrum praealti volatus. ergo confinium illis est aëris
terminus initiumque aetheris. supra lunam pura omnia ac
diurnae lucis plena. a nobis autem per noctem cernuntur
sidera, ut reliqua lumina e tenebris, et propter has causas
nocturno tempore deficit luna. stati autem atque menstrui
non sunt utrique defectus propter obliquitatem signiferi
lunaeque multivagos, ut dictum est, flexus, non semper in 43
scripulis partium congruente siderum motu.

11. (8) Haec ratio mortales animos subducit in 49
caelum ac velut inde contemplantibus trium maximarum
rerum naturae partium magnitudinem detegit. non posset
quippe totus sol adimi terris intercedente luna, si terra
maior esset quam luna. tertia ex utroque vastitas

§ 47: (3—8) Beda tp. r. 27. (n. r. 22). — § 48—50: Beda tp. r. 27. — § 48: Beda n. r. 25. — § 49: Beda n. r. 22.

2 magnitudinem **F^{1}R^{1}Ea**. (**R^2** *periit marg. absciso*). eorum magnitudinum **op***va.S* 5 terrae terraque **R^{2}d***v*. terraeque **F^{1}R^{1}E**. -re quē **a**. -raque **F^{2}Top**. -rasque **y** 6 hac uero **opz** *va.G* | *an* obduci terrae (*vel* illi)? | rursusque **p**. -sus **T** 9 torbini **F^1**. orbi **F^{2}f** 10 lunae *om.***FfRE^{1}apz** | altitudinem **f** (**F^2** *add.* lune) *Sabell.* latit- *rv* 11 in mucrone **F^{2}R^2**. -nem **z***va.S* 12 eodem (*pro* quidem) **F^{2}f** 15 diurnae **o***D*. -na et **y**. diuturnae *ll.v* 16 e **E^{2}o***C*. et *rv*. in **dTz** 17 statim **E^{1}a**. -tuti **F^{2}dE^{2}p** | menstrui non *v*. non me- **F^{1}REap**. me- **F^{2}d** 20 scrupulis **R^{1}p***va.S* 24 si — 25 luna *om.***F^{1}R^{1}E^{1}a** 25 tertia *ll.v(H)*. certior *B cum Beda* | utraque *va.H*

solis aperietur, ut non sit necesse amplitudinem eius oculo-
50 rum argumentis atque coniectura animi scrutari: inmensum esse, quia arborum in limitibus porrectarum in quotlibet passuum milia umbras paribus iaciat intervallis, tamquam toto spatio medius, et quia per aequinoctium omnibus in meridiana plaga habitantibus simul fiat a vertice, item quia circa solstitialem circulum habitantium meridie ad septentrionem umbrae cadant, ortu vero ad occasum, quae fieri nullo modo possent, nisi multo quam terra maior esset, nec non quod montem Idam exoriens latitudine exsuperet, dextra laevaque large amplectens, praesertim tanto discretus intervallo.

51 Defectus lunae magnitudinem eius haut dubia ratione declarat, sicut terrae parvitatem ipse deficiens. namque cum sint tres umbrarum figurae constetque, si par lumini sit materia quae iaciat, umbram columnae effigie iaci nec habere finem, si vero maior materia quam lumen, turbinis recti, ut sit imum eius angustissimum et simili modo infinita longitudo, si minor materia quam lux, metae existere effigiem in cacuminis finem desinentem talemque
52 cerni umbram deficiente luna: palam fit, ut nulla amplius relinquatur dubitatio, superari magnitudinem terrae. id quidem et tacitis naturae ipsius indiciis: cur enim partitis

---

§ 50: (10. 11) cfr. Diodor. XVII 7, 5—7. (Mela I 94. Sol. 11, 6.)

---

1 solis **d**^{1}**y***v*(*D*). solis oculorum argumentis *r*(*J*) | aperietur (*sc.* *§ 51*) **REp***J*. -iretur **da**. -itur **Foy***v*(*D*) | non sit ut **R***S*. *an non ut sit? cfr. VII 1* 2 aut (*pro* atque) **y** | immensam **Eaop** 3 qui **FRdy**. que **a** | quodlibet **F**^{1}**R**^{1}**a***C*. quol- **R**^{2}**y**. quael- **p** 4 milia ///// **R**. -arum **d**. -arium **F**^{1}**a** 7 circa **R**^{2}**d**^{2}**E**^{2}**py***v*. citra **z**. *om.* **r** 10 nec non **z**. nec *ll.* *H*. et *v*(*D*) 14 ipse **Fd**^{2}**Ra***B*. -sa **Epz***v*. *om.* **d**^{1} 16 quae **R**^{2}**E**^{2}**dpy***v*. *om.* **r** | iaciat *J*. iactat **dE**^{1}**y***v*. -tatu **a**. -ta///// **F**^{1}. -tā **F**^{2}. -tans **f**. -tet **R**^{1}**p**. faciat **R**^{2} | iacere **y** 20 fine **py***va.* *G* 21 fit **Fa**. est **y** | ut nulla **Eap***v*. haut (aut **F**^{1}**R**) ulla **FRd**^{2}**Ty**. nulla **d**^{1}

22 relinquatur **Eap***v*. -uetur **d**. -uitur **FRy** | solem superare **y***D* | magnitudinem terrae **dTy***S*. -ne terrae **FRa**. -ne terram **E**(?)**p***v* | hic (*pro* id) **Eaz**. hęc **R**^{1}. //// **F**^{1} 23 ipsius naturae indiciis **p***va.* *J*. nat- ind- ips- **R**

vicibus anni brumalis abscedit aut noctium opacitate terras reficit? exusturus haut dubie, et sic quoque exurens quadam in parte. tanta magnitudo est.

12. (9) Et rationem quidem defectus utriusque 53
primus Romani generis in vulgum extulit S u l p i c i u s G a l l u s, qui consul cum M. Marcello fuit, sed tum tribunus militum, sollicitudine exercitu liberato pridie quam Perses rex superatus a Paulo est in concionem ab imperatore productus ad praedicendam eclipsim, mox et composito volumine. apud Graecos autem investigavit primus omnium Thales Milesius Olympiadis XLVIII anno quarto praedicto solis defectu, qui Alyatte rege factus est urbis conditae anno CLXX. post eos utriusque sideris cursum in sexcentos annos praececinit Hipparchus, menses gentium diesque et horas ac situs locorum et visus populorum complexus, aevo teste haut alio modo quam consiliorum naturae particeps. viri ingentes supraque mortalia, tantorum numinum 54
lege deprehensa et misera hominum mente ia*m* soluta, in defectibus scelera aut mortem aliquam siderum pavente — quo in metu fuisse Stesichori et Pindari vatum sublimia ora palam est deliquio solis — aut in luna veneficia arguente mortalitate et ob id crepitu dissono auxiliante

---

§ 53: cfr. Liv. XLIV 37, 5. Val. Max. VIII 11, 1. Quintil. I 10, 47. Lyd. ost. 9 p. 30^{b}. — (10) Herodot. I 74. Lyd. ost. 9 p. 30^{ab}. — Ptolem. geogr. I 4. Lyd. ost. 7 p. 24^{c}. — § 54: (20) Plut. de fac. in orbe lunae p. 931^{e}. Pind. fragm. 74 (Bergk^{2}). — (144, 1) Plut. Nic. 23. Quintil. I 10, 48.

---

2 *dist. J* 5 uulgus **opyz***va. S. sed cfr. VIII 43. XXXV 84* 6 tum **E***v*. cum *r* 7 perses (pre- **a**^{1}) **FRa**^{2}**dp***v*(*S*). perseus **E**(?)**a**^{3} *ad marg. G*(*D*) 13 CLXX **F**^{2}**ay***v*(*Brot.*). CLXXX **F**^{1}**fz**. CXX *r*. CLX *H* | cursum *om.* **FRd**^{1}**a** 14 praececinit **F**^{2}**R**^{2}**p***D*. praec///nit **R**^{1}. -cinit *r*. -cinuit *v* 15 uisos **F**^{2}. uicos **d**^{2}**E**^{2}**p** *va. H* 17 mortalia *ll. Brot.* -lium naturam *v*(*S*) 18 iam soluta *ego*. inso- **FR**^{1}**a**. abso- *rv*. labe sol- *D* 19 defectibus stellarum **R**^{2}*va. H*. -bus siderum *D* | aut **d***v*. ut *r* | siderum *del. D* 20 metu **F**^{2}**R**^{2}**d***v*. mente **pz**. -nse *r* 21 aut **F**^{2}**z**. at (ad **F**^{1}**R** *e corr.*) *r Brot.* et **p***v* | luna// **F**. -nae **az**. *an recte?* 22 id *om.* **FR**^{1}**a**

— quo pavore ignarus causae Nicias Atheniensium im-
perator veritus classem portu educere opes eorum adflixit
—: macte ingenio este, caeli interpretes rerumque naturae
55 capaces, argumenti repertores, quo deos hominesque vicistis!
quis enim haec cernens et statos siderum (quoniam ita
appellare placuit) labores non suae necessitati mortales
genitos ignoscat?

Nunc confessa de iisdem breviter atque capitulatim attingam ratione admodum necessariis locis strictimque reddita, nam neque instituti operis talis argumentatio est neque omnium rerum afferri posse causas minus mirum est quam constare in aliquis.

56 **13.** (10) Defectus CCXXIII mensibus redire in suos
orbes certum est, solis defectus non nisi novissima primave
fieri luna, quod vocant coitum, lunae autem non nisi
plena, semperque citra quam proxime fuerint; omnibus
autem annis fieri utriusque sideris defectus statis diebus
horisque sub terra nec tamen, cum superne fiant, ubique
cerni, aliquando propter nubila, saepius globo terrae
57 obstante convexitatibus mundi. intra ducentos annos
Hipparchi sagacitate compertum est et lunae defectum
aliquando quinto mense a priore fieri, solis vero septimo,
eundem bis in XXX diebus super terras occultari, sed ab
aliis hoc cerni, quaeque sunt in hoc miraculo maxime
mira, cum conveniat umbra terrae lunam hebetari, nunc
ab occasus parte hoc ei accidere, nunc ab exortus, quanam
ratione, cum solis exortu umbra illa hebetatrix sub terra

§ 55: (6) Verg. Aen. I 742. — § 56. 57: Beda tp. r. 27. n. r. 22 — § 57: (145, 4) Lydus ost. 9 p. 30^b.

2 parte (-tē **E^{1}a**) seducere **F^{1}R^{1}E^{1}a** 3 macte **Fd^{1}R^{1}az**. -ti *r. cfr. Fels p. 76* | naturae *om.* **FR^{1}a** 5 et *om.* **FE^{1}a** | status **F^{2}Rap** 8 Nonne **Fa**. N////// **R^1** 13 CCXIII **F^{2}R^{1}a**. CC·XCIII **F^1**. CCXXII *va. H.* (CCXXXV *MCap. VIII 868*) 14 defectum **d**(*Beda*) *va. S* 16 fuerit **dop**(*Beda*) *va. S* 17 statis **F^{1}d^1***v.* -tutis *r Beda* 18 fiant superne **op** *va. H* | fiunt **y** *H Brot.* 19 nebula **y**. -lam **i** *Beda* 22 quoto **F^{1}R^{1}Ea** 23 super **Epy** *Beda.* supra *rv* 26 et quanam *va. S*

esse debeat, semel iam acciderit ut in occasu luna deficeret utroque super terram conspicuo sidere. nam ut XV diebus utrumque sidus quaereretur, et nostro aevo accidit imperatoribus Vespasianis patre III. filio consulibus.

14. (11) Lunam semper aversis a sole cornibus, si crescat, ortus spectare, si minuatur, occasus, haut dubium est; lucere dodrantes semuncias horarum ab secunda adicientem usque ad plenum orbem detrahentemque in deminutionem; intra XIIII autem partes solis semper occultam esse. quo argumento amplior errantium stellarum quam lunae magnitudo colligitur, quando illae et a septenis interdum partibus emergant. sed altitudo cogit minores videri, sicut adfixas caelo solis fulgor interdiu non cerni, cum aeque ac noctu luceant idque manifestum fiat defectu solis et praealtis puteis. 58

15. (12) Errantium autem tres, quas supra solem diximus sitas, occultantur meantes cum eo, exoriuntur vero matutino discedentes partibus numquam amplius undenis. postea radiorum eius contactu reguntur et in triquetro a partibus CXX stationes matutinas faciunt, quae et primae vocantur, mox in adverso a partibus CLXXX exortus vespertinos, iterumque in CXX ab alio latere appropinquantes stationes vespertinas, quas et secundas vocant, donec assecutus in partibus duodenis occultet illas, qui 59 32 sqq.

§ 58: (11) Beda n. r. 13 extr. — § 59: (17. 18) Beda n. r. 13. — MCap. VIII 886. 887. — cfr. Vitr. IX 4, 6. 12.

2 terras **F²T** | in XV **Fad**. XII *va.H* 4 IV *H cum Petavio*. ac **Ea**. & **p** | filio **Eap***D*. -io II **FR¹**. -io iterum **dR²***v* | eos (*pro* cos.) **F**. eius **Eap** 7 semiuncias **py** | ad **a**. a **py** 9 diminutionem **Rapy***va.S* 11 a *om.* **FR¹Eapz** 13 fulgor **Rf***H* (*sc.* cogit). -ore *rv*(*J*) 14 aeque *ll.H*(*J*). -que die **p***v*. -que diu *C*(*S*) | nocte **p** 18 discedentes **F²z***v*. -dente sole m. -dunt **R³**. descendentes **d²p**. -te **R¹d¹E²a**. -te a **R²**. discente **F¹**. descente **E¹** 19 contractu **p***va.C* | teguntur **p***va.H*. regrediuntur *D coll. § 61. 69 sqq. et Vitr.* 21 aduerso **pm***v*(*S*). auerso *ll.Brot.* 22 appropinquantes **p***H*. -te *ll.v* 23 et *errore om. HSJ* 24 *post* assecutus (*sc.* contactus radiorum solis) *inserunt* sol **m***D*, radius *MCap*.

60 vespertini occasus appellantur. Martis stella, ut propior,
etiam ex quadrato sentit radios, a XC partibus, unde et
nomen accepit motus primus et secundus nonagenarius
dictus ab utroque exortu. eadem stationalis senis mensibus
commoratur in signis, alioqui bimenstris, cum ceterae
61 utraque statione quaternos menses non inpleant. inferiores
autem duae occultantur in coitu vespertino simili modo,
relictaeque a sole totidem in partibus faciunt exortus
matutinos, ad quos longissimis distantiae suae metis solem
insequuntur adeptaeque occasu matutino conduntur ac
praetereunt. mox eodem intervallo vespere exoriuntur
38 usque ad quos diximus terminos. ab his retrogradiuntur
ad solem et occasu vespertino delitescunt. Veneris stella
et stationes duas, matutinam vespertinamque, ab utroque
exortu facit a longissimis distantiae suae finibus, Mercurii
stationum breviore momento quam ut deprehendi possint.
62 (13) Haec est luminum occultationumque ratio, per-
plexior motu multisque involuta miraculis, siquidem mag-
nitudines suas et colores mutant, et eaedem ad septentrionem
accedunt abeuntque ad austrum terrisque propiores aut
caelo repente cernuntur. in quibus aliter multa quam
priores tradituri fatemur ea quoque illorum esse muneris
qui primi vias quaerendi demonstraverint, modo ne quis
63 desperet saecula proficere semper. pluribus de causis
haec omnia accidunt: prima circulorum, quos Graeci ἀψῖ-
δαϲ in stellis vocant; etenim Graecis utendum erit voca-
bulis. sunt autem hi sui cuique earum aliique quam mundo,

§ 60: (2) MCap. VIII 884. — § 63. 64: Beda n. r. 14.

2 a *del.* F^2 | XC m*B*. LXXX *ll.v* 3 is motus d(?)*va.S* 5 cū moratur F. moratur m | cum dp*v*. et cum *ll* 7 similiū modo F^{1}Ea 8 relictaeque a dTfz*S*. -tae quae a *ll*. -toque *v* 9 ad quos *ll.S*. atque F^{2}f. -ue a *v* 16 stationū Fa. -nē RdT. -nes E(?)p*v* 17 hominum Fa | perplexiori p. -ore z*va.H* 18 moti R^1. -tus F^{2}Ea. -tis F^1 19 mutent F^{1}R | eadem Ff | septem triones FdT 23 quaerendi uias p*va.S*(*J*) | demonstrauerunt ap*va.H* 25 hapsidas Fdm (*fere semper*)

quoniam terra a verticibus duobus, quos appellaverunt polos, centrum caeli nec non et signiferi est oblique inter eos siti. omnia autem haec constant ratione circini semper indubitata. ergo ab alio cuique centro apsides suae exsurgunt ideoque diversos habent orbes motusque dissimiles, quoniam interiores apsidas necesse est breviores esse.
16. igitur a terrae centro apsides altissimae sunt Saturno 64
in scorpione, Iovi in virgine, Marti in leone, soli in geminis, Veneri in sagittario, Mercurio in capricorno, *lunae in tauro*, mediis omnium partibus, et e contrario ad terrae centrum humillimae atque proximae. sic fit ut tardius moveri videantur, cum altissimo ambitu feruntur, non quia adcelerent tardentve naturales motus, qui certi ac singuli sunt illis, sed quia deductas ab summa apside lineas coartari ad centrum necesse est, sicut in rotis radios, idemque motus alias maior, alias minor centri propinquitate sentitur. altera sublimitatium causa, quoniam 65
a suo centro apsidas altissimas habent in aliis signis, Saturnus in librae parte vicesima, Iuppiter cancri quinta decima, Mars capricorni XXVIII, sol arietis XVIIII, Venus piscium XXVII, Mercurius virginis XV, luna tauri III. tertia altitudinum ratio caeli mensura, non circuli, intellegitur, subire eas aut descendere per profundum aëris oculis aestimantibus.

§ 64: cfr. MCap. VIII 886. 885. 884. — § 65: cfr. Firmic. Matern. math. II 3, 6.

1 a *om.* **FaT**. inter **m** | uertices duos **m** 2 nec non et **dT** (*Beda*) *S*. non et **FR**^{1}*D*. ///// & **E**^{1}. nā et **a**. non est **R**^{2}. & **E**^{2}**epm**. est nec non *B*. est non *v* | est **R**^{2}**F**^{2}*S*. et *r*. *del.v* | oblique **R***v*. -ui *r* 3 omnia — 4 indubitata *uncis inclusit D* 7 centro *om.* **R**^{1}. contra **F**^{1}**a** 9 lunae in tauro *D*^{2} *ex Beda; cfr.v.21. om.ll.v* 12 moueri *ll.v.* -eri et minores **m***D* | feruntur *ll.v.* -tur cum uero terrae appropinquauerint maiores esse et celerius ferri **m***D*. *sed cfr. Welzhofer Beda p.32.33* 15 coartalia **R**^{1}**E**^{1}**a** | ad centrum **F**^{2} *in ras.* **dR**^{2}**E**^{2}**m***v*(*J*). decretum *r*. *om.***p***S* 17 sublimitatum **Eap***va.S* 20 XVIIII **F**f*H cum B* (*D*^{2}). XXVIIII *rv*(*S*) 21 XXVII *H e Firmico*. XVII **Rd***S*. XVI *rv* 21 III *H e Firmico*. IIII *ll.v*(*S*)

66 Huic conexa latitudinum signiferi obliquitatisque causa
31 sq. est. per hunc stellae quas diximus feruntur, nec aliud habitatur in terris quam quod illi subiacet, reliqua a polis squalent. Veneris tantum stella excedit eum binis partibus, quae causa intellegitur efficere ut quaedam animalia et in desertis mundi nascantur. luna quoque per totam latitudinem eius vagatur, sed omnino non excedens eum. ab his Mercurii stella laxissime, ut tamen e duodenis partibus — tot enim sunt latitudinis — non amplius octonas pererret, neque has aequaliter, sed duas *in* medio
67 eius et supra quattuor, infra duas. sol deinde medio fertur inter duas partes flexuoso draconum meatu inaequalis, Martis stella quattuor mediis, Iovis media et super eam duabus, Saturni duabus ut sol. haec erit latitudinum ratio ad austrum descendentium aut ad aquilonem subeuntium. hac constare et tertiam illam a terra subeuntium in caelum, et pariter scandi eam quoque existimavere plerique falso. qui ut coarguantur, aperienda est subtilitas inmensa et omnes eas conplexa causas.

68 Convenit stellas in occasu vespertino proximas esse terrae et altitudine et latitudine, exortusque matutinos in initio cuiusque fieri, stationes in mediis latitudinum articulis, quae vocant ecliptica. perinde confessum est motum augeri, quamdiu in vicino sint terrae; cum abscedant in altitudinem, minui. quae ratio lunae maxime sublimitatibus adprobatur. aeque non est dubium in exortibus matutinis etiamnum augeri atque a stationibus primis tris superi-

§ 66. 67: (2—14) Beda n. r. 16. — § 68: (23—26) ib. 14.

2 dicimus **Fa** 6 et *om.* **p**. etiam **o** | mundi partibus **o** 8 eam **FRT***SJ* | et (*pro* ut) **F**^{1}**R**^{1} | e **FdE***v*. /// **R**. ē **ap** 9 latitudinis **pm***C*. -nes *ll*. -ne **d** 10 *sqq. rectius distributiva numeralia ponenda* | in *D*^{2} *ex Beda. om. ll. v* 13 medias **Eap***va. J* | media **m***J*. -iam *ll. v* 14 duabus **R**^{2}**m***D*. duas *rv* | duas **Ea***va. H* | ut sol *del. voluit Külb* 16 haec **Fa** 18 falso ut qui arguantur **F**^{1}**R**^{1} 21 et latitudine *om.* **F**^{1}**R**^{1}**E**^{1}**a** | inimico **F**^{1}**a**. -cas **F**^{2} 25 latitudinē **F**^{1}**R**^{1}**E**^{1}**a**

ores deminuere *se* usque ad stationes secundas. quae 69
cum ita sint, manifestum erit ab exortu matutino latitudines scandi, quoniam in eo primum habitu incipiat parcius adici motus, in stationibus vero primis et altitudinem subiri, quoniam tum primum incipiant detrahi numeri stellaeque retroire. cuius rei ratio privatim reddenda est. percussae in qua diximus parte et triangulo solis radio inhibentur rectum agere cursum et ignea vi levantur
in sublime. hoc non protinus intellegi potest visu nostro, 70
ideoque existimantur stare, unde et nomen accepit statio. progreditur deinde eiusdem radii violentia et retroire cogit vapore percussas. multo id magis in vespertino earum exortu, toto sole adverso cum in summas apsidas expelluntur minimaeque cernuntur, quoniam altissime absunt, et minimo feruntur motu, tanto minore, cum hoc in altissimis
apsidum evenit signis. ab exortu vespertino latitudo 71
descenditur parcius iam se minuente motu, non tamen ante stationes secundas augente, cum et altitudo descenditur, superveniente ab alio latere radio eademque vi rursus ad terras deprimente, qua sustulerat in caelum e priore triquetro. tantum interest, subeant radii an superveniant, multoque eadem magis in vespertino occasu accidunt. haec est superiorum stellarum ratio; difficilior reliquarum et a nullo ante nos reddita.

17. (14) Primum igitur dicatur, cur Veneris stella 72

§ 72 init.: cfr. MCap. VIII 882. (880.) 881. Cic. nat. deor. II 53.

1 deminuere se *ego*. -ere **R**²*S*. dim- *rJ*. -nui **p***v*(*D*) 2 sint *om.* **F**¹**R**¹**a**¹ 3 abitu *G*. *om.* **a** | incipiatur **R**². -piant **F**²**d** *va.S* 4 altitudine **p***va.H* 5 subiri *D*. -re *ll.v* | incipiant **dR**²*v*(*S*). -piat *rH* | numeri **FdR***v*(*S*). -ris **afz**. -rus **E**(?)**p***H* 12 uapore percussas **dTm***D*. -por repercussas **FRa**³*v*(*S*). -ssa p. -ssus **Ea***Hack*. 13 auerso **F**²**fR**¹**Ea***H* 14 minimaeque **m***J*. -meque (-quae **FR**) *rv* 15 minore **m***B*. -res *ll.v*(*J*) | eum **F**¹**a** 19 solis radio **m**. *cfr.v.7.8* 20 qua **m***D*. quę **F**²*v*. *om.r* | sustulerat **m***D*. -erit *ll.v* | e priore *om.* **F**¹**R**¹. re **a**. /// **E**¹ 25 cur **FfTE**²*H*. cum *r*. cum sint **z***v* | ueneris **F**² *in ras.* **fdTR**²**E**²**p***H*. uniuersae *r*. diuersae *v* | stellae **E**¹**a**. stellae cur ueneris stella (**z**)*va.H*

numquam longius XLVI partibus, Mercurii XX ab sole abscedant, saepe citra eas ad solem reciprocent. conversas habent utraeque apsidas ut infra solem sitae, tantumque circulis earum subter est quantum superne praedictarum, et ideo non possunt abesse amplius, quoniam curvatura apsidum ibi non habet longitudinem maiorem. ergo utrique simili ratione modum statuunt apsidum suarum margines, ac spatia longitudinis latitudinum evagatione pensant. at
73 enim cur non semper ad quadraginta sex et ad partes viginti perveniunt? immo vero, sed ratio canonicos fallit. namque apparet apsidas quoque earum moveri, quod numquam transeant solem. itaque cum in partem ipsam eius incidere margines alterutro latere, tum et stellae ad longissima sua intervalla pervenire intelleguntur. cum citra fuere margines, totidem partibus et ipsae ocius redire coguntur, cum sit illa semper utrique extremitas summa.

74 Hinc et ratio motuum conversa intellegitur. superiores enim celerrime feruntur in occasu vespertino, hae tardissime; illae a terra altissime absunt, cum tardissime moventur, hae, cum ocissime, quia, sicut in illis propinquitas centri adcelerat, ita in his extremitas circuli. illae ab exortu matutino minuere celeritatem incipiunt, hae vero augere; illae retro cursum agunt a statione matutina usque ad vespertinam, Veneris a vespertina usque ad
75 matutinam. incipit autem ab exortu matutino latitudinem scandere, altitudinem vero ac solem insequi a statione

1 XXXVI **FfRa**^{2} *in ras.* | XX *ll.v(S)*. XXIII *C cum anon. ap. B(D) coll.§39.73* | a **dp***va.S* 2 ab **Fa** | reciproce sic **F**^{2}. -cae sint **z**. -cae sint. sic **f**. -cent. sic *SJ* 4 circulus **Ea** | subter (**z**?) *C cum anon. ap. B.* sub terra *ll.v(H)*. *de dictione cfr. XXXVI 94. 104. XI 133. XII 22. II 212. 214* 6 utrimque **R**^{2}. -raeque **p***va.H* 7 admodum **FRapfz***va.C* 10 uiginti **Fd Eapz***v(J)*. -ti tres **R**(?) *C(D). cfr. §72 init. 39* | canonicas **F**. -ca **E**^{2}**p***va.S* 12 nonnumquam *D* 15 *dist. D* 16 coguntur (-unt **R**^{1}) *ll.(P)D.* creduntur *v* 23 a (ad **F**) statione matutina **Fda***v*. ad -onem -nam *r* 26 et altitudinem uero **FRa**. subire *add. voluit U (ann. Heidelb. 1867 p. 213)*. uespertino autem descendere incipit. In occasu uero **m** | ad **F**^{1}**Ra** | stationem matutinam **Ra**

matutina, ocissima in occasu matutino et altissima, degredi autem latitudine motumque minuere ab exortu vespertino, retro quidem ire simulque altitudine degredi ab statione vespertina, Mercurii rursus stella utroque modo scandere ab exortu matutino, degredi vero latitudine a vespertino, consecutoque sole ad quindecim partium intervallum
consistit quadriduo prope inmobilis. mox ab altitudine 76
descendit retroque graditur ab occasu vespertino usque ad exortum matutinum, tantumque haec et luna totidem diebus, quot subiere, descendunt. Veneris quindecies pluribus subit, rursus Saturni et Iovis duplicato degrediuntur, Martis etiam quadruplicato. tanta est naturae varietas, sed ratio evidens. nam quae in vaporem solis nituntur, etiam descendunt aegre.

(15) Multa promi amplius circa haec possunt secreta 77
naturae legesque, quibus ipsa serviat, exempli gratia in Martis sidere, cuius est maxime inobservabilis cursus, numquam id stationem facere Iovis sidere triquetro, raro admodum LX partibus discreto, qui numerus sexangulas mundi efficit formas, nec exortus nisi in duobus signis tantum, cancri et leonis, simul edere, Mercurii vero sidus exortus vespertinos in piscibus raros facere, creberrimos in virgine, in libra matutinos, item matutinos in aquario, rarissimos in leone, retrogradum in tauro et geminis non fieri, in cancro vero non citra vicesimam quintam partem,
lunam bis coitum cum sole in nullo alio signo facere 78
quam geminis, non coire aliquando in sagittario tantum, novissimam vero primamque eadem die vel nocte nullo

§ 78: (152, 2—6) Beda n. r. 13.

1 hoc casu **R** 2 matutino (*pro* uespertino) **d**^{1}*va.H* 3 ab **R***S*. a **F**^{2}**p***v*. ad *r* | stationem uespertinam **Ead** 4 rursū **R**^{2} *e corr.S* | stellam **R**^{2} 5 uero *om.***Ep** 6 interuallo **FRa** 10 quindecies (-cim *G*) et **F**^{2}**R**^{2}**p***va.H* 11 digrediuntur **ap***va.H* 21 edere (aed- **F**) *ll.v.* faciunt **m.** *an* facere? 22 in (*del.***F**^{2}) exortus **FR**^{1}**Ea**. -tu **R**^{2} 22 celeberrimos **F**^{1}**R**^{1}**E**^{1}**a** 23 in libra *om.***FRd**^{1}**E**^{1}**a** | matutinos (*post* item) *om.* **FRE**^{1}**ap** 24 et in geminis **dT***S*

alio in signo quam ariete conspici — id quoque paucis mortalium contigit, et inde fama cernendi Lynceo —, non conparere in caelo Saturni sidus et Martis, cum plurimum, diebus CLXX, Iovis XXXVI aut, cum minimum, denis detractis diebus, Veneris LXVIIII aut, cum minimum, LII, Mercuri XIII aut, cum plurimum, XVII.

79 **18.** (16) Colores ratio altitudinum temperat, siquidem earum similitudinem trahunt, in quarum aëra venere subeundo, tinguitque adpropinquantes utralibet alieni meatus circulus, frigidior in pallorem, ardentior in ruborem, ventosus in horrorem, sol atque commissurae apsidum extremaeque orbitae atram in obscuritatem. suus quidem cuique color est: Saturno candidus, Iovi clarus, Marti igneus, Lucifero candens, Vesperi refulgens, Mercurio radians, lunae blandus, soli, cum oritur, ardens, postea radians, his causis conexo visu et earum quae caelo con-
80 tinentur. namque modo multitudo conferta inest circa dimidios orbes lunae, placida nocte leniter inlustrante eas,
36 sq. modo raritas, ut fugisse miremur, plenilunio abscondente aut cum solis suprave dictarum radii visus pr*a*estrinxere nostros. et ipsa autem luna ingruentium solis radiorum haut dubie differentias sentit, hebetante cetero inflexos mundi convexitate eos praeterquam ubi recti angulorum conpetant ictus. itaque in quadrato solis dividua est, in

---

§ 79: (7—12) Beda n. r. 15^b. — (12—15) ib. 15^a.

---

2 contigit **F**[2]**E**(?)**dT***v*(*D*). -ingit *r Dal. om.* **p** 5 diebus **mpF**[3]*v*. *cfr. Beda*. -bus omnia *ll. D* | LXIIII **R**[1]. LXXVIIII **m** 6 XIII **Edp***v*. XII **FRam**. *cfr. Beda* | XVII **REapm***v*(*D*). XVIII **FdT**(*Beda*)*H* 8 eorum **p** | quarum **F**[2] *in ras.* **Rd***v*. quaedam **Ea**. que iam **p** 9 tinguitque **F***S*. -gitque **d***v*. linquitque **a**. -iturque **p**. liquitque **RE** | alieni circuli meatus, circulus *Beda* 11 hororem **F**[1]. hono- **R**[1]**a**. *an* liuorem? 14 candens **R**[2]**p***v*. gaud- *r* 15. 16 postea (post *D*) radians **opd**[3]*v*. -tea diens **F**[1]. -tea dies *r* 20 p̄strinxere *CFW Müller p. 16*. pstr- *ll. v* 22 dubia **Eapz**. -iae **F**[1] | differentias **FR**[2]**d***v*. -tia es **a**. -tia *r*. -tiam **m**. *cfr. Rück 1 p. 77* | sentitur **z** | ceteros **FdTp**. -ra *va. H* | inflexus **Fp** 24 competunt **E**(?)**p***va. S* | dimidia est **p**. -dia nitet **m**

triquetro seminani ambitur orbe, inpletur autem in adverso, rursusque minuens easdem effigies paribus edit intervallis, simili ratione qua super solem tria sidera.

19. (17) Sol autem ipse quattuor differentias habet, 81
bis aequata nocte diei, vere et autumno, in centrum incidens terrae octavis in partibus arietis ac librae, bis permutatis spatiis, in auctum diei bruma, octava in parte capricorni, noctis vero solstitio, totidem in partibus cancri. inaequalitatis causa obliquitas *est* signiferi, cum pars aequa mundi super subterque terras omnibus fiat momentis. sed quae recta in exortu suo consurgunt signa longiore tractu tenent lucem; quae vero obliqua, ociore transeunt spatio.

20. (18) Latet plerosque magna caeli adsectatione 82
conpertum principibus doctrinae viris, superiorum trium siderum ignes esse qui decidui ad terras fulminum nomen habeant, sed maxime *Iov*is medio loco siti, fortassis quoniam contagium nimii umoris ex superiore circulo atque ardoris ex subiecto per hunc modum egerat, ideoque dictum Iovem fulmina iaculari. ergo ut e flagrante ligno carbo cum crepitu, sic a sidere caelestis ignis exspuitur praescita secum adferens, ne abdicata quidem sui parte in divinis cessante operibus. idque maxime turbato fit aëre, quia collectus umor abundantiam stimulat aut quia turbatur quodam ceu gravidi sideris partu.

21. (19) Intervalla quoque siderum a terra multi 83

§ 81: Beda tp. r. 30. — § 82: (20) cfr. Lyd. ost. 46 (p. 174^{d}). — § 83: Beda tp. r. 26. Censorin. d. nat. 13, 3. — Plut. plac. philos. II 31.

2 *an* minuens se? 3 supra *va.D* 5 aequata **F^{2}dR^{2}***v*. aequa *r* | uere **Eap***C*(*D*). uero **F^{1}R^{1}**. uerno **F^{2}R^{2}dT***v*(*S*) 9 obliquitas est *v*. -tate **Eap**. -ta **F^{1}R^{1}**. -tas *rS* (signiferi est *Beda*) 15 a principibus **F^{2}R^{2}**(**E**?)**op***v* 17 Iouis *ego*. is **F^{1}**. eis **R^{1}E^{1}a**. ex his (iis *v*) **opyd***rS*. ex his Iouis *D^{2} Herm. XXXII p. 335* 19 motum **R^{2}dTy***S* | egerant **R^{2}op***S*. erat **F^{1}** 20 fulminare. Ergo **o** 22 ////dicata **F^{1}**. radi- **R^{1}ad**. reddita **p** 23 idque minimo **R^{1}E^{1}a**(**F^{1}**) 25 ceti **i**. celi **E^{1}a**. caeli **F^{1}R** | graui **R**. -uis **F^{1}adTp**

indagare temptarunt, et solem abesse a luna undeviginti partes quantam lunam ipsam a terra prodiderunt. Pythagoras vero, vir sagacis animi, a terra ad lunam $\overline{\text{CXXVI}}$ stadiorum esse collegit, ad solem ab ea duplum, inde ad duodecim signa triplicatum, in qua sententia et Gallus Sulpicius fuit noster.

84 **22.** (20) Sed Pythagoras interdum et musica ratione appellat tonum quantum absit a terra luna, ab ea ad Mercurium dimidium spatii et ab eo ad Veneris, a quo ad solem sescuplum, a sole ad Martem tonum [id est quantum ad lunam a terra], ab eo ad Iovem dimidium et ab eo ad Saturni, et inde sescuplum ad signiferum; ita septem tonis effici quam διὰ πασῶν ἁρμονίαν vocant, hoc est universitatem concentus; in ea Saturnum Dorio moveri phthongo, Iovem Phrygio et in reliquis similia, iucunda magis quam necessaria subtilitate.

85 **23.** (21) Stadium XXV nostros efficit passus, hoc est pedes DCXXV. Posidonius non minus XL stadiorum a terra altitudinem esse, in quam nubila ac venti nubesque perveniant, inde purum liquidumque et inperturbatae lucis

§ 84: Censorin. d. nat. 13, 3. 4. — § 85 init.: cfr. Censorin. d. nat. 13, 2.

1 temptauerunt **do**. tent- *va.S* | duodeuiginti *coni.H coll. Plut. de plac. phil. 2,31* 2 quantam **FR**^{1}*J*. -tas **R**^{2}(*Beda*). -tum **opmr***v* 3 $\overline{\text{CXXVI}}$ **R**^{2}**E**(?)**dTyfz**(*Beda*)*C*. CXXV **opmr***v* 4 collegit **domy**^{1}(*Beda*)*v*(*D*). -lligit *ll.***y**^{2}**ipfz***S* 6 noster fuit **y***va.S* 7 et **FfEamp**. ex **R**(?)**dz***v* 9 eius spatii **R**^{2}**d***S*. spatii eius *v*. spatii hoc est semitonium **m** | ueneris **FfRTz***S*. -rem **Eadp***v*. -rem tantundem **m***D*. -rem fere tantundem **E**^{3}*C* | qua (*pro* quo *sc.* sidere) **m**(*partim*)*va.S*(*D*) 10 sescuplum id est tria semitonia **m**. sesquiplum **FRfz***B* (*item infra*) 10.11 *uncos posui coll. Censorino* 12 ad *om.***E**^{1}**a**. et **F**^{1}**R** | saturnum **E**^{2}**dm***va.S*(*D*). *add.* dimidium **R**^{2}**adE**^{3}*v*. tantundem spatii **m** | inde **R**^{2}**dmfzE**^{3}*v*. de eo **E**^{2}**e**. de *r* 13 tonos **R**(?)**p***va.S* | harmonian (arm- **R**) **FR**. -iam (arm- **am**) *rv* 14 contectus **F**^{1}**R**^{1}**a** 15 moueri mercurium **d**^{2}**p***va.H* | thongo **Fd**. to- **a** 17 hoc est pedes (passus **Ea**) DCXXV *del. U13* 18 non **E**(?)**opv**(*D*). *om.***yr***S* 19 quam **aopz***D*. qua **yr***v* 20 perueniant (-iunt **y**) *ll.***yzv**(*D*). proueniunt **p**. -iant *C* | lucidumque **y**

aëra, sed a turbido ad lunam viciens C milia stadiorum, inde ad solem quinquiens miliens, et spatio fieri, ut tam inmensa eius magnitudo non exurat terras. plures autem DCCCC in altitudinem nubes subire prodiderunt. inconperta haec et inextricabilia, sed prodenda, quia sunt prodita, in quis tamen una ratio geometricae collectionis numquam fallacis possit non repudiari, si cui libeat altius ista persequi, nec ut mensura — id enim velle paene dementis otii est —, sed ut tantum aestimatio coniectanti constet animo. nam cum CCCLX et fere sex partibus 86 orbis solis ex circuitu eius patere appareat circulum, per quem meat, semperque dimetiens tertiam partem ambitus et tertiae paulo minus septimam colligat, apparet dempta eius dimidia, quoniam terra centralis interveniat, sextam fere partem huius inmensi spatii, quod circa terram circuli solaris animo conprehenditur, inesse altitudinis spatio, lunae vero duodecimam, quoniam tanto breviore quam sol ambitu currit. ita fieri eam in medio solis ac terrae. miror 87 quo procedat inprobitas cordis humani parvolo aliquo invitata successu, sicut in supra dictis occasionem inpudentiae ratio largitur. ausique divinare solis ad terram spatia eadem ad caelum agunt, quoniam sit medius sol, ut protinus mundi quoque ipsius mensura veniat in digitos. quantas enim dimetiens habeat septimas, tantas habere circulum duoetvicesimas, tamquam plane a perpendiculo mensura caeli constet. Aegyptia ratio, quam Petosiris 88

1 aera **FfRTa***S*. -rem **Ed**(?)**op***v*. -re **y** | centum (*pro* centena) *ll.v* 2 eo (*pro* et) **d**(?)**pF**^{3}*va.S*(*D*) 3 autem nubes *va.Brot.*(*S*) 4 DCCC **R**^{2}**y**. nongentis **opE**(?)*v*. *add.* mil. **y**. passus **F**^{2}**R**^{2}. stadiis **E**^{2}**op***va.S* 5 sed **F**^{2} *in ras.* **ydT***S*. sunt **Ea**. stam **R**^{1}. sunt tam **op**. sed tam **R**^{2}*v*. *an* sed iam? | quia **R**^{2}**Ed***S*. qua **R**^{1}**a**. quae **F**^{2} *in ras.* **y**. quam **op***v*. *cfr.* *XXX 137. XI 273*
6 in quis *ll.v*. initis **y**. nimis **i**. quamuis (*om.* tamen) **p**
9 coniectandi **F**^{2}*G* 10 partibus *om.* **FRd**^{1}**T**. *huc transpos.* patere circulum per quem meat *P*, circulum — meat *D*
15 quod — 16 spatio *om.* **E**^{1} 16 spatio **R**^{2}**E**^{2}*v*. -tii *r*
17 quanto **F**^{2} 18 ferri eam **E**(?)*va.S* | in **p***v*(*D*). *om.ll.S* | miror **Eaopz**. mir//// **F**^{1}. -rū **F**^{2}**R**(?)**d***v* 23 ad (*pro* in) **R**(?)*v*
25 *an* a *delendum?*

et Nechepsos ostendere, singulas partes in lunari circulo,
44 ut dictum est, minimo XXXIII stadiis paulo amplius patere colligit, in Saturni amplissimo duplum, in solis, quem
85 medium esse diximus, utriusque mensurae dimidium. quae computatio plurimum habet pudoris, quoniam ad Saturni circulum addito signiferi ipsius intervallo nec numerabilis multiplicatio efficitur.

89 **24.** (22) Restant pauca de mundo. namque et in ipso caelo stellae repente nascuntur. plura earum genera. **25.** cometas Graeci vocant, nostri crinitas, horrentes crine sanguineo et comarum modo in vertice hispidas. iidem pogonias quibus inferiore ex parte in speciem barbae longae promittitur iuba. acontiae iaculi modo vibrantur, ocissimo significatu. haec fuit, de qua quinto consulatu suo Titus Imperator Caesar praeclaro carmine perscripsit, ad hunc diem novissima visa. easdem breviores et in mucronem fastigatas xiphias vocavere, quae sunt omnium pallidissimae et quodam gladii nitore ac sine ullis radiis, quos et disceus, nomini similis, colore autem electro,
90 raros e margine emittit. pitheus doliorum cernitur figura, in concavo fumidae lucis. ceratias cornus speciem habet,

§ 89: Beda n. r. 24. — Aristot. meteor. I 7 p. 344ᵃ, 23. Lyd. ost. 10 p. 26, 2—9. — § 90: Sen. NQ I 14, 1. Lyd. ost. 10 p. 26, 9—27, 2. epimetr. de cometis ap. Lyd. ost. p. 163 Wachsm.[1] Lyd. ost. 10 p. 27, 6—10. — (157, 8—10) Beda n. r. 24.

1 nec ipsos a. Necepsos *va.S* 2 stadiis Eap*v*. -io F¹R. -ios F². -iorum d 6 signiferi circulo ipsius a | nec numerabilis (muner- F) FdRa*v*(*S*). nec innum- p. innum- E(?)*C* 11 uertice Eaop*v*(*D*). -cem *rS* | iidem E*v*(*J*). hid- p. id- *rS* 12 quibus F²d*v*(*J*). cuius *rS* 13 promitur opz 14 ocissime RdTz. -mę F. *dist.va.J. an* atrocissimo? *cfr.XVIII 354* 15 carminū Fa 16 nouissime R²d(?)*v*. -ssi E¹ 17 mucronem d*v*. -ne *r* | fatigatas F¹R¹Eao | xiphias F²E²o*v*. xithias R². xitias *r* 19 gladiis R¹a. *om.*p | et *om.*p*va.S* | disceus dT*C*. -caeus F²E². diceus a. -caeus *r*. chryseus *v* | nomini R¹E¹a. *cfr. XXXII 154*. -ne FdT. suo nomini (-ne R²) E²R²*C*. specie no- *D*. auro nomine *v* | similes R¹a. -li dT 20 rarus Fd¹ | e R²d¹*v*. i o. *om.r* | margines Eaopd² 21 humidae a. tum- *Gesner e Manilio I 839, sed cfr.Lyd.*

qualis fuit cum Graecia apud Salamina depugnavit. lampadias ardentes imitatur faces, hippeus equinas iubas, celerrimi motus atque in orbem circa se euntes. fit et candidus Διὸϲ cometes, argenteo crine ita refulgens, ut vix contueri liceat, specieque humana dei effigiem in se ostendens. fiunt et hirci, villorum specie et nube aliqua circumdati. semel adhuc iubae effigies mutata in hastam est, Olympiade CVIII, urbis anno CCCCVIII. brevissimum quo cernerentur spatium VII dierum adnotatum est, longissimum *C*LXXX.

(23) Moventur autem aliae errantium modo, aliae 91
inmobiles haerent, omnes ferme sub ipso septentrione aliqua eius parte non certa, sed maxime in candida, quae lactei circuli nomen accepit. A r i s t o t e l e s tradit et simul plures cerni, nemini conpertum alteri, quod equidem sciam, ventos autem ab iis graves aestusve significari. fiunt et hibernis mensibus et in austrino polo, sed ibi citra ullum iubar. diraque conperta Aethiopum et Aegypti populis cui nomen aevi eius rex dedit Typhon, ignea specie ac spirae modo intorta, visu quoque torvo, nec stella verius quam quidam igneus nodus. sparguntur aliquando et 92

§ 91: Beda n. r. 24. — Aristot. meteor. I 6 p. 343ᵃ, 35. 7 p. 345ᵃ, 9. Sen. NQ VII 6, 1. 11, 1. 21, 1. Lyd. ost. 10 p. 28, 7. 27, 12 sqq. — Aristot. meteor. I 6 p. 343ᵃ, 25. Sen. NQ VII 28, 1. — 92: Beda n. r. 24. — Aristot. meteor. I 6 p. 343ᵇ, 9 sqq. Lyd. ost. 10 p. 28, 8. — cfr. Cic. nat. deor. II 14. Lucan. I 529. Sen. NQ VII 17, 2. 21, 3. Tac. ann. XIV 22. Suet. Claud. 46, Nero 36. Lyd. ost. 10 p. 28, 10.

1 salaminā **F**²**fopz** | lampadias **F**²**d***G*. -pias **R**² *in marg.* -padas *r*. -des **op***v* 3 orbē **Fdpa**³*v*. -be **o***r* | euntis **Fao** *va.C*(*S*) 4 dios *ego coll. Lydo p. 163. om. ll.v* 5 humanae *D* | diei **F**¹**ap**. faciei *D* 6 hirci **Ffz***C*. hyrci **a**. hirti *rv*(*G*). οἱ λεγόμενοι τράγοι *Lydus* | iuba (*pro* nube) **p***va.H* 8 CV **R**². CVIIII **E**(?)*H e coni.* | CCCCVIII *S cum Cagnatio obs. var. 4, 8.* CCCXCVIII *ll.v* 9 octo *Beda* 10 CLXXX *H cum Mureto ad Senec. NQ V 21.* LXXX *ll.v. add.* stad. **y** 11 alii . . alii *va.S* 16 his *ll.S* | aestusque **E**(?)**op***va.S* 19 typhon *C*. tipho **E**. thipon **F**. -pog **R**¹. typon **R**²*v*. -po **ap** 20 que (*pro* quoque) **dTp**

errantibus stellis ceterisque crines. sed cometes numquam in occasura parte caeli est, terrificum magna ex parte sidus atque non leviter piatum, ut civili motu Octavio consule iterumque Pompei et Caesaris bello, in nostro vero aevo circa veneficium, quo Claudius Caesar imperium reliquit Domitio Neroni, ac deinde principatu eius adsiduum prope ac saevum. referre arbitrantur, in quas partes sese iaculetur aut cuius stellae vires accipiat quasque simili-
93 tudines reddat et quibus in locis emicet: tibiarum specie musicae arti portendere, obscenis autem moribus in verendis partibus signorum, ingeniis et eruditioni, si triquetram figuram quadratamve paribus angulis ad aliquos perennium stellarum situs edat; venena fundere in capite septentrionalis austrinaeve serpentis.

Cometes in uno totius orbis loco colitur in templo Romae, admodum faustus Divo Augusto iudicatus ab ipso, qui incipiente eo apparuit ludis, quos faciebat Veneri Genetrici non multo post obitum patris Caesaris in collegio
94 ab eo instituto. namque his verbis in .... gaudium prodit is: Ipsis ludorum meorum diebus sidus crinitum per septem dies in regione caeli sub septemtrionibus est conspectum. id oriebatur circa undecimam horam diei clarumque et omnibus e terris conspicuum fuit. eo sidere significari

§ 93: (15) Obseq. 67. — § 94: Suet. Caes. 88. Serv. ad Verg. ecl. 9, 47. cfr. Peter hist. Rom. fragm. p. 253. — (159, 7—9) Sen. NQ VII 19, 2. 22, 1. 23, 3.

3 aeque **F**^{1}**RE**^{1}**a**. ac *va. S* | leniter **E**(?)**z** 5 beneficium **F**^{1}**Ra**^{1}**op** 8 aut — 9 tibiarum *om.* **E**^{1} 8 uires **F**^{2}**R**^{2}*v*. uirus *r* 9 remicet **F**^{1}. renitet **a** 11 ingenii **Eap***va. B* | eruditioni si **Fd***B*. -nis *rv* | triquetram **Fd***v*. -tramque *r* 13 edat **F**^{1}**d** **R**^{1}*D*. (situ) sedeat **a**. edant *rv* 15 urbis **F**^{1}**Ra** | templo Caesaris *D*^{2} 16 iudicatus — 18 multo *om.* **F**^{1}**R**^{1}**E**^{1}**a** 18 multum **o** 19 in gaudium *om.* **o**. in — prodit is *om.* **p** | in *ll. S.* id **F**^{2}*v*. *lac. ego indicavi*; *exciderunt fere* uitae suae memoria (*vel* commentariis) 20 prodidit **F**^{2}*v* | is **Ro**. his **Fd**. iis *r*(?)*v*. *dist. ego* | meorum **Eop***v*. eo- *r* 21 caeli quae sub **R**^{2}**E**(?)*v* 23 et *om.* **p**. ex **a**. et ab **o** | e **FfR**^{2}*H*. *om. rv*

vulgus credidit Caesaris animam inter deorum inmortalium numina receptam, quo nomine id insigne simulacro capitis eius, quod mox in foro consecravimus, adiectum est. haec ille in publicum; interiore gaudio sibi illum natum seque in eo nasci interpretatus est. et, si verum fatemur, salutare id terris fuit.

Sunt qui et haec sidera perpetua esse credant suoque ambitu ire, sed non nisi relicta ab sole cerni; alii vero qui nasci umore fortuito et ignea vi ideoque solvi.

26. (24) Idem Hipparchus numquam satis laudatus, 95
ut quo nemo magis adprobaverit cognationem cum homine 75
siderum animasque nostras partem esse caeli, novam stellam et aliam in aevo suo genitam deprehendit eiusque motu, qua fulsit, ad dubitationem est adductus, anne hoc saepius fieret moverenturque et eae, quas putamus adfixas, ideoque ausus rem etiam deo inprobam, adnumerare posteris stellas ac sidera ad nomen expungere organis excogitatis, per quae singularum loca atque magnitudines signaret, ut facile discerni posset ex eo non modo an obirent ac nascerentur, sed an omnino aliquae transirent moverenturque, item an crescerent minuerenturque, caelo in hereditate cunctis relicto, si quisquam, qui cretionem eam caperet, inventus esset.

(25) Emicant et faces, non nisi cum decidunt visae, 96

§ 96: Lyd. ost. 10 p. 28, 11—16. 29, 1—3. cfr. Sen. NQ I 1, 5. 3. — (160, 7—10) Lyd. ost. 10 p. 29, 3—5. Sen. NQ I 1, 5. VII 4, 3. 5, 2. I 14, 1. Aristot. meteor. I 5 p. 342^{a}, 35.

3 insigne **Rd***v*. -ni *r* 6 si **R**^{2}**E**^{2}**d***G*. *om. r*. ut **opz***v* | fateamur **opz***va.G* 7 credunt **y** | suo quoque **o** 8 ad **y**. a **opi***va.H* 9 fortuito **Rd**. -tu **oy***r* | ignea ui **F**^{2}**Rd***v*. -ne //// **F**^{1}**E**. -ne **aopz** 13 uel aliam **F**^{2}. *del. D ut dittogr.* | uiusque **R**^{1}. hu- **R**^{2}*S* | motū **FEa** 14 qua die **F**^{2}**R**^{2}**E**^{2}*v* | est **Rp***v*. *om. r* 15 heę **R**^{2}. hae **p**. e **F**^{1}**a**. *om.* **R**^{1} | ideo **a**. idemque *va.S* 17 ad (ac **F**) sidera ac *ll* | normam expangere *va.H* 19 ac *del.* **F**^{2}. *om.* **R**(?)**p***va.D* 20 nascerenturue **F***G*. -rque **R**^{2}*e corr. v*(*S*). *om.* **p** | aliqua **E**(?)**p***va.S* | mouerenturque **R**^{2}*e corr. S*. -rue *rv*. -erent **p** 21 item — minuerenturque *om.* **FR**^{1}**E**^{1}**ap** | hereditatem **Tp** 22 rationem **d**^{2}*in ras.* **p***va.H* 24 et non **FEao**. *an* set non?

qualis Germanico Caesare gladiatorum spectaculum edente praeter ora populi meridiano transcucurrit. duo genera earum. lampadas vocant plane faces, alterum bolidas, quale Mutinensibus malis visum est. distant quod faces vestigia longa faciunt priore ardente parte, bolis vero perpetua ardens longiorem trahit limitem.

(26) Emicant et trabes simili modo, quas δοκοὺς vocant, qualis cum Lacedaemonii classe victi imperium Graeciae amisere. fit et caeli ipsius hiatus, quod vocant
97 chasma, **27.** (27) fit et sanguinea species et, quo nihil terribilius mortalium timori est, incendium ad terras cadens inde, sicut Olympiadis CVII anno tertio, cum rex Philippus Graeciam quateret. atque ego haec *s*t*atis temporibus naturae *vi*, ut cetera, arbitror existere, non, ut plerique, variis de causis, quas ingeniorum acumen excogitat, quippe ingentium malorum fuere praenuntia; sed ea accidisse non quia haec facta sunt arbitror, verum haec ideo facta quia incasura erant illa, raritate autem occultam eorum esse rationem ideoque non, sicut exortus supra dictos defectusque et multa alia, nosci.

98 **28.** (28) Cernuntur et stellae cum sole totis diebus, plerumque et circa solis orbem ceu spiceae coronae et versicolores circuli, qualiter Augusto Caesare in prima iuventa urbem intrante post obitum patris ad nomen ingens

---

§ 97: Lyd. ost. 10 p. 29, 7—9. — (16—18) cfr. Sen. NQ II 32, 2. I 1, 4. — § 98: Lyd. ost. 10 p. 29, 9—14. — Sen. NQ I 2, 1. Vellei. II 59, 6. Suet. Aug. 95. Dio Cass. XLV 17, 5. 4, 4. Obseq. 67. — Aristot. meteor. III 2 p. 371^b, 23. Sen. NQ I 2, 10. — Lyd. ost. 10 p. 29, 14 sqq. — Plut. Caes. 69. Dio Cass. XLV 17, 5.

---

1 gladiatorem **R**^{1}. -rium **p** 2 horam **FRadT**. | transcurrit **ao***va. H. cfr. § 100.* -siuerit **p** 3 eorum **op** | lampades **dp***va. S* | planetę **F**^{2} 7 docui **R**^{1}. -chus **dT**. -chos **p**. decos **y**. docos **a**^{1}*va. H* 8 quales **aop***va. G* 9 quem **aoyz***va. C.* q////// **F**^{1} 10 casma **R**^{1}**ap**. -sina **o** | species et **dy***G*. -cies **F**^{2}**a**^{3}. -ciae **F**^{1}. -cie **r***v*(*H*). -cie et *D* | nichil et **R** 12 cui in mae (= CVII umae) **FR** 13 statis *G*. fatis *ll.* ratis **oz***v* (*cfr. Rück 3 p. 236*). tantis **p** 14 ui *ego. om. ll. v. cfr. § 191 init.* 20 alia *om.* **FR**^{1}**E**^{1}**a** | nasci **op** 22 spice **Ra**. specie **p***va. H*

capessendum. **29.** existunt eaedem coronae circa lunam et circa nobilia astra caelóque inhaerentia. (29) circa solem arcus adparuit L. Opimio Q. Fabio cos., orbis *C.* Porcio M'. Acilio, circulus rubri coloris L. Iulio P. Rutilio cos.

30. (30) Fiunt prodigiosi et longiores solis defectus, qualis occiso dictatore Caesare et Antoniano bello totius paene anni pallore continuo. **31.** (31) et rursus soles 99
plures simul cernuntur, nec supra ipsum nec infra, sed ex obliquo, numquam iuxta nec contra terram nec noctu, sed aut oriente aut occidente. semel et meridie conspecti in Bosporo produntur, qui ab matutino tempore duraverunt in occasum. trinos soles et antiqui saepius videre, sicut Sp. Postumio Q. Mucio et Q. Marcio M. Porcio et M. Antonio P. Dolabella et M. Lepido L. Planco cos., et nostra aetas vidit Divo Claudio principe, consulatu eius Cornelio Orfito collega. plures quam tres simul visi ad hoc aevi numquam produntur.

32. (32) Lunae quoque trinae, ut Cn. Domitio C. Fannio consulibus, apparuere.

33. (33) Quod plerique appellaverunt soles nocturnos, 100
lumen de caelo noctu visum est C. Caecilio Cn. Papirio consulibus et saepe alias, ut diei species nocte luceret.

---

§ 99: Aristot. meteor. III 2 p. 372^a, 10. Sen. NQ I 11, 2. Lyd. ost. 4 p. 14^a. — Liv. XLI 21, 12. Obseq. 67. 69. 30. — Lyd. ost. 4 p. 14^c. — § 100: Obs. 45. — Lyd. ost. 4 p. 14^c. — Lyd. ost. 6 p. 22^a. — extr.: cfr. Verg. geo. I 365.

---

2 caelo quoque **E**(?)**o***va.H* 3 cos. *om.***FRaT***S* 4 C. *H cum Pigh. ann. 3, 104. cfr. § 147.* L. *ll.v*(*D*) | M. **Ra***va.H* 9 se sed F^1**d**R^1**ao***va.B* 10 ex *om.*F^1**Rao** 11 et in meridie **o***va.G* 12 a **p***va.S* | durauerant **FRa** 13 et **FdRaopz***S. om.***E**(?)**y***v*(*D*) 14 Q. *om.***Ea** | mucio *G.* minucio **T***v.* -utio *ll.* m̄. **y** | Q. *om.***Ea**. quae **F** | Marcio M. *v.* mario (-rco **F**) martio **FR**. marco marcio *r. om.***py** 17 quam tres simul **f***S.* quam simul tres **FRaT**. simul quam tres **dE**(?)**p***v* 19 C. Fannio *G.* gai filio annio (-ni **a**. *om.***p**) *ll.* C. F. L. Annio *v* 20. 21 *dist. J.*
21 quos **p***va.S* | appellauere **op** 22 nocte **a** 23 noctu **R**(?)**p***va.S*

34. (34) Clipeus ardens ab occasu ad ortum scintillans transcucurrit solis occasu L. Valerio C. Mario consulibus.

35. (35) Scintillam *visam* e stella cadere et augeri terrae adpropinquantem ac, postquam lunae magnitudine facta sit, inluxisse ceu nubilo die, dein, cum in caelum se reciperet, lampadem factam semel umquam proditur Cn. Octavio C. Scribonio consulibus. vidit id Silanus proconsul cum comitatu suo.

36. (36) Fieri videntur et discursus stellarum numquam temere, ut non ex ea parte truces venti cooriantur.

101 **37.** (37) Existunt stellae et in mari terrisque. vidi nocturnis militum vigiliis inhaerere pilis pro vallo fulgorem effigie ea; et antemnis navigantium aliisque navium partibus ceu vocali quodam sono insistunt, ut volucres sedem ex sede mutantes, graves, cum solitariae venere, mergentesque navigia et, si in carinae ima deciderint, exurentes, geminae autem salutares et prosperi cursus nuntiae, quarum adventu fugari diram illam ac minacem appellatamque Helenam ferunt et ob id Polluci ac Castori id numen adsignant eosque in mari invocant. hominum quoque capita vespertinis magno praesagio circumfulgent. omnia incerta ratione et in naturae maiestate abdita.

---

§ 101: Lyd. ost. 5 p. 18^{a-c}. cfr. Sen. NQ I 14. 13. (Lucian. navig. 9).

---

2 transcurrit **aopy** *va. Brot. cfr. § 96* 4 uisam *ego. om. ll. v.* δόξας *Lydus* | e/// **F**^{2}. et **RaT** 5 at (*lac. ante indicata*) *D* | in lunae **opz** *va. G* | magnitudinem **F**^{1}**Raop** *va. G* 6 inluxisset **FR**^{1}**a** | caelo (*om.* in) **o** 7 recipere **F**^{1}**R**^{1} 8 hoc **d**(?) *va. S* | lianus **Eao**. ////anus **F**^{1}. lucinius **p**. Licinius Syllanus *va. H* 13 ex his (iis *v*) tunc **F**^{1}**Eaopz** *va. G* | procellae **op** *va. G* 14 fulgorem **FRd** *G*. -gurum **Eapz** *v*(*D*) 15 effigie eas *D*. -gies. eae *va. G*. -gies **z** 16 ceu *ll. v. an* cū? 19 prospere **a** | cuius **F**^{1}**R**^{1}**a** | praenuntiae **R**(?) *va. J*(*D*). *cfr. XVIII 357* 21 accusatori **F**^{1}**Ea**. et castori **R**^{2} *e corr.* **p** *va. D* | id numen **F**^{2}**d** *v*(*J*). id nomen *r S*. is nomina *coni. D*^{2} *Herm. XXXII p. 336* 22 in mari deos **R**^{2}**E**^{2} *v*. deos in mari **d** | uespertinis horis **E**^{2}**d**^{2} *va S*(*D*) 23 haec sunt (*om.* i) omnia et alia **y** 24 natura **y**

38. (38) Hactenus de mundo ipso sideribusque: nunc reliqua caeli memorabilia. namque et hoc caelum appellavere maiores quod alio nomine aëra, omne quod inani simile vitalem hunc spiritum fundit. infra lunam haec sedes multoque inferior, ut animadverto propemodum constare, infinitum ex superiore natura aëris, infinitum terreni halitus miscens utraque sorte confunditur. hinc nubila, tonitrua et alia fulmina, hinc grandines, pruinae, imbres, procellae, turbines, hinc plurima mortalium mala et rerum naturae pugna secum. terrena in caelum tendentia deprimit siderum vis eademque quae sponte non subeant ad se trahit. decidunt imbres, nebulae subeunt, siccantur amnes, ruunt grandines. torrent radii et terram in medium undique inpellunt, iidem infracti resiliunt et quae potuere auferunt secum. vapor ex alto cadit rursusque in altum redit. venti ingruunt inanes iidemque cum rapina remeant. tot animalium haustus spiritum e sublimi trahit, at ille contra nititur, tellusque ut inani caelo spiritum fundit. sic ultro citro commeante natura ut tormento aliquo mundi celeritate discordia accenditur. nec stare pugnae licet, sed adsidue rapta convolvitur et circa terram inmenso rerum causas globo ostendit, subinde per nubes caelum aliud obtexens. ventorum hoc regnum. itaque praecipua eorum natura ibi et ferme reliquas complexa eas causas, quoniam tonitruum et fulminum iactus

(right margin: 102 at line 1; 103 at line 10; 104 at line 19)

§ 102: (3. 4) Beda n. r. 25. — cfr. Aristot. de mundo II p. 392^{b}, 5.

3 aere **F**^{1}. -rē **F**^{2}. aethera **p**   5 hec (ec *in ras.*) **ao**. hoc **p**. huic *D*^{2} | animo aduerto **F**   6 infinitum uidetur **F**^{2} | aetheris *D*^{2}. *cfr.* § *48* | infinitum et **R**^{2}**d** *G*. *om.* **p**. et *v*   6 terrenis alitus **FEap**   8 et tonitrua **R**^{2} *S*   12 subeunt **E**(?) *G* | trahunt **p** *va.H*   14 medium **Ep** *v*. -iū **F**^{2} *in ras.* -io m **Ra**. -io **d** *T*. -io mundi *D*   15 rursusque **Fdao**. -sumque *rv*   16 in inane *D*^{2} 19 infundit **op** *va.S* | ultra citra **op**. -tro citroque *H*   20 accendatur **Eaop** *va.C*   22 causas *ll.v*(*H*). quasi *B* | globostendit **FRa**. -bo tendit *B*   23 aliud **R**^{2}**d** *v*. -um *r. om.* **p**. *an* atrum?   24. 25 complexa eas *ego. cfr.* § *67 extr.* -xa a se **d**^{2}**oz** *S*. -xas a se **Eap**. -xa se **FR**^{1}. -xasse **R**^{2}. -xa **d**^{1} *v*. -xa aeris *D*   25 et tonitruum **E**^{2} *v* | ictus **o**

horum violentiae plerique adsignant, quin et ideo lapidibus pluere interim, quia vento sint rapti, et multa similiter. quam ob rem simul plura dicenda sunt.

105 **39.** (39) Tempestatum *imbri*umque quasdam statas esse causas, quasdam vero fortuitas aut adhuc rationis inconpertae, manifestum est. quis enim aestates et hiemes quaeque in temporibus annua vice intelleguntur siderum motu fieri dubitet? ergo ut solis natura temperando intellegitur anno, sic reliquorum quoque siderum propria est *c*uiusque vis et ad suam cuique naturam fertilis. alia sunt in liquorem soluti umoris fecunda, alia concreti in pruinas aut coacti in nives aut glaciati in grandines, alia flatus, teporis alia *a*ut vaporis, alia roris, alia rigoris. nec vero haec tanta debent existimari, quanta cernuntur, cum esse eorum nullum minus luna tam inmensae alti-
106 tudinis ratio declaret. igitur in suo quaeque motu naturam suam exercent, quod manifestum Saturni maxime transitus imbribus faciunt. nec meantium modo siderum haec vis est, sed multorum etiam adhaerentium caelo, quotiens errantium accessu inpulsa aut coniectu radiorum exstimulata sunt, qualiter in suculis sentimus accidere, quas Graeci ob id pluvio nomine appellant. quin et sua sponte quaedam statisque temporibus, ut haedorum exortus.

§ 105: (11—13) Beda n. r. 11. — § 106: Beda n. r. 11. — (21—24) Lyd. ost. 7 p. 26^a. cfr. Plin. XVIII 247. Tiro ap. Gell. XIII 9, 4. Cic. nat deor. II 111. schol. Germ. p. 75, 7 sqq. Serv. geo. I 138. Aen. I 744 (Isid. or. III 70, 12). Ov. fast. V 166. Ampel. 3, 2.

3 plura simul **Ea***va.S* 4 imbriumque *ego. cfr. § 108 init. 111 init.* rerumque *ll.v.* siderumque *CFW Müller p. 16* | statutas **F**^{2}**aopyz** (*item infra v. 23*) 8 ergo ut solis **Eaop***v.* ut (et ut **R**) solis (-lus **R**^{1}) ergo **FfRd***H* 10 cuiusque *ego.* quibusque *ll.v. de mendo cfr. p. 156, 12* 11 concreta **F**^{1}**R**^{1}**ad** 13 flatu **dT** | teporis **F**^{2}**Ra**(*Beda*)*v.* temp- **F**^{1}**dTpy**. alia tep- **E**(?)*C* | aut *ego* (*et dist.*). ut **FE**^{1}**a**. autem **F**^{3}. *om. rv* | frigoris **y**(*Beda*). *om.* **p** 20 coniecta **i.** collecta **a.** contactu *D*^{2} 22 numus (*pro nomine*) **y**. *add.* hyadas *Beda* **E**^{3}*va.S*(*D*). ὑάδας **F**^{3} *in marg. de suppresso nomine cfr. § 8. III 151. VI 187. Müller de stilo p. 90*

arcturi vero sidus non ferme sine procellosa grandine emergit.

40. (40) Nam caniculae exortu accendi solis vapores 107 quis ignorat? cuius sideris effectus amplissimi in terra sentiuntur: fervent maria exoriente eo, fluctuant in cellis vina, moventur stagna. orygem appellat Aegyptus feram, quam in exortu eius contra stare et contueri tradit ac velut adorare, cum sternuerit. canes quidem toto eo spatio maxime in rabiem agi non est dubium.

41. (41) Quin partibus quoque signorum quorundam 108 sua vis inest, ut autumnali aequinoctio brumaeque, cum tempestatibus confici sidus intellegimus, nec imbribus tantum tempestatibusque, sed multis et corporum et ruris experimentis. adflantur alii sidere, alii commoventur statis temporibus alvo, nervis, capite, mente. olea et populus alba et salices solstitio folia circumagunt. floret ipso brumali die suspensi in tectis arentis herba pulei. rum- 109 puntur intentae spiritu membranae. miretur hoc qui non observet cotidiano experimento, herbam unam, quae vocatur heliotropium, abeuntem solem intueri semper omnibusque

§ 107: Lyd. ost. 7 p. 26[a]. — Aelian. nat. anim. VII 8 init. — Plin. VIII 152. — § 108: cfr. Plin. XVIII 266. 267. 227. Varro r. r. I 46. Cic. de div. II 33. Aristot. probl. 20, 21. Lyd. ost. 7 p. 26[b]. — § 109: Lyd. ost. 7 p. 26[bc]. — Cic. de div. II 33. Augustin. civ. dei V 6. — Plin. XVIII 252. — Lucil. ap. Gell. XX 8, 4. Hor. sat. IV 30. Plin. II 221. XXXII 59. IX 18. 96. XXIX 59. — Aelian. nat. an. II 56. Antig. hist. mir. 124 (136). — Plin. XI 109.

1 non sine ferme **FRa**. cum *Beda* 2 mergit **FRa**. surgit *Beda* 4 ignoret **o** 6 origem **F**^{2}**Ra** *v a. C.* -ien **F**^{1}. -igam **y** | terram **F**^{1}**R**^{1}**E**^{1}**a** 7 ortu **y** 8 adorari **R**^{1}. orare **y** 9 agit **FRd**. mittit **y** | nulli dubium est **opz** 10 quin **F**^{2} *in ras.* **d** *G* (*D*). qui in **RE**. quin in **ao** *v* (*S*). cum in **p** 11 autumnali **dp** *v*. -lis *r* | brumaque **E**^{3} *v a. D* 13 ruris **F**^{2} *in ras.* **E**^{2} *v*. ruscis **RE**^{1}**a** 14 estatis **dT**. aest- **R**. statutis **aop** 15 uernis **R** 16 floret **E**(?) *v*. -res *r* | ipsorum alii die (dies **F**^{1}**R**) **F**^{1}**Ra** 17 suspensa **E**(?) *v a. S* (*J*) | herbe **Taop** | pulegi **ap** *v a. S* | rumpuntur — membranae *del. vult D*^{2} 18 intente *vel* nitente **d**^{2}**op**. intento **d**^{1}**T** 19 observat **Eaop**

horis cum eo verti, vel nubilo obumbrante. iam quidem lunari potestate ostrearum conchyliorumque et concharum omnium corpora augeri ac rursus minui, quin et soricum fibras respondere numero lunae exquisivere diligentiores, minimumque animal, formicam, sentire vires sideris inter-
110 lunio semper cessantem. quo turpior homini inscitia est fatenti praecipue iumentorum quorundam in oculis morbos cum luna increscere ac minui. patrocinatur vastitas rei, inmensa discreta altitudine in duo atque septuaginta signa, hoc est rerum aut animantium effigies, in quas digessere caelum periti. in *i*is quidem MDC adnotavere stellas, insignes scilicet effectu visuve, exempli gratia in cauda tauri septem quas appellavere vergilias, in fronte suculas, booten, quae sequitur septem triones.

111 **42.** (42) Extra has causas non negaverim exsistere imbres ventosque, quoniam umidam a terra, alias vero propter vaporem fumidam exhalari caliginem certum est nubesque liquore egresso in sublime aut ex aëre coacto in liquorem gigni. densitas earum corpusque haut dubio coniectatur argumento, cum solem obumbrent, perspicuum alias etiam urinantibus in quamlibet profundam aquarum altitudinem.

112 **43.** (43) Igitur non eam infitias posse in has et ignes superne stellarum decidere, quales sereno saepe

---

§ 110: cfr. Plin. XI 149. — § 111: cfr. Sen. NQ II 12, 4. Aristot. meteor. I 9 p. 346^{b}, 24. 30sqq. — (18) Beda n. r. 32. — § 112: cfr. Sen. NQ II 12, 3. 17. 19. 16. Cic. de div. II 44.

---

1 obumbrantes **F**^{1}**y**. -ari **op** | Iam **F**^{2}**ydp***v*. Nam *r* | quidem **FRy***v*. -dam *r* 3 augere **F**^{1}**R**^{1}**d** | *dist. D* 4 numero **F**^{2}**E**(?) **y***v*(*J*). in nu- *rS* | exquisiere **ay** 5 siderum **y** 7 fallenti **F**^{1}**R**^{1}**Eap** 8 rei **F**^{2}**doz***J*^{2} (*puncto posito*). serei **F**^{1}**Rp**. seriei **Eea**. caeli *v* 9 altitudine, discreta *P* | ac **y** 10 hoc **R**^{2}**E**^{2}**dy***D*. hec **op**. hae *v*. *om. rJ*^{2} | est **y***D*. sunt *ll. v*(*J*^{2}) 11 quidem **Rp***C*. -dam *rv*(*D*) | M *om.* **y** 12 uidelicet **op***va. S. om.* **y**

14 quae (*sc.* stella) **FEdp***v*(*D*). quae *vel* quē **o**. que **RaTy**. qui *C. cfr. Rück 2 p. 301* | secuntur **o***D* 16 humida terra **Ry**

17 fumi quandam i. -idam quandam *Rück 2 p. 302* | exalari **FRap**. -re (exha- *v*) **y***va. H* 19 dubie (= iae) **F**^{1}**ap** | coniectatur **F**^{2} *in ras.* **R**^{2}*v*. -tus **y**. -ectur **R**^{1}**d**^{1}. -ecturę **d**^{2}**Eap**

22 et in has et **F**^{1}**REap**(**o**)

cernimus, quorum ictu concuti aëra verum est, quando et tela vibrata stridunt, cum vero in nubem perveniunt, vaporem dissonum gigni, ut candente ferro in aquam demerso, et fumidum verticem volvi. hinc nasci procellas et, si in nube luctetur flatus aut vapor, tonitrua edi; si erumpat ardens, fulmina; si longiore tractu nitatur, fulgetras. his findi nubem, illis perrumpi, et esse tonitrua inpactorum ignium plagas, ideoque protinus coruscare igneas nubium rimas. posse et repulsu siderum depressum qui a terra 113
meaverit spiritum nube cohibitum tonare, natura strangulante sonitum, dum rixetur, edito fragore, cum erumpat, ut in membrana spiritu intenta. posse et attritu, dum praeceps feratur, illum, quisquis est, spiritum accendi. posse et conflictu nubium elidi, ut duorum lapidum, scintillantibus fulgetris. sed haec omnia esse fortuita. hinc bruta fulmina et vana, ut quae nullam habeant rationem naturae. his percuti montes, his maria, omnesque alios inritos iactus. illa vero fatidica ex alto statisque de causis et ex suis venire sideribus.

(44) Simili modo ventos vel potius flatus posse et 114

---

§ 113: (7. 11) Beda n. r. 28. Sen. NQ II 20, 2. 27. 28. 30. 22. — Cic. de div. II 44. 45. — § 114: (168, 4) Beda n. r. 26. — Aristot. meteor. I 13 p. 349^a, 17; de mundo 4 p. 394^b, 7 sqq. Cic. de div. II 44. Vitr. I 6, 2. Sen. NQ V 1, 3. 13, 4. — Theophr. de vent. 11. 12 sqq. (Aristot. de mundo 4 p. 394^b, 15. Theophr. l. l. 23. Sen. dial. III 17, 4. Isid. n. r. 37, 5). — Beda n. r. 27 extr. Isid. or. XIII 11, 18. Serv. Aen. VII 27. — Theophr. l. l. 53. 26. Aristot. de mundo 4 p. 394^b, 14; probl. 26, 5.

---

1 verū ē (v *et* ū ē *in ras.*) F^2. *an* certum est? 3 aequa F. equora a. *aqua F^3 4 fumidam ceruicem Eaop 5 edi si F^{2}dE*v*. disi F^{1}a. ////// R^1. dis R^2. di op 6 rumpat Rop. aer- F. -pant a | fulgetra F^{2}E(?)o*va.S*. -ta F^1. -trum p. -gidas a 7 his et (ef a) F^{1}Ra*S* | fundi F^{1}Rao 9 ad terram dT 10 nube cohibitum *om.* F^{1}R^{1}E^{1}a | naturae F 11 sonitum o*v*. -tu *ll* | dum erumpat o 12 ut *om.* F^{1}R^{1}E^{1}a | in *om.* dT 13 in praeceps R(?)*va.D. cfr.* § *115 med.* 14 conflictū Fd Ra | et (*pro* ut) FR^{1}E^{1}a 16 bruta multa R^2*S* | nullā habeant rationē F^{1}R^{1}E^{1}adT. nulla ueniant ratione op*rv*. *eadem add. praem.* aut dT. *cfr.* § *116 extr. XVII 236* 20 ex (et ex *G*) F^{3}y*va.S*

arido siccoque anhelitu terrae gigni non negaverim, posse et aquis aëra exspirantibus, qui neque in nebulam densetur nec crassescat in nubes, posse et solis inpulsu agi, quoniam ventus haut aliud intellegatur quam fluctus aëris, pluribusque etiam modis. namque et e fluminibus ac nivibus et e mari videmus, *et* quidem tranquillo, et alios, quos vocant altanos, e terra consurgere. qui, cum e mari redeunt, tropaei vocantur, si pergunt, apogei.

115 **44.** Montium vero flexus crebrique vertices et conflexa cubito aut confracta in umeros iuga, concavi vallium sinus, scindentes inaequalitate ideo resultantem aëra — quae causa etiam voces multis in locis reciprocas facit —, sine fine ventos generant. **45.** iam quidem et specus, qualis in Dalmatia ore vasto, praeceps hiatu, in quem deiecto levi pondere quamvis tranquillo die turbini similis emicat procella; nomen loco est Senta. quin et in Cyrenaica provincia rupes quaedam austro traditur sacra, quam profanum sit attrectari hominis manu, confestim austro volvente harenas. in domibus etiam multis madefacta

§ 115: Theophr. l. l. 26. Sen. NQ V 7, 1. 14, 1. — (16—19) Mela I 39.

1 ex **F**^{3} 2 aere **F**^{2}**dy**. *om.* **F**^{1} 3 nubibus **E**^{2} *in ras.* **op** | posse et **R**^{2}**E**(?)**a**^{3}*v*. -sset *r*. -sse **d**^{2}**op** 4 haud **F**^{2}**Eao***S*. aut *r*. *om.* **dT**. nihil **y**. non *v* | intellegitur **y***G* | flatus **opz** 5 niuibus *ll.v*(*J*). riui- **p**. nubi- **oy***S* finibus *Constantinus ap. Dal.* -nubus *H*. *cfr. Theophr. de vent.* § *11. 12* διὰ τὴν τῆc χιόνοc τῆξιν 6 et quidem *G*. aequ- **F**^{1}**R**. equ- *r Verc.* qu- **y**. etiam *v* 7 e **F**^{2}**R**^{2}**E**(?)**opy***v*(*D*). et *r*. et e **dT***S* 8 apogaei **Fa**. epo- **y** 9 conplexa **d**. -xu **Ty**. -xi **z** 10 subito **Faopyz***va.B* | aut confracta **E**(?)**y***v*(*D*). autem fra- **a**. aut (au **F**^{1}) fra- *rS*. anfractu **z** | innumeros **R**^{2}**Ty**. -sa **z** 11 scindentes — ideo *om.* **o** | inaequalitate **dTR**^{2}**y***H*. -iter *v*. aequalitate *r*. -tem **p** | in **p**. inde *va.H* 13 *dist.S* 13 quidem **py***H*. -daem **i**. -dam *ll.v*(*Brot.*) | et *ll.H. om.* **y** *Dal.* etiam **o***v* 14 dalmatia **E**^{1}**d**^{2}**y**. -tiae **E**^{2}**aop** *v*(*D*). delmatia **F**^{2}**R**^{1}**dT***S*. -tiae *r* | ore — hiatu *om.* **y** | ora **E**^{2}**op** *va.S*(*D*) | uasto **F**^{2}**E**^{2}**dT***v*. uosto **R**^{2}. uisto *r*. iusto **op** | in praeceps **R**(?)**E**^{2}*va.S* | hyatus **a** 16 senita **y**. secuta **i**. Senia *coni. B e III 140* 18 adtrectare **R**^{3}. contrectari **a** 19 rapinas **E**^{2} | et **p** | multis **dR**^{2}**E**(?)**p***v*(*D*). -to **F**^{1}**R**^{1}**a**. -ta **F**^{2}**f***S* | madefacta **FR**^{1}**a***S*. manu facta *rv*(*J*)

inclusa opacitate conceptacula auras suas habent. adeo causa non deest.

(45) Sed plurimum interest, flatus sit an ventus. 116
illos statos atque perspirantes, quos non tractus aliquis, verum terrae sentiunt, qui non aura, non procella, sed, mares appellatione quoque ipsa, venti sunt, sive adsiduo mundi *mo*tu et contrario siderum occursu nascuntur, sive hic est ille generabilis rerum naturae spiritus huc illuc tamquam in utero aliquo vagus, sive disparili errantium siderum ictu radiorumque multiformi iactu flagellatus aër, sive a suis sideribus exeunt his propioribus sive ab illis caelo adfixis cadunt, palam est illos quoque legem habere naturae non ignotam, etiamsi nondum percognitam.

46. viginti amplius auctores Graeci veteres prodidere de his 117
observationes. quo magis miror orbe discordi et in regna, hoc est in membra, diviso tot viris curae fuisse tam ardua inventu, inter bella praesertim et infida hospitia, piratis etiam, omnium mortalium hostibus, transitu*ro*s fam*a* terrentibus, ut hodie quaedam in suo quisque tractu ex eorum commentariis, qui numquam eo accessere, verius noscat quam indigenarum scientia, nunc vero pace tam festa, tam gaudente proventu rerum artiumque principe, omnino nihil addisci nova inquisitione, immo ne veterum quidem inventa perdisci. non erant maiora praemia, in 118
multos dispersa fortunae magnitudine, et ista plures sine

---

1 incluso F^{1}a | receptacula R^2 | auras F^{2}R^{2}p*v*. -res *r* 4 status a*va.B* 5. 6 sed maris d^{2}R^{2}a. maris sed p*va.H* 6 qui siue y*va.H*. q̄ siue d. quae siue op 7 non di F^1. non (et non a) de R^{1}a | motu *ego*. incitu FRE^{2}op*v*(*S*). -to E^{1}a. -tatu dT*H*. -taιo y | et e y. ex p 8 generalis RTpy | illucque Faop*va.G* 9 disp... (*reliquis abscisis*) R^2. -perili F^1. -persus p. sperili E^{1}a. -le R^1 12 cadant FREp. *om.* a 13 habere naturae FdRa*v*(*S*). nat- hab- E(?)p*G*(*J*) 15 ue (*pro* orbe) F^{1}Ra 16 diuisa F^{1}ap. -sae R^{1}d^2 *in ras.* | uires F^{1}Ra 18 hospitibus F^{1}RE^{1}a | transituros *ego*. transitus *ll.v.* *de dictione cfr. VIII 3. XI 103. XXXVI 4* | fama *ego*. -mae p. -me *ll.v.* ferme *C cum Sabellico* 19 terrentibus p. tene- *ll.v.* *cfr. XXV 57* 21 agnoscat a. noscant *S cum vet. Dal.* 22 rerum *ll.v.* *an* litterarum?

praemio alio quam posteros iuvandi eruerunt. namque mores hominum senuere, non fructus, et inmensa multitudo aperto, quo*d*cumque est, mari hospitalique litorum omnium adpulsu navigat, sed lucri, non scientiae, gratia. nec reputat caeca mens et tantum avaritiae intenta id ipsum scientia posse tutius fieri. quapropter scrupulosius, quam instituto fortassis conveniat operi, tractabo ventos, tot milia navigantium cernens.

119 **47.** (46) Veteres quattuor omnino servavere per totidem mundi partes — ideo nec H o m e r u s plures nominat — hebeti, ut mox iudicatum est, ratione; secuta aetas octo addidit nimis subtili atque concisa. proximis inter utramque media placuit, ad brevem ex numerosa additis quattuor. sunt ergo bini in quattuor caeli partibus, ab oriente aequinoctiali subsolanus, ab oriente brumali vulturnus. illum apelioten, hunc Graeci eurum appellant. a meridie auster et ab occasu brumali Africus; notum et Liba nominant. ab occasu aequinoctiali favonius, ab occasu solstitiali corus; zephyrum et argesten vocant. a septentrionibus septentrio, interque eum et exortum
120 solstitialem aquilo, apar*c*tias et boreas dicti. numerosior

---

§ 119: Homer. ε 295. — § 119. 120: Aristot. de mundo 4 p. 394^{b}, 19 sqq.; meteor. II 6 p. 363^{b}, 11 sqq. Agathem. 2 (GGm II p. 472). Varro ap. Sen. NQ V 16, 3—6. Vitr. I 6, 4. 10. Gell. II 22, 16. Veget. r. mil. IV 38. Ampel. 5. Beda n. r. 27. Isid. n. r. 37; or. XIII 11, 2. 3. — § 120: (171, 9 sqq.) Sen. NQ V 17, 5. Gell. II 22, 19. Aristot. meteor. II 6 p. 363^{b}, 24. 25. Theophr. de vent. 62. Strabo I p. 28. Beda n. r. 27. Isid. n. r. 37, 5.

---

1 erurunt **F**^{1}. erunt **R**^{1}**E**^{1}**a**. er.... **R**^{2}*marg. absc.* eruerent **p** | namque **E**^{2}**d**^{2}**p***v*. iamque **z**. que *r*. *om.* **d**^{1}*H* 2 et **d***v*. set **R**^{1}. sed *rD*. 3 quodcumque *v*. quoc- **F**^{2} *in ras.* **dE**^{2}**pz**. quec- *r* 6 quapropter **F**^{2} *in ras.* **d***v*. quaep- **R**^{2}. quaepro **R**^{1}**E**^{1}**a**. quae **E**^{2}. quo **p** 11 hebeti ut **R**^{2}**E**(?)*G*. -tius *rB*. -ti *v* 12 ad quae **R**^{1}. et *va.S* | concisa **do***B*. consc- **F**^{1}**R**. -issa *rv* 13 utraque **F**^{2}**do***va.C* | ex **F**^{2}**d***G*. ad **R**^{2}. in *r*. *om.* **op***v* | numerosam **E**^{1}. -rum **op***va.G* 16 apelioten **Ed***v*. aphe- **p**. -then *r* 17 notum **o***D*. -thum **FdE**. -thus **ap**. -ton **R**(?)*v* (*item infra*) 19 corus **E***v*. cho- *r* 21 aparctias *v*. -rtias **dR**^{2}. -rteas **R**^{1}. -rcias **F**^{2}**a**. -rceas **Eop**

ratio quattuor his interiecerat, thra*s*cian media regione inter septentrionem et occasum solstitialem, itemque caecian media inter aquilonem et exortum aequinoctialem ab ortu solstitiali, Phoenica media regione inter ortum brumalem et meridiem, item inter Liba et notum conpositum ex utroque medium inter meridiem et hibernum occidentem Libonotum. nec finis. alii quippe mesen nomine etiamnum addidere inter borean et caecian, et inter eurum notumque euronotum. sunt e*tia*m quidam peculiares quibusque gentibus venti, non ultra certum procedentes tractum, ut Atheniensibus sciron, paulo ab argeste deflexus, reliquae Graeciae ignotus. aliubi *f*latus idem Olympias vocatur. consuetudo omnibus his nominibus 121
argesten intellegit. caecian aliqui vocant Hellespontian, et eosdem alii aliter. item in Narbonensi provincia clarissimus ventorum est circius nec ullo *omnium* violentia inferior, Ostiam plerumque *s*ecto Ligustico mari perferens. idem non modo in reliquis partibus caeli ignotus est, sed ne Viennam quidem eiusdem provinciae urbem attingens: paucis ante milibus iugi modici occursu tantus ille

§ 121: Beda n. r. 27. — cfr. Plin. XVII 21. Gell. II 22, 28. 29. Strabo IV p. 182. — cfr. Theophr. de vent. 8. 61. 5.

1 thrascian *C*. thrac- **F**. tra- **RE**. -iā **a**. trasceam *v* 2 caecian *S*. -iam *B*. caician **R**^{2}**E**^{2}. calc- **Fd**. canc- *r*. caetiam *v* 3 inter — 4 media *om.* **a** 4 phoenica **R**^{2}**E***v*(*D*). poen- **FR**^{1}. pen- **p**. pęnicam **d**. phoeniciam *C ex Arist.* -cian *G*(*S*). -cean *Dal.* -cem *H* (item *praem. S ex* **R**^{2}) 7 libonotum **R**^{2}*D*. -ton (*P*)*L*. libanotum **R**^{1}. -ton *v*. -na/// totum **d**. et liba et notum *r* 8 caecian et **E***v*. calcian et **F**^{2}**R**^{2}. *om. r* 9 et nothum (-ton *v*) **p***va.S* 9 etiam *v*. etiam alii *Beda*. enim *ll.D*. *om.* **o** 10 *an* quibusdam gentibus? *cfr.* § *153 init.* 11 paulo *ll.v*(*S*). -lum (*Beda*) *C* 12 reliquae *om.* **F**^{1}**R**^{1}**E**^{1}**a** | flatus *D*. *cfr.* § *116*. elatus **d**^{2} (us *in ras.*) **Ea**. del- **p**. elator **F**^{1}**R**^{1}. -tior **F**^{2}**R**^{2}*v* 14 intellegit *ego*. -gi et *ll.S*. -git et **a**^{3}*v* | hellespontian **F**^{2}*C*(*S*). -iam **dTE***H*. -ia *r*. -ium *G*. -ion *v* 15 alibi **Ea***va.S* | idem *SJ errore* 16 ulli *va.H* | omnium (oīū) *ego*. in *ll.S*. *om.* **E**(?)*v* 17 ſecto *ego*. recto *ll.v*(*J*). -te *C*. -ta *Bas.* | *dist. va.G* 18 est *del. G*(*S*) 20 milibus **R**^{2}*S*. -litibus **FR**^{1}**a**. limitibus (**dE**?)**op***v* | occursu **Ropz***v*. -sus *r* | tantos **Fa**

ventorum coercitus! et austros in Aegyptum penetrare negat Fabianus. quo fit manifesta lex naturae, ventis etiam et tempore et fine dicto.

122 (47) Ver ergo aperit navigantibus maria, cuius in principio favonii hibernum molliunt caelum sole aquarii XXV obtinente partem. is dies sextus Februarias ante idus. conpetit ferme et hoc omnibus, quos deinde ponam, per singulas intercalationes uno die anticipantibus rursusque lustro sequenti ordinem servantibus. favonium quidam a. d. VIII kalendas Marti*as* chelidonian vocant ab hirundinis visu, nonnulli vero ornithian, uno et LXX die post brumam ab adventu avium flantem per dies VIIII. favonio
123 contrarius est quem subsolanum appellavimus. dat aestatem exortus vergiliarum in totidem partibus tauri VI diebus ante Maias idus, quod tempus austrinum est, huic vento septentrione contrario. ardentissimo autem aestatis tempore exoritur caniculae sidus sole primam partem leonis ingrediente, qui dies XV ante Augustas kalendas est. huius exortum diebus VIII ferme aquilones antecedunt,
124 quos prodromos appellant. post biduum autem exortus iidem aquilones constantius perflant diebus XL. quos

---

§ 122: cfr. Plin. XVIII 337. — (8. 9) Colum. XI 2, 21. Plin. XVIII 222. 223. — § 123: Beda tp. r. 35. Colum. XI 2, 39. — Beda n. r. 11 extr. — (20) Theophr. l. l. 11. Colum. l. l. 51. — § 124: cfr. Plin. XVIII 335. Colum. l. l. 56. Aristot. meteor. II 5 p. 361^b, 35 sqq. Apoll. Rhod. II 526. Gell. II 22, 25. 31.

---

1 uentus *J cum vet. Dal.* | coercitus **E**^{2}(**z**?) *G*(*S*). *praem.* est *v.* circius **FRdop**. arcius **E**^{1}. cyrci' **a**^{2} (cyrc *in ras.*). coercetur *H cum vet. Dal.*(*D*) | austro **FRa** | aegypto **FRd** 7 et hoc et (ex **a**) **Fad** 8 rursusque **R**^{2}**E**^{2}**d***S*. -sum **p**. -sumque *v. om.* ***r*** 10 VII *va. He Colum.* | martias *ego.* marc. **F**. -tii ***r****v* 11 orinthian **Ea**. -itiam **p***va. B* 12 ab aduentu auium *post* ornithian *transpos. D cum U18* | VIII **y**. VII **i** 13 data (-tus **z***v*) est autem (huic *add. v*) **Eadyz***va. S.* est autem **p**. *an* inchoat aestatem? 14 VII *Beda* 15 magias **E**^{2}. -gi ***r***. Mai *S* 18 dies **F**^{2}**dpy***v*. die **R**^{2}. diu et ***r*** | augusti **dy***va. G* 21 aquilones **R**^{2}*v*. -n/// **R**^{1}. -nem **y**. -nibus ***r*** | perflant **R**^{2}**d**^{2}**p***v*(*S*). -nc **R**^{1}. -ns **F**^{2}**d**^{1}**Ty**. -nos **F**^{1}**Ea**. -nt his **z***H* | XL **dTy***v*. triginta **R**^{2}**p***S. om.* ***r****H*

etesias appellant. mollire eos creditur solis vapor geminatus ardore sideris, nec ulli ventorum magis stati sunt. post eos rursus austri frequentes usque ad sidus arcturi, quod exoritur XI diebus ante aequinoctium autumni. cum hoc corus incipit. corus autumnat; huic est contrarius vulturnus. post id aequinoctium diebus fere IIII et XL 125
vergiliarum occasus hiemem inchoat, quod tempus in III idus Novembres incidere consuevit; hoc est aquilonis hiberni multumque aestivo illi dissimilis, cuius ex adverso est Africus. ante brumam autem VII diebus totidemque post eam sternitur mare alcyonum feturae, unde nomen *i*i dies traxere. reliquum tempus hiemat. nec tamen saevitia tempestatum concludit mare. piratae primum coegere mortis periculo in mortem ruere et hiberna experiri maria; nunc idem avaritia cogit.

(48) Ventorum frigidissimi sunt quos a septentrione 126
diximus spirare et vicinus *i*is corus. hi et reliquos 119
conpescunt et nubes abigunt. umidi Africus et praecipue auster Italiae. narrant et in Ponto caecian in se trahere nubes. sicci corus et vulturnus, praeterquam desinentes. nivales aquilo et septentrio. grandines septentrio inportat et corus. aestuosus auster, tepidi vulturnus et favonius. iidem subsolano sicciores, et in totum omnes a septentrione

§ 125: (7. 8) Beda tp. r. 35. — cfr. Plin. XVIII 231. X 90. — (12—15) cfr. Sen. NQ V 6, 18. — § 126: (19) Aristot. meteor. II 6 p. 364^{b}, 13; probl. 26, 1. 29. Theophr. de vent. 37. Gell. II 22, 24. Apul. de mundo 14.

1 molliri eos (eis *C*) **y** *C cum Sabellico* 5 autumnat **R**^{2}**E**^{2}**y** *v*. -ni. At **d**. -natur **p**. -ni *r* 6 ferme **y** 7 VII *Beda* 9 illis **R**^{2}**y** 10 est et **FRa** | africus **Eap** *v*. -cus et **FRdy** *S* 11 postea **FEdpy** *va.S. cfr.§183 extr.* | alcionum **y**. alchi- **p**. alti- **FRa**i. halcy- **Ed**(?)*va.S* 12 ii *v*. i **Fa**. hi **E**^{2}**p** *G. om.* **y** *rS* 13 cludit **d**^{1}**T** *H* 15 idem *ll.v*(*S*). -em hoc *G*(*J*) 16 uentorum *G*. -ti etiam **FRE**^{1}**ap** *S*. -ti **o**. -torum etiam (et **T**) **E**^{2}**dT** *v*(*D*) 17 et **R**^{2}**E**^{2}**y** *G. om.rv* | chorus (-ros **F**^{1}) **FRa**^{2}**oy** (*fere semper*) | et *om.* **y** 18 auster. affricus **o** 19 caician **R**^{2}. calc- **F**. cec- **R**^{1}**a**. cerran **p**. *cfr.p.171,2* | ense **ap** 21 grandine **F**^{1}**R**^{1}**a** 22 ei (*pro* et) **F**^{1}**R**. hei **a** | trepidit **a**. -dat **F**^{1}. -ped//// **R**^{1} 23 a *om.* **y**. & **p**

127 et occidente sicciores quam a meridie et oriente. saluberrimus autem omnium aquilo, noxius auster et magis siccus, fortassis quia umidus frigidior est. minus esurire eo spirante creduntur animantes. etesiae noctu desinunt fere et a tertia diei oriuntur. in Hispania et Asia ab oriente flatus est eorum, in Ponto ab aquilone, reliquis in partibus a meridie. spirant autem et a bruma, cum vocantur ornithiae, sed leniores et paucis diebus. permutant et duo naturam cum situ: auster Africae serenus, aquilo
128 nubilus. omnes venti vicibus suis spirant, maiore ex parte aut*em* ut contrarius desinenti incipiat. cum proximi cadentibus surgunt, a laevo latere in dextrum ut sol ambiunt. de ratione eorum menstrua quarta maxime luna decernit. isdem autem ventis in contrarium navigatur prolatis pedibus, ut noctu plerumque adversa vela concurrant. austro maiores fluctus eduntur quam aquilone, quoniam ille inferus ex imo mari spirat, hic summo.
129 ideoque post austros noxii praecipue terrae motus. noctu auster, interdiu aquilo vehementior, et ab ortu flantes diuturniores sunt ab occasu flantibus. septentriones inpari fere desinunt numero, quae observatio et in aliis multis

§ 127: cfr. Cels. II 1 (p. 28, 12 Dar.). Aristot. probl. 26, 50. Theophr. l. l. 57. 58. — (4) Aristot. meteor. II 5 p. 362^{a}, 1. Sen. NQ V 11, 1. — Posid. ap. Strab. III p. 144. Polyb. IV 44, 6. V 5, 3. — (9. 10) Aristot. l. l. p. 362^{a}, 23 et 358^{b}, 2. Theophr. l. l. 4. 7. Sen. NQ V 18, 2. — § 128: Aristot. probl. 26, 31. Theophr. l. l. 52 sqq. — (13) Verg. geo. I 432. — § 129: cfr. Theophr. l. l. 5. — (20) Macrob. in som. Scip. I 6, 1. II 2, 17. Plin. XXVIII 23. — (175, 2) Aristot. meteor. II 5 p. 361^{b}, 14 (8 p. 366^{a}, 17); probl. 25, 4. Theophr. l. l. 15 sqq. 18. 31. Sen. NQ V 8, 2. 3. — (5) cfr. Aristot. probl. 26, 6. 7.

1 quam a **da^{3}y***G*. quam *rv* 4 flare **d^{2}pz** 5 hora oriuntur **E^{2}p***va.S*(*J*). ori- hora **d^{2}** 9 ut cum **R^{2}** | situ **R**(?)*v*. sit *r* 11 autem ut *ego*. autem **y**. aut ut (uter **p**) *ll.v*. ita ut *D* | proxime **F^{2}pz***va.G*. -mi/// **a**. -mis **F^{3}**. maxime **y** 12 surgant **a**. -gat **z***C* | in dexteram **y**. *om.***a** 16 austro — 17 spirat *om.***F^{1}** 17 inferus *ego*. -rius **aTfopy** -rnus **i***rv*. *cfr.§ 138. 139. 189 med.* | maris **dop***va.S*

rerum naturae partibus valet; mares itaque existimantur inpares numeri. sol et auget et conprimit flatus: auget exoriens, occidens, conprimit meridianus aestivis temporibus. itaque medio diei aut noctis plerumque sopiuntur, quia aut nimio frigore aut aestu solvuntur. et imbribus venti sopiuntur. exspectantur autem maxime unde nubes discussae adaperuere caelum. omnium quidem — si libeat observare 130
minimos ambitus — redire easdem vices quadriennio exacto Eudoxus putat, non ventorum modo, verum et reliquarum tempestatum magna ex parte. et est principium lustri eius semper intercalario anno caniculae ortu. de generalibus ventis haec.

48. (49) Nunc de repentinis flatibus, qui exhalante 131
terra, ut dictum est, coorti rursusque deiecti, interim 111
obducta nubium cute, multiformes exsistunt. vagi quippe et ruentes torrentium modo, ut aliquis placere ostendimus, 112
tonitrua et fulgura edunt. maiore vero inlati pondere incursuque, si late siccam rupere nubem, procellam gignunt, quae vocatur a Graecis ecnephias; sin vero depresso sinu artius rotati effregerunt, sine igni, hoc est sine fulmine, verticem faciunt, qui typhon vocatur, id est vibratus ecne-

§ 131: (18—21) Aristot. meteor. III 1 p. 370^b, 28. 371^b, 2. Sen. NQ V 12. Apul. de mundo 15. Lyd. ost. 44 p. 170^b.

2 impares F²R²E²dTpv(S). -ri rG | numeri Fd¹Tv(J). -res R¹. -ris R²S. -ro Ead²pG. *cfr. XXVIII 23* | flatus — 3 conprimit *om.* F¹ 3 occidensque E(?)opyva.S(D) | meridianis F¹R¹ap. -nis et oz (*punctum pos.* D) 4 die F¹Ra | iam y | in noctis F¹Eay | quia — 6 sopiuntur *om.* a | quia aut F²dv(D). qui aut rDal. quia et o. quia p. *de* y *parum liquet* 5 et estu E¹o 5. 6 uenti sopiuntur *om.* opfz 7 adaperuere E²dopv. -pparere y. aperuere F². appar- r 9 eudoxos d. -xonos F. -xius o. -xinus a. -ximus E¹. edoxus y. teod- E² 11 intercalari d(?)va.S | caniculae E(?)opyv(D). -lare FR. -lari adTS 14 interim — 15 cuti *om.* a | interim *ll.* v(G). iterum p. in terram *C cum anon. ap.* B(D) 15 nubium R²v. niui- E²p. nimi- r | cuti F¹RE¹(a)S. ferie p 18 ruperint opva.H. rumpere nuper e (nuper F². nuber F¹) FRa 19 si F² *in ras.* 20 effigerunt F¹Ea. effregerint pva.S. effug- o | igne R²(?)d²opv

132 phias. defert hic secum aliquid abruptum e nube gelida,
convolvens versansque et ruinam suam illo pondere ad-
gravans ac locum ex loco mutans rapida vertigine, prae-
cipua navigantium pestis, non antemnas modo, verum
ipsa navigia contorta frangens, tenui remedio aceti in
advenientem effusi, cui frigidissima est natura. idem
inlisu ipso repercussus correpta secum in caelum refert
133 sorbetque in excelsum. (50) quod si maiore depressae
nubis eruperit specu, sed minus lato quam procella, nec
sine fragore, turbinem vocant, proxima quaeque prosternentem.
idem ardentior accensusque, dum furit, prester vocatur,
amburens contacta pariter et proterens. **49.** non fit autem
aquilonius typhon, nec nivalis aut nive iacente ecnephias.
quod si simul rupit nubem exarsitque et ignem habuit,
134 non postea concepit, fulmen est. distat a prestere quo
flamma ab igni. hic late funditur flatu, illud conglobatur
impetu. vertex autem remeando distat a turbine et quo
stridor a fragore, procella latitudine ab utroque, disiecta
nube verius quam rupta. fit et caligo beluae similis *in*
nube, dira navigantibus. vocatur et columna, cum spissatus

§ 133: Lucret. VI 300 sqq. Sen. NQ V 13, 3. Aristot. meteor. III 1 p. 371^{b}, 4. (Apul. de mundo 15). Lyd. ost. 44 p. 170^{b}. — § 134: cfr. Plut. plac. phil. III 3 p. 893^{f}. — Cic. de div. II 49. — Lucret. VI 426 sqq. Olympiod. ad Aristot. meteor. III p. 86 Idel.

1 abreptum **o***va.G*. arre- **p** | gelida **Edopa**^{3}*v*. -di *r*. calidi *D* 2 que — ponde *om.* **F**^{1}**R**^{1}**E**^{1}**a** 3 ad **FR**^{1}**ao**. et *va.S* | mutat **op** 5 ante (*pro* ipsa) **F**^{1}**R**^{1}**E**^{1}**a** 7 ipso *ll.v*(*S*). -se **R**(?) *L*(*J*) | arrepta **op** 8 maiores **Ead**^{2}**p** 9 nubes **F**^{1}**Eadp** | eruperint **Eap** | specus **Rdp**. secus **E**^{1}**a** | alto **F**^{1}**R**^{1}**E**^{1}**a***va.G* 11 fuerit **FRaf**. *add.* rubro colore **R**^{2} 12 contracta **FR**^{1}**ap** 13 nec niuales **FR**. *om.* **a** | ac (*pro* aut) **d**^{2}**op** | niue iacente (-tem **F**) **FRd**^{1}*v*. niuem iaciens **op***r* 14 rumpit .. exardescitque .. habet **op** | et ignem (-ne **p**) **F**^{2}**R**^{2}**E**^{2}**dop***v*. euertiginem *r* 15 aut non **F**^{2}**R**^{2}. ac non **fz**. aut *va.G* | concipit **pz**. inc- **o** | fulminem (*om.* est) **F**^{1}**a**. -men autem **F**^{2} 16 igne **p***va.H* 17 remediando **F**^{1}**R**^{1} | et quo *ll.G*(*S*). quo **dT***v*. quomodo **f***H* 19 belluae **R**^{2}. nebulae *D* | similis in *ego*. -lisi **F**^{1}**R**^{1}**a**. -lis e **R**^{2}. -lis **F**^{2}**E**^{2} *cum ras.* **dp***v*. -li (*U21*) *J* 20 nudire **F**^{1}**R**^{1}**a**. ////// **E**^{1} | cum **R**(?)*v*. con *r*

umor rigensque ipse se sustinet, ex eodem genere et aulon, cum veluti fistula nubes aquam trahit.

50. (51) Hieme et aestate rara fulmina contrariis 135
de causis, quoniam hieme densatus aër nubium crassiore corio spissatur, omnisque terrarum exhalatio rigens ac gelida quicquid accipit ignei vaporis exstinguit. quae ratio inmunem Scythiam et circa rigentia a fulminum casu praestat, e diverso nimius ardor Aegyptum, siquidem calidi siccique halitus terrae raro admodum tenuesque
et infirmas densantur in nubes. vere autem et autumno 136
crebriora fulmina, corruptis in utroque tempore aestatis hiemisque causis, qua ratione crebra in Italia, quia mobilior aer mitiore hieme et aestate nimbosa semper quodammodo vernat vel autumnat. Italiaeque partibus iis, quae a septentrione descendunt ad teporem, qualis est urbis et Campaniae tractus, iuxta hieme et aestate fulgurat, quod non in alio situ.

51. (52) Fulminum ipsorum plura genera traduntur. 137
quae sicca veniunt, non adurunt, sed dissipant; quae umida, non urunt, sed infuscant. tertium est quod clarum vocant, mirificae maxime naturae, quo dolia exhauriuntur intactis operimentis nulloque alio vestigio relicto, aurum

§ 135. 136: Lyd. ost. 43 p. 168^{bc}. (Arrian. ap. Stob. ecl. phys. 29 p. 610). Beda n. r. 30. — 137: Sen. NQ II 31, 1. Arrian. l. l. p. 608. Lyd. ost. 44 p. 170^{d}. 172^{a}. — Cic. de div. I 18 (v. 23. 24). Obseq. 122.

1 se *om.* **F**^{1}**E**^{1}**a** | aulon (-one **R**^{2}) cum **R**^{2} *coni. S.* aut longum (-gaum **F**) **FR**^{1}**aT**. in longum (**E d**?) **fp** *H.* in longam *v* 2 fistulam **Ra** *v a. H* 4 densitas aeris **y** | grassiore **Fa**. gross- **R**^{1} 6 accepit **F**^{1}**RT** *Ven.* 7 a *om.* **F**^{2}**y**. ad **F**^{1}**R** 8 e **F**^{2}**y** *D.* et e **op** *v.* et *r* | diuersa **y**. *cfr. Rück 2 p. 304* 9 raras **R**^{2} *v a. H (S)* 10 et infirmans **F**. -mis **R**^{1}. firmas **d**^{2}. *om.* **d**^{1}**T** *H Brot.* 12 crebra sunt **F**^{2}**f** | in italia fulmina **d**^{2}**o** *v a. G* 13 moblior **o**. mollior **py**. *prob. Rück 2 p. 304 coll. Lydi* εὔκρατος σχεδὸν παρὰ πᾶν χωρίον. *sed cfr. § 189* 14 que *ego.* quoque *ll. v* | iis **dp** *v.* his *r* 15 descendunt **Eaop** *v (D).* discend- **F**^{1}**R**^{1}. disced- *r G. de mendo cfr. p. 181, 21* 16 et *om.* **op** *v a. G* 17 in *om.* **F**^{1}**RE**^{1}**a** | situ euenit **oz** 19 non *om.* **y** 20 humide **F**^{2}. um////e **F**^{1}. humore **Ra** | urunt *ll. v.* adu- **opy**. *prob. Rück 3 p. 237*

et aes et argentum liquatur intus, sacculis ipsis nullo modo ambustis ac ne confuso quidem signo cerae. Marcia, ... princeps Romanorum, icta gravida partu exanimato ipsa citra ullum aliud incommodum vixit. in Catilinianis prodigiis Pompeiano ex municipio M. Herennius decurio sereno die fulmine ictus est.

138 **52.** (53) Tuscorum litterae novem deos emittere fulmina existimant, eaque esse undecim generum; Iovem enim trina iaculari. Romani duo tantum ex iis servavere, diurna attribuentes Iovi, nocturna Summano, rariora sane eadem de causa frigidioris caeli. Etruria erumpere terra quoque arbitratur, quae infera appellat, brumali tempore facta saeva maxime et exsecrabilia, cum sint omnia, quae terrena existimant, non illa generalia nec a sideribus venientia, sed ex proxima atque turbidiore natura. argumentum evidens, quod omnia superiora e caelo decidentia obliquos habent ictus, haec autem, quae vocant terrena,

139 rectos. *et* qua*e* ex propiore materia cadunt, ideo creduntur e terra exire, quoniam ex repulsu nulla vestigia edunt, cum sit illa ratio non inferi ictus, sed adversi. a Saturni ea sidere proficisci subtilius ista consectati putant, sicut

---

§ 138: Sen. NQ II 41. — Paul. Festi p. 75. Fest. p. 229. Augustin. civ. dei IV 23. — § 139: (179, 1. 2) Tertull. ad nat. I 9. apol. 40. — (2sqq.) Sen. NQ II 47. 48, 1.

---

1 liquat **y**. *cfr. Rück 2 p. 305* | saculis **y**. saec- **F**^{1}. sec- **R**^{1}**a**. (loculis *Seneca*) 2 sic nocere **F**^{1}**Ra**. sine onere **F**^{2} 3 *lac. ego indicavi*; *excidit* femina: *cfr. VIII 119 et XXXVII 44* | romanorum *ll.* -narum **R**^{3}**p***v*. matronarum *coni. J* 4 catilinianis **R**^{2}*v*(*J*). -lianis *r*. *cfr. XXXIII 34*. -linanis (*P*)*L*. -ariis *SD* 5 municipis **F**^{1}**R**. -piis **Eap** 11 terrae **F**. e terra **z**. a (ea a **p**) terra **op***va. G* 12 appellatur **Ed**. -antur **opz** 14 existimantur **z** 16 omnia e **F**^{2}**Rd***D*. -ia ae **F**^{1}. -nia a *va. S* | superiora e **REa**^{2}**o***S*. -ora ae **F**^{1}. -ora **a**^{1}. -orae **F**^{2}. -ore **d***v*(*D*). *cfr. Rück 3 p. 237* 17 uocantur **opz***va. H.* uo (*om.* cant terrena recto) **R** 18 rectos et *ego*. -to sed **F**^{1}(**R**)**a**. -tos sed *rv* | quae *ego*. quia *ll. v* 19 repulso **a**. repercusso **op** | edant **a***v*. edunt *ll. H* 20 inferni **R**^{2}*e corr. va. H* | aduersi a **R**^{2}*e corr. G*. -si **op***v*. -sa **Fd**. -so **Ea** 21 ea **FdR***G*. eo **Ea**. ea a **p***v*

cremantia a Martis, qualiter cum Volsinii, oppidum Tuscorum
opulentissimum, totum concrematum est fulmine. vocant
et familiaria in totam vitam fatidica, quae prima fiunt
familiam suam cuique indepto. ceterum existimant non
ultra decem annos portendere privata, praeterquam aut
primo patrimonio facta aut natali die, publica non ultra
tricesimum annum, praeterquam in deductione oppidi.
53. (54) Exstat annalium memoria sacris quibus- 140
dam et precationibus vel cogi fulmina vel impetrari. vetus
fama Etruriae est, impetratum Volsinios urbem depopulatis
agris subeunte monstro, quod vocavere Oltam, evocatum
a Porsina suo rege. et ante eum a Numa saepius hoc
factitatum in primo annalium suorum tradidit L. Piso,
gravis auctor, quod imitatum parum rite Tullum Hostilium
ictum fulmine. lucosque et aras et sacra habemus inter-
que Statores ac Tonantes et Feretrios Elicium quoque
accepimus Iovem. varia in hoc vitae sententia et pro 141
cuiusque animo. imperare naturae sacra audacis est credere,
nec minus hebetis beneficiis abrogare vires, quando in
fulgurum quoque interpretatione eo profecit scientia, ut
ventura alia finito die praecinat et an peremptura sint
factum aut prius alia facta quae lateant, innumerabilibus

§ 140: (12) cfr. Plin. XXVIII 14. Peter hist. Rom. fragm. p. 79. 80. — Liv. I 10, 6. 12, 6. 31, 8. Varro LL VI 9, 94. — § 141: Sen. NQ II 49, 1. 2. 39, 2.

1 a *om.* **E**^{1}**ap** | uulsinis **Fad** 2 opulentum **pz**. *om.* **o** | ex (*pro* est) **R**^{2}*S* 5 aut **E**^{2}*G*. haec **r**. haec quae **p***v* 6 matrimonio *va.S* 10 uulsinius (uol- **F**^{2}) **F**. -sonios **R**^{1}. -ius **Ead**. (uolsiniis et urbe et agris depopulatis **f**) 11 oltam *ll.v*(*D*). uoltan **T**. -tam *G*. olcam *D It.p.57 n.1. cfr.* Vulcam *XXXV 157* 12 a **R**^{1}**EaTp***D*. o **F**^{1}. et a **F**^{2}**R**^{2}*v*. /// a **d**^{1}. fulmen a **d**^{2} | porsina **E**^{1}**a***S*. -sinna **FR**^{1}**E**^{2}. -sena **p***v*(*Brot.*). -senna **R**^{2}**dT***Dal. cfr. XXXIV 29. 139. XXXVI 91* (**B**) 13 tradit *va.S*(*J*) 15 luquosque **R**^{1}. locosque **d**. lucos **p**. *pro corrupto habet D*^{2} 18 impetrare **a**. -ri **p**. imperari *va.S* | natura **a** | sacris **F**. *om. va.S* 19 hebetis *v*. hab- **FR**. habitis **r**. auitis **f** | ueneficiis *J cum U23* | abrogari *D* | uiris **FR**^{1}**a** 20 proficit **F**^{1}**dTEa** 22 fatum **F**^{2}*v* | aut apertura **E**^{3}*v*. (*saltem* aperiat) | potius *va.S* | fata **F**^{2}*v*

in utroque publicis privatisque experimentis. quam ob rem sint ista ut rerum naturae libuit, alias certa alias dubia, aliis probata aliis damnanda: nos de cetero quae sunt in his memorabilia non omittemus.

142 **54.** (55) Fulgetrum prius cerni quam tonitrua audiri, cum simul fiant, certum est, nec mirum, quoniam lux sonitu velocior, ictum autem et sonitum congruere ita modulante natura, sed sonitum profecti esse fulminis, non inlati, etiamnum spiritum ociorem fulmine, ideo quati prius omne et adflari quam percuti, nec quemquam tangi qui prior viderit fulmen aut tonitrua audierit. laeva prospera existimantur, quoniam laeva parte mundi ortus est. nec tam adventus spectatur quam reditus, sive ab ictu resilit ignis sive opere confecto aut igne consumpto

143 spiritus remeat. in sedecim partes caelum in eo spectu divisere Tusci. prima est a septemtrionibus ad aequinoctialem exortum, secunda ad meridiem, tertia ad aequinoctialem occasum, quarta obtinet quod est reliquum ab occasu ad septemtriones. has iterum in quaternas divisere partes, ex quibus octo ab exortu sinistras, totidem e contrario appellavere dextras. ex iis maxime dirae quae septemtriones ab occasu attingunt. itaque plurimum refert unde venerint

§ 142: Aristot. de mundo 4 p. 395[a], 14 sqq. Lucret. VI 164. Apul. de mundo 15. Isid. n. r. 30, 2; or. XIII 8, 2. Lyd. ost. 21 p. 88[b]. — (9) Sen. NQ II 20, 3. Ammian. XVII 10, 2. — (11) Varro ap. Fest. p. 339 M. Cic. de div. II 43. — § 143: (15) Cic. de div. II 42. Lyd. ost. 22 p. 88[c].

2 alias .. alias *ll.S.* aliis .. aliis **p***v* 3 nos cetera *va.S* 4 omittimus **FR**[2]**a***S.* -tti **R**[1] 5 fulgetra **R**[2]. -gora **y** | tonitrua **R**[2]**y***S.* -tru **R**[1]. -trū *rv*(*J*). *cfr. Rück 2 p. 305* 6 fiunt **FdTy** 11 quam prior **R**. quem prior **a**. qui *D* | fulmina **R**[2] | tonitrua **FdTEaop***v*(*S*). -tru **R***G.* -trum (*Dal.*) *J* 12 exortus **y** 13 est *om.* **FR**[1]**Ea** 15 spectu **Fd**[1]**TR***J cum U 24.* asp- **Ead**[2]**z***H.* resp- *v*(*S*) 18 est reliquum **dR**[2]*S.* rel- est **F**[2]**E**(?) **o***v*(*J*). rel- *r* 20 ortu **FRE**[1]**a***S* 21 ex iis *v.* sexies **Ra**. ///// **F**[1]. ex his *rC* | dirae *ll.*(*G*)*S.* -ra *v* | septemtriones **dy***D.* -nem **F**[1]**RE**[1]**a***G.* per septemtrionem (-nes *v*) **F**[2]**E**[2]*v* 22 occasum (*del.* ab) *va.G* | perplurimum **FREo***va.H*

fulmina et quo concesserint. optimum est in exortivas
redire partes. ideo cum a prima caeli parte venerint et 144
in eandem concesserint, summa felicitas portendetur, quale
Sullae dictatori ostentum datum accepimus. cetera *ad*
ipsius mundi portione*m* minus prospera aut dira. quaedam
fulgura enuntiare non putant fas nec audire, praeterquam
si hospiti indicentur aut parenti. magna huius observationis
vanitas tacta Iunonis aede Romae deprehensa est Scauro
consule, qui mox princeps fuit. noctu magis quam interdiu 145
sine tonitribus fulgurat.

Vnum animal, hominem, non semper exstinguit, cetera
ilico, hunc videlicet natura tribuente honorem, cum tot
beluae viribus praestent. omnia contrarias incubant partes.
homo, nisi convertatur in percussas, non respirat. superne
icti considunt. vigilans ictus coniventibus oculis, dormiens
patentibus reperitur. hominem ita exanimatum cremari
fas non est, condi terra religio tradidit. nullum animal
nisi exanimatum fulmine accenditur. vulnera fulminatorum
frigidiora sunt reliquo corpore. **55.** (56) ex *i*is, quae 146
terra gignuntur, lauri fruticem non icit nec umquam
quinque altius pedibus descendit in terram. ideo pavidi
altiores specus tutissimos putant aut tabernacula pellibus

---

§ 145: (14) Plin. XXVIII 47. (cfr. Sen. NQ II 31, 2). — (16) Tertull. apol. 48. — § 146: Plin. XV 134. Geop. VII 11. XI 2, 7. Lyd. ost. 45 p. 172^{bc}. — (22 sqq.) cfr. Suet. Aug. 90.

---

2 parte caeli **ay** 3 eam **FR**^{1} | portendetur **F**^{2}**Eop**. -ntetur **F**^{1}**R**^{1}. -ntur **a**. -nditur **R**^{2}**d***v*. est **y** 4 ad *ego. om. ll. v.* pro *coni. D*^{2}. *cfr. XIII 133. XIV 133. XXIV 46. XXXVI 130* 5 portionē *ego.* -ne *ll. v* 6 fulgure (*pro* -rae) **a**. -gore **F**^{1}**R**^{1}. fulmina **R**^{2}. *om.* **z** | nuntiare **F**^{1}**RadTp** 11 hominum **F**^{1}**R**^{1}**a** 12 ilico **Rao**. ill- *rv* | huic **R**^{2}**opz** | naturę tribuendo **F**^{2} 13 contraria// **F**^{1}. -ia **a** | incubans **F**^{1}**Ra** | parte **R**^{1}. -te// **F**^{1}. -tē **a**. in partes **E**^{2}*C* 14 homini si **F**^{1}**Ra** | respirat **FdTE**^{1}**az** *Salmant. P.* exsp- **R**(?)**E**^{2}*v. cfr. XXVIII 47* 15 concidunt **opz** *va. L* | contuentibus **F**^{1}**R**^{1}**Eaop** 16 cremari **E**^{2}**p***v*(*D*). -are **FRdT***S*. -atum (concr- **a**) **E**^{1}**a** 19 iis *v.* his *ll. D* 20 icit **F**^{2}**R**^{2}*v.* iacit *r* 21 discendit **FR**^{1}**y** 22 pellibus *ll. v*(*S*). pedi- **y**. e pell- **E**^{3}*C*

beluarum, quas vitulos appellant, quoniam hoc solum animal ex marinis non percutiat, sicut nec e volucribus aquilam, quae ob hoc armigera huius teli fingitur. in Italia inter Tarracinam et aedem Feroniae turres belli *civil*is temporibus desiere fieri, nulla non earum fulmine diruta.

147 **56.** (57) Praeter haec inferiore caelo relatum in monumenta est lacte et sanguine pluisse M'. Acilio C. Porcio cos. et saepe alias, sicut carne P. Volumnio Servio Sulpicio cos., exque ea non perputruisse quod non diripuissent aves, item ferro in Lucanis anno ante quam M. Crassus a Parthis interemptus est omnesque cum eo Lucani milites, quorum magnus numerus in exercitu erat. effigies qu*o* pluit ferri spongiarum similis fuit. haruspices praemonuerunt superna volnera. L. autem Paulo C. Marcello cos. lana pluit circa castellum Carissanum, iuxta quod post annum T. Annius Milo occisus est. eodem causam dicente lateribus coctis pluisse in acta eius anni relatum est.

148 **57.** (58) Armorum crepitus et tubae sonitus auditos e caelo Cimbricis bellis accepimus, crebroque et prius et postea. tertio vero consulatu Mari ab Amerinis et Tuder-

§ 147: Lyd. ost. 6 p. 22^{ab}. — cfr. Liv. III 10, 6. Val. Max. I 6, 5. Dion. Hal. X 2. — § 148: Lyd. ost. 6 p. 22^{c}. Obseq. 41. 43. — (cfr. Verg. geo. I 474). — Plut. Mar. 17 med.

2 nec ex **d**^{1}**E***va.S*(*J*) 4 in (*pro* inter) **R**^{1}**a** | tarracinam **R**^{2}**d** *G*(*S*). terr- (-nem **FE**^{1}**a**) *rv*(*H*) | feronia (-ā **F**. -ae **a**^{3}) et urbes **F**^{1}**Ra** | belli ciuilis *ego.* bellicis **F**^{2}**dEp***v*. -ces *r*. belli caesariani *D* 7 in inferiore **E**^{2}*S. om.***oz** 8 celum lacte **oz** | pluuisse **F**^{1}**REo***va.G*(*SJ, item infra*) | M'. **a***H*. M. *rv* | acilio **R**^{2}*v*(*G*). atti- **a***C*. ati- *r* 9 P. **R**(?)*H cum Pighio.* L. *rv* 10 perputruisse **FRafoz***v*. putr- **dE**(?)*L* 11 in **F**^{2}**R**^{2}**E**^{2}**dop***v*. a *r* 12 a **R**(?)*v*. in *r* | partis **FR**^{1}. -tes **Ea** 14 quo *ego.* que **ap**. quae *ll.v* | ferri spongiarum *ego.* spo- ferri (-rro **op**) *ll.D*. spofere *v* 15 marcello *v*. -llono **d**. -llino *ll* 16 carissanum **FE***v*. carisa- **R**^{1}**ad**. capsa- **R**^{2}. carifa- **o**. carupha- **p**. compsa- *S e Vell. II 68,3.* περὶ Κάψαν *Lydus* 17 post annum T. *om.***E**^{1}**a**. annum T. *om.***FR**^{1}. post *om.***o** | manlius **o** | milo *om.***o** 22 ab amerinis *B*. a mamertinis *ll.v*

tibus spectata arma caelestia ab ortu occasuque inter se concurrentia, pulsis quae ab occasu erant. ipsum ardere caelum minime mirum est et saepius visum maiore igni nubibus correptis.

58. (59) Celebrant Graeci Anaxagoran Clazomenium 149 Olympiadis LXXVIII secundo anno praedixisse caelestium litterarum scientia, quibus diebus saxum casurum esset e sole, idque factum interdiu in Thraciae parte ad Aegos flumen, qui lapis etiam nunc ostenditur magnitudine vehis, colore adusto, comete quoque illis noctibus flagrante. quod si quis praedictum credat, simul fateatur necesse est, maioris miraculi divinitatem Anaxagorae fuisse solvique rerum naturae intellectum et confundi omnia, si aut ipse sol lapis esse aut umquam lapidem in eo fuisse credatur. decidere tamen crebro non erit dubium. in Abydi gymnasio 150 ex ea causa colitur hodieque modicus quidem, sed quem in media terrarum casurum idem Anaxagoras praedixisse narretur. colitur et Cassandriae, quae Potidaea *quondam* vocitata est, ob id deducta. ego ipse vidi in Vocontiorum agro paulo ante delatum.

59. (60) Arcus vocamus extra miraculum frequentes et extra ostentum. nam ne pluvios quidem aut serenos dies cum fide portendunt. manifestum est radium solis

---

§ 149. 150: Lyd. ost. 7 p. 24^{b-d}. — § 149: (Aristot. meteor. I 7 p. 344^b, 32). — Diog. Lae. II 3, 5. Plut. Lys. 12. Ammian. XXII 8, 5. 16, 22. — § 150: (22 sqq.) cfr. Sen. NQ I 6, 1. 3, 11. — (23 sqq.) Beda n. r. 31. Aristot. de mundo 4 p. 395^a, 33. — Sen. NQ I 8, 3. 7. 3, 1. Aristot. meteor. III 2 p. 372^a, 26.

---

3 est *om.* **FRa**. *an recte?* | in maiore **R**^{1}**a** | igni **R**^{2}*S*. igne **F**^{2}**d***H*(*D*). -nib; **E**^{2}. ne *r*. ui **o**. ui ignis *v* 7 militiarum **F**^{2}**fa**, -tiae rarum **F**^{1}**R**^{1} | ex **d**. de **R**^{1}. a **o** 9 uehibilis **d**^{2}**o** 11 relictum **Fa**. ////ictum **R**^{1} | credat **R**^{2}**E**^{2}**d***v*. -dit *r* 13 et confundi **R**^{2}**d***v*. interfu- *r* 14 esse **E***v*. esset (et **R**^{1}) **FRd**. fuisset **a** 16 quem **R**^{2}**Ed***v*. quia *r* 17 medio **a***v a.S* 18 narretur **R**^{2}*S*. -rratur *rv*(*J*). *cfr. nov. luc. p. 41 n. 15* | casandriae **FR**^{1}. cassandre **a**. alexandriae **R**^{2} *in marg.* | potid//e **E**. -die **Fa**. post idaea **R**^{2} | quondā *ego. om. ll. v. cfr. IV 36* 19 deductae **R**^{2}*SD* 22 nec **F**^{2} | pluuis **R**^{1}. -iis **F**^{1}**Ea**. -iales **oz**

inmissum cavae nubi repulsa acie in solem refringi, colorumque varietatem mixtura nubium, ignium, aëris fieri. certe nisi sole adverso non fiunt nec umquam nisi dimidia circuli forma nec noctu, quamvis Aristoteles prodat aliquando visum, quod tamen fatetur idem non
151 nisi XXX luna posse fieri. fiunt autem hieme maxime ab aequinoctio autumnali die decrescente. quo rursus crescente ab aequinoctio verno non exsistunt, nec circa solstitium longissimis diebus, bruma vero [id est brevissimis] frequenter, iidem sublimes humili sole humilesque sublimi, et minores oriente aut occidente, sed in latitudinem dimissi, meridie exiles, verum ambitus maioris. aestate autem per meridiem non cernuntur, post autumni aequinoctium quacumque hora, nec umquam plures simul quam duo.

152 (61) Cetera eiusdem naturae non multis dubia esse video: **60.** grandinem conglaciato imbre gigni et nivem eodem umore mollius coacto, pruinam autem ex rore gelido; per hiemem nives cadere, non grandines, ipsasque grandines interdiu saepius quam noctu, et multo celerius resolvi quam nives; nebulas nec aestate nec maximo frigore exsistere, rores neque gelu neque ardoribus neque ventis nec nisi serena nocte; gelando liquorem minu*i*, resolutaque glacie non eundem inveniri modum; **61.** varietates colorum

---

§ 151: Aristot. l. l. 2 p. 371, 30sqq. 5 p. 377^a, 11sqq. 4 p. 375^b, 12. Sen. NQ I 8, 6. 3, 11. — § 152: Aristot. de mundo 4 p. 394^a, 32sqq.; meteor. I 10. 11. 12. Sen. NQ IV 12. 3, 6. 4, 1. — (18—20) Beda n. r. 34. — (22) cfr. Plin. XXXI 33.

---

2 aeris igniumque *va.S* 6 XXX *ego.* tricesima *ll.v*(*H*)*D.* XIIII *C*(*Brot.*)*cum Rhodig. ex Aristot.* | posse fieri *ego.* fieri posse **y***D.* posse *ll.v* 9 *uncos posui cum U 26* | hoc **p***va.S* | breuissimis diebus **E**(?)**dp***va.S* 10 frequenter **F**^{2}**dE***v*(*J*). -tes **R**^{2}**T***S.* *om.r* | idem **F**^{2}**R**^{2}**a**. id est **F**^{1}. *om.***R**^{1}. item **y** | humilisque **FRay** 11 latitudinem **dy***v.* altitudine (lati- **E**) *ll* | dimissi **E**^{1}**a**. -isi **y**. diffusi **F**^{2}*v.* -so **F**^{3}. demissi *rS* 12 autem **Fd**^{2}**Ra***S.* uero **E**^{2}*v.* haec **E**^{1}. *om.***d**^{1}**y** 15 eius **FR**^{1}**E**^{1}**az** 16 igne (*pro* imbre) **FR**^{1}**E**^{1}**a** 20 nebula **F**^{1}**REa**^{1}. -lā **o***va.G* 21 gelu neque *om.***FR**^{1}**E**^{1}**a** 22 minui *v.* -uere *ll. om.***p**. *cfr.XXXI 33* | resolutaque **R**^{2}*S.* sol- *rv*

figurarumque in nubibus cerni, prout admixtus ignis superet aut vincatur.

62. (62) Praeterea quasdam proprietates quibusdam 153
locis esse, roscidas aestate Africae noctes, in Italia *L*ocris et in lacu Velino nullo non die apparere arcus, Rhodi et Syracusis numquam tanta nubila obduci, ut non aliqua hora sol cernatur, qualia aptius suis referentur locis. haec sint dicta de aëre.

63. (63) Sequitur terra, cui uni rerum naturae 154
partium eximia propter merita cognomen indidimus maternae venerationis. sic hominum illa, ut caelum dei, quae nos nascentes excipit, natos alit semelque editos et sustinet semper, novissime conplexa gremio iam a reliqua natura abdicatos, tum maxime ut mater operiens, nullo magis sacra merito quam quo nos quoque sacros facit, etiam monimenta ac titulos gerens nomenque prorogans nostrum et memoriam extendens contra brevitatem aevi, cuius numen ultimum iam nullis precamur irati grave, tamquam nesciamus hanc esse solam quae numquam irascatur homini.
aquae subeunt in imbres, rigescunt in grandines, tumescunt 155
in fluctus, praecipitantur in torrentes, aer densatur nubibus, furit procellis: at haec benigna, mitis, indulgens ususque mortalium semper ancilla, quae coacta generat, quae sponte fundit, quos odores saporesque, quos sucos, quos tactus, quos colores! quam bona fide creditum f*ae*nus reddit!

§ 153: (6) Sol. 5, 8. 11, 32. cfr. Cic. Verr. V 26. Sen. cons. ad Marc. 17, 4. — § 154: (10) cfr. Lucret. II 998. — (14) cfr. Cic. leg. II 56. 63. — (18) Tertull. test. an. 4. — § 155: (22) cfr. Plin. XVIII 1. 2. — (186, 2) cfr. Sen. NQ VI 28, 1. — (4) Plin. XXIX 74.

1 admixtus ignis **F**^{2}**R**^{2}*v*. -tis signis *r* 3 proprietates caeli **o***va*. *H* 4 italię **E**. -lie **Ra**. -lia// **F**^{1} | locris et *v*. ocrisie **F**^{2}**d**. crisie **R**. -siae *r* 5 apperire **F**^{1}. ape- **R**^{1}**E**^{1}**a** 7 referentur **R**^{2}*v*. feruntur *r* 11 diei **F**^{1}**a**. dies **F**^{2}**o** 12 et sustinet *ego*. sustinet et *ll*. -net **dy***v* 15 sacra (-ro **F**^{1}) merito **RF**^{1}*H cum Dal*. -ramento *r*. *om*. **o** 17 ultra *coni*. *Haupt*. 18 imprecamur **d**^{2}*va*. *G* 21 in nubibus **o** 22 usibusque **R**^{2}*S* 24 effundit **R**^{2}*S* | quos iactos **FR**^{1}**E**^{1}**a** 25 faenus *S*. fe- **a** *H*. foe- *rv*. *om*. **oz** | ////ddit **d**^{1}. dedit al. reddit **d**^{2}. dedit **R**^{1}**a**. ////// **F**^{1}

quae nostra causa alit! pestifera enim animantia, vitali spiritu habente culpam: illi necesse est semina excipere et genita sustinere; sed in malis generantium noxa est. illa serpentem homine percusso amplius non recipit poenasque etiam inertium nomine exigit. illa medicas fundit herbas
156 et semper homini parturit. quin et venena nostri miseritam instituisse credi potest, ne in taedio vitae fames, mors terrae meritis alienissima, lenta nos consumeret tabe, ne lacerum corpus abrupta dispergerent, ne laquei torqueret poena praepostera incluso spiritu, cui quaereretur exitus, ne in profundo quaesita morte sepultura pabulo fieret, ne ferri cruciatus scinderet corpus. ita est, miserita genuit id, cuius facillimo haustu inlibato corpore et cum toto sanguine exstingueremur, nullo labore, sitientibus similes, qualiter defunctos non volucres, non ferae attin-
157 gerent terraeque servaretur qui sibi ipsi periisset. verum fateamur: terra nobis malorum remedium genuit, nos illud vitae facimus venenum. non enim et ferro, quo carere non possumus, simili modo utimur? nec tamen quereremur merito, etiamsi maleficii causa tulisset. adversus unam quippe naturae partem ingrati sumus. quas non ad delicias quasque non ad contumelias servit homini? in maria iacitur aut, ut freta admittamus, eroditur. aquis,

---

§ 157: (17—19) cfr. Plin. XVIII 2. 3. XXXIV 138.

---

1 nostri *va.S* | *an* animantia alit? *certe tacite supplendum est* | uitalis spiritus **Fd^{1}TEa** 2 habent **F^2** | culpa **RaT** | seminata **p***v* | et *om.* **FdE^{1}a** 4 amplius non **FRado***S*. non amp- **E**(?)*G*. (non recipit amp- *v*) 6 nostrae **o** | misertam **F^{2}R**(?)*G*. -ta *v*. -rię ita **od^3** 8 nos **d^{2}E^{2}p***v*(*D*). *om.* *rS* 9 obrupta **F^1**. abruta **R^1**. obr- **dTa** 15 quo taliter *va.G* | uolucres **dTo***v*. -ris *rG* | ferę **dEp***v*(*D*). -re **F^{1}R^{1}aTo**. -ra **F^{2}R^2***G* | attingerent **Top***v*(*D*). -ret **FR^{2}a^3***G*. -re *r* 16 terrae quo *D* | ipsi **E**(?)**a^{3}o***C*. -se *rv* | et ut uerum **F^{2}R^2***va.H* 17 fateatur **F^{1}R^{1}a***Ven.*

18 facimus **Ffa**. fati- **R^1**. fecimus **R^{2}E**(?)**o***v* | nos enim **F^{2}o** *va.H* 20 maleficti **R^{1}a** 21 quasi **oa^3***va.H* 22 seruiat **o** *va.H* 23 fr&ia **R** | eroditur *ll.G*. eluitur **o***B*. erudi- *v*. erui- *anon. ap. B.* elidi- *C.* effodi- *S* (*et dist.*) *cum Ruhnkenio.* al. cōmittit̃ epditur **R^2** *ad marg.* | aliquis **F^2**

ferro, igni, ligno, lapide, fruge omnibus cruciatur horis
multoque plus, ut deliciis quam ut alimentis famuletur
nostris. et tamen quae summa patitur atque extrema 158
cute tolerabilia videantur: penetramus in viscera, auri
argentique venas et aeris ac plumbi metalla fodientes,
gemmas etiam et quosdam parvulos quaerimus lapides
scrobibus in profundum actis. viscera eius extrahimus,
ut digito gestetur gemma, quo petitur. quot manus
atteruntur, ut unus niteat articulus! si ulli essent inferi,
iam profecto illos avaritiae atque luxuriae cuniculi refodissent. et miramur, si eadem ad noxam genuit aliqua!
ferae enim, credo, custodiunt illam arcentque sacrilegas 159
manus. non inter serpentes fodimus et venas auri tractamus cum veneni radicibus? placatiore tamen dea ob
haec, quod omnes hi opulentiae exitus ad scelera caedesque
et bella tendunt, quodque sanguine nostro rigamus insepultisque ossibus tegimus, quibus tamen velut exprobrato
furore tandem ipsa se obducit et scelera quoque mortalium
occultat.

Inter crimina ingrati animi et hoc duxerim quod
naturam eius ignoramus. **64.** (64) est autem figura 160
prima, de qua consensus iudicat. orbem certe dicimus
terrae globumque verticibus includi fatemur. neque enim
absoluti orbis est forma in tanta montium excelsitate,
tanta camporum planitie, sed cuius amplexus, si cuncta

---

§ 160: (22—188, 2) Beda n. r. 46. (cfr. Sen. NQ IV 11, 3).

---

1 igni (-ne **T**) ligno **FdTao**. ligno igni (-ne *v*) **E**(?)*v*(*S*). ligno **Rp***G* 3 nostris (nīs) **FRE**^{2}*G*(*S*). nis **E**^{1}**a**. //nis **d**. *om.* **o**. nostris. nisi *H*. (n̄ris famul- **p***v*) | et **R**^{1}**E**^{2}**d**^{2}*G*(*S*). etiam **R**^{2}. *om.* **Fd**^{1}*H*. i **E**^{1}**a**. illi **op**. illa **z***v*. ut *J e coni. S* | patitur **op***G*. -iatur *ll.v*(*H*) 4 a cute **FRa***S* | uidentur **op** 7. 8 *dist. va.S* 8 quo **d**^{2}**op***Salmant.* quam **E**^{2}*v*. *om.* **r***S*. *cfr. Rück 3 p. 238* | petimus **E**(?)**z** *va.S* 13 nonne **a**^{3}*va.H* 14 ea **R**^{2} | ob hoc **Ea***va.S*. *add.* utimur **F**^{2}*G*, *praem.v* 15 que *om.* **FdR**^{1}**a**. *an* ac caedes? 16 quodque (-que a **R**^{2}) *ll.S*. quamque *C*. quaeque *v* 17 que *om.* **E**(?)*va.S* 20 dixerim **F**^{2}**a***va.G* 24 celsitate **y** 25 cuncta (-nta **F**^{1}) *ll.*(*Beda*)*v*. capita **E**^{3}*C e coni. coll. Sen. NQ IV 11.* (*iungenda* liniarum ambitu)

liniarum conprehendantur ambitu, figuram absoluti orbis efficiat, id quod ipsa rerum natura cogit, non isdem causis, quas attulimus in caelo. namque in illo cava in se convexitas vergit et cardini suo, hoc est terrae, undique incumbit. haec ut solida ac conferta adsurgit intumescenti similis extraque protenditur. mundus in centrum vergit, at terra exit a centro, inmensum eius globum in formam orbis adsidua circa eam mundi volubilitate cogente.

161 **65.** (65) Ingens hic pugna litterarum contraque vulgi, circumfundi terrae undique homines conversisque inter se pedibus stare, et cunctis similem esse verticem, simili modo *et* quacumque parte media calcari, illo quaerente, cur non decidant contra siti, tamquam non ratio praesto sit, ut nos non decidere mirentur illi. intervenit sententia quamvis indocili probabilis turbae, inaequali globo, ut si sit figura pineae nucis, nihilo minus terram
162 undique incoli. sed quid hoc refert, alio miraculo exoriente, pendere ipsam ac non cadere nobiscum, ceu spiritus vis, mundo praesertim inclusi, dubia sit, aut possit cadere, natura repugnante et quo cadat negante. nam sicut ignium sedes non est nisi in ignibus, aquarum nisi in aquis, spiritus nisi in spiritu, sic terrae, arcentibus cunctis, nisi in se locus non est. globum tamen effici mirum est in tanta planitie maris camporumque. cui sententiae adest

---

§ 161: cfr. Macrob. in som. Scip. II 5, 23 sqq. — (16) Beda tp. r. 34. — § 162: (19—23) Beda n. r. 45. — (189, 1—3. 6) Dicuil 9, 11. — (3. 4) cfr. Sen. NQ IV 11, 2.

---

1 linearum **REaop***va.S* | ambitus **F**^{1}**Ra**. habitu **o** 2 id *om.***y** | re rerum **Ee**. ratio rerum et **E**^{3} | natura *ll.D*. -rae **E**^{3}*v* | cogit ratio *va.D* | isdem **ay**. hisd- **FR**. eisd- **E**(?)**op***va.S(D)* 4. 5 incumbit undique **y** 5 ad **Ra**. a// **F**^{1}. atque *va.D* | conferta **a** 6 portenditur **Fd**^{1}**R**^{1}**Ea** 7 a (*pro* at) **FdEa** | a (ad **F**^{2}) centrum **F** 10 uulgi opinionem **o***va.G* 11 uerticem (*sc.* terrae) *ll.* caeli uert- **F**^{2}**R**^{2}**E**^{2}**opy***v*. uert- caeli **d**^{2} 12 et *ego.* ex *ll.v* | media *ll.* -iā **a**^{3}*v*. *om.***p** 17 includi **y** 18 ipsas **Fd**^{1}**a**. -sos **R**^{1}**d**^{2}*va.B* 19 dubium sit an **F**^{2}**d**^{2}*e corr. va.G* 22 nisi sit in spiritu sic **R**^{2}. nisi in **a**. in **F**. *om***R**^{1}**E**^{1} | sic et *Beda*. ita **o***va.S* | cohaerentibus *Beda*

Dicaearchus, vir in primis eruditus, regum cura permensus montes, ex quibus altissimum prodidit Pelium MCCL passuum ratione perpendiculi, nullam esse eam portionem universae rotunditatis colligens. mihi incerta haec videtur coniectatio, haud ignaro quosdam Alpium vertices longo tractu nec breviore quinquaginta milium passuum adsurgere. sed vulgo maxime haec pugna est, 163
si coactam in verticem aquarum quoque figuram credere cogatur. atqui non aliud in rerum natura adspectu manifestius. namque et dependentes ubique guttae parvis globantur orbibus et pulveri inlatae frondiumque lanugini inpositae absoluta rotunditate cernuntur, et in poculis repletis media maxime tument, quae propter subtilitatem umoris mollitiamque in se residentem ratione facilius quam visu deprehenduntur. idque etiam magis mirum, in poculis repletis addito umore minimo circumfluere quod supersit, contra evenire ponderibus additis ad vicenos saepe denarios, scilicet quia intus recepta liquorem in verticem attollant, at cumulo eminenti infusa delabantur. eadem est causa, propter quam e navibus terra non cer- 164
natur, e navium malis conspicua, ac procul recedente navigio, si quid quod fulgeat religetur in mali cacumine, paulatim descendere videatur et postremo occultetur. denique oceanus, quem fatemur ultimum, quanam alia figura cohaereret atque non decideret nullo ultra margine includente? id ipsum ad miraculum redit, quonam modo, etiamsi globetur, extremum non decidat mare. contra

---

2 pelion *va. D* 3 *dist. C* 5 aut **FR**. an p | ignaro *C*(*D*). -ros **R**^{2}. -noto **R**^{1}*S*. -noro *rv* 6 milium **FdR**^{1}*S*. -lia **R**^{2}**a**p. -libus **E**(?)*v*(*D*) 7 maxime **FR**^{1}**aoz***v*. -ma **a**^{3}*r B* 9 nature **FRo** 10 nam **FdR**^{1}**E**^{1}**a** 14 residente **FRaT** 18 recepta **Fa**^{3}*v*. -tu **a**. -tum **d**^{2} *in ras.* **E**p. -t **R**^{1}. -ta saepe **R**^{2} 19 eminenti **R**^{2}*S*. -te *rv* | dilabantur *va. D* 20 est *om.* **FR**^{1}**a** 21 conspitia **F**^{1}. -iciatur **R**^{2} | recedente **d***v*. pręc- **F**. proc- **R**^{2}**Ea**. protend- **R**^{1} 23 destendere **F**. dist- **R**^{1}**a** | conculcetur **a**. excu- **FR**^{1}. exu- **E** 24 quan **FR**^{1}. qui in **a** 25 coheret **FR**^{1}**a** | intra **FdR**^{1}**E**^{1}**a**^{1} 26 id ipsum **R**^{1}**dT***S*. in id ips- **Ffa**. id ips-nullum **R**^{2}. ips- **E**^{1}. ips- id **E**^{2}*v*

quod, ut sint plana maria et qua videntur figura, non posse id accidere, magno suo gaudio magnaque gloria
165 inventores Graeci subtilitate geometrica docent. namque cum e sublimi in inferiora aquae ferantur et sit haec natura earum confessa nec quisquam dubitet in litore ullo accessisse eas quo longissime devexitas passa sit, procul dubio apparere, quo quid humilius sit, propius a centro esse terrae, omnesque linias, quae emittantur ex eo ad proximas aquas, breviores fieri quam quae ad extremum mare a primis aquis; ergo totas omnique ex parte aquas vergere in centrum ideoque non decidere, quoniam in interiora nitantur.

166 (66) Quod ita formasse artifex natura credi debet, ut, cum terra arida et sicca constare per se ac sine umore non posset, nec rursus stare aqua nisi sustinente terra, mutuo inplexu iungerentur, hac sinus pandente, illa vero permeante totam, intra extra, supra *infra*, venis ut vinculis discurrentibus, atque etiam in summis iugis erumpente, quo spiritu acta et terrae pondere expressa siphonum modo emicat tantumque a periculo decidendi abest, ut in summa quaeque et altissima exsiliat. qua ratione manifestum est, quare tot fluminum cotidiano accessu maria non crescant. **66.** est igitur in toto suo globo tellus medio ambitu praecincta circumfluo mari, nec argumentis hoc investigandum, sed iam experimentis cognitum.

167 **67.** (67) A Gadibus columnisque Herculis Hispaniae et Galliarum circuitu totus hodie navigatur occidens.

---

§ 165. 166: (10—19) Beda n. r. 44. — § 166: cfr. Sen. NQ III 3. 15, 1. 7, 3 et 4. 4. 5. — (23. 24) cfr. Mela III 44. 45. — § 167: MCap. VI 617—619. cfr. Berger Eratosth. fragm. p. 91. (cfr. Vellei. II 106, 3. Tac. Germ. 34. Plin. VI 58).

---

1 plena FE¹a 6 /// illo d². ultro *coni. D²* 8 a *ll. v (S). del. B* 13 naturae FfT 15 aque dT. aquis F¹Ra 16 inflexu Ea. compl- dT. ampl- *va. G* | fungerentur F¹R¹a¹dT 17 infra *Beda. om. ll. v. cfr. Welzhofer p. 39* 18 *an* ut cuniculis? 25 uestigandum FRd²*SJ* 28 circuitus Fado

septentrionalis vero oceanus maiore ex parte navigatus est, auspiciis Divi Augusti Germaniam classe circumvecta ad Cimbrorum promunt*u*rium et inde inmenso mari prospecto aut fama cognito Scythicam ad plagam et umore nimio rigentia. propter quod minime verisimile est illic maria deficere, ubi umoris vis superet. iuxta vero ab ortu ex Indico mari sub eodem sidere pars tota vergens in Caspium mare pernavigata est Macedonum armis Seleuco atque Antiocho regnantibus, qui et Seleucida et Antiochida ab ipsis appellari voluere. et circa Caspium multa oceani 168
litora explorata parvoque brevius quam totus hinc aut illinc septentrio eremigatus, ut *i*am coniecturae locum sic quoque non relinquat ingens argumentum paludis Maeoticae, sive ea illius oceani sinus est, ut multos adverto credidisse, sive angusto discreti situ restagnatio. alio latere Gadium ab eodem occidente magna pars meridiani sinus ambitu Mauretaniae navigatur hodie. maiorem quidem eius partem et orientis victoriae Magni Alexandri lustravere usque in Arabicum sinum, in quo res gerente C. Caesare Augusti filio signa navium ex Hispaniensibus naufragiis feruntur agnita. et Hanno Carthaginis potentia florente circumvectus 169
a Gadibus ad finem Arabiae navigationem eam prodidit scripto, sicut ad extera Europae noscenda missus eodem tempore Himilco. praeterea N e p o s C o r n e l i u s auctor est Eudoxum quendam sua aetate, cum Lathyrum regem fugeret, Arabico sinu egressum Gades usque pervectum,

§ 168: MCap. VI 619—621. — § 169. 170: MCap. VI 621. — § 169: Mela III 90. Nepos fr. 48. Halm. Cael. Ant. fr. 56 (Peter p. 107). — § 170: Nepos fr. 47. Mela III 45.

5 uerisimilis F^{1}a 6 supere F^{1}Ra 10 multo F^{1}a. -to labore d^{2}z. mare R^1 11 breuibus F^{1}a 12 eremigatus E^2(?)*v*. rem- *ll.*(*MCap.*) | iam *ego.* tamen *ll.v* 13 *dist. ego* | ingeniis R^1. id R^2 | meotiae F. -tie ad^1. -tidę Rd^2 16 situs F^{1}R^{1}a | ambitu E(?)*v*. *om.* o. -tus *r* 17 mauritaniae Rao*va.S* 19 C. *om.* FR^{1}adT 20 hispanensibus Ea. -niensium R^2 25 eudoxiū/// F^{2}d^2 -ius F^{1}Ea | quondam FE^{1}a. qu//n d^1 | latyrum Ra. -thurum *H* 26 gadium E^{1}a. gad//// F^1. //ad//// R^1. cades R^2

multoque ante eum Caelius Antipater vidisse se qui navigasset ex Hispania in Aethiopiam commercii gratia.
170 idem Nepos de septentrionali circuitu tradit Quinto Metello Celeri, Afrani in consulatu collegae, sed tum Galliae proconsuli, Indos a rege Sueborum dono datos, qui ex India commercii causa navigantes tempestatibus essent in Germaniam abrepti. sic maria circumfusa undique dividuo globo partem orbis auferunt nobis, nec inde huc nec hinc illo pervio tractu. quae contemplatio apta detegendae mortalium vanitati poscere videtur, ut totum hoc, quicquid est, in quo singulis nihil satis est, ceu subiectum oculis quantum sit ostendam.

171 **68.** (68) Iam primum in dimidio conputari videtur, tamquam nulla portio ipsi decedat oceano, qui toto circumdatus medio et omnes ceteras fundens recipiensque aquas et quicquid exit in nubes ac sidera ipsa tot ac tantae magnitudinis pascens, quo tandem amplitudinis spatio credetur habitare? inproba et infinita debet esse tam vastae
172 molis possessio. adde quod ex relicto plus abstulit caelum. nam cum sint eius quinque partes, quas vocant zonas, infesto rigore et aeterno gelu premitur omne, quicquid est subiectum duabus extremis utrimque circa vertices, hunc, qui trionum septem vocatur, eumque, qui adversus illi austrinus appellatur. perpetua caligo utrobique et alieno molliorum siderum adspectu maligna ac pruina tan-

---

§ 172: Beda tp. r. 34. — Cic. som. Scip. 6, 13 (Macrob. II 17. 18. 21). Verg. geo. I 233 sqq. Mela I 4. MCap. VI 602.

---

4 ofrani **a**. C. (L. *H*) Afranii *va. D*. africani **R** *Ven*. 5 sueborum **FRa** D^2. *cfr. IV 81. 100*. sueuo- *r*(?)*v*. botorum *Mela* 8 neque hinc F^2**d**E^2**o**^{2}. neque F^1E^1**ao**^{1} 14 decedat F^2**pz***v*. -cidat F^1**dEo**. -dit **a**. -datur **R**(?)*G* | circumdatur **R** 16 et *om.* **F**R^1**ao** | ac *v*. hac **R**. aut *r***o** | tota tante **do**. tota & ante F^1**Ra**. tot et tantę F^2*va. S* 17 pascens — amplitudinis F^2**d***v*. *om. r* 18 crederetur **FRa**. (terra creditur habitari **o***va. G*) | et *om.* F^1**Ra** 19 adde E^2**op***v*. age *r* | relicto spatio **op***va. G* 21 premitur gelu **Eo***va. G* 22 uerticem (*om.* hunc) **y** 23 trionē septem **F**. septē trionē **a**. -mtrio (*G*. -ion *v*) **E**(?)*va. S*

tum albicans lux. ver*um* media terrarum, qua solis orbita est, exusta flammis et cremata comminus vapore torretur. circa duae tantum inter exustam et rigentes temperantur eaeque ipsae inter se non perviae propter incendium siderum. ita terrae tres partes abstulit caelum; oceani rapina 173 in incerto est. sed et relicta nobis una portio haud scio an etiam in maiore damno sit, idem siquidem oceanus infusus in multos, ut dicemus, sinus adeo vicino accessu lib. 3 interna maria adlatrat, ut centum quindecim milibus pas- sqq. suum Arabicus sinus distet ab Aegyptio mari, Caspius vero CCCLXXV a Pontico, idem interfusus intrat per tot maria, quibus Africam, Europam, Asiam dispescit, *ut* quantum terrarum occupet? conputetur etiamnu*m* mensura tot flu- 174 minum, tantarum paludium, addantur et lacus, stagna, iam elata in caelum et ardua aspectu quoque iuga, iam silvae vallesque praeruptae et solitudines ac mille causis deserta; detrahantur hae tot portiones terrae, immo vero, ut plures tradidere, mundi puncto (neque enim aliud est terra in universo): haec est materia gloria nostrae, haec sedes. hic honores gerimus, hic exercemus imperia, hic opes cupimus, hic tumultuamur humanum genus, hic instauramus bella etiam civilia mutuisque caedibus laxiorem facimus terram! et, ut publicos gentium furores transeam, haec, 175 in qua conterminos pellimus furtoque vicini caespitem

---

§ 173: (11) Beda n. r. 42. — (12) cfr. Plin. VI 31. — § 174: (18) cfr. Sen. NQ I prol. 11 sqq.

---

1 uerum media *ego.* uero med- *ll. v.* med- uero **E**^{3} *G.* (*dist. G*) | qua **R**^{2}**a**^{2}*v.* quae **FE**. que *r* 2 torrentur **FRa** *SJ* 3 et circa **a**. circa quam **op***va. G* 4 siderum *ll.* **p** *H.* -ris **R**^{2}**o***v*(*S*) 5 terre et tres **Fa**. -restres **Rd** 9 uicentum **F**. u ce- **a**. uicenum **R**^{1} 11 intra *D cum U 29* | tota **F**^{1}**Rad** 12 asiam **FdTao** *G*(*S*). -mque *rv*(*L*)*D* | dispesci **R**^{1}. -pcit **a**. -pertit **o***va. G.* dum dispertit **z** | ut *ego. om. ll. v* 13 occupet **FdRa***v.* -pat **E**(?) *H.* -petur (*om.* conputetur) **op** | *dist. H* | etiamnum *ego.* -unc *ll. v* 14 paludium *ll. v*(*S*). -dum **do***C* | et *ll.* **dop***v.* ac *D* 16 ac mille **FdEaop**. et mille **R**(?)*v* | *dist. J* 17 haec **FdR**^{1}**a** 18 punctus **d**^{2} *in ras.* **o***va. J* 20 regimus **FR**^{1}**E**^{1}**a** 21 tumultuatur **o***va. H* 24 caeni **F**^{1}**R**^{1}

nostro solo adfodimus, ut, qui latissime rura metatus fuerit ultraque famam exegerit adcolas, quota terrarum parte gaudeat vel, cum ad mensuram avaritiae suae propagaverit, quam tandem portionem eius defunctus obtineat?

176 **69.** (69) Mediam esse mundi totius haut dubiis constat argumentis, sed clarissimo aequinocti paribus horis. nam nisi in medio esset, aequales dies noctesque habere non posse deprehendere est dioptraeque vel maxime confirmant, cum aequinoctiali tempore ex eadem linia ortus occasusque cernatur, solstitiali exortus per suam liniam, brumali occasus. quae accidere nullo modo possent nisi in centro sita.

177 **70.** (70) Tres autem circuli supra dictis zonis inplexi inaequalitates temporum distingunt: solstitialis a parte signiferi excelsissima nobis ad septentrionalem plagam versus, contraque ad alium polum brumalis, item medio ambitu signiferi orbis incedens aequinoctialis.

(71) Reliquorum quae miramur causa in ipsius terrae figura est, quam globo similem et cum ea aquas isdem intellegitur argumentis. sic enim fit haut dubie, ut nobis septentrionalis plagae sidera numquam occidant, con-

---

§ 176. 177: cfr. MCap. VI 601. 602. — § 177 (20). 178: Beda n. r. 46 (cfr. n. r. 6. tp. r. 32). — MCap. VI 593.

---

1 adfodimus *ll.v.* ordimur **opz**. *prob. Gronov. et Rück 3 p. 239* 2 famam *ll.v(S)*. fines (*Sabell.*) *C* 5 esse terram **F**^{2}**z** *D* | totius terram *va. G* | dubie **F**^{1}**R**^{1}**E**^{1}**a** | constat terram **o** 6 clarissime **E**(?)**p** *va. D* 7 esset *om.* **F**^{1}**R**^{1}**E**^{1}**a**. *an recte*? | habere (*sc.* terram) **R**^{2}**op** *v*. -ret **F**^{1}**R**^{1}**a**. -ri **F**^{2}**dE**(?) *C* 8 posse **Edop** *v*. -ent *rS* | deprehendere **FR**^{1}**E**^{1}**aT** *J*. -rē **d**. -rent **E**^{2}. -retur **op**. -runt **R**^{2}*v*(*Brot.*). -dunt *H* | est *ego*. et *ll.v* | dioptraeque *ego*. -ae quae *ll.v. in* **ap** *spat. vac.* | id confirmant **E**^{2}*v*. ut conf- **F**^{2}**dp** 9 cum **R**^{2}**E**^{2}**p** *v*. cum et **dT**. et *r* 10 cernatur — 11 occasus quae *om.* **F**^{1}**R**^{1}**E**^{1}**a** | solstitiali exortu **F**^{2}**E**^{2}**T**. -li occasu **R**^{2}. -lis exortus *va. S* 11 brumalis occasusque **R**^{2}. *om.* que **T**. -lisque occasus *va. S* 12 sita esset **E**^{3}**p** *v* (*sc.* terra) 17 signiferi **FER**^{3}**o** *v*. -fero **R**^{2}**a**. -fer **d**. signi (*om.* feri orbis ince) **R**^{1} | obis **F**^{1}. bis **ao** | incidens **F**^{1}**E**^{1}**a**. descendens **R**^{2} 19 aqua **R**^{2}**ao**. -uam **z**. quasi **F**^{2}

tra meridianae numquam oriantur, rursusque haec illis non cernantur, attollente se contra medios visus terrarum globo. septentriones non cernit Trogodytice et confinis 178
Aegyptus, nec canopum Italia et quem vocant Berenices crinem, item quem sub Divo Augusto cognominavere Caesaris thronon, insignes ibi stellas. adeoque manifesto adsurgens fastigium curvatur, ut canopus quartam fere partem signi unius supra terram eminere Alexandriae intuentibus videatur, eadem a Rhodo terram quodammodo ipsam stringere, in Ponto omnino non cernatur, ubi maxime sublimis septentrio. idem a Rhodo absconditur magisque Alexandriae, in Arabia Növembri mense, prima vigilia occultus, secunda se ostendit, in Meroë solstitio vesperi paulisper apparet paucisque ante exortum arcturi diebus pariter cum die cernitur. navigantium haec ma- 179
xime cursus deprehendunt, in alia adverso, in alia prono mari, subitoque conspicuis atque ut e freto emergentibus, quae in anfractu pilae latuere, sideribus. neque enim, ut dixere aliqui, mundus hoc polo excelsiore se attollit — aut undique cernerentur haec sidera —, verum haec eadem quibusque proximis sublimiora creduntur eademque demersa longinquis, utque nunc sublimis in deiectu positis videtur hic vertex, sic in illam terrae devexitatem transgressis illa se attollunt, residentibus quae hic excelsa fuerant, quod nisi in figura pilae accidere non posset.

(72) Ideo defectus solis ac lunae vespertinos orientis 180

§ 178: (4) Manil. I 215 sqq. — § 179: (18—25) Beda n. r. 6. — § 180: MCap. VI 594. — (26—196, 8) Beda n. r. 23. — cfr. MCap. VI 591. 592 extr.

1 ab illis o*va.G* 2 medio sui F^{1}. -io (-ios a^{3}) ſitu a 5 crines F^{1}RE^{1}a 6 insignis (-nes Fa) sibi (ibi z*v*) stella FEaz*va.G* | ab eoque Ra 9 eandem Fa 19 ita mundus *Beda* | hic opz*va.G* 20 aut *ll.G.* ut opz(*Beda*)*v.* // ut d. ita ut *D* | non cernantur (-nerentur o) op*va.G* | haec (ac F^{1}) *ll.* *om.*dT (*Beda*) 21 quibusque F^{2}dR^{2}o*v.* -bus *r* 22 dimersa Ea. dim̄sa o 23 in *del.H* | illa terre deuexitate o | transuectis R^{2} 24 se attolluntur Ra 25 posse F^{1}Ra 26 et ideo FdRa. ideoque *va.S* | hac R. et o

incolae non sentiunt nec matutinos ad occasum habitantes, meridianos vero serius nobis il*l*i. apud Arbilam Magni Alexandri victoria luna defecisse noctis secunda hora est prodita eademque in Sicilia exoriens. solis defectum Vips*t*ano et Fonteio cos., qui fuere ante paucos annos, factum pridie kalendas Maias Campania hora diei inter septimam et octavam sensit, Corbulo dux in Armenia inter horam diei decimam et undecimam prodidit visum, circuitu globi alia aliis detegente et occultante. quod si plana esset terra, simul omnia apparerent cunctis noctesque non fierent inaequales; nam aeque aliis quam in medio sitis paria duodecim horarum intervalla cernerentur, quae nunc non in omni parte simili modo congruunt.

181 **71.** (73) Ideo nec nox diesque, quamvis eadem, toto orbe simul est, opposìtu globi noctem aut ambitu diem adferente. multis hoc cognitum experimentis, in Africa Hispaniaque turrium Hannibalis, in Asia vero propter piraticos terrores simili specularum praesidio excitato, in quis praenuntios ignes sexta hora diei accensos saepe conpertum est tertia noctis a tergo ultimis visos. eiusdem Alexandri cursor Philonides ex Sicyone Elin mille et ducenta stadia novem diei confecit horis indeque, quamvis declivi itinere, tertia noctis hora remensus est saepius.

§ 181: (14. 15) Beda n. r. 23.

2 serius **a***D*. sepius **FR**^{2}**o**. se i///us **R**. saepius *rv* | nobis illi *D*. nobis **R**^{2}. -bi///// **R**^{1}. -bili *r*. *cfr.MCap.* | arbilam *J coll. VI41.* -belam **R**^{2}*Bas.*(*S*). -la *G*. arabiam *ll.v*(*H*) 3. 4 prodita est **R**^{2}*va.S.* -ta **R**^{1} 4 Vipstano *H cum Ursino fam. Rom. p. 28. cfr. Tac. ann. XIV 1.* -sanio **R**^{2}*G*. -no **a**^{3}*v*. uipiano *r* 8 uisu **R**^{1}**E**^{2}**a**^{1}. -so **E**^{1}. usū **F**^{1} 11 nam aeque **R**(?)*H*. n/// q. **a**^{1}. neque *rv*. nam **d**^{1}**T**. nam n̄ **d**^{2} | aliis *ll.v*(*H*). -ias *C* 13 non **F**^{2}**RdTz***v*(*H*). *om.rG* | in omni **R**^{2}**E**^{2}**d**^{2} *in ras.* **Tz***v*. omni **F**^{2}. nomini **F**^{1}**R**^{1}. -ine **E**^{1}**a** 14 *an* diesue? | quamuis **FdRap***v*(*S*). quaeuis **E**(?)*C* | eadem *om.* **a** 15 similis **d**^{2}**p** | opposito **F**^{1}**R**^{1}**p**
19 praenuntios **R**^{2}*S*. -tio// **d**^{1}. -tio ē **d**^{2}. -tiatiuos **E**^{2}*G*. -tiatos *v*. prę̄nciatio sidiosos **F**^{2}. praesidio *r* | signis **R**^{1}. -ni **F**^{1} 21 sitione **o**. iicyonē **F**^{1}. icione **a**. -nę (iic- **R**^{1}) **R** | elin **E**^{2}*G*. *om.r*. ad helin (elin *v*) **d**^{2} *in ras.* **op***v* 22 indeque **E**^{2}**op***v*. inde *r*. *om.* **d** 23 reuersus est (*om.* saepius) **opz**

causa, quod eunti cum sole iter erat, eundem remeans obvium contrario praetervertebat occursu. qua de causa ad occasum navigantes, quamvis brevissimo die, vincunt spatia nocturnae navigationis, ut solem ipsum comitantes.

72. (74) Vasaque horoscopa non ubique eadem sunt 182
usui, in trecenis stadiis aut, ut longissime, in quingenis mutantibus semet umbris solis. itaque umbilici, quem gnomonem appellant, umbra in Aegypto meridiano tempore aequinoctii die paulo plus quam dimidiam gnomonis mensuram efficit, in urbe Roma nona pars gnomonis deest umbrae, in oppido Ancona superest quinta tricesima, in parte Italiae, quae Venetia appellatur, isdem horis umbra gnomoni par fit.

73. (75) Simili modo tradunt in Syene oppido, quod 183
est supra Alexandriam quinque milibus stadium, solstiti die medio nullam umbram iaci puteumque eius experimenti gratia factum totum inluminari. ex quo apparere tum solem illi loco supra verticem esse, quod et in India supra flumen Hypasim fieri tempore eodem O n e s i c r i t u s scribit. constatque in Berenice urbe Trogodytarum, et inde stadiis $\overline{IIII}$·DCCCXX in eadem gente Ptolemaide oppido, quod in margine Rubri maris ad primos elephantorum venatus conditum est, hoc idem ante solstitium quadragenis quinis diebus totidemque postea fieri, et per eos XC dies in

§ 182—185: Beda tp. r. 31. — § 182: MCap. VI 595. Beda n. r. 48. — (10) cfr. Plin. VI 217. 218. — § 183—185: cfr. Berger Eratosth. fragm. p. 124. — § 183: Beda n. r. 48. — (14) cfr. Plin. VI 183. V 59. Strabo II p. 114. — Lucan. II 587. — (20) Plin. VI 171.

1 causae **F**^{1}**Ea** | eundemque **d**^{2}**opz***va. G* 2 p̄////uertebat **F**^{2}**R**^{2}**o***va. G* 3 diei **F**^{1}**R**^{1}**Ea** | iungunt **Ea** 5 horoscopa *v* (*S*). -pica *J*. -pii *Beda*. oroscopia **R**^{2}. orospica **a**. oro/////// **R**^{1}. horospica **dEp***H*. horisp- **FT** 6 quingenis *U 30*. -entis *ll. v* 7 semitū (-tā **a**) maris **FEa** | *dist. P* 11 quinta *om.* **a**. (quinta, decima *H*) 14 simili quidem *Beda* 15 super *Beda* | stadiorum **E**(?)**do***va. S* (*D*) 17 appareret *Beda* | tum *om.* **o** 19 scripsit **d** (*Beda*) *va. S. cfr. p. 198, 11* 20 et inde **d**^{2}**op***v* (*D*). unde *r S* 22 primos **F**^{2}**dR**^{2}**o***v*. -mum *r* 24 post (p' **F**^{2}) eos **F**^{2}**o** (*Beda*)

184 meridiem umbras iaci. rursus in Meroë — insula haec
caputque gentis Aethiopum V milibus stadium a Syene in
amne Nilo habitatur — bis anno absumi umbras, sole
duodevicesimam tauri partem et quartam decimam leonis
tunc obtinente. in Indiae gente Oretum mons est Maleus
nomine, iuxta quem umbrae aestate in austrum, hieme in
septentrionem iaciuntur. quindecim tantum noctibus ibi
apparet septentrio. in eadem India Patalis, celeberrimo
185 portu, sol dexter oritur, umbrae in meridiem cadunt. sep-
tentrionem ibi Alexandro morante adnotatum prima tantum
parte noctis aspici. Onesicritus, dux eius, scripsit,
quibus in locis Indiae umbrae non sint, septentrionem
non conspici, et ea loca appellari ascia, nec horas dinume-
rari ibi. **74.** (76) et tota Trogodytice umbras bis qua-
drag*enis* quin*is* diebus in anno Eratosthenes in con-
186 trarium cadere prodidit. **75.** (77) sic fit, ut vario lucis
incremento in Meroë longissimus dies XII horas aequinoc-
tiales et octo partes unius horae colligat, Alexandriae vero
XIIII horas, in Italia XV, in Britannia XVII, ubi aestate
lucidae noctes haut dubie *se* promittunt, id quod cogit
ratio credi, solstiti diebus accedente sole propius verticem

§ 184: cfr. Strabo I p. 32. II p. 77. Ammian. XXII 15, 31. MCap. VI 593. — cfr. Plin. VI 69. — § 186. 187: MCap. VI 695. Beda tp. r. 31. — cfr. Strabo II p. 133. — Plin. IV 104. Caes. BG V 13, 3. cfr. Berger Eratosth. fragm. p. 124.

1 haec *om.* **d**^{1}. quae *Beda*. quae est **o** *va. H* 2 caput quęę **F**^{2}. apudque **d**^{1}. apud **y**. caput **d**^{2}**o** (*Beda*) *va. H* | et quinque **o** *va. H* | stadiorum **R** (?) **oy** *va. S* 3 in anno **y** (*Beda*) 5 tunc **F**^{2}*D*. hunc *r. om.* **dopv** | india **R**^{2} *va. G* (*S*) 6 hieme ad **opy** (*Beda*) *va. G* 7 VIItriones iaciunt **y** 9 septentrionū **F**^{1}**a** 13 et ea **Edopv** (*J*). ex ea **y**. ea **FR**^{2}**a** *S*. a **R**^{1}. ex eo (*Beda*) *D*^{2} | denumerari **y** 14 et **FdTE**^{1}**ay** (*Beda*) *S*. ex **R**. et in **opv**. at in **E**^{2} *C* (*D*) | XLV **Fa**. quadraginta quinque **ropv**. *cfr. p. 197, 23* 17 XV **y** | horas *om.* **Ead**^{1}**Ty** 19 XIII horas **o** | brittania (-nnica **a**) hispania **FRa** | XVIII **y** 20 dubi **F**^{1}**R**. -bia **d**^{1}**T**. -bitare *D* | ſe promittunt *ego. cfr. XVI 107.* (*X 82*). repromittunt (//e pro- **R**) **F**^{2}**dTRopv**. -itiū **F**^{1}. -ittit **y**. promunt **Ea**. promittunt *S*. perm- *D*

mundi angusto lucis ambitu subiecta terrae continuos dies habere senis mensibus noctesque e diverso ad brumam remoto. quod fieri in insula Thyle Pytheas Massiliensis 187
scribit, sex dierum navigatione in septentrionem a Britannia distante, quidam vero et in Mona, quae distat a Camaloduno Britanniae oppido circiter $\overline{CC}$, adfirmant.

76. (78) Vmbrarum hanc rationem et quam vocant gnomonicen invenit Anaximenes Milesius, Anaximandri, de quo diximus, discipulus, primusque horologium, quod ap- 31
pellant sciothericon, Lacedaemone ostendit.

77. (79) Ipsum diem alii aliter observavere: Baby- 188
lonii inter duos solis exortus, Athenienses inter duos occasus, Vmbri a meridie ad meridiem, vulgus omne a luce ad tenebras, sacerdotes Romani et qui diem finiere civilem, item Aegyptii et Hipparchus a media nocte in mediam. minora autem intervalla esse lucis inter ortus solis iuxta solstitia quam aequinoctia apparet, quia positio signiferi circa media sui obliquior est, iuxta solstitium autem rectior.

78. (80) Contexenda sunt his caelestibus nexa causis. 189
namque et Aethiopas vicini sideris vapore torreri adustisque similes gigni, barba et capillo vibrato, non est dubium,

§ 187: Dicuil 7, 7. — (cfr. Diog. Lae. II 1). — § 188: Varro ap. Gell. III 2, 4—7 (Macrob. I 3, 2). Suet. fragm. 113 R. Censorin. d. nat. 23, 3. Lyd. mens. II 1 (2). Beda de die 3. Isid. or. V 30, 4; n. r. 1, 2. — cfr. Plut. quaest. Rom. 84 p. 284. Serv. Aen. VI 255. X 216. — § 189. 190: cfr. Vitr. VI 1, 3 sqq. 9. 11. Veget. r. mil. I 2. Firm. Matern. math. I 3, 1. Isid or. IX 2, 105.

4 qui (quaes **F**^{1}) scribit **E**^{1}**a**. scribsit **y**^{2}**i**. -psit **E**^{2}**p***va.S* | nauigationem **y** | septentrionali **Fa**. -on//// **R**^{1} 5 quaedam **FR**^{1}**a** 6 CC milia **R**^{2}*S*. -libus **E**(?)**do***v*(*J*) 8 anaxima **R**^{1}**Ea**. -man **F** (*reliquis abruptis traiectione quaternionum, qua factum est ut hic sequantur IV 67* acellatusam — V 34 cubitorum altitudi: *cfr. D mus. Rhen. XIII p. 369 sqq.* | anaximandri — 9 diximus *om.* **l** 9 et thaletis discipulus **d**^{2}**l***va.G*(*Brot.*) | primus qui **dT** 11 obseruant **y** 14 diffiniere **d**^{2}**p***va.S*(*D*) 15 ciuitatem **F**^{1}**R**^{1}**a** 18 solstitia **y** 21 et *om.* **R**^{1}**p***va.S*

et adversa plaga mundi candida atque glaciali cute esse gentes, flavis promissas crinibus, truces vero ex caeli rigore has, illas mobilitate sa*pi*entes, ipsoque crurum argumento illis in supera sucum revocari natura vaporis, his in inferas partes depelli umore deciduo; hic graves feras, illic varias effigies animalium provenire et maxime alitum multas figuras igni volucres; corporum autem proceritatem utrobique, illic ignium nisu, hic umoris alimento;
190 medio vero terrae salubri utrimque mixtura fertil*e*s ad omn*i*a tractus, modicos corporum habitus magna et in colore temperie, ritus molles, sensus liquidos, ingenia fecunda totiusque naturae capacia, isdem imperia, quae numquam extim*i*s *g*entibus fuerint, sicut ne illae quidem his paruerint, avolsae ac pro nu*min*e naturae urguentis illas solitariae.

191 **79.** (81) Babyloniorum placita et motus terrae hiatusque, qua cetera omnia, siderum vi existimant fieri, sed illorum trium, quibus fulmina adsignant, fieri autem meantium

§ 191: (201, 2 sqq.) Cic. de div. I 112. — (201, 8 sqq.) Diog. Lae. I 11, 2. (Ammian. XXII 16, 22).

1 atque glaciali candida **op***va.S* | esse *om.***y** 2 promissa **F**^{1}**ad**. propensas **p**. *om.***o** | trucis **R**^{2}*S*. crocis **y** | ex **E**(?)**op***v*(*J*). et *rS*. ob **d**^{2} *in ras.* 3 rigorē **Rad***S* | et illas *va.H* | mobilitate sapientes *D coll. Veget. r. mil. I 2.* (-tem sap- *U 32*). -tes (-tem **y**) habentes *ll.v*(*S*). -te hebetes (*Rhodig.*) *H*(*J*). *de re cfr. Vitruv. VI 1, 3 sqq., Plin. VI 187, de dictione XI 221. XXII 119* | ipso **R**^{2}*S*. -sorum **F**^{2} | crinium **p***va.G* 4 insuper **Fa**. *an* in superas? 5 umoris **R***S*. humo **a** 7 alituum **Fa** | multas *ego.* in (et in **E**^{2}*v*) mu- *ll.S.* *an* innumeras? in — uolucres *del. vult. D* | igni **F**^{1}. signi **R**^{2}. -ne **E**^{1}**a**. -no **R**^{1}. cigni **dT**. gigni **ry***v* | uolucris **F**^{1}**R**^{1}**a**. -cri **R**^{2} 9 salubris **E**^{2}**op***va.S*. -bro **y** | fertiles *ego.* -lis *ll.v* 10 omnia **E**^{2}*B*. -nę **R**. -ne **DE**^{1}**a**. -nes **Fdopi***v*. om̄ **y** | modicos **DFa***J*. -cus **dopy***rv* 11 temperie **o***S*. -iae **F**^{1}. -ia **E**^{1}. -ie' **R**^{2}. -ies **F**^{2}**E**^{2}**py***v* | liquidos **F**^{2}**Rdy***v*(*J*). -dus **op***rB* 13 extimis gentibus *B*. extimescen- *ll.v* 14 numine *ego.* nunciate **DR**^{1}**a**. -ntiatę **Ep**. //////atae **F**^{1}. unitate **F**^{2}**R**^{2}**dT***v*(*S*). immanitate *B*(*D*). *locus nondum sanatus* 16 placita et **F**^{2}**R**^{2}**T***S*. -te et **d**^{2} *in ras.* -tae **F**^{1}. -ta/// **R**^{1}. -te **a**. -ta **E***v* 17 qua **D**^{1}**F**^{1}*D*. qita (qua?) **R**^{2}. qia **D**^{2}. quae **F**^{2}**d**. que **E**^{1}**a**. q. **R**^{1}. et **E**^{2}**p***v* | uī **a**. ut **R**^{1}. u/// **F**^{1}. (ui siderum *va.S*)

cum sole aut congruentium et maxime circa quadrata mundi. praeclara quaedam et inmortalis in eo, si credimus, divinitas perhibetur Anaximandro Milesio physico, quem ferunt Lacedaemoniis praedixisse ut urbem ac tecta custodirent, instare enim motum terrae, cum et urbs tota eorum corruit et Taygeti montis magna pars, ad formam puppis eminens, abrupta cladem eam insuper ruina pressit. perhibetur et Pherecydi, Pythagorae doctori, alia coniectatio, sed et illa divina, haustu aquae e puteo praesensisse ac praedixisse *civibus* terrae motum. quae si vera sunt, quantum a deo 192
tandem videri possunt tales distare, dum vivant? et haec quidem arbitrio cuiusque existimanda relinquantur: ventos in causa esse non dubium reor. neque enim umquam intremiscunt terrae nisi sopito mari caeloque adeo tranquillo, ut volatus avium non pendeant, subtracto omni spiritu qui vehit, nec umquam nisi post ventos, condito scilicet in venas et cava eius occulta flatu. neque aliud est in terra tremor quam in nube tonitruum, nec hiatus aliud quam cum fulmen erumpit incluso spiritu luctante et ad libertatem exire nitente.

80. (82) Varie itaque quatitur, et mira eduntur 193
opera, alibi prostratis moenibus, alibi hiatu profundo haustis, alibi egestis molibus, alibi emissis amnibus, nonnumquam etiam ignibus calidisve fontibus, alibi averso

§ 192: (12) Aristot. meteor. II 8 p. 366^a, 3—6. Sen. NQ VI 12, 2. Ammian. XVII 7, 11. 14. Beda n. r. 49. — § 193: Aristot. de mundo 4 p. 395^b, 33. — (202, 1) id. meteor. II 8 p. 368^a, 14. 22 sqq. Sen. NQ VI 13, 5. 14, 3. 4. 18, 2 sqq. Ammian. l. l. 14. Apul. de mundo 18 extr.

2 esse et **R**(?)**E**^{2}*va.S* 3 prohibetur **F**^{1}**Ea** 4 ne (*pro* ut) *margo Dal.* 5 cum et *G.* et cum *ll.* et tum **D**^{2}**pz***v*(*S*) 10 ciuib, *ego.* tibi **D**^{2}**F**^{1}. ibi **Eap***v.* ///// **R.** *om.rS.* 12 linquantur **d.** [a]liquantum **F**^{1}**E**^{1}**a** 15 omniū **F**^{1}**Eao** 16 conditos **R**^{2}**d**^{1}*va.*(*P*)*H.* calidos **ad**^{2}**oz** 17 inuentas **F**^{1}**a** | occultato **d**^{2}**oz.** -lto *va.H* | aflatu **E.** affl- **FdTao***va.H* 18 tonitruum **Edopy**(*Beda*)*v.* -trū (tho- **R**^{2}) **DFaR**^{2}*D.* thonit **R**^{1} 22 prostratis moenibus (-iis **p**) alibi **E**(?)**dp***v. om.* **oy***r.* (montibus *coni. D*^{2}) 23 haustu **FRa** | perfusis amnibus **y** 24 aliubi **FRa**

fluminum cursu. praecedit vero comitaturque terribilis sonus, alias murmuri similis, alias mugitibus aut clamori humano armorumve pulsantium fragori, pro qualitate materiae excipientis formaque vel cavernarum vel cuniculi, per quem meet, exilius grassante in angusto, eodem rauco in recurvis, resultante in duris, fervente in umidis, fluctuante
194 in stagnantibus, furente contra solida. itaque et sine motu saepe editur sonus. nec simplici modo quatitur umquam, sed tremit vibratque. hiatus vero alias remanet ostendens quae sorbuit, alias occultat ore conpresso rursusque ita inducto solo, ut nulla vestigia exstent, urbibus plerumque devoratis agrorumque tractu hausto. maritima autem maxime quatiuntur, nec montuosa tali malo carent. exploratum
195 mihi est Alpes Appenninumque saepius tremuisse. et autumno ac vere terrae crebrius moventur, sicut fulmina. ideo Galliae et Aegyptus minime quatiuntur, quoniam hic aestatis causa obstat, illic hiemis. item noctu saepius quam interdiu. maximi autem motus existunt matutini vespertinique, sed propinqua luce crebri, interdiu autem circa meridiem. fiunt et solis lunaeque defectu, quoniam tempestates tunc sopiuntur, praecipue vero cum sequitur imbres aestus imbresve aestum.

---

§ 194: (7) Aristot. de mundo 4 p. 396^a, 12; meteor. II 8 p. 367^a, 17; 366^b, 18. — (12) Sen. NQ VI 26, 5. — § 195: Aristot. meteor. II 8 p. 367^b, 2. Lyd. ost. 54 p. 190^a. — cfr. Sen. NQ VI 26, 1. — (18 sqq.) Aristot. l. l. p. 366^a, 13. 367^b, 20. (cfr. Lyd. ost. 54 p. 190^b).

---

2 murmure **FR**^{1}**a**. -ur **Edoy***va.S* | similis alias **Faz***S*. -lis **R**^{2}**E**(?)**doy**, -les **R**^{1}. -lius *v* 5 meet **D**(?)**dTR**^{2}**y***S*. et *r*. fit **op**. meat *v* | ex illius **F**^{1}**a**. exitus **op** 6 feruente *ll.v*(*H*)*D*. fremente *C*(*S*). uerbentur **y** | in umidis — 7 furente *om.* **o** 7 furente *D*. -ene **y**. feriente **p**. feruente (*praem.* item **D**^{2}**E**^{2}*v*) *ll.v*(*S*). item fremente *C* 8 umquam **D**^{2}**F**^{2}**R**^{2}**dy***v*(*S*). um **D**^{1}**F**^{1}. *om.* **opzr***H*(*J*). nonnumquam *D* 10 occultore (-to ore **F**^{2}) non **F**. -tore **d**^{1}. -tior est **d**^{2}**T** 13 malo *ll.Bas.* modo **R**^{2}*v*. moto **y**. -tu **i***C*. *cfr.p.205,4* 15 flumina **R**^{1}**ap**. fiunt fulmina (flum- **E**^{1}) **E**(?)*va.S* 17 nocte **y** 18 maxime **F**^{1} 19 sub (*pro* sed) *coni.D*^{2} 20 meridiem **F**^{2}**y***v*. -ies *r* 22 imbrem **RE**(?) **o***va.D* | imbresue aestum *om.* **a**

81. (83) Navigantes quoque sentiunt non dubia 196
coniectura, sine flatu intumescente fluctu subito aut quatiente ictu. intremunt vero et in navibus post*es* aeque quam in aedificiis crepituque praenuntiant. quin et volucres non inpavidae sedent. est et in caelo signum praeceditque motu futuro aut interdiu aut paulo post occasum sereno tenuis ceu lineae nube in longum porrecta spatium.

82. (84) Est et in puteis turbidior aqua nec sine 197
odoris taedio, sicut in isdem et remedium, quale et crebri specus praebent; conceptum enim spiritum exhalant. quod in totis notatur oppidis: minus quatiuntur crebris ad eluviem cuniculis cavata, multoque sunt tutiora in isdem illis quae pendent, sicuti Neapoli in Italia intellegitur, parte eius, quae solida est, ad tales casus obnoxia. tutissimi sunt aedificiorum fornices, anguli quoque parietum postesque, alterno pulsu renitente. et latere terreno facti parietes minore noxa quatiuntur. magna differentia est 198
et in ipso genere motus, pluribus siquidem modis quatitur. tutissimum est cum vibrat crispante aedificiorum crepitu et cum intumescit adsurgens alternoque motu residit; innoxium et cum concurrentia tecta contrario ictu arietant, quoniam alter motus alteri renititur. undantis inclinatio et fluctus more quaedam volutatio infesta est aut cum in

---

§ 196: (5—7) Aristot. l. l. p. 367^b, 10. — § 197: (15) cfr. Sen. NQ VI 30, 4. — § 198: (20) Aristot. l. l. p. 368^b, 24. — (204, 1) Aristot. l. l. p. 367^b, 32 sqq.

---

3 icti *va.S* | tremunt **y** | postes aeque *Rück 2 p. 307.* positeque **A**. -tiaeque **y**. -ta aeque *rv* 4 pronuntiant **FRdpy** 5 sedent. est **ARoy***v*(*S*). -ntes *r*. -nt sed **E**^{2}**z**. -ntes. est *H* 7 ceu tenuis **p***va.S* | lineae **AFdTapy***v*. -ea *r*(?)*C cum Sabell.* | nubis **E**(?)*va.S*. -bes *D* | longo **FE**^{1}**a** | porrectae **E**(?)*va.S* 8 est *del.* **F**^{2} 9 sed et **o**. sicut et *va.G* | et **A**. est *rv*. et est **dT** | quare **E**. qualem (l *in ras.*) **F**. quam rem **R**^{1}**o** 11 tutis **p**. certis **R**(?)*va.S* 13 sicut in **dT**. sicut **E**(?)*va.D* 15 sunt *om.* **AdT**. s **F**^{1}**a** 16 renitente **AE**(?)*v*(*H*). -tes **o***C*. retinente (-tenn- **R**^{2}) *r*. -tes **p** 20 et *om.* **A** | intumescat **A**. inu- **a** | resedit **A**. residet **F**^{2}**E**(?)*va.S* 21 arietine **E**^{1}. -tum **a** 22 renitituros dantis **F**^{1}**R**^{1} 23 fluctuus **F**^{1}**R**^{1}*D*. -tuū **F**^{2}

unam partem totus se motus inpellit. desinunt autem tremores, cum ventus emersit; sin vero duravere, non ante XL dies sistuntur, plerumque et tardius, utpote cum quidam annuo et bienni spatio duraverint.

199 **83.** (85) Factum est semel, quod equidem in Etruscae disciplinae voluminibus invenio, ingens terrarum portentum L. Marcio Sexto Iulio cos. in agro Mutinensi. namque montes duo inter se concurrerunt crepitu maximo adsultantes recedentesque, inter eos flamma fumoque in caelum exeunte interdiu, spectante e via Aemilia magna equitum Romanorum familiarumque et viatorum multitudine. eo concursu villae omnes elisae, animalia permulta, quae intra fuerant, exanimata sunt, anno ante sociale bellum, quod haud scio an funestius terrae ipsi Italiae fuerit quam civilia. non minus mirum ostentum et nostra cognovit aetas anno Neronis principis supremo, sicut in rebus eius exposuimus, pratis oleisque intercedente publica via in contrarias sedes transgressis in agro Marrucino praediis Ve*t*ti Marcelli equitis Romani res Neronis procurantis.

200 **84.** (86) Fiunt simul cum terrae motu et inundationes maris, eodem videlicet spiritu infusi aut *terrae* sidentis sinu recepti. maximus terrae memoria mortalium exstitit motus Tiberii Caesaris principatu, XII urbibus Asiae una nocte prostratis; creberrimus Punico bello intra eundem

§ 199: (15—19) cfr. Plin. XVII 245. — § 200: Aristot. meteor. II 8 p. 368^b, 8. Beda n. r. 49. — (23) Tac. ann. II 47. Strabo XII p. 579. Sol. 40, 5. — (205, 2) Cael. Antip. ap. Cic. de div. I 78 (Peter hist. Rom. fragm. p. 102). Liv. XXII 5, 8. (Flor. II 6, 14).

2 emersit **AF**^{2}*v*. sem- **DF**^{1}**d**. rem- **R**. se mergit **a**. se em- **E**^{1}. em- **E**^{2}**op** 4 biennio **AT**. bino **F**^{1}**E**^{1}**a**. bimo (abi- **R**^{1}) **F**^{2}**R**. *an recte?* 5 et factum **FRE**^{1}**a** | est *om.* **F**^{1}**E**^{1}**a**. est et **E**^{2}. est et hoc *va. G(Brot.)* 6 inuenio **AdTR**^{2}*S*. -nit **D**^{1}**a**. -nitur **F**. -ni **D**^{2}**R**^{1}**Ep***v* 7 mutinense **R**. -tiense **a** 14 inscio **R**^{1}**a** 15 ciuile **op***va. G.* bella ciuilia **F**^{2}**R**^{2}*J* 18 sedis **A***S*. -dens **F**^{1} | praesidis **FR**^{2}**E**^{1}**ao** 19 uetti *D*^{2}. *cfr. XVII 245. CIL IX 3019.* ueti **A**. uecti **r***v* 21 ac **R**(?)*H*. uel *Beda* | terrae sidentis *vet. Dal.* residentis (-tes **R**^{2}) *ll. v.* terrae resid- *H*

annum septies ac quinquagies nuntiatus Romam, quo quidem anno ad Trasimenum lacum dimicantes maximum motum neque Poeni sensere nec Romani. nec vero simplex malum aut in ipso tantum motu periculum est, sed par aut maius ostento. numquam urbs Roma tremuit, ut non futuri eventus alicuius id praenuntium esset.

85. (87) Eadem nascentium causa terrarum est, 201
cum idem ille spiritus adtollendo potens solo non valuit erumpere. nascuntur enim, nec fluminum tantum invectu, sicut Echinades insulae ab Acheloo amne congestae maiorque pars Aegypti a Nilo, in quam a Pharo insula noctis et diei cursum fuisse H o m e r o credimus, nec recessu maris, sicuti olim Cerceis. quod accidisse et in Ambraciae portu decem milium passuum intervallo et Atheniensium quinque milium ad Piraeeum memoratur. et Ephesius quondam aedem Dianae adluebat. H e r o d o t o quidem si credimus, mare fuit supra Memphim usque ad Aethiopum montes itemque a planis Arabiae, mare circa Ilium et tota Teuthranie quaque campos intulerit Maeander.

86. (88) Nascuntur et alio modo terrae ac repente 202
in aliquo mari emergunt, velut paria secum faciente natura quaeque hauserit hiatus alio loco reddente.

---

§ 201: (10) cfr. Herodot. II 10. Thuc. II 102. Strabo I p. 59; X p. 458. — Homer. δ 354. cfr. Plin. V 128. XIII 69. 70. XXV 12. Aristot. meteor. I 14 p. 351^{b}, 29. Mela II 104. Sen. NQ VI 26, 1. Lucan. X 509. Serv. Aen. XI 262. — (13) cfr. Plin. III 57. Theophr. hist. pl. V 8, 3. — (14) Strabo I p. 58 extr. — Herodot. II 10.

---

1 atque **R**(?)*va S* 3 nec poeni (**D**?)**d***D* 5 ostentum o*va. H* 8 adtollendum **ap**. att- **DFE** | potens **R**^{2}**adp***v*. -tē **A**. -test **E**^{2}. ponens *r* 9 inuecto **Ra**. uecto **F**^{1} 13 sicuti olim *ego*. -ut idem **AR**^{2}**dT***v*(*S*). -ut eodem (eid- **D**^{2}*B*) *r*. -ut pridem *coni. D*^{2} | cerceis **FR**^{1}**adTp**. circ- *rv*(*S*). de circ- *C* | quod *del. U 34* 15 milium passuum **F**^{1}**Ra***S* | et — 16 adluebat *om.* **p** | ephesius (*sc.* portus) **FRE**^{1}(**D**?). -sios **AdT**. -sus **a**. -si **E**^{2}*v*. *addunt* ubi **AE**^{2}**a**(**RD**?)*v*, *post* quondam **d**^{2}**T** | *dist. ego* 16 adluebat **AR**^{2}**E**^{2}*v*. abluerat *r* 18 mare et circa **E**^{2}*C* 19 teuthranie **T**(**D**?)*S*. -niae **AF**^{2}*v*. -nte **R**^{2}. -nia *B*. -tranie **R**^{1}**a**. -nia **F**^{1}**E** 22 que quae **F**^{1}. quaequae **F**^{2}. quae **E**

87. (89) Clarae iam pridem insulae Delos et Rhodos memoriae produntur; et natae postea minores, ultra Melon Anaphe, inter Lemnum et Hellespontum Neae, inter Lebedum et Teon Halone, inter Cycladas * Thera et Therasia, inter easdem * Olympiadis CXLV anno * quarto [post annos CXXX] Hiera eademque Automate, et ab ea duobus stadiis post annos *CCXLII* nostro aevo Iunio Silano *V*aler*i*o [Balbo]
203 cos. a. d. VIII idus Iulias Thia. **88.** ante nos et iuxta Italiam inter Aeolias insulas, item iuxta Cretam emersit MM·D passuum una cum calidis fontibus, altera Olympiadis CLXIII anno tertio in Tusco sinu, flagrans haec violento cum flatu, proditurque memoriae, magna circa eam multitudine piscium fluitante confestim expirasse quibus ex his cibus fuisset. sic et Pithecussas in Campano sinu ferunt ortas, mox in his montem Epopon, cum repente flamma ex eo emicuisset, campestri aequatum planitie*i*. in eadem et oppidum haustum profundo, alioque motu terrae stagnum emersisse, et alio provolutis montibus insulam extitisse Prochytam.

§ 202: (1) Ammian. XVII 7, 13. — (4) cfr. Plin. IV 70. Sen. NQ VI 21, 1 (II 26, 6). Iustin. XXX 4. Plut. de Pyth. orac. 11 p. 399^{c}. — § 203: Posid. ap. Strab. VI p. 277. — (15) Timae. ap. Strab. V p. 248; p. 247 extr. — § 204: Strabo I p. 54. 60. VI p. 258. Sen. NQ VI 30, 3. Ov. met. XV 290. — Plin. IV 63. — Diodor. XII 59, 2. — Plin. III 85. — (207, 5) Strabo I p. 60. Ov. met. XV 287. — (7—10) cfr. Plin. V 133. 115. 114.

1 primae **F**^{1}**R**^{1}**E**^{1}**a** 2 memoria **FRaz** | enatae (*del.* et) **R**^{2}*v*. *dist. ego* | melo **R**^{1}*va.C* 3 anaſe **FE**^{1}**a**. naſe **R**^{1}. olathe **R**^{2} | neao **A**. nec **a**. Nea **F**^{2}*va.S* | lebedum **AdE**^{2}*v*. lesbum **F**^{1}**E**^{1}**a**. besb- *r* 4 theon **d***va.C*. puteo **RE**^{1}**a**. //////on **F**^{1} | helone **a**. alonae **A**. -ne **F***va.H* 5 Olympiadis — quarto *cum U 36 huc transposui*; *post* 4 Cycladas *exhibent ll. v* | centum XLV **A**. CXXXV **Ed***va.D*. XXXV *r* | *uncos posui cum U* 7 CCXLII *ego cum U*. CX in *ll. v*. LX **R**^{2} | iunio **Ad**^{1}**f** *Salmant.* m. iunio *rv* | ualerio *ego coll. Sen. NQ II 26,6 et U 36*. laelio **A**. c. lelio **R**^{2}. maro lellio (///ellio **E**^{1}) **E**. m. celio (cellio **a**. ęlio **d**^{2}) **R**^{1}**ad**. marco caelio (caellio **D**) *r*. L. *G*. et L *v* | ballo **E**. *uncos posui cum U* 8 iulii **dEa***va.G* 9 emersit e mari *va.S* 11 CLXVIII **R**^{2}. CXLIII *va.H* 12 illam **R** (?) *va.D* 14 fertur **Ea**. *cfr. § 235 extr.* 16 planitiei *ego*. -itie **F**^{2}**dRE***C*. -tiae *rv*(*S*)

(90) Namque et hoc modo insulas rerum natura 204
fecit: avellit Siciliam Italiae, Cyprum Syriae, Euboeam
Boeotiae, Euboeae Atalanten et Macrian, Besbicum Bithy-
niae, Leucosiam Sirenum promunturio. **89.** (91) rursus
abstulit insulas mari iunxitque terris, Antissam Lesbo,
Zephyrium Halicarnaso, Aethusan Myndo, Dromiscon et
Pernen Mileto, Narthecusam Parthenio promunturio. Hy-
banda, quondam insula Ioniae, ducentis nunc a mari abest
stadiis, Syrien Ephesus in mediterraneo habet, Derasidas
et Sapphoniam vicina ei Magnesia. Epidaurus et Oricum 205
insulae esse desierunt. **90.** (92) in totum abstulit terras
primum omnium ubi Atlanticum mare est, si Platoni
credimus, inmenso spatio, mox interno quoque: videmus
hodie mersam Acarnaniam Ambracio sinu, Achaiam Co-
rinthio, Europam Asiamque Propontide et Ponto. ad hoc
perrupit mare Leucada, Antirrhium, Hellespontum, Bospo-
ros duos.

91. (93) Atque ut sinus et stagna praeteream, ipsa se comest terra. devoravit Cibotum altissimum montem cum oppido Cari*ae*, Sipylum in Magnesia et prius in eodem loco clarissimam urbem, quae Tantalis vocabatur,

---

§ 205: Plato Tim. p. 25 (Strabo II p. 102). — (16) Strabo I p. 59. 49. (Plin. IV 5). Ov. met. XV 289. — (19) cfr. Plin. V 106). — (20) Aristot. meteor. II 8 p. 368^{b}, 30. Strabo I p. 58.

---

3 macrian **A***S*. -iā *rv*. -in *G* 6 aethusam *P*(*L*). eth- **p***v*. aechusan **F**. echu- (ecu- **a**. echiu- **R**^{2}) *r* 7 Prienen *B* 9 syriten **AF**^{2}*va*.(*P*)*L*. *cfr*. *V 115* | mediterranio **a**. -nea *va*.*S*

10 sapphoniam **AE**^{2}*D*. sapho- **dTp**. sappo- **R**. sapo- **FE**^{1}**a**. -nia **D**. Sophoniam *v* | uicina ei **R**^{2}**Ep***C*(*D*). -nam ei **AF**^{2}**dT***v*. -nei **DF**^{1}. -ne **R**^{1}**a**. -na est **R**^{2} | magnesię **a**. -sie **R**^{2} *e corr*. 12 atlantiū **FR**^{1}**E**^{1}**a** 13 inm̄se **R**^{1}. in medio **R**^{2}*va*.*G* | quoque *ego* (*et dist*.). quo **pz***Salmant*. que **a**. hodieque **F**^{2}**f**. quae *rv*. *an potius* in quo? | uidemus **F**^{2}**Rp***v*. -dimus *r* 14 hodie — acarnaniam *om*.**D**^{1}**F**^{1}**R**^{1}**E**^{1}**a** | hodie *om*.**F**^{2} | mersam in **R**^{2} | sin **F**^{1}**a**

15 *an* Europam perruptam? *cfr*. *V 141* 16 antirrhium **A***B*. -ipyrrhum **DF**. -rrum **EdT**. -pirrum **a**. antypirrium **R** 19 se (quae se **z**) comest **E**(?)**fz**(*P*)*H*. se condens **F**^{2}**R**^{2}*v*. secum (saec- **F**^{1}) est *r* | cebotum **R**^{2}. cyb- **FdE***va*.*S* 20 cariae *D*. -ice **R**^{2} *in ras*. -ite **DF**^{1}**dE**. cante **a**. caryce **A**. curice **F**^{2}. -ite *v*

Galenes et Gamales urbium in Phoenice agros cum ipsis, Phegium, Aethiopiae iugum excelsissimum, tamquam non
206 infida grassarentur et litora. **92.** (94) Pyrram et Antissam circa Maeotim pontus abstulit, Helicen et Buram sinus Corinthius, quarum in alto vestigia apparent. ex insula Cea amplius triginta milia passuum abrupta subito cum plurimis mortalium rapuit et in Sicilia dimidiam Tyndarida urbem ac quicquid ab Italia deest, similiter in Boeotia Eleusina.

93. (95) Motus enim terrae sileantur et quicquid est, ubi saltem busta urbium exstant, simul ut terrae miracula potius dicamus quam scelera naturae. et, Hercules,
207 non caelestia enarratu difficiliora fuerint. metallorum opulentia tam varia, tam dives, tam fecunda, tot saeculis suboriens, cum tantum cotidie orbe toto populentur ignes, ruinae, naufragia, bella, fraudes, tantum vero luxuria et tot mortales conterant; gemmarum pictura tam multiplex, lapidum tam discolores maculae interque eos candor alicuius praeter lucem omnia excludens; medicatorum fontium vis; ignium tot locis emicantium perpetua tot saeculis incendia; spiritus letales aliubi aut scrobibus emissi aut ipso loci situ mortiferi, aliubi volucribus tantum, ut Soracte vicino urbi tractu, aliubi praeter hominem ceteris

§ 206: (4) Plin. IV 12. Aristot. de mundo 4 p. 396, 20. Callisth. ap. Sen. NQ VI 23, 4. 26, 4. — (6) Plin. IV 62. Diodor. XV 48, 3. — (9) Strabo IX p. 407. Paus. IX 24, 2. Ammian. XVII 7, 13. — § 207: (19) Plin. XXXVI 163. — (23) Plin. XXXI 27. Serv. Aen. XI 785.

1 galenis **A**. -lanis *va. H* | gamales *B coll. V 69 et Suet. Tit. 4 extr.* galames (ca- **A**) *ll. S.* -anies *v* 3 antissam **R**^{2}**E**d(?)*C.* -istam *rpv. locus corruptus: cfr. U 37. an* Pyrram, ante sitam circa introitum portus, abstulit (*sc.* litus)? 4 bursam **AF**^{2} | in sinu *va. S* 5 corinthios **F**^{2}. -thio *va. S. an* -thii (*sc.* litus)?
6 cea **ADE**(?)*B*(*J*). caea **F**^{2}. ceae **R**d*S*. cee **a**. caeae **F**^{1}. Aeaea *v* | tricenta **Ea**. trec- **R**^{1}**z** 7 mortalium **A**d*v*(*J*). -ibus *rH*(*D*) 8 ac — deest *del. U 38* | boeotia et **R**^{2}*va. Brot.* 10 si legantur **F**^{1}**RE**^{1}**a** 12 hercules **AF**^{1}**a**. -le si **F**^{2}. -le *rv*
17 conterant **AF**^{2}d*v*. -exant p. -exerant (-tigerant **R**^{2}) *r* 21 aliubi f, *item 22. 23* **FfREa***S*. alibi *rv*(*D*)

animantibus, nonnumquam et homini, ut in Sinuessano 208
agro et Puteolano! spiracula vocant, alii Charonea, scrobes mortiferum spiritum exhalantes, item in Hirpinis Ampsancti ad Mephitis aedem locum, quem qui intravere moriuntur; simili modo Hierapoli in Asia, Matris tantum Magnae sacerdoti innoxium. aliubi fatidici specus, quorum exhalatione temulenti futura praecinant, ut Delphis nobilissimo oraculo. quibus in rebus quid possit aliud causae adferre mortalium quispiam quam diffusae per omne naturae subinde aliter atque aliter numen erumpens?

94. (96) Quaedam vero terrae ad ingressus tremunt, 209
sicut in Gabiensi agro non procul urbe Roma iugera ferme ducenta equitantium cursu; similiter in Reatino. **94.** quaedam insulae semper fluctuantur, sicut in agro Caecubo et eodem Reatino, Mutinensi, Statoniensi, in Vadimonis lacu, ad Cutilias aquas opaca silva, quae numquam die ac nocte eodem loco visitur, in Lydia quae vocantur Calaminae, non ventis solum, sed etiam contis quo libeat inpulsae, multorum civium Mithridatico bello salus. sunt et in Nymphaeo parvae, Sal*i*ares dictae, quoniam in symphoniae

§ 208: cfr. Sen. NQ VI 28, 1 sqq. — (3) Verg. Aen. VII 565. Cic. de div. I 79. Vib. Seq. (ARiese GLm p. 153, 6). — (5) Aristot. de mundo 4 p. 395^b, 30. 28. Strabo XII p. 579 init.; XIII p. 629. Apul. de mundo 17. Ammian. XXIII 6, 18. Dio Cass. LXVIII 27. — § 209: cfr. Plin. III 109. Sen. NQ III 25, 8. — Varro r. r. III 17, 4 (LL V 71). MCap. IX 928. MFHG IV p. 436, 8. — (20) cfr. Plin. XXXI 25.

2 puteolano **AdE***G*. -no uo **DF^{1}R**. -no quae (que **a**) **F^{2}a***D*. -no sunt quae *v*. (sunt spiracula quae **pz**) | charunea **F^1**. car- **F^2**. caronea ea **a**. charoneas **R^{2}Edp***va.S* 3. 4 amsancti **R^{2}E***va.S*. -acti **FR^1**. ans- **f** 6 aliubi **F^{2}fRa***S*. alibi *rv*(*D*) 7 ut *om.* **F^1**. ur **R^{1}a** 9 per *om.* **Rad** | omnes **FdRap** 10 perinde **F^{1}REap** 11 tremunt **AD^{2}F^2** *in ras.* **E^{2}o***v*. p̄munt **R**. -tur *r* 12 gabiensi **E**(?)*G*. gaui- **AF^{2}o**. graui- (u *e corr. in* **FR**) *r*. gabine- *v* 13 quaedam — 15 reatino *om.* **a** 14 fluctuant **AR**(?)**op***va.D*. *sed cfr. III 109. IV 66* 15 statoniensi **R^2***C*. stationensi (-se **D^{2}R^1**. stadi- **Ea**) *rv* | uadimoniis **R^{2}T**. -ontis **Fa** 16 et ad **FdEa***va.J* 20 par **FR^2**. p̣ **E^{1}a**. p **R^{1}p** | saliares *H cum Salm. exerc. 88^b A*. saltares **AR^{2}E^{2}p***v*. -tatares **d**. -tuares *C*. salatere **a**. -ltare *r*

cantu ad ictus modulantium pedum moventur. in Tarquiniensi lacu magno Italiae duae nemora circumferunt, nunc triquetram figuram edentes, nunc rotundam conplexu ventis inpellentibus, quadratam numquam.

210 **96.** (97) Celebre fanum habet Veneris Paphos, in cuius quandam aream non inpluit, item in Nea, oppido Troadis, circa simulacrum Minervae; in eodem et relicta
211 sacrificia non putrescunt. (98) iuxta Harpasa oppidum Asiae cautes stat horrenda, uno digito mobilis, eadem, si toto corpore inpellatur, resistens. in Taurorum paeninsula in çivitate Parasino terra est, qua sanantur omnia vulnera. at circa A*s*son Troadis lapis nascitur, quo consumuntur omnia corpora; sarcophagus vocatur. duo sunt montes iuxta flumen Indum: alteri natura ut ferrum omne teneat, alteri ut respuat, itaque, si sint clavi in calciamento, vestigia evelli in altero non possint, in altero sisti. Locris et Crotone pestilentiam numquam fuisse nec in Ilio terrae motum adnotatum est, in Lycia vero semper a terrae motu quadraginta dies serenos esse. in agro Arpano frumentum satum non nascitur; ad aras Mucias in Veiente et apud Tusculanum et in silva Ciminia loca sunt, in quibus in terram depacta non extrahuntur. in Crustumino natum faenum ibi noxium, extra salubre est.

§ 210: Tac. hist. II 3. — § 211: (12) Plin. XXXVI 131. — (17) Strabo VI p. 262 extr.

1 ad ictum **F^{2}dT***S*. dictum **F^{1}RE^{1}a** 2 quae **R^1**. que **FE^{1}a**. duo **dTo***va. G* | circumferunt **d^{1}R^2***G*. -tur **Ad^{2}E^{2}Top***v*. -mierunt *r* 6 quandam *ll. v.* quad- **p** | area **p**. aram **f***S* | pluit **F^{1}REap***S* | in ea **AF^{1}d^{2}Ea***va. C.* in eo **d^{1}R** 9 ea **F^{1}R^{1}Eao** 11 parafino **o**. -refino **A**. Characena *P coll. IV 85* 12 adson **Ad**. a//son **R**. ason **FEao***va. B* 13 uocatus **o** 15 *dist. ego* | uestigiae **F^1**. -gie **a**. -giis **d^2** *in ras.* **T** 16 uelli **d^1**. uel **Da**. *om.* **E^1**. auelli **R**(?)*r* | possint **E^{1}a**. pos//// **F^1**. -sse *rv* | siti **F^1**. sitis **Ra** 17 ne **f** | in ilio **A**. in illo (illis *J^2*) *r*. ullo **p***v* 18 motum **AdT***J^2*. -tu *r*. -tu laboratum **E^3***v* 19 arpano **DR^2** *B(H). cfr. III 105.* -auo (har- *v*) **AFdEa***v*. aſpicuo **R^1**. arpino **p**. ardano *C (errore)* 20 mucias (muti- **F**) *ll. v (H)*. murtias *C* | in uehiente **AF^2**. inueni- **F^{1}R^{1}Ea**. interuenie- **R^2** 21 circum tusculanum **R^2** | in insula **a** 23 ibi noxium foenum **A**

97. (99) Et de aquarum natura complura dicta sunt, 212
sed aestus maris accedere ac reciprocare maxime mirum,
pluribus quidem modis, verum causa in sole lunaque.
bis inter duos exortus lunae adfluunt bisque remeant
vicenis quaternisque semper horis, et primum attollente se
cum ea mundo intumescentes, mox a meridiano caeli fa-
stigio vergente in occasum residentes, rursusque ab occasu
subter ad caeli ima et meridiano contraria accedente
inundantes, hinc, donec iterum exoriatur, *se* resorbentes 213
nec umquam eodem tempore quo pridie reflui, velut anhe-
lantes sidere avido trahente secum haustu maria et adsidue
aliunde quam pridie exoriente, paribus tamen intervallis reci-
proci senisque semper horis, non cuiusque diei aut noctis
aut loci, sed aequinoctialibus ideoque inaequales vulgarium
horarum spatio, utcumque plures in *eos* aut diei aut noc-
tis illarum mensurae cadant, et aequinoctio tantum pares 214

---

§ 212: (3) Aristot. de mundo 4 p. 396^a, 25—27. Sen. dial. I 1, 4. Apul. de mundo 19 init. — (4. 5) Beda n. r. 39. — § 213: Mela III 2. (Sol. 23, 20—22). Isid. n. r. 40, 1. (Strabo I p. 53). cfr. Ambros. hexaem. IV 7, 30. Beda n. r. 39; tp. r. 29.

---

2 ac **FdREay***S*. et *rv*(*J*) 3 *an* sola luna. nāque bis? 4 adfluentib; **F**^{1}**R**^{1}**E**^{1}**a** | bis qui **F**^{1}. his qui **E**^{1}**a** | redeunt **y** 5 uicinis quaterque **F**^{1}**R**^{1}**a** | attollente **REop***B*. -tes **AF**^{2}**dy***v*. -tis *r* | se cum *B*. *cfr. § 177 extr. 179.* seu **F**^{1}. secum *rv* 6 intumescentib; **R**^{1}**Ea**. -ent//// **F**^{1} 7 rursumque **y** 8 sub terra *D. sed cfr. II 214. VI 128. XI 133. XII 22. XXXVI 94. 104* | ad **AdR**^{1}**y** *U*(*D*). in *r. del.* **R**^{2}*v* 9 exoriatur **R**^{2}*C*. -ientur **Ay**. -iantur *r* | se resorbentes. *H*. reso- *ll*. se so- *v* 10 donec **F**^{1}**R**^{1}**ao** | reflui uelut *Rück 2 p. 309.* ////flui ⸸ ut **d**. refluit ut **AF**^{2}**opy***v*. refuit ut **DF**^{1}. -udit ut **a**. -ui ut **E**^{1}. reflui ut **R**^{2} *in ras.* **E**^{2}*G*. -uunt *U* | anhelantes *ego. cfr. Mela III 2.* anchel- **y**. cancell- **p**. cangellatis **a**. cancangell- **E**^{1}. -gill- **F**^{1}. cancillantes **o**. anicill- **d**. ancill- **AR**^{2} *in ras.* **E**^{2}**f***S*. -te **F**^{2}*v* 11 sidere **F**^{2}**p***v*. -rum **AE**^{2}**oy** *U*. -ri *r*(*P*)*S* | auido *transpos.* **F**^{2}*v a. S* | trahente *ego*. -tes (trach- **y**) **A**^{1}**y**. -teque **F**^{2}*C*. -tique **f** *Salmant. S*. -ndique **R**^{2}. -ntesque *rv* | haustu auido **F**^{2}. au- ha- *v a. S* 12 exorientes **op**. -ti **DTf** *Salmant. S* | reciprocis **F**^{2}**R** 14 luci **F**^{1}**a**. -cis **F**^{2} | sed **E**(?)*B*. sub **a**. sed (set **R**) ab *rv*(*J*^{2}) 15 eos *D e coni. Dal.* eas *ll. v* | aut diei — 16 mensurae *om.* **DF**^{1}**R**^{1}**E**^{1}**a** 16 cadant **Ad TopS**. candant **R**^{1}. -dent **Da**. cadent **R**^{2}. -dunt **F**^{2} *in ras.* **E**(?)**y***v*(*D*)

ubique. ingens argumentum plenumque lucis ac vocis etiam diurnae, hebetes esse qui negent subtermeare sidera ac rursus eadem exsurgere, similemque terris, immo vero naturae universae, et inde faciem in isdem ortus occasusque operibus, non aliter sub terra manifesto sideris cursu aliove effectu quam cum praeter oculos nostros feratur.

215 Multiplex etiamnum lunaris differentia, primumque septenis diebus. quippe modici a nova ad dividuam aestus, pleniores ab ea exundant plenaque maxime fervent. inde mitescunt, pares ad septimam primis, iterumque alio latere dividua augentur. in coitu solis pares plenae. eadem in aquilonia et a terris longius recedente mitiores quam cum in austros digressa propiore nisu vim suam exercet. per octonos quo*s*que annos ad principia motus et paria incrementa centesimo lunae revocantur ambitu. augent ea cuncta solis annuis causis, duobus aequinoctiis maxime tumentes et autumnali amplius quam verno, inanes vero
216 bruma et magis solstitio. nec tamen in ipsis quos dixi temporum articulis, sed paucis post diebus, sicuti neque in plena aut novissima, sed postea, nec statim ut lunam mundus ostendat occultetve aut media plaga declinet, verum fere duabus horis aequinoctialibus serius, tardiore semper ad terras omnium, quae geruntur in caelo, effectu cadente quam visu, sicuti fulguris et tonitrus et fulminum.

§ 215: cfr. Beda n. r. 39. — (12—18) Beda tp. r. 29. — (22) Sen. NQ III 28, 6.

1 plerumque **AFa***va.C* 2 diuinae *UD e coni. Dal.* | esse **F²Edop***v*. esset **A**. -ent *r* 3 exsurgere (exu- **A**) **Ay***D*. resu- *rv* 4 et inde **FdEay***v*. exi- *r*(?)*C* 5 alter **Fa**. *an* alio? 8 modici a **R²ETf***H*(*D*). -cis **Adp**. -cus **y**. -ca *r*. -ci *v*(*U*) | diuiduum **FfRE¹a** 9 peruenit **F¹RE¹a** 11 partes **FR¹a** 12 in **Apy**(*Beda*)*D*. *om. rv* | aquiloniae **DF**. -nie **RE¹**. -ne **ap** | recedentes **FREa** 13 cum *om.* **FfR¹E¹a**. quo **R²** | austrus **F¹**. -ro **Ty***Beda*. astris **a** | degressa **R¹dTy**. -sso **FEa** | priore **F¹Ra** 14 quosque *CFW Müller p. 16*. quoque *ll. v* 15 ambitu// **F**. -tus **Rad** | augent *ego* (*et dist.*). -nte *ll. v*. -ntibus *P* 16 causisis **AF¹**. -sis his **EadTpy** 17 inanis **Ay**. *an* inertes? 22 tardiores **FREd** 24 cadentes **R²** *e corr. un* cadendi? | fulguri **a**. -gori **F¹**. -ris **AF²y**. -res **R** | tonitruus **F¹***D*. -ruis **a**. -rui **dTy***va.G*

Omnes autem aestus in oceano maiora integunt spatia 217
nudantque quam in reliquo mari, sive quia in totum universitate animosius quam parte est, sive quia magnitudo aperta sideris vim laxe grassantis efficacius sentit, eandem angustiis arcentibus. qua de causa nec lacus nec amnes similiter moventur. — (octogenis cubitis supra Britanniam intumescere aestus Pytheas Massiliensis auctor est.) —
et interiora autem maria terris clauduntur ut portu; qui- 218
busdam tamen in locis spatiosior laxitas dicioni paret, utpote cum plura exempla sint in tranquillo mari nulloque velorum pulsu tertio die ex Italia pervectorum Vticam aestu fervente. circa litora autem magis quam in alto deprehenduntur hi motus, quoniam et in corpore extrema pulsum venarum, id est spiritus, magis sentiunt. in plerisque tamen aestuariis propter dispares siderum in quoque tractu exortus diversi existunt aestus, tempore, non ratione discordes, sicut in Syrtibus.

(100) Et quorundam tamen privata natura est, velut 219
Tauromenitani euripi saepius et in Euboea septies die ac nocte reciprocantis. idem aestus triduo in mense consistit, septima, octava nonaque luna. Gadibus qui est delubro Herculis proximus fons, inclusus ad putei modum, alias simul cum oceano augetur minuiturque, alias utrumque contrariis temporibus; eodem in loco alter oceani motibus

---

§ 217: (6. 7) Dicuil 8, 24. — § 218: (15) cfr. Sol. 27, 3. — § 219: (19) Mela II 108. Strabo I p. 55. (Cic. nat. deor. III 24). — (21) Polyb. ap. Strab. III p. 172. — (214, 4) Aristot. meteor. II 1 p. 354ᵃ, 14. Strabo I p. 55. Sen. NQ IV 2, 29.

---

1 enim (*pro* autem) **AdTy***va.Bas.* 2 inundantque **R**(?) *va.D* | in totum *J.* totum in **AE²dopy***v*(*U*). totum *rS.* motum *D* 3 est quam **E²***va.S* | in parte **E²ado***va.S.* partes *U* | est *del.***E²***va.S* | quia *om.***F¹RE¹a** 4 lax////// **F¹**. laxare **R**. lassare **a**. late **y** | eadem **AdR¹oy***va.C* 6. 7 *uncos ego posui* 8 et *om.***p***va.S.* et ne **E¹a** | *an* ut in portu? 11 impulsu **ad** *va.S* | prouectorum **E**(?)*G* 14 id est spiritus *del. U40* 16 exiunt **F¹R¹**. exeunt **Ea** 19 taurominitani **Ad***va.H.* -tam **y** 20 aestus idem **E**(?)**d***va.S* 21 septena **E¹a** 22 frons **R¹** 23 alias uero **R**(?)**E²***va.S* | utrīque **a**

consentit. in ripa Baetis oppidum est, cuius putei crescente aestu minuuntur, augescunt decedente, mediis temporum immobiles. eadem natura Hispali oppido uni puteo, ceteris vulgaris. et Pontus semper extra meat in Propontidem, introrsus in Pontum numquam refluo mari.
220 **98.** (101) Omnia plenilunio maria purgantur, quaedam et stato tempore. circa Messanam et Mylas fimo similia expuuntur in litus purgamenta, unde fabula *est* Solis boves ibi stabulari. his addit — ut nihil, quod equidem noverim, praeteream — Aristoteles nullum animal nisi aestu recedente expirare. observatum id multis in Gallico oceano et dumtaxat in homine com-
221 pertum. **99.** (102) quo vera coniectatio existit, haut frustra spiritus sidus lunam existimari; hoc esse quod terras saturet accedensque corpora impleat, abscedens inaniat. ideo cum incremento eius augeri conchylia et maxime spiritum sentire quibus sanguis non sit, sed et
18,321 sqq. sanguinem, hominum etiam, cum lumine eius augeri ac minui, frondes quoque et pabula — ut suo loco dicetur —
222 sentire, in omnia eadem penetrante vi. **100.** (103) itaque solis ardore siccatur liquor, et hoc esse masculum sidus accepimus, torrens cuncta sorbensque. (104) sic mari late patenti saporem incoqui salis, aut quia exhausto

§ 220: Strabo I p. 53. Sen. NQ III 26, 8. 7. — Aristot. loco deperdito. — (12) cfr. Philostr. vita Apoll. V 2 med. — § 221: (16) cfr. Plin. II 109. — (17) Firm. Matern. math. IV 1, 5. — § 222: (23) Beda n. r. 41. — cfr. Aristot. meteor. II 1 p. 353^b, 8; probl. 23, 31. (30). Plut. plac. phil III 16 p. 897^a. Ambros. hexaem. II 3, 14. Isid. n. r. 42.

1 betis **A**. bęotis **FR**^{1}**Ea** 3 hispoli **F**. isp- **E**^{1}**a**. in ips- **E**^{2}. in hispali *va.S* 5 prorsus **F**^{1}**dR**^{1}**E**^{1}**a** 6 *an* pleno fluctu? | pugnantur **F**^{1}**R**^{1}**E**. -aut **a** 7 statu **A**. -uto **EadTo**. ęstato **R** 8 fabula est *D*. -la **E**(?)**op***v*. -lae *r* 9 soles bouis **A** | additur **d**. -tum **a**. adde ut **o***va.G* 12 multis **R**^{2}*J*^{2}. -ti **A**. -tum *rv* 14 spiritum (-tus *G*) sidus lunae **o***va.H* | hoc ē **FfR**^{1}**E**^{1}**a**. et hoc esse **o***va.G. cfr.v.21* 18. 19 aut minui **F**^{1}**o** 19 ac (*pro* et) **D**(?)*va.S*(*J*) 20 *an* nāque? 21 et *om.* **a** | masculinū **a** 22 accipimus **F**^{1}**R**^{1}**E**^{1}**ay** 23 mare late patentis **FRa** | saliis **F**^{1}**a**

inde dulci tenuique, quod facillime trahat vis ignea, omne asperius crassiusque linquatur — ideo summam aequorum aquam dulciorem profunda; hanc esse veriorem causam asperi saporis quam quod mare terrae sudor sit aeternus — aut quia plurimus ex arido misceatur illi vapor aut quia terrae natura sicut medicatas aquas inficiat. est in exemplis Dionysio Siciliae tyranno, cum pulsus est ea potentia, accidisse prodigium, ut uno die in portu dulcesceret mare.

101. e contrario ferunt lunae femineum ac molle sidus, 223
atque nocturnum solvere umorem et trahere, non auferre. id manifestum esse, quod ferarum occisa corpora in tabem visu suo resolvat somnoque sopitis torporem contractum in caput revocet, glaciem refundat cunctaque umifico spiritu laxet. ita pensari naturae vices semperque sufficere, aliis siderum elementa cogentibus, aliis vero fundentibus. sed in dulcibus aquis lunae alimentum esse, sicut in marinis solis.

102. (105) Altissimum mare XV stadiorum Fabianus 224
tradit. alii in Ponto ex adverso Coraxorum gentis — vocant Bathea Ponti — trecentis fere a continente stadiis inmensam altitudinem maris tradunt, vadis numquam

§ 223: (10) cfr. Plin. II 45 (XX 1). — (11) Macrob. VII 16, 16. 18. 25. 26. Plut. qu. conv. III 1. — (16) Posid. ap. Diog. Lae. VII 1, 145. Beda n. r. 41. — § 224: Dicuil 8, 25. — (19) Aristot. meteor. I 13 p. 351a, 11. — (216, 3—5) Beda n. r. 40. — (6—8) cfr. Plin. III 131.

2 et asperius **Fa** | liquatur **Aop**. liquor **y** | summum **E**[1]**op**. -ma **R**(?)*G*. *cfr.* § *224. Welzhofer Beda p. 40* | equor **o** 3 aqua **R**(?)*G* | profunda horum habere **R**[2]. -dam *G*. -do **y**. -dit **o**. -fudit **p** 4 quam *om.* **p** | quod **F**[2]*Salmant.* *v.* quia *r.* *de* **y** *parum liquet* 5 plurimus **F**[2] *in ras.* **p** *Salmant.* *S.* -mum **AE**(?)**y** *v.* primus **R**[2] *ad marg.* pluribus *r* | ex (et **F**[1]**a**) alio **F**[1]**dTR**[1]**a** | ille **y** | uapor *ll.* *S.* -ore *v*(*H*). sine uapore *Dal.* 6 sicut *om.* *v a.*(*P*) *H* | medicatis *f Dal.* 7 ē se ea **DFRa** 12 hospitis **F**[1]**da** | contactu **Ay** 13 reuocat **Ay** | refundant **F**[1]**a** 16 esse sicut *om.* **FR**[1]**E**[1]. sicut in *om.* **a**. sicut *om.* **o** | solis in mari *Beda* 19 fonte **F**[1]**Ea** | aduersorum **A** | gentes **Ad** 20 bachea **R**[2]. -hex **R**[1] | pontis **R**[1] | tricentis **F**. triricentis **R** | continente **R**[1]**a**. -tis **R**[2]. -ti// **F**. -ti **R**[3]*rv*

repertis. **103.** (106) mirabilius id faciunt aquae dulces
iuxta mare ut fistulis emicantes. nam nec aquarum natura
miraculis cessat. dulces mari invehuntur, leviores haut
dubie; ideo et marinae, quarum natura gravior, magis in-
vecta sustinent. quaedam vero et dulces inter se supermeant
alias, ut in Fucino lacu invectus *Pitonius* amnis, in Lario
Addua, in Verbanno Ticinus, in Benaco Mincius, in Sebinno
Ollius, in Lemanno Rhodanus: hic trans Alpis, superiores
in Italia, multorum milium transitu hospitali suas tantum
nec largiores quam intulere aquas evehentes. proditum
225 hoc et in Oronte amne Syriae multisque aliis. quidam
vero odio maris ipsa subeunt vada, sicut Arethusa, fons
Syracusanus, in quo redduntur iacta in Alpheum, qui per
Olympiam fluens Peloponnesiaco litori infunditur. subeunt
terras rursusque redduntur Lycus in Asia, Erasinus in
Argolica, Tigris in Mesopotamia et, quae in Aesculapi fonte
Athenis mersa sunt, in Phalerico redduntur. et in Atinate
campo fluvius mersus post XX milia passuum exit et in
226 Aquileiensi Timavus. nihil in Asphaltite Iudaeae lacu, qui

---

§ 225: cfr. Plin. XXXI 55. Verg. ecl. X 1. 4. 5. Mela II 117. Sen. NQ III 26, 5. Timaeus ap. Antig. hist. mir. 140 (155). Sol. 5, 16. — (15) Strabo VI p. 275. 270. 271; VIII p. 389. (Herodot. VI 76). Ov. met. XV 273 sqq. (Sen. NQ III 26, 4). — (19) Strabo V p. 215 init. — § 226: cfr. Plin. V 72. Tac. hist. V 6. Aristot.

---

1 mirabile F^{1}fdR^{1}E^{1}a 2 natura a o*va.S* 3 cessit R^2 4 quarum *om.* F^{1}dTR^{1}E^{1}a | natura est A. -re dT 4. 5 superfusas (*pro* inuecta) *Beda* 5 sustinet F^{1}dTR^{1}ap 6 inuectu R^{1}a. Iuuencus *D*^{2}. *cfr. Madvig adv. I p. 147* | Pitonius *add. ego ex XXXI 41. Vib. Seq. s. v.* 7 ardua FEa. -dita R | uerbanno AE^2*S*. -ano (D?)*v*. -anono Fd^1. -amno R^2*e corr.* -ant no E^{1}d^2. -ant com a. *cfr. III 131. IX 69* | ticus FdE^1. micus a | bonaco F^{1}dR^{1}E^1. -na a. uenaco R^2 | sebinno *S coll. III 131.* seuinno ADF^{2}a*v*. -irino R. -ino F^{1}dE*H* 8 lemnano F. lemano R^1*va. H* 9 mutiorum F^{1}R^{1}Eao | militum ATo | hospitali A. -lis DRao*S*. -les *rv. cfr. § 118. VI 65* 12 ipsa ADFao*v*(*J*). *om. r*(?) *Dal.* | uada *om.* F^{1}R^{1}E^1. da a. ipsa uada d | sicuti FRao 17 immersa E(?)*va.S* | athinate R. attino Ea 19 aquiliensi F^{2}Rad. equal- F^1 | temnus F^{1}R^{1}Ea | a phaltita (-pal- FR^{1}a^1) AFR^{1}a^{1}d. -tida a^2. -to o

bitumen gignit, mergi potest nec in Armeniae maioris Aretissa; is quidem nitrosus pisces alit. in Sallentino iuxta oppidum Manduriam lacus, ad margines plenus, neque exhaustis aquis minuitur neque infusis augetur. in Ciconum flumine et in Piceno lacu Velino lignum deiectum lapideo cortice obducitur et in Surio Colchidis flumine adeo, ut lapidem plerumque durans adhuc integat cortex. similiter in flumine Silero ultra Surrentum non virgulta modo inmersa, verum et folia lapidescunt, alias salubri potu eius aquae. in exitu paludis Reatinae saxum crescit [et in Rubro mari oleae virentesque frutices enascuntur].

Sed fontium plurimorum natura mira est fervore, 227
idque etiam in iugis Alpium ipsoque in mari inter Italiam et Aenariam in Baiano sinu et in Liri fluvio multisque aliis. nam dulcis haustus in mari plurimis locis, ut ad Chelidonias insulas et Aradum et in Gaditano oceano. Patavinorum aquis calidis herbae virentes innascuntur, Pisanorum ranae, ad Vetulonios in Etruria non procul a mari pisces. in Casinate fluvius appellatur Scatebra, frigidus, abundantior aestate; in eo, ut in Arcadia Stymphali,

---

meteor. II 3 p. 359^a, 17. — (5) Ov. met. XV 313. (Sen. NQ III 20, 3). — (8) Strabo V p. 251. Sil. Ital. VIII 580. — (10. 11) cfr. XXXI 12. (XIII 139. 135). — § 227: (16) Strabo XVI p. 754. III 172. Lucret. VI 890. — (17) Claudian. carm. min. 26 (49), 19 sqq. Cassiod. var. II 39.

---

2 aretissa *B*(*D*) *coll. VI 127.* -tisa **R**. -thisso *v*. -ssa *G*. -thusa *C*(*L*). aritissa **AF**^{2}**E**^{2}*J*. -sso **o**. artisa **DF**^{1}**E**^{1}**a**. -tesa **d**. areisa *S e Ptol. V 13, 8* | sallentino **DF***D*. sale- *rv*. *cfr. § 240. XV 20* (**M**) 3 manduriam **Ad***v*. mund- **R**^{2}. and- **o***r* 5 cocconum **Ea**. quoco- **R**^{1} | ligno **FRa** 6 syrio **F**^{1}**adT**. sirio **R**. *cfr. VI 13* 8 silero *ll. v*(*D*). -lari *B*. -ro **p***G*. *cfr. III 70. 71. 74* 9 folia **F**^{2}**dR**^{2}*v*. uolia **A**. uolatilia **E**^{2}**o**. in **R**^{1}. *om. r* | salubria **F**^{1}**REa** 11 et (*om.* **p**) in rubro — enascuntur **D**^{3}**F**^{2}**R**^{2}**E**^{2}**p***v*. *om. r. uncos pos.* (*H*) *J*. *cfr. v. 17 et XIII 139. 135* 12 sed et **p***va. D* 13 et inter **Ad***va. G*. ac inter **p**. ut inter **D**^{3}**R**^{2}*S* 14 in *ego*. ut in **AdE**^{2}**p***v*. et in **R**^{2}*S*. ut *r* 16 et *del.* **F**^{2} | taradum **A**. har- **R**^{2}. arabum **FEa***va. C*. har- **R**^{1} 18 uetolonios **A**. ueluto- **FREa** 19 statebra **AFR**^{1}**a**. -era **d**^{2}. stabera **d**^{1} 20 arcadia (-cha **Ra**) **FdRa***S*. -diae *rv*(*J*)

228 nascuntur aquatiles musculi. in Dodone Iovis fons, cum sit gelidus et inmersas faces extinguat, si extinctae admoveantur, accendit. idem meridie semper deficit, qua de causa ἀναπαυόμενον vocant, mox increscens ad medium noctis exuberat, ab eo rursus sensim deficit. in Illyricis supra fontem frigidum expansae vestes accenduntur. Iovis Hammonis stagnum, interdiu frigidum, noctibus fervet. in Trogodytis fons Solis appellatur dulcis et circa meridiem maxime frigidus; mox paulatim tepescens ad noctis media fervore et amaritudine infestatur.

229 Padi fons mediis diebus aestivis velut interquiescens semper aret. in Tenedo insula fons semper a tertia noctis hora in sextam ab aestivo solstitio exundat, et in Delo insula Inopus fons eodem quo Nilus modo ac pariter cum eo decrescit augeturve. contra Timavum amnem insula parva in mari est cum fontibus calidis, qui pariter cum aestu maris crescunt minuunturque. in agro Pitinate trans Appenninum fluvius Novanus, omnibus solstitiis torrens, bruma siccatur.

230 In Falisco omnis aqua pota candidos boves facit, in

§ 228: Mela II 5. Sol. 7, 2. Augustin. civ. dei XXI 5, 1. Isid. or. XIII 13, 10. — (6—10) Herodot. IV 181. Diodor. XVII 50, 4. 5. Lucret. VI 848. Mela I 39. Ov. met. XV 310. Curtius IV 7, 22. (31). Vib. Seq. (GLm p. 153, 12). cfr. Plin. V 31. (36). — § 229: (14) Strabo VI p. 271. Paus. II 5, 3. — (15) cfr. Plin. III 151. — § 230: cfr. Plin. XXXI 13. Vitr. VIII 3, 14. Sen. NQ III 25, 3. 4. Sol. 7, 27. 33, 1. Isid. or. XIII 13, 5. Aristot. hist. an. III 12 p. 519^a, 18. Aelian. n. an. VIII 21. — (219, 8) cfr. Plin. XXXI 16 (cfr. Theopomp. fr. 229 Müll.). Aristot. meteor. II 3 p. 359^b, 17. Ov. met. XV 329sqq. (Sen. NQ III 20, 6). Vib. Seq. (GLm p. 149, 16). — (9) Vitr. VIII 3, 20. Athenaeus II 17 p. 42^e. Val. Max. I 8 ext. 18.

1 enascuntur **F^2R^2***va.J.* *om.***R^1** 5 ab eo *om.***E^1**. ab **R^1**. a **F^1a** | illyrico **R^2***S.* -riis *v* 7 fons (*pro* stagnum) *et* frigidus o*va.H* | inter diem **F^1Ea**. -dum **R^1** 8 et *om.Dal.* 9 ac (*pro* ad) **A** | medio **A**. -ium p 12 insulae **F^1R^1a** 13 delon **FRa** 14 inolus **FRa** | ac *om.***FR^1Ea** 15 augeturque **R**(?) *va.D* 17 pitunate **F^1dEa**. -tanate **R^2**. -t//na//// **R^1** 18 apenninum **F^2R***va.S.* alpennium **F^1dEa** 20 omnis *ll.G.* amnis T*Salmant.*o. Clitumni amnis **z***v* | potata **R^1Eo***va.G*

Boeotia amnis Melas oves nigras, Cephisus ex eodem lacu profluens albas, rursus nigras Penius rufasque iuxta Ilium Xanthus, unde et nomen amni. in Ponto fluvius A*xi*aces rigat campos, in quibus pastae nigro lacte equae gentem alunt. in Reatino fons Neminie appellatus alio atque alio loco exoritur, annonae mutationem significans. Brundisi in portu fons incorruptas praestat aquas navigantibus. L*y*ncestis aqua quae vocatur acidula vini modo temulentos facit; item in Paphlagonia et in agro Caleno. Andro in 231
insula templo Liberi patris fontem nonis Ianuariis semper vini saporem fu*nd*ere Mucianus ter consul credit. dies Θεοδοσία vocatur. iuxta Nonacrim in Arcadia Styx, nec odore differens nec colore, pota ilico necat; item in Liberoso Taurorum colle tres fontes sine remedio, sine dolore mortiferi. in Carrinensi Hispaniae agro duo fontes iuxta fluunt, alter omnia respuens, alter obsorbens. in eadem gente alius aurei coloris omnes ostendit pisces, nihil extra illam aquam differentes. in Comensi iuxta Larium lacum 232

§ 231: cfr. Plin. XXXI 16. 26. Vitr. VIII 3, 16. Sen. NQ III 25, 1. (Ov. met. XV 332). Strabo VIII p. 389. Sol. 7, 12. — § 232: Plin. ep. IV 30, 2. — (220, 2) cfr. Plin. V 140. — (4) Tac. ann. II 54.

2 penius **A** *G*(*S*). -nitus **o** *r v*. -neus (*B*) *H* 3 sanctus **F**¹**a** | *ad* unde *suprascr*. ex eodem iactu **R**² | axiaces *ego coll. IV 82.* (*Mela II 7*). astac- *ll.v* 4 rigat **A f d** *G*(*J*). inri- *r S*(*D*). irri- **a o p** *v*. *cfr. vol. IV p. 499 ad XVIII 29* 5 neminiae **A** *G*. -niea **D**. -nia *v*(*Dal.*) 7 incorruptas **A d E**² *v*(*J*). -tas in spira **F**² *D*. -ta in spira *r*. -ta spera **o p**. -tas semper **z** *S* 8 lyncestis *v*. linc- **A F**²**E**²**o** ling- **R**¹. in ling- **R**². lingentis *r* 9 et *om.* **F d R**¹**E**¹**a** | antro **R**². in andro *va. S* | in *del.* **F**². *om.* **R** 10 in templo **R**² 11 sapore *va. S*(*J*) | fundere *ego*. fluere *ll. v. cfr. XXXVII 202 extr.* | dios **E**(?) **d** *va. J* 12 theodosia **A d E p** *H*. tedo- *v*. tecno- *B*. theudosie **R**. theodesia (thaeo- **F**². haeo- **F**¹) *r*. Θεοδαίσια *Welcker ad Philostr. p. 356* | nonacrina (na *e corr.*) **R**². -inam *va. B* | in *om.* **R** *va. H* | archadie **R**. -cadiae *va. H* 13 pota *ego*. epota *ll. v* | libroso **E**(?) *H*. beroso **F**²**d**² *v*. -sa **A**. embroso **p** 15 carinense **F**. carrensi **a**. -rriniensi **R**². -rrimensi *coni. H* 16 obsorbens **A R**². abs- **D F**²**d** *v*(*J*). nas- **F**¹. res- **E a p**. so- **R**¹*S*. *cfr. IX 131. XI 117. XXVII 15 et Fels p. 74* 17 alueus **F**² 18 aquam ceteris **E**³ *va. S*

fons largus horis singulis semper intumescit ac residit. in Cydonea insula ante Lesbum fons calidus vere tantum fluit. lacus Sannaus in Asia circa nascente absinthio inficitur. Colophone in Apollinis Clarii specu lacuna est, cuius potu mira redduntur oracula, bibentium breviore vita. amnes retro fluere et nostra vidit aetas Neronis principis supremis, sicut in rebus eius rettulimus.

233 Iam omnes fontes aestate quam hieme gelidiores esse quem fallit? sicut illa permira naturae opera, aes ac plumbum in massa mergi, dilatatum fluitare, eiusdemque ponderis alia sidere, alia invehi, onera in aqua facilius moveri, Syrium lapidem quamvis grandem innatare eundemque comminutum mergi, recentia cadavera ad vadum labi, intumescentia attolli, inania vasa haud facilius quam plena extrahi; pluvias salinis aquas dulciores esse quam
234 reliquas, nec fieri salem nisi admixtis dulcibus; marinas tardius gelari, celerius accendi; hieme mare calidius esse, autumnale salsius; omne oleo tranquillari, et ob id urinantes ore spargere, quoniam mitiget naturam asperam lucemque deportet; nives in alto mari non cadere; cum omnis aqua deorsum feratur, exilire fontes atque etiam in Aetnae radicibus, flagrantis in tantum, ut quinquagena, centena milia passuum harenas flammarum globo eructet.

---

§ 233: (8) Lucret. VI 841. — (12) cfr. Plin. XXXVI 130. — (15) cfr. Plin. XXXI 81. — § 234: Aristot. probl. 23, 15. 32. Plut. qu. conv. I 9 p. 627^{c}. — (17) Aristot. l. l. 26, 57. — (18) Plut. aet. phys. 12 p. 914. 915. Oppian. hal. V 638. 646. — (20) Beda n. r. 35.

---

1 intumescentibus (-sc///// **F**^{1}) ac **F**^{1}**R**^{1}**E**^{1}**a** | residit **AF**^{1}*S*. -sidet **F**^{2}**dE**^{2}**p***v*. -sedit *r* 2 cydonea **A***H*(*J*). *cfr. IV 61.* -nia **DFdE***C*. cid- **a**. lid- **R**^{2}. cidonie **R**^{1}. -na **p**. cynonia *v* 3 sannaus **Rd***va.B*(*S*). sonn- **A**. ann- *r*. inn- **f**. sinn- *B* | circumnascente **E**^{2}*va.S* 7 supremis *ll.G*(*S*). annis su- **E**^{3}*v*(*L*) 12 syrium **R**^{2}. *cfr. XXXVI 130* (**B**). scy- *H*. tinereum **R**^{1}. tyreum (-raeū **F**) *r*. tir- **p**. thÿrr- *v* 15 aquis **adfo** | utiliores **R** (?) *C e coni. B* 17 gelari **Ay**. -re *rv*. *cfr. Rück 2 p. 310* | hie **F**^{1}**E**^{1}. hi **R**^{1}. hy **a**. himum **R**^{2} 18 autumno **F**^{2}**o***va.S* 22 aethnae **F**^{2}. ethne **R**^{2}**a**. ////ne **R**^{1} | flagrantes **R**^{2} 23 et centena **E**^{2}**op***va.S* | globo **ADFdT** *Brot.*(*J*). -bos **REaz**. -bus **op***v*(*S*)

(107) namque et ignium, quod est naturae quartum ele- 235
mentum, reddamus aliqua miracula, sed primum ex aquis. **104.** (108) In urbe Commagenes Samosata stagnum est emittens limum — maltham vocant — flagrantem. cum quid attigit solidi, adhaeret; praeterea tactu et sequitur fugientes. sic defendere muros oppugnante Lucullo: flagrabat miles armis suis. aquis et accenditur; terra tantum restingui docuere experimenta. **105.** (109) similis est natura naphthae. ita appellatur circa Babylonem et in Austacenis Parthiae profluens bituminis liquidi modo. huic magna cognatio ignium, transiliuntque in eam protinus undecumque visam. ita ferunt a Medea paelicem crematam, postquam sacrificatura ad aras accesserat, corona igne
rapto. **106.** (110) verum in montium miraculis ardet 236
Aetna noctibus semper tantoque aevo materia ignium sufficit, nivalis hibernis temporibus egestumque cinerem pruinis operiens. nec in illo tantum natura saevit exustionem terris denuntians: flagrat in Phaselitis mons Chimaera, et quidem inmortali diebus ac noctibus flamma; ignem eius accendi aqua, extingui vero terra aut *fimo* Cnidius

§ 235: (4) cfr. Plin. XXXVI 181. (Dio Cass. XXXVI 3^{a}). — cfr. Sol. 21, 4. — (9) cfr. Plin. XXXV 179. Diosc. I 101. Strabo XV p. 743. — § 236: cfr. Sol. 5, 10. Sen. ep. 79, 2. 4. — (18—20) Ctesias Ind. fr. § 10 p. 250 Bähr. Antig. hist. mir. 166 (182).

1 iamque **dTp***va.S*(*J*) | et *om.***p** 3 commagene **E***va.G.* -nae **o**. -na **a** | Samosatis (*P*) *L* 5 tactu et **Ay**. -tus et **dT**(*P*)*D.* -tus *v.* -tu **f***H.* tractu **R**^{2}. *om.***R**^{1}. et tactu *r.* -tus **p**. -tum **o** *Salmant.* | sequi **Ay**. exsequitur **R**^{2}*S* 6 rugientes **F**^{1}**a**. fugientis **op***Salmant.* | flagrabatque **AE**^{2}**op***va.S*(*J*) 7 et **A**. etiam **E**^{2}*v*(*J*). *om.rS* | tamen **o** 9 naphtae **o**. -ptae **AF**^{2}. -pte **R**^{1}**a**. nuptae **F**^{1}. neptae **y** | babylonē **DF**(**y**)*D.* -ne **A**. -niam *rv* 10 austagenis **Ay***v.* -athenis **p**. -tragenis **dT**. astacenis (*Salm. exerc.p.171*^{a}*B*) *H* 11 transiliumque **A**. -luitque **p**. -lientium **y** | ea **Fp**. eum **y** 12 fertur **D**(?)**f***J. cfr.§ 203* | Media *J*^{2} 13 sacrificatur **F**^{1}**a**. -tum **R**^{2}**p**. -ta **R**^{1} 14 rapta **RE**(?)**op***va.D* 15 materiae ignium **F**^{1}. ign- materia (-iae **a** *G*) **REa***va.S* 17 in **AF**^{2}**E**^{2}**dopy***v. om.rS* 18 Phaselide *B* 20 fimo *Sabell. e Ctesia.* faeno **AS**. fano **d**. feno **Raoy**. foeno (**D**?)**FEpi***v.* caeno *coni.D*^{2}

Ctesias tradit. eadem in Lycia Hephaesti montes taeda flammante tacti flagrant, et adeo ut lapides quoque rivorum et harenae in ipsis aquis ardeant, aliturque ignis ille pluviis; baculo si quis ex iis accenso traxerit sulcum, rivos ignium sequi narrant. flagrat in Bactris Cophanti
237 noctibus vertex. flagrat in Medis et in *S*itta*c*ene confinio Persidis, Susis quidem ad Turrim Albam XV caminis, maximo eorum et interdiu, campus. Babylone flagrat *e* quadam veluti piscina iugeri magnitudine, Aethiopum iuxta Hesperu montem stellarum modo campi noctu; similiter in Megalopolitanorum agro. nam si intermisit ille iucundus frondemque densi supra se nemoris non adurens et iuxta gelidum fontem semper ardens Nymphaei crater, dira Apolloniatis suis portendit, ut Theopompus tradidit; augetur imbribus egeritque bitumen temperandum fonte illo ingustabili, *et* alias omni bitumine dilutius. sed quis haec
238 miretur? in medio mari Hiera *et Lipara* insulae Aeoliae

§ 237: Aristot. mir. ausc. 35 p. 833^{a} init. — Theopomp. fr. 316 Müll. Aelian. var. hist. XIII 16. Strabo VII p. 316. Dio Cass. XLI 45, 2 sqq. (cfr. infra § 240). — § 238: cfr. Plin. III 93. Posid. ap. Strab. VI p. 277. — (223, 3) Plin. VI 197.

1 ephesti **AF**^{1}**a**. epe- **R**. ephesii **F**^{2} 2 et *om.* **AE**(?)**dy** *va.S*(*D*) | adeo (-os **a**) sub **F**^{1}**R**^{1}**a** 4 iis **E***v*. is **FR**^{1}. istis **R**^{2}. his *rD* | sulcos **FR**^{1}**Eao***va.S* 6 et (*om.* in) **Ap***va.D* | Sittacene *H ex Aristot. mir. ausc. 35 coll. Plin. VI 114*. cestia (cessia **R**^{2}) gente **E**^{2}**R**^{2}**p***v*. cestia in cuti gente **A**. cuti (citti **F**?) gente *r*. Cissia gente *D coll. Herodot. VI 119* 8 maximo *om.* **F**^{1}**R**^{1}**E**^{1}**a** | corum **F**^{1}. earum **R**^{2} | inter campos **FR**^{1}**a**. *dist. ego ex Aristot.* (ἐν ὁμαλοῖϲ τόποιϲ καὶ οὐκ ἐν ὑψηλοῖϲ) | babylone **DF***J*^{2}. -nae **A**. -nie **a**. -niae **Ed***v*. -bilone **R**. -nę **p**. -niae **o** | flagrat (*sc.* campus) e *ego*. -rato **R**^{1}**a**. -rat *rv* 9 quaedam **F**^{2}**fR**^{1} | uelut **Adfo**. -ud **F** | item aethiopum **R**^{2}**E**^{2}*va.S* 10 Hesperu *P*. -rium **E**(?)*v*. -rum *r*. *cfr. V 10. VI 197* | noctu nitent **E**^{3}*va.S*(*D*) 11 tametsi **E**^{3}*va.J* | intermis sit **R**. -minis sit **Faop**. internum sit **E**. -nus sit **E**^{3}*va.J* 12 nem non **a**. ne//// non **R**^{1}. nemon **F**^{1} 13 egelidum *P e Strab.* 14 apolliniatis **R**^{2}**d**. -natis **F**^{1}**R**^{1}**a** 15 ignibus **R**^{2} 16 & *ego*. a **R**^{1}**a**. *om. rv* | dilutus **R**. dulcius **F**^{2}**pz**

17 et lipara *add. ego coll. Strab.* | insulae aeoliae *ego*. -la aeolia **AE**^{1}*G*^{2}(*J*). insula **FdTR**^{1}**a***G*^{1}(*S*). -la ////// **E**^{3}. -la ardet. aeolię (-ia *v*) insulę (-la *v*) **R**^{2}**p***v*

iuxta Italiam cum ipso mari arsere per aliquot dies sociali bello, donec legatio senatus piavit. maximo tamen ardet incendio Theon ochema dictum Aethiopum iugum torrentesque solis ardoribus flammas egerit. tot locis, tot incendiis rerum natura terras cremat!

107. (111) Praeterea cum sit huius unius elementi 239
ratio fecunda seque ipsa pariat et minimis crescat a scintillis, quid fore putandum est in tot rogis terrae? quae est illa natura, quae voracitatem in toto mundo avidissimam sine damno sui pascit? addantur his sidera innumera ingensque sol, addantur humani ignes et lapidum quoque insiti naturae attrit*i*que inter se ligni, iam nubium et origines fulminum: excedet profecto miracula omnia ullum diem fuisse, quo non cuncta conflagrarent, cum specula quoque concava adversa solis radiis facilius etiam accendant quam ullus alius ignis. quid quod innumerabiles parvi, sed 240
naturales, scatent? in Nymphaeo exit e petra flamma, quae pluviis accenditur; exit et ad aquas Scantias, haec quidem invalida, cum transit, nec longe in alia durans materia — viret aeterno hunc fontem igneum contegens fraxinus —; exit in Mutinensi agro statis Volcano diebus. reperitur apud auctores subiectis Ariciae arvis, si carbo deciderit, ardere terram, in agro Sabino et Sidicino unctum flagrare lapidem, in Sallentino oppido Gnatia inposito ligno in sa-

§ 240: (17) cfr. supra § 237. — (24) Horat. sat. I 5, 97 sqq. — (224, 2) Val. Max. I 8 ext. 18. Liv. XXIV 3, 7.

1 arsere (asese **R**^{1}) *ll.S.* arsit **E**^{3}*v* 2 et donec **F**^{1}**REa** | expiauit **R**^{2}*S* 4 regeret **R**^{2}. regerit *S* 7 a **DF**^{1}**dR***S*(*D*). *om.rv*(*J*) 8 quaeue est **R**^{2}*S*. *om.***R**^{1}. que **a** | est — quae *om.***a** | quae uelut natura q̄ **R**^{1}(*falso iterata*) 10 facit **FR**^{1}**E**. -iat **a** 12 attritique *ego.* -tuque (-tusque **R**^{2}) *ll.S.* -ta p*v* | ligna **AE**(?)p*va.S* | *an* et nubium (*sc.* ignes)? 13 excedet **AFR**^{1}**Ea**. -dit *rv* | unum **FRaT**. num p 14 flagrarent **FdTR**^{1}**a**. -ret p 15 accendantur *va.H* 16 paruis **A**p. partus *va.G* 18 scanthias **AFa**. -ncias **R**^{2}. -ncies **R**^{1} 20 uirens **R**^{2}*S*. *om.***a** | contexens **FR**^{1}**Ea***va.G*. -tegit **R**^{2}*S* 21 statutis **a**. *an* sacris? *cfr.XXXI 16* 24 sallentino **DF***D*. sale- *rv. cfr.§ 226* | gnatia **F**^{2}*J*^{2}. *cfr.Niss.It.II p.860.* natium **A**p. ina- *v.* galacia **R**^{2}. ignatia (inn- **d**) *rC.* egn- (*Be III 102*) *Bas.*

xum quoddam ibi sacrum protinus flammam existere, in Laciniae Iunonis ara sub diu sita cinerem inmobilem esse
241 perflantibus undique procellis; quin et repentinos existere ignes et in aquis et in corporibus, etiam humanis: Trasimenum lacum arsisse totum; Servio Tullio dormienti in pueritia ex capite flammam emicuisse, L. Marcio in Hispania interemptis Scipionibus contionanti et milites ad ultionem exhortanti arsisse simili modo Valerius Antias narrat. plura mox et distinctius; nunc enim quadam mixtura rerum omnium exhibentur miracula. verum egressa mens interpretationem naturae festinat legentium animos per totum orbem veluti manu ducere.

242 **108.** (112) Pars nostra terrarum, de qua memoro,
170 ambienti, ut dictum est, oceano velut innatans longissime ab ortu ad occasum patet, hoc est ab India ad Herculis columnas Gadibus sacratas |LXXXV|·LXXXVIII p., ut Artemidoro auctori placet, ut vero Isidoro, |XCVIII|·XVIII. Artemidorus adicit amplius a Gadibus circuitu Sacri promunturii ad promunturium Artabrum, quo longissime
243 frons procurrat Hispaniae, DCCCCXCI·D. mensura currit

§ 241: Liv. XXV 39, 16. Sil. Ital. V 72sqq. — Plin. XXXVI 204. Val. Max. I 6, 1. 2. Lyd. ost. 5 p. 18^c. Plut. de fort. Rom. 10 p. 323^d. (Peter hist. Rom. fragm. p. 155. 157). — § 242: MCap. VI 611. Dic. 5, 1. — § 243: Agathem. 15. 16 (MGGm II p. 475sqq.). MCap. VI 612.

2 dio **E**(?)*G*. diuo **F**^{2}*v* 8 exhortanti **d***v*. exorta- **R**^{2}**E**. exora- **ADFa**. exorna- **R**^{1} 9 modo (*pro* mox) **FR**^{1}**E**^{1}**ap** 10 ingressa **R**^{2}*S* 11 natura **F**^{1}**Ra** 12 uelut **Ad***Dal.* | duceretur **R**. -cens **a** 14 innatrans **R**^{1}. -ta **Ad**. inata **y**. maria **i** 15 ad occasum **F**^{2}**d**(**E**?) *C*(*item MCap. Dic.*). ab (a// **F**^{1}) occasu (-sus **R**^{1}) **DF**^{1}**Ra**. et occ- (-ssus **A**) **Ay**. atq. (et *v*) ab occ- **p***v* 16 LXXX **y**. LXXXVIII **R**^{2} | LXXVIIII **R**^{2}. -VII *MCap.* LXXV **a**. LXX **dT**. *om.* **p**. LXVIII *H coll.* § *243 extr.* (*numeros hos et seqq. antiquo more primus scripsit D*) 17 LXCVIII **Ay** | LXVIII **AF**^{2}**y** 18 adiecit **y** | circuitus agri **F**^{2}**R**^{2}**y**. -tu agri **F**^{1}**a**. -tura agri **R**^{1}(**E**?) 20 fons **DFR**^{1}**a** | procurat **DF**^{1}. -rsat **R**^{1}. -rrit **E**(?)*va.S* | DCCCC·XC·ID **Ay**. *cfr. D ME p. 2.* -XCI *MCap.* DCCC·XC id *r*. CCCCXCI. id *H* | mensurae **R**(?)**p***va.D*

duplici via: a Gange amne ostioque eius, quo se in E*o*um
oceanum effundit, per Indiam Parth*y*enenque ad Myriandrum
urbem Syriae in Issico sinu positam |LII|·XV, inde pro-
xima navigatione Cyprum insulam, Patara Lyciae, Rhodum,
Astypalaeam in Carpathio mari insulam, Taenarum Laco-
nicae, Lilybaeum Siciliae, Caralim Sardiniae |XXI|·XIII,
deinde Gades |XII|·L, quae mensura universa ab Eo*o* mari
efficit |LXXXV|·LXXXVIII. alia via, quae certior *e*t iniri 244
terreno maxime potest, a Gange ad Eu*ph*raten amnem
|LI|·LXIX, inde Cappadociae Mazaca CCXLIIII, inde per
Phrygiam, Cariam, Ephesum CCCCXCVIIII, ab Epheso per
Aeg*a*eum pelagus Delum CC, Isthmum CCXII·D, inde terra

§ 244: Agathem. IV 17 (GGm II p. 476). MCap. VI 613.

1 eoum E^3*v e MCap.* eum *ll* 2 partienenque AR^1. -te-nienenque R^2. -thiensemque *r*. -thię neque d. -thiamque y. -tyenemque *codd. MCap.* | miriandrum F^2. -dram y. mirandum DF^{1}E^{1}a 3 LIII R. LV dT 5 carpathio E(?)*v* -tio FRa. -tro AD | mari R(?)*C*. -ri in *rv* | insulam DFEa*D*. -la Adep. -las R(?)E^3*v* 6 caralim *ll.S.* -lium *v*. calarim (*B*)*C* | |XXI|·XIII *ego*. XXXIIII AF^{2}y*v*. -III R^2 *in marg.* -IIII·L E^3*B e MCap.* XXX (*om.* IIII deinde gades X) *r*. |XXI|·III *H* 7 deinde gades AF^{2}E^3*v*. -de eadem y. D In.... (*reliquis absc.*) R^2 *in marg.* | |XII|·L *H*. XII m. L *va.B*. XLII·L Ay*MCap.* XXII p. L R^2 *in marg.* II·L (V·L R) *r*. L e. IIII decies centena et quinquaginta Milia pass. E^3(*B*)*C*. *cfr. III 84* | quae *om.* Ay | eoo *D*. eo *ll.v* 8 LXXXII R^1. XCV R^2 *in marg.* LXXX y. XCVIII *va.B* | LXXVIII E^3*B e MCap.* -VII·L y. -IIII i. LXVIII *rH*. -VIIII p*v* | qua y | et iniri *ego*. iteneri A. inirie R^{1}Eed^2. -riae F^1. inrie a. iniri R^{2}d^1. itinere F^{2}E^{3}y*v* 9 terreno F^{2}R^{2}E^{3}y*v*. -raeno A. -re (-rę DEe) non *r* | potest *ll.* patet pE^3*v*. *dist. ego* 10 LI *om.* y. II R^2 *in marg.* L F^2. DF^1. LC E^3*v* | LXIX *H*. LXI·X A. LXVIII R^2 *in marg.* XIX *r*. XXI pE^3*C*. XVIII *v*. *om.* y (*item sqq. numeros*) | CCXLVII A. CCLXLIIII D^1. CCCXIX *H* 11 phrygiam E(?)*v*. fryg- DF. frug- A. frig- *r* | CCCCXCVIIII Ap*J*. -XCVIII (-CXLVIII R) *rv*. CCCCXV *H* 12 CCXII *om.* p. CCCII R | D inde D^{1}F^{1}dTREa*H*. inde AF^2*D*^{1}. Deinde D^{2}p*v* | terra — 226, 1 mari et *om.* y

[et Laconico mari] et Corinthiaco sinu Patras Peloponnesi *X*C, Leucadem LXXXVII·D, Corcyram totidem, Acroceraunia *L*XXXII·D, Brundisium LXXXVII·D, Romam CCCLX, Alpes usque ad *S*cingomagum vicum DXVIIII, per Galliam ad Pyrenaeos montes Illiberim CCCCL*X*VI*II*, ad oceanum et Hispaniae oram DCCCXXXI, traiectu Gadis VII·D, quae mensura Artemidori ratione |LXXXIX| X*L*V efficit.

245 Latitudo autem terrae a meridiano situ ad septentriones, dimidio fere min*or*, *Isid*oro colligit |LIIII|·LXII, quo palam fit quantum et hinc vapor abstulerit et illinc rigor. neque enim deesse terris arbitror aut non esse globi formam, sed inhabitabilia utrimque inconperta esse.

---

§ 245: MCap. VI 614. Dicuil 5, 2. — (227, 1 sqq.) Agathem. IV 18. 19 (GGm II p. 478—481). MCap. VI 615.

---

1 *uncos posui cum D MEp.3* | laconico *ll.v.* lechaico **f**(*P*)*H.* alcyonio *J* | patros **Ay** | peloponensi **AE**^{2}**y**. pol- **i**. pell- **a**. peloponnensessi **DF**^{1} 2 XC *H ex Agathem. IV 17 coll. Plin. IV 9. 11.* CCII·D *ll.v.* CII·D *D*^{1} | LXXXVII·d **A***H*. -VI·id **DF**^{1}**da**. -VI Ad **F**^{2}. -III·id **R**. -VI·D **E**(?)**p***v* 3 LXXXII·D *MGGm II p. 477.* CXXXII·D **AE**(?)**dp***v*. -II·id (ad **R**) *r. cfr. IV 52* | LXXXVII·d **AF***H*. -VI·id **D**. -VI·D *rv* 4 ad Scingomagum *H ex Agath. l.l. coll. Strab. p. 179.* ad cinco- **A***G*. -ngomacū **F**^{2}. -neomachum **Rd**. calcineo- *rv* | DXVIIII **AR**(?)*H*. -VIII *rv* 5 illiberium **R**^{1}. -birium **DFE**^{1}**ad**. -brium *va. B* | CCCCLXVIII *MGGm II p. 478.* -LVI **Ad***D*. CCCCC·LVI (-LIII **R**^{1}) *rv*. DCCCCXXVII *H* 6 DCCCXXXI *D MEp. 3.* -II **AF**^{2}*D*^{1}. CCCXXXII *rv*. -I *H* 7 |LXXXIX|·XLV *H ex Agath. l.l.* -XCV *D*^{1}. LXXX·LX·XCV **Ay**. .... et XCV **R**^{2} *in marg.* LXXX·IX·XC *r*. LXXXVI (-VII **E**^{3}) LXXXV **E**^{3}*Ce MCap.* 8 a *om.* **DFEea** (*add.* **E**^{3}) | septemtrionem **E**^{3}*va. S* 9 dimedio **Ay**. medio **R**^{2} | fere **RE**^{2}**p***v*. -rme **F**^{2}**a** *Dic. D*^{1}. feri *r*. fieri **y** | minor Isidoro *ego coll. D MEp. 6.* minoro **AE**^{2}. -re **y**. -rj **E**^{3}. minor **R**^{2}**p***v*. *om.* **F**^{2}**a** (*Dic.*). mi *r*. Isidoro *D*^{1} | collegit **y**. -lligitur **RE**(?)*v* | LIIII·LXII (-LXXII **R**^{1}. -LXI **i**) *ll. MCap. v* (*D*). XLIIII·LXXXX mil. *H* 10 quorum **y** | et illinc **Ay**(**E**?)*v*. ill- *r* 11 liquor **DFRE**^{1}**aT** *Dic.* | aut motis non esse et **R**^{2} 12 incomrepta **F**^{1}. -orrepta **DE**^{1}**a**. -orrupta **R**^{1}

haec mensura currit a litore Aethiopici oceani, qua modo habitatur, ad Meroen DCXXV, inde Alexandriam |XII|·L, Rhodum DLXXXIIII, Cnidum LXXXVI*I*·D, Coum XXV, Samum C, Chium XCIIII, Mytilenen LXV, Tenedum CXIX, Sigeum promunturium XII·D, os Ponti CCCXII·D, Cara*m*bin promunturium CCCL, os Maeotis CCCXII·D, ostium Tanais CCLXXV, qui cursus conpendiis maris brevior fieri potest LXXIX. ab ostio Tanais nihil *in*modicum diligen- 246
tissimi auctores fecere. Artemidorus ulteriora inconperta existimavit, cum circa Tanain Sarmatarum gentes degere fateretur ad septentriones versus; Isidorus adiecit |XII|·L usque ad Thylen, quae coniectura divinationis est. ego non minore quam proxime dicto spatio Sarmatarum fines nosci intellego. et alioqui quantum esse debet quod innumerabiles gentes subinde sedem mutantes capiat? unde

§ 246: MCap. VI 616. 614. 616.

1 a litore R^2*v*. altiore (-rē D^1. -ra R^1) *r* 2 DCXXV *MGGm II p. 479. cfr. VI 196.* DXXV A. DCCCV (DCCCCCV R) *r*. DL mil. E^3*v*. decies centena mil. *H.* DCCV *D*^{1} | XII R
3 DLXXXIIII (-III Ad*v*) *ll. D. cfr. V 132.* DLXIII *H* | LXXXVII·D *H.* -VI (-III DdT)·D *ll. D.* -VI p. -V·D f. -IIII·D E^3*v* | coum *ll. S.* con *C cum Sabell.* cum *v* 4 LXXXIIII p*va. H. cfr. V 136* | mitylenen ADF*C*. mitil- R^{2}a *Ven.* -lonen R^1 | CXIX f *MGGm l. l.* XC·IX (-LX A) *ll.* XLIX *D*^{1}. XLIV *H.* XXVIII *C.* XXIX *v*
5 D *om.* p | carambin *v*. -abin A. -abim *r* 6 maeotidis E^3 *va. D e MCap.* -dos R^2. memis R^1 | D *om.* p. CCCXVI·D A | natanais Rad. -naeis D 7 CCLXXV R(?) *H.* -LXV ADEap*v*. -LXII FfdT. -LXVI *D*^{1}. *cfr. IV 78* | breuioris R^2 8 LXX·IX *ll. cfr. MGGm l. l.* LXXII·X y. LXXXI p. -IX E^3*v*. |XXI|·X *D*^{1} (*ad sqq. referens*) | nihil inmodicum *ego.* nihil mod- *ll. v.* nihildum modi *coni. D ME p. 4.* nihil modi quam *coni. S.* Nili Canopicum *D*^{1} 9 facere A 10 tanais R^2. -im *C* | gentem y
11 uersas *va. S* | XXII·L R 12 thylen *J.* tylen A. -lin y. thilen F^2. ti- *v*. thulen *C.* mithelen R. mitthilenen F^1. mythel- D. mitel- *r* 13 proxime dicto (-ta p) AF^{2}p*v*. -mo dicte (-to R) *r*
14 alioquin p*va. J.* alio DF^{1}R^{1}E^1. ali a | quintum DF^{1}R^{1}E^1

ulteriorem mensuram inhabitabilis plagae multo esse maiorem arbitror. nam et a Germania inmensas insulas non pridem conpertas cognitum habeo.

247 De longitudine ac latitudine haec sunt, quae digna memoratu putem. universum autem circuitum Eratosthenes, in omnium quidem litterarum subtilitate, set in hac utique praeter ceteros solers, quem cunctis probari video, CCLII milium stadiorum prodidit, quae mensura Romana conputatione efficit trecentiens quindeciens centena milia passuum: inprobum ausum, verum ita subtili argumentatione conprehensum, ut pudeat non credere. Hipparchus, et in coarguendo eo et in reliqua omni dili-
248 gentia mirus, adicit stadiorum paulo minus XXVI. **109.** alia Dionysodoro fides. neque enim subtraham exemplum vanitatis Graecae maximum. Melius hic fuit, geometricae scientia nobilis; senecta diem obiit in patria. funus duxere ei propinquae, ad quas pertinebat hereditas. hae cum secutis diebus iusta peragerent, invenisse dicuntur in sepulchro epistulam Dionysodori nomine ad superos scriptam: pervenisse eum a sepulchro ad infimam terram; esse eo stadiorum XLII. nec defuere geometrae qui inter-

§ 247: Vitr. I 6, 9. Censorin. d. nat. 13, 2. MCap. VI 596. 609. cfr. Berger Eratosth. fragm. p. 121. — (11) cfr. Berger Hipparchi geogr. fragm. p. 27. — § 248: cfr. Berger Eratosth. fragm. p. 124.

2 a *om.* **A**^{1}**y**. in **p** 3 cognitas compertum **R***S*. cōpertas conpertas **a** 5 autem hunc **E**^{3}*va.S* 6 in *om.* **eap** | set *ego.* et **p***v*. *om.ll.D* | in *om.***p** 7 //ui/////e **F**^{1}. quippe **a** | ceteras **Ay** | que **Ay**. quę **F**^{2}. quam *G* 9 effecit **AFRea** | trecenties (tric- **y**) et **AF**^{2}**y** 10 uero **R** | argumentatione **DFdREapz***v*(*H*). conputat- **AR**^{2} *in marg.* **y***G* 12 omni *om.* **DFR**^{1} 13 adiecit **y** | XXVI **ARTy***S*. XXV *rv* 14 dionysodoro **E**(?)*G*. -siodoro *rv* 15 gręcię **F**^{1}**Eap**. gratie **R**^{1} | melius **DF**^{1}**dRa***v*(*G*). aelius **A**^{1}. cae- **A**^{2}. elius **F**^{2}. //el- **E**^{1}. Cel- **E**^{2}**e**. chius **z**. cidius **p**. cydnius *B* | geometriae **DFR**^{1}. -ica *va.S* 16 scientiae **DF**^{1}**R**^{1}**Ea** | nobilis *om.* **D** | senectā **Da**. -tū **R** | obit **ADF**^{1}**R** | patriae **A** 17 et (*pro* ei) **A** | adque **F**^{1}**a**. atq; **D** | hec **a**. heę **d**. eae *va.S* 18 iuxta **DFR**^{1}**a** 19 epistula **A** | dionysidori **F**. -siodori **R**^{2}*va.G* 20 ab **R**^{2}*S*. ad **R**^{1} 21 esseque **E**^{3}*va S* | XLII **AF**^{2}*in ras.* (**RE**?)*v*. alii **Dad**

pretarentur, significare epistulam a medio terrarum orbe missam, quod deorsum ab summo longissimum esset spatium et idem pilae medium. ex quo consecuta conputatio est, ut circuitum esse CCLII stadiorum pronuntiarent.

(113) Harmonica ratio, quae cogit rerum naturam sibi ipsam congruere, addit huic mensurae stadiorum XII terramque XCVI partem totius mundi facit.

C. PLINI SECVNDI
NATVRALIS HISTORIAE
LIBER III

---

1. Hactenus de situ et miraculis terrae aquarumque 1
et siderum ac ratione universitatis atque mensura. nunc de partibus, quamquam infinitum id quoque existimatur nec temere sine aliqua reprehensione tractatum, haut ullo in genere venia iustiore, si modo minime mirum est hominem genitum non omnia humana novisse. quapropter auctorem neminem unum sequar, sed ut quemque verissimum in quaque parte arbitrabor, quoniam commune ferme omnibus fuit, ut eos quisque diligentissime situs diceret, in quibus ipse prodebat. ideo nec culpabo aut coarguam 2

---

1 a *om.* **R** | orbem **D** 2 missa **Da** | quo **R**[2]**E**[3] *va. D.* quae **p** | esse **ADFap** *va. C* 4 circuitu **E** (?) *va. S* (*J*) | CCLII **AR**[2]**fp** (*P*) *H.* -LV *rv* | pronuntiaret **F**[2] 6 addita **AF**[2] | stadia *va. S* | XII **z** (*P*) *H. cfr.* § 87. VII *ll. v* 7 terram **A** | XCVI **DFdR** *H.* XC·VI **Eapl.** XCVI mil. **E**[3]*v.* XC·V **A.** XCV *D*

Lib. III. 12 mensurae **o.** -re **a** 14 tractandum **o** 15 iustiore si **Ao** (**R**?) *H.* -or est **DF**[1]**a.** -or **E**[1]. -or si **E**[2]. -or est si **F**[2] *va. H* 19 *dist.* **o** *U45* | quisquis **A** | disceret in **o.** -ret ex *vet. Dal.* 20 prodibat **o** *vet. Dal.* | ideoque **o** quemquam. locorum nuda nomina et quanta dabitur brevitate ponentur, claritate causisque dilatis in suas partes; nunc enim sermo de toto est. quare sic accipi velim, ut si vidua fama sua nomina, qualia fuere primordio ante ullas res gestas, nuncupentur et sit quaedam in his nomenclatura quidem, sed mundi rerumque naturae.

3 Terrarum orbis universus in tres dividitur partes, Europam, Asiam, Africam. origo ab occasu solis et Gaditano freto, qua inrumpens oceanus Atlanticus in maria interiora diffunditur. hinc intranti dextera Africa est, laeva Europa, inter has Asia. termini amnes Tanais et Nilus. $\overline{\text{XV}}$ p. in longitudinem quas diximus fauces oceani patent, $\overline{\text{V}}$ in latitudinem, a vico Mellaria Hispaniae ad promunturium Africae Album, auctore T u r r a n i o G r a c i l e iuxta
4 genito. T. L i v i u s ac N e p o s C o r n e l i u s latitudinis tradiderunt minus $\overline{\text{VII}}$ p., ubi vero plurumum, $\overline{\text{X}}$: tam modico ore tam inmensa aequorum vastitas panditur. nec profunda altitudo miraculum minuit. frequentes quippe taeniae candicantis vadi carinas territant. qua de causa

---

§ 3: Herodot. II 16. Agathem. I 3 (GGm II p. 472). Sall. Iug. 17, 3. Oros. I 2, 1—3. Hygin. astr. I 8 (Isid. or. XIV 2, 1; n. r. 48, 2). Mela I 8. Div. orb. 1 (GLm p. 15). Dic. 1, 2. Sol. 23, 13. MCap. VI 622. 624. 626. 623. Beda n. r. 51. — § 4: Nepos fr. 49 Halm. Sol. 23, 13. — (231, 1) Mela I 27 (II 95). Sol. l. l. MCap. VI 624. 625.

---

1 nuda *om.* **A** | quantum $\mathbf{DF^1RE^1a}$ 2 ponentur claritate *om.* $\mathbf{DF^1R^1E^1a}$ 3 nec $\mathbf{F^2}D^1$ | item **R** 4 si uidua $\mathbf{ARd^1}G$. si diuidua *r*. sicut uidua *v* 5 nuncupetur $\mathbf{DF^1RE}$ | et *om.* **f** | queddam p. quia edem $\mathbf{DF^1R^1a}$ | nomen datura **ap** *Ven.* -encultura **Ad**. *de mendo cfr. p. 133, 19* 10 effunditur *codd. aliquot Bedae* | huic **o** | dextra **o** *va. S* 11 asiae $\mathbf{R^2}$. -ia est *va. H.* -ia compar est aliis duabus *Beda* | termin' /// $\mathbf{R^2}$. -ni sunt *Beda* 12 longitudine *et* 13 latitudine **y** *Beda* 13 mellaria $\mathbf{AF^2d}$ *v.* inel- **y**. metta- **E**. meitia- **a**. metia- *r* 14 turranio **A** *H*(*J*). thu- $\mathbf{E^2}$. turannio **DFd** *Bas.*(*S*). turanio $\mathbf{R^2}$. -rinio $\mathbf{R^1}$. -ramnio *v.* tyrra//nio **y**. -ranio i | gracile $\mathbf{F^2E^2dTy}$ *J.* -lae **A**. -li *H.* glacile $\mathbf{DF^1}$. -lle *r*. gracula *v* 15 T. **Ay**(**Rd**?) *v.* et (et titus $\mathbf{E^2}$) *r* 16 minus *ll. J.* ubi minus (minimum *C*) *v* 19 temae **y**. tenuae $\mathbf{DF^1RE^2}$. -ne **a**. *om.* $\mathbf{E^1}$ | candicatis $\mathbf{F^1a}$. -cantes **Ad**. cordiantes **y**

limen interni maris multi eum locum appellavere. proximis autem faucibus utrimque inpositi montes coercent claustra, Abila Africae, Europae Calpe, laborum Herculis metae, quam ob causam indigenae columnas eius dei vocant creduntque perfossas exclusa antea admisisse maria et rerum naturae mutasse faciem.

(1) Primum ergo de Europa, altrice victoris omnium 5
gentium populi longeque terrarum pulcherrima, quam
plerique merito non tertiam portionem fecere, verum
aequam, in duas partes ab amne Tanai ad Gaditanum
fretum universo orbe diviso. oceanus a quo dictum est 3
spatio Atlanticum mare infundens et avido meatu terras,
quaecunque venientem expavere, demergens resistentes
quoque flexuoso litorum anfractu lambit, Europam vel
maxime recessibus crebris excavans, sed in quattuor praecipuos sinus, quorum primus a Calpe Hispaniae extimo, ut
dictum est, monte Locros, Bruttium usque promunturium, 4
inmenso ambitu flectitur.

(2) In eo prima Hispania terrarum est, ulterior 6
appellata, eadem Baetica, mox a fine *M*urgitano citerior eademque Tarraconensis ad Pyrenaei iuga. ulterior in duas per longitudinem provincias dividitur, si quidem Baeticae latere septentrionali praetenditur Lusitania, amne Ana

---

§ 5: (9) Eratosth. ap. Varr. r. r. I 2, 3. (Varro LL V 6). Lucan. IX 411 sqq. Augustin. civ. dei XVI 17. Cosmogr. 1^b (GLm p. 71). — (16) Sol. 2, 24. MCap. VI 638 extr. — § 6: cfr. Mela II 87. MCap. VI 627. 628.

---

1 proximus **F^1day**. -ma **p***va.H.* *an* proximi? 3 abila **yp***v.* abilla (athlans **F^2**) *r.* abyla **d**(?)*H. cfr. MGGm II p. 122* | calpae **AE**. calepae **D^1**. -lipae **D^2**. -lapae **y** 5 perfossos (*sc.* montes) **F^1adT** *Salmant. P* 11 a **A***S.* ac **R^1**. hac **D^1dE^1**. hoc *rv* | quo **A***S.* quod *rv* 13 quacumque uenerit ex parte **o** 14 infractu **DE^1a** 15 cauans **F^1R^1a** | praecipue *va.H* 16 existimo **DF^1R^1Ea** 17 bruttiniū **DF^1R^1a**. brutinum **E***va.C.* byritium **R^2**. brittiū **F^2** 20 murgitano *D coll. § 8. 17.* urg- *ll.G.* uerg- **p**. uirg- *v.* urcit- (*B*) *U 46 coll. § 19* 21 pyrenen **d**. -enea **a^3***va.S.* -enae// **R^1** 22 duas partes per **DFEa**. *cfr. v. 10* 23 septentrionali **p***v.* -lis *ll* | ptenditur **a**. prot- *va.G*

discreta. ortus hic in Laminitano agro citerioris Hispaniae et modo in stagna se fundens, modo in angustias resorbens aut in totum cuniculis condens et saepius nasci gaudens in Atlanticum oceanum effunditur. Tarraconensis autem, adfixa Pyrenaeo totoque eius a latere decurrens et simul ad Gallicum oceanum Hiberico a mari transversa se pandens, Solorio monte et Oretanis iugis Carpetanisque et Asturum a Baetica atque Lusitania distinguitur.

7 (3) Baetica, a flumine mediam secante cognominata, cunctas provinciarum diviti cultu et quodam fertili ac peculiari nitore praecedit. iuridici conventus ei IIII, Gaditanus, Cordubensis, Astigitanus, Hispalensis. oppida omnia numero CLXXV, in iis coloniae VIIII, municipia c. R. X, Latio antiquitus donata XXVII, libertate VI, foedere III, stipendiaria CXX. ex his digna memoratu aut Latio sermone dictu facilia, a flumine Ana litore oceani oppidum Ossonoba, Aestuaria cognominatum, inter *con*fluentes Luxiam et Vrium, Hareni montes, Baetis fluvius, litus Curense inflexo sinu,

§ 7: Sol. 23, 8. (MCap. VI 627). Mela II 88. MCap. VI 630. — (233, 1—3) Mela II 96.

1 hinc **F**^{2} | lamminitano **AR**^{2}. lumi- **a**. lanumi- **E**^{2}. *cfr.* § *25. XXXVI 165* 2 seffundens **A**. se diff- **a** | angustias **A***v*. -ia *r* | esorbens **D**^{1}. -be **R**^{1}. sorbens **E**^{1}. orb- **D**^{2}**F**^{1}**a** 3 et — gaudens *om.* **FR**^{1}**Ea** 4 autem hinc *va. G*(*H*) 5 a *om.* **E**^{1}**R**(?)*C* 6 a *om.* **AF**^{2}**E**^{2}*va. G* 7 carpetanisque **A***B*. carpit- **R**^{2}. carpent- *rv* 9 eam mediam *va. S*(*J*) 10 diuite *H. sed cfr. VII 108*

11 ei *om.* **DF**^{1}**R**^{1}**E**^{1}**a** 12 cordubensis astigitanus *om.* **DF**^{1}**RE**^{1}**a** | astigitanus *B. cfr.* § *12*. astici- **E**^{2}**d**. -isi- *v*. -iciitams **A**. -icianus **F**^{2} | omni **DF**^{1}**R**^{1}**E**^{1}**a** 13 VII **AdT***va. B* | C. R. X (= civium Rom. X) **A***D*. cui' romano X **R**^{2}. *om.* **R**^{1}. CRL̄ *r*. VIII *B*. XVIII *v* 14 XXVII *D*. $\overline{XXV}$·X **A**. XXII·X (XXII **R**^{2}) *r*. XXIX *v* 15 latio (-to **A**. -tiore **E**^{2}) *ll. v*. latiali *B*. -ino *D*. *cfr. VII 117* 16 ossonoba (-oua **A**. osonoba **R**^{1}) *ll. v*(*G*)*J*. onubia **R**^{2}. onoba *B. cfr. Mela III 7*. Osca Onoba *MPt p. 108* | asturiae (-ria **F**^{2}. lusturia *B*) **AF**^{2}**E**^{2}*va. H* 17 inter confluentes *D*. interfl- *ll. v* | luxiam aturium **DFdEa**. Luxia et Urium *va. D*

18 harenei **R**^{2}. -nae *v*(*H*). -re//n **R**^{1}. Vareni **F**^{2}. mariani *B*(*Brot.*) *e Ptol. II 4, 12*. ariani *G* | curense **E***B*(*D*). curr- **R**^{2}**d**. curs- *v*. curenense **DFR**^{1}**a**. corense **A**(?)*C*. cotense *MPt p. 109*

cuius ex adverso Gadis inter insulas dicenda, promunturium Iunonis, portus Baesippo, oppidum Baelo, Mellaria, fretum ex Atlantico mari, Carteia, Tartesos a Graecis dicta, mons Calpe. dein litore interno oppida Barbesula cum 8
fluvio, item Salduba, oppidum Suel, Malaca cum fluvio foederatorum. dein Maenuba cum fluvio, Sexi cognomine Firmum Iulium, Sel, Abdara, Murgi, Baeticae finis. oram eam in universum originis Poenorum existimavit M. Agrippa; ab Ana autem Atlantico oceano obversa Bastulorum Turdulorumque est. in universam Hispaniam M. Varro pervenisse Hiberos et Persas et Phoenicas Celtasque et Poenos tradit. lusum enim Liberi patris aut lyssam cum eo bacchantium nomen dedisse Lusitaniae et Pana praefectum eius universae. at quae de Hercule ac Pyrene vel Saturno traduntur fabulosa in primis arbitror.

Baetis, in Tarraconensis provinciae non, ut aliqui 9
dixere, Mentesa oppido, sed Tugiensi exoriens saltu — iuxta quem Tader fluvius, qui Carthaginiensem agrum ri-

§ 8: Mela II 94. — Agrippa fr. 2 R. — (9) Mela III 3. — § 9: (16—234, 4) cfr. Mela III 5.

1 gades *C* | dicenda **A**. *cfr. IV 119. Mela II 97.* -das *r*. -dae *v* 2 baesippo **R**^{2}*B*. uaes- **A***v*(*J*). ues- *r*. *cfr. § 15 et Ptol. II 4, 10* | belo **Rad**. -on *va.S* 3 tartesus **E**^{2}. cart- **A**. -sos **F**^{2}*va.B*(*J*). //artesos **F**^{1} 4 oppida *ll.S.* -do **d***v*. -dū **a**^{3}*C* 5 sue **R**. siue **D**^{2}**FEa**. uel *va.B* 6 foederatorum — cum fluuio *om.* **DF**^{1}**R**^{1}**E**^{1}**a** | menoba (mae- *H*) **R**^{2}*va.J* | sexi *ll. Brot.* sexti *v* | cognomine firmum *D*^{2}. fir- cog- *ll.v* 7 sel **A***D*. sell **R**^{2}. ser *r*. sex **T***va.B* (*cfr. Mela II 94*). sexi et *B*. selambina *G e Ptol. II 4, 7* | abdafa **a**. -dera *va.J* | murci **DRa**. -rti **F**^{1}. -rcis **E**. -rgis *vaS* 8 in **R**^{2}*S. om.rv* | uniuerso **R**^{2}**a**^{1}. -sam **a**^{2}*va.S* 9 uastulorum **A** | turdulorum *om.* **DF**^{1}**E**^{1} 11 hiberos **R**(?)*D*. yb- **a**^{2}. ib- *C*. hiberas (yb- **a**^{1}) *rov* | phaenicas **o**. poe- **A***va.C*. fen- *r* 12 lysum **Ea**. lis- **o** | lissam **R**^{2}. lysyam **a**. lysam **DFET** *va.G*. lis- **R**^{1}**o** | bachantem **To***va.G* 14 uniuersa **o** | atque **R**^{2}**a**. autque **DF**^{1}**R**^{1}**E**. aut (autem **o**) quae **F**^{2}**do** | pyrane **R**. -renae **E**. pirene **o**. -rine **A** 16 tarraconiensis **F** 17 mētesa **a***v*(*D*). *cfr. § 19. 25. CIL II n. 3377 sqq* met- **DFE**. mentes (mon- **R**^{2}) **R**. -tis **A**. -tisa *S e Ptol. II 6, 58* | tuguensi **DF**^{1}**R**^{1}**Ea**. tyng- **F**^{2}. tuge- **R**^{2}*va.G* 18 tvder **F**^{2}

gat —, Ilorci refugit Scipionis rogum versusque in occasum oceanum Atlanticum, provinciam adoptans, petit, modicus primo, sed multorum fluminum capax, quibus ipse famam aquasque aufert. Baeticae primum ab Ossigitania infusus, amoeno blandus alveo, crebris dextra laevaque accolitur oppidis.

10 Celeberrima inter hunc et oceani oram in mediterraneo Segida quae Augurina cognominatur, Vlia quae Fidentia, Vrgao quae Alba, Ebora quae Cerialis, Iliberri quod *Flo*ren*ti*ni, Ilipula quae Laus, Artigi quod Iulienses, Vesci quod Faventia, Singili, Ategua, Arialdunum, Agla Minor, Baebro, Castra Vinaria, Cisimbrium, Hippo Nova, Ilurco, Osca, Oscua, Sucaelo, Vnditanum, Tucci Vetus, omnia *B*astetaniae vergentis ad mare. conventus vero Cordubensis circa flumen ipsum Ossigi quod cognominatur Latonium, Iliturgi quod Forum Iulium, Ipra, Isturgi quod Triumphales, Vcia et $\overline{\text{XIIII}}$ p. remotum in mediterraneo Obulco quod Ponti-

---

4 aut fert A. auferri R. -rre a. *om.* E^1 | ossigitania *L.* -tama E. -tana a. -ttania R. -getania (osi- A) *rv*(*D*^{1}) 8 segeda a^2*va.S* | ulia *Ukert II p. 366. cfr. MPt p. 117*^{a}. iulia (-iae DR^{1}E^{1}a) *ll.v* | fidentiae DEa. -te R 9 ebura A(?)*va.S*(*D*^{1}) | iliberi *va.S*
10 Florentini *D*^{2} *cum Hübnero CIL II p. 285. cfr. MPt p. 120*^{b}. liberini AF^{2}R^2*v.* -ri//// F^1. -rinis *r* | ilipula *G.* -pyla A. ilypula R^2. lipida (lyp- R^1) *r.* libida *v* | laus artigi AF^2*G.* -astici F^1. clausa (-sia R^2) stici *rv* 11 singilia (*va.H*) *D*^{2}. *cfr. Hübner l. l. p. 272.* -gelis R^2 | Agla minor AF^{2}R^{2}E^2*v*(*Brot.*). -nur *r.* Aglaminor *Dal.*
12 bebro E^2. bedro R^2. bedo DFdR^{1}E^1. beclo a | pisimbrium AFR^2. epi- d. episibr- *va.S* | ippo F. ipho Dd^{1}R^{1}Ea*va.G.* ſipho d^{2}R^2 | noua AE^2*v.* noba *r* | illurco *B.* iliu- A. ilyrico DdE. ill- *v.* ylir- Ra. ylyr- F 13 escua *va.J.* siue oscua *MPt p. 119* | sucaelo (-celo a. -calo E^1. suelo R) unditanum *ll.J.* succubo nud- *B.* -ccabon ud- *v.* suel onud- *MPt p. 119* | tucci AF^2*G*(*J*). tuai R^1. tu///i F^1. tuati *rv*(*H*) | obuia F^{2}E^2*C Bas.* | bastetaniae R(?)*v.* uast- *r* 14 *dist. va.H*(*D*^{2}) 15 latonum a. laconium (-icum *C*) ET*va.D* | illiturgi A*va.H*(*J*) 16 ipra isturgi A*D.* *cfr. CIL II n. 2121 sqq.* ipast- da*v.* iprast- *r* | triumphales ucia *D*^{2} *philol. XXX p. 292.* -le sucia (sutia E^2) AR^{2}E^2*D.* -le sacia *J.* -le setia *S.* -le sitia *v.* faletia (-ico R^1) *r* 17 $\overline{\text{XIIII}}$ *v*(*D*^{2} *coll. Hübnero l. l. p. 298*). $\overline{\text{XVII}}$ A*D*^{1}. XIII R(*MPt p. 115. 117*). XVI *r* | obulgo A | pontificaese F. ponficense D. bonf- E^{1}a

ficense appellatur, mox Ripa, Epora foederatorum, Sacili
Martialium, Onuba et dextra Corduba colonia Patricia co-
gnomine, inde primum navigabili Baete oppida Carbula,
Detumo, fluvius Singilis, eodem Baetis latere incidens.

Oppida Hispalensis conventus Celti, Axati, Arua, Ca- 11
nama, *N*aeva, Ilipa cognomine Ilpa, Italica et a laeva Hispal
colonia cognomine Romulensis, ex adverso oppidum Osset
quod cognominatur Iulia Constantia, Lucurgentum quod
Iuli Genius, Orippo, Caura, Siarum, fluvius Maenuba, *Baeti*
et ipse a dextro latere infusus. at inter aestuaria Baetis
oppida Nabrissa cognomine Veneria et Colobana, coloniae
Hasta quae Regia dicitur et in mediterraneo Asido quae
Caesarina.

Singilis fluvius, in Baetim quo dictum est ordine in- 12
rumpens, Astigitanam coloniam adluit, cognomine Augustam
Firmam, ab ea navigabilis. huius conventus sunt reliquae
coloniae inmunes Tucci quae cognominatur Augusta Gemella,

---

1 ripepora **ARa***va.H.* epora *S* | facili **DF**^{1}**R**^{1}*B.* -lin **R**^{2}. facili **E**^{1}**a**. faci **E**^{2}. faci **AF**^{2}**d***v* 2 onoba *B e Ptol.* | patriciae **DF**^{1}**dRE**^{1}**a***H* 4 detumo **T***D*^{2}*l.l.p.293.* -ma **A**^{2} *in ras.* **E**^{2}*B* (*MPt p.117*). -mmo *r.* decumo **d***v.* -ma *Ven.*(*J*). detunda *S e Ptol.* | singilis **AE**^{2}*D.* -gulis *rv. cfr. § 12 init.* 5 celci **F**^{1}. -cia **F**^{2}. celtia **R**^{2}**E**^{1}. -ica **a***va.H* | axati arua *D.* -ti araua **A**. -tiara *G.* aexatim faua **R**^{2}. exatifaua **R**^{1}. axaua **F**^{1}. araua **DdE**. auara **F**^{2}. raua **a**. arua *H. om.v* | canama *H.* camana **E**. -nia **R**. caniania **Dd**. //a/////nia **F**^{1}. canina **a**. ciniana **A**. saci- **F**^{2}. arruci *G.* uacamana *v* 6 naeua *D*^{2} *cum Hübnero l.l.p.137.* aeua **DE**. eua *r.* euia *H.* menoba *G.* acria *v* | ilpa **A**^{2} *in ras.* **R**^{2}*B*(*D*). illpa **E**^{2}. ilpia **F**^{2}. ilba **F**^{1}. illa *rS.* ilia *H. del. G*(*J*). magna *C e Ptol. II 4,10.* ila *v* | hispal **A***J.* -lis *G e Ptol.* -li *rv* 7 romulensis **Aa***v*(*J*). -liensis *rS* 8 lucurgentum **F**^{2}*D*^{2}. lugurg- **R**^{2}. lurg- **A***J.* -tium **E**^{2}. uirg- *v.* iurgentum (///urg- **R**^{1}) *r.* uerg- *G. cfr. CIL II n. 1264* 9 genius orippo *H cum Caro* (*antiq. Hispal. 3,20*). genitor ippo **F**^{2}. -tor ippu **Ad**. -tor (gentior **R**^{1}. -iori **R**^{2}) bippo *r.* -tor hippo *v* | menubae **DFE**. -be **Rad**. -noba *va.J* | baeti **R**(?)*G. om.rv* 11 oppidū **E**^{2}**a**^{3}*va.S* | nebrissa *va.S* | colobona **R**(?)*va.J.* conobana *MPt p.122*^{a} | colonia *D*^{2}*l.l.p.270*

12 asta **d**(?)*va.D. cfr. Mela III 4* 14 singilis **AE**^{2}**T***D.* -gulis **R***v.* si ong- *r. cfr. § 10 extr.* | baetim **AE**^{2}*C.* betim **R**^{2}. -tinis **F**^{2}. belis *r* 15 augustam **F**^{2}**da***v.* ang- *r* 17 colonia **AE**^{2} | inmunes **AF**^{2}**R**^{2}*v.* -nis *r*

Ituci quae Virtus Iulia, Vcubi quae Claritas Iulia, Vrso quae Gen*eti*va Vrbanorum, inter quae fuit Munda, cum Pompeio filio rapta; oppida libera Astigi vetus, Ostippo; stipendiaria Callet, Callicula, Castra Gemina, Ilipula Minor, Marruca, Sacrana, Obulcula, Oningi, Sabora, Ventip*p*o. Maenubam amnem, et ipsum navigabilem, haut procul accolunt *O*lontigi, *L*aelia, Lastigi.

13 Quae autem regio a Baete ad fluvium Anam tendit extra praedicta, Baeturia appellatur, in duas divisa partes totidemque gentes: Celticos, qui Lusitaniam attingunt, Hispalensis conventus, Turdulos, qui Lusitaniam et Tarraconensem accolunt, iura Cordubam petunt. Celticos a Celtiberis ex Lusitania advenisse manifestum est sacris, lingua, oppidorum vocabulis, quae cognominibus in Baetica distinguntur:
14 Seriae adicitur Fama Iulia, Nertobrigae Concordia Iulia, Segidae Restituta Iulia, Contributa Iulia Vgultunia*e*, cum qua et Curiga nunc est, Lacimurgae Constantia Iulia, Steresibus Fortunales et Callensibus Aeneanici. praeter haec in Celtica Acinippo, Arunda, Arunci, Turobriga, Lastigi, Sal-

---

1 itycci **A**. itucci *Dal.* iptuci *D*^{1}. *sed cfr. MPt p. 122*^{a} | ucubi quae **Ad***J*. aut (at **E**^{1}) ubique *r*. Attubi quae *v* 2 genetiua *Momms. ephem. epigr. II p. 119.* genua *ll.v* | pompeii **da**^{2}*va.S* 3 capta *va.S* | astigi **A***C*. astygi (ca- **R**^{1}) *rS*. -giae *v* | ostippo **AF**^{2}**E**^{2}*v*. sost- *r* 4 callicula **d***D*. galli- **AR**^{1}. gallu- *r*. calu- *v*. calletula **R**^{2}. -ecula *S* | marca **E**^{1}. marucca *J*. merucra **d**(?)*v* 5 sacriana **R** | Oningi Sabora Ventippo *Momms. CIL. II p. 194.* oningis (onnig- **a**. onung- **E**^{2}) ab ora uenti (uenienti *G*) pro (prope *v*) *ll.v* | maenubam **A***J*. nubam **E**. nebub- **a**. nenub- *r*. menobam *v* 6 Olontigi Laelia Lastigi *Momms. l. l.* (Caelia *MPt p. 122*^{b}). alontigicaeli (olo- **A**) **ADFE***D*. -celi **dRa***v et* alastigi (-gie **R**^{2}) **AF**^{2}**R**^{2}. alost- **a**^{2}*v*. lost- *r* 9 diuisa partes *om.* **E**^{1} | sidusa **D**. ////dusa **R**^{1}. situsa **a** 16 contributa **Aa***B*. -tae *rv*(*H*). *lac. signum auctore S praefixit D* | ugultuniae cum *MPt p. 124*^{a} (*et dist.*). -niacum *J*. ucul- *v*. mugul- **R**^{2}. -tuacum **R**^{1}. ugultumacum **A**. ucul- **E**^{2}. mucul- (-miacum **a**) *r* 17 qua *MPt l.l.* quae *ll.v* | et *om.* **DF**^{1}**Ea** | lacimurgae *MPt p. 124*^{a}. *127*^{b}. -ge **Ea***va.B*. lacinimuriae **A**. -urge **F**^{2}**dTR**. -gi *D*. -usge **D**. -nemurge **F**^{1}. laconimurgi *B* | steresibi **A**. teresibus **R***va.D*^{2} 18 enianici **Fa**. ema- **R***va.J* | in *del. MPt p. 126*^{b}. *an* item? 19 acinippo **R**^{2}*B*(*S*) *e Ptol. II 4, 11. CIL II n. 1351.* -ipro **A**. -ipo *Brot.*(*D*) *e*

pesa, Saepone, Serippo. altera *Ba*eturia, quam diximus
Turdulorum et conventus Cordubensis, habet oppida non
ignobilia Arsam, Mellariam, Mirobrigam Regin*am*, Sosintigi,
Sisaponem. Gaditani conventus civium Romanorum Regina, 15
Latinorum L*a*epia Regia, Carisa cognomine Aurelia, Vrgia
cognominata Castrum Iulium, item Caesaris Salutariensis;
stipendiaria Besaro, Belippo, Barbesula, *B*lacippo, Ba*e*sip*p*o,
Callet, Cappa cum Oleastro, I*p*tuci, *I*brona, Lascu*t*a, Saguntia,
Saudo, Vsaepo.

Longitudinem universam eius prodidit M. Agrippa 16
$\overline{\text{CCCCLXXV}}$ p., latitudinem $\overline{\text{CCLVIII}}$, sed cum termini Car-
thaginem usque procederent: quae causa magnos errores
conputatione mensurae saepius parit, alibi mutato provin-
ciarum modo, alibi itinerum, auctisque aut deminutis passi-
bus. incubuere maria tam longo aevo, alibi processere

---

§ 15: (7. 8) cfr. Mela II 94. III 4. — § 16: Agrippa fr. 3 R. MCap. VI 632 extr. Dim. 24.

---

nummis ap. Eckhel. 1,47. -ibro *r*. -imbro *v* | arungi **A**. -nti **R**[1]. aruci *Brot. S.* 'Αρουκκί *Ptol. l. l.* | iturobriga *J*[2] | lastigi salpesa *S cum Caro (antiq. Hispal. 3,61)*. -gis alp- **AT**. -gi alp- *rv*. iastitis (iastigii **d**[2]) alp- **d**

1 baeturia *H*. bet- *v*. uet- *ll* 3 mirobrigam **A***S*. -icam *rv* | reginam, sosintigi *D*[2] *philol. XXX p. 304. cfr. MPt p. 124*[a]. regiones osintigi **AF**[2]*G*. -nes (-nis *H*) osintiadi (-dis *v*) *rv* 4 sisaeponem **FR**. sisep- **ad**. isep- *va. B* 5 laepia regia *MPt p. 123*[a]. -pia ulia *G*(*S*). lepia relia **AF**[2]. lepia **R**[2]. regia *rv*(*H*) | urgia **AF**[2]*G*. augla **R**[2] *in marg.* urigia *rv*. uria *C* (*e codd. B*). ugia *MPt p. 123*[a] 7 barbesula **AF**[2]*B*. -sulla **E**[2]. -su **R**[2]. -s////// **R**[1]. -sulu *rv*. -lae (*subl. dist.*) *MPt p. 120*[b] | blacippo *D*[2] *l. l. p. 309.* ulac- **A**. lac- **R**[2]*B*. ululacipro **F**[2]. lac- *rv* | baesippo *B*. uasis//pro **A**. bassispro *rv* 8 callet **AR**[2]*B*. ga- *rv*. *cfr. XXXV 171* | cappa cum *D*[2] *l. l. p. 308.* cappacum *ll. S.* -agum *v* | iptuci *D*[2] *l. l. p. 308.* ituci **A***S*. -cci *G*. icocio *rv* | ibrona *MPt p. 125*[b]. brona **A***D*. brala **R**. brana *rv* | lascuta. *D coll. Zobel span. Münzen 8. 16.* -ula **REa***J*. laseula **A**. liscula *rva. B*. lacibi *G*. *del. B* 9 saudo usaepo *MPt l. l.* situdo us- **A***J*. saudo usaepro **DF**. -sae porro **Ea**. -dorisae pro **R**. -sae porro **dT**. audorisae. porro *S*. andorisippo *G*. -sae. porro *v*(*H*) 11 CCCCLXV **A***va. H* | CCLVIII **A***J*. -LIIII **R**. -LVII *rv* 14 auctis *v*. *dist. ego* | deminutis **AE**. dim- *rv*

litora, torsere se fluminum aut correxere flexus. praeterea aliunde aliis exordium mensurae est et alia meatus. ita
17 fit ut nulli duo concinant. **2.** Baeticae longitudo nunc a Castulonis oppidi fine Gadis CCL et a Murgi maritima ora XXV p. amplior, latitudo a Carteia Anam ora CCXXXIIII p. Agrippam quidem in tanta viri diligentia praeterque in hoc opere cura, cum orbem terrarum orbi spectandum propositur*us* esset, errasse quis credat et cum eo Divum Augustum? is namque conplexam eum porticum ex destinatione et commentariis M. Agrippae a sorore eius inchoatam peregit.

18 **3.** (4) Citerioris Hispaniae sicut conplurium provinciarum aliquantum vetus forma mutata est, utpote cum Pompeius Magnus tropaeis suis, quae statuebat in Pyrenaeo, DCCCLXVI oppida ab Alpibus ad fines Hispaniae ulterioris in dicionem ab se redacta testatus sit. nunc universa provincia dividitur in conventus VII, Carthaginiensem, Tarraconensem, Caesaraugustanum, Cluniensem, Asturum, Lucensem, Bracarum. accedunt insulae, quarum mentione seposita civitates provincia ipsa praeter contributas aliis CCXCIII continet, oppida CLXXVIIII, in iis colonias XII, oppida ci-

§ 17: MCap. VI 631. — § 18: (16) MCap. VI 632 init.

1 se et **DF^{1}R^1***va.G*(*S*). et **Ea** 3 concinnant **ADF^1**. conueniant **a**. ita concinant **R^2** 5 amplius **FR^{1}a** | latitudo **AR^2***v*. alti- *r* | carteia anam **AF^{2}R^2***D*. -eianam *r*. -na *v* | mora **FRa** | CCXXXIIII **AR***S*. -VII *rH*. CCXXIIII *v e MCap.* 6 agrippam **A***v*. -ppa *r* 7 orbem cum **A**(?)*Brot.* | urbi *va.H*(*D*). *om.***E^{2}a** spectandum **A***v*. -ntum (specca- **R^1**) *r* 8 propositurus *G*. -ros *ll* | esse terras se **A**. -rras *r* 9 eum **dTa^3***C*. eam *ll.v* | ex **AF^{2}R^2***v*. et *r* 10 sua (*pro* eius) *Brot.* 14 suis quae (quas **R^2**) **AF^{2}R^2***v*. *om.r* 15 DCCCLXVI **A***D^2*. -LXXVI *H*(*D^1*). -LXXVII *rS*. -XLVI *v* 16 inditionum **F^{1}a**. *om.***A**. in deditionem **F^2** 17 II **DE^{1}a** 18 lucensem **AE^2***B*. lucie- **R^2**. lucre- *r MCap.v*

19 braccarum **F^{2}R^2**. bacc- **F^{1}R^{1}a**. bac- **DE^1** | mentione **Rd**(?)*v*. mensi- *r* 20 ciuitates *post* praeter *et* prouincia ipsa *post* aliis *traiecit B* | aliis **AF^{2}E^2***v*. *om.r* | CCXCIIII *G* 21 continet — CLXXVIIII *om.***DF^{1}R^{1}E^{1}a**. continet *om.***F^2** | *comma pos. D^2* | CLXXVIIII **R^2***H*. CLXVIIII **AF^2**. *om.***E^2***v* | in *om.***A**

vium Romanorum XIII, Latinorum veterum XVIII, foederatorum unum, stipendiaria CXXXV.

Primi in ora Bastuli, post eos quo dic*e*tur ordine 19
intus recedentes Mentesani, Oretani et ad Tagum Carpetani, iuxta eos Vaccaei, Vettones et Celtiberi Arevaci. oppida orae proxima Vrci adscriptumque Baeticae Baria, regio Bastitania, mox deinde Contestania, Carthago Nova colonia, cuius a promunturio, quod Saturni vocatur, Caesaream Mauretaniae urbem CLXXXXVII p. traiectus. reliqua in ora flumen Tader, colonia inmunis Ilici, unde Ilicitanus
sinus. in eam contribuuntur Icositani. mox Latinorum 20
Lucentum, Dianium stipendiarium, Sucro fluvius et quondam oppidum, Contestaniae finis. regio Ed*e*tania, amoeno praetendente se stagno, ad Celtiberos recedens. Valentia colonia III p. a mari remota, flumen Turium, et tantundem a mari Saguntum civium Romanorum, oppidum fide nobile, flumen
Vdiva. regio Ilergaonum, Hiberus amnis, navigabili com- 21
mercio dives, ortus in Cantabris haut procul oppido

§ 19: (6) Mela II 94. Sol. 23, 8. — (10) Mela II 93. — § 20: Mela II 93. 90. (Flor. I 22, 3). — § 21: Mela II 90. — (240, 2) Sol. 23, 8. MCap. VI 627.

1 foederatorum **Ad***v*. -tum *r D*[1]. *cfr.* § *10* 2 CXXV **R**[1]. LXXXV **R**[2]. CXXXVI **a**[2]*L*. -II *v* 3 quo **AF**[2]**E**[2]*v*. qui *r* | dicetur *C*. -citur *ll.v* 4 orecanii **F**[1]. -nsi **DR**[1]**a**. -ngi **R**[2] | carpetani **Ra***C*. -entani **Ad***v*. -arii **E**[2]. -eiani *r* 5 uettones **A***J*. uetio- **DR**[1]**E**. uaetio- **F**[1]. uaeto- **F**[2]. ueo- **a**. uecto- **R**[2]**d***v* | areuaci **AdT***H*. -ebaci (-cie **R**[2]) **R**. afre- *r*. arre- *v* 6 Aurci *D*[1]. *sed cfr. Ptol. II 6, 13. CIL II n. 3750* | adscriptum est quae **FRa** | baria **AF**[2]*D*[2]. -rea *rv* 7 bastitania **A***J*. -tana **R**[2] *in marg.* mauitania *r B* (*H*). mauri- *v* (*Dal.*) | deinde *D*[2] *philol. XXXII p. 627.* deitannia (-ania *v*. -anania **A**) dein *ll. v. cfr. U49* 9 CLXXXXVII **A***D*. CLXXXVII *r v* | p. **A***v*. p *r* 10 tades **F**. taader **E**[1]**a**. -des **D** 11 ea **A** | contributur **E**[2]. -butur **F**[1]**R**[1]**E**[1]. -buti r **Da** | icositania **AE**[2]*va. G* 13 oppidum et **R**[2] | edetania *B e Ptol. II 6, 15.* edit- *ll. D*[2]. idet- *v. cfr.* § *23. 24* 17 udiua **AdT***J*. uduba **R***H*(*D*). V·duba *r*. idubeda *v. cfr. MPt p. 152*[a]. *187*[a] | ilergaonum **F**[2]*v*. Ilerca- **R**[2]. hilerga- **A** (**E**[2] *add.* autem *supra* h). I·lerga- (larga- **R**[1]) *r* | nauigabilis **DFdT***D*[2]. -alibus **a**

Iuliobrica, per $\overline{\text{CCCCL}}$ p. fluens, navium per $\overline{\text{CCLX}}$ a Vareia oppido capax, quem propter universam Hispaniam Graeci appellavere Hiberiam. regio Cessetania, flumen Subi, colonia Tarracon, Scipionum opus, sicut Carthago Poenorum. regio Ilergetum, oppidum Subur, flumen Rubricatum, a quo
22 Lae*e*tani et Indigetes. post eos quo dicetur ordine intus recedentes radice Pyrenaei Ausetani [Fitani], *I*acetani perque Pyrenaeum Ceretani, dein Vascones. in ora autem colonia Barcino cognomine Faventia, oppida civium Romanorum B*ae*tulo, Iluro, flumen Arnum, Blandae, flumen Alba, Emporiae, geminum hoc veterum incolarum et Graecorum, qui Phoc*ae*ensium fuere suboles, flumen Ticer. ab eo Pyrenaea Venus in latere promunturii altero $\overline{\text{XL}}$.
23 Nunc per singulos conventus reddentur insignia praeter supra dicta. Tarracone disceptant populi XLII, quorum celeberrimi civium Romanorum Dertosani, Bisgargitani; Latinorum Ausetani, Ceretani qui Iuliani cognominantur et qui Augustani, Edetani, Gerundenses, Iessonienses, Teari

§ 22: (9) Mela II 90. 89. — § 23: (16) Mela II 90.

1 iuliobriga R^2*Brot.* | L *om.* E. I Da | uareia A*D*. -eta F^2. -ela R^2. -elo R^1. -ei r. uaria *v e Strab. III p. 162* 3 cessetania DF^{1}d*D*. cessit- a. cessefa- AF^2. cessata- E. cerret- R^1. ceret- R^2. cosset- *B e Ptol. II 6, 17* 4 tarraco F*ava. J*. -agor R 5 ilergetum F^{2}d*v*. hile- AE^2. le- *r* 6 laeetani *J e Ptol. l. l. 18.* laet- DF^{1}E. let- R^{1}ad. lact- A. lacet- F^2. lalet- R^2*v*. *cfr. U 50. Hübner Herm. I p. 337* 7 pyrenaeum (*om.* naei — perque pyre) R^1 | austanae A. -setanię F^2. *om.* R^2 | fitani AF^2*J*. fit- R^2. it- *rv*. *del. H et MPt p. 194*^{a} | Iacetani *B e Strab. III p. 161 extr.* lac- *ll. v. cfr. MPt p. 195*^{b} 8 cerretani A*G*. *sed cfr. CIL II n. 986* 9 barcino Aa^2*G*. -ne (-nia F^2) *rv* 10 baetulo *H*. bet- AF^{2}R^2*v*. uet- *r*. baeculo *U 50* | iluro A*H*. ill- *v*. ilumo R^2. irulo *r* | anum R^1. tarn- d*T*. larn- a^2*va. J*. earn- *coni. B* | blande A*v*. -dae *G*. -nbae (-mbae D^1) *r* | alba A*v*. -bae *vel* -be *r* 12 ticer A*D*. -cher (tu- R^2) *rv*(*S*). -chis *B* 15 XLII A*D*. -III *rH*. -IIII *v* 16 dertosani AFR^2*D*. derio- (dento- E^2) *r*. dertu- *v* | biscargitani *Ptol. II 6, 63 (p. 187*^{a}*)* 17 cerretani AE^2*v*. caere- F | iuliani A*v*. -itani *r* 18 edetani *B*(*H*). aed- F^{2}R. red- A*v*. sed- *G*. ac det- *r* | gerundenses R(?)*G*(*D*). gerud- *rv*(*J*) | iessonienses *Hübner CIL II p. 593. cfr. MPt p. 196*^{b}. gessonie- R. iesome- A. gessorie- *rv*

qui Iulienses; stipendiariorum Aquicaldenses, Aesonenses, Baeculonenses.

Caesaraugusta colonia immunis, amne Hibero adfusa, 24
ubi oppidum antea vocabatur Salduba, regionis Edetaniae, recipit populos LV: ex his civium Romanorum Bilbilitanos, Celsenses ex colonia, Calagurritanos qui Nasici cognominantur, Ilerdenses Surdaonum gentis, iuxta quos Sicoris fluvius, Oscenses regionis *S*uessetaniae, Turiassonenses; Latinorum veterum Cascantenses, Ergavicenses, Graccurritanos, Leonicenses, Osi*c*erdenses; foederatos Tarracenses; stipendiarios Arcobrigenses, Andelonenses, Aracelitanos, Bursaonenses, Calagurritanos qui Fibularenses cognominantur, Conplutenses, Carenses, Cincienses, Cortonenses, Damanitanos, *I*spallenses, Ilursenses, Iluberitanos, *I*acetanos, Libienses, Pompelonenses, Segienses.

§ 24 init.: Mela II 88.

1 aesonenses **AF^2***D*. on- *rv* 2 baetulonenses *va.H* 4 salduba *v*. -uua (sol- **R^2**) **R**. -ubia **A**. -uuia *r* | edetaniae *B*(*H*). sede- **ADF^{2}a^2***G*(*D*^{1}). sedie- **R**. rede- *r* 5 LV (/// Lu **F^2**) *ll.S*. Ī·LV **adT**. CLII *Dal*. LII *v* | bilbilitanos **R^2**. belblit- **A***D*. bellit- *rv*. belit- *H*. *cfr. XXXIV 114. MPt p. 178*^{a} 7 ilerdenses **AF^{2}R^2***v*. -sis **E^2**. lerdenses **R^1**. -sis **E^{1}a**. lerid- *r* | surdaonum **Rd***v*. urd- *r*. *cfr. MPt p. 193*^{b} | quos **AR^{2}E^2***v*. quas *r* | sicoris **R^{2}E^2***v*. ico- *r* 8 oscenses **A***v*. ostensis (-ses **F^2**) *r* | suessetaniae *D e Livio XXV 34,6 al. et CIL VI n. 1446*. uesset- **DdTE**. uerset- **R^1**. uesaet- **F**. ueset- **R^{2}a***v*. uessit- **A***J*. uescit- *G*. basset- *B* | turiassonenses **F^{2}a^2***v*. -nienses **F^1**. -ncases **a^1**. -s.sonorises **DdE**. -s.sonenses (en *in ras.*) **R^2**. turiaso- *G*. turriaso- **A***D*. *cfr. XXXIV 144. Ptol. II 6, 57* 9 cascanteses **E^2**. -tes **DFR^{1}E^{1}a^1** | graccurritanos **A***S*. graccuri- *rH* 10 leonicenses — foederatos **AF^{2}E^2***v*. *om. r* | osicerdenses *Brot. e Ptol. l. l. 62. cfr. CIL II n. 4267*. ossige- **AF^{2}E^2** *v*(*J*) | tarracenses **A^1***D*. -agenses *rv* 11 arcobrigenses (argo- **A**) **AR^1***S*. arcorri- **R^2**. -obrienses *rv*. -icenses *G* | andelonenses **AR^2***D*. *cfr. Ptol. l. l. 66*. -dologenses **R^1***v*. -doleg- *r* | aracellitanos **R^2**. aroceli- (arco- *B*) *rva.S* | burrauonenses (-anenses **E**) calacorritanos **Ea**. *om.* **DF^{1}R^1** 13 carenses *om.* **R** | cincienses **A***v*(*J*). -censes **E^2***G*. -tenses **a**. -centes *r*. cinnenses *B e Ptol. l. l. 71* | cortonenses (cotro- **a**) *G*. -nesis **E^2**. -oenses **A***v*. ortone- **R^2**. cotone- (-ennis **E^1**) *r*. cortenses *B* 14 ispallenses *J*. spall- **A**. spal- **F^{2}E^2**. grall- **R^2**. larnenses (laure- **a**) *rv*(*G*). earn- *B* | ilursenses **A***C*(*J*). durenses **R^2**. illur- *B*. lurses **R^1**. -rsenses (-sis **E**)

25 Carthaginem conveniunt populi LXV exceptis insularum incolis ex colonia Accitana Gemellense, e*x* Libisos*a*na cognomine Foroaugustana, quibus duabus ius Italiae datum, ex colonia Salariense, oppidani Lati veteris Castulonenses qui Caesari*i* *Iu*venales appellantur, Saetabitani qui Augustani, Valerienses. stipendiariorum autem celeberrimi Alabanenses, Bastitani, Consaburrenses, Dianenses, Egelestani, Ilorcitani, Laminitani, Mentesani qui et Oretani, Mentesani qui et Bastuli, Oretani qui et Germani cognominantur, caputque Celtiberiae Segobrigenses, Carpetaniae Toletani Tago flumini inpositi, dein Viatienses et Virgilienses.

26 In Cluniensem conventum Varduli ducunt populos XIIII, ex quibus Alabanenses tantum nominare libeat, Turmogidi IIII, in quibus Segisamonenses et Segisamaiulienses. in eundem conventum Carietes et Vennenses V civitatibus vadunt, quarum sunt Velienses. eodem Pelendones Celtiberum IIII

§ 26: (243, 1. 2) Mela II 88.

rv(*H*). iturisenses *G*. *add.* spalenses (ipsa- *G*) *va.H* | iluberitanos **AF²R²***J*. ilimb- **E**. dunb- **a**. ilumb- *rv*. lumb- *H*. Ἰλούρβιδα *Ptol.II 6, 56* | iacetanos *coni.B*. lac- *ll.v*. *cfr.§ 22 init.* | libienses **R²***D*. *cfr.CIL II n.439*. iub- **R¹d***v*. uib- *r G*. lub- *C*(*H*) 15 pompelonem (-pol- **DF¹**) res **DF¹E¹a**. -polonenses **F²**. -polenses **AE²**

2 gemellense ex (*Zumpt comm. epigr. I p. 367*) *D²*. -ses (gemm- **DFEa**) et *ll.v* | libisosana (*Zumpt*) *D²*. *cfr. Hübner CIL II p. 434*. -sosona *ll.L*. -sosa *D*. -soca *B*. -soscua *v* 4 *dist. D²* 5 caesarii iuuenales *Momms. CIL II p. 440*. -ri uenales *ll.v*. -ris uenales *D cum U 51 coll. § 134* 6 labanenses **AE²***B*. bab- *G*. alb- **adT***va.B* 7 egelestani **Aa²***G*. geles- (gelas- **R**) *rv* | ilorgitanii **A**. -rcitarii **R**. lorcitani **d***va.B* 8 mentesani **AE²***Bas.* mens- *rv* | oritani **DRE***va.S* | menetesani **D²**. mete- **DFE¹a** 10 segobrienses **A²R** | carpetaniae **A***G*. capetani **F²**. -ni et **E²***v*. -niae *r* 11 et uirgilienses **AF²E²***v*. *om.r* 12 cluniensem **A***v*. glunienses *r* | uarduili **DF¹**. -diuli **Ra** 13 alabanenses *J*. alaben- **A**. iaban- *r*. laban- *B*. alban- *v*(*G*) | turmogidi **AE²** *Brot.*(*D*). tusm- **E¹**. -modi **a**. turmodigi *rv*(*S*). *cfr. Oros. VI 21, 3* 14 regis amonenses **DF¹E¹a** | segisamaa. iulienses **A**. regis amaiu- **DF¹E¹a** 15 uennenses **a³***v*. uenenses **F²**. uenn////// **F¹**. -nnesis **a**. -se **AR²**. -si *r* 16 ueleienses **DE¹a**. ///eli//enses **F¹**. uelegenses **R¹** | pelendones *B e Ptol. II 6, 53*. pelond- **A**. pellond- **F²**. pelled- **R**. pelleod- **a**. -deones *rv*

populis, quorum Numantini fuere clari, sicut in Vaccaeorum XVII civitatibus Intercatienses, Palantini, Lacobrigenses, Caucenses. nam in Cantabricis VII*II* populis Iuliobriga 27
sola memoretur, in Autrigonum X civitatibus Tritium et Virovesca. Arevacis nomen dedit fluvius Areva. horum VI oppida, Secontia et Vxama, quae nomina crebro aliis in locis usurpantur, praeterea Segovia et Nova Augusta, Termes ipsaque Clunia, Celtiberiae finis. ad oceanum reliqua vergunt Vardulique ex praedictis et Cantabri.

Iunguntur iis Asturum XXII populi divisi in Augustanos 28
et Transmontanos, Asturica urbe magnifica. in iis sunt Gigurri, Paesici, Lancienses, Zoelae. numerus omnis multitudinis ad CCXL liberorum capitum.

Lucensis conventus populorum est sedecim, praeter Celticos et Lemavos ignobilium ac barbarae appellationis, sed liberorum capitum ferme CLXVI.

Simili modo Bracarum XXIIII civitates CCLXXXV capitum, ex quibus praeter ipsos Bracaros *B*ibali, Coelerni,

§ 27: (4) Mela III 15. — (9) cfr. Plin. IV 110. Mela III 15.

2 XVIII **FdRa**^{2}*va. D* | intercatienses **A** *Bas.* -tinienses *rv* | palati **A**. -tini *v*. pallantini *B* | lagobrigenses **A**. lacobrienses **F**. -icenses *va. H* 3 cantabrigis **FR**. -bris **adT** *va. G* | VIIII *D*^{2} *coll. IV 111 (philol. XXXII p. 605. 645)*. VII *ll. H.* IIII **d***v* | iuliobriga **A** *Brot.* -ica *rv. cfr. § 21* 4 sola **A**(**R**?)*v*. -lo *r* | tritium **AE**^{2}*v*. trist- *r* 5 areuagis **A** 6 secontia **A** *J*. sego- *S*. sago- **F**^{2}**Ra**^{2}. rago- *r*. sagun- *B*. ragun- *v* | uxama **A** *B*. bix- **F**^{2}. ibix- *rv* | crebro **AF**^{2}**E**^{2}*v*. ebro *r* 11 et transmontanos **AF**^{2} *G*. *om. rv* | austurica **a**. -tirica **DF**^{1}**RE** 12 gigurri **A** *D*. *cfr. Ptol. II 6,37. CIL II n. 2610*. cig- *rH*. giguri *G*. giri *vel* girri *v* | paesici **R** *H*. pes- *rv*. *cfr. IV 111* | lantienses **E**^{2}. llanci- **DR**. llanti- **FE**^{1}. llat- **a** | zoele **F**^{1}**a**. -li **F**^{2} 15 lemauos **AF**^{2}**dT** *J*. leuamos **R**. -mus (-nius **D**) *r*. -nios *v*. lebunos *B* | ignominium **Ea**. -niam **R**^{1}. -omiū **DF**^{1} 16 CLXVI **A***v*. -V *r* 17 bracarum **A***v*. brach- **R**. bracc- *r* | XXIIII **A**^{1}*v*. -III **A**^{2}. -IIII et *r* | CCLXXXV **A** *D*. -LXXV *v*. CLXXV *rH* 18 bracar//// **F**^{1}. -ciari **a**. -ciani **DE**^{1} bibali (*B*^{2})*H*. -alli *D*. uiballi **DFR**. -ali *B*^{1}. -belli **E**^{1}**a**. uiualli **AE**^{2}. iuba- **d***v*. *cfr. Ptol. II 6,42. CIL II n. 2477* | coelerni **AF**^{2}**E**^{2}**dT** *S*. *cfr. CIL l. l.* -ensi *r*. -erini *H e Ptol. II 6,41*. celerni *v*. -rini *B*

Callaeci, *E*quaesi, Li*mi*ci, Querquerni citra fastidium nominentur.

29 Longitudo citerioris Hispaniae est ad finem Castulonis a Pyrenaeo DCVII p. et ora paulo amplius, latitudo a Tarracone ad litus Oiarsonis CCCVII, e radicibus Pyrenaei, ubi cuneatur angustiis inter duo maria; paulatim deinde se pandens, qua contingit ulteriorem Hispaniam, tantundem

30 et amplius latitudini adicit. metallis plumbi, ferri, aeris, argenti, auri tota ferme Hispania scatet, citerior et specularis lapidis, Baetica et minio. sunt et marmorum lapicidinae. universae Hispaniae Vespasianus Imperator Augustus iactatum procellis rei publicae Latium tribuit. Pyrenaei montes Hispanias Galliasque disterminant promunturiis in duo diversa maria proiectis.

31 **4.** (5) Narbonensis provincia appellatur pars Galliarum quae interno mari adluitur, Bracata antea dicta, amne Varo ab Italia discreta Alpiumque vel saluberrimis Romano imperio iugis, a reliqua vero Gallia latere septentrionali montibus Cebenna et Iuribus, agrorum cultu, virorum morumque dignatione, amplitudine opum nulli provinciarum postferenda

32 breviterque Italia verius quam provincia. in ora regio

---

§ **29**: MCap. VI 633. cfr. Dim. 22. — (6) Mela III 14. — § **30**: (8. 9) cfr. Mela II 86. — § **31**: Mela II 74. MCap. VI 634. (cfr. Sol. 21, 1. MCap. VI 635 extr.). — § **32**: Mela II 84. 81. 75 extr.

---

1 callaeci — querquerni *om.* **D F^1 R^1 E^1 a** | calęti **F^2**. galleti **R^2**. -llaeci *va. D* | hequaesi (equ- *J*) limici *H. cfr. CIL l. l.* atque (aque **d**. aquis **R^2**. Aeque- *v*) silici *ll. v* | querquenni **E^2**. Quarquerni *CIL l. l. cfr. Ptol. II 6, 46* 3 citerioris **F d R a** *v*. -ri *r*(?) *D* 4 ab [Tarr.] **F R** *S* 5 oiarsonis **F^1**. otars- **a^1**. olars- *rv*. Oeassonis *MPt II 6, 10 (p. 148^b)* 8 latitudinē **F d T R E a^1** 9. 10 specularibus lapidibus *va. S* 10 sed (*pro* sunt) **o** | lapicinae **F^1 a**. -pidicinae **R**(?) *va. L.* -nis **o** 12 iactatus **R**(?) **a^3** *va. J. cfr. U 52. Nipperd. opusc. p. 433* | latii ius **d**(?) *va. S* | qui fuit **A** 16 braccata **o** 18 latere **A F^2 E^2 o** *v*. -ri (-ris **R**) *r* 19 gebenna **o** *va. S* | uribus **A**. iugeribus **E^1 o**. iura (*B^2*) *C*. urbibus *va. B. cfr. XVI 197. IV 105 extr.* | que *om.* **R d o** 20 nulla ei **o** | potest ferenda **A**. praefe- **E a o**

Sordonum intusque Consuaranorum, flumina Tecum, Vernodubrum, oppida Illiber*is*, magnae quondam urbis tenue vestigium, Ruscino Latinorum, flumen Atax, e Pyrenaeo Rubrensem permeans lacum, Narbo Martius Decumanorum colonia XII p. a mari distans, flumina Araris, Liria. oppida de cetero rara praeiacentibus stagnis: Agatha quondam 33
Massiliensium et regio Volcarum Tectosagum atque ubi Rhoda Rhodiorum fuit, unde dictus multo Galliarum fertilissimus Rhodanus amnis, ex Alpibus se rapiens per Lemannum lacum segnemque deferens Ararim nec minus se ipso torrentes Isaram et Druantiam. Libica appellantur duo eius ora modica, ex his alterum Hispaniense, alterum Metapinum, tertium idemque amplissimum Massalioticum. sunt auctores et Heracleam oppidum in ostio Rhodani fuisse. ultra fossae ex Rhodano, C. Mari opere et nomine insigne*s*, 34
stagnum Mastromela, oppidum Maritima Avaticorum, superque Campi Lapidei, Herculis proeliorum memoria, regio Anatiliorum et intus Dexivatium Cavarumque; rursus a mari Tricorium et intus Tritollorum Vocontiorumque et Sego-

---

§ 33: Mela II 76. 80. 79. 80. MCap. VI 635. — § 34: (15) cfr. Sol. 2, 53. — (15—17) Mela II 78. — (246, 1. 2) Mela II 77.

---

1 sordonum **AE**^{2}**d***S*. -dinum (sar- **R**^{2}) *r*. sardonum *v*. *cfr. Mela* | tecum **DFEa***G*. tetum **ARd***D*. technum *v*. telin *vel* tichin *B e Mela* 2 illiberis *B e Ptol. cfr. II 244 (ex Artemid.)*. illisebere **Ra***v*. -rre **d**. eillisaebere (illi- **F**^{2}) **DFE**^{1}. eliseberae **AF**^{2}. eliberrae *Mela (prob. MPt p. 240*^{a}*)* 4 rubraensem **E**^{2}. rubre nr̄e **a**. -brae nr̄ae **DE**^{1}. ru///p///e//s//ē **F**. rubresum *B e Mela* | larbo nartius **DFRE**^{1}**a** 5 arauris *He Mela* | liria **AF**^{2}*v*. libria (lyb- **a**) *r* 7 uulcarum **FRa** | tectum (tecum **a**) sagum (agum **Da**) **DFRE**^{1}**a** 8 feruidissimus *D*^{2} *cum Sieglino. sed cfr. MCap.* 10 ararim **Rao***v*. -rem *rD* 11 et **AF**^{2}**E**^{2}**o***v(J)*. *om. rS* | druantiam (tru- **F**) *ll. D*. druen- *B*. truen- *v* | libica **d***Brot*. lyb- *rD*. libyca *v*. *cfr. § 124 init.* 13 massalioticum **F**^{2}*v*. masa- **F**^{1}. -iaticum (massa- **E**^{2}) **R**^{2}**E**. -icoticum *r* 15 insignes *H*. -ni **AF**^{2}. -ne *rv (cum seqq. iunctum)* 16 mastromela **R***D*. ast- *rv*. mastram- *He StByz. p. 448* | abaticorum **A***D*^{1}. auari- *va. B. cfr. Mela et Ptol. II 10, 5* 18 et **Aa**^{3}*v*. *om. r* | dexiuatium (*Robiet*) *D*^{2} *coll. CIL XII n. 1062—64*. dexuia- **A** *D*^{1}. dexuuia- *J*. -ticum *r*. desuuiatium *v* 19 tritullorum **a**. tricoll- **Dd***va. D*

vellaunorum, mox Allobrogum. at in ora Massilia Grae-
corum Phocaeensium foederata, promunturium Zao, Citha-
rista portus, regio Camactulicorum, dein Suelteri supraque
35 Verucini. in ora autem Athenopolis Massiliensium, Forum
Iuli Octavanorum colonia, quae Pacensis appellatur et Classica,
amnis *nom*ine Argenteus, regio Oxubiorum Ligaunorumque,
super quos Suebri, Quariates, Adunicates. at in ora oppi-
dum Latinum Antipolis, regio Deciatium, amnis Varus, ex
Alpium monte Caenia profusus.

36 In mediterraneo coloniae Arelate Sextanorum, Baeter-
rae Septimanorum, Arausio Secundanorum, in agro Cavarum
Valentia, Vienna Allobrogum. oppida Latina Aquae Sextiae
Salluviorum, Avennio Cavarum, Apta Iulia Vulgientium,
Alebaece Reiorum Apollinarium, Alba Helvorum, Augusta
Tricastinorum, A*n*atilia, Aerea, Bormani, Comani, Cabellio,
Carcasum V*ol*c*a*rum Tectosagum, Cessero, Carbantorate Me-
minorum, Caenicenses, Cambolectri qui Atlantici cognomi-
37 nantur, Forum Voconi, Glanum Libii, Lutevani qui et

§ 35: (4) Mela II 77. — (8) Mela II 76. — § 36: (10—13) Mela II 75. — § 37: (247, 1—4) Mela II 75. — Agrippa fr. 4 R. MCap. VI 634 extr. Dim. 21. Dic. 1, 7.

2 phoceensium **E**. phocen- *r* | zao (za **A**) *ll.H. del.G.* nomine *B.* zoa *v* 3 camactulicorum **A***J.* camattu- *r.* camatull- *G* 5 octauianorum **R**[2]**E**[2] 6 nomine (ñe) *ego.* ine **DF**[1]. sine **a**. iue **T**. siue *v.* inde *D.* in ea *rB* | oxubiorum **A***G.* oxib- **Ead***v.* oxyb- *rC* 7 uebri **R**[1]. suetri **R**[2]*G* 8 uarum **DF**[1]**E**[1]**a**[1] 9 cenia **Rd**. sce- **a**. cema *B*(*H*). acema *G* 10 baeterrae **A***D.* bet- *rv*(*H*). bliterae *B* 13 sallubiorum **A***va.B.* salyorum *B. an* salluiorum? *cfr.§47.124* | auennio **A***J.* -enio *v.* -eninio **R**[2]. -enninio **E**[2]. -entinio (-nia **R**[1]) *r* | uulgientium **AE**[2]*v.* uulge- *r* 14 alaebaece reiorum (raei- **A***D*[1]) **A***D.* alebece (-cae **DFE**) reiorum (regi- **a**) *rH.* -ceriorum *v.* (Aliboeci *coni.MPtp.246*[a]. *cfr.CIL XII p.931*) 15 tricastinorum **Ad***v.* -trinorum *r* | anatilia *B.* aba- **A***v.* aua- *r* | aerea *B*(*J*)*e Strab.III p.185.* -ria *C.* erea **AR** arear **F**. area *rv* | bormani **A***D.* -niani **F**[2]. -manni *rH.* -ico *v* | comani (cum- **A**[1]. comanni **F**[2]) cabellio **AF**[2]*D.* comacina (mac- *v*) bellio *rv.* macina (marc- *Dal.* comac- *H.* comaci *S*) cabellio *B* 16 uolcarum *B.* uulga- *ll.v* | carbantorate **A***D*[2]. -the *v.* -niorate *r.* Carpentoracte *B. cfr.CIL XII p.147* 18 libii *ll.* Liui *v. cfr.MPtp.244*[b] | lutebani **A***D*[1]

Foroneronienses, Nemausum Arecomicorum, Piscinae, Ruteni, Samnagenses, Tolosani Tectosagum Aquitaniae contermini, Tasgoduni, Tarusconienses, Vmbranici, Vocontiorum civitatis foederatae duo capita Vasio et Lucus Augusti, oppida vero ignobilia XVIIII, sicut XXIIII Nemausiensibus adtributa. adiecit formulae Galba Imperator ex Inalpinis *A*v*a*nticos atque Bodionticos, quorum oppidum Dinia. longitudinem provinciae Narbonensis CCCLXX p. Agrippa tradit, latitudinem CCXLVIII.

5. (6) Italia dehinc primique eius Ligures, mox 38
Etruria, Vmbria, Latium, ibi Tiberina ostia et Roma, terrarum caput, XVI p. intervallo a mari. V*o*lscum postea litus et Campaniae, Picentinum inde ac Lucanum Bruttiumque, quo longissime in meridiem ab Alpium paene lunatis iugis in maria excurrit Italia. ab eo Graeciae ora, mox Sal*l*entini, P*o*educuli, Apuli, P*a*eligni, Frentani, Marrucini, Vestini, Sabini, Picentes, Galli, Vmbri, Tusci, Veneti, Carni, Iapudes, Histri, Liburni. nec ignoro ingrati ac segnis animi exi- 39
stimari posse merito, si obiter atque in transcursu ad hunc modum dicatur terra omnium terrarum alumna eadem et

§ 38: Mela II 59. (58). MCap. VI 637. 638. 639. Dic. 1, 9.

1 piscenae *va.D* 2 samnegenses **R**. *om.* **A**. sanag- *va.D*. samna gens est **DEa** 3 tasgoduni (tasco- *P*) *D*. atasg- (-goni **E**) *ll*. tasconi *H*. -odunitarii (-ani *B*) *v* | tarusconienses (*P*) *H*. -cononienses **AR** *D*[1]. tarū cononi- (-cuno- **Ea**) *r*. cononienses *v* 4 uasgo **AF**[2] *va.B* 5 nemausensibus **A** *va.G*(*D*) 6 auanticos **a**[3] *B coll. Ammiano XV 11,12*. aca- **AF**. aga- *r* 7 bodionticos (od- **A**) *H*. -tios *r*. -iuntios *v*. ebroduntios *B*. bolionticos *MPt p. 246*[b] 8 prouinciae — latitudinem *om.* **R** | CCLXX **d**(?) *Dal.* 9 CCXLVIIII **R**[1]. CCCXLVIII *Dic.* -VIIII **R**[2] 10 primique **A***v*. -mumque *r Dic.* 11 ubi **R d**(?) *va.J* 12 uolscum *J*. -corum *v*. uul- (-corum **F**[2]) *ll* 14 fine (*pro* paene) *H cum P* 15 salentini *ll.va.D. cfr. II 226* 16 poeduculi *D*. ped- **DFRa** *Dic.v*. pudic- **A**. pedic- *C. cfr. § 102* | peligni *ll.va.D* | ferentani **F**[2]**a**. freniani **DR** *Dic.* 17 abini **a**[1] *Dic. om.* **R**[1] | galli um *om.* **R** | etrusci **d**(?) *va.G*(*H*) | gapudes **R**. lap- *Dic.* iapides (-pydes *S*) *va.D* 19 si obiter **A** *D*. ria obi- **R**[1]. si breuiter (brebi- **D**[2]**F**. brea obi- **D**[1]) *rv*

parens, numine deum electa quae caelum ipsum clarius faceret, sparsa congregaret imperia ritusque molliret et tot populorum discordes ferasque linguas sermonis commercio contraheret ad conloquia et humanitatem homini daret breviterque una cunctarum gentium in toto orbe patria 40 fieret. sed quid agam? tanta nobilitas omnium locorum, quos quis attigerit, tanta rerum singularum populorumque claritas tenet. urbs Roma vel sola in ea, ... et digna iam tam festa cervice facies, quo tandem narrari debet opere? qualiter Campaniae ora per se felixque illa ac beata amoenitas, ut palam sit uno in loco gaudentis opus 41 esse naturae? iam vero tota ea vitalis ac perennis salubritas, talis caeli temperies, tam fertiles campi, tam aprici colles, tam innoxii saltus, tam opaca nemora, tam munifica silvarum genera, tot montium adflatus, tanta frugum vitiumque et olearum fertilitas, tam nobilia pecudi vellera, tam opima tauris colla, tot lacus, tot amnium fontiumque ubertas totam eam perfundens, tot maria, portus, gremiumque terrarum commercio patens undique et tamquam iuvandos ad 42 mortales ipsa avide in maria procurrens! neque ingenia ritusque ac viros et lingua manuque superatas commemoro gentes. ipsi de ea iudicavere Grai, genus in gloriam sui effusissimum, quotam partem ex ea appellando Graeciam Magnam! nimirum id, quod in caeli mentione fecimus,

---

§ 41: (13) Sol. 2, 2. 3. — § 42: (24) cfr. Plin. II 30. 55.

---

2 parsa **DF**^{1}. passa **R**^{1} | congregare **DF**^{1}**a**^{1}. -ri **R** | imperii a **DR**^{1}**a**. -rii **F**^{1} | moliret **F**^{2}**a**^{2}. -ire **DF**^{1}**R**^{1}. -ir **a**^{1} 3 discordis **F**^{1}. -disque **Da** | fereasque **DR**^{1}**a** 4 ad **A***v*(*S*). *om.r H* 7 quos *om.***Rp**. (*pro interrog. accepit H*) 8 terret *Sabell.* | *lac. ego indicavi*; *excidit fere* inmensa: *cfr.§67* 9 iam tam *ego.* tam iam **A***S*. etiam *rv*. tam *G*(*D*) 12 tanta ea **R**(?)*H. sed cfr.v.18* | salubritas talis **AF**^{2}*S*(*D*^{2}). -itatis (-ita//// **F**^{1}) *rv*. -itas *J* 13 temperiaes **R**^{2}. -riae **R**^{1}. -ri//// **F**^{1}. -ria est **D**. -rie est **a**. -ries est **da**^{2}*va.H* 16 tam nobilia **A***v*. tanta nob- *r* | pecudum **R**^{2}*S*. -cori **d**(?)*v* 18 *an* marium portus? | gremiorumque **R**^{2}. germinu- **DF**^{1}**a**. geminu- **R**^{1} 19 ad iuuandos **F**^{2}**dR**^{2}**a** *va.S*(*D*^{2}). adiuu- ad **DF**^{1}**R**^{1} 22 gra **R**. graeci **d***va.S* | suam **A**(?)*va.S*(*J*)

hac quoque in parte faciendum est, ut notas quasdam et
pauca sidéra attingamus. legentes tantum quaeso memine-
rint ad singula toto orbe edissertanda festinari.
Est ergo folio maxime querno adsimulata, multo pro- 43
ceritate amplior quam latitudine, in laevam se flectens
cacumine et Amazonicae figura desinens parmae, ubi a
medio excursu Cocynthos vocatur, per sinus lunatos duo
cornua emittens, Leucopetram dextra, Lacinium sinistra.
patet longitudine ab Inalpino fine Praetoriae Augustae per
urbem Capuamque cursu meante Regium oppidum, in
umero eius situm, a quo veluti cervicis incipit flexus, de-
cies centena et viginti milia passuum, multoque amplior
mensura fieret Lacinium usque, ni talis obliquitas in latus
degredi videretur. latitudo eius varia est, quadringentorum 44
decem milium inter duo maria Inferum et Superum amnes-
que Varum atque Arsiam, media autem ferme circa urbem
Romam ab ostio Aterni amnis in Hadriaticum mare in-
fluentis ad Tiberina ostia CXXXVI, et paulo minus a Castro
Novo Hadriatici maris Alsium ad Tuscum aequor, haud ullo
in loco CC latitudinem excedens. universae autem ambitus
a Varo ad Arsiam |XX|·XLVIIII p. efficit. abest a circum- 45

§ 43: Sol. 2, 20. MCap. VI 639. — (7) Mela II 58. — Sol. 2, 23. MCap. l. l. Div. 9. Dic. 1, 10. — § 44: Sol. 2, 23. MCap. VI 639. 640. Div. 9. Dic. 1, 10.

2 queso **F**. quo so **a**[1]. quo se **DRa**[2] 3 edissertanta **D**. -ri tanta **a**. -tata **R**. disserenda **d**[2]**T**. ediss- *va S* 4 adsimilata **a***va.G*(*J*) 5 laeuā se *J*. leua sē **A**. -ua se **D**[1]**F**[2]**a***G*. -ua re **D**[2]**dT**. -ua///e **F**[1]. laeuas **R**[1]. -uo se **R**[2]*v*(*S*) | flectenti **F**[2] 7 cocynthos **A***D*. -cinthos *B*. cynthos *rv*. *cfr.* § *95. Polyb. II 14, 5* 9 alpino **Ra***va.J*. -nos **DFdT** 10. 11 in umero **R***v*. nu- **A**. innu- *r* 14 degredi **A***D*. dig- *r Dic.v* 16 media **d***S* (*sc.* longitudo, *cfr.* § *53 init.*). -iae *B*. -iam *rv* | autem **AR**[2]*S*. atque *rv* 17 alterni **DFRa** 19 alpium **DFRa***va.B*. -ini **d**[2] 20 in *om.G*. inde *H* | latitudine **a**. in -dinem **F**[2]**R**(?)*va.S* 21 arsiam **d**[2]**a**[2]**p***v*. -ium **DFd**[1]**R**[2]**a**. arium **R**[1]. ursium **A** | |XX| XLVIIII *D cum Momms. ad Sol. 2, 23.* XXX·LVIIII **R***H*. -LVIII **DFap***v*. XXI·XLVII **A**

datis terris Histria ac Liburnia quibusdam locis centena milia, ab Epiro et Illyrico quinquaginta, ab Africa minus ducenta, ut auctor est M. Varro, ab Sardinia centum viginti milia, ab Sicilia MD, a Corcyra minus LXXX, ab Issa L. incedit per maria caeli regione ad meridiem quidem, sed, si quis id diligenti subtilitate exigat, inter sextam horam primamque brumalem.

46 Nunc ambitum eius urbesque enumerabimus, qua in re praefari necessarium est auctorem nos Divum Augustum secuturos discriptionemque ab eo factam Italiae totius in regiones XI, sed ordine eo, qui litorum tractu fiet; urbium quidem vicinitates oratione utique praepropera servari non posse, itaque interiore parte digestionem in litteras eiusdem nos secuturos, coloniarum mentione signata, quas ille in eo prodidit numero. nec situs originesque persequi facile est, Ingaunis Liguribus — ut ceteri omittantur — agro

47 tricies dato.

(7) Igitur ab amne Varo Nicaea a Massiliensibus conditum, fluvius Palo, Alpes populique Inalpini multis nominibus, sed maxime Capillati, oppido Vediantiorum civitatis *C*emenelo, portus Herculis Monoeci, Ligustina ora. Ligurum celeberrimi ultra Alpes Sallui, Deciates, Oxubi, citra Veneni, Turri,

§ 45: MCap. VI 639. — § 47 init.: Mela II 72. 76.

1 quibus **DF**^{1}**Ra** 4 corcira **a**. corsica *va.G*(*H*) | ista **DFR**^{2}**a** 5 qui (*om.* id) **DR**^{1}**a***S*. quis/////// **F**^{2} 6 hoc exigat **F**^{2} 10 descriptionemque **R**^{2}**da***va.D* (*item* § *49*) 11 fieret **D**^{2}**Fa**. fie- **D**^{1} 12 eorum ordinatione **DFRa** | propropera **R**^{1}. propera **Fda** 13 parte **A***S*. in pa- **F**^{2}**a**^{2}*v*(*D*^{2}). exin (et in **F**^{1}) pa*r* *D*^{1} 16 incaunis **Aa** 18 nicaea oppidum **d**(?)*va.J* 19 palo **AD**^{1}**R**^{1}*J*. pado **D**^{2}**FR**^{2}*v*(*H*). -dos **a**. -dus *C*. paulo *Brot.* | inalpini *B*. -nis *ll.v* 20 oppidū *G* | cemenelo *Momms. CIL V p. 916. cfr. XII n. 3.* -enilo *D*. gem- **A***J*. gemellino *r*. -llio *v*. cemenelion *B*(*Brot.*). cemel- *Bas.* 21 menoechi **DFRa** | ligustana **A**. -tiana **a**. -tica *va.S* 22 salui **FdRa***v*. salyi *B*. salluuii *H*. *cfr.* § *36* | deciates **R***H*. -i//ates **F**^{1}. dicia- **F**^{2}. -tis **A**. deceates **Dd***v*. decia **a**. *cfr.* § *35* | oxubi **AF**^{2}(**D**^{1}?) *G*(*Brot.*). moxubi *rv*. oxybii *B*(*H*) | turri soti *D*^{2} *It. p. 36 coll. Momms. CIL V p. 906.* esturri soti **A***D*. -uri soti **F**^{2} *in ras. va. B*. -uris orti *J*. ē. turris oti (otti **a**) *r*. et caturgis (-rigibus *C*) orti *B coll.* § *136*

Soti, Bagienni, Statielli, Binbelli, Maielli, C*a*burriates, Casmonates, Velleiates et quorum oppida in ora proxime dicemus. flumen Rutuba, oppidum Album Intimilium, 48
flumen Merula, oppidum Album Ingaunum, portus Vadorum Sabatium, flumen Porcifera, oppidum Genua, fluvius Fertor, portus Delphini, Tigulia intus, Segesta Tiguliorum, flumen Macra, Liguriae finis. a tergo autem supra dictorum omnium Appenninus mons Italiae amplissimus, perpetuis iugis ab Alpibus tendens ad Siculum fretum. ab altero eius 49
latere ad Padum amnem Italiae ditissimum omnia nobilibus oppidis nitent, Libarna, Dertona colonia, Iria, Vardacate, Industria, Pollentia, Carrea quod Potentia cognominatur, Foro Fulvi quod Valentinum, Augusta Bagiennorum, Alba Pompeia, Hasta, Aquis Statiellorum. haec regio ex discriptione A u g u s t i nona est. patet ora Liguriae inter amnes Varum et Macram CCXI p.

(8) Adnectitur septima, in qua Etruria est ab amne 50
Macra, ipsa mutatis saepe nominibus. Vmbros inde exegere antiquitus Pelasgi, hos Lydi, a quorum rege Tyrrheni, mox

---

§ 48: (4—6) Mela II 72. — § 50: (19) Sol. 2, 7. Fest. p. 355. Serv. Aen. X 164. Isid. or. XIV 4, 22. — (252, 2) Mela II 72.

---

1 bagienni *v.* uag- **A***G.* -geni *B.* bagiensi *r. cfr. § 117. 135* | binbelli **A***J.* bimb- *rH.* uib- *B* | macielli **A**. mage- **R**(?)*va. D* | caburriates *D*^{2}(*Herm. XXI p. 535*). cub- **A***D*^{1}. cuburi- **R***J.* eub-*rv* 2 uelleiates (-tis **A**) **AF**^{2}*J.* ueleia- *Brot.* uelieia- **DF**^{1}. uelie////tes **R**. -itates **a**. -iates *v. cfr. § 116. VII 163* | proximae **FR**. -ma *va. Brot.* (*S*) 3 riatuba **R**^{1}. rutauba **DF**^{1}**a** | albium (*item 4*) *va. J* 4 uadum *va. Brot.* (*S*) 5 fertor **A***J.* -ritor **F**^{2}**a**^{3}*v.* -rior *r* 6 tigulia (ſig- **A**. tigullia *Brot.*) intus **A***v.* -llia *S.* -ultias **D**^{2}**R**^{1}. -ltas **a**. -ltia **R**^{2}. -urtias **D**^{1}. -ia ac **d**. digultias **F**. *cfr. Niss. It. II p. 146* | regesta **DFR**^{1}**a**. et ſeg- **A**(?) *Brot.* (*J*) | tigulliorum *ll. Brot.* 7 magra **d**^{2}. agra **DFd**^{1}**a** 11 tria **DRa** | uardacate **A***J.* -agate *CIL V n. 4484.* bardeccate **DR**^{1}. -ecate **R**^{2}**a**. -tae **F**. -erate **d***v* 12 pollentia **AF**^{2}*v. om. r* | carrea **aT***v.* -eo **DFRE**. correa **A***D. cfr. CIL V p. 848 et n. 7496* 13 bagiennorum **F**^{1}*v.* baci- **Dd**. bati- **R**. paci- **a**. uagi- *rG* 14 asta **d***va. J. cfr. XXXV 160* 16 CCXII **R** 17 in septima in **F**^{1}**d TRa**. septimae in *va. S. an* ei septima in? 19 tyrrheni **F**^{2}*v.* ·rreni *S.* -renni **DF**^{1}**Ra**. -reni **A**

a sacrifico ritu lingua Graecorum Tusci sunt cognominati.
primum Etruriae oppidum Luna, portu nobile, colonia Luca
a mari recedens propiorque Pisae inter amnes Auserem
et Arnum, ortae a Pelopi*d*is sive a Teutanis, Graeca gente.
vada Volaterrana, fluvius Caecina, Populonium, Etruscorum
51 quondam hoc tantum in litore. hinc amnes Prile, mox
Vmbro, navigiorum capax, et ab eo tractus Vmbriae portus-
que Telamo, Cosa Volcientium a populo Romano deducta,
Graviscae, Castrum Novum, Pyrgi, Caeretanus amnis et
ipsum Caere intus m. p. VII, Agylla a Pelasgis conditori-
bus dictum, Alsium, Fregenae, Tiberis amnis a Macra
CCLXXXIIII p. intus coloniae Falisca, Argis orta, ut auctor
est Cato, quae cognominatur Etruscorum, Lucus F*e*roniae,
52 Rusellana, Seniensis, Sutrina. de cetero Arretini Veteres,
Arretini Fidentiores, Arretini Iulienses, Amitinenses, Aquen-
ses cognomine Taurini, Blerani, Cortonenses, Capenates,
Clusini Novi, Clusini Veteres, Florentini praefluenti Arno
adpositi, Faesulae, Ferentinum, Fescennia, Hortanum, Her-
banum, Nepet, Novem Pagi, Praefectura Claudia Foroclodi,
Pistorium, Perusia, Suanenses, Saturnini qui ante Aurini

§ 51: (8. 9) Mela II 72. — (10. 12) Sol. 2, 7. MCap. VI 642. — Cato fr. 47 (Peter fragm. hist. Rom. p. 50).

1 thusci *va. Brot.* (*J*) *ob verbum* θύειν 4 pelopidis (*Momms. ad Sol. 2,7*) *D*. -ope pisisque *ll. v* | Atintanis *G* 5 caecina **DF***D*. cec- *rv*(*J*). -nna **d***G* 6 amnis **F**^{1}**Ra** | pile **D**^{2}**Fa**. bi- **D**^{1}. prille *va. S* 8 uolciensium **R**. uoltientium **DF**^{1}. uolgi- **AF**^{2} 9 pyrgi **AF**^{2}*v*. -ge **DRa**. -go **F**^{1} 10 m. p. **ARd***v*. imp̄. **DF**. impr. **a** | VII **A**. *om.* **D**^{1}. IIII *rv* 11 fregenae **A***G*. phr- *B*. pregne (prae- **D**. -nae **F**) *r*. phr- *v* 13 feroniae *G*. foro- **A**. colo- (-nie **a**. -ne **R**) *r*. -nia *v* 14 sutrina **AF**^{2}(*B*) *G*. uricina **R**^{2}. tric- **R**^{1}. trit- *r*. cirtona *v* | arrentini **A**. arent- (*ter*) *r v a. B* (*item* § *53. 54*) 15 aretini **A** | fidentiores arretini *om.* **A**. *iteravit* **F**^{1}. (fidenates *corr.* **F**^{2}) 16 cortonienses **AF**^{2}. carto- **F**^{1}*va. B*. cortori- **D** 17 fluentini (-tim **R**^{1}) **DF**^{1}**Ra** *va. H* | arno **Ad**^{2}*v*. aruo **R**^{2}. ardo (arido **F**^{2}) *r* 19 nepet **A***G*(*J*). -ta *B*(*S*). nepte **R**^{2}**p**. -pe **R**^{1}*v*. -pei *r* | praefecturae **DF**^{1}**Ra**^{1}**p** *va. G* 20 ante *ll. v*(*S*). -tea *H*(*J*) 20. 253, 1 aurini (-inini *va. J*) uocabantur **AF**^{2}*v*. urini (urim **R**) uocantur *r*

vocabantur, Subertani, Stato*n*ienses, Tarquinienses, Tuscanienses, Vetulonienses, Veientani, *V*esentini, Volaterrani, Vol*c*entani cognomine Etrusci, Volsinienses. in eadem parte oppidorum veterum nomina retinent agri Crustuminus, Caletranus.

(9) Tiberis, antea Thybris appellatus et prius Albula, 53 e media fere longitudine Appennini finibus Arretinorum profluit, tenuis primo nec nisi piscinis corrivatus emissusque navigabilis, sicuti Ti*n*ia et *C*lanis influentes in eum, novenorum ita conceptu dierum, si non adiuvent imbres. sed Tiberis propter aspera et confragosa ne sic quidem, praeterquam trabibus verius quam ratibus, longe meabilis fertur, per $\overline{\text{CL}}$ p. non procul Tiferno Perusiaque et Ocriculo Etruriam ab Vmbris ac Sabinis, mox citra $\overline{\text{XVI}}$ p. urbis Veientem agrum a Crustumino, dein Fidenatem Latinumque a Vaticano dirimens. sed infra Arretinum Cla*n*im 54 duobus et quadraginta fluviis auctus, praecipuis autem Nare et Aniene, qui et ipse navigabilis Latium includit a tergo, nec minus tamen aquis ac tot fontibus in urbem perductis, et ideo quamlibet magnarum navium ex Italo mari capax, rerum in toto orbe nascentium mercator placidissimus, pluribus prope solus quam ceteri in omnibus terris amnes accolitur aspiciturque villis. nullique fluviorum minus licet 55 inclusis utrimque lateribus, nec tamen ipse depugnat, quam-

1 sudertani *B* | statonienses *ego coll. II 209. XIV 67. XXXVI 168. Varro r. r. III 12,1. (Niss. It. II p. 335).* -tonenses *D.* ///ca- **AF**^{2}. statones **R***B*. sca- *rv* | tarquinienses — 2 uetulonienses **AF**^{2}*v. om. r* 2 uertulonienses **AF**^{2}*v a. B* | ueientani **F**^{2}*C.* ucien- **A.** uenien- *r.* ueren- *v* | uesentini *C.* asent- **a.** esent- (-tani **Rp**) *rv.* uas- *B.* uis- *Momms. CIL XI p. 444* 3 uolcentani *D.* uolge- **A.** -tini **F**^{2}. uolce- *H. om. rv* | uolsienses **Rd.** -sis **DF**^{1}**a** 6 thybris **A***S.* tyb- **Rd***v(L).* tib- *rC(Brot.)* 8 profluit **AF***v.* -luũ **Da.** -luuiũ **R**^{1}. prope fluit **R**^{2} 9 tinia *B(J).* timia **ARa***H.* tymia *r.* tinna *v* | clanis *Pe Strab. V p. 235.* gla- (-nes **R**) *ll. v* 10 nouorum **DFa** 13 que *om.* **DFa** | ocricolo **DFa.** hoc- **R.** otriculo *va. G* 14 XIII **F**^{1}**da***va. S* 15 fidenate **DFRa***va. G* 16 intra **FRa***va. G* | clanim **A***Verc.* gla- *rv(C)* 17 actus **A**^{1}**FR**^{2}. -tis **R**^{1}. exactus **a** | praecipuus **DF**^{1}**R**^{1}**a** 18 ipsi **FRa**^{1} 23 nullisque **DF**^{1}**Ra** 24 pugnat **A***va. S(J)*

quam creber ac subitus incrementis *est*, nusquam magis aquis quam in ipsa urbe stagnantibus. quin immo vates intellegitur potius ac monitor, auctu semper religiosus verius quam saevus.

56 Latium antiquum a Tiberi Cerceios servatum est m. p. L longitudine: tam tenues primordio imperi fuere radices. colonis saepe mutatis tenuere alii aliis temporibus, Aborigines, Pelasgi, Arcades, Siculi, Aurunci, Rutuli et ultra Cerceios Volsci, Osci, Ausones, unde nomen Lati processit ad Lirim amnem. in principio est Ostia colonia ab Romano rege deducta, oppidum Laurentum, *lu*cus *Io*vis Indigetis,
57 amnis Numicius, Ardea a Danaë Persei matre condita. dein quondam Aphrodisium, Antium colonia, Astura flumen et insula, fluvius Nymphaeus, Clostra Romana, Cercei, quondam insula inmenso quidem mari circumdata, ut creditur Homero, et nunc planitie. mirum est quod hac de re tradere hominum notitiae possumus. Theophrastus, qui primus externorum aliqua de Romanis diligentius scripsit — nam Theopompus, ante quem nemo mentionem habuit, urbem dumtaxat a Gallis captam dixit, Clitarc*h*us, ab eo proximus, legationem tantum ad Alexandrum missam —
58 hic iam plus quam ex fama Cerceiorum insulae et mensuram posuit stadia LXXX in eo volumine, quod scripsit Nicodoro Atheniensium magistratu, qui fuit urbis nostrae

§ 56: Sol. 2, 19. 3. — (10—13) Mela II 71. — Sol. 2, 5. — § 57: Sol. 2, 22. — Homer. κ 194. Theophr. h. pl. V 8, 3. Theopomp. fr. 144 M. cfr. Plin. II 201.

1 subitis **DFd***va.H* | est *ego.* et *ll.v* 3 auctus **DF^{1}a**. -tū **R**. -to **F^2** 5 cercior **a**. circeios **d**(?)*va.D* (*item infra*) | M. p. i. **DF^1**. M̅. p. **a**. LM p. **R**(?)*Brot.* 6 tenuis **DFR^{1}a^1** | primordii **R** 8 auru///ci **F^1**. -rū.ci **Da**. arunci **A***va.C* 9 circeos **a** | ausonis **A**. -naes **DFa** 10 a **Dd**(?)*va.S*(*J*) 11 lucus iouis *B*. ſolis **a**. locus ſolis *rv* 12 numitius **DFR** | dane **DF***va.B* 14 cerce **A^1**. -caei **F**. cerici **R^1**. cir- **R^2**. cernei **a** 16 et *ll.v*(*S*). at *C* | planicie **a**. -ciae **F**. -ci **R^1**. plane **d^{2}T** *va.C* 20 clitarcus **AD**. -rgus (clyt- **a**) *r* 22 ex **a***D*. et *rv*. e (*Nitzsch*)*S* | et *om.L* 24 nicodero **F^{1}Ra** | magistratu **d***S*. -rat **R^1**. -tui **AF^{2}R^{2}a^{2}p***v*. -tus *r*

CCCCXL anno. quicquid ergo terrarum est praeter $\overline{X}$ p. ambitus adnexum insulae, post eum annum accessit Italiae. aliud miraculum a Cerceis palus Pomptina est, quem locum 59 XXIIII urbium fuisse **Mucianus** ter consul prodidit. dein flumen Aufentum, supra quod Tarracina oppidum, lingua Volscorum Anxur dictum, et ubi fuere Amyclae sive Amynclae, a serpentibus deletae, dein locus Speluncae, lacus Fundanus, Caieta portus, oppidum Formiae, Hormiae dictum, ut existimavere, antiqua Laestrygonum sedes. ultra fuit oppidum Pirae, est colonia Minturnae, Liri amne divisa, *C*lani *olim* appellato, Sinuessa, extremum in adiecto Latio, quam quidam Sinopen dixere vocitatam. hinc felix illa 60 Campania, ab hoc sinu incipiunt vitiferi colles et temulentia nobilis suco per omnes terras incluto atque, ut veteres dixere, summum Liberi Patris cum Cerere certamen. hinc Setini et Caecubi protenduntur agri; his iunguntur Falerni, Caleni, dein consurgunt Massici, Gaurani Surrentinique montes. ibi Leborini campi sternuntur et in delicias alicae politur messis. haec litora fontibus calidis rigantur praeterque cetera in toto mari conchylio et pisce nobili adnotantur. nusquam generosior oleae liquor est, hoc quoque certamen

---

§ 59: Mela II 71. — Sol. 2, 32. 22. — (12) Liv. X 21, 8.

---

1 p. **A***J*. //// **R**. prope *rv*   3 pomptina **Fda***G* -puna **DR**. pomtina **A***D*. pont- *v*   4 XXXIII *H*   5 auentum **a**. Vfens *v* e *Verg. Aen. VII 802. Sil. It. VIII 382* | Terracina *H*   5. 6 lingua uulscorum (uol- *v*) **A***v*. uulscorum lingua **F**^{2}**R**^{2}. uulco linguarum (-gu **F**^{1}) *r*   6 anxur **AF**^{2}**p***v*. -ura *r* | siue amyncle (-lae *D*) **A***D*. siue amyticle (-lę **F**^{2}. -tide **D**. amit- **R**) *r*. *del. v*   7 speluncae lacus **A***G*. *om. rv*   8 gaieta **A** | hormiae **A***G*. *om. rv*. (hormiae — 9 existimauere *om. v*)   10 pirae **A***D*. pilo **a**. pylo *r*. pyrae *v* | est *om.* (**D**?)**FRa***va S*   11 clani olī *ego*. glanico *ll. v*. -ca *J*. clani (*P*)*S* e *Strab. V p. 233*. glani *H*. -ni quondam (*U 53*)*D*^{2} | appellata **A***JD*^{1} | oppidum Sinuessa *C* | extrema *coni. S*   13 campania **AF**^{2}*S*. -ia est *rv*(*D*)   14 nobilis **Ap***v*. -li *r*   16 protenduntur **AF**^{2}*H*. or obt- **Da**. o obt- **R**^{1}. /////t- **F**^{1}. obt- **R**^{2}*v* | ualerni **A**   17 ſurgunt **F**^{1}. fung- **DR**. fug- **a**^{2}. fig- **a**^{1} 18 leborini **F**. *cfr. XVII 28. XVIII 111*. lepo- **a**. lebu- *rJ*. labo- *v*   19 politur **A***B*(*S*). populitur **DF**^{1}**a**. -latur **F**^{2}**R**(?)*H*. epulantur *v* | mensis **dT***va. B*   21 est *ego*. et *ll. v*

humanae voluptatis. tenuere Osci, Graeci, Vmbri, Tusci,
61 Campani. in ora Savo fluvius, Volturnum oppidum cum amne, Liternum, Cumae Chalcidensium, Misenum, portus Baiarum, Bauli, lacus Lucrinus et Avernus, iuxta quem Cimmerium oppidum quondam, dein Puteoli colonia Dicaearchea dicti, postque P*h*legraei campi, Acherusia palus
62 Cumis vicina; litore autem Neapolis, Chalcidensium et ipsa, Part*h*enope a tumulo Sirenis appellata, Herculaneum, Pompei haud procul spectato monte Vesuvio, adluente vero Sarno amne, ager Nucerinus et $\overline{\text{VIIII}}$ p. a mari ipsa Nuceria, Surrentum cum promunturio Minervae, Sirenum quondam sede. navigatio a Cerceis $\overline{\text{II}}$ de $\overline{\text{LXXX}}$ patet. regio ea a Tiberi prima Italiae servatur ex discriptione Augusti.
63 Intus coloniae Capua, ab $\overline{\text{XL}}$ campo dicta, Aquinum, Suessa, Venafrum, Sora, Teanum Sidicinum cognomine, Nola; oppida Abellinum, Aricia, Alba Longa, Acerrani, Allifani, Atinates, Aletrinates, Anagnini, Atellani, Aefulani, Arpinates, Auximates, A*b*ellani, Alfaterni et qui ex agro Latino, item Hernico, item Labicano cognominantur, Bov*i*llae,

---

61. 62: (2—9) Mela II 70. — § 62: Sol. 2, 9. MCap. VI 642. Strabo V p. 246. — (11) Mela II 69. — § 63: (257, 2) Sol. 2, 7.

---

2 uulturnum **F**^{2}**a***va.S.* ult- **DF**^{1}**R** 3 literno **R**^{2}. -turnum **A** 5 colofia **DF**^{1}**R**^{1}**a** 6 plegraei **A**. -gaei (fle- **R**^{2}) **DFR**. plebei **a** 8 parthenope **F**^{2}*v*. parie- **Da**. parte- *r* | herculaneum **A***S*. -nium *rv* 9 spectato **A***S*. -ante **F**^{2}*G*. //// spe- **F**^{1}. expe- *r*. aspe- *C(H)* | uesubio **A** | sarno **AF**^{2}*v*. saraio *r* 10 amni **A** | et **A***G*. est *r*. est et *v* 12 sedes **F**^{2}**R**^{2}. -dis **R**^{1} | a *om.* **A** 13 descriptione **R**^{2}**ad***va.D. cfr. § 46. 49* 14 $\overline{\text{XL}}$ (*add.* p.) *JD*^{1}. XL **AF**^{2}**d***v*. XI **R**. XI **D**. xi **F**^{1}. exi **a**. *del. G* 15 suesia **DR** 16 nolla **R**^{1}. nulla **DF**^{1}**a** | abellinaum **A**. bellinum **DFa** | aricia **R**(?)*v*. ricia **A**. rici *r* 17 agagnini **DFR**. agnin **a** | attellani **A**. atellanaui **a** | aefulani *(B)D*^{2}. lefu- **A**. uafu- **F**^{2}**T**p. uefu- *v*. aefu- *Ven.* afu- *G*. a·fulania **a**. uaefu- **F**^{1}. ua·fu- **D**. -nico **R**. *cfr. Niss. It. II p. 614* 18 abellani *S*. aue- (aufe- **A**) *ll. G*. auxe- *v*. *cfr. CIL X n. 1199* | alfeterni **F**^{2}. -tarni **DF**^{1}**Ra** 19 lauicano **A**. albi- **a** | bouillae *B*. *cfr. CIL XIV p. 230*. -uellę **F**^{2}*v(J)* -uelle **A**. bouillae — 257, 2 cognominantur *om. r*

Ca*i*atia, Casinum, Calenum, Capitulum H*e*rn*i*cum, Cere*at*ini
qui Mariani cognominantur, Corani a Dardano Troiano orti,
Cubulterini, Castrimoenienses, Cingulani, *C*abienses in monte 64
Albano, Foropopulienses ex Falerno, Frusinates, Ferentinates,
Freginates, Fabraterni Veteres, Fabraterni Novi, Ficolenses,
Fregellani, Forum Appi, Forentani, Gabini, Interamnates
Sucasini qui et Lirenates vocantur, Ilionenses, Lan*i*vini,
Norbani, Nomentani, Praenestini urbe quondam Stephane
dicta, Privernates, Setini, Signini, Suessulani, Telesini, Tre-
bulani cognomine Ballienses, Trebani, Tusculani, Verulani,
Veliterni, Vlubrenses, Vrbanates superque Roma ipsa, cuius 65
nomen alterum dicere *nisi* arcanis caerimoniarum nefas
habetur optimaque et salutari fide abolitum enuntiavit
Valerius Soranus luitque mox poenas. non alienum videtur
inserere hoc loco exemplum religionis antiquae ob hoc
maxime silentium institutae. namque diva Angerona, cui
sacrificatur a. d. XII kal. Ian., ore obligato obsignatoque
simulacrum habet.

Vrbem tris portas habentem Romulus reliquit aut, ut 66

---

§ 65: Sol. 1, 4. Plut. quaest. Rom. 61 p. 278f. Lydus de mens. 4, 50. (cfr. Plin. XXVIII 18. Serv. Aen. II 351. georg. I 498). — § 66: Varro LL V 164.

---

1 caiatia *Momms. CIL X p. 444.* calatiae **AF**^{2}*va. D*^{2} | hernicum, cereatini *He Strab. V p. 238.* hornetum (orn- **F**^{2}. hern- *v.* cern- *B*) cernetani **AF**^{2}*v. om. r* 2 corani **A***v.* cho- *r* 3 cuburterini **DRd**. -terrini **F**. -tessi (*om.* ni — 4 frusi) **a** | castrimoenienses *Niss. It. II p. 584 coll. CIL XIV p. 239.* -onienses *ll. v* | cabienses *B*^{1}. *cfr. Momms. bull. arch. 1861 p. 206. Bücheler Umbrica p. 141.* fab- *C cum B*^{2}. gab- *ll. v.* cabenses *CIL XIV n. 2228* 4 foropopillienses *D*^{2} *coll. CIL X n. 4722. 4725* 5 fabraterni **AR**^{2} *G(J).* fraba- *rv(S)* | ueteres fabraterni *om.* **Aa** | frabaterni **R**^{1} | ficolenses **AF**^{2}*v.* figo- *r* 6 foroappi **DFRa** *va. S* | gabini **A***v.* -bani *r* | interamnates **AF**^{2}*v.* -netes *r* 7 sucasini **A***J.* succa- **D**^{2}**FRa** *H.* -sani **D**^{1}**d***v* | laniuini (*B*) *D.* lanuini *J*^{2}. lauini *ll. v* 9 segnini **A***Dal.* | telhini **DFRa**. telini **d***va. S* 10 ballienses **A***D.* ballini- *rJ.* balini- *v* 11 urbanates **p***D coll. XIV 62.* urua- **DF**^{1}**Ra**. urbyn- **A**. urbin- **F**^{2}*S.* uluarn- *v.* uluern- **d**(?)*C* 12 nisi *Momms. CIL I p. 409. om. ll. v* 17 ad diem **Fda***va. H* 19 aut ut *ll. v.* ut **p***D*

plurimas tradentibus credamus, IIII. moenia eius coll*e*gere ambitu imperatoribus censoribusque Vespasianis anno conditae DCCCXXVI m. p. XIII·CC, conplexa montes septem. ipsa dividitur in regiones XIIII, compita Larum CCLXV. eiusdem spatium mensura currente a miliario in capite Romani fori statuto ad singulas portas, quae sunt hodie numero XXXVII, ita ut XII portae semel numerentur praetereanturque ex veteribus VII, quae esse desierunt,
67 efficit passuum per directum XX·M·DCCLXV. ad extrema vero tectorum cum castris praetoriis ab eodem miliario per vicos omnium viarum mensura colligit paulo amplius $\overline{\mathit{LX}}$ p. quod si quis altitudinem tectorum addat, dignam profecto aestimationem concipiat fateaturque nullius urbis magnitudinem in toto orbe potuisse ei comparari. clauditur ab oriente aggere Tarquini Superbi, inter prima opere mirabili; namque eum muris aequavit qua maxime patebat aditu plano. cetera munita erat praecelsis muris aut abruptis montibus, nisi quod exspatiantia tecta multas addidere urbes.

68 In prima regione praeterea fuere in Latio clara oppida Satricum, Pometia, Scaptia, Politorium, Tellena, Tifata, C*ae*nina, Ficana, Crustumeri*a*, *Ameriol*a, Medullum, Corni-

§ 67: Dion. Hal. IV 54 p. 773.

1 IIII **F**^{2}*v*. *om.r D*^{1} | collegere *v*. collig- *ll* 2 urbis conditae **F**^{2}*D*^{2} 3 DCCCCXXVI **FR**. -XXV **Dad**. DCCCXXVIII *va.H* | *dist.D* 4 compita **R**(?)*v*. -tu *r* | larum **DFda***G*(*S*). -rium **R**(?)*L*. earum *B* 5 mensura currente *v*. -rae (-re **R**) -ntē *ll* 7 portę **F**^{2}**R**^{2}. -te *r*. *om*.p*v* | semel — 8 praete **F**^{2}**R**^{2}p*v*. *om.r* 9 X$\overline{\text{XX}}$·M **F**^{2}*va.S* | DCCCC *Niss.mus.Rhen.XLIX*(*1894*) *p.285* 10 praetorii **DFR** 11 $\overline{\text{LX}}$ *Niss.l.l.* $\overline{\text{XX}}$ *ll.* $\overline{\text{LXX}}$ *v* 12 quod **d***v*(*S*). quo *ll.G. cfr.XXXIV 115* 15 agere **DFR**^{1}**a** 17 plane **DFR**^{1}**a**^{1} | cetera **a**p. -ro *rv* | erant p 18 expatentia **F**^{2} | multis **F**^{1}**a** 21 satriocum **F**^{1}. atr- **DRa** | Pitulum, Politorium *va.S* | terrena **a**. tellana **R**. -llene *va.J*. -nae *Liv.I 32,2* | tifacta **DF**^{1}**a** 22 caenina *B*. caecina **Fd**. cec- *rv* | crustumeria *ego*. -ium *B*. -minū *v*. crustu **R**. -tū *r* | ameriola *B*. meridia **Dda***v*. merid//// **F**^{1}. meri////a **R**. -ria **F**^{2}p. *del.D*^{2} | medullia *B*

culum, Saturnia ubi nunc Roma est, Antipolis quod nunc
Ianiculum in parte Romae, Antemnae, Camerium, Collatia,
Amitinum, Norbe, Sulmo, et cum iis carnem in monte 69
Albano soliti accipere populi Albenses: Albani, Aesolani,
Accienses, Abolani, Bubetani, Bolani, Cusuetani, Coriolani,
Fidenates, Foreti, Hortenses, Latinienses, Longani, Manates,
Mac*r*ales, Munienses, Numinienses, Olliculani, Octulani,
Pedani, Poletaurini, Querquetulani, Sicani, Sisolenses, Tolerienses, Tutienses, Vimitellari, Velienses, Venetulani, Vitellenses. ita ex antiquo Latio LIII populi interiere sine 70
vestigiis. in Campano autem agro Stabiae oppidum fuere
usque ad Cn. Pompeium L. Catonem cos. pr. kal. Mai., quo
die L. Sulla legatus bello sociali id delevit, quod nunc in
villam abiit. intercidit ibi et Taurania. sunt morientes
Ca*s*ilini reliquiae. praeterea auctor est Antias oppidum
Latinorum Ap*i*olas captum a L. Tarquinio rege, ex cuius
praeda Capitolium is inchoaverit. a Surrentino ad Silerum
amnem XXX m. p. ager Picentinus fuit Tuscorum, templo
Iunonis Argivae ab Iasone condito insignis. intus oppidum
Salerni, Picentia.

§ 70: (17) Mela II 69. — Sol. 2, 7.

2 in F^2p*v*. *om.r* | roma ē Da | antemnas F^2. -na DF^1. -mpna a | cullatia Ra 3 Amiternum *va.H* 4 aeſulani (*Niebuhr hist. Rom. I p. 223*) *S*. aefulani *coni. Niss. It. II p. 556* 5 nubetani FRa*va.B* | cosuetani F^2 6 longulani *B* 7 macrales *v*. -cnales (-ates D^1) *ll*. maenales F^2 | munienses Ra*v*(*D*). muni- DF. mutucumenses *B*. *udd*. munienses *G* | numintenses (*Sieglin*) D^2. *om*. a 8 pollustini *B*. -scini (*Niebuhr l.l.*) *S* 9 uimitellari (uini- p) *C*. -elari R. -erali *v*. uinutellarii d. -elari *r* | uelienses d*v*. uili- p. uelli- *ll* | uitellenses d*H*. uice- *ll.v* 12 carbonem *B* | a. $\overline{PR}$. FRa. *add*. d. F^2 | mai. a. mai *rS*. maii *v* 13 id F^2E^2*v*. i *r* 14 uilla R^1. -as R^2*va.H* | habuit (-biit R^1) interdicit FR^1a | morientis *va.S* 15 casilini *G*. calini *ll*. scal- *v* 16 apiolas a^3*v*. apeo- *ll* 17 is d*G*. //is F. inſ DR^1. *del*. R^2. in fine Eap. is in fine *v* | choauerit E. coauere a | surrento FR*G* | silarum R(?)*va.D* (*item § 71.74*). siderum E. syd- a 18 acer DEa. a//// F^1 19 argiuae F^2*B e Sol. 2,7*. arciae E. -ie a. artiae DF^1. ar////e R^1. arie R^2. -itiae d. -igiae *v* 20 salerni F^2dR^2E^2p*v*. -lusni E^1. -liisni DF^1. -luni R^1. -lus in a

71 (10) A Silero regio tertia et ager Lucanus Bruttiusque
incipit, nec ibi rara incolarum mutatione. tenuerunt eum
Pelasgi, Oenotri, Itali, Morgetes, Siculi, Graeciae maxime
populi, novissime Lucani Samnitibus orti duce Lucio. oppi-
dum Paestum, Graecis Posidonia appellatum, sinus Paestanus,
oppidum Elea quae nunc Velia, promunturium Palinurum,
a quo sinu recedente traiectus ad Columnam Regiam C m. p.
72 proximum autem flumen Melpes, oppidum Buxentum, Grae-
ciae Pyxus, Laus amnis. fuit et oppidum eodem nomine.
ab eo Bruttium litus, oppidum Blanda, flumen Baletum,
portus Parthenius Phocensium et sinus Vibonensis, locus
Clampetiae, oppidum Tempsa, a Graecis Temese dictum,
et Crotoniensium Terina sinusque ingens Terin*ae*us. op-
73 pidum Consentia intus. in p*ae*ninsula fluvius Acheron, a
quo oppidani Aceruntini. Hippo, quod nunc Vibonem Valen-
tiam appellamus, portus Herculis, Metaurus amnis, Tauroen-
tum oppidum, portus Orestis et Med*m*a. oppidum Scyl-
laeum, *C*rataeis fluvius, mater, ut dixere, Scyllae. dein

§ 71 (5). 72: Mela II 69. — § 73: Mela II 69. 68. — Sol. 2, 22.

2 rara **R**(?)*v*. clara *r* | eam **R**(?)*C* 3 morgetes *v e Strab. VI p. 257. 270*. -gentes *ll* 4 lucani **F**^{2}**p***v*(*J*). leuc- (-nus **E**^{1}**a**) *rS* | a Samnitibus *va.S*(*J*) | oppidū *G*. -da *ll.v* 5 paestum *v*. prae- *ll* (*item infra*) | possidonia *ll* 6 helia *C* | quod **R**^{2} | uelia **FdE**^{2}**ap***v*. uela *r* 7 sinu **F**^{2}**R**^{2}**E**^{2}*v*. simul *r* | columnam **F**^{2}*B*. -niam (cal- **a**) **DF**^{1}**R**^{1}**Ea**. coloniam **R**^{2}**dp***v*. *cfr. § 73. 86* 8 autem *ll.S*(*D*). -tem huic *v*(*J*). *an* huic? | graecae **F**^{2}. -ce *C* 9 pyxus **DF***B*. -xius **Ed**. -x//// **R**. pixius **a**. prius *v* | eodem — 10 oppidum *om.* **DF**^{1}**R**^{1}**E**^{1}**a** 10 brutium **R**^{2}*va.S*. brytt- **F**^{2} | blandat **Da**. -dae **F**^{1} (*an recte?*). -diu **R**^{1} | Batum *C* 11 parthaenius **F**^{2}. por- **DF**^{1}. -themius **a**. -mus **E** | phocensium et *ego*. et phoc- *ll.v*. phoc- *G*. *cfr. Sol. 2,7* (*ubi* Phocaënsibus *Momms.*) 12 tempsa **F**^{2}*v*(*D*). tam- **R**^{2}**E**^{2}**p**. tempra **D**^{1}. -pora *r*. temsa *Dal.* | temese **F**^{2}**d***v*. temere esse **E**^{2}. etemesse (exe- a. et te- **E**^{1}) *r* 13 gens **DFE**^{1}**a** | terinaeus **d**(?)*G*. -intur **R**^{1}. -itur **R**^{2}. -inus (terr- **F**^{1}) *rv* 14 in paeninsula *del. Niss. It. II p. 933 n. 8* 15 aceruntini **DRE**. acaer- **F**^{1}. acher- **a**. achaer- **F**^{2}. acheront- *v*. *cfr. CIL IX p. 43* | bippo **DE**^{1}**a** | uibonem *v*. biuo- **F**^{2}. uiuo- *r* 16 tauranium *B* 17 medma *B*(*H*) *e Strab. VI p. 256*. -edua **F**^{2}*G*. -etua **a**. -eddua *rv*. meduma *coni. J*^{2} 18 crataeis *G*. -tis *v*. grataeis (-teis **R**) *ll*

Columna Regia, Siculum fretum ac duo adversa promunturia, ex Italia C*a*enus, e Sicilia Pelorum, XII stadiorum intervallo, unde Regium X*CIV*. inde Appennini silva Sila, 74
promunturium Leucopetra $\overline{XV}$ p., ab ea $\overline{LI}$ Locri, cognominati a promunturio Zephyrio. absunt a Silero $\overline{CCCIII}$.

Et includitur Europae sinus primus. in eo maria nuncupantur: unde inrumpit, Atlanticum, ab aliis Magnum; qua intrat, Porthmos a Graecis, a nobis Gaditanum fretum; cum intravit, Hispanum quatenus Hispanias adluit, ab aliis Hibericum aut Baliaricum; mox Gallicum ante Narbonensem provinciam; hinc Ligusticum; ab eo ad Siciliam insulam 75
Tuscum, quod ex Graecis alii Notium, alii Tyrrenum, e nostris plurimi Inferum vocant. ultra Siciliam quod est ad Sallentinos, Ausonium Polybius appellat, Eratosthenes autem inter ostium oceani et Sardiniam quicquid est Sardoum, inde ad Siciliam Tyrrenum, ab hac Cretam usque Siculum, ab ea Creticum.

(11) Insulae per haec maria primae omnium Pit*y*ussae 76
Graecis dictae a frutice pineo; nunc Ebusus vocatur utraque, civitate foederata, angusto freto interfluente. patent

---

§ 74: (7) cfr. Mela 1, 7. — (10) Sol. 23, 14. — § 75: Polyb. XXXIV 15, 4 Hultsch. Eratosth. fr. p. 92 Berger. — § 76. 77: MCap. VI 643. — § 76: Mela II 125. 126. Sol. 23, 11.

---

1 columna **F**^{2}**R**^{2}*B*. -nia *r*. colonia *v*. *cfr.* *§71* 2 caenus *D*. -nys *B e Strab. VI 257*. cenus *ll*. -nis *v* 3 XCIV *ego coll. Strab. l. l.* XCIII *D*. XLIII *ll.v*. XX p. **F**^{2} *in ras*. XII MD p. *B* | sila **E**^{2}*G*. *om.rv* 4 XII M *va.S* | $\overline{LI}$ *D*. li **F**^{1}**E**^{2}p. L **R**^{2}. ti **DE**^{1}**a**. *om.rv* | locri **F**^{2}*v*. lucri *r* 6 eo *ll.S*. eoque *B*. eo quē *v* 8 porthmos **E**^{2}*v*. parth- **F**^{2}. portīnos p. porimos **R**^{2}. posimus **D**. possi- **F**^{1}**R**^{1}. possu- **E**^{1}**a** 9 abluit **DFEa**. ill- *L* 10 aut baliaricum *om.***DF**^{1}**R**^{1}**E**^{1}**a** 12 tuscum **R**^{2}*v*. -cam (turc- **R**^{1}) *r* | ionium (*pro* notium) *Sol. 23, 14* 13 quod est *om.* **d**(?) *G* 14 sallentinos p*D*. sale- *v*. selle- (sele- **Fa**) *ll* 15 sardiniae **DE**^{1} | sardonium **F**^{2}**E**^{2} 16 tyrrehnum **F**. threnum **a** 18 pitiussae **F**^{2}. -sse **R**. -tuisse **D**^{1}**E**^{2}. potuisse (-ssae **F**^{1}) *r*. pityusae *va.S* 19 a graecis **a**^{3}*va.S* | frutice *v*. frituce **R**^{2}. -tice **R**^{1}**a**. -cae **DF**^{1}**E**^{1}. brutice **E**^{2}. britt- **F**^{2}

XLVI, absunt ab Dianio DCC stadia, totidem Dianium per continentem a Carthagine Nova, tantundem a Pit*y*ussis in
77 altum Baliares duae et Sucronem versus Colubraria. Baliares funda bellicosas Graeci Gymnasias dixere. maior C p. est longitudine, circuitu vero CCCCLXXV. oppida habet civium Romanorum Palmam et Pollentiam, Latina *G*uium et Tucim, et foederatum Bocchorum fuit. ab ea XXX distat minor, longitudine XL, circuitu CL. civitates habet *Iam*onem,
78 Saniseram, Magonem. a maiore XII in altum abest Capraria, insidiosa naufragiis, et e regione Palmae urbis Menariae ac Tiquadra et parva Hannibalis. Ebusi terra serpentes fugat, Colubrariae parit, ideo infesta omnibus nisi Ebusitanam terram inferentibus; Graeci Ophiussam dixere. nec cuniculos Ebusus gignit, populantes Baliarium messes.

79 Sunt aliae viginti ferme parvae mari vadoso, Galliae autem ora in Rhodani ostio Metina, mox quae Blascorum vocatur, et tres Stoechades a vicinis Massiliensibus dictae

§ 77: Mela II 124. — (7) Sol. 23, 12. — (Agathem. 20 p. 481). — § 78. 79: MCap. VI 643. — § 78: (11) Sol. 23, 11. 12. Mela II 126. cfr. Plin. XXXV 202. VIII 226. — § 79: (17) Mela II 124.

1 XVI **D**^{2}. XLII M *va.H* | dianio **F**^{2} *Sol.v.* -nia **F**^{1}**R**. -niam *r* | DCC — dianium **F**^{2}**E**^{2}*v. om.r* | Dianium *del.* (*Sieglin*) *D*^{2} 2 tantum **DF**^{1}**RE**^{1}**a** | dem — 3 altum *om.* **DF**^{1}**R**^{1}**E**^{1}**a**. (in altum *deest in* **R**^{2} *marg. absciso* | pituissis **F**^{2}**R**^{2}**E**^{2} 3 baliares **F**^{2}**E**^{2}*S*. -ris **F**^{1}. daliaris **Da**. daria- **E**^{1}. balea **R**^{2} (*marg. absc.*). -ares *v* | dua/// **F**^{1}. -as **DR**^{1}**E**^{1}**a** | baltiares **a**. balea- **F**^{2}**R***va.S* 5 CCCLXXV M *H*. -LXXX M *v* 6 pollentiam **d***v*. pole- *ll.Ven.*(*D*^{2}). *cfr. Ptol. II 6,73* | Guium *D*^{2} *philol. XXXII p.651*. cinium **Rd**(?)*B*. ciuirv | tucim *ll.Brot.* -ini *v*. cunici *B* | hocchorum **F**^{1}**a**. hoch- **R**. bochri *G* 8 LX **R** | circuitū **Ra** | Iamonem *Ven.* (*Hübner CIL II n.3711*) *D*^{2}. labo- *ll.v*(*D*^{1}). Iamno- (*B*)*C coll. Ptol. l.l. Mela II 124* 10 Meraria *va.G* 11 triquadra et **R**^{2}*D*^{2}. -dra *v*. tiquadra et **DF**^{2}**E**^{2}*G*. -dr//// **F**^{1}**E**^{1}. -dret **R**^{1}**a** | ebussi **DF**^{1}**Eo**. ebru- **R** 12 colubraria **o** | parit **F**^{2}**R**^{2}**E**^{2}**o***v*. -rat *r* | ebustanam **o**. ebusit (*om.* anam — 14 gignit) **R**^{1} 13 ophiusam **R**^{2}*va.S*. ofiu- **F**. ofio- **a**. offio- **o** | ne **a**. *om.* **o***va.B* 15 uadosa **F**^{1}**a**^{1} 16 metina **Ra***v*. -tma **DF**. -tnia **E** | blascorum **R***D*. bra- **Ea**. blasconus *r*. -con *B e Strab. IV p. 181*

propter ordinem quo sitae sunt. nomina singulis Prote, Mese, quae et Pomponiana vocatur, tertia Hypaea, ab iis Sturium, Phoenice, Ph*i*la, *L*ero et Lerina adversum Antipolim, in qua Berconi oppidi memoria.

6. (12) In Ligustico mari est Corsica, quam Graeci 80
Cyrnon appellavere, sed Tusco propior, a septentrione in meridiem proiecta, longa passuum CL, lata maiore ex parte L, circuitu CCCXXV. abest a Vadis Volaterranis LXII, civitates habet XXXII et colonias Marianam, a C. Mario deductam, Aleriam, a dictatore Sulla. citra est Oglasa, intra vero, et LX p. a Corsica, Plana*s*ia a specie dicta, aequalis freto ideoque navigiis fallax. amplior Vrgo et 81
Capraria, quam Graeci Aegilion dixere, item Igilium et Dianium, quam Artemisiam, ambae contra Cosanum litus, et Barpana, Menaria, Columbaria, Venaria, Ilva cum ferri metallis, circuitus C, a Populonio X, a Graecis Aethalia dicta. ab ea Planasia XXVIII. ab iis ultra Tiberina ostia in Antiano *A*stura, mox Palmaria, Sinonia, adversum For-

§ 80—82: MCap. VI 644. — § 80: Mela II 122. (Oros. I 2, 54. Dim. 16). Dic. 8, 13. (Agathem. 20 p. 482). — (9) Sol. 3, 3. 2. — § 81: Sol. 3, 2. — (17) Mela II 121.

1 quo sitę sunt **F²** *in ras. G cum P(S)*. -ta erunt **T**. -tae sunt erunt *va.B*. quos iterum **D(F¹)Ea**. quos ita **d²**. quas item **R**(?) *B(L)* | nomina *ll.v(G)S*. -nant **d²***B(L)* | singulis uocabulis Proten *B(L)* 2 mese **F²**(**E**?)*v(G)S*. mesese *r*. et Mesen *B(L)* | hyppaea **DF**. -ppea **Ra** | his *C* 3 iturium **DFRa***D¹* | Phila, Lero *B*. phylarero **DFEa***v*. pylareso **R** 4 berconi **DF¹Ea***D*. -rgoni **R**. -gani **d**. uergoni **F²**. -oani *v* 6 cyrno **DF¹E¹**. cirinon *Dic*. cirnum **o** 7 CLX *Dic*. 8 L *om.* **a**(*Dic.*) | LXX **a¹**. (LXII *pro corrupto hab. H*) 9 XXXIII **FE²***MCap*. 10 ogalasa **a** 11 et *del.va.S* | planasia *D coll. v. 17 et Sol. 3, 2*. -aria (-ana **R**) *ll.v* 13 aegilion **R***S*. -gylion *r*. -gilon *ve Sol*. | igilium (milgium **R**) *ll.v(S)*. eg- *C*. aeg- *(P)L* 14 artemisiae (artom- **D**) **DRE¹**. -sie **a** 15 barpana (barua- **F²E²**) *ll.H*. -pona *B*. uap- *v*. paruae *G*. carbania *Mela II 122* | menaria *ll.v(Brot.)D*. maen- *L(S)*. *an* Mellaria? *cfr. Niss. It. II p. 988* | ueneria *MCap*. | ilua **d**(?)*v*. flua *ll* 16 circuitu *va.D*. *cfr.* § *82 extr. 84. 86* 17 planaria **F²** 18 astura **a³***B*. //stu- **d²**. stu- *rv* | sinonia **E²***v*. -ia et **F²a³***G*. -nuniae **F¹d**. -numiae **DE¹a**. sisunie **R**

82 mias Pontiae. in Puteolano autem sinu Pandateria, Prochyta, non ab Aeneae nutrice, sed quia profusa ab Aenaria erat, Aenaria a statione navium Aeneae, Homero Inarime dicta, Pithecusa, non a simiarum multitudine, ut aliqui existimavere, sed a figlinis doliorum. inter Pausilypum et *N*eapolim Megaris, mox a Surrento VIII distantes Tiberi prin-
83 cipis arce nobiles Capreae circuitu X*I*·M, (13) Leucothea extraque conspectum pelagus Africum attingens Sardinia, minus VIII p. a Corsicae extremis, etiamnum angustias eas artantibus insulis parvis, quae Cunicularíae appellantur, itemque Phintonis et Fossae, a quibus fretum ipsum Taphros nominatur.

84 7. Sardinia ab oriente patens CLXXXVIII p., ab occidente CLXXV, a meridie LXXVII, a septentrione CXXV, circuitu DLXV, abest ab Africa Caralitano promunturio CC, a Gadibus |XII|·L. habet et a Gorditano promunturio duas insulas quae vocantur Herculis, a Sulcensi Enosim,
85 a Caralitano Ficariam. quidam haut procul ab ea et

§ 82: Mela II 121. Sol. 3, 2. Dion. Hal. I 53 p. 135 extr. Serv. Aen. IX 715. Homer. *B* 783. — § 83—85: MCap. VI 645. § 83: Mela II 121. 123. Dic. 8, 14. 17. — § 84: Mela II 123. (Oros. I 2, 53. Dim. 17). Dic. 8, 14. cfr. Strabo V p. 225. Agathem. 20 p. 482. Anon. fr. I 1 (GGm II p. 509). — § 85: Mela II 123. — Timaeus fr. 27 Müller. Sol. 4, 1. — (265, 11) Sol. 3, 2.

1 pandataria *va.S.* pantatoria *codd.MCap.* | prochita **E**^{2}. -cyta **DFR**. -cita **E**^{1}**a** 2. 3 erat aenaria **E**^{1}*v*. erat (aerat **DR**) enariae (-rae **D**^{2}) **DFRE**^{2}**a**^{2}. tenarie **a**^{1} 3 a *om.* **a**. //// **R**. ipsa a *va.D* | dicta grece (graecis *v*) **F**^{2}**E**^{2}**d**^{2}**T** *va.S* 5 neapolim **F**^{2}**dT***v*. mea- *r* 6 surrento **E**^{2}*v*. syre- (sire- **R**) *r* 7 XI *Brot. cum Secundo* (*ap. Rezzon.*). XL *ll.v* | M *del.* **F**^{2}. M. p. **a**^{3}*G*(*S*). M. p. CX *v*. M. p. Mox *L* 8 que **a**^{3}*G*. quē (quē in **E**) *ll.v* 9 VIIII **d** *va.H* | etiam **E***D*^{2} 10. 11 *dist. va.J* 11 phintonis **ad***G*. pinthor. *cfr. Ptol. III 3, 8* | fossae **da**^{3}*v e MCap.* forsae *ll* | tapsos **F**^{2} 14 CLXXII *Dic.* | a meridie — CXXV (CXXII **E**^{2}) **F**^{2}**E**^{2} *MCap.v. om. r Dic.* 15 circuitu **F**^{2}**E**^{2}*v*. -it *r*. -itus eius *Dic.* 16 |XII|·L *D*^{2} *ME p. 3 n. 1 coll. II 243 extr.* XIIII **R**(*B*). XIIII·I *r*. XIIII·L **T**. XIII·L *v* 17 aenosim **DFE** 18 ficaria galatamque *codd. MCap.* | etiam (*pro* et) **a**^{3}*va.S*

Leberidas ponunt et Callode et quam vocant Heras *lu*tra. celeberrimi in ea populorum Ilienses, *B*alari, Corsi, oppidorum XVIII Sulcitani, Valentini, Neapolitani, Bitienses, Caralitani civium R. et Norenses, colonia autem una, quae vocatur Ad Turrem Libisonis. Sardiniam ipsam Timaeus Sandaliotim appellavit ab effigie soleae, Myrsilus Ichnusam a similitudine vestigii. contra Paestanum sinum Leuc*o*sia est, a Sirene ibi sepulta appellata, contra Veliam Pontia et Isacia, utraeque uno nomine Oenotrides, argumentum possessae ab Oenotris Italiae, contra Vibonem parvae quae vocantur Ithacesiae *ab* Ulixis specula.

8. (14) Verum ante omnes claritate Sicilia, Sicania 86
Thucydid*i* dicta, Trinacria pluribus aut Trinacia a triangula specie, circuitu patens, ut auctor est Agrippa, $\overline{DCXVIII}$ p., quondam Bruttio agro cohaerens, mox interfuso mari avulsa, $\overline{XV}$ in longitudinem freto, in latitudinem autem

§ 86. 87: MCap. VI 646. (Oros. I 2, 52. Dim. 13). Dic. 8, 3. 19. 4. 5. 6. — § 86: Sol. 5, 2. Mela II 115. Agrippa fr. 7 R. Timosth. ap. Agathem. l. l. Anon. fr. II (GGm II p. 510). — (15) Sol. 2, 22. cfr. Plin. II 204. — Sol. 5, 5.

1 leberidas D^2 *e codd. MCap.* beleridas **F**^{2}*v*. -da **DF**^{1}**R***S*. belle- (-as **a**^{3}) **a**. berelidas **E**^{2}*Dal.* -da **E**^{1}*D*^{1}. balaridas *coni. B* | callodē **a**^{3}. coll- *va. S* | Heras lutra *B e MCap.* -alytra **DF**. -alitra *r* 2 balari *B e Paus. X 17, 9. Strab. V p. 225.* sal- *ll. v* 2. 3 *dist. va. J* 3 XVIIII **E**. XIIII *va. H* | bitienses **d**^{2}. *cfr. Ptol. III 3, 3 (p. 377*^{a}*).* uitenses **F**^{2}**E**^{2}*D*^{1}. *om. r.* bosenses *G e Ptol. III 3, 7.* boce- *v* 4 caralitani **F**^{2}**E**^{2}**d**^{2}*v*. *om. r* 5 turrim **R**^{2}**d***v a. D* | libisonis (lyb- **a**) *ll. v (D). cfr. Ptol. III 3, 5.* libys- *Ven.* 6 myrsilur (mir- **a**) **Da**. -lu/// **F**^{1}. -luer **E** | ichnusam **T***v e Sol.* ichitus- **Ea**. ichnis- **R**^{2}*e corr.* ichnytus- **F**. -tys- **D** 7 paestanum **DRa***v*. pest- **F**^{2}. p//t- **F**^{1}. prest- **E**^{1}. -ntum **E**^{2} | Leucosia (*Müllenhoff*) *D*^{2}. *cfr. II 204.* -casia *ll. v* 9 Iscia *G* 10 eo enotris (oen- **E**) **DF**^{1}**Ea** 11 ab (*P*) *H e MCap. om. ll. v* | specula *v e Sol. et MCap.* spectaula **E**. -aculu **dT**. espe- **R**^{2}. exspe- **F**. expe- *r* 12 claritate *B e Dic.* -tes **F**^{2}**R**^{2}*v*. -tis *r* | sichania (sica- *v*) a **R**(?)*va. G (Brot.)* 13 thucydidi *G.* -de *ll. v (Brot.)* | trinacria a **R**(?)*va. G (Brot.)* | autem **F**^{2} | trinatia **RE**. *om. Dic.* triquetra *va. S* 14 DXXVIII *D coll. § 87* 16 XII *va. H* | //// fraeto **F**. autem freto **DEa**

M·D p. iuxta Columnam Regiam. ab hoc dehiscendi argumento Rhegium Graeci nomen dedere oppido in margine
87 Italiae sito. in eo freto est scopulus Scylla, item Charybdis mare verticosum, amb*ae* clarae saevitia. ipsius triquetrae,
86 ut diximus, promunturium Pelorum vocatur adversus Scyllam vergens in Italiam, Pachynum in Graeciam, CCCCXL ab eo distante Peloponneso, Lilybaeum in Africam CLXXX intervallo a Mercuri promunturio et a Caralitano Sardiniae CXC. inter se autem promunturia ac latera distant his spatiis: terreno itinere a Peloro Pachynum CLXXVI, inde Lilybaeum CC, unde Pelorum *C*CXLII.
88 coloniae ibi *V*, urbes aut civitates LXIII. a Peloro mare Ionium ora spectante oppidum Messana civium R., qui Mamertini vocantur, promunturium Drepanum, colonia Tauromenium, quae antea Naxos, flumen Asines, mons Aetna, nocturnis mirus incendiis. crater eius patet ambitu stadia viginti; favilla Tauromenium et Catinam usque pervenit fervens, fragor vero ad Maroneum et Gemellos
89 colles. scopuli tres Cyclopum, portus Vlixis, colonia Catina, flumina Sym*ae*t*h*um, Terias. intus Laestrygoni campi. oppida Leontini, Megaris, amnis Pantagies, colonia Syracusae

§ 87: Sol. 5, 2. — (5) Mela II 115. 116. Timosth. ap. Agathem. l. l. p. 483. — § 88: MCap. VI 647. Mela II 117. 119. Sol. 5, 5. — § 89: Mela II 117. 118. Sol. 5, 14. 5, 8 extr. Mela II 118.

1 dehiscindi **Da**. dih- **F**^{1}. decisc- **E**^{1}. disc- *Dic.* 3 est **F**^{2}**E**^{2}**a**^{2}*v*. et *r Dic.* | scyllae *D*^{2} *UZ p. 25. sed cfr. Mela* (*Sen. ep. 79, 1*) 4 ambae *Dic.* -bose **DR**^{1}**E**^{1}**a**. -bo *rv* | clarae seuitia *Dic.* -ra saeuitiae **DE**^{1}**a**. -ra -tia *r*(?)*v* | triquetra **F**^{1}**E**^{1}**a**. -tiae **R**^{1}. -quadrae *Dic.* 5 pelorus **F**^{1}**a**^{2}*va. S. cfr.* Pelorias *§ 90* (*Mela, Sol., MCap.*) 7 CXL **F**^{2}. CXLIIII *va. H* 8 et a **R**(?)*v*. et *r* 9 CXX M *va. H* | autem haec **R**(?)*va. D*^{2} 10 distantis **R**^{1}**d**. -nt **F**^{1}**R**^{2}. -ntia *Dic.* 11 CLXXVI *ego e MCap.* -XXXVI *ll. H.* -XVI *v* | unde **DFEa**. inde **R**(?)*Dic. v* | CCXLII *ego.* CXLII *ll. D.* -LIII *MCap.* CLXX **F**^{2} *in ras. v* 12 V *P e MCap. om. ll. va. H* | aut *ll. S.* ac *v*(*J*) 13 //// spectante **F***v*. expe- *r Dic.* | oppidū **a**^{3}(**R**?)*v*. -do *r Dic.* 17 Catanam *B* (*item infra*) 18 Maronem *va. S* 20 symaethum *v*. -metum *ll* 21 pantagies **F**^{2}**d***v*. -gyes **R**^{2}. -gees **E**^{2}. -cies **F**^{1}**a**. -cyes *r D*^{1}. *cfr. MPt p. 399*^{b}

cum fonte Arethusa, quamquam et Tem*e*nitis et Archidemia et Magea et Cyane et Milic*h*ie fontes in Syracusano potantur agro, portus Naustathmus, flumen Elorum, promunturium Pachynum, a quo . . . fronte Siciliae flumen Hyrminum, oppidum Camarina, fluvius Gelas, oppidum Agragas, quod Agrigentum nostri dixere, Thermae colonia, 90 amnes Achate*s*, Ma*zara*, Hypsa, Selinuus, oppidum Lilybaeum, ab eo promunturium, Drepana, mons Eryx, oppida Panhormum, Soluus, Himera cum fluvio, Cephaloedis, *H*aluntium, Agathyrnum, Tyndaris colonia, oppidum Mylae et, unde coepimus, Pelorias. intus autem Latinae condicionis 91 Centuripini, Netini, Segestani, stipendiarii Assorini, Aetnenses, Agyrini, Acestaei, Acrenses, Bidini, Citarini, Drepanitani, Ergetini, Echet*l*ienses, Erycini, Entellini, Egguini, Gelani, Galacteni, Hal*a*esini, Hennenses, Hyblenses, Herbitenses, Herbe*sse*nses, Herbulenses, Halicuenses, Hadranitani, Imacarenses, I*ch*anenses, I*a*etenses, Mutustra*ti*ni, Magellini,

§ 90: Mela II 118. 119. — § 91: Mela II 118.

1 temenitis *v e Thuc. VII 3,3.* -minitis F^{2}. -nilis *r* 2 milichie *B.* -cie Ra. -ciae Dd*v*. -itiae *r* 3 ponantur E*D* 4 qua RE^{2}*va. D*^{2} | *lac. ego indicavi* 5 hyrminum R*D*. yr- a. hir- (-nium F^{2}*v*) *rv* 6 Acragas *G. cfr. nota ad XXXV 62* | hermae R^{1}. thermo F^{1}. -rino F^{2} 7 achates *H.* -tae E. *cfr. XXXVII 139.* agather a. -thae F. -the *rv*. Atys *B* | mazara *H.* mater *ll. v.* et *B.* (macer T *MPt p. 395*^{a}) | hipsa F^{2}. ip- F^{1}a. yp- *va. B* | selinius R. -nus F*va. D* | *dist. va. G*(*D*) 9 solus d*G* | haluntium *ego coll. XIV 80.* alun- *G.* -nfium d. -untinum (-ut- R. -yt- F^{2}) *r* 11 pelorus a^{3}*va. S* | autem *om.* Rd(?)*va. D* 12 netini R^{2}*G*. nepi- *rv* | adsorini F^{1}. arso- D. -oniri Ea 13 agyrini R*B*. agryni DFd. -rini E^{1}a. ager- E^{2}*v* | citarini *B e Cic. Verr. III 103.* cet- *H.* citatiarini Ra*v*. cyt- *r*. (*add.* Cacirini *B.* Cacyr- *H. del. D*) 14 echetlienses (*B*^{2}) *H e St Byz.* echeſti- *ll.* eceſti- *B*^{1} | entellini F^{2} *in ras. v e Ptol.* -tenetini (-nit- R^{1}) *ll. add.* etini (net- F^{2}*v*) edini *ll. v.* etini *G.* enini *S e Ptol. III 4,7* (῞Ινα). *del. ego* | enguini dT*B* 15 galacteni (-lect- a) *ll. D.* -ateni dT*v*. -atani *C.* -atini *S* | halesini F^{2}R(?)*v*. helas- F^{1}dT. lahes- *r. cfr. CIL X p. 768* | herbitenses *B.* hebrit- (ebritt- a) *ll. v* 16 herbessenses *B.* -benses *ll. v* | halicyenses d(?)*B e Cic. Verr. III 13. 91. V 15.* -ciaenses R | imacarenses *B.* maga- (imaga- d) *ll.* maca- *v* 17 ichanenses *B e St Byz.* yppa- a. ipa- *rS* |

Murgentini, Mutycenses, Menaini, Naxi, Noini, Petrini, Paropini, Phintienses, Semelitani, Scher*i*ni, Selinunti, Symaethii, *T*alarenses, Tissienses, Triocalini, Tyracinenses. Zanclaei Messeniorum in Siculo freto sunt.

92 Insulae *in* Africam versae Gaulos, Melita a Camarina LXXXVII, a Lilybaeo CXIII, Cossyra, *Hi*ero*nn*esos, Caene, Galata, Lopadusa, Aethusa, quam alii Aegusam scripserunt, Bucinna et a Solunte LXXV Osteodes contraque Paropinos Vstica. citra vero Siciliam ex adverso Metauri amnis XXV ferme p. ab Italia septem Aeoliae appellatae, eaedem Liparaeorum, *H*ephaestiades a Graecis, a nostris Volcaniae, Aeoliae, quod Aeolus Iliacis temporibus ibi regnavit.

93 **9.** Lipara cum civium Romanorum oppido, dicta a Liparo

§ 92—94: MCap. VI 648. — § 92. 93: Mela II 120. — § 92: (10) Sol. 6, 1. — § 93 init.: Sol. 6, 2.

iaetenses *B*. met- **a**. iet- *ll.v*(*H*) | mutustratini *B*^{1} *e Polyb. I24,11 et Diod. XXIII9,3. 4.* mytistr- (*B*^{2})*S*. mutrustani **Fd***v*. -strani *r* | magellini **d**(?)*v*. -elini *ll*

1 mutycenses **d**^{2} *in marg. H*. -tyenses *B*. -ticenses *ll.v. om.* **d**^{1} | menaini (-ani **R**) *ll*. -anini **d**^{2}*v*. *om.* **d**^{1}. menaeni *Cic. Verr. III55. 102* | noini (oi- **a**) *ll.D*. noaei *S*. -aeni *B*. nonii *v* | petrini **d**^{2} *in marg. B*. -tini *ll.v* 2 phitinenses **F**^{2}. phtinthienses *H* | scherini *B e Ptol. III4,7 coll. Cic. Verr. III 103*. sesch- *v*. seschterni **FE**^{1}. sascht- **a**. saescht- **DR**. saeschet- **E**^{2} | selinuntini **F**^{2} 3 sumaethy **F**^{1}. sim- **F**^{2}**a** | talarenses (-rienses *B*) *H*. ilar- **R**^{1}. i. ar- **F**^{1}. silar- **F**^{2}**R**^{2}. lar- *r* | tissienses *B*. -inenses *ll.v. cfr. Cic. Verr. III86. Ptol. III4,7* | tyracinenses *Brot. e coni. H e StByz.* trirac- **R**. -cienses (-cye- **F**) *rv*. tira- *G* 3—5 *dist. ego. punctum pon. post* Messeniorum **Fa***v*(*D*^{2}), *post* freto *G. cfr. p. 267,11* intus *et § 76. 151. IV52. V41. 128. VI32. 198* 5 in **a**^{3}(**d**?)*v*. *om. ll.D. an* ad? | gaulos **F**^{2}*G*. -lo *codd. MCap.* caulos *r*. gauros *v* | camarina **F** *MCap.* camer- *rv. cfr. Ptol. l.l.* 6 LXXXIIII **Ea***va.H*. -VIII *MCap.* | cosyra **R**(?)*va.D. cfr. V42* | hieronnesos *B e Polyb. I60,3.* eromnisos *ll*. laron nesos *MPt p. 410*^{a} 7 lopadusa *B e StByz.* lep- *ll.v*(*D*^{1}) 8 bucinna **F**^{2} *in ras.* **E**^{2}*B*. -iona **E**^{1}. -ion *rv*(*D*^{1}). *cfr. St. Byz.* | osteades **F**^{2}*va.B* 9 ustica *B*. uscita (osc- **F**^{2}) *ll* 11 hephaestiades *C*. et aepestiades **AD**. -dis **E**. aephaestiadis **F**. ephest- **Ro**. -des *v*. et estiadis **a** | uolcaniae **DF**^{1}**dE***C*(*H*). -ni **AF**^{2}*v*(*G*). -nia **RaT**. -nia uel **o** 12 eolie **a**. -ia eo **o** | regnabit **F**^{1}**R**^{1}. -bat *va.H*

rege, qui successit Aeolo, antea Milogonis vel Meligunis vocitata, abest XXV ab Italia, ipsa circuitu paulo minor V. inter hanc et Siciliam altera, antea Therasia appellata, nunc Hiera, quia sacra Volcano est, colle in ea nocturnas evomente flammas. tertia Strongyle, a Lipara *VI* p. ad 94
exortum solis vergens, in qua regnavit Aeolus; quae a Lipara liquidiore tantum flamma differt, e cuius fumo, quinam flaturi sint venti in triduo, praedicere incolae traduntur; unde ventos Aeolo paruisse existimatum. quarta Didyme, minor quam Lipara. quinta Ericusa, sexta Phoenicusa, pabulo proximarum relictae. novissima eademque minima Euonymos. hactenus de primo Europae sinu.

10. (15) A Locris Italiae frons incipit, Magna 95
Graecia appellata, in tris sinus recedens Ausonii maris, quoniam Ausones tenuere primi. patet LXXXVI, ut auctor est Varro; plerique LXXV fecere. in ea ora flumina innumera, sed memoratu digna a Locris Sagra et vestigia oppidi Caulonis, Mustiae, Consilinum castrum, Cocynthum, quod esse longissimum Italiae promunturium aliqui existimant. dein sinus et *oppidum* Scolacium, Scylaceum et Scylletium

§ 94: Sol. 6, 3. cfr. Isid. or. XIV 6, 36. — § 95: MCap. VI 649. — cfr. Sol. 2, 24. — (18) Mela II 68. — (20) Sol. 2, 10. 23.

1 cui successit aeolus *B e Sol.* | milogonis **A***J*. melog- **R**^{2}*G*. imong- **R**^{1}. milonginis **F**. mlong- (-nus **D**^{1}) **D**. long- *rv*. -gonis *B* | miligunis **A***D*^{2} 2.3 minor V̄ **F**^{2} *in ras.* -or V milia **AE**^{2}*D*. -orum **DE**^{1}**a**. -or **Rd**(?)*H*. -ori *v* 3 hanc *om.* **DR**^{1}**E**^{1}**a**. ///// **F**^{1} 5 strongyle **d**(?)*v*. -gulae **A**. -gile **a**. sthrong- **F**^{2}**R**^{2}**E**^{2}. strog- **o**. sthrog- *r* | V̄I p. *D*^{2}. m̄ passus **A**. mille pa- *rv*. V̄III p. *U 56* 7 differi **D** | e **a** *MCap. G.* ex *Sol.* a **AE**^{2}**o** *D. om. rv* 8 triduum (**D**?) **a**^{3} *B*(*D*^{1}) 10 ericusa *B e Strab. VI 275 et schol. Apoll. Rhod. III 41.* eriphusa **Ad***v*(*D*). eryth- **R**. eryph- *r. cfr. Sol. et MCap.* 11 relicta **d***va. J* 12 minima **AF**^{2}**E**^{2}*v*. mim **F**^{1}. minim *r* 13 frons **p** *MCap. v.* fons *ll* 17 sagra **T***v*. agra *ll* 18 mystiae *va. S* | cocynthum *D. cfr. § 43.* -tum **A**. cocc- *r*. cocinthum **d**(?)*B*. coccinum **a**. carci- *v* 20 et *ll. B*(*D*^{1}). scyllaceus et *v*(*H*). scylacius et *S* | oppidum *MPt p. 329*^{b}. urbs *D*^{1}. *om. ll. v* | scolacium *ego. cfr. CIL X p. 12 n. 103.* -agium (-aghium **DR**. -agi//ū **F**) *ll. v*(*D*). stola- *J*^{2}. *del. B* | scylaceum **AR**. -caeum

Atheniensibus, cum conderent, dictum, quem locum occurrens Terinaeus sinus p*ae*ninsulam efficit, et in ea portus qui vocatur Castra Hannibalis, nusquam angustiore Italia: XL p. latitudo est; itaque Dionysius maior inter-
96 cisam eo loco adicere Siciliae voluit. amnes ibi navigabiles Carcinus, Crotalus, Semirus, Arogas, Thagines, oppidum intus Pet*e*lia, mons Clibanus, promunturium Lacinium, cuius ante oram insula X a terra Dioscoron, altera Calypsus, quam Ogygiam appellasse Homerus existimatur, praeterea Tyris, Eranusa, Meloessa. ipsum a Caulone abesse LXX prodit Agrippa.

97 **11.** A Lacinio promunturio secundus Europae sinus incipit, magno ambitu flexus et Acroceraunio Epiri finitus promunturio, a quo abest LXXV. oppidum Croto, amnis Neaethus, oppidum T*h*uri inter duos amnes Crat*h*im et Sybarim, ubi fuit urbs eodem nomine. similiter est inter Sirim et Acirim Heraclea, aliquando Siris vocitata. flumina Talandrum, Casuentum, oppidum Metapontum, quo
98 tertia Italiae regio finitur. mediterranei Bruttiorum Aprustani tantum; Lucanorum autem Atinates, Bantini, Eburini,

§ 96: (7) Mela II 68. — Homer. η 244. μ 448. Agrippa fr. 10 R. — § 97: (12—14) MCap. VI 650. Sol. 2, 24. (14) Mela II 68. — § 98: Cato fr. 68 p. 53 Peter. Theopomp. fr. 233 Müller.

(scil- **F**) **DF***G*. -cium *H*. scyllaceum **Eap***v*(*J*^{2}). -cium *B*. *del.D* | et *ll.v*. *del.B* | scylletium *B*. -tum *v*. scyletium **ARp**. -thium *r* 2 terinaeus **d***G*. -neus *v*. taerinus **A**. -nes (tęnnes **R**^{1}) *r* 3 nusquam **A***v*. numq- *r* 4 XL **AF**^{2}*Sol.MCap.v*(*J*^{2}). XI (XII **D**^{1}) *r*. XX *B e Strab.VI p.255 init.* 6 carcinus *D*. *cfr.Mela*. -rginus **A**. -rcines *rH* | arogas **AF**^{2}*J*. -ocas *rS*. -ocha *v* | thagines **AF**^{2} *in ras.***R**^{2}*D*. thasg- **R**^{1}. tharg- **DE**^{2}. targ- **E**^{1}**ad***v* 7 petelia *ego. cfr.Niss.It.II p.936 n.3.* -tilia *ll.v* 8 oram **R***v*. ora *r* 10 tyris **ARa***G*(*D*). tiris *rv*(*H*). (tres sirenussae *B*) gaulone **F**^{2} *in ras.* cal- a 11 prodidit **d**(?)*va.D* 15 thuri (*P*)*H*. -ium *v*. tyri **A**. tauri *r* | crathim *S*. -in *v*. -tim *ll* 17 acirin *B e Strab.VI p.264 init.* agirim **AR**^{2}. acrim *rv* 18 talandrum **A**. cha- **D**. tha- (-lend- **F**^{2}) *rv*. aca- *B e Strab.VI p.280. cfr.Niss.l.l.p.914 n.1* | qua **FdREa** 20 atinates **A***v*(*S*). attin- *r*. aten- *H* | buntini **A**. bantani **Ea**^{1}

Grumentini, Potentini, Sontini, Sirini, Tergilani, Vrsentini, Volcentani, quibus Numestrani iunguntur. praeterea interisse Thebas Lucanas Cato auctor est, et *Pando*s*iam* Lucanorum urbem fuisse Theopompus, in qua Alexander Epirotes occubuerit.

(16) Conectitur secunda regio amplexa Hirpinos, 99 Calabriam, Apuliam, Sallentinos, CCL sinu qui Tarentinus appellatur ab oppido Laconum — in recessu hoc intimo situm, contributa eo maritima colonia, quae ibi fuerat, abest CXXXVI a Lacinio promunturio —, adversam ei Calabriam in paeninsulam emittens. Graeci Messapiam a duce appellavere et ante Peucetiam a Peucetio Oenotri fratre in Sallentino agro. inter promunturia C intersunt. latitudo p*ae*ninsulae a Tarento Brundisium terreno itinere *X*XXXV patet multoque brevius a portu Sasine. oppida 100 per continentem a Tarento Vria, cui cognomen *ob* Apulam Messapiae, A*le*t*ium*, *in* ora vero Senum, Callipolis, quae nunc est Anxa, LXXV a Tarento. inde XXXIII promunturium quod Acran Iapygiam vocant, quo longissime in maria excurrit Italia. ab eo Basta oppidum et Hydruntum

§ 99: cfr. Strabo VI p. 261. — Mela II 68. — (11) Sol. 2, 12. — § 100: (17) Mela II 66. — Sol. 2, 54. — (19) MCap. VI 650.

1 sirini — ursentini *om.* $\mathbf{DF^1R^1E^1a}$ | syrini $\mathbf{F^2E^2}$ | tercillani $\mathbf{R^2}$ 2 uolcentani $\mathbf{AR^2}$*G*. uolent- *r*. uolsent- *v*. uulcet- **p**. (*an* Volceiani?) 3 pandosiam *B e Strab. VI p. 256.* mardoniam (-dan- $\mathbf{F^2}$. -daon- $\mathbf{E^2}$) *ll. v*(*J*) 8—10 *dist. ego* 8 recessū **DEa** 9 situm *ll.* -to $\mathbf{a^3}$*v* | eo *om.* $\mathbf{d^1}$ | qui $\mathbf{DF^1E^1}$ 10 CXXXV **E** 11 paeninsula **A** 15 XXXXV *D It. p. 27 n. 7.* XXXV *ll. H.* -II *v* | sasinae $\mathbf{F^2}$$D^2$. -nea **A**. -na *v*. -ne **R***S*. rasinae (-ne **a**) *r* 16 uria *D cum Vossio ad Melam II 4,7* (*Momms. unterit. Dial. p. 47. 61*). uaria (-roa **R**. baria $\mathbf{F^2}$) *ll. v* | ob *ego. om. ll. v.* ad discrimen (*Cluver*) D^2 | apulam messapiae *ego.* -lae messapiā (mesapiam **a**) $\mathbf{F^1RE^1a}$. -lae messapia (mesa- **A**) *rv* 17 aletium *v e Ptol. III 1,67.* adium $\mathbf{DFdR^1E^1}$. -iuum **a**. sarmadium $\mathbf{AE^2p}$*D*. serm- $\mathbf{R^2}$ | in *v. om. ll* | saenum **A**. ren- $\mathbf{DF^1d}$. senonum *va. H* | callipolis **A***H*. ga- *rv* 18 XXXIII *ll. v*(*D*). -II *G* 19 acran *v*. acar- **A**. agar- $\mathbf{F^2E^2}$. agr- *r*

decem ac novem milia passuum, ad discrimen Ionii et
Hadriatici maris, qua in Graeciam brevissimus transitus,
ex adverso Apolloniatum oppidi latitudine intercurrentis
101 freti $\overline{\text{L}}$ non amplius. hoc intervallum pedestri continuare
transitu pontibus iactis primum Pyrrus Epiri rex cogitavit,
post eum M. Varro, cum classibus Pompei piratico bello
praeesset; utrumque aliae inpedivere curae. ab Hydrunte
Soletum desertum, dein Fratue*n*tium, portus Tarentinus,
statio Miltopes, Lupia, Balesium, Caelia, Brundisium $\overline{\text{L}}$ p.
ab Hydrunte, in primis Italiae portu nobile ac velut cer-
tiore transitu sicuti longiore, excipiente Illyrici urbe Dur-
102 rachio $\overline{\text{CCXXV}}$ traiectu. Brundisio conterminus Poediculo-
rum ager. novem adulescentes totidemque virgines ab
Illyriis XII populos genuere. Poediculorum oppida Rudiae,
Gnatia, Barium, amnes Iapyx a Daedali filio rege, a quo
et Iapygia A*c*ra, Pactius, Aufidus ex Hirpinis montibus
103 Canusium praefluens. hinc Apulia Dauniorum cognomine
a duce Diomedis socero, in qua oppidum Salapia Hanni-
balis meretricio amore inclutum, Sipuntum, Vria, amnis

§ 101: (7) Mela II 66. — § 102: (14) Mela II 66. — (15) Sol. 2, 7. — § 103: Mela II 66. 65.

3 appollonia (-iae *G*) **AF**^{2} *cum ras.* **E**^{2}*va.H* | oppidi *ll.G*(*S*). -dum *C*(*H*). -do *v* 4 i. **F**^{1}. id **a**. C̄ *B* | continuare **AF**^{2}**E**^{2}*v*. -uere *r* 7 inpediere **F**^{1}**dRa***va.H* 8 fratuentium (*Momms. CIL IX n.1006*) *D*^{2}. -ertium **A***v*(*S*). fratru- *r Brot.* 9 miltopes **AF**^{2}**a***D*. -paes **DRE**. -pae *H*. militop//// **F**^{1}. -tum **a**^{3}*v* | lupia **A***B*. lubia **F**^{2}. //upia **F**^{1}. upia *r*. upta **a**. luspia *v* | balesium **AF**^{2}*v*. -essum **F**^{1}**dR**. -laesum **E**^{1}. -ssum *r* | caelia (ce- **R**^{2}) **AR**^{2}*S*. -lium **F**^{2}*v*. -li (ce- **R**^{1}**a**) *r* 11 sicut **E**. sic utique **R**(?)*H*. sed utique *vet.Dal.* | illyrice **A**. -cae **F**. -ca **a***va.S* 12 pediculorum **FRa** *va.S. cfr.§38* 14 XVI **A***S*. XIII **a**^{3}*va.J* | ruriae **A**. rudia *va.*(*P*)*H* 15 gnatia **AFRp***J*^{2} *coll.II240*. egn- *r*(?)*B*. ingn- **a**. stegn- *v* | barium **F**^{2}**R***G*. uar- **A**. bariom *r*. -ion *v* | amnex **Ra**. -ne// **F**^{1}. ampes **E**^{2}. -pe **F**^{2}. ante *va.H* | iapyx **A***v*. -pryx **DRE**^{1}. -p/// **F**^{1}. -pex **F**^{2}**E**^{2} | filio **F**^{2}*v*. amnes filio **AR**^{2}. f *r* | ege **A**. egeę **R**^{2}. egi **F**^{2} *in ras. del. va.H* 16 Acra *D*^{2}. aritan **A**. ami-tan *r*. -ta **p***v*. amnes *G. del.H.* Acra, iam *U 57*. Acra item *J*^{2}. clari iam *D*^{1}. | pactius **F***v*. -tris **A**. pattius *r* 19 sipuntium **R**. -nitum **o**. -pontum **Aa***va.D*^{2} | uria **Dd***v*. -iae *r*. *cfr.§100*

Cerbalus, Dauniorum finis, portus Aggasus, promunturium
montis Gargani, a Sallentino sive Iapygio CCXXXIIII am-
bitu Gargani, portus Garnae, lacus Pantanus, flumen por-
tuosum Fertor. Teanum Apulorum itemque Larinum, Cliternia,
Tifernus amnis. inde regio Frentana. ita Apulorum genera 104
tria: Teani a duce e Grais; Lucani subacti a Calchante, quae
nunc loca tenent Atinates; Dauniorum praeter supra dicta
coloniae Luceria, Venusia, oppida Canusium, Arpi, ali-
quando Argos Hippium Diomede condente, mox Argyripa
dictum. Diomedes ibi delevit gentes Monadorum Dardo-
rumque et urbes duas, quae in proverbii ludicrum vertere,
Apinam et Tricam. cetera intus in secunda regione Hir- 105
pinorum colonia una Beneventum auspicatius mutato no-
mine, quae quondam appellata Maleventum, Aeculani, Aqui-
loni, Abellinates cognomine Protropi, Compsani, Caudini,
Ligures qui cognominantur Corneliani et qui B*ae*biani,
Vescellani. A*us*culani, Aletrini, Abellinates cognominati
Marsi, Atrani, Aecani, Alfellani, Atinates, Arpani, Borcani,
Collatini, Corinenses et nobiles clade Romana Cannenses,
Dirini, Forentani, Genusini, Herdonienses, Irini, Larinates

§ 104: (8. 9) Sol. 2, 10. — § 105: (14) Liv. IX 27, 14. Fest. p. 34. 340.

1 aggassus **A***D*^{2}. agasus **o***v* 2 CCXXXIIII **A***G*. -III *rv*
4 fertor **DF**^{1}**dT***D*. -to **R**. -tur **Ea**. fer **AF**^{2}. frento *v* | larinatum *H* | cliterna **AF**^{2}**E**^{2}. -ern **E**^{1}. aliternia **a**^{3}*Dal.* 5 frentana **AF***v*. ferent- **F**^{2} *in marg.* fret- *r* 6 a **AF**^{2}*v*(*S*). *om.r Dal.* | e **Aa**^{2}*G*. *om.rv* 7 atinates **AF***G*. etin- *rv* 8 carpi **F**^{2}
9 hippium **A***v*. -idium (hypp- **E**. ypp- **a**) *r* | diomede — dictum *om.***DF**^{1}**R**^{1}**Ea** | argyrippa *G*. argir- **R**^{2} 12 et **ARE***B*. met *rv* | tricam *B*. aicram **DFdR***v*. aior- **Ea**. atr- **A** | cetero **d***H*. -rum **o**
14 aeculani **A***G*(*S*). ecu- **E**. ausaecu- **F**. ausecu- *rv*(*H*). auscu- *D*^{1} 16 et qui — 17 uescellani *om.***DF**^{1}**d**^{1}**RE**^{1}**a** | baebiani *D*. beb- *ll.v* 17 ausculani *D*^{2}. *cfr. Momms. ad CIL IX p. 62. Niss. It. II p. 845 n. 4.* aeul- **A**. ecul- **E**^{2}. decul- *rv*. aecul- *H*. aecl- *S* | aletrini **F**^{2}*v*. alit- **AE**^{2}. aletri *r* 18 atinates **Dd***S*. anti- **A**. atti- *rv* | borcani *om.***a**. uorga- **A**. uorca- *va.B*
19 corinenses **d***v*. cari- **A**. corri- (carri- **F**^{2}) *r* 20 herdonienses **Aa**^{3}*H*. hord- *G*. herdori- (erd- **R**) *rv* | irini *ll.v*(*D*). yr- **a**. hyrd(?)*B ex Herod. VII 170*

cognomine Frentani, Metinates ex Gargano, Mateolani, Neretini, *N*atini, Rubustini, Silvini, Strapellini, Turnantini, Vibinates, Venusini, Vlurtini. — Calabrorum mediterranei Ae*z*etini, Apamestini, Argetini, Butuntinenses, Deciani, Grumbestini, Norbanenses, Palionenses, Stulnini, Tutini. — Sal*l*entinorum Aletini, Basterbini, Neretini, V*z*entini, Veretini.

106 **12.** (17) Sequitur regio quarta gentium vel fortissimarum Italiae. in ora Frentanorum a Tiferno flumen Trinium portuosum, oppida Histonium, Buca, Hortona, Aternus amnis. intus Anxani cognomine Frentani, Care*c*ini Supernates et Infernates, *I*uanenses. — Marrucinorum Tea*t*ini. — Paelignorum Corfinienses, Superaequani, Sulmonenses. — Marsorum Anxatini, A*n*tinates, Fucentes, Lucenses, Marruvini. — Albensium Alba ad Fucinum
107 lacum. — Aequiculanorum Cliternini, Carseolani. — Vestinorum Angulani, Pennienses, Peltuinates, quibus iunguntur Aufinates Cismontani. — Samnitium, quos Sabellos et Graeci Saunitas dixere, coloni*ae* Bovianum Vetus et alterum

---

§ 106: (8—10) Mela II 65.

---

1 metinates **AF**^{2}**a**^{3}*G*. etin- (etm- **R**) *rv*. meri- *H*. *cfr. Niss. It. II p. 838 n. 2* | neretini (-rat- **F**) *ll. v* (*D*). nerit- *G*. net- *H*
2 natini *D*. mat- *ll. v. del. H* | rubustini **AF**^{2}**E**^{2}*G*(*H*). -sini *r*. tubustini *v*. rob- *Dal.* | turmantini (-men- *G*) **d***v a. D* 3 aezetini (*MPt p. 332*^{a}) *D*^{2}. aeget- **DRE***G*. eget- **a***v*. agaet- **F**. aelit- **A**. *cfr. Niss. It. II p. 858* 4 argentini **E***B. om. v* | grumbestini **AF**^{2}*H*. brum- *rv* 5 narbonenses **A***v a. G* | palionenses **A***G*(*S*). balto- *r*. palto- *H. om. v* | stulnini *ll. v*(*D*). sturn- *B e Ptol. III 1, 68*
6 alentini **AF**^{2}**E**^{2}**a** | uzentini *D cum Momms. unterit. Dial. p. 52* (*CIL IX p. 3*). ulent- *ll. v*(*J*). uxent- *H*. ualent- *B* 9 hortona **A***J*. -tana (ort- **Fd**) *r*. Ortona *v e Strab. V p. 242* 10 carecini *Nipperdey opusc. p. 203*. -etini *ll. J*. carent- *v*. *cfr. Niss. It. II p. 790*
11 iuanenses (*Momms. CIL IX p. 274*) *D*^{2}. lanuenses *ll. v*
12 teatini *v e Ptol. III 1, 53*. teacini (taea- **AF**) *ll* | corfinienses *v*. coruini- **A**. cornifici- *r* 13 anxatini **DF**^{1}**E***D*. anaxt- **a**. anaxat- **AF**^{2}*J*. anxant- **d***v*. hanc sat- **R** | antinates *D cum Momms. l. l. p. 321* (*CIL IX p. 362*). ati- **A***v*. atti- *r* 14 marruini **A**. -ubini **F**^{2}. maruuii **d***v a. S* 16 pennienses *ll. v*. pinnie- **a**. penne- *D*. pinne- *B*. *cfr. Ptol. III 1, 52* 18 coloniae *Momms. CIL IX p. 239*. -nia *ll. v* | bouianum *v*. -nium **AF**^{2}. uouianum **F**^{1}. uobi- **R**. -nium *r*

cognomine Vndecumanorum, Aufidenates, Aesernini, Fagifu-
lani, Ficolenses, S*a*epinates, Ter*e*ventinates. — Sabinorum
Amiternini, Curenses, Forum Deci, Forum Novum, Fidenates,
Interamnates, Nursini, Nomentani, Reatini, Trebulani qui
cognominantur Mutuesci et qui Suffenates, Tiburtes, *T*ari-
nates. in hoc situ ex Aequicolis interiere Comini, Tadiates, 108
Caedici, Alfaterni. Gellianus auctor est lacu Fucino
haustum Marsorum oppidum Archippe, conditum a Marsya
duce Lydorum; item Vidicinorum in Piceno deletum a
Romanis Valerianus. Sabini, ut quidam existimavere, a
religione et deum cultu Sebini appellati, Velinos accolunt
lacus, roscidis collibus. Nar amnis exhaurit illos sulpureis 109
aquis Tiberim ex his petens, replet e monte Fiscello
Ave*n*s iuxta Vacunae nemora et Reate in eosdem conditus.
at ex alia parte Anio, in monte Trebanorum ortus, lacus
tris amoenitate nobiles, qui nomen dedere Sublaqueo,
defert in Tiberim. in agro Reatino Cutiliae lacum, in
quo fluctuetur insula, Italiae umbilicum esse M. Varro
tradit. infra Sabinos Latium est, a latere Picenum, a
tergo Vmbria, Appennini iugis Sabinos utrimque vallantibus.

---

§ 108: Gelli[an]us: cfr. Peter hist. Rom. fr. p. 94. — Sol. 2, 6. — Varro ap. Fest. p. 343. — § 109: (17) Varro LL V 71. Sol. 2, 23. cfr. Plin. II 209. XXXI 10. 59.

---

1 aesernini (-rrini **E**) **AE***D*. ese- *v*. ase- *r* | fagifulani **A***G*. -ugali *rv* 2 saepinates *H*. sep- *ll.v* | tereuentinates *S*. tercuen- **A**. treuen- *G*. teuen- **da**. teren- **R**. teuentiates *r*. treuen- *v* 5 mutuesci **T***D*. -uesti **DdEa***v*. -usti **R**. -taei *B*. -usci **AF**^{2} *in ras.S*. -caei *G* | suffenates **A***v*. sufe- *r* | tarinates **a**^{3}*B*. parin- (paren- **A**) *ll.v* 6 tadiatestes **R**. -tester **DEa** 7 cedici **Ea**. cned- **D**. aced- **F**^{2}**a**^{3}*va.H* | gelbianus **R**. gella- **E**^{1}. Gellius *Peter hist.Rom.fr.p.94. cfr.index* 9 uidicinorum **A***G*(*J*). uitic- (uic- **F**^{1}) *rH*. urtic- *v* 10 Valerius Antias *coni.Münzer p.376 n.1* 11 saebini **F**^{2}. saeuini **F**^{1}**a**. seu- **R**^{1}**dT***va.J* 12 roscidis **F**^{2}*v*. royc- **A**. prosc- *r* 13 *dist.D* | e **AF**^{2}*v*. a **a**^{2}. *om.r* 14 Auens *D cum Prellero. cfr.Serv.Aen.VII 657*. aues *ll*. labens *v* 15 anio **AF**^{2}*v*. annio *r* 17 cutiliae **A***v*. -tiniae **Fd**. -ni ac *r* 18 fluctuet *va.S* | umbiculum **FR**^{2}**a**. uerb- **R**^{1} | M *om.***A** 19 atium **DR**^{1}**E**^{1}. ///// **F**^{1} 20 umbriam **A**

110 **13.** (18) Quinta regio Piceni est, quondam uber-
rimae multitudinis. $\overline{CCCLX}$ Picentium in fidem p. R.
venere. orti sunt a Sabinis voto vere sacro. tenuere ab
Aterno amne, ubi nunc ager Hadrianus et Hadria colonia
a mari $\overline{VI}$. flumen Vomanum, ager Praetutianus Palmen-
sisque, item Castrum Novum, flumen Batinum, Truentum
cum amne, quod solum Liburnorum in Italia relicum est,
flum*in*a Albula, Tessuinum, Helvinum, quo finitur Praetu-
111 tiana regio et Picent*i*um incipit. Cupra oppidum, Castel-
lum Firmanorum et super id colonia Asculum, Piceni
nobilissima intus, Novana. in ora Cluana, Potentia, Numana
a Siculis condita, ab iisdem colonia Ancona, adposita
promunturio Cunero in ipso flectentis se orae cubito, a
Gargano $\overline{CLXXXIII}$. intus Auximates, Beregrani, Cingulani,
Cuprenses cognomine Montani, Fal*e*rienses, Pausulani,
Planinenses, Ricinenses, Septempedani, Tolentina*t*es, Tra*i*-
enses, Vrbesalvia Pollentini.

112 **14.** (19) Iungetur his sexta regio Vmbriam conplexa

§ 110: (4) cfr. Paulus Festi p. 212 (117). — § 110. 111: Mela II 65. 64. — § 111: (12) Sol. 2, 10.

1 est **A***v*. et *r* 4 aterno **a***v*. att- *ll* | adrianus et adria **DFREa***C* (*item infra*) 5 $\overline{III}$ **Ea**. $\overline{VII}$ **F***va.S* | praetuttianus **DF**^{1}**RE** (*fere semper*) | palmesisque **R**. palam- **DF**^{1}**Ea** 6 idem **DFE** | batinum **A***v*. ////uat- **F**^{2}. uiuat- **DE**. -annū **a**. iuuatium **R** 8 flumina *v*(*D*^{2}). -men *ll.H* | albula tessuinum **E**^{2}*D*. -lates suinum **A***v*. -la teruinum *r*. -la teruium **dT***H* | heluinum **AF**^{2} *v*(*D*^{2}). *om.rH* | quo **AF**^{2}**E**^{2}*v*. quod *r* 9 picentium *v*. -tum *ll.D*^{2}. *cfr.v.2* 11 *dist. Momms. Herm. XVIII p. 192 n.* | nobana **ADE**. *del.D*^{2} *It.p.16* 12 ancon *va.G*. -co **dT** 13 Cumero *va.S* 14 CLXXXIII **A***v*(*S*). -IIII **E**^{2}*Brot*. -XXX *r* | beregrani **A***G*. uer- *rv* 15 falerienses *D*^{2}. falar- *ll.v. cfr. Niss. It. II p.423* 16 pleninenses *G* | septempedani **A***v*. -ales **F**^{2}. -ates *r* | tolentinates *ego. cfr. CIL IX p.530.* tolenses **A**. tollentinas **DF**^{1}**RE**^{1}**a**. -nates *v*. -nias **E**^{2}. -ni uel tolenses **F**^{2} | traienses *ego coll. CIL IX n.5646. 5647.* trace- *ll*. traice- **dT**. triace- *v*. treie- *H*. tree- *D*^{2}. *cfr. CIL IX n.5832.* (*VI n.2413,1. 2379*^{a}*,34*) 17 polentini **A***va.G* 18 iungentur **A**. -guntur **F**^{2}(**E**^{2}?). -gitur **R**^{2}*va.Brot*. | his **AEa***G*(*J*). hinc **F**. hic *rv*(*Brot*.). huic *coni.H*

agrumque Gallicum citra Ariminum. ab Ancona Gallica ora incipit Togatae Galliae cognomine. Siculi et Liburni plurima eius tractus tenuere, in primis Palmensem, Praetutianum Hadrianumque agrum. Vmbri eos expulere, hos Etruria, hanc Galli. Vmbrorum gens antiquissima Italiae existimatur, ut quos *O*mbrios a Graecis putent dictos, quod *in* inundatione terrarum imbribus superfuissent.
trecenta eorum oppida Tusci debellasse reperiuntur. nunc 113
in ora flumen Aesis, Senagallia, Metaurus fluvius, coloniae Fanum Fortunae, Pisaurum cum amne et intus Hispellum, Tuder. de cetero Amerini, Attidiates, Asisinates, Arnates, Aesinates, Camertes, Casuentillani, Carsulani, Dolates cognomine Sallentini, Fulginiates, Foroflaminienenses, Foroiulienses cognomine Concupienses, Forobrentani, Forosempronienses, Iguini, Interamnates cognomine Nartes, Mevanates, Mevanio*l*enses, Matilicates, Narnienses, quod oppidum
Nequinum antea vocitatum est, Nucerini cognomine Favo- 114
nienses et Camellani, Ocriculani, Ostrani, Pit*i*na*tes* cognomine Pisuertes et alii Mergentini, Plestini, Sentinates,

§ 112: (6) Sol. 2, 11 extr. — § 113 init.: Mela II 64.

1 citra **A***D*. circa *rv* 3 plurima **AR**^{2}**a**^{2}*G*. -mi *rv* 4 umbri eos **AF**^{2}**E**^{2}*v*. -ricos *r* 6 quos **A***v*. qrę **F**. que *r* | ombrios (*P*)*G*. umbrios *v*(*D*^{2}). -ius **A**. -iuos *r* 7 in *ego. om. ll.v*
8 debellasse **AF**^{2}**R**^{2}**E**^{2}*v*. uell- *r*. uall- **ad**^{2}**T** 9 aesis **A***C*. esis *v*. aessis **F**^{2}. aessi *r* | senogallia *va.S* | colonia **a**^{3}*va.H*
10 hispellum **A***v*. ispe- **R**^{2}. spe- **DFE**. pe- **R**^{1}**d**. be- **a** 11 asisinates **R**(?)*Brot*. assisi- **A**^{2}. assissi- **A**^{1}. asiri- *rv* 12 assuentillani **A**. casuentini *va.G* | carsulani **AF**^{2}(**R**?)*v*. curs- *r* | dolates **AF**^{2}*G*. doia- **DF**^{1}**d***v*. daia- **R**. dolactes **a**. doia- **E** 13 forotulienses **REa** *Brot*. 14 co//npienses **A**. conp- **F**^{2}**RE**^{2}. concubi- *va.Brot.* | forobrentani **AdTR***H*. -ętani **F**^{2}. -brentani (-pręnt- **F**^{1}) **DF**^{1}. -enuntani **a**. -tiani **E**. -emitiani *v*. forodruentani *D*^{1}. *cfr. CIL XI n. 6055* 15 iguini *ll.G*(*D*). iguui- *S*. inginini *v* | nartes (*add.* **R**^{2}) — 17 cognomine *om.* **R** | melianates **A**
16 meuaniolenses (*Cluver*) *S*. -nionenses (meliani- **A**) *ll.v.*(*H*). -nienses **F**^{2}**E**^{2}*G*. *cfr. Niss. It. II p. 379* 17 neque num **DF**^{1}**E**^{1}**a**
18 mellani **A** | ocricolani **DFRE**. otricul- *va.G*(*Dal.*) | pitinates *Niss. l. l. cfr. CIL XI p. 939. 876.* pitulani *ll.v* 19 plestini *ll.S*. pele- *G*. pe- *v*

Sarsinates, Spoletini, Suasani, Sestinates, Suillates, Tadinates, Trebiates, Tuficani, Tifernates cognomine Tiberini et alii Metaurenses, Vesinicates, Vrvinates cognomine Metaurenses et alii Hortenses, *V*ettonenses, Vindinates, Visuentani. in hoc situ interiere Feliginates et qui Clusiolum tenuere supra Interamnam et Sarranates cum oppidis Acerris quae Vafriae cognominabantur, Turocaelo quod Vettiolum, item Solinates, Curiates, Falinates, Sapinates. interiere et Arinates cum Crinivolo et Vsidicani et Plangenses, Paesinates, Caelestini. Ameriam supra scriptam Cato ante Persei bellum conditam annis DCCCCLXIII prodit.

115 **15.** (20) Octava regio determinatur Arimino, Pado, Appennino. in ora fluvius Crustumium, Ariminum colonia cum amnibus Arimino et Aprusa, fluvius Rubico, quondam finis Italiae. ab eo Sapis et Vtis et Anemo, Ravenna Sabinorum oppidum cum amne Bedese, ab Ancona CV, nec procul a mari

§ 114 extr.: Cato fr. 49 p. 50 Peter. — § 115: Mela II 64. 60.

1 sarsinates **FdRa** *Bas.* cars- **DE**. sass- **A***D*. fars- *v* | spolentini **DFREa** *va. Bas.* | suasani **A***H*. suarrani (sarr- **F**^{2}) *rG* | sessinates **A** | tadinates **AF**^{2}**E**^{2}**a***G*. ad- *r*. sad- *B* 2 treuiates **A** | tibernates **DFREa** | tiberini — 3 cognomine *om.* **R** | tiburini **A***va. G*. tibini **E**^{1} 3 uesinicates — 4 metaurenses *om.* **Ea** | uesinicates **F**^{2}*S*. bes- **A**. uesion- **DF**^{1}**d***v* | uruinates **F**^{1}**d**. urbin- **AF**^{2}*v*(*S*). urban- (**D**?)*H*(*J*). *cfr. Niss. It. II p. 396* (*CIL XI p. 747*)
4 hali **Aa** | uettonenses (*Cluver*) *H*. uettio- *B*. metto- **A**. metio- *rv* 5 uisuentani **A***D*^{1}. uiue- *rv*. uise- *D*^{2} *coll. CIL VI n. 2381*^{b}*, 6. 2383, 11* | feligenates **A** 6 interamna **R**. -ne **E**^{2}. -nani *va. G*. inamnam **F**^{1}. -na **DE**^{1} | sarsenates **AR** 7 fabriae **A**. uatriae *H* | turocelo **Rd***va. D*. turio- **a** 8 uettiolum **AF**^{2}**R***v*(*S*). uetuo- **a**. uettuo- *r*. uetrio- *C*. netrio- *H* | itē **AF**^{2} *in ras.* **R**. inē **DE**. ē **a** | suriates **A***va. H*(*D*). *sed cfr. Bücheleri Vmbrica p. 141* | falinates **AF**^{2}*D*. fallien- *rv* | sapinates **F**^{2}*J*^{2}. sapp- **A***D*. apien- *r*. apienn- **d**(?)*v* 9 arinates *D*^{1}. aria- **A***J*^{2}. aren- **a**. arien- *rv* | criniuolo **A***D*. crinou- *rv* 10 pesinates **Rd**. paesi- **E**. pesi- **a**. pisi- *va. S* 11 persaei **F**. -sici **D** | DCCCCLXIII **AF**^{2}*D*. -XIIII *rv*(*J*^{2}) | prodidit **da***va. S* 13 crustumum **DF**^{1}. -timum **R**. -tunum **Ea** 14 aprusa **AF**^{2}*v*(*S*). pru **R**^{1}. prusa *r Brot.* | fluuius *D*. -ius is (iis **A**) *ll.* -ius his **dT**. -ius hinc *v*. (*an* Rubico, is?)
15 utis *Cluver.* uitis (-tes **A**) *ll. v. cfr. Niss. It. II p. 250*
16 ne **DE**

Vmbrorum Butrium. intus coloniae Bononia, Felsina vo-
citata tum cum princeps Etruriae esset, Brixillum, Mutina,
Parma, Placentia. oppida Caesena, Claterna, For*a* Clodi, 116
Livi, Popili, *D*ruentinorum, Corneli, Licini, Faventini, Fi-
dentini, Otesini, Padinates, Regienses a Lepido, Solonates
Saltusque Galliani qui cognominantur Aquinates, Tannetani,
Veleiates cognomine Vetti Regiates, Vrbanates. in hoc
tractu interierunt Boi, quorum tribus CXII fuisse auctor
est Cato, item Senones, qui ceperunt Romam.

16. Padus, e gremio Vesuli montis celsissimum in 117
cacumen Alpium elati finibus Ligurum Bagiennorum visendo
fonte profluens condensque se cuniculo et in Forovibien-
sium agro iterum exoriens, nullo amnium claritate inferior,
Graecis dictus Eridanus ac poena Phaet*h*ontis inlustratus,
augetur ad canis ortus liquatis nivibus, agris quam navi-
giis torrentior, nihil tamen ex rapto sibi vindicans atque,
ubi linquit, ubertate largitor. $\overline{\text{CCC}}$ p. a fonte addens 118

§ 116: Cato fr. 44 p. 50 Peter. — § 117: cfr. Plin. II 229. — Sol. 2, 25. MCap. VI 640. Mela II 62. cfr. Isid. or. XIII 21, 26. — § 118: (280, 3) Sol. 2, 25 extr.

1 butrium *v e Strab. V p. 214.* buut- **A**. brutium *r* 1. 2 uocitata tum *ego.* -tum **A***J.* -ta *rv*(*D*²) 3 parma **A***v.* -rua *r* | fora *J.* foro (-re **A**) *ll. D*¹. -rū **a**³*v* | clode **A** 4 populi **DFRE** *va. B* | druentinorum *Niss. It. II p. 268 n. 10.* tru- *ll. v.* (*cfr. CIL XI n. 1059*) | licinii cornelii **F**² | licini *om.* **DF**¹**REa** *H Brot.* laccini *L* 6 tannetani **A***H.* tanet- *G.* tannit- *rv* 7 ueleiates **R***Brot.* uelegi- **A**. ueli- *rv. cfr. § 47. VII 163* | ueti **Fd**. ueteri *Brot. e coni. H.* uecteri *C.* ueteti *v* | urbenates **Ea**. urbin- (umbran- *G*) *va. H* 8 bai **DEa** 9 ceperunt **AadT***S.* -rant (coep- **DF**) *r* 10 gremio **AF**²**R**²**o***v.* gem- *r* | motis **DF**¹**E**. -tus **ao** 11 bagiennorum *D*². *cfr. § 47.* uagi- **A***G.* gabi- *rv* 12 profluens **AF**²(**R**?)*v.* fluens *r* 14 a graecis **o***va. G* | poena **A***v.* pae- **F**². pe- **o**. paene (pene **Ra**) *r* | phaethontis *C.* -tontis *v.* -tantis **A**. pheton- **o**. paethon- **D**. pethon- *r* 15 quam nauigiis (-gis **A***D*) **AF**²**a***v*(*S*). -naugis **R**². -nauiis **DF**¹. -nauis **R**¹. quamuis **EodT***H* 16 nihil **A***S.* nil *rv* | sibi **AF**²**E**²**o**(**R**?)*v.* ibi *r* | uendicans **F**²**aTozv***a. G* 17 linquit (-id **R**¹) **ARE**²**o***S.* liquit (-u& **F**) *rv.* (*add.* agros *v, sed sc.* raptum) | ubertatē **R**²*S* | largitor **ADF**¹**R**¹*J.* -itur **R**²**a***S*(*D*). -ior **ropv**

meatu duo de LXXXX nec amnes tantum Appenninos Al-
pinosque navigabiles capiens, sed lacus quoque inmensos
in eum sese exonerantes, omni numero XXX flumina in
mare Hadriaticum defert, celeberrima ex iis Appennini
latere Iactum, Tanarum, Trebiam Placentinum, Tarum,
Inciam, Gabellum, Scultennam, Rhenum, Alpium vero
Sturam, Orgum, Durias duas, Sesitem, Ticinum, Lambrum,
119 Adduam, Ollium, Mincium. nec alius amnium tam brevi
spatio maioris incrementi est. urguetur quippe aquarum
mole et in profundum agitur, gravis terrae, quamquam
d*i*ductus in flumina et fossas inter Ravennam Altinumque
per $\overline{\text{CXX}}$, tamen, qua largius vomit, Septem Maria dictus
facere. Augusta fossa Ravennam trahitur, ubi Padusa vo-
catur, quondam Messanicus appellatus. proximum inde
ostium magnitudinem portus habet qui Vatreni dicitur,
qua Claudius Caesar e Britannia triumphans praegrandi
120 illa domo verius quam nave intravit Hadriam. hoc ante
Eridanum ostium dictum est, ab aliis Spineticum ab urbe
Spina, quae fuit iuxta, praevalens, ut Del*ph*icis creditum
est thesauris, condita a Diomede. auget ibi Padum Va-
trenus amnis ex Forocorneliensi agro. proximum inde
ostium Caprasiae, dein Sagis, dein Volane, quod ante
Olane vocabatur, omnia ea fossa Flavia, quam primi a

§ 119: (12) cfr. Mela II 62. — § 120: (19) Strabo V p. 214.

4 defert **AR**^{2} *Sol. v.* ref- *r* **ao** 5 Iactum *S.* ia- *v* 6 ciam **R**. nic- *va. H* | capellum **A** | scultennam **A**^{2}**F**^{2} *G.* -enam **A**^{1} *v.* -elnam *r* | rhenum **AF**^{2} *v.* re- *r* 7 orgam **Ra**. morgum *va. H* | sesitem *D.* -te **A**. ses. Item *r.* sessi- *v* 8 aduam **DFE**^{1} 11 diductus *(P) S. cfr. VI 120.* ded- *ll. v (J)* 12 longius **A** 13 angusta **a** *va. H* 15 uatreni **AF**^{2} *v.* -terni **ao**. -tereni (-terr- **R**) *r* 16 quae **DF**^{1}. que **Ra**. quo *va. S* | e *om.* **E**^{1}**o** | britanniam **E**^{1}**ao** 18 spineticum **F**^{2} *v.* spen- **A**. pin- *r* | urbi **F**^{1}**E**^{1} urhi **D**. uri **R**^{1} 19 hispina **E**^{1}. spana **ARE**^{2}. yspania **a**. spira *va. B* | deluicis **A**. delfi- *r* 20 thensauris **DF**^{1}**E**^{1} 22 uolanae **DFE** | quod ante olane *om.* **DF**^{1}**d**^{1}**RE**^{1}**a** 23 olane *B e Polyb. II 16, 10. 11.* eol- **AE**^{2} *D.* uol- **d**^{2}. alanę **F**^{2}. -ne *v* | ea *ll. v.* ex *D*^{2}. ea e *coni. S. an excidit* exonerata? | fossa fluuia (flu- **A**) quam **AE**^{2}. fossas fluminaque (flumina fossasque *C*) *va. S*

Sagi fecere Tusci egesto amnis impetu per transversum
in Atrianorum paludes quae Septem Maria appellantur,
nobili portu oppidi Tuscorum Atriae, a quo Atriaticum
mare ante appellabatur quod nunc Hadriaticum. inde 121
ostia plena Carbonaria, Fossiones ac *Ph*ilistina, quod alii
Tartarum vocant, omnia ex Philistinae fossae abundatione
nascentia, accedentibus Atesi ex Tridentinis Alpibus et
Togisono ex Patavinorum agris. pars eorum et proximum
portum facit Brundulum, sicut Aedronem Meduaci duo ac
fossa Clodia. his se Padus miscet ac per haec effundit,
plerisque, ut in Aegypto Nilus quod vocant Delta, trique-
tram figuram inter Alpes atque oram maris facere pro-
ditus, stadiorum *II* circuitu. pudet a Graecis Italiae ra- 122
tionem mutuari, M e t r o d o r u s tamen S c e p s i u s dicit,
quoniam circa fontem arbor multa sit picea, quales Gallice
vocentur padi, hoc nomen accepisse, Ligurum quidem
lingua amnem ipsum Bodincum vocari, quod significet fundo
carentem. cui argumento adest oppidum iuxta Industria
vetusto nomine Bodincomagum, ubi praecipua altitudo
incipit.

17. (21) Transpadana appellatur ab eo regio un- 123
decima, tota in mediterraneo, cui mari*n*a cuncta fructuoso
alveo inportat. oppida Vibi Forum, Segusio, coloniae ab

§ 122: Metrodor. fr. 8 Müller.

1 facere **Aa** | egesti **AF^{2}E^{2}** | pe **DR** | trauersum **DF^{1}REa** 2 hadrianorum **A** 3 oppidi **AF^{2}E^{2}***v. om.r* | arriae **A**. assiae **E^{2}** *in ras.* adriae **F^{2}** | triaticum **AE^{2}** *in ras.* adri- **a** 4 appellantur **D(F^{1})R^{1}**. -atur **a** | adriaticum **F^{2}R^{2}a***C.* atri- **F^{1}R^{1}** 5 plena **AE^{2}p(R?)***B.* a pl- *rv* | Fossiones *D^{2}*. fo- *v. cfr. Niss. It. I p. 206. II p. 215* | ac *om.* **d**(?)*S*, *ante* fossiones *pos. v* | philistina (fi- *ll*) *ll.S.* -nae *v* 6 ex *om.***DF^{1}dE^{1}a** 7 exnascentia **DRE^{1}a**. //// na- **F**. ena- **z** 8 togisoro **F** 9 brudulum **DF^{1}E^{1}** | edronem **Rad***va.D* 10 nis se **R**. isse **A** | effunditur *va.D^{2}* 11 nihilus **A** 13 stadiū **Fa** | $\overline{\text{II}}$ *v.* $\overline{\text{V}}$ *ll.D^{1}* 14 scepsius **AF^{2}E^{2}***Bas.* -ptius **rao***v* 15 pice **A** | gallie **o**. -ici **a** 16 ob hoc **o** 17 bodincum *v e Polyb. II 16, 12.* -icum **A***Ven.* -ingum *r* 18 industriā **AFE***D^{1}* 19 bodincomagum **A***v.* bodingo- *r* 22 marina *ego.* -ia *ll.v* 23 inportāt **a^{3}** *va.Brot.*

Alpium radicibus Augusta Taurinorum — inde navigabili Pado — antiqua Ligurum stirpe, dein Salassorum Augusta Praetoria iuxta geminas Alpium fores, Graias atque Poeninas — his Poenos, Grais Herculem transisse memorant —, oppidum Eporedia Sibyllinis a populo Romano conditum iussis. eporedias Galli bonos equorum domitores vocant.
124 Vercellae Libiciorum ex Salluis ortae, Novaria ex Vertamocoris, Vocontiorum hodieque pago, non, ut Cato existimat, Ligurum, ex quibus Laevi et Marici condidere Ticinum non procul a Pado, sicut Boi Transalpibus profecti Laudem Pompeiam, Insubres Mediolanum. Oromobiorum stirpis esse Comum atque Bergomum et Licini Forum aliquotque circa populos auctor est Cato, sed originem gentis ignorare se fatetur, quam docet Cornelius Alexander ortam *a* Graecia interpretatione etiam nominis vitam in montibus
125 degentium. in hoc situ interiit oppidum Oromobiorum Parra, unde Bergomates Cato dixit ortos, etiamnum prodente se altius quam fortunatius situm. interiere et
126 Caturiges, Insubrum exsules, et Spina supra dicta, item

§ 124. 125: Cato fr. 40 p. 49 Peter. — § 125 extr.: Nepos fr. 53 Halm.

2 salaſorum **DR**. -aforum **F**. -anorum **Ea** 3 foras **F**^{1}**a**. fauces *va.H* 4 hi **E**. hys **a** | toenos **a**. fioe- **E**^{1}. ioe- **DR**. -nas **F** 5 oporedia **F**^{1}**dRa**. ypo- **o** | a *ll.H.* libris a **o***v*(*S*) | condi iussum **o***va.H*(*S*). *prob. Rück 3 p. 240* 6 eporedias (-icas *v*) **E**^{2}*H*. sepore- **A**. sepure- (-use- **R**) *r* 7 uercelle **A**. uergellae **R**^{1}. -gillae **DF**^{1}**E**^{1}**a** | lybiciorum **a**. libyco- *B*. libico- *H* | salluis **E**^{2}*D*^{1}. -uuiis *H*. saluis **A***v*(*D*^{2}). -lyis *B*. aluis **R**. all- *r* | uertamocoris **A***D*^{2}. -macoris *r Ven.*(*D*^{1}). -acomacoris **R**(?)*v*(*C*) 8 paga **AE**^{2} 9 Leui *va.Brot.* 10 trans Alpes *va.Brot.* | prouecti *Dal.* 11 oromobiorum **A**. -ouiorum **E**^{2}**p**. orumbiuiorum **R**. orumboui- (mor- **Ea**) *rD*. orboui- **d**. orobi- *v* 12 atque bergomum **AF**^{2}**E**^{2}*v*. *om.r* | aliquotque **F**^{2}*D*^{2}. -ot **AR**^{2}*S*. -od *r*. et aliquot *v* 14 a **R**(?)**a**^{3}*v*. *om.rD*^{2} 15 greciam **A** 16 degentium **A***S*. -ibus *rv* | oromobiorum *ego. cfr.v.11.* orūb- **p**. orobouiorum **R**. orumb- *rD*. boui- **a**. orobi- *v* 17 para **F**^{1}. barra *va.S. cfr.MPt p.339*^{b} | *an* etiamtum? 18 prodente se **AF**^{2}*v*. prudentes *r* | situ **F**. -tos *va.H* 19 caturiges *B*. -gens **Rd**. careges **A**. eaturi (eacri **F**^{2} *in ras.*) gens *rv* | spira **F**^{2}*va.B*

Melpum opulentia praecipuum, quod ab Insubribus et Bois et Senonibus deletum eo die, quo Camillus Veios ceperit, Nepos Cornelius tradidit.

18. (22) Sequitur decima regio Italiae, Hadriatico 126
mari adposita, cuius Venetia, fluvius Silis ex montibus Tarvisanis, oppidum Altinum, flumen Liquentia ex montibus Opiterginis et portus eodem nomine, colonia Concordia, flumina et portus Reatinum, Tiliaventum Maius Minusque, Anaxum, quo Varamus defluit, Alsa, Natiso cum Turro, praefluentes Aquileiam coloniam XV p. a mari sitam. Carnorum haec regio iunctaque Iapudum, amnis Timavus, 127
castellum nobile vino Pucinum, Tergestinus sinus, colonia Tergeste, XXXIII ab Aquileia. ultra quam sex milia p. Formio amnis, ab Ravenna CLXXXVIIII, anticus auctae Italiae terminus, nunc vero Histriae. quam cognominatam a flumine Histro, in Hadriam effluente e Danuvio amne eodemque Histro exadversum Padi fauces, contrario eorum percussu mari interiecto dulcescente, plerique dixere falso, et Nepos etiam Padi accola; nullus enim ex Danuvio 128
amnis in mare Hadriaticum effunditur. deceptos credo, quoniam Argo navis flumine in mare Hadriaticum descendit non procul Tergeste, nec iam constat quo flumine. umeris travectam Alpis diligentiores tradunt, subisse autem Histro,

---

§ 126: (7) Mela II 61. — § 127: Mela II 61. 57. — (17) cfr. Mela II 63. — Nepos fr. 54 Halm.

---

2 est (esse **a**^{3} *G*) eo *va. S* | cepit ut *va. G* 6 taurisanus **a**. -nis *va. H* 8 reatinum **A**^{2} *in ras.* **F**^{2}**R**^{2}*J.* romat- *rv* 9 Anassum *va. Brot.* | quod **DE**^{2}**a** | uarianus **Ez** *Brot.* -nius **a** | natis **A** | turno **A**. tarro **Ea** 10 praefluentae **DR**. -t//// **F**^{1}. -te **E**^{1}**a**. profl- *va. G* | XII **R** *va. H* | a **A** *v. om. r* 11 iapidum (-pyd- *H*) **a** *va. D* (*item infra*) | timauos **A** *S.* -aius **DF**^{1}**Ea** 12 pucinum **F**^{2}**R**^{2} *e corr. v.* punicum **AE**^{2}. puinic- **DF**^{1}**d**. puuinic- **a**^{1}. puicinic- **a**^{2}. pinic- **E**^{1}. *cfr. XIV 60. XVII 31* 13 XXXIII *ll. v* (*Brot.*). XXIII *B e Strab. V p. 215 extr.* 14 CLXXVIIII **A**^{2}
16 a *om.* **A** | hadrio **A** | ae **D**. a **E** | danubio **AF**^{2}**Ea** *va. S* (*semper*) 17 eadem qui (que **F**^{1}) **DF**^{1}**Ea** | exaduerso **a**^{3}*v.* aduersum **E** *H* 18 percussū **DRE**. -sso **a** 20 in mare — 21 flumine *om.* **R**^{1} 21 discendit **AF** 23 alpices **DREa**. ap- **F**

dein Savo, dein Nauporto, cui nomen ex ea causa est inter Emonam Alpisque exorienti.

129 **19.** (23) Histria ut p*a*eninsula excurrit. latitudinem eius XL, circuitum CXXV prodidere quidam, item adhaerentis Liburniae et *F*lanatici sinus, alii CCXXV, alii Liburniae CLXXX. nonnulli in Flanaticum sinum Iapudiam promovere a tergo Histriae CXXX, dein Liburniam CL fecere. Tuditanus, qui domuit Histros, in statua sua ibi inscripsit: AB AQVILEIA AD TITIVM FLVMEN STADIA M*M*. oppida Histriae civium Romanorum Agida, Parentium, colonia Pola, quae nunc Pietas Iulia, quondam a Colchis condita; abest a Tergeste CV. mox oppidum Nesactium et — nunc finis Italiae — fluvius *A*rsia. ad Polam ab Ancona traiectus CXX p. est.

130 In mediterraneo regionis decimae coloniae Cremona, Brixia Cenomanorum agro, Venetorum autem Ateste et oppida Acelum, Patavium, Opitergium, *B*elunum, Vicetia. Mantua Tuscorum trans Padum sola reliqua. Venetos Troiana stirpe ortos auctor est C a t o, Cenomanos iuxta

§ 129: (11) Mela II 57. — § 130: (17) Mela II 60. — Cato fr. 42 p. 49 Peter. cfr. Plin. VI 5.

1 sauo **df***H*. sabo *ll*. sao *v*. *cfr.* § *147* 2 emonam **AFa***D*^{2}. aem- *rB*. hem- *v*. *cfr. Momms. CIL III p. 488* | alpisque **F**^{1}**a**^{1}*S*. -pesque *rv* 4 circuitum **A***S* (uero *add. v*). -to **R**. -tu *r* | CXXII *va. H* 5 et — liburniae **A***v*. *om. r* | planatici **A** | CCCXXV alii **A**^{1}. *om. va. S* 6 fanaticum **DFEa** 9 ticium **a**. titum *S e Ptol. II 16,2.* tityum *J*. *cfr.* § *139. 140 extr. Florus II 5,1* | stadio **A** | MM (*MPt p. 306*^{a}) *D*^{2}. M *ll. H.* CC *v* 10 agyda **F**. aegida *Verc. cfr. Niss. It. II p. 240* 11 iulia *om.* **DF**^{1}**R**^{1}**E**^{1}**a** | colchis **F**^{2}*v*. colhis **A**. colcis *r* 12 CV *D*. cū (cum **Ea**) *ll*. CM p. *v* | nesanctium **DF**^{1}**RE**. -inū **a** 13 finis **Aa**^{3}*v*. -nis in *r* | arsia *v*. mirsie **a**. myrsiae **ADF**. -ie **RE** | ad **Aa**. a **DF**. *om.* **RE***v*

14 CXX **A***v* (*S*). CXXX *rH* 15 [deci]mae — 16 ceno *om.* **R**^{1}

16 cenomanorum **R**^{2}*v*. cero- **Ea**. caero- **D**. ro- **F**. co- **A** | uenatorum **DFEa** 17 acaelum **DE**. acc- **F** | opiterigum **a**. -rgum **R**. -rium **A** | belunum *G*. -nium *v*. uelunum *ll. D. cfr. CIL V p. 192. 1068* | uicentia **A***va. B* 19 cenomannos **DFREa***va. H*

Massiliam habitasse in Volcis. Fe*l*trini et Tridentini et Beruenses Raetica oppida, Raetorum et Euganeorum Verona, Iulienses Carnorum. dein, quos scrupulosius dicere non attineat, Alutrenses, Asseriates, Flamonienses Vanienses et ali*i* cognomine C*a*rici, Foroiulienses cognomine Transpadani, Foretani, Nedinates, Quarqueni, Tarvisani, Togienses, Varvari. in hoc situ interiere per oram Irmene, 131
Pellaon, Palsicium, ex Venetis Atina et Caelina, Carn*i*s Segesta et Ocra, Tauriscis Noreia. et ab Aquileia ad XII lapidem deletum oppidum etiam invito senatu a M. Claudio Marcello L. Piso auctor est.

In hac regione et undecuma lacus incluti sunt amnesque eorum partus aut alumni, si modo acceptos reddunt, ut Ad*d*uam Larius, Ticinum Verbannus, Mincium Benacus, Ollium Sebinnus, Lambrum Eupilis, omnes incolas Padi.

Alpis in longitudinem |X| p. patere a Supero mari 132
ad Inferum Caelius tradit, Timagenes $\overline{XXV}$ p. deductis, in latitudinem autem Cornelius Nepos $\overline{C}$, T. Livius $\overline{III}$ stadiorum, uterque diversis in locis. namque et centum

§ 132: Caelius fr. 13 p. 101 Peter. Timagenes fr. 10 Müller. Nepos fr. 52 Halm. Livius fr. 57 Hertz.

1 uolscis **AEa** *va.G* | feltrini *Ven.(D²)*. fertini *ll.v(G)*. *cfr. Niss.It.II p.223 n.6* 2 beruenses (berbe- **F²**) *ll.v(S)*. berune- *H*. berne- *Verc.* 3 ueronam rilienses **A** | quo **AR** | scrupulosius **A** *S*. -ose **a³d** *v*. scropulos *r* 4. 5 flamminienses larnienses **A²** *in ras.* 5 et alii *B*. tali p. tuli (iuli **A²** *in ras.* **F²**) *ll.* tulli *v* | carici *D² Herm.XXI p.545*. curici **A²**. ///urici **A¹**. culici *rv* 6 nenidates (ueni- *C*) *va.H* | taruisani **A²** *D*. tarus- **A¹**. tauris- *rv*. *cfr. §126* 7 togienses **A** *B*. cog- *rv* | uaruani **a** *va.H*. -rbari **d** *H* | irmene **A** *J*. iramine *rv* 8 palsicium **AE^s** *G(J)*. pas- *v*. palsacium **Da**. -atium *r H* | carnis **a³** *Bas.* -nes *ll.* -nos *v* 9 segeste **DRa** *va.D* 12 undecuma (-cima **R²**) **FRa** *Brot.* -ecum **D**. XI. *rv(H)*. X. *C*. XI *S* 13 aut **A** *v*. *om.r* | simili modo **AE^s** 14 adduam *v*. aduam **Aa²**. adiam *r* | uerbanus **d** *et* sebinus **F²d** *va.S* 15 labrum **AE^s** 16 |X| *S*. $\overline{X}$ *ll.v* | super oram **AE^s** 17 timagenes *v*. im- **FR**. timagines (im- **D**) *r* | $\overline{XXII}$ *va.D* | deductis **AE^s** *v*. ducti sunt *r*

milia excedunt aliquando, ubi Germaniam ab Italia summovent, nec LXX inplent reliqua sui parte graciles, veluti naturae providentia. latitudo Italiae subter radices earum a Varo per Vada Sabatia, Taurinos, Comum, Brixiam, Veronam, Vicetiam, Opitergium, Aquileiam, Tergeste, Polam, Arsiam DCCXLV p. colligit.

133 **20.** (24) Incolae Alpium multi populi, sed inlustres a Pola ad Tergestis regionem Fecusses, Subocrini, Catali, Menoncaleni iuxtaque Carnos quondam Taurisci appellati, nunc Norici. his contermini Raeti et Vindelici, omnes in multas civitates divisi. Raetos Tuscorum prolem arbitrantur a Gallis pulsos duce Raeto. verso deinde *in* Italiam pectore Alpium Latini iuris Euganeae gentes, quarum oppida XXXIIII
134 enumerat Cato. ex iis Trumplini, venalis cum agris suis populus, dein Camunni conpluresque similes finitimis adtributi municipis. Lepontios et Salassos Tauriscae gentis idem Cato arbitratur; ceteri fere Lepontios relictos ex comitatu Herculis interpretatione Graeci nominis credunt, praeustis in transitu Alpium nive membris. eiusdem exercitus et Graios fuisse Graiarum Alpium incolas praestantesque genere Euganeos, inde tracto nomine. caput

§ 133: (10) cfr. Sol. 21, 2. — Cato fr. 41 p. 49 Peter. — § 134: Cato fr. 37 p. 49 Peter.

2 explent **FdRa***va.S* 4 sauitia **DF**^{1}**Ra** 6 DCCXLV **AE**^{s}**F**^{2}*H*. -XIII **DRa**. -X//// **F**^{1}. -XLII *v*. DCCII *L* | p. *om.* **AE**^{s}*D* | egit **DF**^{1}**Ra** 8 at **F**^{1}. ab **DRa** | tergesti regiones **DFRa**^{1} | fecusses **DFTR**^{2}*D*. ſec- **da***v*. fecues **AE**^{s}. fecses **R**^{1} | catali **AE**^{s}*H*. at- *rv*. catili *G* 9 menoncaleni **AE**^{s}*D*. menoc- **Fd***v*(*S*). -len **Da**. -o.celenii **R**. monocaleni *H* | taurusci **R**(?)*Dal.* | appellati — 10 norici **AE**^{s}**F**^{2}*v*. *om.r* 11 diuise **ADa** | rhetos **F**^{2} *in ras.* retos **R**^{2}. r&s **R**^{1}. re **Da** | quorum **R**^{1} 12 uerso **AE**^{s}*v*. -sus *r* | deinde in *vet.Dal.* -nde *ll.v* 13 turis **E**^{s}**DFa** | euganeae *v*. -nea **AE**^{s}. eucaneae **F**. -naeae **D**. -nee **Ra** | quorum **AE**^{s} 14 iis **R***v*. is **F**^{1}**a**. his *rD* | trumpleni **AE**^{s}p. triumpilini *va.D*^{2}. *cfr.§136* 15 camuni **R**(?)*G cum B e Strab.* 16 salassos **E**^{s}*L*. -asos *rv* | tauriscae **AE**^{s}*v*. teutrisque *r* 18 interpretationi **AE**^{s}**R***S* | graece **R**. -cie **F**^{1} 19 intransinu **D**. -inū **R**. intra///// **F**^{1}. intra sinū (-nus *v*) **a***va.H* 21 que *om.* **AE**^{s} | euganeus **AE**^{s}

eorum Stoenos. Raetorum Vennonenses Sarunetesque 135
ortus Rheni amnis accolunt, Lepontiorum qui Vberi vocantur fontem Rhodani eodem Alpium tractu. sunt praeterea Latio donati incolae, ut Octodurenses et finitimi Ceut*r*ones, Cottianae civitates et Turi Liguribus orti, *B*agienni Ligures et qui Montani vocantur Capillatorumque plura genera ad confinium Ligustici maris.

Non alienum videtur hoc loco subicere inscriptio- 136
nem e tropaeo Alpium, quae talis est:

IMP · CAESARI DIVI FILIO AVG · PONT · MAX · IMP · XIIII · TR · POT · XVII · S · P · Q · R · QVOD EIVS DVCTV AVSPICIISQVE GENTES ALPINAE OMNES QVAE A MARI SVPERO AD INFERVM PERTINEBANT SVB IMPERIVM P · R · SVNT REDACTAE · GENTES ALPINAE DEVICTAE TRVM-
PILINI · CAMVNNI · VENOSTES · VENNONETES · ISARCI · 137
BREVNI · *G*ENAVNES · FOCVNATES · VINDELICORVM GENTES QVATTVOR · COSVANETES · RVCINATES · LICATES · CATENATES · AMBISONTES · RVGVSCI · SVANETES · CALVCONES · BRIXENETES · LEPONTI · VBERI · NANTVATES · SEDVNI · VARAGRI · SALASSI · ACITAVONES · MEDVLLI ·

---

1 stoenos **AE**^{s}*Brot.* isteonos *r.* stonos *B e Strab. IV p. 204.* stheonos *v* | ratorum **AE**^{s}. ret- **F**. reth- *r* | uennoneces **Dad**. -etes **F**^{1}**R** *G. cfr. § 137.* -ones *B* | saruni///esque **F**^{1}. sarunt etesque **DRad**. suanet- *coni. H* 2 uiberi *va. S* 4 finium **DF**^{1}**Ra** 5 ceutrones *B e Strab.* (*J*^{2}). -tones **AE**^{s}**F**^{1}. -tohes **Da**. cutones **R**. teut- **F**^{2}. centrones *v* (*H*). *cfr. XI 240. XXXIV 3* | et Turi *D*^{2} *It. p. 36. 37.* etturi (ettar **R**) *ll. J*^{2}. eturi *v* (*J*^{1}). et *S.* caturiges et *B* | guribus **R**. caturigibus *B* | uagienni *ll. G. cfr. § 47* 6 ut qui **AE**^{s} 10 diuo **DFRa** | ponti. **AE**^{s}. -tifex **DFa** 11 tēr. **DFRa** | XVII *om. va. Brot.* 14 redacti **AE**^{s} | triumpilini **AE**^{s}*v*. -phi- **a**. -fi- *r. cfr. p. 286, 14* 15 caumunni **R**^{1}. camuni **AE**^{s}*G. cfr. § 134* | uenostes **AE**^{s}*H.* uenno- *r.* -otes *v. del. G* | uennonenses *S coll. § 135* | isarci **d***G.* his- *v.* isarchi *ll. D*^{1} 16 genaunes *H coll. Hor. carm. IV 14, 10. Strab. IV p. 206.* caen- **AE**$^{s\,2}$**F**^{2}. -auces **E**$^{s\,1}$. *om. r.* naunes *v* 17 cosuanetes *D.* cons- **d***v*. cus- **R**. cosuanetis **AE**^{s}. -nates (cons- **F**) *r* | irucinates (-tis **A**) **AE**^{s}. uiru- *va. H* 18 cattenates **Fa***va. G* | abisontes *va. H* | riguscі **Fa** | calucones **AE**^{s}*G.* allu- *r.* collu- *v* 19 brixenetis **AE**^{s}. -xentes *rva. D*^{2} 20 uaragri **AE**^{s}**F**^{2}*v* (*S*). uer- *G.* uauagri *r* | agitabones **DFRa**

VCENNI · CATVRIGES · BRIGIANI · SOGIONTI · BRODIONTI · NEMALONI · EDENATES · *V*ESVBIANI · VEAMINI · GALLITAE · TRIVLLATI · ECDINI · VERGVNNI · EGVI · TVRI · NEMATVRI · ORATELLI · NERUSI · VELAVNI · SVETRI.

138 Non sunt adiectae Cottianae civitates XV, quae non fuerant hostiles, item adtributae municipiis lege Pompeia.

Haec est Italia diis sacra, hae gentes eius, haec oppida populorum. super haec Italia, quae L. Aemilio Paulo C. Atilio Regulo cos. nuntiato Gallico tumultu sola sine externis ullis auxiliis atque etiam tunc sine Transpadanis equitum $\overline{\text{LXXX}}$, peditum $\overline{\text{DCC}}$ armavit, metallorum omnium fertilitate nullis cedit terris; sed interdictum id vetere consulto patrum Italiae parci iubentium.

139 **21.** (25) Arsiae gens Liburnorum iungitur usque ad flumen Titium. pars eius fuere Mentores, Himani, Encheleae, Bu*l*ini et quos C a l l i m a c h u s Peucetios appellat, nunc totum uno nomine Illyricum vocatur generatim. populorum pauca effatu digna aut facilia nomina. conventum Scardonitanum petunt Iapudes et Liburnorum civitates XIIII, ex quibus Lacinienses, Stulpinos, Burnistas, Olbonen-

§ 138: (12) cfr. Plin. XXXIII 78. — § 139: (15) Mela II 55. Callimachus fr. 392. — (19) Mela II 56.

1 ucermi **R**. -eni **F**^{2}**d**G | carituriges **DFR**. -usiges **a** | sogionti **AE**^{s}G. songi- **F**^{2}. sonti- **DF**^{1}**d**v. sonthi- **a**. sconti- **R** | brodionti *ll.H.* -iunti *v.* bodionti B^1 *coll.* § *37.* ebroduntii B^2
2 edemnates (eed- **a**) **DFRa***va.G.* adanates *CIL V n.7231* | Vesubiani *Niss. It. II p.149 n.3. cfr. CIL l.l.* esu- *ll.v* | gallitae **AE**^{s}G. -icae *v.* -itre (-ri **R**) *r* 3 triulacti **DRa**. -atti *va.D.* tiulacti **Fd** | ectini **d***va.S* | Egui. Turi *Momms. CIL V p.906.* eguituri *ll.v* | nementuri *C* 4 uelauri **DFa** 5 XII *va.D*
6 fuerunt **R**(?)G 8 italiae **DF**^{1}**Ra**. -ia ē **F**^{2} 9 Paulo *del. U 58* | regulo cus. **AE**^{s}. cōs. regulo *r.* cōs. regi lacus **F**^{2} 11 //// XXX **F**^{1}. XXX **DRa** | *dist. CFWMüller p.13* 15 titiū **AE**^{s}**F**^{2}v. titi//ū **F**^{1}. ticium **a**. tittum **D**. titum **R***S.* -tyum *J. cfr.* § *129. 140* | hymani **d***va.D. cfr. MPt p.310^a* | enceleae **AE**^{s}. enchaeleae **DF** 16 bulini (*Tom. 1 p.700*) D^2. *cfr. MPt l.l.* buni **A***H.* budini **E**^{s}**DF**(**R**?). bund- **a**. dud- **d***v* | peucetias **A***va.D.* paucetios **DF** 19 scardonitanum **A***v.* -arum **E**^{s}. -atum *r* 20 stulpinos **AE**^{s}**F**^{2}**R**^{2}$G(D)$. *cfr. Ptol. II 16,6.* stulti- *r.* sculti- *v.* stlupi- *H* | Albonenses *B*

ses nominare non pigeat. ius Italicum habent *ex* eo conventu Alutae, Flanates, a quibus sinus nominatur, Lopsi, Varvarini inmunesque Asseriates, et ex insulis Fertinates, Curictae. cetero per oram oppida a Nesactio Alvona, 140
Flanona, Tarsatica, Senia, Lopsica, Ortoplinia, *V*egium, Arg*y*runtum, Corinium, Aenona, civitas Pasini. flumen Telav*i*um, quo finitur Iapudia. insulae eius sinus cum oppidis praeter supra significatas Absortium, Arba, Crexi, Gissa, Portunata. rursus in continente colonia Iader, quae a Pola $\overline{\text{CLX}}$ abest, inde $\overline{\text{XXX}}$ Colentum insula, $\overline{\text{X}\textit{L}\text{III}}$ ostium Titii fluminis.

22. (26) Liburniae finis et initium Delmatiae Scar- 141
dona in amne eo $\overline{\text{XII}}$ passuum a mari. dein Tariotarum antiqua regio et castellum Tariona, promunturium Diomedis vel, ut alii, paeninsula Hyllis circuitu $\overline{\text{C}}$, Tragurium civium Romanorum, marmore notum, Siculi, in quem locum Divus Claudius veteranos misit, Salona colonia ab Iader $\overline{\text{CXII}}$. petunt in eam iura viribus discriptis in de- 142

§ 140: (9) Mela II 57. — § 141. 142: (15. 17. 290, 5) Mela II 57.

1 ex eo *CFWMüller p. 21.* haec **DF**. hec **a**. eo *rv* 3 uaruarini *He Ptol. l. l.* uaruabrini **AE^{s}**. -ubarini *v.* barbari *r* | Assesiates *G e Ptol.* | festinates **a**. fulsi- *B. cfr. Momms. CIL III p. 398. MPt p. 318^{b}* 4 curictae **d***B*. -ittae *v.* -itae **F^{2}**. currictae **R***D*. -ittae (corr- **a**) **ADF^{1}a**. -itae **E^{s}**. *add.* insulis *falso iteratum* **DFRa** | nesacsio **AE^{s}** 5 flanona *He Ptol. II 16, 2.* flamno- **AE^{s}**. flamo- *rv.* flauo- *B* | ortoplinia **AE^{s}F^{2}da***D*. -pula *B e Ptol. l. l.* -plyma *v.* orthoplinia (-phi- **R**) *r* | Vegium *B*. reg- *ll. v* 6 pausinus *va. H* | *dist. H* 7 telauium (*Tom. 1 p. 701*) *D^{2}*. -aulum *ll. v.* tedanium *B e Ptol. II 16, 2* | quo *v.* quod *ll* 8 absyrtium **R**(?)*va. D* | arba **AE^{s}D***v*. arb *r* | crexi **AE^{s}***J*. crexa *B coll. Ptol.* eraexi **F**. ere.xi *r. om. v* 9 gissa *ll. B.* issa *v.* cissa *U 60 coll. § 151* | portunata **AE^{s}F^{2}***B*. -tu nota *r.* pharos paros ante *v* | iadera **AF^{2}a^{3}***va. D* 10 XLIII *MPt p. 306^{a}*. XVIII *ll. va. D^{2}* 11 titii **d***v*. ticii **a**. titi *S*. tityi (titt- **DF**) *ll. J. cfr. § 139* 12 dalmatiae **AE^{s}***va. S* (*semper*) | scardena **DF^{1}Ra^{1}** 13 mamne eo **Ra**. mannae eo **AE^{s}**. mamnea **F^{2}** | XV **F^{1}**. LXX **AE^{s}**. LXII *va. G* | Autariatarum (*Wesseling*) *S* 15 hillis **ARa**. illis **E^{s}**. hilis *va. C* 16 siculi *ll. v* (*D*). sicum *B e Ptol.* 18 iadera **da^{3}***va. D* | CCII **d^{1}**. CCXII **d^{2}T**. -XXII *va. H* |

curias CCCXLII Delmatae, XXV Deuri, CCXXXVIIII Ditiones, CCLXVIIII Maezei, LII Sardeates. in hoc tractu sunt Burnum, Andetrium, Tribulium, nobilitata proeliis castella. petunt et ex insulis *Is*saei, *S*olentini, Separi, Epetini. ab his castella Petunti*um*, Nar*este*, Oneum. Narona colonia tertii conventus a Salona LXXXV p., adposita cognominis sui fluvio a mari XX p. M. Varro LXXXVIIII civitates
143 eo ventitasse auctor est; nunc soli prope noscuntur Cerauni decuriis XXIIII, Daversi XVII, Desitiates CIII, Docleat*ae* XXXIII, Deretini XIIII, Deraemistae XXX, Dindari XXXIII, Glinditiones XLIIII, Melcumani XXIIII, Naresi CII, Scirtari LXXII, Siculotae XXIIII populatoresque quondam Italiae Vardaei non amplius quam XX decuriis. praeter hos te-

---

uiribus **ADFR***D*. iur- **E**^{s}**dT***v*(*S*). *om.***a***G*. V tribus *Warde Fowler* (*class. review 1894 I p. 11*) | discriptis *ll.D*. desc- **da***v*(*S*) -ti *G* (*Warde Fowler*)

1 CCCXLII **AEaRd***Brot.* CCCLXII **DF***v*. -LXXII *C*. -LXXXII *H* | XXV **AE**^{s}*D*. -VI *r*. XXII *v* | deurici **Ra***S*. decuni *va.J* | ditiones **AE**^{s}*v*. dedit- *r* 2 LXIX *va.H* | maezei **ADRa**. -zaei **E**^{s}**F***B*(*D*^{1}). mezaei **d***G*. maz- *v*(*H*) | sardeates **AE**^{s}*D*. -diates *rv*

3 andetrium **R**(?)*H*. mand- *rv*. *cfr. Strab. VII p. 315. Ptol. II 16,7* | triburium **AE**^{s}. tilurium *coni. MPt p. 315*^{b} | P. R. aeliis **DF**^{1}**R**. prolis **AE**^{s}. pop. Rom. proeliis *Bas.* 4 et ex — 5 petuntium *om.* **DF**^{1}**Ra** | issaei *G*. staei **AE**^{s}*B*. stati **F**^{2}*v* | solentini (*Tom. 1 p. 654*) *D*^{2}. col- **AE**^{s}*v*. coll- **F**^{2} 5 petuntium *MPt p. 307*^{a}. petunt in eam (ea **p**) **AE**^{s}**p**. inę **F**^{2}. ///// **F**^{1}. ne *r*. peguntium *Brot.* piguntiae *v* | nareste, oneum (*Hirschfeld CIL III p. 1499*) *D*^{2}. nerate, oneum *MPt l. l.* rateoneum **A***S*. -num **E**^{s}. raut- **p**. rataeoneum (-nium **a**) *r*. rataneum *v* 6 LXXXV **AE**^{s}*D*. -II *Brot.* LXXV *r*. -II *v* | cognomini *S* 7 fluuio (o *in ras.*) a **F**^{2}. -io ca **R**. -ii ca **Da**. lunio a **AE**^{s} | X *MPt p. 317*^{a} | LXXXVIII **A** 8 cerauni **AE**^{s}*B*. -uri *v*. cernaurni *r* 9 XXIIII **AE**^{s}*v*. *om.* *r* | dauersi *MPt p. 311*^{b}. duersi **AE**^{s}**p**. diue- *v*. dauue- **d**. daucie- **a**. -ciaersi **DF**. dacim eyssi **R**. daursi *B*^{1}(*D*^{1}). daorizi *C cum B*^{2} *e Strab. VII p. 315* | CVIII **DFa**. CVIIII **R** | docleatae *G*. -te **AE**^{s}. -tes (decl- **a**) *rv*(*D*). *cfr. Ptol. II 16,5* 10 deretini — XXXIII *om.* **Rp** | deraemistae **F***D*^{2}. -te **D**. -remiste **a**. -tae *v*. -raemeste **A**. -tae *D*^{1}. -raeineste **E**^{s} 11 gunditiones **AE**^{s}**p** | melcumani **AE**^{s}*D*. -ati **p**. -comani *rv* | CII — 12 XXIIII *om.* **DF**^{1}**Ra** 13 uardaei *C*. -dei **AE**^{s}**F**^{2}**p***v*. -dae **Dd**. -d/// **F**^{1}. -de **Ra** | tenue **AE**^{s}

nuere tractum eum Ozuaei, Partheni, *C*avi, Haemasi, Masthitae, Arinistae. a Narone amne C p. abest Epidaurum 144 colonia. ab Epidauro sunt oppida civium Romanorum Rhizinium, Acruium, Butuanum, Olcinium, quod antea Colchinium dictum est, a Colchis conditum, amnis Drino superque eum oppidum civium Romanorum Scodra ab mari XVIII, praeterea multorum Graeciae oppidorum deficiens memoria nec non et civitatium validarum: eo namque tractu fuere Labeatae, Senedi, Rudini, Sasaei, Grabaei; proprieque dicti Illyri et Taulanti et Pyraei retinent nomen. in ora Nymphaeum promunturium. Lissum oppidum civium Romanorum ab Epidauro C p. **23.** a Lisso Macedonia 145 provincia. gentes Partheni et a tergo eorum Dassaretae, montes Candaviae a Dyrrachio LXXVIII p., in ora vero Denda civium Romanorum, Epidamnum colonia, propter

---

§ 144. 145: (10. 13. 15. 292, 2. 7) Mela II 55—57. — (292, 4) cfr. Plin. II 237.

---

1 ozuaei *om.* AE^{s}. oenei *B* | caui (*Tom.1p.701*) *D*^{2}. auii F^{2}. aui *r*. *cfr.Liv.XLIV30,7.9* | haemasi D*D*^{2}. hem- FR*av*. aem- AE^{s2}. -mau/// E^{s1}. hemasini *G* | masthitae AE^{s}*D*^{2}. marth- *r*. marsth- *v*. arth- *G* 2 aniristi a. armistae R(?)*va.D*^{2} | naronae AE^{s}F^{2} 3 ab — sunt *om.*DF^{1}Ra*va.H* 4 rhizinium (-num E^{s}) AE^{s}F^{2}d*v*. hiz- *r* | acruium *D*. -uuium *S*. caruium AE^{s}. agrutum *r*. acrutum *MPtp.308*^{b}. ascriuium *v* | butuamum A^{1}E^{s}. -anium *va.B*. butua *B*(*D*^{2}) *e Ptol.II16,3*. Butua, latinum *coni.* *D*^{2} | olchinium d*va.S* 5 cholcinium DFR. colci- AE^{s}a | drino *ego. cfr.XXI40. Vib.Sequ.* dir- *ll.v*(*D*). drilo *B* 6 ab a. abc DF^{1}. abē a F^{2}. a *rv* 7 XVIII AE^{s}*C*. -IIII *rv* 9 labeatae AE^{s}*G*. -tees F^{2}. -tes *v*(*D*^{2}). laebaeatae F^{1}. lebeatae D. -bętae d. -bete Ta. libeata R. *cfr.Liv.XLV26,15* | senedi AE^{s}adT. senae- D. saene- R. saenae- F *et* rudini AE^{s}F^{2}R^{2}. ruid- *r*. *sic duobus nominibus MPtp.317*^{b}, Enedi, Rudini (*Tom.2p.662*) *D*^{2}, *uno nomine* Endirudini *J*. Ender- *G*. Eneder- *v*. Enderoduni *Dal*. Enderini *S coll.Ptol.* | sasaei AE^{s2}*S*. -sei E^{s1}. -stri *r*. sassei *G*. fa- *v* | grambaei DF^{1}R. ambrei a 10 taulenti F^{1}. aul- D | pyrei Aa. piraei E^{s}D | retinent FdTa*U59*. -net *rv*. *dist.*F*U* 12 epiro DF^{1}. epyro Ra 13 parthini DF^{1}Ra*va.G*(*S*) | dissaretae d*va.G*. -raete R^{2}. -serate a 14 LXXVIIII DFRa*va.H*

inauspicatum nomen a Romanis Dyrrachium appellata, flumen Aous, a quibusdam Aeas nominatum, Apollonia, quondam Corinthiorum colonia, IIII p. a mari recedens, cuius in finibus celebre Nymphaeum accolunt barbari Amantes et Buliones. at in ora oppidum Oricum, a Colchis conditum. inde initium Epiri, montes Acroceraunia, quibus hunc
97 Europae determinavimus sinum. Oricum a Sallentino Italiae promunturio distat LXXX.

146 **24.** (27) A tergo Carnorum et Iapudum, qua se fert magnus Hister, Raetis iunguntur Norici. oppida eorum Virunum, Celeia, Teurnia, Aguntum, Iuvaum, omnia Claudia, Flavium Solvense. Noricis iunguntur lacus Pelso, deserta Boiorum; iam tamen colonia Divi Claudi Savaria et oppido Scarabantia Iulia habitantur.

147 **25.** (28) Inde glandifera Pannoniae, qua mitescentia Alpium iuga per medium Illyricum a septentrione ad meridiem versa molli in dextra ac laeva devexitate considunt. quae pars ad mare Hadriaticum spectat, appellatur Delmatia et Illyricum supra dictum; ad septentriones
139 Pannonia vergit. finitur inde Danuvio. in ea coloniae Emona, Siscia. amnes clari et navigabiles in Danuvium defluunt Draus e Noricis violentior, Saus ex Alpibus Car-

§ 146: (10) cfr. Sol. 21, 3. — § 147: (15) cfr. Sol. 21, 3.

2 aous *v. cfr. Liv. XXXII 5, 13.* adus (adiis **R**) *ll* | aeas **Rd** *C.* eas *rv* 3 VII *B e Strab.* 5 buliones *G e Strab. VII p. 326.* bullo- *ll.* bellio- *v* 6 acrocerunia **AE**^{s}. -rauni **FdRa** *va. G (S). sed cfr. II 244* 7 as **AE**^{s1}**R** | sallentina **AE**^{s}. salientino **DF**^{1}**R**. sile- **a**. 8 LXX **AE**^{s}. LXXXV *va. S* 9 -quas (quos **a**) effert **DFRa** 11 iuaum *J*^{2}. -auum (*Grotefend epigr. 12 sqq.*) *D*^{1}. iuuam **DF**^{1}**a**. uiuam **dR**. iuam **A**. iuua **F**^{2}. uiani **E**^{s}. uiuana *va. B.* (Vianiomina *H.* Viana Aemonia *B*) 12 Pelso (*Momms. CIL III p. 523*) *D*^{2}. peiso *ll. v* 13 sauaria *ego.* saba- *ll. v* 14 scarabuntia **AE**^{s} 15 clandifera **a**. claud- **DF**^{1}**R** 16 ad — 18 pars *in* **AE**^{s} *iterata sunt* 17 diuexitate **AE**^{s} 19 delmatiae **DF**. dal- **E**^{s}**a** | et in **F**^{2} 20 danubio **E**^{s}**F**^{2}**a** *va. S (semper)* 21 aemona (hae- **A**^{2}**E**^{s}) *ll. B.* mona *v. cfr. § 128* 22 ae **F**. i **AE**^{s} | sauus *H (item infra)*

nicis placidior, $\overline{\text{CXX}}$ intervallo: Draus per Serretes, Serapillos, Iasos, Andizetes, Saus per Colapianos Breucosque. 148 populorum haec capita; praeterea Arviates, Azali, Amantini, Belgites, Catari, Cornacates, Eravisci, Hercuniates, Latovici, Oseriates, Varciani. mons Claudius, cuius in fronte Scordisci, in tergo Taurisci. insula in Sao Metubarbis, amnicarum maxima. praeterea amnes memorandi: Colapis in Saum influens iuxta Sisciam gemino alveo insulam ibi efficit quae Segestica appellatur; alter amnis Bacuntius in Saum .... Sirmio oppido influit, ubi civitas Sirmiensium et Amantinorum. inde $\overline{\text{XLV}}$ Taurunum, ubi Danuvio miscetur Saus. supra influunt Valdasus, Urpanus, et ipsi non ignobiles.

26. (29) Pannoniae iungitur provincia quae Moesia 149 appellatur, ad Pontum usque cum Danuvio decurrens. incipit a confluente supra dicto. in ea Dardani, Celegeri, Triballi, Timachi, Moesi, Thraces Pontoque contermini Scythae. flumina clara e Dardanis Margus, Pingus, Timachus, ex Rhodope Oescus, ex Haemo Vtus, Asamus, Ieterus.

---

§ 149: (14) cfr. Sol. 21, 3.

---

1 CXV **d***va.H* | serretis **A**. serne- **E**^{s} | serapillos **DFa***J*^{2}. serra- **dR***v*. sira- *D*. sirapulos **E**^{s}. syr- **A** 2 iazos **a**. lasos **AE**^{s} | andizetes (-ice- **E**^{s1}) **AE**^{s}*H*. sandi- *r*. sandri- *v* 3 aruiates **DFRa***D*. arina- **d**. ariua- *v*. arabiates **AE**^{s} | amantini *S coll. v. 11 et Ptol. II 15,2.* ·ti (amm- **DR**) *ll.* -tes *v* 4 uelgites **AE**^{s} | carnacates **AE**^{s}. corneates *C* | erauisque **AE**^{s}. arauisci *C e Ptol. II 15,2. Tac. Germ. 28* 5 latouiti **DdR**. -obici *Ptol. II 14,2*
6 cordisci **F**^{2} | in — taurisci *om.* **DF**^{1}**Ra** | sauo *ll. H* | metubarbis *D*. metusb- **AE**^{s}. -ubarris *rv* 8 calapis *B e Strab.*
9 effecit **R**^{1}**ad** 9. 10 omnib. acuntius (-nctius **Da**) **DF**^{1}**Ra**
10 *lac. ego indicavi*; *excidit* haud procul *vel* XIII a (*cfr. MPt p. 298*^{a}). in *CFW Müller p. 24 n.* | Sirmio oppido *del. Momms. CIL III p. 148* | influuiis **DF**^{1}**R**^{1}**a**. -luus **F**^{2}. luuū **R**^{2} 12 influuntur **AD**. -nt//// **F**^{2}. -uitur **a** | uadasus **FdR**^{2}**a**. us **R**^{1}. ualdanus *va.H* | urbanus **AE**^{s}
16 celegeri (cael- **F**^{2}) **d***v*. -re **AE**^{s}. -rit *r* 17 schytae **A**. scithe **a**. -tae **F**. schitae **E**^{s}**D**. -te **R** 18 clara (*om.* e) **AE**^{s}**F**^{2}. cara e **DF**^{1}**a**. -re **R** | margus (*U 58*) *D*. -gis **AE**^{s}**F**^{2}*v*. marcus *r* | Pincus *MPt p. 452*^{b} | thimacus **AE**^{s}. -chus **DFa**. thym- **R**
19 asamus **AE**^{s}*S*. mus **F**^{1}. asia- (asca- **F**^{2}) *r*. esca- *v*

150 Illyrici latitudo qua maxima est $\overline{\mathrm{CCCXXV}}$ p. colligit, longitudo a flumine Arsia ad flumen Drinium $\overline{\mathrm{DXXX}}$. a Drinio ad promunturium Acroceraunium $\overline{\mathrm{CLXXV}}$ Agrippa prodidit, universum autem sinum Italiae et Illyrici ambitu $|\overline{\mathrm{XVII}}|$.
100 in eo duo maria quo distinximus fine, Ionium in prima parte, interius Hadriaticum, quod Superum vocant.

151 (30) Insulae in Ausonio mari praeter iam dictas memoratu dignae nullae, in Ionio paucae Calabro litore ante Brundisium, quarum obiectu portus efficitur, contra Apulum litus Diomedia, conspicua monumento Diomedis, et altera eodem nomine, a quibusdam Teutria appellata. Illyrici ora mille amplius insulis frequentatur, natura vadoso mari aestuariisque tenui alveo intercursantibus. clarae ante ostia Timavi calidorum fontium cum aestu maris crescentium, iuxta Histrorum agrum Cissa, Pullariae et Absyrtides Grais dictae a fratre Medeae ibi interfecto.
152 iuxta eas Electridas vocavere in quibus proveniret sucinum, quod illi electrum appellant, vanitatis Graecae certissimum documentum, adeo ut quas earum designent haut umquam constiterit. contra Iader est Lissa et quae appellata *est*,

§ 150: Agrippa fr. 13 R. MCap. VI 650 extr. cfr. Dim. 18. — § 151: (9) Mela II 114. — (16) Mela II 114. Strabo VII p. 315. — § 152 init.: Scylax 21 (GGm I p. 27). Strabo V p. 215. — (17. 295, 3. 4) Mela II 114. — Callim. fr. 393.

2 dirinum *D coll.* § *144* | $\overline{\mathrm{DCCC}}$ *va. Brot.* $\overline{\mathrm{DV}}$ *MCap.* | trinio **AE**^{s}. dirino *D* 3 $\overline{\mathrm{CLXXII}}$ **E**^{s}*va. Brot.* 4 autem *ll. S.* hunc *v* | ambitus **F**^{1}**da***va. G.* -tius **R** | $\overline{\mathrm{XVII}}$ **AE**^{s}*Brot.* $\overline{\mathrm{XIIII}}$ *r H.* $\overline{\mathrm{XIII}}$ *v* 9 abiectu **AE**^{s}. obiectum **DR** 11 dam — appellata *om.* **R**^{1} | teutria **R**^{2}**ad***L.* theu- **D**. thaeu- **F**. theuthria **AE**^{s}. teu- *v* 12. 13 uadosa maria **F**. -si maris *va. G* 14 *an* Timaui illa (*vel* parua)? *cfr. II 229* 15 *an* Gissa? *cfr.* § *140* | pullarie **Ra**. -ria **AE**^{s}*H* 16 absyrtides **a***v.* absir- **AE**^{s}. absur- (-ites **R**) *r* | mediae **F**^{1}. -ie **a** | interfecto **R**^{1}. -to absyrto **AE**^{s}*G.* -sirto **R**^{2}. -to nunc (absirto nunc **F**^{2}) absortium (absyr- *v*) **DFadT***v*(*D*^{2}). -to nomine absyrto *B* 17 perueniret **AE**^{s} 20 iader **AE**^{s}*v.* -deb **DRa**. -daerb **F** | est lissa **AE**^{s}*B.* esil- **DFR**. isil- **a**. est issa *v.* est Gissa (*Tom. 2 p. 646*) *D*^{2} | eique **Ra**. quaeque *va. H* | *dist. H* | appellata ē (*sc.* Colentum § *140*) *ego.* -tae *ll. v*

contra Liburnos Crateae aliquot nec pauciores Liburnicae, 140 Celadussae, contra *Tra*gurium Bova et capris laudata Brattia, *Is*sa civium Romanorum et cum oppido Pharia. ab Issa Cor*c*yra Melaena cognominata cum Cnidiorum oppido distat XXV, inter quam et Illyricum Melite, unde catulos Melit*ae*os appellari Callimachus auctor est. XV ab ea VII Elaphites, in Ionio autem mari ab Orico MM p. Sasonis, piratica statione nota.

C. PLINI SECVNDI
NATVRALIS HISTORIAE
LIBER IV

---

(1) Tertius Europae sinus Acrocerauniis incipit montibus, finitur Hellesponto, amplectitur praeter minores sinus |XIX|·XXV passuum. in eo Epiros, Acarnania, Ae- 1

§ 1. 2: MCap. VI 651. — § 1: (12) Sol. 7, 1. — cfr. Mela II 39.

1 grateae **AE^{s}***H*. crete **a**. -teae **dT***v*. *cfr. Scylax 23* | nec **AE^{s}***v*. nec nec (ne **R^{2}**) *r* | pauciores **AE^{s}***B*. trucones (trunes **R^{1}**) *rv* 2 celuus (luus **R^{1}**) ac intra **DFRa** | tragurium (*P*)*H*. surium *ll.v*(*Brot.*). *cfr.§ 141. Mela II 57* | boua **DFdTRa***D^{2}*. bauo **AE^{s}** *H*(*S*). bubua *Brot. e coni. H.* bubus *v*. boae *Ammian. XXII 3,6. XXVIII 1,23* 3 brattia issa *B*. -ttiasa *ll.* battri- *v* | pharia **R**(?)*v*. fa- *r* 4 issa **AE^{s}***S*. is **DF**. his **Ra***v* | corcyra *v*. lecorgyra **A**. -gira **E^{s}**. leucopetra *r* | melaena *Bas.* -lena **AE^{s}***v*. aelaena **DF**. elena **Ra** | gnidiorum **Fa***va.J.* gind- **R**. gnirum **AE^{s}** 5 XXII *va.H* 6 melitaeos *B*. -tos *ll.v* | XV *ll.H.* XII *G.* XXII *v* 7 IIII **R**(?)*Brot.* tres *v* | elaphites *v*. -pites **AE^{s}a**. pithes **R**. -pithaes *r* | orico *B coll.§ 145.* -igo **DFRa**. arico **AE^{s}***v* | MM *ll.v*(*D*). M **a**. III mil. *H*. XII M *Brot.* | p. **AE^{s}***v*. prope *r*

Lib. IV. 12 a ceraunis *Sol.* 14 XIX **AE^{s}R^{2}** *in marg.v.* ///// **R^{1}**. *om.* **a**. XX *r* | XXV **AE^{s}R^{1}***G*. -VI **DFda**. XXI **R^{2}** *in marg.* XXII *v* tolia, Phocis, Locris, Achaia, Messenia, Laconica, Argolis, Megaris, Attice, Boe*o*tia iterumque ab alio mari eadem Phocis et Locris, Doris, Ph*th*iotis, Thessalia, Magnesia, Macedonia, Thracia. omnis Graeciae fabulositas sicut et litterarum claritas ex hoc primum sinu effulsit, quapropter paululum in eo conmorabimur.

2 Epiros in universum appellata a Cerauniis incipit montibus. in ea primi Chaones, a quibus Chaonia, dein T*h*esproti, Antigonenses, locus Aorno*s* et pestifera avibus exhalatio, Cestrini, Perrhaebi, quorum mons Pindus, Cassopaei, Dryopes, Selloe, *H*el*l*opes, Molossi, apud quos Dodonaei Iovis templum oraculo inlustre, Talarus mons, centum fontibus circa radices Theopompo celebratus.

3 1. Epiros ipsa, ad Magnesiam Macedoniamque tendens, a
3,145 tergo suo Dassaretas supra dictos, liberam gentem, mox feram Dardanos habet. Dardanis laevo Triballi praetenduntur latere et Moesicae gentes, a fronte iunguntur Maedi ac Denselatae, quibus Threces ad Pontum usque pertinentes. ita succincta Rhodopes, mox et Haemi, vallatur excelsitas.

---

§ 2: (11) Mela II 43. Sol. 7, 1. — Theopompus fr. 230 Müller. — § 3: (17—19) MCap. VI 651 med.

---

1 messania **R** | laconia **A**(?)**F**^{2}**d** *MCap.va.H* 2 atticae **F**^{1}. -ca **F**^{2}*va.S* | boetia **AE**^{s}**F**^{2}**a**. -ecie **R**^{2}. -etita *r* | ab *om.H* 3 et in **F**^{1}**dRa**. *an* item? | phthiotis *v*. phiotis **DFR**. phyo- **a**. phietis **AE**^{s}**p** 4 threcią **R**^{1} 6 paululum **FdTR**^{2}**ao***v*. paulum *rD*^{2} | et in eo **DFdTR**. et eo **a** | commemorauimus **F**^{1}**dR**^{1}**a**. -abimus **R**^{2} 7 aceraunis **F**^{1}**R**^{2}. cer- **R**^{1}**ad**. acroceraunìis **F**^{2} *MCap.va.S* 9 thesproti *v*. tesp- (-oci **DF**^{1}**R**^{1}) *ll* | locos **A**^{1}. laocos **A**^{2}**E**^{s}. -chos **p** | aornos **a**^{3}*v*. -no **DF**^{1}**R**^{1}**a**. -non **F**^{2}**R**^{2}. haornon **AE**^{s}. -ron **p** 10 cassopaei (-pei **Fa**) *ll.v*. cassio- **R**^{3} **d**(?) *Bas. cfr. Ptol. III 13,6. Strabo VII p. 324* 11 selloe (-oei **F**^{2}) *ll.S*. selli **d**(?) *G*. sellae *v* | hellopes *B*. pelo- **DFRa***v*. pilo- **AE**^{s}**p** 12 talarus *ll.v*(*D*). tomarus *B e St Byz. cfr. § 6 extr.* (Τάλαρες *ap. Strab. IX p. 434 extr. cfrt. J*^{2}) 16 triualli **AE**^{s} 17 moesiae **R**^{1}. monsicae **F**^{1}. mos- **AE**^{s}. moss- **F**^{2} | a *om.***D***H* | maedi **ADFE**^{s}(*B*)*G*. medi **Ra***v*(*Dal.*). *cfr. § 40* 18 denselatae **R**^{2}**a***v*. -lacte **AE**^{s}. -letae *D coll. § 40*. -saelatae **DF**. delatae **R**^{1} | treces **A**. thraces **F**^{2}**R**^{2} *ɔa.J* | portum **A** | usque **AE**^{s}*v*. que *r* 19 uallatur *ll.v*. uidetur *MCap.*

in Epiri ora castellum in Acrocerauniis Chimera, sub eo Aquae Regiae fons, oppida Maeandria, Cestria, flumen Thesprotiae Thyamis, colonia But*h*rotum, maximeque nobilitatus Ambracius sinus, D passuum faucibus spatiosum aequor accipiens, longitudinis $\overline{\text{XXXVII}}$, latitudinis $\overline{\text{XV}}$. in eum defertur amnis Acheron, e lacu Thesprotiae Acherusia profluens $\overline{\text{XXXV}}$ passuum inde et mille pedum ponte mirabilis omnia sua mirantibus. in sinu oppidum Ambracia. Molossorum flumina Aphas, Arat*th*us, civitas Anactorica, *lo*cus Pandosia. 4

(2) Acarnaniae, quae antea Curetis vocabatur, oppida Heraclia, Echinus et in ore ipso colonia Augusti Actium cum templo Apollinis nobili ac civitate libera Nicopolitana. egressos sinu Ambracio in Ionium excipit Leucadium litus, promunturium Leucates, dein sinus et Leucadia ipsa paeninsula, quondam Neritis appellata, opere accolarum abscisa continenti ac reddita ventorum flatu congeriem harenae adtumulantium, qui locus vocatur Dior*y*ctos stadiorum longitudine trium. oppidum in ea Leucas, quondam Neritum dictum. deinde Acarnanum urbes Alyzia, Stratos, Argos Amphilochicum cognominatum. amnis Achelous e Pindo 5

---

§ 4 (3—9). 5 (12—14): Mela II 54. MCap. l. l. — § 5: (15) Mela II 53. — (20) Mela II 43. 54. 53. Sol. 7, 3.

---

2 pons **DF^{1}R^1** 3 thyamis *B e Thuc. I 46. Strab. VII p. 324.* thymias **A**. thiam- **E^s**. thim- *r* | butrotum *ll. v a. C* 4 D *om.* **AE^s** 5 longitudinis **Rd***v*. -ini (-nis **F^2**) sunt *r* | XXXVI **R**. XXXIX *v a. S* 6 achero **DR^1**. achaero **F**. achelous **R^2** *in marg.* 7 $\overline{\text{XXV}}$ **A***D*^{1}. XXXII **E^s**. -VI **a^s***v* 9 mollossorum **Fa**. moleso- **AE^s** | aphasas **DF^{1}Ra**. alphas *v a. B* | aratthus *S*. -achthus *B e Ptol. III 13,4.* -athus *v*. -atus (anit' **R**) *ll. D^2* | anactoria **d***v a. D* 10 locus **d**(?)*B*(*H*). lacus *ll. v*(*G*)*D* | pandosiae **F^{1}dRa** 11 qui **AE^s** | curetes **DR^1**. -taes **F**. -rtes **a** | uocabantur (**D**?) **F^{1}Ra** 15 et *ll. D.* ac **d**(?)*v* 16 neritis **Rd**(?)*B*. mer- *v*. neretis *r D^1* | abscisa a **F^2***G*. -issa a *v*(*Dal.*) 18 accumulantium (adc- **F^2***S*) **F^{2}dR^{2}ap***v a. D. cfr. IX 14. X 100* | dioryctos *B*. -ocritos **AE^s**. -orectos *rv* 20 alyzia **Ra***S*. -zya **ADF**. alizia **E^s**. -zea *H*. halyzea *B* 21 e **AF^2***v. om. r*

fluens atque Acarnaniam ab Aetolia dirimens et Artemitam insulam adsiduo terrae invectu continenti adnectens.

6 **2.** (3) Aetolorum populi Athamanes, Tymphaei, Ephyri, Aenienses, Perrhaebi, Dolopes, Maraces, Atraces, a quibus Atrax amnis Ionio mari infunditur. Aetoliae oppidum Calydon est VII·D passuum a mari iuxta Euenum amnem. dein Macynia, Molycria, cuius a tergo Chalcis mons et *T*aph*i*assus. at in ora promunturium Antirrhium, ubi ostium Corinthiaci sinus minus M p. latitudine influentis Aetolosque dirimentis a Peloponneso. promunturium quod contra procedit appellatur Rhion. sed in Corinthio sinu oppida Aetoliae Naupactos, Eupalimna et in mediterraneo Pleuron, Hali*c*arna. montes clari in Dodone Tomarus, in Ambracia Crania, in Acarnania Aracynthus, in Aetolia Achaton, Panaetolium, Mac*y*nium.

7 **3.** (4) Proximi Aetolis Locri cognominantur Ozolae, immunes. oppidum Oeanthe, portus Apollinis Phaesti, sinus Crisaeus. intus oppida Argyna, Eup*ali*a, Phaestum,

§ 6: MCap. VI 651 med. (Agathem. V 24 p. 485). Mela II 53. 52. 43. — (13. 14) Sol. 7, 3. — § 7: MCap. VI 651 extr. — (299, 1. 3) Mela 53. 40. — Sol. 7, 3.

4 eanienses **E**. cani- **a**. eni- **Ap**. aenienes **F**[1]. menses *va.B* | maraces **Ap***G*. -ages *rv* | altraces **AE**[2]**p** 5 astrax **A** | in mari **DREa** | etiaoliae **DR** 6 calydon est **d***v*. -don *D*. -lidonye **R**. -lcidone **Ea**. -ldonae **DF**. -lidum **A**[1]. caudum **A**[2] 7 mons et **A***H*. mons est et **F**[2]. mons est *rv*. et mons *B* 8 taphiassus *B e Strab. X p. 451*. ph//rassus **A**. phara- **a**. phra- **E**. frha- **R**. fhrarsus **DF** | antirrhium *L*. anthirri- **FRa**. antyrri- **A**. antirri- *rS*. antiri- *v* 9 influentis **AF**[2]*v*. -tes *r* 11 rhion **AR**[2]*v*. rion *r* 12 naupactos **FR**. -acios **AEa**. -atios **dT**. -actus **D***S*. -tum *v* | eupalimna (eupha- **A**) *ll.v*(*J*). pylene *B e Strab. X p. 451*

13 halicarna *MGGm I p. 37*[b] *e Scylace*. -isarna (ali- **A**) *ll.J*. -iserna **a**. -isorna *v*. -lycarna *B*. -lysarna *G*. -licyrna *H e Strab. X p. 459* 14 crania **AF**[2]**E**[2]*B*. cania *r* 15 achaton **Aa***v*(*D*). -thon **E**. acathon **D**. aga- **F**. athon **R**. acanthon *B*. achāton **a**[3] | macynium **d***H*. macin- *G*. maxin- **Ea**. machin- *r*. medion *B*

16 aozolae **R**. -laei **DFE**. -zilei **a** 17 phesti **AE**[2]. phetis **E**[1]. phaetis **a** 18 eupalia *B e St Byz*. eupuloea *ll*. -lea **d**. -lia *v*. -laea *J*[2]. *cfr. Thuc. III 96* | phaestum **d***B*. hest- **A**. paest- *r*. pest- **a***v*

Calamisus. ultra Cirrhaei Phocidis campi, oppidum Cirr*h*a, portus Chalaeon, a quo VII p. introrsus liberum oppidum Delphi sub monte Parnaso, clarissimi in terris oraculi Apollinis. fons Castalius, amnis Cephisus praefluens Del- 8
phos, ortus in Lilaea urbe. quondam praeterea oppidum Crisa et cum Bulensibus Anticyra, Naulochum, Pyrrha, Amphisa immunis, Ti*t*hrone, Tit*h*or*ea*, *A*mbr*y*s*us, Mirana, quae regio Daulis appellatur. deinde in intimo sinu angulus Boeotiae adluitur cum oppidis Sip*h*is, Thebis quae Corsiae cognominatae sunt iuxta Heliconem montem. tertium ab hoc mari Boeotiae oppidum Pagae, unde Peloponnesi prosilit cervix.

4. (5) Peloponnesus, Apia antea appellata et Pelasgia, 9
paeninsula haut ulli terrae nobilitate postferenda, inter duo maria Aegaeum et Ionium, platani folio similis propter angulosos recessus, circuitu DLXIII p. colligit auctore Isidoro; eadem per sinus paene tantundem adicit. angustiae, unde procedit, Isthmos appellatur. in eo loco

§ 8: Sol. 7, 3. — (8—10) MCap. l. l. — Mela II 53. — § 9: MCap. VI 652. Sol. 7, 15. Anon. fr. I 1 (GGm II p. 509). Agathem. l. l. cfr. Mela II 38. (37). 48.

1 calamisus **Aa***v*(*S*). -issus *G*. -mysus **DFE**. camisus **R** | cirrhaei **F***v*. -hei o. chirrei **R**. chirei **A**. cirraei *rS* | circa **DF**[1] **RE**[1]**a** 2 chalaeon **R**(?)*v*. -leon (ca- **a**) *r***o** | VII **A***MCap.v*. IIII *r***o** | liberum **AE**[2]*v*. in li- *r* 3 parnaso **A***v*. -si *r***o** | clarissimum .. oraculo *G* 4 caephisus **A**. cephaleus **a**. chephesus **E**. -pheus **R**. -phaeus **DF** 5 libea **DFE**. lyb- **a** | quondam urbe *va.S. dist.U62* 6 bullensibus **DFEa** | phyrra **R**[1]. pyrra **a***S*. pirra **A** 7 tithrone *H*. trichonae **DFE**[2] *in ras.* -one *B*. thrichone **R**. triconem **A**. -one **a**. trycone *v* | tithorea — 9 boeo **E**[2] *in ras.* | tithorea ambrysus *D*. tritea ambrysus *B*. tricorimbus **A***v*. -orymbribus (tricho- **R**) *r* | mirana **A***J*. -rena **dT**. myraena **D**. -rena *rv*. drymaea *B* 9 siphis *G*. sipnis **A**. gipnis *r*. gymnis *v* 10 corsiae **AF**[1]*S*. -icae (-ice **Ea**) *rv* | helliconem (eli- **R**[2]) montem **F**[2]**R**[2]**E**[2]. mont- heli- **A***J*. helli- **DF**[1]**E**[1]. elli- **R**[1]**a**. heli- *v* 13 peloponnessus **A**. -onensus *r* (*passim*) | apia **A***C*. -ie **a***v*. -iae *r* | ante **Rd***va.J* | et **A***v*. e *r* | pelargia **DF**[1]**Ea** 15 et *om.***A** 15. 16 *dist.va.C* 16 auctor ē **A** 17 isiodoro **A**. isidorio **DFR** | aut dicit **DF**[1](**R**?)**Ea** 18 appellatur **A***MCap.v* (*D*[2]). -antur *rG*. *cfr.luc.p.83*

inrumpentia e diverso quae dicta sunt maria a septentrione et exortu eius omnem ibi latitudinem vorant, donec contrario incursu tantorum aequorum V milium passuum intervallo exesis utrimque lateribus angusta cervice Pelo-
10 ponnesum contineat Hellas. Corinthiacus hinc, illinc Saronicus appellatur sinus; Lecheae hinc, Cenchreae illinc angustiarum termini, longo et ancipiti navium ambitu quas magnitudo plaustris transvehi prohibet. quam ob causam perfodere navigabili alveo angustias eas temptavere Demetrius rex, dictator Caesar, Gaius princeps, Domitius Nero, nefasto, ut
11 omnium exitu patuit, incepto. in medio hoc intervallo, quod
9 Isthmon appellavimus, adplicata colli habitatur colonia Corinthus, antea Ep*h*yra dicta, sexagenis ab utroque litore stadiis, e summa sua arce, quae vocatur Acrocorinthos, in qua fons Pirene, diversa duo maria prospectans. $\overline{\text{LXXXVIII}}$ p. ad Corinthiacum sinum traiectus est Patras a Leucade. Patrae, colonia in longissimo promunturio Peloponnesi condita ex adverso Aetoliae et fluminis Eueni minus M p.,
6 ut dictum est, intervallo in ipsis faucibus, sinum Corinthiacum $\overline{\text{LXXXV}}$ in longitudinem usque ad Isthmon transmittunt.

12 **5.** (6) Achaiae nomen provinciae ab Isthmo incipit. antea Aegialos vocabatur propter urbes in litore per or-

§ 10: (6) Mela II 48. — § 11: (11—15) MCap. VI 652 med.

2 et **AF**^{2}**a**^{3}*G*. e **a**. *om.rv* | uorant **A**^{1}**a**^{3}*G*. -ando (fo- **F**^{2}) **A**^{2}**F**^{2}*v*. -an *r* 3 V *ego*. in V *vel* in quinque *ll.MCap.v. cfr.* *§75. 102. III 147 al.* (quattuor *Mela II 37. 48. Sol. 7,15*) 4 interuallum **A***S* | exesis **AF**^{2}*v*. exhis **Ea**. exis *r* 5 contingat *B*. *sed cfr. Caes. b. G. VII 11,3* | cheronicus **A** 6 lecheae **d**(?)*B*. legaae **DFREa***v*. roliaceae **A** | cencrae **FRa** 8 plaustri **AF**^{2}. palustri **o** | trasuehi **A**. trau- **F**^{1}**R**^{1}**E**^{2} | prohibent **A** 9 eas **F**^{2}**a***H*. eos **DF**^{1}**R**^{1}**E**. eoas **o**. *om.* **AR**^{2}*v* 10 nefasto **AF**^{2}*S*. -austo *r*. inf- **do***v* 13 ephyra *v*. epyra **Ra**. -rae **DF**. aepurae **A**. epirae **E**^{2}**d**. eprae **E**^{1} 15 pyrene **Ra***va.L*. -raene **DFE** | LXXXVIII **A***S*. -VIIII *r*. -VII *v* 18 eueni minus **Ed***v*. euueni (eube- **F**^{2}) minus **DFRa**. uenenus **A** 20 ab **A** | tramittunt **FRT***va.C* 22 achaiae **F**^{2}*v*. -aie **E**^{2} *in ras.* -aye **a**. achiae **A**. acaiae *r* 23 aegialus **A**. -i//alos **F**^{2}. -iolos **a**. aegcalos **DE**

dinem dispositas. primae ibi quas diximus Lecheae, Co- 10
rinthiorum portus, mox Olyros, Pellenaeorum castellum,
oppida Helice, Bura, in quae refugere haustis prioribus,
Sicyon, Aegira, Aegium, Erineos. intus Cleonae, Hysiae.
Panhormus portus demonstratumque iam Rhium, a quo 13
promunturio $\overline{\text{V}}$ absunt Patrae, quas supra memoravimus. 6. 11
locus Pherae. in Achaia novem montium Scioessa notissimus, fons Cymothoe. ultra Patras oppidum Olenum, colonia Dyme, loca Buprasium, Hyrmine, promunturium Araxus, Cyllen*ius* sinus, promunturium Chelonates, unde Cyllenen $\overline{\textit{XV}}$ p., castellum Phliu*s*, quae regio ab Homero
Araethyrea dicta est, postea Asopis. inde Eliorum ager, 14
qui antea Epioe vocabantur. ipsa Elis in mediterraneo et a P*y*lo $\overline{\text{XIII}}$ intus delubrum Olympii Iovis, ludorum claritate fastos Graeciae complexum, Pisaeorum quondam oppidum, praefluente Alpheo amne. at in ora promunturium Ic*h*thys, amnis Alpheus — navigatur $\overline{\text{VI}}$ p. —, oppida Aulon, Leprium, promunturium Platanodes. omnia haec ad

§ 12 init.: MCap. VI 652 extr. — (2—5) Mela II 53. cfr. Plin. II 206. — § 13: (5. 10) Mela II 52. — (7) Sol. 7, 5. — Homer. *B* 751. — § 14: Mela II 52. 51.

2 olyros **DR***v*(*S*). -rus **FEa**. olirus **A**. olurus *B* 4 aegira **d***B*. eg- **DE***v*. egyra *r* 5 panhormus *B*. palinh- *ll.v*. bolina, panh- *D* 8 olenum **A***v*. olon- *r* 9 dyme **a**[2]*v*. ady- **DEa**[1]. athy- **F**. dime **A**. adi- **R** 10 araxus *S*. -um *B*. anrhaxus (**A**[2] *in ras.*) *r*. aura- *v* | cyllenius (*U63*) *J*. -en *ll*. -enes *G*. -ene *B*(*S*). scyllae *v* 11 XV *Curtius Pelop. II p. 103*. V *ll.H*. II *v* | phlius *B*. -um *D*. philium **A***v*. -licim *r* 12 arhaetyrae **A**. arhetusę **R**. -sa **F**. aretuse **a**. -thusa *va.B* | dicta (*om.* est) *va.S*. -cte **R**. ditae **D**. dite **E**[1]**a** | asopis *H*. -phis *ll.v* | eliorum *v*. he- *ll* 13 epioe *ll.J*. -ie **d***v*. -ice **o**. epei *G*. epeae *B* | uocabatur **Ro***va.G* | helis **AFE**[2]**o** 14 a pylo *B. cfr. § 22*. aplio **AF**[2]. aphilo *r*. apilo *v* | $\overline{\text{XIII}}$ **A***D*. $\overline{\text{XII}}$ *rov* 15 oppidum **Aod***v*. -do *r* 16 alpeo **FRa** 17 ichthys *C*. icthys **D**. ichis **A**[1]. icthis *r*. ichthis *v* | *dist. D*[2] | nauigabilis *va.G* | VI *ll.H*. VII **a**. in *G*. *om.v* | p. *U63*. *om.***A***G*(*D*[1]). prope *r*. p. prope *H*. prope sex *v* | Aulona et *H*. -os et *G* 18 leprium *B*(*D*). -ion *C*. p̄pium **R**. brepium *rv* | platamodes *Strabo VIII p. 348 extr.* platanistus *B*

15 occasum versa, (7) ad meridiem autem Cyparissius sinus cum urbe Cyparisso LXXV circuitu, oppida Pylos, Mothone, locus Helos, promunturium Acritas, sinus Asinaeus ab oppido Asine, Coronaeus a Corone. finiuntur Taenaro promunturio. ibi regio Messenia duodeviginti montium, amnis Pamisus, intus autem ipsa Messene, Ithome, Oechalia, Arene, Pteleon, Thryon, Dorion, Zancle, variis quaeque clara temporibus. huius sinus circuitus LXXX, traiectus vero XXX.

16 (8) Dehinc a Taenaro ager Laconicus liberae gentis et sinus circuitu CVI, traiectu XXXVIII. oppida Taenarum, Amyclae, Pherae, Leuctra et intus Sparta, Therapne atque ubi fuere Cardamyle, Pitane, Anthia, locus Thyreae, Gerania. mons Taygetus, amnis Eurotas. sinus Aegilodes, oppidum Psamathus. sinus Gytheates ab oppido, ex quo Cretam *in* insulam certissimus cursus. omnes autem Maleo promunturio includuntur.

---

§ 15: Mela II 51. (50). 52. 51. 41. — § 16: (11) cfr. Sol. 7, 7. 8. 9. — Mela II 41. 51.

---

1 occasum *v*. -assus **A**. -asus *r* | cyparissius *v*. -risius **R**². -rissus **F**. -rrisius **DR**¹**E**¹. -rrisus **E**². ciparisus **A** 2 cyparrisso **R**. -apasso **A**. -arissa **d**(?)**a**³*va.D* | LXXII *va.D* | mothone *ego*. -tone *ll*. methone *B*. *cfr. Paus. IV 3,10. 35,1. VIII 1,1. Ptol. III 14,31* 3 acristas **A**. atritas **Ea** | asinaeus **Rd***C*. -neus *rv* 4 asine **F**²*v*. assinae **AE**². asie **F**¹. asye **a**. asiae *r* | corona **A***va.C* 6 pamisus **A***Verc*. -issus *rv* | messenia **F**² *in ras.* 7 pteleo **A** | thryon **E**²*B*. -yo **D**. thry **E**¹. tryon **A**. tyrio **R**. dryo **F**. triyō **a**. triron *v* | quaeque **A***S*(*D*). que *r*. *del.v*(*J*) 11 CVI **AF**²**E**²*H*. *om.r*. CCVI *v* | XXXVIII **AdT***S*. -VIIII *rv* 12 pherae **Rd***v*. fere (uere **A**) *r*. phare *B ex Hom.* | leuctra **R**(?)*B*. lae- **AF**². leutra **a***v*. lae- *r* | therapne *U 64*. -abne (ter- **DFa**) **DFdRE**¹**a**. -amne **AE**²*va.J*(*D*²) 13 anthia *coni.H ex Hom. I 151. cfr. Sol.* -thea *S*. antea **A**. -eane **R**². -tiane **DdR**¹*v*. -nae **F**. anxiane **E**. anax- **a**. anthane *B* | thyreae **E***S*. -rae *Sol.* -re *B*. tyraeae **F**. -ree **a**. thyrea **AD***G*(*J*). ty- **R** 14 grania **E**. genaria **A** 15 psamathus **A***v*. sa- *r* | gytheates **d***B*. cy- (-erates **A**) *ll.v* 16 cretā in *ego*. -ta in **E**². -tam *rH*(*D*). *om.***a**. ad Cretam *v*(*S*) | insula **AE**² | omnia *va.H* 17 maleae **R**(?)*H*. in alueo **E**¹**a**

(9) Qui sequitur sinus ad Scyll*a*eum Argolicus appel- 17
latur, traiectu $\overline{\text{L}}$, idem ambitu $\overline{\text{CLXII}}$. oppida Boea, Epi-
daurus Limera cognomine, Zarax, Cyphans portus. amnes
Inachus, Erasinus, inter quos Argos Hippium cognominatum
supra locum Lernen a mari MM, novemque additis milibus
Mycenae et ubi fuisse Tiryntha tradunt et locus Mantinea.
montes Artemis*i*us, Apesantus, Asterion, Parparus aliique
XI numero. fontes Niobe, Amymone, Psamathe. a Scyl- 18
laeo ad Isthmon $\overline{\text{LXXX}}$ p. oppida Hermione, Troezen,
Coryphasium appellatumque alias Inachium, alias Dipsium
Argos, portus Schoenitas. sinus Saronicus, olim querno
nemore redimitus, unde nomen, ita Graecia antiqua ap-
pellante quercum; in eo Epidaurum oppidum, Aesculapi
delubro celebre, Spiraeum promunturium, portus Anthedus
et Bucephalus et quas supra dixeramus Cenchreae, Isthmi 10
pars altera cum delubro Neptuni quinquennalibus incluto
ludis. tot sinus Peloponnesi oram lancinant, tot maria 19
adlatrant, siquidem a septentrione Ionium inrumpit, ab
occidente Siculo pulsatur, a meridie Cretico urguetur, ab
oriente brumali Aegaeo, ab oriente solstitiali Myrtoo, quod
a Megarico incipiens sinu totam Atticen adluit.

§ 17: cfr. Mela II 50. 49. — (4) Sol. 7, 10. Mela II 51. 41. — § 18: Mela II 49. 50. — (13) cfr. Sol. 7, 10. — (15. 16) Mela II 48. — § 19: Mela II 49. (37).

2 boea **AF**^{2}*v*. poea (poe **R**) *r* 3 cyphans **DFa***D*. -as **R**. -anta *B*. cihpans **A**. cip- **E**. -phanis *v* 5 lacum *va.H* 6 tiryntha *L*. thirintha **A**. -thia **E**^{2}. tyrrinthia **F**^{2}. thyrinia (thir- **E**^{1}) *r*. tyrintha *v* 7 artemisius *U67 coll. § 21*. -mius *ll. va.J* | parnasus **F**^{2}**E**^{2} 8 a *om.* **A** 9 isthmun **F**. -mu **A**. -mum **DR***va.D*^{2} | LXXX *D*. CLXXX **A**. CLXXVII *rv* 11 schoenitas *H*. scoen- **A**. choen- *r*. caenites *B*. chen- *v* 12 nominata **AF**^{2} 14 Anthedon *B*. (Athenaeon *Külb, cfr. MPt p. 554*^{b}) 15 cerichre **R**. cencre **Aa**. caencre **F**^{2}. caen///// **F**^{1} 16 quod (*pro* cum) **A** | neptunae **A** 17 lancisinat **A** 18 quidem **A**
20 brumali — oriente *om.* **F**^{1}**Eo** | myrtoo **A**^{2}**F**^{2} *in ras. v*. -to **A**^{1}. -teo **E**. -te eo **R**. -tae eo **D**. mirteo **ao** 20. 21 quod a megarico incipiens **AE**^{2}**o***v*. quondā egaria (-ico **F**^{2}) conc- (inc- **F**^{2}) *r*
21 atticē **Ra**. -cam **o***va.S*. aticen **A**. anti- **F**^{2} *in ras*. atucem **Dd**. at cic- **E**^{1}. ac uic- **E**^{2} | adluit **AF**^{2}**E**^{2} *Brot*. all- **o***v*. abl- *r* (*fere semper*)

20 **6.** (10) Mediterranea eius Arcadia maxime tenet un-
dique a mari remota, initio Drymodes, mox Pelasgis ap-
pellata. oppida eius Psophis, Mantinea, S*t*ymphalum, Tegea,
Antigonea, Or*c*homenum, Pheneum, Pallantium, unde Pala-
tium Romae, Megalepolis, *Gorty*na, Bucolium, Carn*i*on,
Parrhasie, Thelpusa, Mela*e*nae, Herae*a*, Pylae, Pallene,
Agrae, *Epium*, Cynaet*h*ae, Lepre*on* Arcadiae, Parthenium,
Alea, Methydrium, Enispe, Macistum, Lampia, Clitorium,
Cleonae. inter quae duo oppida regio Nemea est, *e*t
21 *B*embinadia vocitata. montes in Arcadia Pholoë cum
oppido, item Cyllene, Lycaeus, in quo Lycaei Iovis delu-
brum, Maenalus, Artemisius, Parthenius, Lampeus, Nonacris
praeterque ignobiles VIII. amnes Ladon e paludibus
Phenei, Erymanthus e monte eiusdem nominis in Alpheum
22 defluens. reliquae civitates in Achaia dicendae Ali*p*h*e*r*a*ei,

§ 20: (3. 4) Mela II 43. — (4) Sol. 7, 11. — § 21: (10—14) Mela II 43. — (11. 14) Sol. 7, 11.

3 psophis **Rd**(?)*B*. ibo- **A**. pro- *rv* | stymphalum **d**(?)*v*. sim- **A**. ym- **F**^{1}. sym- *r* 4 orehomenum **A**. orgo- *r* | pheneum *B*. phaen- **A**. pen- **a**. paen- (-naeum **E**) *r*. phin- *v* | pallantium **F**^{2}*v*. pallen- **A**. phallan- *r* 5 megalopolis **F**^{1}**R***C* | gortyna (*B*)*H e Paus*. cartina (-thinna **R**) *ll.v* | bucolium **AF**^{2}**d***H*. bcol- **DF**^{1}. bal- *r*. bucal- *v* | carnion (*B*)*H e Paus*. -non **a***C*. crannon **A***v*. charnon **Ed**. chrannon *r* 6 parrhasie **Rd***H*. -siae **DF***C*. -sia **E**. -rrasie **a***v*(*S*). pharasie **A** | thaelpusa **F**. -sha **A**. telfusa **a**. thelphu- *va.B*(*H*) | melaenae (*B*)*H e Paus* -lanea **AEad**. -nia **R**. -naea *C*. maelanea **DF**. maenala *v* | heraea *B*. -reae **A**. haerae **DF**. haec re **Ea**. here **Rd***v* | pylae *Brot*. -le **A***B*. filae **DFE**. -le **R**. phile *v* | pallenae **A**. -aenae **F**. pellana *B* 7 agrae **Rd***B*. grae *r. om.v* | epium *B*. pin **R**^{1}**a***v*. phin **R**^{2}. phyn **A**. ipyn **F**^{2}. iyn **F**^{1}. pyn *r* | cynaethae (-tha *G*) lepreon *B*. -tae leprae **D**. cynatae (nat *in ras.*) laeprae (-psae **F**^{2}) **F**. cinaete lepre (-rae **E**) *rv* 8 alea *B*. -eae **DFR**. alae **E**. alee **A**. hale **a**. elee *v* | methydrium **AF**^{2}**d***v*. et hy- *r* | enispe **d***B*. -phe **REa***v*. -phae *r* | lampia **AF**^{2}(*B*)*S*. -padia *rv*. -pe **d***C* 9 est et *J*^{2}. et **F**^{1}**R**^{1}. est **R**^{2}*S*. est t *r. om.v* 10 bembinadia *B*. hemb- **A**. henb- *r*. themb- *v. cfr. Strab. VIII p. 377* 12 lampheus **A***va.B*. -paeus **DE** | nonacris **AF**^{2}*v*. -agris *r* 13 VIII **A***v*. VIIII *r* 14 phaenei **F**. phenet **DREa** 15 defluentes *G* | alipheraei *D*. -phiraei *B*. alitrei **Aa***v*. -threi *r*

Abeatae, P*y*rgenses, Par*or*eatae, Phar*y*genitae, Tortuni,
T*y*panei, Thriusi, Tritienses. universae Achaiae libertatem
Domitius Nero dedit. Peloponnesus in latitudinem a pro-
munturio Maleae ad oppidum Aegium Corinthiaci sinus
CXC patet, at in transversum ab Elide Epidaurum CXXV,
ab Olympia Argos per Arcadiam LXVIII; ab eodem loco
ad *Py*lu*m iam* dicta mensura est. universa autem, velut 14
pensante aequorum incursus natura, in montes sex atque
LXX attollitur.

7. (11) Ab Isthmi angustiis Hellas incipit, nostris 23
Graecia appellata. in ea prima Attice, antiquitus Acte
vocata. attingit Isthmum parte sui quae appellatur Megaris
ab colonia Megara, e regione Pagarum. duo haec oppida
excurrente Peloponneso sita sunt, utraque ex parte velut
in umeris Helladis, Pagaei et amplius Aegosthenenses
contributi Megarensibus. in ora autem portus *Sch*oenos,
oppida Sidous, Cremmyon, Scironia saxa VI longitudine,

§ 23: (10. 11) Sol. 7, 16. MCap. VI 652 extr. 653. Mela II 41. — (16 sqq.) Sol. 7, 16. MCap. VI 653. Mela II 47. 40.

1 pyrgenses **Rd**(?)*B*. pir- **AF**. pur- *rv* | paroreatae (*B*)*H*. pareatae (-te **Da**) *ll.G*. pereate *v* | pharygenitae (*Sieglin*) *D*^{2} *e Strab. IX p. 426* (Φαρύγαι). pharig- **A**. pareg- (-ta **E**^{1}) **DFE***v*. perag- *G*. parag- **R**(?)*L*. paregon- **a**. *an* Pharygeatae? 2 typanei *G*. -neae *B*. thiphanei **A**. tiph- *r*. -nai *v* | thriusi (*H*)*S*. tri- **AF**^{2}*v*. thi- **R**. tn- **F**^{1}. ti- *r*. thriasii *vel* thriuntii *B* | tritienses **E** *Brot*. tritte- (**A**^{2} *in ras.*) *rB*. trire- *v* 3 peloponnessos **F**^{2}. -ensos **DF**^{1}. -enses **E**^{1}**a**. -onenso **AE**^{2} | a *om.* **F**^{1}**Ra** 4 aegium **A**(*P*)*H*. regium *r*. rhegeum *v*. lechae- *B* 5 CLXXXX **DFEa**. CLX *va.H* | elide **F**^{2} *in ras.* **R**(?)*v*. elede **A**. edile *r* 6 LXVIIII **Ea** *Brot*. LXIII *va.H* 7 pylum iā *J*. -lum *U 69*. fliunta **AE**^{2}. phli- *v*. fluunt **R**^{2}. filiunta *r* | uelut **AF**^{2}**E**^{2}*v*. ut *r* 8 montes **A***v*. -te *r* 8. 9 septuaginta milia **DFEa** 10 a nostris **FEa***G* 11 atticae **DF**^{2}**E**. -iae **F**^{1}. -ica *va.S. cfr. § 1. 19 extr.* 12 attingit **A***v*. adt- **F**^{2}. tingit *r* 13 megara e **ADF**^{2}**E**^{2}*v*. -re *r* pagarum **AF**^{2}**E**^{2}*v*. paca- *r* 16 schœnos *B*. coe- **A**. cae- **DF**. ce- *r*. sche- *v. cfr. § 18. 26* 17 sidous **AR**^{2}*D*. -dus *G*. sduos **DF**^{1}. s̄ duo **F**^{2}. duas **R**^{1}. sduo **E**. duo **a***C*. *om.v* | cremmyon **R***H*. ore- **DF**^{1}. sor- **F**^{2}. crenmion **A**. oremm- **Ea**. cremyon *v* | scyronia **F**^{2}**R**^{2}*C*. -oia **DF**^{1}**R**^{1}**a**. sy- **E**

24 Gerania, Megara, Eleusin. fuere et Oen*o*e et Probalinthos. nunc sunt ab Isthmo $\overline{LV}$ Piraeus et Phalera portus, $\overline{V}$ muro recedentibus Athenis iuncti. libera haec civitas nec indiga ullius praeconii amplius: tanta claritas superfluit. in Attica fontes Cephisia, Larine, Callir*r*oe Enneacrunos, montes Brilessus, Aegialeus, Icarius, Hymettus, Lycabettus, locus Ilisos. a Piraeo $\overline{XLV}$ Sunium promunturium, *Tho*ricos promunturium, Po*tam*os, *S*ter*i*a, Brauron, quondam oppida, R*h*amnus pagus, locus Marathon, campus T*h*riasius, oppidum Melita et Oropus in confinio Boeotiae.

25 (12) Cuius Anthedon, Onc*h*estos, Thespiae liberum oppidum, Lebadea nec cedentes Athenis claritate quae cognominantur Boeotiae Thebae, duorum numinum Liberi atque Herculis, ut volunt, patria. et Musis natalem in nemore Heliconis adsignant. datur et his Thebis saltus

---

§ 24: Mela II 47. MCap. VI 653. — (5) Thuc. III 15, 5. Sol. 7, 19. 18. — (7) Mela II 46. 45. Sol. 7, 19. — § 25: Mela II 45. MCap. VI 653 extr. Sol. 7, 21. 22.

---

1 gerania **AF**^{2}*v*(*D*). -nea *C*. iaranea (lar- **R**) *r* | oenoe *S*. -oa *B*. -neae **AF**^{2}. onee **Ea**. -eae *r* | et *om.G* | probalinthos **F**^{2}**R**(?)*v*. proualintos **A**. probabili hos *r* 2 piraeus **A**^{2}**D** *G*(*D*^{2}). -aeeus **R**(?)*L*. -reus **F**^{2} *in ras.* praeus **A**^{1}. pyraeus **E***C*. -reus **a***v* 3 iuncti **A***v*. -tis *r* 4 indicauilius **F**^{1}. -abilius **E**^{1}**a**. -li hos **D**. indi///// **R**^{1} | superfuit **AE**^{2} 5 cephisia **AF**^{2}*v*. celpi- *r* | caliiroe **R**. -ireo **A**. -ira **D**. -irena **F**^{2}. -ir *r*. -irrhoe *MCap.* | enneacrunos (-naea- **E**^{2}) **AE**^{2} *in ras. B*. -crus **DF**^{1}**a**. e//nea- **R**. eneacros **F**^{2} 6 brilesus **Da**. -laesus **FE**. -lerus **R** | hymetus **A**. himettus **DR**. -etus *r* | licauettus **DRE**. -etus **Fa** 7 locus *ll.H.* amnis *G*. lacus *v* | ilisos **A***S*. -ssos *G*. silisos *r*. selinos *v* | piraeo **F**^{2}*D*^{2}. -aeeo *H*. pyraeo **a***C*. pire C **A**. -raco *r*. -reo *v* | thoricos *H*. doriscos **dT**. -cus **A**. -cum *v*. duriscos *r* 8 potamos steria (*B*)*H*. -mos *C*. polyposterae **A**^{2}. -re **a***v*. -rrae **A**^{1}. -there (polip- **R**) **DRE**. -thaere **F** | brauronion **DF**^{1}**REa**. -ron, ion *va.G* | quondam — 9 marathon *om.* **DF**^{1}**R**^{1}**E**^{1}**a** 9 opidū **F**^{2} | marathon locus **F**^{2}. -thon **E**^{2} | triasius **A**. -ssius (-rsius **D**) *r*. -ssus *va.B* 10 melita *B*. -te *S*. mileta **A**. -te **TE**^{2}. -let *r*. -letum *v* 13 tebae **R**^{2}. T.etbae **E**^{2}. etbae **DR**^{1}**E**^{1}. ////bae **F**^{1} 14 natalem *ego*. anat- **A**. natale *rv. cfr. XXXVII 5C. 180* 15 helicones **A**. helliconis **F**^{1}. bell- **DEa**

Cithaeron, amnis Ismenus. praeterea fontes in Boeotia
Oedipodia, Psamathe, Dirce, Epi*c*rane, Arethusa, Hippocrene,
Aganippe, Gargaphie. montes extra praedictos Mycalesus,
Hadylius, Acontius. reliqua oppida inter Megaricam et 26
Thebas Eleutherae, Haliartus, Plat*a*eae, Pherae, Aspledon,
Hyle, Thisbe, Erythrae, Glissa, Copae, iuxta Ceph*i*sum
amnem Lamiae et Anichiae, Medeon, Phlygone, *A*craephi*a*,
Coronea, Chaeronea. in ora autem infra Thebas Ocale*e*,
Eteon*os*, Scolos, Schoenos, Peteon, Hyrie, Mycalesos, Ire-
seum *e*t Eleon, Ollarum, Tanagra, liber populus, et in ipsis
faucibus Euripi, quem facit obiecta insula Euboea, Aulis
capaci nobilis portu. Boeotos Hyantas antiquitus dixere.
Locri deinde Epi*c*nemidi*i* cognominantur, olim Leleges 27
appellati, per quos amnis Cephisus defertur in mare.

---

§ 26: (11) Sol. 7, 24. Mela II 45. — § 27: Sol. 7, 25. 26. Mela II 45. 40. 45.

---

2 odipodia **A**. aedi- **E**². -da **DFE**¹. aecipopoda **R** | psamathae **A**. -mthae **F**. -mthe *r* | epicrane **d**(?)*H*. -igranea *ll.v* | hippocrene **A***v*. bypp- **DE**. ypp- *r* 4 hadylius (ad- **A**) *H*. -lisus (ad- *G*) **Ra***G*. -lysus (-sos **F**²) **DF**. -lysius **Ed** 5 haliartus *v*. hial- **AF**². al- *r* 6 yle **E**. hile **Aa***va.B* | thisbe *B*. et hisbae (-be *v*) **A***v*. et hyrbe *r* | glisa **DRE**. -ssas *B* | copae *B*. go- **FR**. -pe **Ea**. cophe **A***v*. gape **D** | cephisum *v*. coephys- **F**². chys- **A**. cepis- **a**. cepys- (coep- **F**¹) *r* 7 larymna (*B*)*H* | anichiae **AF**²**E**² (-ie *v*) *J*. -ia *C*. ante *r*. anchoa (*B*)*H* | medeon *B e Strab*. -dion **A***v*. -dian **F**²**E**². -deam **E**¹. -deant *r* | phlygone **F**²**E**²*H*. phlig- **A***v*. pyg- *r* | acraephia (*B*)*H*. grephys **R**. -phis **a***v*. graephis *r* 8 chaeronea (-nia *v*) *H*. cher- **AE**². charo *r* | Infra *H coll. Hom. B 505* (Ὑποθῆβαι) | ocalee *H*. -lea *B*. -le *ll.v*

9 eteonos *ego ex Hom. B 497*. et eon **A**. et teon **E**². et heon **F**²*v*. eth **a**. et *r*. et Eleon *B*. Elaeon *G*. Heleon *H* | scolos **R**(?)*B*. scho- **A**. yco- **da**. ycho- *r*. Iolcos *v* | schenos **DE***va. C*. scoe- **A**. scae- **F**. sce- **Ra** | ireseum (iraes- **A**. ireds- **E**¹. iresae- **F**) *ll. J*. (-sion *S*). yres- **a** hyreseon *v*. Ilesion *B ex Hom. B 499*. Hil- *H* 10 et eleon *ego ex Hom. B 500*. pteleon (pthelon **A**) *ll.v* | ollarum *ll*. Oluros *v*. Olyarum (*U 69*) *J*. *nomen corruptum* . 12 capacis **DF**¹**Ea** | hyantas **AF**²*B*. -nias *r* 13 epicnemidii *B*. epigmenedi **A**. pigmenidi (pyg- *v*) **DFa***v*. -gmemidi **E**¹. -medi **E**². -gnemidi **R**. (*add.* et Opuntii *U 70*) | cognominantur **F**²*v*. -atur *r*

14 cepirus **R**. -physus **AEa**

oppida Opus, unde et sinus Opuntius, Cynus. Phocidis in litore unum Daphnus, introrsus autem Larisa, Elatea
8 et in ripa Cephisi, ut diximus, Lilaea Delphosque versae Cnemis et Hyampolis. rursus Locrorum ora, in qua Larumna, T*h*ronium, iuxta quod Boagrius amnis defertur in mare. oppida Narycum, Alope, Scarp*h*ia. postea Maliacus sinus ab incolis dictus, in quo oppida Halcyone, Ae*g*onia,
28 Phalara. (13) Doris deinde, in qua Sparthos, Erineon, Bo*i*on, Pindus, Cytinum. Doridis a tergo mons Oeta est.

(14) Sequitur mutatis saepe nominibus Haemonia, eadem Pelasgis et Pelasgicon Argos, Hellas, eadem Thessalia et Dryopis, semper a regibus cognominata. ibi genitus rex nomine Graecus, a quo Graecia; ibi Hellen, a quo Hellen*e*s. hos eosdem Homerus tribus nominibus appellavit Myrmidonas et Hellenas et Achaeos. ex his Phthiotae nominantur Dorida accolentes. eorum oppida Echinus, in faucibus Sperchii fluminis Thermopylarum angustiae, quo argumento IIII inde Heraclea Trechin dicta est. mons

§ 28: Mela II 36. MCap. VI 654. cfr. Sol. 8, 1. — Homer. *B* 684. — (16 sqq.) Mela II 44. 45. 44. 40. Sol. 8, 2.

1 opuntius **Ea***H*. -inus *C*. opontius *r*. -inus *v* | cynus *B*(*D*). -nos **d***G*. -nus (gy- **A**) e *ll*. ginnuse *v*. *an* Cynus. set? 2 autem *om.* *G* | larisa **ADE***D*. -ryssa **F**. -risse *v*. -ris **Rad***J*^{1}. in Locris *G*. *del.* *U 71* 3 uersae **ADFE***S*. -se **Ra***v*. -sus *G*. bessa *B* 4 cnemis **d**(?)*B*. enemis (enim- **R**^{2}) *ll*. nem- *v* | larumma **E**. -mni **A** 5 thronium *B e Scylace 61*. tro- **AF**^{2}*v*. tiro- *r* 6 narycum **A***J*. -cion *B*. -recum **E**^{2}. -ricum *rv* | ///alope **F**^{2}*v*. -pes **A**. malope (-pes **E**^{2}) *r* | scarphia **d**(?)*B*. -pia *ll.v* 7 alcyone **Ea**. acly- **F**. alci- **A** | aegonia *D*^{2} *coll. Bursiani geogr. Gr. I p. 96*. aeco- *ll.D*^{1}. eco- **d***v*. ito- *coni. B e Paus. del. U 72* 8 phalara *B e Paus.* -lar **R**. -larna (pal- **A**) *r* | deinde **AE**^{2}*v*. et inde *r* | sparthos **A***J*^{2}. -tos **F**^{2}. sphartos *r*. sparchos *v*. sperchios *B, sed cfr. MPt p. 502*^{b} | erineon **AF**^{2} *in ras.* *v*. etin- (etm- **E**) *r* 9 boion *B e Ptol.* bolon (-lan **E**) *ll.v* | doridis **AF**^{2}*v*. or- *r* | est *om.* **R**(?)*S* 11 pelasgis et **AF**^{2}**E**^{2}*D*. *om.* *rv*. -gis et — eadem *om.* **o** | hellas **d**(?)*v*. -adis *ll* 12 et *om.* **o** 13 hellena a **AF**^{2}**E**^{2} 14 hellenes *C*. -nis *ll.v* | his eodem **DF**^{1}**RE**^{1}**a** 15 phiotae **FRa** (*item 309, 9*) 16 ecinuus **DEa**. aec- **F**^{1} 16. 17 *dist. U 73* 17 perchi **DF**^{1}. sperthi **a**. per- **E** 18 VII **A** | trechin *v*(*J*). threcin **F**^{2}. tre- **A**. threacin **DF**^{1}. trea- **RE**. thea- **a**. trachin *B*

ibi Callidromus; oppida celebrata Hellas, Halos, Lamia, Phthia, Arne.

8. (15) In Thessalia autem Orchomenus, Miny*i*us 29
antea dictus, et oppidum Alimon, ab aliis Holmon, Atrax, Palamna, fons Hyperia, oppida Pherae, quarum a tergo Pieria ad Macedoniam protenditur, Larisa, Gomphi, Thebae Thessalae, nemus Pteleon, sinus Pagasicus, oppidum Pagasa, idem postea Demetrias dictum, Tricca, Pharsali campi cum civitate libera, Crannon, Iletia. montes Phthiotidis Nymphaeus, quodam topiario naturae opere spectabilis, Buzygaeus, Donac*o*es*s*a, Bromiaeus, Daphusa, Chimarone, Athamas, Stephane. in Thessalia quattuor atque triginta, 30
quorum nobilissimi Cercetii, Olympus Pierius, Ossa, cuius ex adverso Pindus et Othrys, Lapitharum sedes, hi ad occasum vergentes, ad ortus Pelius, omnes theatrali modo inflexi, caveatis ante eos LXXV urbibus. flumina Thessaliae Apidanus, Phoenix, Enipeus, Onochonus, *P*amisus, fons Messeis, lacus Boebeis et ante cunctos claritate Pe-

---

§ 29: (5) Sol. 8, 1. 2. Mela II 40. 44. — § 30: MCap. VI 654. cfr. Sol. 8, 3. Mela II 36. — (310, 1. 2) Sol. 8, 2.

---

1 hellaes E^1. -aos DF^{1}Ra 2 pthia Fa 3 orthomenus a. orto- E. horcominus A | minyius (*B*^{1})*S*. mynilus AR. -nylus (men- E^2) *r*. minyeus (*B*^{2})*G*. -nilus a*v* 4 alimon AF^{2}R^2*v*(*J*). alhm- F^1. althm- (-mo R) *r*. alm- *B* | holmon A*J*. sol- DF. sal- *r*(*H*). el- d*v* 5 palamna (pha- R) *ll*.*v*(*J*). pelinna *B e StByz.* | therae DR. -re Ea*va.B*. thaere F 6 pieri F^{1}Ra. -ris *H*. -rus *v* | larissa F^2 | agomphi AF^{2}E^2 | thebae AF^2*v*. -ba *r* 7 thessalae A*S*. -liae *rv* | pasicus DF^{1}RE^{1}a 8 tritta A. trica FRa | pharsalii F^{2}E^2*J*. -lici a^3*v*. phasali A 10 quodam R(?)*G*. quond- *rv*(*S*). *cfr. XII 22* | opere F^{2}R^2*v*. -res A. ope/// F^1. oppide R^1. -dae D. -da Ea 11 buzygaeus (-geus A) *G*. buzig- *rv*(*Brot.*) | donacoessa *U 74*. -cesa Ra*va.J*. -caesa *r* | bromiaeus A*J*. -aeuus DFR. broni- Ea. bromius *v*. berm- *B* | daphissa *B*. -phnusa *U 74* | chimarone *ll.D*. -ron *v*. -merion *B e Paus. VIII 7, 2* 12 stephanae F. the- A 13 cercetii *S*. -ceti a*v*. -cetu A. -cei DE^1. -cel R. -caei F. -cii E^2 | pierius A*D*(*et dist.*). -ris *r*. -rus *v* 14 hi F^{2}E^2*v*. hii A. *om. r* 15 pelius AF^2*J*. -ios R^2*v*. pel//// F^1. -lles *r* 16 cuneatis *G* 17 apidanus *v*. apitha- A. aphida- *r* | pamisus *B ex Herod. VII 129*. lammi- (-sos F^2) *ll*

nius, ortus iuxta Gomphos interque Ossam et Olympum nemorosa convalle defluens D stadiis, dimidio eius spatii
31 navigabilis. in eo cursu Tempe vocant, $\overline{V}$ passuum longitudine et ferme sesquiiugeri latitudine, ultra visum hominis attollentibus se dextra laevaque leniter convexis iugis, intus s*il*va l*at*e viridante, ac labitur Penius viridis calculo, amoenus circa ripas gramine, canorus avium concentu. accipit amnem Horcon nec recipit, sed olei modo supernatantem, ut dictum est Homero, brevi spatio portatum abdicat, poenales aquas dirisque genitas argenteis suis misceri recusans.

32 9. (16) Thessaliae adnexa Magnesia est, cuius fons Libethra, oppida *I*olcus, Ormenium, Py*r*ra, Methone, Olizon, promunturium Sepias, oppida Castana, Spalathra, promunturium Aeantium, oppida Meliboea, Rhizus, Erymnae, ostium Penii, oppida *H*omolium, Orthe, Iresiae, Pelinna,

---

§ 31: Sol. 8, 2. — (4—7) cfr. Liv. XLIV 6, 7. 8. Ov. met. I 568 sqq. Aelian. var. hist. III 1. — Homer. *B* 755. — § 32: MCap. VI 654 extr. Mela II 40. 37. Sol. 8, 7. — Mela II 40. 35. — (311, 3) MCap. VI 654 extr. Div. 12. Dim. 12. Dic. 1, 12.

---

2 spaci **R**^{1}**a**. spatio **F**^{2}*va.H* 3 auiabilis **F**^{1}**R**^{1}**a**. ui- **DE**^{1}(?) | uocantur **R**(?)*va.S* 4 et — latitudine **AF**^{2}**d**^{2}*v. om.r***o** | germe **AF**^{2} 6 *dist.S* | silua late *ego.* sua luce *ll.v.* uero luco *P.* sub luco *Salmas.* ualle luco *D.* (*locus nondum sanatus*) | ac labitur *ego* (*et dist.*). hac lab- *ll.S.* allab- *v* | penius **F**^{2}**R**^{2}**E**^{2}**o**. (-neus *va.S*). paen- **A**. denis *r* | uitreus (*P*)*D* 7 amoenis **R**. moe- **DF**^{1}**E**^{1}. me- **a** | canorus **AE**^{2}**o***v*. -um *r* 8 orcon **d***va.B*(*H*). euroton *B e Strab. IX p.441* 9 est ab **o** 11 suis *om.***o** 13 iolcus **a**^{3}*B*. olcus **AE**^{2}. ocus **Dd**. locus (-cros **F**^{2}) *r. om.v* | hormenium *B* | pyrra *v*(*S*). pyra **a**. -rrha **d**(?)*C*. pira **DF**^{1}**E**. pisa *r* | olyzon **DFEa** 14 castana *B*(*J*). aca- **AF**^{2}. casiana (-nae **F**^{1}) *rv*. casthanaea *H* 15 meliboae **D**. -oe **Ra**. -lyboa **F**^{1}**E**^{1}. -boa. ea **F**^{2}**E**^{2} | rhizus *B*. rhius **A**. rchius **F**^{2} *in ras.* zrhibus **D**. trhi- **E**. tri- **a**. rhi- **dT**. hi- **R** | aerymnae **A**. ac ry- **F**^{2}**E**. erimne **a***va.B*. Eurymenae *Liv. XXXIX 25,3. cfr. MGGm I p.51^b ad Scyl. 65*

16 penii **R**^{2}*S*. -nei *v*. poeni **AF**^{2}. *om.r* | oppida **AF**^{2} *in ras.G*. -dum *rv* | homolium *B*. omo- **AF**^{2} *in ras.***R**^{2}*v*. oleum *r* | iresiae (iraes- **F**. inaes- **A**) *ll.J.* thespiae *B*. ithesie *v* | pelinna **A***v*(*J*). phel- **R**. phael- **F**^{2}. -ina **F**^{1}. phel- *r*. phalanna *B*

Thaumacie, *G*yrton, Crannon, Acharne, Do*t*ion, Melite, Phylace, Potniae.

Epiri, Achaiae, Atticae, Thessaliae in porrectum longitudo CCCCLXXXX traditur, latitudo CCLXXXXVII.

10. (17) Macedonia postea CL populorum, duobus 33
incluta regibus quondamque terrarum imperio, Emathia antea dicta. haec ad Epiroticas gentes in solis occasum recedens post terga Magnesiae atque Thessaliae infestatur a Dardanis; partem eius septentrionalem Paeonia ac Pelagonia protegunt a Triballis. oppida Aegae, in quo sepeliri mos reges, Beroea et in regione, quae Pieria appellatur a nemore, Aegi*n*ium. in ora Heraclea, flumen Api- 34
las, oppida Py*d*na, *A*loros, amnis Haliacmon. intus Aloritae, Vallaei, Phylacaei, Cyrrestae, Tyrissaei, Pella colonia, oppidum Stobi civium Romanorum, mox Antigonea, Europus ad Axium amnem, eodemque nomine per quod Rhoedias fluit, Scydra, *E*ordaea, Mi*e*za, Gordyniae. mox in ora 35

§ 33: MCap. VI 655. Sol. 9, 1. — (10) Sol. 9, 12. — § 34: Mela II 35. 34.

1 thaumacie *B ex Hom.* -athiae A. taumaci DR. -acy F. titumaci Ea | gyrton (*B²*)*C*. cirt- A. cyrt- *rB¹* | dotion *B e Strab.* dorion (donon R) *ll.v* | melite A*v*(*J*). -tea *B*. milithe *r* | phylace *B*. -laece A. philacoe E. -ce *v*. pilace (-aecae F²) *r* 2 potniae AF²*B*. pon- *rv* 4 CCCCLXXX a d *MCap. v a. S.* CCCCXXX *Dic.* | CCXCVII A²F² *in ras. MCap. D.* CCXVVII A¹. CLXXXXVII *r Brot.* CCCLXXXVII *Dic.* CCL- *v*(*S*) 8 recidens DF¹Ea | pos AF² *in ras.* RE 9 septentrionalem paeonia AF² *in ras. v.* -alis lapeo- *r* 10 aegae *B ex Herod. et Sol.* -giae *S*. -glae AF. -gle D*v*. eglae E. egle Ra 11 Beraea *S* | pieri DF¹. pireia E². -rei E¹. pyrei a 12 aeginium *B e Strab.* -gidium (-gyd- AFa) *ll.v* | apylas Fa. hap- A 13 pydna *H*. phyna A. phina F² *in ras.* E²*v*. pina R². pugna *r*. phila *B* | aloros *H cum Vossio e Scyl. 66. Mela II 35.* doros Fa. oloros *rv*(*J*). elo- *B* | haliacmon A*v*. ali- *r* | haloritae DFE*v a. H* 14 pylacei A. philacaei F. -cei (pil- R) *r v a. G* | cyrrhestae *G*. -rrhei *v* | thyrisei a. -resei A. -ryssaei F 16 rhoedias F²*G*. roed- A. rhod- *r*. rhed- *v* 17 eordaea *S* (*coll. Liv. XXXIII 8, 5*). -deae *H*. heo- *G*. fordeae (-dea A. -dreae D¹) *ll.* | mieza d(?)*B*. mioza *ll* | gordyniae *H*. -diniae AF²E²*G*. gorgydi- DF¹. gorgidi- *r*

Ichnae, fluvius Axius. ad hunc finem Dardani, Treres, Pieres Macedoniam accolunt. ab hoc amne Paeoniae gentes Para*xi*aei, Eordenses, Almopi, Pelagones, Mygdones. montes Rhodope, Scopius, Orbelus. dein praeiacente gremio terrarum Arethusii, Antiochienses, Idomenenses, Doberi, *A*estrienses, Allantenses, Audaristenses, Morylli, Garresci, Lyncestae, Othryonei et liberi *A*mantini atque Orestae, coloniae Bullidenses et Dienses, Xylopolitae, Scotusaei liberi, Heraclea Sintica, Tymphaei, Toronaei.

36 In ora sinus Macedonica oppidum Chalastra et intus Piloros, Lete medioque litoris flexu Thessalonice liberae condicionis — ad hanc a Dyrrhachio CCXLV —, Therme in Thermaico sinu, oppida Dicaea, Palinandrea, Scione, promunturium Canastraeum, oppida Pallene, Phlegra. qua

§ 35: (1) Mela II 35. — (3) Sol. 9, 3. MCap. VI 655. — § 36: (11) Mela II 35. — (13) Mela II 35. 34. 33.

1 dardani **Aa***v*. tar- *r* 3 paraxiaei (*Sieglin*) *D*^{2}. parcaeaei **A**. parocaei **DF**. -ocei *rv*. -oraei *B e Strab. VII p. 326* | heordenses **REa***va. H*. haeo- **DF**. -dens **A**. *an* Eordaeenses? | almopi **A***B*. hal- *rv* | mygdones **A***v*. migd- **F**^{2}**R**^{2}. migno- *r* 4 orbelus **AF**^{2}*B*. orobellus *rv* | praeiacentes **A**(?)*S* 5 antiochienses **d**(?)*L*. -chidenses (cid- **A**) *ll* | doberi (deb- **F**) *ll. H*. -res *B*. -rienses *v* 6 aestrienses *J*. estr- *ll. B*. tr- *v*. aestraeenses *H* | audaristenses *B e Ptol. III 12, 31*. auta- **A**. ata- **F**^{2}. ada- (-thenses **DR**) *r*. anda- *Ven.* (*J*^{2}) | morylli **d***B*. -rhylli **DF**^{2}. -rchiylli **F**^{1}. -rhilli *r* | garresci **d***D*. -sti **F**^{2} *in ras.* -stil **a**. -styl **DR**. -eti **A***v*. -ety **E**. garesci *G* 7 luncaestae **E**^{2}. lumc- **E**^{1}. -ceste **a**. limcestae **D**. -caestae **F**. licesthe **R** | othryonei *B*. -naei **F**^{2} *in ras.* othrionei **AE**^{2}. onorhyonei **DE**^{1}. -rhionei **a**. -ne **R** | amantini **d**(?)**a**^{3}*B*. mant- *ll. v* 8 scotusaei *J coll. XXXI 17*. -ssaei *B*(*D*). -sei **A**. -tysaei **DF**. -tisei **E**^{1}**d**. -tsei **R**. satysei **a**. -tisei **E**^{2} 9 sintica *B*. scynt- *v*. syntiga **A**. sinthi- **E**^{2}. scimthica **a**. scymthyca **DF**^{1}**R**. symthyga **F**^{2}. cumthycha **E**^{1} | coronaei **a**^{3}*va. H* 10 macedonice **a**. -ci **a**^{3}*va. S* | oppidum **A***v*(*S*). -da *rH* 11 piloros **a** (*B ex Herod. VII 122*) *S*. pyl- *ll. D*. phil- **dT**. -leros *v* | flexus **A**(?)*S* 12 CCXLV **A**^{2} *in ras.* **F**^{2}*S*. CXIIII *rv*. CCLXVII *Brot. e Polyb. ap. Strab. VII p. 323* 12. 13 *dist. D*^{2} 13 palinandrea **A***J*. -ādera (padi- **Ea**) *r*. pydna, derra *B* 14 pallene **A***B*. ///pallenae **F**. phalene **Ra***v*. -nae *r*

in regione montes Hypsizonus, Epytus, Alcyon, Elaeuomne,
oppida Nissos, Phryxelon, Mendae et in Pallenensi Isthmo
quondam Potidaea, nunc Cassandrea colonia, Anthemus,
Olophyxus, sinus Mecyberna, oppida Myscella, Ampelos, 37
Torone, Siggos, Stolos, fretum, quo montem Atho Xerxes
Persarum rex continenti abscidit in longitudinem passuum MD. mons ipse a planitie excurrit in maria LXXV
passuum, ambitus radicis CL colligit. oppidum in cacumine fuit Acrothoon; nunc sunt Vranopolis, Palaehorium,
Thyssus, Cleonae, Apollonia, cuius incolae Macrobii cognominantur. oppidum Cassera faucesque alterae Isthmi, 38
Acanthus, Stagira, Sithone, Heraclea et regio Mygdoniae

§ 37: Mela II 34. 32. Sol. 9, 3. MCap. VI 655 med. — (6—10) Mela II 32. 30. — § 38: (12) Mela II 30. — Sol. 9, 1. — (314, 3) MCap. VI 655 med.

1 hypsizonus (*Tom. 2 p. 662*) *D*^{2}. -orus (ips- **Ea**) *ll. v* | epytus **E** (*Tom. 1 p. 702*) *J*^{2}. aepy- **F**^{1}. aephy- **F**^{2}. epitus **ADa***v*. epp- **R** | alcyon **D** (*Tom. 2 p. 663*) *D*^{2}. acly- **F**. halcy- **Rd**. -one *H*. algion **A***J*. alci- **E**. alti- **a**. alchione *v* | elaeuomne **A***J*. eleuo- **DF^{1}R**. leuo- *v*. eleoo- **Ead**. leoo- *H*. aleu omnia **F**^{2} 2 nissos *ll. v* (*D*^{2}). nyss- *H*. nysae *coni. B*. cissos *Tom. 1 p. 701 e Strab. VII p. 330, 21 et Hesych.* | phryxelon **A***S*. -leon *v*. phrixelon **DFR**. -inaelon **E**. phinelon *H*. brygion eleon *coni. B* | in pallenensi d(?) *G*. -llenses (-ses in **R**. -si **a**^{3}) *ll*. hippalenses *v*. in pallenes *P* 3 potidea **A***va. Bas.* pho- **E**^{2}. poetidaea **F**. -dea **Da**. -da **E**^{1}. petidea **R** 4 olophyxus (hol- *B*) *H ex Herod.* -pyxus (-pixus **AFa**) *ll* | mecyberna **E***B*. mecib- **Aa**^{3}. metib- *v*. mecybernia **F**^{2}. -rnu *rS*. -rnaeus *H* | myscella **F**^{2} *Mela*. myc- **A**. ysc- **DF^{1}R**. misc- (*Holsten. ad St Byz. 210*) *S*. fisc- **Ea**. physc- *B*. isc- *v* 5 singos *G*. soggos *v* | stolos (*MPt p. 498*^{b}) *D*^{2}. telos *ll. D*^{1}. *del. G*. tedes *v* | athon **d***va. S* 6 longitudinē **FRa**. -ine *rv* 7 mare *va. J*^{2}. *cfr. § 97* 9 acrothoon (-thon *B*) *Bursian. cfr. Herod. VII 22. Scylax 66. Thuc. IV 109. Strabo VII p. 331, 33.* achroton (acrho- **E**) **DFREa**. agrathon **A**. acroathon *S coll. Mela II 32.* acrathoon *D* | palaehorium *J*. paleho- **AR**. palheo- (pha- **F**^{2}) *r*. -laeorium *H*. -laeotrium *G*. -rum *v* 10 thyssus **a**^{3} *B ex Herod.* thyrsus (ty- **RE**) *ll. v* | macrobii **F^{2}R***v*. -obi **A***D*. -ouii **E**^{2}. -oui (acr- **E**^{1}) *r* 11 casera **A**. assera (*Sieglin*) *D*^{2}. *cfr. MPt p. 514*^{a} 12 stagira **A***G*. inistagyras **R^{1}a**. inistha- *r* | sithone **DFR***H*. sito- **A***G*. fitho- **E**. phytho- **a**

subiacens, in qua recedentes a mari Apollonia, Arethusa. in ora rursus Posidium et sinus cum oppido Cermoro, Amphipolis liberum, gens Bisaltae. dein Macedoniae terminus amnis Strymon, ortus in Haemo. memorandum in septem lacus eum fundi, priusquam derigat cursum.

39 Haec est Macedonia terrarum imperio potita quondam, haec Asiam, Armeniam, Hiberiam, Albaniam, Cappadociam, Syriam, Aegyptum, Taurum, Caucasum transgressa, haec in Bactris, Medis, Persis dominata toto oriente possesso, haec etiam Indiae victrix per vestigia Liberi Patris atque Herculis vagata. haec eadem est Macedonia, cuius uno die Paulus Aemilius imperator noster LXXII urbes direptas vendidit. tantam differentiam sortis praestitere duo homines!

40 **11.** (18) Thracia sequitur, inter validissimas Europae gentes, in strategias L divisa. populorum eius, quos nominare non pigeat, amnem Strymonem accolunt dextro
38 latere Denseletae et Maedi ad Bisaltas usque supra dictos, laevo Digerri Bessorumque multa nomina ad Mestum amnem ima Pangaei montis ambientem inter Haletos, Dio-

---

§ 39: (10) MCap. VI 655 init. — § 40: Sol. 10, 1. MCap. VI 656. — (17) Sol. 10, 6. 7. (cfr. 9, 1).

---

1 a **AE**^{2}*v*. in *r* | arethusa **d***v*. ere- **a**. -thysa **A**. -chisa **F**^{2}. arhetusa **R**^{2}. aerhe- **F**^{1}. erhe- *r* 3 bisaltae **E**^{2}*C*. -te **A**. bitealte **a**. -taealte **E**^{1}. -ltae *r* 4 strymo **A***S* 5 septem (**R**. -temilia **A**. VII milia **E**^{2}. $\overline{\text{VII}}$ **F**^{2} *in ras.* VII *r*) lacus (-uus **ADF**^{1}**E**) *ll.v.* saeptum lacum (*Droysen opusc. I p. 52*) *D*^{2} | derigat **A**. dir- *rv* 9 bactris **AF**^{2} *in ras.* **E**^{2}*v*. bet- *r* | mediis **A**^{2}**DF**^{1}**R** 10 indiae **E**^{2}*v*. -die **A**^{2}**F**^{2}**o**. -de *r* 11 aedem **DF**^{1}**E** 12 uno de **DF**^{1}**E**^{1}**a**^{1} | noster *om.* **o**. inter **a** 15 threcia **A***J*. traec- **F**. tr//c- **R**^{1}. trac- **R**^{2}**a** 18 denselaetae **A**. -lete **a**. -saelaetae **F**. -te **E** | maedi **FE**(*B*)*G*(*D*^{2}). medi *rv*(*Dal.*). *cfr.* § *3* | ad bisaltas **AF**^{2}*H*. ab dis- *r*. bis- *v* 19 lae//// **F**^{1}. leueo **E**. -uaeo **Da** | Digeri *B* | maestum **AR**. nest- **d***va.S. cfr.* § *42 et Sol.* 20 ima **AF**^{2}**R**^{2}**E**^{2}*S*. *post* montis *pos. v.* moli **E**^{1}. oi **DR**^{1}. i//// **F**^{1}. i **a** | pangaei **A***C*. -gei **F**^{2} *in ras.* **R**^{2}**E**^{2}*v*. paegiae **D**. pegei **R**^{1}. peie **E**^{1}**a** | haletos **AR***J*. helae- **F**. hele- *rv*. ele- *C*

bessos, Carbilesos, inde Bri*g*as, Sapaeos, *O*domantos. Odry-
sarum gens fundit Hebrum accolentibus Carbiletis, Pyrogeris,
Drugeris, Caenicis, Hypsaltis, Benis, Corpilis, Bottiaeis,
Edonis. eodem sunt in tractu Sialetae, Priantae, Dolon- 41
gae, Thyni, C*o*elaletae maiores Haemo, minores Rhodopae
subditi. inter quos Hebrus amnis, oppidum sub Rhodope
Poneropolis antea, mox a conditore *Ph*ilippopolis, nunc a
situ Trimontium dicta. Haemi excelsitas $\overline{VI}$ passuum sub-
itur. aversa eius et in Histrum devexa Moesi, Getae,
Aedi, Scaugdae Clariaeque et sub iis Arraei Sarmatae,
quos Areatas vocant, Scythaeque et circa Ponti litora Mo-
riseni Sitonique, Orphei vatis genitores, optinent. ita finit 42
Hister a septentrione, ab ortu Pontus ac Propontis, a me-
ridie Aegaeum mare. cuius in ora a Str*y*mone Apollonia,
Oes*y*ma, Neapolis, *D*atos. intus Philippi colonia — absunt

§ 41: Sol. 10, 7. 8. MCap. VI 656. — § 42: Sol. 10, 23. — (14) Mela II 30. 29. — Sol. 10, 8. MCap. VI 657.

1 carbylesos **A** | brigas *ego ex Herod. VII 73. Strab. VII p. 295. 330,25.* brisas *ll. v.* brysas *B.* brygas (*Sieglin*) *D*^{2} *coll. Herod. VI 45* | sapaeos *B.* saepeos **A**. saphaeos (-pheos **E**) *rv* | odomantos (-tes *B*) *S.* ado- *ll.* -tes *v* | odrysorum **F**^{1}**R**. odrisarum **Aa**. adr- **E** 2 carbiletes **A**. cabyletis *H* | pyrogeris **A***v*. pir- **a**. -gaeris *r* 3 corpilis **AF**^{2} *Sol. S.* -illis *rv* | botiaeis **Aa***va. H* 4 edonis **AF**^{2}(**R**?)*v.* id- *r* | sialetae (-te **Ea**) **DF**^{2} *in ras.* **Ea***D*^{2}. *cfr. Dio Cass. LIV 34,6. MPt p. 478*^{a}. sya- *v.* sta- **AR***J.* selletae *B e Ptol. III 11,6* | dolangae **Dda**. -ge **A**. -loncae *B.* (-longi *Sol.*) 5 ///yni **F**^{1}. thini **Ea**. tinni **R**. thyli **A** | coelaletae *D*^{2} *coll. CIL III p. 857 et eph. epigr. II p. 256.* (*Tac. ann. III 38. Val. Flacc. VI 81*). caela- **F**. cela- *rv*(*J*). coeletae *H e Ptol. III 11,6.* cel- *B* 6 subditi **AF**^{2}(**R**?)*v.* -tis *r* | rosope **DEa**. -pae **R**. //////pe **F**^{1} 8 trimontium **AR**^{2}*C.* -muntium **F**^{2}. -mentium **Ea**. -memtium *r* 9 moesi **A***G.* mesi **R**^{1}**a***va. C.* maesi *r* | getae **F**^{2} *in ras.* **R***v.* ete **a**. gaetae *r* 10 aedi **AF**^{2} *in ras.* **R**^{2}**E***D*^{2}. aodi *rJ.* aoti *v.* aorsi *H* | scaugdae **ADF**^{2}*J.* ////ucdae **F**^{1}. -gde **R**^{1}. scaudae **Ea**. -de **R**^{2}. gaudae *H.* -gdae *v* | dariaeque **Fa**. -reaeq; **A** 11 moriseni **F**^{2}*G.* -ene **A**. -enae *v.* -ęniti *r***o** 12 sitoneque **A**. fistonique **R**. sithoniique *B* (*e Sol.*) 14 strymone *B.* strim- (-nae **A**) **F**^{2}**A**. strum- *rv* 15 oesyma (**d**?) *B.* -sime **a**. -simna **ADF**. esi- **R**. caesi- **E**. cesi- *v* | datos (*B*^{2}) *H ex Herod. IX 75.* batos *ll. v*(*J*). pastos (*B*^{1}) *C*

a Dyrrhachio $\overline{\text{CCCXXV}}$ —, Scotusa, Topiros civitas. Mesti amnis ostium, mons Pangaeus. Heraclea, Olynthos, Abdera libera civitas. stagnum Bistonum et gens. oppidum fuit Tirida, Diomedis equorum stabulis dirum; nunc sunt Dicaea, Ismaron, locus Parthenion, Phalesina, Maronea,
43 prius Orthagurea dicta. mons Serrium, Zone, tum locus Doriscum, $\overline{\text{X}}$ hominum capax — ita Xer*x*es ibi dinumeravit exercitum —, os Hebri, portus *S*tentoris, oppidum Aenos liberum cum Polydori tumulo, Ciconum quondam regio. a Dorisco incurvatur ora ad Macron Tichos $\overline{\text{CXII}}$ p., circa quem locum fluvius Melas, a quo sinus appellatur. oppida Cypsela, Bisant*h*e, Macron Tic*h*os, dictum quia a Propontide ad Mela*n*em sinum inter duo maria porrectus murus
44 procurrentem excludit Cherronesum. namque T*h*racia altero latere a Pontico litore incipiens, ubi Hister amnis inmergitur, vel pulcherrimas in ea parte urbes habet, Histropolin Milesiorum, Tomos, Callatim, quae antea Cer-

§ 43: Mela II 28. Sol. 10, 11. 7. MCap. VI 657. (656). Mela II 28. 27. 24. 25. — § 44: Mela II 22. — (317, 3—7) Sol. 10, 11.

1 scotussa *H* | topiros **A***J*. -ris *B e Ptol. III 11, 7.* dopiros **DR**. -ppyros **F**. dipiros **Ea**. -pyros *v* | ciuitas *ll.v*(*S*). *om. C* | mesti **Ra***S*. mae- *r*. nesti *v* 3 bistonum **R**(?)*v*. bistho- *r* | ingens **o** 4 tirida **D***H*. iri- **R**. tyri- *r* **o** *MCap.v*. tinda *B e St Byz.* 5 Dicaeae *H*. -ceae *v* | ismaron *v*. his- **A**F^2 *in ras.* ris- *r* | parthemon F^1**a**. -enio **A** | phalesma **FEa** 6 hortagurea **A**. orta- F^2**Rd***v*. -raea *r*. -grea **a**. orthagorea (*H*)*S* | serium **A***v a. B* 7 Doriscus *v a. J* | xerses (ser- **D**F^1) *ll* 8 stentoris a^3*B*. ten- *ll.v* | aenor **Da**. acnor **E**. enor **o**. -os *v a. B* 9 liberi **DEa**. -r//// F^1. *om.* **o** | ciconum **A**F^2*v*. et conum **R**. et corum (quo- F^1) *r. de mendo cfr. § 72* 10 tichos **A***B*. -cos *rv* (*item infra ll*) | $\overline{\text{CXII}}$ **A***D*. $\overline{\text{CXXII}}$ *rv* 12 Cypsella *B* | Bisanthe *B*. bis (uis **A**) ante *ll.v* | quia **A**E^2 *B*(*S*). qui *rv*. qua *C* 13 melanem *B*. meleam **A**F^2 *in ras.* R^2. meeleam **E**. -lea *r*. *an* melana? *cfr. § 49* | porrectis muris *v a. S* 14 namque *ll.v*(*J*). ia- *H*. *an* itemque? | tracia **Ea**. traecia **F**. -iae **A**. tretia **DR**. threcia *J* (*passim*) 15 litore **A***L*. litt- E^2*v*. libere *r* 16 in ea **A**E^2*v*. ea F^2. a *r* | parie **D**F^1E^1**a** 17 scallatim **DFEa** *v a. B*. callatum **A** | que **Ra**. que quae *v a. D* | cerbetis **R**. aceruetis *v a. J*

batis vocabatur, Heracleam. habuit et Bizonen terrae hiatu raptam; nunc habet Dionysopolim, Crunon antea dictam; a*d*luit Zyras amnis. totum eum tractum Scythae Aroteres cognominati tenuere. eorum oppida Aphrodisias, Libistos, Zygere, Rhocobae, Eumenia, Parthenopolis, Gerania, ubi Pygmaeorum gens fuisse proditur; Catizos barbari vocabant, creduntque a gruibus fugatos. in ora a 45
Dionysopoli est Odessus Milesiorum, flumen Pannysis, oppidum *E*reta, Nauloc*h*us. mons Haemus, vasto iugo procumbens in Pontum, oppidum habuit in vertice Aristaeum; nunc in ora Mesembria, Anchialum, ubi Messa fuerat. Astice regio habuit oppidum Anthium; nunc est Apollonia. flumina Panisos, Iuras, Tearus, Orosines; oppida Thynias, Halmydesos, Devel*t*on cum stagno, quod nunc Deultum vocatur veteranorum, Phinopolis, iuxta quam Bosporos. ab Histri ostio ad os Ponti passuum $\overline{D}$ alii fecere, Agrippa

§ 45: Mela II 22. — (13) Mela II 23. — Agrippa fr. 14 R.

1 *dist. ego* | byzonen **DF**. buz- **Ea**. bosonien **R** 2 rapta **DE** | dionysiopolim *va. G*. dyonis- **FR**. dionis- **a**. (*D*² *cfrt CIL III n. 14416*) | crunon *ll. v* (*J*). -nos *B* 3 aluit **A**. all- *va. Brot*. abl- *r* | zyras *ll. G* (*S*). ziras **a d** *v* (*Dal.*). tyras *Crusius. cfr. § 82* 4 arotheres **AF**² 5 libistos **E**¹*v*. -tus **E**²*D*. lybistos **FR**. -tus **A**. libystos **Da** | zygere **A***S*. zig- *v*. zycere **E**. zic- (-res **F**²**a**) *r* | rhocobae **AE***D*. -be **Dd**. roco- **F**²(*B*)*S*. ////oco- **F**¹. rbocco- **R**. borco- *C*. broco- *v* 6 catizos **A***C*(*J*). gat- **FdR***v*. gatt- **a**. caticos **o**. gat- *r*. cattuzos (*B*) *H e StByz*. 7 uocant **R**(?) *Sol. va. S. an* uocitant? | creduntque **AF**²**R**²**o***v*. caed- **F**¹**E**. ced- (quae **D**) *r* 8 dionysopili **AE**². donysoppole **DE**¹. -ol **F**². -nisoppol **a**. -lie **R**. -nysioppol **F**¹. *cfr. v. 2* | hodessus **A**. odesus (-ersus **F**²**E**²) *r* | pannysis **R***D*. -nnisis *r*. panysis **d***J*. -sus *H*. pamisus *v* 9 Ereta, Naulochus *MGGm I p. 400*ᵇ *(Ptol. p. 463*ᵃ*)*. treta (tetra **A**) naulocus (-cos **a**) *ll*. Tetranaulochus *G*. Terta, Naul- *B* 10 uerticem **DFRE**¹**a**¹ 11 anchiaum **DF**¹**RE**¹**a**. -ileum *va. B* 13 panisos **A***B*(*S*). -sas **Ra**. -sa *vel* -ssa *v*. -nysas *r* | iuras **A***J*. risas **Ea**. riras *r*. ziras *B* | tearus **Ra***B* (ste- *v*). -aurus **A**. taearus **DE**. thae- **F** 14 almydesos **DF**. almid- **AEa**. salmydessos (*B*) *G* | deuelton **d**(?)**a**³ *B e Ptol. III 11,7*. -lcon (debe- **F**²) *ll. v* (*D*¹) 15 phynopolis **A***va. B* | bosphoros **AF**²**E**². -rus *va. Brot. (passim)*. -res *r* 16 D. alii (ali **DF**¹) **DFRE**¹**a**. *cfr. IV 78*. DLII **AE**²*D*¹. $\overline{DLV}$ *S*. $\overline{DLV}$ alii **d***v*

45 LX adiecit; inde ad murum supra dictum CL, ab eo
46 Cherronesi CXXVI. — Sed a Bosporo sinus *L*asthenes, portus Senum et alter qui Mulierum cognominatur. promunturium Chrys*e*on Ceras, in quo oppidum Byzantium liberae condicionis, antea Lygos dictum; abest a Dyrrhachio DCCXI p.: tantum patet longitudo terrarum inter Ha-
47 driaticum mare et Propontidem. amnes Bathynias, Pidaras sive Athy*r*as. oppida Selymbria, Perinthus, latitudine CC pedum continenti adnexa. intus Bizye, arx regum Thraciae, a T*e*rei nefasto invisa hirundinibus, regio Caenica, colonia Flaviopolis, ubi antea Caela oppidum vocabatur, et a Bizye L p. Apros colonia, quae a Philippis abest CLXXXVIIII. at in ora amnis Erginus; oppidum fuit Ganos. deseritur et Lysimachea iam in Cherroneso.
48 alius namque ibi Isthmos angustias similes eodem nomine et pari latitudine inlustrat. duae urbes utrimque litora

---

§ 46: (4) Mela II 24. Sol. 10, 17. MCap. VI 657 med. Div. 13. Dim. 11. Dic. 1, 14. — § 47: (8. 13. 14) Mela II 24. — (9—11) Sol. 10, 18. — § 48: Sol. 10, 20. — (319, 1. 5) Mela II 27. 26.

---

1 inde **A***v*. dei- *r* 2 cherronesi **A**D^2. -sus *B*. cerron (ceritin **R**) est *rv* | CXXVI **AFa***v*(*S*). -V *r Brot.* | Lasthenes *coni. Gyllius* (*H*). *cfr. GGm II p. 48. 49. I p. 401*^{b}. casth- **Rad***v*. -thaenes **DFE**. -tenis **A**. Leosthenes *coni. B e St Byz.* 4 chryseon ceras (*Salm. e Sol.*) *D*. *cfr. IX 50.* crysoneaeras (cris- **a**) **DEa**. -naeeras $\mathbf{R}^1$. -naeras $\mathbf{R}^2$. chrissoceras **A**. cryso//////ceras $\mathbf{F}^2$. chryso- *v* 5 lygos **Aa**^{3}*Sol. v.* ligos $\mathbf{F}^2\mathbf{R}^2\mathbf{E}^2$. logos (long- $\mathbf{E}^1$) *r* 7 bathynias **A***B*. -thinias $\mathbf{E}^2$. bith- **a***v*. batinias $\mathbf{E}^1$. -nia *r* | pidaras **A***v*(D^1). pyd- **DFR***C*. byd- **a**. pyradas **E**. Adaras (*Sieglin coll. Tom. 1 p. 702*) D^2 8 athyras (aty- *B*) D^2 *e St Byz.* athidas **A***J*. atydas $\mathbf{F}^2\mathbf{R}^2$. tydas *r*. tidas **a***v* | latitudinem **A** (*item v. 16*) 9 bizye *J*. -ya *B*(*H*). bizie **Ra**. -zi **A**. -zia *v*. biti **o**. byziae **DF**. -ia *C*. bytiae $\mathbf{E}^1$. -ti $\mathbf{E}^2$ | ara $\mathbf{AE}^2$**o**. ar-+ **R** 10 a terei *v e Sol.* atrei **Ea**. -raei *r* | nefasto crimine *va. S* | caelica **D**($\mathbf{F}^1$)$\mathbf{E}^1$. cel- **Ra***va. B* 11 cela **Ra**. cocla **A**. zela *va. S* 12 bizie **Ra**. -ziae **DF**. byziae **E**. -zyae **A** 13 CLXXXVIII **d***va. S* 14 ganos *ll. v*(*H*). gonos *B* 15 angustia $\mathbf{F}^2$**dRE**^{2}*B* | similis **FdRa**. -li est *B* 16 et $\mathbf{AE}^2\mathbf{R}$(?)*v*. et *r* | inlustrant **REa***va. S* | *dist. S* | duas $\mathbf{R}^2$ | utrumque **A**

haut dissimili modo tenuere, Pactye a Propontide, Cardia
a Melane sinu, haec ex facie loci nomine accepto, utrae-
que conprehensae postea Lysimachea $\overline{\text{V}}$ p. a Longis Muris.
Cherronesos a Propontide habuit Tiristasin, Crithoten,
Cissam flumini Aegos adpositam; nunc habet a colonia
Apro $\overline{\text{XXII}}$ p. Resisthon, ex adverso coloniae Parianae. et 49
Hellespontus VII, ut diximus, stadiis Europam ab Asia ?
dividens, IIII inter se contrarias urbes habet, in Europa
Callipolim et Seston, in Asia Lam*p*sacon et Abydon. dein
promunturium Cherronesi Mastusia adversum Sigeo, cuius
in fronte obliqua Cynossema — ita appellatur Hecubae
tumulus —, statio Achaeorum et turris, delubrum Prote-
silai et in extrema Cherronesi fronte, quae vocatur Aeo-
lium, oppidum Elaeus. dein petenti Melana sinum portus 48
Coelos et Panhormus et supra dicta Cardia.

Tertius Europae sinus ad hunc modum clauditur. 50
montes extra praedictos Thraciae Edonus, Gygemeros,
Meritus, Melamphyllos. flumina in Hebrum cadentia Bar-

---

§ 49: Sol. 10, 21. 22. MCap. VI 657 extr. 658. — (9) Mela II 25. 26. — § 50: Sol. 10, 22. — (320, 1. 2) Div. 13. Dim. 11. Dic. 1, 13.

---

1 aut **F^{1}Ra**. quae haud *B* | desimili **A** | pactye (*B*) *H*. -thye **AR**. -tiae **F^{2}***G*. -tie *rv* 2 accepto **AF^{2}** *in ras. v*. -te **Ra**. -tae *r* 3 postae **DFE^{1}a** 4 tristasin **A**. tyri- *va. H* | crithoten *B*. -toten **Aa***v*. chri- *r* 6 apro — coloniae **AF^{2}E^{2}***v*. *om. r* | $\overline{\text{XXXII}}$ *B* | resiston **F^{2}***B* | pharianae **AF^{2}** *in ras. va. B*. parthanae **Rd**. -ne **Da** 7 ut diximus *del. voluit J* 9 [calli]polim — 10 mastu[sia] *om.* **E** | in asia **AFEa***v*. et in asia *r* (?) *H* | lampsacon **d** (?) *S*. -cum *v*. lamsacon *ll* 10 mastusia **A***Sol. v*. masth- (na- **R**) *r* | sigeo cuius *G*. sigaeo (-aco **A**) cuius **AF^{2}***v*. sige (-gae **DF**. sage **R**) oculos *ro* 12 turris et *va. S* | protesilai *v e Sol.* -laei (-ssi- **A**) *ll* 14 elaeus **E^{1}***C*. claeus **A**. claeos **F^{2}**. aleus **Ra**. alaeus *r* | melana (-nem *v*) **F^{2}***S*. mal- **A**. mela **DF^{1}E**. mala **a^{1}**. -lia **a^{2}**. ma **R** 15 coelos **AF^{2}***v*. *om. r* 17 thraeciae **FR** (*passim*) | edonus **R***B*. -nos **a**. aed- **FE**. -nus **AD** | gygemeros (ghy- **A**) **A***D*. -moros (ghy- **E^{2}**) **F^{2}E^{2}***v*. gige- *C*. cohyge- **D**. coyge- **E^{1}**. co hic ge- **a**. cohymoros **R**. //////gemores **F^{1}** 18 merithus **A**. -tis **E^{1}a**. *om.* **R**. Merisus (*Tom. 2 p. 663*) *D^{2}* | melamphyllos **A***H*. -on *B*. -pyllus **F^{2}**. -pylus **F^{1}**. -pilus **E**. -llus *rv*

gus, Syrmus. Macedoniae, Thraciae, Hellesponti longitudo est
46 supra dicta; quidam DCCXX faciunt. latitudo CCCLXXXIIII
51 est. Aegaeo mari nomen dedit scopulus inter Ten*ed*um et Chium verius quam insula, Aex nomine a specie caprae, quae ita Graecis appellatur, repente e medio mari exiliens. cernunt eum ab dextera parte An*tan*drum navigantes ab Achaia, dirum ac pestiferum. Aegaei pars Myrtoo datur. appellatur ab insula parva, quae cernitur Macedoniam a Ger*a*esto petentibus haut procul Euboeae Carysto. Romani omnia haec maria duobus nominibus appellant, Macedonicum quacumque Macedoniam aut Thraciam attingit, Graeciense qua Graeciam adluit. nam Graeci et Ionium dividunt in Siculum ac Creticum ab insulis, item Icarium, quod est inter Samum et Myconum. cetera nomina sinus
6 sqq. dedere quod diximus.

52 **12.** (19) Et maria quidem gentesque in tertio Europae sinu ad hunc modum se habent; insulae autem ex adverso Thesprotiae a Buthroto XII p., eadem ab Acroceraunis L, cum urbe eiusdem nominis Corcyra liberae civitatis et oppido Cassiope temploque Cassi Iovis, XCVII in longitudinem patens, Homero dicta Scheria et Phaeacia,

§ 51: (3—7) Sol. 11, 1. MCap. VI 658. — (13) Sol. 11, 30. — § 52: (19) Mela II 110. — Homer. ε 34. Callim. fr. 554 Schn.

1 symus **DFR**. simus **a**. synus **E**^{1}. suemus *va.S* | est **AF**^{2}**E**^{2}*H*. ex **a**. et *r*. *om.v* 2 CCLXXXIIII **FdR***H*. CL- **a**. CCCLXXXIII *v*. -XXXI *Dic.* 3 aest **DE**^{1}. ///// **F**^{1}. ast **E**^{2} | tenedum *C*(*D*^{2}) *e Sol. et MCap.* tenum **Aov**(*H*). taen- **FE**. cen- *r* 4 aex **F**^{1}*B*. et ex **D**. ea ex *r*. ete ex **a**. egaex **o**. ex eo *v* 5 ita a **adTo** *va.G* 6 antandrum *D*^{2} *e Sol. et MCap.* andrum *ll.v* 7 myrtoo **A***B*. mirt- **F**^{2}**E**^{2}. mit- *r*. myroo *v* 8. 9 a geraesto — 10 macedonicum *om.* **R**^{1} | a geraesto *H*. -resto **Da***v*. a gresto **A**. argesto **F**^{2}. argre- **E**^{2}. argere- **E**^{1}. //////esto **F**^{1}. maiore estu **R**^{2} | carysto **E**^{2}*C*. -risto **AR**^{2}*v*. gyruso *r* 11 quaecumque **F**^{1}**R**. quodc- **ad** *va.H* 12 adluit **AF**^{2}*S*. all- **E**^{2}**o***v*. abl- *r* (*passim*) | graecia et **AE**^{2}**o** 14 myconum **DF***v*. mic- *ro* 16 gentesque **AF**^{2}**E**^{2}*v*. -tes *r*. et gentes **a** 18 thesprotiae corcyra **Rd**(?)*C*(*S*) 19 liberae **Aa**^{3}*v*. -ra *r* 20 cassisi **E**^{2}. quassi **D**. -asi **F**^{1}**E**^{1}**a** | onis **R**^{1} 21 cheria **Aa** | pheachia **A**. phacia **Ea**

Callimacho etiam Drepane. circa eam aliquot, sed ad
Italiam vergens Othronos, ad Leucadiam Paxo*s*, *Subota*e
duae, $\overline{\mathrm{V}}$ discretae a Corcyra. nec procul ab iis ante Cor- 53
cyram Ericusa, Marathe, Elaphusa, Malthace, Trac*h*ie, Py-
thionia, Ptychia, Tarac*h*ie et a Phala*c*ro, Corcyrae promun-
turio, scopulus in quem mutatam Vlixis navem a simili
specie fabula est. ante Leucadiam autem et *Aetol*iam per-
multae, quarum Teleboides eaedemque Taphiae ab incolis
ante Leucadiam appellantur Taphi*as*, *C*arn*os*, Oxia, Pri-
n*o*essa, ante Aetoliam Echinades Aegialia, Cotonis, Thya-
tira, Geoaris, Dionysia, Cyrnus, Chalcis, Pinara, Nystrus.
ante eas in alto Cephallania, Zacynthus, utraque libera, 54
Ithaca, Dulichium, Same, Crocyle. a Paxo Cephallania,

---

§ 53: (5—7) Sol. 11, 2. — MCap. VI 658 extr. — Mela II 110. 111. — § 54: (12. 13) Mela II 110.

---

2 othronos (*U 77*) *J e St Byz.* otro- **A**. odro- **F²**. othoro- **DF¹R**. athoro- **E¹a¹**. thoro- **a²***v*. toro- **E²** | paxos *ego. cfr. v. 13.* -xoe *ll. v* (*H*). -xae *C* | Subotae *ego. cfr. v. 7. om. ll. v* 4 marathe *G* (*H*). -thae **AF²E²**. ramathe **R**. -te **a***v* (*L*). -thae *r* | elapusa **R**. ael- **F¹**. aecl- **a** | malthace *B*. -cae **AF²E²**. -tace **DRa***v*. -cae *r* | trachie *v*. -cie (dr- **F²**) **RaF²**. -ciae *r* | pythionia *H*. pytio- **E***v*. pytrio- **R**. pytyo- **D**. pyto- **F**. pitio- **a**. phithio- **A** 5 btychia **R**. pticia **Aa**. pthichia *v a. B* | taracia **AF²E²**. -atie **R**. -aciae *r v a. C* | phalacro *C e Strab. VII p. 324 et Pt. III 13, 9.* -crio *v*. -ario *ll. o Sol. D¹* 7 ante *ll. v.* inter *D¹* | leucadiam *ll. v* (*D*). -cimnam *H. add.* sibota (ub- **d²T**. syb- *B*. sibora *v*) inter leucadiam **R²d²T** *v a. D* | aetoliam *ego.* achaiam *ll. v* 8 eaedemque (quae *v*) **R** (?) **a³** *H*. eadem quae *r* | ab incolis *del. P* 9 ante leucadiam *del. D* | taphias *B¹ e Strab. X p. 456.* taphiosis **T**. za- *ll.* taphiusa *B² e St Byz. et Plin. XXXVI 150* | carnos oxiae (-ia *D*) *U 78.* arnoxia (-ie *v*) *ll. v.* oxiae *B* | prinoessa *G*. -naessa (-nesse **R**) *ll.* -maessa **a**. -messa *v* 10 echinades **A***v*. aeti- **R**. aechi- (-antes **E¹**) *r* | cotonis *v*. chot- **AF²**. coth- *r* 11 geoaris **Ra***v*. gaeo- (-ona- **F²**) *r* | dionysia **AF²E²***v*. -sio *r* | pinara **A***v*. -ria **F²**. pirana **DdTa**. pyr- *r* | nistrus **F¹Ra**. -sdros **F²**. nystus **dT**. my- *v a. D* 12 ante eas **F²***v*. aut (aunt **E²**) eas **AE²**. anteas *r* | cephalania **Ad**. -lenia *v a. S* (*item infra*) 13 same **A***C*. -mae **E²**. -mo *r*. -mos *v* | crocilea (-cylea *B*. -lea. a *H*) **E***v a. S*. -lca **DF**. -liea **a**. cycilea **R** | paxho **E**. -xa **R**. -xos *v a. H* | chephalania **DR**. chae- **FE**

quondam Melaena dicta, $\overline{\text{X}}$ p. abest, circuitu patet $\overline{\text{XCIII}}$. Same diruta a Romanis adhuc tamen oppida tria habet. inter hanc et Achaiam cum oppido magnifica et fertilitate praecipua Zac*y*nthus, aliquando appellata Hyrie, a Cephallaniae meridiana parte $\overline{\text{XXV}}$ abest. mons Elatus ibi no-
55 bilis; ipsa circuitu colligit $\overline{\text{XXXVI}}$. ab ea Ithaca $\overline{\text{XV}}$ distat, in qua mons Neritus; tota vero circuitu patet $\overline{\text{XXV}}$. ab ea Araxum, Peloponnesi promunturium, $\overline{\text{XV}}$. ante hanc in alto Asteris, Prote, ante Zacynthum $\overline{\text{XXXV}}$ in eurum ventum Strophades duae, ab aliis Plotae dictae, ante Cephallaniam Letoia, ante Pylum III Sphag*i*ae, totidem ante
56 Messenen Oenus*s*ae. in Asin*a*eo sinu tres Thyrides, in Laconico Thegan*u*sa, Cothon, Cythera cum oppido, antea Porphyris appellata. haec sita est a Maleae promunturio $\overline{\text{V}}$ passuum, ancipiti propter angustias ibi navium ambitu. in Argolico Pityusa, Arine, Ephyre. contra Herm*i*onium agrum Tri*c*arenus, Aperopia, Colonis, Aristera, contra

§ 55: Mela II 110. — § 56: Mela II 110. 111. — (13) Sol. 11, 2. — (323, 1) Mela II 109.

1 melena **Aa**. mael- **DF** | $\overline{\text{X}}$ **A***D*. $\overline{\text{XI}}$ *rv* | LXXXXIIII **a**. XLIIII **d***va.H* 2 sane **F**^{2}**E**^{2} 4 zacinthus *ll* | hyrie a *ego*. -rie **Ra***v*. -riae *r* 5 a meridiana **R**(?)*va.D* 6 $\overline{\text{XXXVI}}$ **AF**^{2}*v*(*S*). -V *rH* 7 //nesitos **F**^{2}. anelitus **DF**^{1}. anhe- **a**. enclitus **R** 8 ea **AF**^{2}(**R**?)*v*. eo *r* | araxum **R***v*. arr- (arrh- **A**) *r* | $\overline{\text{XII}}$ **R**(?)*va.D*
9 asteris **Aa***v*. ha- *r* | prote **AE**^{2}*v*. -ope *r* 11 sphagiae *S*. -geae *D*. -giae et *G*. -gia et *B*. spa//hage **A**. spageta *r*. -ta et *v*
12 messen (*om*. en — asin) **DF**^{1}**REa** | oenussae *B*. -usta **A***v*. noenusta **F**^{2} *in marg*. | asineo **AF**^{2}. eo **DE**. o **a**. eos **F**^{1}**R** | tres **F**^{2} *in ras.B*. thres **A***v*. ther *r* 13 theganusa *B*(*S*) *e Ptol. III 14,45. Paus. IV 34,12*. teg- *G*(*J*). theganissa (tegn- **A**. tegan- **A**^{3}*D*. -nisa *v*) *ll* | cothon *v*. -thnon *ll* | cythera cum **AF**^{2} *in ras.v*. cith- **RE**^{2}. cythereum **a**d. cith- **E**^{1}. -thaeraeum **D** | oppida **DF**^{1}**dE**^{1}**a** 14 maleae **AE**^{2}*v*. -lee **F**^{2}. -le *r* 16 argolico **F**^{2}**R***C*. -ca **A***v*. arcolico *r* | pityusa *B*. pitiussa **Ea**. pyti- **DFR**. pythi- **A***v* | arine **AE**^{2}*D*. irine **da**^{3}*v*. sarynae **F**^{2}. rine **E**^{1}**a**. ryne **D**. -nae **F**^{1}**R** | hermionium *Bas*. hermo- **A***v*(*J*). harmo- (barnio- **R**) *r*
17 tricarenus *Leake* (*Morea 2 p. 465*). triga- **A**. ripa- **E**^{2}. typa- **Fa**. tipa- *rva.D* | aperopia *B e Paus. II 34, 9*. -ico **R**. eperopia **A**^{2}**F**^{2}. epir- **A**^{1}*va.H*. epor- *r*

Troezenium Calauria, L distans Plateis, Bel*b*ina, Lasia,
Baucidias, contra Epidaurum Cecryphalos, Pityonesos VI a 57
continente. ab hac Aegina liberae condicionis XV, cuius
XVIIII praenavigatio est; eadem autem a Piraeo Athenien-
sium portu XX abest, ante Oenone vocitata. Spiraeo pro-
munturio obiacent Eleusa, Adendros, Craugiae duae, Cae-
ciae duae, Selacosa; *et* a Cenchr*e*is Aspis VII et in Megarico
sinu Methurides IIII, Aegila autem XV a Cythera, eadem-
que a Cretae Phalasarna oppido XXV.

(20) Ipsa Creta, altero latere ad austrum, altero ad 58
septentrionem versa, inter ortum occasumque porrigitur
centum urbium clara fama. Dosiades eam a Crete nym-
pha, Hesperidis filia, Anaximander a rege Curetum,

---

§ 57: Mela II 109. Agathem. V 25 p. 486. — § 58: Mela II 112. Sol. 11, 4. 5. MCap. VI 659. cfr. Oros. I 2, 50. Dim. 10. Dic. 8, 2. Agathem. V 26 p. 486. Anon. fr. I 1 (GGm II p. 509).

---

1 calauria **A***B*. caul- E^2*v*. calabri *r* | L **A**F^2*v*(*D*). I *r*. D **d**(?)*G* | *dist.D* | belbina *B e Scyl. 51*. belli- *ll.v* 2 baucidias **A***v*. -dios F^2. baudacios **DdE**^{1}**a**. -dacidias E^2. abaudicios **R**. ///baudatios F^1 | cecryphalos *B*. cethi- *v*. crecyphalus **A**E^2. cecypalos *r* | pityonesos *G*. pytho- **A**. sytio- *v*. pithonessos F^2 *in ras.* sityo- **R**. sithio- **D**. scinthio- **Ea** | a **AR***v*. ab *r* 3 hac aegina (caeg- **A**. ceg- R^2) **A**$F^2R^2E^2$*v*. ha///egenia F^1. haec aeginam **DE**^{1} | XV **A***S*. XVI *rH*. XVII *v* 4 XVIII **A***S*. XX *va.H* | praeternauigatio *G* | piraoe **A**. pyraeo F^2. pysaeo F^1. piseo *r* 5 antea F^2. -teo F^1**a**. *om.***A** | oenone **A**E^1*B*. eno- E^2**a**. aeno- *v*. oenuno **R**. obrone **D**. or- **F** | XX *ll.S*. XXX *H*. XII *v* 6 elaeusa **F**. cleusa **A** | dendros **DFda***va.H*. thendos **R** | craugiae **d***G*. -uciae **A**. graugiae **DF**R^2*v*. gau- R^1. grauciae E^2. -udiae E^1**a** | icaeciae E^2. acae- **DE**^{1}. ace- **a**. acęa- **F** 7 selacosa *ll.v*(*D*). -chusa *B* et a cenchreis *ego*. dacenchris **DFE***v*. -cris **a**. -chrus **A***D*. cenchreis **R**(?)*G*. | saspis **A**F^2*va.B* | VII *ego*. VII *ll.v*(*D*). uti *S*. sunt *G* 8 methurides E^2*G*. -udires **A**. -thirides F^2 *in ras.* -thrur- **DRE**. -trur- **a**. hetrur- *v* | IIII *ego*. IIII *ll.v* | cythara E^2*va.B*. chuth- **A** 9 phalasarna **A**F^2*B*. pal- *r*. -serna *v* 10 cretae F^1. -te **DREa** 11 ortum **A**F^2E^2**a***Sol.v*. *om.r* 13 hesperidis **A**E^2**a***Sol.v*. desper- **R**. -pyr- (hes- F^2) **F**. -pir- *r* | Crete rege D^2 *e Sol. et MCap.*

Philistides M*all*o*t*es *et* Crates primum Aëriam dictam, deinde postea Curetim; et Macaron nonnulli a temperie caeli appellatam existimavere. latitudine nusquam $\overline{\text{L}}$ excedens et circa mediam sui partem maxime patens longitudine implet $\overline{\text{CCLXX}}$, circuitu $\overline{\text{DLXXXVIIII}}$, flectensque se in Creticum pelagus ab ea dictum, qua longissima est, ad orientem promunturium Samonium adversum Rhodo, ad
59 occidentem Criu Metopon Cyrenas versus expellit. oppida eius insignia Phalasarna, Elaea, Cisamon, Pergamum, Cydonea, Minoium Apteron, Pantomatrium, Amph*i*mala, R*h*ithymna, Pan*h*ormum, Cyt*ae*um, Apollonia, Matium, Heraclea, Miletos, Ampelos, Hierapy*t*na, Lebena, Hierapolis, et in mediterraneo Gortyna, Phaestum, Gnosus, Polyr*r*henum, Myrina, Lycastos, Rhamnus, Lyctus, Dium, As*i*um, Pyloros, Rhytion, Elatos, Pherae, Olopyxos, Lasos, Eleut*h*ernae,

§ 58: (7. 8) Mela II 112. — § 59: Sol. 11, 4. Mela II 113.

1 mallotes et *J*. -tes *B*. *cfr. ind. auct.* moles *ll*. -etes *v* | craces R. cates E | *an* primo? *cfr.* § *67* 2 macaronneson *Sol.* | autem (*pro* a) o 3 latitudinem eius DFEa 4 longitudinē FdRa*H* 5 circuitum *H* | DL·XXXVIIII F^{2} *in ras.* R*v*. DI- D. ID- Ea. L- A. $\overline{\text{DLXXXVIII}}$ *MCap.* 7 samonū R. samnium F^{2}. -mmonium *va. D* 8 criu *v*. chriu A. chiu *r* 9 palasarna F^{1}E^{2}. -sarn DRE^{1}a | elaea D*B*(*S*). elea *r*. etea *H*. clea *v* | cydonia (D?)F*S*. tyd- (-am E^{2}) Ea. cid- R. cydon *B*. cid- *v* 10 minoum R^{2}E^{2}*va. S* inoium F. -otum DE^{1}a. -oum R^{1} | *dist. MPt p. 567*^{b}*. 569*^{a} | apterom A. -ro DF^{1}R^{1}E^{1}a | amphimala *v* (-alla *B*). amphom- *ll. J. cfr. Ptol. III 15, 5. Strabo X p. 475. St Byz.* | rhithymna *B*. ri- ADF. -mma E. -thimna a*v*. -thymnoc R 11 panormum (-myn DR) *ll. va. L* | cytaeum *H*. -teum *v*. -tetum (cit- E) *ll* | apollonia F^{2}*v*. app- AE^{2}. -llia E^{1}a. apollia DF^{1}. -lloc R^{1}. -llo R^{2} 12 ampelos A*G*. -la *rv* | hierapytna *B e St Byz.* -pygna A. -pyna D. -pina RE^{2}. -picna *v*. hyerapigna F^{2}. -pina F^{1}a. hiera E^{1} | lebana F^{2}. libena R 13 gortyna F^{2}*G*. -thyna A. -thina E^{2}. cortyna DF^{1}R*C*. -tina Ea*v* | gnosus AF^{2}*G*. -sum R^{2}d*v*. cnosum *r* | polyrrhenum *D*. -nium *B*. -yrhenum A. -yrenum DF. -irenum Ea*v*. -isenum R 14 lycastos (lic- E^{2}) AE^{2}*D*. -tus *v*. lic- *r* | rhamnus AF^{2}E^{2}*v*. ra- *r* | luctus DF^{1}E^{1}a | dyum A. drum F^{2} *in ras.* | Asus *B e St Byz.* 15 clatos AE^{2} *va. H* | phaerae F^{2}. phere a. phesc R. phaera F^{1}. pharae *B*. sphere *v* | olopyxos (hol- *B*) DE^{1}. -pixos FR. olap- a. olyp- A.

Therapnae, Marathusa, *T*ylisos; et aliorum circiter LX oppidorum memoria extat. montes Cadistus, Idaeus, Dictyn-
*n*aeus, Cor*y*cus. ipsa abest promunturio suo, quod vocatur 60
Criu Metopon, ut prodit Agrippa, a Cyrenarum promunturio Phycunte CXXV, item Cadisto .... a Malea Peloponnesi LXXX, a Carpatho insula promunturio Samon*i*o LX in favonium ventum. haec inter eam et Rhodum in-
teriacet; reliquae circa eam ante Peloponnesum duae Cory- 61
coe, totidem Mylae, et latere septentrionali dextra Cretam habenti contra Cydoneam Leuce et duae Budroe, contra Matium Dia, contra Itanum promunturium Onysia, Leuce, contra Hierapytnam C*hry*sea, Gaudos. eodem tractu Ophiussa, Butoa, Ramnus circumvectisque Criu Metopon tres

§ 60: Sol. 11, 6. MCap. VI 659 med. — Agrippa fr. 15 R. cfr. Plin. V 32. — § 61: (12 sqq.) Mela II 114.

-pisos *v*. *cfr. Mela* | lasos *ll. G*. lappa *B*. laspha *v* | eleuthernae *v*. *om.* **R**. -ternae (-ne **Da**) *r*

1 therapnae **d***v*. therrapne **DFa**. terrhapnae **E**. terraphne **R**. theramne **A** | tylisos *S cum Hoeckio* (*Creta I p. 433*). gylisos **dT***J*. -liosos **R**. -lysos **DFE**^{1}**a**. gytysos **E**^{2}. gitisos **A**. gyt- *D*^{1}. cylissos *H e Sol.* cytinos *B* 2 cadistus **A***H*. -sthus (**F**^{2} *in ras.*) *r*. -scus *v* | dictynnaeus *H e Sol.* -tyneus **DE**. -tinaeus **F**. -neos **A**. -neus **a** *va. B*. dictheus **R**. -taeus *B* 3 corycus *B*. crocus *ll. v* (*J*)
4 criu **A***v*. chiu *r* | u (*pro* ut) **DF**^{1}. o **Ea** 5 CCXXV *C* (*ex Eratosth. ap. Strab. X p. 475*). *cfr. V 32* | *lac. statuit MGGm I p. 44*^{b} *supplens* ab Astypalaea, Coryco *coll. infra § 71* | malea **A***B*. melaeo **D**. maeleo **F**^{1}. -le **F**^{2}. meleo *rv* 6 LXXX **A***v* (*S*). LXXV **E***H*. LXX *r* | carpatho **R** (?) *C*. -phato **F**^{2}**E**^{2}. -panto **A**. -pato *rv* | samoneo *ll*. -mmonio (-neo *J*) *va. D* 8 reliqua **DEa** | corycoe (cho- **A**) **A***D*. -cae **D** (*B*) *S*. -ce **R**^{2}**E**. cory **R**^{1}. coriae **F**^{1}. -ice **a**. -icae **F**^{2}**d***G* 9 latere *v*. -rnae **AF**^{2}**E**^{2}. *om. r* 10 cidoneam **R**. -eum **A**. cydoniam *va. J* | budroe **DET***S*. -oae **Fd** *Verc.* (*H*). -dorae *G*. -drae **A** (?) *v*. -ditiae **R** 11 matrium *MPt p. 566*^{b} | dria **AF**^{2}*v*. dina **E**^{2}. cia *G* | onysia *ll. D*. onisia **da***H*. -sa *v* | leucae **DE**. laeu- **F**. lauce **A** 12 hierapyinam **D**. -ydram **A**. -piinam **Ea**. -pignam **F**^{2} *in ras.* -picnam *va. B* | chrysea *ego e stad. 319* (*MGGm I p. 505*). -sa *C*. crysa *v*. crusae **A**. crisaeu **DFR**. -seu **Ea**. (gryse *cod. Melae*) | caudos *Dal. e Mela II 114* | eadem **DF**^{1}**E**^{1}**a**
13 butoa (-tua **R**) ramnus *ll. G* (*D*). -toa aradus (*P*) *H e St Byz.* -to aranus **dT***v* | chiu **F**^{2} | tres **A***v*. tes *r*

Acusagorus appellatae. ante Samonium promunturium Phocoe, Platiae, Syrnides, Naulochos, Harmedon, Zephyre.

62 At in Hellade, etiamnum in Aegaeo, Lichades, Scarphia, Corese, Phocasia conpluresque aliae ex adverso Atticae, sine oppidis et ideo ignobiles. sed contra Eleusina clara Salamis. ante eam Psyttalia, a Sunio vero Helene $\overline{V}$ distans. dein Ceos ab ea totidem, quam nostri quidam dixere Ceam, Graeci et Hydrusam, avolsam Euboeae. quingentos longa stadios fuit quondam, mox quattuor fere partibus, quae ad Boeotiam vergebant, eodem mari devoratis oppida habet reliqua Iulida, Carthaeam; intercidere Coresus, Poeeessa. ex hac profectam delicatiorem feminis vestem auctor est Varro.

63 (21) Euboea, et ipsa avolsa Boeotiae, tam modico interfluente Euripo, ut ponte iungantur, ad meridiem promunturiis duobus, Geraesto ad Atticam vergente et ad

§ 62: (6) Mela II 109. 111. cfr. Plin. II 206. — Agathem. V 25 p. 486. — Sol. 7, 20. cfr. Plin. XI 76. — § 63: cfr. Plin. II 204. — Mela II 107. — Sol. 11, 24. MCap. VI 659 med. Agathem. l. l.

1 acusagorus (agu- **F**) **DRF***J*[2]. -guros **E**. -gonus **A***D*. Musagorus (-ros *B*) *S e Mela* | samnium **DFRE**[1]. -miũ **a** 2 phocoe **DR***S*. -ceo **A**. -caeo **E**[2]. -ce **a***H*. -cae *rv* | syrnides **E**[1]**a**. ſyr- **D**. sirnydes **F**[1]. -nides **R***v*. stir- **A***D*. styr- **E**[2]. stirnydes **F**[2] | naumachos *B e Mela* | harmedon **A***D*. arm- *rv* 3 lichales **R**. licades **AE**. lyc- **a***va.G* 4 corese **Aa***D*. -sae **DF E**[1]. -sa **E**[2]*v*(*S*). carese **R**. -sa *G* | phocasia **AF**[2]**E**[2]*v*(*D*). -aria *G*. poeasia **DR**. pea- **E**[1]**a**. paeasya **F**[1] | attices **R**. -ce **a** 6 psyttalia **E**[2]*S*. psitt- **A**. psyit- **DE**[1]. psy//t- **F***v*. psiit- **Ra** | a *om.* **DE**[1]**a**[1] 8 grecia **a**. graetia **F**[1]**R** | hidrusam **AR**. hydrussam **d***va.D* | abolsam **E**[1]. -sa **DRa**. a/////sa **F**. auulsa *G* (*cum sqq. iungens*) | euboeae **F**[2]*v*. -oae **AE**[2]. -oleae **DF**[1]. -olee *r* 9 quingentos (-to **A**) . . . stadio **Aa**. -tis . . . -diis **da**[3]*va.S* 11 iulida **Rd***v*. tul- **A**. lul- *r* | carthaeam *L*. -aea **FE**. -thea (char- **R**) **DRa**. -eã **a**[3]. -eiam *G*. -eia *v*. catheam **A** . 12 toresus **Ea** | poeeessa **d***B*. poeessa **R**. -s//sa **F**. poeersa **DEa**. poessa **A** | delicatiorem **AF**[2]*G*. delectationis *r*. -oni *B*. -oꝗ *v* 14 boetia et admodico **DREa** 15 iungantur **A***J*. -atur *rv*(*D*) 16 geraesto ad *H*. -resto ad **A***C*. -tro **Ea**. -raestro **DF**. -tre **R**

Hellespontum Caphereo, insignis, a septentrione Cenaeo,
nusquam latitudinem ultra XL extendit, nusquam intra MM
contrahit, sed in longitudinem universae Boeotiae ab Attica
ad Thessaliam usque praetenta in CL, circuitu vero CCCLXV.
abest ab Hellesponto parte Capherei CCXXV, urbibus quon- 64
dam Pyrrha, Porthmo, Neso, Cerintho, Oreo, Dio, Aedepso,
Oechalia, nunc Chalcide, cuius ex adverso in continente
Aulis est, Geraesto, Eretria, Carysto, Oritano, Artemisio,
fonte Arethusa, flumine Lelanto aquisque calidis quae Ello-
piae vocantur nobilis, notior tamen marmore Carystio.
antea vocitata est Chalcodontis aut Macris, ut Dionysius
et Ephorus tradunt, ut Aristides, Macra, ut Callidemus,
Chalcis aere ibi primum reperto, ut Menaechmus, Aban-
tias, ut poetae vulgo, Asopis.
(22) Extra eam in Myrtoo multae, sed maxime inlu- 65
stres Glauconnesos et Aegilia et a promunturio Geraesto

§ 64: Mela II 108. MCap. VI 659 extr. — (9. 11) Sol. 11, 15.

1 caphareo dva.S e MCap. (item infra) | cenaeo REH. caeneo ADFC. cen- av 2 intra ADG. infra rv(D) | CC R. XX·M va.H. cfr. Mela et MCap. 3 ab om. DF^{1}RE^{1}a | attica F^{2}E^{2}v. -ce Ra. -cae r 4 at R. a F^1. om. va.S 5 urbibus AE^{2}S. -ibus clara v. -ium r 6 portmo E^2. -thmon A. -tamo va.B | neso RTB coll. Strab. -sso rv | cerintho dv. -ito A. ceorintho a. caeo- E. coeo- D. ////co F. coco- R | aedepro DE^{1}a. -esso AE^2. aedae///// F^1 7 oechalia B. oeca- AE^2. ///echa- Fv. uecha- DR. uetha- E. ueta- a. praem. Ocha C cum B. oca codd. B. contra AE^2. quondā F^2 suprascr. | continente ego. -to F^1. -ti rv 8 geresto AC. -rasto rva.C (similiter infra) | eretria caristo (-rysto v) AE^{2}v. orithria caristo F^2. orithrio F^1. om. r | oritano AF^{2}Rv. -tario DE. -thario a. om. F^1. Ochitano (Sieglin) D^2. an oraculo Orobitano? cfr. Strabo X p. 445 9 arethusa AF^2 in ras. E^{2}v. orithano a. oretano r | laelanto FE^2. -teo E^1. lelanteo DRa | ellopiae EH. hello- AB(D). etlo- (et elo- F^2) r. elo- v. cfr. Strabo l. l. 10 marmorea DF^{2}d. -ria a 11 chalcodontis G(S). calcho- AF^2. chalcodotis REv(H). calcho- r. calce- a | ut om. DF^{1}E^{1}a 12 aristhides F. -tades a. -todes E^1. -totides AE^2 13 abantias Av. -thias r. -tis Strabo l. l. 14 asopis v. -phis ll 16 aegilia (beg- v) G e Mela. -la S cum Meinekio ad St Byz. 41,6. aeglia DF^{1}E. egl- R. ahegl- F^2. aetheta A^1. aəheta A^2

circa Delum in orbem sitae, unde et nomen traxere, Cyclades. prima earum Andrus cum oppido abest a Geraesto $\overline{X}$, a Ceo $\overline{XXXVIII}$. ipsam Myrsilus Cauron, deinde Antandron cognominatam tradit, Callimachus Lasiam, alii Nonagriam, Hydrusam, Epagrim; patet circuitu $\overline{LXXXXIII}$. ab eadem Andro passus mille et a Delo $\overline{XV}$ Tenos cum oppido in $\overline{XV}$ porrecta, quam propter aquarum abundantiam Aristoteles Hydrusam appellatam ait, aliqui Ophiusam. ceterae Myconus cum monte Dimasto a Delo $\overline{XV}$,
66 Siphnus, ante Meropia et Acis appellata, circuitu $\overline{XXVIII}$, Seriphus $\overline{XV}$ Prepesinthus, Cyt*h*nos ipsaque longe clarissima et Cycladum media ac templo Apollinis et mercatu celebrata Delos, quae diu fluctuata, ut proditur, sola motum terrae non sensit ad M. Varronis aetatem; Mucianus prodidit bis concussam. hanc Aristoteles ita appellatam tradit, quoniam repente apparuerit enata, Agl*ao*s*th*enes Cynthiam, alii Ortygiam, Asteriam, Lagiam, Ch*l*amydiam, Cynethum, Pyrpylen igne ibi primum reperto. cingitur $\overline{V}$ passuum,

---

§ 65: MCap. VI 660. Mela II 111. Sol. 11, 17. — Callim. fr. 394 B. — § 66: Mela II 111. — Sol. 11, 18.

---

3 $\overline{XXXVIII}$ **A***D*. -$\overline{VIIII}$ *rv* 4 antandron **A***v*. -adron *r* | lasiam **A***G*. lass- *rv* 5 epagim **F**^{2}. -acim **DF**^{1}**d**. -acam **R**. -acan **a** | $\overline{XCIII}$ **a**. $\overline{XC}$·$\overline{VI}$ **F**^{2}**R***H*. $\overline{XC}$//// **F**^{1}. $\overline{XC}$·$\overline{IV}$ **D** 8 hydrumsam **F**^{1}**RE**^{1}. -samam **D**. -samū **a** 9 dimasto **A***v*. dym- *r* | $\overline{XV}$ · praepes (prepes **E**^{2}) **AE**^{2} 10 antea **FRa** | moropia **R**. ero- **A***va.B* | circuitus **Fa** 11 prepesinthus *H*. praep- *v*. -tus **AE**. praefe- **a**. praepaesinthus **F**. praephes- **D**. -ssirthus **R** | cythnos *B e Ptol. et Strab. X p. 485*. cyanos **A**. citanos **DR***v*. -nosi (cyt- **a**) **F**^{1}**dEa**. giaros **F**^{2} 13 dolos **E**^{1}. delo **AF**^{2} 16 tradit **A***S*. -didit *r D*^{1}. prodidit *v*(*J*) | aglaosthenes *Reinesius. cfr. ind. auct.* aeglostenes (egl- **A**) *ll. va. S* 17 artigyam **D**. ortigiam *r* | chlamydiam *B e St Byz.* cheran muidian **A**. cerani mydyan **DEa**. -any midyam **R**. caeran (-ani **F**^{1}) midiam **F**. cerani (cerham *v*) mydiam **d***v*. Geraniam Chlamydiam *D* | cynethum *v*(*D*). -thym **D**. -tum **AF**^{2}**R**. -t//// **F**^{1}. cinethym **E**^{1}. -thim **a**. -tu **E**^{2}. cynaethum **d**(?)*H*. cynthum *S* 18 pyrpylen **A** (*Solini codd.* **SP**). -pilen *v*. -lon **R**. -polon *B*. pirpylen **DF**. -pilen **Ea**

67 adsurgit Cynthio monte. proxima ei Rhene, quam Anticlides Celadusam vocat, item Artemiten, Celadi*nen*. Syros, quam circuitu patere XX prodiderunt veteres, Mucianus CLX, Olearos, Paros cum oppido, ab Delo XXXVIII, marmore nobilis, quam primo Platean, postea Minoida vocarunt. ab ea VII·D Naxus, a Delo XVIII, cum oppido, quam Strongylen, deinde Dian, mox Dionysiada a vinearum fertilitate, alii Siciliam minorem aut Callipolim appellarunt. patet circuitu LXXV p. dimidioque maior est quam Parus.

68 (23) Et hactenus quidem Cycladas servant, ceteras quae secuntur Sporadas. sunt autem Helene, Ph*a*cusa, *Ni*casia, Schinusa, Pholegandros et a Naxo XXXVIII p. Icaros, quae nomen mari dedit, tantundem ipsa in longitudinem patens, cum oppidis duobus tertio amisso, antea vocitata Doliche et Macris et Ic*h*thyusa. sita est ab exortu solstitiali Deli L eademque a Samo XXXV, inter Euboeam

§ 67: Mela II 111. — (4—7) Sol. 11, 26. 28. — § 68: MCap. VI 660 med. — Mela II 109. 111. — (13) Sol. 11, 30. (23, 16).

1 cynthyo **Da**. cin- **R**. chithio **A**. cyntho *va. Brot.* | rherenae **A**. -ne *va. B* | anticlites **DFR**. *quae sequuntur usque ad V 34* cubitorum altitudi, *traiecta in* **DFREa** *leguntur II 187 post* Anaxima, *in* **D** *desunt usque ad § 70* 2 aceladusā **a**. acellatusam **R**. *om.* **E**[1] | uoca///t **F**. *om.* **E**[1] | artem itē **F**[2] *in ras.* **R**. -min *H*. -miten item *J*. artē ut **a**. artem ... **E**[1] | celadinen *J coll. Hom. Π 183. T 70.* -die **F**[2] *in ras.* -dye **A**. caeladi **R**. -dye **E**[2]. -dy **E**[1]. cycladas **a**[1]. -dys **a**[2]. Callidemus *S*. Hellanicus *H*. -adius *v* 4 olearos **F**[2]*D*[2]. -rus *rv(S)*. oliaros *B* | paros **AF**[2]*v*. -rus *rD*[1] 5 platean (-am **F**[1]*v*) *ll. H.* pactiam *B e St Byz.* | minoidā **FREa**. *cfr. Sol.*
6 VII·D **Eadv**. VITO **R**. VII **AF**[2] *cum ras.* 7 dian **F**[2]*v*. -am **A***D*. adian *r* 10 quidam **A** 11 hellenae **A**. -na *va. C.* elline **Fda**. ęll- **R**. mell- (-ene **E**[2]) **E** | phacussa *(P) H.* phocusa *ll. v*
12 nicasia *H e Suida.* aec- **A**. uaec- **F**[2]. hec- **a**. -aria *v*. haec asia *r*. phaec- *G* | polegandros **R**. -grandus **F**[1]**E**[1]**a**. pholegrados **A**. po- **F**[2]*va. B* | XXXIIII **R**. XXVII **d**. XVII *va. H*
15 ichthyoessa *B ex Athenaeo.* icthysusa **F**[1]**Ea***v*. icthis- **d**. hictis- **R**. ithacusa **F**[2]. iecthiusia **A** 16 L *om.* **Ea**. I **F**[1]. LII *Brot.* | a *om.* **FRE**[1]**a**

et Andrum X passuum freto, ab ea Geraestum CXII · D 69 passuum. nec deinde servari potest ordo; acervatim ergo ponentur reliquae. Scyros, Ios a Naxo XVIII, Homeri sepulchro veneranda, longitudine XXII, antea Phoenice appellata, Odia, Oletandros. Gyara cum oppido, circuitu XV p., abest ab Andro LXII, ab ea Syrnos LXXX, Cynet*h*us, Telos unguento nobilis, a Callimacho Agathusa appellata, Do- 70 n*u*sa, Patmus circuitu XXX, C*o*rass*i*ae, Lebinthus, Gyrus, Cinara, Sicinus quae antea Oeno*e*, Herac*l*ia quae Onus, Casos quae Astrabe, Cimolos quae Echinusa, Melos cum oppido, quam Aristides Mimblida appellat, Aristoteles Zephyriam, Callimachus Mimallida, Heraclides Siphin et Acyta*n*; haec insularum rotundissima est. Buport*hmos*,

§ 69: MCap. VI 660 med. — Mela II 111. — Callim. fr. 395 B. — § 70: Mela II 111. — (10 sqq.) Sol. 11, 32. — Callim. fr. 396 B. Mela II 106. 111.

1 XX **AF**^{2} | fretum *G* | ab ea **AF**^{2}**dE**^{2}*v*. aba **E**^{1}**a**. ab/// **F**^{1}. ama **R** | centum (C **FEa**) duodecim milia quingenta (-torum **FR**. -ti *G*. quinquaginta *v*) passuū (-ssū **FR**) *ll.va.S* 2 seruari **AF**^{2}*v*. se ser- **R**. reser- *r* 3 naxo **F**^{2}**d***v*. -xu **A**. na (*sub ras.*) **F**^{1}. sanxo *r* | XVIII *ll.S.* XXIIII *G*. XIIII *v* 4 longitudinis **FREa** *va.S* | XXV **F**^{2}*va.D*. XX **E**^{2} 5 odia *ll.C*. -io **a**. odua *v*. Dia *coni.B* | oletandros **A***S*. let- *v*. olentrandos (lent- **F**^{2}) *r*. Telandros *coni.B* | giara **FdRa**. gyaros *va.S. cfr. VIII 104* | XV **AE**^{2}*D*. XII *v*. XXV *r* | p. *G*. *om.***A***D*^{1}. prope (probe **R**) *r* (*praem.* pass. *v*) 6 ab *om.***A** | cynethus *v*(*D*). -tus (cin- **Ra**) *ll*. -thusa *C*. -naethus **d**(?)*H* 7 acathusa **A**. gath- **R**^{1}. agathussa **d***C* | donusa *H*. -nysa (-nisa **R**) *ll.v*. dyonisa **a** 8 pathmus **AFa**. -mos **R**^{2}*va.C*. -timus **R**^{1} | corassiae *B c Strab. X p. 488*. carusse **AR**. -usae **FE**. -se **a**. -sa *v*. (corseae *V 135*) | gy//rus **A***v*(*D*). girus **E**^{2}. gerus *rJ*. leros *B* 9 sycinus (sicynos **R***B*) *va.H* | oenoe *B*. oenoc *ll*. aenos *v* | heraclia (*B*)*D*. -chia **REa**. horachia **F**. ara- **A**. hieracia *H*. heratia *v* | Onus Casos (onos charos **F**^{2}) — 10 quae *om.***F**^{1}**dE**^{1}**a** 10 Aechinus/// **F**^{1}. echynuse **a**. *om.***E** 11 mimblida **AFE***v*(*J*). -lius **a**. nimlida **R**. membl- *S*. bybl- *B* 12 memallida *Sol.* | siphin **AR***S*. -pin **da**. syphin **F**^{2}**E**^{2}. -pin **F**^{1}. -pina **E**^{1}. siphnum *v* 13 acytan *D*. -ton *B e St Byz*. acita **RE**^{1}**a**. -tia **AE**^{2}. -tiam *v*. acida **F**^{2} *in ras.* | buporthmos *J e coni. S*. buport **AFE**. -re **a**. bupost **d**. post **R***v*

Machia, Hypere, quondam Patage, ut alii, Platage, nunc Amorgos, Polyaegas, Sapyle, Thera, cum primum emersit, Calliste dicta. ex ea avolsa postea Therasia, atque inter duas enata mox Automate, eadem Hiera, et in nostro aevo T*h*ia iuxta easdem enata. distat Ios a Thera XXV p. secuntur Lea, Ascania, Anaphe, Hippuris. Astypal*a*ea, li- 71
berae civitatis, circuitus LXXXVIII, abest a *Cad*isto Cretae CXXV, ab ea Platea LX, unde Caminia XXXVIII, Azibintha, Lamse, Atragia, Pharmacusa, Thetaedia, Chalcia, Calymna, in qua oppidum, Coos, Eulimna, a qua Carpathum, quae nomen Carpathio mari dedit, XXV. inde Rhodum Africo vento L, a Carpatho Casum VII, a Caso Samonium, Cretae promunturium, XXX. in Euripo autem Euboico

§ 71: Mela II 114. 111. 114. — (10) Sol. 11, 32. (23, 16). — (332, 4) MCap. VI 660. Oros. I 2, 51. Dim. 7.

1 machia **F**^{2}**E**^{2}*v*. ịhacia **A**. miachia **F**^{1}**E**^{1}**a**. nicachia **R**^{2}. mica **R**^{1} | hypere *G*. -rae **E**^{2}. -raei **FE**^{1}. hip- **R**. -re *v*. yper et **A**. yparci **a** 2 polyaegas **F***J*. -gos *B*. -yegas **a**. poliae- **AE***v*. pylie- **R** | sapyle (-lę **F**) *ll.J*. phyle *C*. Staphyle *coni.D*^{2} 5 thia *B*. *cfr. II 202*. tia (*eras.* **R**^{2}) *ll. om.v* | eandem *B* | henata **R**. hiera nata **D**. -ra enata **FdE**. -renata **a**. -ram nata *B* 6 leua **AF**^{2}**E**^{2} | anaphe **AD***B*. canaphe **R**. -phae **F**. -nephe **Ea** | hippuris **AF**^{2}*B*. -rus (ipp- *v*) **F**^{1}**R**^{2}**E**^{2}*v*. -ras **R**^{1}. phippurus **DE**^{1}**a**. *add.* hypurias **A**. -rtas **E**. yp- **a**. hipurias (-ias *in ras.*) **F**^{2}. -rtus **R**. tas **D**. *del. H* hippurissusa *B*. -rthusa *v* | astypalaea *Bas*. -lea **A**. astip- **R***v*. -typhalea *r* 7 circuitu *va. S* | LXXXVIIII **DFRE**^{1}**a** *H* | cadisto *v*(*H*). -sco *G*. sisto *ll. cfr. § 60* 8 caminia *v*(*S*). cha- **DFRE**. camynyta **A**. camina *G* | aiohantho **DR**. aioan- **Ea**. //////ntha **F**^{1} 9 lamse **Ad***D*. -mre **DEa**. lanise **F**^{2} *in ras.* **R**(?)*v*. *an* lampse? *cfr. V 134* | atragia **AF**^{2}**R***v*(*J*). tra- *B*^{1} *e StByz*. agia **D**. atraia *r*. tragaea *S cum B*^{2} | thetaedia **A***D*. taethe- **DR**. tethe- (tet *in ras.*) **F**^{2} taete- **a**. taeche- **E**^{1}. teche- **E**^{2}**d***v* | chalcis *Mela II 111* | calymna *v*(*S*). -nia **R**. -nia **R**. -lumna **AE**^{2}. -nia *r*. -lydna *B* 10 eulimna **A***D*. eol- *r*. et olymna *G*. calymnae *B*. -na *H*. *cfr. V 133* 11 inde rhodum **AF**^{2}*v*. inter ho- *r* 12 africo **AE**^{2}*v*. -cū *r* | cassum **AE**^{2}*va. B* | a casso **AE**^{2}*va. B*. accaso **DF**^{1}. acasu **E**^{1}. occ- **a** | sammonium *va. G*(*H*). *cfr. § 58. 61*
13 euripo **F**^{2}**E**^{2}*v*. eori- **A**. euro **E**^{1}. -rupo **D**. -ropo **F**^{1}. -ropa **Ra**

primo fere introitu Petaliae IIII insulae et in exitu Atalante. Cyclades et Sporades ab oriente litoribus Icariis Asiae, ab occidente Myrtois Atticae, a septentrione Aegaeo mari, a meridie Cretico et Carpathio inclusae per DCC in longitudinem et per CC in latitudinem iacent.

72 Pagasicus sinus ante se habet Euthiam, *Ci*cynethum,
69 Scyrum supra dictam, sed Cycladum et Sporadum extimam, Gerontiam, Scandiram, Thermaeus Iresiam, Solymniam, Eudemiam, Neam, quae Minervae sacra est, Athos ante se IIII, Peparethum cum oppido, quondam Euo*e*non dictam, novem milia, Sciathum XV, Imbrum cum oppido LXXXVIII. eadem abest a Mastusia Cherronesi XXII p., ipsa circuitur
73 LXII · D; perfunditur amne Ilisso. ab ea Lemnos XXII, quae ab Atho LXXXVII; circuitu patet CXV · D p., oppida

§ 72: Mela II 106. — § 73: Mela II 106. Sol. 11, 33. (Isid. or. XIV 8, 10). — Callim. fr. 397 B.

1 primū **DF^{1}Ra**. *om.* **E^1** | petiliae **R^2** 2 icariis (-ris **F^2**) **FE^2***v*. iaca- **A**. sica- **DE^1**. sicha- **R**. sycar' **a**. Caricis *D^2* 4 p. (*pro* p) **Ea**. *om. v a. G* | CC **R***v a. H*. septuaginta *MCap*. 5 in — per CC **AdTfz** *Cap. v*(*H*). *om. r*(**R**?) *G* | latitudinem **dTfz** *Cap. v*(*H*). longi- *ll. G* 6 euthiam **A^{2}F^{1}dR^2***S*. *om.* **A^1**. eutiam **R^1**. -thiciam **F^2**. -thyam *r* | cicynethum *L*. -tum *B*. et//cunetum **A**. et cyn- **Ea**. -neū **DF**. & cinetum **R***v*. *de mendo cfr. § 43* 8 scandiram *ll. J*. -driam **a**. -dilam *H*. scadiram *v* | iresiam **F^2***S*. irrhe- *v*. irae- **A**. iresias **R**. -si **a**. -sia *r* | solimniam **Ra** *G* 9 euthemiam **A** 10 IIII **F^2** | peparethum *B*. par- *v*. pepar//hetum **A**. peraretum **DF^{1}Ra**. p.///ar- **F^2**. petrar- **E^2**. -arum **E^1** | euoenum *H cum Bocharto* (*geogr. sacra p. 400*). euonon (aeu- **DF^{1}E**) *ll*. -num *v* 11 schiatum **A**. scyathum **D***v a. B*. -tum **Ea** | LXXXVII **DFREa** 12 a mastusia **A***v*. amatu- **F^2**. a ma/////sia **F^1**. a mas//uisia **D**. imas uisia **Ea**. amesiusia **R^2**. aesiu- **R^1** | cherronesi *v*. -nes **A**. acerronesi *r* | XXII **DF^{1}RE***D*. XII **a**. XXV **F^2***H*(*J^2*). LXXII **A**. LXXV *v* | circuitur **AF^{1}dR**. -it **F^2**. -itus *rD*. -itu *v* 13 LXII · D **A***D*. LXII *rS*. LXXII *v* | elisso **A**. iliso **D**. ill- **Ea***v a. B* 14 XXXXVII *MPt p. 524^b* | CXV · D **A***D*. CXII · D **DF^{1}a***H*. CXII · ∞ **R**. C · ///I/// · D **F^2**. CXI · D **E**. XXII · D *v* | p. *om.* **DEa**

habet Hephaestiam et Myrinam, in cuius forum solstitio Athos eiaculatur umbram. ab ea Thasos libera VI p., olim Aëria vel Aet*h*ria dicta. inde Abdera continentis XXII, Athos LXII · D, tantundem insula Samothrace libera ante Hebrum, ab Imbro XXXII, a Lemno XXII · D p., a Thraciae ora XXXVIII; circuitur XXXV, attollitur monte Saoce X p. altitudinis, vel inportuosissima omnium. Callimachus eam antiquo nomine Dardaniam vocat. inter 74
Cherronesum et Samothracen, utrimque fere XV, Halonesos, ultra Gethone, Lamponia, Alopeconnesus haud procul a Coelo, Cherronesi portu, et quaedam ignobiles. desertis quoque reddantur in hoc sinu quarum modo inveniri potuere nomina: Avesticos, Sarnos, Cissyros, Charbrusa, Calathusa, Scyllia, Dialeon, Dictaea, Melanthia, Dracanon, Ar*c*onesos, Diethusa, Ascapos, Capheris, Mesate, Aeantion, Pateronnesos, Pateria, Calathe, Neriphus, Pelendos.

§ 74: (9) MCap. VI 660 extr. — Mela II 106.

1 hephaestiam **d**(?)*L*. eph- *v*. hebesthi- **DR**. hebde- **F**^{1}. ebde- **F**^{2}. ephessitiam **A**. -iciam **E**. bestiam **a** | eius **A** 2 umbram **A***v*. -ra *r* | thoso **A** | X **R**. V *va.S* | p. *om.* **ADE**(?)*D* 3 aeria **F**^{2}*B*. eria **A***v*. elaria **R**. aeraria *r*. aria eraria **a** | aethria *B*. aedria **A**. aetria **DFE**. etr- **Ra***v* 4 XXII·D **R** | LXII·D **DF**^{1}**E**^{1}**a***H*(*D*). LXII **AF**^{2}*v*(*S*). LXXII·D **R**. XII·D **E**^{2} | samothrace **F**^{2}*S*. -ce quae *v*. -traque **A**. -moathrace **DF**^{1}**E**. -matrace **R** 5. 6 a thraciae (artha- **AF**^{2}) — XXXV **AF**^{2}*G*. *om.rv* | circuitur **A**. -tus **F**^{2}*D*. -tu *G* 7 saio *vel* sao *coni.B* | altitudinis uel *om.* **A** | inportuosissima **F**^{2}**fdT***H*. port- **A***v*. inproprios- (-ors- **R**) *r* 9 samothracen **F**^{2}*v*. -thacen *r* | halonosos **R**. alonesos **DF**^{1}**E**. alan- **F**^{2} 10 aut **DF**^{1}**R**. ac **Ea** 11 choelo **DREa** 13 auesticos **A***D*. dest- **R***v*. desth- **F**^{2}**E**^{2}. -ico *r* | farnos (ca- **R**) *ll. Verc.*(*S*). la- *C*. ia- *v* | cissyros *D*. cyss- **DFEa**. -iros *v*. chysyros **R**. cisuros **A** 14 scillia **A**. schilia **R**. scylla *va.J* | dialeon dictaea (-taeu **R**. -ta **d***v*) melanthia (-tia **DFR***v*. malentia **Ea**) *ll.v*(*J*). *del.G* | dracanon (dlac- **D**^{1}. adriac- **F**^{2} *in ras.*) *ll.J*. -conon **dT***B* 15 arconesos *B*. harro- **A**. arro- **E**^{2}*v*. -nessos **F**^{2} *in ras.* -nes *r* | aschapos **A**. scapos *va.D*(*J*^{2}) | caperis **R**^{1}**Ea**. -res **DFR**^{2} | mesathe **A**. -tae **DFE** | aeantion **A***G*. -tiron **DFE**. -trion **a***v*. acantiros **R** 16 patheria **DF**^{1}**Ea** | neriphus **AF**^{2}*v*. -pus *r* | pelondos **F**. polen- **d***va.D*

75 (24) Quartus e magnis Europae sinus ab Hellesponto incipiens Maeotis ostio finitur. sed totius Ponti forma breviter conplectenda est, ut facilius partes noscantur. vastum mare, praeiacens Asiae et ab Europa porrecto Cherronesi litore expulsum, angusto meatu inrumpit in 49 terras, VII stadiorum, ut dictum est, intervallo Europam auferens Asiae. primas angustias Hellespontum vocant; hac Xerxes Persarum rex constr*a*to in navibus ponte duxit exercitum. porrigitur deinde tenuis Euripus $\overline{\text{LXXXVI}}$ spatio ad Priapum urbem Asiae, qua Magnus Alexander transcendit. 76 inde exspatiatur aequor rursusque in artum coit. laxitas Propontis appellatur, angustiae Thracius Bosporus, latitudine quingentorum passuum, qua Darius pater Xerxis copias ponte transvexit. tota ab Hellesponto longitudo $\overline{\text{CCXXXIX}}$. dein vastum mare Pontus Euxinus, qui quondam Axenus, longe refugientes occupat terras magnoque litorum flexu retro curvatus in cornua ab iis utrimque porrigitur, ut sit plane arcus Scythici forma. medio flexu iungitur ostio Maeotii lacus. Cimmerius Bosporus id os 77 vocatur, $\overline{\text{II}}$ quingento*rum* passu*um* latitudine. at inter duos Bosporos Thracium et Cim*m*erium derecto cursu, ut

§ 75. 76: cfr. Mela I 6—8. — § 75: Sol. 12, 1. 2. MCap. VI 661. — § 76: Sol. 12, 2. cfr. Plin. V 150. IX 51. — MCap. VI 662. — (31) Mela I 102. (cfr. Plin. infra § 86). Strabo II p. 125. Ammian. XXII 8, 10.

2 totius **A***v*. po- *r* **o** 3 parte **F**^{1}**dRa** 4 europae **do**. eor- **R** 8 xerses **AEa***va*. *C* (*item infra*) | rex — nauibus *om*. **A** | rex ponte **F**^{2} | in *del*. **F**^{2} | ponte **AE**^{2}**o***v*. *om*. *r* 9 tenuisse **A**. *om*. **o** 10 qua **AF**^{2}**R***v*(*S*). quam *r* **o** *Brot*. 11 que *om*. **o** 12 appellatur **AF**^{2}*v*. -antur *r* **o** 13 latitudine **A***v*. -nis *r* **o** 14 trauexit **A** | tot **DF**^{1}**E**^{1}**a** 15 CCXXXLX **A**. CCXXX **R** | uastatum mare **A** (*hic deficiens*) | euxinus **F**^{2}**d***v*. eunixus *r* 18 sit **E**^{2}*v*. *om*. *r* | plane sit **F**^{2} | sythici **a**. scyticy **F**^{2}. -chy **R**. sytichy **F**^{1}**E** 19 maeotis **F**^{2}**dT**. *cfr*. *§75*. -ici *va*. *H* 20 $\overline{\text{III}}$ *coni*. *B* e *Polyb*. | quingentorum passuum *ego*. *cfr*. *supra v*. *13*. -tos (-testos **R**) passus *ll*. *D*. D p. **T***v*. L p. **d** 21 cimerium **F**^{2} *codd*. *MCap*. cibe- **a**. cybe- *r* | derecto **F**^{1}**R**^{1}. decreto **a**. directo *r v*

auctor est Polybius, $\overline{\text{D}}$ intersunt. circuitus vero totius Ponti viciens semel *L*, ut auctor est Varro et fere veteres. Nepos Cornelius $\overline{\text{CCCL}}$ adicit, Artemidorus vicies novies decem novem milia facit, Agrippa $|\overline{\text{XXV}}|$·$\overline{\text{XL}}$, Mucianus $|\overline{\text{XXIIII}}|$·$\overline{\text{XXV}}$. simili modo de Europae latere mensuram alii $|\overline{\text{XIIII}}|$·$\overline{\text{LXXVIIII}}$ determinavere, alii $|\overline{\text{XI}}|$.
M. Varro ad hunc modum metitur: ab ostio Ponti Apol- 78
loniam $\overline{\text{CLXXXVII}}$·D p., Callatim tantundem, ad ostium Histri $\overline{\text{CXXV}}$, ad Borysthenem $\overline{\text{CCL}}$, Cherronesum Heracleotarum oppidum $\overline{\text{CCCLXXV}}$ p., ad *P*anticapaeum, quod aliqui Bosporum vocant, extremum in Europae ora, $\overline{\text{CCXII}}$·D, quae summa efficit $|\overline{\text{XIII}}|$·$\overline{\text{XXXVII}}$·D. Agrippa a Byzantio ad flumen Histrum $\overline{\text{DLX}}$, inde Panticapaeum $\overline{\text{DCXXXV}}$*III*. lacus ipse Maeotis, Tanain amnem ex Ripaeis montibus defluentem accipiens, novissimum inter Europam Asiamque finem, $|\overline{\text{XIIII}}|$·$\overline{\text{VI}}$ circuitu patere traditur, ab aliis $|\overline{\text{XI}}|$·$\overline{\text{XXV}}$.

§ 77: MCap. VI 662. Polyb. XXXIV 15, 5 Hultsch. Nepos fr. 55 H. — cfr. Agathem. III 11 p. 474. Ammian. l. l. Anon peripl. P. Eux. (GGm I p. 423). Eratosth. ap. Plin. V 47 et VI 3. — Agrippa fr. 16 R. — § 78: MCap. VI 662. Agrippa fr. 17 R.

1 polibius F^2*Ven*. -brius F^1. polepius *r* | circuitus *MCap.D*^{2}. -tu *ll.v* 2 semel L ut *BeMCap*. m̄ uelud R. semel ut *rv*(*D*^{1}). *cfr.seqq.* | et *ll.v.* ut *coni.P* | ueteres *v*. -res semel L dT*P*. -res semel·i· DEa. -mei R. -res ut F^2 *in ras.* 4 nouies F^2dT*v*. semel ut (et a) nouies (-uē//// R^2) *r*. semel et *D* | decem E*v*. -cim *r* | noue//// R^1. -uies R^2 | $|\overline{\text{XXV}}|$ (*Partsch*) *D*^{2} *philol. XLIV p.694*. $\overline{\text{XXIII}}$ *ll.v* 6 $|\overline{\text{XIIII}}|$ *v*. $\overline{\text{XXIIII}}$ F^2 *in ras.* E^2. XXIIII *r* | LXXVIIII E^2*D*. -VIII·D*G*. -VIII *v*. alii LXXVIII F^2 *in ras.* LXX (*om.* VIIII — alii XI) *r* | alii $|\overline{\text{XI}}|$ E^2*D*. *om.*F^2. alii undecies LXX (LXXII *G*) *v* 8 CLXXXXII·D D 9 boristhaenē F. -taenem (ori- R^1) R. -tahenem E. -t...em D 10 CCLXXV D | an (*pro* ad) Ea | panticapaeum *v*. nant- a. ant- (-penum E) *r* 12 XIIII R | XXVII·D DE 13 DCXXXVIII *D*^{2} *l.l.* -XXXV in *ll.* in *del.*F^2 *H*. -XXX. inde *v* 14 meotis DF. mutis Ea | ripheis F^2a. -haeis *va.S*

ab ostio eius ad Tanais ostium derecto cursu CCLXXV
44 esse constat. accolae sinus eius in mentione Thraciae
45 dicti sunt Histropolin usque. inde ostia Histri.

79 Ortus hic in Germania iugis montis Abnouae ex adverso Raurici Galliae oppidi, multis ultra Alpes milibus ac per innumeras lapsus gentes Danuvi nomine, inmenso aquarum auctu et unde primum Illyricum adluit Hister appellatus, LX amnibus receptis, medio ferme eorum numero navigabili, in Pontum vastis sex fluminibus evolvitur. primum ostium Peuces, mox ipsa Peuce insula, in qua proximus alveus appellatus XIX p. magna palude sorbetur. ex eodem alveo et super Histropolim lacus gignitur LXIII passuum ambitu; *H*almyrin vocant. secundum ostium Naracustoma appellatur, tertium Calon Stoma iuxta insulam Sarmaticam, quartum Pseudostomon et insula Conopon Diabasis, postea Borion Stoma et Psi*l*on Stoma. singula autem ora sunt tanta, ut prodatur in XL passuum longitudinis vinci mare dulcemque intellegi haustum.

80 (25) Ab eo in plenum quidem omnes Scytharum

§ 79: Sol. 13, 1. MCap. VI 662 extr. Mela II 98. cfr. Ammian. XXII 8, 44. 45.

1 derecto F^{1}R. dir- *rv. cfr. § 77* | CCLXXV (*U ann. Heidelb. LX p. 214*) *D^2 coll. II 245.* CCCLXXV DFRa*v*(*S*). -XXXV E*H* 4 abnouae *ll. D.* -obae F^2*B.* noue o 5 ſaurici D^{1}F^{2}Rao. (Rauracos *Sol. et Amm.*) 6 dannui D. danubii F^{2}ao*va. S* 8 appellatur F^{1}REao*va. Bas.* 9 VI o. septem *Sol. cfr. Strabo VII p. 305* 10 mox ipsa peuce F^{2}E^2*v. om. r. del. voluit J^2* | in qua (quo a) *ll. v*(*D*). a qua *Bas.* 11 *post* alueus *lac. indic. D. suppl.* Sacer *U l. l.* (*sed cfr. Strabo l. l. Ptol. III 10, 2* | appellatur az. *locus adhuc corruptus* | sorbetur F^2 *in ras.* d*v.* s exoritur a. sor- *r.* or- z 13 halmyrin *G.* al- DF. almirin *r.* hal- *v* 14 naracustom R^{1}a. -ton R^{2}E. -us///// F^1 | tertius DR | scalon E. colon a | istoma FE 15 pseudostoma *va. H*(*D^2*) *e Sol. sed cfr. Ptol. l. l.* | et DFRa*v*(*S*). et in E*H.* dein *D^1.* exin *Haupt* (*Herm. V p. 186*) *D^2* 16 borionstoma DFEa*D.* boreonst- R. boreost- *C.* boriost- *v* | psilon stoma *S. cfr. Momms. ad Sol.* spilonst- *codd. Sol.* (*Dic.*) spironst- F^2. -reonst- (-tom R^1. -tomon R^2) *rD.* -reost- *v.* stenonst- *coni. B ex Amm.* 17 sunt tanta Eao. ta- su- *rv* | LX milia o 19 in F^{2}E^2*v. om. r* | omne Dd. -nē E^{1}a

sunt gentes, varie tamen litori adposita tenuere, alias Getae, Daci Romanis dicti, alias Sarmatae, Graecis Sauromatae, eorumque *H*amaxobii aut Aorsi, alias Scythae degeneres et a servis orti aut Trogodytae, mox Alani et Rhoxolani; superiora autem inter Danuvium et H*e*rcynium saltum usque ad Pannonica hiberna Carnunti Germanorumque ibi confinium, campos et plana Iazyges Sarmatae, montes vero et saltus pulsi ab iis Daci ad Pathissum amnem, a Maro, sive Duria est a Suebis regnoque Vanniano 81
dirimens eos, aversa Basternae tenent aliique inde Germani. Agrippa totum eum tractum ab Histro ad oceanum bis ad decies cent*en*um milium passuum in longitudinem, quattuor milibus minus $\overline{\text{CCCC}}$ in latitudinem, ad flumen Vist*l*am a desertis Sarmatiae prodidit. Scytharum nomen usquequaque transi*i*t in Sarmatas atque Germanos. nec aliis prisca illa duravit appellatio quam qui extremi gentium harum, ignoti prope ceteris mortalibus, degunt.

§ 80: MCap. VI 663. — (3) Mela II 2. — Sol. 20, 2. — § 81: Agrippa fr. 18 R. MCap. VI 663. Div. 14. Dim. 8. Dic. 1, 17.

1 sunt *om.* **FEa** | uarie **a**. -iae *ll.v* | litori **F**^{2}**d***v*(*J*). -riae **DF**^{1}. -riac **E**^{1}. -ri ad **E**^{2}. -rae **R**^{2}. -re **a**. -ra **R**^{2}*S* 2 daci **F**^{2}**E**^{2}**R**(?)*v*. da *r* | romanis **R**^{2}**E**^{2}*v*. -ni *r* 3 hamaxobii *B*. am- *ll* | corsi **F**^{2}*va.B* 4 orti ut **F**^{2} | troglodytae *va.S*(*semper*) 5 rhoxolani (*B*)*D*. throx- **DE**^{2}. trox- **FE**^{1}. throxal- **Ra**. rhox- *C*. tox- *v* | hercynium *C*. hyrcin- **Da***v*. hircin- (-chin- **R**) *r* 6 pannonica (pano- **F**^{1}) **F***v*. -cam (pano- **DE**^{1}) *r* 8 pathissum **Ra***v*. -ssim *r*. Parthiscum *U l. l. p. 215 coll. Amm. XVII 13, 4. Ptol. III 7, 2* 9 Moro *va.H* | siue is *G* | abest **F**^{2}**E**^{2} | suerbis **R**^{1}. sueuis **da***va.D. cfr. § 100. II 170* 10 eos **F**^{2}*v*. o es *r* | auersa *G*(*S*). abersa **F**^{2} *in ras.* **E**^{2}. auerba *r*. aduersa *L* | basternae *B*. (abst- *v*). -naei (auast- **F**^{2}) **DFRa***D*^{2}. aliasternei **E**. *cfr. § 100* 12 bis ad (a **F**^{1}) *ll.v*(*D*^{1}). bis **F**^{2}*MCap. Dic. S.* ad bis *Salmant.* | centenum *J*. -tum *ll.v*(*D*). -tena *H* 13 quattuor *ll.v*(*H*). *om. MCap.* quantum *G*. quattuordecim *MPt p. 410*^{b} | milibus *om. Dic. S* | minus **F**^{2}**E**^{2}*Salmant.*(*P*)*G*. et *H*. *om. rv*(*S*) | $\overline{\text{CCCC}}$ *ego* quadringentis *ll.v*(*D*). -tum *J*. CCCC milibus *Dic*. -lium *S* 14 uistlam (*Letronne*) *S*. -tulam *B*. uistiam **F**^{2}**d**. -tigia **E**. -tia *r* | a desertis **F**^{2}*Dic.v*. adse- **DF**^{1}**Ea**. adrestis **R** 15 transiit *Niebuhr*. -sit *ll.v* 17 degunt **F**^{2}**E**^{2}*v*. dicunt *r*

82 (26) Verum ab Histro oppida Cremniscoe, Aepolium, montes Macrocremni, clarus amnis Tyra, oppido nomen inponens ubi antea Ophiusa dicebatur. in eodem insulam spatiosam incolunt Tyragetae; abest a Pseudostomo Histri ostio CXXX. mox *Axi*acae cognomines flumini, ultra quos Crob*yz*i, flumen Rhode, sinus Saggarius, portus Ordesos et a Tyra CXX flumen Borysthenes lacusque et gens eodem nomine et oppidum ab mari recedens XV passuum,
83 Olbiopolis et Miletopolis antiquis nominibus. rursus litore portus Achaeorum, insula Achillis, tumulo eius viri clara, et ab ea CXXV passuum paeninsula ad formam gladii in transversum porrecta, exercitatione eiusdem cognominata Dromos Achilleos, cuius longitudinem LXXX tradidit Agrippa. totum eum tractum tenent Sardi Scythae et Siraci. inde silvestris regio Hylaeum mare, quo adluitur, cognominavit; Enoecadioe vocantur incolae. ultra Panticapes amnis, qui Nomadas et Georgos disterminat, mox Acesinus. quidam Panticapen confluere intra Olbiam cum

§ 82: (2. 5) Mela II 7. — (7) MCap. VI 663 med. Mela II 6. — § 83: Mela II 98. 5. — Agrippa fr. 19 R. — Mela II (114). 5.

1 histro F^{2}E^2*S*. istro *v*. asio *r* | oppida F^{2}E^2*v*. -dis *r* | cremniscoe (*Neumann*) *D*^{2}. -scos *G*. -menisco F^2. -mensco *r*. -mense *B* | aepolium DR*G*. epo- *r*. obo- *B*. Neoptolemi turris *Neumann e Strab. VII p. 306* 4 a R*v*. ab *r* | speudostomo *ll* 5 axiacae *B*. asta- F^2*v*. asia- *r D*^{1}. (*cfr. Mela*) | cognomines D*v*. -ne *r* 6 crobyzi *B*. -biggi (-bigni R) *ll. D. cfr. MGGm I p. 421* | rhodes R*S* | saggarius (-icus E^2*v*) *ll. D.* sagaricus *C*. -ius *S* | ordesos a*v*. -daesos (-stos R) *r* 7 thyra F^{2}E^2 | CXX E*v*. CCXX *r*. LXX *MPt p. 433*^{b} | flumen Ra*v*. fulm- *r* 8 XV *ll. v.* *an* XXV? *cfr. Strabo VII p. 306* (*MPt l. l. GGm I p. 230*^{a}) 9 rursusque *C* | in litore *v a. J* 11 paeninsula F^{2}E^2*v*. -lam R. insulā *r* 13 tradidit *ll. v*(*S*). tradit a *Dal.* 14 sardi (-rthi F) *ll. v*(*J*). tauri *G*. -rici *B* | siraci *ll. P. cfr. Tac. ann. XII 15.* syrace a. sarmatae *B*. scyraci *v a. H* 15 quo F^2*v*. quod *r* | cognominant F^{2}E^2 *in ras. v a. B* 16 enoecadioe a*D*^{1}. -dloe *G*. -dloae *L*. -chadloe *S*. enoaecadioe DF^{1}E^1*J*^{2}. -dloe F^{2}E^2. enoae. adioae R. enaecadloae *v*(*H*). Terrocadiae *vel* Torrocadiae *coni. MPt p. 431*^{a} | ultra ē F^1 -rae E^{1}a 17 amnē F^2

Borysthene tradunt, diligentiores Hypanim, tanto errore eorum, qui illum in Asiae parte prodidere.

84 Mare subit magno recessu, donec $\overline{V}$ passuum intervallo absit a Maeotide, vasta ambiens spatia multasque gentes. sinus *C*arcinites appellatur. flumen Pacyris; oppida Navarum, Carcine. a tergo lacus Bu*c*es, foss*a* emissus in mare. ipse Bu*c*es a Coreto, Maeot*i* lacus sinu, petroso discluditur dorso. recipit amnes Bu*c*em, Gerrhum. Hypanim, ex diverso venientes tractu. nam Gerrhus Basilidas et Nomadas separat, Hypanis per Nomadas et Hylaeos fluit, manu facto alveo in Bucen, naturali in Coretum. regio Scythiae S*i*ndica nominatur.

85 Sed a Carcinite Taurica incipit, quondam mari circumfusa et ipsa qua nunc campi iacent; dein vastis attollitur iugis. triginta sunt eorum populi, ex *i*is mediterranei XXIII; VI oppida Orgocini, C*h*ara*c*eni, Assyrani, Stactari, Acisalitae, Caliordi. iugum ipsum Scythotauri tenent; clu-

§ 84: (3—10) Mela II 4. — § 85: (340, 1—3) Mela II 3. 4.

3 mare **F²R²E²**v. -ri r | uasto d(?)$va.S$ | recessu **F²** *in ras.* rcoesso **D**. ///co- **R**. ſco- **E**. ſcone- **a** 5 garcinites **DF²Ea**$va.B$. -citenus **F¹**. garsinit' **R²**. gar (*om. etiam* appellatur) **R¹** | pagyris **F²**. paciris **E**. pati- **R**. barcinis **a** 6 garcine **F²** | lacus **F²E²**v. lagus r | buces (B)D. buges (-gaes **E²**. -gae **E¹**) $ll.v.$ *cfr.* $v.11$. *§ 88* | fossa (foss **F²**) — 7 buges (buces D) **F²**v. *om.* r 7 coreto **R**v. go- **a**. coraeto (go- **E**) r | maeoti *ego*. -te **Dd**. -tae **F**. -tis v. meeote **R**. niae- **Ea** | lacuus **F¹R¹**. -cu **F²** 8 bugem $ll.va.D$ | gerrum **R**S 9 hypanī//// **F²**$v(J)$. -niā **DF¹d**. hip- **R**. hysp- **E**. ysp- **a**. hypacarim *S e Mela II 4* | nam **FR²**v. am **R¹**. na r | basilidas **F²dT**v. -liadas (bafi- **R**) ll 10 ipanis **R²**. yspa- **a**. pa- **R¹**. hypacaris S 11 bucen $ll.D$. bugen v 12 scythiae **E**$v(J^2)$. -ia H. sc//ythie **R**. schithyae **F²**. sthi- **F¹**. stithiae **D**. fitie **a** | sindica (B)D. -ce S. sendica (-ce **R**) $ll.v$ 14 qua ($U 82$) D. quaqua **R**G. -quae **D**. -que $rv(S)$ | attollunt **DFE¹**. toll- **a** 16 XXIII **DFR**S. -IV G. -VII **Ea**v | orgocini *ego*. -ciri **R**. -cyni rv. argodeni *coni.* H *e Ptol. III 6, 5* | characeni (P)H. caraeseni **DF**. cares- r. caras- v | assyrani (assir- **R**) $ll.v(D)$. lagy- (P)H | Tractari $va.D$ 17 acisalitae (-altae **F²**) $ll.v(D)$. arci- B^1. arsilachitae B^2. arci- G. archi- H | calidiordi **Dda**. -ori **R²**. -or///// **R¹**. cali////// **F¹**

duntur ab occidente Cherroneso Nea, ab ortu Scythis Satarcis. in ora a Carcine oppida Taphrae in ipsis angustiis paeninsulae, mox Heraclea Cherronesus, libertate a Romanis donatum; Megarice vocabatur antea, praecipui nitoris, in toto eo tractu custoditis Graeciae moribus, V passuum
86 ambiente muro. inde Parthenium promunturium, Taurorum civitas Placia, Symbolum portus, promunturium Criu Metopon adversum Carambico Asiae promunturio, per medium Euxinum procurrens CLXX intervallo, quae maxime ratio Scythici arcus formam efficit. ab eo Taurorum portus multi et lacus. oppidum Theodosia a Criu Metopo CXXV p., a Cherroneso vero CLXV. ultra fuere oppida
87 Cytae, Zephyrium, Acrae, Nymphaeum, Dia. restat longe validissimum in ipso Bospori introitu Panticapaeum Milesiorum, a Theodosia LXXXVII·D p., a Cimmerio vero oppi-
76 do trans fretum sito MM·D, ut diximus, passuum. haec ibi latitudo Asiam ab Europa separat, eaque ipsa pedibus plerumque pervia glaciato freto. Bospori Cimmerii longitudo XII·D passuum. oppida habet Hermisium, Myrmecium

§ 86: (6—10) Mela II 3. — § 87: (14. 19) Mela II 3. 4.

1 nea F^1REa(*B*)*D*. ne F^2. *om.* Dd*v* | ortu FR^1*v*. oriu D. -ius Ea. erto R^2 | satarcis (*Müllenhoff*) D^2. -chis *B*. -taucis (sarau- R) *ll.v*(*J*) 2 carcine a*D*. -nae FE. -nei D. -nis R. -nite *v* | taphrae *B e St Byz. cfr.* § *87 extr.* tagre (tea- F^1) *ll.v* 4 megaricae DFE | uocabatur *v*. -bantur *ll* | in *om.* R 5 graeciae F^2*v*(*J*). a gr- F^1*S*. a grec- (-ia E^1) *r* 6 ambiente E^2*v*. -tes *r* 7 chiu R^2. ciu AR^1a. cru F^2 *in ras.* 8 carambico AF^2*v*(*S*). -con (acra- R) *r D*. -bi *G* | promuntoriu E^1. -turiū R^2*D* | medium A$F^2$$R^2$*v*. -di E^1. -dio *r* 9 pcurrens DF^1Ea*va*.*G* | maxime AE^2*v*. -mo *r* 10 [ar]cus — portus *om.* R^1 | efficit Aa*v*. effec- *r* 11 theodosia F^2*v*. -ion a. -ssia (thed- A^1) A. theudosia (-oxia R) *r* | cru F^2 12 CXLV DRa*va*.*G*(*H*) 13 acrae *H*. -re *ll.v* 15 LXXXVII·D (-VIII·D R) *ll.S*. -VII *H*. MXXXV *v* 16 sito A*v*. -tu *r* | M·D F^1Ea*va*.*G* | passuus *D* 17 separata F^1. -atę Rd. -ate DT. -at et a | eaque ipsa *om.* $F^1$$E^1$a. atque (adque R) ipsa separatae (-te D. -ta T. *om.* d) DRdT 18 cimmerim F^1Ra | longitudo (*P*)*D*. latit- *ll.v* 19 hermisium AE^2*v*. hermes- D. thermes- FE^1a. termes- R

et intus insulam Alopecen. per Maeotim autem ab extremo Isthmo, qui locus Taphrae vocatur, ad os Bospori $\overline{\mathrm{CCLX}}$ longitudo colligit.

A Taphris per continentem introrsus tenent Auchetae, 88
apud quos Hypanis oritur, Neuroe, apud quos Borysthenes, Geloni, Th*y*ssagetae, Budini, Basilidae et caeruleo capillo Agathyrsi. super eos Nomades, deinde Ant*h*ropo*ph*agi, a Buce vero super Maeotim Sauromatae et Essedones. at per oram ad Tanain usque Maeotae, a quibus lacus nomen accepit, ultimique a tergo eorum Arimaspi. mox Ripaei montes et adsiduo nivis casu pinnarum similitudine Pterophoros appellata regio, pars mundi damnata a rerum natura et densa mersa caligine neque in alio quam rigoris opere gelidisque Aquilonis conceptaculis.

Pone eos montes ultraque Aquilonem gens felix, si 89
credimus, quos Hyperboreos appellavere, annoso degit aevo, fabulosis celebrata miraculis. ibi creduntur esse cardines mundi extremique siderum ambitus semenstri luce [et una

---

§ 88: MCap. VI 663 extr. Sol. 14, 1. 15, 1. Mela I 116. (cfr. II 10. 11). II 2. — (10) Sol. 15, 20. 21. cfr. Mela II 1. — § 89. 90: Mela III 36. 37. — § 89: Sol. 16, 1—4. MCap. VI 664.

---

2 taphare a. -prae A. -p̄ R^{1}. -pre R^{2} | ab ore dT*va. G.* abor F^{1}E^{1}a. ab R | XXLX a^{1}. $\overline{\mathrm{CCX}}$ R. CLX *MPt p. 439*^{a}. *an* CCXX? 3 colligit *D*^{2}. -tur *ll. v. cfr. II 36. 186. 245. III 132. V 136. VI 156. IX 117. XXXIII 51* 4 a AF^{2}*v. om. r* | auchetae A*v*. -te a. -chaetae *r* 5 hypanis — quos *om.* DFE^{1}a | neuroe RE^{2}(*B*)*S*. -rae A^{1}. roae *va. B.* -ri *Ven.* | apud quos *om. etiam* E^{2} 6 thyssagetae (thus- *B*) *S ex Herod. IV 22.* thisag- F^{2} *in ras.* E. (-gathe a). tissag- A. this///// D. this R | bundi a. *om.* R 7 agathyrsi (-ysi E^{1}) DFEa*v*. aca- A. agarcissi R | a *del.* R^{2} 8 bucce a. buge T*va. D* | uero *om.* R(?)*va. S* 9 tanam a. tam R. tanaim *G* | meotē R. -tim a | in (*pro* a) A | iacus DF^{1}E^{1}R 10 accipit A | arimaspi F^{2}*v*. -spii AE^{2}. -si *r* | riphaei F^{2}ao *va. S* 11 pterophoros F^{2} (pte *in ras.*) E*v*. -ro o. -phorophoros D. therophoros R. -ro foro A. ptheros a 12. 13 natura rerum o 13 neque AF^{2}E^{2}o*v*. quae DE^{1}. que *r* 15 pene a. post o | montes AF^{2}E^{2}o*v*. -te *r* 16 degit aeuo (euo AF^{2}o) AF^{2}RE^{2}o*v*. digetae *r* 18 *uncos ego posui*

die] solis adversi, non, ut imperiti dixere, ab aequinoctio verno in autumnum: semel in anno solstitio oriuntur iis soles brumaque semel occidunt. regio aprica, felici temperie, omni adflatu noxio carens. domus iis nemora lucique, et deorum cultus viritim gregatimque, discordia ignota et aegritudo omnis. mors non nisi satietate vitae epulatis delibutoque senio luxu e quadam rupe in mare
90 salienti*bus*; hoc genus sepulturae beatissimum. quidam eos in prima parte Asiae litorum posuere, non in Europa, quia sunt ibi similitudine et situs Attacorum nomine. alii medios fecere eos inter utrumque solem, antipodum occasus exorientemque nostrum, quod fieri nullo modo potest tam vasto mari interveniente. qui alibi quam in semenstri luce constituere eos, serere matutinis, meridie metere, occidente fetus arborum decerpere, noctibus in specus
91 condi tradiderunt. nec licet dubitare de gente ea: tot auctores produnt frugum primitias solitos Delum mittere Apollini, quem praecipue colunt. virgines ferebant eas, hospitiis gentium per annos aliquot venerabiles, donec violata fide in proximis accolarum finibus deponere sacra ea instituere iique ad conterminos deferre atque ita Delum

§ 90: Sol. 16, 2. MCap. VI 664 extr. — § 91: Sol. 16, 1. Mela III 37 med. Sol. 16, 5. 6. — Agrippa fr. 20 R. MCap. VI 664. Div. 15. (Dim. 9). Dic. 1, 18.

1 aduersi **R**^{2} *Salm*. -su **R**^{1}. auersi (-su **F**^{1}**a**) **rov** (*cfr. Sol. codd.* **LGP**) 2 autumni **R**^{1} | his **a**. hi **o** 3 solis **Ra** 5 discordia **AF**^{2}**E**^{2}**o***v*. -dię **R**^{2}. -cor *r*. -cors **a**. *cfr. Sol.* | ignota **AE**^{2}**o***v*. -ta ē **F**^{2}. -tae *r* 7 epulati *Müller emend. I 7. 8* | delibutoque **aofdT***H*. (-tisque *v*). dili- *r* | seni **A**. -ibus *va.H* | ae **A**. de *Sol.* ex *va.S* 8 salientibus *C*. -tium *ll.* **o***v*(*S*). saliunt. aiunt *Müller* | *an* genus iis? 10 quia **D**(*P*)*H*. qui **ro***v* | simili consuetudine (*P*)*H* | et situs (**F**^{2}**R**^{2}**o**. -uus *r*) *ll.G*(*S*). *om.* **a**. et situ *v*(*H*) | actacorum **R**. ata- **DFE**^{2}**o**. acorum **E**^{1}. afata eor- **a** 11 occasum **o***va.S* 12 orientemque **o** | quae (*om.* fieri) **A** 13 qui *ll.* **o***v*(*S*). qui non *C* 14 sereno **E**^{1}**a** 16 licet **A***G*(*S*). libet **ro***v*(*H*) | dubitare **A***G*. -ri **F**^{2}**E**^{2}**o***v*. habitari (-rit **E**) *r* | ex (*pro* ea) **A**. eos **R**^{1} | tota **DE**^{1}**a** 17 delon **FRao***va.S* 20 uigilata **DE**^{1}**a** 21 iique **Rd**. duos qui **a**. hiique **F**^{2} *in ras.* indeque **o**. hique *rv* | ita delon *C*. italum **DF**^{1}**d**. -liam **Eao**

usque. mox et hoc ipsum exolevit. Sarmatiae, Scythiae,
Tauricae omnisque a Borysthene amne tractus longitudo
DCCCCLXXX, latitudo DCCXVI a M. Agrippa tradita est.
ego incertam in hac terrarum parte mensuram arbitror.
(27) Verum instituto ordine reliqua huius sinus di-
cantur, et maria quidem eius nuncupavimus. 75 sqq.

13. Hellespontus insulas non habet in Europa di- 92
cendas. in Ponto duae, M·D ab Europa, XIIII ab ostio,
Cyaneae, ab aliis Symplegades appellatae traditaeque fa-
bulis inter se concucurrisse, quoniam parvo discretae in-
tervallo ex adverso intrantibus geminae cernebantur pau-
lumque deflexa acie coeuntium speciem praebebant. citra
Histrum Apolloniatarum una, LXXX p. a Bosporo Thracio,
ex qu*a* M. Lucullus Capitolinum Apollinem advexit. inter 79
ostia Histri quae essent diximus. ante Borysthenen Achil- 93
lea est supra dicta, eadem Leuce et Macaron appellata. 88
hanc temporum horum demonstratio a Borysthene CXL
ponit, a Tyra CXX, a Peuce insula L; cingitur circiter X p.
reliquae in Carcinite sinu Cephalonesos, Spodusa, Macra.

---

§ 92: cfr. Plin. VI 32. — Mela II 99. — (14. 15) Sol. 19, 1. — § 93: Mela II 98. — (344, 1—5) Sol. 18, 1. 2.

---

2 thractus **R**^{2}. -raetus **D**. -retus **R**^{1}**E**. ///// **F**^{1}. *om.* **a**
3 DCCCLXXX **DFRE**. *om.* **a** | DCCXVI **A***D*. -VII *rv* 5 dicentur **a** 6 nuncupabimus **R**^{2}*va.G* 8 M *om.* **E**^{1}**a** | IIII **A** 9 cyanaeae **DF**^{2}. -nae/// **F**^{1}. -ne **a**. cynèae **A**^{1}. cianete o. -ne **R**^{2}. oceano **R**^{1} | gab **R**^{1} 10 concucurrisse **A***S*. concurr- *rov* | paruo discretae **AE**^{2}**o***v*. paruo **E**^{1}. discretae (**F**^{2} *in ras.*) paruo **F**. cretę de pa- **R**. craetae (crete **ad**) ·D· pa- **Dad**
12 coeuntium **AR**^{2}**o***v*. -entium (-tum **E**) *r*. centum **a** 13 apollonitarum **a***Sol.* | p. **A***D*^{2}. *om. rv* 14 qua *v e Sol.* quo *ll* | rucullus **DREa** 15 ostia **Aa***v*. ho- **R**^{2}. ostria **DF**^{1}**E**^{1}. hos tria *r* | achillae// **F**^{1}. -llae **DE**. -lle **Ra** 16 leuce **a***v*. leuę **R**^{1}. -ucae *r* | macaron **E**^{2}*v*. macc- **A**. macron (-con **R**^{2}) **Rad**. -chron *r*
17 CL **F**^{1}. CLX **ad**^{1} 18 igitur **DRa**. ///// **F**^{1} | circiter **AF**^{2} *in ras.* **a***v*. cyrc- **E**^{2}. cyc- **E**^{1}. cytiter **D**. -tur **R** 19 carcinite **A***G*. -nitis *rv* | cephalonesos *B e Ptol. III 5,2.* -ones *v*. chephalonessos **A**. caepha- **F**^{2}. caepallo- **F**^{1}. cep- **D**. -nes *r* | spodusa **D***D*.

non est omittenda multorum opinio, priusquam digrediamur a Ponto, qui maria omnia interiora illo capite nasci, non Gaditano freto, existimavere, haut inprobabili argumento, quoniam aestus semper e Ponto profluens numquam reciprocet.

94 Exeundum deinde est, ut extera Europae dicantur, transgressisque Ripaeos montes litus oceani septentrionalis in laeva, donec perveniatur Gadis, legendum. insulae complures sine nominibus eo situ traduntur, ex quibus ante Scythiam quae appellatur Baunonia unam abesse diei cursu, in quam veris tempore fluctibus electrum eiciatur, Timaeus prodidit. reliqua litora incerta. signata fama septentrionalis oceani. Amalchium eum Hecataeus appellat a Parapaniso amne, qua Scythiam adluit, quod nomen
95 eius gentis lingua significat congelatum. Philemon Morimarusam a Cimbris vocari, hoc est mortuum mare, inde usque ad promunturium Rusbeas, ultra deinde Cronium. Xenophon Lampsacenus a litore Scytharum tridui navigatione insulam esse inmensae magnitudinis Balciam tradit, eandem Pytheas Basiliam nominat. feruntur et

§ 94. 95: (6—8) MCap. VI 665. — cfr. Plin. XXXVII 35. 36. — (13 sqq.) Dic. 7, 19—21. Sol. 19, 2. 6—8. — Timaeus fr. 33 Müller. Hecataeus fr. 160 Müller. — Mela III 56. Isid. or. XI 3, 19.

spond- F. sponsus A. rospodusa R. rospho- Ea*v*(*L*). rhodusa (*P*)*G* | macra AE^2*v*. mara *r*
1 digrediamur F^{2}a*ov*. -dimur *rS* 4 a ponto o 5 reciprocetur R(?)*va.S* 7 ripaeos F^{1}R*S*. -phaeos *rov*(*D*) 8 ueniatur o | gades d(?)*va.S* 10 quae AFR*v*. quia D. qui Ea | baunonia AE^2*D*. -oniana F^2. banno- *v*. -omanna *G*. raunonia F^{1}E^1*H*. -iam Da. -omiā R | unam *del.* F^2*G* 12 litora reliqua A | *dist. ego* | sic nata F^{1}ad 13 oceani *ego*. -nis F^{2}E^2. ocia- DF^{1}E^1. oceanus *rv* | amalcium A*Sol.* *D*^{2}. almachium E | eum *om.* R*Dic.* 14 parapanso DF^{1}E^{1}a. parop- R(?). -niso (-miso *C*) *va.S* | adluit F^2*S*. all- AR^{2}E^2*Dic.v*. abl- *r* 15 lingua F^{2}d*Sol. Dic.v. om.r.* (significat gentis A) 16 inde *om.* AR(?)*G* 17 rusbeas (roudoas F^2) *ll.D*. rubeas *ve Sol. et Dic.* | cronium AD*B*. cren- *rv* 19 baltiam Fd*va.D*. abalciam *Sol.* 20 pytheas *G*. phy- A. -teas R. phit- ad. -theas *r*. Pytheas ⟨Abalum, Timaeus⟩ Basiliam *Müllenhoff DAK I p. 473 sqq. coll. XXXVII 35* | nominant AF^2

Oeonae, in quibus ovis avium et avenis incolae vivant, aliae, in quibus equinis pedibus homines nascantur, Hippopodes appellati, *Ph*anesiorum aliae, in quibus nuda alioqui corpora praegrandes ipsorum aures tota contegant.

Incipit deinde clarior aperiri fama ab gente Inguae- 96
onum, quae est prima in Germania. mons Saevo ibi, inmensus nec Ripaeis iugis minor, inmanem ad Cimbrorum usque promunturium efficit sinum, qui Codanus vocatur, refertus insulis, quarum clarissima est Scatinavia, inconpertae magnitudinis, portionem tantum eius, quod notum sit, Hillevionum gente quingentis incolente pagis: qua*r*e alterum orbem terrarum eam appellant. nec minor est opinione Aeningia. quidam haec habitari ad Vis*t*lam us- 97
que fluvium a Sarmatis, Venedis, Sciris, Hirris tradunt, sinum Cylipenum vocari et in ostio eius insulam Latrim,

§ 96: Dic. 7, 22. Sol. 20, 1. Mela III 31. 54. — § 97: (13. 14) Dic. 7, 22. — Mela III 33. (32). — (346, 6) Sol. 20, 8.

1 oeone **R**^{1}**o**. -on **R**^{2}. aeone **a**. cę ne **F**^{1}. cęonę **F**^{2}. Oonae *va.J*. Oeocenae *Dic*. Oaeones *Sol*. Oeneae *Mela* | in quibus (quib, **F**^{2}) **F**^{2}**o***v*. in quis **AE**^{2} (*supra scr.* pro quibus) *D*. quis **DRd**. qui/// **F**^{1}. qui **E**^{1}. *om.***a**. quarum *Dic*. | iouis **DE**^{1}**ad**. ///uis **F**^{1}. nouis **R**^{1} | aduenis **DEa**. ///ue- **F**^{1} 2 equinis — 3 in quibus *om.***R** 3 phanesiorum *D*^{1}*e Sol*. fan- **AEo***v*(*J*). -estorum (fen-**a**) *r. om. Dic*. panotiorum *S ex Isid. or. XI 3, 19* 4 corpora **AF**^{2}*v*. -re *r. om.***o** | corpora (*pro* tota) **o** 5 inde *va.H*(*S*) | clarior **AE**^{2}*v*. -ore *r Dic*. | fame **F**^{1}. *om.***E**^{1} | inguaeonum *ll.D*. -gueo-**ao***Dic*. -gaeuo- *C*. -geuo- *v* 6 prima in *Dic.D*^{1}. in prima ince **F**^{1}. inde prima **A***S*. prima inde *r***o***v*. prima *D*^{2} | germaniae **AF**^{2}**E***va.H*(*S*)*D*^{2} | seuo **Rad***va.D* 7 nec *om.***a**. ne **AE**^{2} | ripaeis **F**^{1}**R***S*. riph- *rv*(*D*) | cymbros **F**^{2} 8 ſinum **AE***v*. un-*r Dic*. 9 scatinauia **AE**^{2}*D*. scadi- **DF***Dic*. sandi- **E**^{1}. scandi-**Ra***v* 11 illeuionum **R**(*Dic. codd.* **DV**) | quare *MPt p. 276*^{b}. q. **F**^{1}. qui **F**^{2}**E**^{2}. quae *rv. om. Dic*. 12 eam *om. Dic*. | appellat **A***va.D*^{2}

13 opinio de *D*^{2} | aeningia **A***D*^{1}. eni- *v*. aeping- **F**^{2}. aepig-**DF**^{1}**R**. epig- **Ea***Dic*. Epigenis *MPt l.l.* Ogygia *D*^{2}. (*loc. corr.*) | uistlam *S. cfr. § 81*. -stulam *B*. -silam **A**. -sulam **DF**^{2}**RE**^{2}*v*. insulam *r*. -lae *Dic*. 14 benedis **A***va.B* | scyris **E***va.H*. cir-**F**^{1}**R**. cyr- **Da** | hirris **A***G*. hiris **a**. hyris (-rys **R**) *r*. -rris *v. om. Dic*. 15 cylipenum **AdTa***H*. cylyp- *r*. clylip- *v* | uocant **F**^{2} | latrim **AF**^{2}*D*. -rin *v*. -ri *r*

mox alterum sinum Lagnum, conterminum Cimbris. promunturium Cimbrorum excurrens in maria longe paeninsulam efficit, quae Tastris appellatur. XXIII inde insulae Romanis armis cognitae. earum nobilissimae Burcana, Fabaria nostris dicta a frugis mul*t*itudine sponte provenientis, item Glaesaria a sucino militiae appellata, barbaris Austeravia, praeterque Actania.

98 (28) Toto autem mari ad Scaldim usque fluvium Germaniae accolunt gentes, haud explicabili mensura: tam inmodica prodentium discordia est. Graeci et quidam nostri |$\overline{XXV}$| oram Germaniae tradiderunt, Agrippa cum Raetia e*t* Norico longitudinem $\overline{DCXXXVI}$, latitudinem $\overline{CCXLVIII}$, **14.** Raetiae prope unius maiore latitudine, sane circa excessum eius subactae; nam Germania multis

99 postea annis nec tota percognita est. si coniectare permittitur, haut multum ora deerit Graecorum opinioni et longitudini ab Agrippa proditae. Germanorum genera quinque: Vandili, quorum pars Burgodiones, Varinnae,

§ 98: Agrippa fr. 21 R. Dim. 19. — § 99: Tac. Germ. 2. — Mela III 32.

3 tastris **A***D*. thartris (cha- **E**) *r*. ta- *J*. carthris **a**. -tris *B* 4 Romanorum *H* | burcana *ll.v*(*S*). -chana **a***C*. Βυρχανίς *Strabo VII p. 291* 5 fabaeria **A** | a nostris **F**^{2}*va.S* | multitudine **z***D*^{1}. similit- *ll.v* | sponto **DF**^{1}**a**. pon- **E**^{1} | prouenientes **DE**^{2}(?)**a**. -tiis **F**^{1} 6 glaesariae **E**^{1}. gles- **D**. -rie **Ra**. glessaria *va.S* | a **AF**^{2}**E**^{2}*v*. *om.r* | milite **A**. -tae **F**^{1} | appellata (*J*^{2})*D*^{2}. -ta a *ll.v* 7 austerania *vel* austrania *va.S*. *cfr.* *XXXVII 42* | actania **A**(**R**?)*v*. -nta *r* 8 haut mari **F**^{2}. autem hoc mari *va.D*

9 aut **DF**^{1}**RE**^{1}**a** 11 |XXV| *H*. $\overline{XXV}$ *ll.v* 12 raetia et *v*. -tiae **AF**. gretiae **D**. graeciae **E**. grec- **Ra** | morico **DF**^{1}**Ra** | $\overline{DCXXXVI}$ **A***D*^{2}. $\overline{DCLXXXVI}$ *rv*(*S*). -$\overline{XXXXVI}$ *H* 13 $\overline{CCXLVIII}$ **A***v*(*D*). $\overline{CXL}$- *rH*. CCLX- *C* 14 germania **AF**^{2}**E**^{2}(**o**)*v*. -niae *r* 15 postea *om.***o** | si **AF***v*. i **DR**. *om.***Ea** 16 orae **Rd**(?)*B* | opinioni **AE**^{2}*v*(*S*). -nione **F**^{2}*H*. -nio *r* 17 longitudine **F**. -nis *B* | proditae **AF***G*. trod- **D**. trad- (-te **Ra**) *r*

18 uindili **o***G*. -lici **E**^{1}. -delici *v*. uandilici (uian- **a**) **DFa**. -dalici **R** | quorum **AF**^{2}**E**^{2}(**R**?)*v*. uorum **DE**^{1}. horum **a**. ///orum **F**^{1} | burgondiones **F**^{2}**E**^{2}. -gudiones **a**. -gundiones **o***va.J* | uarinnae **F**^{2}*v*(*D*). -in//// **F**^{1}. -inę **R**. -inne *r*. -ini *C*

Charini, Gutones. alterum genus Ing*u*aeones, quorum pars Cimbri, Teutoni ac Chaucorum gentes. proximi 100
autem Rheno Ist*u*aeones, quorum . . . . . mediterranei Herminones, quorum Suebi, Hermunduri, Chatti, Cherusci. quinta pars Peucini, Basternae, supra dictis contermini Dacis. amnes clari in oceanum defluunt Guthalus, Vis- 80
culus sive Vistla, Albis, Visurgis, Amisis, Rhenus, Mosa. introrsus vero nullo inferius nobilitate Herc*y*nium iugum praetenditur. **15.** (29) in Rheno autem ipso, prope $\bar{C}$ in 101
longitudinem, nobilissima Batavorum insula et Cannenefatium et aliae Frisiorum, Chaucorum, Frisiavonum, Sturiorum, Marsaciorum, quae sternuntur inter Helinium ac Flevum. ita appellantur ostia, in quae effusus Rhenus a septentrione in lacus, ab occidente in amnem Mosam se spargit, medio inter haec ore modicum nomini suo custodiens alveum.

---

§ 100: (6) Sol. 20, 2. — Mela III 32. 29. — § 101: (13) cfr. Mela III 24.

---

1 charini (-inni **F²E²**) *ll.v*(*J*). Ca- *C* | gu////nes **F¹**. gniones **Rad**. gutto- *va.S* | inguaeones *D¹*. *cfr.§96*. ingyae- **A***J*. ingya- **F²**. incyae- (-ye- **R**) *r*. inciaco- **o**. Ingaeuo- *G*. -geuo- *v* 2 theuthoni **R²Eo**. -nie **R¹**. -tonie **a**. thaeudoni **F²**. -iae **F¹** | ac **DF¹a***G*. a *rov* | caucorum **o**. caug- **F²**. cuc- **E**. chuc- **R**. buc- **Da**. bug- **F¹**. Cauch- *va.H* | gente *va.G* 3 istuaeones *D²*. istriao- **Ao**. istiao- *J*. istrio- **F²**. //////ao- **F¹**. sthriao- **E²**. sthrao- **E¹**. thraco- **a**. sthraeo- **D**. stheo- **R**. Istaeuo- *v*. Istiaeo- *D¹* | *lac. ego indicavi*. cimbri **A***S*. pars (-ras **R¹**) cimbri theuthonie achucorum **R**. pars cimbri (cym- **F**) *rov*. pars Sicambri (*Spener Germ. ant. 4, 1*) *D* | mediterranei — 4 quorum *om.* **R** | herimones **o** 4 sueui **ao***va.J* | chati **A**. -thi **R** 6 gythalus **A**. goth- **a**. gutt- **d***va.D*. Lutta, Alus *MPt p. 413ᵃ* | Vistillus *va.J* 7 uistla *S*. -tila **A**. -tilia **F²E²***v*. -ti (-ci **R**) *r*. -tula *B*. *cfr.§81* | olbis **E¹**. aluus **AE²***va.B* | amisis **A***D*. -ssis *r*. -sius *v* | rhenos **A**. renus **Ra** 8 hercynium *v*. -cinium (-chin- **A**) *ll*. yrcinū **a** 10 cannenefatium **A***J*. -tum *v*. -enufatum *C*. -inefatium *S*. cannenf- **D**. canenf- **E**. cannef- **a**. canenfaci- **F**. annenf- **R** 11 chaucorum **AF²***H*. cauc- *rv*. cauch- *C* | frisiabonum **AF²***va.H*(*S*) | sturiorum **AF²** *v*(*S*). turi- **DF¹R**. tusi- **Ea***H* 12 hellinium **F²**. eli- **a**. helinum (-lium *G*) **R***va.S* 13 appellatur **DF¹** 15 spargit **AF²R²** *e corr.* **E²***v*. -ruit *r* | chore **A**

102 **16.** (30) Ex adverso huius situs Britannia insula, clara Graecis nostrisque monimentis, inter septentrionem et occidentem iacet, Germaniae, Galliae, Hispaniae, multo maximis Europae partibus, magno intervallo adversa. Albion ipsi nomen fuit, cum Britanniae vocarentur omnes de quibus mox paulo dicemus. haec abest a Gesoriaco Morinorum gentis litore proximo traiectu L. circuitu patere |XXXXVIIII|·LXXV Pytheas et Isidorus tradunt, XXX prope iam annis notitiam eius Romanis armis non ultra vicinitatem silvae Calidoniae propagantibus. Agrippa longitudinem DCCC esse, latitudinem CCC credit, eandem
103 Hiberniae, sed longitudinem CC minorem. super eam haec sita abest brevissimo transitu a Silurum gente XXX. reliquarum nulla CXXV amplior circuitu proditur. sunt autem XL Orcades, modicis inter se discretae spatiis, VII Haemodae, XXX Hebudes et inter Hiberniam ac Britanniam Mona, Monapia, Riginia, Vectis, Silumnus, Andros,

---

§ 102: Mela III 50. MCap. VI 666. Beda h. eccl. 1, 1. — Anon. fr. I 1 (GGm II p. 509). Sol. 22, 10. Agrippa fr. 22 R. Oros. I 2, 37. Dim. 30. — Sol. 22, 1. Mela III 53. — 103: (cfr. Sol. 22, 6). Mela III 54. MCap. VI 666 med. — (17) Caes. b. G. V 13, 3. — Sol. 22, 9.

---

1 britannia **Eo***v*. britt- **ADa**. -ania **FRy**(*passim*) 3 multis **y** 4 magne **Da**. -n/// **F**[1]. -nae **E** | album i 6 paulo mox **y** | gesoriaco **F**[2] *in ras.* **y** (gess- *C*) *v*. -cu **A**. geseriaco **R**[2]. -cu *r*. -siriaco i. *cfr.* § *106* 7 mormorum **E**[2]. -rionorum **a**. ///rin- **F**[1] | traiecto **DFEa** 8 XXXVIIII **REa** *MCap. va. S.* -VIIII **F**. -VII **D**. *cfr. Sol. Beda* | LXXV **A** *Sol. Beda v*. LXXV i. LXV **y**. XXV *r MCap.* 10 calidoniae **RAy***v*(*D*). calyd- *r*. caled- *L*. *add.* ac **AE**[2]**y** 11 esse — CCC **AF**[2]**E**[2]**yo***v*. *om.* *r* | credit **A***v*. -didit *r***o**. *om.* **y** 13 silorum **y** | XX *va. H* 14 CXXII **y** 15 autem et **o** 16 haemodae (*MPt p. 80*[b] *e Mela*) *D*[2]. acmode **A***v*. -dae *B*. accomodae **y**. -de i. haecmodae (-doe **E**[2]) *r* | haebudes *va. H*(*S*) 17 mora **R** | monapia **F**[2] *in ras. v*. mana. pia **A**. namana pia **y**. mana apta **E**[2]. mapta **DE**[1]**a**. mappa **R** | riginia **Ay***D*. rignea **R**. ricnea (**F**[2] *in ras.*) *rv*. richea **a**. ricina (*B*)*H e Ptol.* | silumnus **Ay***D*. silim- *rv*. lim- (*B*)*H e Ptol.*

infra vero Samnis et Axanthos et ab adversa in Germanicum mare sparsae Glaesiae, quas Electridas Graeci recentiores appellavere, quod ibi electrum nasceretur. ultima 104
omnium quae memorantur Tyle, in qua solstitio nullas esse noctes indicavimus, cancri signum sole transeunte, 2,187
nullosque contra per brumam dies. hoc quidam senis mensibus continuis fieri arbitrantur. Timaeus historicus a Britannia introrsus sex dierum navigatione abesse dicit insulam Ictim, in qua candidum plumbum proveniat; ad eam Britannos vitilibus navigiis corio circumsutis navigare. sunt qui et alias prodant, Scandias, Dumnam, Bergos maximamque omnium Berricen, ex qua in Tylen navigetur. a Tyle unius diei navigatione mare concretum a nonnullis Cronium appellatur.

17. (31) Gallia omnis Comata uno nomine appellata 105
in tria populorum genera dividitur, amnibus maxime distincta. a Scalde ad Sequanam Belgica, ab eo ad Garunnam Celtica eademque Lugdunensis, inde ad Pyrenaei

---

§ 104: (3—7) Sol. 22, 9. MCap. VI 666 med. Beda t. r. 31. cfr. Mela III 57. — Timaeus fr. 32 Müller. cfr. Plin. II 187. — (10) cfr. Plin. VII 206. Sol. 22, 7 additam. — (13) Sol. 22, 9. MCap. VI 666. Beda t. r. 34. n. r. 9 extr. — § 105: Caes. b. G. I 1, 1. Mela III 20. — Agrippa fr. 23 R. Dim. 20. Dic. 1, 6. — Sol. 21, 1. MCap. VI 634 init.

---

1 samnis (*B*)*S*. sambis **Ay***D*[1]. sia- **F**[3] *in marg.v.* sumbis i. amnis (-nos **R**) *r* | axanthos **Ay***D*. -tos *rv*. anxantes i | ab **AE**[2] **y**o*v*. *om.r* | aduerso o*va.D*. -sv̄ **a** 2 parsae **F**[1]**E**[1]. -se **Da**. sponsae **y** | glaesiae **F***J*. gles- *r***y**. glos- i. glessie **a**. -ssariae o*v* 3 nascitur **y** 4 thile **R**o. tile i. thyle *Sol.*(*B*)*J*. thule *C* 6 brumas **y** 7 continuis *om.Beda* 8 introrsum **Ay** (**D**?)*S* 9 Ictin (*Salm.e Diod.V22,5*) *D*[2]. mictim (-tin o) *ll.***y**o*G*. mitterim *v* 10 uilibus **AE**[2]**y**o. uiti- **a** | (brittanus ..) corio solet **y** | consutis **y**. cirs- **E**[1] 11 scandias **AE**[2]*D*. -idas **y**. -iam *rv* | uergos **Ay***D*[2] 12 berricen **Ay***D*. uerigon *r*. ner- *v*. uergon **a** | tilen **y**. tulen **DF**[1]**a** 13 thyle **F**[2]. thele **F**[1]. tule **a** 14 cronium **AF**[2]**y***v*. scro- (sco- **E**[1]) *r* | appellaretur **FRa** 15 commone (*om.* uno) **A** 17 a *om.***A** | scaldi *L. cfr.§ 106* | carunnam **A**. garam **E**[2]. garumnam o*va.D* 18 ad **AF**[2]**E**[2]o (**R**?)*v*. *om.r* | pirenei o. piri- **R**. pyrinaei **F**. -nei **a**. -neo **A** (*similiter infra*)

montis excursum Aquitanica, Aremorica antea dicta. universam oram |XVII|·L Agrippa, Galliarum inter Rhenum et Pyrenaeum atque oceanum ac montes Cebennam et Iures, quibus Narbonensem Galliam excludit, longitudinem
106 CCCCXX, latitudinem CCCXVIII computavit. a Scaldi incolunt [texero] Texuandri pluribus nominibus, dein Menapi, Morini ora Marsacis iuncti pago qui *Gesoriacus* vocatur, Britanni, Ambiani, Bellovaci, Bassi. introrsus Catoslugi, Atrebates, Nervi liberi, Veromandui, Suaeuconi, Suessiones liberi, Vlmanectes liberi, Tungri, Sunuci, Frisiavones, Baetasi, Leuci liberi, Treveri liberi antea et Lingones foederati, Remi foederati, Mediomatrici, Sequani, Raurici,

§ 106: (7) Mela III 23. — (11) Mela III 20.

1 aquitania **o***va.H. sed cfr.§108* | Aremorica — dicta *post* 349, 18 Lugdunensis *transpos.(Sieglin) D*^{2} | ante **R**(?)**d***va.D* | uniuersam — 2 galliarum *ll.H.* agrippa uniuersarum galliarum **o***v* 2 |XVII|·L *D.* XVII·L **AEa**. XVIII **DR**. XVII **F**. |XVIII| *H. om.***o***v. an* |XIIII|·L? 3 cebennam *Sol.G(S)*. -na **A**. -bannam (-nnum **Ra**) *r*. gebannam (-ben- *v*) **o***v(L)* | iures **A***D.* -ris *r***o***Sol.S.* -ram *v* 5 CCCCXXX **F**^{2}. CCCXX **F**^{1}**dao**. DCCCCCXX *Dic.* DCCCXX *Brot.* | CC·XVIII **A**. CCCVIII *Dic.* CCCXIII *va.H* | scalti **o** 6 *uncos pos.(U86) J.* texero **A**. -ri **F**^{2}. exerui *r*. -rni *v*. externi *C.* -ra *G(D)*. texero — menapi *om.***o** (*qui etiam in seqq. plura om.*) | texuandri (t *in ras.* **F**^{2}. -di **R**) *ll.J.* (te **a**). texa- *v*. toxa- *B ex Amm.XVII 8,3* | merapii **DFEa** 7 ora marsacis **DF**^{1}**d***D.* -ci **AE**^{2}. -cii **F**^{2}. -sucis **E**^{1}**a**. oromarsacis **R**. -ci *S.* -ansaci *v*. (*an* in ora?) | gesoriacus *B.* chersicaus **A**. cersiacus *rv*. ger- **a**^{3}. cher- *J. cfr.§102* 8 ambianni **R** | bellouaci **AF**^{2}**E**^{2}*v*. bello *r*. beluagi **o** | bassi **AF**^{2}**E**^{2}**o***v(J)*. basi *r*. hassi *C. om.H* | catoslugi **A***S.* catus- *r. om.***o**. castologi *v* 9 atreuates **A** | ueromandui **AE**^{2}**o***v*. uir- *r* | sueuconi (suec- *C*) **DFREa***va.S. om.***o**. *del.J e coni.H* 10 ulmanectes **AF**^{2} (ct *in ras.*) *D*^{1}. -neetes **D**. -netes *rv(H)*. *om.***ao**. Vlbanectes *B.* Subanecti *Ptol.II 9,6.* Siluanectes (*Dunville notice p. 608*) *D*^{2}. *cfr. MPt p. 224*^{a} | liberi *om.***o**. liberi — 11 Treueri liberi *om.***a** | tuncgri **A** | Rinuci *va.H. om.***o** | frisia. auones **A**. frisi **o**. -siabones *B* | baetasi *D.* bat- **AF**^{2}. bet- **F**^{1}**E**^{2}*v*. -tase *r. om.***o** 11 treberi **DRE** | lingones **ARaov**. licg- **D**^{1}. lig- *r* 12 remi foederati **AE**^{2}**o**(**R**?)*v. om.r* | mediomtrici **A** | raurici **A**(**R**?)*v*. nau- *r*. rauraci *v*. raurici — 351, 4 rheni *om.***o**

Helveti, coloniae Equestris et Raurica. Rhenum autem accolentes Germaniae gentium in eadem provincia Nemetes, Triboci, Vangiones, in Vbi*s* colonia Agrippinensis, Guberni, Batavi et quos in insulis diximus Rheni. 101
18. (32) Lugdunensis Gallia habet Lexovios, Vel*i*o- 107
casses, *C*aletos, Venetos, Abrincatuos, Ossismos, flumen clarum Ligerem, sed paeninsulam spectatiorem excurrentem in oceanum a fine Ossismorum circuitu $\overline{\text{DCXXV}}$, cervice in latitudinem $\overline{\text{CXXV}}$. ultra eum Namnet*e*s, intus autem Aedui foederati, Carnuteni foederati, Boi, Senones, Aulerci qui cognominantur Eburovices et qui Cenomani, Meldi liberi, Parisi, Tricasses, Andecavi, Viducasses, Bodiocasses, Venelli, Coriosvelites, Diablinti, Riedones, Turo-

§ 107: (7. 10) Mela III 23. 20. cfr. Eratosth. fr. p. 365 Berger.

1 coloniae **E**^{2}*G*. -nia **AF**^{2}*r*. -ni *r* | equestris **Ra***v*. -tres **A**. aequaestris *r* | raurica *D*. *cfr.* *§ 79*. -iaca **A***v*. -iacha **E**^{2}. -iach **DE**^{1}. ruria ac **R**. -ri ac **ad**. sauriaca **F**^{2} *in ras.* | autem **AF**^{2}**E**^{2}*v*. *om.r* 3 triuoci **A**. -ibochi *C* | in ubis *D*. in ubi **A**. in ubii **F**^{2}**d**. in uuii *r*. hinc ubii *B* | colonia **AF***v*. -iae **DE**. -ie **Ra** | agrippiniensis **DF**^{1}**RE**. -ppienses **A** | guberni *ll.v*(*H*)*J*. Guge- *G*. Cuge- *S*. Cube- *Müllenhoff* (*Herm. XII p. 272*) 4 batavi **F**(?)*B*. -abi **A**. uataui *r* | in **AF**^{2}**E**^{2}*v*. *om.r* 5 lexobios **A**. lixouios **R**. (lexeuii **o**) | ueliocasses *D*. *cfr. Caes. BG VIII 7. Ptol. II 8,7.* uello- (-ssus **a**) **DFEa***v*. uillo- **R**. uelocc- **A**(*J*) 6 caletos *ego coll. XIX 8. Caes. BG II 4. VIII 7. Ptol. II 8,5.* gal- **AR***S*. gall- *rv*. gallos **a** | abrincatuos *v*. -tus **A**. -ngatos **F**^{2}**E**^{2}**R**. -tus (-ti **o**) *r* | ossismos **R**^{1}(*B*^{2})*S*. *cfr. Mela.* -ismons **AE**^{2}. -imos **D**^{2}**FR**^{2}. -imus *r*. osismios *B*^{1} *e Ptol. l. l.* 7 ligerem **R**^{2}*D*. -gerim **d***v*. -girem *r* 8 ossismorum **E**^{2}. osi- *r*. *cfr. supra* 9 namnetes *S*. -tis *ll.* nannetes *G*. uannetes *v* 10 carnuteni foederati **F**^{2}**E**^{2}**o***D*. -ti foed- **Rd**(?)*G*. *om.r*. cauratani foed- *v* 11 aulerci **ado***v*. -rti *r* | eburones **o***va.G* | cenomanni **F**^{2}**E**^{2}**o***va.H*(*S*)*D*^{2} 12 liberi *om.* **ao** | tricasses **E**^{2}*S*. trec- **o***v*. tritic- **d**. tricassae (tri *in ras.*) **F**^{2}. -sse **R**. tritic- **DE**^{1}. ticas **a** | andecaui *H*. *cfr. CIL XIII p. 478.* andeg- **o***v*. andic- **F**^{1}**E**^{2}*D*. candic- **d**. andig- **F**^{2}. candidaui **DRE**^{1}. scandinaui **a** | iducasses **a** | bodiocasses *ll.H*. bodic- *v*. uadic- *B* 13 uenelli *ll.v*(*S*). une- *Dal.* | coriosultes **R**. coricoriosuelites **E**. cariosu- **d***va.D* | diablindi **E***va.S* | riedones *ego coll. CIL XIII p. 492.* rhe- *v*. rhie- **F**^{2}. shie- **DE**. ///hie- **F**^{1}. shye- **a**. sie- **R**^{2}. se- **R**^{1}

nes, Atesui, Se*gu*siavi liberi, in quorum agro colonia Lugudunum.

108 **19.** (33) Aquitanicae sunt Ambilatri, Anagnutes, Pictones, Santoni liberi, Bituriges liberi cognomine Vivisci, Aquitani, unde nomen provinciae, Sediboviates. mox in oppidum contributi Convenae, Begerri, Tarbelli Quattuorsignani, Cocosates Sexsignani, Venami, Onobrisates, Belendi, saltus Pyrenaeus infraque Monesi, Oscidates Montani, Sybillates, Camponi, Bercorcates, Pinpedunni, Lassunni, Vellates, Toruates, Consoranni, Ausci, Elusates, Sottiates, Oscidates Campestres, Succasse*s*, Latusates, Basaboiates,

109 Vassei, Sennates, Cambolectri Agessinates. Pictonibus iuncti autem Bituriges liberi qui Cubi appellantur, dein Lemovices, Arverni liberi, Vel*l*avi liberi, Gabales. rursus Nar-

§ 108: (4) Mela III 23. — (10) ib. 20. — (12) cfr. Plin. III 36.

1 itesui *va H* | segusiaui *ego coll. CIL XIII p. 221.* saecu- F^2. secu- *D*. -ani *(B) G*. -usi (saec- F^1) alibi (albii *v*) *rv* | lugudunum DFED^2. lugd- *rv* 3 ambilatri E^2*G*. ambul- *v*. -bilittri *r* 4 sanctoni o. -ntones *va. S* | bituriges liberi E^2*v*(*H*). -riges o. beturi Fd. betur *r*. *del. G* | uiuiscia F^1Ra. uibisci d. ub- E^2o *va. S* 5 prouinciae F^2E^2o*v*. -cia *r* | sedibouiates *S*. -ades E^1ad. -oniates *v*. sed hi bouiates RE^2. -ades DF. sunt hi Bouiates D^2. *an* Sibuzates? *cfr. Caes. BG III 27* 6 begerri E^2*G*. -rbi FRE^1. bebergi a. bergebi D^2 *in ras. v* | tasbelli F^1RE^1a. tarbeli *va. H. cfr. XXXI 4* 7 cocosetes R. cosates a | Venarni *Marca (hist. Beneharn. I 2 p. 43)* 8 infra quem D^2 | monesi F^2E^2*G*. mone *r*. Onesi D^2 *coll. Strab. IV p. 190 (in Bursiani Jahresber. 1877 p. 315)* | osquidates *va. H* | montani Sybillates D^2 *l. l.* 9 sibyllates d*G* | camponi d*v*. -poi (-boi F^2) *r* | becorcartes F^1. -rdates F^2 | pinpedunni DFT*D*. -umni Ea. pindedunni R*S*. pipedimui (bip- *C*) *v* | lassunni Fa*S*. -urini R. lasunni D. -umni E^1. -uini E^2. sassumini *v* 10 uellates E^2*v*. sue- *r* J^2 | tornates *va. D* | aelusates DF^1E^1a | soscidates F^2 11 successes *v*. -sse R^1E. sucasse DR^2a. -ssae F^1d. uocassae F^2 | tarusates *H* | basabocates E*va. D* 12 uassei a*v*. -ssel E. -ssaei DF. uessei R | sennates F^2E^2*v*. enn- a. aenn- DR. //enn- F^1. cienn- E^1 | campolectri F^1R | *dist. H* 13 autem *ll. S*. hinc (*puncto ante posito*) *v* | bituries DFE^1a | qui F^2E^2*v*. quin *r* | lemouices $F^2R^2E^2$o*v*. leuo- *r* 14 aluerni Eo. aruenni R | uellaui (uela- F^2) liberi F^2 *in marg.* D^2. *om. r*. *cfr. Caes. BG VII 75 et CIL XIII p. 193*

bonensi provinciae contermini Ruteni, Cadurci, N*iti*obroges Tarneque amne discreti a Tolosanis Petrocori.

Maria circa oram ad Rhenum septentrionalis oceanus, inter Rhenum et Sequanam Britannicus, inter id et Pyrenaeum Gallicus. insulae conplures Venestorum et quae Veneticae appellantur et in Aquitanico sinu Vliaros.

20. (34) A Pyrenaei promunturio Hispania incipit, 110
angustior non Gallia modo, verum etiam semet ipsa, ut
diximus, inmensum quantum hinc oceano, illinc Hiberico 3,29
mari comprimentibus. ipsa Pyrenaei iuga ab exortu aequinoctiali in occasum brumalem breviores quam latere meridiano Hispanias faciunt. proxima ora citerioris est eiusdemque Tarraconensis situs. a Pyrenaeo per oceanum Vasconum saltus, Olarso, Va*r*dulorum oppida, Morogi, Menosca, Vesperies, Amanum portus, ubi nunc Flaviobrica
colonia. civitatium novem regio Cantabrorum. flumen 111
Sauga. portus Victoriae Iuliobrigensium; ab eo loco fontes Hiberi $\overline{XL}$ p. portus Blendium. Orgenomesci e Cantabris;

---

§ 110: cfr. Plin. III 29. Mela II 85. 86. III 14. — § 111: Mela III 15. 13. 11. 13 extr. 11.

---

1 roteni **R**. rutheni *C* | cadurici **DF**¹. -rii **a**. cudurcii **R**² *e corr.* | nitiobroges *D*. -riges (*Scaliger*) *S*. antobroges (anteb- **R**) *ll.v*(*J*²) 4 inter id (*sc. mare*) **R** (*lac. ante indicata J*²). -errid **E**². -erri *r*. inter eum (rhenum *v*) *G* 5 Venetorum *va.D* | et quae **DFa***v*. quae et (**R**?) *G cum P*. quae **E** 6 in **F**²**E**²*v*. inter *r* | aquitanico (aeq- **F**¹) **FRa***v*. -icu **DE**². -ic **E**¹ | uliaros (-rios **D**¹) *ll.D*. -rus *G*. *om.v* 7 *an* incipit, ibi angustior? 9 inmensum *om.* o

11 in **E**¹o*v*: fusa in **F**²*G*. iuga (//u//a **F**¹) in *r falsa iteratione ob-* aei *et* -ali | brumali *D* | quam latere *ego*. latere quam *ll. D*. latere septentrionali quam **F**²*v* 13 tarraconensis *v*. tara- o. terra- *ll* | situs consistit **F**² 14 olarso *B*. aol- (-lurso **R**) *ll.v*. *cfr. III 29*. Oeasso *Ptol. II 6, 10* | uardulorum *B*. uasdu- **RE**¹*v*. -llorum *r*. *cfr. Mela III 15* | morogi **R***D*. -ogy *r*. -osgi *v* 16 cantabrorum **F**²o*v*. cont- **E**². -tubrorum **E**¹**a**. cūtu- *r* 17 sauga *ll.S*. sanga *v*. sanda *G* | iuliobricensium *va. Bas.*(*J*)

18 hiberium (yb- **a**) **FRa** | biendium *va.H* | orgenomesci **FR***H*. *cfr. Mela III 15*. -omescy **D**. -onescy **E**¹. -oescy **a**. -omiscy **E**². origeni mixtis *v*. argenomesci *MPt p. 169*ᵃ | e cantabris *ll.H*. cant- *v*. et cambraci *MPt l.l.*

portus eorum Veseiasueca. regio Asturum, Noega oppidum. in paeninsula Paesici et deinde conventus Lucensis a flumine Navia Albiones, Cibarci, Egi, Varri cognomine Namarini, Adovi, Arroni, Arrotrebae. promunturium Celticum, amnes Florius, Nelo. Celtici cognomine Neri et super Tamarci, quorum in paeninsula tres arae Sestianae Augusto dicatae, Copori, oppidum Noeta, Celtici cognomine Praestamarci, Cileni. ex insulis nominandae Corticata et
112 Aunios. a Cilenis conventus Bracarum Helleni, Grovi, castellum Tyde, Graecorum subolis omnia. insulae Siccae, oppidum Abobrica. Minius amnis, IIII ore spatiosus, Leuni, Seurbi, Bracarum oppidum Augusta, quos super Gallaecia.

§ 112: (9. 11. 355, 1) Mela III 10. 8 extr.

1 ueseiasueca **E**^{2}. -ei. ueca *v*. -eiusuaga **F**^{2} *in ras*. uereasueca *r H*. *cfr. MPt p. 168*^{b} | asturum (aust- **E**^{2}) **F**^{2}**E**^{2}*v*. astir- *r* | noega **E**^{2}*v*. nega **F**^{2}. neg& *r*. *cfr. Mela III 13* (noeca) 2 paesici **R**d*H*. *cfr. Ptol. II 6, 5*. pes- *r G*(*D*^{1}). pis- *v*. *cfr. III 28* | lucensis **F**^{2}**E**^{2}*v*. -si *r* 3 Nauia Albiones **F**^{2}**E**^{2}*v*(*D*^{2}*philol. XXXII p. 654*). -ne *r*. -nis (*fort.* Labionis) *MPt p. 146*^{b}. Nauialbione *J*. -ilubione *B* | Egi, Varri *MPt p. 145*^{a}. Egiua- *D*. eciua- **R**. ęguia- **F**^{2}. aeciua- **D**. ęcuia- **F**^{1}**a**. egtiia- **E**^{2}. ectiia- **E**^{1}. egoua- *v* | namarini — 5 cognomine *om.* **D**^{1}**a** (*sed in* **a** *post* 6 paeninsula *deinceps errore exhibentur* namarini — paeninsula) | namarinni **R**. mearini *MPt l. l.* 4 adoui **R**. iad- *r J*. -doni *v*. *cfr. MPt l. l.* | aroni **D**^{2}**F**. *om.* **a** *v a. J* | arotrebae **D**^{2}**FE** 5 florius **F**^{2}**E**^{2}*v*. -ibus *r* | neriae superque *v a. S* 6 tamarci *ll. v*(*D*). -rici *B coll. XXXI 23 et Mela III 11*. (Supertamarci *D*^{2} *l. l. p. 655 sqq.*) | tres arae **F**^{2}*B*. tresarae *v*. -ssare **E**^{2}. trearae *r* | sestianae **F**^{2}*v*. rest- (mia- **E**^{2}) *r* 7 copori (corp- **a**) *ll. D*. cap- *H e Ptol. II 6, 23*. caep- *B* | noeta *D*. nota **E**^{2}. oeta *r*. noela *v*. noega *MPt l. l. p. 145*^{a} 8 praestamarci **DFEa***D*. presta- **R**. -tii *v*. praesamarci *B*. -chi *Mela*. praeta- *D*^{2}*l. l.* | cileni *v*. cilaeni **D**. laeni **Fa**. leni *r* 9 cilensis *ll. v a. G* | bracarum **Ra***v*. bracc- *r* | elleni **a**. heleni *v a. D* | groui **E**^{2}*D*. *cfr. Mela III 10*. croui **F**^{2} (*CIL II n. 774. 2250. 2565*). cro **F**^{1}. gro *r*. grauii *G* (*Sil. It. III 366*). groni *v* 10 subolis **F**^{2}*S*. sob- *r v*(*D*) | siccae *D*. siccae insigne **E**^{2}. insigne **E**^{1}. signae **D**d*J*^{2}. -gne **Ra**. sig/// **F**^{1}. -ge **F**^{2}. cicae *J*^{1}. cicae. insigne *v* 11 abobrica **F**^{1}*v*. -cam (-orri- **R**) **DRa**. auobrica **F**^{2}**E**^{2}. -cam **E**^{1}. Adrobrica *Mela III 13* | ore **F**^{2}*v*. ori **DF**^{1}**R**. -is **Ea** | leunis **R**. laeuni **F**. laebuni *coni. B*. lubaeni *Ptol. II 6, 47* 12 super *ll. v*(*D*). supra *Bas.* (super quos **a**)

flumen Limia, Durius amnis e maximis Hispaniae, ortus in Pelendonibus et iuxta Numantiam lapsus, dein per Arevacos Vaccaeosque, disterminatis ab Asturia Vettonibus, a Lusitania Gallaecis, ibi quoque Turdulos a Bracaris arcens. omnis, quae dicta regio a Pyrenaeo, metallis referta auri, argenti, ferri, plumbi nigri albique.

21. (35) A Durio Lusitania incipit. Turduli veteres, 113
Paesuri, flumen Vagia, oppidum Talabrica, oppidum et flumen Aeminium, oppida Conimbriga, Collippo, Eburobrittium. excurrit deinde in altum vasto cornu promunturium, quod aliqui Artabrum appellavere, alii Magnum, multi Olisiponense ab oppido, terras, maria, caelum discriminans. illo finitur Hispaniae latus et a circuitu eius incipit frons.
22. septentrio hinc oceanusque Gallicus, occasus illinc, 114
oceanus Atlanticus. promunturi excursum $\overline{LX}$ prodidere, alii $\overline{XC}$, ad Pyrenaeum inde non pauci $|\overline{XII}|\cdot\overline{L}$, et ibi gentem Artabrum, quae numquam fuit, manifesto errore.
Arrotrebas enim, quos ante Celticum diximus promuntu- 111
rium, hoc in loco posuere litteris permutatis. erratum et 115

---

§ 113. 114: (10) Mela III 6. 7. Sol. 23, 5. cfr. MCap. VI 629. — § 114: (17) Mela III 13.

---

1 e **F**^{2} *in ras. v.* et *r.* ex *C. om.* **o** | maximus **F**^{1}**To** 2 pelendonibus *Bas. cfr. III 26.* -denibus **E**^{2}. -deniuibus **E**^{1}. pelondonibus **F**^{2}*v.* -denibus *r* 3 uectonibus **a** *va. L* 4 gallaecis **F** *L.* -llecis **DR**^{2}*v.* -llegis **R**^{1}. -llicis **Ea** 5 quae **F**^{2}. que *rv* 7 incipit **F**^{2}**E**^{2}**ao***v.* -pi *r* | turduli **F**^{2}*v.* -lli *r***o** 8 pesuri **a** *va. H* | uagia *ll. v* (*J*). -ga *S.* uacca *B e Ptol. II 5,3* | talabrica oppidum **F**^{2}**E**^{2}**o***v. om. r* 9 aeminium (*B*) *H coll. § 115.* emen- **d.** min- **F**^{2}*G.* enumen- **a.** eumen- *r***o***v* | conimbriga *CIL II 391.* -ca *v.* conūbriga **R**^{2}. cioū- **R**^{1}. cinum- *r.* coniumbrica *D*^{1} | collipo **E.** colippo *va. H* | eburobritium **F**^{2}**a** *va. D.* -icium **F**^{1} 10 altum **d** (?) *G.* alum **E**^{2}. alium *r.* -iud **o***v* 11 attrabum **o** | olisiponense *H e Sol.* (*D*^{2}). holi- **o.** olisipp- **DRE** *G* (*D*^{1}). -sypp- **a.** olimp- **F**^{2} *in ras.* ulyssipp- *v* 12 terras **E**^{2}**o** (**FR**?) *v.* -rra *r. an* terram? | disterminans **E** (?) **o** *va. S* (*D*^{2}) 13 a *om.* **o** | fons **DF**^{1}**RE**^{1}**a** 14 *dist. G* | septentrion **F**^{1}**Ra.** -onis **oz** *va. G* | hinc **F**^{2}**E**^{2}**o***v.* hic *r* | oceanus qui **F**^{2}. -nus qui et **o** *va. G* | illinc et *G* 15 promun--turiae **D.** -unctorie **a.** -ontorii **F**^{2}

115 in amnibus inclutis. ab Minio, quem supra diximus, CC, ut auctor est Varro, abest Aeminius, quem alibi quidam intellegunt et Limaeam vocant, Oblivionis antiquis dictus multumque fabulosus, ab Durio Tagus CC interveniente Munda. Tagus auriferis harenis celebratur. ab eo CLX promunturium Sacrum e media prope Hispaniae fronte prosilit. |XIIII| inde ad Pyrenaeum medium colligi Varro
116 tradit, ad Anam vero, quo Lusitaniam a Baetica discrevimus, CXXVI, a Gadibus CII additis. gentes Celtic*i* Turduli et circa Tagum Vettones, ab Ana ad Sacrum Lusitani. oppida a Tago memorabilia in ora Olisipo, equarum e favonio vento conceptu nobile, Salacia cognominata Vrbs Imperatoria, Merobrica. promunturium Sacrum et alterum Cuneus. oppida Ossonoba, Balsa, Myrtili*s*.

117 Vniversa provincia dividitur in conventus tres, Emeritensem, Pacensem, Scalabitanum, tota populorum XLV, in quibus coloniae sunt quinque, municipium civium Romanorum, Latii antiqui III, stipendiaria XXXVI. coloniae

§ 115: (3) Mela III 10. 8. Sol. 23, 6. — § 116: (9—14) Mela III 8. 7. — (11. 12) cfr. Plin. VIII 166. Sol. 23, 7. MCap. VI 629.

2 eminius F^{2}a. aemion- D | alibe E^1. -bę DF 3 intellegunt F^2 *in ras.* E^2*v*(*D*). -llectu DE^1. -tum R*S*. *om.* a | limaeam R(?)*B e Strab. III p. 153.* -meam DFa. lineam E*v*. (Limia *Mela III 10. cfr. supra § 112*) | dictum DRE^{1}a. dic//// F^1 6 e F^{2}E^2*v*. *om.* r 7 colligi F^2 *in ras.* E^2*G*. -gitur r*v*. -tur ut *C* 7. 8 uarro tradit F^2 *in ras.* E^2*v*(*J*). a prodit rata Dd. -itatra E. -itata a. -it///// R. uarro prodit *S* 8 uero quo F^{2}E^2*v*. quo uero r 9 CCXXVI *C* | celtici *G*. -ce Ro. -c/// F^1. -cae r*v*(*J*) | turdoli F^2. uarduli *G* 10 ei (*pro* et) DE^1. ci a | uetones FRao | ana F^2(R?)*v*. agana ro 11 olisippo Fa*G*(*D*^{1}). ola orisipo R | e E^{2}o*v*. et r | fauonii F^2 12 uento R*v*. -nt E^1. -nti F^2. -ntu ro | nobile E^2*v*. -les o. -li r | urbs F^{2}E^2*v*. -bē R. -be r 13 merobrica RE^2*v*. eso- DF^{1}E^{1}a. mesobriga F^{2}d^2. so- d^1 14 cuneus R(?)*B e Mela.* cen- DEa*v*. caen- F | orsonoba Ea | balssa a. barta R. bassa *va. C* | myrtilis *Bas.*(*J*). -li DFE*v*(*S*). mirti R. -tyli a 16 scallabitanum *D*^{1}. *cfr. CIL II n. 35. Ptol. II 5,6* | XLV *G*(*D*). XLVI *ll. v*(*S*) 17 Ro. unum *Bas.* 18 lanti antiqua DF^{1}RE^{1}a

Augusta Emerita, Anae fluvio adposita, Met*e*llinensis, Pa-
censis, Norbensis Caesarina cognomine; contributa sunt in
ea*m* Castra Servilia, Castra Caecilia. quinta est Scalabis
quae Praesidium Iulium vocatur. municipium civium Ro-
manorum Olisipo, Felicitas Iulia cognominatum. oppida
veteris Latii Ebora, quod i*t*em Liberalitas Iulia, et Myrtilis 116
ac Salacia, quae diximus. stipendiariorum quos nominare 118
non pigeat, praeter iam dictos in Baeticae cognominibus, 3,13
Augustobrigenses, Aemin*i*enses, Aranditani, A*r*abricenses,
Balsenses, Caesarobrigenses, Caperenses, Caur*i*enses, Colar-
ni, Cibilitani, Concordienses, E*l*bocori, Intera*nni*enses, Lan-
cienses, Mirobrigenses qui Celtici cognominantur, Medu-
brigenses qui Plumbari, Ocelenses, Turduli qui Bardili
et Tapori.

Lusitaniam cum Asturia et Gallaecia patere longitudine

---

§ 117: (1) Mela II 88. — (5) ib. 8. 7. 8. — § 118: Agrippa fr. 24 R.

---

1 anae *v.* ane **F**^{2}. antae **E**. -te *r* | metellinensis *U 88 ex It. Ant. p. 416.* metall- *ll. v a. J* 2 caesarina **F**^{2}*D*. caessa- **E**^{2}. cessa- **A**. caeca- (ceca- **R a**) *r*. caesariana *v* 3 eam *v*. ea *ll* | seduilia **AE**^{2}. iulia *v a. S* | scallabis (sall- **F**^{2}) *ll. D. cfr. supra* 4 iulium **AF**^{2}**E**^{2}*v*. in iu- *r* 5 olysipo **A**. olisippo **a** *G*(*D*^{1}) | felicitate **E**^{2}. -ate. L̄ **A**. *om.* **a** | cognominatum — 6 iulia *om.* **R**^{1} 6 ueteris **AF**^{2}**R**^{2}**E**^{2}*v*. -res *r* | item *H. periit in marg.* **R**^{2}. idem *r v*(*D*) | mirtilisse **R**. -lese **a**. myrtiles ae **DE**^{1}. -li////// **F**^{1}. -li ac *S ut* § *116* 8 in Baetica cognomines (*P*)*D*^{2} 9 augustobricenses *J D*^{1} | aeminienses *D coll.* § *113*. -nenses **AF**^{2}*J*. aemie- **DF**^{1}. ammie- *B*. emie- *r v* | aranditani **AF**^{2}*v*(*G*). *cfr. Ptol. II 5, 5.* acra- **R**. ///ra- **F**^{1}. era- *r*. arani- *B* | arabricenses *H e Ptol. II 5, 6.* axa- *G*(*D*). -itenses **R** *B*. taxa- *r v*. -icenses **d T** *J* 10 cessarobrigenses **A**. caesarrobrienses (-aro- **E**^{2}) **DFE a**. sesarro- **R** | caperenses **AE**^{2}*v*. caer- **DFE**^{1}**a**. cer- **d T**. -renes **R** | caurienses *D*. caure- (ceure- **A**) *ll. v. cfr. Ptol. II 5, 6* 11 cilibitani **AF**^{2} | elbocori *H e Ptol. II 5, 6.* et bocori (-coni **R**. -ccori *v*) *ll. v.* qui et boccori (*B*) *C* | interannienses *H*. -anenses **a**. -ansenses *ll*. -ausenses *v*. -amnienses *D*^{1} | laccienses **E**^{1}. -ntes **a** 12 mirobrienses **R d**. -ntes **DFE**^{1}**a** | medubricenses *C*(*J*) 13 ocelenses **A** *D*. *add.* lancienses (lanti- **F**. qui et lanci- *B*) *r v falso iteratum ex 11. 12* | bardili **A** *D*. -duli (pa- **F**) **DFRE**^{2}*v*. -la **E**^{1}**a** 14 et **AE**^{2}*v*. at *r*. ac *S* | iapori **A**. top- **a** 15 gallaeciae **D**. -llecia **F**^{1}**E** *v a. L.* -ię **a**. -etię **R**. -llicia **F**^{2}o

$\overline{DXL}$, latitudine $\overline{DXXXVI}$, Agrippa prodidit. omnes autem Hispaniae a duobus Pyrenaei promunturiis per maria totius orae circuitu |$\overline{XXVIIII}$|·$\overline{XXIIII}$ colligere existimantur, ab aliis |$\overline{XXVI}$|.

119 (36) Ex adverso Celtiberiae conplures sunt insulae, Cassiterides dictae Graecis a fertilitate plumbi, et e regione Arrotrebarum promunturi Deorum VI, quas aliqui Fortunatas appellavere. in ipso vero capite Baeticae ab ostio freti p. $\overline{XXV}$ Gadis, longa, ut Polybius scribit, $\overline{XII}$, lata $\overline{III}$. abest a continente proxima parte minus pedes DCC, reliqua plus $\overline{VII}$. ipsius spatium $\overline{XV}$ est. habet oppidum civium Romanorum, qui appellantur Augustani Vrbe Iulia Gaditana.

120 ab eo latere, quo Hispaniam spectat, passibus fere C altera insula est, longa M passus, M lata, in qua prius oppidum Gadium fuit. vocatur ab Ephoro et Phili*sti*de Erythea, a Timaeo et Sileno Aphrodisias, ab indigenis Iunonis.

---

§ 119: Mela III 47. Sol. 23, 10. 12. Mela III 46. Polyb. XXXIV 15, 3 Hultsch. cfr. Agathem. V 20 (GGm II p. 481). — § 120: Ephorus fr. 40 Müller. Timaeus fr. 35 Müller. Silenus fr. 3 Müller. — (359, 2—8) Sol. 23, 12. cfr. Mela III 46. 47. Sall. hist.

---

1 prodit **A**(?) 3 $\overline{XXXVIIII}$ **DFa***va.G*(*H*). XXXIIII **R** | $\overline{XXIIII}$ **A***D*. $\overline{XXII}$ *rH. del.C.* XII *v* 4 $\overline{XXVI}$ *ll.v*(*S*). $\overline{XXV}$ *H.* -$\overline{VII}$ *G* 6 cassiterides **AF**^{2}**E**^{2}*v*. cassier- *r***o** | a grecis **o***va.G* 7 promunturi **A***G*. -ium *r*. -io *v* | VI **AF**^{2}**E**^{2}*v*. his (= HS = sest.) *r*. tres *Sol.* | aliquis **DE**. -quas **F** 8 capite **AF**^{2}**d***G*(*J*). -te mox *rv*(*SD*) 9 p. *om.* **A** | LXXV **AF**^{2}*va.H* 10 pedes *ll.v*(*H*). passus *G* 11 spatium **AF**^{2}**E**^{2}*v*. stacim **R**. statim *r* 12 qui **AE**^{2}*S. om.r.* quod **d**(?)*v* | appellatur **ARa***va.S* | augustana (-sta **F***G*) *va.S* | urbi **A**. urbs **F**^{2}*va.S* | gaditana **d**(?)*G*. -ni *ll.v.* -nis *Bas.* 14 longa M *J*^{2}. -ga in **F**^{2}. -gū **DRE**^{2}**a**. -g//// **F**^{1}. -ga **Ad***Brot.* -ga $\overline{III}$ *G*(*S*). M longa *D*. in longum **E**^{1}**o**. -gum CC M *v* | M **ARd***G*(*Brot.*)*D*. $\overline{M}$ *r*. mille **o**. *del.H.* XL M *v* 15 et — 16 aphro **F**^{2} *in marg. om.***F**^{1} | philistide *B coll. ind.* philide **A**. phill- **F**^{2}**o**. pill- **Ra**. phyll- **E**^{2}*v*. pyll- **E**^{1}. -dae **D** | erythea **DE***Brot.*(*D*). -tea **A**. -thia *B*(*S*). erithea **F**^{2}**Rao***v* 16 aphrodisias (apho- **A**^{1}) **A***v*. apphoro- **a**. aphoros (*om.***F**^{1}. aphro **F**^{2}) dyseas (disias **R**) *r*

maiorem Timaeus *C*otinusam aput e*o*s vocitatam ait; nostri Tarteson appellant, Poeni *G*adir, ita Punica lingua saepe*m* significante. Erythea dicta est, quoniam Tyri aborigine*s* earum orti ab Erythro mari ferebantur. in hac Geryones habitasse a quibusdam existimatur, cuius armenta Hercules abduxerit. sunt qui aliam esse eam et contra Lusitaniam arbitrentur, eodemque nomine qu*a*ndam ibi appellant.

23. (37) Peracto ambitu Europae reddenda consum- 121
matio est, ne quid non in expedito sit noscere volentibus. longitudinem eius Artemidorus atque Isidorus a Tanai Gades |LXXXVII|·XIIII prodiderunt. Polybius latitudinem Europae ab Italia ad oceanum scripsit |XII|·L esse, etiam tum incomperta magnitudine. est autem ipsius Italiae, ut 122
diximus, |X|·XX ad Alpes, unde Lugdunum *et* ad portum 3,43

fr. II 29. Avien. descr. orb. 615. — § 121: (11) Agathem. III 10 (GGm II p. 474). Polyb. XXXIV 15, 1 Hultsch.

1 cotinusam *B e Dion. perieg. 456.* pot- *ll.v.* -mussam *J* | apud eos *B.* a puteis (-eus **E**[2]) **AF**[2]**E**[2]*v*(*J*). ac puteus **E**[1]. ae putei// **F**[1]. at poteius **R**. at put- **D**. ab oleis (*P*)*SD*[2] 2 tartaeson **F**. tharteso **R**. tarieso **DE**[1]**a** | appellarunt **A**(?)*S* | gadir ita *G e Sol.* cadir ita **AE**[2]. cadyrita **F**[2]. dad- **F**[1]. tadiri- **R**. dad- *r*. gadirrutam *B.* cadirruta *v* 3 saepem *B.* -pe **E**[2]. -pae **A**. sepe **F**[2]. sae **D**. se **F**[1]**R**. s **a**. *om.***E**[1]. septem *v* | signiticante **D**. -tie ante **a**. *om.***E**[1] | erytnea **DdE**[1]*Brot.* -thia *B.* -threa (*Sol.*) *v.* erithea **a**. -thaea **R**. erynthea **E**[2]. erhinthea **A**. eerin- **R** 4 aborigines (*P*)*H.* -gine (abiri- **A**) *ll.v* | earum **DFEa** *U89.* eurum **AR**. eor- *va.D* | erythro *S.* -tro **d**. -thraeo *v.* eurythro **DF**. -tro **A**. -rithro *r* 5 geriones **FRao** *va.C* | existimatur cuius **A** *G*(*S*). -antur quorum *rov*(*H*) 6 abduxerit (add- **E**) **AE***v.* -xit **o**. -xerint *r* 7 quandam *U89.* quond- (cond- **R**) *ll.va.J* 8 appellant *ll.v*(*S*). -atam *C* 12 |LXXXVII| *ego ex Agathem.* LXXVII **A***D*[1]. LXXXII *rS.* -IIII *v.* -VI *D*[2] *ME p.13.* XXXII *Brot. coll. II 246* | XIIII *ll.v.* XVIII *D*[2]*l.l.* 13 scribit **DFEa***va.G* | XII·L **A***D*[2]. XI·L *rv* 14 est *ll.S.* eius. Est *G.* huius. Est *v.* *an* sunt? 15 |X|·XX *D*[1]. XI·XX *ll.H.* XII·XX *v.* CDX *D*[2] *ME p.14 coll. III 44* | unde per *Bas.* | & ad *ego.* ad *ll.v*

*M*orinorum Britannicum, qua videtur mensuram agere Polybius, |XI|·LXVIIII. sed certior mensura ac longior ad occasum solis aestivi ostiumque Rheni per castra legionum Germaniae ab iisdem Alpibus derigitur, |XII|·XLIII. Hinc deinde Africa atque Asia dicentur.

C. PLINI SECVNDI
NATVRALIS HISTORIAE
LIBER V

---

1 (1) Africam Graeci Libyam appellavere et mare ante eam Libycum; Aegyptio finitur, nec alia pars terrarum pauciores recipit sinus, longe ab occidente litorum obliquo spatio. populorum eius oppidorumque nomina vel maxime sunt ineffabilia praeterquam ipsorum linguis, et alias castella ferme inhabitant.

2 **1.** Principio terrarum Mauretaniae appellantur, usque ad C. Caesarem Germanici filium regna, saevitia eius in duas divisae provincias. promunturium oceani extumum

---

§ 1: (9. 10) Sol. 24, 2. — § 2: (17) Mela I 25. III 107. — (361, 1—5) ib. I 26. Sol. 24, 1. 3. MCap. VI 666 extr.

---

1 morinorum *v.* bor- (por- **F**) *ll* 2 |XI|·LXVIIII **A** *S.* XI·LXVIII *G.* ///// LXVIIII **F**^{2}. XIII·XVIII *rv*(*H*) 4 derigitur **F**. dir- *rv* | XII·XLIIII **a**. XV·XLIII *H*

Lib. V. 9 ad (*pro* &) **A**. qua **E**^{3}*va.S* 9. 10 anteam **F**^{1}. -theum **op** 10 libycum incipiens **E**^{3}*va.S* | *dist.S* | aegypto **op***va.G*(*SD*) 11 obliquo litorum (later- **E**^{1}**a**) **DFREa***S* 13 alia **DF**^{1}**Ea**^{1}**p** 15 principia **R**^{2} (o *cod. Guelf.*) | mauritaniae **AR**^{2}**Eaop***va.S*(*D*^{2})*passim* 16 regna saeuitia (se- **F**^{2}**a**^{2}) **AE F**^{2}**a**^{2}*v.* -nasse uitia (-na initia **R**^{2}) *r* 17 diuisae *ll.L.* -sa **a** *G.* -sa est **p***v*

Ampelusia nominatur a Graecis. oppida fuere Lissa et Cottae ultra columnas Herculis, nunc est Tingi, quondam ab Antaeo conditum, postea a Claudio Caesare, cum coloniam faceret, appellatum Traducta Iulia. abest a B*ae*lone oppido Baeticae proximo traiectu LXX. ab eo XXV in ora oceani colonia Augusti Iulia Constantia Zulil, regum dicioni exempta et iura in Baeticam petere iussa. ab ea XXXV colonia a Claudio Caesare facta Lixos, vel fabulosissime antiquis narrata: ibi regia Antaei certamenque cum Hercule 3
et Hesperidum horti. adfunditur autem aestuarium e mari flexuoso meatu, in quo dracones custodiae instar fuisse nunc interpretantur. amplectitur intra se insulam, quam solam e vicino tractu aliquanto excelsiore non tamen aestus maris inundant. exstat in ea et ara Herculis nec praeter oleastros aliud ex narrato illo aurifero nemore. minus 4
profecto mirentur portentosa Graeciae mendacia de his et amne Lixo prodita qui cogitent nostros nuperque paulo minus monstrifica quaedam de iisdem tradidisse, praevalidam hanc urbem maioremque Magna Carthagine, praeterea ex adverso eius sitam et prope inmenso tractu

§ 3: Sol. 24, 4. 6. 5. MCap. VI 667. (cfr. Mela III 107. 106. Strabo XVII p. 826). — § 4: Nepos fr. 50 H.

1 lissa et **AF^{2}E***H*. -ssia et **D**d. -ssa **op***v*. lisc//e **R**. lis/// **F^{1}**. lisei **a** 2 cottae **ADF***D^{2}*. *cfr. XXXII 15*. -tte **o***v*(*S*). cocte **Rp**. co&e **E**. cete **a**. cotta *H*. cotes *B e Strab. XVII p. 825* 3 antheo **aop** | CL. (*pro* Claudio) **DFa** *item v. 8*. centum quinquaginta milia **A** | coloniā **FEaop***v*. -ia *r* 4 belone *ll. va. D*. *cfr. III 7* 5 XXXIII (*Sol. MCap.*) *D^{2}* 6 zulil **F^{2}Eap***J*. ziilil **DF^{1}**. zcilil **R**. zilil **A**. zilis *B e Strab*. zubil *v* 7 in **AE^{2}a^{2}p***v*(*S*). *om. rH* | ab **Ap***J*. hab **R**. et ab *rv* | eo **Aap***va. G* | XXXV **A***D*. XXXII *rv*. *om.* **o** 8 lix *Sol.* (*Isid. or. XV 1, 74*). *Ptol.* 9 ab antiquis **E^{2}o***va. H* 10 orti **o**. hori **F^{1}**. in ortu **E**. -rum **a**. *om.* **A** | aut funditur **R^{1}** | autem *om.* **R^{2}***H*. autem huic **E^{3}***v* 11 fluxuoso **A** | draconis **RE^{2}op***va. D* 13 aliquanto **AF^{2}***v*. -ndo *r* | excelsiores *va. B*. -orem *D^{2}*, *sed cfr. Sol. et Strab.* 14 inundant **AE^{2}o***v*(*S*). -dat *r Bas.* | eo **A** | et *om.* **op** 16 iis **RE**(?)*va. S* 17 amni **A** | lixo **AF^{2}** *in ras.* **E^{2}***v*. xilo *r* | cogitant **R***S* | que *om. va. S*. quae **A**. *an* nuper quoque?

ab Tingi, quaeque alia Cornelius Nepos avidissime
5 credidit. ab Lixo XL in mediterraneo altera Augusti colonia est Babba, Iulia Campestris appellata, et tertia Banasa LXXV p., Valentia cognominata. ab ea XXXV Volubile oppidum, tantundem a mari utroque distans. at in ora a Lixo L amnis Sububus, praeter Banasam coloniam defluens, magnificus et navigabilis. ab eo totidem milibus oppidum Sala, eiusdem nominis fluvio inpositum, iam solitudinibus vicinum elephantorumque gregibus infestum, multo tamen magis Autololum gente, per quam iter est ad montem Africae vel fabulosissimum Atlantem.

6 E mediis hunc harenis in caelum attolli prodidere, asperum, squalentem qua vergat ad litora oceani, cui cognomen inposuit, eundem opacum nemorosumque et scatebris fontium riguum qua spectet Africam, fructibus omnium generum sponte ita subnascentibus, ut numquam satias
7 voluptatibus desit. incolarum neminem interdiu cerni; silere omnia haut alio quam solitudinum horrore; subire tacitam religionem animos propius accedentium praeterque horrorem elati super nubila atque in vicina lunaris circuli. eundem noctibus micare crebris ignibus, Aegipanum Satyrorumque lascivia inpleri, tibiarum ac fistulae cantu tympanorumque et cymbalorum sonitu strepere. haec celebrati auctores prodidere praeter Herculi et Perseo laborata ibi.

---

§ 5: (4. 5. 8) Mela III 107. — (8. 10) Sol. 24, 7. — § 6: Mela III 101. Sol. 24, 8. MCap. VI 667. — § 7: Mela III 95. Sol. 24, 10. 8. 10. 12. MCap. l. l. cfr. Plin. VI 197.

---

4 ea XXV **ap** 5 tantundem **AE**^{2}**p***v*. tand- (-đ & **R**) *r* | ad **DF**^{1}**R**. & **p***va.L* 6 sububus *ll.v*(*J*). subus **a**. -bur *B e Ptol. IV 1,2. cfr. § 9* 9 gerigibus **R**^{1}. graeci- **A** 10 autolorum *Sol.* | gentem **Rap***va.G* | quā ter (t̄) **R**^{1} 12 e *del.* **F**^{2} 13 aspectu **op** | uergit **o** 14 que **AE**^{2}**op***v*. *om.r* | et *om.* **op** 15 quas **F**^{1}**da**. quo **o** | spectat **REaop***va.S* 16 satietas **adop***va.S* 18 haut *om.* **A** | solitudinem **A** 19 animas **R**^{1} | proprius **ADF**^{1} | accidentium **DF**^{1}. accedentia **R**^{1} | praetereaque **o** 20 uicinia **op** (-niam **E**^{3}*C*) *va.S*

spatium ad eum inmensum incertumque. fuere et Hannonis 8
Carthaginiensium ducis commentarii Punicis rebus florentissimis explorare ambitum Africae iussi, quem secuti plerique e Graecis nostrisque et alia quidem fabulosa et urbes multas ab eo conditas ibi prodidere, quarum nec memoria ulla nec vestigium exstat.

Scipione Aemiliano res in Africa gerente Polybius anna- 9
lium conditor, ab eo accepta classe scrutandi illius orbis gratia circumvectus, prodidit a monte eo ad occasum versus saltus plenos feris, quas generat Africa; ad flumen Anatim CCCCLXXXXVI, ab eo Lixum CCV. Agrippa Lixum a Gaditano freto CXII abesse; inde sinum qui vocetur Sagigi, oppidum in promunturio Mulelacha, flumina Sububam et Salat, portum Rutubis a Lixo CCXXIIII, inde promunturium Solis, portum Rhysaddir, Gaetulos Autoteles, flumen Quosenum, gentes Selatitos et Masatos, flumen Masathat, flumen
Darat, in quo crocodilos gigni. dein sinum DCXVI includi 10
montis Bracae promunturio excurrente in occasum, quod appelletur Surrentium. postea flumen Salsum, ultra quod

§ 8: Sol. 24, 15. — § 9: Polyb. XXXIV 15, 7 Hultsch. — (9. 10) Sol. 24, 12. 11. MCap. VI 668 init. Agrippa fr. 25 Riese.

1 fuerat et D¹FREap 2 punici/// R. -ci F¹Ea 4 ae F¹. a EJD¹ | alio E¹ | quaedem E¹. -dam E²*va.H* 6 existat A. *om.* a 8 urbis A 10 *punctum post* Africa *pos.* *D*² | Anam *coni.* *D*² 11 CCCCLXXXXVI A*D*. -LXXXVI F. -V *rv* | agrippa lixum A*v*(*S*). agrippa F². *om.rH* | *dist.va.H* 12 CXII lixū F² | sagigi A*J*. -gici DFa. -gyci E¹. -gyti E². -guti *v*. -gaci R 13 muleiacha D²a. -ca D¹R¹. -eacha R² | sububam *ll.v*(*D*). -bubum *fJ*. *cfr.*§*5*. subur *B* 14 salat (-ath R²) *ll.J*. -lam *B* | CCXXIIII A*D*. -III F². CCCXIII R*v*. CCXIII *rH* 15 rhysaddir A*J*. rhisardir F³. ris- DF²Ea*v*. -ardis R. -adir F¹ | autoteles *ll.v*(*J*). -ololes *C*. -olales *B*. *cfr.*§*5*. *17* | quosenum AE²*D*. uos- (-nim E¹. -nium a) *r*. cos- *v* 16 gentes *H*. -tem *ll.v* | selaticos R. uelatitos A*D*¹ | mesatos R. mara- F² | marathat F². Masath (*Sieglin*) *D*² 17 gignit R² 18 montis E*G*. -tes (*om.* R¹) *rv* | bracae A*D*. breace D. -cae F. braeacae E. braeate R². braete R¹. brece a. barcae *J*. -ce *v* 19 appelletur A*S*. -llatur ap*v*. -llat *rH* | palsum F²a³*va.H*

Aethiopas Perorsos, quorum a tergo *Ph*arusios. his iungi *in* mediterraneo Gaetulos Daras, at in ora Aethiopas Daratitas, flumen Bambotum, crocodilis et hippopotamis refertum. ab eo montes perpetuos usque ad eum, quem Theon
6,197 Ochema dicemus. inde ad promunturium Hesperu navigation*em* dierum ac noctium decem. in medio eo spatio Atlantem locavit, ceteris omnibus in extremis Mauretaniae proditum.

11 Romana arma primum Claudio principe in Mauretania bellavere, Ptolemaeum regem a Gaio Caesare interemptum ulciscente liberto Aedemone, refugientibusque barbaris ventum constat ad montem Atlantem. nec solum consulatu perfunctis atque e senatu ducibus, qui tum res gessere, sed equitibus quoque Romanis, qui ex eo praefuere ibi,
12 Atlantem penetrasse in gloria fuit. quinque sunt, ut
2.5 diximus, Romanae coloniae in ea provincia, perviumque famae videri potest, sed id plerumque fallacissimum experimento deprehenditur, quia dignitates, *s*i indagare vera pigeat, ignorantiae pudore mentiri non piget, haut alio fidei proniore lapsu quam ubi falsae rei gravis auctor existit. equidem minus miror inconperta quaedam esse equestris ordinis viris, iam vero et senatum inde intrantibus, quam luxuriae, cuius efficacissima vis sentitur atque maxima,

§ 10: (3) Sol. 24, 14. — § 12: (365, 2) Mela III 104. Sol. 26, 1.

1 pharusios (*B*)*H*. -sos **E**^{3}*G*. parusios *ll*. por- **dT***v* 2 in *J*. *om*. *ll*. *v* | mediterraneos **D**(?)**a**^{3}*va*. *J* | daris at in ora **F**^{1}. darati- **R**^{1}. -inos **R**^{2} | darathitas **A** 3 bambotum **E***Sol*. *v*. banb- **a**. -thum **DF**. bom- **A**. botum **R** 5 dicimus **F**^{2} | hesperu *P*. -rium **E**(?)*G*. -rum *rv*. *cfr*. *II 237 et VI 197. 199* | nauigationem (*sc*. esse) *ego*. -ne *ll*. *v*. *cfr*. *VI 197* 6 decem *ll*. *v*. II *MPt p. 734*^{a} *coll*. *VI 197* | eo **AF**^{2}**E**^{2}*v*. *om*. *r* 7 ceteris **A***S*. a cet- (coet- **F**) *rv*(*D*) 10 ptolomaeum **AR***D*^{2}. ptho- **ao**(*passim*) | a *om*. **A** 13 dum **FR** | reges sere **DF**^{1} 15 in (*ante* gloria) *om*. **op***va*. *G* 17 famae — plerumque *om*. **A** | famae **a**^{3}*v*(*S*). -me **FRE**^{1}. -ma **DE**^{2}**ap***H* | fallacissimum **A***G*. -mo *rv* 18 qua **D**. a **FRa** | dignitates si *ego*. -tes **Ap**. -te *v*. -te si cum **DFRa**. -tes cum **E**(?)*G* 19 haut **A***v*. aut *r* 20 quam **AE**^{2}**a**^{3}*v*. quam ore (ori **a**) *r* 21 et quidem **FE***G*. et equ- *v* 23 ui **DFa** | at **A**

cum ebori, citro silvae exquirantur, omnes scopuli Gaetuli
muricibus, purpuris. indigenae tamen tradunt in ora ab 13
Salat $\overline{\text{CL}}$ flumen Asanam, marino haustu, sed portu spectabile,
mox amnem, quem vocant Fut, ab eo ad Dirim — hoc
enim Atlanti nomen esse eorum lingua convenit — $\overline{\text{CC}}$,
interveniente flumine, cui nomen est Ivor. ibi *pauca*
extare circa vestigia habitati quondam soli, vinearum
palmetorumque reliquias. Suetonius Paulinus, quem 14
consulem vidimus, primus Romanorum ducum transgressus
quoque Atlantem aliquot milium spatio, prodidit de excel-
sitate quidem eius quae ceteri, imas radices densis altis-
que repletas silvis incognito genere arborum, proceritatem
spectabilem esse enodi nitore, frondes cupressi similes
praeterquam gravitate odoris, tenui eas obduci lanugine,
quibus addita arte posse quales e bombyce vestes confici.
verticem altis etiam aestate operiri nivibus. decumis se 15
eo pervenisse castris et ultra ad fluvium, qui Ger vocatur,

---

§ 13: Sol. 24, 13. — (4) Sol. 24, 15. MCap. VI 667 med. — (7) Sol. 24, 11. — § 14: Sol. 24, 15. 8. 10. MCap. VI 667 extr. — § 15: (17) cfr. Vitr. VIII 2, 6.

---

1 citroque p*C* | cetuli a. &uli F^1. *del.* F^2 2 muricibus E(?)*v*. -cis *r* | ac purpuris E(?)*va.S* 3 salat A*S*. sala *rv* | CL *om.* A | asanan A | haustum A | //et portu R. *om.* DF^{1}d^1 4 fuut A^2*va.Bas.* fuit R^1. fud F^2. fot a | ad dirim AEd. -rin *v*. abd- DF. -rimi ap. ad darim R. ad Dyrin *B. cfr. Strabo XVII p. 825. Vitruv. VIII 2,6.* Ad*đ*irim *D*^{1} 5 esse R(?)a^{3}p*v*(*D*). et esse AF^2*J*. est esse *r* | CCC *MPt p. 579*^{a} 6 est iuor AE^2*J*. est uior *v*. *om. r*. est Diuor *U 90 coll. Ptol. IV 1,1* | ibi pauca *ego*. ibi fauo AE^2. ibe fabo (fab D) DF^{1}E^{1}a. ibi fabo *suprascr.* uel iuor F^2. ibi fama R(?)*v*. *del. D*^{1}. *locus adhuc corruptus* 7 extare AF^{2}E^2*H*. -tra *r*. estare p. existere *v* | q: dam R^1. qued- R^{2}a. quaed- DF^{1}E^1 | soli AF^{2}Ep*v*. sol *r* 9 ducum AF^{2}E^2*v*. ducumenses E^1. decu- a. ducumses R^1. ducum enenses (hen- p) DF^{1}R^{2}op. ducum emensus *coni. J*^{2} | transgressus E^{2}p*v*. -ssos Ao. egressus *r* 11 ceteris (*om.* quae) R 13 esse AE^2*G*. *om. r*aop*v* | cupressis R(?)*va.S* | similes *om.* E^1*S* 14 praeterquam AFdo*J*. -qua DRa. -que E(?)a^{3}p*B coll. XIII 95.* praeter *v* | grauitatem Eo*va.J*. -tē a^3 15 e *om.* F^{1}RE^{1}a^{1}op*va.G* 16 aestate *om.* o 17 ger *ll. H.* gerum o. sur p. niger *v* | uocatur AE^{2}op*v*(*D*). -caretur F^2*H*. -cetur *rS*

per solitudines nigri pulveris, eminentibus interdum velut
exustis cautibus, loca inhabitabilia fervore, quamquam
hiberno tempore, experto. qui proximos inhabitent saltus,
refertos elephantorum ferarumque et serpentium omni
genere, Canarios appellari, quippe victum eius animalis
16 promiscuum iis esse et dividua ferarum viscera. iunctam
Aethiopum gentem, quos Perorsos vocant, satis constat.
Iuba Ptolemaei pater, qui primus utrique Mauretaniae
imperitavit, studiorum claritate memorabilior etiam quam
regno, similia prodidit de Atlante, praeterque gigni herbam
ibi euphorbeam nomine, ab inventore medico suo appellatam.
cuius lacteum sucum miris laudibus celebrat in
claritate visus contraque serpentes et venena omnia privatim
dicato volumine. et satis superque de Atlante.

17 2. Tingitanae provinciae longitudo $\overline{CLXX}$ est. gentes
in ea: quondam praecipua Maurorum — unde nomen —
quos plerique Maurusios dixerunt, attenuata bellis ad paucas
recidit familias. proxima illi Masaesylorum fuerat;
simili modo extincta est. Gaetulae nunc tenent gentes,
Baniurae multoque validissimi Autololes et horum pars
quondam Nesimi, qui avolsi iis propriam fecere gentem
18 versi ad Aethiopas. ipsa provincia ab oriente montuosa

---

§ 15: (1) Sol. 24, 14. — (3. 4) ib. 10. — § 16: (8) Sol. 24, 15. — (10) ib. 9. cfr. Plin. XXV 77. 78. — § 17: (15) MCap. VI 668.

---

3 experto *ll.G(J)*. -tos **op***S*. -tum *H*. -tus *v* | inhabitant **Eaop**. -nte **DF**^{1}**R**. -nt ei **dT**. -tent ei *va.G(S)* 6 iis **A***v*. his *rG* | iuncta **AFRop** 7 gente **AF**^{2}**o** 8 qui **AE**^{2}*v*. *om.***rao** 9 imperauit **Eaop***va.S* | et tamquā **a**. -quam de **o** 11 euphorbiam **F**^{2}**Eaop***va.D* | suo sic **o** 14 athlante **F**. -tis **A** 15 tingitaniae **ADE**^{2}**p***va.S* | est **AE**^{2}**pa**^{3}*v*. et *r* 17 maurusios **p***v*. -risios **A**. -rosios *r* 18 recedit **DF**^{1}**R**^{2}**E**^{1}**a**. reddidit **R**^{1}*va.B* | masaesylorum **DF***D*. massae- **Ed**(?)*v*. mase- **A**. -sillorum **a**. -synorum **R** 19 sed simili **E**^{3}*va.S* 20 uaniure **A**. $\overline{V}$. a mare **F**^{2}. banurri *B*. bamurae *v* | autolales **F**^{1}. -tolodes **a**. -toles **R**. -toteles **A***D coll. § 9. sed cfr. § 5* 21 nesimi **ADFa***J*. -suni **E***v*. nisemi **R**. uesuni **E**^{3}*B* | auolsis **DFRE**^{1}**a** | iis *v*. his *G*. hiis **AE**^{2}. *om.r* 22 montosa *va.H*

fert elephantos, in Abila quoque monte et quos Septem Fratres a simili altitudine appellant. freto imminent iuncti Abilae. ab *i*is ora interni maris, flumen Tamuda navigabile, quondam et oppidum, flumen Laud, et ipsum navigiorum capax. Rhysaddir oppidum et portus, Malvane
fluvius navigabilis. Siga oppidum ex adverso Malacae in 19
Hispania siti, Syphacis regia, alterius iam Mauretaniae. namque diu regum nomina obtinuere, ut Bogutiana appellaretur extuma, itemque Bocchi quae nunc Caesariensis. ab ea portus Magnus, a spatio appellatus, civium Romanorum oppido. amnis Mulucha, Bocchi Masaesylorumque finis. Quiza Cenitana peregrinorum oppidum, Arsennaria
Latinorum, III a mari; Cartenna, colonia Augusti legio*ne* 20
secunda, item colonia eiusdem deducta cohorte praetoria Gunugu. promunturium Apollinis oppidumque ibi celeberrimum Caesarea, ante vocitatum Iol, Iubae regia a Divo Claudio coloniae iure donata; eiusdem iussu deductis veteranis Oppidum Novum et Latio dato Tipasa, itemque a

§ 18: Sol. 25, 2. Mela I 27. II 95. Sol. 25, 1. MCap. l. l. init. — § 19: (6) Mela I 29. Sol. 25, 16. MCap. l. l. — § 20. 21: Mela I 31. MCap. l. l. Sol. 25, 16. 17. Mela I 30. 31.

1 abila **ADFa***v*. hab- **R**. abyla **E** *Brot. cfr. III 4 et Ptol. IV 1,3* | et quo **Da**^{1}*va. G*. ex quo **F**^{1}**REp** 2 appellat **DF**^{1}**Ra**. -ant ii *G*. -at ii **a**^{3} | inminent *G*. -enti *ll.v*. -ent ii *S* 3 abilae **FRa***v*. -le **A**. abylae *r Brot.* | is **R**. his *r G* | interne **A**. -nis **DF**^{1}**R**^{2}**a**. -ms **R**^{1} | amuda **A**. tham- **p**. tamunda **F**^{1} 4 quodam **AR**. (nauigabile quondam, et *MPtp. 582*^{a}) | laud **AF**^{2}*v*. laut **E**^{2}**a**^{3}. aut *r* 5 rhysaddir **A***S. cfr. § 9*. rursus addir (adhir **D**) *r*. rusadir *H*. -ardir *v* | maluanae **A**. -na *va. S* 6 siga **A** *Sol. MCap. v*. sica **RE**. sicca *r* | malacae **D**^{2}*B*(*S*). -ce **A**. malcae **D**^{1}**Fd**. -lacte **E**^{1}**a**. -lacta **R**. -lachte **E**^{2}. -lachae *G* 7 hispaniae **DF**^{2}**dp**. -nie **Ra** | siti (*sc.* oppidi) **ARE***J*^{2}. titis **a**. ///it//// **F**^{1}. situ **F**^{2}. litus **D**. sitae **p**(?)*B*. -tum *v*(*D*^{1}) | syphacis **E**(?)**p***v*. -agis **D**. sifagis **a**. shii pacis **A**. gipagis **R**. ////pacis **F**^{1}. s̄ (= sunt) hę pa- **F**^{2} 8 bogudiana **E**(?)*va. J* 9 bochi **F**. bocci **Aa** | caesariensis **E**^{2}*v*. -rensis (cessa- **A**) *r* 11 oppidum **E**(?)**a**^{3}*v* 12 zenitana **R**. xen- **E**^{3}*B* | arsennaria **A***v*(*J*). -enaria *r S* 13 legione *J Müller emend. I 10*. -gio *ll.v* 15 gunugu *ll.J*. -gum *S*. -gi **E**(?)*G*. -gii *v* 16 ante **AEp**. -tea *r v* 18 item **Aa**^{1}

Vespasiano Imperatore eodem munere donatum Icosium; colonia Augusti Rusguniae, Rusucurium civitate honoratum a Claudio, Rusazus colonia Augusti, Saldae colonia eiusdem,
21 item Igilgili; oppidum Tucca, inpositum mari et flumini Ampsagae. intus colonia Augusta, quae item Succhabar, item Tubusuptu, civitates Timici, Tigavae. flumina Sardabal, Aves, Nabar. gens Macurebi, flumen Vsar, gens Nababes. flumen Ampsaga abest a Caesarea $\overline{\text{CCCXXII}}$. utriusque Mauretaniae longitudo |$\overline{\text{X}}$|·$\overline{\text{XXXVIII}}$, latitudo $\overline{\text{CCCCLXVII}}$.

22 **3.** (2) Ab Ampsaga Numidia est, Masinissae clara nomine, Metagonitis terra a Graecis appellata, Numidae vero Nomades a permutandis pabulis, mapalia sua, hoc est domos, plaustris circumferentes. oppida Chullu, Rusicade, et ab eo ad $\overline{\text{XLVIII}}$ in mediterraneo colonia Cirta

§ 21: (8—10) MCap. VI 669. Dic. 3, 1 extr. Div. 26. Dim. 25. — § 22: Sol. 26, 1. 2. MCap. VI 669. Mela I 29. 30. 33.

1 icosio **A***va.G* 2 rusguniae **A***v*(*D*). ruscon- *rB* | rusucurium **A***H*. rusc- *v*. rusucurum **R**. rusicor- (rusc- **a**) *r*. Rusuccuru (*CIL VIII p.766*) *D*^{2}. *cfr. MCap.* 3 rusaius **A**. suzasus **a**. ruz- *va.G* | saldae **AF** (s *in ras.*) *MCap.J. cfr. CIL VIII p.760.* -de *rv* | colonia *v*. -niae **AD**^{1}. -nia (-nie **R**) angustis (-sti **F**^{2}**R**) *r* 4 item *om.* **R***va.H* | gilcili **A**. igilgi **a** 5 ampsagae **DE***v*. -ge **Fa**. -ce **A**. amsagae **R** (*cfr. CIL VIII n.5884*) | quae (que **a**) item *ll.v. an* itemque? | succhabar **DFR***D*. succa- **Ea***B*(*H*). sucha- **Ap***v*. succub- *C* 6 tubusubtu **R**. -uptus **E**^{2}*B*. -umptu **a**. -tus **E**^{1}. (Tupusuctu *CIL VIII p.754*) | sardaual — 7 flumen **AF**^{2} **E**^{2}**p***v*. *om.r* | sardabal **E**^{2}*H*. -bala *B*. -bale *Mela*. -aual *rJ* 7 aues nabar (ina- **p**) **AE**^{2}**p***H*. auerna **F**^{2}*v*. nabar *B* | usar gens **E**^{2}*G*. -riens (ues- **p**) **Ap***v*. isargegens **DFa**. -ges gens **Rd**. gens **E**^{1}. (Sisar *Ptol. IV 2,2 p.599*) 8 nababaes **E**. -abe **a**. -ades *va.S*. nauaues **A** | CCCXXII **A**^{2}**R***MCap.S*. -XXXII **A**^{1}. CCXXII *rH*. -XXXIII *v* 9 |$\overline{\text{X}}$| *H*. $\overline{\text{M}}$· **A**. X· *r*. $\overline{\text{DCCC}}$ *v* | $\overline{\text{XXXVIIII}}$ **Fdap** *va.S* 10 CCCLXVII **DFda**. -LXIII **R** 11 masinisae **A**. massinissae **DFEop***va.S* 12 nomina **A** | metogonitis **o** | numidiae **AF**. -die **R**. -dia **a** 14 domos **A***D*. -mus *raov* | chullu **DFdTRa***Sol. cfr. CIL VIII p.700.* cullu **AE***v* | rusicade **a***B*. *cfr. CIL VIII n.6710 al.* -chade *v*. -ccade **ADE***J*. russicc- **R**. risicc- **F** 15 ad *ll.v*(*H*)*D*. *del.L*(*J*) | cirta **F**^{2}*B*. -tha *v*. chirta **p**. circita **AE**^{2}. *om.r*

Sit*t*ianorum cognomine, et alia intus Sicca liberumque oppidum Bulla Regia. at in ora Tacatua, Hippo Regius, flumen Armua, oppidum Thabraca civium Romanorum, Tusca fluvius, Numidiae finis. nec praeter marmoris Numidici ferarumque proventum aliud insign*e* ei.

4. (3) A Tusca Zeugitana regio et quae proprie vo- 23
cetur Africa est. tria promunturia, Candidum, mox Apollinis adversum Sardiniae, Mercuri adversum Siciliae, in altum procurrentia duos efficiunt sinus, Hipponiensem proximum ab oppido quod Hipponem Dirutum vocant, Diarrhytum Graecis dictum propter aquarum rigua. cui finitimum Theudalis inmune oppidum, longius a litore.
dein promunturium Apollinis et in altero sinu Vtica civium 24
Romanorum, Catonis morte nobilis, flumen Bagrada, locus Castra Cornelia, colonia Carthago Magnae in vestigiis Carthaginis, colonia Maxula, oppida Carpi, Mis*s*ua et liberum Clypea in promunturio Mercuri, item libera Curubis, Neapolis. mox Africae ipsius alia distinctio. Libyphoenices vocantur qui Byzacium incolunt. ita appellatur regio $\overline{CCL}$ p. circuitu, fertilitatis eximiae, cum centesima fruge agri-

§ 23. 24: Sol. 26, 2. 27, 1. MCap. VI 669. Mela I 33. 34. Sol. 27, 7. 5. 8. — § 24: (18) MCap. VI 670. Sol. 27, 6.

1 sittianorum **R**(?)*B*. siti- *ll.S*. sici- **a**. sati- **p**. sitta- *v* | sicca **A***v*. si//ca **R**. sica *r* 2 bulla — 3 oppidum *om.***E** | hippo **Ap***v*. -ppos *r* 3 Thabraca *ego e CIL VIII p. 513* tab- **A***H*. -cha **F**^{2}**R**(?)*B*. tachabraca (taca- **a**) **F**^{1}**Ta**. -bra *r*. -bracha *v* 4 finis *om.***RE**^{1}**aop** 5 numidii et **A** | prouentu **DFRp** | insigne ei *D*. -nei **A**. -nae **o**. -ne *rv* 8 aduersus **DF**^{1}**a** 9 duo **A***S*. *sed cfr. II 188* | hipponiensum **Da**. -nensem **E***va.J* 10 dilutum *coni.B*. Diarrutum. Zarytum *H* 11 a graecis **Ep***va.S* | irrigua **AF**^{2}**a**^{3}**p***v*. inr- **E**^{2}*S*. *cfr. § 6 et vol. IV p. 499 ad XVIII 29* 15 [cartha]go — cartha[ginis] *om.***A** | magnae **DRE***v*. -na **a**. -na et **F**^{2} *in ras.* 16 colonia **E***v*. -nia et *r* | maxula **AEa***G*(*S*). -xila *r*. -xulla *v*(*L*) | missua *D*^{2} *coll.* messua (*MCap.*) *et CIL VIII p. 129*. misua **AE**^{2}**a**^{2}*v*. -su *r* 17 clyppea **a**. chyphea **A**. clibea **R**. clupea **p***v* | neapolis **E***B*. -li **A**. -linis **a**. ne apollinis *rv* 19 byzacium **D***B*. biz- **A**. -atium **F**^{2}**R**. -antium (byz- **a**) *rv* | colunt **DFRa**^{1} 20 p. **Ad***G*(*D*). p̄. *r*. pass. per **o***v*(*H*) | circuitu **d***G*(*D*). -tu ita **A**. -tum **rao***v*(*H*)

25 colis faenus reddente terra. hic oppida libera Leptis, Hadrumetum, Ruspina, Thapsus. inde Thenae, Aves, Macomades, Tacape, Sabrata, contingens Syrtim Minorem, ad quam Numidiae et Africae ab Ampsaga longitudo $\overline{\text{DLXXX}}$, latitudo, qua cognitum est, $\overline{\text{CC}}$. ea pars, quam Africam appellavimus, dividitur in duas provincias, veterem et novam, discretas fossa inter Africanum sequentem et reges Thenas usque perducta, quod oppidum a Carthagine abest $\overline{\text{CCXVI}}$.

26 (4) Tertius sinus dividitur in geminos, duarum Syrtium vadoso ac reciproco mari diros. ad proximam, quae minor est, a Carthagine $\overline{\text{CCC}}$ Polybius tradit, ipsam centum milium passuum aditu, trecentorum ambitu. et terra autem siderum observatione ad eam per deserta .... harenis perque serpentes iter est. excipiunt saltus repleti ferarum multitudine et introrsus elephantorum solitudines, mox deserta vasta ultraque Garamantes, ab Augilis dierum
27 XII itinere distantes. super illos fuere gens Psylli, super quos lacus Lycomedis, desertis circumdatus. Augilae ipsi medio fere spatio locantur, ab Aethiopia, quae ad occidentem vergit, et a regione, quae inter duas Syrtis interiacet, pari utrimque intervallo, sed litore inter duas Syr-

§ 25: MCap. l. l. (cfr. Sol. 27, 6). Dic. 3, 2. Div. 25. Dim. 26. — § 26: MCap. VI 671. Sol. 27, 3. Polyb. XXXIV 15, 8 Hultsch. Agathem. III 8 (GGm II p. 473). Mela I 35. Sol. 27, 38. — § 27: MCap. l. l. Sol. 27, 41. 40. Mela I 37. Agathem. l. l.

2 thenae **a**[3] *B e MCap.* -ne **f**. -nco **R**[1]. then **R**[2]. thaena **F**. thena *rv(J). cfr. CIL VIII p. 10* | aues *ll. v(J). om. Verc.* 4 amsaga **DFRa**. *cfr. § 21* 6 et **Aov**(*J*). ac *rS* 7 fossas **DFRa** | sequente **AF** 8 thaenas usque **F**. tenasque **R**[1]. thenam usque *J* | producta **Eop** | a **AoR**(?)*v. om. r* 9 CCXVII **a**[3]*va. H* 11 dorsos **F**[2]. disros **op**. disyros **a**. disrhoos *va. G* | ad **F**[2]**E**(?) **op***v.* //// **F**[1]. a *r* 14 *lac. ego indicavi; exciderunt* operta *vel* operientibus uestigia: *cfr. § 38 et VI 166* 17 uasta **F**[2]**Ep***v.* -tae **F**[1]**R**. -te *r* | utraque **FR**[1]**a**. -aeque **R**[2] | augylis **E**(?)*va. J (item infra)* 18 psyllis **DR**. p////i **F**[1]. psillis **a** 19 ///comedis **F**[1]. hisc- **R**. isc- **D**. -odemis **a** 20 uocantur **DF**[1]**Ra** | qua *U 93* 21 inter **p**. *om. ll. v. cfr. IV 60*

tis CCL. ibi civitas Oeensis, Cinyps fluvius ac regio,
oppida Neapolis, Taphra, Habrotonum, Leptis altera, quae
cognominatur Magna. inde Syrtis Maior, circuitu DCXXV,
aditu autem CCCXII, [inde] accolit gens Cisippadum. in 28
intimo sinu fuit ora Lotophagon, quos quidam *M*achroas
dixere, ad Philaenorum aras; ex harena sunt hae. ab
*i*is non procul a continente palus vasta amnem Tritonem
nomenque ab eo accipit, Pallant*i*as appellata Callimacho
et citra Minorem Syrtim esse dicta, multis vero inter
duas Syrtis. promunturium, quod Maiorem cludit, Borion
appellatur. ultra Cyrenaica provincia.

Ad hunc finem Africa a fluvio Ampsaga populos 29
DXVI habet, qui Romano pareant imperio, in his colonias
sex, praeter iam dictas Vthinam, Thuburbi. oppida civium 22 24
Romanorum XV, ex quibus in mediterraneo dicenda Ab-
suritanum, Abutucense, Aboriense, Canopicum, Chiniavense,
Simithuense, Thunusidense, Thuburnicense, Thinidrumense,

§ 28: Sol. 27, 43. Mela I 36. Callim. fr. 398 B. Sol. 27, 7. Mela I 37. MCap. VI 671 extr.

1 cynyps **DF**. -nips **a***va.H* 2 taphra **E***v*(*D*). -phsa **F**^{2} *in ras.* tafra **R**^{2}. tha- **Da**. tra- **R**^{1}*J*^{1}. Graphara *S e Scylace 110.* Gaphara *MGGm I p. 86. 462. Ptol. p. 628*^{b} | abrotonum **Ea***B*. -nium **R** 3 inde **F**^{2}**E**(?)*MCap. v. om. r* | DCXXV **E**^{2}*MCap. C.* CXXV *rv* 4 *uncos ego posui. cfr. § 32. (aliter VI 77)* | cisipadum **d***va.S*. cis pa- **a** 5 Machroas (*MPt p. 638*^{a}) *D*^{2}. alach- (-ohas **R**. -croas **a**) *ll.v* 6 heę **dp**. eae *va.D* 8 pallantias *v*. -teas (-tehas **R**) *ll* | appellata a **p***va.G* 9 a multis **pE**^{3}*va.S* 10 claudit **p**. includit **E**^{3}*v* | borion **E**^{3}*B e Sol.* byr- **Ea**. bur- *rv* 11 prouincia **R**(?)*v*. promunturia (*vel* -nctoria) prouincia *r* 13 DXIII **R**. DXXVI **D**. XXVI *va.H* | parent **Ep***va.S* 14 iam supra **E**(?)*va.J* | thuburbi **Fa***D*^{1}. tub- *rS*. -bin **a**^{3}*v*. *cfr. CIL VIII p. 106. 148* 15 XII **R** | absuritanum *ll.v*(*J*). assu- *B*(*S*). azu- *G* 16 aboriense **Ea**^{3}*Bas.* -nte (abb- **F**^{1}) *rv* | canophicum **FR***va.C*. -obicum *J* (*item infra 372,5*) | chiniauense **DF**. cinia- **R**. chima- **Ea***D*. -anense **p***v*. cimauense **T***J*. chilma- *B e Ptol. IV 3,9.* cilma- *S* 17 simittuense **E***B*. simitu- **F**^{2}. rhim- *v*. simi/////en//// **F**^{1}. -ttemse **D**. -tiemse **R**. -thimse **a** | thunusidiense **F**^{2}*va.B*. chu- **F**^{1}. thumis- **a**. tusimid- **R**^{2}. tumid- **R**^{1} | thuburnicense **DFRa***D*. tub- **E***B*. -rbiense *v* | thinidrumense **E**^{2}*D* tyni- *B*. thibi- **E**^{1}**a**. tibi- *r*. tybi- *v*

Tibigense, Vcitana duo, Maius et Minus, Vagense. oppidum Latinum unum Vzalitanum. oppidum stipendiarium
30 unum Castris Corneliis. oppida libera XXX, ex quibus dicenda intus Achollitanum, Accaritanum, Avi*tt*ense, Abziritanum, Canopitanum, Melizitanum, Materense, Salaphitanum, Tusdritanum, Thisicense, Tunisense, The*u*dense, Tagesense, *T*ig*i*ense, Vlusubburitanum, Vagense aliud, ... ense, Zamense. ex reliquo numero non civitates tantum, sed plerique etiam nationes iure dici possunt, ut Nattabu*t*es, Capsitani, Musulami, Sabarbares, Massyli, Nicives, Vamacures, Cinithi, Musuni, Marchubi et tota Gaetulia ad flumen Nigrim, qui Africam ab Aethiopia dirimit.

§ 30: (12) Sol. 27, 5. 30, 1.

1 uchitana **F**^{2} 4 acchollitanum **R**. adcho- **E**. adco- **a**. acolit- *va.S* | accaritanum **DFda***D*. agga- **R***S*. accha- **E**. acha- **p***v* | auittense (*B*)*D*^{2}. *cfr. Ptol. IV 3,8. CIL VIII p. 100. 148.* -inense *ll.v* | Abdiritanum *Ptol. IV 3,9* 5 Melzitanum *va.S* | materense *ll.H.* mathar- **p**. madaur- *B*. marer- *v* 6 thiſicenſe **DF**(*B*)*D*^{2}. tiſi- **d**. tiſi- **a**. thiſdi- **R**. tiphi- **E**(?)*v*. *cfr. Ptol. IV 3,8* | tunisense (t *in ras.*) **F**^{2}*v*(*D*). thuni- **dE**^{2}. thimi- **p**. *cfr. Ptol. IV 3,9.* thuniense **RE**^{1}**a**. -icense **D**. tun- *G* | theudense **E**^{3}*B*. theod- **REa***D*^{2}. thaeod- **F**. stheod- **Dd**. scheod- **p**. schoed- *v* 7 tagesense **DF**^{2}**E***J*. -gensense **F**^{1}. -gense **a**. -gestense **E**^{3}*G*. -gastense *S cum B*. -gasense *v*. *cfr. CIL VIII p. 508* | tigiense *ego coll. CIL VIII p. 21.* //ig////ense **F**^{1}. sigense *rv*(*J*). tig- *B*(*D*^{2}) | ulusubburitanum **DFda***D*. -uburitanum **RE***v* (*iterat* ubur- **R**). -ubritanum *Dal.* 7. 8 siense **DF**^{1}**REa***J*. sige- **F**^{2}*v*(*D*^{1}). uise- *H*(*D*^{2}). uige- **E**^{3}*G cum B*^{1}. zige- *B*^{2}. (*an* Vzitense *e CIL VIII p. 17 vel* Ziquense *ex Augustini ep. 78, 4?* Vagense aliud Sigense *in unum coniungit OCuntz*) 8 zamense **E**^{3}*B*(*D*). zia- (zya- **F**) *ll.J.* zianie- *v*

9 plerique **F**^{1}**dREap***S*. -raeque (**D**?)**F**^{2}**a**^{3}*v*(*D*) | nattabutes *ego*. -udes *D*^{2}. nattha- **R**. natra- **a**. natha- **D**. nata *rv*. *cfr. Ptol. IV 3,6. CIL VIII p. 484* 10 musulami (*B*)*S*. -ani **F**^{2} *in ras.* **E***v*. musinsulami *r*. misulani *G*. *cfr. Ptol. l. l.* | sabarbates **R**. -babares **F**. Saburbures *Ptol. l. l.* Sub- *CIL VIII n. 8270. 10335* | massili **FRa***L* | niciues *ll.v*(*D*). nisi- *B e Ptol. l. l.* | uacures **DF**^{1}**E**^{1}**a**^{1}. (*cfr.* Maccurae *Ptol. IV 2,5 et* Astacures *ib. 3,6*) 11 cinithi **DdR***S*. *cfr. Ptol. IV 3,6.* orn- **a**. ci////// **F**^{1}. cithini **F**^{2}. eth- **E**^{2} *in ras.* **p***v* | musuni *ll.S.* *cfr. Ptol. l. l.* -ssini **p***v*. misuni *B*. Mucuni (*Sieglin*) *D*^{2} *e Ptol. IV 2,5* | marchubi **E**^{2}*D*. -bii **E**^{3}*v*. -ui **F**^{2}. macchui **E**^{1}**d**. machui *r*. (*cfr.* Malchubii *Ptol. IV 2,5 et* Machyni *ib. 3,6*) 12 nigrym **F**^{2}. -gym **F**^{1}. -grū **Ea**

5. (5) Cyrenaica, eadem Pentapolitana regio, inlu- 31
stratur Hammonis oraculo, quod a Cyrenis abest CCCC p., fonte Solis, urbibus maxime quinque, Berenice, Arsinoe, Ptolemaide, Apollonia ipsaque Cyrene. Berenice in Syrtis extimo cornu est, quondam vocata Hesperidum supra dic- 3
tarum, vagantibus Graeciae fabulis. nec procul ante oppidum fluvius Lethon, lucus sacer, ubi horti memorantur. abest ab Lepti CCCLXXV. ab ea Arsinoe, Teuchira vo- 32
citata, XLIII et deinde Ptolemais, antiquo nomine Barce, XXII. mox XL promunturium Phycuus per Creticum mare excurrit, distans CCCL p. a Taenaro Laconicae promunturio, a Creta vero ipsa CXXV. post id Cyrene, ab mari XI passuum, a Phycunte Apolloniam XXIIII, ad Cherronesum LXXXVIII, unde Catabathmum CCXVI. ac- 33
colunt Marmaridae, a Paraetoni ferme regione ad Syrtim Maiorem usque porrecti. post eos Acrauceles ac iam in ora Syrtis Nasamones, quos antea Mesammones Grai appellavere ab argumento loci, medios inter harenas sitos. Cyrenaicus ager XV p. latitudine a litore et arboribus fer-

§ 31: MCap. VI 672. Sol. 27, 45. Mela I 39. 40. Sol. 27, 44. 54. — § 32: MCap. VI 672. — (10) Sol. 27, 2. cfr. Mela I 37. (Plin. IV 60). Strabo XVII p. 837. Agathem. V 24 (GGm II p. 485). — (14) Sol. 27, 3. — § 33: MCap. VI 672 med.

2 a *om.* **a** 4 que *del. G* 7 lethon **a** *v.* loeton **E**. leton *r J* | lucus **E** *v.* locus *r* | ubi **FREa**. ubi hesperidum **E**^{3}(**D**?) *v* 8 a *v a. S* | lepti **E**^{3}*v.* leti **d**. lecci *r* | CCCLXV **a**. -XXVI **R**. -XXXV *v a. H* | arsinae **R** | teuchira **DE** *Bas.* theucira **F**. theutra **a**. tecira **R**^{1}. tuelcira **R**^{2}. tauchera *B e Scylace 108* 9 polemais **R**. ptolom- **E**^{2}**a** *D*^{2}. pholom- **E**^{1} 10 XL **RE** *H.* a. l. **Da**. CC·L **F**^{2} *in ras. v* | phycuus (phic- **R**. -uis **a**) *ll. D* 12 crete **R** | CCXXV *Brot. sed cfr. IV 60* | a **E**(?)*v* 13 XVI **a** | ab *S errore* | pychunte **a**. pichuntae **F**. -cunte **R** | apollonia **DR** | inde ad *MGGm I p. 446*^{h} 14 LXXX·II·X **FaT**. LXXXX **R** | CCXVI **E**^{3}*v.* CCVI *ll. cfr. MGGm l. l.* 16 acrauceles **DREa** *v*(*J*). -aceles **F**^{1}. -avciles **F**^{2}. ararauceles *B e Ptol. IV 4, 6* 17 graeci **RE**(?) *v a. S* 19 XII *MPt p. 671*^{a} | litori **DF**^{1}**Ra** | et *om.* **R**(?) | arboribus **E**^{2}**d**^{2}*v.* -re **F**^{2}. -ri *r*

tilis habetur, intus eodem spatio frugibus tantum, mox
34 XXX latitudine et CCL longitudine las*ere* modo. post
Nasamonas Asbytae et Macae vivunt; ultra eos Amantes
XI dierum itinere a Syrtibus Maioribus ad occidentem et
ipsi versus harenis circumdati, puteos tamen haut difficile
binum ferme cubitorum altitudine inveniunt ibi restagnantibus Mauretaniae aquis. domos sale montibus suis exciso ceu lapide construunt. ab *i*is ad Trogodytas hiberni occasus plaga dierum septem iter, cum quibus commercium gemmae tantum, quam carbunculum vocamus, ex
35 Aethiopia invectae. intervenit ad solitudines Africae super
26 Minorem Syrtim dictas versa Phazania, ubi gentem Phazaniorum urbesque Alelen et Cillibam subegimus, item Cidamum e regione Sabratae. ab *i*is mons longo spatio in occasum ab ortu tendit, Ater nostris dictus a natura,
36 adusto similis aut solis repercussu accenso. ultra eum deserta, Mathelgae oppidum Garamantum itemque Debris

§ 34: (3) Sol. 28,1. — (7) Sol. l. l. cfr. Plin. VI 147. XXXI 18.

1 eosdem **Da** 2 lasere *C.* -ri *v.* lasari *ll.J. cfr. XVII 259, sed contra XXXVII 204* (**B**) 3 asbytae *Ptol. IV 4,6.* arb- **F.** hasb- *v*(*D*). -bitae **R** *Bas.*(*J*). haspite **Ea.** asbystae **D**(*B*)*H* | mace **Ea** | uiuunt **E**[2]*v.* uiuont **D**(?)*S.* uiñt **R**[1]. ui **R**[2]. ui non (noni **F**[2]) **F.** ni r̄ **E**[1]**a** | amantes **R** *Sol. S.* manantes **F**[1]**d**[1]. amamantes **F**[2]. manentes **E**[2]**a d**[2]. mon- **E**[1]. amanien- **a**[3]. hammanien- *v.* Atlantes (*Sieglin ex Herod. IV 184*) *D*[2]. *cfr. § 44.* 4 XII **F** *f J* | maioribus **F**[2]**E**[2]**o** *v. om.* *r* 5 quaquauersus **E**[2]*v a. J*(*D*[2]) | difficiles **FEao** *v a. S* 6 fere **F**[1]**Rao** *v a. G* | *post* altitudi (-dine **F.** -dini **a**) *in* **DFREa** *traiecta leguntur* dri de quo diximus (II 187) — quam anticlides (IV 67) | [altitudi]nem **DRa** | inuentunt **DF**[1]. -tum **Ra** | restagnantibus **F**[2]**o E**(?)*v.* restant- *r* 7 domos **F**[2]**E**[2]**o** *v.* -mus *r S* | salem **DF**[1]**Ra** | suis *om.* **o** 8 is **a.** his *r v* | ad **F**[2]**E**[2]*v.* *om. r* 9 IIII *v a. H* 11 supra **E** *G* 12 syrtim **F**[2] *in ras.* **E**[2]*v.* -tas *r* | dictā/// **F**[2] | phazania (-na **F**[2]) — 13 urbesque **F**[2] *in ras.* **E**[2]*v.* paganiorum urbes ubi (aubi **Da**) gentem phazania (-zani **Dd.** -zini **E**[1]**a**) *r* 13 cyllybam **F**[1]. cvllvb- **F**[2]. cillab- *v a. S* 14 cydamum **E**(?)*C* 15 ater **Ed**[2]*v.* aeter **D.** -tae **F.** ac ter **a.** eter **Rd**[1] | a *del. Dal.* 16 repercussa **DFRa** | accensu **Fda.** -sus *coni. Dal.* 17 mathelge **E**[2]. -telge **o** *v.* mox thelgae (thelie **a.** helge **E**[1]) *r*(*D*). mox talgae *f S* | debris **DE**[2]*B e Sol. 29,1.* dedris *r* **o.** detris *v*

adfuso fonte a medio die ad mediam noctem aquis fer-
ventibus totidemque horis ad medium diem rigentibus,
clarissimumque Garama, caput Garamantum, omnia ar-
mis Romanis superata et a Cornelio Balbo triumphata,
unius omnium curru externo et Quiritium iure donato;
quippe Gadibus genito civitas Romana cum maiore Balbo
patruo data est. et hoc mirum, supra dicta oppida ab eo
capta auctores nostros prodidisse, ipsum in triumpho
praeter Cidamum et Garamam omnium aliarum gentium
urbiumque nomina ac simulacra duxisse, quae iere hoc
ordine: Tabudium oppidum, Niteris natio, Miglis Gemella 37
oppidum, Bubeium natio vel oppidum, Enipi natio, Thuben
oppidum, mons nomine Niger, Nitibrum, Rapsa oppida,
Viscera natio, Decri oppidum, flumen Nathabur, Thapsagum
oppidum, Tamiagi natio, Boin oppidum, Pege oppidum,
flumen Dasibari, mox oppida continua Baracum, Buluba,
Alasit, Galsa, Balla, Maxalla, Cizania, mons Gyri, in quo
gemmas nasci titulus praecessit. ad Garamantas iter in- 38
explicabile adhuc fuit, latronibus gentis eius puteos —

§ 36: (1. 2) Sol. 29, 1. — (3—8) Sol. 29, 7. cfr. Plin. VII 136. — § 38: Sol. 29, 5. 6. — (376, 5) cfr. Sol. 27, 3. — Mela I 40. — cfr. Dim. 27.

1 media die **o**   3 clarissimumque oppidum **E**^{3}*va.S*(*D*^{2}) | garama **F**^{2}**E**^{1}(?)*G*. car- **DF**^{1}**Ra**. garadana **o**. -dama **E**^{2}. -mum *v*   5 uni *coni.B*. uni huic *H* | externo curru **E**(?)*G cum B*   6 balbo maiore **E**(?)*v*   7 patruo *om.***R**   9 cidamum **DRa***v*: cyd- **r***C* | caramum **DFRa**. *cfr.supra*   10 ire **DFRa**. fuere *va.G*   11 tabidium **E***va.S* | nitiebres **E**^{1}. nici- **R**^{2}. niteris natio *del.***F**^{2} | miglis **R**^{2}*J*^{2}. milgis **F**^{2}*D*^{1}. niglis **E**^{2}*D*^{2}. *om.***E**^{1}. nis glis (-glir **R**) *r*. nisdi *va.B* | gemella **F**^{1}**R**^{2}**E***v*(*D*). -mela **DR**^{1}. -lema **a**. -male **d**. bubeium oppida **F**^{2}. (Nigligemela *B*[*S*]. Neglig- *G*)   12 bubeium **E**^{2} (*suprascr.*) *v*. nuptium *r* | thuben **E***v*. tu- *r*   13 rapsa oppidū **DFEa**   14 discera **R**(?)*va.D* | detri **d***v*. debris **E**^{2}*C*. *cfr.§36*   15 damiagi **F**. taminagi **R**^{1}. tamyaci **R**^{2}. namiagi **F**^{2}. nannagi *va.D*   16 desibari **R** | buluba **R***v*. -lba **DFa**. -lla **E**^{1}. -lluba **E**^{2}*D*^{2}. *cfr.MPt p.659*^{b} 17 halasit **DFa**. alasi **E***va.S*(*D*^{2}) | galsa **F**^{2}**E**^{2}*D*. balsa **E**^{1}(?)*v*. galia *rS* | balla *ll.S*. galla *v* | maxilla **E**^{1}. -il **a**. -xala *C*. mazalla **E**^{2}*D*^{2} | cizaniam **DR**. -ama *J*. zizaniam **a**. -zama *v* | giri in **R**. gyrim **F**^{1}**a**. gir **Dd**. gar- **o**   18 praecessit *ll.Bas*. prodidit **oz***v*

qui sunt non alte fodiendi, si locorum notitia adsit — harenis operientibus. proxumo bello, quod cum Oeensibus gessere initiis Vespasiani Imperatoris, conpendium viae quadridui deprehensum est. hoc iter vocatur Praeter Caput Saxi. finis Cyrenaicus *C*atabathmos appellatur, oppidum et vallis repente convexa. ad eum terminum Cyrenaica Africa a Syrti Minore |X|·LX in longitudinem patet, in latitudinem, qua cognitum est, DCCC*C*X.

39 **6.** (6) Quae sequitur regio Mareotis Libya appellatur, Aegypto contermina. tenent Marmarides, Adyrmachidae, dein Mareotae. mensura a Catabathmo Paraetonium LXXXVI. in eo tractu intus Apis interest, nobilis religione Aegypti locus. ab eo Paraetonium LXII·D, inde Alexandriam CC. latitudo CLXVIIII est. Eratosthenes a Cyrenis Alexandriam terrestri itinere DXXV prodit.

40 Agrippa totius Africae a mari Atlantico cum inferiore Aegypto |XXX|·XXXX longitudinem, Polybius et Eratosthenes, diligentissimi existimati, ab oceano ad Carthaginem magnam |XI|, ab ea Canopum, Nili proximum ostium, |XVI|·LXXXVIII fecerunt, Isidorus a Tingi Ca-

§ 39. 40: MCap. VI 672. — § 39: Eratosth. fr. p. 307 Berger. — § 40: Agrippa fr. 26 Riese. Polyb. III 39, 3. Eratosth. fr. p. 157 Berger. Agathem. III 10 (GGm II p. 474).

2 ocensibus **Ra** 4 quatriduo **o** *va. G* 5 athabatmos *ll* 7 decies *ll.* -ies centena *va. J* | LX milia *ll. va. D.* LX minus *MPt p. 664*^{b} | longitudinem *ll. v(J).* -ne **d** *C* 7. 8 patet in latitudinem (-ne **F**^{2}**R**^{2}*v*) **F**^{2}**R**^{2}**E**^{2}*J. om. r* 8 DCCCCX *D*^{2} *e VI 209.* DCCC/// **E**^{2}*v.* DCCCX *r D*^{1}. CCCC *MPt l. l.* 9 ea quae **E**^{2}**o** *va. H* 10 marmarides (a marm- **DF**) *ll. v(D).* -dae *L.* (*cfr. § 33. Paus. I 7,2*) | adirmacidae **DRa**. irm- **F** 11 deinde **DFRa** *S* | a *om.* **F**^{1}. e **Da** | cathbathmo **DFa**. chathmo **R** | ad paraetonium **E**^{2} *va. S(D*^{2}*)* 12 CXXXVI *MGGm I p. 435* | intus *om.* **E**^{1}. inter **R**^{2} *in ras.* uicus *B e Strab. XVII p. 799* (κώμη) 13 LXII·D **DFa** *D*^{1}. LXII *r MCap. v(H).* XII·D *B e Strab. l. l.* 14 C *va. H* 17 |XXX|·XXXX *G e MCap.* |XXX|·L *J*^{2}. |XXX| *D*^{1}. LXXX *ll.* LXXXV *v* 19 LXVI **F**^{2}. XVI *va. H* 20 XV **E** *H* | LXXXVIII *MCap. D*^{2}. *cfr. Strabo I p. 64.* XXVIII *ll. H.* XXIX *v*

nopum |XXXV*I*|·XCVII, Artemidorus XL M minus quam Isidorus.
7. (7) Insulas non ita multas complectuntur haec 41
maria. clarissima est Meninx, longitudine XXV, latitudine XXII, ab Eratosthene Lotophagitis appellata; oppida habet duo, Meningen ab Africae latere et altero Thoar, ipsa a dextro Syrtis Minoris promunturio passibus MD sita. ab ea C p. contra laevum Cercina cum urbe eiusdem nominis libera, longa XXV, lata dimidium eius, ubi plurimum, at in extremo non plus V. huic perparva Carthaginem
versus Cercinitis ponte iungitur. ab *i*is L fere passuum 42
L*e*padusa, longa VI; mox Gaulo*s*, Galata, cuius terra scorpiones, dirum animal Africae, necat. dicuntur et in Clupea emori, cuius ex adverso Coss*y*ra cum oppido. at contra Carthaginis sinum duae Aegimoer*oe*, Arae autem scopuli verius quam insulae, inter Siciliam maxime et Sardiniam. auctores sunt et has quondam habitatas subsedisse.

§ 41: Mela II 105. — Eratosth. fr. p. 308 Berger. Strabo XVII p. 384. Agathem. V 22. 21 (GGm II p. 483). — § 42: Sol. 29, 8. cfr. Plin. III 92. XXXV 202. — (15) Liv. XXX 24, 8. Strabo II p. 123.

1 |XXXVI|·XCVII *ego coll. Agathem.* XXXV·XCVIIII *ll.v.* |XXXVII|·XCVIII *D*^{2}*MEp.11* 4 meninx **E**^{2}*B*. -ix **F**^{2}**R**^{2}*v*. metri *r* 4. 5 XXXV..XXV *va.H* 5 lotophagites **DFRE**^{1}*va.G.* -tas **a** 6 thoar **F**^{2}*G*. thoiar *v*. troiar **E**. -ia **a**. troar *r*. Phoar *MPt p.662*^{a} 7 M **DF**. CC *va.H* 12 lepadusa *B*^{2}. lop- **E**^{3}*B*^{1}. lip- **DFdEa***v*. lypid- **R**^{2}. lapidia **R**^{1}. *cfr. III 92* | gaulos *ego*. -lo// **F**^{1}. -loe *ro*. -los et *B*. -lee *v* | scorpionem **o**. *sed cfr. vol. V p.487 ad XXXII 59* 13 negat **DF**^{1}**R** | & hinc **F**^{2} *in ras.* | clupea **Eo***v*(*D*). -ppea **a**. lupae **F**^{2}. glupea **DdR**. -pae **F**^{1}. clypea *S coll. § 24* 14 cossyra *D*. cosyra *Bas.* cossora *ll.* -ssiria **E**^{2}. -ssyria *v* | tum oppido (-dū **F**^{2}**R**^{2}) **FdRa** 15 duo **FdE**^{1}**a***va.H* | aegi (aege **F**^{2}**E**^{2}) moere (-ra **R**^{1}. mere **F**^{1}**d**) *ll.* aegimoroe *S*. -moerae *D*. -mori *G*. -muros *B e Strab.* | Arae *H*. eę arę **F**^{2}. i////// **F**^{1}. aea Re **E**^{2}. ca Rae **D**. ca Re **R**^{1}**E**^{1}**a**. ca ea Re **R**^{2}. carę **d**. a re *G*. arae, re uera *v*. *cfr. Serv. Aen. I 109. an potius* Chyarae (*olim scriptum* ciarae), *ut ap. Melam II 105?* | autem *ll.v*(*S*). *del.* **F**^{2}*G*(*D*^{1})

43 8. (8) Interiore autem ambitu Africae ad meridiem versus superque Gaetulos, intervenientibus desertis, primi omnium Libyes Aegyptii, deinde Leucoe Aethiopes habitant.
30 super eos Aethiopum gentes Nigritae a quo dictum est flumine, Gymnetes Pharusi, iam oceanum attingentes quos
10 in Mauretaniae fine diximus Perorsi. ab his omnibus vastae solitudines orientem versus usque ad Garamantas Augilasque et Trogodytas, verissima opinione eorum, qui desertis Africae duas Aethiopias superponunt, et ante omnes Homeri, qui bipertitos tradit Aethiopas, ad orientem
44 occasumque versos. Nigri fluvio eadem natura quae Nilo. calamum ac papyrum et easdem gignit animantes isdemque temporibus augescit. oritur inter Tarraelios Aethiopas et Oechalicas. horum oppidum Magium. quidam solitudinibus interposuerunt Atlantas, iuxta eas Aegipanas semiferos et Blemmyas et Gamphasantas et Satyros et Himantopodas.
45 Atlantes degeneres sunt humani ritus, si credimus. nam neque nominum ullorum inter ipsos appellatio est et solem

§ 43. 44: MCap. VI 673. — § 43: (4) Mela III 104. — Homer. α 23. — § 44: (11—13) Sol. 30, 1. cfr. Mela III 96. — § 45. 46: MCap. VI 673. 674. — § 45: Mela I 43—46. Sol. 31, 2. 3. 30, 2. 31, 4. 5.

1 interiore F^{1}E^{1}a. Iterĩ R. interiorē D. -ri *rv* 2 getulos F^2. gaetulo R. get- DF^1. gent- a 3 lybiaes (-ię F) aegypti DF. Tybieseg- R. lybyes eg- a. Libyaegyptii *B* | leucoe *S e codd. MCap*. laeucae F^2. -uae F^1. leuc D. -ce *r*. -cae *va.B*. (Leucaethiopes *B*) 4 nigrate E^{1}ao | quibus o 5 flumina DF^{1}Ra. -men a o | pharusii iam E(?) *H*(*J*). -si etiam R^2*v*. -stam DF^{1}R^{1}o. -sta a. -sii F^2. -si et iam *G*(*S*) | et quos *H* 6 perossi DF^{1}Rao 7 ad orientem uersus *MCap* 8 augilasque F^2*J*. augyl- E(?)*v*. angel- R^1. angil- (abg- F^1) *ro* 9 duas *om.* R 11 uersus FdE^{1}a 13 taraelios Ed. -rraelyos F^1. -relios o. -lyos F^{2}a. -leos *va.S* 14 oechalicas (oeth- F^2) *D*. -igeas R^2. oecalicas (eoc- o) Eo*v*. oe////ali////a F^1. oe///calicea R^1. oeacaluea (eac- a) Da | magnū a. Mauin *va.S* | *dist.* o*D* 15 imposuerunt E(?)*G* | iuxta eas (eos *v*) E^{2}o*v*. eosque iuxta F^2*D*. iuxtaque eos f. eos R. eosque *r* 16 blemmias Faoo*va.G*. -mas R | gamphasantas (gram- o) *v*. -thas F^2. campa- *r* | satiros R^{2}o. -t//ros F^1. sachros D. sathos R^1. sachos E^{1}a 17 rituus F^1*D* 18 inter ipsos (eos *v*) R^{2}E^{2}o*S*. *om.r*

orientem occidentemque dira inprecatione contuentur ut exitialem ipsis agrisque, neque in somno visunt qualia reliqui mortales. Trogodytae specus excavant; hae illis domus, victus serpentium carnes, stridorque, non vox: adeo sermonis commercio carent. Garamantes matrimoniorum exortes passim cum feminis degunt. Augilae inferos tantum colunt. Gamphasantes, nudi proeliorumque expertes, nulli externo congregantur. Blemmyis traduntur 46
capita abesse, ore et oculis pectori adfixis; Satyris praeter figuram nihil moris humani; Aegipanum qualis vulgo pingitur forma; Himantopodes loripedes quidam, quibus serpendo ingredi natura sit; Pharusi, quondam Persae, comites fuisse Herculis ad Hesperidas tendentis. nec de Africa plura quae memorentur occurrunt.

9. (9) Adhaeret Asia, quam patere a Canopico ostio 47
ad Ponti ostium Timosthenes |XXVI|·XXXVIII p. tradit, ab ore autem Ponti ad os Maeotis Eratosthenes |XV|·XLV, universam vero cum Aegypto ad Tanain Artemidorus et Isidorus |L|·XIIII·DCCL. maria eius conplura ab accolis traxere nomina: quare simul indicabuntur.

---

§ 46: Mela I 47. 48. III 103. Sol. 31, 5. 6. — § 47: MCap. VI 675. cfr. Sol. 40, 1. — Eratosth. fr. p. 339. 328 Berger. Agathem. III 10 (GGm II p. 474).

---

1 intuentur **o**. cū tu- **F** 2 insomnio **a**. -nia *va.S* | uisi sunt **E**^{1}**a** 3 specuus **F**^{1}*D* | haec **DF**^{1}**R**^{2}**ao***S*. *om.***R**^{1} 4 *an* stridor quoque? 6 augiles **o**. -gylae *va.J*. *cfr.§43* 7 gramphasantes **o** 8 blemmiis **F**^{2}**ao**. -mmis **R** -mnis **F**^{1} 12 est **Eao***va.S* | pharosi **E**^{1} 13 fuisse dicuntur **o** (**E**^{3} *suprascr.*) *v.* *supple* traduntur *e v.8* 14 memorantur **DF**^{1}**E**^{1}**R**^{1} 15 canobico *J* (*semper*) 16 timosthenes (dem- **R**^{2}) **RE***v*. -nus (thym- **a**) **DF**^{1}**a**. -othenus **F**^{2}. thimostines **o** | XXXVIII *ll.v*(*D*). *om.***o**. -VIIII **E**^{3}*L* | tradidit **FaE**^{3}*va.S*(*D*) 17 |XVI|·LXXV *MCap.* XVI·XLV·M *H* 19 et isidorus (ysi- **o**) **D**(?)**E**^{2}**o***v*. *om.r* | |L|·XIII·DCCL *D*^{2} *ME p.10. cfr.VI 209.* |LX|·III·DCCL *D*^{1}. LXIII·DCCL *ll.* LXIII·LXXV *H* LXXXVIII·DCCL (*del.G*) *v* 20 in qua re **DF**^{1}**d**^{1}**Eao**

48 Proxima Africae incolitur Aegyptus, introrsus ad meridiem recedens, donec a tergo praetendantur Aethiopes. inferiorem eius partem Nilus dextera laevaque divisus amplexu suo determinat, Canopico ostio ab Africa, ab Asia Pelusiaco, CLXX passuum intervallo. quam ob causam inter insulas quidam Aegyptum retulere, ita se findente Nilo, ut triquetram terrae figuram efficiat, ideoque multi Graecae litterae vocabulo Delta appellavere Aegyptum. mensura ab unitate alvei, unde se primum findit in latera, ad Canopicum ostium CXLVI, ad Pelusiacum CLVI est.
49 summa pars contermina Aethiopiae Thebais vocatur. dividitur in praefecturas oppidorum, quas νόμουϲ vocant: Ombiten, Apollo*no*politen, Hermo*nth*iten, T*h*initen, Phaturiten, Coptiten, Tentyriten, Dio*s*politen, Antaeopoliten, Aphroditopoliten, Lycopoliten. quae iuxta Pelusium est regio nomos habet Pharbaet*h*iten, Bubastiten, Sethroiten, Taniten. reliqua autem Arabicum, Hammoniacum tendentem ad Hammonis Iovis oraculum, Oxyrynchiten, Leontopoliten, Athribiten,

---

§ 48: MCap. VI 675. Sol. 32, 1. (Mela I 49). Dic. 6, 2 (cfr. 6, 6). 6, 3. cfr. Dim. 28. — § 49. 50: (12. 381, 4—8) MCap. VI 676.

---

1 colitur **E**^{1}**ad** *Dic.* coligitur **F** 3 dextra **do** *Dic. va. S* | diuisus **F**^{2}**E**(?)**o** *v. cfr. MCap. Dic.* -su *r* 4 canobico **DFR** *J* (*item infra*) 5 CCLXX *Dic.* 6 quidem **DF**^{1}**Ra** | findentes **DF**^{1}. fundente **o**. -tes **a** 7 utrique (-rumque *Dic.*) iam **DdR**^{1}**a** *Dic.* ///trique//// **F**^{1} | terrae *del.* **R**^{2} | ideo *va. S* 8 deltā **Ro** *va. G*
9 findit **E**^{2} *Dic. v* (*D*). fundit *rJ* | altera **DF**^{1}**da** 10 CLVI (*Külb*) *D.* CLXVI *Se Dic.* CCLVI *ll. v* 11 et thebaidis **o**
12 quos **a** | nomus **DFdTEa**. nom **R**^{1}. -mos **R**^{2} *MCap. v*
13 ombiten *ll. H.* -ten phanturiten (phatniten *B*) *codd. recc. v* | apollonopoliten (*Parthey*) *D.* apollop- *ll. v* | hermonthiten *B.* -motiten *ll. v* | thiniten *B.* tin- **F**^{2}**E**^{2}*v.* tinien *r* 14 coptiten **E**^{2}*B.* copiten (conp- **a**) *r.* -pititen *v* | diospoliten *Bas.* (*D*). -tem **E**^{3}. diop- *rv* (*S*) 16 pharbaethiten (*B*) *S.* -titen *G.* -betiten **E**^{3}. parbet- **F**^{2}. paruaet- **DF**^{1}**da**. paruet- **RE**. barbet- *v* 17 ad **F**^{2}**E**^{2}*v. om. r* | āmonis **F**^{2} *in ras.* hammonios **DE**^{1}**a** 18 oxyrynchiten **E**^{2}*B.* -rychite **E**^{1}. -chyrite **a**. -richiten **R**^{2}. -te **R**^{1}. oxirichiten **F**^{2} *in ras.* -te **D** | atribithen **F**^{1}**R**. -iten **F**^{2}**a**. atharrabiten (*B*) *G*

Cynopoliten, Hermopoliten, Xoiten, Mendesium, Sebennyten, Cabasiten, Latopoliten, Heliopoliten, Prosopiten, Panopoliten, Busiriten, Onuphiten, Saiten, Ptenethum, Ptemphum, Naucratiten, Meteliten, Gynaecopoliten, Menelaiten, Alexandriae regionem, item Libyae, Mareotis. Heracleopolites est in 50
insula Nili longa p. L, in qua et oppidum, Herculis appellatum. Arsinoitae duo sunt; hi et Memphites usque ad summum Delta perveniunt, cui sunt contermini ex Africa duo Oasitae. quidam ex iis aliqua nomina permutant et substituunt alios nomos, ut Heroopoliten et Crocodilopoliten. inter Arsinoiten autem ac Memphiten lacus fuit circuitu CCL aut, ut Mucianus tradit, CCCCL et altitudinis quinquaginta passuum, manu factus, a rege qui fecerat Moeridis appellatus. inde LXII p. abest Memphis, quondam arx Aegypti regum, unde ad Hammonis oraculum XII dierum iter, ad scissuram autem Nili, quod appellavimus Delta, XV. 48

(10) Nilus incertis ortus fontibus, ut per deserta 51

---

§ 50: (11) cfr. Mela I 55. — § 51: MCap. VI 676 med. Sol. 32, 1—3. cfr. Vitr. VIII 2, 6. 7. Amm. Marc. XXII 15, 8. Dic. 6, 7.

---

1 ſynopoliten **DF***va.G*. ſin- **Ra** | thermopoliten **F**^{2} | mendestum **DRa**. -thum **F** | sebenniten **DFRa** 2 cabasiten *He Ptol. IV 5, 19*. -stiten *ll.B*. sab- *v* | laetopoliten **F**. let- **Ra**. letap- *va.B* | heliopoliten — 3 saiten *om.* **a** | prosobiten **FRE**^{1}*va.B* | panopoliten *G*. -te **E**^{2}. *om.r*. cynop- *v*. *add.* thermopolitē **E**^{3}*va.H* 3 busiriten **D**(?)**F**^{2}**E**^{3}*B*. -sfriten **F**^{1}**R**. brusfiten **E**. -sophiten *v* | oniphiten **DF**^{1}**R**. oriph- **F**^{2}. omph- *va.B* | ptenethum **F**^{2}**E**^{3}*v*(*J*). -thu *G*. penethum *r* | ptemphum *ll.v*(*J*). phthemphu *B* | naueratiten **DFR**^{1}**a**. (*add.* ueratiten *va.B*. nitriten *G cum B*) 4 meteliten *B*(*H*). -lliten **DFdR***D*. melentiten **Ea**. -etiten *v*. *del. G* | oynecopoliten **R**. -lim **a**. -lyten (cyn- **F**^{2}) **F** 5 regionem (*U 95 coll. MCap.*) *J*. -ne *ll.v* 7 mempites **F**^{1}. -ides **R** 9 easitae **DFda**. oeas- *va.H* 10 alios **R**(?)**E**^{2}*v*. -ias *r* | nomus **F**^{2}**E**^{1}**T**. numus **DF**^{1}**Ra** | et crocodilopoliten **F**^{2}**E**^{2} (*om.* et *v*) *D*. *om.r* 11 autem item ac **DdE**^{1}**a**. au͞ ////// ac **FR** 12 tradidit **a** | CCCL **DF**^{1}**dE**^{1}**a** 13 passus **DFRa** | q. **F**^{1}. *om.***D** 14 LXV **F**^{2}. LXXII *va.H* | p. ////// **F**^{2}*G*(*D*). prope *r*. p. prope *v*(*S*). *de mendo cfr. III 152. IV 14. 69* | ars **R**. arsa **D**. ar **F** 15 iter est **E**^{3} *va.S*(*J*) 17 ut *ll.v*(*S*). it *C*

et ardentia et inmenso longitudinis spatio ambulans famaque tantum inermi quaesitus sine bellis, quae ceteras omnes terras invenere, originem, ut Iuba rex potuit exquirere, in monte inferioris Mauretaniae non procul oceano habet lacu protinus stagnante, quem vocant Nilidem. ibi pisces reperiuntur alabetae, coracini, siluri. crocodilus quoque inde ob argumentum hoc Caesareae in Iseo dicatus ab eo spectatur hodie. praeterea observatum est, prout in Mauretania nives imbresve satiaverint, ita Nilum increscere.
52 ex hoc lacu profusus indignatur fluere per harenosa et squalentia conditque se aliquot dierum itinere, mox alio lacu maiore in Caesariensis Mauretaniae gente Masaesylum erumpit et hominum *coetus* veluti circumspicit, isdem animalium argumentis. iterum harenis receptus conditur rursus XX dierum desertis ad proximos Aethiopas atque, ubi iterum sensit hominem, prosilit, fonte, ut verisimile
53 est, illo quem Nigr*i*m vocavere. inde Africam ab Aethiopia dispescens, etiamsi non protinus populis, feris tamen et beluis frequens silvarumque opifex, medios Aethiopas secat,

§ 52: Sol. 32, 4. 5. (cfr. 30, 1). Dic. 6, 8. 9. Mela III 96. Plin. VIII 77. — § 53: Sol. 30, 1. 32, 5. 6. 7. 8. Mela I 50. Vitr. VIII 2, 6. Amm. Marc. XXII 15, 11. — Homer. δ 477.

1 famaque **E**^{2}**op***v*(*J*). quae fama **F**^{2}*D*^{1}. que (///// **E**^{1}) fame **RE**^{1}**a**. quae famae **DF**^{1}**d**. famae *S* 2 quaesitus **DF**^{1}**TR**^{1}**Eap***S*. -tum **o**. -tu **R**^{2}**d**. que situ **F**^{2}. quaesitu cognitus **E**^{3}*v*(*D*^{2}). -tu cognita sunt *D*^{1}. quae situs *J* 3 inuenere **F**^{2}*v*(*D*). -niret *rJ*. -nerint *S* | originis **R** 4 monte **E**^{2}**o***Sol.v*. fonte *r* 5 lacū . . stagnantē **F**^{1}**dREao** | uocat **a** | nilidem ibi **R**^{2} *e corr.* **E**^{2}*B*. hilibi *v*. nullidem ibi **o**. nulli ibidem **DF**^{1}**a**. -lli; Ib- **F**^{2}. ni//li/////dē **E**^{1} 6 quoracini **DFR** | crocodillus **FR**. corcodri- **a**. cocodri- **o** | *dist. H* 7 caesarea **DFRa**. *om.* **o** | his eo **Ra**. heseo *va.B* 10 perfusus **o**. praef- **DF**^{1}**a**. rursus *va.Bas.* 12 maiori **Fao** | masaesylum *D*. massae- **E***G*. masaesilum (ae *in ras.*) **F**^{2}. mases- **R**^{2}. -sylum *v*. massilum **o**. masū (asū **R**^{1}) silum *r* 13 hominis **FEao** | cetus **E**^{2}**o**. caet- **F**. cecus **E**^{1}. caecus **DR**. cetus uetus **a** | circuit **o** 14 receptusq. **F**^{1}**REa**. -tis **o** 16 senserit **D**^{1}**o***va.S* | fonte ut **F**^{2}**E**^{2}**o***v*. -tem **D**. -tē ut **d**. -tē qui *r* 17 nigrim **d***Sol.* -rin *B coll. VIII 77*. -rum *ll.* **o** *Dic.v*(*S*). *cfr. § 30. 43. 44* 18 dispescens uel dissocians **o**

cognominatus Astapus, quod illarum gentium lingua significat aquam e tenebris profluentem. insulas ita innumeras spargit quasdamque tam vastae magnitudinis, quamquam rapida celeritate, ut tamen dierum V cursu, non breviore, transvolet, circa clarissimam earum Meroen Ast*a*bores laevo alveo dictus, hoc est ramus aquae venientis e tenebris, dextra vero Astosapes, quod lateris significationem adicit, nec ante Nilus quam se totum aquis rursus concordibus iunxit, sic quoque etiamnum Giris ante nominatus per aliquot milia et in totum Homero Aegyptus aliisque Triton. 54 subinde insulis impactus, totidem incitatus inritamentis, postremo inclusus montibus, nec aliunde torrentior, vectus aquis properantibus ad locum Aethiopum, qui Catadupi vocantur, novissimo catarracte inter occursantes scopulos non fluere inmenso fragore creditur, sed ruere. postea lenis et confractis aquis domitaque violentia, aliquid et spatio fessus, multis quamvis faucibus in Aegyptium mare se evomat, certis tamen diebus auctu magno per totam spatiatus Aegyptum fecundus innatat terrae.

55 Causas huius incrementi varias prodidere, sed maxime probabiles etesiarum eo tempore ex adverso flantium repercussum, ultra in ora acto mari, aut imbres Aethiopiae aestivos, isdem etesiis nubila illo ferentibus e reliquo orbe.

---

§ 54: (14) Sol. 32, 7. 8. Amm. Marc. l. l. 9. 10. cfr. Sen. NQ IV 2, 5. — Mela I (49) 52. — § 55: Sol. 32, 10. 9. Sen. NQ IV 2, 22. (Amm. Marc. l. l. 5—7). — (384, 1) Sol. 32, 11.

---

3. 4 ut quamquam .. tamen *P* 4 non *om.* **o** 5 transuolet **Eao***v*. trau- *rJ* | clarissimam **F**^{2}**E**^{2}**o***v*. car- *r* | astabores *v. cfr. Sol., Mela, Jul. Hon. 45 (p. 48 Riese)*. astob- *ll. S* 7 dextra (-rae **E**^{2}) *ll. v(S)*. -ro **d**(?) *G* | astosapes **Rd***S*. *cfr. Sol.* astus- *rv(D*^{1}*)* | latentis *va. S* 9 etiam non **E**^{2}. et in annū **Fa** | giris **DdRE**^{2}**o** *Dic. J.* gyris **FE**^{1}**a***v*. Siris *B*. Ciris *Tomaschek* | vt ante **E**^{3}*B* 11 impactus **F**^{2}**E**^{2}*v(D)*. pactus *rJ* 14 cathadupla **o**. catadupa *P* | uocatur **F**^{2}*P* 15 pluere **DF**^{1}**Eao** | creditur **F**^{2} *in ras. Sol. v(D)*. queritu᷑ **DdRa***S*. quaer- **Eo**. quaerit *J coll. VIII 214* 16 leuis et confractus **o** 18 euocat **a**. -omit **o***va. S* | certis **F**^{2}*v*. ceteris *r* | auctu **o***v*. actu *ll* 19 foecundus (fo *in ras.*) **F**^{2}*va. H.* ſec- **Dao** 22 repercussu **o** | ut **D**^{2}

Timaeus mathematicus occultam protulit rationem: Phialam appellari fontem eius, mergique in cuniculos ipsum amnem vapore anhelantem, fumidis cautibus ubi conditur. verum sole per eos dies comminus facto extrahi ardoris vi et
56 suspensum abundare ac, ne devoretur, abscondi. id evenire a canis ortu per introitum solis in leonem, contra perpendiculum fontis sidere stante, cum eo tractu absumantur umbrae, plerisque e diverso opinatis largiorem fluere ad septentriones sole discedente, quod in cancro et leone evenit, ideoque tunc minus siccari, rursus in capricornum et austrinum polum reverso sorberi et ob id parcius fluere. sed Timaeo si quis extrahi posse credat, umbrarum defectus iis diebus et locis sine fine adest.

57 Incipit crescere luna nova, quaecumque post solstitium est, sensim modiceque cancrum sole transeunte, abundantissime autem leonem, et residit in virgine isdem quibus adcrevit modis. in totum autem revocatur intra ripas in libra, ut tradit Herodotus, centesimo die. cum crescit, reges aut praefectos navigare eo nefas iudicatum est. auctus per puteos mensurae notis deprehenduntur. iustum
58 incrementum est cubitorum XVI. minores aquae non omnia rigant, ampliores detinent tardius recedendo. hae serendi tempora absumunt solo madente, illae non dant sitiente. utrumque reputat provincia. in XII cubitis famem sentit, in XIII etiamnum esurit, XIIII cubita hilaritatem

§ 57: Sol. 32, 11—13. (Dic. 6, 4. 5). — Herodot. II 19. — § 58: Sol. 32, 14. 15. 16. Dic. 6, 5. — Amm. Marc. XXII 15, 13.

1 phialam **F**^{2}**Ea**_v_. pi- _r_. (Phialus _Sol._) 3 uapore **FE**^{2}_v_. -rē (fetorē **a**) _r_ 6 ad canis **ad** | ortus **DF**^{1}**dR** 7 fontes **DF**^{1}**Ra** | in eo **E**^{2}_va.J_(_D_^{2}). e **E**^{1}**a**. o **R**^{1} | adsumantur **DF**^{1}**E**^{1}. adsaemātur **R** 8 e _om._ **DFdE**^{1}**a** 9 septemtrionem **DE**^{2}_va.S_ 10 tunc **F**^{2}**E**_v_. -nce **a**. tonc **F**^{1}. -ne **D**. tene **R** 11 ł urgeri **R**^{2} _suprascr._ | obiti **R** | parcitius **F**^{1}. partim usque **Ea** 12 timaeos **F**^{1}**R**^{1}**a** 13 locus **DF**^{1}**a** 14 crescera **R**. -re **a** _Dic._ 16 leone **F**^{2}**o** | residet **F**^{2}**ao**_va. Bas. cfr. XVIII 167_ 17 reuocantur **R** 22. 23 hae serendo **DF**^{1}**a**. herendo _codd. Dic._ 23 adsumunt **DF**. assu- **a** _Dic._ 24 utrimque **F**^{1}**dR**^{1}**Ea** _Dic._ 25 sentiti **D** | in **F**^{2}**R**^{2} _in ras._ **Eo**_v_. ait **D**. aut **a** | etiam non **o**

adferunt, XV securitatem, XVI delicias. maximum incrementum ad hoc aevi fuit cubitorum XVIII Claudio principe, minimum V Pharsalico bello, veluti necem Magni prodigio quodam flumine aversante. cum stetere aquae, apertis molibus admittuntur. ut quaeque liberata est terra, seritur. idem amnis unus omnium nullas exspirat auras

Dicionis Aegyptiae esse incipit a fine Aethiopiae 59
Syene; ita vocatur paeninsula M passuum ambitu, in qua castra sunt, latere Arabiae, et ex adverso insula *est* $\overline{\text{IIII}}$, Philae, $\overline{\text{DC}}$ p. a Nili fissura, unde appellari diximus Delta. hoc spatium edidit Artemidorus et in eo CCL 48
oppida fuisse, Iuba $\overline{\text{CCCC}}$ p., Aristocreon ab Elephantide ad mare $\overline{\text{DCCL}}$. Elephantis insula intra novissimum cata*r*racten $\overline{\text{IIII}}$ p. et supra Syenen $\overline{\text{XVI}}$ habitatur, navigationis Aegypti*ae* finis, ab Alexandria $\overline{\text{DLXXXV}}$ p.: in tantum erravere supra scripti. ibi Aethiopicae veneunt naves; namque eas plicatiles umeris transferunt, quotiens ad catarractas ventum est.

(11) Aegyptus super ceteram antiquitatis gloriam $\overline{\text{XX}}$ 60
urbium sibi Amase regnante habitata praefert, nunc quo-

§ 59: (11) MCap. VI 676. — § 60: Mela I 60. — (386, 2) Sol. 32, 40. — (5. 6) ib. 41.

2 ad F^2Eo*v*. ab *r Dic.* | hoc aeuo *Dic.* hoc XVI a. hoc///// F^1. h///// D | XVIII FEao*Sol.v.* XXVIII R. XVIIII d. X///// D. XVII *Dic.* 3 farsalico R^2o*Dic.* par- F^1. pars (pras R^1) aliquo R^1ad | magno a*Dic.* 5 aemittuntur F^1. em- f*P* 8 paeninsulae DF^1. -las a | M EadT*H.* ∞ m R^2. *om.* DF^1R^1. $\bar{C}$ F^2. CM *v* | passum F. pedes D(?) | ambitum F^1. *om.* R 9 insula est *J.* -lae FdEa*v*(*S*). -la *r*(?)*H. del. P* | $\overline{\text{IIII}}$ (*P*)*H.* IIII *ll.v*(*S*). *del. J* 10 philae D(?)E^3*B.* pi- *rv* | de p Fa 12 p. d*S.* passuum D(?)*v.* ped. R. pedes FEa (*cfr. v. 8*). *om. D* 14 $\overline{\text{IIII}}$ DdRE*H.* MMMM a. *in* F *spat. vac.* III·M *G.* CCCC·M *v* 15 aegyptie F^2E^2. -tii *r* | DLXXX E*H.* -XVI *C* 16 aethiopiae FR^1E^1. -pie a | ///// ueneunt FD^2. ueniunt dRE^2. euen- E^1a. aeuen- D. conuen- *v* 17 umeris *S.* hum- $F^2R^2E^2$*v.* -iles (um- D) *r* 18 cataractas F^1. carta- F^2R 20 amase (-sae F^2) Eo*v.* amm- (-sae F^1) DF^1R*J.* -asse ad | habitata *om.* o | praefert F^2Eo*v.* -rri *r*

que multis etiamsi ignobilibus frequens. celebrantur tamen Apollinis, mox Leucotheae, Diospolis Magna, eadem Thebe portarum centum nobilis fama, Coptos, Indicarum Arabicarumque mercium Nilo proximum emporium, mox Veneris oppidum et iterum Iovis ac Tentyris, infra quod Abydus, Memnonis regia et Osiris templo inclutum, $\overline{\text{VII}}$·D p. in
61 Libyam remotum a flumine. dein Ptolemais et Panopolis ac Veneris iterum et in Libyco *Ly*con, ubi montes finiunt Thebaidem. ab iis oppida Mercuri, Alabastron, Canum et
50 supra dictum Herculis. deinde Arsinoes ac iam dicta Memphis, inter quam et Arsinoiten nomon in Libyco turres quae pyramides vocantur, et labyrinthus, in M*oe*ridis lacu nullo addito ligno exaedificatus, et oppidum Crialon. unum praeterea intus et Arabiae conterminum claritatis magnae, Solis oppidum.

62 **10.** Sed iure laudetur in litore Aegyptii maris Alexandria, a Magno Alexandro condita in Africae parte ab ostio Canopico $\overline{\text{XII}}$ p. iuxta Mareotim lacum, qui locus antea Rhacotes nominabatur. metatus est eam Dinochares architectus pluribus modis memorabili ingenio, $\overline{\text{XV}}$ p. laxitate insessa ad effigiem Macedonicae chlamydis orbe

---

§ 61: (12) cfr. Plin. XXXVI 84 sqq. — § 62: Sol. 32, 41. 42. MCap. VI 676 extr. — (19) cfr. Amm. Marc. XXII 16, 7.

---

1 celebratur **F**^{2}**o** 2 mox — 3 nobilis *om.* **R**^{1} | leucotheae (-taeae **F**. -tee **a**) & **DFda** | thaebę **F** 3 nobilis *periit in marg.* **R**^{2} | copios **F**^{1}**R**. -osa **a** *va. G* 5 abidus **F**^{2}**R**. aui- **DF**^{1}**a** 7 ptolomais **F**^{2}**R**^{2}**E***D*^{2}. -ma//is **F**^{1}. -meis **a** | panonpolis **FR**^{2}**a**. ponon- **R**^{1} 8 libyco lycon *v.* libicolicon **F**^{2}**E**^{2}. libicon (lyb- **a**) *r* 9 thebaido **Da**. -dę **d**. thaebaides **F**^{2}. -d/// **F**^{1} 10 arsinoes **F**^{2}**d***v*(*J*). -noe **E**(?)*C.* -nues *r* | aeiam **D**. & iam *va. S* 12 et laberintus **o**. labyrinthus **E**(?)*v.* -thus et **DT**. laberinthus (-tus **a**. -birinthius **F**. lybirinthus **R**^{1}) et (est **R**^{2}) *r* | in **F**^{2}**Ed***v*(*D*). *om. r.* ad (*P*)*S.* e *J* | moeridis *B.* mir- **Ea***v.* myr- **DFd**. -dus **R** 13 lacus **R**^{2}. -um (*P*)*S* | crialoln **R**. crocodilon *H ex Herod. II 147* (*U 96*) 14 unde **o** 18 lacus **Fa** *va. G* 19 rhacotes *Janus Parrhasius ap. P e Strab. XVII p. 792.* archo- **F**^{2}. erapo- **E**^{1}**a**. arapo- *r va. G* | dinocares **Fa**. -ros **R**. -crates **z** *Sol. va. G. cfr. Amm. Marc. et Vitr. II praef. 1; contra Plin. VII 125. XXXIV 148*

gyrato laciniosam, dextra laevaque anguloso procursu, iam tum tamen quinta situs parte regiae dicata. Mareotis 63
lacus a meridiana urbis parte euripo e Canopico ostio mittit ex mediterraneo commerci*a*, insulas quoque plures amplexus, XXX traiectu, C*CL* ambitu, ut tradit Claudius Caesar. alii schoenos in longitudinem patere XL faciunt schoenumque stadia XXX: ita fieri longitudinis CL p., tantundem et latitudinis. sunt in honore et intra decursus 64
Nili multa oppida, praecipue quae nomina ostiis dedere, non omnibus — XII enim reperiuntur superque quattuor, quae ipsi falsa ora appellant —, sed celeberrimis VII, proximo Alexandriae Canopico, dein Bolbitino, Sebennytico, Phatmitico, Mendesico, Tanitico ultimoque Pelusiaco. praeterea Butos, Pharb*ae*t*h*os, Leontopolis, At*h*ribis, Isidis oppidum, Busiris, Cynopolis, Aphrodites, Sais, Naucratis, unde ostium quidam Naucratiticum nominant quod alii Heracleoticum, Canopico, cui proximum est, praeferentes.

11. (12) Vltra Pelusiacum Arabia est, ad Rubrum 65
mare pertinens et odoriferam illam ac divitem *terram* et

---

§ 63: (4) MCap. VI 676 extr. — § 64: (11) Sol. 32, (8.) 42. Mela I 60. — (16) cfr. Sol. 32, 42. Tac. ann. II 60. — § 65: Mela I 61. III 79. Sol. 33, 1. 2. 4. MCap. VI 678 init. cfr. Plin. VI 143. — Mela III 74. — (388, 7) ib. 80. Plin. VI 156. — Agrippa fr. 27 Riese. — Sol. 33, 2. MCap. VI 677 extr. Herodot. IV 41.

---

1 dextrā **DF**[1]**a** 2 regia **DFda** | dicato **Ea**. -tę **d** | mareotes **F**[1]**a** 3 a/// **F** *G*(*D*). ad *rv*(*S*) | meridianā . . partē **Ea** *va.G*(*S*) | euripo e (**D**?)**E**[2]*v*(*J*). -po & **F**[2] *in ras.* -pi e (ē **a**) **Ea**. -pre **R**. -pum *S* | canobico **F**[1]**dRE***J* 4 mittit ex **DFR***S*. -ttat ex **Ea**. -ttitur *G*. -ttitur ex **E**[2]*v* | commercia *D*. -cio *ll.v* 5 CD *MCap.* | traiectu **F**[2]*v*. -tus *r MCap.* | CCL (*P*)*D*. CD *ll.* CL *H*(*e MCap.*) DC *v* 10 XI *va.H* 12 deinde **R**(?)*va.S* | sebenitico **FRa** 13 phatmitico **FEa**. phanmi- **R**. phatni- **D**(?)*B*. phanni- *v*. *cfr.MPt p.681* 14 pharbaethos *H*. -baetos *P*. -botos *ll*. -boetos *v* | athribis *P*. atr- *ll.va.L* | issidis **F**[1]**a**. sidis **R** 15 chynopolis **a**. chin- **FR** | aphrodites *P*. -tos (apho- **R**) *ll.va.G* 16 naucraticum **F**[2](**R**[1]?)*va.H*. nauueratis (naufe- **a**) unde ostium **D**(**F**[1])**da** 17 canobico **F**[1]**R***J* | praeferentis **DF**[1]**a** 19 terram *ego e MCap. om.ll.v*

Beatae cognomine inclutam. haec *C*atabanum et Esbonitarum et Scenitarum Arabum vocatur, sterilis, praeterquam ubi Syriae confinia attingit, nec nisi Casio monte nobilis. his Arabes iunguntur, ab oriente Canchlei, a meridie Cedrei, qui deinde ambo Nabataeis. Heroopoliticu*s* vocatur alterque Lae*aniticus vel Ae*laniticus sinus Rubri maris in Aegyptum vergentis, $\overline{\text{CL}}$ intervallo inter duo oppida, Laeana et in nostro mari Gaza*m*. Agrippa a Pelusio Arsinoen, Rubri maris oppidum, per deserta $\overline{\text{CXXV}}$ p. tradit: tam parvo distat ibi tanta rerum naturae diversitas.

66 **12.** (13) Iuxta Syria litus occupat, quondam terrarum maxuma et plurimis distincta nominibus. namque Palaestine vocabatur qua contingit Arabas, et Iudaea et Coele, dein Phoenice et qua recedit intus Damascena, ac magis etiamnum meridiana Babylonia, eadem Mesopotamia inter Euphraten et Tigrin quaque transit Taurum Sophene, citra vero eam Commagene et ultra Armeniam Adiabene, Assyria ante dicta, et ubi Ciliciam attingit Antiochia.
67 longitudo eius inter Ciliciam et Arabiam $\overline{\text{CCCCLXX}}$ p. est,

§ 66: Mela I 62. 63. MCap. VI 678. — § 67: MCap. l. l. Div. 19. Dic. 2, 4 extr. — (389, 11) Mela I 65.

1 catabanum *B*. atab- **E**. attab- *r*. cattab- *J* | hesbonitarum **F**^{2}. herb- **F**^{1} 2 uocantur **Ra** 3 ibi **F**^{1}**dRa** | syria et **R** 4 arabis **F**^{1}**a** | canchlei **E**(?)*B*. -laeis (cancl- **a**) **DFa**. -leis **dT***v*. calchlaeis **R** 5 cedrei **E**(?)*B*. -reis *rv* | heroopoliticus (-loticus *v*) *B*. -cū (herop- **R**^{2}) *ll* 6 laeaniticus uel aelaniticus *ego coll. VI 156. 165*. laelani- **DFE**. lelani- **d***v*. laenali- **a**. aelani- **R**(?)*G* 7 laeana **DF***v*. laetina **E**. lęan **R**. len **a**. aelana *G* 8 gazam *Bas*. -za *v*. gaia **F**^{2}**E**^{2}. zaza *r*. (mara) zizana **a** | a *om.* **DF**^{1}**R**^{1}**a** | arsinoi **F**^{1}. -oem e **R**^{2} *e corr*. 11 siriam **o** 12 pluribus **R**(?)*v a. D* 13 palaestinae **DFd**. -na **R**(?)*v a. D* | uocabatur **F**^{2}**Eo***v*. -bantur *r* | et iudeam **o**. *om.* **E** 14 cele **Ea** | dein **o***v*. set in **DdE**. sit in **a**. s////// **F**^{1}. s. exin **F**^{2}. exin **f***S*. deinde **R**^{2}*D*^{2}. *om.* **R**^{1} | poenice **R**. ////nicae **F**^{1}. phenice **a**. fenicen **o** | et **F**^{2}**E**^{2}**o**(**D**?)*v*. et in *r* 15 mediterranea *coni. Littré* | eadem *ego*. et ead- **D**(?)*v*. ex ead- *r* 16 quoque **Eao** 17 eam **FRa***S*. etiam *r* | cum magene **R**. cū magiaene **DF**^{1} | adiabane **F**^{1}**Rao** 18 antea **Fao**

latitudo a Seleucia Pieria ad oppidum in Euphrate Zeugma
CLXXV. qui subtilius dividunt, circumfundi Syria Phoe-
nicen volunt et esse oram maritimam Syriae, cuius pars
sit Idumaea et Iudaea, dein Phoenicen, dein Syriam. id
quod praeiacet mare totum Phoenicium appellatur. ipsa
gens Phoenicum in magna gloria litterarum inventionis et
siderum navaliumque ac bellicarum artium.

(14) A Pelusio Chabriae castra, Casius mons, delu- 68
brum Iovis Casii, tumulus Magni Pompei. Ostracine
Arabia finitur, a Pelusio LXV p. **13.** mox Idumaea in-
cipit et Palaestina ab emersu Sirbonis lacus, quem quidam
CL circuitu tradidere. Herodotus Casio monti adplicuit,
nunc est palus modica. oppida Rhinocolura et intus
R*h*aphea, Gaza et intus Anthedon, mons Argaris. regio
per oram Samaria; oppidum Ascalo liberum, Azotos, Iam-
ne*ae* duae, altera intus. Iope Phoenicum, antiquior terra- 69
rum inundatione, ut ferunt, insidet collem, praeiacente
saxo, in quo vinculorum Andromedae vestigia ostendit.

---

§ 68: Sol. 34, 1. MCap. VI 679. — Herodot. II 6. III 5. — (13) cfr. Amm. Marc. XXII 16, 3. Mela I 64. Sol. 34, 1. — § 69: Sol. 34, 2. cfr. Plin. IX 11. Mela I 64. Strabo XVI p. 759. — (390, 1. 3) MCap. VI 679.

---

1 epieria **F**^{2}**o***va.B*. epte- **DF**^{1}**R**^{2}**a**. apte- **R**^{1}. *om. MCap.* | zeugma **E**^{2}*C*. -mam *r*. zeuma *B*. -mam **o***v* 2 circum euphraten siriam **o**. circa eufraten. syria **a** 3 et *del.* **E**^{2}*Bas* | coram **DF**^{1}**a** | mariumam **D**. mar////// **F**^{1}. mariā am **R**^{1}. maurū am **a** 4 deinde **Eao***va.S* | phoenice **D**(?)*G* | deinde *va.S* | syria **D**(?)*G* 7 et (*pro* ac) **R**^{2}. e **R**^{1}, a/// **F**^{1}. *om.* **a** 8 cassius **DR***Sol. va.G* (*item infra etiam* **Fao**) 9 ostracene **F**^{2}. tracinus **a** 10 LXVI *MCap.* 12 circuitus **DFdao**. -tu *r*(?)*v*. 13 non (n̄) **F**^{1}**R**^{1}**a** | rchino colura **a**. ///hin- **F**^{1}. rinocorura **o** 14 rhaphea *B*. rapheae **F**^{2}. -phaeae **E**^{2}. -fegia **R**^{2}. -phace **o***v*. -paea **D**. -peae **R**^{1}. -pee **a**. -paeae **E**^{1}. -pęaae **F**^{1} | gaza **o***v*. gaia **F**^{2}**E**^{2}. *del.* **R**^{2}. zaza *r. cfr.* § *65* | angaris **o***va.H* 15 per oram *ll.v.* perea **o** | ascalon **R**^{2} | azotos **E**^{1}**a***v*(*J*). -tus **E**^{2}**o***G*. azostos *r* | iamneae *H cum Salm. p. 401*^{b} *D e Strab.* (*J*). -niae *S cum B*^{2}. -nes **F**^{3}*B*^{1}. hiomnes **R**^{1}. ham- **D**. ///am- **F**. am- *r*. sam- *v* 16 duo **R**^{2}**d** | uicus *coni. B e Strab.* | ioppe **R**(?)*Sol. va.S*(*D*^{2}) 18 in quo *ll.v.* quod **o** (*prob. Rück 3 p. 242*) | ŏstendit **DFdRao** (*sc.* Iope: *cfr. Sol.*). -dunt **E**(?)**p***v*

colitur illic fabulosa Ceto. inde Apollonia, Stratonis Turris, eadem Caesarea ab Herode rege condita, nunc colonia Prima Flavia a Vespasiano Imperatore deducta, finis Palaestines, CLXXXVIIII p. a confinio Arabiae. dein Phoenice; intus autem Samariae oppida Neapolis, quod antea Mamortha dicebatur, Sebaste in monte, et altiore Gamala.

70 **14.** (15) Supra Idumaeam et Samari*am* Iudaea longe lateque funditur. pars eius Syriae iuncta Galilaea vocatur, Arabiae vero et Aegypto proxima Peraea, asperis dispersa montibus et a ceteris Iudaeis Iordane amne discreta. reliqua Iudaea dividitur in toparchias decem quo dicemus ordine: Hiericuntem palmetis consitam, fontibus riguam, Emmaum, Lyddam, Iopicam, Acrabatenam, Gophaniticam, Thamniticam, Betholeptephenen, Orinen, in qua fuere Hierosolyma, longe clarissima urbium orientis, non Iudaeae modo, Herodium cum oppido inlustri eiusdem nominis.

71 **15.** Iordanes amnis oritur e fonte Pan*e*ade, qui cog-

§ 70: (7—10) MCap. l. l. — (12. 15) Sol. 35, 4.

1 fabulis a **R**. famulos (-lus **a**) **da**. fa///ul////a **F**^{1} | derceto *G*. *cfr. §81* | apollonia (app- **o**) **F**^{2}**o***v*. -ll////ia **F**^{1}. -llinia **R**^{2}. -nia a **R**^{1}. -nis a *r* 2 cesaria **F**. -ri **a** 3 flauia **E**^{2}*v*. phabia (*supr.* ł flauia) **F**^{2}. flabia **R**^{2}. pa- **F**^{1}. fa- *r* | palestinis **F**^{1}**ado**. phalestine **R** 4 CLXXXVIII **dT** *MCap.* | a *om.* **DF**^{1}**Ra** | phoenices (fen- **a**) **FdRE**^{1}**ao***va.G* 5 samaria **FE***va.G*(*D*) | mamortha **E**(?)*v*. -ta **F**^{2}. amam- *r* 6 et altiore *ll.P*(*H*). -or ea *G*. altiore *v* 7 samariam *v*(*D*). -ritim **R**^{2}*J coll. StByz. s.v.* Σεβαστή. -ridim (-dē **a**) *r* 9 perea **o**. pere **F**^{1}**Ra**. parea *va.B* | asperi **F**^{1}**R**^{1}**a** 10 a *om.* **E**^{1} 11 XII **o** 12 hiericontem **d***va.G*. ier- **ao** | eriguam **R**. irrig- **o***va.S* 13 liddam **R**^{2}**o**. hydd- **D**. ///ydd- **F**^{1}. chid- **R**^{1} | iopeticam **R**^{2} | acrabatenam (-thenam *v*) **o***G*. -tennam **E**^{2}. acrebitenam **F**^{2}*J*. -nnam **DF**^{1}**Ra**. -epitennam **E**^{1}. *cfr. Rück 3 p. 242* | gophaniticam **o***J*. gophn- *G ex Iosepho.* zophani- *ll.v* 14 thamniticam (ta- **o**) **F**^{2}**E**^{2}**o***G*. -nicam **E**^{1}. thanicam (ta- **a**) *r*. thami- *v* | betholeptephenen *J*^{2}. bethl- *H ex Ios. b. Iud. IV 8,1.* betholet **F**. -le et **o***v*. -len *C*. -lenen *G*. betolet **DE**^{2}. -leth **d**. -lē **R**. -le **E**^{1}. betelo **a** *et* thephene **F**^{2}**E**^{2}**o**. -penen **dR**. thenepenen (thaen- **F**^{1}) *r*. Tephenen *C*. -ne *v* | orinę **F**^{1}**dRa**. eno- **F**^{2}**E**^{2}**o** 15 non **DdR***G*. nom̄ *rv* 16 cum **D**(?)**F**^{2}**Eo***v*. *om. r* 17 iordanis **R**^{2}**Eao***va.J* | paneade *Sol.* **E**^{3}*v*(*D*^{2}). -niade **DRo***S*. -da **F**^{1}. -dae *r*. *cfr. Ioseph.*

nomen dedit Caesareae, de qua dicemus. amnis amoenus 74
et, quatenus locorum situs patitur, ambitiosus accolisque se praebens velut invitus Asphaltiten lacum dirum natura petit, a quo postremo ebibitur aquasque laudatas perdit, pestilentibus mixtas. ergo ubi prima convallium fuit occasio, in lacum se fundit, quem plures Genesaram vocant, XVI p. longitudinis, VI latitudinis, amoenis circumsaeptum oppidis, ab oriente Iuliade et Hippo, a meridie Tarichea, quo nomine aliqui et lacum appellant, ab occidente Tiberiade, aquis calidis salubri.

16. Asphaltites nihil praeter bitumen gignit, unde et 72
nomen. nullum corpus animalium recipit, tauri camelique fluitant; inde fama nihil in eo mergi. longitudine excedit C p., latitudine maxima LXXV implet, minima VI. prospicit eum ab oriente Arabia Nomadum, a meridie Machaerus, secunda quondam arx Iudaeae ab Hierosolymis. eodem latere est calidus fons medicae salubritatis Callirhoë, aquarum gloriam ipso nomine praeferens.

17. Ab occidente litora Esseni fugiunt usque qua 73
nocent, gens sola et in toto orbe praeter ceteras mira, sine ulla femina, omni venere abdicata, sine pecunia, socia palmarum. in diem ex aequo convenarum turba renascitur, large frequentantibus quos vita fessos ad mores eorum fortuna fluctibus agit. ita per saeculorum milia

---

§ 71: MCap. VI 679 med. Sol. 35, 1. 3. — § 72: Sol. 35, 2. cfr. Plin. II 226. — (16) MCap. l. l. — § 73: Sol. 35, 9. 11. 12. MCap. l. l.

---

4 petat **DF**^{1}**da** 6 genesaram **F**^{2}*v*. gennesarum **R**^{2}. gentes aram (arum **R**^{1}) *r* 7 XVI **Ead***Sol.v*. XXVI **R**. XV **DF** 8 culiade **DF**^{1}**Ea** 9 tarichea *C*. -iacea **R**. tharicea **E**^{2}. -racea *r*. -ritie *v* 12 animalis **o** (*cfr. Rück 3 p. 243*) 13 longitudine **F**^{2}*v*. -nē *r* 14 XXV *va. J* 15 ab oriente *et* a meridie *sedem mutare voluit U 97* | macherus **Fa***B*. -charon *v* 16 secundā **Da** | ars **DR**^{1}. ar// **F**^{1}. pars **a** 17 callirrhoe **DdE**(?)*Sol. L* (*D*^{2}). -rroe *MCap. J*. cali- *S*. calliroe **R**^{2}**o***C*. -roce **a**. -r///e **R**^{1}. callyrhoce **F** 19 litore **R**^{2}*va. G* | hesseni **FRa***va. C* 20 et *om.* **R** 24 fortuna *ego*. -nae *ll. v* | fluctus **R**(?)**E**^{3}*G* | agit ita **DdTR***J*. agitata **Ea**. -itat **F**^{2} *in ras*. -itat ita **E**^{3}*v* (*D*)

— incredibile dictu — gens aeterna est, in qua nemo nascitur. tam fecunda illis aliorum vitae paenitentia est! infra hos Engada oppidum fuit, secundum ab Hierosolymis fertilitate palmetorumque nemoribus, nunc alterum bustum. inde Masada castellum in rupe, et ipsum haut procul Asphaltite. et hactenus Iudaea est.

74 **18.** (16) Iungitur ei latere Syriae Decapolitana
regio, a numero oppidorum, in quo non omnes eadem
observant, primum tamen Damascum epoto riguis amne
Chrysorroa fertilem, Philadelphiam, Rhaphanam, omnia in
Arabiam recedentia, Scythopolim, antea Nysam, a Libero
Patre sepulta nutrice ibi Scythis deductis, Gadara, Hiero-
71 mice praefluente, et iam dictum Hippon, Dion, Pellam
aquis divitem, Garasam, Canatham. intercursant cinguntque has urbes tetrarchiae — regnorum instar singulae, et
regna contribuuntur — Trachonitis, Paneas, in qua Caesarea
71 cum supra dicto fonte, Abila, Arca, Ampeloessa, Gabe.
75 **19.** (17) Hinc redeundum est ad oram atque Phoenicen.
fuit oppidum Crocodilon, est flumen. memoria urbium
Dorum, Sycaminum. promunturium Carmelum et in monte

---

§ 74: MCap. VI 679 extr. — (9—12) Sol. 36, 1. 2. — § 75: MCap. VI 680. — (393, 2—4) cfr. Plin. XXXVI 190.

---

2 fecunda illis **F**^{2} *in ras.* **E**^{2}*v*. -dat uis (illis **R**^{2}o) *r* | uita o 3 engada *ll. J.* -dda *G e Ptol. V 15,5.* eg- *v* 5 Massada *Sol. D*^{2}. *sed cfr. Ioseph.* 7 et **R**^{1}**Ea**. //// **F**^{1}. e o 8 a **F**^{2}**R**^{2} **E**^{2}o*v*. *om. r.* dicta a *MCap.* | qua o 9 primum *ego.* plurimi//// **E**^{2}*v*. -mum *rJ.* *de mendo cfr. XIV 29. XXXVII 54. (XXIX 67. VII 139)* | epoto *J.* ex epoto (*Vossius*) *H.* et octo **a**. et opoto *ll.* -ton *v* 10 raphana **FRa** 11 recedentia **F**^{2}**R**^{2}*v*. recid- **E**^{2}. reincid- *r* 12 ibiscitis **R**. ebisc- **Fa** | *dist. v a. H(D). cfr. Sol.* | ieromice **R**. hieromiace **E**(?)*v a. S* 13 praeterfluente **a** | hippodion **F**^{2}**R**^{2}*v a. G.* hip/////ion **R**^{1}. ipondion **a** 14 garasam *D*^{2} *coll. CIL X n. 867,21.* gala- *ll. v.* Gerasa *coni. B et Salm. p. 435*^{b} *B* | canatam **DFa**. -acam **R** | intercussant **F**^{1}**R**. -urrunt **F**^{2}**Ea***v a. G(D)* 15 regnorum *ll. v(S)*. regionum *G* 16 regno **Ea**. in regna **E**^{3}*v a. J. cfr. § 77. 82 extr.* | traconitis **FREa***v a. C* | panias **FR***S* 17 ambila **FREa** 19 oppido **DF**^{1}**a** | crocodilon **E**(?)*B.* -illo *r.* -ilo *v* 20 sygaminum **DFRa***v a. Bas.*

oppidum eodem nomine, quondam Acbatana dictum. iuxta
Getta, Geba, rivus Pacida sive Belus, vitri fertiles harenas
parvo litori miscens; ipse e palude Cendebia a radicibus
Carmeli profluit. iuxta colonia Claudi Caesaris Ptolemais,
quae quondam Acce. oppidum Ecdippa, promunturium
Album. Tyros, quondam insula praealto mari DCC passibus 76
divisa, nunc vero Alexandri oppugnantis operibus continens;
olim partu clara, urbibus genitis Lepti, Vtica et illa aemula
terrarumque orbis avida Carthagine, etiam Gadibus extra
orbem conditis: nunc omnis eius nobilitas conchylio atque
purpura constat. circuitus XVIIII est, intra Palaetyro
inclusa; oppidum ipsum XXII stadia optinet. inde Sarepta
et Ornithon oppida et Sidon, artifex vitri Thebarumque
Boeotiarum parens. **20.** a tergo eius Libanus mons orsus 77
MD stadiis *Z*imyram usque porrigitur, quae Coeles Syriae
cognominatur. huic par, interiacente valle, mons adversus
Antilibanus obtenditur, quondam muro coniunctus. post
eum introrsus Decapolitana regio praedictaeque cum ea 74

§ 76: Mela I 66. 34. [cfr. Sall. Cat. 10, 1. Vellei. I 12, 6]. — § 77: MCap. VI 680.

1 acbatana (acbet- **Ea**) *ll.S.* ecb- *B.* egab- *v* | dictum **F**^{2} *in ras.* **dR**^{2}*v.* ctotum *r* 2 ietta **a.** gelta **R** | geba **DFRE***J.* iebar **a.** ieba (*B*)*S.* iebba *G.* le- *C.* ge- *v. del. U98* | pagida **E**^{3} *va.S* 3 cendebia *S*(*D*). -euia **F**^{2}*v*(*J*^{2}). -ebria **E**^{1}. -eberia *r J*^{1}. *cfr. XXXVI 190* 4 CL (*pro* Claudio) **Fa** | ptholomais (-aeis **F**^{1}) **F.** ptolomeis **a.** tholo- **R** 5 Ace *B* | eodippa **Fa.** haecd- **R** 6 tyrus (tir- **o**) **Eo***va.J* 8 utica **F**^{2}**E**^{2}**o***v.* -ce *r* | illa *ll.* **dop.** illa romani imperii **E**^{3}*v.* (*sc.*Tyri aemula. *cfr. XV 76. XXXIII 141*) 9 que *om.* **p***va.S.* quae **D.** qu//// **F**^{1}. et **o** 10 urbem **o** 11 *an* in ora (*pro* intra)? | paelaetyro **F.** pelet- **Ra** 12 optinent **F**^{1}**Ra** | inde *ll.H. add.* indeae **E**^{1}. ideae **F**^{2}**RE**^{2}. idea et **F**^{1}. idee **p.** ydee **a.** idaea **D.** ide ac **dT***va.G.* idaea et *D.* enhydra *coni.B.* euhydra *G* | sarepta **TE**^{3}*B.* -tas **R**^{2}. tareptas *r.* sarapta *v* 14 mons libanus **R**(?)*va.J* 15 zimyram *D coll. § 78.* sim-*B.* gymiram *ll.* zym- *v.* gimarum **o** | quae (que **Ra**) *ll.v*(*S*). qua *G* | coeles *J.* caeles **F.** celes **o.** celer **a.** coele (cele **R**) *rv* | syriae **F**^{1}*J.* -ie **ao.** sirie **R.** syria *rv* 16 interiacente **FdREaoc***v.* -rueniente **D**(?)*S* 17 antilibanus **F**^{2}**E**^{3}*C.* antel- *rv* (*item infra § 80*) 18 regio est *va.S*

78 tetrarchiae et Palaestines tota laxitas. at in ora *i*tem subiecta Libano fluvius Magoras, Berytus colonia, quae Felix Iulia appellatur, Leontos oppidum, flumen Lycos, Palaebyblos, flumen Adonis, oppida Byblos, Botrys, *Gigarta*, Trieris, Calamos, Tripolis, quon*i*am Tyrii et Sidonii et Aradii optinent, Orthosia, Eleutheros flumen, oppida Zimyra, Marathos contraque Arados, septem stadiorum oppidum et insula ducentis passibus a continente distans, regio, in qua supradicti desinunt montes, et interiacentibus campis Bargylus mons.

79 (18) Incipit hinc rursus Syria, desinente Phoenice. oppida Carne, Balanea, Paltos, Gabala, promunturium, in quo Laodicea libera, Dipolis, Heraclea, Charadrus, Posidium. **21.** dein promunturium Syriae Antiochiae. intus ipsa Antiochia libera, Epi Daphnes cognominata; Oronte amne dividitur. in promunturio autem Seleucia libera, Pieria
80 appellata. **22.** super eam mons eodem quo alius nomine, Casius. cuius excelsa altitudo quarta vigilia orientem per tenebras solem aspicit, brevi circumactu corporis diem noctemque pariter ostendens. ambitus ad cacumen $\overline{XVIIII}$

---

§ 78: (5) Mela I 67. — (9) MCap. VI 680. — § 79. 80: MCap. l. l. — § 80: Sol. 36, 3. Mela I 61. — (395, 1. 3. 5) ib. 69.

---

1 palaestines **DF**^{2}**R***v*(*D*). -nis **Ea**. -nos **F**^{1}. -nae *G* | at in **DdEa***v*. ad in **F**^{1}**R**. in **F**^{2}*D* | *post* in *lac. indic. J* | item (*vel* eidem) *ego*. autem *ll. J*. etiamnum *G*. nunc *v* 2 magoras **DE**^{1}*B*. nago- (-nas **R**^{1}) *rv* | baritus **R**. per- **a** | leonton *P* 4 gigarta *B e Strab*. cicarda **a**p. zic- **REd**. zyc- **DF**^{1}. syc- **F**^{2}*v* 5 quoniam *B*. quondam *ll. v*. quam *C*. *de ellipsi cfr. § 74 init. et Müller de stilo p. 79 § 30; de mendo cfr. VI 42* 6 ortosia **R**^{2}. -osi **R**^{1}. -osii **F**^{2} *in ras*. -os **a** | zimyra **Rd***D*. sim- *B*. zymira (zim- **a**) *rv*. *cfr. § 77* 7 matratos **R**^{2}. intr- **R**^{1} | Aradum Antarados *coni. B* 10 abargylus **Dd**. -liis **a**. -gilus **F**^{1}. -girus **R**^{2} *in ras*. 10. 11 *dist. D*^{2} 11 hunc **Ra** 12 balanea **E***v*. -lenea **dR**^{1}. -lenaea **DF**. balnea **R**^{2}. balea **a** | gabala **F**^{2}*v*(*J*). -le **E**^{3}*B*. cababa **F**^{1}. calaba *r* 13 dipolis *ll. v*(*J*). diosp- **E**^{3}*B* 14 antiochenae *va. H* 15 epidaphnes (-pnes **R**) *ll. G*. -ne *B*. -neis *v*. Ἐπὶ Δάφνῃ *Strabo*. epiphanes **o** 16 promunturio **F**^{2}**E**^{2}*v*. -riū *r* 17 quo **D**(?)**F**^{2}*v*. que *r* 19 temporis **o**

p. est, altitudo per derectum $\overline{\text{IIII}}$. at in ora amnis Orontes, natus inter Libanum et Antilibanum iuxta Heliopolim. oppida Rhosos et a tergo Portae, quae Syriae appellantur, intervallo Rhosiorum montium et Tauri. in ora oppidum Myriandros, mons Amanus, in quo oppidum Bomitae. ipse ab Syris Ciliciam separat.

23. (19) Nunc interiora dicantur. Coele habet 81
Apameam, Marsya amne divisam a Nazerinorum tetrarchia, Bambycen, quae alio nomine Hierapolis vocatur, Syris vero Mabog — ibi prodigiosa Atargatis, Graecis autem Derceto dicta, colitur —, Chalcidem cognominatam Ad Belum, unde regio Chalcidena fertilissima Syriae, et inde Cyrresticae *Cyrrum*, *G*azetas, Gindarenos, Gabenos, tetrarchias duas quae Granucomatitae vocantur, Hem*e*senos, Hylatas, Ituraeorum gentem et qui ex *i*is Baethaemi vocantur, Mariamnitanos, tetrarchiam quae Mammisea appellatur, Paradisum, 82
Pagras, Penelenitas, Seleucias praeter iam dictam duas, 79
quae Ad Euphraten et quae Ad Belum vocantur, Tardytenses. reliqua autem Syria habet, exceptis quae cum Euphrate

---

1 derectum F¹R. dir- *rv* 3 oppidum *va.S* | partae quae F¹. -teque F²a 4 interualla F² | rosiorum F²a. //os- F¹. rhosiriorum R¹. rhvs- R² 6 ab syris EdT*v*. abasyris DF¹. -siris R¹. -riis R². -ssyriis F²a 8 apamiam F²E²*C* | nazerinorum E*v*. -riuorum Ra. -ruiorum *r* 10 mabo R. magog d(?)*va.S* | atergatis E¹a*va.B* | derceto R(?)*B*. decre- *rv* 11 colit F² | calchidem FE. calci- a | ad belum *B*. ad bellum (appe- R) *ll* 12 chalcidene F¹*va.D*. caldid- R | cyrresticae F*D* (*et dist.*). -ce *rH*. -ca *v* 13 cyrrum gazetas (*J*. -zatas *G*) *G*. yrtica z&as E. yst- DR. yrtiaeaza&as F. ircieazetas a. irnea- *v* | gindarenos *v*. tind- R. zind- ad. zynd- *r* 14 granucomatitae (graniic- *v*) F²*D*. -matae *rG* | appellantur Da | hemesenos *D coll.§ 89*. emes- *H*. hemis- *Ven*. emis- *B*. hermis- R*v*(*J*). ermis- Ead. ermys- D. aermys- F². -sones F¹ | hilatos R | ytyraeorum F. ytire- d. ytere- E. yter a 15 baethaemi F*D*. -hocemi E. bethaemi D*J*². -hocemi a. -hemi R*J*¹. baetarreni *B*. betemi *v* | mariammitanos R(?)*B* 16 mammisaea F. mamisea a. -ssea R 17 penelenitas DFdE*v*(*D*). -lonitas R. -lempnas a. pinaritas *B e Strab. et Ptol.* | seleucias .. dictam *B*. -ciam .. -tas *ll.v* 18 belum D(?)*B*. -llum *r* | tardytenses *J e coni. H* (*ob litterarum ordinem*). tatdice- FE¹a. tratdite- E². cardi///e- R. cardyte- D(?)*B*. tardice- *v*

dicentur, Arethusios, Beroeenses, Epiphanenses ad Orontem, Laodicenos, qui Ad Libanum cognominantur, Leucadios, Larisaeos, praeter tetrarchias in regna discriptas barbaris nominibus XVII.

83 **24.** (20) Et de Euphrate hoc in loco dixisse aptissimum fuerit. oritur in praefectura Armeniae Maioris Caranitide, ut prodidere ex iis, qui proxime viderunt, Domitius Corbulo, in monte Aga, Licinius Mucianus, sub radicibus montis, quem Capoten appellant, supra Zimaram $\overline{XII}$ p., initio Pyxurates nominatus. fluit Derzenen primum, mox Anaeticam, Armeniae regiones a Cappadocia excludens.
84 Dascusa abest a Zimara $\overline{LXXV}$ p.; inde navigatur Sartonam $\overline{L}$, Melitenen Cappadociae $\overline{XXIIII}$, Elegeam Armeniae X, acceptis fluminibus Lyco, Arsania, Arsano. apud Elegeam occurrit ei Taurus mons nec resistit, quamquam $\overline{XII}$ p. latitudine praevalens. Ommam vocant inrumpentem, mox ubi perfregit, Euphraten, ultra quoque saxosum et violentum.
85 Arabiam inde laeva, Or*r*oeon dictam regionem, trisc*h*oena

§ 83: Sol. 37, 1. MCap. VI 681. — § 84. 85: (13—397, 1) Sol. l. l.

1 arethusios *B e Strab. et StByz.* arbe- *v*(*J*). -tusios **F**^{2} *in ras.* -trosios **R**. -thosios **E**^{2}. -thiosios **E**^{1}**ad**. -baethyosios **D** | Epiphaneenses *H* | orintem **E**^{2}. -ientem **D**(?)**F**^{2}*va.*(*U 102*) *J* | *dist. U* 2 laudicenos **F**^{1}**R** 3 descriptas **DF**^{2}**E***va. D.* -tis **a** 7 charanitide **o** | uiderunt **o***v*(*D*^{2}). -rant *ll. H* 8 aga *ll. v*(*J*). aba **E**^{3}*B e Ptol.* 9 appellant **DF**^{2}**Eao***v*. -at **F**^{1}**R***S* | zymaram **F**. tym- **R**. cymir- (simyr- *C*) *va. H* 10 $\overline{CCXII}$ *U 104* | pixurates **Fao**. pyxir- *va. H* | derzenen **DdR***D*. -nē **F***v*. -num (terz- **a**) **Ea**. derxenen *B e Strab.* (xerx- *B*^{2} *U 104*) 11 anaeticam **DFE***J*. anet- **Ra**. anait- *H*. anaetiam **E**^{3}*G*. anet- *v* | armeniam **FRa** 12 zymara **F**. zimata **R**. simyra *C* | sastonam **D**. past- *va. S* 13 XXIIII *ll. H*(*J*). LXXIIII *C*(*S*). XXVII *v* | elegeam **F**^{2} *Sol. D.* -giam *rv* 14 elegeam **F**^{2}*D*. aelaeug- **F**^{1}. eleug- **R**. euleg- **Ea**. -giam **o**. elegiam **Dd***v* 15 resistit **Rao***v*. restitit *rD*^{1}. *cfr. Sol.* 16 ommam **DFR**^{2}**Eo***S*. omniā **a***v*. -nam **R**^{1}**dT**. omirram *B* 17 ibi **o** | ultra *om.* **E**^{1}. tum *H* | saxuosum **DFE**^{1}**a***D* | ac *va. S* 18 lasua **E**^{1}**a** | orroeon *D coll. VI 25. 117. 129.* moroeon (mer- **R**^{2}) *ll.* oreon *H*. merorum *v* | trischoena (**D**?)*G*. -scaeno **a F**^{2}**E**. friscoeno (-caeno **F**^{1}**a**. -ceno **d**) **a** *r*. tricena *v*

mensura, dextraque Commagenen disterminat, pontis tamen, etiam ubi Taurum expugnat, patiens. apud Claudiopolim Cappadociae cursum ad occasum solis agit. primo hunc illic in pugna Taurus aufert victusque et abscisus sibimet alio modo vincit ac fractum expellit in meridiem. ita naturae dimicatio illa aequatur, hoc eunte quo vult, illo prohibente ire qua velit. a catarractis iterum navigatur. XL p. inde Commagenes caput Samosata.

(21) Arabia supra dicta habet oppida Edessam, quae 86
quondam Antiochia dicebatur, Callirrhoen, a fonte nominatam, Carrhas, Crassi clade nobile. iungitur praefectura Mesopotamiae, ab Assyriis originem trahens, in qua Anthemusia et Nicephorium oppida. mox Arabes qui Praetavi vocantur; horum caput Singara. a Samosatis autem latere Syriae Marsyas amnis influit. Cingilla Commagenen finit, Imeneorum civitas incipit. oppida adluuntur Epiphania et Antiochia, quae Ad Euphraten vocantur, item Zeugma LXXII p. a Samosatis, transitu Euphratis nobile. ex adverso Apameam Seleucus, idem utriusque conditor, ponte iunxerat. qui 87
cohaerent Mesopotamiae, Rhoali vocantur. at in Syria oppida Europum, Thapsacum quondam, nunc Amphipolis; Arabes Scenitae. ita fertur usque *S*uram locum, in quo

§ 86: (15) MCap. VI 681.

1 commagenen *v*(*D*). -nes **R***J*. -non *r*. -nos *S* 3 agit **o***v*. egit *ll*.*D*^{1} | primum *G* 4 illi **R**(?)**o***va*.*S* | in pugna *ll*.(*P*)*H*. -aturus (*om*. taurus) **F**^{2}. -atus *G*. -atus cursum *v* | abscissus **D**(?)*va*.*G*(*Dal*.) 6 ille **R**^{1}**ao** | aequa//// **F**^{1}. quatuor **R**^{1}**a**. quatitur **d**^{1}**o** 9 edissam **R**^{2}. desam **dR**^{1}**a**. *in* **F**^{1} *ras*. 11 carrhas *H*. charras **F**^{2}. caras **a**. -rras *v*. charas *r* | eras si **Ea** | nobiles **E**^{3}*va*.*S*(*D*) | praefecturae **DFEa** 12 ab *ll*.*H*. *om*.*v* | asyris **F**^{1}. asiriis **R**^{2}. -ris **R**^{1}. a Syris *va*.*H* | antemusia **F**. -iam **Ra** 13 Rhetaui *va*.*H* | uocatur **F**^{1}**R** 14 a *om*.**F**^{1}**d**^{1}**R**^{1}**Ea** | samossatis **F**^{1}**d**. som- **REa** 15 cigilla **F**^{1}. ging- **R**^{2}. gingla *va*.*H* | imeneorum **DFa***J*. -ne eorum **R**. imen **E**. imme *H*. merorum **E**^{3}*v* (*cfr*.§ *85 init*.) 16 adluuntur **F**^{2}**R**(?)*v*. abl- *r* | epiphania et antiochia **D**(?)*v*. -niae et -iae *r* 17 zaeuma **F** 18 nobile *C*. -les **E**. -lis *rv* | apamiam **E**^{2}*G* 20 cohaeret **F**^{1}**Ra** | rhoali **D**(?)**E***v*. rohali **F**^{2} *in ras*. rohoah **Ra** 22 saenitae **F**. cen- **R** | Suram (*coni*.*H*) *D*. *cfr*.§ *89*. *U 104*. uram *ll*.*v*

conversus ad orientem relinquit Syriae Palmyrenas solitudines, quae usque ad Petram urbem et regionem Arabiae Felicis appellatae pertinent.

88 **25.** Palmyra, urbs nobilis situ, divitiis soli et aquis amoenis, vasto undique ambitu harenis includit agros ac, velut terris exempta a rerum natura, privata sorte inter duo imperia summa Romanorum Parthorumque est, prima in discordia semper utrimque cura. abest ab Seleucia Parthorum, quae vocatur Ad Tigrim, CCCXXXVII p., a proximo vero Syriae litore CCIII et a Damasco XXVII propius.

89 **26.** Infra Palmyrae solitudines Telendena regio est
81 82 dictaeque iam Hierapolis ac Beroea et Chalcis. ultra Palmyram quoque ex solitudinibus his aliquid obtinet Hemesa, item Elatium, dimidio propior Petrae quam Damascus. a Sura autem proxime est Philiscum, oppidum Parthorum ad Euphraten. ab eo Seleuciam dierum
90 decem navigatio, totidemque fere Babylonem. scinditur enim Euphrates a Zeugmate DLXXXXIIII p. circa vicum Masicen et parte laeva in Mesopotamiam vadit, per ipsam Seleuciam circaque eam praefluenti infusus Tigri, dexteriore autem alveo Babylonem, quondam Chaldaeae caput, petit

§ 88: MCap. VI 681. — § 89. 90: (17—22) MCap. l. l. — § 90: (22 sqq.) Sol. 37, 2. 3. Dic. 6, 23. cfr. Plin. VI 124. 130.

5 uasta *L* | agro **R**^{1} 6 exemptio **R**^{1} 7 est *ego.* et *ll.v* 8 utrique **DF**^{1}**a** | *dist. ego* | ab **FdRa***S.* **a** *rv* 9 CCCXXXVI **DFRa**. DXXXVII *va.H* 10 CCLII **F**^{2} *in ras. va.H* | et *om.* **a** 12 solitudinē **ao** | telendena **FR**. stel- **DEo***v*. selenda **a**. *cfr. MPt p. 974*^{b} 13 dictaque **o***va.B* | hieropolis **FR**^{1}. ierap- **o**. ierop- **a** 14 obtinent **F**^{2} 15 hemesa **Fa***v*(*D*). em- *rH. cfr. § 81* | item *B.* tem **F**^{2} *in ras.* **d***v*. them *r* 16 damascos **FdTR** | a sura **DdE***H.* asura **T***B.* -re **R**^{2}. asur **F**^{1}**R**^{1}. assur **F**^{2}**a**. arura *v* 17 euphratem **RE**(?)*va.S*(*D*^{2}) 18 babylone **Rd**. babul- **F**^{1}. bauil- **a** 19 enim **FdTEa** *Salmant.*(*P*)*D*^{2}. *om. r*(?)**o***v* | eufrates **E**. -tis **a**. -ti **F**^{1}. -te **F**^{2} | uicum — 21 circaque *om.* **E**^{1}, *add. in marg.* **E**^{2} 20 masicen **FRE**^{2}**a**. -cem **o**. massicen **D**(?)*v* | leua **F**^{2}**E**^{2}. letia **R**. l////a **F**^{1} 20. 21 *dist. ego* 21 circaque **FdTE**^{2}**ao***v*. cirq; **R**. circa (**D**?)*G*

mediamque permeans, item quam Mothrim vocant, distrahitur in paludes. increscit autem et ipse Nili modo statis diebus, paulum differens, ac Mesopotamiam inundat sole optinente XX partem cancri. minui incipit in virginem e leone transgresso, in totum vero remeat in XXVIIII parte virginis.
27. (22) Sed redeamus ad oram Syriae, cui proxima 91
est Cilicia. flumen Diaphanes, mons Crocodilus, Portae Amani montis, flumina Androcus, Pinarus, Lycus, sinus Issicus, oppidum Issos, item Alexandria, flumen Chlorus, oppidum Aeg*a*eae liberum, amnis Pyramus, Portae Ciliciae, oppida Mallos, Magirsos et intus Ta*r*sos. campi Alei, oppida Casyponis, Mopsos liberum, Pyramo inpositum, Tyros, Zephyrium, Anchiale. amnes Saros, Cydnos, Tarsum 92
liberam urbem procul a mari secans. regio Celenderitis cum oppido, locus Nymphaeum, Soloe Cilicii, nunc Pompeiopolis, Adana, Cibyra, Pinare, Pedalie, Al*ae*, Selinus, Arsinoe, *Io*ta*pe*, Dorion iuxtaque mare Corycos, eodem nomine

---

§ 91: MCap. VI 682. — (9) Mela I 70. 71. — § 92: Sol. 38, 4. — (15) ib. 9. — (17) ib. 7. Mela I 72. — MCap. VI 682.

---

1 mothrim **F***D*. mothtr- **D**. mothi **E**. -ti o. othrim **R**². -in **a**. otrim **R**¹*S*. -in *v*. othiū **E**³. *cfr. U 104* 3 **a FR**¹ | mesopotamia **F** 4 uicesimam · IIII **a** | incip **R** | in *om.* **F** | uirginem e (*P*)*J*. -nem et **R**². -ne et *rv* | leonem **R**² 5 partem **R**² 7 corcodillus **F**. -drillus **a** | parte **DFda***va.B* 8 androcus *ll.S.* -ricus *B e Strab.* -racus *v* | pinarus **F**²*v*. pinn- *r* | licus **R**². litus **R**¹ 9 item **F**² (*codd. B*) *J*. idem *rv*. inde *B* 10 aegaeae *J coll. § 121 et Strab. XIV p. 676* (Αἰγαῖαι). aegeae **FdE**. egee **Ra**. aegae **D***v* 11 magirsos **DF**²**dR***v*(*J*). -isos **F**¹. -irsas **a**. -gyrsos **E**. -garsos **E**³*B e Strab. et StByz.* | et in//// **F**¹. etinius **R**. ethin- **E**¹**a** | tarsos *B*. tha- *v*. thapsos **E**². thasos *r* | alei **a***v*(*J*). aleii **RE**(?)*B*. alaei *r* 12 casyponis **DFdTR***J*. casip- **Ea**. cassip- *v*. -polis *B e Ptol.* 13 tiros **R**. thynos **D**(?)*va. D* | zephirium **E**². zepir- **E**¹. zipir- **R**. zypir- **DF**. cypyr- **a** | anchiale **E**(?)*B*. -chile **d**. -cile **DF**¹**R**. -zire **a**. sancile **F**²*v* | aros **F**¹**Ra** | cydnos **F**²*D*. -nus **DF**¹**R** *Sol. v.* -donis **Ea** 14 *an* non (n̄) procul? | celenderitis **D***G*. -diritis **Fa***v*. -ridis **R**. celerendiritis **Ed** 16 alae *B*¹. ale **DdE***H*. hale **Fa**. -les *v*. -lix *B*². hele **R**. *cfr. GGm I p. 479* (*stadiasm. 157. 158*) | selinis **F**² 17 iotape *H*(*D*). thetabe **E**². thebe **DdE**¹**a***J*. -bae *B*¹*e Strab.* tebe **R**. /////be **F**¹. tabe **F**²*v*. -bae (*B*²)*G* | dorion **F**²**E**²*v*(*D*). -rio *r*. -ron **E**³*B* | coricos **Ed**². -i///os **F**¹**d**. -isos **F**²*va.B*

oppidum et portus et specus. mox flumen Calycadnus, promunturium Sarpedon, oppida Holmoe, Myle, promunturium
93 et oppidum Veneris, a quo proxime Cyprus insula. sed in continente oppida Mysanda, Anemurium, Coracesium, finisque antiquus Ciliciae Melas amnis. intus autem dicendi Anazarbeni, qui nunc Caesarea, Augusta, Castabala, Epiphania, quae ante Oeniandos, Elēusa, Iconium, Seleucia supra amnem Cal*y*cadnum, Tracheotis cognomine, ab mari relata ubi vocabatur Hermia. praeterea intus flumina Liparis, Bombos, Paradisus, mons I*m*barus.
94 (23) Ciliciae Pamphyliam omnes iunxere neglecta gente Isaurica. oppida eius intus Isaura, Clibanus, Lalasis; decurrit autem ad mare Anemuri e regione supra dicti.
95 simili modo omnibus, qui eadem composuere, ignorata est contermina illi gens Omanadum, quorum intus oppidum Omana. cetera castella XLIIII inter asperas convalles latent.

(24) Insident verticem Pisidae, quondam appellati Solymi, quorum colonia Caesarea, eadem Antiochia. oppida Oroanda, *S*agalessos.

---

§ 93: (4) Mela I 77. — (10) MCap. VI 682. — § 94: MCap. l. l.

---

2 scorpedon **Ea** | holmoe (-oae **F**. -me **a**) *ll.H.* olme *B.* horme *v* 4 continenti **DE**(?)*G* | mysanda **EdT***J.* mis- **F**^{2}. mya- *v.* ////sanda/// **F**^{1}. mysandam **D**. mis- **R**. -dan **a** 6 anazarbeni *v.* anarzabenni **DF**^{1}**Ea**. -beni **F**^{2}. -banni **R** | caesaraugustani *va.H* | castabula **a**. cesabal **R**^{1} | ephiphania **FE**^{2}. -itania **E**^{1}. -nea **a** 7 ante **FdRE**^{1}**a***S.* -tea *rv*(*J*) | iconium **F**^{2}**R**(?)*v.* ric- *rD*^{2} 8 calicadnum **d***va.H.* cari- *ll* | tracheotis **D***v*(*H*). -chiotis *C.* -chaeodis **F**^{2}. -ceodis **Rd**. -caeodis **F**^{1}. -coedis **E**. -cedis **a** | ab **DF**^{2}*S.* abs **F**^{1}. ad **Ea**. a **Rd***v* | mare **E**^{2}**a** 9 hermiā **F**^{1}. ermia **a**. hor- *v*(*G*). olmia *B e Strab.* hol- *H* | lipparis **FRa***va.B* 10 mon **E**^{2} | inbarus (imb- *v*) **E**^{2}*v.* -ros **RdE**^{1}**a**. -ris **DF** 11 ciliciae **E**(?)*v.* icil- **R**^{2}. iacil- **F**^{2}. ia//////ae **F**^{1}. icilie **R**^{1}**d**. caeui liae **D**. ioylye **a** 12 intus isauria **F**^{2}*va.B* | lalarus **R**. -assis *C* 13 anemuri e (anam- **a**) **DF**^{2}**a**(*B*)*D.* -rii *G.* -riae **dE***v.* //nemmuriae **F**^{1}. annemuri **R** 15 omanadum **d***D.* omm- (hum- **E**^{2}) *ll.* hom- *v*(*S*). homon- *B e Strab.* 16 omana *ll.D.* hom- *v.* homona *B* 17 pisidiae **F**^{2} 17. 18 Solymi appellati *va.S* 19 oroanda *G e Livio XXXVIII 37,11.* oronda **DFE***v.* -don **a**. aronda **R** | sagalessos **E**^{3}*B e Strab.* agal- **R**. -lesos **DdT***v.* agaesos **F**. agelosos **Ea**

(25) Hos includit Lycaonia, in Asiaticam iurisdictionem 95
versa, cum qua conveniunt Philomelienses, Tymbriani, Leucolithi, Pelteni, Tyrienses. datur et tetrarchia ex Lycaonia, qua parte Galatiae contermina est, civitatium XIIII, urbe celeberrima Iconio. ipsius Lycaoniae celebrantur Thebasa in Tauro, Ide in confinio Galatiae atque Cappadociae. a latere autem eius super Pamphyliam veniunt Thracum suboles Milyae, quorum Arycanda oppidum.

(26) Pamphylia ante Mopsopia appellata est. mare 96
Pamphylium Cilicio iungitur. oppida Side et in monte Aspendum, Plantanistum, Perga. promunturium Leucolla, mons Sardemisus. amnes Eurymedon, iuxta Aspendum fluens, Catarractes, iuxta quem Lyrnesus et Olbia ultimaque eius orae Phaselis.

(27) Iunctum mare Lycium est gensque Lycia, unde 97
vastus sinus. Taurus mons, ab Eois veniens litoribus, Chelidonio promunturio disterminat, inmensus ipse et innumerarum gentium arbiter, dextro latere septentrionalis, ubi primum ab Indico mari exsurgit, laevo meridianus et ad occasum tendens mediamque distrahens Asiam, nisi opprimenti terras occurrerent maria. resilit ergo ad

§ 95: MCap. VI 682. — § 96: (10) Mela I 78. 79. — (14) MCap. l. l. — § 97: MCap. VI 683. — (16) Mela I 81. Sol. 38, 10. — (402, 3) Sol. 38, 11.

2 philomeliani D. phylymolienses a 3 pateni R | tirienses F. -esses R^{1}. trienses a. hyrienses *B e StByz.* | tetrarchia ex F^{2}E^{2}*v.* hiharcia (hia- E^{1}. lyaorcia a) et *r* 4 ciuitatum Dda*va.S* 6 thebasa (thaeb- F) *ll.v*(*H*). temb- *G.* terb- *B* | ide R^{1}*J.* idee R^{2}a. idee *r.* -ea *v.* sinda *B.* hyde *H* 7 ueniunt — 9 pamphylia *om.* R^{1} 8 aricanda a. -dra F. -chanda R^{2} 9 pamphilia E^{1}. -liae E^{2} | ante DRa*v.* -tea *rJ* | est *om.* DR*va.S.* e F^{1} 10 cilicie R^{2}. cilio DF^{1}R^{1}a | oppida F^{2}E^{2}*S.* -da eius *v.* oppi *r* | side F^{2}E^{2}*B.* sade (///de F^{1}) *ll.* syde *v* 11 plantanistum *ll.v*(*J*). platanistus *G.* pletenissum *H* 12 amnis FRa*va.H* 13 cataractes F. -cte a. -ctas R | lyrnesus (lir- R) aR*v*(*S*). -nosus F. -nessus *rH*(*D*). -senos dT 15 ei mare *va.S* | est gensque *ll.v.* *an* excurrensque? 16 uastos *S*, -tum (sinum) *H cum seqq. iungentes* 17 disterminatur oz*va.G* 21 a EoZ*H.* (ad E^{3})

septentriones flexusque inmensum iter quaerit, velut de industria rerum natura subinde aequora opponente, hinc Phoenicium, hinc Ponticum, illinc Caspium et Hyrcanium
98 contraque Maeotium lacum. torquetur itaque collisus inter haec claustra et tamen victor flexuosus evadit usque ad cognata Ripaeorum montium iuga, numerosis nominibus et novis, quacumque incedit, insignis: Imaus prima parte dictus, mox Emodus, Paropanisus, Circius, Cambades, Pariades, Choatras, Oreges, Oroandes, Niphates, Taurus atque, ubi se quoque exuperat, Caucasus, ubi brachia emittit subinde temptanti maria similis, Sarpedon, Coracesius, *C*ragus, iterumque Taurus, etiam ubi dehiscit
99 seque populis aperit, Portarum tamen nomine unitatem sibi vindicans, quae aliubi Armeniae, aliubi Caspiae, aliubi Ciliciae vocantur. quin etiam confractus, effugiens quoque maria, plurimis se gentium nominibus hinc et illinc implet, a dextra Hyrcanius, Caspius, a laeva Parihedrus, Moschicus, Amazonicus, Coraxicus, Scythicus appellatus, in universum vero Graece Ceraunius.

---

§ 98. 99: MCap. VI 683. — § 98: Sol. 38, 11. 12. 11. Mela I 81. — § 99: Sol. 38, 13. 12. — Mela I 109.

---

1 septentrionis **DF^{1}R^{1}Ea**. -one **oz***H*. -nales **E^3** | uel unde **F^{1}R^{1}da** 2 ubinde **R**. sibi non **o** 3 hircanium **FRo**. hyrcanum (*Sol.*) *va. H, item infra v. 17* 4 maeoticum **DE**(?)*C* 6 rhipoeorum **R**. riphaeo- **F^2***va. S*. -pheo- **o**. -phaco- **F^1**. -phaeaeo- **a** 7 quaecumque **F^{1}R**. quoc- **oz** | tendit **z** | simaus **a**. Sym- **o** 8 dicta **F^2** | emodus **R^2***G*. hem- **F^2**. edigis **R^{1}ao***v*. aed- *r* | paropanisus **REa***v*(*S*). -ponisus **F**. -pamisus **D**(?)*C* | cambades **R^2***v*(*S*). -ages **FR^1**. campages **Ea**. -ades **E^3**. chambages **D**. -ades *C* 9 pariades **z***J*. -dis **Da**. -ryadis **F^{1}dE**. -radis **R^1**. pharades **R^2**. paryadres (*Salm.*) *H*. parparyades **E^3**. pharpha- **F^2**. -riades *v*. (apud Parthos *Sol.* Parthis *coni. Momms.*) | choathras **F^2**. coothyas **a** Graecis *coni. D^2* | eroandes **D**. //ro- **F^1**. oroates *coni. B* | niphates *Sol. B*. nyphaetes **F^2**. -petes **F^{1}a**. nipetos **R**. nyp- *r* 12 cragus *B e Strab.* grag- (gag- **R^1**) *r*. garg- *v*. *cfr.* § *100* 14 uendicans **F^{2}a***va. G* | armoenice **R**. -icae **F^2**. -menicae *va. G*(*D^2*) 15 qui **F^{1}R** | *an* que (*pro* quoque)? 17 parihedrus **DFd***D*. -heldrus **R**. -iedrus **Ea***v*(*J*). paryadres (*Salm.*) *H* | moscius **DF^1**. -chius *va. G*. -stius **R**. -rtius **a** 18 uniuersa **oz** 19 graeciae **F**. -cia **oz**. grecie **aT** (*an recte?*)

(28) In Lycia igitur a promunturio eius oppidum 100
Simena, mons Chimaera, noctibus flagrans, Hephaestium civitas, et ipsa saepe flagrantibus iugis. oppidum Olympus ibi fuit, nunc sunt montana Gagae, Corydalla, Rhodiopolis. iuxta mare Limyra cum amne, in quem Arycandus influit, mons Masicytus, Andria civitas, Myra, oppida Aper*l*ae et Antiphellos, quae quondam Habesos, atque in recessu Phellos. dein Pyrrha, item Xanthus, a mari $\overline{XV}$, flumenque eodem nomine. deinde Patara, quae prius Pataros, et in monte Sidyma, promunturium Cragus. ultra par 101
sinus priori; ibi Pinara et quae Lyciam finit Telmesus. Lycia LXX quondam oppida habuit, nunc XXXVI habet. ex his celeberrima praeter supra dicta Canas, Candyba, ubi laudatur Eunias nemus, Podalia, Choma praefluente Aedesa, Cyaneae, Ascandiandalis, Amelas, Noscopium, T*l*os, Tel*a*nd*r*us. conprehendit in mediterraneis et Cabaliam,

§ 100: MCap. VI 683 extr. — (2) Sol. 39, 1. 2. — (5. 8—10) Mela I 82. — § 101: (11. 12) MCap. VI 684.

3 alympus **F**^{2}. -pis **F**^{1}. alimpus **D** 4 gage **a** *va.H* | corydallas **R** 5 in quem *om.* **D** 6 et mons **R**(?)**E**^{2}*v* | masicytus *ego e Ptol. V 3,1.* -citus *ll.v(D)*. -tis **E**^{3}. -sycitus **dT***S*. -ssycites *B* | andria **DFdE***v(J)*. -iaca **E**^{3}*B*. adria **R**. andrus **a**. *an* Andriace? | Aperlae *D*^{2}. *cfr. MGGm I 493*^{a} *(stadiasm. 240). Ptol. V 3,2.* aperiae **DF***D*. -rie **RdE**. apperie **a**. aperrae *S e Ptol.* apyre **E**^{3}*B* 7 habesos **DFd***D*. -sus *J*. -ssus *v*. hebesos **Ea**. abesus **R**^{1}. ebosus **R**^{2} | aeque **F**^{1}**d**. eque **a** | secessu **F**^{2}. reges su **R**^{1}**d**. rig- **F**^{1}**a** 8 phellos **E***S*. -llus *B*. pellos **F**^{2}**R**^{2}. -llus *v*. p////// **D**. pillos **F**^{1}**da**. -llus **R**^{1} | phyrra **R***va.C*. pyrha **F**. pirra **E**^{2}. pira **E**^{1}**a** | item **DFda**. -mque *rv* | xanthus **F**^{2}*v*. -tus **R**^{2}. zanius *r* 9 patarat **RdEa** | pataros *ll.v(S)*. sat- *C* 10 sidima **Fa**. -dinia **E**. syd- *va.B* | cragus *B*. grag- (gag- **E**) *ll* 11 pinnara **FRa** | et in **E**^{2}*va.B* | lycia **FEa**. litia **R** | telmesus **FRa***v*. -ssus *r*(?)*B*. *item p. 404,1* 13 candiba **a**. camd- **Fd** 14 eunias *ll.D*. oeniū **E**^{3}*v* | choma **E**(?)*B*. co- *rv* 15 aedesa **DF**^{1}**E***S*. -era **F**^{2}. edesa *rv*. ad- *G* | cyaneae **E***H*. -nae (ci- **R**) **FRa**. -ne **d***v*. eranae **D** | ascandiandalis (ascadi- **R**) **FdTRa***D*^{1}. -talis **E***D*^{2}. ascandalis **D**(?)*G*. -dialis *v* | andelas **a**. mela **R**^{1}. smela **R**^{2} | tlos *B*. tros **E**^{3}. troa *ll.v* 16 telandrus *B*. telendus *ll.v*. *(cfr. § 131)* | conprehendit in **E**^{2}*v*. -dit **E**^{1}. -di (-prendi **Fa**) *r* | et *om.* **Ed**(?) *va.S* | cabaliam **Ed**(?)*v*. -lliam *r*

102 cuius tres urbes Oenianda, Balbura, Bubon. a Telmeso Asiaticum mare sive Carpathium et quae proprie vocatur Asia. in duas eam partes Agrippa divisit: unam inclusit ab oriente Phrygia et Lycaonia, ab occidente Aegaeo mari, a meridie Aegyptio, a septentrione Paphlagonia; huius longitudinem $\overline{\text{CCCCLXX}}$, latitudinem $\overline{\text{CCCXX}}$ fecit. alteram determinavit ab oriente Armenia Minore, ab occidente Phrygia, Lycaonia, Pamphylia, a septentrione provincia Pontica, a meridie mari Pamphylio, longam $\overline{\text{DLXXV}}$, latam $\overline{\text{CCCXXV}}$.

103 (29) In proxima ora Caria est, mox Ionia, ultra eam *A*eolis. Caria mediae Doridi circumfunditur, ad mare utroque latere ambiens. in ea promunturium Pedalium, amnis Glaucus, deferens Telmedium, oppida Daedala, Crya fugitivorum, flumen Axon, oppidum Calynda. **28.** amnis Indus, in Cibyratarum iugis ortus, recipit LX perennes
104 fluvios, torrentes vero amplius centum. oppidum Caunos liberum, dein Pyrnos. portus Cressa, a quo Rhodus insula passuum $\overline{\text{XX}}$. locus Loryma, oppida Tisanusa, Paridon, Larymna, sinus Thymnias, promunturium Aphrodisias, oppidum Hydas, sinus Schoenus, regio Bubassus. oppidum

---

§ 102: MCap. VI 684. 685. Dic. 2, 3. — (1. 2. 3—5) Sol. 40, 1. — Agrippa fr. 28 R. — § 103: (11) MCap. VI 685. — (13. 14) Mela I 83. — § 104: Mela I 84.

---

1 oenianda DFR*S*. -de a. -dra z. -amda E. oenoanda *B*. -amda E^3 | dubon F 3 una F^{1}Ra 4 phrygia (pry- F^2) et DF^{2}E*v*(*J*). -gia *S*. phrigie Ra. prygiae F^1 | lycaonie (lic- R) Rda 6 CCCM *va.H e MCap.* 12 aeolis *v*. eo- F^{2}E^2. eoris D. coris *r* | doridi d*G*. -de *v*. -rid R. -rso *r* 14 telmedium E^{2}Tz*S*. temed- FR^{1}E^{1}a. -dum *v*. temidium dR^2. te////dium D. telmessum *B* | cria F^{1}a. circia F^2. cyria *va.B* 15 calinda a. -lydna *G* 19 passuum FdEao*D*. *om.rv* | lacus R^{2}o*va.B*. laus R^1 | loryma F^2*B*. -ysma DF^{1}E. -rima R^2*e corr.v*. -isma ao | tysanusa a (*vel* thys-) *va.H* | paridon Fa*S*. -dion *v*. -rydon DE. peridom R. pandion *coni.B e Mela* 20 larimna Fa*va.C* | thymnas a. timnias R. tym- *va.G* | aprodisias F^{1}Ra 21 hydas DF^{1}dEa*v*(*D*). -da F^2*G*. hidas R. hyla *coni.B e Mela* | scoenis R. scenus a. -nis d. senus F^1. choenus F^2 | bubasus F^{1}dRE^{1}a*S*

fuit Acanthus, alio nomine Dulopolis. est in promunturio Cnidos libera, Triopia, dein Pegusa et Stadia appellata. ab ea Doris incipit.

Sed prius terga et mediterraneas iurisdictiones indi- 105
casse conveniat. una appellatur Cibyratica; ipsum oppidum Phrygiae est. conveniunt eo XXV civitates, celeberrima urbe Laodicea. **29.** imposita est Lyco flumini, latera adluentibus Asopo et Capro, appellata primo Diospolis, dein Rhoas. reliqui in eo conventu, quos nominare non pigeat, Hydrelitae, Themisones, Hierapolitae. alter conventus a Synnade accepit nomen; conveniunt Lycaones, Appiani, Corpeni, Dorylaei, Midaei, Iulienses et reliqui ignobiles populi XV. tertius Apameam vadit, ante appellatam Celae- 106
nas, deinde Ciboton. sita est in radice montis Signiae, circumfusa Marsya, Obrima, Orba fluminibus in Maeandrum cadentibus. Marsyas ibi redditur, ortus ac paulo mox conditus. ubi certavit tibiarum cantu cum Apolline, Aulocrene *est*; ita vocatur convallis, $\overline{X}$ p. ab Apamea Phrygiam petentibus. ex hoc conventu deceat nominare Metropolitas, Dionysopolitas, Euphorbenos, Acmonenses, Peltenos, Silbianos. reliqui ignobiles VIIII.

§ 105: (7) Strabo XII p. 578. — § 106: (13—19) Sol. 40, 7. MCap. VI 685. cfr. Herodot. V 118. VII 26. Xen. anab. I 2, 8. Strabo l. l. Liv. XXXVIII 13, 5. 6.

1 acanthus **RE***B*. -natus *rv* 2 pegus **Ra**. -us/// **F**^{1}. pegasa *coni. B* | caudia (*pro* stadia) **F**^{2} 7 laodicia **ao**. -ditia **F**^{2}. laudicia **Ed**. -ditia **R**. -datia **F**^{1} 9 hroas **o**. roas **F**. troas **R**
10 hydrelitae **D***v*. hysd- **d**. hisd- **RE**. isd- **a**. histd- **F** | themisones *B*. -siones **E**^{2}. thimisones **R**. thym- **a**. thimisiones **D***v*. thym- **FE**^{1} | hierepolitae **Fd**. hierop- **RE***va.P*. yerop- **a** | altero conuentu **DF**^{1}**dR**^{1}**a** 11 synnade **F**^{2}*S*. -da *B*. synade **F**^{1}**a**. sinnade **E**. -da **E**^{3}*v*. sinade **DR** 12 corpeni *ll.v*(*J*). eucarp- *B*^{1}. cercop- *B*^{2} | mudaei **F**^{2}*va.B*. mdaei **F**^{1}**a**. mdae **R**^{1}
13 XII **R**^{2} *e corr.* | caellenas **Fa** 14 deinde **FdEa**. dein *r*(?)*v* | tiboton **a**. cyb- **FR**. tyb- **E** 15 orba *ll.v*(*J*). orga **E**^{3}*B e Strab.* 17. 18 aulocrene est *ego*. -ne *J*. -nes **R**^{2}*v*. -nis *G*. -trenes **F**^{2}. -creses **R**^{1}. -treses (-sus **a**) *r* 18 *dist. D coll. XVI 240* | sita *J* 21 siluianos **FdRa***va.B*. cilbianos *coni. D*^{1} *coll.* § *115*

107 Doridis in sinu Leucopolis, Hamaxitos, Eleus, Etene.
dein Cariae oppida Pitaium, Eutane, Halicarnasus. sex
oppida contributa ei sunt a Magno Alexandro, Th*ean*gela,
Side, Medmassa, Vranium, Pedasum, Telmisum. habitatur
inter duos sinus, Ceramicum et Iasium. inde Myndos et
ubi fuit Palaemyndus, Nariandos, Neapolis, *C*aryanda,
Termera libera, Bargylia et, a quo sinus Iasius, oppidum
108 Iasus. Caria interiorum nominum fama praenitet. quippe
ibi sunt oppida Mylasa libera, Antiochia, ubi fuere Sym-
maethos et Cranaos oppida; nunc eam circumfluunt Mae-
ander et *M*ors*y*nus. fuit in eo tractu et Maeandropolis,
est Eumenia, Cludro flumini adposita, Glaucus amnis,
Lysias oppidum et Orthos*i*a, Berecynth*i*us tractus, Nysa,
Trallis, eadem Euanthia et Seleucia et Antiochia dicta;
109 adluitur Eudone amne, perfunditur Thebaite. quidam ibi
Pygmaeos habitasse tradunt. praeterea sunt Thydonos,
Pyrrha, Eurome, Heraclea, Amyzon, Alabanda libera, quae
conventum eum cognominavit, Stratonicea libera, L*a*brayn-

§ 107: (2. 5—7) Mela I 84. 85.

1 eleus **FTEa***S*. -eos **R**. elaeus **D**(?)*G*. eleusis *v* | eutene (euth- *G*) R^2E^2*va.J. del.U 106* 2 pitaium E^3*B*. piatium F^2**E**. piacium R^2*v*. ///acium R^1. matium *r* | eutane (euct- **R**) *ll.v*(*H*). -ale **a**. -anae *C*. -aniae *Dal.* euthene *U 106* 3 ei **DE**(?)*v*. ea *r* | theangela E^3*B*. thagela (-ena **a**) *ll.* -elea *v* 4 side (sode **a**) *ll.v*(*J*). sibde *B* | medmassa **D**(?)*B*. -dnassa *rv* | uranium *ll.J.* eur- *v*. euralium *S cum Mionneto* | thelmisum **F**. telmesum E^3. -ssum *va.D* 5 iasicum **DFdEa** 6 caryanda *B*. sary- **E**. ary- **DdT**. ari- *rv* 7 telmira R^2 | bargylia E^2(*B*)*J*. -liae DE^1. -lyae **F**. -la E^3*Bas.* -gilie **R**. -girie **a**. -gila *v* 9 sint **E** | simmaethos **Ea**. seminethos *va.S* 11 Morsynus (*MPt p. 822*[b] *e nummis*) D^2. orsinus *ll.H.* mossinus *v* 13 orthosia E^3*B coll. XXXVII 23. 92. 103* othrusa (otr- **Ra**) *ll.v* | berecynthius *v*. -tus **E**. -cynctus **d**. -cintus **DFa**. -ebinthus **R** 14 eadem *om.***R** | euantia **FRa***va.B* 15 Eudono (*Sieglin ex Etym. M. s. v.*) D^2 | thebaite **Rd***S*. -ide **DEa***v*. thaebante **F** 16 tydonos **F**. -nes **R** 18 libera *om.*E^1. alibra *va.B*. alinda *B* | labrayndos *coni. J coll. XXXII 16*. libray- F^1. libry- F^2. alibraindos **a**. librai- **d**. libr///i- **R**. lybeayndos **E**. hynidos **D**(?)*G*. libera hynidos *v*

dos, Ceramus, Troezene, Phorontis. longinquiores eodem foro disceptant Orthronienses, Ali*n*dienses, Euhippini, Xystiani, Hydissenses, Apolloniatae, Trapezopolitae, Aphrodisienses liberi. praeter haec sunt Coscinus, Harpasa, adposita fluvio Harpaso, quo et Tra*l*licon, cum fuit, adluebatur.

(30) Lydia autem perfusa flexuosis Maeandri amnis recursibus super Ioniam procedit, Phrygiae ab exortu solis vicina, ad septentrionem Mysiae, meridiana parte Cariam amplectens, Maeonia ante appellata. celebratur maxime Sardibus in latere Tmoli montis, qui ante Timolus appellabatur, conditis; ex quo profluente Pactolo eodemque Chrysorroa ac fonte Tarni a M*a*eonis civitas ipsa Hyde vocitata est, clara stagno Gygaeo. Sardiana nunc appellatur ea iurisdictio, conveniuntque in eam extra praedictos Macedones Cadieni, *Ph*iladelphini et ipsi in radice Tmoli Cogamo flumini adpositi Maeonii, Tripolitani, iidem et Antoniopolitae — Maeandro adluuntur —, Apollonhieritae, Mysotimolitae et alii ignobiles. 110 111

(31) Ionia, ab Iasio sinu incipiens, numerosiore amb- 112

---

§ 110: (7—12) Sol. 40, 9. 10. MCap. VI 686 init.

---

1 troezene **DE**(?)*B*. troaz- **Ra**. -acaenae **F**. throcene *v* 2 alindienses (*H*)*S e Ptol.V 2,15*. alid- **FREa***J*. halyd- **D**(?)*v* | euhippini *D*. seu (saeu **F**) hi- *rv*. (*cfr.§ 115*) 3 hydissenses **D**(?)*B e Ptol.l.l.* hydie- **Fa***v*. hidie- **RE**. hidite- **E**[3] | aphrondienses **R**. adphrod- **F** 4 coschinus **FR** 5 trallicon *v*. transl- *ll.D* | cum **F**[2]*v*. *om.r* 6 flexuosus **a**. -si **Dd***v a.S* 7 securibus **DF**[1]**a** 8 cariam **F**[2]**R**[2]*v*. regiam **R**[1]**dT**. -gia *r* 9 ante *v*. -tea *ll.S* 10 tmolli **F**[1]. tim- **a**. mo- **R**[1]**dE** | ante *ll.v*. -tea *S* | tymolus **FE** 11 conditus **E**[2]. uitibus consitus **E**[3]*va.J*(*D*) | ex quo **DF**[1]**RE***v*(*S*). ex **a**. ex eo **F**[2]*D*. et ex eo *G* 12 chrysoroa **R**. -ra **D**. chrisoroa **F**[2]. -ro (cri- **a**) **F**[1]**a** | tarne **E**[3]*va.S* | *dist.va.G*(*J*) | a maeoniis *v*. amoenis *ll* 13 stagno **F**[2]**E**[3]*v*. -na *r* 14 in ea **Fa** 15 cadiemi **E**[1]. cadueni *va.J*. cadidieni **E**[3]. *add.* loreni **R**[2]**E**[2]*va.H*(*S*). | filadelfeni (phil- *v*) **E**[2]*va.J* 17 apollonhieritae *S e nummis*. -onih- *J*. -onoh- *G*. -onosh- *P*. apolloniheritae **DF***v*. -onoh- **E**[3]. -llinih- **EadT**. aph- **R** 18 mysotimolitae **DdTE**[2] (-tmo- *v*) *J*. *cfr.§ 120 extr.* miso- **R**. mysotimolyte **F**. mysytomolite **a**. mysito **E**. mesotimolitae *H e coni.*(*D*[2])

itu litorum flectitur. in ea primus sinus Basilicus, Posideum promunturium et oppidum, Oraculum Branchidarum appellatum, nunc Didymei Apollinis, a litore stadiis XX, et inde CLXXX Miletus, Ioniae caput, Lelegeis ante et Pityusa et Anactoria nominata, super LXXXX urbium per cuncta maria genetrix nec fraudanda cive Cadmo,
113 qui primus prorsam orationem condere instituit. amnis Maeander, ortus e lacu in monte Aulocrene plurimisque adfusus oppidis et repletus fluminibus crebris, ita sinuosus flexibus, ut saepe credatur reverti, Apamenam primum pervagatur regionem, mox Eumeneticam ac deinde Hyrgaleticos campos, postremo Cariam, placidus omnesque eos agros fertilissimo rigans limo, ad decumum a Mileto stadium lenis inlabitur mari. inde mons Latmus, oppida Heraclea, montis eius cognominis Carice, M*y*uus, quod primo condidisse Iones narrantur Athenis profecti, Naulochum, Priene, in ora, quae Troglea appellatur, G*a*esus amnis, regio
114 omnibus Ionibus sacra et ideo Panionia appellata; iuxta

§ 112: Mela I 86. — (4) Sol. 40, 12. — § 113: (7—10) Sol. 40, 8. MCap. VI 685 extr. — (14—18) Mela I 86. 87.

2 possideum **FRa***va. G* | *dist. va. J* | brancidarum **FRa***va. G* 3 dydimei **F**^{2}. -mi **F**^{1}. didimia **a**. -mi **R**. didymaei **DR**(?)*C* 4 LXXX *Brunn (d. Kunst b. Homer p. 37) D*^{2}. *cfr. Strabo XIV p. 634 extr.* | delegeis **E**^{1}**a** | ante & **R**^{2} *e corr. C.* -tea **DF**^{1}**E**^{1}. -tea a **a**. -tea e **E**^{2}. -tea et **F**^{2}*v*(*S*) 5 pityusa **D**(?)*C*. -tusa **F**. -tus **R**^{1}. pytisa **E**. -se **a**. phitiusa **R**^{2}. phyt- **E**^{2}*v* | LXXX///**R***va. H* 7 prorsa **DF**^{1}**R**^{1}**a**. prosam **R**^{2}*G*. -sa **F**^{2} | rationem **DF**^{1}**a**. ratanoni **R**^{1} 8 aulotrene **Fa**. -rono **R** 10 apameniam **R**^{1}. ad pam- **R**^{2}. -nam **d** 11 eumineticam **REa**. -naeticam **F** | ac **d***v*. ae **DF**. e **R**^{1}**Ea**. *del.* **R**^{2} | deinde **DEa**. dae inde **F**. dein **Rd**(?)*v* | hyrgaleticos (yr- **R**) *ll. J.* bargyl- *B.* hircall- *v* 12 plagius **DFR**^{1}**a** 13 irrigans **o** 14 inde *om.* **DFE**^{1}**a** 15 carice *ll. S.* -ca (*sc.* oppida) *H.* -cae *G.* -iae *v.* *dist. ego* (Carice = apud Cares: *cfr. Strabo XIV p. 635 extr.*) | myus *B.* miuus **E**^{2}. mius **R**^{2}. msuus (suus **R**^{1}) *r.* minus *v* | primus **DFdE**^{1}**a**. *an* primi? 16 naulocum prienne **FRa***va. Bas.* 17 troglea (-eae **R**^{1}) *ll. J.* -gilia *B coll. § 135 et Strab. XIV p. 636.* -gela *v* | gaesus *D*^{2} *e Mela.* gessus **RdE**^{2}*v*. gre- *r.* Γαίcων *Ephorus ap. Athen. VII p. 311*^{e} 18 iuxta a *H*

fugitivis conditum, uti nomen indicio est, Phygela fuit et Marathesium oppidum. supra haec Magnesia Maeandri cognomine insignis, Thessalica Magnesia orta. abest Epheso $\overline{XV}$ p., Trallibus eo amplius MMM. antea Thessaloche et *M*androl*y*tia nominata et litori adposita Derasidas insulas secum abstulit mari. intus et Thya*tir*a adluitur Lyco, 115
Pelopia aliquando et Euhippia cognominata. in ora autem Matium, Ephesus, Amazonum opus, multis antea expetita nominibus, Alopes, cum pugnatum apud Troiam est, mox Ortygiae, Amorges. vocata et Smyrna est, cognomine Trachia, et Haemonion et Ptelea. attollitur monte Pione, adluitur Caystro, in Cilbianis iugis orto multosque amnes deferente et stagnum Pegaseum, quod Phyrites amnis expellit. ab iis multitudo limi est, qua terras propagat mediisque iam campis Syrien insulam adiecit. fons in urbe Callippia et templum Dianae conplexi e diversis

---

§ 114: (1) Mela I 88. — (5) cfr. Plin. II 204. — § 115: (8) Mela I 88. Sol. 40, 2. Dionys. perieg. 828. — (12) Mela I 88. — (15) cfr. Plin. II 204.

---

1 ut in **FRa** | phigela **F**. -ilega **R** 3 a thessalica *v* | abest ab **E**[3]*v* 4 MMM *ll.G*. CCCM·*v* | thessaloche (thesa- **R**) **R***S*. -chae **Fa**. -ce *rv* 5 mandrolytia *Letronne ann. dell' ist. arch. XVII (1845) p. 285.* androlitia *ll.v* | litora **R**[1]. lyt- **F** 6 thyatira *G e StByz.* thyana **Da**. thia- **RE**. thyona **F** 7 euhippia (heu- **E**) **FdTEa***v*(*S*). -ppa **D***G*. euphiphia **R** 8 matium *ll.v*(*J*). mautium *S*. -teium *G*. -teum *B*. *cfr. infra § 116 et VI 12*
10 ortygiae **D***D*. -gia **Ed***v*. ortigiae (osti- **F**[1]) **F**. -gie **R**. hostie **a** | amoges **R**. et (ac *S*) morges *va.J* | *dist.D* | et *ll.S*. est et *v*(*J*) | symyrna **F**. smirna **a**. mi- **R**. zmyrna *S* | est **FdTEa**. *om.rv* 11 trachia **T***S*. -chea *B ex Eustath.* -cia **Ea**. thraciae **DFd**. -ia *v*. -atie **R** | haemonion **F***J coll. Hesych. s. v.* Αἱμονία. hem- **DdTE***v*. -nie **a**. emonien **R**. samornion *B e StByz. et Eustath.* | monte — 12 adluitur *om.* **DFd**[1]**R**[1]**a** | pionio **E** 12 cyastro **DR**[1]. cra- **F**[1]. ca- **ad***va.B* | iugis **R**[2]**E**[2]*v*. *om.rJ coll. § 120* 13 pergaseum **ad**. -saeum **F**. -sacum **R** | phyrites **DE***v*. pyrrhites **F** (*prob. H*). pyrri- **ad**. pirri- **R** 14 iis **DF***v*. is **R**. his *rC*
15 iam *om.* **Ea** 16 callippia *Verc.*(*S*). -ipia **DE***v*(*L*). -iopia *G*. calippie **a**. -ipiae **F**. -ipie **Rd** | et **DE***G*. *om.rv* | conplexi **DFdR***G* (*et dist.*). -xa **Eav**

116 regionibus duo Selenuntes. ab Epheso Matium aliud
Colophoniorum et intus ipsa Colophon, Haleso adfluente.
inde Apollinis Clarii fanum, Lebedos — fuit et Notium
oppidum —, promunturium Cyrenaeum, mons Mimas $\overline{CL}$ p.
excurrens atque in continentibus campis residens. quo in
loco Magnus Alexander intercidi planitiem eam iusserat
$\overline{VII}$·D p. longitudine, ut duos sinus iungeret Erythrasque
117 cum Mimante circumfunderet. iuxta eas fuerunt oppida
Pteleon, Helos, Dorion, nunc est Aleon fluvius, Corynaeum,
Mimantis promunturium, Clazomenae, Parthenie et Hippi,
Chyt*r*ophoria appellatae, cum insulae essent. *iusserat*
Alexander idem per duo stadia continenti adnecti.
interiere intus Daphnus et Hermesta et Sipylum, quod
ante Tantalis vocabatur, caput Maeoniae, ubi nunc est
stagnum Sale. obiit et Archaeopolis, substituta Sipylo, et
118 inde illi Colpe et huic Libade. regredientibus inde abest
$\overline{XII}$ p., ab Amazone condita, restituta ab Alexandro, in
ora Zmyrna, amne Melete gaudens non procul orto. montes

§ 116: (1—4) Mela I 88. Sol. 40, 13. MCap. VI 686. — § 117: (9. 10) Mela I 89. — (13. 14) Sol. 40, 14. MCap. VI 686.

1 selenuntes **DdE**(*B*)*H*. selin- **FR***v*. selyuntes **a** | matium **E**^{2}*J*. -thium *v*. spatium **F**^{2}. -ia **R**^{2}. patium *r*. mantium *S*. -teium *G*. -teum *B*. *cfr.* § *115* 4 cyrenaeum (-aeon *v*) *J*. -neum **DdTE**. ///yren- **F**^{2}. ciraen- **R**. cyrrenum **a**. corycaeon *B e Strab. XIV p. 644*. -ceon *G*. *an* argennum? | minas **a**. //nimas **R**^{2} | CLC **Fa**. CCL **d***va*.*H* 6 locus **F**. -cū **R** | planitiā **R**^{2}. platia **R**^{1} 7 D *om.* **Fa** | duo **R***S* 8 fuerint **a**. -re **R**(?)*C* 9 alion **a**. Aleos *coni.* *D*^{2} *coll. XXXI 14* | corynaeum **D**(?)*H*. corineum **E**^{2}*G*. -eon *v*. cyrinaeum **Fd**. -neum (cir- **E**^{1}) **RE**^{1}. cyreneum **a**. -eon *C* 10 hipi **FR**. hypi **a**. hepi **d**. epi *va*.*B* 11 chytrophoria *H*. chytoph- **DFE***B*. citoph- **ad**. citop- **R**. othoph- *v* | essent. iusserat *ego*. insant **R**^{1}. essent *rv* 12 adnecti **DFdE**^{1}**a**. -tit **R**^{2}**E**^{2}*S*. -ti iussit *D*. -exuit *v*. adtenti **R**^{1}. adiecit *J* 13 hermesta (haer- **R**^{1}) **FR**^{1}**Ea***J*. -sia *rv* | sypilum **F**. sip- **a**. sypill- **E** 14 antea **aT***J* | moeoniae **FR**^{2}. moenie **R**^{1}. -nia **a** | est *om.* **R**^{1} 15 agnum **F** | saloe **R**^{2}. sole **R**^{1} | obit **FRa**. ob id *B* | arceopolis **R**^{2}**a**. arte- **R**^{1}. harcaeobo- **F** | substitutas spilo **DFa** 16 colpo **FRa**. -pae *G* | libade (-dae **F**) *ll.v*(*S*). lyb- **a**. leb- *B* 17 ab **F**^{2}*v*(*J*). *om.* *r*
18 /// myrna **R**^{1}. smy- **D***va*.*S*. zmirne **a**

Asiae nobilissimi in hoc tractu fere explicant se: Mastusia a tergo Zmyrnae et Termetis Olympi radicibus iunctus in Dracone desinit, Draco in Tmolo, Tmolus in Cadmo, ille in Tauro. a Zmyrna Hermus amnis campos *se*cat et 119
nomini suo adoptat. oritur iuxta Dorylaum, Phrygiae civitatem, multosque colligit fluvios, inter quos Phrygem, qui nomine genti dato a Caria eam disterminat, Hyllum et Cryon, ip*s*os Phrygiae, Mysiae, Lydiae amnibus repletos. fuit in ore eius oppidum Temnos, nunc in extremo sinu Myrmeces scopuli, oppidum Leucae in promunturio, quod insula fuit, finisque Ioniae Phocaea. Zmyrnaeum conventum 120
magna pars et Aeoliae, quae mox dicetur, frequentat praeterque Macedones Hyrcani cognominati et Magnetes a Sipylo. verum Ephesum, alterum lumen Asiae, remotiores conveniunt Caesarienses, Metropolitae, Cilbiani Inferiores et Superiores, Mysomacedones, M*as*taurenses, Briullitae, Hypaepeni, Dioshieritae.

30. (32) Aeolis proxima est, quondam M*y*sia appellata, 121
et quae Hellesponto adiacet Troas. ibi a Phocaea Ascanius portus. dein fuerat Larisa, sunt Cyme, Myrina quae

§ 118: Sol. 40, 15. MCap. l. l. — § 119: (4—7) Sol. l. l. MCap. l. l. — (10) Mela I 89. — § 121: (18—20) Mela I 90.

1 masthusia **Fa** 2 iunctus **R²**S. -tus. is *v*. -tis (iniu- **E¹**) *rJ* 3 in molo **R¹**. imm- **F**. im- **a** | thmolus **Fa**. zmo- **R¹** 4 tauryca **F**. -raca **a**. tau a **R¹** | smyrne **R**. -nę **F**. smirne **a** | amnis **R²***v*(*S*). *om.rH* | campus **Fa** | ſecat *ego e Sol.* facit *ll.v* 5 dorylaum **DF***B*(*J*). adoril- **Ea***v*. dorilacū **R²**. -ata **R¹**. -aeum *G* 8 ipsos *ego*. ippos (ipos **R**) *ll*. et ipsos **E³***v* | omnibus **FR¹a** 10 leucae (laeu- **F**) **DF***J*. -ces **a**. -ce *r* | in **E**(?)*G*. dein *rv* | promuntorium **dT***va.G* 11 ionie **R²**. ioci **R¹** | phocae **F**. -ce **a**. *om.***R** 12 et **FR***S*. *om.rv* 14 uerum *om.***D**(?) 15 cesarenses (caes- **F**) **FE¹a** | cilbiani **E***v*(*H*). cib- **DR**. et cib- **F**. et cyb- **ad**. cylb- *C* 16 mysomacedones *B*. mysso- **F**. miso- **R**. misso- **DEa**. mysii- *v*. *cfr.* § *111 extr.* | mastaurenses *B e Strab.* met- *ll.v* | briullitae **Dd***H*(*D*). briuli- *rS*. brulli- *B*. bruli- **E³**. bruili- *v* 17 hypaepeni **DR***B*. hyppaep- **F**. hippep- **E³**. yppeni **a**. hipp- **E**. hibep- *v* | dioshierites **a**. -hicritae **FE**. -haeritae **D** 18 mysia *v*. mesia **a**. moesiae **DFE**. -ie **R**. -ia **E³** 18. 19 appellata et **D***v*. -tę **E¹**. -te **FR**. -ta **E²ad** 19 mirina **a**. myrrina **R**. -ne *B*. *cfr.* *XXXII 59*

Sebastopolim se vocat, et intus Aeg*a*eae, Itale, Posidea, Neon Tichos, Temnos. in ora autem Titanus amnis et civitas ab eo cognominata — fuit et Grynia, nunc tantum portus, oli*m* insula adprehensa —, oppidum Elaea et ex M*y*sia veniens Caicus amnis, oppidum Pitane, Canaitis
122 amnis. intercidere Canae, Lysimachea, Atarnea, Carene, Cisthene, Cilla, Cocylium, Thebe, Astyre, Chrysa, Palaescepsis, Gerg*i*tha, Neandros; nunc est Perperene civitas, Heracleotes tractus, Coryphas oppidum, amnes Grylios, Ollius, regio Aphrodisias quae antea Politice Orgas, regio Scepsis, flumen Euenum, cuius in ripis intercidere Lyrnesos, Miletos. in hoc tractu Ide mons et in ora, quae sinum cognominavit et conventum, Adramytteos, olim Pedasus dicta, flumina Astron, Cormalos, Crianos, Alabastros, Hieros ex Ida; intus
123 mons Gargara eodemque nomine oppidum. rursus in litore Antandros, Edonis prius vocata, dein Cimmeris, As*s*os, eadem Apollonia — fuit et Palamedium oppidum —, promunturium Lectum disterminans Aeolida et Troada.

§ 121: (5) Mela I 90. — § 122. 123: (15. 16) Mela I 93.

1 aegaeae *J coll. § 91 et Herod. I 149.* -geae **DF***D*[2]. ageę **E**[1]. agee **a**. egeę **E**[2]**d**. egee **R**. aegae *B*. -gea *v* | itale **DFRE**[1]*J coll. § 126*. -lie **E**[2]*v a. B*. insule **a**. attalia *B* | posidean **F**. poss- **a**. posit dea **R** 2 neonthicos **R**[2]. heon hicos **FR**[1]. -nycos **a** 3 grynia **E**(?)*B*. grya **DF**. gria **Ra**. grinia *v* 4 olim *J*. soli *ll. B*. -lis *v* 5 mysia *v*. moesia (me- **a**) *ll* | oppida **FRa** | canaitis **RE**[2]*D*. -aius **D**(?)*v*. canucis *r* 6 cane **Fa***v a. L* | lysimachea *B*(*S*). -cea **DFR***v*. -ce **a**. -chia **E**(?)*G* | carane **DFa** 7 trisphrene **R** | cocylium **E**(?)*H*. -lum *B*. -cillum *Bas.* coccylle (cocy- *v*) **F***v*. -ille **DR**[1]**a**. conchile **R**[2] | thebae *C* | astire **Fa**. ha- **R** | chrysa **D***v*. chrisa **R**[2]. cri- *r* 8 gergitha (*P*)*S*. -thos *B*. -getha **E***v*. -than **DFa**. -phan **R** | noeandros **FRa**. noend- *r a. B* 9 coriphas **a***v a. B*. -pas **R** | grylios (gril- **Fa**) ollius (olius **a**. oluis **F**) **DFEa***H*. glirios (glor- **R**[1]) oluus **R**. gryliosolius (chry- *Dal.*) *v* 10 qui **FRa** | flumine (-nae **F**) uenum **Fa**. -men uerum **R** 11 et miletos **E**[2]*v a. S*(*D*) 12 ide *J*. idē *ll*. ida *v* 13 adramitteos **F**. -iteos **a***v a. B*. -ites **R**[2]. aramitet **R**[1] | padasus **a**. -dus **E** 14 crianos *ll. S*. crya- *v*. eryannos *G* | ieros **a**. geros **R** 15 gargar **F**[1]. purgara **Ea** 16 atandros **Fa**. ada- **R**[1] | deinde **D**(?)*v a. S* | assos *S*. et assos **D**(?)*B*. asos *r* 18 lecton *C* | disterminata **DFa** | collida **Fa**

fuit et Polymedia civitas, Chrysa et Larisa alia. Zminthium 121
templum durat. intus Colone intercidit. deportant Adramytteum negotia Apolloniatae a Rhyndaco amne, Eresi, Miletopolitae, Poemaneni, Macedones Asculacae, Polichnaei, Pionitae, Cilices Mandacandeni, Mysi Abretteni et Hellespontii appellati et alii ignobiles.

(33) Troadis primus locus Hamaxitus, dein Cebrenia 124
ipsaque Troas, Antigonia dicta, nunc Alexandria colonia Romana, oppidum Nee, Scamander amnis navigabilis et in promunturio quondam Sigeum oppidum; dein portus Achaeorum, in quem influit Xanthus Simoenti iunctus stagnumque prius faciens Palaescamander; ceteri Homero celebrati, Rhesus, Heptaporus, Caresus, Rhodius, vestigia non habent. Granicus diverso tractu in Propontida fluit. est tamen, *ut* prius, Scamandria civitas parva ac MM·D p. remotum a portu Ilium immune, unde omnis rerum claritas.
extra sinum sunt Rhoetea litora, Rhoeteo et Dardanio et 125
Arisbe oppidis habitata. fuit et Achilleon oppidum, iuxta

---

§ 123: (1. 2) ib. 91. — § 124: (9—11) ib. 93. — Homer. *M* 20. 21. — § 125: (17. 18) Mela I 96. — (18) Sol. 40, 17.

---

1 polymedia ciuitas **E**^{2}*v*(*D*). polymea (pollim- **R**) *rJ* | chrysa **DF***H*. chyrisa **R**. chrisa **E**. crisa **a**. cryssa *C*. chrissa *v*. (et *praem.va.J*) | zminthium **R**^{2}*S*. -tium **Ea**. -teum **E**^{3}. zmontium **R**^{1}. zmynzi- **F**. zmynti- **D**. smin- *v*. -theum *C* 2 colone **D**(?)**E***B e Strab*. -nia *v*. -lane **Rd**. -nae **F**. culanae **a** | deportant **D**(?)**E***H*. -tat *r*. -tata *B*. -tans *v* 3 rhyndaco **Ed***B*. rhin- *v*. rin- **R**^{2}. rindico **DR**^{1}**a**. rinthico **F** | erezii **D**(?)*H*. erizii *S*. eressi *coni.B*
4 macedonis **FRa** | ascelacae **R**. aschil- *va.Brot.* a Scylace *D*^{2} (*tacite*) | policnei **a**. -lydmaei **R** 5 mandacandeni (-daea- **a**. -deca- **F**) **DFdEa***D*. -cadeni **R**(?)*H*. -gandeni *v* | mysi *ego*. -sia *ll*. -sani *v*. in mysia *B* | abretteni **E**^{2}*B*(*J*). -ecteni **R**. -eteni **Dda***v*. -etaeni **F**. abrett **E**^{1}. -ttini *C*. abritteni **E**^{3} 7 hamaxitus **DE***H*. am- **Fa***B*. -icus **Rd***v* | crebenia **FEa***va.B* 8 troas prius **o**
9 nea **d**. naee **F** | scamender **F**^{1}**a**. scem- **R**. meander **o** | in *om.***o** 10 sigium **F**^{1}**a**. sygeum **o** (*similiter infra*) | portū **R**
11 influxit **E**^{1}**a***va.Bas.* 13 charesus **FRa** 15 ut prius *ego*. et prius **DF**^{1}**dTR**^{1} (*bis*) **Ea**. et nunc **F**^{2}**R**^{2}*v*. ibi **o** | hac (*pro* ac) **R**^{2}. de **R**^{1} | MD **E**^{2}**o***va.D* 16 motū **R**^{1}(?). -tu **DF**^{1}**a**
17 roetheo **R**^{2}. -tero **R**^{1}. -treo **a**. rote ero **F**^{1}. rotaeo **F**^{2} 18 arsibe **Ea**. aribe **F**^{1} | achileon **FR**. achyl- **a**

tumulum Achillis conditum a Mytilenaeis et mox Atheniensibus,
ubi classis eius steterat in Sigeo. fuit et Aeantion, a
Rhodiis conditum in altero cornu, Aiace ibi sepulto XXX
stadiorum intervallo a Sigeo, et ipso in statione classis
suae. supra Aeolida et partem Troadis in mediterraneo
est quae vocatur Teuthrania, quam Mysi antiquitus tenuere.
121 ibi Caicus amnis iam dictus oritur. gens ampla per se,
126 etiam cum totum Mysia appellaretur. in ea Pioniae, Andera,
Idale, Stabulum, Conisium, Teium, Balce, Tiare, Teuthranie,
Sarnaca, Haliserne, Lycide, Parthenium, Cambre, Oxyopum,
Lygdamum, Apollonia longeque clarissimum Asiae Pergamum,
quod intermeat Selinus, praefluit Cetius profusus Pindaso
121 monte. abest haud procul Elaea, quam in litore diximus.
Pergamena vocatur eius tractus iurisdictio. ad eam conveniunt Thyatireni, Mossyni, Mygdones, Bregmeni, Hierocometae, Perpereni, Tiareni, Hierolophienses, Hermocapelitae, Attalenses, Panteenses, Apollonidienses aliaeque inhonorae

§ 125: (1—4) Sol. 40, 17. — (3) Mela I 96. — (5—7) Sol. 40, 20. MCap. VI 686 extr. — § 126: (11) MCap. l. l.

1 mitylenaeis R(?)*C.* mitileneis a. mitel- o. mitael- F 2 ecantion a. aeantium E(?)*G* 4 ipsa adT | in E^{2}*v. om. rS* 5 super FRE^{1}a 6 theutranta R. thaeudr- (-dhr- F^{2}) F. trontha a 7 iam $R^{2}E^{2}$*v. om. r* 8 andera AD*v.* -dira R. -rae E. amdira F. -diar a 9 idale A*D.* itale FdRa*J.* cale DE*Dal.* dale *v* | tegium *va. S* | balce *ll. v(J).* -cea D(?)*B* | thiare FR | teuthraniae F. theutr- A 10 aliserne a. halisernae A. alys- F | lycidę F. -diae A | cambre *ll. v(J).* thym- *B* 11 ligdamum a. lag- A 12 inter mea FRE^{1}a | selinus *G.* zel- A. silen- (sylen- a) *rv* | cetius Ad^{2}*B.* cit- $E^{2}d^{1}$. titius *r.* ticius *v* | prindaso RE^{1}a. -sa F 13 monte F. -nie R. mente A | elaeae Rd. ael- F. -lee a. elea A*va. C(G)* | in *om.* Ea 14 ad eam AE^{2}d*v.* eadem *r* 15 thyatirenni R^{2}. -rē R^{1}. tyatireni a. -tyreni F. tiathir- A. thiater- *va. B* | mossini FRa. monssyni A | bregneni R. -gment A. -teni *va. Brot.* | hierocometae ADd*S.* -mitę F*B.* -onitae Ea*v.* -racomitae *G.* -te R^{1}. -itte R^{2}. -metae *H* 16 perperenni DFd. -nnen a. *cfr.* § *122* | hieropolienses (-rapolenses *G*) A*va. H* | hermocapelitae DdE*H.* -llitae FRa. -copolitae A. hermatop- (har- *B*) *v* 17 atalemses Ea. adtaleem- R | panteenses A*S.* patee- DFR. patae- Ea. pantae- *v* | in honore FRa*va. B.* in ore A

civitates. a Rhoeteo Dardanium oppidum parvum abest 127
stadia LXX. inde XVIII promunturium Trapeza, unde
primum concitat se Hellespontus.

Ex Asia interisse gentes tradit Eratosthenes Solymorum, Lelegum, Bebrycum, Colycantiorum, Tripsedorum, Isidorus Arieneos et Capreatas, ubi sit Apamea condita a Seleuco rege inter Ciliciam, Cappadociam, Cataoniam, Armeniam, et quoniam ferocissimas gentes domuisset, initio Dameam vocatam.

31. (34) Insularum ante Asiam prima est in Canopico 128
ostio Nili, a Canopo, Menelai gubernatore, ut ferunt, dicta;
altera iuncta ponte Alexandriae, colonia Caesaris dictatoris,
Pharos, quondam diei navigatione distans ab Aegypto, nunc
e turri nocturnis ignibus cursum navium regens: namque
fallacibus vadis Alexandria tribus omnino aditur alveis mari,
Stegano, Posideo, Tauro. in Phoenicio deinde mari est
ante Iopen Paria, tota oppidum, in qua obiectam beluae
Andromedam ferunt, et iam dicta Arados, inter quam et 78
continentem L cubita alto mari, ut auctor est Mucianus,
e fonte dulcis aqua tubo coriis facto usque a vado trahitur.

(35) Pamphylium mare ignobiles insulas habet, Cilicium 129
ex quinque maximis Cyprum, ad ortum occasumque Ciliciae

---

§ 127: Berger Eratosth. fr. p. 335. — § 128: (10—17) Mela II 103. — (10. 11) Sol. 31, 1. — (12—16) Sol. 32, 43. cfr. Plin. XXXVI 83. II 201. XIII 70. — (18) cfr. Plin. V 69.

---

1 ciuitatis **FRa** | roeetheo **A**. rhetaeo **R** 2 XVII **a**. VIII **A** | trapeze **FREa***va.G*. trepeza **A**. *cfr.§141* 4 in terris se gentis **FRa** | solimorum **A**. polym- **F**. polim- **Ra** 5 elegum **FRa**. lelicum **A** | bebricum **A**. ebr- **a** | colycanthiorum **A**. colicanti- **R**. colucanti- **a**. -ntyo- **F** | trypsedorum **FE**. trep- *va.S* 6 arieneos **REa***J*. aryen- **DF**. archin- **A**. arin- *v*. arimos *B e Strab. XIII p.626. 627* | capreatas **DFEa***J*. capa- **AR**¹. campa- **d**. capretas **R**²*v* | apamia **DE***C* 10 canobico **ADF**¹**dR***J* 11 canopo **Ea***Sol.v*. -obo *rJ* 13 aegyptio **FdE**¹**a** 14 nauigiū **F**¹**R**¹ 15 maris *va.H.*(*D*²) 16 stegano **ARE**²*H*. -nu **F**². -nus *r*. tegamo *v* | possideo **F**². postideo **F**¹**dRE**. ideo **a**. *cfr.§121* 17 tante **Fa** | iopen *S*. iope **AF**. ioppen **DdE**³*G*(*D*²). -ppe *rv* 20 facta *va.B* (*J D*¹ *errore*) | trahetur **Fa**

ac Syriae obiectam, quondam novem regnorum sedem. huius circuitum Timosthenes CCCCXXVII·D p. prodidit, Isidorus CCCLXXV. longitudinem inter duo promunturia, Clidas et Acamanta, quod est ab occasu, Artemidorus CLXII·D, Timosthenes CC; vocatam ante Acamantida Philonides, Cerastim Xenagoras et Aspeliam et Amathusiam et Macar*i*am, Astynomus Crypton et Colinian.
130 oppida in ea XV, Nea Paphos, Palaepaphos, Curias, Citium, Corinaeum, Salamis, Amathus, Lapethos, Soloe, Tamasos, Epidaurum, Chytri, Arsinoe, Carpasium, Golgoe. fuere et Cinyria, Mareum, Idalium. abest ab Anemurio Ciliciae L. mare quo*d* praetenditur vocant Aulona Cilicium. in eodem situ El*a*eusa insula est et quattuor ante promunturium ex adverso Syriae Clides rursusque ab altero capite Stiria,

§ 129: Mela II 102. — Strabo XIV p. 682. Agathem. IV 16. Anon. fr. I 1 (GGm II p. 476. 509). Oros. I 2, 96. Dim. 5. Dic. 8, 2. Berger Eratosth. fr. p. 338. — § 130 init.: Mela II 102.

2 CCCCXVII **R**. -XXVIII (CCC- **a**) **FEa***H*. -XXVIIII **E**^{3}*v* 3 intra **E** 4 clidas **A***D* *coll. § 130 extr.* dinas (-ar **Ea**) *rS*. -areta (-tum *G*) *v* | aeamanta **E**. hacam- **a**. cam- **R**^{1} | ad occasum *va.D* 5 CLII **F**^{1}. CLX *G* | D *om.* **a** | ante **A***G*. -tea *rv*(*J*) 6 cerasim **DFdE**^{1}**a** | arpeliam **FRa** | amathusiam **D**(?)*B*. -sam **A***v*. -tusam *r* 7 macariam **E**^{3}*B*. -ram **AR**^{2}**E**^{2}. -ran *v*. -coram **D**. -cram *r* | cripton **AFa**. scri- **R**. -tam *va.B* | colinian **AR**^{2}*D*. -am **d**^{2}*v*. -lonian **DFR**^{1}. -iam **d**^{1} (*Dal. errore*). -ia **Ea** 8 XVI **R**^{2} | in ea paphos **A**. paphos *va.H* | palaepapos **F**. palepaphos **A**. -pos **a** 9 corinaeum **AE**^{2}*v*(*D*). -neum *G*. colonaeum **FE**^{1}. -neum *r* | salamis **A***G*. -in *r*. -ina *v* | amathys **A** | lamphethos **A**. -tos *va.B* | soboe **FdRa** | tamasos **A***S*. -sus *B*. -seus *C*. tmaasos **Ed**. xam- **a**. tam- **DF**. -sas **R**. amasus *v*. (Ταμαccόc *Strabo*) 10 epidaurum **AR**^{2} (*U 109*) *J*. -darum *rv* | chytri — 11 idalium *om.* **R**^{1} | chytri **Ed***B*. cy- **ADF**. citri **R**^{2}**a***v* | golgoe **AR**^{2}*B*. colcae **DF**. -ce **Ed**. colee *v* | et *ego*. et m **F**. et in **AREa**. et ibi **D**(?)**E**^{3}*v* 11 cinyria *B*. cynydia **A**. -nidia *v*. cinidia **E**^{2}. -ilia **R**^{2}. cinia **E**^{1}**a**. cynia **Dd**. oynia **F** | mareum **DFdEa***D*. -rcum **A**. -rium **R**(?)**E**^{3}*B* | abest **AR**^{2}**E**^{2}*v*. *om.* *r* | emurio **A**. ////em- **E**^{2}. eum- *va.B* 12 quod *v*. quo *ll* | cilicum **DFda** | eo **a** 13 u (*pro* situ) **E**^{1} | elaeusa (-ssa *B*) *C*. *cfr. GGm I p. 496* (*stad. 270*). eleusa *ll.v*(*H*) 14 clydes **Fa** | styria **a**. sy- **R**

contra Neam Paphum Hier*a* Cepia, contra Salamina
Salaminiae. in Lycio autem mari I*d*yris, Telendos, Atte- 181
lebussa, Cypriae tres steriles et Dionysia, prius Charaeta
dicta, dein contra Tauri promunturium pestiferae navigantibus
Chelidoniae totidem, ab *i*is cum oppido Leucolla, Pactyae,
Lasia, Nymphais, Macris, Megista, cuius civitas interiit.
multae deinde ignobiles, sed contra Chimaeram Dolichiste,
Choerogylion, Crambusa, R*h*oge, Xenagora VIII, Daedaleon
duae, Cryeon tres, Strongyle et contra Sidyma Antiochi
Glaucumque versus amnem Lagusa, Macris, Didymae, Helbo, Scope, Aspis et, in qua oppidum interiit, Telandria proximaque Cauno Rhodusa.

(36) Sed pulcherrima est libera Rhodos, circuitu 182
CXXV aut, si potius Isidoro credimus, CIII, habitata ur-

---

§ 131: (4. 5) Mela II 102. cfr. Plin. IX 180. — § 132: (14) Anon. fr. I 1 (GGm II p. 510).

---

1 neamphaum **A***va.B*. neapaū **FR**. -parū **a** | hiera *ego*. -re et *ll.va.B*(*D*). -ra et J^2 | cepia (*B*)*D*. chephia **A**. ce- *va.B*(J^2). cefia (cae- **F**) *r*. (hierocepia *B e Strab.XIV p.683. 684*) | salamina **A***B*. -nam *v*. *om.r* 2 idyris *Meineke ad StByz.p.327,1. MGGm I p.75*ᵃ. illyris *ll.v* | telandros *coni.B* | attelebussa (ate- E^3) *B e Ptol.* -bosa (ate- **E**) **RE a**. -besa **D**. -laebosa **F**. attae lebosa **A***v* 3 charaeta **A***D*. careta R^2. -elba R^1. -etha *rv* 4 dein **A***D*. -nde *rv* 5 celidoniae **Aa**. cael- **F** | iis *v*. is **Fa**. his *rS* | leucola *B* | pactye **Aa**. -tiae **F** 6 lasia **A***G*. laes- **F**. les- **R**. lesya *r*. leysya **a**. elysia *v* | magista **D**F^2**a**. maci- F^1 7 chimerā **F**. chieme- **A***va.B* 8 choerogylion **A***S*. chiro- E^3*v*. -gilion R^2. -dylion (chyro- **F**) **DFE**. -dilion (chydro- **a**) R^1**a** | crambusa *D*. -ssa E^3*B*. -bys a **A**. -bis a *v*. grambysa (-bisa **Fa**) *r*. *cfr.GGm I p.74. 490* | rhoge xenagora (*Külb*) D^2. *cfr.GGm I p.493*(*stad.245. 246*). roxe genagora (-gor **Fa**) **DFdREa**. roge (rhoge *B*) enagora **A***v* | VIII **AFa***D*. VIII R^2. cio R^1. VIII M. p. **DdE**(?)*v* | daedaleum **A** 9 duo E^1*va.B* | cryeon (B^2)*G e StByz.* cyrieon B^1. crieron **A**. cypron *rv* | trogyle **F**. -gile **Dd**R^1. ro- **a**. stro- *va.B* | sydima **F**. sid- **Aa***va.B* 10 claucumque **R**(**E**?)**a**. -ueumque **F***va.B* | lagusa **DE***B*. -ssa *S*. lacusa **A**R^1**a***v*. -sā **F**R^2**a**. *cfr.GGm I p.494* | magris **D**R^1. agris R^2**a**. -rys **F** | dydime **F**. did- **a**. -ma R^2. dididī R^1 | haelbo **A** 12 cauno rhodusa (-ssa *G*) *ll.G*. cynorh- *B* 13 est *D*. et *ll.v* | rhodas **A** 14 CXXX *C* | habitata urbibus **A**E^2**R**(?)*v*. -tatoribus *r*

bibus Lindo, Camiro, Ialyso, nunc Rhodo. distat ab Alexandria Aegypti DLXXXIII, ut Isidorus tradit, ut Eratosthenes, CCCCLXVIIII, ut Mucianus D, a Cypro CLXXVI. vocitata est antea Ophiusa, Aster*i*a, Aethria, Trinacrie, Cor*y*mbia, P*o*eeessa, Atabyria ab rege, dein
133 Macaria et Oloessa. Rhodiorum insulae Carpathus, quae mari nomen dedit, Casos, Ha*g*ne, E*u*limna, *N*isyros, distans a Cnido XV·D, Porphyris antea dicta, et eodem tractu media inter Rhodum Cnidumque Syme; cingitur XXXVII·D, portus benigne praebet VIIII. praeter eas circa Rhodum Cyclop*i*s, Teganon, Cordylusa, Diabatae IIII, Hymos, Chalce cum oppido, *T*eutlusa, Narthecusa, Dimastos, Progne et a

---

§ 132: Mela II 101. Strabo XIV p. 655 init. Berger Eratosth. fr. p. 118. — § 133: (7. 9) Mela II 111.

---

1 camyro A. -misro a | zaliso A *va. B.* tal- Fa 2 DLXXXVIII E. DLXXIII A^1. -VIII *va. S* 3 CCCCLXVIII A *D. sed cfr. Strabo II p. 125 extr.* 4 CLXXVI A *D.* CLXVI *rv. an* CCLXVI? *cfr. MGGm I p. 496*^{b} | ophiusa (ofi- F. offi- a) AFRa*v.* -ssa *r*(?)*S* | asteria *v.* -rea DRa. -therea AE. -thaerea F | aethria D*S.* -rea *B.* -raea *C.* ethria FE. etherea ethria a. et rhia R. etria A. edria *v* 5 trinacrie R^2*S.* -iae AE^3. -ia *v.* -atrie FR^1a. -iae DE | corymbia *B.* -rimbia E^3. combira AdEa*v.* -re R^1. -ila R^2. cobira D. compi- F | poeeessa *B.* peteessa (bet- a) *ll.* petoesse *v* | deinde Dd*va. S* 6 macaria D(?)*H.* -cria *rv* | et oloissa A. & holoessa E^2. a& hol- FE^1. ac thol- R 7 hagne *ego. cfr. GGm I p. 497 (stad. 272).* hacne AdTREa. ac ne F*va. B.* achne D(?)*G.* ac duae *B* | eulimna nisyros *ego. cfr. IV 71.* elimnia (elym- E. aelym- F. olim- DR[?]) syros (scy- *v*) *ll. v.* calymnae syros *B.* olim nisyros E^3*G* 8 ab A(?)*va. D.* ha R | enido D. gni- R(?)*va. S* | XV A*D.* XII *rv* 9 cnidiumque A. gni- DFEa | sime AEa *va. B.* -mae F 10 VIIII DFE^1a | eas A. has *rv* | citra *va. G.* chira R^2. uigerea R^1. ingirea D. ingyrea Fda. *an* in gyro circa? 11 cyclopis *Bas.* -ops A*v.* ciclops E^2. et clops (cops R) *r* | teganon *ll. G(S).* tergamon *v.* steganos *H* | cordilusa Ea. -dylussa *S* | diabatae A*J.* -the R^2. -betae *B.* -the *v.* biabathae DF. -the R^1. -bithe a. abiabethe E | hyrmos F. himos a. irmos *coni. H.* amos *coni. B* | calche Fa. cha- AR 12 teutlussa (*B e StByz.*) D^2 *coll. Thuc. VIII 42.* seu- D(?)*S.* -tlusa ARE*v.* sutlusu F. utl- ad | narthecosa R. -tecusa F. -tetusa a. *cfr. II 204*

Cnido Cisserusa, Therionarcia, Calydne cum tribus oppidis,
Notio, Nisyro, Mendetero, et in Arconneso oppidum Ceramus.
in Cariae ora quae vocantur Argiae numero XX et *Hy*etusa,
Lepsia, Leros. nobilissima autem in eo sinu Coos, ab 134
Halicarnaso $\overline{XV}$ distans, circuitu $\overline{C}$, ut plures existimant,
Merope vocata, Cea, ut Staphylus, Meropis, ut Dionysius,
dein Nymphaea. mons ibi Prion; et Nisyron abruptam
illi putant, quae Porphyris antea dicta est. Caryanda cum
oppido, nec procul ab Halicarnaso Pidossus; in Ceramico
autem sinu Priaponesos, Hipponesos, Pserima, Lampsa,
Aemyndus, Passala, Crusa, Pyrraethusa, Sepiusa, Melano
paulumque a continente distans quae vocata est Cinaedopolis,
probrosis ibi relictis a rege Alexandro.

(37) Ioniae ora Aegeas et Corseas habet et Icaron, 135
de qua dictum est, Laden, quae prius Late vocabatur, 4,68
atque inter ignobiles aliquot duas Camelitas Mileto vicinas,
Mycalae Trogilias tres, Philion, Argennon, Sandalion, Samon

---

§ 134: (4. 5) Mela II 101. Anon. fr. I 1 (GGm II p. 510).

---

1 ciserusa AFRa*va.G* | therionarcia *J.* -chia A*v.* -rgia DFR. -ria a. -rce *G.* -margia E. -rce E[3] | calydne A*B.* calicnae E[3]. galigne (-nae FE) *rv* 2 mendeteros AFRa | arconesso A. arcaneso F. artenose R. arconeso a*va.H* | ceramos Aa 3 hyetussa D(?)*G.* hietusa E[3]. haet- F. aet- A. het- REa. hec- *v* 4 hieros A*va.B.* laros R | coos A*S.* cohos R[2]. quos E[3]. nos R[1]. mos *r.* cos *C.* co *v. cfr. II 245. VI 214* 6 cea DdE*H.* chea FTR*v.* chaea A. cheba a. cos *B* 7 nisyrones R[1]. nysi rom F. nisiron A. -rom a 8 est. hinc DE(?)*v* | carianda A*va.H.* -rtanda FdE. -tāda a. -tana R 9 pidossus A*J.* -dosus (-dos R[1]) DRE*v.* ppido sus (sos F) Fa 10 pserima DFEa*J*[2]. pher- R. pserema A*D.* psere mya *v.* psyra mya *B.* psyra *J*[1] 10.11 lampsa aemyndus (emyn- A. emin- Ra*va.B*) *ll.H.* -psemandus *B* 11 crusa AE[3]*v.* a E. crisa *r* | pyrraethusa *ego.* pyrrhetiusa E. pyrret- a. -tosa R. pyrrhaeciusa F*D.* pyrrec- Dd. pirnec- A. pinnicussa *S.* pyrre *v* | saephiusa A. seph- *va.B* | melanum A*va.B* 14 egeas REa. trageas (*P*)*S.* -gias *H* 15 lathe Rd. -thae F. lithe a | uocatur FRE[1]a 16 camelitas AR[2]*D.* -idas DFEa*B.* -medo R[1]. cumelitas *v* | miletos F[2]Ra*Ven.* -tas F[1]. -litos A 17 migalae R. -len Fa. mica- A. myca- *va.H* | tres philion (phylion Fa) *ll.S.* -pylion *v.* trepsilion *G.* tres psilon *H*

liberam, circuitu LXXXVII·D aut, ut Isidorus, C. Partheniam primum appellatam Aristoteles tradit, postea Dryusam, deinde Anthemusam; Aristocritus adicit Melamphyllum, dein Cyparissiam, alii Parthenoarrhusam, Stephanen. amnes in ea Imbrasus, Chesius, Hibiethes, fontes Gigartho, Leucothea, mons Cercetius. adiacent insulae Rhypara, Nymphaea, Achillea.

136 (38) Par claritate ab ea distat XCIIII cum oppido Chios libera, quam Aethaliam Ephorus prisco nomine appellat, Metrodorus et Cleobulus Chiam a Chione nympha, aliqui a nive, et Macrim et Pityusam. montem habet Pelinnaeum, marmor Chium. circuitu CXXV colligit, ut veteres tradidere, Isidorus VIIII adicit. posita est inter Samum et Lesbum, ex adverso maxime Erythrarum.
137 finitimae sunt Tellusa, quam alii Daphnusam scribunt, Oenusa, Ela*phitis*, Euryanassa, Arginusa cum oppido. iam

---

§ 135: (1) Mela II 101. Agathem. V 26. Anon. fr. I 1 (GGm II p. 487. 510). — § 136: Mela II 101. — (12. 13) Agathem. l. l. Anon. fr. I 1.

---

1 LXXXVI **R** | D *ll. v (Brot.). om. C* 3 driusam **a**. drysam **R**. adr- **A**. adriisan *va. B* | athemusa **A**. antemusam **FR** 4 melaphillum **A**. -amphylū **R**. -philum **Fa** | cyparisiam (cip- **Fa**) **ARFa** *va. C* | ali **Fa**. ab *va. G* | parthenoarusam **D** *G*. -emoarusam **E**[3]. -enio Ar- *v*. -emoarūpham **Ea**. -enoarrusam (phar- **R**) **FR**. -rrhusam *D*[1]. -rchusam *D*[2]. partenoarh- (u **A**[2] *in ras.*) **A** 5 stephanen **E**(?)*v*. sthe- **A**. ut stepanen **D**. -phanes **a**. ut sthaeph- **F**. casteph- **R** | ambrasus **R** | hibiethes (hyb- **D**) **FD** *D*. -b//ethes **R**. -bietaes **A**. ibiethes **Ea**. ibettes *G*. -tthes *v* 6 fontes **A**(**D**?)*v*. po- *r* | gigartho **Ad** *Dal.* -to *G*. gicartho **DFEa**. -rcho **R**[2] -rco **R**[1]. eucarto *v* | leucothea **E**[3]*v*. -chotea **A**. leuthea **R**[2]. lu- **R**[1]. leū- *r* | cercetius **AE**[3]*B*. gergecius **R***v*. -etius *r* 9 bera **A** 11 macrim **A***S*. -crin **E**[3]*v*(*D*). -crum (-rum **Ea**) *r* 12 pelinnaeum *S*. pell- **A** (*desinens*). pillinae- **DFEa**. -neum *v*. pellineum **R**. pellen- *B. cfr. Strabo XIV p. 645* | CCL · ligit (git **R**[1]) ut **DFR**[1]. CCL · legati **Ea** 13 IIII *MGGm II p. 486*[b]. *510*[a] 15 tellusa **EadT***J*. thell- *rv*. thall- *B* 16 oenusa **R***D*. -ssa *G*. -ssae *B*. aenusa **DFE**. -us **a**. oenus *v* | elaphitis *H*. -tes *G*. la- *v*. elafites **E**[3]. -fides **R**. -fudes (ael- **F**) *r*

hae circa Ephesum et quae Pisistrati vocantur Anthinae, Myonnesos, D*i*a*rrh*eusa — in utraque oppida intercidere —, Po*r*oselene cum oppido, Cerciae, Halone, Commone, Illetia, Lepria, *A*ethre, Sph*a*eria, Procusae, Bolbulae, Pheate, Priapos, Syce, Melane, Aenare, Sidusa, Pele, Dr*y*musa, Anhydros, Scopelos, Sycusa, Marathusa, Psile, Perirrheusa multaeque ignobiles. clara vero in alto Teos cum oppido, 138
a Chio LXXII·D, tantundem ab Erythris. iuxta Zmyrnam sunt Peristerides, Carteria, Alopece, Elaeusa, Bacchina, Pystira, C*r*ommy*o*nesos, Megale, ante Troada Ascaniae, Plateae tres, dein Lamiae, Plitaniae duae, Plate, Scopelos, Getone, Arthedon, Coele, Lagusae, Didymae.

(39) Clarissima autem Lesbos, a Chio LXV, Himerte 139
et Lasia, Pelasgia, Aegira, Aethiope, Macaria appellata.

---

§ 139: (13—422, 5) Mela II 101. — (422, 1. 2) cfr. Plin. II 204.

---

1 haec **DFR** *G*(*S*). hec **a** | anthinae **d** *B*. -ime **E**. -tinae **R**[2]. -ne **DF**. -time **a**. entinae **R**[1]. atine *v* 2 myomnesos **E**. -eso **Da**. mio///nesos **R**. -nneso **F** | diareusa **E**[3]*G*. clar- *v*. dur- *ll* | inter et dere **Fa** 3 poroselene *v*. polo- *ll*. pordo- *D*. *sed cfr. codd. VIII 226 et Paus. III 25, 7* | cercyae **DF** | halone **E**(?)*B*. -lene **Ra**. -nae *r* 4 aethre sphaeria *J coll. Paus. II 33, 1*. ethrea speria **T**. et rhesp- **d** *G*. et (*om.* **a**) resp- *ll.v*. aethrea hesp- *P* | procusae *G*. -se *v*. -ulsae (-se **Ra**) *ll* | pheate **RT** *v*(*J*). -tae **DdE**. phaeate **a** *C*. -tae **F**. phanae *G* 5 priapos **E** *v*. -pus *r* | sice **a**. -cae **DFE** | melanc **FE**[1]**a** | aenare **Ed** *C*. enn- **R**. en- *rv* | pela **E**(?)*B* | drymusa *B e Thuc. VIII 31, 3*. drom- **R**. drem- *rv*
6 sucusa **R**. sic- **d** *va.G*. sicc- **DFa** | perirrheussa **R**(?). -irheusa **DFa**. -irreusa **E**(?)*S* 7 theos **DFRa** *va.B* 8 LXXII **RdT** *D*[2]. LXXI *rv*(*H*). LXXXI *L* | D *om. G* | smyrnā **DF**. smir- **a**
9 elaeusa **R** *C*(*D*). -ssa *G*. eleusa **DFE** *v*. eloesa **a** | bacchina *D*. -iua **DF**. bachina **R** *v*. -iua **E**. -cciua **a** 10 pystira *v*. pysci- **R**. pistyra **E**[3]. -scyra **E**. -scira **a**. spinpisc- **dT**. spnpiscyra (-pys- **F**) **DF** | crommyonesos *B*. comm- *v*. -mynesos **D**. -minesos (cum- **R**) *r* 11 plinthaniae *coni. H* 12 gethone **DFRa**. *cfr. IV 74* | arthedan **R**. -eidon *va.H* | coele *D*. -lae **d** *H*. cele **DREa**. -lae *v*. caele **F** | laguse **Ra**. -ssae *G* | dydyme **DF**. didime **a**
13 himerte *H*. hem- (em- **R**[1]) *ll.G*. hermete *v* 14 et lasia *om.* **R**. et issa *coni. H* | et chiope **R**. ethiopiae **Ed** *va.G*. -pie **T**. -pia **a** | macharia **DFR**[1]**a**. maga- **R**[2] | *dist. D*[2]

fuit VIIII oppidis incluta: ex his Pyrrha hausta est mari, Arisbe terrarum motu subversa, Antissam Methymna traxit in se, ipsa VIIII urbibus Asiae in XXXVII p. vicina. et Agamede obiit et Hiera; restant Eresos, Pyrrha et libera
140 Mytilene, annis MD potens. tota insula circuitur, ut Isidorus, CLXVIII, ut veteres, CXCV. montes habet Lepet*y*mnum, Ordymnum, Macistum, Creonem, Olympum. a proxima continente abest VII·D p. insulae adpositae Sandalium, Leucae V, ex iis *Cydo*nea cum *fon*te calido. Arg*i*nusae ab Aege IIII p. distant. dein *Ph*el*l*usa, Pedna. extra Hellespontum adversa Sigeo litori iacet Tenedus, Leucop*h*r*y*s dicta et Phoenice et Lyrnesos; abest a Lesbo LVI, a Sigeo XII·D.
141 **32.** (40) Impetum deinde sumit Hellepontus, et mare incumbit, verticibus limitem fodiens, donec Asiam abrumpat
127 Europae. promunturium id appellavimus Trapezam. ab eo X p. Abydum oppidum, ubi angustiae VII stadiorum. deinde Percote oppidum et Lampsacum, antea Pityussa

§ 140: Agathem. l. l. Anon. fr. I 1. Strabo XIII p. 616. — (9) cfr. Plin. II 232. — (11) Mela II 100. — § 141: Mela I 96. — (17) Anon. fr. I 2 (GGm II p. 510). — Mela I 97. 98.

1 pyr. r. **DFa** 2 alisbe **E**. alesbe **a** 3 ipsam **E**^{3}*va.D* | VIII **DFaE**^{3}*va.H* 4 obit **DFRa** | pyrra **F**. pyrr **Da** 5 mytilenc **F**. mit- **R**^{1}**a**. mirt- **d**. mitilenunc **R**^{2} | annis *ll.G*. amnibus *v* | MD *ll.H*. D *G*. L *v* | circuitus **Rd** 6 CLXXIII *L* (*errore*). CXLVIII *MPt p.835*^{a} 7 lepetymnum (*U 108*) *J*. *cfr. Antig. hist. mir. 15* (*17*). -timnum **R**. -thimnum *r*. -thymnum *v*(*S*). -mum *C* | ordimnum **a**. -imum **R**^{2} *e corr.* -ymum *va.G* | maciscum **DFR**. -isemu **a** 9 scandalium **E**. -ion *va.G* | eis **a** | cydonea *v*. cid- **E**^{3}. gignea *ll. cfr. II 232* | fonte **E**^{3}*v*. pote **R**. poto *r* 10 arginussae *S*. argenuse **Ra**. -ssae *B*. -ennusae *r* | phellusa **d**(?)*G*. -elusa *v*. fel- **E**^{3}. felosa (-sia **R**) *ll* 11 sigio **DFa** 12 leucophrys *B e Strab. XIII p.604*. -phrus *v*. -pris *ll* | lyrnessos **E**(?) *va.S* 14 mare *ll.*o*v*. *cfr. III 16*. in mare **dT***J*. mari (*U 110*) *D*
15 uorticibus **E**^{2}o*va.S*(*D*^{2}). *cfr. III 87* 16 trapezam **R**(?) **E**^{3}*v*. traoeziam **DF**. traez- **dT**. troez- **Ea** 17 bidum **DFR**^{1}**a**. abi- **R**^{2} 18 percotae **F**. -tece **D**(?) | lamesacum **DFa** | pityusa *B*. piciusa **d**. pytti- *v*. pitiussa **REa**. -tuissa *r*

dictum, Parium colonia quam Homerus Adrastiam appellavit,
oppidum Priapos, amnis Aesepus, Zelia, Propontis — ita
appellatur ubi se dilatat mare —, flumen Granicum, Artace
portus ubi oppidum fuit. ultra insulam continenti iunxit 142
Alexander, in qua oppidum Milesiorum Cyzicum, ante
vocitatum Arc*t*onnesus et Dolionis et Didymis, cuius a
vertice mons Didymus. mox oppida Placia, Ariace, Scylace,
quorum a tergo mons Olympus, Mysius dictus, civitas
Olympena, amnes Horisius et R*hy*ndacus, ante Lycus
vocatus; oritur in stagno Artynia iuxta Miletopolim, recipit
Ma*c*eston et plerosque alios, Asiam Bithyniamque dister-
minans. ea appellata est Cronia, dein Thessalis, dein 143
Malianda et Strymonis. hos Homerus Halizonas dixit,
quando praecingitur gens mari. urbs fuit inmensa Atussa
nomine, nunc sunt XII civitates, inter quas Gordiu Come,
quae Iuliopolis vocatur. in ora Dascylos, dein flumen
Gelbes et intus Helgas oppidum, quae Germanicopolis, alio
nomine Booscoete, sicut Apamea, quae nunc Myrlea
Colophoniorum, flumen Echeleos, anticus Troadis finis et
Mysiae initium. postea sinus in quo flumen Ascanium, 144

§ 141: Homerus *B* 828. — § 142: Mela I 98. 99. — § 143: Homerus *B* 856. — (16. 18) Mela I 99.

1 coloniā **DFa** 2 aesepus **E**[3]*B*. aps- **R**. abs- **DdEa**. -saepus **F** 3 urbi se **D**. -bis **F** | dilitat **DF**[2]. ditat **F**[1] | artace **E**[3]*B*. -age *ll.v* 4 insulam *ll*. -la quam *B*. -lam quam **E**[3]*v* 6 arctonnesos *B e StByz.*(*H*). -onesos **E**[3]. arconensus (arto- **R**) *ll*. -nnesos *G*. archo- *v*. Ἄρκτων ὄρος *Strabo XII p. 575* | didymis *v*(*D*). dydim- **DFE**. did- **Ra**. dindym- *B*. *item 7* 7 uerticē **DF** | ariace *ll. Brot.* -cos *v e Mela. del. U 112* 8 misius **a**. maesius *L* 9 et **E**[3]*v*. e *r* | rhyndacus *v*. rind- **E**[3]. rand- *ll* 10 in *om.* **R**[1] | artinia **DFa***va.B* | rixta **D** | recepit **DFR**[1]**a** 11 maceston **E**[3]*B*. maie- **R**. mage- *rv* 12 thersalis **DF**. ter- **a** 13 marianda *U 112* | alizonas **DF**. alixo- **Ea** 14 atusa **Ra** 15 cordiu come (-mae **DF**. que me **R**[1]) **DFRa**. gordiocone *va.B* 16 et in **R**[2]*va.S*(*D*[1]) 17 gelbet **R**[1]. gebes et *va.Brot.* 18 myriaea (mir- **a**) **DFRa**. -ria *va.B* 19 clolophoniorum **a**. chlol- **DF** | echeleos *J. cfr. § 145.* hech- **R**[2]. -leo **R**[1]. echelec **F**. eth- **Da***v*. etelee **E**. -leō **E**[3]. ethelee **d**. -leos *S*. -leum *G* 20 finis (*pro* ſinus) **DF**

oppidum Bryalion, amnes Hylas et Cios cum oppido eiusdem nominis, quod fuit emporium non procul accolentis Phrygiae, a Milesiis quidem conditum, in loco tamen qui Ascania *Ph*rygiae vocabatur. quapropter non aliubi aptius de ea dicatur.

145 (41) Phrygia, Troadi superiecta populisque a promunturio Lecto ad flumen *Ech*eleum praedictis, septentrionali sui parte Galatiae contermina, meridiana Lycaoniae, Pisidiae, Mygdoniae, ab oriente Cappadociam attingit. oppida ibi
105 sq. celeberrima praeter iam dicta Ancyra, Andria, Celaenae, Colossae, Carina, Coti*aï*on, Ceraine, Conium, Mid*aï*um. sunt auctores transisse ex Europa Moesos et Brygos et T*hy*nos, a quibus appellentur Mysi, Phryges, Bithyni.

146 (42) Simul dicendum videtur et de Galatia, quae superposita agros maiore ex parte Phrygiae tenet caputque quondam eius Gordium. qui partem eam insedere Gallorum Tolostob*o*gi et Voturi et Ambitouti vocantur; qui Maeoniae et Paphlagoniae regionem, Trogmi. praetenditur Cappadocia a septentrione et solis ortu, cuius uberrimam partem

---

§ 144: (1. 2) Mela I 99. — § 145: (6—9) Sol. 40, 9. MCap. VI 686 init. — § 146: (16. 17) Sol. 41, 1. — (19) cfr. Strabo XII p. 567.

---

1 bryalion **DFd***D*. bryll- *B*. brialion **Ea***v*. -iom **R** | cios *B*. chios (hios **R**^{1}. chyos **a**) *ll* 3 ascanię **d***va.G*. -ie **DFRa** 4 phrygiae **E**(?)*v*. ferig- (-ie **a**) *r* 7 lecto *om.* **o** | echeleum *J*. *cfr.* § *143*. eth- *G*. celeum *ll.* **o***v* 8 sui **R***v*. sua *r***o** | galatia **DFa**. -acia **o** | lychaoniae **F**^{2}. lycho- **F**^{1} | pissydiae **FR**. pessid- **a** 9 migdoniae **DFa**. que *add.*(**R**?)**E**^{3}*va.S*(*D*) | ubi **E**^{1}**ea** 10 dictam **DF** | angyra **DFRa**. man- *va.B* 11 cotiaion **E**^{3}*B*. cotion *ll*. cotton *v*. cotyaion *H* | ceraine **R**^{2}**E**^{3}*S*. -ane *v*. -nae *Dal*. -ai *r* | midaium **E**^{3}*S*. -aion *B*. midium *ll*. myd- *v* 12 moesos *ll.S*. mysas (-sos *C*) *v*. *cfr* § *121* | brigos **Ra**. brygas *G* 13 thynos *Verc*. tinos *ll*. thi- *v*. *cfr. Herod. I 28* | appellantur **Ead***va.S* | frygis **F**. frig- **D**. -gii **ae** 16 cordium **DFa** 17 tolostobogi *D*^{2}. -bagi (tolis- **E**^{3}) *ll.v*. tolistobogi *B e Strab. XII p. 547 al. Ptol. V 4, 5. sed cfr. Sol. et Liv. XXXVIII 15. 16. 19* | ueturi *Sol.* | ambitouti **DFdR***S*. -tuuti **Ea**. -toti *Sol.* -tui *G*. ambiani *v* 18 trogmi *B*(*J*). -gimi *ll*. -gine *v*. trocmi *G e Strab. et Ptol.* | cappadociae **DFE**^{1}**a** 19 a **R**^{2}*v*. *om.* *r*

occupavere Tectosages. ac toto *tr*actu gentes quidem hae, populi vero ac tetrarchiae omnes numero CXCV. oppida Tectosagum Ancyra, Trogmorum Tavium, To*l*ostobo*g*iorum Pisinuus. praeter hos celebres A*tt*alenses, *Ar*assenses, 147
Comenses, Di*ct*ienses, Hierorenses, Lystreni, Neapolitani, Oeandenses, Seleucenses, Sebasteni, Timoniacenses, Thebaseni. attingit Galatia et Pamphyliae Cabaliam et Milyas qui circa Barim sunt et Cyllanicum et Oro*and*icum Pisidiae tractum, item Lycaoniae partem Obizenen. flumina sunt in ea praeter iam dicta Saggarium et Gallus, a quo nomen traxere Matris deum sacerdotes.

(43) Nunc reliqua in ora. a Cio intus in Bithynia 148
Prusa, ab Hannibale sub Olympo condita — inde Nicaeam $\overline{XXV}$ p. interveniente Ascanio lacu —, dein Nicaea in ultimo Ascanio sinu, quae prius Olbia et Prusias, item

§ 147: (10. 11) MCap. VI 687 init. — § 148: (15) Mela I 100.

1 ac toto tractu *ego* (*et dist.*). acto ut obiactu **Ea**. -ctut **DF**. -ctus **d**. -b////// **R**^{1}. ac totobodiaci et **R**^{2}. ac Tout- *D*. ac Teut- *v* 3 trogomorum **F**^{1}**a**. trocm- *G* | tolostobogiorum *D*^{2}. tolistobogorum *B*. -botiorum **E**^{3}. -bagorum *v*. tomostobociorum (-stho- **F**) **DFda**. -botiorum **RE** 4 bisinuus **a**. pisiauus **R**. pisinus *J*. -imius *v*. pesinuus **E**^{3}. -nus *G*. pessi- *B*(*S*) | attalenses *v* (*e Cic. de lege agr. I 5. II 50*). acta- *ll. S.* adadenses *coni. B*(*H*) *e Strab. XII p. 570. Ptol. V 5,7* | arassenses *B e Strab. l. l. Ptol. V 5,5.* alass- *ll. D.* alase- **dT***v*(*J*) 5 chomenses *coni. H. om.* **E**^{1} | dictienses *coni. B e Ptol. V 4,6.* didie- *ll. S. om. G.* didye- *v* | hierorenses *ll. S.* -onenses *v.* dioshieronitae *G* | lystreni **EdT**(?)*G*. -ne **a***v*. -nae **DF**. listene **R**. lysirenae *B* 6 sebastheni **DFda**. fab- **E** | timomachenses **DF**. thi- **a** | thebaseni *ll. S.* teb- *G*. tarb- *B* thebis- *v* 7 cabaliam **E**^{3}*G*(*J*). gab- (-lie **a**) *ll. v*(*H*). carb- *B*(*S*) *e Ptol. V 5,5* 8 cillanicum **DFEa**. cyllanticum (cill- **E**^{3}) *va. J* | oroandicum **E**^{3}*G*. *cfr. § 94. Cic. l. l. II 50. Liv. l. l. 18,2. 19,1.* oronti- *ll. v.* orondi- *B e Ptol. V 4,9* 9 lychaoniae **DF**. -conie **a**. licho- **E** | obigenen *va. S* 10 eam **DFR**^{1}**a**. iamque **R**^{2} | saggarium *ll. D.* saga- **do**. sanga- *v. cfr. Sol. 42,1. MCap.* 12 a tio **F**^{1}**Ea**. a chio **F**^{2}**d**. a rio *va. B* 13 prusa **F**^{2}*B*. brusa *rov* | condita **E**^{2} *in marg. om.* **E**^{1} | inde **F**^{2}**R**^{2}*v*. de **R**^{1}**d**. di *r* | niceam **E**(?)*B*. -cea **a**. -caea *rv* 14 dein (**R**^{2}*S*. de **R**^{1}. deinde *v*) nicaea **R***v*. denitia **F**. denicia **DE**^{2} *in marg.* **a**. *om.* **E**^{1} 15 oluia **DFRa** | prusias **DFEa***v*(*J*). -sa **R**(?)**E**^{3}*B* (*subl. dist.*)

altera sub H*y*pio monte. fuere Pythopolis, Parthenopolis, Co*ry*phanta. sunt in ora amnes Aesius, Bryazon, Plataneus, Areus, Aesyros, Geudos, qui et Chrysorroas, promunturium in quo Megarice oppidum fuit. inde Craspedites sinus vocabatur, quoniam id oppidum velut in lacinia erat. fuit et Astacum, unde et ex eo Astacenus idem sinus; fuit et Libyssa oppidum, ubi nunc Hannibalis tantum tumulus.
149 e*s*t in intimo sinu Nicomedia Bithyniae praeclara. Leucatas promunturium, quo includitur Astacenus sinus, a Nicomedia XXXVII·D p., rursusque coeuntibus terris angustiae pertinentes usque ad Bosporum Thracium. in his Calc*h*adon libera, a Nicomedia LXII·D p., Procerastis ante dicta, dein Colpusa, postea *C*aecorum oppidum, quod locum eligere nescissent, VII stadiis distante Byzantio, tanto feliciore omnibus modis sede. ceterum intus in Bithynia colonia Apamena, Agrippenses, Iuliopolitae, Bithynion. flumina Syrium, Laphias, Pharnacias, Alces, Serinis, Lilaeus, Scopas,
150 Hieros, qui Bithyniam et Galatiam disterminat. ultra Calchadona Chrysopolis fuit, dein Nicopolis, a qua nomen

---

§ 148: (6) Mela I 100. — (7) Sol. 42, 3. MCap. VI 687 extr. — § 149: (10. 11) Mela I 101. — (13) Strabo VII p. 320.

---

1 hypio *H*. hipio **DF**. ipio **R**. hippio **E***G*. ippio **a***v* 2 coryphanta *B*. cariph- *ll*. ga- *v* | aerius **D**. er- **a** | bryaazon **D**. briaa- **FRa** 3 esyros **D**. esir- **a**. isi- (si- *C*) *va.H* | geudos **DdE***D*^{2}. -dus **Fa**. geodos **RT***S*. gend- *v* | crysoroas **DF**. cris- **Ra** 4 in quo — 9 promunturium *om.* **a** | inde **RE***v*(*S*). unde **DFd** *H*(*J*) 6 et ex eo *del. voluit S* 7 lybissa **D**. -byssa **F**. libissa **o***Sol.* | ubi *om.* **o** 8 est *G*. et *ll.v*. est et **E**^{3}*D* 10 XXXXII *va.H* | cohęuntibus **F** -haeistibus **D** 11 trachiū **R**. -iaum **DF** | calchadon (*J*)*D*. calca- **E**^{2}. galeadon *rva.B*. calchedon *H*. chalce- *B*(*S*) 12 LXXII *va.H* | antea **R**^{2}**a***G* 13 colposa **DFa**. compusa *va.H* | caecorum *B*. greco- **R**^{2}**Ea***v*. graego- **DF**. grego- **R**^{1} 17 pharnacias *S*. -natias **R**. -nucias *r*. -rmacias *H*. -rmicas *v* | serynis **DE**. cry- *va.S* | lybeus **DEa**. lylaeus *va.H* | scopas *MPt p.805*^{a} *e nummis*. -phias **E**. -phyas **a**. -phius **DdR**. -phyus **F**.- pius **E**^{3}*v* 18 hieras **E**(?)*va.J* 19 calchadona **DFE***v*(*D*). calca- **a**. chalcha- **R**. calche- **E**^{3}*H*. chalce- *B*(*S*) | nicopolis *v*. nyco- **d**. mico- **Ra**. myco- *r*

etiamnum sinus retinet, in quo portus Amyci. dein Naulochum promunturium, Estiae, templum Nèptuni. Bosporus, D p. intervallo Asiam Europae iterum auferens, abest a Calchadone XII·D p., inde fauces primae VIII·DCCL p., ubi Spiropolis oppidum fuit. tenent oram omnem Thyni, interiora Bithyni. is finis Asiae est populorumque CCLXXXII, qui ad eum locum a fine Lyciae numerantur. spatium Hellesponti et Propontidis ad Bosporum Thrac*i*um *CC*XXXVIIII p. diximus. a Calchadone Sig*e*um Isidorus CCCXXII·D p. 4,76
tradit.

(44) Insulae in Propontide ante Cyzicum Elaphonnesus, 151
unde Cyzicenum marmor, eadem Neuris et Proconnesus dicta. secuntur Ophiusa, *A*canthus, Phoebe, Scopelos, Porphyrione, Halone cum oppido, Delphacie, Polydora, Art*a*caeon cum oppido. est et contra Nicomediam Demonnesos, item ultra Heracleam adversa Bithyniae Thynias, quam barbari Bithyniam vocant. est et Antiochia et

§ 150: (3) cfr. Plin. IV 49. 75. IX 51. Strabo VII p. 320. — § 151: (11. 12) Mela II 100. — (16) Mela II 98.

1 *an* etiamnunc? | amyci *v*(*G*). *cfr. XVI 239.* acymy **DFE**. achymi **a**. achimi **R**. azari *B* 2 estie **a**. aestiae **DF**. Ἑστία et *MGGm I p. 380*b. est ac *U 113* 4 chalcadone **E**. calca- **R**[2]. chaca- **DF**. ceca- **R**[1]. calci- **a**. chalcae- **E**[3]. chalce- *B*(*S*). *cfr. supra* | VII·D (*de la Barre*) *MGGm II p. 10*a | VIIII **R** | CCL *v a. H* 5 spiropolis *ll. v*(*S*). sphino- **E**[3]. phino- (*B*[2])*C*. bosporo- *B*[1]. Vrio- *MGGm II p. 10*a | tyni **DF**. tini **Ra** 7 finie **a**. ſinu **R**(?) *Dal.* | lydiae *L* 8 propontidi **FR**[1]**a** | ad **E**(?)*v*. a *r* | thracium *v*. -ctum **E**. tra- *r* | CCXXXVIIII *H* (*sed praem.* esse). ē LXXXVIIII **R**. -VIII *r*. CLXXXVIII *v* (*praem.* ē) **E**[3] 9 calcadone **a**. calched- **D**. calced- **R**. chalchaedonae **F** | sigeum *L*. -gaeum *v*. -gidium (syg- **E**) *ll* | CCCXII **FdTa***v*. *cfr. GGm II p. 480.* CCXII **R**[2] *e corr.* CCCXXII *r*(?)*H*. -LXII *C* 11 elaphonnensus **D**. ael- **F**. elaphone- **a**. elapone- **R** 12 neuris **RE***v*. in curis *r* | proconesus **Ra** 13 ophyusa **Ea**. ophiussa **D**(?)*S* | acanthus **d**(?)*B*. cantus (tan- **R**[1]) *ll*. cania *v* | copelos (copol- **Rd**) phoebe (phebę **d**) **DFdRa** 14 delphacie **Ra***S*. -iae *r*. -ia **d***B*. -pace *v* 15 artacaeon *B*. arteceon **E**[1]. aterc- **DE**[2]**a**. -caeon **Fd**. alitercon **R**. atarceon **E**[3]*v* | demonesos **a** 17 uocant est **R**[2]**E**(?)*v*. -cantes (-centes **R**[1]) *r* | antiochiae & **F**. -chie et **R1**. -chye et **a**

contra fauces Rhyndaci Besbicos, $\overline{\text{XVIII}}$ p. circuitu. est et Elaea et duae Rhodusae, Erebinthote, Megale, Chalcitis, Pityodes.

C. PLINI SECVNDI
NATVRALIS HISTORIAE
LIBER VI

1 **1.** (1) Pontus Euxinus, antea ab inhospitali feritate Axinus appellatus, peculiari invidia naturae sine ulla fine indulgentis aviditati maris et ipse in*ter* Europam Asiamque funditur. non fuerat satis oceano ambisse terras et partem earum aucta inanitate abstulisse, non inrupisse fractis montibus Calpeque Africae avolsa tanto maiora absorbuisse quam reliquerit spatia, non per Hellespontum Propontida infudisse iterum terris devoratis: a Bosporo quoque in aliam vastitatem panditur nulla satietate, donec exspatianti

---

§ 1: (7. 8) Mela I 102. Sol. 23, 16. — (13) Sol. 23, 15.

---

1 ryndaci **DFl**. rhin- **a**. rin- **R** | berbicos **al**. -bycos **F** | circuitu **El***v*. -tus *r* | est et *ll.v.* est *S* 2 rhodussae *P*. -diussae *B*. -diae assoe *v*. rhoodiasae l. -soe **DF**. hroodiasae **E**^{1}. -ase **a**. -iosae **E**^{2}. -iusae **E**^{3}. rhocdiiosoe **R**. *cfr.§131extr.* | erebinthote **a***J*. -ttote **D**. -tote (her- **R**. erebyn- l) *r*. -thodes *H*. -thus *B*. -tus **E**^{3}. crebinthos *v* 3 pitiodes **FE**. pithi- **a**. poti- **R**

Lib. VI. 7 elixinus **DFEa** | ante **a** 8 axinus **F**^{2}*J*. axe- **R**^{2}**E**^{2}**op***v*. *cfr.IV76.* asi- *r* | appellatus est **F**^{2}**R**^{2}**E**^{2}**o***va.G*(*D*) | peculiari **F**^{2}**R**^{2}**E**^{2}**op***v*(*D*). -ris *rJ* | inuidia **F**^{2}**E**^{2}**op***v*(*D*). -die **Ra**. -diae *rJ* | ulla **DF**^{1}**dRE**^{1}*S*. ullo *rv*(*D*) 9 auiditati **F**^{2}**op***v*(*D*). -ate *rJ* | inter **R**(?)*G*. in *rv*(*J*). *cfr.* interfusus *II 173. III 86* | ariāque **F**. ma- **a** 10 ambisset **DFEa** 11 immanitate **op** *G*(*JD*^{1}) | fractisque (fa- **a**^{1}) **Eaop** 12 auolsa **Ra**^{3}*v*. euo- **a**. -se **E**^{1}. uolsa **DF***D*. euulsa **E**^{2}**op** | maiora **F**^{2}**E**^{2}**o***v*. -ra et p. -re *r*

13 reliquerit **E**^{2}**op***v*(*D*^{1}). -iqueret **R**. -inqueret *rS*(*D*^{2}) 15 exspatianti **F**^{2}**E**^{2}**o***v*(*G*)*D*. -aciati **p***C*. spatianti (-acianti **a**. -acienti **R**^{1}) *rS*

lacus Maeotii rapinam suam iungant. invitis hoc accidisse 2
terris indicio sunt tot angustiae atque tam parva naturae
repugnantis intervalla, ad Hellespontum DCCCLXXV p., ad
Bosporos duos vel bubus meabili transitu — unde nomen
ambobus —, etiam quaedam in dissociatione germanitas
concors: alitum quippe cantus canumque latratus invicem
audiuntur, vocis etiam humanae commercia, inter duos
orbes manente conloquio, nisi cum id ipsum auferunt venti.
mensuram Ponti a Bosporo ad Maeotium lacum quidam 3
fecere |XIIII|·XXXVIII·D, Eratosthenes C̄ minorem.
Agrippa a Calchadone ad Phasim |X|, inde Bosporum
Cimmerium CCCLX. nos intervalla generatim ponimus
conperta in aevo nostro, quando etiam in ipso ore Cimmerio
pugnatum est.

Ergo a faucibus Bospori est amnis Rebas, quem 4
aliqui Rhesum dixerunt. dein Syris, portus Calpas, Sangaris
fluvius ex inclutis. oritur in Phrygia, accipit vastos amnes,
inter quos Tembrogium et Gallum, idem Sagiarius plerisque dictus, Coralius, a quo incipiunt Mariandyni, sinus
oppidumque Heraclea, *Lyco* flumini adpositum — abest

§ 2: (4) Sol. 23, 16. — § 3: (10) Berger Eratosth. fr. p. 329. Agrippa fr. 29 R. (Strabo II p. 91). — § 4: Sol. 43, 1. MCap. VI 688. — (19 sqq.) Mela I 103. 104. Sol. 43, 2. cfr. Plin. XXVII 4.

1 maeotii **R**(?)*H*. -ti **DE**^{1}. -tis **dT**(*P*)*G*. moeoti **F**^{1}. me- **a**. a maeoti (moeo- **F**^{2}. moetiti **o**. meothi **p**) *r***op***v*(*L*) | sibi *va.G* | iungant **F**^{2}*v*(*L*). -git **a**. -gunt (iug- **R**) *r***op***S*. -gat **T**(*P*)*G* 3 DCCCLXXV **E**^{2}*B*. octingentorum XXV (LXXV **a**) *rov*. *cfr. IV 75. V 141* | ad **dTp***v*. a *ll.***o** 4 bosporo **E**. -phoro **E**^{2}**o**. -foro **ap** 5 et iam quaedam *H*. et tamquam *v* 10 D *om.* **R**^{2}**E**^{1}**p***SJ* 11 calchadone *D*. -chedone *v*(*Brot.*). calcad- **a**. -caed- **a**^{3}. chalchad- **DFE**. -chiadone **R**. -cedone *B*(*S*). *cfr. V 149. 150* 12 ponemus *G* 13 ore **RE**^{2}**p***v*. ori *r* | commerio **DF**. cumm- **Ea** 15 a **E**^{2}**opa**^{3}*v*. *om.r.* in **dT** | rhebas *va.D* 16 rhesum **R**^{2}**a***Sol.v*(*H*). res- **d**. phes- *r*. rhoes- *C* | syris *ll.v*(*J*). psillis *B* | sangaris *ll.v*(*J*). sag- (*P*)*H*. sangarius *C*. *cfr. V 147* 18 sangarius *va.J*. saga- *Sol.* | a plerisque **E**^{2}**da**^{3}*va.S* 19 coralius *ll.v*(*J*). *del.* (*Salm.*) *H* | mariandrini **DFE**^{1}**a**. -dini *va.H* | *dist D e coni.H* 20 lyco *v*. liquo **R**. lico *r*

a Ponti ore CC —, portus Acone, veneno aconito dirus, specus Acherusia, flumina Paedopides, Callic*h*orum, Sonautes, oppidum Tium, ab Heraclea XXXVIII p., fluvius Billis.
5 **2.** (2) ultra quem gens Paphlagonia, quam P*y*laem*e*niam aliqui dixerunt, inclusam a tergo Galatia, oppidum Mastya Milesiorum, dein Cromna, quo loco Enetos adicit Nepos Cornelius, a quibus in Italia ortos cognomines eorum Venetos cre*di* de*be*re putat, Sesamon oppidum, quod nunc Amastris, mons C*y*torus, a Tio LXIII p., oppida Cimolis,
6 Stephane, amnis Parthenius. promunturium C*a*rambis vasto excursu abest a Ponti ostio CCCXXV *aut*, ut aliis placuit, CCCL, tantundem a Cimmerio aut, ut aliqui maluere, CCCXII·D. fuit et oppidum eodem nomine et aliud inde Armine, nunc est colonia Sinope, a Cytoro CLXIIII, flumen Varecum, gens Cappadocum, oppidum Caturia *G*azelum, amnis Hal*y*s, a radicibus Tauri per Cataoniam Cappadociamque decurrens, oppida Gangre,

---

§ 5. 6: (4—12) Sol. 44, 1. MCap. VI 689. — (6—16) Mela 1 104. 105. — § 5: (6) Nepos fr. 57 Halm.

---

1 aconae **D***D*. acc- **F** 2 pedopides **a T**. -iles *v a. H* | callichorum *v*. -corum **R**². gallico- *r* 3 ab **R**²*v*. *om.***R**¹. & *r* | billis *ll.v*(*H*). bilis *G*. bilaeus *B* 4 pylaemeniam *B*. philem- *v*. pilaemon- **Da**. pile- **FdR**. pillae- **E** 5 galatia **R**²**E**²*v*. ea late *r* | mastya **R**(?)*v*. -tia *r*. *an* mastra? *cfr. GGm I p. 405*ᵃ 6 loco **da**³*v*. loc **R**. loca *r* | henetos *v a. J* 7 ortus **DFE**¹ 8 credi debere *ego. cfr. II 166 init.* credere (*corrupt. ex* credidere) *ll. J*¹. se credere *J*². ea de re *D*. credi *v* | oportet **a**. postulat *v*. *del. J*²
9 cytorus *B*. cit- *ll. v* | cimolis *B*. chim- *ll. v* 10 stephane **R**²**a**³*B*. -ni (sthaeph- **F**. stebh- **E**²) *r*. stebane *v* | carambis *v e Sol., MCap., Strab. cfr. IV 86. X 60.* cer- *ll. J*. cor- **p** 11 aut ut *ego*. & ut *ll.* uel ut *v*. ut (*coni. S*) *D* 12 ut *om.***R** 14 armine *ll. v*(*J*). -mene *H* | a cytoro (*B*) *G*. cyteros (cit- **Ra**) **DFRa**. cytoros **E**³. cyteros (ethe- **p**) a quitoro (quith- **E**². cyth- **p**) **E**²**p***v*
15 uarecum (uarr- **R**) *ll. J*. -etum *v*. euarchum *H* 16 caturia *v*(*D*). -tyria **DFE**¹**a**. -tiria **R***J*. ciatvria **E**². gazivra **E**³ *B e Strab. XII p. 547* | gazelum *B e Strab. XII p. 546. 553.* laze- **E**² *in ras.* **p**. iace- *v*. zaceplum *r J* | halys *v*. -lis **R**². alis **E**²**p**. pilis *r*
17 gangre *B*. -gei **R**. -ger **T**. -ge **p***v*. gamge *r D*¹. -ger **d**

Carusa, Amisum *l*iberum, *a* Sinope $\overline{\mathrm{CXXX}}$, eiusdemque 7
nominis sinus tanti recessus, ut Asiam paene insulam faciat, $\overline{\mathrm{CC}}$ *h*aut amplius per continentem ad Issicum Ciliciae sinum. quo in omni tractu proditur tres tantum gentes Graecas iure dici, Doricam, Ionicam, Aeolicam, ceteras barbarorum esse. Amiso iunctum fuit oppidum Eupatoria, a Mithridate conditum; victo eo utrumque Pompeiopolis appellatum est.

3. (3) Cappadocia intus habet coloniam Claudi Cae- 8
saris Archelaidem, quam praeflu*it* *amnis* Halys, oppida Comana, quod Salius, Neocaesaream, quod Lycus, Amasiam, quod *I*ris, in regione hoc *G*azacena, in Colopene vero Sebastiam et Sebastopolim — haec parva, sed paria supra dictis —, reliqua sui parte Melitam, a Samiramide conditam haud procul Euphrate, Diocaesaream, Tyana, Casta*b*ala, Magnopolim, Zelam et sub monte Arga*e*o Mazacum, quae nunc Caesarea nominatur. Cappadociae pars praetenta 9
Armeniae Maiori Melitene vocatur, Commagenis Cataonia, Phrygiae Ga*r*sauritis, *S*argaurasana, Cammaneni, Galatiae

§ 7: (1) Mela I 105. — (7. 8) Sol. 44, 2. MCap. VI 689 extr. — § 8: (9—11) Sol. 45, 3. — (14) Sol. 45, 4. MCap. VI 690.

1 carissa *B* | amisum **a***G*. -issum *ll*. -ysum *v* (*item 6*) | liberum **a**^{3}*v*. ib- *ll* | a **a**^{3}*v*. *om. ll* 2 ut **Rda**^{2}**p***v*. at *r* 3 haut *G*(*D*). aut *ll.v*(*Brot.*) 4 cilicae **DFE**. siciliȩ **a** 7 eupathoria **a**. euphato- **DFE**. eufrato- **R** 10 quam **Dd**^{2}**RE**^{2}*v*. que **E**^{1}**ad**^{1}**p**. quod **F** | praefluit amnis *ego*. -uens **R**. pfluens *r*. praefluit *v*. praeterfl- *D e Sol.* | halys *B e Sol.* hylas (hil- **R**. yl- **a**) *ll.v* 11 salius *ll.v*(*J*). sarus *B e Strab. et Ptol.* | neocesarea cum quod **Ea** 12 iris *v*. yris **DEa**. hy- **R**. yrys **F** | hoc *ll*. hac *v*. *del. B* | gazacena *B e Strab.* caz- *v*. azacenat (-na **R**) *ll* | in colopoene **R**. -pena **E**^{3}**a**^{3}*v a. S.* incole pene **Ea** 13 sabastiam et sabastopolim **Ep** 14 parte melitam a **R**(?)**d**^{2}*v*. partē & litā ma **DFd**^{1}. -tamnia **Ea** | semiramide **R**(?)*v a. D* 15 castabala *B e Strab.* castalia *ll*. -liam **R**^{2}*v* 16 argaeo *B*. arcago (archa- **R**) *ll*. atargao *v* | mazacum **RdT**(?)*S*. -ca *B e Sol.* maizacū **Ea**. marz- *r*. nyzaca *v* 17 praetentata d. -entant **DFR**^{1}. -endant **Ea** 18 commagenes **T**. -nae *v a. S* 19 garsauritis *B e Strab. et Ptol.* gass- *ll. J* | sargaurasana (-ne *v*) **a**^{3}*v*(*D*). arg- *ll. cfr. Ptol. V 6,12.* sargarausene *H e Strab. XII p. 534 extr.* | cammanene **a**^{3}*v a. S*

Morimene, ubi disterminat eas Cappadox amnis, a quo
8 nomen traxere antea Leucosyri dicti. a Neocaesarea supra dicta Minorem Armeniam Lycus amnis disterminat. est et Coeranus intus clarus, in ora autem ab Amiso oppidum et flumen Chadisia, Lycastum, a quo *Th*emiscyrena regio,
10 (4) Iris flumen deferens Lycum. civitas Ziela intus, nobilis clade Triarii et victoria C. Caesaris. in ora amnis Thermodon, ortus ad cast*ell*um quod vocant Phanorian, praeterque radices Amazoni montis lapsus. fuit oppidum eodem nomine et alia quinque, Amazoniu*m*, Themiscyra, Sotira,
11 Amasia, Coma*n*a, nunc Matium. 4. gentes *Genet*arum, Chalybum, oppidum Cotyorum, gentes Tibareni, M*o*ssyni notis signantes corpora, gens Macrocephali, oppidum Cerasus, portus Cordule, gentes Bechires, Buxeri, flumen Melas, gens Machorones, Sid*e*ni flumenque Sidenum, quo alluitur oppidum P*o*lemonium, ab Amiso CXX. inde

§ 9: (5) Mela I 105. — § 10: (7. 10) Mela ib. — § 11: (12—14) Mela I 106. 107. — (433, 3) ib. 107.

1 morimeni **R**^{2}. incrimine **R**^{1} | ubi **R**^{2}**a**^{3}*v*. bi *r* | eos **R**(?)*va.S* 4 coeranus **DFE**^{2}*D*. coecer- **E**^{1}. cer- **a d***J*. ceram' **R**. ceraunus **p***v* | ammiso **F**. antiso **Ea**. *numerum excidisse coni. J. an* C̄? *cfr. § 16* 5 chadisia *B*. scha- **Ea**. -sya **D**. scadisia **d***v*. -dysia **F**. cadiria **R**^{1}. -dyrya **R**^{2} | timiscyrenea **R**. -cinena **a**. tymiscyrena **F**. tymyscir- **E**. -scyr- **D**. themiscyra *G* 7 uiatoria **DF**^{1}**E** 8 castellum *v*. cāstadium **R**. C̄C̄C̄·st- *r* | phanoriam **dT***v*(*J*). -rhian **DFRE**. -rphiā **a**. phanaroeam *B e Strab.* 10 amazonium *H e Mela*. -ius (**R**^{2} *e corr.*) *ll*. -icus *v*. phamizonium *B* | sotyra **DFEa** 11 comana *B*. -ara (quo- **R**) *ll.v* | matium (mazium **F**) *ll.v*(*J*). manteum *B*. -tium *S. cfr. V 115. 116* | gentes *ll.v*(*G*). *del. B* | genetarum *B e Val. Flacco V 147. cfr. Scylax 88.* caenarum **DFE***D*^{1}. cenana- **R**. cena- **adp***v*. (caenarum — 12 cotyorum **E**^{1} *in marg.*) 12 mossyni *B*. mass- (masy- **R**. massi- **a**) *ll.D*. masini *v. cfr. Mela* 13 macrocephali *v*. -chepali **R**^{2}. maeroch- **d**. meroch- **R**^{1}. mocerocephali **a**. -chepali *r* 14 cordulae **DFE** *va.H*. chordule *H* | bethires **Ea** | buxeri *ll. v*(*J*). *cfr. Mela.* buzeri *B e Sylace 82. Strab. XII p. 549* 15 macharones **F**. -chrones **R**^{2}. -crones *va.J e Strab. XII p. 548.* machedoni **a**. (Machelones *GGm I p. 378. 412*) | sideni *B e Strab.* -doni *ll J*. sydoni **ad***v* | flumenquae **FR**. -eni quae **DE**. -iniq. **a** 16 polemonium **d**(?)*B*. pal- *ll*. bal- **p***v* | amisso **DFEa** (*item 433, 1*)

flumina *I*asonium, Melant*h*ium et ab Amiso LXXX Pharnacea oppidum, Tripolis castellum et fluvius, item Philocalia et sine fluvio Liviopolis, et a Pharnacea C Trape*z*us
liberum, monte vasto clausum. ultra quod gens Armeno- 12
c*h*al*y*bes et Maior Armenia, XXX p. distans. in ora ante Trapezunta flumen est Pyxites, ultra vero gens Sannorum Heniochorum, flumen Absarru*m* cum castello cognomine in faucibus, a Trapezunte CXL. eius loci a tergo montium Hiberia est, in ora vero Heniochi, Ampreutae, Lazi, flumina Acampseon, Isis, Nogrus, Bath*y*s, gentes Col*c*horum, oppidum Matium, flumen Heracleum et promunturium eodem nomine
clarissimusque Ponti Phasis. oritur in Moschis, navigatur 13
quamlibet magnis navigiis XXXVIII·D p., inde minoribus longo spatio, pontibus CXX pervius. oppida in ripis habuit conplura, celeberrima T*y*ndarida, *Circa*eum, Cygnum et in faucibus Phasim. maxime autem inclaruit *A*ea, XV p. a mari, ubi Hippos et Cyan*eo*s vasti amnes e diverso

§ 12: (10. 12) Mela I 108. — § 13: (12) Sol. 15, 19. — (15. 16) Mela I 110.

1 iasonium d(?)*B*. las- (alas- **R**) *ll.v* | melanthium *v*. -ntium (-atiū **R**) *ll* | pharnacaea **F**. -natia **R**. -necea **DE**. parnacea **a** 3 fluuio **a**³*v*. fluuio item *ll.S* | trapezus d(?)*v*. -etus *ll* 4 clausum *v*. -strum *ll* | armenochalybes (-ca- *v*) *C*. -oscalibes *ll* 5 et maior **a**d*v*(*S*). -ra *r*. a maiore p*H* 6 est *om.* **R**(?)*G* | pyxites *G*. -ithes **R**. -xytes (-tres **D**¹) **DF**. pyzites **E**. pysi- *v*. pizi- **a**p | sannorum **R**(?)**a**³*B*. ann- *ll* 7 heniochorum **R**(?)*B*. eni- **DFE**. enich- **a**. enic- *v*. (*item 9*) | absarrun **Fa**. aps- **DE**. exarrun **R**. absarum *v a J. cfr. § 13. 25* | *an* cognomini? 9 iberia **R**(?)*v a. D* | ampraeutae **FE**. -aeiute **a** 10 acampseon isis **D**d**T***J*. -nis his **R**. -nysis *v*. camps- *G*. acapseonis is *r*. acampsis isis *H* | nogrus (no//g- **D**) *ll.v*. mo- (*P*) *H ex Arriani periplo 9* (*GGm I p. 375*) | bathis (-tris **R**) *ll.v a. G* (*Brot.*) | cole horum **DEa**. coleo- **FR** 11 macium **a**. manti- **F**¹. *cfr. § 10 extr.* 12 moscis **a**. maschis **R** 13 XXXVII·D (= 300 stad.) *MPt p. 925*ᵃ 14 CCXX **Ea** 15 celeberrimū **DFEa** | tyndarida circaeum *H e Dionys. perieg. 692. Val. Flacco V 327.* tindaridaceum *ll*. tyritacen *B*. -ida ceum *v* | cignum **DFEa** 16 aea **R**(?)**a**³*Bas.* ea *r v* 17 XL *MPt p. 922*ᵃ | cyaneos (*P*) *H*. cyaos (cyos **R**) *ll*. tyanos p. cya- **a**³*v* | e **R**(?)*v*. et *r*

in eum confluunt; nunc habet Surium tantum, et ipsum ab amne influente ibi cognominatum usque quo magnarum navium capacem esse diximus. et alios accipit fluvios magnitudine numeroque mirabiles, inter quos *G*laucum. in ore eius insula *est* sine nomine, *ab* Absarro LXX.
14 inde aliud flumen C*h*arien, gens Saltiae, antiquis Pht*h*irophagi dicti, et alia Sanni, flumen Chobum, e Caucaso per Suanos fluens, dein Rhoan, regio Egritice, amnes Siga*m*a, Thersos, Astel*e*phus, Chrysor*rh*oas, gens Absilae, castellum Se*b*astopolis, a Phaside C, gens Sanigarum, oppidum Cygnus, flumen et oppidum Penius. deinde multis nominibus Henioc*h*orum gentes.

15 5. (5) Subicitur Ponti regio Colica, in qua iuga
5,98 Caucasi ad Ripaeos montes torquentur, ut dictum est, altero latere in Eu*x*inum et Maeotium devexa, altero in Caspium et Hyrcanium mare. reliqua litora ferae nationes tenent Me*l*anc*h*laeni, Coraxi, urbe Colchorum Dioscuriade iuxta fluvium Anthemunta nunc deserta, quondam adeo

§ 14: (6. 11) Mela ib. — § 15: (13—17) Mela I 109, 110. 111.

2 us quoque **DE** 3 accepit **DFEa** 4 glaucum *v*. clau- *ll* 5 insula est *ego*. -lae **dp***v*. -le **a**. -la *r* *D*[2] | ab *H*. *om.ll.* abest **R**[2] *in marg.* *B*(*D*). a *v* | absaro *B*. *om.***R**[1]. sarro *v*. *cfr.* § *12* 6 charien *v*. ca- *ll* | saltiae (-ie **Rd**) *ll.v*(*D*). salae *B*. -loe *U 116* | antiquis — 7 suanos *om.***a** | phthirophagi *v*. pitir- **R**. phitiropagi **DdE**. phytyr- **F** 7 alia **DFdEp***J*. ala **R**. alias *B*(*S*). *del. C* | sanni **DFR**[1]*v*(*D*). samni **Ed**. sani **R**[2]. suani *B* | cobum **p***va.S* 8 rhoan *ll.v*(*D*). -as *C* | egritice *ego e Ptol. V 9,4.* ceg- *ll.J.* ag- **p***v*. ecrectice *B e Ptol.* (*cfr. Scylax 83. anon. peripl. 42*) | sigama *ego*. -ania (syg- **F**) *ll.v*(*D*). sing- **d**(?)*J*. -games (*P*)*H ex Arriani periplo 16* 9 tersos **p***va.H*. tarsuras *P ex Arriano* | astelephus (*P*)*H*. -lpus **ad**. -lphus *J*. asthelpus **DFE**. hasthelphus **R**. atelpos *v* 10 sanigarum (sanni- *B*) *v*. sanga- **p**. sanica- *ll.D* 11 penius (poenios **R**) *ll.v*(*P*)*H coll. Ov. ep. ex Ponto IV 10,47*. pityus *B*. pineus *MPt p. 911*[a] 13 subicitur **R**[2]*v*. subitur *r* | colica *H*. -ita **DFEa**. -itur **R**[1]. golita **R**[2]. cholicha **p**. colchica *v* 15 eusinum **REa**. eius in- *r* | maeotin *va.S* 16 ferae **R***C*. *cfr. Mela*. fere *rv*(*D*[1]) 17 melanchlaeni *B*. menancl- **Rd**. -cleni *r*. melacl- *v* | CCL · chorum (co- **a**) **DFEa**(**p**) | dioscurtade **DFEa** (*item 435,6*) 18 antemunta **DFEa**

clara, ut Timosthenes in eam CCC nationes dissimilibus linguis descendere prodiderit; et postea *a* nostris CXXX interpretibus negotia gesta ibi. sunt qui conditam eam 16
ab Amphito et Telchio, Castoris ac Pollucis aurigis, putent, a quibus ortam Heniochorum gentem fere constat. $\overline{\mathrm{C}}$ a Dioscuriade oppidum Heracle*um* distat, a Sebastopoli $\overline{\mathrm{LXX}}$. Achaei, Mardi, Cercetae, post eos Ser*ac*i, Cephalotomi. in intimo eo tractu Pity*us* oppidum opulentissimum ab Heniochis direptum est. a tergo eius Epagerritae, Sarmatarum populus in Caucasi iugis, post qu*ae* Sauromatae. ad hos 17
profugerat Mithridates Claudio principe narravitque Thalos *i*is esse confines, qui ab oriente Caspii maris fauces attingerent; siccari eas aestu recedente. in ora autem iuxta Cercetas flumen Icarus, Achaei cum oppido Hiero et flumine, ab Heracleo $\overline{\mathrm{CXXXVI}}$. inde promunturium Crunoe, a quo supercilium arduum tenent T*o*retae, civitas Sindica, ab Hiero $\overline{\mathrm{LXVII{\cdot}D}}$, flumen Setheries. **6.** inde ad Bospori Cimmerii introitum $\overline{\mathrm{LXXXVIII{\cdot}D}}$.

§ 16: (3—5) Sol. 15, 17. Ammian. XXII 8, 24. — (7) Mela I 110. — § 17: (10—13) Sol. 15, 18. — (17) Mela I 110. 111.

2 a **R**(?)**a**^{3}*v*. *om.* *r* | n̄ris **a***v*. -ri *r* 4 telchio **d***pv*. the- (-lgio **a**) *ll.D*. (Cercius *Sol.* Ῥέκας *codd. Strab. XI p. 496*) 5 hentocorum **DFE**. ent- **a** | fere *om.* p. feram **a**^{3}*va.S* | $\overline{\mathrm{C}}$ a *ego*. ca **DFEa**. cla p. a **Rd**(?)*v* 6 heracleum *v*. *cfr.* § *17*. -lea **d**. -leas *ll* | *dist. ego* 7 achaei **D***B*. amch- **E**. -chei **F**. -cei **a**. acaei **d**. ache **R**^{2}. che **R**^{1}. anchei p*v* | Imardi *MPt p. 917*^{a}. *sed cfr. Tac. ann. XIV 23* | cercetae **d***v*. -te **R**^{2}. cere et a *r* | seraci (*MPt l. l.*) *D*^{2}. serri *ll.v* 8 pityus *B*. pithis **a**. pythis *r*. phytis *v* 9 epageritae **R**(?)*va.D*. eparrite **a** 10 populis **DE** | quae *B*^{2}. quem (**R**?)*B*^{1}. que *ll* 11 thallos *SJ* (*errore*) 13 attinger& **F**. -gerēt. et **a**. -gere p | eas aestu **d**(?)*v*. aeastu **DFE**. aestu **R**p. estu **a** 14 flumen icarus *D*. -usa *v*. -men incarus **R**. -mini carus *r*. (-men Troicarus *B*) | achaei cum *coni. B*^{2}. achessum p. acaescum **E**. -sum **DF**. acesum **R**^{1}**d***B*^{1}. cesū **a**. aciescum **R**^{2}. Aci cum *D*. cum *v* | oppido **R***v*. -dū *rB*^{1} 16 crunoe **a** *ll. G*(*H*). *cfr. IV 44*. cronea *v*(*L*) | toretae *v*. ore- **d**. tere- **D**. ere- **Ra**. eraetae **E**. -te **F**^{2}. -tetae **F**^{1} 17 LXV·D **R**. $\overline{\mathrm{XXXVII{\cdot}D}}$ *MPt p. 908*^{b} *ex Arriano*. *an* $\overline{\mathrm{XLVII{\cdot}D}}$? | setheries **EadT***H*. sech- *rJ*. *om.* p. sceasceriges *v* 18 LXXXVII·D **R**

18 (6) Sed ipsius paeninsulae inter Po*n*tum et Maeotium lacum excurrent*i*s non amplior LXVII·D p. longitudo est, latitudo nusquam infra duo iugera; Eonem vocant. ora ipsa Bospori utrimque ex Asia atque Europa curvatur in Maeotim. oppida in aditu [Bospori primo] Hermonasa, dein Cep*o*e Milesiorum, mo*x* Stratoclia et Phanagoria ac paene desertum Apaturos ultumoque in ostio Cimmerium, quod antea Chimerion vocabatur. **7.** inde Maeotis lacus,
4, 78 in Europa dictus.

19 (7) A Cimmerio accolunt Maeotici, *V*ali, Ser*b*i, Serrei, Scizi, Gnissi. dein Tanain amnem gemino ore influentem incolunt Sarmatae, Medorum, ut ferunt, suboles, et ipsi in multa genera divisi. primi Sauromatae *G*ynaeco*c*ratumenoe, Amazonum conubia; dein Naevazae, Coit*ae*, Cizici, Messeniani, Co*s*tob*o*ci, Zecetae, Zigae, Tindari,

---

§ 18: (5—7) Mela I 112. — § 19: (10) Mela I 114. — (12) Sol. 15, 18. — (13. 437, 1. 2) Mela I 116. 117.

---

1 pontum *v*. pōtiū **a**^{3}. pot- *r* | maeocium **a**. -otū **R**. -tin *va.S*. macotium *r* 2 excurrentis *v*. -tes *ll* 3 *an* ultra? | Eionem *B* 5 bospori primo **R**^{2} *in marg.* **p** *v*. *om. r*. *uncos ego posui* | Hermonassa *B* 6 cepoe *B*(*S*). cepe *ll.v*. cepi **a**^{3}*G* | mox *v*. mon *ll* 6. 7 et paene **R**(?)*va.D* 7 apaturos *v e Strab. XI p. 495*. ac patruos *ll* | chimerion **p** *Geogr. Rav. p. 173, 6. 368, 16*. chym- **a**. cimm- (-os **R**^{1}) *r*. ceruerios **R**^{2}. cerberion *v*(*C*). cimbricum *B* 10 Vali, Serbi *B e Ptol. V 8, 13*. hali (hat **R**) sernis (her- **R**) *ll.D*^{1}. -rni *v*(*J*). Haliserni *D*^{2} 11 serrei *ll.v*(*J*). arrechi *B e Strab. et Ptol.* | scizi (szizi **a**) *ll.v*(*D*). cizi *J*. zingi *B* | gnissi *ll.J*. gneapsasi **R**^{2}. gnispsi **p**. gypsi *v*. psesii *B*. gonapsi *MPt p. 918*^{a} | dein **R**(?)*v*. dain *r* 12 colunt *Hack*. *an* includunt? *de mendo cfr. § 144 init.* | sauromatae *Sol*. iaxamatae *B*. *sed cfr. II 245* 13 primi **R***S*. -mii **D**. -mu **FEap***v* | cynęco (-eco **D**. -ea **Ep**. *om.* **a**. gynei *v*) gratumenoe (-ne **p**. -nae *v*) **DFEap***va.B*. *cfr. Mela*. cinacogratū eneti **R**. (*add.* unde *va. Brot. ob U 117*) 14 naeuazae **D***D*. -ze **E**. neua- **adTp***J*. naeuaezae **F**. uaeuazae **R**^{1}. aeu- **R**^{2}. eu- *v* | coitae *S*. -te (corte **R**^{1}) *ll*. cottae *v*. chyte **p** 15 cizici **DE***D*. zizici **a**. czici **R**^{1}. zici **R**^{2}. cizi **F***J*. cizimeni (cici- *G*) *v* | costobocci (-boci *D*^{2}) *B e Paus. X 34, 5. scr. hist. Aug. IV 22, 1. Amm. Marc. XXII 8, 42*. chotto- *v*. cotobacchi (-cci **a**) *ll.J* | zecetae *MPt V 8, 10 p. 915*^{a} (Ζακάται). cezete **E**^{1}. zete **R**. caetae **DF**. cetae **d***J*. cete **E**^{2}**ap**. choatrae

Thussagetae, Tyrcae usque ad solitudines saltuosis con-
vallibus asperas, ultra quas Arimphaei, qui ad Ripaeos
pertinent montes. Tanaim ipsum Scythae Si*l*im vocant, 20
Maeotim Temarundam, quo significant matrem maris.
oppidum in Tanais quoque ostio. tenuere finitima primo
Cares, dein Clazomeni et Maeones, postea Panticapaeenses.
sunt qui circa Maeotim ad Ceraunios montes has tradant
gentes: a litore Napitas supraque Essedonas Colchis iunctos 21
montium cacuminibus, dein Camacas, Oranos, Autacas,
Mazamacas, Cantiocaptas, Agamathas, Picos, Rymosolos,
Acascomarcos et ad iuga Caucasi Icatalas, Imadochos,
Ramos, Anclacas, Tydios, Carastaseos, Authiandas; Lagoum
amnem ex montibus Catheis, in quem defluat Opharus,

---

§ 20: (4) cfr. Herodot. IV 86. Strabo V p. 214. Dionys. perieg. 165.

B e Val. Flacco VI 151. -tae *v* | zigae (zicae **R**. zia et **a**) *ll. H.* zygoe *B.* cyze *v* | tindari *ll. v*(*J*). thin- **a**. dandari *B*

1 thussagetae **d***B*. tuss- **R***v*(*H*). thyss- *S coll. IV 88. Mela I 116.* thusseg- (tu- **a**. thussaegętae **F**) *r D* | tyrcae **DFE**^{2}**a***D*. tycae **E**^{1}. tirce **R**. iyrcae (*P*)*S ex Herod. IV 22.* turcae *B e Mela.* thurace *v* | saltuos **R**^{1}. saituosis **FE**. saxosis **p***va. G* 2 aremphei **DFE** *Mela. cfr. § 34.* riphei **a** | ad ripheos **a**. arriphaeos **F**. -pheos **DE**. -phaeo **R** 3 silim *S.* -lin *v*(*H*). -lyn *C. cfr. § 49 et Eustath. ad Dion. perieg. 14.* sinum *ll. J* 4 temarundam (the- **a**) **Ra***S*. -riindam *r.* temerinda *v* 5 oppida **p** | *an* utroque ostio? *cfr. § 19* gemino ore | primi **a**^{3}*va. S* 6 maeones **dp***B*. -nis **DFR***D*^{1}. -ni *D*^{2}. moenes **a**. -nis **E**. macones *v* | panticapaeenses *D.* -peenses **R**^{1}. -penses **DR**^{2}*v*. -paenses **F**^{1}. pont- *r* 7 tradunt **Eadp** 8 napitas (*B*^{2}) *H e St Byz.* -pras (-pias **a**^{1}) *ll. v*(*D*). -paeas *B*^{1} *coll. § 50 extr.* -patas *D*^{2} 9 ac montium *va. H* | carmacas **a**^{3}**p***va. S. cfr. § 50* | autacas *ll. H.* ant- *B* 10 mazamacas **DF***D*^{1}. -zacacas **Ea***D*^{2}. -zacasos **R***S*. -zacas **d***v*(*J*^{2}) | cantiocas **R***S*. -chatas **p**. cantocaptas *H* | asgamatas **R**. agagammatas *va. H.* iaxamatas *MPt p. 916*^{a} | picos (pyc- **F**) *ll. H.* picoros *MPt l. l. coll. Mela I 114* (phicores). phycaros *B coll. XXXVII 110* | rymosolos (-lus **F**) **DFE***D*. rim- **R**^{2}**a***S*. rhim- *v.* rom- **R**^{1}. rimolos **p**. rhymozolos *H* 11 acasomarcos **p**. asco- **d***va. S* | itacalas **R***SJ*^{1}. catalas **d**. cha- **p** | imaducos (imia- **a**) **pa**. -uchos **E***va S* 12 ranios **p**. -nos *va. H* | andacas **DF***D*^{1}. ancladas **p** | tidios **FEa**. tynd- **p** | autiandas **F**. aut thi- **a**. anthi- **RdT***S*. asuci- *va. H*

13 amnes (*om.* ex — 438, 1 amnes) **a** | quam **R** | defluit **R**(?)**p***va. S*

ibi gentes Cauthadas, Opharitas; amnes Menotharum, Imit*y*en ex montibus Cissiis; in*fra* Acdeos, Carnas, Vscardeos, Accisos, Gabros, Gegaros circaque fontem Imityis
22 Imit*y*os et Apartaeos. alii influxisse eo Scythas Auchetas, Atherneos, Asampatas, ab *i*is Tanaitas et Napaeos viritim deletos. aliqui flumen Ocharium labi per Canticos et Sapaeos, Tanain vero transisse Satharcheos Herticheos, Spondolicos, Synhietas, Anasos, Issos, Cataeetas, Tagoras, Caronos, Neripos, Agandaeos, Meandaraeos, Satharcheos Spalaeos.

23 8. (8) Peracta est interior ora *ac loca* amnesque, accolae: nunc reddatur ingens in mediterraneo si*t*us, in quo multa aliter ac veteres proditurum me non eo infitias, anxia perquisita cura rebus nuper in eo situ gestis a Domitio Corbulone regibusque inde missis supplicibus

---

§ 22: (9. 10) Sol. 49, 7. (cfr. Plin. IV 85. Mela II 3).

---

1 caucadas *va.S* 2 imituen **F**. -enis *va.H*. -tien **r**. -ten *G* | cissiis *ll.*(*P*)*H*. scissum *v* | infra *ego*. inter *ll.v*. intus p. *cfr.§29. IV 108. III 109* | agdeos *va.H*(*J*). agedos *C* | carnapas *va.H* | oscardeos (-daeos **F**) **FdTp***S*. -adeos **R**. gardeos *va.H* 3 accisas **R** | geratos **R**. gregaros **a**³p*va.H*. gog- *H* | imityis *H*. -ttyis **DE**. imytt- **F**. immitus **R**. imitis **a***G*. -this p. -tisi **a**³. -tissi *v* 4 imityos (-tuos *v*) et *H*. -tios et **R**. -tio sed **r** | aparteos **a**d. -atraeos **R***S*. -arthenos *v* | eo **R***v*. eos **r** | sytas **a**. icy- **a**³. sithas **DFE**. suitas *va.H* | aucethas **DFE**. -etas **a** 5 aterneos **R**. sather- **a**³. satar- (atar- *H*) *va.S* | is **Fa**. his **r***v* | et **Rda***v*. ei **DE**. aei **F** | napaeos **DFE***D*². inap- **Ra***H*. *cfr.§50 et Gutschmid kl. Schr. III p. 441*. nepheonitas *v* 6 flumen *om.* **R***SJ*¹ | ocharium *ll.v*(*S*). oca- **a**. ofa **a**³. opha- *B coll.§21* | cantecos **a**³*va.S* 7 sapeos **Ra***va.D*² | satarceos **a**. sarcharceos **T***S*. fatareos (pha- *C*) **a**³*v* | herticheos **D***D*¹. -chaeos **F**. -cleos **E***D*². -ceos *v*. -thideos p. erthicheos **R**. erticleos **a**. -ceos **a**³. *comma sustulit D* 8 amassos *va.S* | cataeetas **DF***D*. -tis **E**. -teetas **R**. -tis **a**. -tetas **dT***S*. catacetos (-zetos *Dal.*) *v* | tagoros catonos *va.S* 9 mandareos **R**(?)*va.D* | satharcheos (-ceos **a**) *ll.D*. satar- **d***H*. satur- *v* 10 spaleos **R**(?)*va.D*. *comma sust. D*

11 interior ora **F**²*v* (*sc.* Asiae: *cfr.§33*). -iora **r** | ac loca *ego*. cho (co **a**) *ll.* a Cio (*coni.S*) *J*. *cfr.V 144. 148*. Ponti *D*². *del.v* | amnesque *ll.* omn- *v*(*D*²). amne omn- (*S*)*J*. 12 mediterraneo **R**(?)*v*. -os **r** | situs *ego*. sinus *ll.G*(*H*). -nu *v*(*l.*) 15 domitio **R**(?)*v*. -ti. G. **r** | misis **DFE**

au*t* re*g*um liberis obsidibus. ordiemur autem a Cappadocum gente. longissime haec Ponticarum omnium in- 24
trorsus recedens Minorem Armeniam Maioremque et Commagenen laevo suo latere transit, dextro vero omnes in Asia dictas gentes, *p*lu*r*imis superfusa populis, magnoque impetu scandens ad ortum solis et Tauri iuga transit Lycaoniam, Pisidiam, Ciliciam, vadit super Antiochiae tractum et usque ad Cyrresticam eius regionem parte sua quae vocatur Cataonia contendit. itaque ibi longitudo Asiae |XII|·$\overline{\text{L}}$ efficit, latitudo $\overline{\text{DCXL}}$.

9. (9) Armenia autem Maior incipit a Parihedris 25
montibus, Euphrate amne, ut dictum est, aufertur Cappa- 5,83
dociae et, qua discedit Euphrates, Mesopotamiae haut minus claro amne Tigri. utrumque fundit ipsa et initium Mesopotamiae facit inter duos amnes *ex*iturae; quod interest ibi, tenent Arabes Or*r*o*e*i. sic finem usque in Adiabenen perfert, ab ea transversis iugis inclusa latitudinem in laeva pandit ad Cyrum amnem transversa Araxen, longitudinem vero ad Minorem usque Armeniam, Absarro amne in Pontum defluente et Parihedris montibus, qui fundunt Absarrum, disc*r*eta ab illa.

(10) *Cy*r*us* oritur in Heniochis montibus, quos alii 26
Coraxicos vocavere, Araxos eodem monte quo Euphrates,

---

§ 24: Sol. 45, 1. MCap. VI 690. — § 25: (11. 12) Sol. 45, 2. MCap. l. l.

---

1 aut regum *v*. auretum **R**[1]. aure (-ro **R**[2]) cum *r* 5 plurimis *v e Sol.* fluminis **R**. -ni *r* 8 et usque **opa**[3]*v*. eiusque (-quae **DF**) *ll* | cyrresticam (cyre- *B*) *G*. -tricam **a**. cirr- *r* **o**. cur- **p**. cyr- *v* 10 |XI|·XL *MCap.* 11 incipiens **R**(?) *G* | parihedris **DFREo***J*. -iedrib' **a**. -ris *v*. -iendris **p**. paryadris *H*. *item infra*; *cfr. V 99* 14 clara **op** 15 exiturae *ego*. iturae (-re **ao**) *ll. v.* sitū t̄rę **d***T*. sitae. terrae (*PG*) *J*. sitae *D* | iter est *H* 16 orroei *D coll. V 85*. sooroei **d**. soroci *ll.* **o**. orochi **p**. orei *v* | s hic **R** | diabenen **o** 17 inclusa iugis **a** 18 in araxen **a**[3]*v a. H.* (transuecta Araxen *coni. H*) 19 absarrho **DFE**. asarro **a**. *cfr. § 12* 20 pontum **R**[2]*v*. port- *r* | pariedris **R a** *v a. H.* -ihaeris **E** 21 absarrhum **DFR**. ads- **Ea** | discreta **a**[3]*v*. -ceta (-ceda **R**) *ll* 22 cyrus *v*. quibus *ll* | in *om.* **R** 23 conixicos **R**[1]. coriix- **R**[2]

$\overline{\text{VI}}$ p. intervallo, auctusque amne Vsi et ipse, ut plures existimavere, Cyro defertur in Caspium mare. oppida celebrantur in Minore Caesarea, *Aza*, Nicopolis, in Maiore Arsamo*sa*ta Euphrati proximum, Tigri *Carc*athiocerta, in excelso autem Tigranocerta, at in campis iuxta Araxen
27 Artaxata. universae magnitudinem Aufidius quinquagiens centena milia prodidit, Claudius Caesar longitudinem a Dascusa ad confinium Caspii maris $\left|\overline{\text{XIII}}\right|$ p., latitudinem dimidium eius Tigranocerta ad Hiberiam. dividitur, quod certum est, in praefecturas, quas strategias vocant, quasdam ex his vel singula regna quondam, barbaris nominibus CXX. claudunt eam montes ab oriente, sed non statim
28 Cerauni nec Adiabene regio. quod interest spatii, Cepheni tenent; ab his iuga ultra Adiaben*i* tenent, per convalles autem proximi Armeniae sunt Menobardi et Moscheni. Adiabenen Tigris et montes invii cingunt. ab laeva eius regio Medorum est ad prospectum Caspii maris. ex
36 oceano hoc, ut suo loco dicemus, infunditur, totumque Caucasis montibus cingitur. incolae per confinium Armeniae nunc dicentur.

29 **10.** (11) Planitiem omnem a Cyro usque Albanorum

§ 26 init.: Sol. 15, 19. — Mela III 40. — § 28: (17—19) MCap. VI 691 init.

1 asi **R**. musi *va. S* | et *del. voluit S* 2 cyro *ego. cfr. XXXI 90.* de (**aTop***P*. dae **E**. da **DFR**. **a d***v*) cyro *ll. v* 2 capium **DFE** 3 Casara *B e Ptol. V 6,20* | aza **a**[3]*B e Ptol. V 6,10.* oza **R**. za *rv* 4 arsamosata (*B*)*S e Ptol. V 12,8. Tac. ann. XV 20.* -mota **dp**. -motae (-te **Ra***v*) *ll.* armosata *H e Polyb. VIII 25* | carcathiocerta *B e Strab. XI p. 527.* argiathi- (argucti- **R**) *ll.* argathi- *v* 5 excelsa **a**. -sis **a**[3]*va. H* | ad in capis **DFE** 7 CL·caesar **Fa** 12 *an* XX? | cludunt *G*. diuid- **R**[1]. *cfr. IV 49* 13 aduabene **R**. adiib- **DFE** | cepheni **EdTp***J*. eph- **a**. cepe- **R**. chephe- **D**. chaephae- **F**. sophe- *B. cfr. V 66* 14 iuga *v*. -gae **DF**. -ge *r* | adiabeni *v*. -ne **R**. adiaeb- **F**. adieb- **D**. -iepene **Ea** 15 menebardi **R** 16 montes *ll. C*(*P*) *H*. -tium sinus *v*(*G*) | inuii **DFRE**(*P*)*H*. in VII **a**(**p**)*C*. multi *B* 17 ad **RT**(*P*)*J*. *om.* **a**. & *rv* | prospectus **a**[3]*va.* (*P*)*J* 18 suo **R***v*. uo **DF**. uno **a**. in **Ep** 21 planitiem *v*(*D*). per pla- *ll. J* (confinium tenet *intellegens*)

gens tenet, mox Hiberum, discreta ab *i*is amne Ocazane in Cyru*m* Caucasis montibus defluente. praevalent oppida Albaniae Cabalaca, Hiberiae Harmas*t*us iuxta flumen, Neoris. regio Thasie et Thriare usque ad Par*i*hedros montes. ultra sunt Colchicae solitudines, quarum a latere ad Ceraunios verso Armenoc*h*al*y*bes habitant et Moschorum tractus ad Hiberum amnem in Cyrum defluentem et infra eos Sacasani et deinde Macerones ad flumen Absarrum. sic plana aut devexa optinentur. rursus ab Albaniae confinio tota montium fronte gentes Silvorum fera*e* et infra Lupeniorum, mox Diduri et Sodi.

11. (12) Ab iis sunt Portae Caucasiae, magno errore 30 multis Caspiae dictae, ingens naturae opus montibus interruptis repente, ubi fores a*d*ditae ferratis trabibus, subter medias amne diri odoris fluente citraque in rupe castello, quod vocatur Cumania, communito ad arcendas transitu gentes innumeras, ibi loci terrarum orbe portis discluso, ex adverso maxime H*a*rmasti oppidi Hiberum. a Portis Caucasis per montes Gurdinios Valli, Suani, indomitae gentes, auri tamen metalla fodiunt. ab his ad

---

§ 29: (l. 6) Mela III 39. — § 30: (12—17) MCap. VI 691.

---

1 ocazane *ll.D.* oeaz- *va.B.* alazone *B e Strab. XI p. 500* 2 cyrū *v.* -ru **DFRE**. -ro **a**. ciro p 3 Chabala *coni. B e Ptol. V 11,5* | harmastus *MPt p. 928*[a]. -tis *B.* pharmasus **Ea***v.* -siis *r.* hermastus *J coll. § 30* | iuxta Cyrum flumen, Eoris *MPt l.l.*
4 thasiae **DFE** | triare **a***va. D* | parihedros *D coll. § 25.* -iedros (*P*)*G.* partheodoros **DFa**. -teodoros **EdT***J.* -ris **R**. -tedoros *v.* paryadras *H* 5 colcice **a**. cholchicae **DFE** 6 armenocalibes (-moeno- **F**) *ll* 8 sacasani **R***D.* -ssani *B coll. Strab. XI p. 509. 511.* sucasani *r.* phuc- *v.* Σακανοί *Ptol. V 8,13* | macerones *ll.J.* -crones *B.* -cherones *v.* -chelones *coni. P ex Arriano* | absarrhum **E**. aps- **DF**. asarrum **R**[1]. absardum **a** 9 ac (*pro* aut) p*va.S* 10 ferae **a**[3]*C.* -ra *ll* -re *v* 11 lubienorum *B e Ptol. V 10,1* 13 a multis op*va.H* 14 additae **F**[2]. abd- *r.* obd- *v*
15 driodori **F**[2]. dyriodori **a**[3]*va.H* 18 hermasti *ll.J.* -tis **a**[3]. harmastis *v. cfr. § 29* 19 gurdinios *D.* -nio **DF**[1]**E**. -diinio **a**. -dunio p. -duuos *v.* gardinio **R**. gortinios **F**[2]. gordyaeos *B.* -dynios *J* | suani **R***v*(*S*). -aui *r D*[1]. -arni *C. cfr. § 14. XXI 77. XXXIII 52* 20 tantum **a***va.H*

Pontum usque Heniochorum plurima genera, mox Ac*h*ae-
31 orum. ita se habet *haec* terrarum e clarissimis. aliqui
inter Pontum et Caspium mare $\overline{\text{CCCLXXV}}$ p. non amplius
interesse tradiderunt, Cornelius Nepos $\overline{\text{CCL}}$: tantis
iterum angustiis infestatur Asia. Claudius Caesar a
Cimmerio Bosporo ad Caspium mare $\overline{\text{CL}}$ prodidit eaque
perfodere cogitasse Nicatorem Seleucum quo tempore sit
ab Ptol*e*maeo Cerauno interfectus. a Portis Caucasiis ad
Pontum $\overline{\text{CC}}$ esse constat fere.
32 **12.** (13) Insulae in Ponto Plan*c*tae sive Cyaneae
sive Symplegades; deinde Apollonia Thynias dicta, ut
distingueretur ab ea quae est in Europa — distat *a*
continente p. M, cingitur $\overline{\text{III}}$ — et contra Pharnaceam
Chalceritis, quam Graeci Ariam dixerunt Martique sacram
et in ea volucres cum advenis pugnasse pinnarum ictu.
33 **13.** (14) Nunc omnibus quae sunt Asiae interiora
dictis Ripaeos montes transcendat animus extraque litore
oceani incedat. tribus hic partibus caeli adluens Asiam
Scythicus a septentrione, ab oriente Eous, a meridie Indicus vocatur varieque per sinus et a*c*cola*rum* conplura

§ 31: (4) Nepos fr. 56 Halm. — (8. 9) MCap. VI 691. — § 32: MCap. ib. Plin. IV 92. — (12) cfr. Plin. V 151. — (14) Mela II 98. — § 33: (18) Mela I 9.

1 portum usque henioquorum **DFEa** | plura **R**(?)*G*. *cfr.* § *14 extr.* | achaeorum *v*. ace- **a**. acae- *r* 2 habet haec *ego*. habet (h̄t) *ll.v* | e **Ddpa**[3]. ei **FEa**. sinus e **R**(?)*v*. *cfr.* § *23 init.* 3 CCC·LXXXV **a** 4 CL·M *va.*(*P*)*H*. $\overline{\text{CC}}$ *MCap* 7 nicatorem **a**[3] *G*. -astorem (-rum **R**) *ll*. -anorem *v* | seleucum *v*. -cium **a**. -ecium (-etium **R**) *r* 8 ptolomaeo **DE***va*. *G*(*D*). pthol- **F**. tphol- **R**. thol- **a** | caucasitis **DF**. -si sitis **Ea** 10 in insulae **DFEa** | planctae (*P*)*G*. -netae *B*. -nitae **DE**. -te **FR**[1]**d**. -tie **R**[2]**a**. -teae *v* 11 thynias *B*(*H*). -nnias *G*. thimnias **a**. tymnias **DFdE**. -nia **R**[1]. timnia **R**[2] 12 a *v*. *om.ll.D* 13 $\overline{\text{IIII}}$ **R***SJ* 14 calcheritis **o**. chalch- **DFE** | arian **F** | sacramque marti **o***va*.*S* 15 pignarum **R**[1]. penn- **aop***va*.*S* | iactu **FdRa** 17 extraque *ego*. *cfr.* § *206 init.* dext- (-treque **R**) *ll*.**op***v* | litore **DFR***G*(*S*). -ri **Eao***H*. -ra **p***v* 18 hic e *va*.*Brot.*(*S*) 20 accolarū *ego*. *cfr.* § *36.* abcola in **DFdR**. ab incola in **Eap**. accolas (inc- *v*) in *G*

nomina dividitur. verum Asiae quoque magna portio ad-
posita septentrioni iniuria sideris rigens vastas solitudines
habet. ab extremo aquilone ad initium orientis aestivi 34
Scythae sunt. extra eos ultraque aquilonis initia Hyper-
boreos aliqui posuere, pluribus in Europa dictos. primum 4, 89—91
inde noscitur promunturium C*e*lticae Lytharmis, fluvius
Carambucis, ubi lassata cum siderum vi Ripaeorum mon-
tium deficiunt iuga, ibique Arimphaeos quosdam accepimus,
haut dissimilem Hyperboreis gentem. sedes illis nemora, 35
alimenta bacae, capillus iuxta feminis virisque in probro
existimatus, ritus clementes. itaque sacros haberi narrant
inviolatosque esse etiam feris accolarum populis, nec ipsos
modo, sed illos quoque qui ad eos profugerint. ultra eos
plane iam Scythae, Cimmerii, Cis*s*i, Ant*h*i, Georgi et Ama-
zonum gens, haec usque ad Caspium et Hyrcanium mare.

(15) Nam et inrumpit e Scythico oceano in aversa 36
Asiae; pluribus nominibus accolarum appellatum cel*e*ber*r*i-
mum e*s*t duobus, Caspium et Hyrcanium. non minus hoc

---

§ 34: (3. 7—9) Sol. 17, 1. MCap. VI 665 extr. — § 35: Sol. 17, 2. 3. (Mela I 117). MCap. VI 665. cfr. Mela I 13. — § 36: Mela III 38 (I 9). Sol. 17, 3. — Berger Eratosth. fr. p. 324.

---

1 siae **D**. si hae **E**. sie **R**. sic haec **p** 2 iniuria **pa**^{3}*v*. -rias *ll* | rigentis **a**^{3}*va.S* 4 ultraque *om.* **oz** 6 Celticae *v. cfr. Strabo XI p. 507. Plut. Mar. 11.* CCL·ticae **DE**. -tycae **F**. -tyce **p**. -the **R**. -attice **a**. celittice **a**^{3}. Scythiae *D*^{2} | lytharinis **E**. litharmis **R**. lita- **a**. lyta- *va.D* 7 rhipaeorum **F**^{2}. -acorum **F**^{1}. -agorum **DEa**. -agnorum **R** 8 dificiunt **DF**^{1}**E** | arimphaeos **R***v*. arempheos *r* **o**. *cfr. § 19 et Amm. Marc. XXII 8, 38* | accepimus **F**^{2}**o***v*. accip- *r* **p** 11 existimatus (exest- **D**) **Da**(**o**)**p***D*^{2}. -tur (exest- **F**) *v* | clementes **F**^{2}**Rop***v*. -tis (cem- **E**^{1}) *r* | sacros **F**^{2}**d**^{2}*v*. sęr- **F**^{1}. ser- *r*. fer- **d**^{1}. serios **op** 12 accolarum **F**^{2}**d***v*. saecularum (sec- **R**) *r*. -rium **op** | populis **F**^{2} *in ras.* **op***v*. -laris *r* 13 profugerint (-giunt **p**) **dTop***H*. fu- **R**. perfu- (-rit **E**^{1}) *rv* 14 Cissi, Anthi *Schweder (chorogr. Aug. II p. 4. 9 al.). MPt p. 909*^{b}. Cissianthi *H*. cisianti *ll.D*. -thi *v* | georgi **Rd***v*. gerorgi *r* 15 *dist. ego* | hyeranium **F**. hier- **R** 16 et *ll.H*. id *v* | inrumpit e (-pentes **a**) *ll.H*. erumpitur **p**. -pit *v* | aduersa **p***va.G* 17 celeberrimum est *ego*. -imis *v*. celtiberium et *ll* 18 yrcaniū **a**. hirea- **F**. (caspio et hyrcanio **a**^{3}*va.J*)

esse quam Pontum Euxinum Clitarchus putat, Eratosthenes ponit et mensuram ab exortu et meridie per Cadusiae et Albaniae oram V·CCCC stadia, inde per *Anariacos*, Amar*dos*, Hyrcanos ad ostium Zoni fluminis IIII·DCCC, ab eo ad ostium Iaxartis MM·CCCC, quae summa efficit

37 |XV|·LXXV p. Artemidorus hinc detrahit XXV p. Agrippa Caspium mare gentesque quae circa sunt et cum *i*is Armeniam, determinatas ab oriente oceano *S*erico, ab occidente Caucasi iugis, a meridie Tauri, a septentrione oceano Scythico, *p*atere qua cognitum est CCCCLXXX in longitudinem, in latitudinem CCXC prodidit. non desunt vero qui eius maris universum circuitum a freto |XXV| p. tradunt.

38 Inrumpit autem artis faucibus et in longitudinem spatiosis atque, ubi coepit in latitudinem pandi, lunatis obliquatur cornibus, velut ad Maeotium lacum ab ore descendens, sicilis, ut auctor est M. Varro, similitudine. primus sinus appellatur Scythicus; utrimque enim accolunt Scythae angustias et inter se commeant, hinc Nomades et

§ 37: Agrippa fr. 30 R. Dic. 1, 19. — § 38: Mela III 38. 39. — (445, 3) Sol. 15, 5.

2 et (ad **a**[3]*v*) meridiē *ll.va.*(*P*)*H* 3 oram **Rda**[2]**p***v*. coram (-rum **E**) *r* | CCC **R**(?)*Brot.*(*JD*[1]) | par **R** | anariacas (*Salm.*) *H e Strab. XI 6,1. 7,1* (*p. 507. 508*). *cfr.* § *46*. atiacos (et- **R**) *ll. J*. aratiaticos (artia- **a**[3]) **a**[3]*v* 4 amardos (*Salm.*) *H*. -rbos *ll. v*(*J*) | zoni *ll. v*(*S*). oxi (*Salm.*) *H* | DCCC *v e Strab. l. l.* DCCCC *ll. J.* 5 iaxartis **d***G*. lax- **DFEa**. iaxasti **R**. lasatisum **p**. laxa- *v* | MM **d***H*. irim **F**[1]. II·M **T***P*. iim M **D**[2]**F**[2]. rim M̄ **D**[1]**RE**. yrim M̄ **a**. M **pa**[3]*v* 6 p. *om.* **DE**(?)*D* 8 determinans **d**(?)*va. D* | serico *v e Dicuilo 1, 8, 2*. per- *ll.* (perico — 10 oceano **F**[1] *in marg.*) 9 iuges **F**. -ga **R** 10 scythico **R**[2]**d***v*. -cos **R**[1]**a**. -thycos **DF**. scynycos **E** | patere qua **d**(?)*v*. lat- quā *ll* | CCCCLXXXX **a***va. S*. CCCCXXXX **E**(?) 11 in latitudinem *om.* **Ea**. *post* CCXC *pon.* **R**(?)*va. D* | non *v*. nom̈ *ll* | desit **R** 12 quietus **Ra**. quia&us **F** | p. *om.* **DFE***D* 14 et *del.* **a**[3]*va. H* 15 at *va. S* | pandi *v*. -dit *ll* 16 ueluti **a** | meotium **a**. maco- **DFE** 17 discedens **a***va.*(*P*)*H* | sicilis *ll.*(*P*)*H*. scythici arcus *v* 19 angustias et *coni. J*[2]. et ang- *ll.* et per ang- **a**[3]*v*

Sauromatae multis nominibus, illinc Abzoae non paucioribus.
ab introitu dextra mucronem ipsum faucium tenent Vdini,
Scytharum populus, dein per oram Albani, ut ferunt, ab
Iasone *o*rti, *unde* quod mare *ibi* est Albanum nominatur. 39
haec gens superfusa montibus Caucasis ad Cyrum amnem,
Armeniae confinium atque Hiberiae, descendit, ut dictum 29
est. supra maritima eius Vdinorumque gentem *S*armatae,
Vti, *A*orsi, Aroteres praetenduntur, quorum a tergo indi-
catae iam Amazones Sauromatides. flumina per Albaniam 35
decurrunt in mare Casus et Albanus, dein Cambyses, in
Caucasis ortus montibus, mox Cyrus, in Coraxicis, uti
diximus. oram omnem a Caso praealtis rupibus accessum 26
*neg*are per CCCCXXV p. auctor est Agrippa. a Cyro
Caspium mare vocari incipit; accolunt Caspi.

Corrigendus est in hoc loco error multorum, etiam 40
qui in Armenia res proxime cum Corbulone gessere.
namque ii Caspias appellavere Portas Hiberiae, quas
Caucasias diximus vocari, situsque depicti et inde missi 30
hoc nomen inscriptum habent. et Neronis principis
comminatio ad Caspias Portas tendere dicebatur, cum

§ 39: (5) Sol. 19,4. — (9. 11) Mela III 39. (cfr. Plin. supra § 19). 40. — Agrippa fr. 31 R. — § 40: Suet. Nero 19.

1 abzoe **DR**^{2}**Ea**. -ze **R**^{1}. Arzoae *Tom. 1 p. 703* 2 tenent udini **R***v*. -tum (-tium **Ea**) dini *r* 4 iasone **dT***v*. zas- (zaz- **a**) *ll* | orti *v*(*D*). cirti **T**. circi *ll*. certi **d**. creti **p***S* | unde (un̄) *ego*. ante (an̄) *ll.v* | quod mare *ll*. quos quod mare *J e coni. S*. quos mare quod *v* | ibi est *ego*. abs est **R**^{1}. est **E**^{2}**d**^{2}*v*. abest *r* 7 super **p***va. H* | sarmatae *v*. arm- (marm- **a**) *ll* 8 Vti, Aorsi *Tom. 1 p. 704. MPt p. 920*^{a}. utidorsi *ll.v*. dorsi **p**. *cfr. IV 80. Strabo XI p. 492. 514* | arotere **R**. (anoteroe *MPt*) 9 amazones *B e Mela*. -nes et *ll.v*(*J*) 10 casus *ll.J*. -sius *H*. -sos **a**^{3}. -ssios *B e Ptol*. -ssos *v* | albanus **dp***H*. -ncis **Da**. -neis *r*. -nos **a**^{3}*B*. -neos *v* 11 uti **FdRa**. ut *rv* 12 caso *cod. Salmant.* (*P*)*J*. casu *ll*. raso **d**^{2}**T**. -su **d**^{1}. casio *H*. caucaso *v* | accessum **DFEa**. -ssam **R**. -ssu *J*. inaccesso (-ssam *P*) *v* 13 negare *ego e Sol.* (*cfr. XVI 95*). gargre *ll*. carere *J coll. XII 33*. patere *v* | per *del. va. S* 14 acolun **DFE** 15 corrigendū **DFE** | hoc **ap***v*. *om. r* 16 arbulone **Ea** 17 ii **T***v*. hi **R**(?)*C*. is *r* | caspias **aTp***v*. -pasias *r*

peteret illas, quae per Hiberiam in Sarmatas tendunt, vix ullo propter oppositos montes aditu ad Caspium mare. sunt autem aliae Caspiis gentibus iunctae, quod dinosci non potest nisi comitatu rerum Alexandri Magni.

41 (16) Namque Persarum regna, quae nunc Parthorum intellegimus, inter duo maria Persicum et Hyrcanium Caucasi iugis attolluntur. utrimque per devexa laterum Armeniae Maiori a frontis parte, quae vergit in Commagenen,
28 Cephenia, ut diximus, copulatur eique Adiabene, Assyriorum initium, cuius pars est Arbilitis, ubi Darium Alexander
42 debellavit, proxime Syriae. totam eam Macedones *My*gdoniam cognominaverunt a similitudine. oppida Alexandria, item Antiochia quam Nesebin vocant; abest ab Artaxatis $\overline{\text{DCCL}}$ p. fuit et Ninos, inposita Tigri, ad solis occasum spectans, quondam clarissima. reliqua vero fronte, quae tendit ad Caspium mare, Atrapatene, ab Armenia*e* Otene regione discreta Araxe. oppidum eius Gazae, ab Artaxat*is* $\overline{\text{CCCCL}}$ p., totidem ab Ecbatanis Medorum, quorum pars sunt Atrapateni.

43 **14.** (17) Ecbatana, caput Mediae, Seleucus rex condidit, a Seleucia Magna $\overline{\text{DCCL}}$ p., a Portis vero Caspiis

---

§ 41: (9) Sol. 46, 1. MCap. VI 691.

---

2 illo **DFR** | appositos *va.P(S)* 5 nam cyparissarum **A** 7 caucasi **A***J*. -sis **DE**o. -ssis **F**. -siis **RdT***v*. *om.* **a**. *cfr. 15.16.21. 37.47* | iugis *om.* **a** | utrumque **DEa** | diuexa **a**. -ersa **A** 8 maiore **A** 9 cepheniae **E**. -nie **a**. Sophene *B. cfr. § 28* | adiabene **A***v*. -ni *r* 10 arbelitis **R**(?)*va.D* 11 proximae **AF**. -ma **a**[3]*va.J* | Assyriae *P* | migdoniam *ll* 13 nesibin **d**. mis- **E**. nis- **a***C*. nys- **p***v* | artaxatis **A***v*. -ti (-tex- **R**) *r* 14 ninus **a***va.D*. mi- **E** | tigris **FdRp**. tyg- **a** 15 quondam **R**(?)*v*. quodd- **A**. quoniam *r* | quae **A**. *cfr. v. 8.* qua *rv* 16 atrapatene **A***v(D)*. areatrap- *r*. atrop- *B e Strab. XI p. 506. 529* | armeniae *G*. -ia **A***v*. artemia **a**. -inia **RE**. -tęminia **F**. -teininia **D** | othene **p**. etene **R***va.B* 17 gazae *v*. -ze **A**. gazzea (-zzaea **F**) *r* | artaxatis **a**[3]*v*. -ta (caxata **R**) *ll* 18 ab ecbatanis **R**(?)*v*. habet batanis (bath- **A**. batt- **a**) *r* 19 atrapaeni **F**. -peni **DEa**. -poeni **R**. *cfr. supra* 20 ecbata **ao** | media **R**. -dia esse **DFEa**. -diae est **op***va.C* | leucus **DFR**[1]**Ea** | condit **A**

XX. reliqua Medorum oppida Phisganzaga, Apamea, Rhagiane cognominata. causa Portarum nominis eadem quae supra, 43 interruptis angusto transitu iugis ita ut vix singula meent plaustra, longitudine VIII p., toto opere manu facto. dextra laevaque ambustis similes inpendent scopuli sitiente tractu per XXVIII p. angustias impedit corrivatus salis e cautibus liquor atque eadem emissus; praeterea serpentium multitudo nisi hieme transitum non sinit.

15. Adiabenis conectuntur Carduchi quondam dicti, 44 nunc Cordueni, praefluente Tigri, his Pratitae παρ' ὁδὸν appellati, qui tenent Caspias Portas. *i*is ab latere altero occurrunt deserta Parthiae et Citheni iuga. mox eiusdem Parthiae amoenissimus situs, qui vocatur Choara. duae urbes ibi Parthorum oppositae quondam Medis, Calliope et alia in rupe Issatis; ipsum vero Parthiae caput Hecatompylos; abest a Portis CXXXIII p. ita Parthorum quoque regna foribus discluduntur. egressos Portis excipit protinus 45 gens Caspia ad litora usque, quae nomen portis et mari

§ 43: (2—8) Sol. 47, 1. 2. MCap. ib. — § 44: (16) Berger Eratosth. fr. p. 240.

1 phisganzaga **A***J*. phisag- *va.B*. fiscanz- *r*. phazaca, aganzaga *H coll. Ptol. VI 2*. phausia, aganzua *B*. (Patigra, Gazaca *Amm. Marc. XXIII 6,39*) | rhaciane **A**. ragianę *r*. regione **a**p. raphane *va.S* 2 cognominatae **DFE**. -te **Ra** 3 inter ruptos **DFEa** 4 plaustra **a Eop** 6 XXXVIII *va.H*. -VIIII **dTp** | corriuatur **a**. -tos **F**¹**R** | a cantibus **A** 8 transitus non sit **A**
9 adiabenis **adv**. adza- *ll* | conectentur **DF**¹**E** | carduci **DFR***va.G*. cor- **Ea** 10 cordueni **A**(**R**?)*v*(*G*). -ent *r*. gordyaeni *B e Strab. XI p. 529* | partite **A**. patitae **R** | παρ' ὁδόν (*P*) *Brot*. parodon **AdT**. paradon **R**. paredon *r*. -oni *v*. paridon **a**. -oni **a**³
12 et citheni — 13 parthiae *om.* **A** | citheni **R**(?)*C*. -nis **Ep**. cythenis (-thaenis **F**) *rv*. -ni **a**³ 13 sinus **RdE**¹**p***P* 14 ubi **Ea** | oppositae **Ap**(*P*)*G*. app- *rv* | quodam **DFE** | calliope **A***B*. caul- *rv* 15 issatis *D*. assatis (*vel* ciss-) quondam medis **A**. issatis quodam (quond- *v*) *rv* | ipsius **A**(**D**²)*va.D* | parthiaeae **D**. -thyaeae **F** | hecaionpylos **A**. haec catom- (-oni- **E**) **DFE** 16 CXXXIII — 448, 2 produntur *om.* **Ea** 17 foribus **A***v*. -ris *r* | egressus **A**

dedit. laeva montuosa. ab ea gente retrorsus ad Cyrum amnem produntur CCXXV p., ab eodem amne si subeatur ad Portas, DCC. hunc enim cardinem Alexandri Magni itinerum fecere ab *i*is Portis ad Indiae principium stadia XV·DCLXXXX prodendo, ad Bactra oppidum, quod appellant Zariasta, MMM·DCC, inde ad Iaxartem amnem V.

46 **16.** (18) A Caspiis ad orientem versus regio est Apavortene dicta et in ea fertilitatis inclutae locus Dareium, mox gentes *T*apyri, *A*nari*a*ci, Staures, Hyrcani, a quorum litoribus idem mare Hyrcanium vocari incipit a flumine Sideri. citra id amnes Maziris, Strator, omnia ex Caucaso. sequitur regio Margiane apricitatis inclutae, sola in eo tractu vitifera, undique inclusa montibus amoenis, ambitu stadiorum M·D, difficilis aditu propter harenosas solitudines 47 per CXX p., et ipsa contra Parthiae tractum sita. in qua

§ 45: (2. 5) Berger Eratosth. fr. p. 315. — (3) ib. p. 240. — § 46. 47: (7—9) Sol. 48, 1. — (12 sqq.) Sol. 48, 2. 3. MCap. VI 691. cfr. Strabo XI p. 516. Isid. Charac. 14 (GGm I p. 252). Amm. Marc. XXIII 6, 54. — (449, 9) Mela I 13.

1 age agenter (-tes **D**) & prorsus (po- **D**) **DFdR**. **a** gente pro- **p** 2 CCXXV **E***D*. *cfr. Strabo XI p. 514*. CCXX **A***v*(*S*). CXXV *r**H* | suberatur **DFE**. supe- **a** 4 itenerum **A**. itinera *r***aop***va.S* | ad **AF²Rop***v*. ab *r* 5 XV *om.***p** | DCLXXXX **A***D*. *cfr. § 61. 62*. -LXXX *r***aop***v* | prodendo **A***G*. prote- (-dro **R**) *r*. porte- **a**. procede- *v* | ad bactra **Ad***v*. abbaetra **DFE**. abeatra **R**. -etra **a** 6 zariasta *ll.v*(*J*). -spa *B e Strab. l. l. Amm. Marc. XXIII 6,57. cfr. infra § 48* | iaxartem *B*. xartem **A**. irataxen **Rd**. -xan *r* 8 apauortene **A***v*(*H*). zap- *B*. aparuor- *r* | dareium **ADFa***H*. -reum **R**. -rieum *B*. clareium **E***v*. direum *Sol.* 9 mox **A***G*. mons *rv* | tapyri *B e Strab. l. l. Polyb. V 44*. papyri **a**. papiri **DFRE**. lap- **A** (*codd. Sol.*) | anariaci *B ex iisdem*. nar- *v*. narieci (ar- **R**) *ll*. -ricei **a**. -icli *Sol.* | staures **A***S*. -ris *r*. -ri *v* 11 citra *ll.v*(*H*). circa *C* | maziris **REadp***v*(*J*). -zyris *r*. mazeras *B e Ptol. VI 2,2*. maxe- *H* | strator **a**. -tos *B e Ptol. l. l.* -to *S*. strar **R**. straor *rv*(*D*) | onia **R** | a **a** 12 margiane *v*. -nae **A**. -na **F²**. -rcianae **DFE**. -ne **ao**. -ceane **R**. margine *Sol.* martianae **p** *MCap.* 13 amoenis **op***v*. -itatis *ll* 15 C·XXI **A** | parthiae **A***G*. -ium *v*. -iaeae **DF**. -tieae **R**. -rchiaeae **E**. -rcie **a**

Alexander Alexandriam condiderat, qua diruta a barbaris Antiochus Seleuci filius eodem loco restituit Syrianam interfluente Margo, qui corrivatur in Zotha lac*u*; maluerat illam Antiochiam appellari. urbis amplitudo circumitur stadiis LXX. in hanc Orodes Romanos Crassiana clade captos deduxit. ab huius excelsis per iuga Caucasi protenditur ad Bactros usque gens Mardorum fera, sui iuris. sub eo tractu gentes Orciani, Commori, Berdrigae, *Ph*armaco-trop*h*i, C*h*omarae, C*hoa*mani, Murrasiar*ae*, Mandruani, 48
flumina Mandrum, Chindrum, ultraque Chorasmi, Gandari, Pariani, Zarang*ae*, Arasmi, Marotiani, Arsi, Gaeli, quos Graeci Cadusios appellavere, Matiani, oppidum Heraclea, ab Alexandro conditum, quod deinde subversum ac restitutum

---

§ 48: (12) Sol. 48, 4. — (450, 1) Mela III 39. — (450, 2—4) Sol. 49, 1. MCap. VI 693.

---

2 syrianam **A**F^{2}*G*(*J*). -riā. Nam *r H.* seleuciam nam **op** (*Sol. MCap.*) *v.* (*loc. corr.*) 3 amargo **A***v a. B* | zotha lacu *P.* -lacis (zota- **Ra**) **DFREa**. -locis **dT**. zoiadicis **p**. zothale is **A***S.* zota- *v.* (*loc. corr.*) 4 circuitur **ap**. -tu **d**(?)*v a. S* 5 LXXV *Sol.* | orodes **A**F^{2}*Sol. v.* cor- *r* | crassiana **Ap***Sol. G.* -ssana F^{2}*v*(D^{1}). clasiana *r* 6 excelsis $F^{2}$$a^{3}$*Bas.* -si *r v* | iuge **D**F^{1}. -gem **E**. -gum **a** 7 ad **A**F^{2}**a***v.* ab F^{1}. **a DE**. hoc **R** | bactro// F^{1}. baotros **E**. bot- **a**. bratos **R** | ab (*pro* sub) **Eap***v a. S* 8 orciani **A***S.* oceani (-no E^{1}) *r v.* ochani *B* | commori *ll. v*(*S*). chomari *B e Ptol.* com- *Mela* | berdrigae **F***S.* -ge **DRE**. -gei *v.* uedrige **A**. berrige **a** | pharmacotrophi *B e Mela.* harmatotropi (arm- **A**) *ll. S.* -phi *G* 9 chomarae (*Sieglin*) D^{2}*e Mela.* citomare **A**. -rae *S.* comare **E**. caem- **DF**. cem- **Ra**. -ri *v.* bomarei *B* | choamani *ego e Mela.* coamm- *B.* comani **Aa***H.* comm- *r v*(*G*) | murrasiarae *J.* -re (mura- **A**) *ll.* mirrha- *v.* marucaei *B* | mandruani (maud- **A**) **ADFRE**^{2}**a***S.* -ne E^{1}. -dri ianei *v.* -drueni iatii *G.* mardrieni iatii *B* 10 flumen amandrum **A** | chindrum **A***S.* chridinum (chidri- F^{1}) *r.* crid- **a***v.* grid- *Dal.* | que **R**(?)**p***v.* quem *r* | gandari *ll. v*(*S*). cand- *H.* *add.* attasini *B.* arasini *v.* -smi *J* 11 pariani **A***Mela. om. r.* parcani *v.* paric- *B ex Herodoto III 92* | zarangae (-ge **A**) *D. om. r.* sar- *B ex Herodoto III 93.* ar- *v* | arasmi *om. S J.* amasini **R**. parrhasini *v* | marotiani **AR***S.* maso- **DF**. nasotitani **a**. -ociani E^{2}. -oceani E^{1}. maratiani, naso-tiani *v* | arsi gaeli **A***J.* aorsi gelae (gaeli *S*) *B.* arsilegis *r.* -gi *v* 12 matiani **A***B.* -terni *r.* -ticoni *v*

Antiochus Achaida appellavit, Dribyces, quorum medios fines secat Oxus amnis, ortus in lacu Oaxo, Syrmatae, Oxyttagae, Moci, Bateni, Saraparae, Bactri, quorum oppidum Zariastes, quod postea Bactrum a flumine appellatum est. gens haec optinet aversa montis Paropanisi exadversus
49 fontes Indi; includitur flumine Ocho. ultra Sogdiani, oppidum Panda et in ultimis eorum finibus Alexandria, ab Alexandro Magno conditum. arae ibi sunt ab Hercule ac Libero Patre constitutae, item Cyro et Samiramide atque Alexandro, finis omnium eorum ductus ab illa parte terrarum, includente flumine Iaxarte, quod Scythae Silim vocant, Alexander militesque eius Tanain putavere esse. transcendit eum amnem D e m o *d a m* a s, Seleuci et Antiochi regum dux, quem maxime sequimur in his, arasque Apollini Didymaeo statuit.

50 **17.** (19) Vltra sunt Scytharum populi. Persae illos Sa*c*as universos appellavere a proxima gente, antiqui

§ 49: Sol. 49, 3—6. MCap. VI 692. — (6. 11) Mela III 42.

1 achaida *v*. -de **A**. acaida **a**^{3}. acada *r*. *cfr. Sol.* | dribyces **T** *MGGm II p. 150*. -bices **DFdREa**. dybrices **p**. dribr- *v*. reuices **A**. derbices **a**^{3}*B e Strab. XI p. 514*. debrices *cod. Melae*. drebices *D* | medio **A** 2 oaxo (-xu **a**) *ll. v(J)*. *cfr. Sol.* oxo *B* | sirmatae **DE** 3 oxyttagae (-ge **A**) *J*. oxitt- *r*. oxit- **a**. oxii tagae (-ge *v*) *B*. oxydracae *H*. oxistacae *Sol.* | moci *ll. J*. heniochi *B*. nioci *v*. (mochi *cod. Melae III 39, ubi* moschi *B*) | batenis **a**. -taenis **DFE** 4 zariastes (sar- **A**) *ll. v(J)*. -spe *B*. *cfr. § 45 extr.* | *dist. v a.* (*Salm.*) *H*. *cfr. § 52 et Strabo XI p. 516; aliter Amm. Marc. XXIII 6, 57* 5 auersa **Aa**^{3}*G*. -sam (adu- **E**) *r*. aduersa **p***v* | paropanis **A** | exaduersus (et ad- **R***v*) *ll. H(J)*. ex aduerso **a**^{3}*G(S)* 6 fontis *G(S)* 7 Maracanda (*Tom.*) *D*^{2} | ultimis **A***v*. int- **a**. uict- *r*. uicinis **op** 8 conditum **AF**^{2}*G*. oppidum *r*. conditum oppidum **op***v(D^2)* 9 semiramide **aop***v a. J* 11 laxarte **A**. iaxare **Rd***v a. B*. lax- *r*. *cfr. Sol.* | silim **Aa**^{3}*H*. silyn *B*. sylim **F**^{2}*v*. sitim **ad**. sint- **R**. sytim **DF**^{1}. sitym **E** 13 transcendit (tra//s- **A**) **AF**^{2}*v*. -sgredit **Ea**. -tur **p**. -sgendit *r* | demodamas *v(H) ex ind. cfr. Sol. MCap.* demonas **DdREp**. -nax *G*. dein onas **a**. deuiona **A**. dęmones **F**^{1}. -na **F**^{2} 14 sequitur **F**^{1}**Ea** 15 oppollini **A**. appollinis **DFEa** | didymaeo **R**(?) *Sol. C*. didum- **A**. dydim- **DF***v*. -meo **E**. didim- **a** 17 sacas *Sol. B*. sagas *ll.* **o***v(D)* | uniuersos **op***v*. inuersos (-sum **A**) *ll.* in uniuersum *G*

Aramios, Scythae ipsi Persas Chorsaros et Caucasum montem Croucasim, hoc est nive candidum. multitudo populorum innumera et quae cum Parthis ex aequo degat. celeberrimi eorum Sacae, Massagetae, Dahae, Essedones, Astacae, Rumnici, Pestici, Homodoti, Histi, Edones, Camae, Camacae, Euchatae, Cotieri, Authusiani, Psacae, Arimaspi, Antacati, Chroasai, Oetaei. ibi Napaei interisse dicuntur a Palaeis. nobilia apud eos flumina Mandragaeum et Caspasum. nec 51
in alia parte maior auctorum inconstantia, credo propter innumeras vagasque gentes. haustum ipsius maris dulcem esse et Alexander Magnus prodidit et M. Varro talem perlatum Pompeio iuxta res gerenti Mithridatico bello, magnitudine haut dubie influentium amnium victo sale. adicit idem Pompei ductu exploratum, in Bactros septem 52
diebus ex India perveniri ad *Bactrum* flumen quod in

§ 50: Sol. 49, 6. 7. (cfr. MCap. VI 693). — (4) cfr. Amm. Marc. XXIII 6, 66. Mela III 39. 42. — Sol. 19, 3. — § 51: (8) Sol. 49, 8. — (10) Sol. 19, 3. 4. — § 52: Sol. 19, 4. 5.

1 armeos (me *in ras.*) **R**. aramos **adp**. -meos (-maeos *H*) **a**^{3}*va.S* | ipsi **Ao***v*. -sis *r* | corsaros **a**. *cfr. Sol.* 2 croucasim **A** *Sol. D*. grou- **DFdR***J*. -sum **Eaop***H*. graucasim *S*. -sum *v* 4 dahae **A***v*. da haec *r* | astacae *ll.v*(*J*). *cfr. II 235*. ariacae *B*^{1} *e Ptol. VI 14, 14*. asiotae (astocae *codd.*) *coni. B*^{2} 5 rumnici **A***v*(*J*). rimmi- **a**. rimni- *r*. rhymni- *B* | pestici **A***D*. paest- *J*^{1}. perstict *r*. perstit **p***v*. pesici *B*. paes- *S*. -icae *H*. *cfr. Mela* | homodoti (-dot **a**) *ll.J*. homoti *v*. amordi *B*. amardi *H* | aedones **DFE** | camae *om.* **a** | tamacae **R**. camee **a** 6 euchathae **A**. cucathe **a** | cothieri **DFE**. choti eru **R**. cothe **a** | authusiani **A***D*. anth- *S*. anthes tam **p**. antestani *r*. antariani *v* | psacae *ll.S*. pialae *B*. piacae *v* | ariniaspi **Ea**. urī aspi **R** 6. 7 antacati chroasai **A***S*. -ti doroassai **R**^{2}. -ti (-thi **a**. -chi **p**) dinassai (cli- **R**^{1}. diniss- **a**) *r*. antea cacidiri (-dari *H*) assai (asaei *B*) *v* 7 oetaei **A***D*. -tei *v*. otaci (otha- **a**) *r*. *del.* **R**^{2} | a palaeis *S*. apaleis **A**. apellaeis *r*. et apellaei **a**^{3}*v*. *cfr. Sol.* 8 caspasum *ll.v*(*S*). -sium *C* 9 maiora **DFE** | auctora (ueterum ꝉ auctorum **R**^{2}) inconstantium (-tia **R**?) **DFREa** 10 maris **o***v*. maioris *ll* 13 haut **op***v*. *om. ll* | dubie **aop***v*. -iae **E**. -ia **R**. -iuae **DF** | omnium **DE**. fluminum **op** 14 dicta **Ea** 15 bactrum (*Ritter Asien II p. 560*) *D*. *cfr. § 48*. iachrum **DFdTEp***J*. iacrum **R**. ycarū **a**. icarum *v*. dalierum *Sol.*

Oxum influat, et ex eo per Caspium in Cyrum subvectos, et V *non a*mplius dierum terreno itinere ad Phasim in Pontum Indicas posse devehi merces.

Insulae toto eo mari multae, volgata una maxime Zazata.

53 (20) A Caspio mari Scythicoque oceano in E*o*um cursus inflectitur, ad orientem conversa litorum fronte. inhabitabilis eius prima pars a Scythico promunturio ob nives; proxima inculta saevitia gentium. Anthropophagi Scythae insident humanis corporibus vescentes; ideo iuxta vastae solitudines ferarumque multitudo, haut dissimilem hominum inmanitatem obsidens. iterum deinde Scythae iterumque deserta cum beluis usque ad iugum incubans mari quod vocant Tabim. nec ante dimidiam ferme longitudinem eius orae, quae spectat aestivum orientem,
54 inhabitatur illa regio. primi sunt hominum qui noscantur Seres, lanicio silvarum nobiles, perfusam aqua depectentes frondium canitiem, unde geminus feminis nostris labos redordiendi fila rursusque texendi: tam multiplici opere, tam longinquo orbe petitur ut in publico matrona traluceat. Seres mites quidem, sed et ipsi feris similes coetum

§ 53: Mela III 59. 60. MCap. VI 693. Sol. 50, 1. 15, 4. 50, 1. 2. — § 54: Sol. 50, 2. 3. MCap. VI 693. — (16) Mela III 60 (I 11). — cfr. Plin. XII 17. — Amm. Marc. XXIII 6, 67. 68.

1 subuectos (-tas *G*) **R**p*v*. subie- *r* 2 et *del.* *v*a*S* | V non amplius *v*e*Sol.* unum pluris *ll* 3 posse *om.*a. se **E** 4 in toto p | meo **R**[1]. in eo **R**[2]*S* | uuolgata **DFE**. auo- **R** | una — 5 zazata *om.***R** | una d*v*. ona *ll*. yma p 5 zazata **E**a*D*. zanz- p. taz- **DF**d*B*. tuzaga *v* 6 mare **E** | scyti (cyti **Ea**) quoque **DFEa** | Eoum (*P*)*H*. eo p. eum *ll*. eam *v* 8 a **E***v*. *om.**r*op
9 anthropos. fagi **DFE**. -tropofagi o 10 ideoque op
11 solitudines **R**a[3]op*v*. -nis *rD* 12 hominum p*v*. -nē *ll*
13 incūbens a*v* *a.H.* imminens *Sol.* 14 thabim p 15 aestiuum **R**[2]*e corr.v*. abstidon (-thi- **FE**) *r*o 16 nofantur **E**. uocaopz 17 lanicio **R**[2]*v*. latini (-nii **R**) *r*. -ne op | nobiles **R**a[3]op*v*. -lis *rD* | aquā **DFEa** | depectentes **R**[2]a[2]op*v*. -ctens a[1]. -ctendes **E**. -ctētendes **R**[1]. -ctendens **DF** 18 labor **R**aop*v* *a.D*
20 transluceat a[3]op*v* *a.J* 21 ipsi a[3]*G*. -sis *rv*(*D*[2]) | feris similes **F**[2]*J*. feris persim- **R**[2]*v*. persim- *r*

reliquorum mortalium fugiunt, commercia exspectant. primum 55
eorum noscitur flumen Psitharas, proximum Cambari, tertium
Lanos, a quo promunturium Chryse, sinus Cirnaba, flumen
Atianos, sinus et gens hominum Attacorum, apricis ab
omni noxio adflatu seclusa collibus, eadem, qua Hyperborei
degunt, temperie. de *i*is privatim condidit volumen
Amometus, sicut Hecataeus de Hyperboreis. ab At*t*acoris
gentes *Ph*uni et Thocari et, iam Indorum, Casiri introrsus
ad Scythas versi — humanis corporibus vescuntur —,
Nomades quoque Indiae vagantur. *sunt* qui ab aquilone
contingi ab ipsis Ciconas dixere et Brisaros.

(21) Sed unde plane constent gentes, Hemodi montes 56
adsurgunt Indorumque gens incipit, non Eo*o* tantum
mari adiacens, verum et meridiano quod Indicum appel- 33
lavimus. quae pars orienti *est* adversa, recto praetenditur
spatio ad flexum et initio Indici maris |XVIII|·LXXV colligit,

---

§ 55: (1—5) Sol. 50, 4. 51, 1. MCap. ib. — (10. 11) Sol. 51, 1. MCap. VI 694. — § 56: (13. 14) Sol. 52, 1. MCap. ib. Mela III 61. — (15 sqq.) cfr. Strabo XV p. 689. 690. Berger Eratosth. fr. p. 227.

---

1 commertico **R**. com (cum *v*) cōmercia **F***va.H* | expectant **a**. -tent **a**^{3}*Dal*. -etunt **o**. -etant *v* 2 psytharas **a**. psita- *va.S* | carabi *va.H* 3 chrise **DF**. cri- **Rp**. chyrise **a** | *dist.H* | cyrnaba **Rap***va.D* 4 achianos **p** | atacorum **E** 5 yperborei **a**. hyperboriti **R**^{1}. -ri **D**. hiperbori **F**^{2}. perhib- **F**^{1}. hybbori **E** 6 degunt **R**^{2}**d***v*. deiung- *r* 7 amammetus **a**. amaetus **R** | yperboreos **a**. iperboreis **F**^{2}. -ros **DF**^{1}**E** | attacoris *v*. athaco- **p**. acotharis **a**. athoca- *r* 8 phuni et thocari *Gutschmid* (*ap. Zangem. Oros. I 2,45 praef. VII*). thuni (chu- **R**) et focari *ll.J*. (phruri *H*. thyri *G*. unni *B*. thynni *v* — phocari **p***v*. tochari *B e Dionys. perieg. v. 752*) | casyri **a**. caspiri *Benfey*. casii *MGGm II p. 151*^{b} 9 *dist. ego* 10 sunt qui *v*. huic (hinc **p**. hic **a**) qui *ll. an* uagantur huc. aliqui? 11 ciconas **dT**. chi- **p**. & conas *ll.D*. et cico- **a**^{3}*v*(*J*^{2}). *cfr. Sol. MCap. cfr. IV 43. 72. p. 418, 11* cyclopis, *p. 421, 2* intercidere, *VI 129 med.* citra | brisarros **p**. brysaros **T***S*. -anos *v* 12 emodi *va.D. cfr. V 98* 13 Eoo *H e MCap.* eo *ll.v* 14 et **R**(?)**a**^{3}*G*. et **a** *r*(**o**)**p***v* | appellamus **do** 15 quaeque **R**(?)*va.D* | orienti est *D*. -tis **DFRp**. -tes **Ea**. -ti **d***v* | uersa **a** 16 initia **R**^{2}*S*. -tium **a**^{3}*v* | colligit — 454, 1 LXXV *om.* **R**^{1}**p**

deinde qua*e* se flexit in meridiem, |XXIIII|·LXXV, ut
Eratosthenes tradit, usque ad Indum amnem, qui est
57 ab occidente finis Indiae. conplures autem totam eius
longitudinem XL dierum noctiumque velifico navium cursu
determinavere et a septentrione ad meridiem |XXVIII|·L,
Agrippa longitudinis |XXXIII|, latitudinis |XIII| prodidit.
Posidonius ab aestivo solis ortu ad hibernum exortum
metatus est eam, adversam Galliam statuens, quam *ab* occi-
dente aestivo ad occidentem hibernum metabatur, totam a
favonio; itaque adversum eius venti adflatu*m* iuvar*e* Indiam
58 salubremque fieri haut dubia ratione docuit. alia illi caeli
facies, alii siderum ortus; binae aestates in anno, binae
messes, media inter illas hieme etesiarum flatu*s*, nostra vero
bruma lenes ibi aurae, mare navigabile. gentes ei urbes-
que innumerae, si quis omnes persequi velit. etenim
patefacta est non modo Alexandri Magni armis regumque
qui successere e*i*, circumvectis etiam in Hyrcanium mare
et Caspium Seleuco et Antiocho praefectoque classis eorum
Patrocle, verum et aliis auctoribus Graecis, qui cum
regibus Indicis morati, sicut Megasthenes et Dionysius

§ 57: Mela III 61. — Agrippa fr. 32 R. Dim. 1. — Posidon. fr. 87 (FHG III p. 289^b). Sol. 52, 2. MCap. VI 694. — § 58: Sol. 52, 1. MCap. ib. Beda t. r. 35. — (15—17) Sol. 52, 2. — cfr. Plin. II 167. (de Patrocle FHG II p. 442). — (19) Sol. 52, 3.

1 dein **R**^{2} | quae se flexit *ego*. qua (se **R**^{2}) flexit *ll*. qua flectitur *v*. a flexu *D* | ad **R**^{2} 2 qui **dp***v*. q. **DF**. que **Ra**. quae **E** 4 LX *Mela* | uelificio **DFEa** 6 latitudinis **p***v*. -ni (-ne **E**^{1}) *ll* | |XIII| *D*^{2}. XXIIII **R**(?)*v*. XIII *r* 7 possidonius **DFEa***va.C* 8 galliae **pa**^{3}*v e Sol.* | ab **da**^{3}*v. om. ll* 10 aduerso **R**^{2}*e corr.* -sam *H*. obu- *v* | adflatū iuuare **z**. -tu iuuari *ll.v* 11 illius **R**(?)*va.D* 13 hicme **DFE** | etesiarum **R**(?)**p**(*Sol.*) *Beda v*. ethesinarum **a**. ethen- *r* | flatus *ego*. -tu *ll.v. cfr. Sol. MCap.* 14 brumali **a**^{3}*Beda va.H* | aurae **p***v*. -ras **R**^{2}*Beda*. -res *r* | ei **F**^{2}**R**^{2}*S*(*D*). et *rv*(*J*). ibi et *H* | urbes quam **T***J*^{1}. -bes quas **a**. -bes **p***va.S* 15 innumerae **F**^{2}*S*. -abiles **dp***v*. numerare (inn- **R**) *r* 17 qui ei *va.S* | ei *D. om.* **R***v*. et *r* | circumuestis **DFEa** 18 eorum **R**^{2}**dp***v*. ereum **R**^{1}. eroum *r* 19 phatrocle **DF**. -ode **a**. -odae **E**

a Philadelpho missus, ex ea causa vires quoque gentium
prodidere. non tamen est diligentiae locus: adeo diversa 59
et incredibilia traduntur. Alexandri Magni comites
in eo tractu Indiae, quem is subegerit, scripserunt $\overline{V}$
oppidorum fuisse, nullum Co*o* minus, gentium VIIII, Indiamque tertiam partem esse terrarum omnium, multitudinem populorum innumeram, probabili sane ratione: Indi enim gentium prope soli numquam migravere finibus suis. colliguntur a Libero Patre ad Alexandrum Magnum reges eorum CLIII annis $\overline{VI}$·CCCCLI; adiciunt et menses III.
amnium mira vastitas; proditur Alexandrum nullo die 60
minus stadia DC navigasse Indo, nec potuisse ante menses V enavigare adiectis paucis diebus, et tamen minorem Gange esse constat. Seneca, etiam apud nos temptata Indiae commentatione, LX amnes eius prodidit, gentes duodeviginti centumque. par labos sit montes enumerare. iunguntur inter se Imavus, Hemodus, Paropanisus, Caucasus, a quibus tota decurrit in planitiem inmensam et Aegypto similem.

Verum ut terrena demonstratio intellegatur, Alexandri 61

§ 59: (3) Sol. 52, 4. 5. MCap. VI 694. cfr. Strabo XV p. 686. 689 extr. 701 init. — § 60: cfr. Sol. 52, 6. Arrian. Ind. 9, 9.

4 quem is (*Salm.*) *D.* quem his **R**^{2}. que in his d. quem hi p. que (quae **E**) uemis **DFEa**. quem aemis **R**^{1}. quem armis **a**^{3}**f** *H.* quem *v* | subegerit (*Salm.*) *D.* -rint **DFTE**. -runt **Rda** *S.* -rant **pf** *v* 5 Coo (Co *B*) minus *J e Strab. XV p. 686. 701 init.* cogimi- (-nis **R**^{1}) *ll.* comi- *v* | gentium *ll. v* (*J*). -tes *H* | $\overline{VIIII}$ (*P*) *D*^{2} *e Sol.* VIIII *ll. v. an* MM? 7 probabile **o** 8 emigrauere **a**^{3} *v a. H* 10 CLIIII *v a. S* | CCCCLI **R**(?) *H e Sol.* -CII **rov** 11 alexander **o** 12 indos **a**. in Indo *v a. D* 14 senec **DF**^{1}. sed nec **E** 15 commendatione **DFE**. commina- **a** 16 CXVIII *SJ* | labor **apv** *a. S* | innumerare **DFE** 17 himauos (-uus **F**^{2}) **DFE**. im- *J*^{2}. hiam- **R**. hym- **a**. -aus *v a. B* | emodus **a** *C* | paropamisus *B* | caucasus **dTpv** (*H*). -sus p̄. ā. R. (n̄. **R**) *ll.* -si partes *B*^{2} *coll. Strab. XV p. 689 init.* (*Arriani Ind. 2*). -si pars *B*^{1}. *cfr. § 71. V 98* 18 decurrit **F**^{2}**R**(?) *v.* -cur **DF**^{1}. -cor **Ea**. -ora p 20 terrena **RdT**(?)**a**^{3} *v.* -no *r. an* in terreno? | demonstratione **dT**(*P*)

Magni vestigiis insistimus. Diognetus et Baeton, itinerum eius mensores, scripsere a Portis Caspiis Hecatompylon
44 Parthorum quo*t* diximus milia esse, inde Alexandriam Arion, quam urbem is rex condidit, DLXXV, Prophthasiam Drangarum CXCVIIII, Arac*h*osiorum oppidum DLXV, Orto-
62 spanum CLXXV, inde ad Alexandri oppidum L — in quibusdam exemplaribus diversi numeri reperiuntur —; hanc urbem sub ipso Caucaso esse positam; ab ea ad flumen Copheta et oppidum Indorum Peucolatim CCXXXVII, unde ad flumen Indum et oppidum Taxilla LX, ad Hydaspen fluvium clarum CXX, ad Hypasim non ignobiliorem [XXV·IIII] CCCLXXXX, qui fuit Alexandri itinerum terminus, exuperato tamen amne arisque in adversa ripa dicatis. epistulae
63 quoque regis ipsius consentiunt his. reliqua inde Seleuco Nicatori peragrata sunt: ad Sydrum CLXVIIII, Iomanem amnem tantundem — aliqua exemplaria adiciunt V passu*um* —, inde ad Gangen CXII·D, ad R*h*oda*ph*an DLXVIIII — alii

§ 61: Strabo XI p. 514. Amm. Marc. XXIII 6, 43. 69. 70. — Berger Eratosth. fr. p. 240. — § 62: (12. 13) Sol. 52, 7. MCap. VI 694 med.

1 insistamus **dp**(?)*va.S* | baeton **F^2d***H*. -ni **DF^1**. boeton **a^3**. -oni **Ea**. bethon **R**. -ton *va.H* 2 haecatonpylon **DFE**. eccaton pilon **a** 3 pharthorum **D**. phrasto- **E**. fra- **a** | quot *v*. quod *ll* 4 DLXV *B* | prophithasiam **D**. propith- **R**. prophit- *rva.B* 5 CXCVIII **FE** | arachosiorum *B e Strab*. caracos- **Dd**. caratos- **R**. caracas- **F**. caricos- **Ea**. cricas- *v* | ortospanum **ad***H*. horto- *rD*. ortho- *v*. *cfr. Strab. XV p. 723. Amm. Marc. XXIII 6,70* 6 CLXV **R**. CCL *B*(*J*) *e Strab. l. l.* | ad *om.* **FEd^1p***va.S* | L **R***v*. I *r* 9 copheta **adTp**(*P*)*H*. -phaeta **DFE**. -phe **R**. chepta *v* | peucolatim **Ra^3***J*. -laitin *B e Strab*. -odatim (copeudatim **a**) *rv*. *cfr. § 78. 94* | CCXXVII **Eap***va.S* | inde **ap***va.S* 10 taxila *G* 11 ypasym **a**. (Hypanis *Sol.*) 11. 12 XXVIIII·CCCLXXXX (-LXXX **F**) *ll.v.* CCCLXXXX = |XXV|IIII *D computatis numeris et coll. indd. XXIX. XXX. uncis ego ut additamentum inclusi* 15 ad **Tp***v*. ab *ll* | sidrum **p**. hesi- *va.S* | CLXVIII *va.H*(*S*) 16 passuum *D*. -us *ll* 17 CXII·D **DFT***D*. CXII **REa***v* | rhodaphan *G*. rodafan *ll*. -pham *v* | CLXIX (CXIX *G*) *va.S*

CCCXXV in hoc spatio produnt —, ad Callinipaza oppidum CLXVII·D — alii CCLXV —, inde ad confluentem Iomanis et Gangis DCXXV — plerique adiciunt XIII·D —, *ad* oppidum Palibothra CCCCXXV, ad ostium Gangis DCXXXVII·D. gentes, quas memorare non pigeat, a montibus Hemodis, 64
quorum promunturium Imaus vocatur incolarum lingua nivosum *sic* significante, Isari, Cosiri, Izi et per iuga Chirotosagi multarumque gentium cognomen Bragmanae, quorum Mactocalingae; flumina Prinas et Cainnas, quod in Gangen influit, ambo navigabilia; gentes Calingae mari proximi et supra Mandaei, Malli quorum mons Mallus, finisque tractus eius Ganges.

18. (22) Hunc alii incertis fontibus ut Nilum 65
rigantemque vicina eodem modo, alii in Scythicis montibus nasci dixerunt; influere in eum XVIIII amnes, ex *i*is navigabiles praeter iam dictos Crenaccam, Rhamnumbovam, Casuagum, Sonum. alii cum magno fragore ipsius statim fontes erumpere, deiectumque per scopulosa et abrupta, ubi primum molles planities contingat, in quodam lacu

§ 65: (13—15. 458, 1—3) Sol. 52, 6—8. MCap. ib. Mela III 68.

1 calinipaxa *va.J* 2 CLVII·D **a** | CCXLV **DF** | iomanis **d***v*. -nnis **R**². iohannis **R**¹. ioamnis *r*. iannis **p**. *add.* amnis **Rdp**(?)*v* 3 XIII·D *ll.Brot.*(*D*). XIII *v*(*S*) | ad **da**³*v*. et *ll. om.***p** 4 oppidumque **dp***va.D* | D *om. C* 6 inquo larum (ia- **E**) **DFEa** 7 niuosū **Ra**³*v*. niuos *r* | sic (*Müller emend. Vp.23*) *D*². *om. ll.v* | cosyri **dp***va.D* | izi et **dT***S*. iziei **DFEa**. izzi et **R**. izgi et *v* 8 chirotosagi **RT***Brot*. -gis (chirito- **F**. cyrotho- **a**) *rD*. chisiotosagi *C*(*S*). chiso- *v* | bracmanae (brachm- *G*) **R***va.D* 9 actocalingae **Ea**¹. macco- **R***va.D. cfr. § 67* | prinnas **R**. prynas **D**. pumas *va.H* | et **Rp***v*. e **ad**. ec *r* | cainas *B*. camna **a**. cannas **p***v* 10 calingae *v*. -ignae *ll* 11 proxime **ap**. -mae *va.G* | mandei **ad***va.D* 12 quem (*pro* que) **F**. qui **E** | eius **RdT***v*(*S*). est *r*. eius est *H* 15 influere **R**²*v*. fl- *r* 16 crenaccam *ll.v*(*J*). canucham *B*. condochatem *H ex Arriani Ind. 4, 4* | rhamnumbouam (rān- **R**) *ll.J*. erranoboan *B ex Arr. l.l. 4, 3*. rhumuobā *v* 17 casuagum *ll.J*. cosoag- *B*. casphag- *v* | statim *om.* **a** 18 fontes **R***D*. -tis **d***v*. -tem **a**. frontes *r* | scopulos **E**

hospitari, inde lenem fluere, ubi minimum, VIII p. latitudine, ubi modicum, stadiorum C, altitudine nusquam minore passuum XX, novissima gente Gangaridum Calingarum.
66 regia Pertalis vocatur; **19.** regi LX peditum, equites M, elephanti DCC in procinctu bellorum excubant. namque vita mitioribus populis Indorum multipertita degitur: tellurem exercent, militiam alii capessunt, merces alii suas evehunt, externas invehunt, res publicas optumi ditissimique temperant, iudicia reddunt, regibus adsident. quintum genus, celebrat*ae* i*b*i et prope in religionem versae sapientiae deditum, voluntaria semper morte vitam accenso prius rogo finit. unum super h*ae*c est semiferum ac plenum laboris inmensi — a quo supra dicta continentur — venandi elephantos domandique: his arant, his vehuntur, haec maxime novere pecuaria, his militant dimicantque pro finibus; dilectum in bella vires et aetas atque magnitudo
67 faciunt. insula in Gange est magnae amplitudinis, gentem continens unam, nomine Modogalingam. ultra siti sunt Modubae, Molindae, Vberae cum oppido eiusdem nominis magnifico, Modressae, Praeti, Calissae, Sasuri, *P*ass*a*lae,

§ 66: Sol. 52, 8—10. — (10) cfr. Mela III 65. — § 67: Sol. 52, 11.

1 VII **F**^{2}. V **a** | latitudinem **DEa** 2 altitudinem **DFE** | minorem **DFE** 3 XXV **a** | garganidum **Ea**. -dem **o**. gandaridum **a**^{3}*va.G* 4 pertalis *ll.v*(*D*). part- *C*. prot- *S* (*errore*) | LXX **F**^{2}**a**^{3}*va.H* 5 excusant **DF**^{1}**Eo** 6 multipartita **Dd** *Verc.* -pertra **R**^{1}. -tis perdita **Eao** | ctegitur **R**^{1}. dicitur **R**^{2} 8 externas (-asque **dT***S*. res externas *v*) inuehunt (-eunt **R**^{2}) **F**^{2}**R**^{2} *ad marg.* **dT***v*(*S*). *om.* *r* **o** *H* 9 iudiciaque **o** | quietum *Sol.* | celebratae **d**(?)*v*. -ta *ll* 10 ibi *Sol.* illi *ll.* illic **R**(?)**a**^{3}*v*. *an* illis?
11 uitam **FRo***v*. -ta **DE**. -te **a** | finit **F**^{2}**R**(?)**o***v*. fit *r* 12 haec **R**(?)**a**^{3}*G*. hoc **Eado***v*. *om.* **DFT***P* 13 a **dTo***v*. ae **DFE**. e **Ra**. et *G*. (*an* quo et?) 14 iis *va.S* | arant, iis *va.S*. -ntis **FdR**. -ndis **a**. -ntes **oz** | uehuntur *H e coni. Dal.* (*J*). *cfr. Sol.* inueh- **DFRa** *G*(*S*)*D*. -hunt *v*. inueniuntur **Eoz** 16 dilectum *ll.* **o**. del- *v*. *cfr. CFWMüller p. 18 n.* | bella **F**^{2}**R**(?)*H*(*J*). belua *r* **o** *v*(*S*) 18 modogalicam *va.H*. *an* Modocalingam? 19 ubere **Fa** *va.H*
20 modressę (-roesi *v*) praeti **F**^{2}*v*(*D*). -essepi **DF**^{1}**E**. -esephi **o**. madrespi **a**. modresi preti (peti **dT**) **RdT**(?)*S*. galmodroesi preti *C* |

Colebae, Orumcolae, Abali, Thalutae. rex horum peditum
$\overline{\text{L}}$, equitum $\overline{\text{IIII}}$, elephantorum $\overline{\text{IIII}}$ in armis habet. vali-
dior deinde gens Andarae, plurimis vicis, XXX oppidis
quae muris turribusque muniuntur, regi praebet peditum
$\overline{\text{C}}$, equitum $\overline{\text{II}}$, elephantos M. fertilissimi sunt auri Dardae,
Setae vero et argenti. sed omnium in India prope, non 68
modo in hoc tractu, potentiam claritatemque antecedunt
*P*rasi amplissima urbe ditissimaque Palibothra, unde quidam
ipsam gentem Palibothros vocant, immo vero tractum
universum a Gange. regi eorum peditum $\overline{\text{DC}}$, equitum
$\overline{\text{XXX}}$, elephantorum $\overline{\text{VIIII}}$ per omnes dies stipendiantur,
unde coniectatio ingens opum est. ab his in interiore 69
situ Monaedes et Suari, quorum mons Maleus, in quo
umbrae ad septentrionem cadunt hieme, aestate in austrum,
per senos menses. septentriones eo tractu semel anno
adparere, nec nisi quindecim diebus, Baeton auctor est;
hoc idem pluribus locis Indiae fieri Megasthenes.
austrinum polum Indi D*i*amasa vocant. amnis Iomanes
in Gangen per Palibothros decurrit inter oppida Methora

---

§ 68: Sol. 52, 12. — (8. 9) Mela III 67. — § 69: (13—17) Sol. 52, 13. MCap. VI 694 extr. cfr. Plin. II 184. Mela III 61. Beda n. r. 6 extr.

---

calissae *v*. acli- **F**^{2}*D*. caloę **R***S*. -oe *r* | Passalae *B e Ptol.* (Pazalae *Arr. Ind. 4, 5*). fassule **DFEa**. -lae *D*. fasu- **RdT***J*. fass- *v*

1 colebae **FEa***D*. tol- **d**^{1}. cole **D**. colobae **Rd**^{2}*S*. colub- *v* | orumcolae *ll.S*. orculae *v*. orzu- *B*. orxu- *L* (*errore*) | abatle **R**. *om.* **a** | lute **a**. taluctae *v a.S* 2 elephantorum *ll.v*(*S*). -tos *G* | CCCC **R**(?) o *v a.D. an* MM? 3 Pandarae *coni. D*^{2} *e VII 28* 5 elephantes **FR**. *cfr. § 73 med. 76* | sunt — 7 potentiam *om.* **a** | derdae *Sabell. e Strab. XV p. 706 init. sed cfr. XI 111* 6 et *del. v a.S* | omnium o *v*. -ia *ll.JD*^{1} 7 ab hoc (oc **F**^{1}) **DFE** | potentia claritateque **dT***JD*^{1} 8 prasi *v e § 70 et Sol.* farsi *ll.* o | balibothra o. -tra **a** 9 phalibothros **DFE** o. -tros **a** 11 VIII *Sol.* | stipendantur o 12 coniectio **E** o | ab in (//// **F**) his in **DFE** 15 in anno *v a.J* 18 indi **Ra***v*. -dii **F**^{2}. -dri *r* | diamasa (*Bohlen d. alte Indien II p. 211*) *S*. dram- **F**^{2}**Ra**^{2}*v*. dam- *r* 19 in *G*. per *ll.v* | gange **DF**^{1}**Ea** | per *ll.G*. et *v*

70 et Chr*y*sobora. a Gange versa ad meridiem plaga tin-
guntur sole populi, iam quidem infecti, nondum tamen
Aethiopum modo exusti; quantum ad Indum accedunt,
tantum colore praeferunt. Indus statim a Prasiorum gente,
quorum in montanis Pygmaei traduntur. Artemidorus
inter duos amnes |XXI| interesse tradit.
71 **20.** (23) Indus, incolis Sindus appellatus, in iugo
Caucasi montis quod vocatur Paropanisus adversus solis
ortum effusus, et ipse undeviginti recipit amnes, sed
clarissimos Hydaspen quattuor alios adferentem, Cantabam
tris, per se vero navigabiles Acesinum et Hypasim, quadam
tamen aquarum modestia nusquam latior L stadiis aut
altior XV pass*ib*us, amplissimam insulam efficiens, quae
72 Prasiane nominatur, et alia*m* minore*m*, quae Patale. ipse
per |XII|·$\overline{\text{CL}}$ passuum, parcissimis auctoribus, navigatur et
quodam solis comitatu in occasum versus oceano infunditur.
mensuram orae ad eum ponam, ut invenio, generatim,
quamquam inter se nullae congruunt. ab ostio Gangis
ad promunturium Calingon et oppidum Dandaguda $\overline{\text{DCXXV}}$,
ad Tropina |XII|·$\overline{\text{XXV}}$, ad Perimulae promunturium, ubi

§ 70: Sol. 52, 14. MCap. VI 695. cfr. Mela III 67. Strabo XV p. 690. Arr. Ind. 6, 9. — (5. 6) Agathem. IV 15 (GGm II p. 475). — § 71: Mela III 69.

1 Chrysobora (*Bohlen l. l. p. 232*) *S.* chriso- **F**². chariso (car- **a**) *r.* cliso- *H ex Arr. Ind. 8, 5.* cyrisoborca (car- **a**³) *v* | iunguntur **R**² 4 colorem **T** | praeferunt *ll.* *add.* sidus **R d**(?) *v e Sol.* prae se ferunt *D* 6 |XX| *Hoffmann* (*cfr. GGm II p. 476*ᵃ *et Strabo XV p. 689*). $\overline{\text{XXI}}$ *ll. v* | interesse *om.* **o**. esse **a** 7 indis **R**² | incoliis **DE**. -obis **a** | sindus **F**²**T***H.* ind- *r.* sand- *v* 9 recepit **DE**¹. -caepit **F** 10 cantabram **F**²*va. S* 11 acesinum *ll. v*(*S*). -nem *L* | hypasim *v.* hysaepim **F**. -sopim **D**. -sepim (ys- **a**) **E a d**. -sephim **R** 12 modestia **F**²*v.* -iā *r* 13 passibus *S.* -ssus *ll. H.* p. *v* 14 aliam minorem **a**³*v*(*J*). -ia -ore (-ora **a**) *ll. S* 15 XII·XL **E** *va. H* | nauigatur **p** *D.* -tus *ll. v* 17 in ora **d**(?) *va. S* 19 dandagula **E**. gangadula **a** | DCCXXV p. **a**³*va. H* 20 attropina **F**. atir- **a**. ut tr- **DE**

est celeberrimum Indiae emporium, DCCL, ad oppidum in insula quam supra diximus Patalam DCXX.

Gentes montanae inter eum et Iomanem Caesi, 73
Caetriboni silvestres, dein Megallae, quorum regi D elephanti, peditum equitumque numerus incertus, Chrysei, Parasangae, Asmagi, tigri fera scatentes; armant peditum XXX, elephantos CCC, equites DCCC. hos Indus includit montium corona circumdatos et solitudinibus. DCXXV infra solitudines Dari, Surae, iterumque solitudines per CLXXXVII, plerumque harenis ambientibus haut alio modo quam insulas mari. infra deserta haec Malthaecorae, Singae, 74
Maroae, Rarungae, Moru*ni*. hi montium, qui perpetuo tractu oceani *in* ora pertinent, incolae liberi et regum expertes multis urbibus montanos optinent colles. Nareae deinde, quos claudit mons altissimus Indicorum Capitalia; huius incolae alio latere late auri et argenti metalla fodiunt. ab his Oratae, quorum regi elephanti quidem X, 75
sed amplae vires peditum, Suarattaratae — et hi sub rege elephantos non alunt fiducia equitum peditumque — Odonbaeorae, Sarabastrae Thorace urbe pulchra, fossis

§ 74: (12—14) Sol. 52, 15. MCap. VI 695 init.

1 celerrimum **DFE** | in *om.* **E** 2 patalam **da**[3]*v*. spat- *ll* | DXX **R** 3. 4 cesi cetriboni **Raov** *a. D* 5 equitum **Ea**. et eq- **o** 6 asmagiti **R**. asangae *va. S* | elephantes **FR**. *cfr. § 67 extr.* 8 *dist. D* | per DCXXV **dT**(?) *C* 9 CLXXXVIII **a**[3]*C* 10 aut **DFEa** 11 malthaecorae **F***J*[2]. maltae- **E***D*. maltbe- **Da**. mathe- **R**. malte- **d***v* 12 maroae **F***J*[2]. -oe **R**. -ohae **d***v*. -rūe **a**. moroae **DE***D* | rarungae **d***v*. -ūge *ll*. -umgae *D* | moruni *H*(*D*). -rum *ll*. -runtes *v*. -rontes **d***S*. *add.* masugae peugae iam **dT**. masuae pagungae ialii (iam *G*) *va. H* 13 oceani in *ego*. ad oceani **dT** (*U 122*) *J*. oceani *v* | orae **R**(?)(*Salm.*) *H*. oram *v*(*J*) | pertinent *ll. S*. praetenti (*Salm.*) *H*. tenent *v* 14 naraeae **E**. maree **a** 17 ortae **a**. orate **R**. -turae *va. S* 18 suarattaratae **FdRa**. -rataratae **Df***S*. (-rataratte — 19 peditum **E**[1] *suppl. in marg.*). -ratcarate **T**. uaretatae *v* | et hi **T***S*. et (ex **a**) his *ll*. qui *v* 19 aiunt **DE** 20 odonbaeorae **DFE**. -raes *D*. -res *J*. -beore **Ra**. -res *S*. odomboerae *v* | arabastrae *S*. sala- *v* | thorace **DREa***D*. -cae **F**. horacae *S*. -atae *v*

palustribus munita, per quas crocodili humani corporis avidissimi aditum nisi ponte non dant. et aliud apud illos laudatur oppidum Automula, inpositum litori quinque amnium in unum confluente concursu, emporio nobili. regi eorum elephanti M·DC, peditum $\overline{CL}$, equitum $\overline{V}$. pauperior Charmarum rex elephantos LX parvasque reliquas
76 vires habet. ab his gens Pandae, sola Indorum regnata feminis. unam Herculi sexus eius genitam ferunt ob idque gratiorem, praecipuo regno donatam; ab ea deducentes originem imperitant CCC oppidis, peditum $\overline{CL}$, elephantis D. post hanc trecentarum urbium seriem Derangae, Posingae, Butae, Gogaraei, Vmbrae, Nereae, Brangosi, Nobundae, Cocondae, Nesei, Palatitae, Salobriasae, Orostrae Patalam insulam attingentes, a cuius extremo litore ad Caspias Portas $|\overline{XVIIII}|$·$\overline{XXV}$ produntur.
77 Hinc deinde accolunt Indum, adverso eo sca*n*dente demonstratione, Mathoae, Bolingae, Gallitalutae, Dimuri, Megari, Ardabae, Mesae, Abis*a*ri, Silae; mox deserta in $\overline{CCL}$, quibus exuperatis Organagae, Abortae, Brasuertae, et ab his solitudines prioribus pares. dein Sorofages, Arbae, Marogomatrae, Vmbritae Ceaeque, quorum XII nationes

§ 76: (7. 8) Sol. 52, 15. MCap. VI 695.

3 oppidum **F**^{2}**R**(?)*v*. *om*.*r* | automela **a**^{3}*va*.*S* 4 confluentium **dT** | nobile **R**. mobili **Ea** 5 regi **adT***v*. -gio *r* | MD **F**^{1}. DC **R** 9 praecipuo *om*. **o** 11 elephantis **oa**^{3}*v*. -tes *ll*.*D*^{1}. *cfr*. § 67 *extr*. | quam (*pro* hanc) **R***SJ* | seriem *ll*.*S*. syrieni *v* 12 darangae **Rd***SJ* | buzae gogiarei *va*.*S* 13 brancosi *va*.*D* | cocunde **a** | nesaei **F** | paletitae **FE**. pedatritae *va*.*S* | solobriasae *Dal*. 14 olostrae **R**(?)**a**^{3}*va*.*D* 16 aduerso *ego*. -essos **R**. -ersus *rv*(*J*). -ersū **d***G* | eo (*ego*. eū *U*) scandente *U123*. eos cadente *ll*. eos euidenti *va*.*J* 17 mathoae (-oe **E**. -eo **a**) *ll*.*D*. athoe **d**. -oae *S*. amatae *v* 18 ordabae **Ea***va*.*S* | Abisari *D*^{2} *ex Arr*. *Ind*. *4*, *12*. abi suri **DFEa**. abhisuri (ab his Vri *B*) **R***v* | silei **a**. -eni **a**^{3}*va*.*S* | deserta **d***v*. -tae *ll* 19 abaortae *va*.*S* | brasuertae **Ea**. barsu- **DFdT**. bassu- **R**^{2}*S*. basu- **R**^{1}. sibarae su- *v* 20 dein **F**^{2}*v*. ein *r* | sarophages, sorgae, baraomatae *va*.*S* 21 umbritae ceaeque *D*. -caeaeque **F**. -teceaeque **Ed**. -caeeque **DR**. -ceeq. **a**. -ttaeque *H*. gumbritaeque *v*

singulisque binae urbes, Asini, trium urb*ium* incolae;
caput eorum Bucephala, Alexandri regis equo, cui fuerat
hoc nomen, ibi sepulto conditum. montani super hos 78
Caucaso subiecti Sosaeadae, Sondrae transgressisque Indum
et cum eo decurrentibus Samarabiae, Sambraceni, Bisambritae, Orsi, Andiseni, Taxilae cum urbe celebri. iam
in plana demisso tractu, cui universo nomen Amendae,
populi quattuor, Peucolitae, Arsagalitae, Geretae, Assoi.
etenim plerique ab occidente non Indo amne determinant,
sed adiciunt quattuor satrapias, Gedrosos, Arachotas, Arios,
Paropanisidas, ultimo fine Cophete fluvio, quae omnia
Ariorum esse aliis placet. **21.** nec non et Nysam urbem 79
plerique Indiae adscribunt montemque Merum, Libero Patri
sacrum, unde origo fabulae, Iovis femine editum; item
Aspaganos gentem, vitis et lauri et buxi pomorumque
omnium in Graecia nascentium fertilem. quae memoranda
ac prope fabulosa de fertilitate terrae et genere frugum
arborumque aut ferarum ac volucrum et aliorum animalium
traduntur, suis quaeque locis in reliqua parte operis
commemorabuntur, quattuor satrapiae mox paulo, ad 92
Taprobane*n* insulam festinante animo.

§ 78: (11) Mela III 69. — § 79: Mela III 66. Arr. Ind. 1, 6. — (12—16) Sol. 52, 16. 24. MCap. VI 695. — (20) Dic. 7, 24.

1 asinis **R**. aseni *va.S* | urbium *v*. -bem *ll* 2 earum o | fuerit **E**o 4 caucaso subiecti **a**³*v*. -sos -ctis *ll* | sosaeadae **DFE***D*. sosea- **Rad***S*. solea- *v* 5 samarabriae **Rd**(?)*va.D* | sambruceni *G* 6 orsi **Ra***v*(*S*). -sy *r*. -sii *B*. osii *Dal.* (*errore*) | andiseni **EaT***D*. -ny **D**. -saeni **F**. -xeni *v*. antiseni **R**(?). -xeni *B* | taxyle **R**. taxillae *Dal. cfr.* § *62* | *dist. D* 7 dimisso **Ea** | amendae **DFR***S*. amandae **Ea***H*. -drae **a**³*v* 8 peucolitae *ll.v*(*J*). *cfr.* § *94*. -laitae *B coll.* § *62* | gereatae *coni. H e St Byz.* | asoi *va.S* 11 paropanisiadas *J*¹ (*errore*). -sadas **d***S* -missadas *B* 14 famulae **DFEa** | edictum **DFEa** | inde (*pro* item) **F**²*D* 15 aspaganos *ll.S*. -gonas *v*. astacanos (*Salm.*) *H* | gentes **F**¹**d TRa**¹ | uiti **FE** 17 et prope **R**(?)*v* ɪ.*D* 18 arborumque **F**²**a**³*v*. aruo- *r* | ac *ll.S*. aut a(?)*v* 20 quattuor uero d(?)*va.D* | ad *del.* **a**² 21 taprobanen *Dic. G*. -ne **R**. -nae **D**. -na ē **F**. -ne ē **a**. -nam est **E**. -nam *v* | festinante *v*. -tem (-inentem **E**) *ll*

80 Sed ante sunt ali*ae*: Patale, quam significavimus in
71 ipsis faucibus Indi, triquetra figura, $\overline{\text{CCXX}}$ p. latitudine; extra ostium Indi Chryse et Argyre, fertilis metallis, ut credo: nam quod aliqui tradidere, aureum argenteumque his solum esse, haut facile crediderim. ab his $\overline{\text{XX}}$ p. Crocala et ab ea $\overline{\text{XII}}$ Bibaga, ostreis ac conchyliis referta, dein Coralliba, $\overline{\text{VIII}}$ a supra dicta, multaeque ignobiles.

81 **22.** (24) Taprobanen alterum orbem terrarum esse diu existimatum est Antichthonum appellatione. ut insulam liqueret esse Alexandri Magni aetas resque praestitere. O n e s i c r i t u s, classis eius praefectus, elephantos ibi maiores bellicosioresque quam in India gigni scripsit, M é g a s t h e n e s flumine dividi, incolasque Pal*ae*ogonos appellari, auri margaritarumque grandium fertiliores quam Indos. E r a t o s t h e n e s et mensuram prodidit, longitudinis $\overline{\text{VII}}$ stadium, latitudinis $\overline{\text{V}}$, nec urbes esse, sed vicos DCC*L*.
82 incipit ab Eo*o* mari inter ortum occasumque solis Indiae praetenta et quondam credita XX dierum navigatione a Prasiana gente distare, mox, quia papyraceis navibus armamentisque Nili peteretur, ad nostrarum navium cursus

§ 80: Mela III 71. 70. Sol. 52, 17. MCap. ib. Dic. 7, 24. — § 81: Sol. 53, 1—3. MCap. VI 696 med. — (8. 10) Mela III 70 (I 4). — (15) Berger Eratosth. fr. p. 235. — § 82: Sol. 53, 3—5. — (20) Strabo XV p. 690 extr.

1 aliae (-ie **a**) **a***v*. -io *r* | patalae **DFE**. pet- *va.B* 2 triquadra *Dic.* | latitudine *v*. -nē *ll* 3 ostia *Dic.* | fertiles **da**^{3} *Dic.v*. -lis *ll.D* 5 iis **R***va.D* | $\overline{\text{XX}}$ p. **a**^{3}*v*(*J*). XX p. latitudinem (-ne *Dic.S*) *ll.S falsa iteratione ex v. 2* 6 crocala et **DF** *D*. -let *r*. -la (*P*)*L*. -le **T***v*. crotale *Dic.* | ac **Ea** *D*. a **DF**. & **R**(?)*v* | concylis **F**. -ciliis **a**. -lis **R**. -culis *Dic.* 7 deinde **d** *Dic.va.S* | coraliba **F**. torall- **E***va.H*(*S*). or- *Dic.* | VIIII **d**(?)*va.S* | dicta *v*. -tae *ll* 8 tabrobanae **y** 9 anthicthonum **DF**. anhicth- **E**. -tonum **o**. anteochonum **y** 9. 10 insulam liqueret esse (et (*pro* ēē **F**^{2}. *om.r*) *ll.S*. ins- esse liq- **y***D*. liq- ins- esse **o***v* 12 scribit **i** 13 paleogonos (-laeo- *P*) **a**^{3}**o**(*P*)*L*. -nis *ll*. -nes *v*

15 mensuras **y**. *sed cfr. § 72* | prodit **y** 16 $\overline{\text{IIII}}$ (*pro* $\overline{\text{VII}}$) **i** | DCCL *Sieglin ex Ael. n. an. XVI 17*. DCC *ll.v* 17 eoo *v e Sol.* eo *ll* 18 protenta **y** | nauigio **y**

VII dierum intervallo taxata. mare interest vadosum, senis
non amplius altitudinis passibus, sed certis canalibus ita
profundum, ut nullae anchorae sidant. ob id navibus
utrimque prorae, ne per angustias alvei circumagi sit
necesse; magnitudo ad terna milia *amph*orum. siderum 83
in navigando nulla observatio; septentrio non cernitur.
volucres secum vehunt emittentes saepius meatumque
earum terram petentium comitantur. nec plus quaternis
mensibus anno navigant. cavent a solstitio maxime centum
dies, tunc illo mari hiberno.

Hactenus a priscis memorata. nobis diligent*io*r 84
notitia Claudi principatu contigit legatis etiam ex ea insula
advectis. id accidit hoc modo. Anni Plocami, qui maris
Rubri vectigal a fisco redemerat, libertus circa Arabiam
navigans aquilonibus raptus praeter Carmaniam, XV die
Hippuros portum eius invectus, hospitali regis clementia
sex mensum tempore inbutus adloquio percunctanti postea
narravit Romanos et Caesarem. mirum in modum in 85
auditis iustitiam ille suspexit, quod pari pondere denarii
essent in captiva pecunia, cum diversae imagines indicarent
a pluribus factos, et hoc maxime sollicitatus ad amicitiam

---

§ 83: Sol. 53, 6. 7. MCap. VI 696 extr. 697. — § 84: Sol. 53, 8. 9. — § 85: Sol. 53, 10.

---

1 VI **i** | taxato **a** *va. S* | renis **DFE** 2 adeo (*pro* ita) *va. H e Sol.* 3 sedent **y** 5 magnitudo — amphorum *om. va. H* | alterna **E** | amphorum **dT** *H.* ad forum *ll* 7 sed uolucres **R**(?) **o** *va. D* | secum **D**^{2}**Rayop** *v.* saecum **F**. secundum **D**^{1}. siderum **E**^{1}. -ecum **E**^{2} 8 terram (-rra **R**. -rrarum **EaT**) petentium *ll.* (*Sol.*) *H.* -rras pet- **op** *v.* transfretantium **y** quam ternis **yoa**^{3} *va. H. sed cfr. Sol.* 9 in anno *va. H* (*S*) *e Sol.* 10 mari **adyp** *v.* -rer *r* 11 nobis **F**^{2}**dT** *v.* nos *r* **op** | diligentior **d**(?) *v.* -ter *ll.* **op** 12 ea *del.* **E**^{2} 13 aniplocamus **o** 14 uectigalia fisco **o** 15 carminiam **E**. armen- **o** 17 ex **E** | mensium **oa**^{3} *va. S* | percunctanti **F**^{2}**o** *Brot.* -andi *r.* -contanti *v* (*S*). *cfr. VIII 44. XXX 18, aliter XXXV 88* 18 in modum **a**^{3}**o** *v.* mod- *ll* 18. 19 inauditus **R**. -tos **F**^{2} 19 iustitiam **aop** *C.* -tia *ll. v* | pari **o**. -ris *ll. D.* -res **d** *v* danarii **DF**^{1}**E** 20 pecuniae **DF**^{1}**E** | imaginis **F**^{1} 21 factos **R**^{2}**o** *v.* -to *r* | ex **F**^{2}**R**

legatos quattuor misit principe eorum Rachia. ex iis
cognitum, D esse oppida, portum contra meridiem ad-
positum oppido Palaesimundo, omnium ibi clarissimo ac
86 regio, CC plebis. stagnum intus Megisba CCCLXXV p.
ambitu, insulas pabuli tantum fertiles conplexum; ex eo
duos amnes erumpere, Palaesimundum iuxta oppidum
eiusdem nominis influentem in portum tribus alveis,
quinque stadiorum artissimo, XV amplissimo, alterum ad
septentriones Indiamque versum, Cydara nomine. proximum
esse Indiae promunturium quod vocetur Coliacum, quadridui
87 navigatione, medio in cursu Solis insula occurrente. mare
id colore perviridi, praeterea fruticosum arboribus, iubas
earum gubernaculis deterentibus. septentriones vergiliasque
apud nos veluti in novo caelo mirabantur, ne lunam
quidem apud ipsos nisi ab octava in XVI supra terram
aspici fatentes; Canopum lucere noctibus, sidus ingens et
clarum. sed maxime mirum iis erat umbras suas in
nostrum caelum cadere, non in suum, solemque a laeva
oriri et in dexteram occidere potius quam e diverso.
88 iidem narravere latus insulae quod praetenderetur Indiae

§ 86: (11) Mela III 71. cfr. infra § 97. — § 87: (11—13) Sol. 53, 21. — (13—17. 19) Sol. 53, 6. 7. MCap. VI 696. 697 init. Mela III 61.

1 rachaia **R**. tracia *vel* thracia *codd. Sol.* 3 palesimundo **a**. pele- **o** 4 regio **op***D*[2]. -ia *ll.v*(*H*). -iae *G*(*J*). -iam *C*(*Brot.*). *cfr. Rück 3 p. 245* 5 ambitu **op***v*. -tū *ll* | pabuli *om.* **o** 8 altissimo **Eo** 9 septentrionis **a**. -onem **y***va.H* | cythara **F**[1]. zith- **i** 10 coleacum **y**. colaic- **E***va.*(*P*)*H* 11 occurrente **R**(?)**a**[3]*G*. inc- ***rv*** 12 id **a**[3]*v*. in *ll.* *an* ibi (*scriptum* iui)? | fruticosum **Rd**(?)**o***v*. fructic- **DFE**. fructu- **ayp***D*. *cfr. XIII 139. 140, de mendo XIX 121.* (*an* frutectosum, *ut XVIII 134. XIX 34*?) | iubar **Ea** 13 earum **D**(?)*v*. eor- ***r*o** | deterentibus **DFRo***C*. -rre- **adp***v*. -rce- **E**. -rge- *D*[1]. (atterantur *Sol.*) 14 ueluti in *ll.***To***v*(*D*). -lut in **y**. -luti **Rd**(?)*G* | ne *om.* **oa**[3]*va.H*. ue **Ea** 15 non nisi **o***va.H* | in **F**[2]**dTy***D*. ad **R**(?)**op***v*. *om.* ***r*** | XIII **y**. XV *va.Bas.* | super **yo** 18 alaeuari (all- **E**[1]) **DE**[1]. -ua//// **F**. ab laeua (le- **y**) **y***D* 19 dexteram **yod***G*. -tram *ll.D*. -tera *v* 20 iidem **R***v*. id- ***r*yo** | quo **yd**

X̄ stadiorum esse ab oriente hiberno; ultra montes Hemodos Seras quoque ab ipsis aspici, notos etiam commercio; patrem Rachiae commeasse eo; advenis ibi feras occursare, ipsos vero excedere hominum magnitudinem, rutilis comis, caeruleis oculis, oris sono truci, nullo commercio linguae. cetera eadem quae nostri negotiatores: fluminis ulteriore ripa merces positas iuxta venalia tolli ab iis, si placeat permutatio, non aliter odio iustiore luxuriae quam si perducta mens illuc usque cogitet, quid et quo petatur et quare. sed ne Taprobane quidem, quamvis extra 89
orbem a natura relegata, nostris vitiis caret. aurum argentumque et ibi in pretio; marmor testudini simile, margaritae gemmaeque in honore; multo praestantior est totus luxuriae nostrae cumulus. ipsorum opes maiores esse dicebant, sed apud nos opulentiae maiorem usum. servum nemini, non in diem aut interdiu somnum, aedificia modice ab humo exstantia, annonam numquam augeri, non fora litesve esse, coli Herculem, eligi regem a populo senecta clementiaque, liberos non habentem, et, si postea gignat, abdicari, ne fiat hereditarium regnum. rectores ei 90
a populo XXX dari, nec nisi plurium sententia quemquam capitis damnari; sic quoque appellationem esse ad populum

§ 88: (3) Sol. 53, 21. — (4. 5) ib. 11. MCap. VI 697. — (6. 7) Sol. 50, 4. MCap. VI 693. — § 89: (11—13) Sol. 53, 22. 23. (cfr. Plin. IX 106). — (16 sqq.) MCap. VI 697 extr. 698. Sol. 53, 14. 15. — § 90: Sol. 53, 16. 17. MCap. VI 698.

2 aspicit **DF**[1]**E** 3 rachiae **d** *G*. -ciae **y**. -cie **a**[3]. rhatie **R**. haciae **DFE**. acie **a**. mabaciem *v* | sibi Seras *H* 4 hominum **R**(?)**E**[2]**oa**[3]*v*. -nem *r* 5 trunci **DFE**[1] | nullo **R**(?)*H*. -lli *r***yo***v* 7 iis **F***v*. his *r**C* 8 ab his (iis **FR**) non **FdTRa**[1] *falsa iteratione* | tristiore **yoz***va.Bas.* 9 producta **y** | illic **E**[s]**yo** | quod (*pro* quo) **E**[s]**o***va.Bas.* 12 testudini **Fda**. -nis *r***oy***v. cfr. nov. luc. p. 26* | similē **FRa** 13 in honore *om.* **y** | praestantior est *ego* (*et dist.*). -ores et *ll.v.* -orum et *SJ*[1] *errore* 14 totus **E**[s]**o** *v*(*D*[2]). -tius *r Bas.* | maiorū **FRa**[1] 15 esse *om.* **a**[1] 16 interdiis **E**[s] 17 uno **y** | existentia **E**[s]**o** 18 eo coli **o**. co **E**[s]. *om.* **y** | elegi **y**. elige **DF**[1]**a** | re gemma **DF**[1]. -rē **a a** 20 ei **E**[s]**F**[2]**yo***v*. et *r* 21 plurium **E**[s]**F**[2]**o***v*. -imum *r*. -imorum **y** 22 capite **o**. *om.* **y** | appellatione **E**[s]**Do** | esse *om.* **o**

et LXX iudices dari: si liberent ii reum, amplius XXX iis nullam esse dignationem, gravissimo probro. regi
91 cultum Liberi Patris, ceteris Arabum. regem, si quid delinquat, morte multari, nullo interemente, aversantibus cunctis et commercia etiam sermonis negantibus. festa venatione absumi; gratissimam eam tigribus elephantisque constare. agros diligenter coli, vitis usum non esse, pomis abundare. esse et in piscatu voluptatem, testudinum maxime, quarum superficie familias habitantium contegi: tanta reperiri magnitudine. vitam hominum centum annis modicam.

92 (25) Haec conperta de Taprobane. quattuor satrapiae,
79 quas in hunc locum distulimus, ita se habent. **23.** a proximis Indo gentibus montana. Capisene habuit Capisam urbem, quam diruit Cyrus. Arachosia cum flumine et oppido eiusdem nominis, quod quidam Cu*f*im dixere, a Samiramide conditum. amnis Erymandus, praefluens Parabesten Arachosiorum. proximos his a meridie ad partem Arachotarum faciunt Dexendrusos, a septentrione Paropanisidas, Cartana oppidum sub Caucaso, quod postea

§ 91: Sol. 53, 18—20. MCap. l. l. — (10) Sol. 53, 12. MCap. VI 697 extr. — § 92: (14—17. 469, 4) Sol. 54, 2.

1 et *om.* **o** *v a. H(S)* | LXXX **y** | dari **E**[s]**yo***v*. -re *r* | tuberent **DF**[1] | rerum **E**[s] 2 his **Fa**. *an* illis? | esse — p. 470, 4 aliqui *om.* **a** | probro **F**[2]**R**(?)*v*. -bo *r* 4 mortem **DR** | interemente **FR***J*[2]. *cfr. nota ad XXIX 65*. -rimente *rv* | aduersantibus **DFR**. sed adue- *v a. G* 6 eum **FdR** 8 uoluntatem **DFdy**. -te **i** 9 habundantiam **i**. ab- **y** 14 *dist. (Salm.) H* | capisene *ll. (Salm.) S*. -issene *H*. -nae *v* | habent *v a. (Salm.) H* | caphisam **d** *Sol.* cha- **FR**. chapi- **E**[s]**D**. capissam *v a. H* 16 Cufim (*Sieglin*) *D*[2]. Cophen *B e StByz.* cutim *ll. (P) J*. cot- *v* 17 erymandus **T** *D*. -adus **DF**. -anthus **d**(?) *H e Polyb. XI 34, 13*. erimādus **R**. herm- *v*. ermandum **E**[s]. (Etymandrus *Arr. Anab. IV 6, 6*) | parabesten (*Salm.*) *H*. -baesten **E**[s]. -stan **R** per abesten *v*. paransbesthau **F**. -baestan **Dd**. (Παραβήϲτην *pro* παρὰ Βήϲτην: *MGGm I p. XCIII*[b]) 18 arachosiorum *B*. rach- **E**[s]*v*. arhacosto- *r* 19 dexendrusos *ll. v (J)*. gedrosos et *B. cfr. § 78* | paropanisiadas *J*[1]. -sadas *S. cfr. § 78*

Tetragonis dictum. haec regio est ex adverso Bactria*e*,
*Ari*orum deinde cuius oppidum Alexandria, a conditore
dictum, Sydraci, Dangalae, Parapinae, Cataces, Mazi; ad
Caucasum Cadrusi, oppidum ab Alexandro conditum. infra 93
haec omnia *plani*ora. ab Indo Ariana regio, ambusta
fervoribus desertisque circumdata, multa tamen interfusa
opacitate cultores congregat circa duos maxime fluvios,
Tonberon et Arosapen. oppidum Artacoana, *A*rius amnis,
qui praefluit Alexandriam ab Alexandro conditam. patet
oppidum stadia XXX multoque pulchrius sicut antiquius
Artacabene, iterum ab Antiocho munitum, stadia quinquaginta. Dorsigi gens; amnes Pharnacotis, Ophradus; Pro- 94
p*h*thasia, oppidum Zarasparum, Drangae, *Eu*ergetae, Zarangae,
Gedrusi, oppida Peucolis, Lyphorta, Methorcum; deserta;
amnis Manain, Acutri gens, flumen Eorum, gens Orbi,

---

§ 93: Mela I 12. III 71. — (9. 10) Sol. 54, 2. — § 94: (14) Mela III 75.

---

1 tetragonis **R d**(?) G^2 *cum P.* tetrog- **E**^{s} G^1. tegrog- *r.* cecrog- *v* | aduersum **E**^{s} | Bactriae, Ariorum *ego.* bactrianorum *ll. v. cfr. U 124. dist. Salm.* 3 sydraci (*Sieglin*) D^2 *coll. XII 24.* -cae *Strabo XV p. 687. 701.* syndraci (sin- **E**^{s}) *ll. v.* oxydracae *Arr. anab. V 22, 2. cfr. MGGm I p. 312*^{b} | dangalae (-le **E**^{s}) **R** *H.* dāg- **F**. damg- **D**. daug- *v.* dangulae *G.* (Sangalae *coni. H*) | parapiane (-nae *v.* -ni *G*) **E**^{s} *v a. S* | cataces **F d** *D.* cant- *v.* catazes **D**. -tuces **R** *S.* -teces **E**^{s} | maci **d** *v a. S* 4 ab *om.* **E**^{s} 5 planiora *ego. cfr. § 92 init. 78 med.* hora **F**. ora *r v. del. P.* in ora G^2 | arabido **E**^{s}. -bindo *v a. G* 7 duo **D F** 8 toncleron **E**^{s}. tonde- **T** *v a. S. cfr. § 97.* (Tomeros *Arr. Ind. 24, 1.* Tubero *Mela*) | Arusaces *Mela* | artacoana (-cacna *B*) arius (*B*) *H cum Salm.* -co. (-ce *v*) anarius **E**^{s} *v.* -coamnarius *r* 11 artacabenae **E**^{s} **F**. -bane **R** *v a. D* 12 dorsigi (*coni. J*) D^2. dorisdorsigi **D d R** *S.* -rsii **F**. dori **E**^{s}. dorisci *v* | genis **E**^{s} | ὁ Φράδος *Spruner-Sieglin tab. 6* 13 zarasparum (zaria- *H coll. § 45*) **E** *v.* -padum *r S* | euergetae *H e Strab. XV p. 724 extr.* erg- **D F d R**. arg- *v.* ariete **E**^{s}. -tae *D* 14 peocolis D^1. euculis **E**^{s}. peucolais *B. cfr. § 62* | liphorta **F d**. lipph- **R**. lymph- *v a. S* | methorcum **E**^{s} *D.* -ricum *v.* -ricorum *Dal.* -rgum **D** J^2. -rgon **R**(?) *S.* metorgum **F d T** | deserta **E**^{s} **d T** *v* (*D*). -tam **D F**. -tum **R**(?) *G ad* Methorcum *referens* 15 manain **E**^{s} **D F** *v* (*D*). -necin **d T**. -ne in **R**. -nais *Dal.* | accutri **F**. aguthri **E**^{s}. augutturi *v a. S* | eorum **D F d T** *S.* iorum **R**. horum **E**^{s}. boru *vel* borru *v* | urbi **E**^{s} *v a. S*

flumen navigabile Pomanus Pand*a*rum finibus, item Cabirus Suarorum, ostio portuosum, oppidum Condigramma, flumen Cophes. influunt in eum navigabilia Saddaros, Parospus,
95 Sodamus. Arianae partem esse Daritim aliqui volunt mensuramque produnt utriusque longitudinem |XVIII|, latitudinem dimidio minorem quam Indiae. alii Gedrusos et Sires posuere per CXXXVIII p., mox Ic*h*thyophagos Oritas propria, non Indorum, lingua loquentes per CC p. Ic*h*thyophagos omnes Alexander vetuit piscibus vivere. deinde posuere Arbiorum gentem per CC p. ultra deserta; dein Carmania ac Persis atque Arabia.
96 (26) Sed priusquam generatim haec persequamur, indicari convenit quae prodidit Onesicritus classe Alexandri circumvectus in mediterranea Persidis ex India, enarrata proxime a Iuba, deinde eam navigationem, quae his annis comperta servatur hodie.

Onesicriti et Nearchi navigatio nec nomina *omnia* habet mansionum nec spatia, primumque X*y*l*i*nepolis ab

§ 95: (7. 9) Sol. 54, 3. MCap. VI 699. cfr. Plin. VII 30. — § 96: Iuba fr. 39 Müller.

1 nauigabili **DFR** | romanos **DF**. ponamus *v a. H* | pandarum *(P) L. cfr. § 76.* -dorum *ll. v* | cabirus **DFdE** *H(D)*. -byrus *v*. -beron *B*. apirus **R***S* 2 sorarum *B* | portuosus E^s *v a. S* 3 cophes *v*. chopes **R**. copes (-pis **D**) *r* | seddarus E^s. sada- *v a. S* | parospeus D^2. prospus E^s 4 sodamus **DFdR***D*. -danus **f***S*. -dmus E^s. -dinus *v* | daritim E^s *G(D)*. -rrinthim **F**. -rrhintim *r J*. dararin *v* 5 mensuramque E^s | produnt utriusque *om.* E^s | |XVIII| D^2. XVIII·L **DFda**. XIIII **E**. XVIIII·L **R**(?)a^3*v* 7 sires **DdRa***J*. -re **F**. syros $E^s a^3 v$. scy- *C*. pasires *H*. pars- *MGGm Ip. 344*ᵃ | CCXXXVIII **a**. CXXXIIII E^s*H*. CLXXXIII *C*. -IIII *v* 9 uibere E^s**DF**R^1 | deinde (inde E^s *v a. S*) — 10 CC p. *uncis inclusit J, ante* Ichthyophagos *(v. 8) pos. v a. S* 10 aruiorum **FR**. argiu- **a** | deserta *om.* E^s 11 carnania E^s | ad **FR** 12 haec *om.* **a** | persequar E^s 13 idicturi R^1. indicare $E^s R^2 a^3$ *v a. J* | prodit **Rd***v a. D* | clase **D**F^1. lasse E^s 14 ex india (-diae E^s. -di **Ra**) enarrata *ll. D*. -dia narr- **d***G*. et indiae narr- *v* 17 onesicritis F^1. -tus **D** | nom **a** | omnia *(Geier Alex. hist. script. p. 81)* D^2. *om. ll. v* 18 xylinepolis *(Lassen Ind. Altert. II 1, 192) J. cfr. U 125.* xilenep- **Ep**. xyl- *L*. exil- **R**. -naep- **DF**. xilenop- F^2 *in marg.* **a**. xyl- *v*

Alexandro condita, unde ceperunt exordium, iuxta quod
flumen aut ubi fuerit non satis explanatur. haec tamen 97
digna memoratu produntur ab *i*is; oppidum a Nearcho
conditum in navigatione et flumen Arbium navium capax;
contra insula, distans LXX stadiis, Alexandria condita a
Leonnato iussu Alexandri in finibus gentis, Argeruus portu
salubri, flumen Tonberum navigabile, circa quod Pa*s*irae;
deinde Ic*h*thyophagi tam longo tractu, ut XXX dierum
spatio praenavigaverint; insula quae Solis appellatur et
eadem Nympharum Cubile, rubens, in qua nullum non
animal absumitur incertis causis; Ori gens, flumen Car- 98
maniae Hyctanis, portuosum et auro fertile. ab eo primum
septentriones apparuisse adnotavere, arcturum neque omnibus
cerni noctibus nec totis umquam. Achaemenidas usque
illo tenuisse. aeris et ferri metalla et arrenici a*c* mini
exerceri. inde promunturium Carmaniae est, ex quo in
adversa*m* ora*m* ad gentem Arabiae Macas traiectus distat
$\bar{\mathrm{L}}$ p.; insulae tres, quarum Orac*t*a tantum habitatur aquosa,

§ 97: (9) Mela III 71. Sol. 54, 4. MCap. l. l. — § 98: (11—15) Sol. 54, 5. — (16 sqq.) ib. 6. — Mela III 79. — MCap. l. l.

1 coeperunt **E^sDF** | iuxta *om.* **E^s** 3 prodentur **DF^1Ra***SJ* | ab iis *v.* ab eis **a** *G* (*et dist.*). ab his **$E^s$$R^2$dp**. abies **DF$R^1$**. Arbis *H* 4 et **DFRa** *D^1*. *om.* **E^s**. ea **d**(?)*v.* ad *D^2* | arbium *ego.* nabrum **E^sp***v.* -rim *r.* Arbim (*Geier l. l. p. 78*) *D. cfr. U 125 n.* 5 insulā **Rd***va.G* | stadis **DF^1**. -dia **R**(?)*S* | alexandria — 6 iussu **$E^s$$F^2$$R^2$p***v. om. r* | condita *om.* **F^2** 6 argeruus **E^s***D.* -erius **p**. -enuus *rv.* -enus *G* | portus **F^2a** 7 salubris **F^2***va.G.* alii **a** | tonberum **F^2***D.* -ron *S.* -brerum **DF^1dRa**. tormenum **E^s**. thor- **p**. tuberum *v.* -ronem *Mela. cfr. § 93* | pasirae (*Salm.*) *H.* parirae (peri- **R**) *ll.v*(*D^1*). parrihe **p**. *cfr. Arr. Ind. 26, 3 et p. 470, 7* 8 XX **E^sp***v.* XXX *rS. cfr. MGGm I p. 349^b* 9 insulae **DF^1**. -le **R^1a**. -lā **$F^2$$R^2$***va.G* 10 eodem **DRa** 11 adsumitur **DF**. assu- **a** | carminiae **E^s**. -mine **a** 12 hyctanis (*Salm.*) *S* hict- **E^s**. hyt- *v.* hyna- *r.* hya- **d**(*Sol.*). hydanis *MGGm I p. 342^b* 15 agmini *ll.* & minii *va.S* 16 carmaeniae **F**. -menie **a**. -miniae **D** 17 aduersam oram (*U 126*) *J.* -rsa (-rso **E^s**) ora *ll.v* | macas **$E^s$$F^2$***v.* mac **R**. ma **D$F^1$**. in **a** | traiectu **a** 18 $\bar{\mathrm{L}}$ p. *ll. Sol. v.* $\bar{\mathrm{V}}$ p. (*Valesius ad Amm. Marc. XXIII 6, 10*) *D. at cfr. § 152* | oracta *ego.* oracla (hor- **E^sR**) *ll. H.* organa *v.* Oaracta *Arr. Ind. 37, 2. Strabo XVI p. 767.* Ὀοράχθα *Marciani peripl. 27* (*GGm I p. 531*)

a continente $\overline{\text{XXV}}$ p., insulae quattuor iam in sinu ante
Persida — circa has hydri marini vicenum cubitorum ad-
99 natantes terruere classem —, insula Athotadrus, item
Gauratae, in quibus Gyani gens; flumen Hyperis in medio
sinu Persico, onerariarum navium capax, flumen Sitioganus,
quo Pasargadas septimo die navigatur, flumen navigabile
Phristimus, insula sine nomine, flumen Granis modicarum
navium — per Susianen fluit, dextra eius accolunt Dexi
montani, qui bitumen perficiunt —, flumen Zarotis, ostio
difficili nisi peritis, insulae duae parvae; inde vadosa
navigatio, palustri similis, per euripos tamen quosdam
100 peragitur; ostium Euphratis, lacus quem faciunt Eulaeus
et Tigris iuxta Characen, inde Tigri Susa. festos dies ibi
agentem Alexandrum invenerunt septimo mense post quam
digressus ab iis fuerat Patalis, tertio navigationis. sic
Alexandri classis navigavit; postea ab Syagro Arabiae
promunturio Patalen favonio, quem hip*p*alum ibi vocant,
peti certissimum videbatur, $\left|\overline{\text{XIII}}\right|\cdot\overline{\text{XXXII}}$ p. aestimatione.
101 Secuta aetas propiorem cursum tutioremque iudicavit,
si ab eodem promunturio Sigerum portum Indiae peteret,

1 continenti *va.D* 2 pericla E^s. -ida *va.B* 3 athotadrus d. -thadrus (tho- a) DFRa*S*. athrotradus E^s. atro- p. acrotadus *v*. Crataee, Aradus *Salm.* (*p.831^b G*). Aradus (*U 125 n.*) *D*. Caicandrus *coni. H ex Arr. Ind. 38,2. cfr. § 110* 4 gyani DFRa*S*. chy- E^s. ziani p. chiani *G*. -na *v* | yperis a. syp- E^{s1}. iyp- E^{s2}. hisp- p 5 persiea E^s | sitioganus DFRa*J*. -adus E^{s}p. -agus *v*. sitacus *U 127 ex Arr. l. l. 38,8* 6 quos E^s | pasargadas *B*. spas- *v*. pagarg- DFRa. pasardas E^{s2}. -dus E^{s1} 7 phristimus RdTa*S*. phriyt- E^s. phirit- p. phirst- *v*. phryst- DF*D*. heratemis *H ex Arr. l. l. 39,1* | flumen *om.* DFa 7 graius E^{s1}. -anius *va.H* 8 nauium capax *va.S* | suasine FdRa. (*potius* Taocinen *Tom. Nearch. p. 64*) | dextrā eius occulit Fa 8. 9 Dexi montani *MGGm II p. 169^b*. deximo- (diximo- R) *ll.v.* Vxii mo- *Salm.* 9 zarotis *ll.v(H)*. oroatis *B e Strab. cfr. § 111* 10 difficili E^s*v(D)*. -lis *rS* | niri E^s | peritus Fa 11 similes E^s | uripos DF^{1}R. -ost a 12 aeulaeus F. euleus E^s 13 caracen Ra. charia- E^s. caria- *va.B* 15 digressus *om.* E^s 17 hipalum E^s. pypylum D. ipilum R. hyp- *r*. -palum *va.H* 18 $\overline{\text{XIII}}\cdot\overline{\text{XXXII}}$ E^s*v(D)*. $\overline{\text{XIIII}}\cdot\overline{\text{XXXV}}$ *rS* 19 propiorem a*v*. propri- *r* 20 sigerum DFdRa*S*. zige- E^s*H*. tinge- p. zize- *v*

diuque ita navigatum est, donec conpendia invenit mercator lucroque India admota est: quippe omnibus annis navigatur, sagittariorum cohortibus inpositis; etenim piratae maxime infestabant. nec pigebit totum cursum ab Aegypto exponere, nunc primum certa notitia patescente: digna res, nullo anno minus HS·|D| imperii nostri exhauriente India et merces remittente, quae apud nos centiplicato veneant. MM p. ab Alexandria abest oppidum Iuliopolis; 102
inde navigant Nilo Coptum CCCVIIII p., qui cursus etesiis flantibus peragitur XII diebus. a Copto camelis itur, aquationum ratione mansionibus dispositis: prima appellatur Hydreuma XXXII, secunda in monte diei itinere, tertia in altero *Hy*dr*eu*mate a Copto LXXXV, deinde in monte; mox ad Hydreum*a* Apollinis a Copto CLXXXIIII, rursus in monte; mox ad Novum Hydreum*a* a Copto CCXXXVI. est et aliud Hydreuma Vetus — Trogodyticum 103
nominatur —, ubi praesidium excubat deverticulo duum milium; distat a Novo Hydreumate VII. inde Berenice oppidum, ubi portus Rubri maris, a Copto CCLVII p. sed quia maior pars itineris conficitur noctibus propter aestus et stativis dies absumuntur, totum a Copto Berenicen iter

§ 101: (4) Sol. 54, 7. — § 102: (9—12) Sol. 54, 7. — § 103: (18. 19) Sol. 54, 7.

4 infestinabant **R**^{2}. -bat **DF**^{1}**R**^{1}. -stant **pz***H* 6 HS *B*. his **E**^{s}. hic *rv* | D (D *B*) **E**^{s}**p***v*. DL *rS*. *an* |∞|? *cfr. XI 184* 7 centuplicato **a** *va. D* 8 ueniant **E**^{s} | heliopolis *coni. B* 9 CCCIII **E**^{s}**p***va. S* 12 hydreum (-ma *B*) XXXII **E**^{s}**p***v*(*D*^{2}). -ma XXII *rS* 13 hydreumate (hidrom- **E**^{s}) — 14 hydreuma **E**^{s}*v*. hydreum (*om.* ate — 14 hydreum) *r*. -ate — 15 hydreuma *om.* **p** | LXXXV *D*. LXXXVX **E**^{s}. XCV *v* 14 hydreuma *B*(*S*). -eum (hid- **E**^{s}) *v*(*H*) | DXXXII **E**^{s} 15 hydreum **DFR***va. B*. yd- **a**. hid- **E**^{s} 16 CCXXXVI **E**^{s}*D*^{2}. -III *v*. CCXXX *rS* 17 deuerticulo (diu- *v*) **E**^{s}*v*(*D*). -lum (diu- **a**) *rS* 18 militum **FR** | IIII **E**^{s}*va. S*(*D*^{2}) 19 CCLVIII **E**^{s1}*va. S*. CCLIIII **E**^{s2}**p** 20 conficitur **E**^{s}**d**(?)*v*(*D*). -fi////// **F**^{1}. cum fit **a**. confit *rS* 21 statiuis **E**^{s}*G*. -tim *v*. estiuis **R**^{2}. stat quis *r*

104 duodecimo die peragitur. navigare incipiunt aestate media ante canis ortum aut ab exortu protinus veniuntque tricesimo circiter die Ocelim Arabiae aut Canen turiferae regionis. est et tertius portus qui vocatur Muza, quem Indica navigatio non petit nec nisi turis odorumque Arabicorum mercatores. intus oppidum, regia eius, appellatur Sapphar, aliudque Save. Indos autem petentibus ultilissimum est ab Oceli egredi; inde vento hippalo navigant diebus XL ad primum emporium Indiae Muzirim. non expetendum propter vicinos piratas, qui optinent locum nomine Nitrias, neque est abundans mercibus; praeterea longe a terra abest navium statio, lintribusque adferuntur onera et egeruntur. regnabat ibi, cum proderem haec, Caelobothras.
105 alius utilior portus gentis Neacyndon, qui vocatur Becare. ibi regnabat Pandion, longe ab emporio in mediterraneo distante oppido quod vocatur Modura. regio autem, ex qua piper monoxylis lintribus Becaren convehunt, vocatur Cottonara. quae omnia gentium portuumve aut oppidorum nomina apud neminem priorum reperiuntur, quo apparet
106 mutari locorum status. ex India renavigant mense Aegyptio Tybi incipiente, nostro Decembri, aut utique Mechiris

---

§ 104: (1. 2) ib. 9. — (3. 9) ib. 8. — § 105: (16—18) Sol. 54, 8.

---

1 conficitur die **E^s** *va. G(H)* 3 circiter tricesimo **FdRa** *va. D* | ocaelim **D**. occ- **F**. oclacim **a** 4 maza **DFa** | qua **E^s** 5 turi **E^s** 6 oppida *va. H* | *dist. (U 127) J.* regium *coni. U* 7 saphaſ **a**. -ar **E^s** *va. S* 8 ocaeli **DF**. hoc caelo **a** | unde **a** | hipallo **E^s**. yppalo a. hypa- *vel* hipa- *va. H* 9 muzirum **E^s** *va. G* 10 hidrias **E^s**. hydras *va. H* 12 efferuntur *va. H* | onera et **DFR***H*. -ret **E^s**. -rat **a**. -ra quae *v* 13 regeruntur d(?)*H*. ge- *v* | proderem **E^s***v*. -ret *r* | celobotras **adT**. celebethonas **E^s**. -bothras *va. S* 14 neachyndon **F**. -cindon **Ta**. -cridon **E^s**. necanidon *va. S*. (Nelcyndon *coni. H*: *cfr. MGGm I p. 297*^{a}) | becare **E^sRd***v(J)*. baec- **D**. -rae **F**. bacare **a**. barace *H. cfr. infra* 15 regnant **F^1**. -at **Ra***va. S* | emperio **F**. imp- **R** | in *om.* **E^s** *va. S(J)* 16 modufa **E^s** *va. S* 17 becaren **Rd***G(S)*. becha- *v*. baeca- **D**. benca- **E^s**o. becca- **a**. pecca- **F**. baracen *B(H) e Ptol. et Arr. peripl. 40. 41* 18 cotionara **E^s**. coci- o. conci- *va. B*. cottona *Bas.* | quam **E^s**. 21 tibi **E^s** | mechyris **R**. maech- **F**

Aegyptii intra diem sextum, quod fit intra idus Ianuarias nostras: ita evenit ut eodem anno remeent. navigant autem ex India vento volturno et, cum intravere Rubrum mare, Africo vel austro. nunc revertemur ad propositum.

(27) Carmaniae oram patere duodeciens quinquaginta 107
milia passuum N e a r c h u s scripsit. ab initio eius ad flumen Sabim $\overline{\text{C}}$ p.; inde vineas coli et arva ad flumen Ananim XXV milium spatio; regio vocatur Arm*uz*ia. oppida Carmaniae Zetis et Alexandria.

(28) Inrumpit deinde et in hac parte geminum mare in terras, quod Rubrum dixere nostri, Graeci Erythrum a rege Erythra aut, ut alii, solis repercussu talem reddi existimantes colorem, alii ab harena terraque, alii tali aquae ipsius natura. **24.** sed in duos dividitur sinus. 108
is qui ab oriente est Persicus appellatur, |$\overline{\text{XXV}}$| circuitu, ut E r a t o s t h e n e s tradit; ex adverso est Arabia, cuius |$\overline{\text{XV}}$| longitudo. rursus altero ambitur sinu Arabico nominato. oceanum qui influit Azanium appellant. Persicum introitu $\overline{\text{V}}$ latitudinis, alii $\overline{\text{IIII}}$ fecerunt. ab eo ad inti*m*um sinum

§ 106 init.: ib. 9. — (2—4) ib. 10. — § 107: Sol. 54, 10. 12. (Iuba fr. 39 Müller). — (11) Mela III 72. Sol. 33, 1. MCap. VI 677. cfr. Artemid. ap. Strab. XVI p. 779. Agatharch. 2—6 (GGm I p. 111 sqq.). — § 108: Mela III 72. 73. 74. Sol. 54, 12. MCap. VI 699 extr. Berger Eratosth. fr. p. 272.

5 carmaniae (carna- **E**^{s}) *v*. -iam *r* | decies septies *Sol.* 7 sabim **a** *S*. -bini (-bi **E**^{s}) *r*. -bin *v* | ad *om.* **E**^{s} *v a. Bas.* 8 ananim **DFRa** *S*. andanin *B e Ptol.* iananim **E**^{s}. -nem *v*. (Anamis *Arr. Ind. 33, 1.* Sandis *Mela III 75*) | armuzia *B e Ptol. et Marciano* (*GGm I p. 531*). -mysia **DFdT** *J*. -misia **Ra**. -mixia **E**^{s} *v* 9 zetis **DdRa** *v*(*S*). zaetis **F**. zethis **E**^{s} *H* 11 in *ll. v*(*S*). *om. Sol. L*(*J*). | terras **E**^{s} **D** *v*(*J*). -am *r S* | graeci (gre- **E**^{s}) **R**^{2}**E**^{s} *G*. -cū *r*. -cia **o** *v* | erythrum **D** *S*. -raeum *Sol. v*. erithrum **o**. -trum **R**. -thriū **a**. aerithrum **E**^{s}. -trum **F** 12 erytra **F**. erithra **E**^{s}**o** | ut *om.* **R** 13 colorem existimantes **E**^{s}**o** *v a. S* | existimantē **FR**^{1}**a** | alii aliaque **a** 14 natura **E**^{s}**o** *v*(*D*). a nat- *r S* 15 ab exoriente **DFR** | uicies et sexagies centena milia *Sol. cfr. MCap.* 17 XII **E**^{s} *v a. S* 18 azanium **E**^{s} *Sol. v*. azanni- **a**. azzani- *r* | introitu **R** *S*. -tū *r v* 19 intimum *v*. intium **E**^{s}. init- *r*

recto cursu |XI|·$\overline{XXV}$ propemodum constat esse et situm
109 eius humani capitis effigie. Onesicritus et Nearchus
ab Indo amne in sinum Persicum atque illinc Babylonem
Euphratis paludibus scripserunt |XVII| esse.

In Carmaniae angulo Chelonophagi, testudinum superficie casas tegentes, carne vescentes. a flumine Arabi promunturium ipsum inhabitant, praeter capita toto corpore
110 hirti coriisque piscium vestiti. **25.** ab horum tractu
Indiam versus Caecandrus, deserta insula, in oceano $\overline{L}$ p. traditur iuxtaque eam freto interfluente Stoidis, quaestuosa margaritis. a promunturio Carmanis iunguntur Harmozaei. quidam interponunt Arbios, $\overline{CCCCXXI}$ p. toto litore. ibi portus Macedonum et arae Alexandri in promunturio.
111 amnes Siccanas, dein Dratinus et Salsum. ab eo promunturium Themisteas; insula Aphrodisias habitatur. inde Persidis initium ad flumen Oratim, quo dividitur ab Elymaide. contra Persidem insulae Psilos, Cassandra, Aracha cum monte praealto Neptuno sacra. ipsa Persis

§ 109: (Iuba fr. 39 Müller). — (5) Mela III 75. Sol. 54, 11. cfr. Agatharch. 47 (GGm I p. 138. Plin. IX 38). — § 111: (15. 16. 18) Sol. 54, 13. MCap. VI 700.

1 cursu **E^{s}***v*. -sus *r* | sic IN (*pro* situm) **E^{s}** 2 effigies **FdRa** 4 $\overline{XXV}$ *va. H* 5 charnaniae **E^{s}**. carna- **o** | angulo sunt *va. S* | colonophagi **R^{1}**. chenoloph- **o**. cen- **a** 6 carne uescentes *om.* **FfT** | arabi (rabi **a**) *ll.* **o***v*(*S*). arbi *B e Strab. cfr. § 97*
9 caecandrus *Salm. ex Arr. Ind. 38, 2.* caic- *H*. carc- **E^{s}**. casc- *rv*(*J*) | mille passus **E^{s}***va. G* 10 stoidis **E^{s}***v*(*D*). -des *J*. stoydis **F**. -des **a**. -yides *r*. *cfr. IX 106* 11 harmozaei *D*. arm- (-zei *v*) **E^{s}***v*. harmazaei (-zei **da**) **DFda***J*[2]. arm- **R***J*[1]. (*cfr. § 107*) 12 CCCCXII **E^{s}p***va. S* 13 alexandri arae **E^{s}** 14 siccanas (sica- **R^{2}d**) *ll. v*(*J*). saganos *B e Ptol.* | dratinus (de rat- **E^{s}**) *ll. v*(*J*). daras *B c Ptol.* | salsum **E^{s}***D*. -sam *r*. -sa *S*. -sus *vel* -sos *v*
15 themisteas **Rd***v*(*H*). -theas *Dal.* -thaeas **E^{s}**. tesmisteas **a**. -theas **D**. thaesmisthaeas **F** | haprodisias **E^{s}** 16 in **DFa** | persides **E^{s}** | oratim (-ti **E^{s}**) *ll. v*(*S*). oroatin *B e Ptol. et Amm. Marc.*
17 elimade **FdR**. elm- **a** | bsilos **R**. phi- **E^{s}***va. S* | canssandra **E^{s}**. casa- **d***va. S* 18 aracha (archa **a**) *ll. v*(*J*). -cia *B* | persis **a***v*. peris *r*

adversus occasum sita optinet litore $\overline{DL}$ p., etiam in luxum dives, in Parthorum iam pridem translata nomen. horum de imperio nunc in paucis.

(29) Regna Parthorum duodeviginti sunt omnia; ita 112
enim dividunt provincias circa duo, ut diximus, maria, 41
Rubrum a meridie, Hyrcanium a septentrione. ex his
XI, quae superiora dicuntur, incipiunt a confinio Armeniae
Caspiisque litoribus, pertinent ad Scythas, cum quibus ex
aequo degunt; reliqua VII regna inferiora appellantur.
quod ad Parthos attinet, semper fuit Parthyaea in radicibus
montium saepius dictorum, qui omnes eas gentes prae- 41
texunt. habet ab ortu Arios, a meridie Carmaniam et 113
Arianos, ab occasu Pratitas Medos, a septentrione Hyrcanos,
undique desertis cincta. ulteriores Parthi Nomades appel-
lantur. citra deserta ab occasu urbes eorum quas diximus, 44
Issatis et Calliope, ab oriente aestivo Pyropum, ab hiberno
Maria, in medio Hecatompylos, Arsace, regio Nisiaea
Parthyenes nobilis, ubi Alexandropolis a conditore.

26. Necessarium est hoc in loco signare et Medorum
situm terrarumque faciem circumagere ad Persicum mare, 114
quo facilius dein reliqua noscantur. namque Media, ab
occasu transversa oblique Parthiae occurrens, utraque

§ 112: (4—9) Sol. 55, 1. 2. — § 113: (12. 13) Sol. 55, 2. — § 114: (21 sqq.) Sol. 55, 2.

1 litora (litt- $E^{s\,2}$) E^s *v a. S* | luxum E^s *v.* -xu *r S J*　2 tralata **FRa** | numen **FfaT** *G*　3 in *ll. S(D). del. v(J)*　6 yrcanum **a**. hir- E^s. hyr- *Sol. v a. S*　10 ad *om.* F^1**Ra** *S J. sed cfr. XIX 174* | parthiaea **FdTR**. -ia *v a. (P) S*　11 sepaeis **Da**. saepęeus **F** | dicturum F^1. -tū **a** | as F^1R^1. has R^2**adT** *S J*　12 carmaniam F^2 *v.* -miniam E^s. -meniam *r*　13 arianos *v e Sol.* ararios E^s. aborianos *r* | partitas F^2. -thitas *v a. B*　14 nomares F^1**da**　15 *dist. J*　16 pyropum (per- E^s) *ll v(J)*. euro- *B e Ptol. cfr. V 87*　17 mania E^s *v a. S* | haecaton (ecc- **a**) psylos (-lus E^s. psilos **a**) E^s**DFa** | arsacia *B.* -cae E^s*(P) H* | regia *(P) H* | nisiaea **R** *S.* -saea *v.* nisyaea *v.* nysiaea **D**. -iae F^1. -ia F^2. nis eo E^s
18 a *om.* F^1**Ra**　21 cognoscantur **a**. narrentur E^s | alio casu **o**. alio occasu E^s(**o**)　22 oblique E^s**o** *v.* -ua *r* | occurrens E^s**o** *v.* acc- R^2. aec- **DF**R^1. cu- **a**

regna praecludit. habet ergo ipsa ab ortu Caspios et
Parthos, a meridie Sittacenen et Susianen, Persida, ab
115 occasu Adiabenen, *ab* septentrione Armeniam. Persae
Rubrum mare semper accoluere, propter quod is sinus
Persicus vocatur. regio ibi maritima Ceribobus; qua vero
ipsa subit ad Medos, Climax Megale appellatur locus arduo
montis ascensu per gradus, introitu angusto, ad Persepolim,
caput regni, dirutam ab Alexandro. praeterea habet in
116 extremis finibus Laodiceam ab Antiocho conditam. inde
ad orientem Magi optinent *Ph*rasargida castellum, in quo
Cyri sepulchrum; est et horum Ecbatana oppidum, trans-
latum ab Dario rege ad montes. inter Parthos et Arianos
excurrunt Paraetaceni. his gentibus et Euphrate inferiora
regna cluduntur. reliqua dicemus a Mesopotamia, ex-
5, 86 sq. cepto mucrone eius Arabumque populis in priore dictis
volumine.
117 (30) Mesopotamia tota Assyriorum fuit, vicatim dis-
persa praeter Babylona et Ninum. Macedones eam in
urbes congregavere propter ubertatem soli. oppida praeter
iam dicta habet Seleuciam, La*o*diceam, Artemitam; item

§ 116: (9—11) Sol. 55, 2.

1 includit **E**^{s}**o***va.S.* amplectitur *Sol.* 2 parthos **R***v.* ap- **a**. partos **F**. ap- **D**. parthios **o**. -tios **E**^{s} | sittacenen **o***B.* sitia- **E**^{s}. sitha- *v.* sita- **F**^{2}. setta- **R**. secta- *r* | susianen *om.***E**^{s}**o**. -nen et *v* adiauen **E**^{s}**o** 3 ab *ego.* ati **Dda**. at **F**^{1}. ad **E**^{s}**F**^{2}**o**. a **R**(?)*v* | septentrione **R**(?)*v.* -nem *r***o** 4 is *om.***E**^{s}**o** 5 regio **REa***v.* -ia *r* | ceribobus (cyryb- **F**^{2}) **E**^{s}**F**^{2}*D.* ciribo **R**. cyribo **adT**. cyrybo **DF**^{1}. cyropolis *B e Ptol.* -obolis *v.* syrtibolos *H.* syrtibus aequa *U 128* | quia **E**^{s}*va.C* 6 climax **DR**(*B*^{1})*H.* -as **E**^{s}. elimax **a**. aelym- **F**. elymas **T***v.* -ais *B*^{2}. *cfr.* § *136* | megala **E**^{s}*v a.H* 7 ascensu **E**^{s}**o***v.* -suus (-sus **R**^{2}) *r* 8 regii **DF**^{1}**R** | dirutam **E**^{s}*v*(*D*). -tum *rH.* (-ta **o**) 9 laodiciam **ao**. laudiceam **E**^{s}**DR***D*^{2}. -caeam **F** 10 ad orientem **E**^{s}**o***v*(*D*). ab oriente *rS* | frasargida **DFdTRa***v*(*J*). phas- *Sieglin.* phidasarcida *Sol.* asargida **E**^{s}. -rcida **o**. passargada *B.* -agardas *C.* -da *S* 11 *dist. ego* | acbatana (-thana **a**) **DFRa**. hegb- **o**. egb- **E**^{s}*va.B* | tralatum **Fa** 13 gentibus **E**^{s}**F**^{2}**d***v*(*D*^{2}). a ge- *rS* 14 cluduntur **DFdR***G*(*S*). claud- **Ta**. includ- **E**^{s}*v*(*H*)*D* 17 toto **DFRa** | dispensa **E**^{s}**o**. *sed cfr. V 70* 18 babylona **DFa** *v*(*D*). -nam **E**^{s}. -niam **RdTo***S* 20 laudiceam **E**^{s}*D*^{2}. *om.r*

in Arabum gente qui *O*rroei vocantur et Ma*r*dani Antio-
chiam, quae a praefecto Mesopotamiae Nicanore condita
Arabis vocatur. iunguntur his Arabes introrsus Eldamari, 118
supra quos ad Pallacontam flumen Bura oppidum, Salmani
et Masei Arabes; Gord*y*aeis vero iuncti Azoni, per quos
Zerbis fluvius in Tigrim cadit, Azonis Silices montani et
Orontes, quorum ad occidentem oppidum Gau*g*amela, item
Suae in rupibus. supra Silicas Sitrae, per quos Lycus ex
Armenia fertur; ab Sitris ad hibernum exortum Azochis
oppidum, mox in campestribus oppida Diospege, Polytelia,
Stratonicea, Anthemus. in vicinia Euphratis Nicephorion, 119
quod diximus, Alexander iussit condi propter loci oppor- 5, 68
tunitatem. dicta est et in Zeu*g*mate Apamea, ex qua ibid.
orientem petentes excipit oppidum Caphrena munitum,
quondam stadiorum LXX amplitudine et satraparum regia
appellatum, quo tributa conferebantur, nunc in arcem
redactum. durant, ut fuere, Thebata et, ductu Pompei 120

---

1 gente *om.* **E**^{s} | orroei *D coll. § 25. V 85.* arrhoei **DFdR**. arrohei **a**. arroei **T***v*. annoei **E**^{s}. orei *H* | mardani *v. cfr. Ptol. V 18.* mand- **E**^{s}*D*. uand- *r* 3 arabes **E**^{s}**a**(*v a. B*) | rabes **F** | eldamari **R**^{1}*J*. -rii **E**^{s}*v*. -mani **R**^{2}*S*. elmari *r* 4 Pellacontam *v a. S.* Pallacopas *Arr. anab. VII 21. 22* | Dura *coni. H e Polyb. V 48, 16*

5 masei **Rda***B*. -seo **E**^{s}. -ssei *v*. maraei *r* | gordyaeis *B*. -diacis *r*. gurdiacus **E**^{s}. -aeis *D*. condiaeis *r. cfr. § 129* | aloni **E**^{s}*v a. D* 6 zeruis **DF**. -uius **R**. zerius **a** | azones *v a. D* | silici *H*

7 orrontes **F**. orrentes **Ra** | gaugamela *B*. gaueca- **E**^{s}*v*. graue ca- *r* 8 suae **E**^{s}(*Verc.*)*D*. sue **ad***v*. suet *r* | silicas sitrae *D*. silci classitrae (-tre **Ra**. classis $\overline{III}$ **E**^{s}) *ll.* silici classitae *G*. siciclassi $\overline{III}$ p. *v* | lacus **E**^{s} 9 ab sitris (*Verc.*)*D*. absi- **d***v*. -ithris **DFR***S*. -ythris **a**. -idris *Dal.* | exorsum **Da**. *om.* **E**^{s} | azochis **E**^{s}*v*. aco- **T***S*. -cis **a**. achochis *r* 10 oppidata **DFda** | diospege **E**^{s}*D*. -gea **a**. -paegea *r*. -page *v* | polytelia (polit- **E**^{s}) **R**^{2}**E**^{s}*B*. -teba *v*. *om. r* 11 stratonicea *B*(*D*). -igea **E**^{s}*v*. -ice **R**^{2}*H*. *om. r* | anthemus **E**^{s}*v*. ante- **R**^{2}. anme- **DF**. anne- *r. cfr. V 86* 12 quod ut **E**^{s}(**R**?)*v a. S* 13 et *om.* **R**(?)*G* | zeugmate **D**(?)*C*. zeum- (-tae **R**) **E**^{s}**R***v*. ceum- **a**. zaeum- **F** | apamie **E**^{s}*v a. S* 14 caphraena **F**. at prima **E**^{s}. apprime *v a. S* 15 quodam **DF**^{1} 16 artem **E**^{s}

17 durat **E**^{s} | fuere (-rat **E**^{s}) thebata (thaeb- **F**. hebeta **E**^{s}) *ll. S*. -rant hebata *v*

Magni terminus Romani imperi, Oruros, a Zeugmate $\overline{\mathrm{L}}$·CC. sunt qui tradunt Euphraten Gobaris praefecti opere diduc-
5, 89 tum esse ubi diximus findi, ne praecipiti cursu Babylona infestaret, ab Assyriis vero universis appellatum Narmalchan, quod significat regium flumen. qua dirivatur, oppidum fuit Agranis e maximis, quod diruere Persae.
121 Babylon, Chaldaicarum gentium caput, diu summam claritatem inter urbes obtinuit toto orbe, propter quod reliqua pars Mesopotamiae Assyriaeque Babylonia appellata est, $\overline{\mathrm{LX}}$ p. amplexa *II* muris ducenos pedes altis, quinquagenos latis, in singulos pedes ternis digitis mensura ampliore quam nostra, interfluo Euphrate, mirabili opere utroque. durat adhuc ibi Iovis Beli templum; inventor hic fuit
122 sideralis scientiae. cetero ad solitudinem rediit exhausta vicinitate Seleuciae, ob id conditae a Nicatore intra *XL* lapidem in confluente Euphratis fossa perducti atque Tigris, quae tamen Babylonia cognominatur, libera hodie ac sui iuris Macedonumque moris. ferunt ei plebis urbanae $\overline{\mathrm{DC}}$ esse, situm vero moenium aquilae pandentis alas, agrum totius orientis fertilissimum. invicem ad hanc exhauriendam Ctesiphontem iuxta tertium ab ea lapidem in

§ 121. 122: (7—15. 21 sqq.) Sol. 56, 1—3. MCap. VI 701. — (10. 11) Herodot. I 178.

---

1 geugmate **Fa** | $\overline{\mathrm{L}}$·CC *MGGm I p. 246*^{b}. $\overline{\mathrm{CC}}$·$\overline{\mathrm{L}}$ *ll.v. de mendo cfr. § 122. 134 med.* 2 tradant **adT** | gobaris **E**^{s} *G*. cobaris **d**^{2}*v*. -res *r* 3 esse ubi *ego.* ubi (ibi **a**. bi **F**^{1}) esse *ll. D*^{1}. ubi eum *v.* ubi *D*^{2} | babyloniam **E**^{s}**F**^{2}*va. S*(*D*) 4 appellatum *om.* **E**^{s} | narmalcan **a**. armarchal **E**^{s}. -alchar *va. Brot. cfr. Isid. Char. 1* (*GGm I p. 249*). *Amm. Marc. XXIV 2,7* 5 diriuatur **E**^{s}*D*. deriuatū (dri- **a**) *r*. -tur *v* 6 agrani **E**^{s}*va. S.* agoram **p** | e **aT***v*. se **DdR**. sae **F**. et **E**^{s}**p***D* | maximum **E**^{s}**p***D* (*puncto post* Persae *sublato et post* caput *posito*) 8 in toto **E**^{s}**o***va. S*(*D*) | quod **DFa**. quam **E**^{s}**o**(**R**?)*v. cfr. § 115. II 167. X 35. XVII 85. XX 144* 10 II *ego. om. ll. v* 12 utrobique **F**^{2}*D* 13 adhuc *om.* **E**^{s}**o** | fuit *om.* **E**^{s}**o**

14 redit **E**^{s}. -ddit *va. B* 15 nicanore **E**^{s}*va. B*(*G*) | XL (*pro* XC) *B et P e Strab. XVI p. 738 extr.* LXXXX *ll.v. de mendo cfr. § 124 init.* 16 confluentem **E**^{s}*va. G* | perducti **E**^{s}*v*. -tis *r*

17 qua **Fa** | liberat **E**^{s} 19 $\overline{\mathrm{CD}}$ **E**^{s} | esse *om.* **E**^{s} 21 cthesiphontem **D**. ethaes- **F**. thes- *va. B.* et hesipo- **E**^{s}

Chalonitide condidere Parthi, quod nunc caput est regnorum, et postquam nihil proficiebatur, nuper Vologesus rex aliud oppidum Vologesocertam in vicino condidit. sunt etiamnum in Mesopotamia oppida Hipparenum, Chal- 123
daeorum doctrina et hoc, sicut Babylon, iuxta fluvium [Narragam] qui cadit in Narragam, unde civitati nomen. muros Hipparenorum Persae diruere. Orcheni quoque, tertia Chaldaeorum doctrina, in eodem situ locantur ad meridiem versi. ab his Notitae et Orothophanitae et Gne*s*iochartae.

Euphrate navigari Babylonem e Persico mari $\overline{\text{CCCCXII}}$ p. 124
tradunt Nearchus et Onesicritus; qui vero postea scripsere, ad Seleuciam $\overline{\text{CCCCXL}}$; Iuba a Bab*y*lone *Ch*aracen $\overline{\text{CLXXV}}$·D. fluere aliqui ultra Babylona continuo alveo, prius quam distrahitur ad rigua, $\overline{\text{LXXXVII}}$, universo autem cursu $|\overline{\text{XII}}|$ p. inconstantiam mensurae diversitas

§ 124: (Iuba fr. 39 Müller). — (16 sqq.) Sol. 54, 15.

1 chalonitide *v.* challo- **E**^{s}. calo- *r* | regnum **E**^{s}. -ni *va.H* 2 uologessus **a**. -ocesus **E**^{s} 3 uologesacertam **F**^{2}. -ocessoc- **E**^{s} | uicinio **E**^{s} 4 aetiannum **F**. euann- **R**. euan- **Da**. etiam *va.G* | hyparenum (yp- **a**) **DRa**. -raenum **F** 5 doctrina *om.* **E**^{s}*G*. -na clarum *v*(*H*) | babilonii **E**^{s}**p** 6 narragam *ll. v. del.*(*U p.192*) *D* | cadit in narragam (**D**^{1}**F** *D*. -rrogam *r*) *ll. S. del. v* | unde **DdTRa** *S*. -dedi **F**^{1}. nunc de **E**^{s}. nunc dedit **F**^{2}. dedit *v* | nomen — 8 doctrina *om.* **R**^{1} 7 hipparenorum **R**^{2}**T** *v*(*H*). -raneorum *Dal.* hyparenorum **F**. hipaneno- **E**^{s}. cythareno- *r* | orcheni **DdR**^{2}**a** *B*. -aeni **F**. -ani **E**^{s}*v* 9 notitae **F** *v*. -icae **E**^{s}. -itiae **Dd**. -iciae **Ra** | orothophanitae **E**^{s}*H*. ortho- *v*. -phantae *C.* orotophopanitae **RdT**. -popanitae (orto- **a**) *r* | et **E**^{s}**F**^{2}*v*(*J*). **a** *r*. ac **T***S* 10 gnesiochartae *D*. gneciochanthae **E**^{s}*H*. graecio- *v*. graeciochartae **F**^{2}. greciechartae **aT***S*. greciae- **R**. graeciae- *rJ* 11 nauigare **F**^{2}. -ga **F**^{1}. -gant **a** | e **F***G*. *om.* **E**^{s}. et *rv* 13 ad **DFR***S*. **a** *rv* | seleuciam **R***S*. -cia (-tia **F**) *rv* | CCCCXL **RadT***S*. -XC *v*. -XXXX **D***D*. -LXXXX **E**^{s}**p**. -LXXX **F**^{2} *in ras.* | a babilone **F**^{2}**p**. a bibone **E**^{s}. *om. r* | characen *B*. cara- **F**^{2}*v*. cana- **E**^{s}. canopum **p**. *om. r*
14 $\overline{\text{XII}}$·D **DF**^{1}**dTRa** | babylone **E**^{s}. -nem *va.S*. -nia **a** 15 alueo **E**^{s}**p***v*. albeo **F**^{2}. abeo *r* | distrahitus **R**. -raitur **F**. -ratus **a**. -ractus **d**. -rahantur **p** | in irrigua *va.H*. irr- **p**. arr- **E**^{s} | $\overline{\text{LXXXIIII}}$ **E**^{s}
16 $\overline{\text{XI}}$ **E**^{s}**p** *va.S*

auctorum facit, cum Persae quoque schoenos et parasangas
125 alii alia mensura determinent. ubi desiit alveo munire, ad confinium Characis accedente tractu, statim infestant Attali latrones, Arabum gens, ultra quos Scenitae, ambitu vero Euphratis Nomades Arabiae usque ad deserta Syriae,
5,87 unde in meridiem flecti eum diximus, solitudines Palmy-
126 renas relinquentem. Seleucia abest a capite Mesopotamiae Euphrate navigantibus |XI|·XXV p., a mari Rubro, si Tigri navigetur, CCCXX, a Zeugmate DCCXXIIII, Zeugma ab Seleucia Syriae ad nostrum litus *CLXXV*. haec est ibi latitudo terrarum inter duo maria, Parthici vero regni DCCCCXLIIII.

(31) Est etiamnum oppidum Mesopotamiae in ripa
127 Tigris circa confluentes, quod vocant Digbam. **27.** sed et de Tigri ipso dixisse conveniat.

Oritur in regione Armeniae Maioris, fonte conspicuo in planitie. loco nomen Elegosine est; ipsi qua tardior fluit Diglito; unde concitatur, a celeritate Tigris incipit vocari: ita appellant Medi sagittam. influit in lacum Aretissam, omnia inlata pondera sustinentem et nitrum nebulis exhalantem. unum genus ei piscium est, idque transcurrentis non miscetur alveo, sicut neque e Tigri

---

§ 126: (11. 12) MCap. VI 700 med. — § 127: Sol. 37, 5. 6. — (21) cfr. Strabo XI p. 529. Dic. 6, 27.

---

1 scoenos **E**^{s}**F**^{2}. scon- **a**. schon- *r* 2 determinet **DF**^{1}**a**. -etur **R** | desiit *J*. -sit *ll*. -sinit *v* 4 quod **DF**^{1}**R** | escenitae **R**. scaescen- **DF**^{1} 5 suriae **F**^{1}**a** 6 meridie **R**. -diae **DF** 7 est **E**^{s}**FdTa** 8 euphrate *ego*. -ten *ll.v(S)*. -tem **dp***C. cfr.* Tigri. *§ 124 init. 146* 9 CCCXX **E**^{s}**p***v(D)*. CCXX *rS* | zegmate **E**^{s}**DF**. -gitana **a** | DCXIIII **dT**. DXXIIII **E**^{s}. -VII **p***va.S* | zeuma **E**^{s}**DFa** | ab **E**^{s}. abest *rS*. a *v* 10 CLXXV *(P) H ex V 67*. CXXXII **E**^{s}*v*. CXXII *r***p** 12 DCCCCXLIIII **E**^{s}**p** *MCap.v(D*^{2}*)*. -XVIII *rS* 17 elegosine **E**^{s}**op***H*. elong- *v*. elosine (-nae **D**. ael- **F**) *r*. elegos *Sol. cfr. V 84* | est **E**^{s}**opdT***v*. etr **DF**. & **R**. **x a** | ipsius **E**^{s}**op***va.S*

18 diglito **E**^{s}**op***v*. -gito *r* 20 aretissam (ret- **a**) *ll.J*. -tisam *Sol*. -thissam *v*. -thusam *C*. Arsissam *MGGm II p. 165*^{a} 21 ei *om.* **F**^{1}**da** | idque aquae **R**^{2}. aquae **E**^{s}. et hic aquae *va. Bas.*

pisces in lacum transnatant. fertur autem et cursu et 128
colore dissimilis transvectusque occurrente Tauro monte
in specum mergitur subterque lapsus a latere altero eius
erumpit. locus vocatur Zoaranda; eundem esse manifestum,
quod demersa perfert. alterum deinde transit lacum, qui
Th*o*spites appellatur, rursusque in cuniculos mergitur, post
XXII p. circa Nymphaeum redditur. tam vicinum Arsaniae
fluere eum in regione Ar*r*hene Claudius Caesar auctor
est, ut, cum intumuere, confluant nec tamen misceantur
leviorque Arsanias innatet MMMM ferme spatio, mox divisus
in Euphraten mergatur. Tigris autem, ex Armenia acceptis 129
fluminibus claris Parthenia ac Nicephorione, Arabas Or*r*oeos
Adiabenosque disterminans et quam diximus Mesopotamiam 25
faciens, lustratis montibus *G*ord*y*aeorum circa Apameam
Mesenes oppidum, citra Seleuciam Babyloniam CXXV p.
divisus in alveos duos, altero meridiem ac Seleuciam petit
Mesenen perfundens, altero ad septentrionem flexus eiusdem
gentis tergo campos Cauchas secat. ubi remeavere aquae,
Pasitigris appellatur, postea recipit ex Media Choaspen 130
atque, ut diximus, inter Seleuciam et Ctesiphontem vectus 122

§ 128: (1—7) Sol. 37, 6. — (3. 4) cfr. Plin. II 225. Sen. NQ III 26, 4. — § 129: (12—14) Sol. 37, 6.

3 specu *va.S* 4 lacus **E**^{s}**p** | zoaranda **E**^{s} *Brot.*(*D*). -rand **Rd**. -runda **D**. -rund **F**^{1}. -ar. unde **F**^{2}. zoar **a**. zoroanda **p***v*. -de *S*. zomada *Sol.* | ūdem **a** | manifestum est **R**(?)*v* 6 thospites *G e Ptol. V 12,8.* thesp- **DFRa***J*. tesbidis *v*. tepitis **E**^{s}. thepidis **p**. thopitis *Strabo XI p. 529* | rursumque **R***J* | et post **E**^{s} *va.S*(*D*) 7 XXV **F**^{2}*va.H.* XX **E**^{s} | redditus **d** | marsaniae (ars- **F**^{2}) pluere **DFRa** 8 arrhene *G e Strab. l. l.* -ni *v*. archene **DR***D*. -nę **a**. -ni **E**^{s}. -chaene **F** 9 simul misceantur **a**

10 M̄. M̄. **a**. eoo **p** 12 orroeos *D*. oroeos **E**^{s}**DFa**. ar- *G*. oreos **RdT***v*(*H*). *cfr. § 25. 117. V 85* 14 gordyaeorum *B*. coridae- (-de- **a**) **DFRa**. choridi- **E**^{s}*v*. chorindi- **p**. gurdiae- *D*. *cfr. § 118*

15 &tra (*pro* citra) **F**^{1}. et tran **a**. *de mendo cfr. § 55* | CXXV **Rd**(?)*v*. CCXXV **DFa**. XXV **p**. XXII **E**^{s} 17 a (*pro* ad) **DFR** flexus **E**^{s}**F**^{2}*v*. -xuus (-xus **a**) uersus *r* 18 gentis **E**^{s}*v*. -tes *r* caucas **F**^{1}**a** 19 passitigris **Fa** | appellatur **F**^{2}**d***v*. -tus *rS* coaspen **FdRa**

in lacus Chaldaicos se fundit eosque $\overline{\text{LXII}}$ p. amplitudine
implet; mox vasto alveo profusus dextra Characis oppidi
infertur mari Persico $\overline{\text{X}}$ p. ore. inter duorum amnium
ostia $\overline{\text{XXV}}$ p. fuere, ut alii tradunt, $\overline{\text{VII}}$, utroque navigabili.
sed longo tempore Euphraten praeclusere Orcheni et accolae
agros rigantes, nec nisi per Tigrim defertur in mare.
131 Proxima Tigri regio Parapotamia appellatur. in ea
129 dictum est de Mesene; oppidum eius Dabitha. *cui* iungitur
Chalonitis cum Ctesiphonte, non palmetis modo, verum et
olea pomisque arbust*a*. ad eam pervenit Zagrus mons, ex
Armenia inter Medos Adiabenosque veniens supra Paraetacenen et Persida. Chalonitis abest a Perside $\overline{\text{CCCLXXX}}$ p.;
tantum a Caspio mari et a Syria abesse conpendio itineris
132 aliqui tradunt. inter has gentes atque Mesenen Sittacene
est, eadem Arbelitis et Palaestine dicta. oppidum eius
Sittace Graecorum, ab ortu et Sabdata, ab occasu autem
Antiochia inter duo flumina Tigrim et Tornadotum, item
Apamea, cui nomen Antiochus matris suae inposuit; Tigri

§ 130: (init. 3. 6) Sol. l. l.

1 se fundit **E**^{s}**F**^{2}(**D**?)*v*(*J*). effun- *rS* | $\overline{\text{LXII}}$ *ll.H*(*D*). $\overline{\text{LXX}}$ *v*(*S*). LX **p** | amplitudinē **E**^{s}**FR** 3 $\overline{\text{X}}$ p. *ll.G cum P*(*H*). decumo *v*(*L*) 4 $\overline{\text{XXIII}}$ **E**^{s}. -VI **p** | fuere **E**^{s}*D*. -re aut **R**. -rant *r*. -re aut ut **d**^{2}*v* | $\overline{\text{VII}}$ **E**^{s}**pR**(?)*v*. $\overline{\text{VIII}}$ *r* 5 et *del.U 132*. *an* ut?
6 per (post **E**^{s}*v*) tigrim *ll.G*(*S*). pasitigri (*P*)*H* 8 dabitha cui *ego*. -thac **E**^{s}**DF**. -tac **a**. -tach **p**. -thac et **dT***S*. -thaec et **R**. -tha ei (*U133*) *D*. dibitach *v* 10 arbusta *D*^{2}. -tis *ll.D*^{1}*.cfr.X77*. aliisque arb- nobilis *v* | iagrus **E**^{s}*va.B* 11 paraetacenen *B*. -tcaenen **E**^{s}. -taeine **R**. paerataeinen **D**. perate in ea **a**. paracenem **p**. itacenen **F**^{2}. e/////nen **F**^{1}. echatenen *v* 12 persidae **E**^{s}**F**^{2}. -dem *va.S* | chalonites **F**^{2}. -tas **F**^{1}. calonites **E**^{s}. -tas **Ra** | CCCCLXXX **E**^{s}**p***va.H* 13 tanta **F**^{2}. *an* tantundem, *ut §133?* | et *del.C* | a syria (sir- **E**^{s}) **DFE**^{s}**a***D*. assy- **RTp***v*(*S*). -riam **d**(?)*C* | conpendia **F**^{2}**a**. -iae **F**^{1} | itinerum **E**^{s}*va.S* 14 mesenes **FR**. menses **a** | ittacene **F**^{1}**R**. ita- **F**^{2}**a** 15 arbeutis **D**. -euitis **a** | palaestina **D**. palest- **Fa**. ealestinae **E**^{s} | *dist.ego* 16 est **R**^{2}. est et **d**(?)**p***va.J* | sabdata (-ada **E**^{s}) *ll.v*(*S*). sabata *B* 17 ornadotum **E**^{s} 18 apamea **E**^{s}**DF**^{1}**a**. -mia **d***G*. -meā **R***S*. -meae **F**^{2}*v*(*D*) | tigri *G*. -ris *ll.v*(*L*)

circumfunditur haec, dividitur Archoo. infra est Susiane, 133
in qua vetus regia Persarum Susa, a Dario Hystaspis filio
condita; abest ab Seleucia Babylonia CCCCL p., tantundem
ab Ecbatanis Medorum per montem Carbantum. in septen-
trionali Tigris alveo oppidum est Barbitace; abest a Susis
CXXXV p. ibi mortalium soli aur*i* mir*o* odio contrahunt
id defodiuntque, ne cui sit in usu. Susianis ad orientem
versus iunguntur Oxii latrones et Mizaeorum XL populi,
liberae feritatis. supra eos parent Parthis Mardi et Saitae 134
ii qui praetenduntur supra Elymaida, quam Persidi in ora
iunximus. Susa a Persico mari absunt CCL p. qua 111
subiit ad eam classis Alexandri Pasitigri, vicus ad lacum
Chaldaicum vocatur Aple, unde Susa navigatione LXII·D p.
absunt. Susianis ab oriente proximi sunt Cossiaei, supra
Cossiaeos ad septentrionem Massaba*t*ene sub monte Cam-
balido, qui est Caucasi ramus, inde mollissimo transitu
in Bactros.

---

§ 133: (2. 5—7) Sol. 54, 14. MCap. VI 700.

---

1 *dist. P* | archoo **E^{s}F^{2}d***v*. -ou *r* 4 egbatanis **DFR***va.B.* -ttanis **E^{s}a** | carbantum (-nnū **a**) *ll.S.* charbantum *v.* -annum *C*
5 est a **a** | barbitace **adT***D*. -thacae **DF**. -bethace **E^{s2}op***v*. -bathace **E^{s1}**. babith- **R**. babytace *B e StByz.* (carbile siue barbite [*vel* babitae] *codd. Sol.* barbyta *MCap.*) 6 hi (*pro* ibi) **R^{2}**. his *P* | solis (*P*)*S* | auri miro *ego.* aurum in *ll.v* | odiū **Ra**
7 defodiunt quo ne (quod ne **E^{s}**. ne quo *v*) cui **op***va.S.* -untq. q. nec ut **a** | uisui **E^{s2}**. nis- **E^{s1}** 8 oxii **E^{s}***v*(*H*). oxi **a**. oxy *r*. cossaei *B.* uxii *P e Strab. XI p. 524 et Arr. anab. VII 15,2. Ind. 40,1* (λῃσταί) | et **E^{s}p***v*. the **a**. te *r* | mizaeorum (-ze- **a**) **E^{s}ad***v*. -zeonum **p**. myzaeorum **DR**. mycae- **F** 9 patent *va.S* | parthisi **E^{s}**. -thusi *va.S* 10 hi **F^{1}**. hii **F^{2}d**. hyi **E^{s}D***va.Brot.* | super **a** | elymaida *B. cfr. § 111.* helim- *v.* elimaetida **R**. -achida **p**. limaeti- **D**. limeti- **F**. limeci- **a**. lymaeida **E^{s}** 12 passitigri **DFR**. -im tigri **a** 13 aphle **E^{s}***va.S. om.* **p**. Aginis *Arr. Ind. 42,4* | LXII·D **E^{s}d^{2}T***D. cfr. Arr. l.l.* LX·D *rS.* LXV·D *v.* DLX **p** 14 cossiaei **F^{2}** *in ras. S. om.* **E^{s}**. cossia et *r*. -ssaei (*B*)*G*. chosiei *v* (*item infra*)
15 massabatene *D e Strab. XI p. 524. XVI p. 744.* mesa- *H e Dionys. perieg. 1015.* meso- *B.* massabaene **D**. -bene **RadT**. -benae **F**. messabene **E^{s}**. mesa- *v.* mesane **p** 17 Parthos *U 134*

135 Susianen ab Elymaide disterminat amnis Eulaeus,
ortus in Medis modicoque spatio cuniculo conditus ac
rursus exortus et per M*a*ssabatenen lapsus. circumit
arcem Sus*o*rum ac Dianae templum augustissimum illis
gentibus, et ipse in magna caerimonia, siquidem reges
non ex alio bibunt et ob id in longinqua portant. recipit
amnes Hedyp*h*on praeter Asylum Persarum venientem,
Adunam ex Susianis. oppidum iuxta eum Magoa, a Charace
XV p.; quidam hoc in extrema Susiane ponunt solitudinibus
136 proximum. infra Eulaeum Elymais est in ora iuncta
Persidi, a flumine Orati ad Characem CCXL p. oppida
eius Seleucia et Sos*t*rate, adposita monti Chasiro. oram,
99 quae praeiacet, minorum Syrtium vice diximus inaccessam
caeno, plurimum limi deferentibus Brixa et Ortacia amnibus, madente et ipsa Elymaide in tantum, ut nullus sit

§ 135: (1. 4. 6) Sol. 33, 4. cfr. Plin. XXXI 35. — (14) Sol. 54, 14. MCap. VI 700. — § 136: (12) cfr. Plin. XII 78. — (487, 4) Agrippa fr. 33 Riese.

1 susianae **DF**. -ne **Ra** | aelymaide **F**^{2}. elim- **o**. elem- **E**^{s} *va.B*. aelyma et de **DF**^{1}. elim- **a** | euleus **o***va.C*. ilaeus **F**. aeleus **D**. eleus **RadT**. leus **E**^{s} 2 ac *ll.v(S)*. hac *Dal.* 3 massabatenen *D*. mesa- **d***H*. meso- *v*. messo- **F**^{1}**R**. -taenen **D**. -trenen **a**^{2}. -tranen **a**^{1}. mesobatanen **F**^{2}. mesopotanen **E**^{s}**o**. -tamiam **p** | circuit **Fdao***va.S* 4 susorum *G*. -sarum **E**^{s}**op***v*. -siarum *r* | et **o** | illis **E**^{s}**F**^{2}**o***G*. cum illis *rv* 5 ipse *om.***DF**^{1}**a** | magna ipsę **F**^{2}. -nae **F**^{1}**Ra** | caerimonias **Ra**. -iae **F**^{1} 7 amnem *G* | hedyphon *(P)DeStrab.XVIp.744*. -pnon **DFd**. -pnum *G*. hedipnon (ed- **a**) **Ra**. -prun **E**^{s}. -ppum *v* | praeterea silum **E**^{s}**p** 8 ad (et **F**^{2}*G*) unum **F**^{2}**p***va.H* | susianis **E**^{s2}**F**^{2}**Rp***v*. usanis **E**^{s1}. unamnis (-anis **d**^{2}) *r* | magoa (-oga *v*) a carace **E**^{s}**F**^{2}*va.C*. mago horacae **D**. magno (mag//// **F**^{1}) orace **F**^{1}**a** | *dist.va.D* 9 susianę **FR**. -na *G*. soasianae **E**^{s} 10 eulymais **F**^{2}**d**. cul- **F**^{1}. -acis **D**. eulimaeis **R**. -mes **E**^{s} 11 oroati **Rd**(?) *B* 12 sostrate *D*^{2}. sosirate **F**^{2}**E**^{s1}*v*(*D*^{1}). -inate **E**^{s2}**p**. socrate *rS*. (*cfr.XII78* sostrae **M**. scytrae *r*) | monitis **Dd**. mun- **a** | chasiro **E**^{s}**F**^{2}*D*. ///astro **F**^{1}. ca- **Dda**. casyro **R**(?)*v*. cassio **p**. (*cfr.XII78* scanchro **Md**. schantro *r*) 14 defendentibus **E**^{s} | brixia *va.S*. Brizana *Arr.Ind.39,6*. Brisoana *Amm.Marc.XXIII6,41* | ortatia **F**. hortacia **R**. -atia **Dd**. ortacea *va.D*. Chortacia *MGGm IIp.169*^{b} 15 elymaeide **D**. ael- **F**. elimateae **E**^{s}

nisi circuitu eius ad Persidem aditus. infestatur et serpentibus, quos flumina deportant. pars eius maxime invia Characene vocatur ab oppido Arabiae claudente regna ea, de quo dicemus exposita prius M. Agrippae sententia. namque is Mediam et Parthiam et Persidem ab oriente 137
Indo, ab occidente Tigri, a septentrione Tauro Caucasio, a meridie Rubro mari terminatas patere in longitudinem $|\overline{\text{XIII}}|\cdot\overline{\text{XX}}$ p., in latitudinem $\overline{\text{DCCCXL}}$ prodidit, praeterea per se Mesopotamiam, ab oriente Tigri, ab occasu Euphrate, a septentrione Tauro, a meridie mari Persico inclusam, longitudine $\overline{\text{DCCC}}$ p., latitudine $\overline{\text{CCCLX}}$.

Charax, oppidum Persici sinus intimum, a quo Arabia 138
Eudaemon cognominata excurrit, habitatur in colle manu facto inter confluentes dextra Tigrim, laeva Eulaeum, $\overline{\text{II}}$ p. laxitate. conditum est primum ab Alexandro Magno, colonis ex urbe regia Durine, quae tum interiit, deductis, militum inutilibus ibi relictis; Alexandriam appellari iusserat pagumque Pell*a*eum a patria sua, quem proprie Macedonum fecerat. flumina id oppidum expugnavere; postea restituit 139
Antiochus quintus regum et suo nomine appellavit, iterumque infestatum Spaosines Sagdodonaci filius, rex finitimorum

§ 137: MCap. VI 700. Dic. 2, 7. 6. Dim. 2. Div. 23. — § 138: (12—14) Sol. 33, 4. — Mela III 79. — § 139: Iuba fr. 44 Müller.

1 ad *ll. G.* a· *v* | perside **E^{s}** *va. G.* -dā **Rd**. -da *SJ* 3 claudente — 4 ea *om.* **a** | regna ea **F** *D.* -nea **D**. -na *rv* 4 dicimus **E^{s}** 5 persidā **Fa** 6 caucasio **RdT** *MCap. D*^{2}. -so **E^{s}F^{2}***v.* causio **a**. -ssio **D**. cau////o **F^{1}**. *om. Dic.* 7 longitudine .. latitudine **FdRa** 8 DCCCCXL **F**. DCCCXXX *MCap.* 9 per se *B.* persae **E^{s}**. per *rv* | mesopitam **E^{s}** 10 clusam **ad** 11 longitudinē .. latitudinē *ll. corr. v* 12 a **E^{s}***v.* in *r* 14 tigrum **E^{s}** | uleum **a**. ilaeum **F** | $\overline{\text{III}}$ *va. H(S).* $\overline{\text{VI}}$ *coni. P* 15 qui colonis *C* 16 durinae **E^{s}**. -rnie **p**. -rme **F**. turine **a** 16. 17 militum (-mque *v*) inutilibus **E^{s}p***D.* -tibus inutilium *r* 18 pellaeum *Bas.* peleum **p**. peleneum **F^{1}a**. pell- *rv* 19. 20 antiochus restituit **E^{s}** *va. S* 20 suo mine **E^{s}** 21 que *v.* quoque *ll. D* | spaosines *D*^{2} *e nummo.* spasiones *Salmant.* spass- **E^{s}**. passones **p**. spationi **F^{2}**. -tio (-cio **a**) *r.* Spasines (*P*)*D*^{1} *e Dione Cass. LXVIII 28, 4.* Pas- *G.* -siones *v.* (Hyspasines *vel*

Arabum, quem Iuba satrapen Antiochi fuisse falso tradit, oppositis molibus restituit nomenque suum dedit, emunito situ iuxta in longitudinem $\overline{VI}$ p., in latitudinem paulo minus. prius fuit a litore ·stadiis X — maritimum etiam Vipsan*i*a porticus habet —, Iuba vero prodente $\overline{L}$ p.;
140 nunc abesse a litore $\overline{CXX}$ legati Arabum nostrique negotiatores, qui inde venere, adfirmant. nec ulla in parte plus aut celerius prof*e*cere terrae fluminibus invectae. magis id mirum est, aestu longe ultra id accedente non
141 repercussas. hoc in loco genitum esse Dionysium, terrarum orbis situs recentissimum auctorem, quem ad commentanda omnia in orientem praemiserit Divus Augustus ituro in Armeniam ad Parthicas Arabicasque res maiore filio, non me praeterit nec sum oblitus sui quemque situs diligen-
3, 2 tissimum auctorem visum nobis introitu operis: in hac tamen parte arma Romana sequi placet nobis Iubamque regem, ad eundem Gaium Caesarem scriptis voluminibus de eadem expeditione Arabica.

142 28. (32) Arabia, gentium nulli postferenda amplitudine, longissime a monte Amano e regione Ciliciae Comma-
6, 85 genesque descendit, ut diximus, multis gentibus eorum

-pausines *Lucian. macrob. 16* | sagdodonaci **E**^{s}*D*. sardonaci **p**. sogd- *v*. saggodanaci **F**^{2}. -onadaci ***r***

2. 3 emunitos diu **DF**^{1}**Ra** 3 in **E**^{s}**p***v*. *om.r* | $\overline{VI}$ ($\overline{III}$ *G*) p. in (*om.* **E**^{s}) latitudinem **E**^{s}**p***v*. *om.r* 4 primo **E**^{s}**p***va*. *H*(*D*^{1}) | afuit *D*^{2} | stadiis **dp***v*. -ia **R**^{2}*S*. -ios ***r****D* | X **DFdRa***G*(*S*). X et **E**^{s}**p** *v*(*H*)*D* 5 uipsania (*U 135*) *J*. -nda (inps- **E**^{s}) *ll. S*. ips- *v*. pseuda **p**. inde pseudo *B*. ipsa inde *H* | porticos **FR**^{1}. -tos **a**. -tum **p**(*P*)*H* | habuit (*P*)*H* 7 in **E**^{s}*v*(*D*). *om.* ***r****S* 8 plus — terrae *om.* **DF**^{1}**dRa** 9 magis id **E**^{s}**F**^{2}**p***v*(*D*). maris id (ad **F**^{1}) ***r****S*. -ri. sed *U 135*. -ri. id *J* 10 repercussas *G*(*D*). -ssa **F**^{2}**p***v*. percussas (-ssa **E**^{s}) ***r****S* | longo **Fd**^{1}**R** | ingenitum **DdR**. ///gen- **F** | Isidorum *rectius Bernhardy ad Dionys. perieg. p. 497. MGGm I p. LXXXI* 11 que (*pro* quem) **F**^{1}**Ra** 12 in **E**^{s}(**D**?)*v*(*J*). ad ***r****S* 14 preteriit **E**^{s} | sū **E**^{s}*v*. sit ***r*** 15 nobis in *va. D* | introitu **E**^{s}**F**^{2}**p***D*. -tus ***r***. -tu huius *v* 19 nulli **E**^{s}*G*(*D*). -is ***r****v*(*J*). *cfr. III 31* 20 longissima *va.* (*P*)*D* | e **E**^{s}**FTa**(*P*)*D*. **a*****rv*** | commagenisque (cum- **R**) **FdRa***va. C*(*SJ*). -nasque **E**^{s} 21 enim (*pro* eorum) **E**$^{s\,1}$

deductis illo a Tigrane Magno, sponte vero ad mare
nostrum litusque Aegyptium, ut docuimus, nec non et in 5, 65
media Syriae ad Libanum montem penetrantibus Nubaeis,
quibus iunguntur Ramisi, dein Teranei, dein Patami. ipsa 143
vero paeninsula Arabia, inter duo maria Rubrum Persicumque procurrens, quodam naturae artificio ad similitudinem atque magnitudinem Italiae mari circumfusa, in eandem etiam caeli partem nulla differentia spectat, haec quoque in illo situ felix. popul*os* eius a nostro mari usque ad Palmyrenae solitudines diximus: reliqua nunc inde peragemus.

Nomadas infestatoresque Chaldaeorum Scenitae, ut 5, 65 68
diximus, cludunt, et ipsi vagi, sed a tabernaculis cogno- 125
minati, quae ciliciis metantur ubi libuit. deinde Nabataei 144
oppidum incolunt, Petram nomine, in convalle paulo minus $\overline{\mathrm{II}}$ p. amplitudinis, circumdatum montibus inaccessis, amne interfluente. abest ab Gaza oppido litoris nostri $\overline{\mathrm{DC}}$, a sinu Persico $\overline{\mathrm{CXXXV}}$. h*u*c convenit utrumque bivium, eorum qui ex Syria Palmyram petiere et eorum qui a
Gaza venerunt. a Petra incoluere Omani ad Characen 145
usque, oppidis quondam claris ab Samiramide conditis

§ 143: (5) Mela III 79 init. — (12—14) Sol. 33, 3.

1 tigrano **D**^{2}**F**. tri- **D**^{1}. tignone **E**^{s} 2 aegyptium (eg- **a**) **R**^{2}**a***S*. -tum *r*. -tiacum *v* | et **E**^{s}**p***v*. *om.rG* 3 nubaeis **DFa**. -bes **E**^{s}. -beis **R***v* 4 dein **R***S*. adein **DFda**. *om.***E**^{s}. deinde **p***v*. *an* ac dein? | teranei *v*(*D*). tar- **R***Bas.* teranci **DFa**. therauci **p**. *om.***E**^{s} | deinde **p***va.S* | Catanii *coni.He Ptol.V 18* (*ubi* Βατανaῖοι *codd.*) 8 exspectat **F**. expe- **R**^{1}**a** 9 populos *C*. -lus *ll.v* 10 palmiraenae **F**. -rene **Ra**. -nas *va.S. cfr.V 87. 89. an* Palmyrenes? 11 inde *del.H* | peragimus **FadT** 12 nomadas (mona- **E**^{s}) *v*(*D*). -das inde (-dae **F**) *rH* 13 claudunt **p***va.S* | sic (*pro* sed) *P* 14 ciliciis quae **dT***P* | mittantur **E**^{s} | natabaei **F**^{1}. -bei **R**^{1}**a** 15 incolunt **p***v*(*D*). -lum **E**^{s}. includunt *rH* 16 circumdatis **DFR**^{1}**a** 17 abe **DFR**^{1}**d**^{1}. a *va.S* 18 CXXXII **E**^{s}**p**. CXXII *va.H* | huc *v*. hoc *ll* | uiuium **DF**^{2}**R**. uini- **F**^{1} 19 q. **E**^{s} | ex **a**. *om.***E**^{s}**p***v*(*D*^{1}). et *rH*. e (*U 136*) *D*^{2} | siriae (syr- *v*) **E**^{s}**p***va.H* | petere **E**^{s}**p** 20 gaza **E**^{s}**F**^{2}**p***v*. zaha **a**. zaza *r* | ad — 21 samirami[de] *om.***DF**^{1}**dR**^{1}**a** | caracen **E**^{s}**F**^{2}

Abaesamide et Soractia; nunc sunt solitudines. deinde est oppidum quod Characenorum regi paret in Pasitigris ripa, Forat nomine, in quod a Petra conveniunt, Characenque inde $\overline{\text{XII}}$ p. secundo aestu navigant, e Parthico autem regno navigantibus vicus Teredon. infra confluentem Euphratis et Tigris laeva fluminis Chaldaei optinent, dextra
146 Nomades Scenitae. quidam et alia duo oppida longis intervallis Tigri praenavigari tradunt, Barbatiam, mox Dumatham, quod abesse a Petra dierum X navigatione. nostri negotiatores dicunt Characenorum regi parere et Apameam, sitam ubi restagnatio Euphratis cum Tigri confluat; itaque molientes incursionem Parthos operibus obiectis inundatione arceri.

147 Nunc a Charace dicemus oram, Epiphani primum exquisitam. locus ubi Euphratis ostium fuit, flumen Salsum, promunturium Caldone, voragini similius quam mari *aestuarium* per $\overline{\text{L}}$ orae, flumen Achenum, deserta $\overline{\text{C}}$ p. usque ad insulam *Ic*arum, sinus Capeus, quem accolunt Gaulopes et Gattaei, sinus Gerrhaicus, oppidum Gerr*h*a, $\overline{\text{V}}$ p. amplitudine; turres habet ex salis quadratis molibus.

§ 147: (19. 20) cfr. Plin. XXXI 78. (V 34). Strabo XVI p. 766.

1 abaesamide (abes- *v*) E^s*v*(*D*). abesimathe p. baesamnisa (bes- a) DFa. -nis R. bes- d*J*. -annisa f*S* 3 forat E^s*D*. -rac p. -rath *v*. -ra r*S* | quo E^s*va.L* 4 e E^{s}F^{2}p*v*(*D*). ex a. et r*S* 5 enim (*pro* autem) E^{s}p*va.H* | ficus E^s. uicos r 6 flumine (-nae F) | chaldeis DFRa 8 tigris *va.H* 9 thumatam *va.J* | abest *va.G* 10 nostri E^{s}p*v*(*D*). *om.*r*S* | characenorum *ll.v*(*S*). -rumque *G* | *dist. ego* 11 apamiam E^s*C* 12 molientis incursione F^{1}Ra 14 dicimus E^s*S* 16 chaldone R(?)*va.D* 17 aestuarium *ego. om. ll.v.* (uoragini — orae *U 137 transpos. post* ostium fuit) | ore F^{2}E^{s}ap*va.C*(*D*) | flumen achenum Rd*S*. -mina chenum (chae- F) DFa. -mina chanum (acha- p) E^{s}p. -men achana *v* 18 icarum *B e Strab. XVI p. 766. Arr. anab. VII 20,4. Dionys. perieg. 609.* barum *ll.v*(*J*). bathum p. icharam *C e Ptol. VI 4,47* 19 gaulones E^{s}p | gattaei DFd*J*. -ttei a. gazęi R. catei E^s. chatei p*v*. -eni *B e Polyb. XIII 9,2. 3* (Χαττηνία) | gerrhaicus DFRa*D*^{2}. gerrai- *v*. gennai- E^s | gerra DFRa*va.D*^{2}. genna E^{s}o 20 quadrati DFdT*S*

a litore $\overline{L}$ regio Attene, ex adverso Tylos insula, totidem 148
milibus a litore, plurimis margaritis celeberrima cum
oppido eiusdem nominis, iuxtaque altera minor, a pro-
munturio eius $\overline{XII}$·D p. ultra magnas aspici insulas tra-
dunt, ad quas non sit perventum; huius ambitum $\overline{CXII}$·D p.,
a Perside longius abesse, adiri uno alveo angusto. insula
Ascliae, gentes Nochaeti, Zurazi, Borgodi, Catharraei,
Nomades, flumen Cynos. ultra navigationem inconpertam 149
ab eo latere propter scopulos tradit Iuba praetermissa
mentione oppidi Omanorum Batrasavaves et Omanae, quod
priores celebre*m* portum Carmaniae fecere, item Homnae
et Attanae, quae nunc oppida maxime celebrari a Persico
mari nostri negotiatores dicunt. a flumine Canis, ut Iuba,
mons adusto similis, gentes Epimaranitae, mox Ic*h*thyo-
phagi, insula deserta, gentes Bathymi .... Eblythaei 150
montes, insula Omoemus, portus Mochorbae, insulae Etaxalos,
Inchobriche, gens Cadaei, insulae sine nominibus multae,

§ 149: Iuba fr. 45 Müller.

1 atere **E**^{s}. lat- **p** | tylos **E**^{s}*B*(*D*^{2}). til- **R**^{2}*v*. thil- **p**. *cfr. XII 38. 39. Arr. anab. VII 20, 6.* tyros **DFdT***J coll. Strab. XVI p. 766.* tiros **R**. tros **a** | insula **E**^{s}**p***v*. inus. L. *r* 2 plurima margaritis et **E**^{s}*va. Bas.* 3 alterā minorē (-rā **a**) **DFRa** | a *om.* **FRa** 4 XXII **E**^{s}**p***va. G* | D *ll. v*(*H*). *del. C.* (*cfr. XII 39* $\overline{X}$) | aspicit **Fa** 5 ambitum **E**^{s}**p***v*. -tu *rS* | CXX·D **a**. CXII **p** 6 abesse **E**^{s}**p***v*(*D*). esse *rS* 7 ascliae **DFR***D*. -lie **af***S*. asgilia *v* | nocheti **Rd***va. D.* necaethi **a** | zuraci **T**. -chi *va. S* | catharraei **DF**. -rrei **R***v*(*S*). catarrei **a**. -rraei (*B*)*C* 9 uba **DF** 10 omanorum **R**^{2}*v*. hom- **p**. omamo- *r* | batrasauaues (pat- **a**) *ll. J.* -saues **R**^{2}*S*. -sa aues **p***v*. -sabbes *G* | et **R**(?)**p***v*. ei *r* | omanae **R**^{2}*G*. -ne *C*. -amae **DFR**^{1}. oamne **a**. homanem **p**. tomamem *v* 11 celebrem (**p**?)*v*. -bre *ll* | homnae **R***S*. om- *v*. homene **p**. hommae **D**. -me **a**. homae **F** 12 attanae **F***S*. -ne **a**. athane **p***v*. -nae *C*. hattanae *rD*^{2} 14 simili **DFa** | aspimaranitae **p** 15 gentes *ll. v*(*D*). gens **d**(?)*H* | *lac. ego indicavi* | bathimi **ap** | eblythaei **Fa***D*^{1}. -thei **D***D*^{2}. -lithei **R**. -taei *Dal.* -tei *v*. -liothei **p** 16 omoemus **Da***v*(*D*). -oem **F**. -oenus **R***G*. omemus **dT**. -enius **p** | mochorbae **DFR***D*. -be *S*. mocorbe **ap**. macho- *v* | taxalos **Fda**. exax- **R**. exas- **p** 17 inchobriche **R***D*^{2}. -chae **DF***D*^{1}. -ice **d***S*. incobriche **p**. -ce **a**. oncho- *v* | cadaei **DR***C*(*S*). -dai **Fa**. -dei **p***v*. chadai **d**. -daei *Bas.*

celebres vero Isura, Rhinnea et proxima, in qua scriptae
sunt stelae lapideae litteris incognitis, Coboea portus,
Bragae insulae desertae, gens Taludaei, Dabanegoris regio,
mons Orsa cum portu, sinus Duatas, insulae multae, mons
Tricoryphos, regio Chardaleon, insulae Solanades, Cachina,
item Ic*h*thyophagorum. dein Clari, litus Mamaeum, ubi
auri metalla, regio Canauna, gentes Apitami, Casani, insula
Devade, fons Coralis, Carphati, insulae Alaea, Amnamethus,
151 gens Darae, insulae Chelonitis, Ic*h*thyophagon multae,
Odanda deserta, Basa, multae Sabaeorum. flumina Thanar,
Amnum, insulae Doricae, fontes Daulotos, Dora, insulae
Pteros, Labatanis, Coboris, Sambrachate et oppidum eodem
nomine in continente. a meridie insulae multae, maxima
Camari, flumen Musecros, portus Laupas, Scenitae Sabaei,
insulae multae, emporium eorum Acila, ex quo in Indiam
152 navigatur, regio Amithoscatta, Damnia, Mizi maiores et
minores, Drymatina, Macae; horum promunturium contra

---

1 rhinnea **d***v*. rihi- **a**. rihn- **DF**. hnnea **R**. haula **p** 2 stelae *B*. -llae *ll.r* | cobea **a**. choboea **p**. gob- *va.S* 3 taludaei (-dei **a**) *ll.D*. tha- **d***G*. cha- **p**. ca- *v* | Dabae, Negris (*vel* Egris) regio *MGGm I p. LXXIII*[a] 4 duatus **R**(?)*va.D* 5 tricoyphos **DFa** | chardaleon (-leo **p**) *ll.D*. car- **adT***S*. -lena *v* | solanidae *va.S* | cachina (cha- **p**) **DFdap**. -inna **R***S*. capina *v* 6 chari **p**. clara **a**. glari *va.S* | manieum **a**. mauienum **p**. hammaeum *va.S. an* Alilaeum? *cfr. Agatharch. 96 (GGm I p. 184)* 7 metalli **DFa** | chana una **p** | gens **DFap** | cesani **a**. chas- **p**. gas- *va.S*. Κασανδρεῖς *Agatharch*. 8 deuade **p***S*. -dae **Ra***G*. deuuade *rv* | fons — insulae **R**[2]**p***v*. *om.r* | choralis **p**. goralus *va.S* | carphati **R**[2]**p***S*. garpheti *v*. *del.H* | alaea **DFR***v*(*J*). -acha **p**. lia **a**. aleu *G*. calaeu *H* | amnamethus (ama- **p**) **Rdp***v*(*S*). -thu *G*. amnecmethus **F**. -nē cm- **D**. -nem metus **a** 9 darae **DF***D*. -re **Ra**. darrae *G e StByz*. clarae **dp**. -re *v* 10 eodanda *va.S* | basag *va.S* | tharnar (thamar *G*) **d***va.S* 11 amnon *G*. aim **p** | dorice **D**. -cho **p**. *cfr. MGGm I p. LXXIII*[b]. dolicae *va.S* | doulothos **p**. claudotos **a**. daulotes *va.S* | dola **p** 12 labatranis **a**. -thanis **p**. -banis *va.H* | sambrachate **Rp***S*. -tae **DF**. -cate *v*. *om.***a** 13 multa **DFa** 14 museros **p**. mysecros *va.S* | leupas *va.S* | sabaci **DFa**. -cei **p** 15 acil **DF**. cil **a**. athila **p** 16 amithoscatta (-tth- **F**) **DFa***D*. -scata **d**. -scutta **R**. -ssutha **p**. -scuta *v* | dana **p** | mizi **R***v*. mihi **DFd**. michi **a**. mici **p** 17 Drymatina (Drimati *B*), Macae. horum *B* (*Gutschmid Iran*

Carmaniam distat L p. mira res ibi traditur; Numenium, ab Antiocho rege Mesenae praepositum, ibi vicisse eodem die classe aestuque reverso iterum equitatu contra Persas dimicantem et gemina tropaea eodem in loco Iovi ac Neptuno statuisse. insula in alto obiacet Ogyris, clara 153
Erythra rege ibi sepulto; distat a continente CXXV p., circumitur CXII·D. nec minus altera clara in Azanio mari Dioscuridu, distans a Syagro extumo promunturio CCLXXX. reliqui in continente a noto etiamnum Autaridae, in montes VIII dierum transitus, gens Larendani et Cata*b*ani, *G*ebbanitae pluribus oppidis, sed maximis Nagia et Thomna, templorum LXV; haec est amplitudinis significatio. promunturium, a quo ad continentem Trogodytarum 154
L, Thoani, Actaei, Chat*r*amotitae, Tonabaei, Antiadalaei, Lexianae, Agraei, Cerbani, Sabaei, Arabum propter tura

---

§ 153: (5. 6) Mela III 79. (Berger Eratosth. fr. p. 273). — (7. 8) Peripl. mar. Erythr. 30 (GGm I p. 280).

---

p. 40) D^2. drimati naumache (-chae *v*) horum a p *v*. -ti (drym- D F) naumachaeorum *r H. cfr. § 98. Mela III 79. Strab. XVI p. 765* | contra D (?) p *v*. circa *r*

2 mesenae *G*. maesene D. -saene F. misene (miss- p) R a p. -nae *v* 3 equitatu p *v*. -tū *ll* 5 ogris a. ogiris *v a. B*. ogenis E^s. hog- p | clar E^s a 6 erythra *B*. erithra p. -itha D F R. eryta E^s. erita a. rutha *v* | CXXV E^s p *v* (*D*). CXX *r S*

7 circuitus R p. -tu d T *v a. D* | D *om. S J errore* | nec *om.* D

8 dioscuridu *G*. -rioduo R^1. -riada *B*. -cynidii E^s p. -cyrida *v*. dioseurio (-sourio R^2) duo *r* | syagna E^s 9 a noto in continente a | autaritae d *J*. ausaritae (*B*) *H coll. XII 69* 10 VIII E^s p *v* (*H*) D^2. VII *r G* (*S*) | *an* transitu? | gentes p *v a. D* | et *ll. S.* a p. *om. v* 11 catabani *B coll. V 65*. -pani D F d R a *D*. gataphani E^s p. catha- *v* | gebbanitae (geba- *B*) *D*. cebra- a *v*. cebbra- *r*. *cfr. XII 63. 68 al. comma del. U 138* 12 thomna (ho- E^s p) *ll. v* (*S*). tamna (*B*) *C e Strab.* 13 prumuntorio E^s 14 actei E^s a. -thei d T *v a. B*. acchitae (*vel* acchaei) *B e Ptol.* ascitae *H* | chatramotitae *B*. chatha- p. catta- D F R. catamotti- (-mocti *v*) E^s *v* | thonabei R. toma- *C* | antiadalaei *ego*. -la et D. -lei d. -lei et E^s *D*. anthiadala et F. ancia- a. antidalei (andi- p) *v*. -lei et R *S*

15 agrei E^s p *v a. H*. agrae D. -re a d | gerbani D F R a | arabum *om.* E^s

clarissimi, ad utraque maria porrectis gentibus. oppida eorum in Rubro litore Merme, Marma, Corolia, Sab*b*atha; intus oppida Nascus, Cardava, Carnus et, quo merces
155 odorum deferunt, Thomala. pars eorum Atramitae, quorum caput Sabota LX templa muris includens; regia tamen est omnium Mare*b*bata. sinum optinent XCIIII, refertum insulis odoriferis. Atramitis in mediterraneo iunguntur Minaei. mare accolunt et Aelamitae oppido eiusdem nominis, *i*is iuncti Chaculatae, oppidum Sibi, quod Graeci Apaten vocant, Arsi, Codani, Vadaei oppido magno, Barasasaei, Lechieni, Sygaros insula, quam canes non intrant
156 expositique circa litora errando moriuntur. sinus intimus, in quo Laeanitae, qui nomen ei dedere; regia eorum Agra et in sinu Laeana vel, ut alii, Ael*an*a: nam et ipsum sinum nostri Laeaniticum scripsere, alii Aelaniticum,

§ 156: Iuba fr. 40 Müller.

2 merme (-mae F) *ll.J.* -rine d. -rhine p. maerine *v.* marane *B e Strab. et Diodoro* | conolia E^s. colonia p | sabbatha *ego ex Arr. periplo 27 et Ptol.* sabratha DFRa. -ta dT. sabatra E^sp*v.* -tha (*Salm.*) *H* 3 narcus E^s. -rchus p | cardaba DFa 4 pagus *P e XII 52* | atramitae *B e StByz.* astra- DFRa (*item XII 52*). ascra- *v.* archrante E^s. achra- p 5 sabotra LX p. sabotale E^s. sobo- *va. P*(*Dal.*). *cfr. XII 52. 63* 6 est *om.* R*va. G*(*S*). | marebbata *ego.* -elibata E^sDFdTa*v*(D^2). -tha p. areliabata (-lab- R^1) R. mar- D^1. mariaba *B e Strab. XVI p. 768. 778. cfr. § 159* | optinet R(?)*va. D* | CXIIII R. XVIIII F^2 | refertur Fa 7 odoris feris DFR | atramitis *ll. v. cfr. supra v. 4* | mediterranea DFdR*SJ*
8 mina et Fa | aelamitae E^s*D* hel- p. el- *v.* atlim- D. adlim- F. -tem Ra. attalimitae dT*J* (*del. et*) | oppidum E^s 9 is Ra. his *rD* | iuncti RE*G.* -tis *r.* -ti sunt *D.* iunguntur p*v* | caculatae ad. chagu- p. cagu- E^s*va. S* | *an* oppido? | siby *C.* ibi p 10 chodani R. dani p. coclā E^s | uadaei E^s*D.* -dei *v.* nadei p. baraei (-aci R) *r.* uarei T*J* | barasasaei R*S.* bana- E^s*H.* barasasa et DF*D.* barasei et dT. -sei *v.* bassasei p 11 lechiem E^s. bechieni p. licheni *B* | sigaros DFa. stagnos (*corruptum e* siagros?) E^sop. syagros (*P*)*G coll. § 100. 153* | insulā (*om.* quam) DFa
13 leanitae (-the p) E^sRap*va. S* 13. 14 agra et Rd(?)*v.* ha- DD^2. hagrat *r.* agraulis p 14 aelana *B.* el- *v.* aelala *ll.* helena p
15 laeaniticum *ego. cfr. § 165. V 65.* aela- FR*G.* ela- *rv.* helanicum p | scripsere alii aelaniticum $E^s$$R^2$p*v. om. rJ* | aelani-

Artemidorus Alaeniticum, Iuba Leaniticum. circuitus
Arabiae a Charace Laeana colligere proditur |XLVII|·LXV p.,
Iuba paulo minus |XL| putat. latissima est a septentrione
inter oppida Heroum et Characem. nam et reliqua medi- 157
terranea eius dicantur. Nabataeis Thimaneos iunxerunt
veteres, nunc sunt Taveni, Suelleni, Araceni, Arreni oppid*o*
in quo*d* negotiatio omnis convenit, Hemnatae, Avalitae,
oppida Domata, Haegra, Thamudaei, oppidum Baclanaza,
Chariatta*e*i, Toali, oppidum Phodaca, Minaei, a rege Cretae
Minoe, ut existimant, originem trahentes, quorum Car-
mei; oppidum XIIII p. Maribba, Paramalacum, et ipsum
non spernendum, item Canon. Rhadamaei — et horum 158

---

ticum *ego*. elan- E^s*D*. aelen- R^2*S*. alan- *v*. aelenat- *L*. elanat- *C*. helamicum p

1 aleniticum Rad*G*. alan- p*v* | iuba *om.* Fda | leaniticum *ego*. *cfr. Ptol. VI 6,18.* laeni- D*v*(*S*). lemni- E^s. lemi- R. laeani- *H*. lenintichum p. *om.* Fda 2 laeana R(?)*B*. lea- *rv* | proditur E^{s}p*v*(*J*). trad- *rS* | XLVII E^s*H*(*D*^{2}). XLVI *rS*. -VIII *v* | LXV E^s*v*(*D*). LXVI *rS* 4 heroum *B coll. § 165. V 65*. -oeum E^{s}F*v*(*J*). -oheum *r*. arceum p | characem *C*. car- Da. -ce R. -rocem F. characen E^{s}p*B*. car- *v* | nam (mam a) *ll. J*^{2}. iam *D*. nunc *v*

5 thimaneos *v*. tim- E^{s}d*D*. thimen- a. thuran- p. timaeneos F. timen- D. timoen- R | iunxerant DFdTRa*SJ* 6 tabeni Da. thabaeni F. raneni p | suelleni E^{s}p*v*. -llini *r* | araceni E^{s}p*D*. arra- *v*(*H*). sarra- *B*. anageni *r* | arreni E^s*v*(*D*). hare- p. are- *H*. arra *G*. *om. r* 6. 7 oppido in quod *ego*. -dum in quo *ll. v*. *cfr. § 145*

7 negotiatio omnis E^s*D*. omnis neg- d^{2}p*v*. neg- eius Fd^{1}a. omnis neg- eius DR(?)*S* | Hemuatae, Analitae *va. S* 8 domatha E^s*H*. -ada *v* | haegra DF*D*. heg- Rad*S*. aeg- E^s. ag- p. eg- *v* | thamudei *Bas*. -deni *H*. tamudaei DFR*S*. -dei ad*v*. tha E^{s}p | baclanaza E^s*D*. baciamidei p. *om. r*. Badanatha, Carrei, oppidum *v* 9 chariattaei toali *ego*. cariat (-th a. -ti *D*) tacitoali (Aci- *D*) DFda. cariati (*S*. -ta *H*. chariati *v*) achoali (tach- R^1) R*v*. chinati thacalin ip. *om.* E^s | phodaca *ego*. foth ca (ac *S*) R*S*. tota ca Dda. -ta //// F^1. phoda (fo- F^2) ac E^{s}F^{2}p*v*(*D*) | minaei F^{1}dR*B*. -noi F^2. -nei *rv* | rege *om.* DF^{1}a 10 minoae F. -oa E^s | carmaei Rd*S*. -mei *rD*. char- p*v*. -maei *L* 11 maribba E^{s}DFdT*H*(*D*). -ippa Ra*S*. -iaba *C*. -rriba pf*v* | paramalacum E^s*D*. bar- p*v*. palmal- RdT*S*. -lachum *r* 12 non E^s*v*. *om. r* | canocū a. carnon d*va. D*. char- p | rhadamaei F^2*H*. rhammai DF^{1}dRa. -mmei *v*. narmaei E^s. marmei p

origo Rhadamanthus putatur, frater Minois —, Homeritae Mesala oppido, Hamiroei, Gedranitae, Amphryaei, Lysanitae, Bachylitae, Samnaei, Amaitaei oppidis Nessa et Chenneseri, Zamareni oppidis Sagiatta, Canthace, Bacaschami Riphearina oppido, quo vocabulo hordeum appellant, Autaei, Ethravi, Cyrei Elmataeis oppido, Chodae Aiathuri in montibus oppido $\overline{XXV}$ p., in quo fons Aenuscabales, quod significat came-
159 lorum, oppidum Ampelome, colonia Milesiorum, Athrida oppidum, Calingi, quorum Mariba oppidum significat dominos omnium, oppida Pallon, Murannimal iuxta flumen, per quod Euphraten emergere putant, gentes Agraei, Ammoni, oppidum Athenae, Caunaravi, quod significat ditissimos

---

1 rathamanthus **DF**. radamanthus **R**. rhadamantus (**ap**?) *va.G*(*D*) | homeritae *B*. nom-**DFRa**. hem- *v*. hameni- **E**^{s}. harni- **p** 2 mesala *U.D. cfr.XII 69*. mas- *S ex Arr.periplo 62*. mass- *v*(*J*) | hamiroei *D*. -inoei **E**^{s}. -inei **p**. -irei **d**(?)*v*. amiroei (-onei **a**) *r* | gedranitae — 3 bachylitae *om.***E**^{s} | gedramite **p**. igedranitae **DF**. -ide **a** | amphryei **d**. -ryae *S*. -riaei **R**^{2}. -riei **a**. -pririaei **R**^{1}. -phariani **p**. -prae *v*. phryaei **DF***D* | lysanitae **DFda***D*. lis- **Rp**. ilis- *v* 3 bachilitae **Rdp***va.D* | sammaei **d**. -mmei *va.S*. sannei **E**^{s}**p***C* | amaitaei — 4 sagiatta *om.***E**^{s} | amaitaei **DFR***D*. -aythei **a**. -athei **d***v*. amitaei *S. om.***p** | nossa **Rp** | chenneseri **Da***D*. chonn- **R**. chennaesaeri **F**. cennesseri **d***C*. -eseri *v*. conosti **p** 4 zamereni **F**. -marenei **p** | sagitta **R**. -itha **p**. saiace *va.S* | canthate **R**. scantate *va.S* | bacaschamy **D**. -scami **a***va.D*. bachachami **p**. bacas **E**^{s} | riphearina **DFRa***D*. -rma **d***v*. frarina **p**. arina **E**^{s} 5 oppido **E**^{s}^{1}*D*. -dū *rv. om.***p** | quod **DFa** | autaei *D coll.§167*. -tei **E**^{s}**Rd***v*. -thaei **DF**. -thaci **a**. anthei **p** | ethraui **DRa***S*. etbra- **F**. et raui **E**^{s}*C*. et rha- *v*. reui **p** 6 cyrei **DFd***S*. cirei **Ra**. ginei **E**^{s}**p**. gyrei *v* | elmataeis **DFa***D*. -teis **d**. -taceis **R**. -cei (*U140*) *J. om.***E**^{s}. mathathe **p**. et mathataei, helmodenes cum *v* | *dist.D* | chodae **DF***D*. -de **Rp***J*. codae **E**^{s}. -de **d**. dodei **a**. ebode *v* | aiathuri in **d***J*. -run **D**. -rū **F**. adathurū **a**. auituri in **R**. aiatari& in **p**. in **E**^{s}. agacturi in *v* 7 $\overline{XXV}$ **E**^{s}**p***v*(*D*). XX *rG* | enuscabales **ad**. -biles **p**. emischabales *va.S* | *dist.D* 8 ampelome — athrida *om.***E**^{s}**p** | ampelone *G*. amyelome *v* | atrida **ad**. act- *va.S*. *an* Athrula *e Strab.XVI p.782*? 9 chalingii **E**^{s}. calnigii **p** | mariba *v*(*J*). -iua **DFdR***S*. -ina **a**. -iaba *C*. in arabia **E**^{s}**p** 10 palon **Rd***SJ* | murranimal **Fda**. -annimal **D**. iuramimal **p** 11 agraei **E**^{s}. agra et **DFa**. agre et **d**. aggei **p**. agrei *v*. -rei et **R**(?)*S*. -raei et *D* | amomi **E**^{s}**p** 12 athaene **F**. -hene **a**. ach- **p** | caunariui **a**. channarā **p**. caurarani *va.S*

armento, Chorranitae, Cesani, Choani. fuerunt et Graeca oppida Arethusa, Larisa, Chalcis, deleta variis bellis.

Romana arma solus in eam terram adhuc intulit 160
Aelius Gallus ex equestri ordine, nam C. Caesar Augusti filius prospexit tantum Arabiam. Gallus oppida diruit, non nominata auctoribus qui ante scripserunt, Negranam, Nestum, Nescam, Magusum, Caminacum, Labaetiam et supra 159
dictam Maribam circuitu $\overline{\text{VI}}$, item Caripetam, quo longissime processit. cetera explorata retulit: Nomadas lacte 161
et ferina carne vesci, reliquos vinum ut Indos palmis exprimere, oleam sesamae. numerosissimos esse Homeritas, Min*a*eis fertiles agros palmetis arbustos, in pecore divitias. Ce*r*banos et A*g*r*a*eos armis praestare, maxime Chatramotitas. Carreis latissimos et fertilissimos agros, Sabaeos ditissimos silvarum fertilitate odorifera, auri metallis, agrorum riguis, mellis ceraeque proventu. de odoribus suo dicemus l. 12
volumine. Arabes mitrati degunt aut intonso crine; barba 162
a*b*raditur praeterquam in superiore labro; aliis et haec intonsa. mirumque dictu, ex innumeris populis pars aequa

---

§ 161: (14) Mela III 79. Agatharch. 99 (GGm I p. 188). — § 162: Sol. 33, 16.

---

1 chorranitae **E**^{s}*D*. cora- **Rp***v*. -ita *r* | cesani **E**^{s}*v*(*D*). cess- **p**. oes- *rS*. caes- *C* | choani **E**^{s}**p***v*. ciani *rS* 2 anethusa **E**^{s}. -tussa **p** | larissa **F**^{2}*va.S* 6 scripserant **DFdTRa***SJ* | negram (-aam **E**^{s}. egram *B*) amnestum (*H*. ann- *v*. hanescum **p**) **E**^{s}**p***va.S* 7 neescam **DFa**. escam *B* | magusum **E**^{s}*v*(*D*). -sium **p**. -sam *Dal*. masugum *rS* | camiaeum **d**^{1}. -ineum **d**^{2}**T**. chamimaum **p**. *om.* **E**^{s}. tammacum *v* | labeciam **Rd***va.D*. labraum **p**. *om.* **E**^{s} 8 maribam *ll.v*(*J*). -iuam *S*. -iabam *C*. marribam **p** | caripeta **d**(?)*va.S*. charipeti **p** 11 saesamae **E**^{s}. sesimae **ad**. sesymae **FR**. -me **D** 12 minaeis *G*(*D*). -nois **E**^{s}**p**. -noes *r*. -naeos *B*(*S*). -noas *v* | fertilis **F**^{1}**Ra***SJ* | palmitis **E**^{s} | arbustos **E**^{s}*D*^{2}. -toque *rS*. -tisque *v. cfr.* § *131* 13 cerbanos *H coll.* § *154*. ceub- (caeub- **F**) *ll*. cemb- *v* | agraeos *H*. trareos **DFa**. rar- **R**. harr- **p**. arreus **E**^{s}. areos *v*. arios *C* | chatramotitas *B*. catha- **E**^{s}**d**. -thitas **a**. catramothi- **R**. catthamothithas **DF** 14 charreis **DFRp**. carraeis *C* 15 irriguis **p** 17 metrati **DFR**. -adi **a** 18 abraditur *v*. adr- *ll.***o***D*^{2} | praeter quod **DFa**. -terque **R** | superiori **E**^{s}**o** 19 coaequa **o**

in commerciis aut latrociniis degit. in universum gentes ditissimae, ut apud quas maximae opes Romanorum Parthorumque subsidant, vendentibus quae e mari aut silvis capiunt nihilque invicem redimentibus.

163 (33) Nunc reliquam oram Arabiae contrariam persequemur. Timosthenes totum sinum quadridui navigatione in longitudinem taxavit, bidui in latitudinem, angustias $\overline{VII}$·D p.; Eratosthenes ab ostio |XII| in quamque partem; 164 Artemidorus Arabiae latere |XVII|·$\overline{L}$, 29. Trogodytico vero |XI|·$\overline{LXXXVII}$·D p. Ptolemaida usque; Agrippa |XVII|·$\overline{XXXII}$ sine differentia laterum. plerique latitudinem $\overline{CCCCLXXV}$ prodiderunt, faucesque hiberno orienti obversas alii $\overline{IIII}$, alii $\overline{VII}$·D, alii $\overline{XII}$ patere.

165 Situs autem ita se habet: a sinu Laeanitico alter sinus quem Arabes Aean vocant, in quo Heroon oppidum est. fuit et Cambysu inter Nelos et Marchadas, deductis eo aegris exercitus. gens Tyro, Daneon portus, ex quo

---

§ 163: Berger Eratosth. fr. p. 292. Agathem. III 14 (GGm II p. 475). — § 164: Agrippa fr. 34 Riese.

---

1 ac **a**. at **Rd**. ad **DF**^{1} 2 aput **F**^{1}. puta **E**^{s}**op** | quos **Ra** | maxime **ao** *va.H* 3 subsident **F**^{1}. -ens **R**^{1}**ad**. -istant **R**^{2}*va.(P)G* 4 nihilq. **F**. nich- **ao**. nihil *rv* 5 persequimur **Fda** 7 in (*post* bidui) *om.* **E**^{s} 8 $\overline{VII}$·D **Rd***H*. $\overline{IIII}$·D **E**^{s}**p***v(D*^{1}*)*. $\overline{VII}$ *r* | $\overline{XII}$ **E**^{s}**p***D*. $\overline{XIII}$ *rv* 9 $\overline{XVII}$·L *H e Strab. et Agathem.* $\overline{XIIII}$·L **E**^{s}**p***v(D)*. XVI *r* 10 $\overline{XI}$·$\overline{LXXXVII}$·D (*Müllenhoff*) *D*^{2}. -$\overline{IIII}$·D **E**^{s}**p***D*^{1}. -III *v*. -II *G*. $\overline{XI}$ ($\overline{XVI}$ **a**) XXXVII·D *rH* | ptolomaida **E**^{s}**D***D*. ptho- **Fa**. -idas **Rd**. (*item infra passim*) 11 $\overline{XVII}$ *ll.H.* *om.***p**. XIIII *v*. XIII *Dal.* | $\overline{XXXII}$ **E**^{s}*v(D)*. $\overline{XXII}$ *rC*. $\overline{XLVI}$ **p** 12 $\overline{CCCCLXXII}$ **p**. -LXII *va.H* | faucisque (**E**^{s}**D**?) *S* | aduersas **a** 13 $\overline{IIII}$ **E**^{s}**p***v(D)*. $\overline{VII}$ **DFdTa***H*. $\overline{XII}$ **R***S* | alii VII·D *ego.* alii $\overline{IIII}$·D **E**^{s}*D*. alii $\overline{VII}$ **p***v*. *om.rH* | $\overline{XII}$ **E**^{s}**p***v(D)*. $\overline{XV}$ *rS* 14 ita *om.***DFa** | laeanitico **E**^{s}**DF***J*. leanit- **R**^{2}**adT**. leant- **R**^{1}*v*. aelanit- *B. cfr. § 156* 15 arabiaes **DF**. -bęs **d** | aean **F***D*. aeant **E**^{s}*C*. ean *r*. heant **p**. eant *v*. soean *S* | quo (que **E**^{s}) oroon **E**^{s}*va.B* 16 marthadas **DFa***va.C* 17 tyro **DFRa***D*. -ron **dT***S*. -ra **p***v*. tira **E**^{s}

navigabilem alveum perducere in Nilum, qua parte ad
Delta dictum decurrit, LXII·D intervallo, quod inter flumen 5,48
et Rubrum mare interest, primus omnium Sesostris Aegypti
rex cogitavit, mox Darius Persarum, deinde Ptol*e*maeus
sequens, qui et duxit fossam latitudine pedum C, altitudine
XXX, in longitudinem XXXVII·D p. usque ad Fontes
Amaros; ultra deterruit inundationis metus, excelsiore 166
tribus cubitis Rubro mari conperto quam terra Aegypti.
aliqui non eam adferunt causam, sed ne inmisso mari
corrumperetur aqua Nili, quae sola potus praebet. nihilo
minus iter totum terreno frequentatur a mari Aegyptio,
quod est triplex; unum a Pelusio per harenas, in quo,
nisi calami defixi regant, via non reperitur, subinde aura
vestigia operiente; alterum ultra Casium montem, quod 167
a LX p. redit in Pelusiacam viam — accolunt Arabes
Autaei —; tertium a Gerrho, quod Agipsum vocant, per
eosdem Arabas LX propius, sed asperum montibus et
inops aquarum. eae omnes viae Arsinoen ducunt, conditam
sororis nomine in sinu Carandra a Ptol*e*maeo Philadelpho,
qui primus Trogodyticen excussit; amnem qui Arsinoen
praefluit Ptol*e*maeum appellavit. mox oppidum parvum 168
est Aenum — alii pro hoc Philoterias scribunt —, deinde

---

2 percurrit **R** | D *ll.v*(*H*). *om.C* 3 primũ **FaT** | sesostria **DFRa** 5 qui eduxit **E**^{s}**p** 6 XXX **E**^{s}**p***v*(*D*). XL *rS* | XXXVI·D **R**^{2}. XXXIIII·D **E**^{s}*D* 8 maris **Fa** 10 corrumpent **Fa** | aquã **F**^{2} 11 terreno **R**^{2}*S*(*D*). -nus **DFR**^{1}**a**. -nis **dT***J*. -ndo **E**^{s}. terendo **p***v* 13 aura *om.***E**^{s} 14 alterũ *D*^{2}. -er II **DFa**. -erum II **E**^{s}*D*^{1}. -erum uero II **R**(?)*v* | casium *B*. caspi- (carpi- **R**^{1}) *ll.v* 16 autei **Rd***va.D*. -tet **a**. *cfr.§ 158. 168* | a gerro **E**^{s}*v*(*J*). a ghero **p**. *om.***a**. ac (a **R**) cerrho *rS* | agipsum **E**^{s}**pT***D*. -sium **R**^{2}*J*. -pisium **R**^{1}. agypsium **F**^{2}. -sum **d**^{2}. -pisium **DF**^{1}**d**^{1}. egippiseũ **a**. adipsum *v*. -son *C*. alii Gisium *MPt p.682*^{a}
17 arabas *Brot*. -bes **p***v*(*S*). ardabas **E**^{s}**DdR**. arbadas **a**. arthabas **F**. *cfr.§177* 18 eae **F**^{2}*v*. ae **E**^{s}. ea *r* 19 charantra **p**. -ndra *va.S* 20 et amnem *G* 22 aenum **E**^{s}**DF***D*. hae- **p**. enum **RdT***S*. enim **a**. aennum *v* | philoterias *ego. cfr. Ptol. IV 5,8*. pileot- (-etrias **F**^{2}) **DF**. philit- **E**^{s}. philat- **p**. pilet- **dT**. pilact- **a**. philet- *v*(*D*). piloteria **R**. philoteram *B e Strab. XVI p. 769*. -teris *Mela*

sunt Asaraei, ex Trogodytarum conubiis Arabes feri, insulae Sapirine, Scytala, mox deserta ad Myos Hormon, ubi fons Tatnos, mons Aeas, insula Iambe, portus multi, Berenice
168 oppidum, matris Philadelphi nomine, ad quod iter a Copto
169 diximus, Arabes Autaei et Gebadaei. (34) Trogodytice, quam prisci Midoen, alii Midioen dixere, mons Pentedactylos, insulae Stenae *D*irae aliquot, Halonesi non pauciores, Cardamine, Topazos, quae gemmae nomen dedit. sinus insulis refertus: ex his quae Mareu vocantur, aquosae, quae Eratonos, sitientes; regum hi praefecti fuere. introrsus Candaei, quos Ophiophagos vocant, serpentibus
170 vesci adsueti; neque alia regio fertilior est earum. Iuba, qui videtur diligentissime persecutus haec, omisit in hoc tractu — nisi exemplarium vitium est — Berenicen alteram, quae Panchrysos cognominata est, et tertiam, quae Epi Dires, insignem loco: est enim sita in cervice

---

§ 168: (init. 3) Mela III 80. cfr. Sol. 27, 54. — § 169: (8) cfr. Plin. XXXVII 108. — (11) Mela III 81. Sol. 33, 17. — § 170: Iuba fr. 41 Müller. — (14) Mela III 81. — (501, 1) Agatharch. 82 (GGm I p. 170).

---

1 asaraei F². -rii p. -rri E*D. azarei v. abasaei (abes- a) rS 2 sapirine *SePtol. IV 5, 35*. -rene v. -ptrene p. -parinae E*D². sarapine (ser- a) RadTJ. -nae DFD¹ | scythala F. -lam DRa 3 tatnos RS. statnos DFda. tamos E*. tha- p. tadnos v. est ainos *D coll.* aenum (*§ 167*) *et* aenuscabales (*§ 158*) | eas Fa. eos E*va. H(D). heos p. *cfr. Ptol. IV 5, 8* | iambe — 7 insulae *om.* a | iambae F. la- E*. -be pva. H | uerenicate E* 5 duximus E* | gebadaei E*D. -dei pH. gneb- v. zebadei RS. -ataei r 6 midoen E*pdS. myd- r. michoen v | midioen *ego*. -dioe E*D. -dicen p. -doen v. michoe RdS. mychoe D. -chae F 7 stenae dirae *Be Strab. XVI p. 769*. stenetire p. -tyrae E*v. -naecyrae R. stheneayrae r | hallonesis R. -ssis DFa. halonnesi G. -enses v 9 mareu dv. -raeu D². -ru DF. -rii a. -r-|- R. matreu E*D¹. -reni p. Μαρία *Diodor. III 38, 4* (*cfr. GGm I p. 165. 166*). Μύρωνος *Ptol. IV 7, 11*. Miaru *MPt p. 758*ᵃ 10 eratonos C. -astonos p. -atanos E*v(D¹). eranos rS. Stratonos D². (*cfr. § 173*) | hi D². ii v(S). his *ll.* H(D¹). iis dTJ 11 candei Rava. D¹. Panchaei (*Voss. ad Melam III 81*) D² *coll. etiam VII 197. X 4* 12 earum E*pRdv. eaurū DF. auro a. est auro F²D 14 nisi si Rad va. D 15 pancrisos a. -chrisas E*

longe procurrente, ubi fauces Rubri maris $\overline{\text{VII}}$·D p. ab
Arabia distant. insula ibi Citis, topazum ferens et ipsa.
ultra silvae, ubi Ptol*e*mais, a Philadelpho condita ad venatus 171
elephantorum, ob id Epi Theras cognominata, iuxta lacum
Monoleum. haec est regio secundo volumine a nobis 2, 183
significata, in qua XLV diebus ante solstitium totidemque
postea hora sexta consumuntur umbrae et in meridiem
reliquis horis cadunt, ceteris diebus in septentrionem, cum
in Berenice quam primam posuimus ipso die solstitii sexta 168
hora umbrae in totum absumantur nihilque adnotetur
aliud novi, $\overline{\text{DCII}}$ p. intervallo a Ptol*e*maide: res ingentis
exempli locusque subtilitatis inmensae, mundo ibi depre-
henso, cum indubitata ratione umbrarum Eratosthenes
mensuram terrae prodere inde conceperit. hinc Azanium 172
mare, promunturium quod aliqui Hi*p*palum scripsere,
lacus Mandalum, insula Colocasitis et in alto multae, in
quibus testudo plurima. oppidum Sace, insula Daphnidis,
oppidum Aduliton; Aegyptiorum hoc servi profugi a dominis
condidere. maximum hic emporium Trogodytarum, etiam 173
Aethiopum; abest a Ptolemaide V dierum navigatione.
deferunt plurimum ebur, rhinocerotum cornua, hippopo-
tamiorum coria, c*h*elium testudinum, sphingia, mancipia.

---

§ 171: (3) Mela III 80. — (13) Berger Eratosth. fr. p. 123. — § 172: (14) Sol. 56, 5. — § 173: (502, 1. 2) Dic. 7, 2.

---

1 $\overline{\text{IIII}}$·D **E^{s}p***va. H*(*D*). *cfr.* *§ 163* 2 insulae **E^s** | citis **E^{s}oD** *D*^{2}. citur p. zitis **F**. scithis **a**. cytis **Rd**(?)*v*. *cfr.* *XXXVII 107*, *ubi* **B** echitis, *alii* chitis | topazium **o***va. D* 3 siluae **d***G*. silliae **DF^{1}Ra**. siluas **E^{s}F^{2}op***v*. -uae sunt *D* 4 epiteras **E^s**. -ideras **p**
6 que *om.* **F^{1}da** 9 possumus **E^s** 11 *an* $\overline{\text{DCII}}$·D? *cfr.* *II 183* 12 deprenso **FR***SJ* 14 conceperit **E^{s}DdTa***D*. con-coep- (-int **F^1**) **F**. coep- **R**(?)*v*. cepit **p** 15 promunturium et mare *MPt p. 758*^{a} | hippalum (*U 142*) *D*. hisp- *ll. v* 16 mandalu **D**. -lii **a** | colorasitis **R^1**. casitis **E^s***va. G*. chas- **p** 17 sace **E^{s}RdT***v*(*D*^{2}). sce **a**. sache **p**. sacae **DF** *D*^{1}. suchae *B ex Artemid. ap. Strab. XVI p. 770*. -che *H*. sabae *MPt p. 757*^{b} 20 V *v*. quinque **DFdRap***L*. II **E^s***D* 22 chelium (χέλειον) *MPt p. 759*^{b}. celtium *ll. v*(*J*). chelyon *H* | spingia **FRa***va. B* | manupia **F^{1}R**. -ubia **adT**

supra Aethiopas Aroteras insulae quae Aliaeu vocantur,
item Bacchias et Antibacchias et Stratioton. hinc in ora
Aethiopiae sinus incognitus, quod miremur, cum ulteriora
mercatores scrutentur, promunturium in quo fons Cucios,
174 expetitus navigantibus; ultra Isidis portus, decem dierum
remigio ab oppido Adulitarum distans; in eum Trogodytis
myrra confertur. insulae ante portum duae Pseudopylae
vocantur, interiores totidem Pylae; in altera stelae lapideae
litteris ignotis. ultra sinus Avalitu, dein insula Diodori et
aliae desertae, per continentem quoque deserta, oppidum
Gaza, promunturium et portus Mossylites, quo cinnamum
devehitur. hucusque Sesostris exercitum duxit. aliqui
unum Aethiopiae oppidum ultra ponunt in litore Baragaza.
175 A Mossylico promunturio Atlanticum mare incipere
vult Iuba praeter Mauretanias suas Gadis usque navigandum
coro, cuius tota sententia hoc in loco subtrahenda non
est. a promunturio Indorum quod vocetur Lepte Acra,
ab aliis Drepanum, proponit recto cursu praeter Exustam
ad Malichu insulam |XV| p. esse, inde ad locum quem

§ 175: Sol. 56, 5. 6. 7. Iuba fr. 42 Müller.

1 aliaeu E[s]d*G*. -aeeu DF. -ieeu R. -ie a. -ien p*v*. elaean *B e Strab. l. l.* Alalaeu *Arr. peripl. 4 extr. cfr. GGm I p. 260*[b] 2 stratioton *ll. v*(*P*)*S*. Stratonos *B e Strab. l. l.* 3 admiremur E[s]o*va. S* 4 cutios FRa. -ius *va. G*. cultius p 7 pseudopylae *v*(*J*). -depylae FdR*S*. -depile a. -daepilae E[s]. *om.* D(?) 8 interiores E[s]p*v*. in ulteriore *r* | stele a. sterele R[1]. stelle R[2] 9 aualitu E[s]. auha- p. aba- F[2]*J*. ua- *r*. abalites *B*. -tus *v*. *cfr. Ptol. V 7, 3. Arr. peripl. 7* | dein *J*. dine DFdRa. *om.* E[s]p*v*. *de mendo cfr. § 178 init.* | dioduri Rd. diud- Fa. dioscori p 9. 10 eo alitē Fa 11 gaza E[s]p*v*. zaza *r* | mossylites F[2]*G*(*S*). mossil- R[2]E[s]. monssyl- DF[1]d. monssil- R[1]a. monsitides p. mossilicus (-ssyl- *H*) *v* | cinnamomum E[s]p*va. S* 12 sesostris *v*. sesso- R[2]. sostris E[s]. xesestris p. sosis *r* 13 baragaza E[s]*v*(*D*). barg- p. barig- F[2]. baric- *rS* 14 mosilico E[s]a. -selico p. -ite *v*. -ssylite *G* 17 Endorum *MPt p. 686*[b] | leptecara E[s]*va. B*. -cora p 18 drepnanum E[s] | Exustā *H*(*D*) *ex Arr. periplo 20 et Ptol. VI 7.* -ta E[s]*v*. -tae DFd*S*. -te a. exhuste R. -haustam p 19 ad *G e Sol.* et *ll. v*(*S*). *om.* p | malichu *Sol. S*. -lchu E[s]*G*. -lchi p. -licho *r*. -lacho *v* | insulam p*v*. -la *ll*. -las *D*

vocant Sceneos CCXXV p., inde ad insulas Adanu CL:
sic fieri ad apertum mare |XVIII|·LXXV p. reliqui omnes 176
propter ardorem solis navigari posse non putaverunt.
quin et commercia ipsa infestant ex insulis Arabes, Ascitae
appellati, quoniam bubulos utres binos insternentes ponte
piraticam exercent sagittis venenatis. gentes Trogodytarum
*id*em Iuba tradit Therothoas a venatu dictos, mirae
velocitatis, sicut Ic*h*thyophagos, natantes ceu maris animalia,
Bangenos, Zangenas, Thalibas, Saxinas, Sirechas,
Daremas, Domazenes. quin et accolas Nili a Syene non 177
Aethiopum populos, sed Arabum esse dicit usque Meroen;
Solis quoque oppidum, quod non procul Memphi in
Aegypti situ diximus, Arabas conditores habere. sunt qui 5, 61
et ulteriorem ripam Aethiopiae auferant adnectantque
Africae. [ripas autem incoluere propter aquam.] nos
relicto cuique intellegendi arbitrio oppida quo traduntur
ordine utrimque ponemus a Syene.

(35) Et prius Arabiae latere gens Catadupi, deinde 178
Syenitae, oppida Tacompson, quam quidam appellarunt
Thaticen, Aramum, Sesamos, Andura, Nasarduma, Aindoma

§ 176: (2—6) Sol. 56, 6. 8. — (6—9) Iuba fr. 42 Müller. Sol. 56, 9. MCap. VI 702 init. — § 178: (19) cfr. Mela I 51.

1 sceneos **Rad**^{2} *in ras.* **p***v*. scaen- *rD*. -neon *Sol.* | insulas Adanu *MPt p.686*^{b}. -lam sadanum *ll.v*(*J*). -lam Adanu (*Salm. p.875*^{b} *E*) *H. cfr. Sol.* 5 uinos **F**^{2}. -no **E**^{s}. imo **p** | insternentes **R**^{2}*S*. -endos **DFdR**^{1}**a**. sternentes **E**^{s}**p***v* 7 idem **R**(?)*G*. item **DFa**. *om.* **E**^{s}**o***v* | thorothoas **DF**^{1}**a**. hor- **F**^{2}. her- (-toas **o**) **E**^{s}**o***va.B* 9 bargenos **p***va.S* | zangenas **E**^{s}**p***D*. zageras *v*. gangeras **DFdTa***J*^{2}. -goras **R***S* | thalibas **E**^{s}**p***D*. -bus *r*. chalybas *v* | saxinas **E**^{s}**p***v*(*D*). xoxi- *rS* | syrechas **p**. -cas *va.S*. sirecas **E**^{s}*D* 10 deremas **DFa** | domazenes **E**^{s}**p***v*(*D*). -zaines **DFa**. -zames **RdT***S*. -zanes *C* 13. 14 sunt et qui **Rd**(?)*va.D*. sunt qui **a** 15 *uncos ego posui; traici vv. voluerunt post* Meroen (*v. 11*) *Dal.*, *post* habere (*v. 13*) *U 143* | incolere **d**(?)**p***va.S* 17 *dist. ego* 18 et **E**^{s}*v*(*D*). *om. rS* | catadapudine inde **FdRa** 20 thaticen **R**^{2}**p***S*. -thicen **E**^{s}*v*(*D*). et ycten **a**. ethicten *rJ* | aramum *v*(*J*). -mam **E**^{s}*D*. -nium *B*. arumam **DFda**. eruniam **R**^{1}. anamen **p**. aramasos **R**^{2}*S* | psesamos **a**. sesamum (-nium *B*) *va.S* | andura **E**^{s}*D*. sand-*v*. atuma **p**. *om. rS* | nasarduma **E**^{s}*D*. -dum **p**. -audum *v*. sanduma **R**^{2}*S*. samduna *r*. -dua **a** | Aindoma Come *ego*. (*cfr.*

Com*e* cum Arabeta et Boggia, Leupitorga, Tantarene, *E*meae, Chindita, Noa, Gopl*o*a, Gistate, Megadale, *P*remni, Nups, Direa, Patigga, Bacata, Dumana, Radata, in quo felis aurea pro deo colebatur, Boron, in mediterraneo Mallo
179 proximum Mero*ae*. sic prodidit Bion. Iuba aliter: oppidum mun*i*tum Megatichos inter Aegyptum et Aethiopiam, quod Arabes Mirsion vocaverunt, dein Tacompson, Aramum, Sesamum, Pide, Mamuda, Orambim iuxta bituminis fontem, Amodata, Prosda, Parenta, Mania, Tessata, Gallas, Zoton, Grau Comen, Emeum, Pidibotas, Aendonda-

---

§ 179: Iuba fr. 42 Müller.

Aendondacometas *§ 179*). naidomacum E^s. -ma, Cumcum *D*. masindomacum *rS*. hañadomachum p. anaudoma (anad- *Dal.*) *v* 1 cum arabeta E^s. Cumara, Beta (Peta *Dal.*) *v*. chumarabetra p. arabeta (-tā R) *rS* | bogghiana E^s. -grana p. -ggiana *D*. bochiana *va.S. cfr.* Bocchin *§ 181 extr.* | leupitorga RadS. leupyt- DF. leuphit- E^{s}p*v*(*D*) | tantarene R*v*. tamthare p. tautarene E^s*D*^{1}. -ren *D*^{2}. -tharaenae DF. ta (za a) ut harene ad. *cfr.* Ποντυρίς *ap. Ptol. IV 7,6* 2 emeae chindita (*MPt p. 771*^{b}) *D*^{2}. meae chin- *D*^{1}. meae chiin- E^s. meae echin- p. meechin- *v*. meae (maeae F. mee a) cin- (-tor a) *r*. mecin- d*S*. moechindira *C* | goploa E^s*D*. -phoa *v*. glopoa Fd. -ploa *rS*. golplea p | gistate E^{s}p*D*. -tem *r*. gystate d*v* | Megada (-geda *v*), Lea *S* | Premni *MPt l. l.* aremni E^s. arem p. arenni *r*. Remni *D*. Renni *S*. rhemnia *v*. *cfr. § 179 med.* (Πρῆμνις *Strabo* = Primi) 3 nupsia *va.S*. pus p. Πνούψ *Ptol.* | dirrea p. diraea F. dyr- a | patigga DFdR^1*J*. -tiga R^2*S*. -tyga a. paagga E^s. pataga *v. om.* p | bacatha a. bagada E^s*va.S*(*D*). pagaada p | rhadata Rd*va.D*. radacha p | felix FdR^{1}a 4 bonon E^s. bono p | mallo *ll. v*(*D*). -llos *C* 5 meroae *G*. -oe E^s*v*(*D*^{1}). -oen *rS*(*D*^{2}) | prodidit E^s*v*(*D*). -dit *rS* 6 munitum *ego*. in (im D) munto DFR imum E^s. linum p. in monte a*G*. limum in monte *v* | egatichos FR. -adicos a 7 mirsion E^{s}p*D*. -son DFa. myrson Rd*v* 8 aranium, sesanium *B* | pide *ll. D*. -den *G*. -dne *v* | mamuda E^{s}p*v*. -dae (-de a) *r*. doce d | corambin *va.S*. -bim E^{s}p*D*. *cfr. MPt p. 770*^{a} | iuxta E^{s}R^{2}p*S*. -ta eam *v*. iuocia D. -iā F. utocra R^1. euoci ha a 9 amodata (-tha p) E^{s}p*D*. hammodata (-ara *Bas.*) *v*. amodita *rS* | mania DFa*D*. -iad E^s. mama R*v*. nicum a p | tessata (the- p) E^{s}pD^1*v*(*D*). -atta D^{2}F. -ra *C*. tesatta Rd*S*. tasfata a 10 galles E^s*D*. gales p | grau d*G*. grao DF^1. grac F^{2}a. grou R. gnau E^{s}p. gau *v* | pidibotas E^s*v*. pydib- p. pidisb- *r* | aendondacometas DFRa. endo- E^s*v*(*D*). endothaaco- p. hebdomecontaco- *G* cometas, Nomadas in tabernaculis viventes, Cistaepen, Magadalen, Par*vam* Primi*n*, Nups, Direlin, Patingan, Breves, Magasneos, Egasmala, Cramda, Denna, Cadeum, Atthena, Batta, Alanam, Macua, Scammos, Goram in insula, ab iis Abale, Androgalim, Serem, Mallos, Agocem.

Ex Africae latere tradita sunt eodem nomine Tacompsos 180
altera sive pars prioris, Mogore, Saea, Aedosa, Penariae, Pri*m*is, Magassa, Buma, Linthuma, Spintum, Sidop, Censoe, Pindicitor, Acug, Orsum, Suara, Maumarum, Vrbim, Mulon, quod oppidum Graeci Hypaton vocarunt, Pagoarca, Zamnes,

---

1 nomades p. -metas **DFdRa** | cistaepen *ego.* cyst- **E**^{s}*D.* astepen p. cisteen **DFR**. -eon **a**. cysten d(?)*S.* -ten pemman *v* 2 magadalen **dT**. *cfr.* § *178 med.* magadagalen (inag- **E**^{s}p) **E**^{s}p**R**^{1}. -da, Galen *D.* macadag- (macc- **a**) *rS.* gadag- *v* | paruã primin *MPtp.771*^{b}. paroa prummu (-mũ p) **E**^{s}p*D.* proaprimii *r.* -min *S.* paloin, primmin *v* | nupsin *va.S* | direlin *ego* (*coll.* § *178* Direa). dicelin **E**^{s}*D.* dere- **R**^{2}. detre- **DR**^{1}*S.* decre- **Fa**. dercedT. deche- p. dase- *G.* deselini *v* | patimgan **R**. (Patin, Gambreues *va.D*) 3 magos neos **a**. magasne (-sen *G*) *va.S* | egusmala **DFda**. segasm- *va.D* | cramda **E**^{s}**DFa***D.* cranda **dp***G.* -dala **R***S.* caranda *v* | demia p. dene **DFa** 3.4 cadeum atthena *ego. cfr.* § *181 extr.* dadeum atthena **a**. cadeuma thena (-ne **F**) **DFdR***G.* cadeum mathena (-emia p) **E**^{s}p*D.* -umna thena *v* 4 baita **E**^{s}. batha p*va.S.* Nabatta *MPtp.769*^{a} | alanam **E**^{s}*D.* -nan p. -na *rv* | macua **E**^{s}*v*(*D*). -chua p. -cum *Dal.* mascoa *rS* | scammor **R**. samos p | goram **E**^{s}p*v*(*D*). ho- *rS* 5 abale (-la *G*) androgalim (-abin **a**) **DFdRa***S.* -ocalim *G*(*D*). ab alexandro calim (-lmi p) **E**^{s}p*v* | serem **E**^{s}p*D.* -ren *v.* seserem *r.* -ren *S* | agocem **E**^{s}*v*(*D*). -en *G.* -ozen p. -olem *r.* -en *S* 7 pars **E**^{s}p*v.* praes **DF**. peras **R**. res **a** | mogore **E**^{s}*D.* -res p. -ra *v.* moggore **Rd***S.* magorae **DF**. -re **a**. -ra *G* | sea **E**^{s}**a**p*va.S*(*D*) | edosa **a***v.* -oxa p. aedos *D.* edos **R***S.* aedes *MPtp.769*^{a} | penariae *MPtl.l.* (*i. e.* ταμιεῖα, *cfr.* Forum Cambusis § *181*). plenariae **DFRa***S.* pele- (-ria *Bas.*) **E**^{s}*v.* pelle- p. Apele- *D* 8 primis (*sc.* altera *sive* Magna) *MPtl.l.* pinnis **DFdRa***S.* pindis **E**^{s}*G*(*D*). pynd- p*v*(*L*) | magassa **E**^{s}p**R***S.* -ssu **F**. maggassu **Dda**. magusa *v* | buma **E**^{s}p**R***S.* bhu- *r.* bau- *v* | linthuma **FRa**p*S.* lyn- **D**. lintu- **E**^{s}*D.* linitima *v* | sidop **a**. syd- **DFdR***S.* -pta *v.* sidopt **E**^{s}*D.* sinodoth p. Sylop *MPtl.l.* | gensoe **E**^{s}*D.* -se p. -soa *va.S* 9 pindicitor **DFdRa***D.* -tora *v.* -ditor p. pndictor **E**^{s} | acug **Ra***S.* achug **DFd**. agugo (-ũgo p) **E**^{s}p *H*(*D*). cugoa (eug- *C*) *v* | orsima *va.S* | suara **E**^{s}p*D.* -asa *v.* sausa *rS* | mulon **E**^{s}*H.* -ona *v.* mylon p. molom *r.* -lum **dT***S* 10 hypato **F**. -panhon **E**^{s}. -patiton *va.G* | pagoarca **R***S.*

unde elephanti incipiant, Mambli, Berressa, Coetum. fuit quondam et Epis oppidum contra Meroen, antequam Bion scriberet deletum.

181 Haec sunt prodita usque Meroen, ex quibus hoc tempore nullum prope utroque latere exstat. certe solitudines nuper renuntiavere principi Neroni missi ab eo milites praetoriani cum tribuno ad explorandum, inter reliqua bella et Aethiopicum cogitanti. intravere autem et eo arma Romana Divi Augusti temporibus duce P. Petronio, et ipso equestris ordinis praefecto Aegypti. is oppida expugnavit, quae sola invenimus quo dicemus ordine, Pselcin, Primi, Bocchin, Forum Cambusis, Attenam, Stadissim, ubi Nilus praecipitans se fragore auditum accolis

182 aufert. diripuit et Napata. longissime autem a Syene progressus est $\overline{\text{DCCCLXX}}$ p. nec tamen arma Romana ibi solitudinem fecerunt: Aegyptiorum bellis attrita est Aethiopia vicissim imperitando serviendoque, clara et potens etiam usque ad Troiana bella Memnone regnante. et Syriae imperitasse eam nostroque litori aetate regis Cephei patet Andromedae fabulis.

§ 181: (6 sqq.) cfr. Sen. NQ VI 8, 3 sqq. Plin. XII 19.

-rchas p. -rgas *v*. -rta **DFda**. -rtas **E^{s}** *D* | zamnes **E^{s}** *v*(*D*). cha- p. zmanes (tma- **a**) *rS*
1 coetum **DFE^{s}** *D*. ccet- **a**. cet- **dp**. -uma *v*. coetuma **R^{1}**. acet- **R^{2}** *S* | fuit **E^{s}R^{2}p** *v*. it *r* 2 bion **E^{s}pR**(?) *v*. *om.* **DF**. mons **a** 5 exstat certe (cetera *v*) **E^{s}R^{2}pf** *H*. et **R^{1}**. *om.* *r* 10 aegypti. is (*P*) *H*. -tiis *ll. C*. -tus **adp** *v* | oppida **FdTRa** *S*. -da eorum **E^{s}p(D?)** *v*(*D*) 11 inuenerat **E^{s}p** *va. S* | quod **E^{s}R^{1}a** 12 pselcin *Dal. e Ptol. IV 7, 5*. -chin *B e Strab. XVII p. 820*. spelcin **DF**. -lcim **ad**. -lem **R**. -lgin **E^{s}**. -ligni **p**. splegin *v* | primin *va. D* | bocchin **Dd** *J*. (*cfr.* Βῶγχις *ap. St Byz.*). bochin **F**. -im **a**. -chyn **R**. boccin **E^{s}** *v*. boci **p**. aboncin (abuncim *S*) *B e Ptol. l. l.* | forum **DF^{1}dRa** *J*. (Καμβύσου Ταμιεῖα *Ptol. l. l.*). furum **E^{s}F^{2}p**. phurumin *v*. phthurin *B e Ptol.* | cambusiś **E^{s}** *D*. -sus **p**. -sin *v*. cabusis **R**. -sin *J*. -ssis *r* | attenan *v*. adtenam **E^{s}**. atteniam **DFa** *D*. -emam **d** *J*. -euam *H*. atheniam **R^{1}**. -nam **R^{2}**. -na **p**. *cfr. § 179 extr.* | stadissim **E^{s}** *D*. -isin **p** *v*. -dasim *rS* 14 napata *B coll. § 189. 184*. naeatta **d**. nepata **E^{s}R^{2}** *v*(*D*). nephata **p**. neata *r* 15 $\overline{\text{DCCCLXX}}$ **E^{s}p** *v*(*D*). DCCCC- *r H. cfr. U 144* | roma **E^{s}** 18 et (*pro* etiam) **o** 19 litori **R**(?) *H*. -re im **a**. -re *r* **o**

Simili modo et de mensura eius varia prodidere, 183 primus Dalion ultra Meroen longe subvectus, mox Aristocreon et Bion et Basilis, Simonides minor etiam quinquennio in Meroe moratus, cum de Aethiopia scriberet. nam Timosthenes, classium Philadelphi praefectus, sine mensura dierum LX a Syene Meroen iter prodidit, Eratosthenes DCXXV, Artemidorus DC, Sebosus ab Aegypti extremis |XVI|·LXXV, unde proxime dicti |XII|·L. verum omnis haec finita nuper disputatio est, quoniam a 184 Syene DCCCC·LXXV Neronis exploratores renuntiavere his modis: a Syene Hieran sycaminon LIIII p., inde Tama LXXII regione Euonymiton Aethiopum, Primi CXX, Acinam LXIIII, Pitaram XXV, Tergedum CVI. insulam Gagauden esse in medio eo tractu; inde primum visas aves psittacos et ab altera, quae vocetur Artigula, animal sp*h*ingion, a Terg*e*do c*y*nocephalos. inde Nabata LXXX; oppidum id parvum inter praedicta solum. ab eo ad insulam Meroen CCCLX. herbas circa Meroen demum viridiores, silvarum- 185 que aliquid apparuisse et rhinocerotum elephantorumque

§ 183: Berger Eratosth. fr. p. 152. (cfr. Plin. II 184).

2 melon **DFR¹a**   3 bion (byon **p**) et **E^s pv**(*D*). *om. rS*   5 nam et *ova.*(*P*)*H*   6 syenero (sie- **a**) uenit **DFa** | prodidit **E^s opv**. -idere *r*   8 XVI **E^s** *v*(*D*). LXVI *rS. om.* **p** | LXXII **E^s** *D¹* | XII·L **DFRa** *H. cfr. II 245.* LXII **E^s**. LXV **pv**. XII·LXX *G.* |XII| *D¹*   10 DCCC (*P*)*G* | LXXV **DFa**. -II **E^s p**. -VI **RdT**. -IV *P.* -III *H.* -I *S.* LXII *v.* XXXXV *D*   11 LIIII *ll. v. an* LXX? *aliter computavit MPt p. 768ᵃ* | p. *om.* **E^s p** *D*   12 LXXII *ll. H.* LXXV **pv**. *an* LXXX? | regione *ll.* **pv**(*D*). -nem **d**(?)*C* | primi *ll. v*(*D*). -mam *C. cfr. § 179. 181. (178)*   13 LXIIII **E^s DFapv**(*D*). LIIII **R**(?)*G* | pitaram **E^s adv**(*D*). pitt- *rS.* pyth- **p** | XXII **E^s** *D* | thergedum **p**. tergend- **E^s** | CIII **E^s p** *D* | gaugadem **p**   14 eo **E^s pv**(*D*). *om. rS*   15 artigula **E^s pv**. -icula *rS* | spingion (spig- **a**) *ll. va. B. cfr. § 173*   16 tergedo *B.* -godo *ll.* -gendo *v* | cynocephalos *v.* ceno- **p**. nino- **DR**. -cenfalos *r* | nabata **E^s** *C*(*D*). -tha **pv**. nataba *r.* napatha *G.* -ta *L*   18 CCCLX — meroen **E^s R² pv**. *om. r*   18. 19 siluarumque aliquid **E^s pv**. -arum *r*

vestigia. ipsum oppidum Meroen ab introitu insulae abesse
$\overline{\mathrm{LXX}}$ p., iuxtaque aliam insulam Tadu dextro subeuntibus
186 alveo, quae portum faceret. aedificia oppidi pauca; reg-
nare feminam Candacen, quod nomen multis iam annis ad
reginas transiit; delubrum Hammonis et ibi religiosum
et toto tractu sacella. cetero cum potirentur rerum
Aethiopes, insula ea magnae claritatis fuit. tradunt arma-
torum $\overline{\mathrm{CCL}}$ dare solitam, artificum $\overline{\mathrm{III}}$. al*ii* reges Aethi-
187 opum XLV *esse* hodie traduntur. **30.** universa vero gens
Aetheria appellata est, deinde Atlantia, mox a Vulcani
filio Aethiope. animalium hominumque monstrificas effigies
circa extremitates eius gigni minime mirum, artifici ad
formanda corpora effigiesque caelandas mobilitate ignea.
ferunt certe ab orientis parte intima gentes esse sine
naribus, aequali totius oris planitie, alias superiore labro
188 orbas, alias sine linguis. pars etiam ore concreto et
naribus carens uno tantum foramine spirat potumque
calamis avenae trahit et grana eiusdem avenae sponte
provenientis ad vescendum. quibusdam pro sermone nutus
motusque membrorum est. quibusdam ante Ptolemaeum
Lathyrum regem Aegypti ignotus fuit usus ignium. quidam
et Pygmaeorum gentem prodiderunt inter paludes ex

§ 187. 188: (14—22) Mela III 91. 92. 81. Sol. 30, 12—14.

2 tadu *ll. H.* tatu *G.* thandum **p**. tractu **o***v* 4 candacen **E**^{s}*v*(*H*). -cem **o**. -aocen *Dal.* chandachem **p**. canagen (-gem **R**) *r*. *cfr. Strabo XVII p. 820* 5 transiit **Rad***v*. -sit *rD* | est **E**^{s}**pz** *va. G*(*D*) 6 poterentur **Fa** 8 artificum *ll. v.* elephantum *D* | $\overline{\mathrm{III}}$ **E**^{s}**DFdTa***D*. $\overline{\mathrm{IIII}}$ **Rp***v*(*S*). $\overline{\mathrm{CCCC}}$ *B* | *dist. D* | alii *ego.* alare **DF**. alere *rv* (*puncto posito*) 9 $\overline{\mathrm{ee}}$ *ego.* et *ll. v* 10 ablantia **F**^{2} | a **E**^{s}**op***v*. *om. r* 11 ethiopie **o**. *add.* aethiopia (ethi- **o**. ethy- **p**) **op***v*. *sed cfr. Müller de stilo p. 90 et de glossemate II 106* hyadas, *8* cosmon, *III 51* Absyrto | effigies monstriferas **E**^{s}**o***va. S* 12 mirumque **DFRa** 13 caelanda **FR**^{1}. cel- **Da** 14 fertur **o** | certis **DF** | partes **DF** 15. 16 labro oris alia **DF** 17 foramina **DFR** 18. 19 prouenientis sponte **o** | pro sermone — 20 quibusdam *om.* **DF**^{1}**Ra** 20 motusque *et* quibusdam *om. etiam* **F**^{2}

21 latyrum **do***va. B.* -thurum *H. cfr. II 169* | aegypti regem **FdRa***SJ* 22 ante (*pro* inter) **E**^{s}**p***va. H* | ex **E**^{s}**p***v*. a *r*

quibus Nilus oriretur. in ora autem ubi di*c*emus continui 197
montes ardentibus similes rubent.

Trogodytis et Rubro mari a Meroe tractus omnis 189
superponitur, a Napata tridui itinere ad Rubrum litus,
aqua pluvia ad usum conpluribus locis servata, fertilissima
regione quae interest auri. ulteriora Atabuli, Aethiopum
gens, tenent. dein contra Meroen Megabarri, quos aliqui
Adiabaros nominavere; oppidum habent Apollinis. pars
eorum Nomades quae elephantis vescitur. ex adverso in 190
Africae parte Macrobii, rursus a Megabarris Memnones et
Dabelli dierumque XX intervallo Critensi. ultra eos
Dochi, dein Gymnetes, semper nudi, mox Anderae, Mattitae,
Mesaches; hi *pu*do*r*e atri coloris tota corpora rubrica
inlinunt. at ex Africae parte Medimni, dein Nomades,
cynocephalorum lacte viventes, Alabi, Syrbotae, qui octonum
cubitorum esse dicuntur. Aristocreon Libyae latere a 191
Meroe oppidum Tollen dierum V itinere tradit; inde
dierum XII Esar oppidum Aegyptiorum qui Psammetichum
fugerint; in eo prodente se CCC habitasse; contra in

§ 190: (10) Mela III 85. Sol. 30, 9. — (14. 15) Sol. 30, 4.

1 enim (*pro* autem) E^sp*va.G* | ubi E^sp*v*. ibi *r* | dicemus *ego*. desimus (-siimus *v*) E^sDFa*D*(*coll.§176*). desinit R^2*in ras.S*. -sunt p. -sinunt *J* 2 montis Fa | ardentibus E^sp*v*(*D*). -ti a. -tis *rS* | similis Fa 4 in itinere FdRa*SJ* 6 atabuli E^sp*va.S*(*D*) 7 tenet E^s*va.S*. -nens a | megabarri (mag- d) RdT*S*. -bari *B*. egabarri *r*. neg- *v* 8 adiabaras E^sp*va.S* | apollini E^s 9 uestitur E^s. -tus DF. -tis a 11 dabelli DFdTa*D*. -eli R*S*. dauelli E^s*G*. -ualli p. daneli *v*. *cfr.§196* 12 anderae d*v*(*D*). -ere E^sDFap. -ete R. -etae *S* | mattitae E^s*D*. mathi p. -itae *v*. mothi- R*S*. mouthes *r* 13 meaches D. mesagches E^s*D*. -gebes *va.S*. massagethes p | hi pudore *ego*. hipdores E^s. nid- p. ipsodore (-odoro F. -o ore a) *r*. -rae *S*. hypsodores *D*. hipporeae *v* 14 menismini *coni.B*(*U145*)*coll.VII31* 15 alabi E^s*D*. ol- *v*. aladi DFdT*S*. -dis R. alidi a. *om.*p | syrbotae *B*. -thae E^s. sirbote p. syrdote DFT. sir- Rad. *cfr.VII31*. serbotae *Sol*. sor- *v* 17 tolen *va.S*. tholon p. Coloen *B e Ptol.IV7,8* 18 XII *om.*E^{s1}. VII *MPt p.774*^{b} | esar *v*. caes- (*add*. XII E^{s2}) E^s. des- *rJ*^{1}. aes- *D*. *cfr.Ptol.IV7,7* Ἐσήρ 19 fugerint *G*. -runt E^s*B*. -rent *v*. -girint R^2. -rent *r* | prodente (prud- Fa) se *ll.*(*P*)*S*. -duntur annis *v* | C̄C̄C̄ *ll.*(*U145*) *D*. CCC *S*. trecentis p*v* | habitare E^s

Arabico latere Diaron oppidum esse eorum. Bion autem
Sapen vocat quod ille Esar; et ipso nomine advenas sig-
nificari. caput eorum in insula Sembobitin, et tertium in
Arabia Sinat. inter montes autem et Nilum Simbarri
sunt, Phalliges, in ipsis vero montibus Asachae multis
nationibus. abesse a mari dicuntur dierum V itinere;
vivunt elephantorum venatu. insula in Nilo Sembritarum
192 reginae paret. ab ea Nubaei Aethiopes dierum VIII itinere;
oppidum eorum Nilo inpositum Tenupsis. Sesambri, apud
quos quadrupedes omnes sine auribus, etiam elephanti.
at ex Africae parte Ptonebari, Ptoemphani, qui canem pro
rege habent, motu eius imperia augurantes, Harusbi oppido
longe ab Nilo sito, postea Archisarmi, Phalliges, Marigarri,
193 Chasamari. Bion et alia oppida in insulis tradit: a Sem-
bobiti Meroen versus dierum toto itinere XX proximae
insulae oppidum Seberritarum sub regina et aliud Asara,

§ 191: (5. 7) Sol. 30, 4. cfr. Plin. VIII 35. — § 192: (9. 11. 12) Sol. 30, 5.

1 diaron (-anon E^s) *ll.v*(*D*). diaon p. daron *B e Ptol.l.l.* | deorum DFR. dorum a | bion cum p. uion enim E^s 2 esar (aes- *D*) et *v*. sesar (sedar a) et DFdTRa. asserit E^{s}p | aduenas ait D(?)*va.S*(*J*). *sed cfr. Müller de stilo p.76.77* 4 sinat *ll.S.* -as dT. syna p. sai *v* | simbarri E^{s}R^2*S*. -biati p. barri *r*. symbari *v* 5 phalliges *ego. cfr.§192 extr.* phali- E^{s}p*v*. palugges (-udes a) *rS*. phalanges *B* | Azachaei *Sol. cfr.VIII 35* 7 nili DFa. illo E^s*va.C* | sembritarum E^s*v. cfr.Strabo XVI p.770. XVII p.786*. sebr- p*B e Ptol.IV 7,10*. semberr- a. semberr- *rG* 8 regine F. -ione E^{s}padT. -ni *va.G* 9 tenupsis E^s*B*. -psi *v*. enubsis (nu- a) *r*. themissis p. Tenessis *Strabo l.l.* | sambri E^{s}p*va.S*. psambari *Sol.* 10 quadripedes FdRa*SJ* | omnibus FRa 11 at E^s*v*(*D*). *om.rS* | ptonebari *ego*. tonob- DFdRa*S*. ptoemb- *v*. -enbani E^{s}o*D*^{1}. theb- p. *om.D*^{2} | ptoemphani *ego*. -nae *B*. -phe a. -phoae *v*. -enphae DF*S*. -phe Rd. -phani *D*^{2}. pthonemphani o. thonenph- E^s. *om.*p*D*^{1}. *sed cfr.Ptol.l.l.* 12 harusbi E^{s}pDF*D*. bar- a. ar- Rd*v*(*H*). auruspi *C*(*S*) 13 nili situ E^s | archisarmi E^{s}R^2*S*. -mis (arci- a) *r*. athisarmi p. ach- *v* | phalliges (-ies a) *ll.H*(*D*). phali- *v*(*S*). *cfr.§191* | marigarri E^s*D*. -chari p. -gerri Rd*v*(*S*). -geri *rG* 14 chasamari E^s*D*. chassa- p. casa- *v*. casmari *rS* | et *om.Dal.* | sembobiti R(?)*v*. -oboti *r* 16 seberritarum a. -tharum DFR. -ertitarum d. -ernit- E^s. -ornith- p. sebarrit- *v*. sebrit- *B*. semberrit- *G* | asarcha p. asar *B*

alterius oppidum Darden; tertiam Medoen vocant, in qua oppidum Asel, quartam eodem quo oppidum nomine Garroen. inde per ripas oppida Nautis, Modum, Demadatin, Secundum, Collocat, Secande, Navectabe cum agro Psegipta, Candragori, Arabam, Summaram. regio supra Sirbitum, 194
ubi desinunt montes, traditur a quibusdam habere maritimos Aethiopas, Nisicathas, Nisitas, quod significat ternum et quaternum oculorum viros, non quia sic sint, sed quia sagittis praecipua contemplatione utantur. ab ea vero parte Nili, quae supra Syrtes Maiores oceanumque meridianum protendatur, Dalion Vacathos esse dicit, pluvia tantum aqua utentes, Cisoros, Logonporos ab Oecalicibus dierum V itinere, Vsibalchos, Isbelos, Perusios, Ballios, Cispios. reliqua deserta, dein fabulosa: ad occidentem 195

§ 194: (6—9) Sol. 30, 6.

1 darden *ll.S.* daron *B.* danden *v.* (Darada *Strabo XVI p.771*) | medoen E^{s}d*v*. -em Rp. -eni *r* | *an* uocat? 2 garroen E^s*D.* gairoem p. garode *r.* -den *v* 3 paropas Fda*v a.G* | nautis E^s*D.* nathis p. nauos *rv.* (*desperanda videtur haec nominum series Latinis vocabulis similium*) | modum (madum E^s*D.* -diam p) demadatim (-tin E^s*D*) *ll.* modundam andatim *G.* -dae mandatini *v* 4 secundum DFdTRa*H.* setu- *G.* secandum E^{s}p*D.* -uni *v* | collogat E^s. -lligat (*G.* -ati *v*) *v a.J* | sechande p | nauectabe E^s*G.* -bae *v.* -ethabe p. nabettabet *r* | cum agro psegipta (-irta p) E^{s}p*D.* (*dist.J*^{2}). cum agros (-or R) ipse agittae (-tte ad. -te R) *r.* cumi, agrospi (-oripse *J*^{1}), aegipam (*G.* -ani *v*) *v* 5 candragori E^s*D.* chanda- p. candrogari *v.* anelago (anda- Rd) *r* | arabam (har- p) summaram (-rum E^s. simiarum p) *G.* -bum summorum *v* | siruidum E^s. -ithum p 7 nisicathas E^s*D.* -chatas p. -castes *v.* nisacaethas *rS* | nisitas E^{s}p*v*(*D*). -tis a. -ittos dT. nisytos R*S.* -tis F. nysitis D 9 utuntur E^{s}z*v a.Bas.*(*D*^{2}) 10 que *om.*DFRa*SJ* 11 protendatur a. -dantur DFR. -ditur E^s*v* | dalio DFRa*SJ* | uacathos E^s*D.* uoc- DFa. -tos Rd*v.* uagantes p 12 cysoros ap | logonporos E^s*D.* -omboros a. longomp- *rS.* longop- *v.* -pothos p | oecalicibus *B coll.V 44.* eoca- *ll.* coca- *v* 13 usibalchos E^{s}p*D.* -cos *rv* | isbelos *S.* -lus DFRa. isuelos E^s*v.* -llios p | perusios *ll.v*(*S*). parru- p. pharu- *B.* -sos *G* | ballio F. uallios E^{s}p. ualios *v a.S* 14 cispio DFa. aspios p | deinde R(?)p*v a.D* | fabulosa op*v*(*D*^{2}). -ossias E^s. -osis R^2*S.* -osius *D*^{1}. -osi (*U 146*) *J.* -ulis *r*

versus Nigroe, quorum rex unum oculum in fronte habeat, Agriophagi, pantherarum leonumque maxime carnibus viventes, Pamphagi, omni mandentes, Anthropophagi, humana carne vescentes, Cynamolgi caninis capitibus, Artabatitae quadrupedes, ferarum modo vagi, deinde Hesperi*o*e,
5,10 Perorsi et quos in Mauretaniae confinio diximus. pars quaedam Aethiopum locustis tantum vivit fumo et sale duratis in annua alimenta; hi quadragesimum vitae annum non excedunt.

196 Aethiopum terram universam cum mari Rubro patere in longitudinem |$\overline{\text{XXI}}$|·$\overline{\text{LXX}}$ p., in latitudinem cum superiore Aegypto |$\overline{\text{XII}}$|·$\overline{\text{XCVI}}$ Agrippa existimavit. quidam longitudinem ita diviserunt: a Meroe Sirbitum XII dierum navigationem, ab ea XV ad Dabellos, ab his ad oceanum Aethiopicum VI dierum iter. in totum ab oceano ad Meroen $\overline{\text{DCXXV}}$ p.
184 esse inter auctores fere convenit, inde Syenen quantum
197 diximus. sita est Aethiopia ab oriente hiberno ad occidentem hibernum. meridiano cardine silvae, hebeno

§ 195: (2 sqq.) Sol. 30, 6. 7. 8. Artemid. ap. Strab. XVI p. 772. — § 196: Agrippa fr. 35 Riese. Dic. 4, 2. — (15) Sol. 30, 9. — § 197. 198: (17—513, 9) Dic. 4, 3. — § 197: (17—513, 2) Sol. 30, 14. Mela III 94. — (513, 6) cfr. Plin. V 7.

1 nigroe **E**^{a}**opd***B*(*D*). -o et **a**. -oae *rv*(*S*) | habeat in fronte (-tem **E**^{a}) **E**^{a}**o***va.S.* (habet *SJ*) 2 agriofagi **DF**. acrorgi **E**^{a}**o**. -ogi **p** | et leonum **R**(?)*va.D* | carnibus **E**^{a}**op***v*. -ne *r* 4 cynamolgi **E**^{a}**o***v*. cynom- **p***Sol.* cinamalgi *r. cfr. VIII 104* | artabatitae **Rad**(*Sol.*)*G*. artha- **DF***v*(*D*). antha- **E**^{a}**o**. anti- **p** 5 quadripedes **R**^{2}*SJ*. quadri **FR**^{1}**a**. -pedum **d***v* | hesperioe *J*. -ie **a**. -iae **DFdR**^{1}*v*(*S*). -ii *G*. -ia **R**^{2}. -ica **E**^{a}**p** 6 quod is (*pro* quos) **DFR**^{1}**a** 8 hi *om.***R**. ii *C*. in *v* 10 mare **Fa** 11 $\overline{\text{XX}}$·$\overline{\text{LXX}}$ **R** 12 $\overline{\text{XI}}$ **DFa** | $\overline{\text{XCVI}}$ **E**^{a}**op***D*. -$\overline{\text{VII}}$ *rv*(*S*). -$\overline{\text{VIII}}$ **dT***H* 13 XII **E**^{a}**p***G*(*D*). $\overline{\text{XI}}$ *rS*. XV *v* 14 XII **E**^{a}*va.S*(*D*). totidem **p** | diabellos **R**. dauell- *G. cfr. § 190* | iis **Rd***va.D* | aethiopum **E**^{a}. ethyo- **p** 15 in *om.***R** | totum autem **R**(?)*G*. -um enim **E**^{a}**p***v* | $\overline{\text{DCCXXV}}$ **E**^{a}**p***va.H*. $\overline{\text{DCXX}}$ *Sol.* 18 hebeno **DFa***v*(*S*). eb- **Rd**(?)*Dic.H.* hae uero **E**^{a}**o**. uero **p**. hiberno *D coll. Sol.* (hieme). *cfr. Mela III 80. Plin. XII 18. 19. Strabo XVII p. 822 init. Diosc. m. m. I 129*

maxime, virent. a media eius parte imminens mari mons
excelsus aeternis ardet ignibus, Theon Ochema dictus
Graeci*s*. a quo navigatio*ne* quadridui promunturium quod
Hesperu Ceras vocatur, confine Africae iuxta Aethiopas
Hesperios. quidam et in eo tractu modicos colles amoena
opacitate vestitos Aegipanum Satyrorumque produnt.

31. (36) Insulas toto eo mari et Ephorus conplures 198
esse tradidit et Eudoxus et Timosthenes, Clitarchus
vero Alexandro regi renuntiatam adeo divitem, ut equos
incolae talentis auri permutarent, alteram ubi sacer mons
opacus silva repertus esset, destillante arboribus odore
mirae suavitatis. contra sinum Persicum Cerne nominatur
insula adversa Aethiopiae, cuius neque magnitudo neque
intervallum a continente constat; Aethiopas tantum populos
habere proditur. Ephorus auctor est a Rubro mari 199
navigant*e*s in eam non posse propter ardores ultra quas-
dam columnas — ita appellantur parvae insulae — pro-
vehi. Polybius in extrema Mauretania contra montem
Atlantem a terra stadia VIII abesse prodidit Cernen, Nepos
Cornelius ex adverso maxime Carthaginis a continente
p. M, non ampliorem circuitu $\overline{\text{II}}$. traditur et alia insula
contra montem Atlantem, et ipsa Atlantis appellata. ab
ea V dierum praenavigatione solitudines ad Aethiopas
Hesperios et promunturium quod vocavimus Hesperu Ceras, 197
inde primum circumagente se terrarum fronte in occasum

§ 199: Ephorus fr. 96[a] Müller. Polyb. XXXIV 15, 9 Hultsch. Corn. Nep. fr. 51 Halm. — (24. 25) Sol. 56, 10. Mela III 100.

3 a graecis **E[s]o** *Dic.va.Bas.*(*D*) | nauigatione *Dic.S*(*D*[2]). -tio *ll.v*(*J*). *cfr.* § *200. 201. 199. 86. II 187. IV 95. 104; aliter* § *196. IV 57. V 10. 89* | ad promontorium *va.S* 4 Hesperion *va.S. cfr. II 237. V 10* | cheras **R** 7 Eoo *D*[1] 9 regi renuntiatam **E[s]opv**(*D*). rege (-gi *Dic.*) renuntiat (-auit **a**) *r Dic.S* 11 siluarum **E[s]oz** | distillante **o**. -ntibus *va.S* 12 contrarium (*om.* sinum) **E[s]** | *dist.va.S* 14 a **E[s]F[2]p***v*. *om.r* 17 peruehi **DFRa**
21 CC (*pro* M) p. $\overline{\text{X}}$ **R***S* | ampliore **ap** 22 appellatae **F**. -te **a** 23 V **Rad**. quinque **DFp***v*. II **E[s]z***D* | praenauigatione **aT***D*. naui- **E[s]p***v*. praenauigationi **Fd***S*. -nis (pna- **R**) *rJ*

200 ac mare Atlanticum. contra hoc quoque promunturium Gorgades insulae narrantur, Gorgonum quondam domus, bidui navigatione distantes a continente, ut tradit Xenophon Lampsacenus. penetravit in eas Hanno Poenorum imperator prodiditque hirta feminarum corpora, viros pernicitate evasisse; duarum Gorgadum cutes argumenti et miraculi gratia in Iunonis templo posuit, spectatas usque
201 ad Carthaginem captam. ultra has etiamnum duae Hesperidum insulae narrantur, adeoque omnia circa hoc incerta sunt, ut Statius Sebosus a Gorgonum insulis praenavigatione Atlantis dierum XL ad Hesperidum insulas cursum prodiderit, ab his ad Hesperu Ceras unius. nec Mauretaniae insularum certior fama est. paucas modo constat esse ex adverso Autolol*um* a Iuba repertas, in quibus Gaetulicam purpuram tinguere instituerat.
202 **32.** (37) Sunt qui ultra eas Fortunatas putent esse quasdamque alias, quo *in* numero idem Sebosus etiam spatia conplexus Iunoniam abesse a Gadibus $\overline{DCCL}$ p. tradit, ab ea tantundem ad occasum versus Pluvialiam Caprariamque; in Pluvialia non esse aquam nisi ex imbri. ab iis $\overline{CCL}$ Fortunatas contra laevam Mauretaniae in VIII horam solis; vocari Invallem a convexitate et Planasiam

§ 200: Sol. 56, 11. 12. MCap. VI 702. Mela III 99. 93. — § 201: Sol. 36, 13. MCap. VI 702. Mela III 100. — Iuba fr. 28 Müller. Mela III 104. Sol. 26, 1. cfr. Plin. V 12 extr. IX 127. — § 202: (16. 21) Sol. 56, 14. MCap. VI 702.

2 quoquodam **E^{s}** 3 nauigationis **FdRa** | distantis **FRa**. -tesque **o** | continenti (*om.* a) **o** 4 lamsacenus **o**. -cetenus **Fa** | hamno **R**. anno **Fa** 6 euadisse **a**. aeua- **F** | duarumque **R**(?)*v* | gordanum **a**. gorgonum **o***va.S* 9 circa haec *va.S* 10 sattius **DFR**. satius **a** 12 prodiderint **Fa**. -runt **E^{s}** 14 ex (*om.* p) aduersum **E^{s}p** | autololum *C.* -loliam *ll.* antholiam p. *cfr. V 5. 17* 15 instituerant **E^{s}**. constituerat **R** 16 putant **R**(?)*va.D* 17 quo in *ego. cfr. VII 60.* quorum **Fa***G.* quarum *rv*(*H*). -rum e *D^{2}* 18 a *om.* **Fp** 19 ab occasus **DFRa** 20 imbribus **R**(?)p*v. cfr. X 97* 21 CCXL p | laeuā **RdT***v*(*S*). -ua **F***H.* leua *r* | in VIII *ll.*p*S.* in VIIII **dT***H.* VIII M p. *v* 22 Oram p*va.H* | Inuallem *ll.S.* Conu- *H.* in conualle *v* | a **E^{s}***v*(*D*). *om. rS* | planasia **R^{1}**. -nisia **R^{2}**. -nariam *va.S*

a specie, Invallis circuitu CCC p.; arborum ibi proceritatem
ad CXL pedes adulescere. Iuba de Fortunatis ita inqui- 203
sivit: sub meridiem quoque positas esse prope occasum,
a Purpurariis DCXXV p., sic ut CCL supra occasum navi-
getur, dein per CCCLXXV ortus petatur. primam vocari
Ombrion, nullis aedificiorum vestigiis; habere in montibus
stagnum, arbores similes ferulae, ex quibus aqua exprimatur,
e nigris amara, ex candidioribus potui iucunda. alteram 204
insulam Iunoniam appellari; in ea aediculam esse tantum
lapide exstructam. ab ea in vicino eodem nomine minorem,
deinde Caprariam, lacertis grandibus refertam. in con-
spectu earum esse Ninguariam, quae hoc nomen acceperit
a perpetua nive, nebulosam. proximam ei Canariam 205
vocari a multitudine canum ingentis magnitudinis — ex
quibus perducti sunt Iubae duo —; apparere ibi vestigia
aedificiorum. cum omnes autem copia pomorum et avium
omnis generis abundent, hanc et palmetis caryotas feren-
tibus ac nuce pinea abundare; esse copiam et mellis,
papyrum quoque et siluros in amnibus gigni. infestari
eas beluis, quae expellantur adsidue, putrescentibus.

(38) Et abunde orbe terrae extra intra indicato

---

§ 203: Iuba fr. 28 Müller. Sol. 56, 14. 15. MCap. l. l. — § 204. 205: Sol. 56, 16—19. MCap. l. l.

---

1 aspicite **Fda** | conuallis **E^sp** *va.S* | circuitum **d**(?)*H* | proceritate **p** 2 CXL **E^sp***D*. CXIIII *rH*. CXLIIII *v* | adulescente **p** 3 ut sub **Fapv***a.G* | meridie **R**(?)**fp***H* | quoque *om.* **E^sp** *va.H*(*D*) 4 DCCXXII (DCCC- **p**) **E^sp**. -XXV *va.H* 5 LXXV *L errore* 6 ombrion **E^spv**. ondr- *r* 7 ferulęae (*om.* ex) **R** 8 ex nigris **op***va.S* | potuis **F**. -tius **ad** 9. 10 tantum uno lapide *coni.S.* in altum illepide *MPt p.754^b coll.Sol.* (ignobiliter ad culmen fastigata) 10 exstructum **E^s**. -ctat **DF** 12 ninguriam **R**. niuar- *B e Sol. et MCap.* 14 uocari a (am **E^s**) **E^sop** *v*(*D*). *om.rS* 15 duo **R**(**a**?)*v*. duc **DF**. *om.* **E^sop** | apparere *ego.* -arent **E^sop***v*(*S*). -arentque *C.* apperent (ape- **F**) *r* | ibi **E^sop***v*(*D*). *om.r* 16 copia *v*. -iae *ll* 18 et *om.* **E^s**. quoque *va.G* 19 siluro **E^s** 20 expuantur aestu *coni.D e Sol.* | putrescentibus **Rpv**. putes- *rD. cfr. XI 277* (**M**). *XXXII 68. 76. 126. XXXV 189* (**B**) 21 at **p***va.S* | terrarum *va.S* | intra *om.* **E^sp**

206 colligenda in artum mensura aequorum videtur. **33.** Poly-
bius a Gaditano freto longitudinem directo cursu ad os
Maeotis |XXXIIII|·XXXVII·D prodidit, ab eodem initio
Siciliam |XII|·L, Cretam CCCLXXV, Rhodum CLXXXVII·D,
Chelidonias tantundem, Cyprum CC*C*XXV, inde Syriae
Seleuciam Pieriam CXV, quae computatio efficit |XXIIII|·XL.
207 Agrippa hoc idem intervallum a freto Gaditano ad sinum
Issicum per longitudinem derectam |XXXIIII|·XL taxat,
in quo haud scio an sit error numeri, quoniam idem a
Siculo freto Alexandriam cursus |XIII|·L tradidit. universus
autem circuitus per sinus dictos ab eodem exordio colligit
intra Maeotim lacum |CL*V*|·VIIII, Artemidorus adicit
DCCLVI, idem cum Maeotide |CLXXIII|·XC p. esse tradidit.
208 haec est mensura inermium et pacata audacia fortunam
provocantium hominum.

Nunc ipsarum partium magnitudo conparabitur, utcumque difficultatem adferet auctorum diversitas, aptissime tamen spectabitur ad longitudinem latitudine addita. est

---

§ 206: Polyb. XXXIV 15, 2 Hultsch. MCap. VI 703. — § 207: Agrippa fr. 36 Riese. — (10) MCap. l. l. Marcian. Heracl. I 5 (GGm I p. 520) Agathem. III 10 (GGm II p. 474).

---

1 colligenda *G*(*J*). -dam **DFdRa***S*. collega **E**^{s}. -ecta p*v* | mensuram **DFda***S* | aequior *va*.*G* 3 D *om*. *MCap*. | initio **DF**^{1}**dR**^{1}**a***J*. *add*. ad orientem recto (dire- **R**^{2}*S*) cursu **E**^{s}**F**^{2}**R**^{2}p*v*(*D*) 4 XII·LX·D **E**^{s}*va*.*S* | CCCCLXXXV **F**^{1} 5 CCCXXV *v*(*D*^{2}). CCXXV **DFdRa***S*. -XXII **E**^{s}p*H*. *cfr*. *D ME p*. *8 n*. *2* 6 XXIIII·XL **DFdap***D*^{2}. XXIII·XL **E**^{s}**R**(?)*v*. *cfr*. *D l*.*l*.*n*.*3* 8 derectam **E**^{s}**F**. dir- *rv* | XXXXIIII·XL **E**^{s} 10 cursu **FTRap** *Brot*. | XIIII·L a. XII·L **E**^{s}(p)*va*.*S* 11 dictus **E**^{s}**DF** 12 ad (*pro* intra) **E**^{s}p*G*(*D*^{1}) | |CLV|·VIIII *D*. *cfr*. *ME p*. *8*. *9*. CLVIIII **DFdRap***S*. -VII *MCap*. CLIII **E**^{s}. -VI *v*. (*numeri Agathemeri efficiunt* |CLV|·III) 13 DCCLIII p | meotidem **E**^{s} | CLXXVII p. CLXXXII·XC *MCap*. | *an* tradit? 14 audacta **DF**. auda **E**^{s} | fortuna **DFR** 16 conparabit **E**^{s}. -retur o | cumque **DF** 17 siuersitas **DF**. diersi- **E**^{s} 18 latitudinē **E**^{s}**DF**

ergo ad hoc praescriptum Europae magnitudo .... *longitudo* |LXXX*V*II|·XIIII. Africae — ut media ex omni varietate prodentium sumatur computatio — efficit longitudo |XXXVII|·XCVIII; latitudo, qua colitur, nusquam CCL excedit. sed quoniam in Cyrenaica eius parte DCCCCX 209
eam fecit Agrippa, deserta eius ad Garamantas usque, qua noscebantur, complectens, universa mensura, quae veniet in comparationem, |XLVI*I*|·VIII efficit. Asiae longitudo in confesso est |L|·XIII·DCCL; latitudo sane computetur ab Aethiopico mari Alexandriam iuxta Nilum sitam, ut per Meroen et Syenen mensura currat, |XVIII|·LXXV. apparet ergo Europam paulo minus dimidia Asiae parte 210
maiorem esse quam Asiam, eandem altero tanto et sexta parte Africae ampliorem quam Africam. quod si misceantur omnes summae, liquido patebit Europam totius terrae tertiam esse partem et octavam paulo amplius, Asiam vero quartam et quartam decimam, Africam autem quintam et insuper sexagesimam.

(39) His addemus etiamnum unam Graecae inven- 211

---

§ 208: (1—4) MCap. VI 703. Dic. 3, 3. — § 209: Agrippa fr. 37 Riese. -- (8—11) MCap. l. l.

---

1 longitudo *coni. P* | *lacunam (a P detectam) D ME p. 14. 15 supplevit his:* |CII|·LXXI, latitudo enim ab Arsia per Varum ad ostium Rheni |XVI|·LIII, longitudo. *sed numeri non certi* 2 |LXXXVII|·XIIII *ego ex Agath. cfr. IV 121.* |LXXXVI|·XVIII *D*[2] *ME p. 13.* LXXXI·XLVIII **E**[s]**p***v*(*D*[1]). LXXII (-V **a**)·XI·XCIIII **DFa**. LXXXII·XII·XCIIII **RdT**. LXXXII·XCIIII *MCap. H* 4 XXXVI **a** | XCVIII **E**[s]**p** *Salmant. H*(*D*). XCIIII *r MCap. S.* XLVIII *v* 5 **a** (*pro* in) **R**(?)*va. D* | DCCC·X **T**. *cfr. V 38* 8 computationem **E**[s]**p***va. S*(*D*). *cfr. p. 516,16, de mendo VII 132 extr.* | |XLVII| *D ME p. 12.* XLVI *ll. v.* -III **p** 9 |L|·XIII·DCCL *D*[2]*l. l. p. 10.* LX·III·DCCL **E**[s]*D*[1]. LXIII·DCCL (L *om.* **R**. CCCL **p**) *r MCap. v.* LXIII·LXXV *H* 11 et **E**[s]**Dd**(?)*v*(*D*). et per **FTRa***S* | syenem **R**. my- d. miennē **Fa** | XVIII·XXV *MCap.* 12 europae **FdR** 13 asiae **FdR** 17. 18 africam autem quintam *om.* **FdR**[1]

tionis scientiam vel exquisitissimae subtilitatis, ut nihil desit in spectando terrarum situ indicatisque regionibus noscatur et cum qua cuique *sid*erum societas sit sive cognatio dierum ac noctium quibusque inter se pares umbrae et aequa mundi convexitas. ergo reddetur hoc etiam, terraeque universae in membra caeli digerentur. plura sunt autem segmenta mundi, quae nostri circulos appellavere, Graeci parallelos.

212 **34.** Principium habet Indiae pars versa ad austrum. patet usque Arabiam et Rubri maris accolas. continentur Gedrosi, Carmani, Persae, Elymaei, Parthyene, Aria, Susiane, Mesopotamia, Seleucia cognominata Babylonia, Arabia ad Petras usque, Syria Coele, Pelusium, Aegypti inferiora, quae Chora vocatur, Alexandria, Africae maritima, Cyrenaica oppida omnia, Thapsus, Hadrumetum, Clupea, Carthago, Vtica, uterque Hippo, Numidia, Mauretania utraque, Atlanticum mare, columnae Herculis. in hoc caeli circumplexu aequinoctii die medio umbilicus, quem gnomonem vocant, VII pedes longus umbram non amplius IIII pedes longam reddit, noctis vero dieique longissima spatia XIIII horas aequinoctiales habent, brevissima ex contrario X.

§ 212—220 *exscripsit* Beda t. r. 33, *excerpta in artum contraxit* idem n. r. 47.

1 sententiam d(?)*va.S*(*J*) 2 spectato E^{s}o. -tio p. *cfr. Rück 3 p.247* 3 et *om.*p | cum qua **DFdTRa***H*. quam E^{s}. que o. quae p*v* | siderum (*vel* caeli) *ego*. eorum E^{s}o. earum p*v*(*D*). *om.*r*S*. *cfr. XVIII 216. 273. II 95. XXXVII 100* 6 terraque uniuersa E^{s}*va.H*(*D*^{1}). *cfr. ind. VI* (*38*) | digeretur *va.H*(*D*^{1}) 7 sint **D^{1}FR** | autem o*S*. haec *ll.* autem haec p*v* 10 *an* usque ad Arabiam? 11 gedrosie E^{s}o. cedrosi (caed- **F**) *r* | carminii **DF**. *om.***R** | naria E^{s}o 13 pelusiae **D^{1}FR** 14 cora E^{s}o*Beda*. chorani p | alexandriae **Ra***va.D* | africae mauritania E^{s}o 15 Thapsus — Clupea *om.*o, *qui etiam in seqq. plura omisit, quae omnia adnotare non attinet; item in reliquorum scriptura orthographicas minutias praetermisi* 16 utraque Hippo *Beda va.H*(*D*^{2}) 17 circumflexu p*Dal.* 18 die medio (-ia *Beda v*) **RadT**o*S*. -diae medior (-io **D^{2}**) **DF**. dimidio E^{s}p*Ox.* 19 VII *vel* VIII *codd. Beda* | umbram — 20 reddit *om.***R^{1}** | umbrarum E^{s} | quattuor *ll.v. recte* quaternos 21 breui E^{s} | X *om.***D^{1}F^{1}**

Sequens circulus incipit ab India vergente ad occasum, 213
vadit per medios Parthos, Persepolim, citima Persidis, Arabiam citeriorem, Iudaeam, Libani montis accolas, amplectitur Babylonem, Idumaeam, Samariam, Hierosolyma, Ascalonem, Iopen, Caesaream, Phoenicen, Ptolemaidem, Sidonem, Tyrum, Berytum, Botr*yn*, Tripolim, Byblum, Antiochiam, Laodiceam, Seleuciam, Ciliciae maritima, Cypri austrina, Cretam, Lilybaeum in Sicilia, septentrionalia Africae et Numidiae. umbilicus, aequinoctio XXXV pedum, umbram XXIIII pedes longam facit, dies autem noxque maxima XIIII horarum aequinoctialium est accedente bis quinta parte unius horae.

Tertius circulus ab Indis Imavo proximis oritur. 214
tendit per Caspias Portas, Mediae proxima, Cataoniam, Cappadociam, Taurum, Amanum, Issum, Cilicias Portas, Solos, Tarsum, Cyprum, Pisidiam, Pamphyliam, Siden, Lycaoniam, Lyciam, Patara, Xanthum, Caunum, Rhodum, Coum, Halicarnassum, Cnidum, Dorida, Chium, Delum, Cycladas medias, *G*ythium, Malean, Argos, Laconicam, Elim, Olympiam, Messaniam Peloponnesi, Syracusas, Catinam, Siliciam mediam, Sardiniae austrina, Carteiam, Gadis. gnomonis C unciae umbram LXXVII unciarum faciunt.

---

2 medos **FTo** *Beda*　4 hierosolimā F^2 *Beda*. ier- **ao**. -lymam *va.S*　5 iopem **p**. ioppen **o** *Beda va.S* | phenicē **ao**. phoenices **R***SJ*　6 botryn *Bas.* bothrim E^so *Beda*. -trim *r*. -trin *v*　8 austrinam E^s. -na austrinam *Beda* | septentrionale *Beda*　9 XXXII E^s　10 XXIIII **DFdTR**p*v*. -III E^sao *Beda* | pedes — 11 XIIII *om.* D^1FR^1 | pedum D^2R^2　11 accedente bis D^2 *in ras.* R^2ao *Ox. Beda D*. -te his (iis *v*) p*v*. -tes bis E^s. -te **d**(?)*S*. -tibus *r*　13 imao *B* | proximus **o**　14 partes E^so | mediaeque **op***S* | proxima E^sao*S*. -mas *Beda v*. -mae D^2 *in ras.* -mā **FdTR**p. -xuma// D^1 | cataoniam D^2E^so *Ox. Beda v*. -iae *r*. -aioniā **a**. chaioniam **p**　15 cilias E^so　16 pamphyliae *B*　17 lyciae *B* | patara *(P)H*. -ram *ll.v*(D^2). -rum *Beda*. *om.* **o**. *cfr. II 243*
19 gythium **d**(?)*B*. cyth- **o** *Beda*. cynth- **p**. scith- **R**. cith- *v*. chiti- **DF**. citi- E^sa | laconiam **R**(?)**o** *va.S*. lachao- **p**　20 messaniam E^sRoD^2. -nam *r Beda G*. -sseniam *v(H)*. -nen *L*　21 mediae E^s | carteziam **a**. -zam E^s. -egiam *Beda*. *om.* **o** | gades E^sD(?) *va.S(D)*. *om.* **o**　22 C unciae *B*. cunctae E^sp*v*. -te **ao** *Ox. Beda*. cuuniciae (-cie **R**) *r* | LXXIIII **op**. XXXIIII E^s. -VIII **a** *Beda*

longissimus dies est aequinoctialium horarum XIIII atque dimidiae cum tricesima unius horae.

215 Quarto subiacent circulo quae sunt ab altero latere Imavi, Cappadociae austrina, Galatia, Mysia, Sardis, Zmyrna, Sipylus, Tmolus mons, Lydia, Caria, Ionia, Trallis, Colophon, Ephesus, Miletus, Chios, Samos, Icarium mare, Cycladum septentrio, Athenae, Megara, Corinthus, Sicyon, Achaia, Patrae, Isthmus, Epirus, septentrionalia Siciliae, Narbonensis Galliae exortiva, Hispaniae maritima a Carthagine Nova et inde ad occasum. gnomoni XXI pedum respondent umbrae XVI pedum. longissimus dies habet aequinoctiales horas XIIII et tertias duas unius horae.

216 Quinto continentur segmento ab introitu Caspii maris Bactri, Hiberia, Armenia, Mysia, Phrygia, Hellespontus, Troas, Tenedus, Abydos, Scepsis, Ilium, Ida mons, Cyzicum, Lampsacum, Sinope, Amisum, Heraclea in Ponto, Paphlagonia, Lemnus, Imbrus, Thasus, Cassandria, Thessalia, Macedonia, Larisa, Amphipolis, Thessalonice, Pella, Edesus, Beroea, Pharsalia, Carystum, Euboea Boeotum, Chalcis, Delphi, Acarnania, Aetolia, Apollonia, Brundisium, Tarentum, Thurii, Locri, Regium, Lucani, Neapolis, Puteoli, Tuscum mare, Corsica, Baliares, Hispania media. gnomoni septem pedes, umbris sex. magnitudo diei summa horarum aequinoctialium XV.

217 Sexta comprehensio, qua continetur urbs Roma, amplectitur Caspias gentes, Caucasum, septentrionalia Armeniae, Apolloniam supra Rhyndacum, Nicomediam, Nicaeam, Cal-

---

1 longissime **Rd**. -mae **F**^{1}. -ma **F**^{2} 2 trigesima parte *va. S.* -ma **op** | horae *ll. v.* horae parte **op** *D*^{2} 3 circulo *om.* **E**^{a} 4 Imai *B.* intuitu **E**^{a} | galicia **E**^{a}**o** 5 sipalus **FR**. sipulus **o** | imolus **E**^{a}**DF** *Beda* | Lydiae *Beda B* 6 Cyclades *Beda va. H* 7 septentrionales *Beda va. D* 8 isthumus **F**. istu- **o** 11 XIII **op**. XVII *va. H* 14 bactria (-ra *L*) *Beda va. S* 18 Larisa — 20 Del[phi] *om.* **a** | larissa **o** *Beda va. S* | edessa *G* 19 boeotia *G.* -ti *L* 20 brundusium **o** *Beda va. L* 22 baleares **o** *va. S* | gnomonis **FdRao** *S* 24 XII **op** 27 rhindacum **a**. rin- **op**. harin- **FdR** | calchadonem *D. cfr. V 149 sqq.* chalchad- **D**^{1}**F**. chalchaed- **D**^{2}. calced- **E**^{a}**aop** *Beda*. chalced- **R** (?) *v*

chadonem, Byzantium, Lysimacheam, Cherronesum, Melanem sinum, Abderam, Samothraciam, Maroneam, Aenum, Bessicam, Thraciam, Maedicam, Paeoniam, Illyrios, Durrachium, Canusium, Apuliae extuma, Campaniam, Etruriam, Pisas, Lunam, Lucam, Genuam, Liguriam, Antipolim, Massiliam, Narbonem, Tarraconem, Hispaniam Tarraconensem mediam et inde per Lusitaniam. gnomoni pedes VIIII, umbrae VIII. longissima *diei* spatia horarum aequinoctialium XV addita VIIII parte unius horae aut, ut Nigidio placuit, quinta.

Septima divisio ab altera Caspii maris ora incipit, 218
vadit super Callatim, Bosporum, Borysthenen, Tomos, Thraciae aversa, Triballos, Illyrici reliqua, Hadriaticum mare, Aquileiam, Altinum, Venetiam, Vicetiam, Patavium, Veronam, Cremonam, Ravennam, Anconam, Picenum, Marsos, Paelignos, Sabinos, Vmbriam, Ariminum, Bononiam, Placentiam, Mediolanum omniaque ab Appennino, transque Alpis Galliam Aquitanicam, Viennam, Pyrenaeum, Celtiberiam. umbilico XXXV pedum umbrae XXXVI, ut tamen in parte Venetiae exaequetur umbra gnomoni. amplissima die*i spatia* horarum aequinoctialium XV et quintarum partium horae trium.

Hactenus antiquorum exacta celebravimus. sequentium 219
diligentissimi quod superest terrarum supra tribus adsi-

---

1 lysimachiam R(?) *va. D* 2 maroniam FRa | aenum — 3 paeoniam *om.* DFdR^{1} | Oenum *Beda* | bessiā aT 3 trachiam o | maedicam E^{s} *B(S)*. medicam R^{2}a *v(H)*. -iam (*Beda*) *C. om.* o | Illyricos *Beda. om.* a | dirrachium a. dara- F. *om.* o 6 tarraconem Ra *v.* terr- *r* (*item seq.* E^{s}o *Beda*) 7 pedes sex o 8 diei *Beda va. S(D^{2}). om. ll.* op | equinoctialia o | XII o. XVI p 9 VIII a | aut *om.* E^{s}op *D^{2}* 10 maris *om.* D^{1}FdR^{1} 11 uadit *ll. S.* -itque dT *Beda H.* caditque *v* | stomos E^{s} *Beda v a. B.* stromos DFd. mons a. samos R^{2} *ex corr. om.* o 12 aduersa FdTRa. *om.* o 13 niceciā a. *om.* D^{1}FdR^{1}o. uicentiam p*va. L* 16 omnia quae op | ab o *Ox. Beda v. om. ll.* p | alpes FRaop *va. S.* (transalpinam *Beda*) 17 gallie a | aquitanicam DRd(?) *G.* -iam *r*op *Beda v* 18 XXXII op | pedum *om.* F | XXXIII o 19 exequetur o. -quitur E^{s} 19. 20 diei spatia *ego.* dies *ll. v* 20 XII o | quartarum p 21 horarum op *Beda* 23 diligentissime FdRa | supra E^{s}D^{2}op *Salmant. Ox. Beda (P) D. om. rv*

gnavere segmentis, a Tanai per Maeotim lacum et Sarmatas usque Borysthenen atque ita per Dacos partemque Germaniae, Gallias oceani litora amplexi, quod esset horarum XVI, alterum per Hyperboreos et Britanniam horarum XVII, postremum Scythicum a Ripaeis iugis in Thylen,
4,104 in quo dies continuarentur, ut diximus, noctesque per
220 vices. *i*idem et ante principia quae fecimus posuere circulos duos: primum per insulam Meroen et Ptolemaidem in Rubro mari ad elephantorum venatus conditam, ubi longissimus dies XII horarum esset dimidia hora amplior, secundum per Syenen Aegypti euntem, qui esset horarum XIII, *i*idemque singulis dimidia horarum spatia usque ad ultimum adiecere circulis.

Et hactenus de terris.

---

1 tegmentis **E**^{s}**D**^{1}**F** | octauus a Tanai (*Beda*) | meotium o. meocu **E**^{s} | sarmatis o 2 dacos *ll.* o *Beda v.* dachos p. daicos *Ox. add. falsa iteratione* pardalos a. par- **DF**d**T**. -dulos **R** 3 Gallias ingreditur (*Beda*) 4 XIII op 5 XIIII op | ripalis **F**. riphaeis *Beda v a. S.* -heis aop | thylen **E**^{s}**D** *J.* thilen op *v.* tylaen **F**. tilen **R**a. thulen d(?) *Beda C* 6 continui orientur **E**^{s}. -iuntur op. *cfr. Rück 3 p. 247* 8 insulas **F**d**R** 9 condita **DFR**. -tum **E**^{s} 12 XIII **E**^{s}**R**a *Beda v.* XIIII *r*p

APPENDIX

De codice Leidensi Lipsii VII (**F**), cognito adhuc iis tantum lectionibus, quas Detlefsen publici iuris fecit in editione anni 1866 parcissimo delectu adnotatas, nonnulla hoc loco exponere utile videtur, cum de eius origine et indole Welzhofer controversias moverit, de quibus nisi pleniore lectionum cognitione non potest cum aliqua probabilitate iudicari. faciem quidem et habitum codicis post Geelium ita descripsit Detlefsen in Fleckeiseni annal. XCV (1866) p. 70 sqq., ut vix addi possit quod novum et magni momenti sit. neque vero opus est denotare diligentiam incuriamve variam, sed parem fere inscientiam scribarum, qui suas quisque portiones unius eiusdemque archetypi transcripserunt, aut selectis exemplis illustrare mendorum genera multiformia, litteras oculorum aut aurium errore inter se confusas, syllabas foede divulsas aut conglutinatas, ut vocabula exsistant portentosa, quaeque alia huc pertinent; nam de Leidensi **F** in universum eadem valent quae de Bambergensi **B** in vol. V p. 478 sqq. disserui, eaque plerisque codicibus communia esse solent. sed tria potissimum sunt, quae adhuc incerta nec satis explorata videri debeant.

Primum igitur cum in familia, qua **DFREa** continentur, **D** et **F** artiore cognationis vinculo iunctos esse facile appareat, ambigitur tamen, sitne uterque separatim ex communi archetypo an **F** demum ex **D** paulo vetustiore transcriptus. ac primo quidem Detlefsen priorem opinionem pronuntiavit, cum fratres germanos eos appellaret, postea vero alteram amplexus est, cum mirificae similitudinis indicia quaedam externa deprehendisset, quibus **F** non fratrem, sed filium esse codicis **D** evinci videretur (cfr. edit. vol. IV praef. V). quam retractationem studiose oppugnavit Welzhofer, qui quaecumque mentis acumine indagari possunt scite compositis (cfr. Beitrag p. 26 sqq.) negavit indicia illa ad persuadendum efficacia esse. addidit idem p. 29 quinque lectiones libri II ex editionis Detlefseni apparatu desumptas, quarum dissensu **F** propriam ac suam sibi vindicaret ex ipso archetypo communi originem. sed sinistro casu acciderat, ut hae lectiones non accurate essent in editione enotatae. omnibus enim **F** cum **D** planissime congruere ipse vidi;

nam II 222 in voce *plurimus* terminatio *mus* ab altera demum manu **F**^{2} in loco raso substituta est itemque § 230 in voce *incorruptas* littera *s* ab eadem appicta. una potuit lectio ex libro II afferri: 199 *inuenit* **D**, *inuenitur* **F**. nihilo minus Welzhofero assentiendum esse arbitror, quoniam ex pleniore apparatu, quo Detlefsen novam editionem anni 1905 instruxit — si modo vacat erroribus —, et mea collatione codicis **F** elucet, hunc tot tamque variis lectionibus a **D** discordare, ut discordia non possit explicari nisi separata utriusque ex eodem exemplari origine. qua in re praefandum reor, missas me facere discrepantias litterarum *i* et *y*, *ae* et *e*, *c* et *t* aliasque eius modi minutias, si unius **F** propriae sint, cuius scribae solebant *ae* pro *e* exarare, usque adeo ut vel *fuaerae*, *potuissae*, *aedit*, *sae*, *saecum* et similia passim obvia sint. talibus igitur neglectis inveni in libro III circiter 90 lectiones, quibus **F** plus minusve a **D** discedat idque ita ut 44 earum communes habeat cum **R** vel **a** vel etiam **Ra**, nec aliter in libro IV circiter 100 lectiones varias, in his 60 communes cum aliis eiusdem familiae codicibus. nudos numeros posui, ut chartae parcerem; paucas tamen lectiones exscribere non piget: III 5 *proximus* **Fa**. *-mis* **DRE**.
34 *tritollorum* **FREa**. *tricoll-* **D**. 42 *queso* **F**, *quo se* (*so* **a**^{1}) **DRa**. 54 *intra* **FRa**. *infra* **D**. 58 *nicodero* **F**^{1}**Ra**. *-doro* **D**. 59 *pomptina* **Fa**. *-puna* **DR**, ib. *amyticle* **F**^{1}**Ea**. *-tide* **DR**.
60 *leborini* **F**. *lepor-* **a**. *lebur-* **DRE**. 69 *nubetani* **FRa**. *bube-* **DE**. 70 *surrento* **FR**. *-tino* **DEa**. 91 *helasini* **F**^{1}. *lahesini* **DEa**. 92 *aephaestiadis* **F**. *et aepestiades* **D**. *-dis* **E**.
97 *thalandrum* **FREa**. *chal-* **D**, ib. *qua* **FREa**. *quo* **D**. 100 *messapiam* **F**^{1}**RE**^{1}**a**. *-pia* **D**. 102 *pactius* **F**. *pattius* **DREa**.
104 *frentana* **F**. *fret-* *r*, ib. *atinates* **F**. *etin-* *r*. 114 *ſarſinates* **FRa**. *carſ-* **DE**, ib. *persaei* **F**. *-sei* **REa**. *-sici* **D**. 131 *undecuma* **FRa**. *unde cum* **D**. 135 *ceutones* **F**^{1}. *cut-* **R**. *ceutohes* **Da**.
139 *titi//um* **F**. *ticium* **a**. *tittum* **D**. 145 *acrocerauni* **FRa**. *-raunia* **D**. 148 *uadasus* **FaR**^{2}. *ualdasus* **D**. 152 *gnidiorum* **Fa**. *gind-* **R**. *cnid-* **D**. et ex libro IV 1 *paululum* **FaR**^{2}. *paulum* **DR**^{1}. 13 *arhetusa* **F**. *-sae* **R**. *-se* **a**. *araethyrea* **D**.
15 *cyparissus* **F**. *-rrisius* **DR**^{1}**E**^{1}. 16 *tyraeae* **F**. *tyree* **a**. *thyrea* **D**. 20 *et* **F**^{1}**R**^{1}. *est t* **D**. 24 *indica uilius* **F**. *-cabili hos* **D**. 25 *yppocrene* **FRa**. *bypp-* **DE**. 26 *glissa* **Fa**. *glisa* **DRE**, ib. *gopae* **FR**. *gape* **D**. 29 *pieri* **F**^{1}**Ra**. *-ria* **D**. 30 *auiabilis* **F**^{1}**R**^{1}**a**. *uiab-* **DE**^{1}. 32 *locus* **FRa**. *ocus* **D**. 44 *traecia* **F**. *tretia* **DR**, ib. *raptam* **FRa**. *-ta* **DE**, ib. *gatizos* **FR**. *-icos* **D**.
51 *taenum* **FE**. *cenum* **DRa**, ib. *aex* **F**. *et ex* **D**, ib. *quaecumque* **F**^{1}**R**. *quac-* **D**. 61 *ſirnydes* **F**. *fyrnides* **D**. 66 *antea* **FRa**. *ante* **D**, ib. *circuitus* **Fa**. *-tu* **D**, ib. *ortigiam* **FRa**. *artigyam* **D**. 70 *canaphae* **F**. *-phe* **R**. *canephe* **Ea**. *anaphe* **D**.
75 *parte* **F**^{1}**Ra**. *partes* **D**. 85 *ortu* **FR**^{1}. *oriu* **D**. *orius* **Ea**.
95 *crenium* **FREa**. *cron-* **D** 97 *insulam* **FE**^{1}**a**. *uis-* **DR**,

ib. *prouenientiis* **F**^{1}. *-tes* **DE**^{2}**a**. 99 *proditae* **FA**. *trod-* **D**. *trad- r*. 107 *andicaui* **F**^{1}**E**^{2}. *candidaui* **DRE**^{1}. 117 *myrtili////* **F**^{1}. *mirtilisse* **R**. *myrtiles ae* **DE**^{1}. addo etiam ex libro VI 67 *colebae* **FEa**. *colobae* **R**. *cole* **D**. 71 *hysaepim* **F**. *hysepim* **Ea**. *hysopim* **D**. 72 *attropina* **FR**. *atiro-* **a**. *ut tro-* **DE**.

74 *maroae* **F**. *-roe* **R**. *-rūe* **a**. *moroae* **DE**. 76 *palaetitae* **F**. *palet-* **E**. *palat-* **DR**. 99 *suasine* **FRa**. *susianen* **DE**^{s}, ib. *dextrā eius occulit* **Fa**. *dextra eius accolunt* **DR**. 100 *hypilum* **Fa**. *ipilum* **R**. *pypylum* **D**. plus ponderis habent, nisi subest error collationis **D**, lacunae quaedam, ut IV 85 *Nea* (*ne///* **F**) om. **D**, VI 174 *pseudepylae* **FR**. om. **D**, itemque IV 1 *et in locris* **F**^{1}**Ra**. *et locris* **D**, ib. 71 init. *hippurus hipur////* **F**^{1}. *hippuras hipurtus* **R**^{1}. *phippurus hypurtas* (*yp-* **a**)**E**^{1}**a**. *phippurustas* **D**. e contrario III 6 *et saepius nasci gaudens* (sic **D** cum **AR**^{2}) om. **FR**^{1}**Ea**, IV 19 *brumali Aegaeo ab oriente* om. **F**^{1}**E**, ib. 87 *eaque ipsa* om. **F**^{1}**E**^{1}**a**, sed *atque ipsa separate* **DR**, VI 181 *oppida eorum* **D** cum **E**^{s}**p**, *oppida r*, 191 *advenas ait* **D**, *aduenas r*. hac varietate scripturae iure, opinor, colligitur, in his primis saltem libris **F** non ex **D**, sed ex communi archetypo descriptum esse. quam ob rem non imitatus sum Detlefsenum, qui in nova editione priorem manum codicis **F** tamquam sui pretii expertem prorsus neglexit, cum e diverso potuisset **D** prae **F** eodem fere iure nec maiore textus detrimento neglegi; in secundo autem libro ex **D** eas tantum adnotavi lectiones, quae apud Detlefsenum inveniuntur, ne periclitarer ex silentio eius falsa concludere.

Alterum de quo certatur est id quod ob similitudinem iam a Geelio observatam Detlefsen contendit, codicem **F** eundem esse ac Chiffletianum (**f**) illum diu oblitteratum, nam contra dixit Welzhofer l. l. p. 31 sqq. subtili et copiosa disputatione. omitto quae is argumentatus est, ut Lipsium negaret umquam fuisse possessorem Chiffletiani, quoniam ne codicem **F** quidem, qui fertur quondam Lipsii fuisse, re vera ab eo possessum esse pro certo affirmari potest. sed lectiones perlustremus, quas Welzhofer p. 34. 38. 40—42. 56—60 ex libris II et VI composuit, ut dissimiles esse in utroque doceret. quas quidem comparantes cum vera ipsius **F** scriptura invenimus de plurimis lectionibus illum in errorem inductum esse, cum incerto niteretur fundamento apparatus Detlefseniani saepe silentis, interdum etiam minus accurati. nam illarum 114 lectionum 72 in **F** (vel **F**^{2}) et **f** eaedem sunt, 5 exceptis una paucisve litteris consentiunt, 26 tantum validius discrepant, 11 denique ita comparatae sunt, ut facile suspiceris, non sinceras codicis **f** lectiones esse, sed Chiffletii coniecturas margini adscriptas. siglis enim *Ch. Chi. Chif. Chiff.* lectiones codicis, sigla *Chiffle.* medicum eruditum significando (ut ipse in praefatione testatur) Dalecampium errori se obnoxium dedisse elucet, idque confirmari videtur iis quae ad Π 127 adnotavit: *Vide num rectius legatur: aquilo, quia siccus et frigidior: noxius Auster, fortassis quia magis humidus, Chiff.*, et eo quod Π 244 Pintiani coniecturam *Lechaico* pro *Laconico* sigla *Ch.* insignivit. in hunc numerum rettulerim II 16 *per fetidas cepas, allia et similia.* 23 *et eruditi et rude vulgus.* 30 *inventoribus.* 98 *Opimio III et Q. Fabio II cons.* 140 *Volsiniis et urbe et agris depopulatis.* 141 *avitis* (pro *habetis* **FR**. *habitis r*) *beneficiis.* 188 *minora ⟨maiorave⟩ autem.* 189 *criniumque ipsorum* (pro *ipsoque crurum*). 197 *minus ⟨quippe⟩ quatiuntur.* verum etsi haec ita se habent, non corruit tamen Welzhoferi opinio, nam longe alia evadit numerorum ratio, cum omnes lectiones ex **f** a Dalecampio adnotatas cum codice **F** comparamus. sufficiet unum librum II variarum lectionum fertilissimum excussisse. numerantur in eo lectiones 340 ex **f** adnotatae, in his 78, quas communes habet cum *man. Dal.* (**z**). in toto hoc numero sunt 172 quibus solus **f** cum **F**, 78 quibus **f** et **z** coniunctim cum **F** congruunt; reliquis 90, hoc est quarta fere parte, **f** cum **F** non congruit. augetur vero mirum in modum haec diversitas eo, quod praeterea ex solo **z** lectiones 85 cum F^1 vel F^2 congruentes ita adnotantur, ut his ipsis **f** diversum esse e Dalecampii silentio apertum sit: ergo 175 lectionibus libri II, hoc est paulo minus dimidia parte omnium quas novimus, **f** ab **F** differre concludendum erit. adde quod **f**, ubi consentit, modo cum F^1, modo cum F^2 (cum hoc quidem praecipue) consentire solet, II 14 autem cum F^1 omittit verba *visus totus auditus totus animae totus*, quamquam in **F** haec iam ab eadem manu priore, ut videtur, signo appicto in superiore margine addita sunt (ita ut in principio etiam unum *totus* abundet), et § 58 **f** habere fertur *fulgor. Interdiu*, cum in **F** scriptum sit *fulgore interdu* (*-dū* F^2), itemque § 4 extr. **f** cum neutro, sed potius cum **op** consentiens habet *aut homines possint uidere*, cum F^2 et **z** consentiant scriptura *aut mereantur* (*meror* F^1) *homines uidere* (*-ri* F^1), ne alia huius modi exempla hoc loco afferam. quae omnia vix poterunt aliter explicari quam ita ut **f** eundem esse ac **F** negetur, nisi forte Dalecampium permultis locis mira levitate confudisse adnotata ac prorsus invertisse putare malumus. obstare sane videtur celebre illud additamentum VII 55 summa inserendi similitudine in utroque insertum, idque in **F** ita, ut sint ab altera manu voci *oratori* in extremo versu positae protinus adiuncta in margine *modo in ea domo gallionē* et deinceps versibus uno tenore interposita *castellano — mimo*, quae continuantur verbis iterum in margine adscriptis *paride cognominato* ‖ *agrino senatori* (corr. ex *agrinū senatorē*). sed discrimina quaedam iam Welzhofer p. 48 sqq. acute notavit studuitque probabilem similitudinis causam excogitare, nec potest haec una res tanti ponderis esse, ut ceterae diversitates omnes pro nihilo aestimari debeant. utcumque res se habet — nam ad liquidum perduci vix posse videtur, ut nulla relinquatur dubitatio —, ad crisin factitandam non multum refert, quoniam quidquid traditur boni in f fuisse certiore fide in **F** scriptum invenimus.

Tertio loco correctionum codicis **F** diversa genera paucis explanari necesse est, simul ut inspecto codice ipso iam paulo accuratius definiam quae nov. luc. p. 76. 78 sqq. de eadem re disserui. tria enim genera oculorum iudicio discernuntur. prima quidem manus est correctoris eius qui ex eodem exemplari, quod librarii ante oculos habuerant, calami lapsus sustulit et lacunas aliquot explevit, pallido usus atramento et tenui ac velut timido ductu, ne blandam speciem versuum diligenter exaratorum deformaret. secundus autem corrector saeculo fere XII ex alio eoque meliore et pleniore exemplari vetustioris ordinis egregia studii assiduitate in unaquaque pagina verba signis appictis rectius discriminavit et textum ita castigavit, ut nec membranae nec scripturae venustati parceret, sed falsis et rasura et litura fortiter deletis fusco atramento et valido ductu vera quae videbantur reponeret aut varias lectiones in margine adnotaret. huius potissimum manus intellegenda est in sigla $\mathbf{F}^2$; primi correctoris manum in commentario non ubique distinxi. tertius denique fuit lector attentus aevi multo serioris, qui satis habuit quaedam interpunctionis signa addidisse et crebra compendia supra scriptis voculis *et, nec, aut, enim* al. explicasse; raro litteras nonnullas correxit aut notam margini aspersit. atque huius quidem correctoris operam nullius esse pretii per se patet, secundi vero illius merito plurimi aestimatur, praesertim ubi $\mathbf{F}^2\mathbf{E}^2\mathbf{R}^2$ aut $\mathbf{F}^2\mathbf{E}^2$ inter se congruunt. verum tamen non omnium eius correctionum esse eandem auctoritatem, sed multas interpolationis notam prae se ferre, et nov. luc. l. l. evidentibus exemplis e libris VII—X petitis illustravi et pluribus etiam, quibus scatent libri II—VI, evincere possum. quorum magnam sane partem — in secundo potissimum libro — consulto suppressi, ne futtilium lectionum mole commentarium obruerem, sed amplius ducenta excerpta ex copia multo maiore in promptu sunt, e quibus exiguum delectum subicere placet: II 16 (ad aedem Larum) *ad eadem laru* $\mathbf{F}^1$, *aedes laruis* $\mathbf{F}^2$, ib. (pro dis habeant) *prodigiis habeant* $\mathbf{F}^1\mathbf{E}^1\mathbf{a}$, *in prodigiis habeant* $\mathbf{F}^2$. 17 (claudos ovo) *claudos cecosque* $\mathbf{F}^2$ in ras. 18 (passu cum .. vadit) *pascuū .. adit* $\mathbf{F}^2$. 23 (in omnes futuros umquam deo decretum [-*to* $\mathbf{F}^1$]) *in omne futurum deū decreto* $\mathbf{F}^2$. 26 (uilitate) *uigilate* $\mathbf{F}^1$, *agilitate* $\mathbf{F}^2$. 31 (in eo Cleostratus) *neodepsus tradit* $\mathbf{F}^2$. 37 (in magno nominum ambitu [-*tus* $\mathbf{F}^1$]) *in agone nominum ambitus* $\mathbf{F}^2$. 98 (existunt eaedem coronae) *existente adem coronae* $\mathbf{F}^1$, *existente eadem corona* $\mathbf{F}^2$. 131 (rupere nubem) *rumpere nuber* *nubē* F^1, *rupere nuper nubē* F^2. 133 (fulmen est. distat) *fulminem distat* F^1, *fulmen autem distat* F^2. 154 (caelum dei) *caelum diei* F^1, *caelum dies* F^2. 157 (aquis ferro) *aliquis ferro* F^2. 173 (ut dicemus [*-caemus* F^1]) *ut dicamus* F^2. 177 (cum ea aquas) *cum ea quasi* F^2. 180 (exoriens) *exsuriens* F^1, *exsurgens* F^2. 183 (per eos XC dies) *post eos XC dies* F^2. 194 (occultat ore) *occultore* F^1, *occulto ore* F^2. 205 (se comest) *saecum est* F^1, *se condens* F^2. 236 (Hephaesti) *ephesti* F^1, *ephesii* F^2. 245 (fere minor) *fer//mi* F^1, *ferme* F^2. — III 10 (omnia Bastetaniae [*uasteanie* F^1]) *obuia uastetanię* F^2. 32 (e Pyrenaeo Rubrensem [*rumperensē* (?) F^1] permeans) *e Pyrenea rupe semper means* F^2. 34 (C. Mari) *e mari* F^2. 52 (Fidentiores) *fidenates* F^2. ib. (Arno) *ardo* F^1, *arido* F^2. 76 (frutice) *fritucae* F^1, *brittice* F^2. 83 (Taphros) *tapsos* F^2. 115 (Anemo Ravenna [*-nnas* F^1]) *nemora rauennas* F^2. 118 (Tarum) *taurum* F^2. 119 (Septem Maria dictus) *septem mari aditus* F^2. 150 (quo distinximus) *quod est Euxinus* F^2 in ras. — IV 9 (vorant [*uoran* F^1] donec) *forando donec* F^2. 22 (ab Elide) *a pelide* F^2. 23 (Sidous Cremmyon) *si duos oremmyon* F^1, *sunt duo soremmyon* F^2. 32 (Iolcus) *locus* F^1, *locros* F^2. 36 (Elaeuomne, oppida) *aleu omnia oppida* F^2. 58 (Samonium) *samnium* F^2. 72 (a Mastusia) *amatusia* F^2. 112 (Tyde) *tydae* F^1, *lydae* F^2. ib. (Leuni Seurbi) *lęuni saeurbi* F^1, *lęunisae urbs* F^2. — V 42 (et in Clupea [*glupae* F^1] emori) *et hinc lupae emori* F^2. 51 (inermi quaesitus) *inermique situ* F^2. 85 (in pugna Taurus) *inpugnaturus* F^2. — VI 30 (diri odoris) *driodori* F^2. 49 (amnem Demodamas [*dęmones* F^1]) *amnem demona* F^2. 123 (unde [*undedi* F^1] civitati nomen) *nunc dedit ciuitati nomen* F^2. 135 (Adunam [*-na* F^1]) *& unum* F^2. 214 (Delum) *derum* F^1, *dierum* F^2.

Haec maxima ex parte nihil esse nisi inutiles coniecturas ad primae manus errores peculiares et fortuitos modo qualicumque tollendos excogitatas quis est quem fugiat? sed ne ipsum correctorem putemus ubique coniciendi libidini indulsisse, monent aliae eius modi correctiones haud paucae, quae etiam in aliis codicibus aut in vetustis editionibus inveniuntur, velut IV 18 (nomen ita) *nominata* F^2A, ib. 17 (Parparus) *parpanus* F^1, *parnasus* F^2E^2, III 132 (patere a) *praeterea* F^2E^s, II 120 (phoenica) *item phoenica* F^2R^2, ib. 133 (non postea) *aut (ac* z*) non postea* F^2R^2z et III 60 (politur) *populitur* F^1, *populatur* F^2(R^2?) *H*, maximeque magnus numerus lectionum correctori cum z communium, velut II 3 (desiderio) *si deerit* F^2z. 4 (meror F^1) *mereantur* F^2z. 9 (cursus) *cursui* . . (saeculis) *saeculorum* F^2, *circulorum* z. 13 (librantem) *librantemque* F^2z. 15 (genera) *genera deorum* F^2z. 18 (deus est) *Si deus est* F^2z. 21 (excogitant cibos) *excogitant globos* F^2z. 23 (otium datum) *otio dato* F²z. 160 (globumque) *globum quem* F²z. 237 (dilutius) *dulcius* z, *dultius* F². huc pertinere puto eos quoque locos, in quibus lectioni non deletae F² apposuit variam lectionem praemissa *vel* particula, ut II 1 (degunt) *dicunt contineri uel nunc inesse*. 57 (utroque) *uel uisoque*. 110 (fallenti) *uel fatenti*. 119 (liba) *libanon* F¹, *uel libian* F². 128 (austros) *uel tauros*. 137 (signo cerae) *sic nocere* F¹, *uel sine onere* F². 145 (natura tribuente) *uel naturę tribuendo*. 154 (sacra merito) *sacro merito* F¹, *uel sacramento* F². 208 (subinde) *perinde* F¹, *uel subinde* F², item insertas particulas *et, que, aut, item* vel *est* et alia verba addita, quibus orationis forma mutila egere visa erat, denique marginales argumenti titulos et adnotatiunculas quasdam, ut II 96 *in bello mutinę* ad verba *Mutinensibus malis* et IV 37 *Virgil. Quantus erix aut quantus athos* ad verba *montem Atho* aliaque similia. talia igitur correctorem F² sincera fide et nulla interpolationis suspicione recepisse ex suo exemplari non iniuria statuemus, id autem videtur ex iis fuisse, quae quondam in Britannia ultima quidem stirpe ex archetypo pervetusto orta, sed descripta erant e codice aliquo posteriore et qui flagrantibus ibi iam inde a Bedae aetate antiquae de natura rerum doctrinae studiis ab homine non mediocriter erudito lectorum commodi causa proprio conatu castigatus adnotationibusque instructus fuisset. cuius rei exemplum simile (an dicam testimonium?) memorabile agnoscas in eo quod de codice Redonensi nunc oblitterato traditur: Robertum de Torigny sive a Monte, hominem doctrinae laude celebratum (a. 1154—1186), '*ex Mentensi Angliae coenobio*' apportasse eum in monasterium S. Michaelis, et fuisse in eo '*Prologum Roberti Abbatis in Plinium: qui et ipsum librum in Normanniam advexit et corruptum correxit*'; cfr. Detlefsen mus. Rhen. XV p. 285. erant autem eo tempore, quo reges stirpis Normannicae Britanniae imperitabant, septentrionales Galliae regiones, in quibus codicem F ortum et adservatum esse satis constat, cum regno Britannico litterarum quoque commercio frequenti coniunctae.

Haec monenda mihi visa sunt, ne deficientibus aliis subsidiis certisque quae parere cogant argumentis nimium confideretur soli correctionum F² auctoritati. nunc proferam de locis quibusdam aut corruptis aut dubiis difficilibusque observationes, quibus commentarium onerari ab instituto alienum erat.

PRAEF. § 5 non recepi *famas* (*D*), quam formam pluralem a Seneca ep. 114, 19 pro exemplo vitiosae nec imitandae dictionis allatam a Plinio notione gloriose factorum hoc uno loco positam esse vix credibile est, cum aliis locis multis constanter singulari numero usus sit. nec facile discernas, utrum *laudum* nomini aliud nomen an *tonandi* verbo aliud verbum ille opposuerit, ut Titi erga patrem fratremque verecundiam dicendo variaret. sic *clamas* temptari possit vel etiam *cantas*, quo quidem verbo poetica quoque ars Titi simul indicaretur fieretque ad sequentia transitus. sed res incerta. — § **6** *cum hanc operam condicerem:* non constat particula *cum*, compendio, ut videtur, olim scripta, quod posteri deinde varie (*quia* et *quam*) interpretati sunt. structurae conveniat *quis* (= quibus), cui respondeat *in hoc* (= horum) *albo*. — Turnebi illud *nenias in hoc albo,* ad *operam* relatum, ORossbach iterum commendavit in Berl. phil. Wochenschr. 1903 p. 509. — § **10** an *hac* (*hoc ll.*) *adtestabatur re* (*se ll.*) *vel inimico iudici se probari posse?* — § **14** hoc loco difficili et nescio qua graviore depravatione turbato quod *D* coniecit *obscuris librorum in tenebris* non bene quadrat in adversativam particulam *vero*, sed copulativam potius requirit mutata paulo sententiarum ratione. — ib. *ante omnia* scripsi (frequenti *an* compendio), quia quae veterum encyclopaedia complectebatur, ea non omnia, sed magna tantum ex parte in nat. hist. attinguntur, siquidem dialectica abest itemque rhetorica, grammatica, musica; *erant* autem, quod ORossbach proposuit, in Pliniana elocutione facile suppletur: cfr. Müller de stilo p. 80 sqq. idem (eiecto *sint* ut correctoris additamento) deinceps scribere vult *ut multis prodita ita in fastidium adducta*, sed quod e[1] priore loco *ut* pro *ita* scripsit, fortuito errori probabilius tribuitur, et iungenda videntur *ita prodita*: fastidii causa non multitudo scriptorum est, sed narrationis genus ingratum. vocula vero *sint*, qua carere non possumus, rectius post *ut* inseretur, ubi intercidere facile poterat, sicut IV 76 *sit* post *ut* in **R** omissum est; amat enim Plinius *sit* et *sint* ipsi particulae subicere: cfr. *ut sit* VIII 180. IX 139. 152. XI 39. XII 120. XXIV 67. XXVIII 39. XXXI 87. 93. 113. 114. XXXII 36. XXXV 184. XXXVI 162; *ut sint* XXVIII 216. XXXVII 116; *ut non sint* VIII 40; *ne sit* VIII 8. XII 92. XXVIII 48; *ne sint* XII 46. XXX 41; *si sit* XXVIII 73; *si sint* XXVIII 79. 206; *si non sint* XXXII 47; *nisi sit* XIII 62; *an sit* XXXV 184; *quam sit* VII 43. VIII 165; *cum sint* XIV 87; *cum sit* II 228. IX 60. X 23 et undecim locis aliis, nec exhausi omnem exemplorum copiam. item *ut possint* XXIX 72. XXXIII 65, et pronomini quoque relativo saepissime adhaerent *est, sunt, sit, sint, fit,* alia huius modi. — § **24** pro *sperare* certiore fide commendatur *spectare* (**eaql**), dum correcto vitio creberrimo scribas *expectare*. — ib. removi plebeiam vocem *grossiores*, ab *J* primum ex vitiata codicum scriptura invectam, quae quarto demum p. Chr. n. saeculo in consuetudinem scriptorum, ut Sulpicii Severi et Augustini, admissa est, postea vero adeo increbuit, ut medio aevo librarii propensi essent ad eam substituendam. editores veteres correxerant *crassiores*, rectius id quidem, sed incerta.

apud Plinium notione translata; ego *grauiores* scripsi, quod cum propriae illi Romanae gravitati tum his inscriptionum Latinarum exemplis maxime convenit. — ib. an *facetissimus* (olim scriptum *-im;*)? nam de uno Bibaculo agitur. — § **26** dubitationi locum relinquit vulgatum illud *pingendi fingendique conditoribus*, quod Gelenius invenit, postquam Rhenanus de certo remedio desperans *iconon auctoribus* e litterarum ductibus extricare studuit. *artis* quidem *conditores* XXXIV 89 appellantur clari artifices statuarii, sed verbali forma *pingendi fingendique* inventorum inducitur notio, quae non cadit in Apellem aut Polyclitum, qui inter proceres vel etiam principes consummatae utriusque artis celebrantur. in PINGIQVE vel PINGEQVE latet fortasse PENDIQVE. verum quaeritur an possit *conditorum* vox absolute dicta esse de iis qui opus aliquod in litteris aut in artibus condunt sive componunt: XVI 13 legis intellegi *conditores* e sententiarum tenore apparet; V 9 *annalium conditor* de Polybio, VII 111 *rerum conditor* de Thucydide dicitur, item XXXVI 106 *celeberrimi rerum conditores* similiterque adiecto genetivo XXXV 199 *mimicae scaenae conditor*, XXVI 11 *subtiliores sectae conditor*. quodsi hoc quoque loco genetivus desideratur, potuerit *artium* ut casu omissum post *uelim* inseri, ut verba sic procedant: *ex illis mox velim* ⟨*artium*⟩ *intellegi pendique conditoribus*. — § **30** *eorum ego orationes sivi praeterfluere*: recte, ut videtur, Iordan animadvertit ad integritatem sententiae requiri *semper sivi* vel tale quid, eademque de causa veteres scripserunt *sino*. quamquam dandum erit aliquid austerae Catonis breviloquentiae. pro *praeterfluere* (**R**[2]*v*) ORossbach mavult *praeterire*, nec abest suspicio quin illud ab homine erudito ad similitudinem loci Ciceroniani excogitatum sit et a manu recentiore (**R**[3]) non ex codice aliquo, sed ex editione vetusta petitum.

LIB. I. In scripturae varietate Indicibus III—VI adiecta nonnulla corrigenda vel addenda sunt ex pleniore novae editionis Detlefseni (*D*[2]) commentario, omissis tamen lectionibus codicis **D** cum **F**[a] plerumque conspirantis. p. 15, 28 *Gracile* etiam **A**. — 38 *Gelliano* (sic etiam **A**) et *Valeriano* nomina intacta reliqui, quod eadem menda in contextu III 108 inveniuntur nec librariorum culpae ea tribuenda esse liquido probari potest. — p. 16, 2 *acaiae* (om. *atticae*) **AE**[2]. *D*[2] revocavit *Atticae*. — 13 *spora* **AE**[2]. — 24 *lucudunenses galliae* **DF**[a]. — 41 *ex auctoribus* om. **AE**[2], Graecis auctoribus ante Romanos enumeratis. — 49 *externis* om. **A**. — 52 not. lege *Erathosthene*. — p. 17, 1 *ephero* **AE**[2]. — 4 *timaco* e. *thimeo* **AE**[2]. — 8 *molete* etiam **AE**[2]**D**e. — 31 *palistines* **A**. — 38 *iunctarum* **A**. — p. 18, 10 *et* om. **A**. — 20 *ex auctoribus* et 28 *externis* om. **A**. — 30 *baethone* **A**. — 38 *mirsolo* **E**. *missolo* **D**. — 41 *perihegesis* etiam **D**e. *perigessis* **A**. — p. 19 et 20 in superioris marginis inscriptione dele siglam

A, nam periit in **A** index VI. — p. 19, 4 *themischidena* **DF**[a]. — p. 20, 6 II·CCXIII **E**. — 32 *lapsaco* **DEa**. -cu **F**[a]. — IX (32) p. 27, 19 *cenitari* posui, non quod verum restituisse mihi viderer, sed ut aliquatenus satisfieret loci sententiae, cui *generatim* (*D*) parum convenit. — XI (103) p. 38, 23 *ac* (*sac*) *religio* natum fortasse est ex *&* *religio*, quod ita exstat in contextu § 250; similiter p. 34, 27 *et laetum omen*, p. 112, 37 *et in Italia*. in **M** eiecta videtur esse particula ut otiosa vel structurae adversa; *sit* in his indicibus plerumque supplendum est. — XII (19) p. 40, 25 *malachan* inprudenter librarii — id quod saepius accidit — transcripserunt e contextu § 35, ubi accusativus pendet a verbo *appellant*; recte scribetur *malacha*. — XXI (25) p. 65, 42 consentiunt *ll.* in forma quae est *bellium*, nam in **dT** est *de bellio*; quare scribendum erit *bellium*, ut *petilium*, XXI **49** autem *luteum* (sc. semen est) *et bellio*, ubi *luteus* (sc. flos vel color) scripserant *v a. J.* — ib. (68) p. 69, 9 quae post *albucum* in *ll.* exhibentur: *amuletum asian alibi oispant* (*oistant*), etiam magis corrupta sunt quam quae in contextu § 111 corrupta traduntur. in quibus si modo est quod genuinum sit nec careat intellectu, conicere liceat *ulvetum oiston* (ὀιστῶν). — XXII (13. 14) p. 71, 2. 3 nominativi refragantur structurae per ablativos continuatae; fuit fortasse *stoebe quae pheos. hippophei generibus II.* — ib. (30) p. 71, 38 *saxifraga* consensu librorum firmatur; item § **64**, ubi occasio fuit errandi, rectius est scribere *saxifragam* (sc. herbam): cfr. Seren. Samm. 595. — XXXII (53) p. 108, 38 numerum 176, quem tamen ipse concessit vix posse liquido explorari, *D UZ* p. 75 ita explicavit, ut simul rationem haberet numeri illius 144, quo Plinius § 142 aquatilium genera complectitur. sed tenendum est n o m i n a ab eo in hoc indice numerari, non g e n e r a; nomina autem numeravi § 144. 145 beluarum 29, dein § 145—151 marinorum animalium 133, denique piscium § 152. 153 ab Ovidio et § 154 a nullo auctore proditorum 19, in summa 181. quae si recte se habeant, CLXXVI facile potuerit corrigi in CLXXXI. ceterum cfr. Birt de halieuticis p. 162—165. — XXXV (39) p. 116, 34 unanimi codicum consensu tertium agnoscimus pingendi instrumentum, verissime illud quidem ac proprie indicatum nomine *cauterio*, pro quo *S* nullo intellectu e § 149 substituit *aut ceris*, scilicet ut indicem e contextu emendaret. at contextum potius ex indice ita emendandum esse, ut ibi quoque *cauterio* scribatur pro *cera*, facile apparet ex structura verborum inextricabili; unde quid de ratione encausto pingendi concludendum sit, uberius exposui in Ernesti Bergeri pictoris Monacensis libro, qui inscribitur „Die Maltechnik des Altertums“ (1904) p. 189—196. — XXXVI (4) p. 118, 34 de numero *CCXXV* cfr. *D* annal. inst. arch. Rom. XVI p. 79. quamquam permutatis *C* et *L* non difficile est *CLXXV* vel etiam *CLXXII* efficere.

LIB. II § **8** antequam lectiones **F**[2] cognoscerem, conieceram *quasi non eaedem quaestiones semper* ⟨*sint*⟩ *in termino cogitationis occursurae*: nam *sint* suppleri ex sequenti et longius remoto verbo *sit* duriusculum videtur, intolerabile vero quod vulgatum est nec codicum fide satis munitum, ablativos absolutos *eadem quaestione occursura* uno verborum ambitu arte coniunctos cum locutione *facilius sit* ex eadem particula *quasi* pendere. — § 4 revocavi lectionem *mens* (*v a. J*), litteris haud ita longe discedentem a *meror* (vel *mero*ſ), cum ingeniose illud ab Hauptio excogitatum *in cor . . . cadere* (cfr. II 87. XI 182) minus probetur, etsi manifestum est *cadere* aptius opponi verbis *mundus ipse non capiat*, quam *videre*, pro quo ipsum *capere*, si per litteras liceret, esset aptissimum. quantopere iam librarii hunc locum attrectaverint, scripturae docet varietas. graviorem iniuriam subiise eum si credi par est, suspicere *meror* reliquias esse mutilati *in numeros* ortumque *uidere* ex *includere*, corrupto in *uiduidere*; quibus admissis haec facies refingatur: *aut in numeros homines includere* (sc. possint). — § 8 delevi additamentum κόcμον a correctore aliquo ex libris, qui medio aevo multum lectitabantur, ut Bedae, Ambrosii, Isidori, margini adscriptum ac postea textui insertum. κόcμoc Beda posuerat (cfr. Apul. de mundo 22), Ambrosius, laudatus ab Isidoro, οὐρανός; F² autem utrumque nomen in unum confudit. nam ut iam Solinus 11, 30, cum exscriberet IV 68 *Icaros quae mari nomen dedit*, plenius scripserat *Icario mari*, sic nomen desiderabant illi, qui legentium commodi causa codices corrigebant vel notis instruebant, itemque addiderunt II 106 *hyadas*, III 151 *Absyrto*, VI 187 *Aethiopia*, ignorantes scilicet in interpretando nomine nomen ipsum a Plinio plerumque reticeri: quem usum Müller de stilo p. 90 exemplis multis illustravit (adde praeterea V 6. 109. 121. 122. XXXV 47). — § 14 vulgatam servavi orationis formam: *quisquis est deus, si modo est alius* (quam mundus sive numen illud aeternum, inmensum, quod inde a § 1 descriptum est), *et quacumque in parte* (est, sive in sole sive in alia parte mundi), *totus est sensus* eqs. sed taceri non debet ingeniosa interpretatio, qua *D* philol. XXVIII p. 328 verba leniter mutata distinxit in modum hunc: *quisquis est, deus — si modo est — alius* e s t *in quacumque parte*, *totus est sensus* eqs., ubi offendor equidem duplici verbo *est* et asyndeto duarum sententiarum rationem ac nexum non manifeste demonstrante. — ib. non persuadeo mihi breviloquentiam, quae est in locutione *ex vitiis hominum*, *ut Pudicitiam*, satis defendi artificio Pintiani sequentia *ut portionibus coleret quisque quo maxime indigeret* argumentantis. lacuna autem post *vitiis* quoque statui possit et sic expleri: *ex vitiis*, ⟨*non modo virtutibus*⟩, *hominum*. particularum *tam . . . quam* iunctura ea, quam F²z exhibent, videtur a Plinii stilo aliena et correctoris esse nec ostendit quo casu lacuna facta sit. — § 20 Hauptii illud *probe*, si sincerum est, flagitat collocationem hanc: *vix est probe iudicare*, ut XXX 137 *vix est serio complecti*. — § **24** *prave dicta* coniecit D^2. at cfr. VII 7 *parvum dictu, sed inmensum aestimatione*, XXIX 26 *parva opinatu*, XI 2. XXXVI 4 *dictu minora*, XXXVI 104 *opus omnium dictu maximum*, simile sit, si recte se habeat, XX 2 *paria vel maiora miratu*. — § **25** vereor ne Fd verum servaverint: *solum ut inter ista certum sit*, sicut auctore *G* eiecta *vel* particula ad *S* usque editum est. possit *vel solum* ferri, *vel certum* non potest nec munitur exemplis Sillígii (XVII 121. 137. XIX 1. XXIV 131. XXVIII 49), immo vero evertit elegantem illam argutamque et in oxymoro necessariam dicendi concinnitatem, qua Seneca ait: *hoc unum certum est, nihil esse certi*. origo erroris patefit scriptura *in terris t* in E^1a, quorum archetypi scriba omissa semel vocali *a* ante similes *ce* falso legerat *t* pro *t*. idem accidisse videtur in illo archetypo, ad quem op et E^2 redeunt, ubi corrector, cum superscripsisset syllabam *ta*, delere siglam *t* omiserat. quae si non recte coniecta sunt, nihil video quod pro *vel* reponi possit nisi *hoc* vel *id*. — § **31** difficile est credere abiectam vocem *fortissimi*, quam F^1Ea (R^1?) habent ante *fores*, e dittographia natam esse, mirumque universe *rerum fores* sic dici ut proprie *artis fores* ab Apollodoro pictore apertas (XXXV 61). an in adiectivo, ut nunc est, corrupto subest aliquid, quo distinctius indicetur sideralis scientia, de qua hic agitur? in hac nihil magis admiratur Plinius quam immensam subtilitatem sive scientiae sive ingenii hominum, qui eam excoluerunt (cfr. II 30. 67. 139. 164. 247. VI 171): quid si ipsam *rerum subtilissimam* praedicet, ut sit reponendum *rerum subtilissimae fores aperuisse*? — § **38** *alterutro* E(?)d^2op. *alterutroque* (*quae* F^1) *r*, nisi quod *quaeque* pro *quae* F^2 correxit licentius quam sincerius, ratione nulla. deletam autem quam additam esse ab aliquo particulam per se veri est similius. quodsi genuina est egetque correctione, facilis et ad rem apta correctio paratur loco XI 223 (profluvium sanguinis fit) *aliis nare alterutra vel utraque*, ubi solus codex M verum servavit, cum reliqui omnes haplographiae errore praebeant *alterutraque*. scribendum igitur *exortu alterutro⟨vel utro⟩que* sc. matutino et vespertino. sed quaeritur possitne *alterutroque* (= utroque) apud Plinium agnosci, quoniam unus exstat locus XX **64**, in quo librorum consensu editur: *nec ulla res in cibis magis* (quam lactuca) *aviditatem incitat inhibetque eadem. in causa alterutraque modus est: sic et alvum copiosiores solvunt, modicae sistunt*. in his ne iungas *in causa alterutraque*, obstat quod locutio *in causa esse* nisi absolute non ponitur: II 192 *ventos in causa esse non dubium reor*, IX 94 *nisi forte . . . humana calamitas in causa est*, XVIII 290 *alterutrum quidem fore in causa . . . non erit dubium*. quare *alterutrimque*, quod teste *Dal.* fuit in z, praelatum est ab Handio

Tursell. I p. 282, formam quidem vocis solitariam ac Plinii certe aetate inauditam vindicante, quamquam ea non opus est, cum ad rem sufficiat dixisse *utrimque*, quod voluit *vet. Dal.* quo pacto rei difficultas expediatur non liquet; fortasse verba sic separanda sunt: *in causa alter utrimque modus est*; poterit enim, cum in re eadem duo tantum inter se contraria indicentur, *alter modus* ita dici, ut ad diversitatis notionem prope accedat, idque minime mirum apud Plinium, qui XX 163 ait: *plerique* (ami) *alterius naturae in totum putant* (sc. quam cuminum): cfr. praeterea Thes. LL I 1736. 1748. conici possit etiam *alter utique modus*, nam *utraque* (sc. ratione) exemplis vindicari vix queat. ceterum vocis quae est *alteruterque* exempla quinque ex auctoribus labentis Latinitatis in Thes. LL I 1761 allata, si recte intellego, ita comparata sunt, ut non *utriusque*, sed *alterutrius* notionem ostendant. — § **39** *remotius* post Alex. Benedictum (1507) iterum a Rückio 3 p. 235 commendatum est, sed probalius videtur correctori cuipiam tribui anacoluthiam leviorem — nam *Mercurius* obversatur animo — non ferenti. — § **43** eidem tribuo additum post verba *amor eius* participium *captus*; nam antiquis fabulis Luna traditur capta esse amore Endymionis: cfr. Roscheri lex. myth. I p. 1247. Mnaseae fr. 1 (MFGH III p. 149). *consopitus* e Cic. Tusc. I 92 substituere mavult Rück, ut per litteras mihi significavit. — § **49** deleto *atque* Alex. Benedictus coniecit scribendum esse: *vastitas solis oculorum argumentis aperitur, ut non sit necesse amplitudinem eius coniectura animi scrutari.* — § **54** interpolis lectio *viri ingentes supraque mortalium naturam*, nullius codicis fide firmata, post Broterium, qui primus genuinam edidit, miro errore Sillìgii redintegrata est. — § **57** asyndeton, quod est in verbis *hebetari, nunc* . . *nunc*, prudenter tuetur Müller de stilo p. 142. 143; manet tamen legentibus incommoda eius duritia, quasi factum sit ad occultandam verborum structuram. si consideraveris locos quales sunt X 81 *editur sonus et nunc* . . *nunc* vel II 42 *senescens et modo* . . *modo*, III 6 *ortus et modo* . . *modo* al., malueris hic quoque *hebetari* ⟨*et*⟩ *nunc* . . *nunc*, nisi praeferas *hebetante nunc* eqs. — § **59** *sol* post *assecutus* inseruit excerptor **m**, qui si scripsisset *duodenis* ⟨*sol*⟩ *occultet*, occasione saltem omittendi probabili plus fidei sibi conciliasset. at afuisse subiecti nomen iam antiquo tempore testis est Martianus, qui orationem supplens scripsit *assecutus radius.* — § **78** *denis detractis diebus omnia Veneris*: sic *ll.*; omiserunt *omnia* Beda **mp***v*. unde additamentum hoc, quod, cum explicatum non habeat, non potest glossatoris esse? an *contra Veneris*? — § **81** sitne *vere* an *verno* ipsius Plinii, difficile est diiudicare; utrumque enim propemodum aeque familiare ei est, et *uero* potuit tam ex *uere* quam ex *uerno* corrumpi. sed iunctura *vere et autumno* nullis verbis interiectis etiam II 136 invenitur; *vere potius* . . *quam au-*

tumno XVIII 204, *autumno, non vere* (sic **M**) XI 71 inter se opponuntur: contra *vero . . autumno* XVII 135. XVIII 193, *hieme, ver o* XIX 95 (*hieme . . verno tempore* XVIII 52), atque etiam *vere . . verno* XIX 148. nullo opposito dicitur *vere* IX 164. X 26. XVII 128. XXV 167. XXVI 73. XXVIII 237, *verno* XVII 113. XVIII 147. XIX 37. — § **83** fortasse *undeviginti partes quam lunam . . prodiderunt*, quoniam in numerali locutione comparatio quaedam continetur: cfr. *U* vind. 238, nov. luc. p. 53, praeterea XXXIV **116** *duae partes quam fuere aceti*, VIII 165 *triduo proximo quam sit genitus*, XXXI 27 *tertio die quam quis biberit*, et de omisso pronomine relativo XVI 95 *se novas aliasque quam sunt ostendunt*, XVIII 276 *alia quam redditur a Fabiano*, XXXV 16 *alium fuisse quam tradit Cornelius Nepos*, XXV 166 *ab altera nare quam doleat infuso*. compendium scripturae pro *quam* adhibitum esse declarat interpretandi discrepantia. — § **84** an *dimidium spatii ut* (*et ll. v*) *ab eo*? — § **85** et **114** ob vetustatem maxime excerpti **m** accusativi formam *aërem* praeferri vult Rück 2 p. 303. verum in huius modi quaestionibus cave ne nimium tribuas excerptori, qui non id egit, ut Plinii opus summa fide sedulo transcriberet, sed in usum aequalium lectorum compilando libellum condidit, praesertim cum non *aerem*, sed *aere* scripserit, § 85 compluribus in verborum tenore mutatis, § 114 autem more solito littera *e* simplici pro *ae* posita. adde quod Plinium, ut hominem grammaticarum rerum studiosum, ad certam normam ac regulam se astrinxisse veri est perquam simile, dissimile autem recentiorum codicum librarios, qui ex vetustis tamen exemplaribus hauserunt, Graecam formam non invenisse, sed substituisse. ceteris enim locis omnibus — nam XVIII 3 *ipsum quo vivitur* [*aërem*] glossema eiectum est — satis certa auctoritate munitum legitur *aëra*: II 10. 102. 112. 115. X 63. XXXI 39. XXXVII 63 (**B**). de pari apud Senecam philosophum usu cfr. ed. Haasii II praef. VI. — § **89** verba *in vertice* iungenda sunt cum *comarum, in verticem*, si malis, cum *hispidas*. illud praetuli ob meliorem quae visa est librorum auctoritatem, sed nescio an hoc, quod *S* scripsit, magis conveniat stilo Pliniano, siquidem simillima sunt XIII 96 *mensis praecipua dos in venam crispis vel in vertices parvos*, XXXVI 61 *in vertices maculosi* (onyches), ib. **55** (marmor) *Augusteum undatim crispum, in vertices Tibereum* (sic enim rectius distinguendum est, cum XIII 96 *undatim crispum* dilucide separetur ab *crispo in vertices*). praeter exempla a *S* ad h. l. collecta cfr. II 89 *in mucronem fastigatas*, XIII 71 *in gracilitatem fastigatum*, XXVII 79 *radices . . longae in obliquum*; item de coloribus II 79 *tinguitque . . in pallorem . . in ruborem*, XXVII 133 *in luteum languescente*, XXIV 136 *in luteum inclinatus*, quare XXXVII **123** cum Salmasio scribendum *in purpuram roseus nitor*, sive eodem hoc sensu accipias sive ita ut *in vitium caeruleae* (iaspides ib. 116). huc pertineat etiam illud *in farinam mollis* XXXVI 133, ut non opus sit mutatione. plenius dictum est VIII 133 *convolvuntur in formam pilae* — § **104** fortasse *ultro citro commeante natu- rae ut tormento aliquo mundi celeritate*: cfr. VIII 214 cum VI 143 *quodam naturae artificio*, XI 1. XIV 79. — ib. CFWMüller p. 16 n. 1 coniecit *complexa intra se causas*. mihi olim visum est *ex aere causas* vel *est causas*. — ib. praeter necessitatem *interdum* postulat D^2 et § **131** recepit D^1 veterem coniecturam *in terram* pro *interim*, quod eodem quo *interdum* intellectu a Plinio poni solet: VIII 46 *interim triduo*, IX 54 *navigia interim superiactent*, XIII 35 *interim vero tantum pulvere insperso*, ib. 46 *curvatis interim*, XXII 48 *seritur interim*, VIII 112 *interim et geminos*, similiter IX 21. X 156. XIV 129. XVI 91 (pro quo aliis locis *aliquando et* vel etiam *interdum et* dicit), XXV 20 *interim aquarum quoque*, XV 95 *et interim* (an *interim et*?) *falcata*. (usitate loquitur VII 174 *corpore interim semianimi*, X 118 *si interim audierint*, XVII 137 *omni interim tempore* et XIV 1. XXII 5. 98. XXXIII 4). — § **108** *multis et corporum et ruris experimentis*: *ruscis* (sic libri non correcti) fortasse mutilatum est ex *rusticis*. de varia copulatione genetivi et adiectivi cfr. Müller de stilo p. 62, 11. — § **112** feminina forma *fulgetras* neque hic certa fide constat neque XVIII 354 *fulgetrae erunt*, ubi ad scripturae varietatem accedit suspicio litterae *e* falso iteratae; item XXXV 96 solus B^1 habet *fulgetras fulguraque* addita, ut saepius, littera *ſ* ante *f*, nam *fulgetra* B^2, *fulgura r*. uno loco XXVIII 25 nulla varietate exstat *fulgetras*. his locis omnibus si recte sit femininum traditum, statuendum sit plurali numero Plinium usurpasse *fulgetras*, singulari vero *fulgetrum* generis neutrius, quod invenitur II 142. sin vero suspicioni cedere et XXVIII 25 contra libros corrigere iustum sit, femininae formae locus esse omnino desinat. — § **113** *nulla veniant ratione* a correctore accommodata esse puto ad verba statim sequentia *ex suis venire sideribus* (cfr. etiam § 137). correctionis causa intellegitur, corruptionis meditatae aut fortuiti erroris non item in altera librorum stirpe. — ib. duro admodum zeugmate (cfr. Müller de stilo p. 89) ad *omnesque alios inritos iactus* suppletur *fieri* ex antecedenti verbo *percuti*. an *alioſ* ⟨*fieri*⟩ *inritos*? — § **115** an *conflexa* ⟨*ceu*⟩ *cubito*? — § **117** *hoc est in membra* pro glossemate habuit *U* 16. an inverso ordine *orbe discordi et in membra, hoc est in regna, diviso*? — ib. ad vocem *terrentibus* cfr. II 181 *propter piraticos terrores*. — § **120** *sunt etiam quidam peculiares*: *etiam v* e Beda, *enim ll*. vereor ne nusquam apud Plinium inveniantur *sunt etiam* in principio enuntiati; solet iungere *sunt et*. confudit archetypi librarius *eī* cum *et*. — § **121** *consuetudo .. intellegit*: rectissime *v* perspexerunt Plinianam elocutionem; cfr. X 15 *consuetudo iudicavit*, VIII 7 *ap-*

pellat, XVIII 218 *melius dixisset*, item II 120 *numerosior ratio* .. *interiecerat*. ib. 119 *secuta aetas* .. *addidit*, XVII 54 *usus* .. *pronuntiat*, II 160 *consensus iudicat*, aliaque exempla, quibus multa addi possunt, collegit Müller de stilo p. 133. — § **127** de ellipsi solemni quae est in *tertia diei* (sc. hora) cfr. Fels p. 108. — § **129** mutata interpunctione scribendum fortasse: *auget exoriens, occidens conprimit, ⟨item⟩ meridianus aestivis temporibus*, quae conveniant cum locis ex Aristotele, Theophrasto, Seneca allatis et sequentibus verbis *aut nimio frigore aut aestu solvuntur*. — § **136** *quod non in alio situ evenit* (o**x**): codicem, quem Robertus excerpsit, interdum correctoris licentiam expertum esse praeter alia quaedam exempla, ut § 154 *sic hominum* [*mater*] *illa*, manifeste coarguit additum illud *evenit*, quod suppressum potius in talibus enuntiatis relativis clausulae adnexis ipsius Plinii manum demonstrat. ex multis exemplis simillima sunt haec: X 156 *quod non in alio genere alitum* itemque verbo tenus consentientia XXXI 26. XXXIV 143, et X 120 *quod numquam ante*, deinde X 26 *quod nulla alia avis* (sc. facit), ib. 80. VII 96. XIII 39. XXXII 2 vel XIII 56 *quae non aliubi* (sc. sunt), XXXII 27 *quod nulli animalium* (sc. est). — § **137** *femina* potest aequali fere probabilitate palaeographica ante *Romanorum* intercidisse; de dictione cfr. etiam Plin. XXXV 21 *principum virorum*, Macrob. II 5, 6 *principes feminas*; Lydus ost. p. 172[a] ait γυναικὸς οὐκ ἠγνοημένης. — § **141** si cum *U23 veneficiis* scribas, nihil fere a littera scripta discedi e more librariorum apparet, praestat vero non inducere novam hanc nec necessariam notionem. ego quidem *beneficiis* (sc. sacrorum) dativum esse intellego opponique inter se eos, qui negent ullas esse beneficas sacrorum vires, et eos, qui infinitas credant, ut prorsus possit naturae imperari. quae proxime sequuntur, inprudentia correctoris (**F**[2]) de fato fatisque hominum agi opinantis et veterum editorum glossemate *apertura* male obscurata sunt. lucem affert Seneca N Q II 49, 2, apud quem Caecina *peremptalia* appellat fulmina, *quibus tolluntur priorum fulminum minae*. perspexisse igitur scientia dicitur fulgurum rationem ita, ut et futura praedicat et praeterita explicet, atque ex verbo *praecinat* per zeugma suppleto *indicet* vel *aperiat* haec prodit sententia: *eo profecit scientia, ut ventura alia* (fulgura) *finito die praecinat et an peremptura sint factum* (fulgur) *aut prius alia facta quae lateant* (aperiat). an vero excidit *aperiat* post *aut*? — § **142** *fulgetrum* et *tonitrua* diversis numeris inter se opponi, de qua re dubitavit Rück 2 p. 305, non mirum apud Plinium: cfr. Müller de stilo p. 56. videntur praeterea plurali numero significari multiplices continuique ac longius durantes soni, quibus tonitrus constare solet. plus dubitationis habet forma ab *J* recepta *tonitrum*, quae etiam § 192 in libris aliquot et XXV 21 in solo **N**, XXXVI 88 in solo **B** exstat. varias autem huius nominis formas Plinius usurpat hoc modo. masculinam formam plurali tantum numero ponit: *tonitribus* II 145. XXXVII 150, *tonitruum et fulminum* II 104, *contra tonitrus* X 152. neutrius generis indubitata est forma plurali numero *tonitrua* II 112 (bis). VIII 188. XVIII 354 (bis). XIX 37. XXXV 96, ideoque singulari numero par est *tonitruum* accipi, ut *tonitrum* nihil aliud sit nisi vetusta scribendi ratio, qua geminatio litterae *u* omittatur. — § **143** mirae illius compositionis *perplurimum* origo, nisi est *p* littera errore geminata, quaeri possit in corrupto *fere* (= plerumque). contra § **147** *perputruisse*, desumptum ex 'monumentis', ostendit priscae orationis gravitatem; cfr. quae dixi de *exque* in Wölfflini archiv. XIII p. 435. — § **150** extr. *fieri* cum *D* ex **y** recepi, sed collocavi pone *posse*, quia sic apparet quo modo potuerit ante *fiunt* excidere. incertum quidem est an fuerit potius *fatetur idem* ⟨*accidere*⟩ *non nisi* eqs.: cfr. § 164 extr. 176. — § **151** sententiae maxime convenit *diffusi* (**F**[2]*v*), quod uncialibus litteris non multum abest a *dimisi* (**y**). — § **168** rectius scribi puto cum **Fd**[1]**a** *Maeotiae.* forma *Maeoticae*, quam **E** praebere fertur, apud Martianum quidem Capellam uno loco invenitur, sed a Plinio aliena est, nam Maeoticorum nomen gentile (VI 19) huc non pertinet. — § **171** non persuadeo mihi ut *toto* pro dativo accipiam. coll. § 166 *est* .. *in toto suo globo tellus medio ambitu praecincta circumfluo mari* credibile fit hic quoque *in* praepositionem scriptam fuisse: *oceano, qui* ⟨*in*⟩ *toto* (sc. globo vel orbe) *circumdatus medio.* — ib. asyndeton adiectivorum *inproba*, *infinita* sinceri notam magis prae se fert quam addita copula: cfr. XXXVI 201 *inmensa, inproba rerum naturae portio* et Müller de stilo p. 41, Pliniana p. 39 n. — § **172** *verum* sero vidi iam Felsium p. 75 coniecisse. item *verum* pro *vero* perverse priore loco posito XXI 64 scripsit *D*, XXIV 159 ex **dT** recepit *S*, XVII 17 et XXII 18 traiectionem adhibuerunt *v* eandemque XVIII 16, ubi contrario errore *verum* alterum loco positum admisit *J*, qui XVIII 162 id mendum incerta codicum fide primus invexit. iure has correctiones fieri arbitror; in tanta enim exemplorum per omnes libros copia si quis opinetur, potuisse ter quaterve Plinium repente a se desciscere constantemque sermonis usum abdicare, redit hoc ad superstitiosam adorationem acerbissimae quae credatur diligentiae scribarum, quos tamen constat verborum ordinem interdum mutasse, ut IV 116 init. *vero quo* **F**[2]**E**[2], *quo vero r*, et persaepe *o* et *ū* vel *u* confudisse: nam ut de aliis erroribus taceam, prave habent II 247. XXXVI 114 *vero* **R**, XXVIII 95 *verum* **Vd**, XXIX 94 *verum* **E**, XXVII 6 *immo verum* **E**, XX 62 *uero contra* **E**, XXXVII 173 *vero ubi* **B**. contra XIII 97 nihil opus est mutare nisi interpunctionem in modum hunc: *magna, verum post has, gratia* eqs. — ib. *incendium sideris* (sc. solis) correctorem redolet. *siderum* videtur ortum ex mutilato *assiduum*. an potius *incendium sider⟨is assidu⟩um*? — § **175** non ausus sum recipere *ordimur* (osp), quamvis enixe nuper a Rückio commendatum. retinui *adfodimus*, quod verbum, etiamsi insolens atque adeo unicum, recte tamen formatum, plane significat rem, de qua agitur, vicini caespitem fodiendo, h. e. usurpando, addi ad agrum proprium. est profecto credibilius pro solitaria voce substitutam esse magis usitatam quam pro usitata solitariam. — § **180** codicum vestigia satis serventur, si scribas: *namque aliis quam in medio sitis*. — § **181** an *opposita globi noctem aut ambitu ⟨lucis⟩ diem adferente*, ut § 186 dictum est *angusto lucis ambitu*? nam *globi ambitum* sensu passivo cogitandum esse exemplis probari vix poterit. — ib. parum est veri simile Alexandri cursorem *saepius* eadem condicione idem iter fecisse et remensum esse. vox *saepius* (*sepius* a) in archetypo librorum osp nescio an consilio — nam *remensus* quoque ibi mutatum est — omissa erat. si modo debet pro sincera haberi, potest fuisse *serius*, ut § 180 init., aut *rei eius*, iunctum id quidem cum sequenti *causa*. — § **182** malim *Vasa quoque*, ut § 196 init. — § **189** redeundum erit ad verborum ordinem eum, quem praebent op*v a.S*: *adversa plaga mundi atque glaciali candida cute*. qui si correctoris ingenio tribuendus est, sagax certe nec violenta est coniectura, quoniam in verborum collocatione saepe peccavisse librarios minime mirum est. — § **189** *figuras igni volucres* iam conieceram, antequam ipse inspexi codicem F, qui *igni* confirmat; respondent verba sequentibus *illic ignium nisu*; praeterea cfr. de re VI 187 *artifici ad formanda corpora effigiesque mobilitate ignea* quaeque XI 119 sqq. de pyrallide, pinnato quadrupede, narrantur, de dictione VII 91 *Caesaris celeritatem quodam igne volucrem*. — § **190** removi probatam omnibus editoribus coniecturam Barbari *pro inmanitate naturae*, quia *pro* abundat nudoque ablativo causali suus locus est et naturae Plinius inmanitatem alioqui non attribuit. naturae narrat *invidiam* VI 1. X 76, *inprobitatem* XXXVI 126 atque etiam *scelera* II 206, *inmanitatem* nusquam, qua quidem voce rarissime omnino utitur: VI 53 *hominum inmanitatem* et, si Roberto (o) credi deberet, VI 1 *inmanitate* (oceani). simplicissimum remedium praesto sit, si *pronuntiato naturae* dici possit pro iussu, edicto, voluntate. venit in mentem etiam *pronuntiandi* usus iudicialis, quo temptari possit hoc: *pronuntiatae naturae ⟨iure⟩ urgentis illas solitariae*. (cfr. XIX 56 *minore fortunae iure* sc. in homines, XII 5 *ut a diis nato luxuriae iure*). — § **191** *in eo si credimus*: verborum ea fere species est, ut auctoris alicuius nomen truncatum (velut *Timaeo*) subesse videatur. — § **192** an *subtracto omni spiritu qui vehat*? — § **193** *montibus* pro *moenibus* coniecit *D*², montium scilicet mentionem desiderans. at vide infra § 194 *nec montuosa tali malo carent*, quae sic dici vix possent, si vel prostrati montes iam essent commemorati. ceterum totius membri testimonia tam levia et infirma sunt, ut spurii additamenti suspicio facile oriatur. — ib. deest substantivum *vento* vel *flatu* vel *spiritu* (§ 192), ad quod pertineant *grassante* et *rauco* et reliqua participia; nam *sonum* intellegi nec per structuram nec per sententiam verborum licet. — § **195** fuit fortasse *sunt propinqua luce crebri*, sigla s̄ accepta pro s;. — § **199** *semel*, *quod equidem* .. *invenio*: indicativus in talibus enuntiatis sententiam restringentibus repugnat rationi Plinianae, quam Antonius Ludewig (Prager Studien III 1 p. 35) quindecim exemplis — hoc quidem mirum quo casu praetermittens — satis certo demonstravit. et apparet ex codicum vario dissensu, terminationem verbi non distincte exaratam vel ipsis librariis dubiam fuisse. restituendum erit aut *inveniam*, ut XIII 3. XXI 13. XXV 5. XXXVI 47, aut *invenerim*, ut XVIII 166. XIX 32. — § **203** quod scripsi *aequatum planitiei*, postulatur constanti apud Plinium usu: *planities* IX 109, *planitiem* VI 29. 60, *planitie* II 160. VI 187. XVII 36, *molles planities* (acc. plur.) VI 65; *aequari* autem dativum asciscit: *diei* II 81, *noctibus* et *diei* XVIII 220, *Polycleto*, *Myroni*, *Pythagorae* XXXIV 68. — § **206** hoc loco foede interpolato tenendum est, exempla omnia idcirco afferri, ut doceant ipsam se comedere terram et litora quoque infida esse. itaque non mare, quod ne verbo quidem significatur, sed *litus* vel *terram* urbes *abstulisse* et magnas insularum partes *rapuisse* putandum est. inde conicias *sinus Corinthii*, pro quo eadem mente *in sinu Corinthio va S* posuerant. — § **209** probabilius duco scribi: *quoniam symphoniae cantu* .. *moventur*, ut *in* post *quoniam* deleto cantus causa sit movendi. — § **210** an *in cuius sanctam aream non inpluit?* — § **211** offensio illa, quam Müller emend. p. 6 inserendo *ferunt* post *naturam* tollere voluit, bene tollitur lectione *possint* (**E**[1]**a**), modo *itaque* pro *et ita* accipias. — ib. *laboratum*, quod nullius codicis testimonio firmatur — nam in **E** inseruit manus XVI saeculi — eieci, nec tandem eiectum desiderabit quisquam, qui verbis *in Ilio* regionem circa Ilium sitam notari reputaverit: cfr. CFW Müller p. 23. 24. — § **212** verbis *causa in sole lunaque* Berger (Gesch. d. wissensch. Erdkunde d. Griechen p. 565 n. 1 ed. alt.) pro documento utitur consentientis et Plinii et Posidonii de aestu maris doctrinae, sed idem consensum hunc paulo post attenuat et quodammodo tollit, cum complura ex iis, quae Plinius proferat, dissentire cum Posidonio fateatur. et causam profecto proprie vereque dictam in luna Plinius esse putat, nam quae deinceps de vi sideris exponit, ea omnia ad lunam pertinent, quam peculiari sideris appellatione denotare solet (cfr. Sillig ad XXXII 59). solis demum § 215 mentionem facit eiusque *annuis causis* augeri cuncta dicit, quae in maris aestu et reciprocatione observentur. itaque si causam primariam et secundariam voluisset distinguere, saltem sic verba collocasset: *causa in luna soleque.* nunc vero solis vim ad modum videtur referre, causam rei in luna quaerere et arguta dictione inter se opponere haec: *pluribus quidem modis, verum causa in sola luna. namque bis* eqs. (syllaba *nā* propter vicinam *na* oblitterata ex *sola* fictum est *sole*). — § **213** *ancillandi* verbum, ne sententiae quidem huius loci plane conveniens, ab erudito correctore puto substitutum esse, praesertim cum seriore Latinitatis aevo haud infrequens esse coeperit: cfr. Wölfflini archiv. IV (1887) p. 76. — § **224** redeunt fortasse ad eundem correctorem, qui dum tollit inaequalitatem et quandam audaciam dicendi, qua offendebatur, tautologiam ampliavit, haec quae eduntur ex **AF²R²E²**: (dulces aquae) *leviores haut dubie; ideo et marinae, quarum natura est gravior, magis invecta sustinent.* multo, opinor, praestat reliquorum librorum forma concisa: *marinae natura gravior magis invecta sustinet.* de singularis numeri cum plurali copulatione cfr. Müller de stilo p. 56. ac nescio an Beda rem recte perceperit, cum aquas dulces marinis superfusas intellegeret, ut proinde scribendum sit *magis invectas sustinet* (sc. quam dulces, ut in fluviis et lacubus). — § **230** post *incorruptas* ex libris plerisque *D* recepit *in spira.* quod quid sit non reperio. habent *spera* **op**, *semper* **a***S*, omisit **A**, in cuius archetypo ea verba ut absurda videntur deleta fuisse. verum desideratur sane in hoc aquarum mirabilium exemplo id ipsum, quod sit miraculi simile, sive fuit mentio causae, qua aquae non corrumpebantur, sive diuturnitatis, qua durabant, sive stati cuiusdam et singularis temporis, quo exoriebantur et hauriri poterant. in hanc quidem sententiam quadret *uespera*, quam formam usurpatam videmus XIII 109. XIX 183. XXXII 36. quamquam vereor ne desperandum sit de sanatione. — § **233** an *sic et illa permira naturae opera*? — **237** fortasse *si intermisit ⟨uisu⟩ ille iucundus .. crater,* nam adiectivum nude positum habet quod offendat. — § **239** *quaeve et illa natura* (**R²***S*): interrogationi adnecti alteram particulis *ve* vel *aut* adeo Pliniani moris est, ut *quaeve* iam ipsi Plinio cum *S* tribuere malim quam interpolatori, a quo vix credas hunc morem recte observatum esse. exempla habeo haec: X 76 *quid .. quaeve,* VII 116 *quo .. quove,* 189 *quod .. quantave,* 190 *quae .. quaeve,* X 75 *unde .. quove,* XIII 88 *cur .. curve,* XXVI 19 *ubinam .. curve,* XXVIII 11 *quotiens .. quotiensve,* XXXVII 41 *quis .. quamve.* itaque nunc censeo recte scribi XXVIII 86 *quanta .. quantave* (*vero* pro *ve* **R¹***S*), 229 *quis .. quaeve* (sic **r***G*). particulae *aut* sic positae exempla octo protulit CFW Müller p. 10. 11; addo VII 6. 134. XII 29. XXIX 20. XXXIV 37. XXXVI 3. 5. 119. 126. — § **244** vindicavi verbum *potest* remoto illo *patet*, quod in nullo codice est nisi in **p**, suppositum, ut videtur, ab erudito homine aevi recentioris. turbatur eo etiam perpetuitas structurae, quae in § 243 et 244 ea est, ut omnia cohaereant cum verbis in principio positis: *mensura currit duplici via.* — § **246** *nihil inmodicum fecere*: lenissima mutatione conatus sum verborum difficultatem sic expedire, ut congruant cum ea opinione, quam Plinius ipse deinceps expromit. mensuras, quibus diligentissimi auctores, ut Isidorus, magnitudinem incognitarum ultra Tanain terrae partium divinando aestimaverint, nequaquam excedere ait modum probabilem, immo vero aliquanto minores esse quam quas divinari par sit. concludit enim argumentationem his: *unde ulteriorem mensuram inhabitabilis plagae multo esse maiorem arbitror.* — § **247** *set in hac utique*: *set* ego inserui, *et* p*v*, omittunt *ll.D.* neque *et* neque asyndeton hic ferri posse apparet ex universo particulae *quidem* in membris contrariis usu, quem Ant. Ludewig (Prager Stud. III 1 p. 45. 46) omni exemplorum copia demonstravit. invenimus enim formas has: coniunctis *et* .. *quidem* prioris membri opponuntur in altero *et* (V 8), *sicut et* (XXVI 8), *sed et* (quinquies), *sed praecipue* (quater), *sed maxime* (XXV 141); nudo *quidem* opponuntur *sed et* (quater), *sed praecipue* (bis), *sed maxime* (ter), *praecipue tamen* (XI 284, adde *tamen* IV 80. V 144), *maxime tamen* (bis). ad hanc normam hoc loco necesse est scribi aut ⟨*et*⟩ *in omnium quidem litterarum subtilitate* ⟨*et*⟩ *in hac utique* aut *in omnium quidem* .. ⟨*sed*⟩ *in hac utique.* quorum utrum Plinius ipse scripserit, dubium est, nam libri non constant sibi, cum prius *in* desit in **eap**, alterum in p, et quaeritur an Latine dictum sit *sollers in subtilitate,* cum XVII 4 Crassus orator *faceto lepore sollers* dicatur, XXXV 142 autem, ubi de coniectura vulgo edebatur *sollers in arte*, codices non assentiuntur. possit igitur non sine probabilitate geminum *et* pro gemino *in* substitui. adicere placet VIII **6**, quem locum Ludewig praetermisit, traiecto adverbio *maxime* scribendum esse: *mirum et adversis quidem funibus subire* (elephantos), *sed maxime regredi, utique pronis.* — § **248** magis probaverim *significari epistulam* .. *missam.* — ib. lectiones haud spernendas *addita* (**AF**[2]) et *terram* (**A**) ita tueri licet, ut aut *addita huc mensura* aut *additis huic mensurae* scribatur.

LIB. III § **7** cum Ossonoba oppidum in litore oceani situm esset, fuit fortasse *inter effluentes Luxiam et Vrium.* — § **8** codicum vestigia monent cum *v.a.S* scribere *oram eam universam*, ut VI 50, nam *in* ad corruptum *universum* a recentiore manu **R**[3] additum esse iusta est suspicio. — § **16** an *errores conputationi* .. *parit?* — § **17** malim *Anam* ⟨*in*⟩ *ora.* — ib. *navigabili commercio* maiorem sinceritatis quam erroris speciem habet ob exquisitam traiectionem adiectivi, de qua cfr. Müller de stilo p. 134, CFW Müller p. 1 sq., praeterea V 62 *ad effigiem* .. *chlamydis* .. *laciniosam*, XX 223 *contra omnes aculeatos ictus,* XXI 147 *folia molliora et lanatiore canitie* al. — § **32** fortasse *oppida de cetero ⟨orae⟩ rara.* — § **33** Sieglino auctore D^2 recepit *fervidissimus Rhodanus amnis,* quia Solinus 2, 53 alio sententiarum nexu dixit *perniciosam ferventis Rhodani navigationem.* sed *fertilissimus* si modo est errore ortum, pervetustus certe error est, quem iam Martianus Capella pro vero accepit, cum scriberet *causas fertilitatis inportat terrae.* ceterum non *fervidissimus,* quod nisi de summo calore et aestu non dicitur, sed probabilius scriberetur *saevissimus* (vetustioribus litteris fere *ſcceuiſſimuſ*), ut idem Solinus eodem loco ait: *Rhodanus saevit et cum serenum est* et Plinius III 55 Tiberim *saevum,* § 87 Scyllam et Charybdin *saevitia claras,* Mela II 84 parva quaedam flumina *persaeva* appellat. — § **35** mirum post *at in ora* brevissimo intervallo subsequi *in ora autem.* an potius *in ora item* vel *eadem?* — § **37** placet cum *B* haplographiam tollere scribendo *Tascoduni⟨tani⟩ Tarusconienses.* — § **42** veterum editorum lectionem *gloriam suam* revocavit *J*, quia in **A** eam esse credebat, sed etiamsi ibi esset, iure praeferretur *sui,* quem pronominis usum, opportunum illum quidem corrigendi studio, Plinius praecipue amat, non modo cum substantiva, quibus adhaeret, partem aut actionem aliquam significant: II 239 *sine damno sui,* VIII 192 *novissimo sui purgamento,* XII 22 *sui ipsa semper heres* (sic **M**), X 202 *indicem sui,* XXII 1 *miraculum sui,* XXXV 158 *suique firmitate* (sic **B**), XXXVI 1 *durissima sui materia,* XXXVII 63 *ad crassitudinem sui,* ib. 136 *admirationem sui.* frequentissime *sui* adiungitur nomini *parte*: II 5. 82. IV 28. V 145, ubi **EdT** *sua.* VI 8. 145, ubi **R***v sui, r* et Rob. *sua.* IX 103. X 145. XII 67. XIV 120. XVII 153. XXI 103. XXXI 83. XXXII 1, ubi **B** *sua.* XXXIII 2. XXXV 167. XXXVII 1. 136. 159. quare etiam VI **24**, ubi omnes libri *parte sua quae vocatur Cataonia,* restituendum erit *sui,* ut simillime dicitur IV 23 *parte sui quae vocatur Megaris.* praecessit Seneca, velut ep. 121, 6 *in usu sui,* 23 *tutela sui,* 24 *caritatem* et *vilitatem sui.* 79, 18 *in omnem sui partem.* — § **79** conicio scribendum esse aut ⟨*in*⟩ *ora in Rhodani ostio* aut *in ora Rhodani ostio*: cfr. CFWMüller grat. p. 551. — § **86** an *plurimis* pro *pluribus?* cuius permutationis exempla collegi ad XXXVII 21. — § **87** de varietate numerorum mensurae Siciliae egerunt post alios MGGm II p. 483ª, Oehmichen Plin. Stud. p. 67 sqq. — § **89** *a quo* . . *fronte:* lacunam indicavi, quod nudum ablativum *fronte* sic poni posse non credo. nam aut *in fronte* dicitur II 110. III 148 aut adiuncto adiectivo vel participio VI 29 *tota montium fronte,* IV 49 *in fronte obliqua,* ib. *in extrema* . . *fronte,* VI 53 *ad orientem conversa litorum fronte,* 199 *circumagente se terrarum fronte in occasum.* similiter hunc locum velim suppleri in hunc modum: *a quo ⟨flectente se* vel *conversa subito⟩ fronte Siciliae.* — § **91. 92** in Siculo freto, i. e. in angustiis maris, insulas Plinius non commemorat. quod cum Martianus Capella recte intellexisset, sed verba perperam distingueret, ridicule affirmavit in Siculo etiam freto insulas esse non dubium esse, recte tamen nova periodo continuans orationem sic: *Africam versus Gaulos* eqs. de verbis ⟨*in*⟩ *Africam versae* cfr. quae infra ad § 133 adnotavimus. — § 97 *a quo abest* $\overline{LXXV}$: quid abest? Lacinium promunturium? nam *secundus Europae sinus* non potest subaudiri. suspicor *quo* falso scriptum esse pro *quod* et *a* postea additum, ut fuerit: *quod* (sc. Acroceraunium promunturium) *abest* (a Lacinio). de permutatis *quo* et *quod* cfr. Fels p. 48 et not. ad XXXIV 115, ne plura exempla alia proferam. — § **99** *situm* corruptum esse ex *sito* in hoc verborum ordine ad ablativum quasi invitante minus verisimile est quam contra. vindicatur *situm* parenthesi idcirco quoque necessaria, quod participium *emittens* non ad Tarentum oppidum, sed ad secundam regionem referri debet; magis perspicuam Plinius fecisset universam structuram addita copula sic: *secunda regio amplexa* .. ⟨et⟩ $\overline{CCL}$ (p. ambitu) *sinu* .. *emittens*. — § **100** *Vria cui cognomen* ⟨ad discrimen⟩ *Apulae Messapia*: supplementum hoc Cluveri, palaeographica opportunitate speciosum et a Mommseno probatum, a D^2 receptum, nescio an Latine dictum sit, Plinianum esse nego, praesertim cum paucis versibus post prope eadem verborum continuatione haec ipsa locutio, alioqui non usurpata a Plinio, longe diverso significatu posita sit. mihi vero visum est remedium facile parari sublato errore, quo vicinarum vocum terminationes permutatae sint. ac de hoc errandi genere, quod in hominibus parum attente loquentibus haud raro notari licet, etiam scribentibus obvio ne quis dubitet, exemplis aliquot ex copia maiore selectis exponere placet. levius quidem erratum est traiectis litteris, quibus unius vocabuli syllabae incipiunt, ut si dicas *nobis* pro *bonis*, *dono* pro *nodo*: sic II 108 (neruis) *uernis* **R**, 174 (gerimus) *regimus* **REa**, III 70 (intercidit) *interdicit* R^1, 107 (bouianum) *uobianum* **R**, IV 31 (recusans) *securans* **R**, 76 (euxinus F^2) *eunixus r*, XXXVII 27 (talis **B**) *latis r*, II 197 (renitente) *retinente* **FRa** itemque VIII 118. XXXII 2. huc pertinet etiam illud *lapidicina* passim pro *lapicidina* scriptum et pervagatus in codicibus mos traiciendi vel aspirationem, quo scribebatur *chorintus, chartago, calchis, trachia, schytia*, vel consonantis litterae geminationem, ut *turannio* scriberetur pro *turranio* (III 3), *tyrrano* pro *tyranno*, *cyparriso* pro *cyparisso*, alia multa. in duabus quoque vocibus accidit litterarum traiectio, ut III 149 (cum danuuio) *dum canuuio* F^1, quale mendum VI 55 correxit Gutschmid scribendo *Phuni et Thocari* pro *thuni et focari*. latius patet error is, de quo hic agitur, ut duarum vocum terminationes inter se permutentur invertanturque, cuius rei ridiculum illud exemplum, quod est *Galli matthias*, non *gallus Matthiae*, in proverbium abiit: sic II 129 *impari numeres*

R^1, 170 *peruiu tracto* **R**^{1}, 220 *soles bouis* **A**, 246 *proximo dicte* **DF**^{1}**REa**, III 59 (uulscorum lingua) *uulco linguarum* **R**^{1}, VI 51 init. *auctora inconstantium* **DFE**, 138 *militibus inutilium* **FdRa**, 145 (fluminis chaldaei) *flumine* (*-na* **F**^{1}) *chaldeis* **F**^{1}**dRa**, VII 69 *tempestatem florentissima* **Rda**, 79 *naturam durae* **R**, 111 (per legatos) *pes legator* **a**, VIII 94 *mensis hyemes* **a**^{1}, 114 *acerrimis uisu* **DR**, IX 63 (fere cura) *fera cure* **Ra**, 147 *marcentis simili* **DFR**^{1}**a**, XX 251 *paro modi* **V**, XXII 17 (illas rationemque) *illam rationesque* **R**, XXIV 15 (neruorum dolores) ordine quoque inverso *dolorum neruores* **V**, 18 *uermium auribus* **EX**, XXXI 66 *cholera calidam* **Er**. correcta sunt huius modi errata librorum omnium haec: III 87 *clara saeuitiae* (clarae saeuitia), VI 157 *oppidum in quo* (oppido in quod), XII 9 *ramorum arboribus* (ramis arborum), XVII 227 *uitium colentia* (colentium uitia), XX 207 *acetabuli semine* (acetabulo seminis), XXI 45 *rosis migrante* (rosae migrantis), XXII 29 *obolo ponderis* (oboli pondere), XXVI 28 *drachma ponderis* (drachmae pondere), XXXVI 56 *nigricans duri* (nigricantis durum). proposui corrigenda XIX 121 *ad palmum altitudinis* (ad palmi altitudinem), XX 156 *ante accessionum horrorem* (ante accessionem horrorum), XXIII 102 *mellis autem suauitati* (melli autem grauitatis); addo nunc XXIV 72 *accendere resoluitur* (resoluere accenditur). nonumquam enim vocabulorum etiam ordo simul permutatus est, ut XXII 39 (nomen animalis *v*) *animal nominis ll.*, XXXI 102 (usurpanda obseruatione **VRd***v*) *obseruanda usurpatione* **Er**, XXXVII 71 (amplitudo maior **B**) *magnitudo amplior rv*, 84 (tradunt nasci dicitur **B**) *dicunt traduntur nasci* **L***v*, 149 (colore fulgentem **B**) *fulgore lucentem rv*, II 246 (conpertas cognitum) *cognitas conpertum* **R**^{1}, XXIII 25 (ruptis conuulsis *J*) *uulsis corruptis ll.*; ad hunc modum XXXIV 100 pro *nominis sui originem* correxi *originis suae nomen*. — § **102** *Acra*, quod recepit *D*^{2}, postquam *U* primus coll. § 100 proposuit *Acra*, *iam*, non sufficit ad aperiendam depravationis originem; quare locum nondum sanatum esse puto. — § **120** *omnia ea* ⟨*exonerata*⟩ vel etiam ⟨*exinanita*⟩ conieci, quod his ostiis § 121 opponuntur *ostia plena*. — § **124** *aliquotque* (**F**^{2}) divinando positum videtur a correctore copulam desiderante; *&* *aliquot* (*v*) palaeographica ratione non minus probabile. — ib. *ortam Graecia* defendit Fels p. 65, sed exemplis diversi generis. ferri possit *Graecis*, ut § 135 *Liguribus orti*. — § **133** cum vet. Dal. scripsi *verso deinde* ⟨*in*⟩ *Italiam pectore*, ut § 92 *insulae* ⟨*in*⟩ *Africam versae*, praesertim cum in litteris *deindein* ante *italiam* facile potuerit *in* intercidere. semper enim Plinius participio *versus* adiungit praepositionem *ad* vel *in*: V 17 *ad Aethiopas*, VI 55 *ad Scythas*, 29 *ad Ceraunios* (montes), V 35 *ad solitudines*, 95 *in Asiaticam iurisdictionem*; deinde designata caeli parte aliqua, ut *ad meridiem, occasum, orientem* al.: III 147. IV 14. 58.

V 43. VI 70. 72. 86. 212. XXXVII 100; denique cum aliis nominibus appellativis locis novem. in his 23 exemplis sedecies *ad*, septies *in* positum est. quo in usu Plinius eo processit, ut etiam adverbio *versus* praepositionem adiungere quam detrahere mallet: decies posuit *ad*, semel (X 121) *in*, sexies nudum accusativum V 43 *orientem*, VII 23 *occidentem*, V 131 *Glaucumque* . . *amnem*, VI 110 *Indiam* et oppidorum nomina IV 58 *Cyrenas*, V 41 *Carthaginem*. quae Landgraf in Wölflini arch. X p. 391 sqq. de nudi accusativi apud alios scriptores usu sive plebeio sive poetico docte disputavit, non puto cadere in Plinii sermonem. — § **142** non iniuria animadvertit *H nominis*, non *cognominis*, *sui* dicendum fuisse. ipse coniecit *cognomini sibi* ex IV 82, *S cognomini sui* ex V 113. VI 5. per se sufficiat *cognomini*, ut VI 12, sed audacius est *ſſui* derivare ex geminatis litteris *fluui*. — § **144** *Piraei* (**ED**) etiam apud Melam II 56. Πληραῖοι narrantur a Strab. VII p. 315. — § **151** extr. eieci *Absyrto* ut additum glossema, de quo cfr. p. 533 nota ad II 8; item *nunc Absortium*, invectum e § 140.

LIB. IV § **3** *ita* . . *vallatur excelsitas*: integra haec verba esse mihi non persuadeo. vallant montes, non vallantur, ut III 109 *Appennini iugis Sabinos utrimque vallantibus*, ac pronum est succinctos montibus Thraces intellegi, quos vallat illorum excelsitas. possit vero etiam *ita* corruptum esse ex *silua*, ut sit: *silva succincta* . . *vallat excelsitas*. certe Martianus Capella, qui *videtur* scripsit pro *vallatur*, aut verba, ut sunt, non intellecta mutavit aut aliam lectionem ob oculos habuit. — § **6** simplicissima est ratio, qua *taphiassus* deducatur ex litteris *&* (*est*) *phrassus*, ut scribatur *Chalcis, mons Taphiassus* intellegaturque oppidum Chalcis: cfr. Strabo IX p. 427. — § **8** nomina *Tithorea* — *Mirana* valde incerta sunt, nec constat sintne omnia oppidorum nomina. — § **13** *palinhormus* ortum videtur ex *pannhormus* et paulo post *philium* (*philicim*) ex *phliuuſ*, nam terminationem *uuſ* scribae saepius pro *um* acceperunt. — § **18** etiam numerus LXXX iustam mensuram transire videtur. — § **20** haud scio an *B* recte scripserit *Pellana* e Strab. VIII p. 386 extr. — § **22** mentione *Tritiensium* sive *Trittensium*, quae est certior lectio, in mentem veniunt *Triccenses* Messeniae apud Paus. IV 3, 2 (Strab. VIII p. 360) vel *Tritaeenses* (Τριταιεῖς) Achaiae apud Strab. VIII p. 386 init. — § **26** *Olyarum* (pro *Ollarum*) quid sit et unde *U* 69 arcessiverit frustra quaesivi. ego vero corruptum nomen retinere malui quam nullo testimonio invehere novum et incognitum. mirum quidem Delion oppidum a Plinio omnino sileri; an post *pteleon* exciderunt ⟨*Delion proeli*⟩*o clarum*? — § **31** hoc loco, qui est de celeberrima convalle Tempe, multa et divinata sunt et possunt divinari. praeter ea, quae adnotavi, *indutis smilace* coniecit *J* ex Aeliano, postea iunxit *viridante hac* (sc. convalle); alia explanandi magis quam emendandi causa proposuit Friedländer Sittengesch. Roms II p. 186 n. 1; ipse temptavi *suavi luce viridante* et *silva luxuriante*. nemini tamen video offensioni fuisse verba *viridis calculo*, quamvis inusitate dicta pro lapidibus vel saxis muscosis, ut videtur, vel frondium repercussu viridantibus. fortasse de alveo fluminis cogitandum est (cfr. III 9 *amoeno blandus alveo*), ut sic procedat oratio: *undoso alueo amoenus*, *circa ripas gramine*. sed exspectanda manus artifex quae restituat. — § **38** *Assera* pro *Cassera* scribi iam Forbiger Alte Geogr. III p. 728 iussit. — § **64** pro *contra*, quod est in **AE**² ante *Oechalia*, in 'vetustis exemplaribus' *B* invenit *oca*, quod si genuinum est, recte deleverant *v* ut dittographia ortum; nam Ὄχη et insula Euboea appellabatur et maximus in ea mons, in cuius radicibus Carystus urbs sita erat, ut ipse *B* indicavit e Strab. X p. 445. 446, nec locum habet in urbium Euboicarum serie. — § **70** ex *hyperaei* et *yper et* verius, opinor, fiet *Hypera et*, ut haec insula separetur a *Patage*. — § **71** non erat cur *D*² *Icariis* mutaret in *Caricis*; Asiatica enim litora significantur maris Icarii, ita appellati ab insula Icaro prope Ioniae oram sita (V 135), sicut Attica litora maris Myrtoi. — § **72** et **73** verbali formae *circuitur* praesidio sunt eaedem V 140. VI 47. 153 positae et *cingitur* IV 66. 93. VI 32. — § **80** init. verbum *sunt*, incerta fide (**DR**?) vulgatum, videtur non necessario postulari, ut sit commune verbum *tenuere*, quo sequentia quoque reguntur, atque obiectum peculiare si desideres, nescio an *omne* (**D**d) hic eodem modo quo II 208 *diffusae per omne naturae* dici possit significetque omnem ab Histro orbem septentrionalem. — § **88** insolenter et structura vix explicabili dicta sunt *neque in alio quam rigoris opere*. exspectes tertium aliquod participium vel adiectivum, quo continuentur quae praecedunt *damnata* et *mersa*, velut *neque iam alio quam rigoris opere* ⟨*insignis*⟩ *gelidisque Aquilonis conceptaculis*. — § **89** difficultates, de quibus Müller emend. I p. 7. 8 exposuit, commodissime ablativo *salientibus* removeri apparet; quae correctio ne inaudita existimetur, affero pauca quae forte enotavi exempla: II 41 *contemplantibus* **F**¹**R**¹, *contemplantium r*, III 124 extr. *degentium* **A**, *degentibus r*, XIII 127 *omnibus* **M**, *omnium r*, item XVIII 43, et consensu editorum XIII 139 a Barbaro scriptum est *invadentibus* pro *invadentium*. — § **104** *Thyles* nominis scriptura variat ubicumque invenitur: *tyle* **A** hic et II 246 (ceteris locis deficit), item **y**. sed II 187 *thyle* **F**y. *tyle* **R**. *thilae* o. *thele* a et VI 220 *thylen* **DE**. *thilen* op. *tylaen* **F**. *tilen* **R**a. editores veteres plerumque e Strabone scripserunt *Thule*. — ib. suspicor *hoc quidem senis mensibus*, nulla fere mutatione, quoniam *quidam* et *quidem* non minus saepe permutata sunt quam *idem* et *item*. praeterea cfr. Ant. Ludewig Prager Stud. III 1 p. 23 n. 2. — § **109** cum oceani partes magnorum Galliae fluminum ostiis disterminentur, pronum est mutilatum illud *interri* ita supplere: *inter* ⟨*Lige*⟩*rim et Pyrenaeum Gallicus*, praesertim cum Veneticae insulae ex adverso eius ostii sitae sint. — § **112** an *Seurbi* idem ac *Seurri* apud Ptol. II 6, 27? quamquam apud hunc quoque variat scriptura. — ib. argumento loci magis aptum *ibique* quam *ibi quoque*. — § **120** Barbarum una tantum littera mutata *aput eos* scribentem unice verum invenisse arbitror, cum haec hominum significatio aptissime respondeat *nostris* et *Poenis*, qui statim opponuntur. de dictione cfr. XXIV 142 *apud nos dracunculus vocatur*. — ib. nomen *Aboriginum*, a nullo scriptorum veterum ante Tertullianum et Ammianum Marcellinum (cfr. Thes. LL I 125) nominis appellativi modo usurpatum, e Pintiani coniectura *H* primus Pliniano sermoni affinxit. mihi magis probatur *ab origine* ⟨*indigenae*⟩ *earum*. (ναιετῆρες Dion. perieg. 456, *coloni* Avien. descr. orb. terr. 615).

LIB. V § **14** abrupta est oratio post verba *prodidit de excelsitate quidem eius quae ceteri*; desideres *sed et* vel *sed praeterea*: cfr. p. 543 notam ad II 247. — § **17** *gentes* fortasse corruptum est ex singulari numero, ut continua oratione iungantur: *gens in ea quondam praecipua Maurorum*. — § **21** *Macchurebi* Ptol. IV 2, 5. — **24** an *colonia item Maxula*? nam *et* ante *Maxula* habent libri omnes praeter **E**. — ad § **29. 30** cfr. Otto Cuntz de Augusto Plinii geographicorum auctore (Bonnae 1888) p. 40 sqq. *Assuritanum* CIL VIII n. 1798. forma *Chiniavense* confirmatur inscriptione (publicata in Rev. archéol. 1892, 19 p. 295) apud Waltherum Barthel, Zur Gesch. der röm. Städte in Africa (Gryphiswaldae 1904) p. 36. de *Simithu* cfr. CIL VIII p. 158. *Thubursicense* ib. p. 177. *Uchitana* (**F**[2]) ib. n. 15450. 15454. 15455. *Abbiritanum* ib. n. 814. — § **35** verum vidit, opinor, Dalecampius; alterutrum enim necesse est: montem esse aut specie adusto similem aut ipsum re vera accensum. peccatum est olim terminatione accommodata. — § **40** numeri quem scripsi ratio est haec: apud Agathem. III 10 computat Artemidorus a Tingi Canopum stadiorum 29252 h. e. passuum 3656400 vel summatim 3657000, ergo Isidorus, qui computavit 40000 pass. amplius, 3697000. — § **44** *eosque iuxta* (**F**[2]) et *iuxta eosque* (**f**) non magis certa sunt quam *iuxta eas* (**E**[2]**o**). cernitur manus correctoris suopte ingenio *iuxta* inserentis. dixeris fortasse *eosque* (**r**) ortum esse (*f* post *ſ* omisso) ex *feosque*, hoc autem corruptum ex *ferosque*, et continuata fuisse verba sic: *Atlantas ferosque Aegipanas, semiferos et Blemmyas* eqs. — § **46** reieci verbum *dicuntur* (**o**) post *comites fuisse* nulla necessitate ad supplendam orationem additum, quod fugisse etiam Müllerum de stilo p. 76 solemnem hanc brevitatem dicendi luculenter demonstrantem est quod miremur. — § **59** neque *insulae IIII* neque *insula est* $\overline{IIII}$ (sc. pass. ambitu) rei veritati convenit. an vero indicatum erat, ut paeninsulam

Syenen a latere Arabiae, ita ex adverso insulam Philas esse Aethiopiae finem? fac IIII errore acceptum esse pro INI et E pro F: nascetur INSVLA FINI et addita T littera *insula finit Philae*. — § **64** verba *quod alii Heracleoticum* Mommsen Solin.[1] praef. p. L n. statuit recte subiungenda fuisse superioribus *proximo Alexandriae Canopico* et sic esse ab ipso Plinio suppleta, sed culpa librarii eius, qui ei a manu esset, prave inserta ante alterum *Canopico*, ubi nunc sunt. — § **67** *seleuciae pieria* (*pteria*): sic praeter **E** (?) libri omnes. possit permutatis terminationibus restitui *Seleucia Pieriae*, ut Σελεύκεια Πιερίας apud Ptol. V 14, 2. — § **74** *intercursant*, ob ipsam raritatem formae obnoxium variandi studio, veri similius est quam *intercurrunt* commendaturque locis his: III 151 *aestuariisque* . . *intercursantibus*, item XIV 42 *foliis* et XV 88 *lignea membrana*, nec aliter scribendum est XXVIII **111** extr. *cui nullus alius colos intercursaverit* (pro *incursaverit*). — § **76** inter *inde* et *Sarepta* delevi *Idaeam* oppidum aliunde, quod sciam, non cognitum, praesertim cum litterarum similitudine suspicio dittographiae moveatur. si vero genuinum est, cogitari possit *Elaea*, quam Phoenices urbem inter Tyrum et Sidonem sitam Steph. Byz. s. v. e Philone tradit. — § **77** *interveniente valle* miro errore *S* e nullo codice nullave editione recepit, sed ex adnotatione Harduini nescio quo casu dictionem in lemmate variantis. — § **78** pro *ducentis passibus* MGGm I p. 472[b] coniecit $\overline{II}$·*CC* ex viginti stadiis apud Strab. XVI p. 753 extr.: Scylax 104 vero et Diodor. XXXIII 5, 6 octo stadia sive 1000 passus produnt. quodsi similem his auctorem secutus est Plinius, pronum est ex *CC* facere ∞. — § **81** bene Gelenius *et*, *unde Cyrrestice*, *Cyrrum*, nam haec descriptio non ordine (ut ita dicam) geographico, sed alphabetico procedit et est ad rem aptissimum, ut antea Chalcidenae regionis, sic Cyrresticae quoque nomen explicari. — § **83** malim ⟨*ut*⟩ *Licinius Mucianus*; ad perspicuitatem structurae necessaria est particula, quam ante similes litteras *lic* fugisse oculos non mirum est. — § **84** insolentem formam adiectivi *saxuosum* recepit *D*; ego retinui vulgarem et constanti usu confirmatam: cfr. XV 24. XVIII 46. 299. XIX 48. XX 13. 255. XXI 175. XXII 19. XXV 111. XXVI 57. XXVII 125. 134. XXXI 48. nam mendose *ſaxuosum* scriptum esse pro *flexuosum*, quod § 98 de Tauro dicitur, parum veri simile. — § **85** *Trischoenon a mensura* (sc. dictam regionem) coniecit *S*. sufficiet scripsisse *trischoenon mensura*, *N* ante *M* accepto pro *A*. — ib. (Euphrates) *cursum ad occasum solis agit*: tempus praesens in o recte substitutum, sed coniectura fortasse id factum est, mendi origine non aperta. cum littera *r* post *ſ* non raro omissa sit, pro *egit* potest scriptum fuisse *regit*, ut de Strymone amne IV 38 extr. dicitur: *priusquam dirigat cursum*. — § **89** offensioni est *propior* relatum ad Elatii oppidi nomen neutrius generis. Graeca forma *Damascos*, quam **FR** praebent alias a Plinio non usurpatam, favet conicienti structuram hanc: *propiore Petra quam Damasco.* — § **93** *quae ante Oenianda*: de *ante* et *antea* promiscue positis (cfr. Fels p. 67) difficile est iudicare, cum codices persaepe inter se differant. tutissimum duxerim optione data praeferre formam *ante*, praesertim sequente vocali. cfr. etiam coniuncta *ante* et *postea* XXVI 61. XXVII 79. XXVIII 120. 184. — § **97** memoratu dignum est in a esse *innumerarum pro gentium*. in quo ambigas, sitne error oculi declinantis ad *promunturio* an mutilum adverbium *prope*, omisso scilicet *pro* ut absurdo in reliquorum codicum archetypo. — § **99** forma *Armenicae*, quam D^2 recepit ex F^2R, non familiaris est Plinio, qui *Armenium* narrat in floridis coloribus XXXV 30. XXXVII 81, ceteris vero locis adiectivi formam praefert quae est *Armeniacus*: XV 41 *pruna*, XVI 103 *arbor*, XXXVI 164 *cotes*, VII 129 *bellum*, XXX 16 *triumphus*. — § **104** pro *Pyrnos* coniecit MGGm I p. 496^a *Physcos*. — § **106** *ortus* per se positum requirit quo suppleatur; exspectaveris *ortus haut procul*, *mox conditus* vel simile quid. — § **109** negat MPt p. 824^a recte cum *D* scribi *Euhippini* pro *seu Hippini*. at *Hippini* non est nominis Alindiensium interpretatio, sed nomen proprium; sin autem esset geminum huius populi nomen, Pliniani usus esset non *seu*, sed *iidem*. denique a forma *seu* omnino abstinuisse Plinium videri vol. V p. 487 ad XXXII 53 notavi. unum tamen exemplum inveni interim: XI 230 *seu mas seu femina*, quod attrectari non debet, quamquam ab ipso Plinio *sive* .. *sive* scriptum esse persuasum habeo. — § **112** comma inter *oppidum* et *Oraculum* sustulit *J*, ut caveret — quod MGGm I p. 501^a quoque monuit — ne Posideum oppidum fuisse colligeretur. fanum certe Neptuni fuit. — ib. scripsi *Didymei* consentiente Strab. XIV p. 634 Διδυμέωϲ, licet apud alios scriptores etiam terminatio αῖοϲ inveniatur. — § **114** *ab* vulgo ante *Epheso* insertum exclusi, cum codicum auctoritate apud Plinium non satis constare videatur in urbium nominibus praepositionem omnino necessariam esse. — ib. egregiam emendationem *Mandrolytiam* Letronnio deberi Otto Kern, qui diu occultam primus in lucem protraxit, rogatu meo litteris benigne datis me docuit. — § **120** an *Caesareenses*? — § **123** Strabonis aetate (cfr. XIII p. 606. 604. 613. 620) exstabant etiamnum tres civitates Polymedia et Chrysa et Larisa. quare dubitari licet an pro *fuit* recte scribatur *sunt* et sequentia verba *Zminthium* .. *durat* .. *intercidit* artiore vinculo copulata inter se opponantur. — § **130** Μάριον Scylax 103. Diodor. XII 3, 3. XIX 59, 1. 79, 4. Steph. Byz. s. v. et s. Ἀρϲινόη. — § **131** an *Characta* (χαρακτή)? — ib. *genagor VIII* F^a. an *Xenagoru III*? nam octo fuisse insulas non magis verisimile est quam $\overline{VIII}$ significari ambitum unius ex illis, quod censuit MGGm I p. 493^b. — § **134** *Chrysa* coniecit *H* pro *Crusa*. an forte *Criusa* (κριόεϲϲα)?

ceterum de frequenti varietate terminationum *ussa* et *usa* cfr. Bernhardy ad Dionys. perieg. 456 p. 640. — § **139** malim inverso verborum ordine *et* (= etiam) *Himerte*, *Lasia* eqs. — § **146** exstinxi gentem *Teutobodiacorum* dubiam illam aliisque auctoribus plane incognitam et fictam ex Teutobodi ducis nomine, cuius seriore demum aevo mentio fit apud Flor. I 38, 10 et Oros. V 16, 12. is quidem qui correxit **R** et fictionis auctor exstitit (si recte dignosco Iani in collatione notas) videtur voluisse *toiobodiaci*, cum ex litteris *ut* unam *i* reliquerit. si modo fuit nomen gentis, ex codicum vestigiis probabilius eruitur *ac tolitobaci et*, quae emendari licet sic: *ac Tolostobogi. et gentes quidem* eqs. — § **147** *Comenses* putavit *B* eosdem esse ac Comanenses apud Ptol. V 5, 7, ubi MPt p. 864ᵃ collatis titulis nummisque in CIL III suppl. p. 1250 restituit Κόμαμα. quae si recte se habent, pronum est scribere *Comamenses*.

LIB. VI § 1 *appellatus est* **F²R²E²o**: verbum *est* a correctore additum quam errore librarii omissum esse per se verisimilius est; praeterea vero argumenti caput non est appellatio Ponti iam IV 76 memorata, sed aviditas insatiabilis oceani, qui in terras inrumpens (cfr. III 5 V 141) tamquam rapax hostis hic describitur. — ib. *ullo fine* eidem correctori tribuo femininam formam pro mendosa habenti; nimirum nesciebat Plinium eadem notione femininum genus quater usurpasse (XIV 11 *nulla fine*, XXX 82 *nec finis alia quam morte*, XXXIII 3 *quae . . futura sit finis*, 98 *nullam finem spei*), semel tantum masculinum (XXV 37 *nullo omnia experiendi fine*); nam II 121 *ventis etiam et tempore et fine dicto* alia est condicio adiuncto *tempore*. — ib. inusitato plurali *lacus Maeoti* non praesidio est locus XXVII 2 *a Maeotis paludibus*, ubi palustria litora intelleguntur herbas gignentia. magis probatur quod *G* cum *P* scripsit *lacus Maeotis* (*ſ* ante *r* omisso) . . *iungat*. — § **8** ut origo mendi aliquatenus patefieret, pro *praefluens* scripsi *praefluit amnis*. potest etiam *torrens* vel *ruens* vel tale quid fuisse. *praeterfluit* (*D*) non est moris Plinii, qui *praefluere* tredecies III 52. 102. 126. IV 8. 14. V 74. 90. 101. 126. VI 44. 92. 93. 167 (cfr. Horat. carm. IV 3, 10. 14, 26), *praefluo amne* XIX 60, *praenavigare* VI 97. 146, *praenavigatio* IV 57. VI 199. 201, sed nusquam *praeterfluere* usurpavit; incerta enim lectio praef. § 30 *sivi praeterfluere* et alium habet significatum et Catonis est, non Plinii. — ib. librorum scripturam *Hylas* vindicare studuit MPt p. 878ᵃ hodiernum amnem *Oulou Irmak* agnoscens. — ib. *in regione hoc* (sc. oppidum) *Gazacena*: hunc demonstrativi pronominis usum CFWMüller p. 15 ad XXVII 102 undecim exemplis illustravit, quibus totidem addi possunt, ut II 103. XIX 126. 129 cet. — § **11** an *flumina Iasonium* ⟨*eodemque nomine promunturium*⟩? cfr. Ptol. V 6, 4. — § **12** **R** non habet *magrus*, sed *nogrus*, ut ceteri. Mogri nomen videtur solius Arriani testimonio niti, apud quem eadem litterarum *M et N* permutatio non minus opportuna fuit quam apud Plinium. — § **18** *ceruerios* **R**[2] (unde *Cerberion v*) incertae admodum fidei est. *Chimerion* (χειμέριον) commendatur verbis IV 87 (latitudo) *plerumque pervia glaciato freto.* — § **21** an *iunctos* ⟨*in*⟩ *montium cacuminibus* aut potius *disiunctos montium cacuminibus*? — § **22** an *Heniochos* pro *Herticheos* et deinde *Palaeos* pro *Spalaeos*? — § **23** prorsus eodem errore § 44 *sinus* pro *situs* habent **RdE**[1]**p**, paulo aliter § 20 libri omnes *sinum* pro *Silim*, nec mirum hanc vocem in geographicis libris frequentem facili librariorum errore substitutam esse pro litteris similibus. *terrae* vero *sinum* Plinius haud secus ac Livius XXX 2, 12 (*Arpini terra campestri agro in ingentem sinum consedit*) recessum dicit cavum sive locum depressum: II 115 *concavi vallium sinus*, 200 *terrae sidentis sinu recepti*, 166 *hac* (terra) *sinus pandente.* — § **25** *transvecta Araxen* coniecit *H.* magis conveniat *transgressa* vel *transiens*, ut terra aliqua *excurrere*, *procurrere*, *decurrere* dicitur. *vectus* VI 130 de fluminis cursu ponitur, de terra poni vix possit. — § **26** delevi *de* ante *Cyro* ut prave praeceptum ex sequenti *defertur.* qui servare volet, possit supplere ita: *ut plures existimavere, h e r e d e Cyro defertur.* translative sic XVI 173 *innumero herede* et XII 22 *sui ipsa semper heres* (e coniectura Madvigii). — § **27** de numero iusto ampliore |XIII| cfr. MPt p. 934[a]. si subsit error numeri, sumpta mensura Theophanis (apud Strab. XI p. 530) 6000 stadia efficiant 750 000 p. vel summatim 800 000 p., ita ut sit *VIII* pro *XIII* ponendum. sed res incerta. — ib. praefecturas *XX* conieci ex Ptol. V 12, 4 p. 937[a]. — § **33** *accolarum* scripsi cum propter litterarum similitudinem tum quia oceanus non in *nomina* dividitur, sed *varie*, i. e. in varias partes, et divisionis ratio aptissime indicatur verbis *per sinus et accolarum conplura nomina*, ut § 36 et V 47. — § **36** mira maxime est singularis unius cod. **a** scriptura *et irrumpentes Scythico oceano*, quam ne consulto interpolatam esse putemus obstat orationis forma, qualis est, absurda et intellectu destituta. verum detracta littera *s*, quae adhaesit, evadit structura argumento plane conveniens: *et irrumpente* (non modo adluente: cfr. § 33) *Scythico oceano*; nam sententia per particulam *nam* adnexa eo continetur, quod mare narratur duobus nominibus celeberrimum esse. inscite autem dicitur e Scythico oceano mare irrumpere, cum mare hoc nihil aliud sit quam ipse ille oceanus. — § **42** librorum omnium scripturam *ab Armenia* ita tueri voluit *B*, ut ablativis *Otene regione* locum accuratius indicari diceret (= qua est Otene regio). an inverso ordine *ab Armenia regione Otene*, ut sit adiectivi forma *Armenia*? — § **43** (liquor) *eadem emissus* obscure dictum est nec congruit cum Solinianis his: *constrictus vi caloris velut in aestivam glaciem corporatur.* liquorem potius t a r d e vel p a r u m emitti crediderís; certe latet corruptela. — § 51 *magnitudine haut dubie*: sic opv recte quidem ad sensum, sed obscurata causa negationis in ceteris libris omissae. verisimilius est *nō* excidisse post syllabam *ne*, ut saepe invenitur *non dubie*: cfr. VIII 59. XIV 65. XXI 47. 116. XXXI 41. 46. XXXVI 189. XXXVII 8 al. — § 62 numerum, quem uncis inclusi, computando inventum olim lector aliquis margini adscripserat; in textum postea alieno loco irrepsit. ipse Plinius ei suum locum post *dicatis* adsignasset additis *quae summa (computatio) efficit*, ut IV 78. VI 36. 206, aut *sic fiunt*, ut VI 175, aut *in totum sunt*, ut VI 196. ceterum ne § 64 quidem Plinius numerorum omnium summam adiecit. — § 64 *sic* deesse Io. Müller sagaciter detexit. palaeographica quidem ratione non minus probabile, verborum autem ordine commendabilius fuerit *lingua ⟨ita⟩ nivosum significante*, id quod elucet ex locis ab ipso laudatis IV 120. XII 27. — § 69 de urbis *Chrysoborae* nomine adhuc dubio cfr. MGGm I p. 318[b]. — § 70 *prae ⟨se⟩ ferunt D.* sed hac notione *praeferre* neque aliis scriptoribus alienum et Plinio unice familiare est, velut iuncta ei sunt V 72 *aquarum gloriam*, XI 137 *indicia animi*, XVI 70 *gravem odorem*, ib. 59 et XIX 129 *virus*, XXI 66 *luctum*, itemque interpretor XXVI 14 *cognominari se frigida* (aqua) *danda praeferens* et XXXV 84 (Apelles) *vulgum diligentiorem iudicem quam se praeferens*, quamquam his locis dubitari licet an sit anteponendi notio intellegenda. alieni generis est unus quem novi locus VIII 2 *vitulorum fatigatos prae se ferentes*. — § 83 *transfretantium*, quamvis suadente Rückio 2 p. 312, contra Solini quoque testimonium recipere dubitavi, quia et auctoritas unius excerpti y non videtur tanti momenti esse et summa rei non tam in eo vertitur, ut volucres fretum transeant, quam ut mare fugiant petantque terram, in qua habitare et degere solent. adde quod illud verbum, etiamsi teste Gellio X 26, 1 iam Asinii Pollionis aetate 'dici solitum', a Plinio tamen, qui saepe de mari transeundo loquitur, nusquam usurpatum est; seriores demum scriptores receperunt, primus Sueton. Caes. 34, crebrius postea posuit Amm. Marc. XIX 8, 9. XX 9, 1. XXII 6, 4. XXXI 4, 5, translata etiam notione Tertull. de paenit. 1. equidem crediderim in pervetusto exemplari fuisse *t̃raspetentium* (ut in op) scriptum et inde factum *trāsfretantium*, seriori aevo familiare. idem excerptor paulo ante § 82 pro *nauigatione* substituit *nauigio* — debuit saltem ex usu Pliniano *remigio*, ut VI 174 —, hac quoque voce usus serioris: cfr. Amm. Marc. XV 9, 7. — § 99 cum Granis fluminis dextra Dexii montani accolant, Susiane regio ad laevam eius ripam adiacere putanda est, cui rei conveniat *p̄ter*, non *per*: sic *praeter* iungitur cum verbis *defluens* V 5, *lapsus* VI 10, *raptus* ib. 84, *venientem* ib. 135, *transcurrit* II 96, *fertur* ib. 214. — § 101 tempus praeteritum *infestabant* aliter ferri vix potest quam inserto aut *prius* post *positis* aut *nunc* ante *navigatur*. — § **111** vetustiore litterae *a* forma *siccanas* legi facile potuit pro *sacanas*; inde non multum abest Ptolemaei *Saganos*. — ib. *deratinus* **E**[6]: considerato hodierno nomine *Darjabin* (cfr. MGGm I p. 361[b]) in mentem venit *Derapinus* vel *Darapinus*. — ib. an *nunc uel paucis*? nam *in paucis* iure et veteribus et Iano displicuit. cfr. XXX 96 *paucis e pluribus*. — § **115** quid sub inaudito nomine *Ceribobus* lateat, difficile est inventu. quae propositae sunt coniecturae a litteris longius discedunt. fuitne *caret urbibus* vel simile quid? quae in sequentibus opponuntur regioni maritimae, arguunt eam incultam fuisse. — § **129** *ad septentrionem flexus uersus*: om. *uersus* **E**[s]**F**[2]*v*. at verisimilius est consulto omissum id quam in altera librorum stirpe additum esse fitque rectissimum inverso ordine *ad septentrionem versus flexus*: cfr. quae exposui p. 546 ad III 133. — § **167** *Agipsum*: *Dipsium* (δίψιον) coniecit *D*[2]. — § **169** *Maraeu* et *Stratonos D*[2] recepit coll. P. Meyer Heerwesen d. Ptolem. p. 24. 36 et 55n. 193. 90. — § **173** et **199** *V dierum navigatione*: in uno **E**[s], quem secutus est *D*, legitur *II*, confusione notarum *II* et *V* in hoc potissimum codice pervagata. Plinius dixisset *bidui*, ut § 163. 200. VIII 209; item dixit *tridui* IV 95. VI 189. VIII 207. XXVIII 117, *quadridui* VI 86 163. 197. V 38. VII 149. XXVII 27, non *III* et *IIII dierum*. ceterum cfr. *biduo* XI 236, *post biduum* II 124. XIII 133. — § **188** *dicemus*, quod coll. § 197 posui pro *de*/*imus*, exemplum est traiectarum in vicinis syllabis vocalium: cfr. quae dixi p. 545 ad III 100. — § **190** oblivioni a me redditam esse ficticiam illam *Hypsodorum* gentem, quae e scribarum mendis orta in editionibus adhuc viguit, nemo, opinor, mirabitur. — § **191** et **193** diversitatem nominum *Sembritarum* et *Seberritarum*, quamquam de eadem gente haud dubie agitur, e codicibus in textum transtuli, quia de genuina forma apud Plinium non liquido constat et prior mentio ex Aristocreonte, ut videtur, altera ex Bione desumpta est. — § **203** *sub meridiem quoque*: veritus sum cum **E**[s]p damnare vocem *quoque*; apertum enim est Iubae a Seboso dissensum cum pondere aliquo denotari, ideoque Solinus paulo verbosius ait: *sub meridie quidem sitas, sed proximas occasui*.

CORRIGENDA ET ADDENDA

In contextu p. 391, 17 scribe Callirrhoe. — *In notis p. 275, 11 ad* saeuini *adde* **DE** *p. 295, 7* elapithes **R** *p. 353, 18 ad* hiberium *adde* **D** *p. 370, 3 adde*: *rectius fortasse* Tacapes. *cfr. CIL VIII n. 10023* (*hodie* Gabès) *p. 426, 19 adde:* Amycopolis (*pro* Nicopolis) *coni. Wieseler in progr. acad. Gotting. 1875 p. 22* *p. 488, 8 adde*: profecere *v.* proficere **E**[2]**F**[2].

Hoc loco simul corrigere placet errata quaedam in voluminibus III. IV. V non correcta.

Vol. III p. 188, 21 in contextu scribe nata (*pro* nota). *p. 234, 3 in notis* praecepimus *r C. alia correcta sunt ad calcem voll. IV et V.*

Vol. IV in contextu scribe p. 217, 4 verbenacae folio (*pro* folia) *p. 339, 1* spongeaeque cinere *p. 472, 4* lecto subiciantur. — *In notis p. 178, 19* animalia **VRE** *U* *p. 203, 5* seminis **VR** *p. 273, 5* colligat *et 7* traci- **VRT**.

Vol. V in contextu scribe p. 29, 18 infundentibus *p. 145, 9* sanguine caprino *p. 232, 11* et (*pro* in) titulos *p. 239, 15* colorum *p. 253, 17* fefellisset *p. 278, 18* obiisset *p. 307, 20* huius rei *p. 408, 7* iucundior. — *In notis p. 241, 17* convenit *v.*

FSC
www.fsc.org
MIX
Papier | Fördert
gute Waldnutzung
FSC® C083411

Kolibri 360 GmbH
Ferdinand-Jühlke-Straße 7
99095 Erfurt, Deutschland
produktsicherheit@kolibri360.de